Die Maschinenelemente

Ein Lehr- und Handbuch für Studierende, Konstrukteure und Ingenieure

von

Dr.-Ing. **Felix Rötscher**
Professor an der Technischen Hochschule
Aachen

Erster Band

Mit Abbildung 1 bis 1042
und einer Tafel

Berlin
Verlag von Julius Springer
1927

ISBN-13: 978-3-642-90321-2 e-ISBN-13: 978-3-642-92178-0
DOI: 10.1007/978-3-642-92178-0

Softcover reprint of the hard cover 1st edition 1927

Vorwort und Einführung.

Die Anforderungen, die heute an den gestaltenden Ingenieur, den Konstrukteur, gestellt werden, sind hoch. Nicht allein, daß er die Abmessungen der Teile so wählen und berechnen muß, daß sie den an ihnen angreifenden Kräften unter voller Beachtung der Betriebsverhältnisse und unter weitestgehender Ausnutzung der verwandten Werk- und Betriebsstoffe genügen, er muß beim Entwurf auch die Eigenschaften der Werkstoffe und die zur Ausführung bestgeeigneten Herstell- und Bearbeitungsverfahren kennen und ihrer Eigenart nach berücksichtigen, gegebenenfalls sich den besonderen Mitteln, die der ausführenden Werkstatt zur Verfügung stehen, anpassen. Abnutzung und Energieverluste sind auf das wirtschaftlich geringste Maß zu bringen. Die ausführungstechnisch und betrieblich vorteilhafteste Form aller Teile und damit der ganzen Maschine muß angestrebt werden.

Deshalb sind die Maschinenelemente im vorliegenden Werk nicht allein in bezug auf ihre Berechnung, sondern namentlich auch in bezug auf ihre konstruktive Durchbildung, unter Berücksichtigung der Herstellung und der jeweiligen Betriebsverhältnisse, eingehend behandelt. Zahlreiche, besonders für den Zweck ausgesuchte und durchgearbeitete Abbildungen erläutern die Darlegungen. Vielfach ist gezeigt, wie Rechnung und Gestaltung sich ergänzen und ineinandergreifen müssen. Daneben dient eine Anzahl von Vergleichsbeispielen, in denen mehrere Lösungen ein und derselben Aufgabe gegeben sind, dazu, dem Studierenden die Unterschiede, Vor- und Nachteile der verschiedenen Ausführungen anschaulich vor Augen zu führen. Um ferner die Abhängigkeit der einzelnen Teile voneinander sowohl nach Bauart wie nach Durchbildung zu zeigen, beziehen sich viele Beispiele auf die gleichen Maschinen, insbesondere eine liegende Wasserwerkmaschine Tafel I und eine elektrisch angetriebene Laufkatze.

Auf die Dinormen ist ihrer Wichtigkeit und großen wirtschaftlichen Bedeutung wegen an allen in Betracht kommenden Stellen nach ihrem derzeitigen Stande eingegangen. In zahlreichen Zusammenstellungen sind die in den Normblättern festgelegten Zahlen vollständig oder im Auszug mit Genehmigung des Normenausschusses der deutschen Industrie wiedergegeben. Wegen der gelegentlich noch notwendigen Änderungen sind aber selbstverständlich die neuesten Ausgaben der Dinormen allein verbindlich, die vom Beuth-Verlag G. m. b. H., Berlin S 14, Dresdener Str. 97, zu beziehen sind. Einen Überblick über die jeweils gültigen Normblätter bietet das jährlich zweimal an der gleichen Stelle erscheinende Normblattverzeichnis.

Die Gliederung des gesamten Stoffes ist in Rücksicht darauf, daß das Buch auch der Einführung in das Lehrgebiet der Maschinenelemente dienen soll, möglichst einfach und in Übereinstimmung mit einem vom Einfacheren zum Schwierigeren fortschreitenden Lehrgang gewählt. Der Behandlung der eigentlichen Maschinenteile ist im ersten Abschnitt eine Übersicht über die wichtigsten Begriffe und Formeln der Festigkeitslehre, im zweiten eine solche über die Werkstoffe des Maschinenbaues und im dritten eine Zusammenstellung der allgemeinen Gesichtspunkte bei der Gestaltung der Maschinenteile vorgeschaltet. Dem Studierenden wird dieser Abschnitt, sofern er nicht genügende Erfahrung und Vorkenntnisse mitbringt, einige Schwierigkeiten bereiten. Es ist dann zu empfehlen, ihn zunächst zu überschlagen und erst bei späterer Gelegenheit durchzuarbeiten, — dann aber wegen seiner grundlegenden Bedeutung sorgfältig und wiederholt. Auch der Lehrende wird gut tun, die darin behandelten Gesichtspunkte an geeigneten Stellen des Unterrichts einzuschalten; auf die Kerbwirkung kann z. B. bei den Schrauben, Stangenköpfen und Wellen eingegangen werden.

Die Abschnitte 4 bis 7 behandeln die Gruppe der einfachen Verbindungsmittel, die lösbaren Verbindungen durch Keile und Schrauben, die nichtlösbaren durch Nieten, Schweißen und Löten. Ihnen schließen sich in den Abschnitten 8 und 9 die Rohre und Rohrleitungen und die zugehörigen Absperrmittel an, weil diese den Studierenden gute Gelegenheit zu ersten größeren Entwürfen geben. Das Gebiet ist ergänzt durch die selbsttätigen, gesteuerten und Sonderzwecken dienenden Absperrmittel.

Abschnitt 10 bringt die für den Anfänger leicht verständlichen Zugorgane: Seile und Ketten samt ihrem Zubehör.

Für die Anordnung der folgenden Abschnitte 11 bis 21 war die Berechnung und Durchbildung der Kolbenkraftmaschinen maßgebend, welche zweckmäßigerweise an der Stelle einsetzt, wo die in den Maschinen wirkenden Kräfte entstehen, und dem Lauf derselben durch die einzelnen Teile hindurch nachgeht. Unter der Voraussetzung, daß auf Grund der Betriebsbedingungen die Hauptmaße der Zylinder bekannt sind, deren Ermittlung übrigens nicht Aufgabe der Maschinenelemente ist, werden im Abschnitt 11, E die an den Kolben angreifenden Kräfte berechnet und verfolgt, wie sie durch das Triebwerk zur Welle weitergeleitet und von dieser abgegeben werden. Zwischengeschaltet sind die Abschnitte über Stopfbüchsen und Zapfen, anschließend die Exzenter, Kupplungen und Lager behandelt. Diese Anordnung hat sich auch beim Entwerfen der Maschinenteile im Unterricht sehr gut bewährt, wenn die Aufgaben einheitlich an ein und derselben Kolbenkraft- oder Arbeitsmaschine gestellt werden. Die Studierenden dringen dabei gleichzeitig in das Verständnis der Wirkungsweise dieser wichtigen Maschinengruppen ein und lernen die gegenseitige Abhängigkeit der Maschinenteile in konstruktiver und betrieblicher Hinsicht kennen und beachten. Den Schluß bilden die dem Verständnis nach schwierigeren Maschinenelemente: die Rahmen und Gestelle, die Zylinder, die Reib- und Zahnräder, die Ketten- und Seiltriebe.

Die Versuche, die Maschinenteile systematischer zu behandeln, haben, so wertvoll sie für den Überblick über das gesamte Gebiet sowie das Herausheben gemeinsamer Gesichtspunkte und das Erkennen der Verwandtschaft der einzelnen Teile sind, bisher noch kein voll und ganz befriedigendes Ergebnis gehabt. Infolge der dabei nötigen allgemeinen Begriffe, die man beim Leser nicht immer voraussetzen darf, wird das Eindringen in das schwierige und dem Anfänger oft völlig fremde Gebiet des technischen Gestaltens, zu dem das Entwerfen von Maschinenelementen die erste Anleitung geben soll, erschwert. Namentlich gilt das von denjenigen, die vor dem Studium überhaupt keine oder eine ungenügende, manchmal sogar schlechte praktische Ausbildung genossen haben. Vielleicht wird auch der erfahrene Ingenieur unschwer über die theoretisch unvollkommenere Gliederung des Stoffes hinwegkommen. Das ausführliche Stichwortverzeichnis am Schlusse des zweiten Bandes soll ihm behilflich sein, das Gesuchte leicht zu finden.

Überall hat der Verfasser versucht, den Stoff möglichst einfach und anschaulich, auch dem Anfänger leicht verständlich zu behandeln. Deshalb ist von der zeichnerischen Darstellung ausgiebig Gebrauch gemacht, selbst an Stellen, wo die Rechnung praktisch rascher durchgeführt werden kann. Ein Beispiel in der Beziehung bieten die einfachen Achsen und Wellen, bei denen stets auch die Momentenflächen angegeben sind, um dem Neuling den für die zweckmäßige Gestaltung der Teile wichtigen Verlauf der Momente vor Augen zu führen.

Das Buch soll aber auch dem in der Praxis stehenden Konstrukteur in Fällen helfen, die ihm durch seine tägliche Arbeit nicht völlig geläufig sind, und zu dem Zwecke einen Überblick über das Wesentliche geben, das bei der Gestaltung der betreffenden Teile zu beachten ist. Es ist auf Grund langjähriger konstruktiver Erfahrung in verschiedenen Gebieten des Maschinenbaues, aber auch unter Heranziehung der neueren wertvollen Forschungsergebnisse der wissenschaftlichen Laboratorien und theoretischen Untersuchungen entstanden. An manchen Stellen sind auch die zur Zeit noch ungelösten Fragen angedeutet.

Das am Schluß stehende Verzeichnis des Schrifttums ist in vier Teile gegliedert: A. eine ziemlich vollständige Zusammenstellung der größeren und kleineren deutschen Werke über das Gesamtgebiet der Maschinenelemente seit den 70er Jahren des vorigen Jahrhunderts, B. Taschenbücher des Maschinenbaues, C. die für das Gebiet in Frage kommenden wichtigeren Zeitschriften und Serienwerke und D. das Sonderschrifttum zu den einzelnen Abschnitten. Das außerordentlich umfangreiche Sonderschrifttum vollständig anzuführen, war ausgeschlossen. In erster Linie sind daher diejenigen Werke und Aufsätze genannt, auf welche im Buch unmittelbar Bezug genommen ist, in zweiter solche von größerer allgemeiner Bedeutung für den betreffenden Abschnitt. Immerhin wird es dem Leser im Bedarfsfalle leicht sein, Näheres an Hand der in den angeführten Aufsätzen und Werken gegebenen weiteren Hinweise zu finden. Besonders vermerkt ist, wo sich ausführlichere Schrifttumsverzeichnisse finden.

Zur Vermittlung zwischen dem Text und dem Verzeichnis D dienen je zwei in eine eckige Klammer gesetzte Zahlen, z. B. [V, 7]. Die erste, römische Ziffer kennzeichnet den Abschnitt, die zweite, arabische die laufende Nummer, unter denen das Werk oder der Aufsatz im Verzeichnis D zu suchen ist. Verfasser wollte auf diese Weise die beim Lesen störenden längeren Einschaltungen oder Fußnoten vermeiden.

Aus ähnlichen Gründen und des leichteren Auffindens halber wurden die wichtigeren, im Text wiederholt benutzten Formelzeichen auf Seite XV—XIX nach den Textabschnitten und in je zwei Gruppen, nach dem lateinisch-deutschen und dem griechischen Alphabet geordnet, zusammengestellt.

Angenehme Pflicht ist es mir, allen, die mir bei den umfangreichen Arbeiten zum Buch und bei der Fertigstellung desselben behilflich waren, zu danken: den Firmen, die mich durch Überlassung von Zeichnungen sowie Angaben von Werten, Zahlen und Berechnungsweisen unterstützt haben, dem Normenausschuß der deutschen Industrie für die Erlaubnis der Benutzung der Dinormen und die Durchsicht der Stellen des Buches, die sich auf die Normen beziehen, ferner den Professoren Bonin, Jaeger, Müllenhoff, Nieten und meinen Assistenten, von denen ich besonders die Herren Dr.-Ing. Liepe und Stelling, die mir beim Ausarbeiten in früheren Jahren und die Herren Dipl.-Ing. Bollenrath, Fischer, Schneckenberg, Velten und Zimmermann erwähne, die mir bei der Durchsicht der Druckbogen halfen. Die Zeichnungen zu den Abbildungen sind in jahrelanger mühevoller Arbeit zum größten Teil durch die Hände von Herrn Schäffer gegangen.

Verbindlichsten Dank spreche ich der Verlagsbuchhandlung für die mustergültige Ausstattung des Buches in bezug auf Druck und Wiedergabe der schwierigen Zeichnungen aus.

Bei der Bearbeitung eines so umfangreichen Werkes ist es nicht möglich, Unvollkommenheiten und Fehler zu vermeiden. Hinweise auf solche und Vorschläge zu Verbesserungen und Abänderungen werde ich jederzeit dankbar entgegennehmen.

Aachen, im August 1927

Felix Rötscher.

Inhaltsverzeichnis zum ersten Band.

Dritter Abschnitt.

Vierter Abschnitt.

Fünfter Abschnitt.

Sechster Abschnitt. Seite

Siebenter Abschnitt.

Achter Abschnitt.

Neunter Abschnitt.

Zehnter Abschnitt.

Elfter Abschnitt.

Inhaltsverzeichnis zum zweiten Band.

Erster Abschnitt.

Abriß der Festigkeitslehre und Bemerkungen zur Berechnung von Maschinenteilen.

Die Festigkeitslehre bildet die Grundlage für die Ermittlung der Abmessungen der Maschinenteile, soweit Kraftwirkungen maßgebend sind.

In jedem Körper, der äußeren Kräften ausgesetzt ist, entstehen auch innere Kräfte, — Spannungen —, wie sich leicht zeigen läßt, wenn man nach Abb. 1 durch einen Körper, an dem die unter sich im Gleichgewicht stehenden Kräfte P_1 bis P_5 wirken, einen Schnitt AB legt und so den Zusammenhang zwischen den Körperteilen aufhebt. Dadurch werden auch die Spannungen unmöglich; die beiden Stücke trennen sich infolge der äußeren Kräfte voneinander. Die Verteilung der Spannungen hängt von der Lage der Angriffpunkte, der Richtung und der Größe der Kräfte ab. Überschreitet die Spannung an irgendeiner Stelle die Widerstandsfähigkeit oder die Festigkeit des Baustoffs, so tritt eine örtliche Zerstörung oder der Bruch des gesamten Körpers ein. Maschinenteile müssen dagegen genügende Sicherheit bieten.

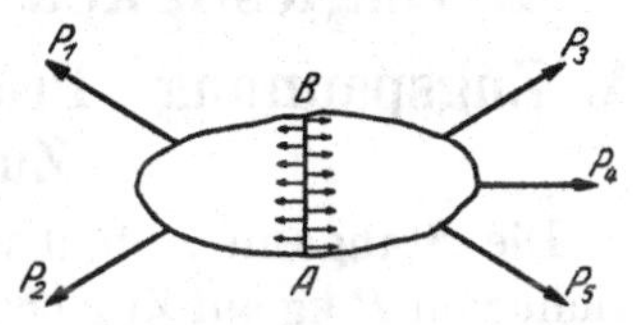

Abb. 1. Äußere und innere Kräfte.

Zu Vergleichzwecken werden die inneren Kräfte auf die Flächeneinheit, für die man im Maschinenbau meist das Quadratzentimeter, seltener das Quadratmillimeter benutzt, bezogen, so daß die Spannung in kg/cm² oder kg/mm² ausgedrückt zu werden pflegt.

Alle an einem Körper angreifenden Kräfte kann man in solche in Richtung der Achse des Körpers und senkrecht dazu zerlegen und deren Wirkung auf die folgenden Belastungsfälle Nr. 1 bis 5 zurückführen:

A. Inanspruchnahme durch Längskräfte in der Achse des Körpers (die erzeugten Spannungen sind Längsspannungen):

1. auf Zug, Abb. 2. Die Kraft sucht den Körper zu verlängern;
2. auf Druck, Abb. 3. Die Kraft verkürzt den Körper. Bei größerer Länge des Stabes im Vergleich zu seinem Querschnitt treten Ausbiegungen ein; man spricht dann von einer Beanspruchung auf Knickung.

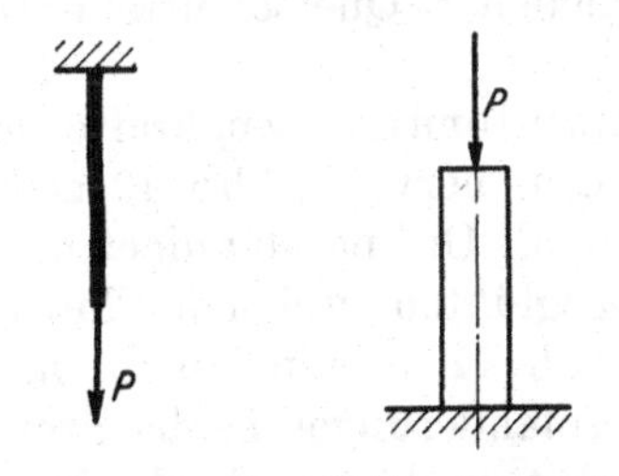

Abb. 2. Inanspruchnahme auf Zug. Abb. 3. Belastung auf Druck.

B. Inanspruchnahme durch senkrecht zur Stabachse gerichtete Kräfte:

3. auf Biegung. Die äußeren Kräfte lassen sich auf ein Kräftepaar, dessen Ebene durch die Stabachse geht, zurückführen. Z. B. werden in Abb. 4 alle Querschnitte zwischen A und B lediglich durch das Kräftepaar $P \cdot a$ auf Biegung beansprucht. In den Stabquerschnitten treten sowohl Zug- wie Druckspannungen auf;

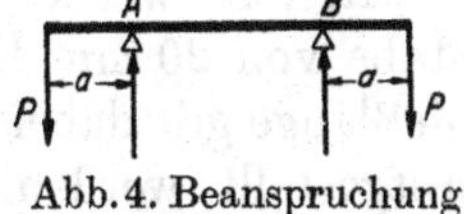

Abb. 4. Beanspruchung auf Biegung.

4. auf Schub und Abscherung, Abb. 5. Die Kraft wirkt in der Querschnittebene und sucht zwei unmittelbar benachbarte Querschnitte gegeneinander zu verschieben;

5. auf Drehung, Abb. 6. Ein Kräftepaar in einer zur Stabachse senkrechten Ebene verdreht die Stabquerschnitte gegeneinander. In den Fällen 4 und 5 entstehen Schubspannungen.

Treten mehrere Belastungsfälle gleichzeitig auf, so wird der Körper auf zusammengesetzte Festigkeit beansprucht. So wirkt auf den Querschnitt x des einseitig einge-

Abb. 5. Inanspruchnahme auf Abscherung.

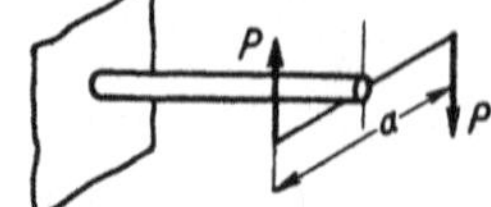

Abb. 6. Beanspruchung auf Drehung.

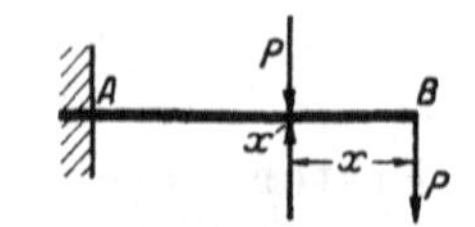

Abb. 7. Beanspruchung auf zusammengesetzte Festigkeit, auf Biegung und Schub.

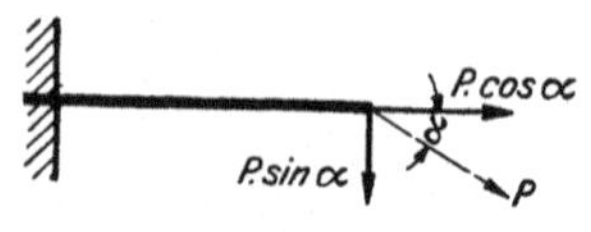

Abb. 8. Belastung auf Zug, Biegung und Schub.

spannten, am freien Ende belasteten Balkens AB der Abb. 7 neben dem Biegemoment $P \cdot x$ die Schubkraft P, deren Einfluß allerdings bei größerer Balkenlänge vernachlässigt werden darf. Der Stab, Abb. 8, erfährt durch $P \cdot \cos\alpha$ eine Belastung auf Zug, durch $P \cdot \sin\alpha$ eine solche auf Biegung und Schub.

I. Zugfestigkeit und Grundbegriffe der Festigkeitslehre.

A. Zugspannung. Proportionalitäts-, Fließ-, Bruch- und Zerreißgrenze, Zugfestigkeit, Elastizitätsgrenze.

Die Stange in Abb. 9 wird durch das angehängte, in der Stabachse wirkende Gewicht von P kg auf Zug beansprucht. Schneidet man ein beliebiges Stück aus dem Stabe heraus, so kann in diesem bei Vernachlässigung des Eigengewichtes die gleiche Wirkung durch zwei entgegengesetzt gerichtete, an den Enden angreifende Kräfte P erzeugt werden, die den Stab zu verlängern suchen. Unter der Annahme gleichmäßiger Verteilung über den Querschnitt von der Größe F ergibt sich die auf die Flächeneinheit bezogene innere Kraft, die Zugspannung

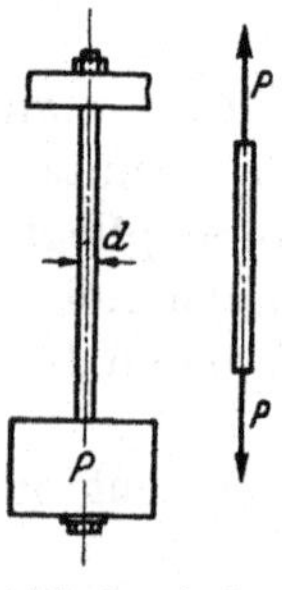

$$\sigma_z = \frac{P}{F}. \tag{1}$$

Bei $d = 2$ cm Durchmesser und $P = 1500$ kg würde z. B.

$$\sigma_z = \frac{P}{\frac{\pi}{4} d^2} = \frac{1500}{3{,}14} = 477 \text{ kg/cm}^2$$

betragen.

Abb. 9. Auf Zug beanspruchte Stange.

σ_z muß geringer als die für den betreffenden Stoff und Belastungsfall zulässige Spannung k_z nach S. 12 sein.

Formeln für die Flächeninhalte verschiedener Querschnitte enthält die Zusammenstellung 6, S. 30.

Jeder Einwirkung einer Kraft entspricht eine Formänderung. Zugkräfte rufen Verlängerungen und gleichzeitig Querschnittverminderungen hervor. Abb. 10 zeigt in den Abszissen die Verlängerungen λ in Abhängigkeit von den als Ordinaten aufgetragenen Kräften P, wie sie bei einem Zugversuche an einem ausgeglühten, weichen Flußstahlstabe von 20 mm Durchmesser und 200 mm Meßlänge, Abb. 11, erhalten wurden. Als Meßlänge gilt dabei die Strecke l des Stabes, an der die Formänderungen beobachtet und festgestellt werden. Die Verlängerungen nehmen zunächst verhältnisgleich den Belastungen zu. Die Linie, Abb. 10, ist dementsprechend bis P gerade. Über P krümmt sich die Linie ein wenig, fällt bei F_o plötzlich auf F_u und verläuft bis G annähernd parallel zur Abszissenachse. Der Stab verlängert sich also, ohne daß die Kraft zunimmt; der Baustoff fließt. P heißt Proportionalitätsgrenze, F_o obere, F_u untere Fließ- oder Streckgrenze. Vom Punkte G ab sind größere Kräfte nötig, um weitere Formänderungen zu erzeugen; die Linie steigt an. In B erreicht die Belastung ihren Höchstwert, schließlich zerreißt der Stab in Z. Der Abfall von B nach Z ist in der Einschnürung, Abb. 12, der örtlich starken Querschnittverminderung, die zum Bruch bei abnehmenden Kräften führt, begründet. B kennzeichnet die Bruch-, Z die Zerreißgrenze. Die aus der Höchst- oder Bruchlast P_B berechnete und auf den ursprünglichen Querschnitt bezogene Spannung ist die Zugfestigkeit K_z des Stoffes, die in dem betrachteten Falle

$$K_z = \frac{P_B}{\frac{\pi}{4} d^2} = \frac{11500}{3,14} = 3660 \text{ kg/cm}^2$$

betrug.

Entlastet man bei Beginn des Versuchs den Stab, so verschwinden die Formänderungen wieder vollständig. Der Baustoff ist vollkommen elastisch. Bei höheren Be-

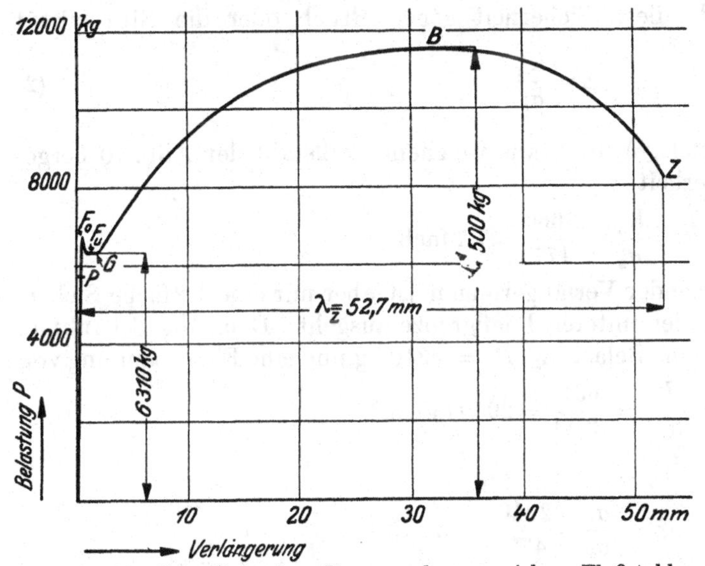

Abb. 10. Schaulinie eines Zugversuchs an weichem Flußstahl.

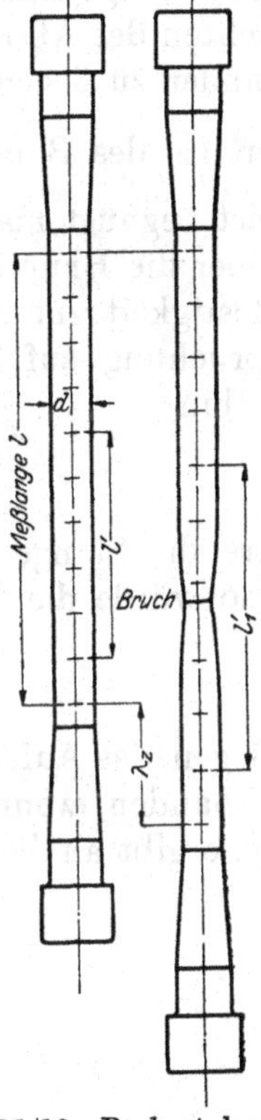

Abb. 11/12. Probestab vor und nach dem Zugversuch.

lastungen treten zunächst geringe bleibende Verlängerungen auf; nach dem Überschreiten der Fließgrenze überwiegen die bleibenden gegenüber den elastischen. Die Elastizitätsgrenze, d. i. der Punkt, bis zu welchem sich der Baustoff vollkommen elastisch verhält, ist, da die bleibenden Formänderungen ganz allmählich auftreten, schwierig nachzuweisen. Man läßt ein bestimmtes, noch sicher zu beobachtendes Maß bleibender Formänderung zu und hat demgemäß durch einen Beschluß des internationalen Verbandes der Materialprüfungen der Technik in Brüssel 1906 die Elastizitätsgrenze bei einer bleibenden Verlängerung von 0,001% der Meßlänge festgelegt. Krupp benutzt 0,03%.

Bei vielen Stoffen prägt sich die Fließgrenze weniger scharf aus, wie bei weichem Flußstahl nach Abb. 10. An härteren Flußstahlsorten ist sie nur durch einen kurzen Absatz parallel zur Abszissenachse oder, wie auch an Messing, Bronze usw., durch allmähliches Abbiegen der Schaulinie ohne besonderen Knick oder Absatz, Abb. 127, gekennzeichnet. Zur Bestimmung der Fließgrenze benutzt man in solchen Fällen nach dem Beschluß des eben erwähnten Verbandes 0,5% bleibende Verlängerung. Die deutschen Industrienormen haben dieses Maß in Dinorm 1602 auf 0,2% herabgesetzt und bezeichnen die zugehörige Spannung kurz mit 0,2-Grenze und durch $\sigma_{0,2}$.

B. Die Sicherheit von Konstruktionsteilen.

Merkbare bleibende Formänderungen sind an den Maschinenteilen unzulässig. Die in den letzteren auftretenden Beanspruchungen dürfen deshalb die Elastizitätsgrenze, sicher aber die Fließgrenze, nicht erreichen. Die Sicherheit $\mathfrak{S}'$ eines Konstruktionsteiles gegenüber dem Auftreten dauernder Formänderungen ist demgemäß nach dem

Verhältnis der Spannungen an der Elastizitäts- bzw. Fließgrenze σ_s des Baustoffes zu den tatsächlich auftretenden Spannungen σ_z zu beurteilen. Nun ist die Ermittlung der Elastizitätsgrenze wegen der notwendigen Feinmessungen umständlich und zeitraubend und wird selten ausgeführt. Leichter ist die Fließgrenze an Hand einer während des Versuches aufgenommenen Schaulinie oder bei ausgeprägter oberer Fließgrenze durch Beobachten des Absinkens der Kraft zu bestimmen. Da außerdem beide Grenzen nahe beieinander zu liegen pflegen, kann die erwähnte Sicherheit genügend genau nach der Fließgrenze des Baustoffes, also nach $\mathfrak{S}' = \frac{\sigma_s}{\sigma_z}$ beurteilt werden.

Meist begnügt man sich damit, die Festigkeit der Baustoffe vorzuschreiben und ihr gegenüber die Bruchsicherheit des Konstruktionsteiles, die durch das Verhältnis der Bruchfestigkeit zur auftretenden Spannung gegeben ist, zu berechnen. Im Falle der Beanspruchung auf Zug würde diese Sicherheit gegen Bruch oder die Sicherheit schlechthin

$$\mathfrak{S} = \frac{K_z}{\sigma_z} \tag{2}$$

sein.

Wäre die Stange des Beispiels, Abb. 9, aus weichem Flußstahl der Abb. 10 hergestellt, so würde die Bruchsicherheit

$$\mathfrak{S} = \frac{K_z}{\sigma_z} = \frac{3660}{477} = 7{,}7\,\text{fach}$$

sein. Gegen das Auftreten bleibender Verlängerungen ist aber nur eine 4,2fache Sicherheit vorhanden, wenn man von der unteren Fließgrenze ausgeht. Denn die Schaulinie, Abb. 10, ergibt an dieser Stelle eine Belastung $P_f = 6310$ kg und eine Fließspannung von

$$\sigma_s = \frac{P_f}{\frac{\pi}{4} d^2} = \frac{6310}{3{,}14} = 2010\,\text{kg/cm}^2,$$

so daß

$$\mathfrak{S}' = \frac{\sigma_s}{\sigma_z} = \frac{2010}{477} = 4{,}2$$

wird.

Die Beurteilung einer Konstruktion an Hand des Sicherheitsgrades gegen Bruch ist für Baustoffe, die nicht kalt bearbeitet, gehärtet oder vergütet sind, immerhin zulässig, weil dann das Verhältnis der Spannungen an der Bruchgrenze zu denen an der Fließ- bzw. Elastizitätsgrenze bei ein und demselben Baustoffe annähernd unveränderlich zu sein pflegt. Durch Ziehen, Walzen, Hämmern, Pressen usw. im kalten Zustande, ferner durch Härten oder Vergüten kann dagegen das genannte Verhältnis wesentlich beeinflußt werden. Beispielweise wird die Streckgrenze von Flußstahldraht durch Kaltziehen ganz bedeutend gehoben und der Bruchgrenze näher gebracht. Die übliche Sicherheitszahl gegenüber Bruch kann daher niedriger sein, weil die hohe Streckgrenze das Auftreten bleibender Formänderungen verhindert.

Die Sicherheit hoch beanspruchter oder aus Sonderbaustoffen hergestellter Konstruktionsteile sollte deshalb stets an Hand der Fließgrenze und nicht nach der Bruchfestigkeit des Werkstoffes beurteilt werden.

Dagegen ist man bei Stoffen, die so geringe Formänderungen aufweisen, daß sich die Fließgrenze $\sigma_{0,2}$ im Sinne der DIN 1602 nicht ermitteln läßt, wie bei Gußeisen, Beton und Steinen, nach wie vor auf die Benutzung der Sicherheit gegenüber Bruch angewiesen.

C. Dehnung und Einschnürung, Dehnungszahl.

Um die Formänderungen verschieden langer Stäbe miteinander vergleichen zu können, bezieht man die Verlängerung λ auf die Längeneinheit und erhält so die Dehnung

$$\varepsilon = \frac{\lambda}{l}, \tag{3}$$

wenn l die ursprüngliche Meßlänge des Stabes, an welcher λ festgestellt wurde, bedeutet. Bei gewöhnlichen Zugversuchen pflegt nur die Dehnung an der Zerreißgrenze, also nach dem Bruch, bestimmt zu werden. Nach Abb. 10 betrug

$$\lambda_z = 5{,}27 \text{ cm}, \quad l = 20 \text{ cm},$$

mithin die Bruchdehnung

$$\delta = \frac{\lambda_z}{l} = \frac{5{,}27}{20} = 0{,}263 \quad \text{oder} \quad 26{,}3\%.$$

Da sich die Dehnung, wie Abb. 12 zeigt, über die Stablänge ungleichmäßig verteilt, indem die durch Querstriche gekennzeichneten, am ursprünglichen Stab gleich langen Strecken, Abb. 11, in der Nähe des Bruches am meisten an Länge zugenommen haben, erhält man für die Dehnung je nach Wahl der Meßlänge l verschiedene Zahlen. Um Vergleichswerte zu bekommen, wird l deshalb an Rundstäben gleich 10 d oder bei beliebig geformtem Querschnitt von der Größe F zu $l = 11{,}3\sqrt{F}$ gewählt. Neuerdings benutzt man auch $l = 5\,d = 5{,}65\sqrt{F}$ als normale Meßlänge, erhält dabei aber größere Werte für die Dehnung. Am Probestab, Abb. 12, wäre in dem Falle die Dehnung an den fünf der Bruchstelle nächstliegenden Teilstrecken, die ursprünglich $l' = 100$ mm lang waren, zu ermitteln. Aus ihrer Verlängerung $\lambda' = 36$ mm ergibt sich die Dehnung $\delta_5 = \frac{\lambda'}{l'} = \frac{36}{100} = 0{,}36$ oder 36%. Der Wert ist 1,37mal größer als der an $l = 10\,d = 200$ mm Meßlänge festgestellte. Zur richtigen Beurteilung der Dehnungswerte ist es daher immer notwendig, die benutzte Meßlänge oder ihr Verhältnis zum Stabquerschnitt zu kennen.

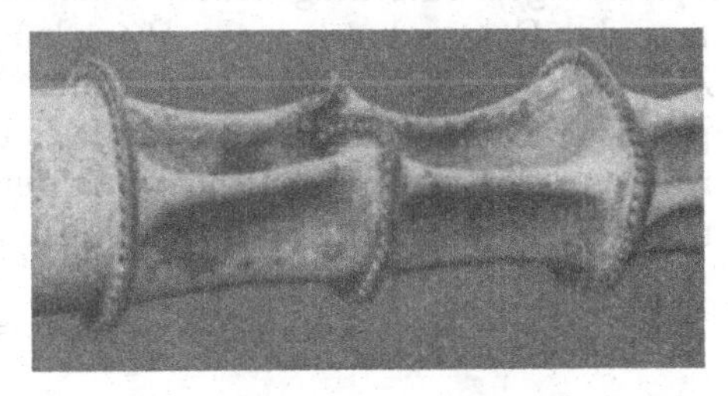
Abb. 13. Eingebeultes Flammrohr.

Die Dehnung gilt als ein Maß der **Zähigkeit**, einer sowohl bei der weiteren Verarbeitung, wie auch bei der Verwendung der Werkstoffe zu Maschinenteilen sehr wichtigen Eigenschaft. So legt man beispielsweise Wert auf große Dehnung bei allen Kesselbaustoffen, obgleich die Beanspruchungen durch den normalen Betrieb weit unter der Fließgrenze liegen, die Ausnutzung der Dehnbarkeit also gar nicht in Frage kommt. Wohl aber wird diese entscheidend im Falle von Überbeanspruchungen, wie sie an Flammrohrkesseln bei zu tiefem Sinken des Wasserspiegels, Steigerung der Temperatur bis zum Glühendwerden und Einbeulen der Flammrohre vorkommen. Nur sehr zähes Flußeisen hält Formänderungen, wie sie Abb. 13 zeigt, aus, ohne zu reißen. Flammrohre aus Stahl von hoher Festigkeit böten die Möglichkeit, mit viel geringerem Konstruktionsgewicht auszukommen und sehr leichte Kessel zu bauen, würden aber bei Inanspruchnahmen, wie eben geschildert, wegen zu geringer Zähigkeit sicher zum Bruch und mindestens zum plötzlichen Ausströmen großer Wasser- und Dampfmengen führen. Ein anderes Beispiel bietet das Einziehen größerer Nieten. Die Bleche werden um die Nieten herum, wie am Abspringen des Zunders zu erkennen ist, über die Fließgrenze hinaus beansprucht. In Baustoffen von geringer Dehnbarkeit entstehen dabei oft äußerlich nicht erkennbare Anrisse, die aber im Betriebe leicht größer und sehr bedenklich werden können.

Sehr wichtig sind zähe Baustoffe im Falle plötzlicher oder stoßweiser Belastung. So sollen die Verbindungsschrauben offener Schubstangenköpfe aus zähem Werkstoffe hergestellt werden, damit sie bei Überlastungen, wie sie gelegentlich eines Wasserschlags vorkommen können, zwar nachgeben und sich längen, aber nicht brechen. Der Bruch einer solchen Schraube kann die völlige Zerstörung der Maschine zur Folge haben. An solchen Teilen ist ferner sorgfältig auf die Vermeidung von Einschnürungen, Kerben und plötzlichen Querschnittverminderungen, die die Ausbildung der Formänderungen beeinträchtigen, zu achten.

In ähnlicher Weise wie die Dehnung dient die Querschnittverminderung oder Einschnürung ψ zur Beurteilung der Zähigkeit. War der ursprüngliche Querschnitt eines Probestabes F cm², der Bruchquerschnitt F_1 cm² so ist die Einschnürung durch

$$\psi = \frac{F - F_1}{F} \cdot 100 \tag{3a}$$

in Hundertteilen ausgedrückt.

Trägt man die bei einem Zugversuch ermittelten Spannungen als Ordinaten, die zugehörigen Dehnungen als Abszissen auf, so wird man in der so erhaltenen Spannungsdehnungslinie unabhängig von dem Querschnitt und der Länge der verwandten Probe. Bei ein und demselben Baustoffe findet man den gleichen Linienzug, gleichgültig, ob er etwa an einem Stabe von 20 mm Durchmesser und 200 mm Meßlänge oder an einem solchen von 10 mm Durchmesser und 100 mm Meßlänge ermittelt wurde, wenn die Proben nur geometrisch ähnlich waren. Dagegen sind die Kräfte im ersten Falle viermal, die Formänderungen doppelt so groß wie im zweiten, so daß bei Anwendung gleicher Maßstäbe für die Kräfte und Formänderungen zwei ganz verschiedene Kurven entstehen. Im folgenden ist aus dem Grunde meist von der Spannungsdehnungslinie Gebrauch gemacht.

Die oben erwähnte Eigenschaft weichen Flußstahls, daß die Verlängerungen bis zum Punkte P, Abb. 10, verhältnisgleich den Belastungen sind, bildet als Hookesches Gesetz die Grundlage für die Berechnung der Formänderungen aus den wirkenden Kräften oder Spannungen oder umgekehrt. Bezeichnet λ die Verlängerung, c einen Festwert, so kann man das Gesetz durch $\lambda = c \cdot P$ ausdrücken. Aus Gleichung (1) folgt $P = F \cdot \sigma_z$ und damit $\lambda = c \cdot F \cdot \sigma_z$ oder da der Querschnitt F an einem prismatischen Stabe innerhalb der Proportionalitätsgrenze als unveränderlich angesehen werden darf, $\lambda = c' \cdot \sigma_z$. Die Verlängerung ist also auch verhältnisgleich der im Stabe vorhandenen Zugspannung. Setzt man nach Gleichung (3) $\lambda = \varepsilon \cdot l$, so wird $\varepsilon \cdot l = c' \cdot \sigma_z$ oder

$$\frac{\varepsilon}{\sigma_z} = \frac{c'}{l} = \text{konst.} = \alpha . \tag{4}$$

α heißt Dehnungs- oder Elastizitätszahl und ist nach der linken Seite der Gleichung die auf die Spannungseinheit bezogene Dehnung. Sie gibt die Verlängerung an, die ein Körper von der Länge 1 und dem Querschnitt 1 durch die Spannungseinheit erfährt. Ihr reziproker Wert ist das Elastizitätsmaß oder der Elastizitätsmodul

$$E = \frac{1}{\alpha} = \frac{\sigma_z}{\varepsilon} . \tag{5}$$

Mit $\varepsilon = \alpha \cdot \sigma_z$ gibt die Gleichung (4)

$$\lambda = \alpha \cdot l \cdot \sigma_z \tag{6a}$$

und da $\sigma_z = \frac{P}{F}$ ist,

$$\lambda = \frac{\alpha \cdot P \cdot l}{F} . \tag{6b}$$

Bei $\alpha = \frac{1}{2100000}$ kg/cm²·errechnet sich z. B. die Verlängerung, die die Meßstrecke $l = 20$ cm des oben erwähnten weichen Flußstahlstabes von 2 cm Durchmesser bei $P = 3000$ kg erfahren hat, zu

$$\lambda = \frac{\alpha \cdot P \cdot l}{F} = \frac{1 \cdot 3000 \cdot 20}{2100000 \cdot \frac{\pi}{4} \cdot 2^2} = 0{,}0091 \text{ cm.}$$

Manche Stoffe, wie Gußeisen, Leder, Steine und Beton, zeigen keine Verhältnisgleichheit zwischen den Spannungen und den Formänderungen, so daß auch die zugehörige Dehnungsziffer α von Anfang an veränderlich ist. Für die Zwecke des Maschinenbaues pflegt jedoch die Annahme eines Mittelwertes für α meist genügend genau und daher auch die Benutzung der auf dem Hookeschen Gesetz begründeten Festigkeitsformeln zulässig zu sein.

D. Das Arbeitsvermögen der Werkstoffe.

Der Flächeninhalt der Schaulinie, Abb. 10, stellt die zur Formänderung nötig gewesene Arbeit, das Arbeitsvermögen $\mathfrak{A}$ des Baustoffes, dar, das vergleichshalber gewöhnlich auf die Raumeinheit des untersuchten Stabstückes bezogen und dann als spezifisches Arbeitsvermögen $\mathfrak{a}$ bezeichnet wird. In Abb. 10 beträgt der Flächeninhalt 39,9 cm², und da ein Quadratzentimeter $2000 \cdot 0{,}667 = 1333$ kg cm darstellt, so ist die gesamte Formänderungsarbeit

$$\mathfrak{A} = 39{,}9 \cdot 1333 = 53190 \text{ kgcm}.$$

Sie war an einem Stabstücke von 2 cm Durchmesser und 20 cm Meßlänge, mithin von $V = 62{,}82$ cm³ Inhalt ermittelt worden, so daß die spezifische Formänderungsarbeit

$$\mathfrak{a} = \frac{\mathfrak{A}}{V} = \frac{53190}{62{,}82} = 847 \frac{\text{kgcm}}{\text{cm}^3}$$

wird.

Während das eben ermittelte Arbeitsvermögen, ähnlich wie die Bruchdehnung einen Vergleichswert für die Zähigkeit der Baustoffe abgibt, ist das elastische Arbeitsvermögen, welches durch das der Elastizitätsgrenze entsprechende Formänderungsdreieck dargestellt ist, wichtig für die Aufnahme von Stößen.

Der Baustoff kann eine entsprechende Stoßarbeit durch seine Elastizität, also ohne bleibende Formänderung, auffangen. Für das Flußeisen, Abb. 10, berechnet sich die elastische Formänderungsarbeit, wenn die Elastizitätsgrenze schätzungsweise in Höhe der unteren Fließgrenze, also bei einer Belastung des Stabes von $P_E = 6310$ kg angenommen wird, und die zugehörige Verlängerung aus Formel (6b) zu

$$\lambda_E = \frac{\alpha \cdot P_E \cdot l}{F} = \frac{6310 \cdot 20}{2100000 \cdot 3{,}14} = 0{,}0191 \text{ cm}$$

bestimmt ist, zu

$$\mathfrak{A}_E = \frac{P_E \cdot \lambda_E}{2} \tag{7}$$

$$= \frac{6310 \cdot 0{,}0191}{2} = 60{,}3 \text{ kgcm}.$$

Auf die Raumeinheit bezogen, wird die spezifische elastische Formänderungsarbeit

$$\mathfrak{a}_E = \frac{\mathfrak{A}_E}{V} \tag{8}$$

$$= \frac{60{,}3}{62{,}8} = 0{,}96 \frac{\text{kgcm}}{\text{cm}^3}.$$

Mit $V = F \cdot l$, $\frac{P_E}{F} = \sigma_E$, $\frac{\lambda_E}{l} = \varepsilon_E$ geht $\mathfrak{a}_E$ übrigens in

$$\mathfrak{a}_E = \frac{P_E \cdot \lambda_E}{2F \cdot l} = \frac{\sigma_E \cdot \varepsilon_E}{2} \tag{9}$$

über, ist also durch das halbe Produkt aus der Spannung und Dehnung an der Elastizitätsgrenze gegeben.

Zahlenbeispiel. Wenn die Stange der Abb. 9 zwischen Kopf und Innenfläche der Mutter gemessen, eine Länge $L = 150$ cm und dementsprechend

$$V = F \cdot L = 3{,}141 \cdot 150 = 471 \text{ cm}^3 \text{ Inhalt}$$

hat, so kann sie, aus dem Flußeisen nach Abb. 10 hergestellt, eine Arbeit

$$\mathfrak{A}_E = V \cdot \mathfrak{a}_E = 471 \cdot 0{,}96 = 452 \text{ cmkg}$$

elastisch aufnehmen. Um eine Vorstellung über die Wirkung von Stößen zu geben, sei erwähnt, daß das an der Stange hängende Gewicht von 1500 kg diese elastische Formänderungsarbeit erschöpft hätte, wenn es nach einem Fall von nur 1,6 mm durch die

Stange aufgefangen würde. Bei stärkeren Stößen wird die Elastizitätsgrenze überschritten, und müssen bleibende Formänderungen entstehen. Dabei ist auf die Kerbwirkung im Gewinde und an der Ansatzstelle des Kopfes, welche die Widerstandsfähigkeit der Stange gegen Stoß noch wesentlich herabsetzt, (vergl. den Abschnitt 3) noch gar nicht Rücksicht genommen.

Der Rechnungsgang ist folgender. Es bezeichne x die Strecke, um welche das Gewicht P herabfällt. Nach Durchlauf dieser Strecke trifft P auf den Kopf der Schraube und erzeugt in deren Schaft bei der weiteren Bewegung Spannungen, die höchstens bis zur Elastizitätsgrenze heranreichen dürfen, wenn keine bleibenden Formänderungen auftreten sollen. Die zu dieser Spannung σ_E gehörige Verlängerung des Stabes sei λ_E. Dann ist der gesamte Weg, den das Gewicht zurücklegt, $x + \lambda_E$ und die von ihm geleistete Arbeit $P \cdot (x + \lambda_E)$. Sie muß gleich der Formänderungsarbeit des Stabes $\frac{P_E \cdot \lambda_E}{2}$ sein, wenn P_E die Kraft bedeutet, die der Spannung σ_E entspricht. Aus

$$P(x + \lambda_E) = \frac{P_E \cdot \lambda_E}{2}$$

folgt

$$x = \frac{\lambda_E (P_E - 2P)}{2P},$$

das sich mit $P_E = \sigma_E \cdot F$ und $\lambda_E = \frac{\alpha \cdot P_E \cdot l}{F} = \alpha \cdot \sigma_E \cdot l$ auf die Spannung an der Elastizitätsgrenze σ_E zurückführen läßt:

$$x = \frac{\alpha \cdot \sigma_E \cdot l (\sigma_E \cdot F - 2P)}{2P}.$$

Mit den gegebenen und oben ermittelten Zahlenwerten wird

$$x = \frac{2010 \cdot 150\,(2010 \cdot 3{,}14 - 2 \cdot 1500)}{2100000 \cdot 2 \cdot 1500} = 0{,}158 \text{ cm}.$$

Die Verlängerung λ_E, die der Stab bei der stoßweisen Belastung erleidet, ist

$$\lambda_E = \alpha \cdot \sigma_E \cdot l = \frac{2010 \cdot 150}{2100000} = 0{,}144 \text{ cm},$$

während bei ruhiger Einwirkung der Belastung P nur eine Verlängerung von

$$\lambda = \frac{\alpha \cdot P \cdot l}{F} = \frac{1500 \cdot 150}{2100000 \cdot 3{,}14} = 0{,}0342 \text{ cm}$$

entsteht. Dadurch gerät der Stab in Längsschwingungen, bis er sich allmählich auf den zuletzt berechneten Wert einstellt. Tritt aber Resonanz ein, so können die Schwingungen verstärkt werden und zu bleibenden Formänderungen und schließlich zum Bruch führen!

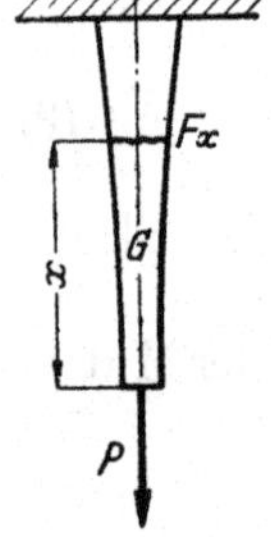

Abb. 14. Zur Berechnung des Körpers gleicher Zugfestigkeit.

Besitzt ein auf Zug beanspruchter Körper verschiedene Querschnitte, so ändern sich die Spannungen umgekehrt verhältnisgleich den Flächeninhalten, so daß der gefährliche Querschnitt, in dem die größten Spannungen auftreten, durch den kleinsten Querschnitt gekennzeichnet ist.

Unter Berücksichtigung des Eigengewichtes ist die Spannung in einem beliebigen Querschnitte F_x an der Stelle x des Stabes Abb. 14,

$$\sigma_z = \frac{P + G}{F_x},$$

wenn G das Eigengewicht des unter dem betrachteten Querschnitt liegenden Stabteiles bedeutet. Wird die Form des Stabes so gewählt, daß in allen Querschnitten gleiche Spannungen vorhanden sind, so entsteht der Körper gleicher Zugfestigkeit, der bei dem Einheitsgewicht s des Baustoffes der Gleichung

$$F_x = \frac{P}{\sigma_z} \cdot e^{\frac{s x}{\sigma_z}} \tag{10}$$

entsprechen müßte. e ist die Basis der natürlichen Logarithmen.

Beispiel. Ein Förderseil von 17 mm Durchmesser, aus sechs Litzen zu je sechs Drähten von 1,8 mm Durchmesser und sieben Hanfseelen bestehend und von 0,88 kg/m Eigengewicht hält bei einer Zugfestigkeit des Drahtes $K_z = 12000$ kg/cm² eine Bruchlast von 10970 kg aus. Auf das reine Drahtvolumen bezogen, hat es ein Einheitsgewicht $s = 0{,}00861$ kg/cm³. Bei achtfacher Sicherheit oder $k_z = 1500$ kg/cm² zulässiger Spannung, könnte es mit $\frac{10970}{8} = 1372$ kg belastet werden und bei 1000 kg Nutzlast $G = 372$ kg Eigengewicht haben. Das entspricht einer Länge von $\frac{372}{0{,}88} = 423$ m. Wenn es als Seil gleicher Festigkeit den theoretischen Anforderungen entsprechend genau hergestellt werden könnte, erhielte es einen Endquerschnitt

$$F_0 = \frac{P}{k_z} = \frac{1000}{1500} = 0{,}667 \text{ cm}^2$$

und eine Länge $l = 550$ m, die sich aus

$$F_1 = \frac{P}{k_z} \cdot e^{\frac{sl}{k_z}} = F_0 \cdot e^{\frac{sl}{k_z}}$$

ergibt, wenn F_1 den obersten Querschnitt von

$$36 \cdot \frac{\pi}{4} \cdot 0{,}18^2 = 0{,}916 \text{ cm}^2$$

bedeutet. Durch Logarithmieren folgt

$$\log F_1 = \log F_0 + \frac{s \cdot l}{k_z} \cdot \log e,$$

$$l = \frac{k_z}{s} \frac{\log F_1 - \log F_0}{\log e} = \frac{1500}{0{,}00861} \frac{\log 0{,}916 - \log 0{,}667}{\log e} = 55000 \text{ cm}.$$

II. Die zulässigen Spannungen bei der Berechnung von Maschinenteilen.

Grundsätzlich ist zu beachten, daß an den Maschinenteilen weniger die entstehenden Spannungen als die auftretenden Formänderungen maßgebend und entscheidend sind. Letztere müssen im wesentlichen elastischer Art sein; größere bleibende sind unbedingt zu vermeiden, da sie nicht allein die Gefahr einer Beschädigung oder des Bruches näherrücken, sondern auch zu anderer Wirkung und Verteilung der Kräfte und zu Überanstrengungen weiterer Teile führen können. Wenn man bei der Berechnung meist die Bestimmung der Formänderungen umgeht, so geschieht das aus zwei Gründen: weil die Berechnung der Spannungen mittels einfacherer Formeln und unter Vermeidung der Elastizitätsziffer möglich ist und weil unsere Festigkeitslehre nach dem Hookeschen Gesetz Verhältnisgleichheit zwischen Spannungen und Formänderungen voraussetzt, so daß — nicht immer in Übereinstimmung mit den tatsächlichen Verhältnissen — die Spannungen den Formänderungen gleichwertig werden. Sollen die Formänderungen klein sein, so hilft man sich dadurch, daß man niedrige Beanspruchungen einsetzt.

Der Berechnung von Konstruktionsteilen werden die zulässigen Spannungen zugrunde gelegt. Bei ihrer Wahl sind drei Gesichtspunkte zu beachten:

1. die mechanischen Eigenschaften der zu verwendenden Werkstoffe,
2. die Sicherheit, mit der die Spannungen durch die Rechnung ermittelt werden können,
3. die Art der Kraftwirkung.

1. Einfluß der mechanischen Eigenschaften der Werkstoffe. Zur Vermeidung bleibender Formänderungen müssen, wie schon im vorigen Abschnitt erwähnt, die Spannungen in den Maschinenteilen unterhalb der Elastizitätsgrenze, zum mindesten unterhalb der Fließgrenze bleiben. Bei den üblichen Prüfungen der Baustoffe werden freilich die Spannungen an diesen Grenzen nur selten genau festgestellt; meist beschränkt man sich auf die Ermittlung der Bruchfestigkeit K und der Formänderung während des Bruches oder nach demselben und benutzt den oben erläuterten Sicherheitsgrad gegen Bruch $\mathfrak{S}$ dazu, die zulässige Spannung $k = \frac{K}{\mathfrak{S}}$ festzulegen. Dabei sind verschiedene Zahlen für $\mathfrak{S}$ nötig, je nach der Gewißheit, mit der vorgeschriebene Festigkeitseigenschaften bei der Herstellung erreicht und gewährleistet werden können und je nach der Lage der Bruch- und Elastizitätsgrenze zueinander. Schmiedeeisen und Stahl werden in bestimmten, recht gleichmäßigen Sorten geliefert, so daß niedrige Werte für $\mathfrak{S}$ zulässig sind; dagegen verlangen gewöhnlicher Stahlguß, in noch stärkerem Maße aber viele Legierungen höhere Werte, weil sie ungleichmäßiger und unzuverlässiger sind, soweit nicht Sonderfirmen mit weitgehenden Erfahrungen genügende Gewähr bieten können.

Die zulässige Beanspruchung muß um so kleiner genommen werden, je niedriger die Elastizitätsgrenze im Verhältnis zur Bruchgrenze liegt.

Schließlich wird der Sicherheitsgrad im allgemeinen bei zähen Stoffen mit bedeutendem Arbeitsvermögen und großen Dehnungszahlen kleiner gewählt werden dürfen, weil selbst im Falle des Überschreitens der Fließgrenze noch beträchtliche Formänderungen nötig sind, ehe es zum Bruche kommt. Doch ist dabei etwaige Kerbwirkung (Abschn. 3, II, e) besonders zu beachten. Durch scharfe Absätze, geringe Ausrundungen oder unvermittelte Querschnittübergänge kann die Formänderung gehindert oder beeinträchtigt und die Widerstandsfähigkeit erheblich vermindert werden. Auch hier pflegt man sich wieder dadurch zu helfen, daß man bei der üblichen Rechnung niedrige Spannungen einsetzt.

Die in der Zusammenstellung 2 gegebenen Zahlen gelten für gewöhnliche Wärmegrade. Der Einfluß der Wärme auf die Festigkeit ist bei der Besprechung der einzelnen Werkstoffe behandelt.

2. Einfluß der Spannungsermittlung. Je sicherer es ist, daß die errechneten Spannungen nicht überschritten werden, um so höher darf die Beanspruchung unter voller Beachtung der Gesichtspunkte 1 und 3 liegen. Bei ruhender Belastung ist es z. B. zulässig, bis nahe an die Elastizitätsgrenze heranzugehen. Wenn aber Nebenbeanspruchungen auftreten, die vernachlässigt sind oder rechnungsmäßig nicht verfolgt werden können, so ist die zulässige Beanspruchung unter sorgfältiger Einschätzung der Umstände zu erniedrigen. Beispielweise werden auf diese Art oft das Eigengewicht, Nebenspannungen, zufällige Überlastungen, etwa durch Überschreiten der normalen Geschwindigkeiten, Stöße oder Erschütterungen, dynamische oder Massenwirkungen, Guß- und Wärmespannungen berücksichtigt. Auch die Art des Betriebes — bei Kranen: Walzwerkbetrieb, im Gegensatz zu dem vorsichtigeren Werkstattbetrieb —, oder die bei Betriebsmaschinen der chemischen Großindustrie gestellte Forderung, daß sie ohne Überholen vier bis fünf Monate Tag und Nacht durchlaufen müssen, ist zu beachten.

3. Einfluß der Art der Kraftwirkung. Es ist nicht gleichgültig, ob eine Kraft ihre Größe und Richtung dauernd beibehält oder wechselt. In der Beziehung braucht nur daran erinnert zu werden, daß ein Stab dem einmaligen Abbiegen oft sehr gut widersteht, dagegen durch mehrfaches Hin- und Herbiegen zum Bruch gebracht wird. Seine Fasern sind im letzteren Falle wechselnd auf Biegung beansprucht und deshalb weniger widerstandsfähig.

Man unterscheidet die folgenden drei Arten der Inanspruchnahme:

a) Ruhende Beanspruchung. Die Belastung wirkt dauernd und ändert ihre Größe und Richtung nicht. (Tragstange eines Belastungsgewichts, $\sigma_z =$ konst.)

Zusammenstellung 1. **Auszug aus den Wöhlerschen Versuchen.**

Lfd. Nr.	Werkstoff	Belastungsweise	Zahl der Belastungen n: Bruch erfolgte bei $n =$	Zahl der Belastungen n: noch nicht gebrochen bei $n =$	Bruchspannung nach Wöhler	Verhältnis der Bruchspannungen
1		a) Ruhend auf Zug (2 Versuche)			a) Ruhende Bel. $K_z = 3250$ kg/cm²	2,77
2		b) Schwellend auf Zug .... $\sigma_z = 0 \ldots 3500$ kg/cm²	800			
3		$0 \ldots 2340$ „	10141645			
4		b) Schwellend auf Biegung $\sigma_b = 0 \ldots 4010$ „	169750		b) Schwell. Bel. $K_z = K_b = 2190$ kg/cm²	1,87
5		$0 \ldots 3290$ „	481950			
6		$0 \ldots 2630$ „	4035400			
7		$0 \ldots 2190$ „		48200000		
8	Bearbeitete Stäbe aus schweißeisernen Achsen, von Phönix 1857 geliefert	c) Wechselnd auf Biegung ... $\sigma_b = \pm 2330$ „	56430			
9		± 2190 „	99000			
10		± 2050 „	183145			
11		± 1900 „	479490			
12		± 1750 „	909810			
13		± 1610 „	3632588			
14		± 1460 „	4917992			
15		± 1310 „	19186791			
16		± 1170 „		132250000	c) Wechselnde Bel. $K_b = 1170$ kg/cm²	1
17		a) Ruhend auf Zug (3 Versuche)			a) Ruhende Bel. $K_z = 7600$ kg/cm²	3,7
18		b) Schwellend auf Zug .... $\sigma_z = 0 \ldots 5840$ kg/cm²	18741			
19		$0 \ldots 3650$ „	473766			
20		$0 \ldots 3500$ „		13600000		
21		b) Schwellend auf Biegung $\sigma_b = 0 \ldots 4020$ „	1762300			
22		$0 \ldots 3840$ „	1031200		b) Schwell. Bel. $K_z = K_b = 3500$ kg/cm²	1,72
23		$0 \ldots 3650$ „	5234200			
24		$0 \ldots 3650$ „		40600000		
25	Bearbeitete Stabe aus Gußstahlachsen, von Krupp 1862 geliefert.	c) Wechselnd auf Biegung .. $\sigma_b = \pm 3060$ „	55100			
26		± 2480 „	797525			
27		± 2190 „	45050640		c) Wechselnde Bel. $K_b = 2040$ kg/cm²	1
28		b) Schwellend auf Drehung $\tau_d = 0 \ldots 3280$ „	373800			
29		$0 \ldots 2920$ „	879900			
30		$0 \ldots 2770$ „		28850000	b) Schwellende Bel. $K_d = 2770$ kg/cm²	1,73
31		c) Wechselnd auf Drehung .. $\tau_d = \pm 1750$ „	859700			
32		± 1600 „		19100000	c) Wechselnde Bel. $K_d = 1600$ kg/cm²	1
33		b) Schwellend auf Zug .... $\sigma_z = 0 \ldots 1100$ kg/cm²	3140			
34		$0 \ldots 1020$ „	4000			
35		$0 \ldots 950$ „	10342			
36		$0 \ldots 880$ „	45028			
37	Bearbeitete Stäbe aus Gußeisen aus einem Lokomotivzylinder (Vulkan).	$0 \ldots 800$ „	78685			
38		$0 \ldots 770$ „	27885			
39		$0 \ldots 770$ „	35599			
40		$0 \ldots 730$ „	208439			
41		$0 \ldots 730$ „		7200000	b) Schwellende Bel. $K_z = 730$ kg/cm²	
42		$0 \ldots 730$ „		7600000		

b) Schwellende Beanspruchung. Die Belastung schwankt stetig, aber beliebig oft zwischen Null und einem höchsten Werte. (Lastseil eines Krans, wenn man die Belastung durch das Eigengewicht und die Hakenflasche unberücksichtigt läßt. Es entstehen nur Zugspannungen σ_z, die aber alle Werte zwischen 0 bei leerem Haken bis σ_z bei voller Last durchlaufen.)

c) Wechselnde Beanspruchung. Die äußeren Kräfte erzeugen Spannungen, die beliebig oft zwischen einem positiven und einem negativen größten Wert wechseln. (Die Achse eines Eisenbahnwagens ist wechselnd auf Biegung belastet, indem ihre Fasern bei jeder Umdrehung einmal auf Zug durch $+\sigma_b$ und einmal auf Druck durch $-\sigma_b$ in Anspruch genommen werden.)

Die ersten sorgfältigen und grundlegenden Versuche über den Einfluß der Art der

Zusammenstellung 2. **Zulässige Bean-**

Unter Benutzung der Werte von

Werkstoff	Anforderungen		Zulässige									
			Zug k_z kg/cm²				Druck k kg/cm²		Flächendruck p kg/cm² an nicht gleitenden Flächen		
	Festigkeit K_z, K, K_b kg/cm²	Bruchdehnung δ %	a) ruhend $\mathfrak{S} = K_z : k_z$	a) ruhend	b) schwellend	c) wechselnd	a) ruhend	b) schwellend	a) ruhend	b) schwellend	c) hämmernd
Flußstahl, weich	K_z = 3000–5000	25–15	4–3	900–1500	600–1000	300–500	900–1500	600–1000	800–1000	530–670	270–330
Flußstahl	K_z = 5000–7000	20–10	4	1200-1800	800-1200	400–600	1200-1800	800–1200	1000-1500	700–1000	350–500
Flußstahl, gehärtet Federstahl, gehärtet									1500-1800	900–1200	400–600
Tiegelstahl	K_z = 4500–9000	20–6	4–3	1200-2500	800–1670	400–830	1200-2500	800–1670	1000-2000	670–1330	330–670
Nickelstahl, weich-mittelhart	K_z = 4500–6000	20–16	4–3	1200-1800	800–1200	400–600	1200-1800	800–1200	1000-1500	700–1000	350–500
Schweißeisen	K_z = 3000–4200	20–12	4–3,5	900–1200	600–800	300–400	900–1200	600– 800	700– 900	470– 600	230–300
Stahlguß	K_z = 3600–6000	20–10	6–5	600–1200	400–800	200–400	900–1500	600–1000	800–1000	530— 670	270–330
Gußeisen mit Gußhaut	K_b an normalen Rundstäben 2800–3600	–	—	—	—	—	—	—	—	—	—
			5–4,5	300–350	200–230	100–120	900–1000	600–660			
Gußeisen bearbeitet	K_z = 1350–1750	—	—	—	—	—	—	—	700–800	470–530	230–270
Schmiedbarer Guß	K_z = 2000–3100	7,5–1	5–4	450– 700	300–470	150–230	600–900	400–600	500–800	330– 530	170–270
Hartguß									1000-1500	670–1000	330–500
Kupfer, gewalzt	K_z = 2000–2700	35–25	5–4	400– 540	270–360	130–180	400–540	270–360	350–500	230– 330	120–170
Blei									20–50		
Aluminiumguß	K_z = 900–1200	3	10–8	100– 120	70–80	30–40					
Zinnbronzen, gegossen	K_z = 2000–2500	20–6	6–5	400– 500	270–330	130–170	400–500	270–330	300–400	200–270	100–130
Phosphorbronzen	K_z = 3000–4500	25–10	6–5	600– 900	400–600	200–300	600–900	400–600	500–750	330-500	170–250
Rotguß	K_z = 1800–2200	15–5	6–5	300– 400	200–270	100–130	300–400	200–270	250–350	170–230	80–120
Messing, gewalzt	K_z = 2000–3000	30–20	5	400– 600	270–400	130–200	400–600	270–400	300–450	270–300	130–150
Durana-Deltametall usw	K_z = 3500–6000	20–12	6–5	600–1000	400–670	200–330	600–1000	400–670	500–800	330–530	170–270
Eiche	K = 350–500	K_b = 600–750	—	180	120	60	90	60			
Tanne, Fichte, Kiefer	K = 250–400	K_b = 300–500	—	150	100	50	75	50			
Granit	in Richtung der Faser.	—	—	—	—	—	60	40			
Kalkstein		—	—	—	—	—	30	20			
Sandstein		—	—	—	—	—	20	14			
Ziegelmauerwerk, in Kalk		—	—	—	—	—	10	7			
Ziegelmauerwerk in Zement		—	—	—	—	—	16	10			
Beton		—	—	—	—	—	10	7			

Belastung hat Wöhler 1858—1870 ausgeführt [I, 5]. Die vorstehende Zusammenstellung 1 beschränkt sich auf einige Versuche an Stäben aus Schweißeisen, Gußstahl und Gußeisen, während sich die Untersuchungen Wöhlers noch auf zahlreiche andere Stahl- und Eisenproben, auf gehärteten und ungehärteten Federstahl und Kupfer, sowie auf die Wirkung scharfer Absätze bezogen. Einige Stäbe der Versuchsreihen wurden dem gewöhnlichen Zerreißversuch unter allmählicher Steigerung der Last bis zum Bruch, ruhender Beanspruchung entsprechend, auf Zugfestigkeit untersucht, eine weitere Anzahl unter schwellender Inanspruchnahme allmählich bis zu den angegebenen Grenzlasten be- und dann wieder entlastet. Auf Biegung wurden die Stäbe schwellend beansprucht, indem die Last, welche die angeführten Spannungen hervorrief, allmählich aufgebracht und dann wieder abgenommen wurde, wechselnd, indem die Stäbe sich unter der Last drehen

spruchungen der Werkstoffe des Maschinenbaues.

Bach, Stephan, Kammerer u. a.

Beanspruchung auf												
Biegung k_b kg/cm²				Abscherung k_s kg/cm²				Drehung k_d kg/cm²				Bemerkungen
a) ruhend		b) schwellend	c) wechselnd	a) ruhend		b) schwellend	c) wechselnd	a) ruhend		b) schwellend	c) wechselnd	
Querschnittform und $\mathfrak{S} = K_b : k_b$				$\mathfrak{S} = K_s : k_s$				Querschnittf. u. $\mathfrak{S} = K_d : k_d$				
	900–1500	600–1000	300–500	4–3	720–1200	480–800	240–400		600–1200	400– 800	200–400	
	1200–1800	800–1200	400–600	4	960–1440	640–960	320–480		900–1440	600– 960	300–480	
	7500	5000	—	—	—	—	—		6000	4000		vgl. Zus.-Stell. 12
	1200–2500	800–1670	400–830	4–3	960–2000	640–1330	320–670		900–2000	600–1330	300–670	vgl. Zus.-Stell. 27
	1200–1800	800–1200	400–600	4	960–1440	640–960	320–480		900–1440	600– 960	300–480	vgl. Zus.-Stell. 27
	900–1200	600– 800	300–400	4–3,5	720–950	480–640	240–320		360– 480	240– 320	120–160	
	750–1200	500– 800	250–400	6–5	480–960	320–640	160–320		480– 960	320– 640	160–320	vgl. Abschn. 2, II, D
6	460– 600	310– 400	150–200									
7,5	370– 480	250– 320	120–160					5	270–350	180–230	90–120	
9	310– 400	210– 270	100–130		300–350	200–230	100–120	6	220–290	150–190	70–100	vgl. Abschn. 2, II, E, 2
5	560– 720	370– 480	190–240					3,5	380–500	250–330	130–160	
6	460– 600	310– 400	150–200					3,2	420–550	280–370	140–180	
7	400– 510	270– 340	130–170									
	450– 700	300– 470	150–230	—	—	—	—	—	300–400	200–270	100–130	
	400– 540	270– 360	130–180									
	150– 200	100– 130	50–70									
	400– 500	270– 330	130–170	—	—	—	—	—	300–400	200–270	100–130	
	600– 900	400– 600	200–300	—	450–700	300–470	150–230		450–700	300–470	150–230	vgl. Abschn. 2, IV, B
	300– 400	200– 270	100–130	—								
	400– 600	270– 400	130–200	—	320–480	210–320	110–160		320–480	210–320	110–160	
	600–1000	400– 670	200–330	—	480–800	320–530	160–270		480–800	320–530	160–270	vgl. Abschn. 2, IV, C
	130	90	45	—	—	10						
	105	70	35	—	—	8						

mußten, so daß die Fasern bald Druck-, bald Zugspannungen gleicher Größe ausgesetzt waren. Eine dieser Reihen ist unter lfd. Nr. 1—16 vollständig wiedergegeben und zeigt deutlich den Einfluß der Höhe der Beanspruchung auf die Zahl der Belastungen, die zum Bruche nötig sind. Endlich wurde an einer Anzahl Proben das Verhalten gegenüber schwellender und wechselnder Beanspruchung auf Drehung festgestellt.

Für die einzelnen Baustoffe und Belastungsarten sind in der vorletzten Spalte die Spannungen, bei denen der Bruch zu erwarten ist, aufgeführt. Sie nehmen in der Reihenfolge: ruhende, schwellende und wechselnde Beanspruchung sehr bedeutend ab und ergeben, wenn man die Bruchspannung bei wechselnder Belastung gleich 1 setzt, die in der letzten Spalte eingetragenen Verhältniszahlen, die nur für das untersuchte Gußeisen fehlen, da der entsprechende einfache Zugversuch leider unterblieben ist. Aus ihnen, sowie aus den praktischen Erfahrungen im Maschinenbau kann man das Verhältnis der Bruchspannungen K und — gleiche Sicherheit gegen das Eintreten des Bruches vorausgesetzt —, das Verhältnis der zulässigen Beanspruchungen k in den drei Fällen der ruhenden, schwellenden und wechselnden Einwirkung der Kräfte wie 3 : 2 : 1 annehmen, so daß z. B. weicher Flußstahl, der bei ruhender Belastung auf Zug mit 1200 kg/cm² beansprucht werden darf, bei schwellender 800 und bei häufigem Wechsel zwischen Zug und Druck nur $\pm$ 400 kg/cm² verträgt.

Die Erklärung für die Erscheinungen und besonders für den auffallenden Umstand, daß bei schwellender Belastung recht hohe Spannungen, die offenbar über der gewöhnlichen Fließgrenze des Baustoffs liegen, dauernd ausgehalten werden und nicht zum Bruche führen, gab Bauschinger [I, 6]. Er zeigte an Schweißeisen und Flußstahl, daß Belastungen in einer Richtung, z. B. auf Zug, die über die Streckgrenze des Werkstoffes hinausgehen, die Streck- und die Elastizitätsgrenze bis zu einem gewissen Grade heben, wodurch der Baustoff zur Aufnahme beliebig häufiger Wiederholungen von Belastungen in gleichem Sinne, entsprechend schwellender Beanspruchung fähig wird. War aber an einer Probe bei einer Belastung auf Zug die Elastizitätsgrenze überschritten worden, und wurde nunmehr die Probe auf Druck in Anspruch genommen, so ergab sich, daß die Elastizitätsgrenze für diese entgegengesetzte Belastung erniedrigt und oft auf Null herabgeworfen worden war. Derartigen, zwischen Zug und Druck wechselnden Beanspruchungen widersteht der Baustoff dauernd nur, wenn die Spannungen unter einer bestimmten Grenze bleiben, die Bauschinger als natürliche Elastizitätsgrenze bezeichnete, und die erheblich unter der Grenze für schwellende Belastung liegt.

Zu den auf S. 12 zusammengestellten zulässigen Beanspruchungen der wichtigeren Werkstoffe des Maschinenbaus sind die folgenden Bemerkungen zu machen. Die in der Spalte „Anforderungen" aufgeführten Festigkeits- und Dehnungszahlen sind an guten, im Maschinenbau häufig verwandten Werkstoffen ermittelte Durchschnittwerte. Sie werden gelegentlich unterschritten, können aber bei Sondersorten wesentlich übertroffen werden, wie bei der Einzelbesprechung der Baustoffe näher gezeigt ist.

Was die Zahlen für die Dehnung anlangt, so gehören die größeren Dehnungsziffern im allgemeinen zu den kleineren Festigkeitszahlen, da die Dehnung mit steigender Festigkeit abnimmt. Es ist unzulässig, neben hoher Festigkeit auch große Werte für die Dehnung zu verlangen.

In den folgenden Spalten sind Einzelzahlen für die zulässigen Spannungen bei den verschiedenen Inanspruchnahmen auf Zug, Druck, Flächendruck, Biegung, Abscherung und Drehung aufgeführt. Wenn dabei fast durchweg zwei Werte angegeben wurden, so ist das zunächst wegen der in verschiedenen Grenzen liegenden Festigkeit der Werkstoffe geschehen. Die größeren Werte sollten im allgemeinen nur an besseren, den höheren Festigkeitszahlen entsprechenden Baustoffen zugelassen werden. Dann ist sorgfältig zu berücksichtigen, ob die Bedingungen der Inanspruchnahme auf ruhende, schwellende oder wechselnde Wirkung der Kräfte vollkommen erfüllt sind, oder ob nicht Nebenbeanspruchungen, Stöße, Wärme- und Gußspannungen usw. die Wahl niedrigerer Werte verlangen.

Neben den Zahlen für die ruhende Belastung auf Zug, Biegung, Abscherung und Drehung ist vielfach die Sicherheit $\mathfrak{S} = K : k$ angeführt, um einen Anhalt für die zulässige Beanspruchung an ähnlichen Stoffen mit ungewöhnlichen oder durch den Versuch ermittelten besonderen Festigkeitszahlen zu bieten. Bei Gußeisen, das auf Biegung und Drehung beansprucht ist, hat die Querschnittform nach den Versuchen von Bach erheblichen Einfluß auf die Widerstandsfähigkeit, so daß Zahlen für die einzelnen Querschnittarten angegeben wurden.

Für schwellende und wechselnde Inanspruchnahme sind die zulässigen Spannungen unter Benutzung der Wöhlerschen Zahlen in Höhe von $^2/_3$ und $^1/_3$ derjenigen bei ruhender Belastung ermittelt.

Die Beanspruchung auf Druck und Biegung stimmt bei den meisten Stoffen mit der auf Zug überein, insbesondere dann, wenn die Fließ- und die Quetschgrenze auf etwa der gleichen Höhe liegen. Ausnahmen hiervon bilden Stahlguß, Gußeisen, schmiedbarer Guß und Holz, von denen die ersteren höhere, Holz dagegen geringere Widerstandsfähigkeit gegen Druck aufweisen. Entsprechend müssen die Zahlen für die Inanspruchnahme auf Biegung gewählt werden.

Der Flächendruck an nicht gleitenden Flächen setzt gut bearbeitete Auflagestellen voraus und darf erklärlicherweise die Höhe der Inanspruchnahme auf Druck im Innern von Körpern nicht erreichen. Er muß, falls die Flächen weniger sorgfältig hergestellt sind, noch niedriger als in der Zusammenstellung angegeben, genommen werden. Hämmernde Wirkung infolge von Erschütterungen oder Stößen ist durch ein Drittel der Werte für ruhende Belastung berücksichtigt.

Im Falle von Abscherung und Drehung kann rund 0,8 der Beanspruchung auf Zug eingesetzt werden, da Versuche an den meisten Stoffen das Verhältnis der Scherfestigkeit zur Zugfestigkeit zu 0,8 ergeben. Nur bei Gußeisen können für k_s etwa dieselben Werte wie für k_z genommen werden.

Schweißeisen erweist sich infolge der Schlackeneinschlüsse als wenig widerstandsfähig gegen Verdrehen; hierin sind die niedrigen Zahlen für k_d begründet.

III. Druckfestigkeit.

Eine nach Abb. 3 in der Stabachse wirkende Kraft P beansprucht den Körper auf Druck und ruft Druckspannungen in der Größe

$$\sigma_d = \frac{P}{F} \tag{11}$$

hervor, wenn man voraussetzt, daß diese sich gleichmäßig über den Querschnitt verteilen. An Konstruktionsteilen dürfen sie die zulässigen Beanspruchungen k Seite 12 nicht überschreiten.

Den Druckversuch an einem Körper aus weichem Flußstahl ergibt das Schaubild 15, wenn die Druckspannungen σ_d als Ordinaten nach unten, die auf die Längeneinheit bezogenen Zusammendrückungen oder Stauchungen

$$\varepsilon = \frac{\delta}{l} \tag{12}$$

als Abszissen nach links abgetragen werden. Durch Feinmessungen läßt sich eine Elastizitätsgrenze E und eine Proportionalitätsgrenze P in ähnlicher Weise, wie beim Zugversuch beschrieben, nachweisen, sowie eine Dehnungs- oder Elastizitätszahl

$$\alpha = \frac{\varepsilon}{\sigma_d} \tag{13}$$

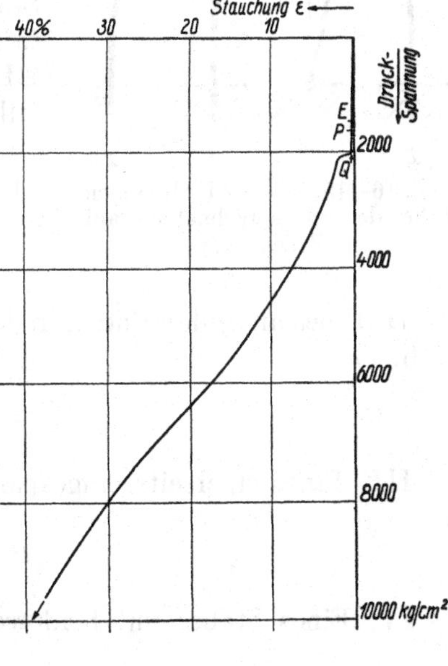

Abb. 15. Druckversuch an weichem Flußstahl.

oder ein Elastizitätsmaß $E = \frac{1}{\alpha} = \frac{\sigma_d}{\varepsilon}$ ermitteln. Weniger ausgeprägt ist die der Fließgrenze entsprechende Stauch- oder Quetschgrenze Q, weil mit der Verkürzung des Stabes eine Querschnittvergrößerung und daher eine Vermehrung der Tragfähigkeit verbunden ist. In diesem Umstande ist auch das spätere ständige Ansteigen der Kräfte zum weiteren Zusammenpressen der Probe begründet. Ein Bruch tritt bei zähen Stoffen oft überhaupt nicht ein. Zur Beurteilung des Baustoffs begnügt man sich deshalb häufig mit der Feststellung der Quetschgrenze, weil an dieser die für den Konstrukteur maßgebende Widerstandsfähigkeit erschöpft ist. Besondere Wichtigkeit hat der meist an würfelförmigen Proben vorgenommene Druckversuch für Steine und Beton, die ja auch als Werkstoffe vor allem auf Druck beansprucht zu werden pflegen.

Wird durch vollständiges Einschließen der Druckkörper das seitliche Entweichen des Stoffes oder die mit der Stauchung verbundene Ausbauchung gehindert, so erhöht sich die Widerstandsfähigkeit ganz wesentlich. Selbst sehr nachgiebige Stoffe, wie Blei und Gummi, halten dann hohe Pressungen aus.

Die Verkürzung oder Zusammendrückung, die der Körper durch die Kraft P erleidet, ist

$$\delta = \frac{\alpha \cdot P \cdot l}{F}. \tag{14}$$

IV. Knickfestigkeit.

Während bei kurzen prismatischen Probekörpern die durch eine Druckkraft hervorgerufene Formänderung lediglich in einer Verkürzung des Körpers unter Erhaltung seiner geraden Achse besteht, tritt bei längeren Stäben Ausbiegen ein, weil der Baustoff stets mehr oder weniger ungleichmäßig ist, die Achse Abweichungen von der geraden Linie aufweisen wird und eine genau axiale Kraftwirkung nur sehr schwierig zu erreichen ist, jedenfalls an Konstruktionsteilen selten vorausgesetzt werden darf. Mit zunehmender Belastung steigt die schon früh auftretende Durchbiegung allmählich, nimmt aber bei einer bestimmten Kraft, der Knickkraft, rasch, oft plötzlich sehr große Werte an; der Stab knickt zusammen. Nach Euler sind die Tragfähigkeiten auf Knickung beanspruchter Teile bei $\mathfrak{S}$facher Sicherheit gegen Ausknicken in den vier Belastungsfällen, Abb. 16—19, die folgenden:

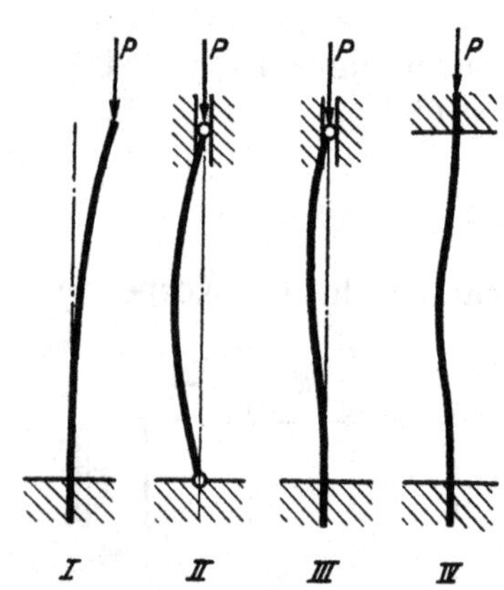

Abb. 16—19. Die vier Eulerschen Fälle der Inanspruchnahme auf Knickung.

I. Eines an einem Ende frei beweglichen, am anderen Ende eingespannten Stabes, Abb. 16,

$$P = \frac{\pi^2}{4\mathfrak{S}} \frac{J}{\alpha \cdot l^2} \approx \frac{2{,}5 J}{\mathfrak{S} \cdot \alpha \cdot l^2}. \tag{15}$$

II. Eines an beiden Enden in der Stabachse geführten, aber gelenkig gelagerten Stabes, Abb. 17,

$$P = \frac{\pi^2}{\mathfrak{S}} \cdot \frac{J}{\alpha \cdot l^2} \approx \frac{10 \cdot J}{\mathfrak{S} \cdot \alpha \cdot l^2}. \tag{16}$$

III. Eines einerseits eingespannten, andererseits geführten Stabes, Abb. 18,

$$P = \frac{2 \cdot \pi^2}{\mathfrak{S}} \cdot \frac{J}{\alpha \cdot l^2} \approx \frac{20 \cdot J}{\mathfrak{S} \cdot \alpha \cdot l^2}. \tag{17}$$

IV. Eines Stabes mit beiderseits eingespannten Enden, Abb. 19,

$$P = \frac{4\pi^2}{\mathfrak{S}} \cdot \frac{J}{\alpha \cdot l^2} \approx \frac{40 \cdot J}{\mathfrak{S} \cdot \alpha \cdot l^2}. \tag{18}$$

Die Formeln III und IV werden im Maschinenbau wegen der meist vorhandenen Unsicherheit über den Grad der Einspannung selten benutzt. Selbst in Fällen, in denen eine Einspannung beabsichtigt ist, wird größerer Sicherheit wegen nach Formel I oder II gerechnet.

Zur Anwendung der Eulerschen Formeln ist jedoch zu bemerken, daß ihr Gültigkeitsbereich beschränkt ist und ihre unrichtige Anwendung zu Täuschungen über den Sicherheitsgrad der Konstruktionen führen kann. Setzt man in der Formel 16 den Sicherheitsgrad $\mathfrak{S} = 1$, so gibt

$$P_k = \frac{\pi^2 \cdot J}{\alpha \cdot l^2}$$

die Knickkraft an. Mit $J = i^2 F$, wobei i den Trägheitshalbmesser, F den Stabquerschnitt bedeutet, wird

$$P_k = \frac{\pi^2 \cdot F}{\alpha} \frac{i^2}{l^2}$$

oder

$$\frac{P_k}{F} = K_k = \frac{\pi^2}{\alpha \cdot \left(\frac{l}{i}\right)^2}. \tag{19}$$

K_k heißt Knickspannung. Das Verhältnis $\frac{l}{i}$, eine Beziehung zwischen der Stablänge und dem Trägheitshalbmesser und damit dem Trägheitsmoment, bezeichnet man als Schlankheit des Stabes. Trägt man K_k in Abhängigkeit von $\frac{l}{i}$ in einem Schaubilde auf, so bekommt man eine hyperbolische Linie mit sehr hohen Knickspannungen bei kleinem $\frac{l}{i}$ wie Abb. 20 für Flußeisen mit einer Dehnungsziffer $\alpha = \frac{1}{2120000}$ zeigt. Die Gültigkeit der Eulerschen Formel erstreckt sich nun nur auf das durch senkrechte Strichelung hervorgehobene Gebiet, in welchem die Knickspannung unterhalb der Fließgrenze bleibt und die Formänderungen ausschließlich oder doch vorwiegend elastischer Natur sind (Gebiet der elastischen Knickung). Links von der Linie AA', die durch den Schnitt der Eulerschen Hyperbel mit der bei 1900 kg/cm² angenommenen Fließgrenze geht, ist der Knickvorgang stets mit Fließerscheinungen und deshalb mit bleibenden Formänderungen verbunden. Der Stab federt bei der Entlastung nicht wieder völlig zurück (Gebiet der unelastischen Knickung). Erst bei sehr kleinen Werten von $\frac{l}{i}$ verschwindet die Erscheinung des Ausknickens. Das Zusammendrücken erfolgt dann längs der Körperachse; der Knickversuch geht allmählich in den Druckversuch über. Im Gebiet der unelastischen Knickung gilt für die Knickspannung nach Tetmajer auf Grund umfangreicher Versuche im Belastungsfall II die empirische Formel:

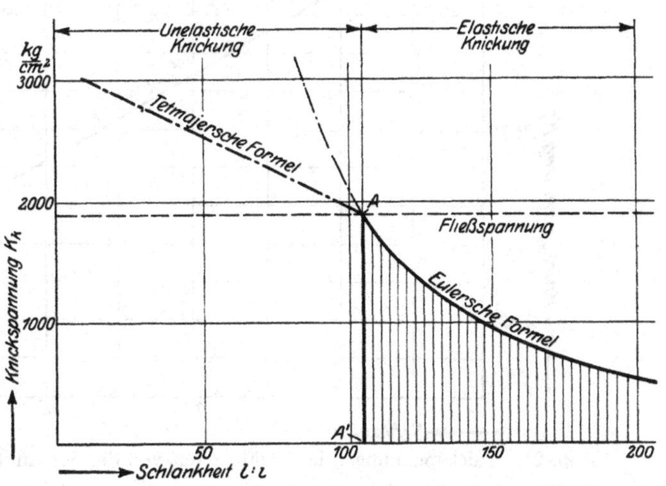

Abb. 20. Gebiete der elastischen und unelastischen Knickung.

$$K_k = \frac{P_k}{F} = K \cdot \left[1 - c_1 \frac{l}{i} + c_2 \left(\frac{l}{i}\right)^2\right], \tag{20}$$

wobei K, c_1 und c_2 vom Baustoff abhängige Festwerte sind. Zahlen dafür enthält die folgende Zusammenstellung, die gleichzeitig den Gültigkeitsbereich der Formel durch die Grenzwerte von $\frac{l}{i}$ angibt; beim Überschreiten der Größtwerte ist im Belastungsfalle II die Eulersche Formel anzuwenden.

Zusammenstellung 3. **Festwerte der Tetmajerschen Knickformel.**

Stoff	K	c_1	c_2	Grenzen für $\frac{l}{i}$	
				min	max
Flußstahl	3350	0,00185	0	—	90
Weicher Flußstahl (Flußeisen)	3100	0,00368	0	10	105
Nickelstahl (mit $< 5\%$ Ni)	4700	0,00490	0	—	86
Gußeisen	7760	0,01546	0,00007	5	80
Bauholz	293	0,00662	0	1,8	100

Aus der Tetmajerschen Gleichung folgt die Tragkraft P eines Konstruktionsteiles bei $\mathfrak{S}$facher Sicherheit

$$P = \frac{P_k}{\mathfrak{S}} = F \cdot \frac{K}{\mathfrak{S}} \left[1 - c_1 \cdot \frac{l}{i} + c_2 \left(\frac{l}{i}\right)^2\right]. \tag{21}$$

Leider gestattet die Formel nicht die unmittelbare Berechnung des Trägheitsmomentes oder Querschnittes eines Stabes aus der gegebenen Belastung P und der Länge l, da in

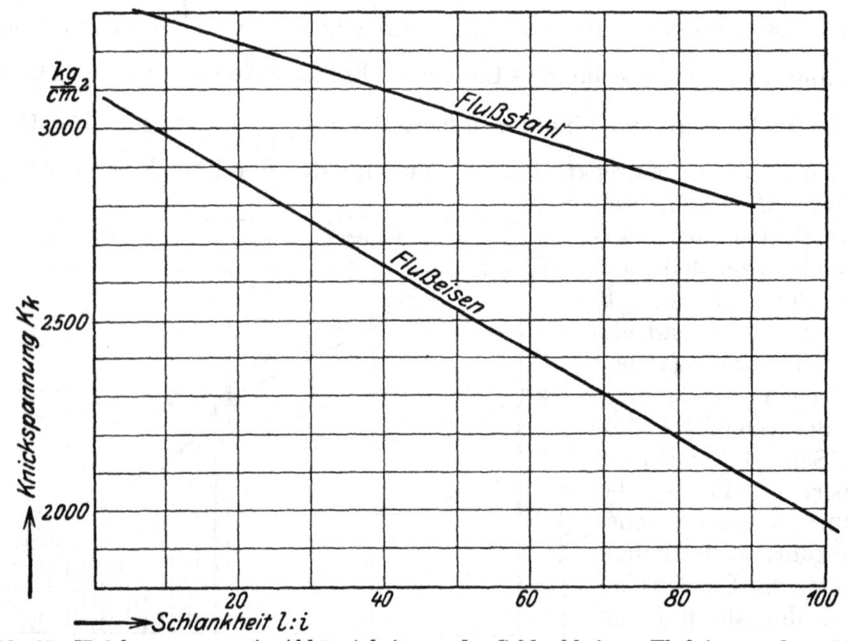

Abb. 21. Knickspannungen in Abhängigkeit von der Schlankheit an Flußeisen und -stahl.

ihr zwei Unbekannte, F und i vorkommen. Man ist vielmehr auf Probieren angewiesen, das am einfachsten durchgeführt wird, indem man zunächst die Knickspannung K_k und die Sicherheit $\mathfrak{S}$ annimmt und aus $\frac{K_k}{\mathfrak{S}} = k_k$ die zulässige Druckspannung und damit den Querschnitt

$$F = \frac{P}{k_k}$$

ermittelt. Aus der gewählten Querschnittform folgt dann das Trägheitsmoment J und der Trägheitshalbmesser $i = \sqrt{\frac{J}{F}}$ und damit die Schlankheit $\frac{l}{i}$, die die Nachprüfung, ob K_k richtig gewählt war, nach der folgenden Zusammenstellung oder für Flußeisen und -stahl nach Abb. 21 ermöglicht. Bei kreisrundem, rechteckigem oder dünnwandigem Kreisringquerschnitt kann auch das Verhältnis $\frac{l}{d}$ oder $\frac{l}{b}$ herangezogen werden, so daß sich die Berechnung von J und i erübrigt.

Zusammenstellung 4. **Knickspannungen nach Tetmajer.**

Schlankheit $\frac{l}{i}$	(Kreis, d) $\frac{l}{d}$	(Rechteck, b) $\frac{l}{b}$	(Kreisring, d, δ klein) $\frac{l}{d}$	Knickspannungen K_k nach Tetmajer: Flußstahl	Weicher Flußstahl	Gußeisen	Bauholz
105	26,3	30,2	37,2	–	1900	–	–
100	25	28,8	35,4	–	1960	–	99
90	22,5	25,9	31,8	2790	2070	–	120
80	20	23	28,3	2850	2190	1645	138
70	17,5	20,2	24,8	2910	2300	2030	157
60	15	17,3	21,2	2970	2420	2670	180
50	12,5	14,4	17,7	3030	2530	3120	196
40	10	11,5	14,2	3095	2640	3830	215
30	7,5	8,6	10,6	3160	2760	4650	235
20	5	5,8	7,1	3220	2870	5580	254
10	2,5	2,9	3,5	3280	2980	6610	274
5	1,25	1,44	1,77	3310	–	7180	283

Beispiel. Schubstangenschäfte runden Querschnitts werden gewöhnlich nach der Eulerschen Formel mit $\mathfrak{S} = 25$facher Sicherheit berechnet, fallen aber meist in das Gebiet der unelastischen Knickung und zeigen deshalb nach der Tetmajerschen Formel nachgerechnet, viel geringere Sicherheiten. Bei einer Stangenkraft von $P = 8000$ kg, einer Länge $l = 875$ mm, $\alpha = \frac{1}{2100000}$ cm/²kg für weichen Flußstahl und $\mathfrak{S} = 25$, wird nach der Eulerschen Formel II

$$J = \frac{P \cdot \mathfrak{S} \cdot \alpha \cdot l^2}{10} = \frac{8000 \cdot 25 \cdot 1 \cdot 87{,}5^2}{2100000 \cdot 10} = 73 \text{ cm}^4$$

und

$$d = \sqrt[4]{\frac{64 \cdot J}{\pi}} = \sqrt[4]{\frac{64 \cdot 73}{\pi}} = 6{,}21 \text{ cm}.$$

Wählt man $d = 6{,}2$ cm, so sieht man aus dem Verhältnis $\frac{l}{d} = \frac{87{,}5}{6{,}2} = 14{,}1$ nach der Zusammenstellung 3 auf Seite 18, daß die Eulersche Formel nicht zuständig ist. Nach der Tetmajerschen ergibt sich die Knickspannung mit

$$i = \sqrt{\frac{J}{F}} = \sqrt{\frac{\frac{\pi d^4}{64}}{\frac{\pi}{4} d^2}} = \frac{d}{4} = 1{,}55 \text{ cm},$$

$$K_k = K\left(1 - c_1 \cdot \frac{l}{i}\right) = 3100\left(1 - 0{,}00368 \cdot \frac{87{,}5}{1{,}55}\right) \approx 2460 \text{ kg/cm}^2$$

und, da die mittlere Druckspannung

$$\sigma_d = \frac{P}{F} = \frac{8000}{30{,}19} = 266 \text{ kg/cm}^2$$

ist, ist die tatsächliche Sicherheit nur

$$\mathfrak{S} = \frac{K_k}{\sigma_d} = \frac{2460}{266} = 9{,}25 \text{ fach}.$$

V. Flächenpressung.

Im engen Zusammenhang mit der Beanspruchung auf Druck steht diejenige auf Flächenpressung, die an der Berührungsfläche zweier aufeinanderliegender Körper auftritt, Abb. 22. Der Flächendruck ist senkrecht zu den sich berührenden Oberflächenteilen gerichtet und nach Größe und Verteilung abhängig:

1. von der Art des Angriffes und der Einwirkung der Kräfte,
2. von der Form und
3. von dem Zustande der Berührungsflächen.

Zu 1. Der Flächendruck wird um so gleichmäßiger verteilt sein, je geringere elastische oder bleibende Formänderungen die aufeinanderliegenden Teile erleiden und je kleiner das Moment der Kraft, bezogen auf den Schwerpunkt der Druckfläche ist. Je vollkommener diese Voraussetzungen erfüllt sind, um so eher darf der mittlere Flächendruck p zur Beurteilung der Beanspruchung herangezogen werden, der sich bei ebener Auflagerfläche und bei einer senkrecht zu dieser gerichteten Kraft aus

$$p = \frac{P}{f} \tag{22}$$

ergibt. Exzentrische Kraftwirkung kann sehr ungleichmäßige Druckverteilung zur Folge haben, Abb. 23.

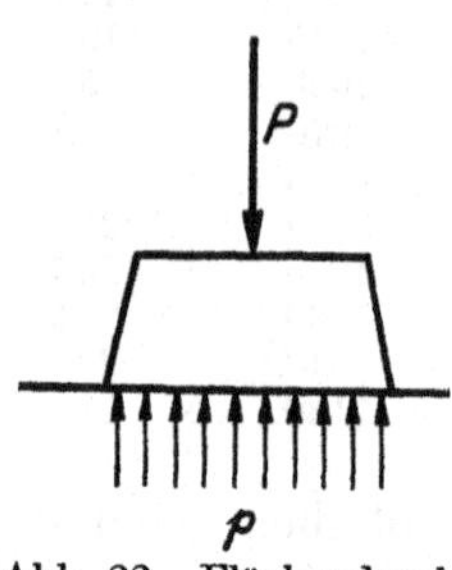

Abb. 22. Flächendruck.

Bei der Fortpflanzung des Druckes durch einen Körper hindurch bilden sich Druckkegel oder -pyramiden mit etwa 45° Neigung der Seitenflächen aus, so daß man z. B. im Falle der Abb. 24 erwarten darf, daß sich der Flächendruck an der Unterfläche auf einer Breite $B = b + 2H$ annähernd gleichmäßig verteilt, wenn die Belastung P an der Angriffsstelle gleichmäßig auf der Breite b wirkt. Ein Fundament kann der strichpunktierten Linie entsprechend abgestuft werden.

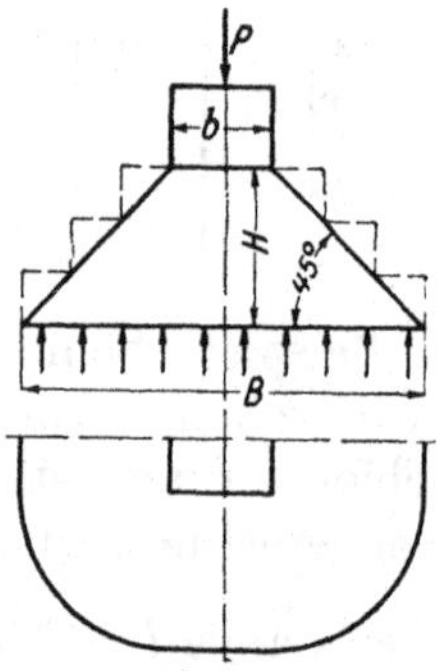

Abb. 24. Druckkegelwirkung.

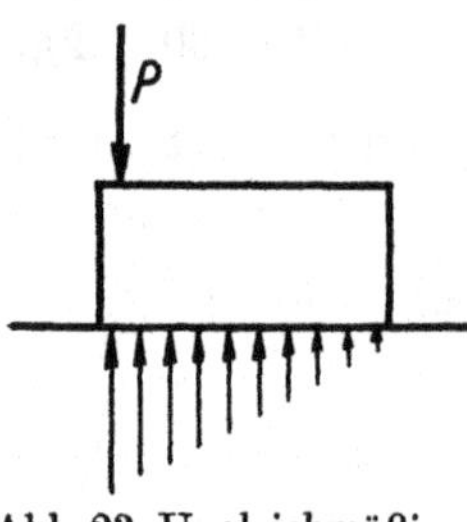

Abb. 23. Ungleichmäßige Verteilung des Flächendrucks bei exzentrischem Kraftangriff.

Verlangt man dagegen, daß die Belastung P von einem niedrigeren Träger, Abb. 25, annähernd gleichmäßig auf den Untergrund übertragen wird, so muß der Träger biegefest gegenüber einem Moment

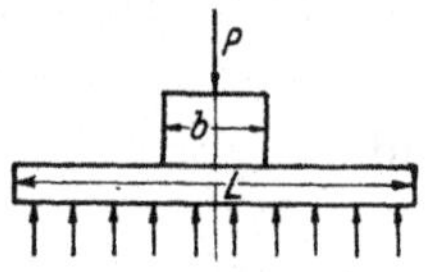

Abb. 25.

$$M_b = \frac{P(L-b)}{8}$$

gestaltet sein.

Zu 2. Es sei die allerdings willkürliche Annahme gemacht, daß der senkrecht zu jedem Element gerichtete Flächendruck, auf die Flächeneinheit bezogen, gleich groß sei und p kg/cm² betrage, Abb. 26. Stellt man die Gleichgewichtsbedingung in Richtung der äußeren Kraft P auf, so kommt für das unter dem Winkel α liegende Flächenteilchen df nur die Seitenkraft $df \cdot p \cdot \cos\alpha$ in Betracht, so daß

$$P = \int p \cdot df \cdot \cos\alpha$$

oder, da $p =$ konst. vorausgesetzt ist,

$$P = p \int df \cdot \cos\alpha$$

wird. Das Integral stellt die Projektion f' der Auflagerfläche senkrecht zur Richtung P dar, so daß $P = p \cdot f'$ oder

$$p = \frac{P}{f'} \tag{23}$$

wird. p heißt mittlerer Flächendruck und dient als Vergleichswert. Wenn sich beispielweise an zylindrischen, geschmierten Zapfen, wie Versuche gezeigt haben, der Auflagerdruck nicht gleichmäßig verteilt, vgl. Abb. 27, so wird doch an ähnlich geformten Zapfen das Verhältnis zwischen dem größten wirklich auftretenden und dem nach der Formel berechneten mittleren Auflagerdruck $\frac{p_{max}}{p}$ nahezu dasselbe sein. Entnimmt man daher p bewährten Ausführungen, so wird an damit berechneten neuen Zapfen auch p_{max} die zulässige Grenze nicht überschreiten. Bedenklich ist es freilich, die üblichen Auflagerdrucke auf ungewöhnliche Zapfenformen, z. B. auf sehr kurze anzuwenden, an denen die Schmierung schwieriger ist, weil das Schmiermittel leichter seitlich entweichen kann!

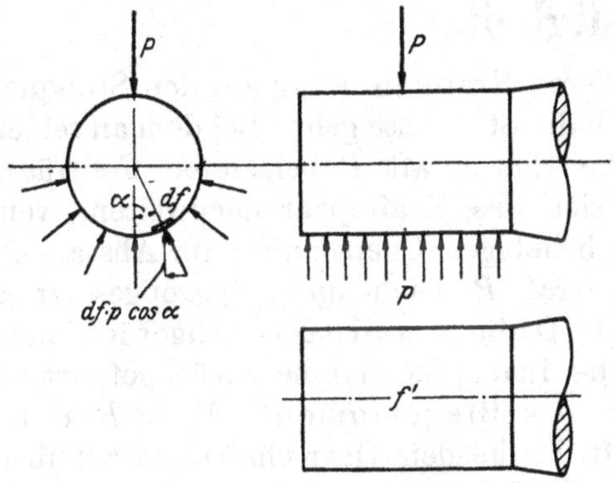

Abb. 26. Zur Ermittelung des mittleren Flächendrucks an einem Zapfen.

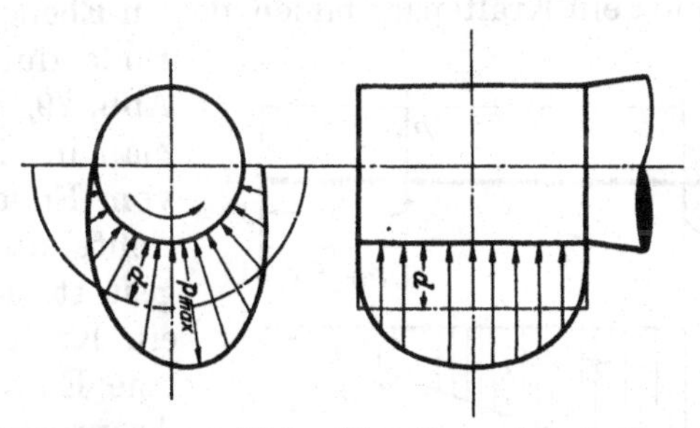

Abb. 27. Tatsächliche Verteilung des Auflagerdrucks an einem Zapfen.

Zu 3. Sauber bearbeitete und zusammengepaßte Oberflächen vertragen höhere Flächendrücke, da man darauf rechnen kann, daß ein größerer Teil der Oberfläche zum Tragen kommt.

Bei der Wahl der zulässigen Flächenpressung ist naturgemäß stets der weniger widerstandsfähige Baustoff der aufeinanderliegenden Teile maßgebend. Unter zu hohen Flächendrücken weicht entweder der Stoff seitlich aus oder dringen die Körper ineinander ein; örtliche Zerstörungen und Fressen treten auf.

Beispielweise ist in Abb. 28, bei der Aufnahme der in einer Säule dauernd, also ruhend wirkenden Kraft von 50000 kg durch den Erdboden, an der Stelle B das Mauerwerk, mit etwa 10 kg/cm^2, bei C der Untergrund, je nach Umständen mit 2 bis 0,2 kg/cm^2 zulässiger Belastung maßgebend.

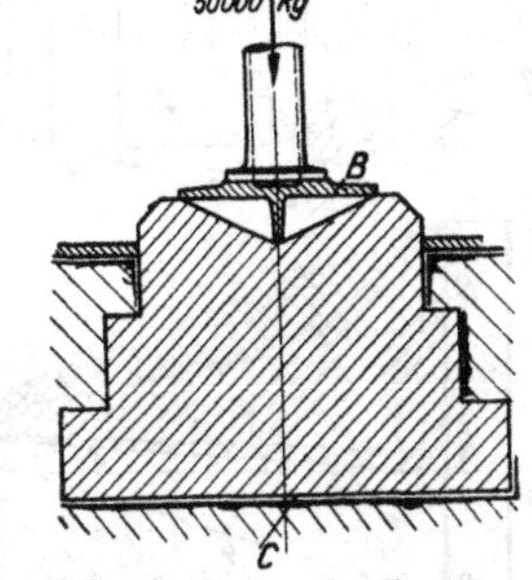

Abb. 28. Säulenfundament.

Sorgfältig ist die Art der Kraftwirkung zu berücksichtigen. Bei ruhender und unveränderlicher Belastung kann der Flächendruck höher als bei veränderlicher oder gar hämmernder, mehr oder weniger stoßweiser Einwirkung genommen werden. Vergleichende Versuche liegen allerdings noch nicht vor; schätzungsweise dürfte aber auch hier das oben begründete Verhältnis 3 : 2 : 1 für die zulässigen Beanspruchungen in den drei aufgeführten Fällen gelten.

Schwellende Beanspruchung liegt vor bei den Druckstücken und Spindelköpfen von Pressen, die während des Pressens einer Höchstbelastung ausgesetzt, beim Rückgang aber entlastet sind, so daß auch die Flächenpressung zwischen einem Höchstwert und Null schwankt.

Hämmernde Wirkung tritt u. a. an den Sitzen selbsttätiger Ventile auf, für die allerdings wegen der Eigenart des Betriebes später aufgeführte Sonderwerte gelten.

Bei der Bemessung des Auflagerdruckes an Flächen, die sich aufeinander bewegen, ist die Reibung, und zwar in bezug auf Abnützung und Erwärmung maßgebend. Selten und langsam bewegte Teile können nahezu bis zu den Grenzen belastet werden, die für ruhende Wirkung angegeben sind; rasch bewegte müssen geschmiert werden. Das Wesen der Schmierung ist, die große Reibung zwischen festen Körpern durch die geringere Flüssigkeitsreibung zwischen den Teilchen des Schmiermittels zu ersetzen. Das Schmiermittel darf nicht verdrängt werden; deswegen sind nur geringere, von den Betriebsverhältnissen und der Art des Schmiermittels abhängige Flächendrücke zulässig, für welche bei den Zapfen, Lagern, Schrauben usw. Einzelwerte angegeben sind.

VI. Biegefestigkeit.

Der Fall der Biegung liegt vor, wenn die äußeren Kräfte in bezug auf den Stabquerschnitt ein Kräftepaar bilden, dessen Ebene durch die Stabachse geht. Bei dem an seinem Ende durch die Einzelkraft P belasteten Freiträger, Abb. 29, läßt sich das Kräftepaar nachweisen, wenn man in einem beliebigen Querschnitte im Abstande x vom Ende die Kraft P gleich- und entgegengesetzt gerichtet anbringt. Dadurch wird das Gleichgewicht nicht gestört, aber die Inanspruchnahme zurückgeführt auf ein Kräftepaar, das Biegemoment, $M_x = P \cdot x$ und eine Einzelkraft P, die den Querschnitt auf Schub in Anspruch nimmt. Die letztere kann meist vernachlässigt werden und gewinnt erst bei verhältnismäßig kurzer Länge des Freiträgers Bedeutung.

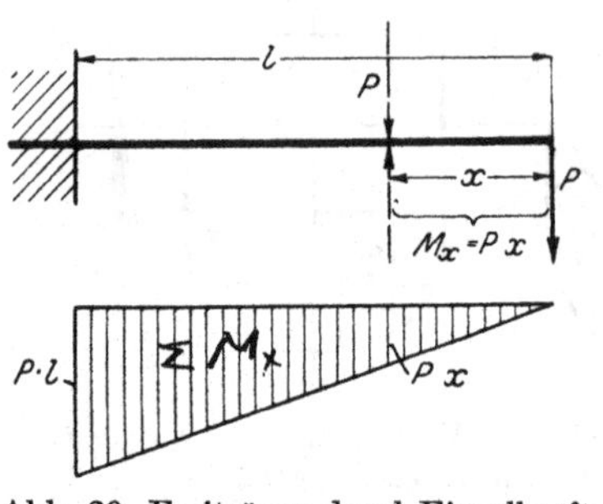

Abb. 29. Freiträger, durch Einzelkraft belastet, darunter Momentenfläche.

Die Biegemomente wachsen verhältnisgleich mit der Entfernung x; sie können mithin durch die dreieckige Momentenfläche, Abb. 29, dargestellt werden, in welcher die Ordinaten die zu den einzelnen Querschnitten gehörigen Biegemomente angeben. Das größte Moment $M_{\max} = P \cdot l$ entsteht an der Einspannstelle. Für die am häufigsten vorkommenden Belastungsfälle sind die Momente und ihre Verteilung in der folgenden Zusammenstellung enthalten.

A. Ermittlung der Biegemomente, der Momentenflächen und der Biegespannungen.

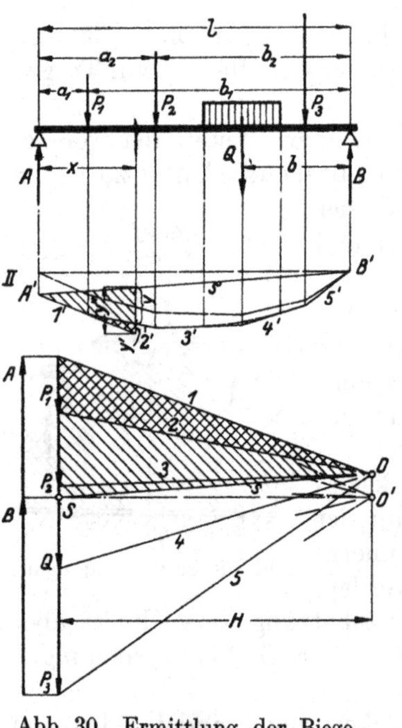

Abb. 30. Ermittlung der Biegemomente.

An einem beliebig belasteten Träger, Abb. 30, bestimmt man das Biegemoment M_x für den Querschnitt im Abstande x vom linken Lager rechnerisch, indem man zunächst einen der Auflagerdrücke A oder B ermittelt. Z. B. ergibt die Momentengleichung um den Punkt B

$$A = \frac{P_1 b_1 + P_2 \cdot b_2 + \cdots + Q \cdot b}{l}.$$

M_x ist dann durch die algebraische Summe der Momente der äußeren Kräfte links oder rechts vom Querschnitt x dargestellt:

$$M_x = A\,x - P_1 (x - a_1).$$

Zeichnerisch wird die Momentenfläche, Abb. 30, wie folgt gefunden. Nachdem die gleichmäßig verteilte Last Q durch eine Mittelkraft ersetzt ist, trägt man die Kräfte der Reihe nach untereinander auf der Kraftlinie in irgendeinem Maßstabe an und wählt einen Pol O in einem beliebigen Abstande H. Die von O aus nach den Endpunkten der Kräfte gezogenen Geraden $1 \ldots 5$ bilden zusammen mit der Kraftlinie das Krafteck I und heißen Polstrahlen. Parallel zu ihnen laufen die Seilstrahlen $1' \ldots 5'$, die zum Seilzug *II* führen. Ihre Schnittpunkte liegen unter derjenigen Kraft, welche die entsprechenden Polstrahlen im Krafteck einschließen. So schneiden sich die Seilstrahlen *2'* und *3'* unter der Kraft P_2, die von den Polstrahlen *2* und *3* eingefaßt ist. Die Verbindungslinie der senkrecht unter den Auflagern A und B auf den äußersten Seilstrahlen liegenden Punkte A' und B' ist die Schlußlinie s' des Seilzuges. Sie liefert die Größe der Auflagerkräfte A und B im Krafteck, wenn man die Parallele s zu s' durch O bis zum Schnitt S mit der Kraftlinie zieht. B ist von s und *5* eingeschlossen, da sich s' und *5'* unter dem Stützpunkte B schneiden, A von s und *1*. Die Ordinaten des Seilzuges stellen nun die zu den einzelnen Querschnitten gehörenden Biegemomente dar. Das Seileck ist also zugleich Momentenfläche. Denn zur Abszisse x gehört das Moment $M_x = A \cdot x - P_1(x - a_1)$, während sich die entsprechende Ordinate y der Momentenfläche als Differenz von $y'' - y'$ ausdrücken läßt. Für diese folgt aus der Ähnlichkeit der gleichartig gestrichelten Dreiecke:

$$\frac{y''}{x} = \frac{A}{H}, \quad \frac{y'}{x - a_1} = \frac{P_1}{H}; \quad y'' \cdot H = A \cdot x, \quad y' \cdot H = P_1(x - a_1)$$

und

$$y \cdot H = (y'' - y')H = A \cdot x - P_1(x - a_1) = M_x,$$

so daß

$$M_x = y \cdot H \tag{24}$$

wird.

Da aber der Polabstand H ein Festwert ist, so wachsen die Biegemomente verhältnisgleich den Ordinaten y der Momentenfläche. Zu ihrer zahlenmäßigen Ermittlung ist eine der Größen y und H im Längenmaßstabe m_l, die andere im Kräftemaßstab m_k zu messen.

Die gleichmäßige Verteilung der Last Q auf einer größeren Strecke bedingt eine Verringerung der Momente, die durch parabolische Ausrundung des Seilzuges unter Q, Abb. 30, berücksichtigt werden kann.

Bei der ersten Wahl des Pols wird die Schlußlinie im allgemeinen eine Neigung erhalten. Ist ein wagrechter Verlauf derselben, etwa zur Ermittelung der Neigungswinkel der elastischen Linie bei Wellenuntersuchungen erwünscht, so braucht der neue Pol O' nur auf einer Wagerechten durch S senkrecht unter oder über dem früheren Pol O gewählt zu werden. Damit würde sich der gestrichelte Seilzug ergeben.

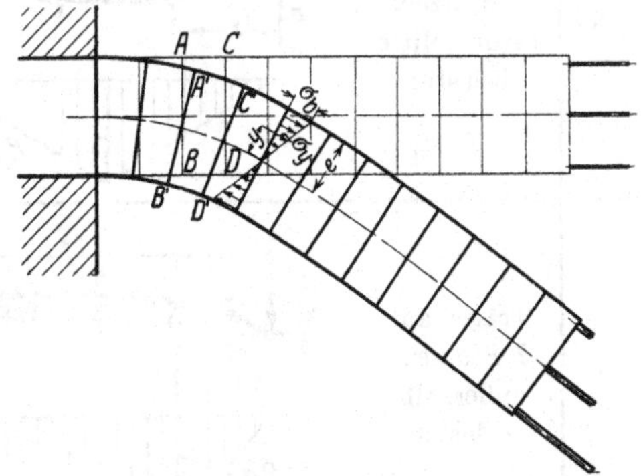

Abb. 31. Biegeversuch an einem Gummikörper rechteckigen Querschnitts.

Unterwirft man einen Stab mit gerader Achse dem Biegeversuch, so zeigt sich, daß seine Querschnitte eben, aber nicht mehr parallel bleiben. An einem Gummikörper rechteckigen Querschnitts, Abb. 31, nimmt ein Rechtflach $ABCD$, das durch zwei Querschnitte des unbelasteten, geraden Stabes gebildet war, bei der Biegung Keilform $A'B'C'D'$ an. Von drei Drähten, die am eingespannten Ende des Körpers ebenfalls festgehalten, im übrigen aber in Bohrungen frei beweglich sind, und die im unbelasteten Zustande gleich weit aus der Endfläche hervorstehen, ragt beim Biegen des Körpers nur der mittlere noch eben so weit heraus. Der obere hat sich zurückgezogen, der untere ist weiter hervorgetreten, ein Beweis dafür, daß sich die oberen Fasern des Körpers verlängert, die unteren verkürzt haben, daß also in den Stabquerschnitten gleichzeitig Zug- und Druckspannungen vorhanden sind. Die mittleren Fasern dagegen haben ihre ursprüngliche Länge behalten; in ihnen herrscht keine Spannung. Sie bilden im Querschnitt die Nullinie oder neutrale Faser. Von der Nullinie läßt sich zeigen, daß sie bei reiner Beanspruchung auf Biegung durch den Schwerpunkt des Querschnitts geht und senkrecht zur Kraftlinie steht, in der der Querschnitt von der Biegemomentenebene getroffen wird, vorausgesetzt, daß diese mit einer der Hauptachsen des Querschnitts

Zusammenstellung 5. **Die wichtigsten Fälle**

Lfde. Nr.	Belastungsfall		Auflagerdrücke	Biegemomente M_x
1	Freiträger, am Ende belastet	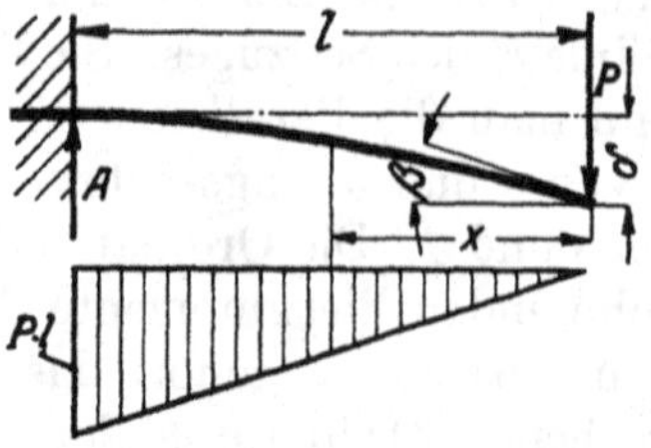	$A = P$	$M_x = P \cdot x$
2	Träger auf 2 Stützen, dazwischen belastet	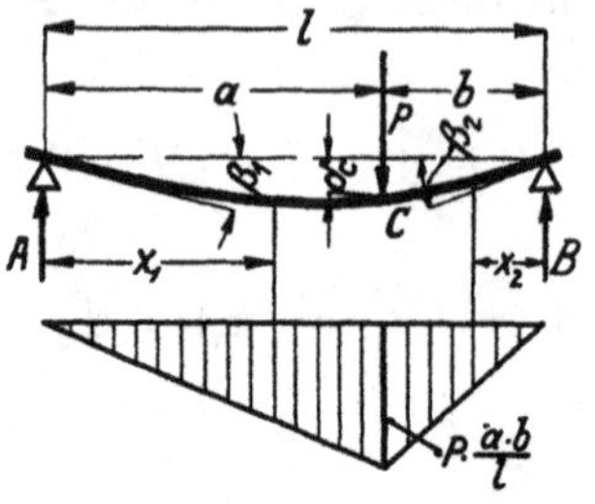	$A = \frac{P \cdot b}{l}$; $B = \frac{P \cdot a}{l}$	$M_{x_1} = A \cdot x_1$ $M_{x_2} = B \cdot x_2$
3	Träger auf 2 Stützen, in der Mitte belastet	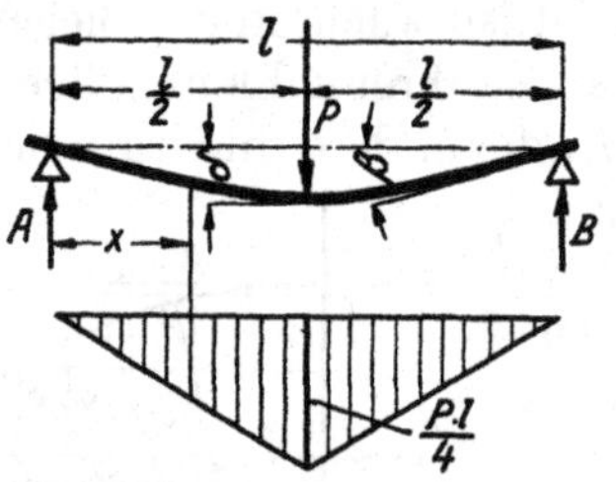	$A = B = \frac{P}{2}$	$M_x = \frac{P}{2} \cdot x$
4	Träger auf 2 Stützen, außerhalb belastet	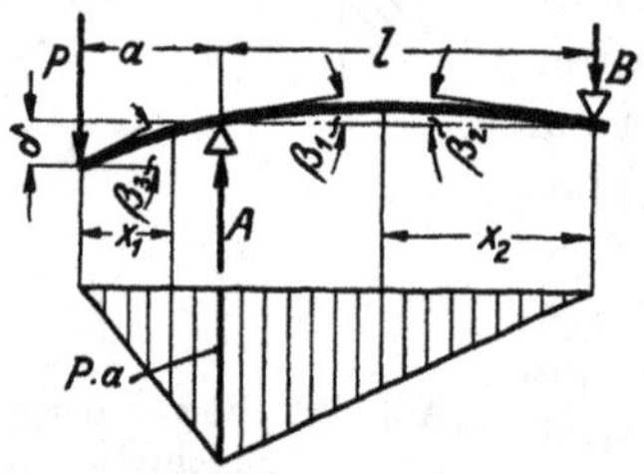	$A = \frac{P\,(a+l)}{l}$ $B = \frac{P \cdot a}{l}$	$M_{x_1} = P \cdot x_1$ $M_{x_2} = B \cdot x_2$
5	Kragträger auf 2 Stützen, an beiden Enden symmetrisch belastet	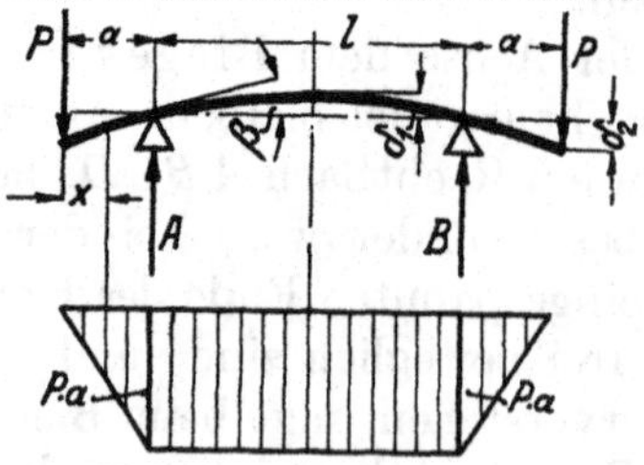	$A = B = P$	$M_x = P \cdot x$
6	An einem Ende eingespannter, am anderen Ende gestützter Träger	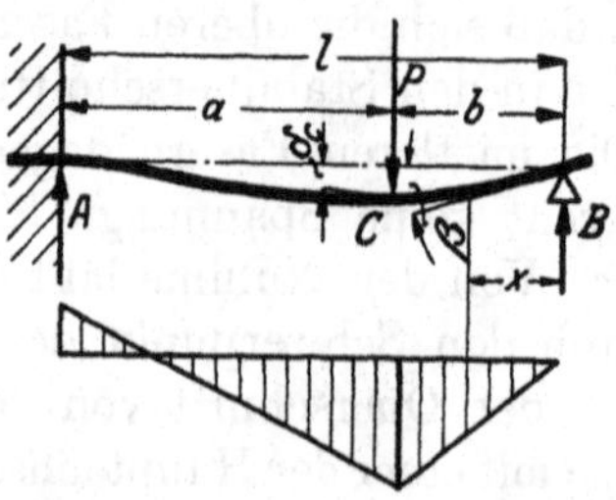	$A = \frac{P(2b^2+6ab+3a^2)b}{2l^3}$ $B = \frac{Pa^2(2a+3b)}{2l^3}$	$M_x = B \cdot x$

der Inanspruchnahme auf Biegung.

Biegemomente M_{max}	Durchbiegung δ	Neigungswinkel der elastischen Linie	Bemerkungen
$M_{max} = P \cdot l$ an der Einspannstelle	$\delta = \frac{\alpha \cdot P \cdot l^3}{3 \cdot J}$	$\beta = \frac{\alpha \cdot P \cdot l^2}{2J}$	—
$M_{max} = \frac{P \cdot a \cdot b}{l}$ in C	$\delta_c = \frac{\alpha \cdot P\, a^2 \cdot b^2}{3J \cdot l}$	$\beta_1 = \frac{\alpha \cdot P a \cdot b(a+2b)}{6J \cdot l}$ $\beta_2 = \frac{\alpha \cdot P \cdot ab(2a+b)}{6J \cdot l}$	—
$M_{max} = \frac{P \cdot l}{4}$	$\delta = \frac{\alpha \cdot P \cdot l^3}{48 \cdot J}$	$\beta = \frac{\alpha \cdot P \cdot l^2}{16 \cdot J}$	—
$M_{max} = P \cdot a$ über A	Am freien Ende: $\delta = \frac{\alpha\, P \cdot a^2\,(a+l)}{3\,J}$	$\beta_1 = \frac{\alpha \cdot P \cdot a \cdot l}{3 \cdot J}$ $\beta_2 = \frac{\alpha \cdot P \cdot a \cdot l}{6\,J} = \frac{\beta_1}{2}$ $\beta_3 = \frac{\alpha \cdot P \cdot a\,(3a+2l)}{6\,J}$	—
$M_{max} = P \cdot a$ zwischen A und B	$\delta_1 = \frac{\alpha \cdot P \cdot l^2 \cdot a}{8 \cdot J}$ $\delta_2 = \frac{\alpha \cdot P}{J}\left(\frac{a^3}{3} + \frac{a^2 \cdot l}{2}\right)$	$\beta = \frac{\alpha \cdot P \cdot a \cdot l}{2\,J}$	Elastische Linie zwischen A und B: Kreisbogen vom Halbmesser $\varrho = \frac{J}{\alpha \cdot P \cdot a}$
Einspannungsmoment $M_A = -\frac{P \cdot a \cdot b\,(a+2b)}{2\,l^2}$ Moment in C $M_C = \frac{P\,a^2 \cdot b\,(2a+3b)}{2\,l^3}$	$\delta_c = \frac{\alpha \cdot P\,a^3\,b^2\,(3a+4b)}{12 \cdot \cdot J l^3}$	—	$M_A = M_C$ für $a = 1{,}41 \cdot b$

Lfde. Nr.	Belastungsfall	Auflagerdrücke	Biegemomente M_x
7	Beiderseits eingespannter Träger	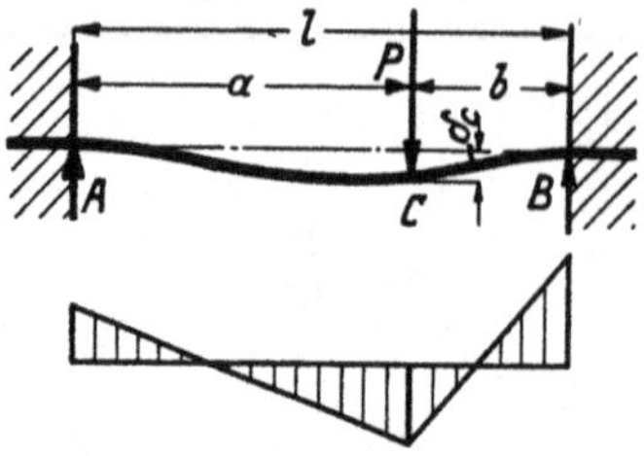 $A = \frac{P\cdot(3a+b)\cdot b^2}{l^3}$ $B = \frac{P\,(a+3b)\cdot a^2}{l^3}$	$M_A = \frac{P\cdot a\,b^2}{l^2}$ $M_C = \frac{2\,P\cdot a^2\cdot b^2}{l^3}$
8	Freiträger, gleichmäßig belastet	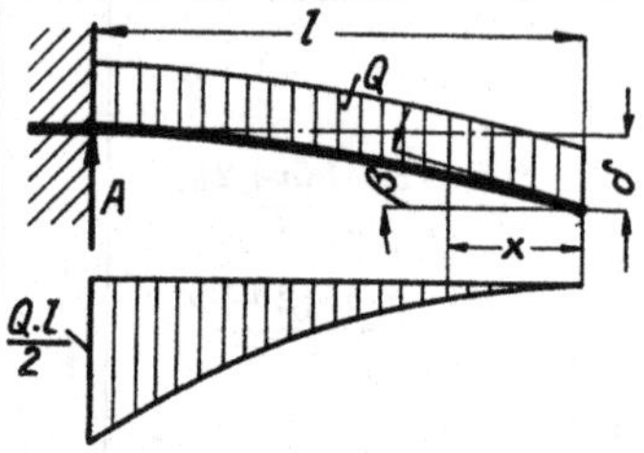 $A = Q$	$M_x = \frac{Q\cdot x^2}{2\,l}$
9	Träger auf 2 Stützen, gleichmäßig belastet	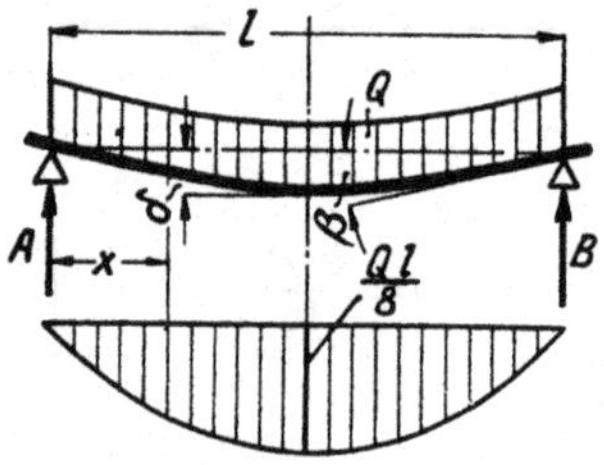 $A = B = \frac{Q}{2}$	$M_x = \frac{Q\cdot x}{2}\left(1 - \frac{x}{l}\right)$
10	Kragträger auf 2 Stützen, gleichmäßig belastet	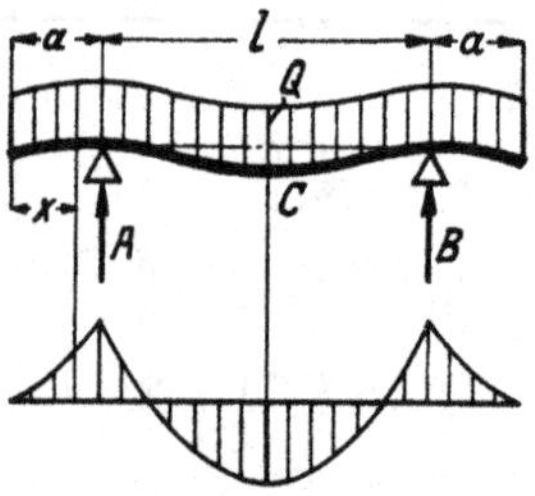 $A = B = \frac{Q}{2}$	$M_x = \frac{Q\cdot x^2}{2\,(l+2\,a)}$
11	An einem Ende eingespannter, am andern gestützter Träger, gleichmäßig belastet	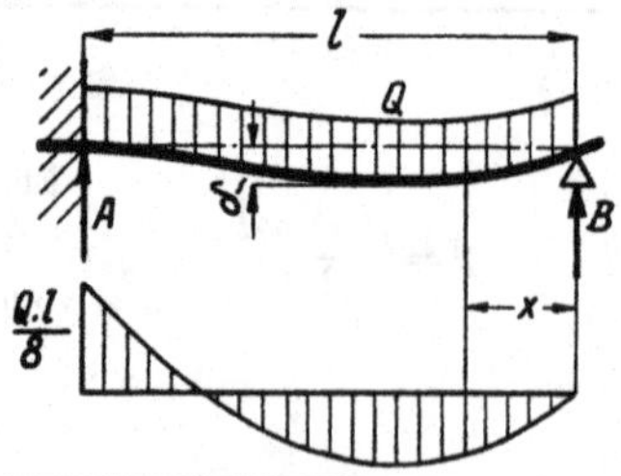 $A = \frac{5}{8}\,Q$ $B = \frac{3}{8}\,Q$	$M_x = B\cdot x - \frac{Q}{l}\,\frac{x^2}{2}$ $= \frac{Q}{2}\left(\frac{3}{4}\,x + \frac{x^2}{l}\right)$
12	Beiderseits eingespannter Träger, gleichmäßig belastet	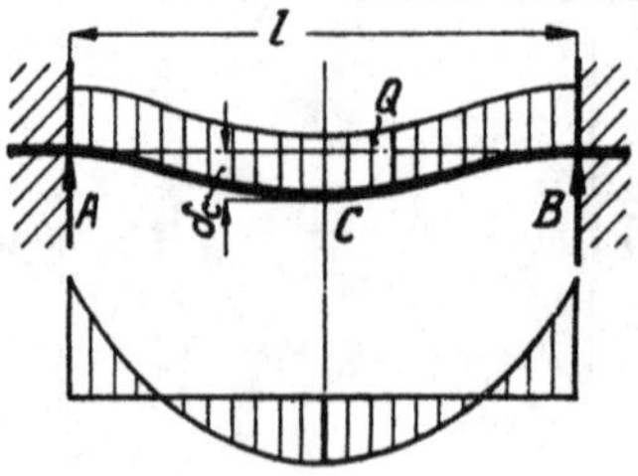 $A = B = \frac{Q}{2}$	$M_C = \frac{1}{24}\,Q\cdot l$

Biegemomente M_{max}	Durchbiegung	Neigungswinkel der elastischen Linie	Bemerkungen
$M_{max} = M_B = \frac{P \cdot a^2 \cdot b}{l^2}$	$\delta_c = \frac{\alpha P a^3 \cdot b^3}{3 J \cdot l^3}$	—	—
$M_{max} = \frac{Q \cdot l}{2}$ an der Einspannstelle	$\delta = \frac{\alpha \cdot Q \cdot l^3}{8 J}$	$\beta = \frac{\alpha \cdot Q \cdot l^2}{6 J}$	—
$M_{max} = \frac{Q\ l}{8}$ in der Mitte	$\delta = \frac{5}{384} \cdot \frac{\alpha \cdot Q \cdot l^3}{J}$	$\beta = \frac{\alpha \cdot Q \cdot l^2}{24 \cdot J}$	—
$M_A = M_B = \frac{Q \cdot a^2}{2(l + 2a)}$ $M_C = \frac{Q}{4}\left(a - \frac{l}{2}\right)$	—	—	$M_A = M_B = - M_C$ für $a = \frac{l}{\sqrt{8}} = 0{,}354\, l$
Einspannungsmoment $M_A = \frac{Q \cdot l}{8}$	$\delta = \frac{\alpha \cdot Q \cdot l^3}{185 J}$	—	—
Einspannungsmoment $M_A = M_B = \frac{1}{12} Q \cdot l$	$\delta_c = \frac{\alpha \cdot P \cdot l^3}{384 J}$	—	—

Lfde. Nr.	Belastungsfall	Auflagerdrücke	Biegemomente M_x
13	Träger auf 2 Stützen, im mittleren Teil gleichmäßig belastet	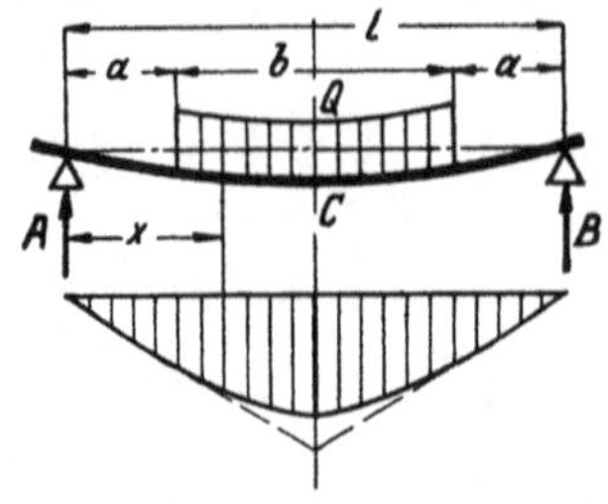 $A = B = \frac{Q}{2}$	$M_x = \frac{Q}{2}\left(x - \frac{(x-a)^2}{b}\right)$
14	Träger auf 2 Stützen, durch dreieckförmig verteilte Last beansprucht	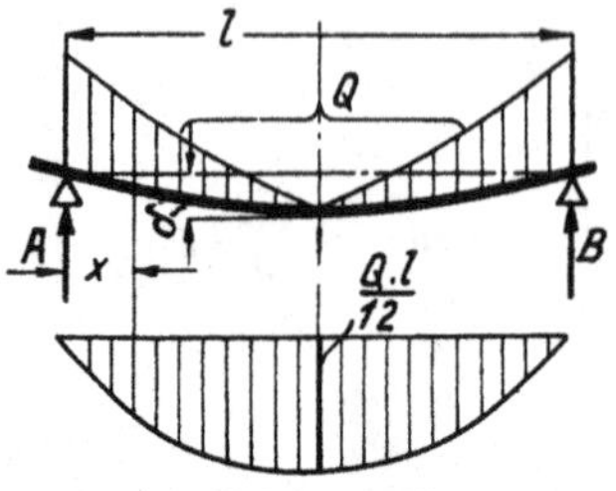 $A = B = \frac{Q}{2}$	$M_x = Q \cdot x\left(\frac{1}{2} - \frac{x}{l} + \frac{2}{3}\frac{x^2}{l^2}\right)$
15	Träger an einem Ende eingespannt, am andern gestützt, außen belastet	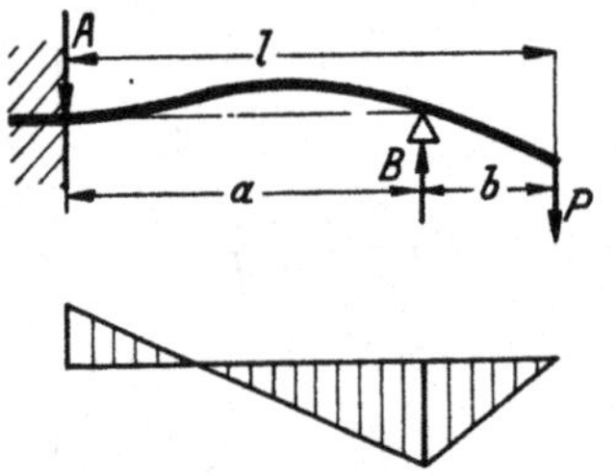 $A = \frac{3}{2} P \frac{b}{a}$ $B = \frac{P \cdot (2a + 3b)}{2a}$	$M_A = \frac{P \cdot b}{2}$
16	Körper auf 2 Stützen, Last und Auflagerdruck gleichmäßig verteilt	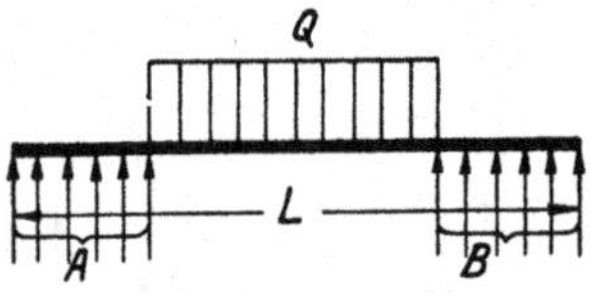 $A = B = \frac{Q}{2}$	—

zusammenfällt. Das letztere trifft immer zu, wenn der Querschnitt symmetrisch zur Kraftlinie ausgebildet ist. Unter der Annahme der Verhältnisgleichheit zwischen Dehnungen und Spannungen nehmen diese geradlinig mit der Entfernung von der Nullinie zu und erreichen im Abstande y die Größe

$$\sigma_y = \frac{M_b}{J} \cdot y\,, \tag{25}$$

wenn J das auf die Nullinie bezogene Trägheitsmoment des Querschnittes bedeutet. Die größte Spannung tritt in den von der Nullinie am weitesten entfernten Fasern im Abstande e ein und ist

$$\sigma_{\max} = \sigma_b = \frac{M_b}{J} \cdot e\,. \tag{26}$$

$\frac{J}{e}$ wird als Widerstandsmoment W bezeichnet, so daß schließlich

$$\sigma_{\max} = \sigma_b = \frac{M_b}{W} \tag{27}$$

wird. Die Spannungsverteilung ist also durch überschlagene Dreiecke gegeben, wie sie u. a. Abb. 34 für mehrere Querschnitte zeigt.

Überschreitet die größte Spannung bei zähen Stoffen die Fließgrenze, so treten bleibende Durchbiegungen auf. Bei spröden ist der Bruch zu erwarten, wenn in den

Biegemomente M_{max}	Durchbiegung	Neigungswinkel der elastischen Linie	Bemerkungen
$M_{max} = M_C = \frac{Q}{2} \cdot \left(\frac{l}{2} - \frac{b}{4}\right)$	—	—	—
$M_{max} = \frac{Q \cdot l}{12}$ in der Mitte	$\delta = \frac{3}{320} \cdot \frac{\alpha \cdot Q \cdot l^3}{J}$	—	—
$M_B = P \cdot b$	—	—	—
$M_{max} = \frac{Q \cdot L}{8}$ in der Mitte	—	—	—

äußersten Fasern die Festigkeit des Baustoffes, in der Regel die Zugfestigkeit, erreicht wird.

Geht man von der zulässigen Beanspruchung auf Biegung k_b aus, so wird das nötige Widerstandsmoment

$$W = \frac{M_b}{k_b}. \qquad (28)$$

B. Trägheits- und Widerstandsmomente.

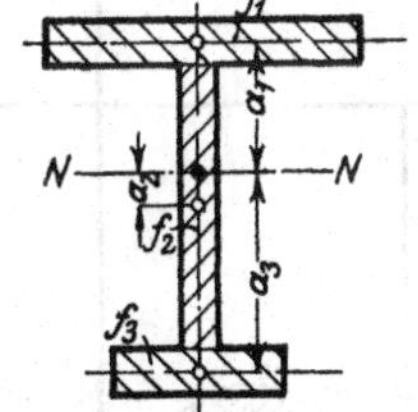

Abb. 32. Zur Ermittelung des Trägheitsmoments.

Die Trägheits- und Widerstandsmomente der wichtigsten Querschnitte sind in der folgenden Zusammenstellung, bezogen auf die durch $N\ N$ gekennzeichneten Nullinien, enthalten. Zusammengesetzte Querschnitte, deren Trägheitsmoment für eine beliebige Achse, z. B. in bezug auf die Nullinie NN, Abb. 32, zu ermitteln ist, zerlegt man in Teile, deren Inhalte f_1, f_2 ... und Trägheitsmomente J_1, J_2, ... um die zu NN parallelen Schwerachsen leicht bestimmbar sind. Dann ergibt sich das Trägheitsmoment des gesamten Querschnitts aus

$$J = J_1 + a_1^2 \cdot f_1 + J_2 + a_2^2 \cdot f_2 + \cdots,$$

wenn a_1, a_2 ... die Abstände der Schwerlinien der Teilquerschnitte von NN bedeuten.

Zusammenstellung 6. **Flächeninhalte, Trägheits- und Widerstandsmomente und Abstände der äußersten Fasern für die wichtigsten Querschnitte.**

Lfde. Nr.	Querschnittform	Trägheitsmoment J	Widerstandsmoment W	Flächeninhalt F	Abstände der äußersten Fasern e_1, e_2
1	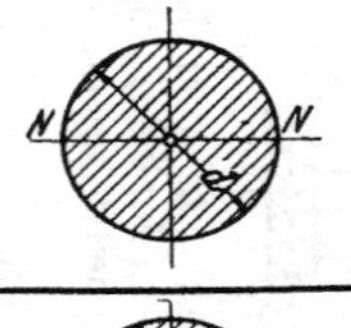	$\frac{\pi}{64} d^4$	$\frac{\pi}{32} d^3$	$\frac{\pi d^2}{4}$	$e_1 = e_2 = \frac{d}{2}$
2	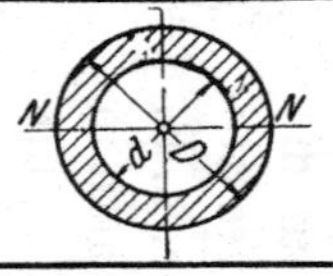	$\frac{\pi}{64} (D^4 - d^4)$	$\frac{\pi}{32} \frac{D^4 - d^4}{D}$	$\frac{\pi}{4} (D^2 - d^2)$	$e_1 = e_2 = \frac{D}{2}$
3	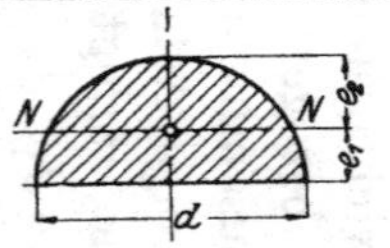	$0{,}0069\, d^4$	$W_1 = 0{,}0323\, d^3$ $W_2 = 0{,}0238\, d^3$	$\frac{\pi}{8} d^2$	$e_1 = 0{,}212\, d$ $e_2 = 0{,}288\, d$
4	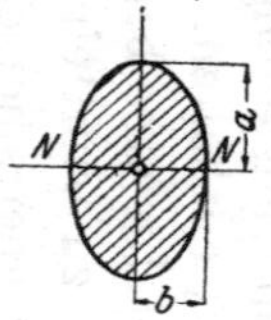	$\frac{\pi}{4} a^3 \cdot b$	$\frac{\pi}{4} a^2 \cdot b$	$\pi a \cdot b$	$e_1 = e_2 = a$
5	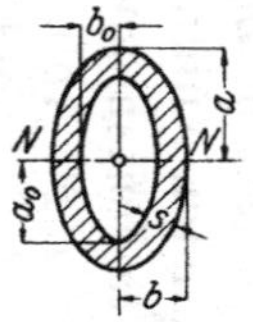	$\frac{\pi}{4} (a^3 b - a_0^3 \cdot b_0)$	$\approx \frac{\pi}{4} a (a + 3 b) \cdot s$	$\pi (a b - a_0 b_0)$	$e_1 = e_2 = a$
6	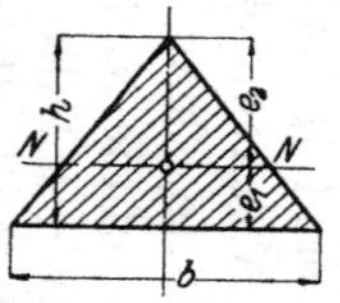	$\frac{b h^3}{36}$	$W_1 = \frac{b h^2}{12}$ $W_2 = \frac{b h^2}{24}$	$\frac{b \cdot h}{2}$	$e_1 = \frac{h}{3}$ $e_2 = \frac{2}{3} h$
7	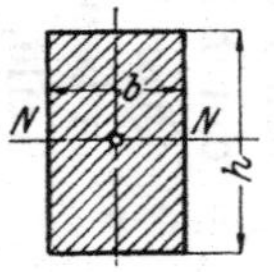	$\frac{b h^3}{12}$	$\frac{b h^2}{6}$	$b \cdot h$	$e_1 = e_2 = \frac{h}{2}$

Lfde. Nr.	Querschnittform	Trägheitsmoment J	Widerstandsmoment W	Flächeninhalt F	Abstände der äußersten Fasern e_1, e_2
8	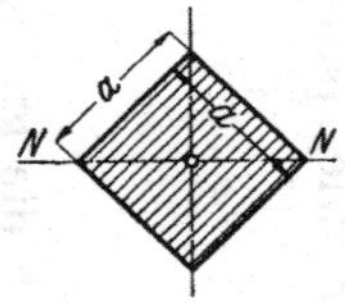	$\frac{a^4}{12}$	$\frac{\sqrt{2}\cdot a^3}{12} = 0{,}118\,a^3$	a^2	$e_1 = e_2 = \frac{a}{\sqrt{2}} = 0{,}707\,a$
9	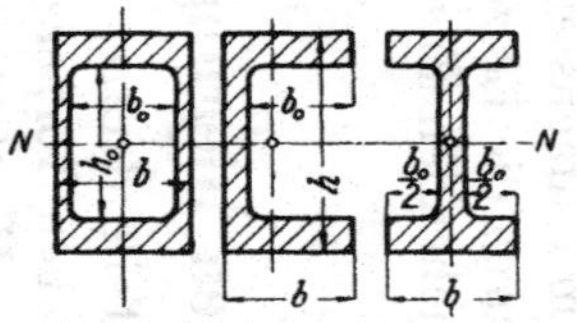	$\frac{1}{12}(b\,h^3 - b_0\,h_0{}^3)$	$\frac{1}{6}\,\frac{(b\,h^3 - b_0\,h_0{}^3)}{h}$	$b\cdot h - b_0\cdot h_0$	$e_1 = e_2 = \frac{h}{2}$
10	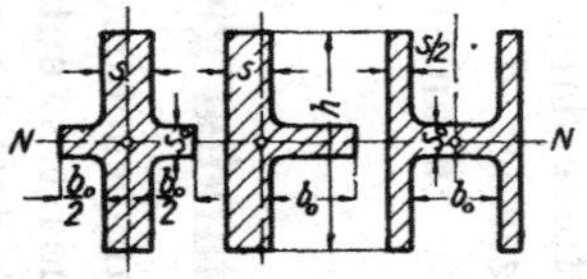	$\frac{1}{12}(s\cdot h^3 + b_0\cdot s_0{}^3)$	$\frac{1}{6}\,\frac{(s\,h^3 + b_0\,s_0{}^3)}{h}$	$s\cdot h + b_0\cdot s_0$	$e_1 = e_2 = \frac{h}{2}$
11	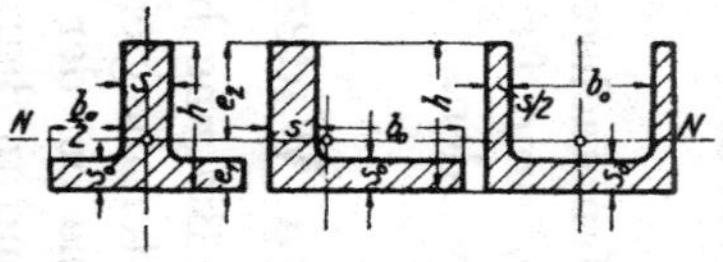	$\frac{1}{12}(s\cdot h^3 + b_0\cdot s_0{}^3) + s\cdot h\left(\frac{h}{2} - e_1\right)^2 + b_0\cdot s_0\left(e_1 - \frac{s_0}{2}\right)^2$	$W_1 = \frac{J}{e_1}$ $W_2 = \frac{J}{e_2}$	$s\cdot h + b_0\,s_0$	$e_1 = \frac{1}{2}\,\frac{s\,h^2 + b_0\,s_0{}^2}{s\cdot h + b_0\,s_0}$ $e_2 = h - e_1$
12	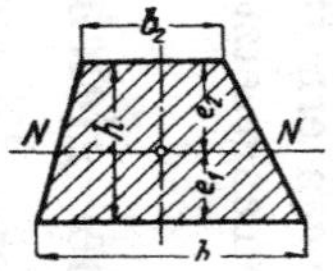	$\frac{1}{36}\cdot\frac{b_1{}^2 + 4\,b_1\,b_2 + b_2{}^2}{b_1 + b_2}\,h^3$	$W_1 = \frac{b_1{}^2 + 4\,b_1\,b_2 + b_2{}^2}{12\,(b_1 + 2\,b_2)}\,h^2$ $W_2 = \frac{b_1{}^2 + 4\,b_1\,b_2 + b_2{}^2}{12\,(2\,b_1 + b_2)}\,h^2$	$\frac{b_1 + b_2}{2}\cdot h$	$e_1 = \frac{b_1 + 2\,b_2}{b_1 + b_2}\,\frac{h}{3}$ $e_2 = \frac{2\,b_1 + b_2}{b_1 + b_2}\,\frac{h}{3}$
13	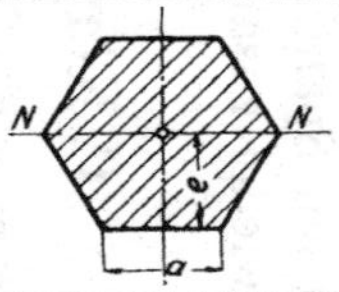	$\frac{5\sqrt{3}}{16}\,a^4 = 0{,}54\cdot a^4$	$0{,}625\,a^3$	$\frac{3}{2}\cdot\sqrt{3}\cdot a^2 = 2{,}6\,a^2$	$e_1 = e_2 = \frac{a\sqrt{3}}{2}$ $= 0{,}866\cdot a$
14	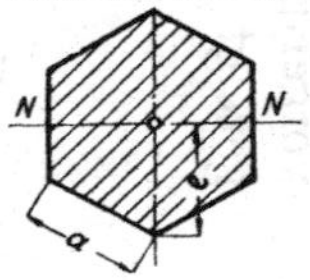	$\frac{5\sqrt{3}}{16}\,a^4 = 0{,}54\,a^4$	$0{,}54\,a^3$	$\frac{3}{2}\cdot\sqrt{3}\cdot a^2 = 2{,}6\,a^2$	$e_1 = e_2 = a$

Ein zeichnerisches Verfahren hat Mohr angegeben. Der Querschnitt, Abb. 33, vom Gesamtflächeninhalte F, wird in eine Anzahl Streifen parallel zu der Achse BCD zerlegt, in bezug auf welche das Trägheitsmoment gesucht werden soll. Ihre einzelnen Flächeninhalte faßt man als Kräfte auf, denkt sie sich in den Schwerpunkten gleichlaufend zu BCD wirkend und zeichnet den zugehörigen Kräfte- und Seilzug unter Benutzung der Polweite $F/2$. Der Schnittpunkt A der äußersten Polstrahlen liefert die Schwerlinie SS; der Inhalt der schräg gestrichelten Fläche f, multipliziert mit F, ergibt annähernd das Trägheitsmoment J in bezug auf SS.

$$J = f \cdot F,$$

wenn der Querschnitt in wirklicher Größe aufgezeichnet war. Genau erhält man das Trägheitsmoment, wenn an Stelle des Seilecks die von ihm eingehüllte, in Abb. 33 strichpunktierte Seilkurve als obere Begrenzung von f benutzt wird, die das Seileck unter den Trennungslinien der Streifen berührt.

Ist der Längenmaßstab, in welchem der Querschnitt aufgetragen wurde, $1 : m_l$, so wird

$$J = f \cdot F \cdot m_l^4.$$

Für die zu SS parallele Achse BCD vergrößert sich das Trägheitsmoment entsprechend dem Inhalt des wagrecht gestrichelten Dreiecks ABC.

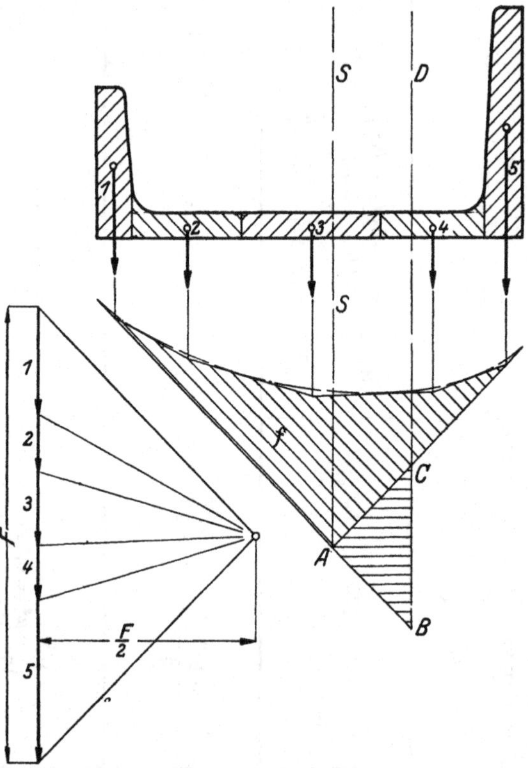

Abb. 33. Bestimmung des Trägheitsmomentes nach Mohr.

Beispiel. An dem in Abb. 33 im Maßstabe $\frac{1}{m_l} = 1 : 3$ dargestellten Querschnitte beträgt der Flächeninhalt $F = 3{,}98 \text{ cm}^2$, derjenige der Mohrschen Fläche unterhalb der Seilkurve $f = 5{,}10 \text{ cm}^2$, so daß das Trägheitsmoment

$$J = f \cdot F \cdot m_l^4 = 3{,}98 \cdot 5{,}10 \cdot 3^4 = 1640 \text{ cm}^4$$

wird. Bezogen auf die Achse BCD würde das Trägheitsmoment gemäß dem Inhalte des Dreiecks ABC von $1{,}14 \text{ cm}^2$ um $3{,}98 \cdot 1{,}14 \cdot 3^4 = 368 \text{ cm}^4$ wachsen. (Für die Ermittlung auf dem Reißbrett empfiehlt es sich im vorliegenden Falle, den Querschnitt in natürlicher Größe aufzuzeichnen.)

Fällt die Kraftlinie nicht mit einer der Hauptachsen des Querschnitts zusammen, so steht die Nullinie schief zu jener. Die Bestimmung der auftretenden Spannungen erfolgt dann am einfachsten in der Weise, daß das Biegemoment nach den Hauptachsen zerlegt, die durch die Einzelmomente hervorgerufenen Spannungen ermittelt und für die zu untersuchenden Fasern, wie später gezeigt, wieder zusammengesetzt werden.

C. Körper gleichen Widerstandes gegen Biegung.

Wählt man die Form der auf Biegung beanspruchten Teile derart, daß die größte Beanspruchung in allen Querschnitten die gleiche ist, so entstehen Körper gleichen Widerstandes, die man vorteilhafterweise bei der Gestaltung von Maschinenteilen benutzen kann, weil sie den geringsten Aufwand an Baustoff verlangen. Sie sind durch die Gleichung

$$\sigma_b = \frac{M_x}{W_x} = \text{konst.} \tag{29}$$

Zusammenstellung. 7. **Körper gleichen Widerstandes gegen Biegung.**

Lfde. Nr.		Art des Trägers und der Belastung	Querschnitt	Begrenzungslinie
1	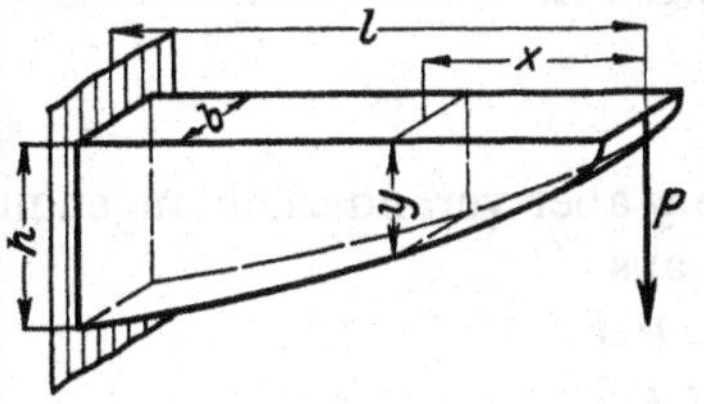 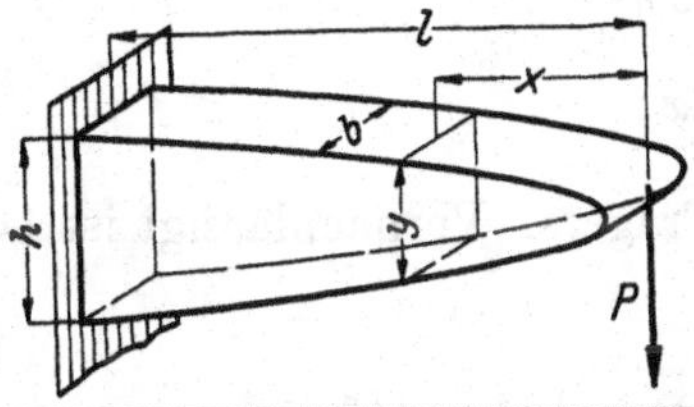	Freiträger durch Einzelkraft am freien Ende belastet	Rechteck mit konstanter Breite	Parabel, $y^2 = x \cdot \frac{h^2}{l}$
2	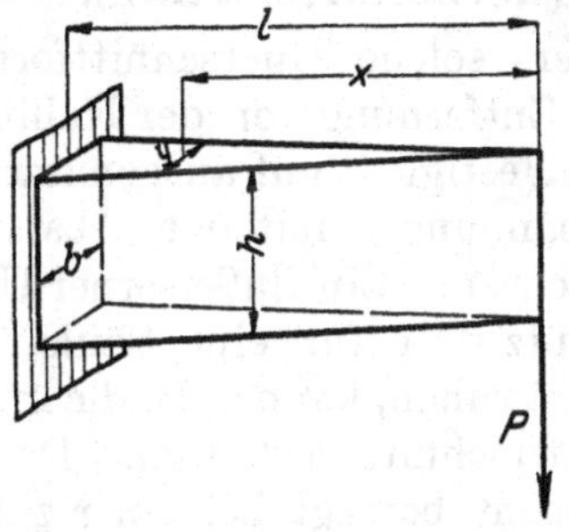	Freiträger durch Einzelkraft am freien Ende belastet	Rechteck mit konstanter Höhe	Gerade, $y = x \cdot \frac{b}{l}$
3	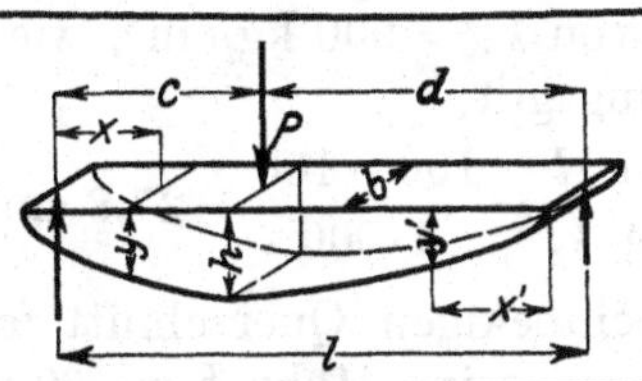	Träger auf 2 Stützen durch Einzelkraft belastet	Rechteck mit konstanter Breite	Parabeln, links von P: $y^2 = \frac{x \cdot h^2}{c}$, rechts von P: $y'^2 = \frac{x' \cdot h^2}{d}$
4	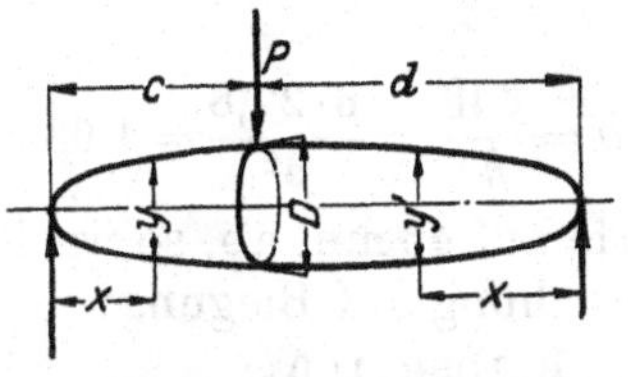	Träger auf 2 Stützen durch Einzelkraft belastet	Kreis	Kubische Parabeln links von P: $y^3 = \frac{x \cdot D^3}{c}$, rechts von P: $y'^3 = \frac{x' \cdot D^3}{d}$
5	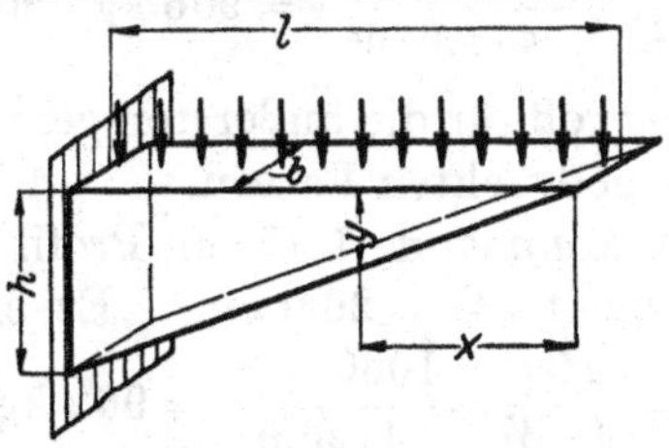	Freiträger, gleichmäßig belastet	Rechteck mit konstanter Breite	Gerade, $y = x \cdot \frac{h}{l}$
6	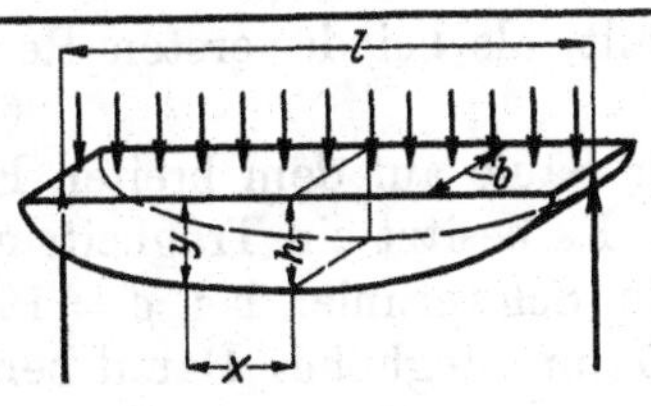	Träger auf 2 Stützen, gleichmäßig belastet	Rechteck mit konstanter Breite	Ellipse, $\frac{y^2}{h^2} + \frac{4\,x^2}{l^2} = 1$

gekennzeichnet. Beispielweise ergibt sich für den Fall Nr. 1 der Zusammenstellung 7 über die Hauptformen, nämlich für einen Freiträger rechteckigen Querschnitts von der Länge l, der am Ende durch eine Einzelkraft P belastet ist, im Einspannungsquerschnitt von b cm Breite und h cm Höhe eine Biegespannung von

$$\sigma_b = \frac{M_b}{W} = \frac{6 \cdot P \cdot l}{b\,h^2}.$$

Wird die Breite des Trägers durchweg gleich, die Höhe y aber veränderlich angenommen, so folgt die Größe von y im Abstande x vom Ende aus

$$\frac{M_x}{W_x} = \frac{6 \cdot P \cdot x}{b \cdot y^2} = \text{konst.} = \frac{6 \cdot P \cdot l}{b\,h^2},$$

$$\frac{x}{y^2} = \frac{l}{h^2} \quad \text{oder} \quad y^2 = \frac{h^2}{l} \cdot x.$$

Mithin ergibt sich eine parabolische Begrenzung des Trägers. Vernachlässigt ist bei den Ableitungen die Wirkung der Querkräfte.

D. Gegenüber Biegung günstige Querschnittformen.

Zur Aufnahme von Biegemomenten sind besonders solche Querschnittformen geeignet, bei denen die Mehrzahl der Fasern in größerer Entfernung von der Nullinie liegt, weil dann deren Festigkeit gut ausgenutzt werden kann, da die Spannungen mit dem Abstande von der Nullinie wachsen. Ein flußeiserner Unterzug von $l = 1$ m Stützweite für eine Säule, auf der $P = 1000$ kg Last ruhen, kann z. B. die in Abb. 34 dargestellten Querschnitte erhalten. Das nötige Widerstandsmoment beträgt bei einer zulässigen Beanspruchung von $k_b = 900$ kg/cm², wie sie für ruhende Belastung gilt,

$$W = \frac{M_b}{k_b} = \frac{P \cdot l}{4 \cdot k_b} = \frac{1000 \cdot 100}{4 \cdot 900} = 27{,}8 \text{ cm}^3.$$

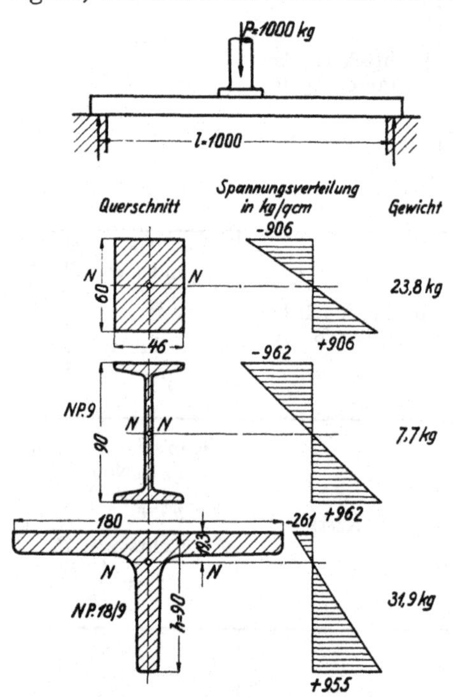

Abb. 34. Unterzugquerschnitte.

Für einen rechteckigen Querschnitt folgt die Breite b, wenn man seine Höhe h zu 60 mm annimmt, aus

$$\frac{b\,h^2}{6} = W; \quad b = \frac{6\,W}{h^2} = \frac{6 \cdot 27{,}8}{6^2} = 4{,}63 \text{ cm}.$$

Rundet man sie auf 46 mm ab, so wird die tatsächliche Beanspruchung auf Biegung:

$$\sigma_b = \frac{6 \cdot P \cdot l}{4 \cdot b\,h^2} = \frac{6 \cdot 1000 \cdot 100}{4 \cdot 4{,}6 \cdot 6^2} = 906 \text{ kg/cm}^2,$$

und zwar ebenso groß für die äußersten gezogenen wie die äußersten gedrückten Fasern.

Das dem geforderten Trägheitsmoment am nächsten kommende I-Eisen, Profil Nr. 9, hat eine Höhe von 90 mm und ein Widerstandsmoment $W = 26{,}0$ cm³. Es erfährt mithin durch die Belastung eine Beanspruchung von $\sigma_b = \frac{P \cdot l}{4 \cdot W} = \frac{1000 \cdot 100}{4 \cdot 26{,}0} = 962$ kg/cm², in den äußersten Fasern, die zwar etwas größer ausfällt, als bei der ersten Rechnung angenommen war, aber noch zulässig ist.

Ein T-Eisen, das wegen der besseren Stützung der Säule auf dem breiten Flansch vorteilhaft sein kann, müßte Normalprofil 18/9 haben. Es besitzt ein Trägheitsmoment $J = 185$ cm⁴, bezogen auf die zum Flansch parallele Schwerlinie, bei $e = 19{,}3$ mm Schwerpunktabstand von der Flanschfläche und $h = 90$ mm Steghöhe. Damit berechnet sich die größte Zugspannung in der äußersten Faser des Steges

$$+\sigma_b = \frac{P \cdot l(h-e)}{4J} = \frac{1000 \cdot 100(9-1{,}93)}{4 \cdot 185} = 955 \text{ kg/cm}^2,$$

die größte Druckspannung im Flansch

$$-\sigma_b = \frac{P \cdot l \cdot e}{4J} = \frac{1000 \cdot 100 \cdot 1{,}93}{4 \cdot 185} = 261 \text{ kg/cm}^2.$$

In Abb. 34 sind die tatsächlich auftretenden Spannungen und ihre Verteilung durch die neben den Querschnitten dargestellten Spannungsdreiecke, die Ausnutzung des Baustoffs aber durch die dahinter aufgeführten Gewichte der Unterzüge bei je 1,1 m Gesamtlänge gekennzeichnet. Beim rechteckigen Querschnitt werden die mittleren Fasern, beim T-Querschnitt die des Flansches sehr gering beansprucht und daher schlecht ausgenutzt; das begründet den großen Baustoffaufwand in den beiden Fällen.

E. Zulässige Beanspruchung auf Biegung.

Die zulässige Beanspruchung auf Biegung k_b stimmt bei Baustoffen, wie Schmiedeeisen und Stahl, die annähernd die gleiche Widerstandsfähigkeit gegenüber Zug und Druck, insbesondere gleiche Spannungen an der Fließ- und Quetschgrenze aufweisen, mit der zulässigen Beanspruchung auf Zug überein, vgl. die Zusammenstellung 2 S. 12. Anders bei Gußeisen, das bei Versuchen an Biegestäben wesentlich höhere Belastungen aushält, als nach Zugversuchen an demselben Gußeisen zu erwarten ist. Beispielweise brach ein von Bach untersuchter, bearbeiteter Stab von 80 · 80 mm Querschnitt und $l = 1$ m Stützlänge bei einer Einzelbelastung in der Mitte von $P = 7380$ kg, also bei

$$K_b = \frac{P \cdot l}{4 \cdot W} = \frac{7380 \cdot 100 \cdot 6}{4 \cdot 8^3} = 2162 \text{ kg/cm}^2,$$

während man glauben sollte, daß der Bruch einträte, wenn die Spannung in den äußersten Fasern die Zugfestigkeit des Gußeisens erreicht hätte, die sich an den Bruchstücken des Biegestabes im Mittel zu $K_z = 1315$ kg/cm² ergab. Über die Erklärung dieses Widerspruches zwischen der Theorie und dem tatsächlichen Verhalten des Gußeisens, sowie über den Einfluß der Querschnittform vgl. Abschnitt 2, II, E, 2, b.

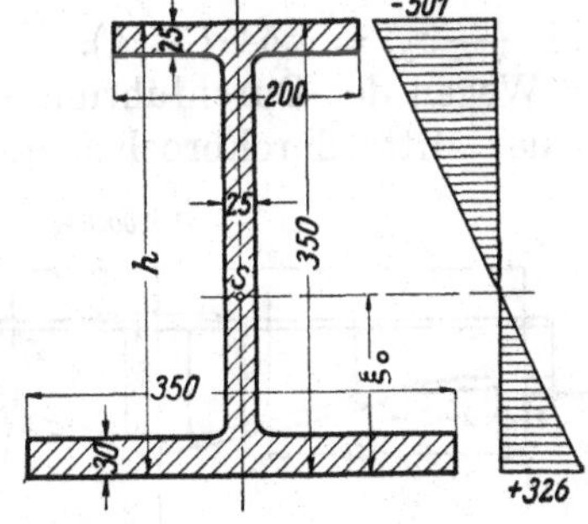

Abb. 35. Unsymmetrischer Querschnitt für gußeiserne Träger.

Die verschiedene Widerstandsfähigkeit des Gußeisens gegenüber Zug und Druck läßt bei ruhender und schwellender Belastung auf Biegung wegen der besseren Ausnutzung des Werkstoffes zur Nullinie unsymmetrische Querschnitte, Abb. 35, vorteilhaft erscheinen. Legt man in den gezogenen Fasern die aus Biegeversuchen abgeleitete zulässige Spannung k_b, in den gedrückten dagegen die Druckspannungen k nach der Zusammenstellung 2 Seite 12 zugrunde, so gelten z. B. für unbearbeitetes Gußeisen, ruhende Belastung und I-förmigen Querschnitt vorausgesetzt,

$$k_b = 310\text{—}400 \quad \text{und} \quad k = 900\text{—}1000 \text{ kg/cm}^2.$$

Will man den Querschnitt diesen Verhältnissen entsprechend ausbilden, so müssen sich die Abstände der äußersten Fasern e_1 und e_2 von der Nullinie bei geradliniger Spannungsverteilung wie die zulässigen Beanspruchungen auf Biegung und Druck verhalten:

$$\frac{e_1}{e_2} = \frac{k_b}{k} \tag{30}$$

$$= \frac{310}{900} \text{ bis } \frac{400}{1000}.$$

Zahlenbeispiel. Gußeiserner Träger für das Drucklager einer Wasserturbine: Druck $P = 20000$ kg, Stützweite $L = 2$ m.

Wenn man bis zu den eben angeführten Spannungsgrenzen geht, ergeben sich ungünstige Querschnittformen; eine praktisch noch brauchbare ist in Abb. 35 dargestellt; an ihr werden die Druckspannungen nach dem daneben stehenden Spannungsdreieck im mittleren Querschnitt 1,54mal so groß wie die Zugspannungen.

Beim Aufsuchen derartiger Querschnitte ist man auf das Probieren angewiesen. An Abb. 35 findet man den Schwerpunktabstand ξ_0 von der Unterfläche:

$$\xi_0 = \frac{\Sigma F \cdot \xi}{\Sigma F} = \frac{35 \cdot 3 \cdot 1{,}5 + 20 \cdot 2{,}5 \cdot 33{,}75 + 29{,}5 \cdot 2{,}5 \cdot 17{,}75}{35 \cdot 3 + 20 \cdot 2{,}5 + 29{,}5 \cdot 2{,}5} = 13{,}8 \text{ cm}$$

und das Trägheitsmoment des Querschnittes, bezogen auf die zur Unterkante parallele Schwerlinie

$$J = \frac{35 \cdot 3^3}{12} + 35 \cdot 3 \cdot 12{,}3^2 + \frac{20 \cdot 2{,}5^3}{12} + 20 \cdot 2{,}5 \cdot 19{,}95^2 + \frac{2{,}5 \cdot 29{,}5^3}{12} + 2{,}5 \cdot 29{,}5 \cdot 3{,}95^2$$
$$= 42400 \text{ cm}^4.$$

Die größte Zugspannung längs der Unterfläche des Trägers ist:

$$+\sigma_b = \frac{P \cdot L \cdot \xi_0}{4J} = \frac{20000 \cdot 200 \cdot 13{,}8}{4 \cdot 42400} = 326 \text{ kg/cm}^2,$$

die größte Druckspannung in der oben liegenden Faser:

$$-\sigma_b = \frac{P \cdot L(h - \xi_0)}{4J} = \frac{20000 \cdot 200\,(35 - 13{,}8)}{4 \cdot 42400} = 501 \text{ kg/cm}^2.$$

d. i. $(-\sigma_b) = 1{,}54 \cdot (+\sigma_b)$.

Wegen der Durchführung der Welle und der Stützung des Lagers wurde der Träger in der Mitte durchbrochen und oben verbreitert. Im übrigen ist er der besseren Ausnutzung des Werkstoffes wegen als Körper annähernd gleichen Widerstandes durchgebildet. Nach laufender Nummer 3 der Zusammenstellung 7, Seite 33, würde ein Träger rechteckigen Querschnittes durchweg gleicher Breite parabolische Begrenzungen erhalten. Annähernd gilt das auch für die vorliegende Querschnittform, wenn die Flanschstärken nach den Auflagern zu allmählich abnehmen. In Abb. 36 wurden dieselben der einfacheren Herstellung wegen durchweg gleich groß, zu 30 mm unten und 25 mm oben, angenommen, dafür aber die Flanschbreiten dem Grundriß entsprechend nach den Enden zu verringert. Die Querschnitthöhe y' im Abstand $x' = 700$ mm von den Auflagern folgt nach der letzten Spalte der Zusammenstellung 7 Seite 33, laufende Nummer 3, aus

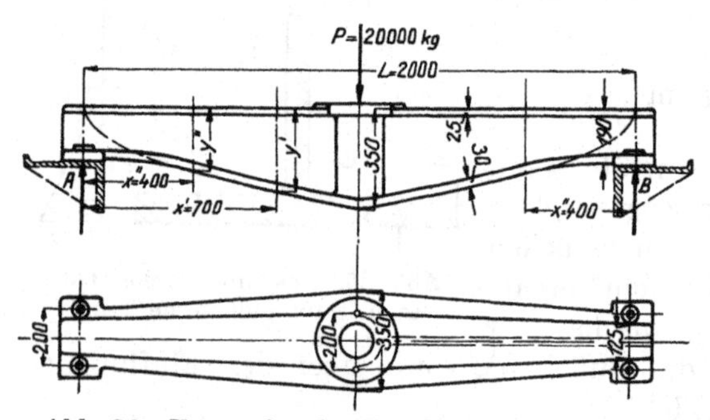

Abb. 36. Träger für das Drucklager einer Turbine.

$$(y')^2 = \frac{x' h^2}{L/2} = \frac{70 \cdot 35^2}{100}; \quad y' = 29{,}2 \text{ cm};$$

die in $x'' = 400$ mm Abstand von den Auflagern aus

$$(y'')^2 = \frac{x'' h^2}{L/2} = \frac{40 \cdot 35^2}{100}; \quad y'' = 22{,}1 \text{ cm}.$$

In den beiden Querschnitten entstehen auf Grund einer genaueren Nachrechnung die folgenden Beanspruchungen:

	Größte Zugspannung im unteren Flansch	Größte Druckspannung im oberen Flansch
b) Querschnitt in 700 mm Abstand von den Auflagern.	+ 338 kg/cm²	− 522 kg/cm²
b) Querschnitt in 400 mm Abstand von den Auflagern.	+ 322 kg/cm²	− 485 kg/cm²

An den Trägerenden ergibt sich die nötige Höhe aus der Querkraft, die im wesentlichen durch Schubspannungen im Steg aufgenommen wird; vgl. Berechnungsbeispiel 2 des Abschnittes über Schub und Abscherung.

Stahlguß und schmiedbarer Guß besitzen ebenfalls größere Belastungsfähigkeit gegenüber Druck als gegenüber Biegung; Holz dagegen zeigt entgegengesetzte Eigenschaften Sinngemäß lassen sich daher die vorstehenden Ausführungen auch auf diese Baustoffe anwenden.

Betont sei aber nochmals, daß die unsymmetrischen Querschnitte nur für die Wirkung der Kraft in einer Richtung vorteilhaft sind; für den Fall wechselnder Beanspruchung ist die Zugspannung in den äußersten Fasern allein maßgebend und ein zur Nullinie symmetrischer Querschnitt mit niedrigen Biegespannungen geboten.

Auf die Widerstandsfähigkeit gegossenen Werkstoffs gegenüber Biegung hat schließlich noch die Gusshaut, besonders auf der den Zugspannungen ausgesetzten Seite erheblichen Einfluß. Die geringe Dehnungsfähigkeit der spröden Oberfläche führt leicht zu Anrissen und infolgedessen zum Beginn des Bruches: daher die geringere Belastungsfähigkeit unbearbeiteter Gußstücke, vgl. Zusammenstellung 33.

F. Widerstandsfähigkeit geschlitzter Balken.

Irrig ist die Annahme, daß der längs der neutralen Schicht eines Balkens liegende Stoff wegen der dort herrschenden niedrigen Biegespannungen entbehrlich sei, und daß der Träger durch Aussparungen an dieser Stelle ohne wesentliche Beeinträchtigung seiner Tragfähigkeit leichter gehalten werden könne. Gußeiserne, geschlitzte Balken, Abb. 38, brechen, wie Pfleiderer gezeigt hat [I, 12], bei verhältnismäßig geringen Belastungen, indem der Bruch am inneren Rande der Aussparungen beginnt. Beispielweise traten an dem dargestellten Träger bei $P = 5520$ kg Last die Risse $a_1 b_1$, bei 6420 kg die Risse $a_2 b_2$ im Stege und bei 7950 kg der Bruch links ein, während ein Balken gleichen Querschnittes, aber ohne Schlitze, erst bei 18000 kg, also der 3,25fachen Last in der Mitte, brach. Die Tragfähigkeit wird um so mehr beeinträchtigt, je länger die Schlitze sind.

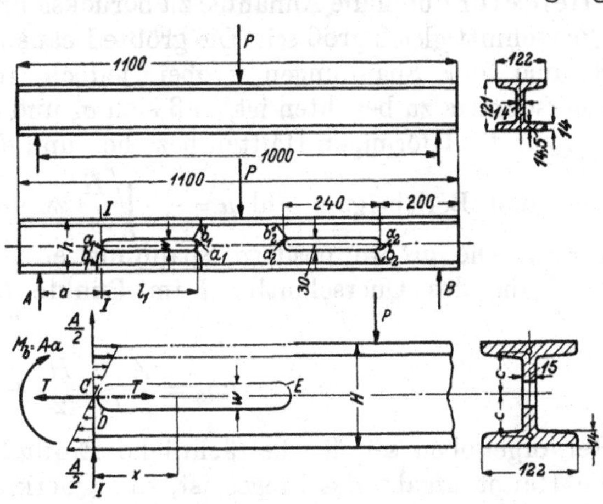

Abb. 37—39. Versuche an geschlitzten Balken.

Neben den aus der Abb. 39 ersichtlichen Bezeichnungen bedeute:

A die Auflagerkraft am linken Auflager in kg,

$2c$ die Entfernung der Schwerpunkte der beiden Querschnitte ober- und unterhalb des Schlitzes in cm,

F den Querschnitt derselben in cm^2,

J_1 ihre Trägheitsmomente in cm^4,

J das Trägheitsmoment des gesamten durch das Loch geschwächten Querschnittes in cm^4,

$M_b = A \cdot a$ das Biegemoment im Stabquerschnitt I in kgcm.

Legt man durch den Balken kurz vor dem Schlitz einen Schnitt I, so verlangt das Gleichgewicht die Anbringung des dort wirkenden Momentes $M_b = A \cdot a$ und der Querkraft A. Trennt man auch noch die obere Trägerhälfte durch einen Schnitt längs der Mittellinie von der unteren, so müssen dort noch Schubkräfte $T = \frac{A \cdot l_1}{4c}$ angebracht werden, die an der oberen, strichpunktiert gezeichneten Hälfte nach rechts, an der unteren nach links wirken. T ergibt sich aus der Annahme, daß die Tangenten an der elastischen Linie über den Enden des Schlitzes zueinander parallel sein müssen. In einem beliebigen Querschnitt der unteren Wange in der Entfernung x von der Ebene I entstehen dann folgende Einzelspannungen:

1. durch das Moment $M_b = A \cdot a$ in den äußeren Fasern:

$$\sigma_1 = + \frac{A \cdot a}{J} \frac{H}{2},$$

2. durch die Kraft A, die sich zu gleichen Teilen, also zu je $\frac{A}{2}$ auf die Trägerhälften verteilt, längs der Schlitzkante:

$$\sigma_2 = - \frac{A}{2} \cdot x \frac{c - \frac{w}{2}}{J_1},$$

3. durch die Kraft $T = \frac{A \cdot l_1}{4c}$ längs der Schlitzkante

$$\sigma_3 = + \frac{A \cdot l_1}{4c} \left(\frac{1}{F} + c \frac{c - \frac{w}{2}}{J_1} \right) = \frac{A \cdot l_1}{4} \left(\frac{1}{F \cdot c} + \frac{c - \frac{w}{2}}{J_1} \right),$$

4. Schubspannungen durch die Kraft A, die vernachlässigt werden können.

Die Erhöhung der Spannungen durch die Kerbwirkung an den Schlitzenden empfiehlt Pfleiderer durch die Annahme zu berücksichtigen, daß die Spannung σ_1 über den ganzen Querschnitt gleich groß sei. Die größte Beanspruchung σ ergibt sich aus der algebraischen Summe der Spannungen, wobei jedoch im Falle gußeiserner Träger I-förmigen Querschnitts zu beachten ist, daß sich σ_2 und σ_3 auf eine andere Querschnittform, nämlich auf die T-förmigen Hälften beziehen und daß sie deshalb nach den Versuchen Bachs mit einer Berichtigungzahl $\mu = \frac{1}{2} \cdot \sqrt{\frac{H}{c}}$ zu vervielfältigen sind. Für Schmiedeeisen ist $\mu = 1$. Die größte positive Spannung entsteht am inneren Rande des Schlitzes in der Nähe des Querschnittes I im Punkte D der unteren Trägerhälfte. Sie beträgt

$$\sigma = \sigma_1 + \mu \sigma_3 = \frac{A \cdot a}{J} \cdot \frac{H}{2} + \mu \frac{A \cdot l_1}{4} \left(\frac{1}{Fc} + \frac{c - \frac{w}{2}}{J_1} \right). \tag{30a}$$

Hervorgehoben sei der beträchtliche Einfluß, den die Schubkraft T hat, wie es denn die Hauptaufgabe des Steges ist, die Querkraft aufzunehmen und dadurch die Flanschen zu gleichmäßigen Durchbiegungen zu zwingen.

Die Rißbildung wird im Punkte D beginnen und sich im Punkte E der oberen Trägerhälfte fortsetzen, die durch das Biegemoment hoch beansprucht wird, wenn die Tragfähigkeit der unteren Hälfte durch den Riß bei D vermindert oder erschöpft ist.

Die bei den Versuchen von Pfleiderer nach der Formel (30a) berechneten Spannungen im Augenblick des ersten Risses (im Balken, Abb. 37, $\sigma = 2160$ kg/cm²) entsprachen im Mittel etwa der Zugfestigkeit, nicht aber der höheren Biegefestigkeit des verwandten Gußeisens, so daß es sich empfiehlt, bei der Wahl der zulässigen Beanspruchung von der ersteren auszugehen.

G. Die Formänderung gebogener Teile.

Die Formänderung auf Biegung beanspruchter Teile besteht in einer Krümmung der Achse. Die entstehende Kurve heißt elastische oder Biegelinie. Ein Element des Stabes, Abb. 40, von der Länge dx, das durch zwei zur Stabachse senkrecht stehende Ebenen begrenzt ist, geht in ein keilförmiges Stück über, dessen Seitenflächen um den Winkel $d\gamma$ gegeneinander geneigt sind. Dabei haben die auf der Zugseite gelegenen, durch die Spannung σ_b beanspruchten Fasern in der Entfernung e von der Nullinie nach Formel (6a) eine Verlängerung $aa_1 = \alpha \cdot \sigma_b \cdot dx$ erlitten, so daß

$$d\gamma = \frac{aa_1}{e} = \frac{\alpha \cdot \sigma_b \cdot dx}{e}$$

wird, das mit

$$\sigma_b = \frac{M_x}{J_x} \cdot e$$

in

$$d\gamma = \alpha \cdot \frac{M_x \cdot dx}{J_x}$$

übergeht. Für eine endliche Stablänge wird

$$\gamma = \int \frac{\alpha \cdot M_x \cdot dx}{J_x} = \alpha \int \frac{M_x}{J_x} \cdot dx\,, \tag{31}$$

wenn die Dehnungszahl α als unveränderlich angenommen wird.

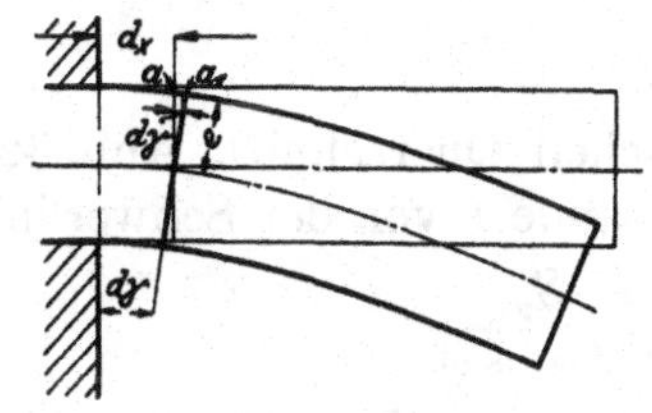

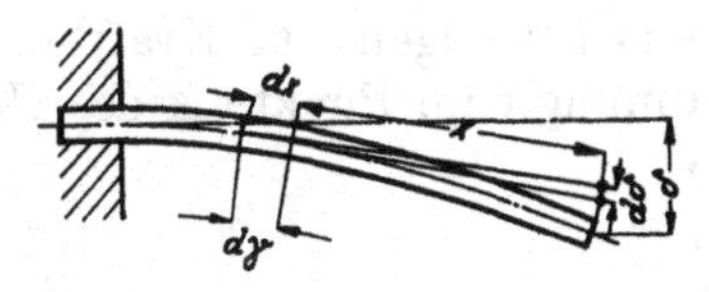

Abb. 40 und 41. Formänderungen gebogener Stäbe.

An einem einseitig eingespannten Stabe, Abb. 41, hat nun die besprochene Formänderung des in der Entfernung x vom freien Ende liegenden Elementes dx eine Durchbiegung

$$d\delta = d\gamma \cdot x$$

zur Folge, so daß sich die Gesamtdurchbiegung δ durch

$$\delta = \int d\gamma \cdot x = \alpha \int \frac{M_x \cdot x \cdot dx}{J_x} \tag{32}$$

darstellen läßt. Den meist vorliegenden Fall eines Stabes auf zwei Stützen kann man auf zwei Freiträger zurückführen, die im Scheitel der Biegelinie eingespannt sind. Für die häufiger vorkommenden Belastungsfälle sind die Neigungswinkel der elastischen Linie und die Durchbiegungen in der Zusammenstellung 5, Seite 24, aufgeführt.

VII. Schub und Abscherung.

Beanspruchung auf Schub liegt vor, wenn die Kraft in der Querschnittebene wirkt und unmittelbar benachbarte Querschnitte gegeneinander zu verschieben sucht (Quer- oder Schubkräfte). Die Größe und Verteilung der entstehenden Schubspannungen τ hängt von der Querschnittform ab; für die wichtigeren ist sie in der Zusammenstellung 8 enthalten.

Zusammenstellung 8. **Größe und Verteilung der Schubspannungen.**

Lfde. Nr.	Querschnittform und Spannungsverteilung	Schubspannung im Abstande y von der Schwerlinie τ	Größte Schubspannung τ_{max}
1		$\tau = \frac{4}{3} \cdot \frac{P}{F} \sqrt{1 - 4\frac{y^2}{d^2}}$	$\tau_{max} = \frac{4}{3}\frac{P}{F}$

Zusammenstellung 8 (Fortsetzung).

Lfde. Nr.	Querschnittform und Spannungsverteilung	Schubspannung im Abstande y von der Schwerlinie τ	Größte Schubspannung $\tau_{\max}$
2		$\tau = \frac{3}{2} \cdot \frac{P}{F}\left(1 - 4\frac{y^2}{h^2}\right)$	$\tau_{\max} = \frac{3}{2}\frac{P}{F}$
3		—	Im Steg $\tau \approx \frac{P}{s \cdot h_0}$

In einem beliebigen, zur Kraftlinie SO symmetrischen Querschnitt, Abb. 42, ist die Schubspannung τ im Punkte A des Umfanges im Abstande y von der Schwerlinie durch

$$\tau = \frac{P \cdot S_y}{2x \cdot J \cdot \cos\varphi}$$

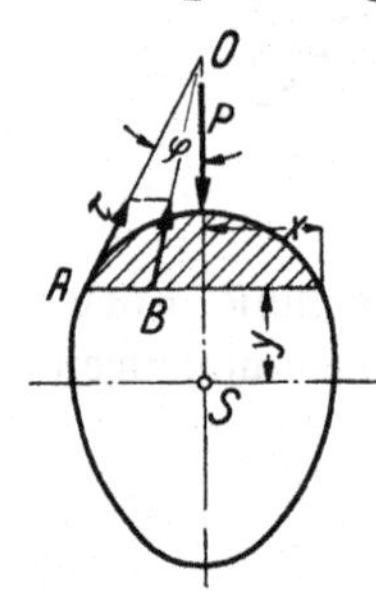

Abb. 42. Zur Ermittlung der Schubspannungen.

gegeben. Hierin bedeutet S_y das statische Moment der gestrichelten Fläche, bezogen auf die zur Kraftlinie senkrechte Schwerlinie. Der Winkel φ, durch die Tangente AO am Umfange bestimmt, gibt die Richtung der Schubspannung an. Für einen Punkt B im Innern des Querschnitts im gleichen Abstande y liefert BO die Richtung der Spannung; ihre Größe folgt daraus, daß die Seitenkraft parallel zu SO gleich groß derjenigen von τ ist.

An einem I-Querschnitt wird nach Nr. 3 der Zusammenstellung 8 der größte Teil der Querkraft durch den Steg, in welchem annähernd gleich große Spannungen entstehen, aufgenommen, während die Flanschen nur niedrig beansprucht sind, so daß es berechtigt erscheint, mit

$$\tau = \frac{P}{s \cdot h_0}$$

zu rechnen.

Die aufgeführten Formeln werden hauptsächlich angewendet, wenn es sich darum handelt, die größten Spannungen bei der Inanspruchnahme auf zusammengesetzte Festigkeit zu ermitteln.

Vielfach spielen freilich die Schubspannungen eine untergeordnete Rolle und können vernachlässigt werden. So pflegen an auf Biegung und Schub beanspruchten Teilen die größten Schubspannungen an den Stellen sehr geringer Biegespannungen und umgekehrt aufzutreten. Im Falle des unten folgenden Beispiels 1 haben sie ihren größten Wert in den Fasern der Nullinie, in denen die Biegespannung Null ist und den Wert Null in den äußersten Fasern, wo die Biegespannung ihren Höchstwert erreicht.

Wird ein Maschinenteil in einer Weise in Anspruch genommen, die der Wirkung einer Schere beim Abschneiden eines Bleches entspricht, wie es z. B. für eingepaßte, quer zu ihrer Längsachse belastete Bolzen gilt, so treten neben den Schubspannungen Biegebeanspruchungen auf, die sich nicht genau ermitteln lassen. Dann pflegt die Beanspruchung auf „Abscheren" nach der Formel

$$\sigma_s = \frac{P}{F}, \tag{33}$$

oder der Querschnitt aus $F = \frac{P}{k_s}$ bestimmt zu werden, also unter der Voraussetzung gleichmäßiger Verteilung der Spannungen über den ganzen Querschnitt. Die nach Formel (33) errechnete Scherspannung hat lediglich die Bedeutung eines Vergleichswertes und gibt für die tatsächlich auftretenden Beanspruchungen keinen Anhalt; doch ist die Anwendung der Formel um so eher angängig, wenn die zulässigen Spannungen k_s für die einzelnen Werkstoffe aus Scherversuchen, Abb. 43, nach der gleichen Formel ermittelt werden, wie das für die Zahlen der Zusammenstellung 2 Seite 13 zutrifft. Durchschnittlich ergibt sich die aus der Bruchbelastung berechnete Scherfestigkeit K_s zu 0,8 der Zugfestigkeit K_z der Werkstoffe.

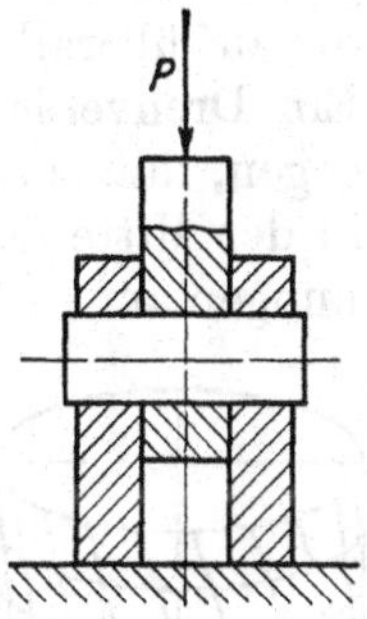

Abb. 43. Scherversuch.

Berechnungsbeispiele. 1. Ermittlung der Schubspannungen in dem auf Biegung beanspruchten Unterzug rechteckigen Querschnitts, Abb. 34 oben. Höhe 60, Breite 46 mm. Belastung durch $P = 1000$ kg in der Mitte des Trägers.

Die den Balken beanspruchenden Querkräfte sind gleich den Auflagerkräften $A = B = \frac{P}{2} = 500$ kg. Mithin ist die größte Schubspannung in den mittleren Fasern des Querschnitts nur

$$\tau_{\max} = \frac{3}{2}\frac{A}{F} = \frac{3}{2}\frac{500}{6\cdot 4{,}6} = 27{,}2\ \mathrm{kg/cm^2}.$$

Sie kann gegenüber den Biegespannungen vernachlässigt werden.

2. Mindesthöhe des gußeisernen Trägers gleichen Widerstandes, Abb. 36, an den Auflagerstellen. Belastung $P = 20000$ kg in der Mitte, Stützweite 2 m. Querschnitt in der Mitte, Abb. 35. Die Stegstärke soll durchweg $s = 25$ mm betragen.

An den Auflagerstellen muß nach Nr. 3 der Zusammenstellung 8 der Steg allein imstande sein, die Querkräfte, das sind die Auflagerdrucke $A = B = \frac{P}{2} = 10000$ kg, durch Schubspannungen aufzunehmen. Läßt man im Gußeisen bei ruhender Wirkung der Last $\tau = 300$ kg/cm² zu, so wäre seine Mindesthöhe

$$h = \frac{A}{s\cdot\tau} = \frac{10000}{2{,}5\cdot 300} = 13{,}3\ \mathrm{cm}.$$

Die Gesamthöhe des Trägers an den Auflagerstellen setzt sich aus h und den beiden Flanschstärken von 30 und 25 mm zusammen und wird dadurch rund 190 mm.

3. Der wagrechte wechselnde Druck von 2500 kg an einem Lager, Abb. 44, soll durch Paßstifte am Lagerfuß übertragen werden.

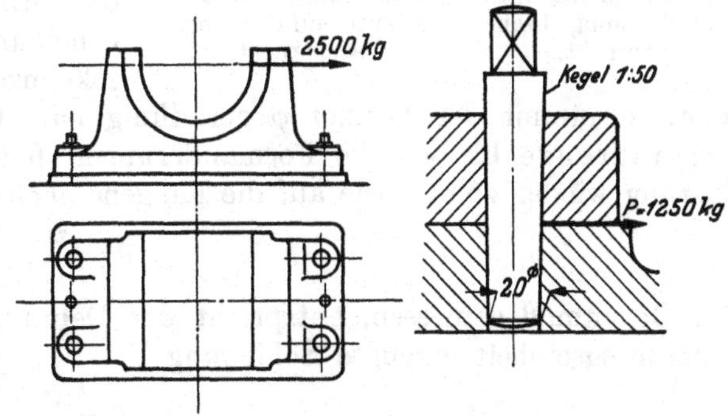

Abb. 44. Scherstifte an einem Lagerfuß.

Gewählt: Zwei Stifte aus Stahl. Sie sind auf Abscheren, auf je $P = 1250$ kg bei wechselnder Beanspruchung zu berechnen. Angenommen $k_s = 400$ kg/cm².

$$F = \frac{\pi d^2}{4} = \frac{P}{k_s} = \frac{1250}{400} = 3{,}13\ \mathrm{cm^2}.$$

Stiftdurchmesser $d = 20$ mm.

Beispiele für die Zusammensetzung von Längs- und Schubspannungen bietet u. a. die Berechnung der Kurbelarme im Abschnitt Achsen und Wellen.

VIII. Drehfestigkeit.

Ein Körper ist auf Drehung beansprucht, wenn die äußeren Kräfte sich auf ein Kräftepaar, $P\cdot a$, Abb. 6, dessen Ebene senkrecht zur Körperachse steht, zurückführen lassen.

$P \cdot a = M_d$ heißt Drehmoment. Es sucht die Querschnitte des Stabes gegeneinander zu verdrehen und ruft Schubspannungen τ_d in ihnen hervor, über deren Größe und Verteilung Zusammenstellung 9 Aufschluß gibt.

An Stäben runden Querschnitts, Abb. 45, bleiben die Querschnitte eben. Teilt man die Oberfläche eines solchen Körpers durch Längs- und Querlinien in Rechtecke ein, so gehen diese bei der Verdrehung in durchweg gleiche Rhomben über, eine Erscheinung, die auf überall gleich große Spannungen an der Oberfläche von Zylindern schließen läßt. Ein Drehversuch an einem Gummistück rechteckigen Querschnitts, Abb. 46, zeigt dagegen, daß sich die ursprünglich ebenen Querschnitte werfen, indem sich die Rechtecke in der Mitte der Seitenflächen am stärksten verzerren — dort treten die größten Spannungen auf —, während die Querschnittlinien an den Kanten senkrecht zu diesen bleiben, so daß die Teilchen dort keine gegenseitige Verschiebung erfahren, und die Schubspannungen Null sind.

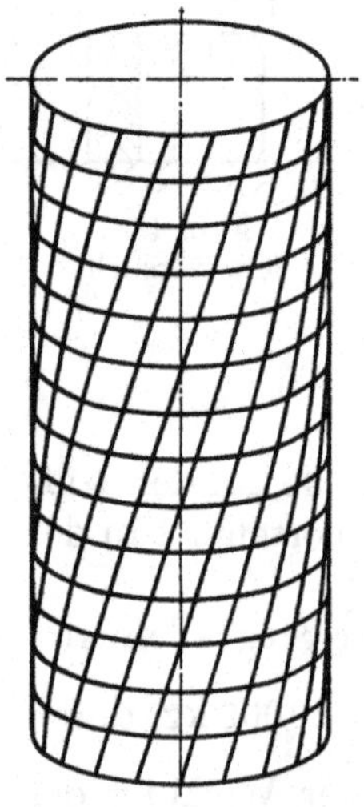

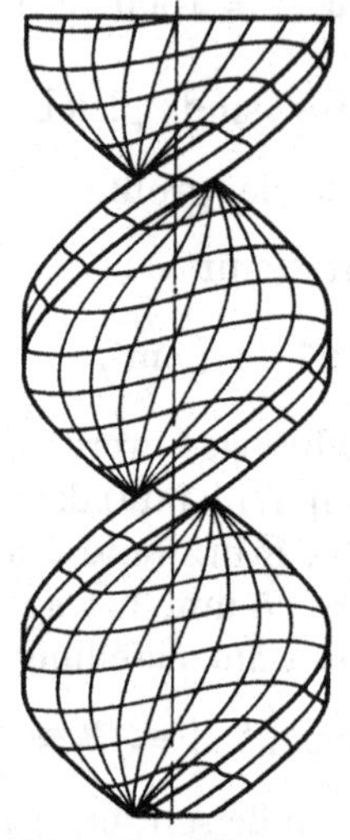

Abb. 45. Körper runden Querschnitts auf Drehung beansprucht.

Abb. 46. Körper rechteckigen Querschnitts auf Drehung beansprucht.

$\tau_{d\max}$ insbesondere ist von dem kleinsten Trägheitsmoment des Querschnittes $J_{\min}$ abhängig:

$$\tau_{\max} = \frac{M_d}{c \cdot J_{\min}} \cdot e, \tag{34}$$

wobei e den Abstand des der Achse am nächsten liegenden Punktes des Stabumfanges vom Schwerpunkte, c einen von der Querschnittform abhängigen Festwert bedeutet. Die größten auftretenden Spannungen dürfen die auf Seite 13 angegebenen Werte der zulässigen Beanspruchungen k_d in den einzelnen Belastungsfällen nicht überschreiten.

Die Formänderung wird durch den Verdrehungswinkel ψ, den zwei um die Länge l voneinander abstehende Querschnitte erfahren, gekennzeichnet. Bis zur Proportionalitätsgrenze nimmt der Winkel ψ geradlinig mit den Spannungen zu; bis zur Elastizitätsgrenze bleiben die Formänderungen federnd und verschwinden bei der Entlastung wieder völlig. Die auf die Längeneinheit bezogene Verdrehung oder Schiebung

$$\vartheta = \frac{\psi}{l}, \tag{35}$$

im Bogenmaß gemessen, entspricht der Dehnung ε bei Zugversuchen, die durch die Spannungseinheit erzeugte Schiebung

$$\beta = \frac{\vartheta}{\tau_d} \tag{36}$$

der Dehnungszahl α. Die Größe β heißt Gleit- oder Schubzahl, ihr reziproker Wert $G = \frac{1}{\beta}$ Gleit- oder Schubmodul. Beide Werte sind unterhalb der Proportionalitätsgrenze unveränderlich. Zwischen β und α besteht die Beziehung

$$\beta = 2\,\frac{m+1}{m} \cdot \alpha, \tag{37}$$

die mit der Querdehnungszahl $m = 10/3$ in

$$\beta = 2{,}6\,\alpha$$

übergeht. Die eben abgeleiteten Begriffe ermöglichen die Berechnung der Formänderung aus den auftretenden Spannungen, indem

$$\psi = \vartheta \cdot l = \beta\,\tau_d \cdot l \tag{38}$$

wird. Werte für ψ enthält die Zusammenstellung 9.

Zusammenstellung 9. **Größe und Verteilung der Drehspannungen, sowie Verdrehungswinkel für die wichtigsten Querschnittformen.**

Lfde. Nr.	Querschnitt und Spannungsverteilung	c	Spannung	Verdrehungswinkel
1	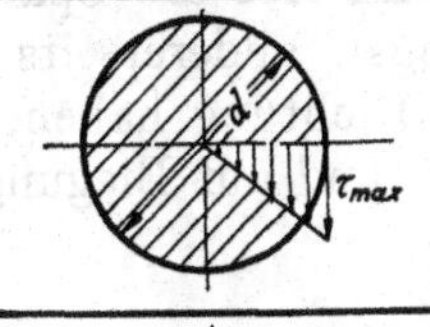	2	$\tau_{\max} = \dfrac{M_d}{\dfrac{\pi}{16} d^3}$	$\psi = \dfrac{32}{\pi d^4} \cdot M_d \cdot \beta \cdot l$
2	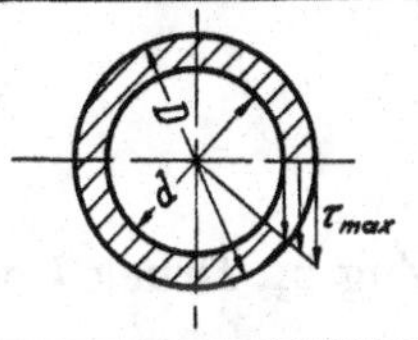	2	$\tau_{\max} = \dfrac{16 M_d \cdot D}{\pi (D^4 - d^4)}$	$\psi = \dfrac{32}{\pi (D^4 - d^4)} \cdot M_d \cdot \beta \cdot l$
3	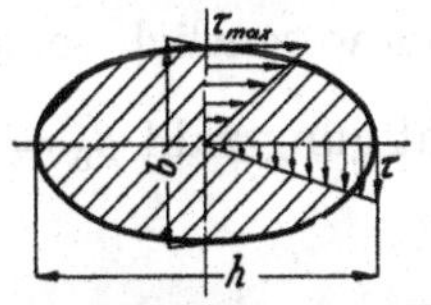	2	$\tau_{\max} = \dfrac{M_d}{\dfrac{\pi}{16} b^2 \cdot h}$ $\dfrac{\tau}{\tau_{\max}} = \dfrac{b}{h} \ldots (h > b)$	$\psi = \dfrac{16}{\pi} \dfrac{b^2 + h^2}{b^3 \cdot h^3} \cdot M_d \cdot \beta \cdot l$
4	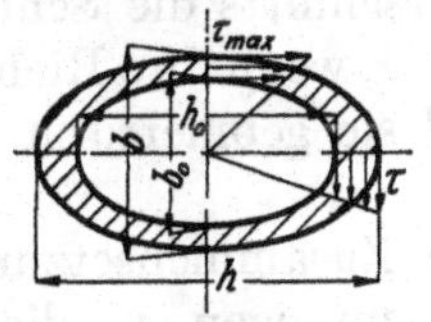	2	$\tau_{\max} = \dfrac{M_d}{\dfrac{\pi}{16} \dfrac{b^3 \cdot h - b_0^3 \cdot h_0}{b}}$ $(h > b;\ h : h_0 = b : b_0)$	—
5	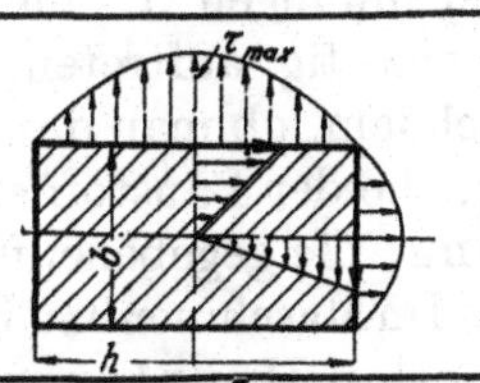	$\dfrac{4}{3}$	$\tau_{\max} = \dfrac{9}{2} \dfrac{M_d}{b^2 h}$ $(h > b)$	$\psi = 3{,}6 \cdot \dfrac{b^2 + h^2}{b^3 \cdot h^3} \cdot M_d \cdot \beta \cdot l$
6	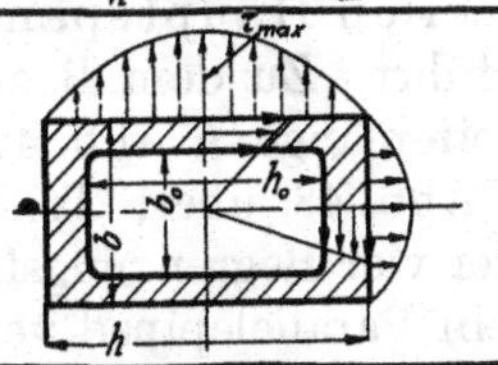	$\dfrac{4}{3}$	$\tau_{\max} = \dfrac{9}{2} \dfrac{M_d}{\dfrac{b^3 \cdot h - b_0^3 \cdot h_0}{b}}$ $(h > b,\ h : h_0 = b : b_0)$	—
7	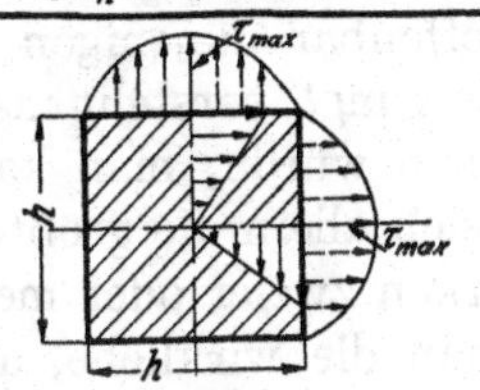	$\dfrac{4}{3}$	$\tau_{\max} = \dfrac{9}{2} \cdot \dfrac{M_d}{h^3}$	$\psi = 7{,}2 \cdot \dfrac{1}{h^4} \cdot M_d \cdot \beta \cdot l$
8	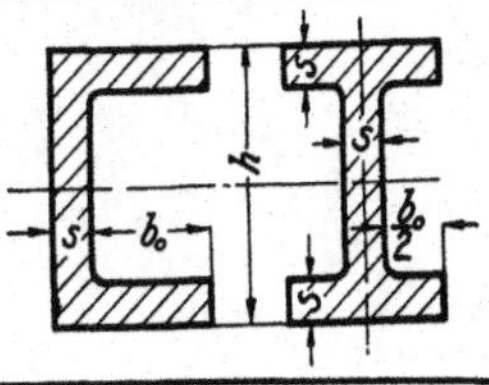	—	$\tau_{\max} = \dfrac{9}{2} \dfrac{M_d}{s^2 \cdot (h + 2 b_0)}$	—
9	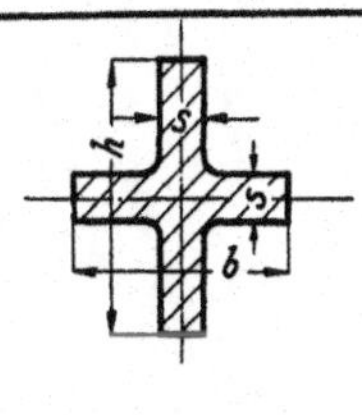	—	$\tau_{\max} = \dfrac{9}{2} \dfrac{M_d}{s^2 (h + b - s)}$	—

IX. Zusammengesetzte Festigkeit.

Bei Beanspruchung auf zusammengesetzte Festigkeit empfiehlt es sich, zunächst den Einfluß der einzelnen Kräfte oder Momente getrennt zu ermitteln, um die Größe ihres Einflusses und ihre Wichtigkeit beurteilen zu können und dann erst die Spannungen zusammenzusetzen. Gleichartige Spannungen, einerseits Längs-, andererseits Schubspannungen, werden algebraisch summiert, wenn sie dieselbe Richtung haben, so daß z. B. bei der gleichzeitigen Inanspruchnahme auf Zug durch σ_z und auf Biegung durch $+\sigma_{b_1}$ und $-\sigma_{b_2}$ die größten auftretenden Spannungen

$$\begin{aligned} \sigma_1 &= \sigma_z + \sigma_{b\,1} = \frac{P}{F} + \frac{M_b}{J} \cdot e_1, \\ \sigma_2 &= \sigma_z - \sigma_{b\,2} = \frac{P}{F} - \frac{M_b}{J} \cdot e_2 \end{aligned} \qquad (39)$$

werden. σ_1 und σ_2 dürfen die zulässigen Beanspruchungen auf Zug k_z, Druck k oder Biegung k_b nicht überschreiten.

Für den Fall, daß die zulässige Biegespannung von der auf Zug wesentlich verschieden ist, wie es für Gußeisen zutrifft, empfiehlt Bach eine Berichtigungszahl $\beta_0 = \frac{k_b}{k_z}$ einzuführen: es muß

$$\sigma_1' = \beta_0 \cdot \sigma_z + \sigma_{b_1} \leqq k_b \qquad (40)$$

sein.

Erzeugt ein Drehmoment in irgendeinem Punkte eines Querschnitts die Schubspannung τ_d, eine Schubkraft die Spannung τ_s, so summieren sich beide, wenn ihre Richtungen übereinstimmen; anderenfalls sind sie geometrisch zu vereinigen.

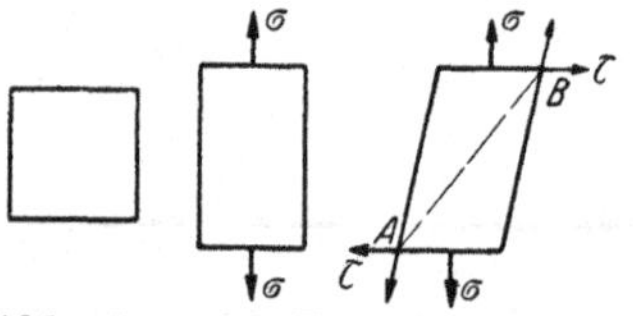

Abb. 47—49. Zur Zusammensetzung von Längs- und Schubspannungen.

Für die häufig vorkommende Zusammensetzung von Längsspannungen σ mit Schubspannungen τ, die in ein und demselben Querschnitt gleichzeitig auftreten, erhält man verschiedene Formeln, je nachdem, ob man davon ausgeht, daß die größte Dehnung, die der Baustoff erleidet, oder die größte Schubspannung, die gegebenenfalls das Abgleiten einzelner Teile gegeneinander bedingt, maßgebend ist. Im Maschinenbau benutzt man bisher meist die erste Annahme, die zur sogenannten ideellen Hauptspannung, reduzierten Spannung oder Anstrengung des Werkstoffes führt. Zu dem Begriff sei das folgende bemerkt: Ein würfelförmiges Element von der Seitenlänge *1*, Abb. 47, geht unter der Wirkung einer Längsspannung σ in ein Rechtflach, Abb. 48, über. Tritt noch eine Schubspannung τ, Abb. 49, hinzu, die bekanntlich längs der vier Begrenzungsflächen des Elementes gleichzeitig wirkt, so wird das Rechtflach in ein Parallelepiped verzerrt. Betrachtet man die einzelnen Fasern desselben, so werden offenbar diejenigen in der Nähe der Diagonale AB am stärksten gedehnt. Unter „Anstrengung" versteht man nun die innere Kraft, welche diese Fasern in gleichem Maße dehnen würde; man kann sie begrifflich bestimmen als die gedachte innere Kraft, die für sich allein die größte Dehnung erzeugen würde, die tatsächlich durch das Zusammenwirken zweier oder mehrerer Spannungen entsteht. (Unter Spannung dagegen versteht man die wirkliche, auf die Flächeneinheit bezogene innere Kraft.)

Im genannten Falle wird die Anstrengung:

$$\sigma_i = \frac{m-1}{2m} \cdot \sigma \pm \frac{m+1}{2m} \sqrt{\sigma^2 + 4(\alpha_0 \tau)^2}\,.$$

Die Formel geht mit $m = \frac{10}{3}$ in

$$\sigma_i = 0{,}35\,\sigma \pm 0{,}65 \sqrt{\sigma^2 + 4\,(\alpha_0 \tau)^2} \qquad (41)$$

über und kann in der angenäherten Form

$$\sigma_i = \frac{1}{3}\sigma \pm \frac{2}{3}\sqrt{\sigma^2 + 4\,(\alpha_0 \tau)^2}$$

leicht im Gedächtnis behalten werden. α_0 berücksichtigt dabei nach Bach die nach der Art der Belastung (ruhend, schwellend oder wechselnd) oft zahlenmäßig verschieden hohe, zulässige Beanspruchung durch Längs- und Schubspannungen. Es ist

$$\alpha_0 = \frac{\text{zulässige Längsspannung}}{1{,}3 \cdot \text{zulässige Schubspannung}}, \tag{42}$$

also z. B. bei Inanspruchnahme auf Biegung und Drehung

$$\alpha_0 = \frac{k_b}{1{,}3 \cdot k_d},$$

bei Belastung durch Zug und Schub

$$\alpha_0 = \frac{k_z}{1{,}3 \cdot k_s}$$

zu setzen. Die errechnete Anstrengung darf die dem Belastungsfalle entsprechende Längsspannung k_z, k, k_b nicht überschreiten.

Die Formel (41) gestattet die Ableitung einer Gleichung für die unmittelbare Zusammensetzung der die Spannungen erzeugenden Biege- und Drehmomente M_b und M_d zu ideellen Biegemomenten M_i, jedoch nur im Falle kreisförmigen Querschnitts des Körpers. Hat dieser einen Durchmesser d, so ergibt sich, wenn beide Seiten mit $\frac{\pi}{32} d^3$ multipliziert werden

$$\frac{\pi}{32} d^3 \cdot \sigma_i = \frac{1}{3} \frac{\pi}{32} d^3 \cdot \sigma_b \pm \frac{2}{3} \sqrt{\left(\frac{\pi}{32} d^3 \sigma_b\right)^2 + \left(\alpha_0 \frac{\pi}{16} d^3 \tau_d\right)^2}$$

oder

$$M_i = \frac{1}{3} M_b + \frac{2}{3} \sqrt{M_b^2 + (\alpha_0 M_d)^2}. \tag{43}$$

Aus dem ideellen Moment M_i folgt die Höhe der Beanspruchung:

$$\sigma_b = \frac{32\, M_i}{\pi \cdot d^3}.$$

Eine Benutzung der Formel für sonstige Querschnitte, an denen die größten Biegespannungen in anderen Fasern als die größten Schubspannungen auftreten, so daß diese nicht unmittelbar zusammengesetzt werden können, ist nicht zulässig.

Nimmt man in der Formel (41) $\sigma = 0$ und $\alpha_0 = 1$ an, betrachtet also den Grenzfall, daß nur Schubspannungen wirken, so führt die Gleichung zu der Beziehung $\sigma_i = \frac{2}{3} \sqrt{4\tau^2}$, also $\frac{\tau}{\sigma_i} = 0{,}75$, daß also das Verhältnis gleichwertiger Schub- und Längsspannungen an Körpern gleichen Baustoffes 0,75 betragen müßte. Scher- und Zugversuche liefern nun im Durchschnitt eine nur wenig höhere Zahl, nämlich 0,8, wenn man die Spannungen aus den Bruchlasten berechnet.

Den Fall, daß gleichzeitig zwei senkrecht zueinander gerichtete Längsspannungen wirken, wie es u. a. bei der Beanspruchung von Gefäßwänden durch äußeren oder inneren Druck vorkommt, verdeutlichen Abb. 50—52. Durch die Spannung σ_1 wird das gezeichnete Element in Richtung dieser Spannung gereckt; tritt aber die Zugspannung σ_2 hinzu, so wird die Verlängerung und damit auch die Anstrengung des Elementes in Richtung von σ_1 vermindert. Eine Druckspannung $-\sigma_2$ würde sie dagegen erhöhen. Bei drei senkrecht zueinander wirkenden Längsspannungen σ_1, σ_2 und σ_3 werden die Anstrengungen in Richtung der drei Achsen:

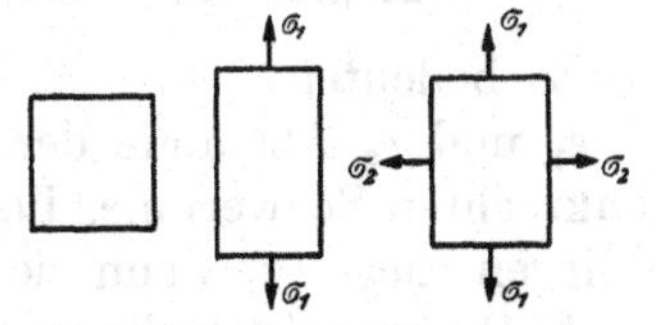

Abb. 50—52. Zur Zusammensetzung von Längsspannungen.

$$\sigma_{i1} = \sigma_1 - \frac{1}{m}(\sigma_2 + \sigma_3); \quad \sigma_{i2} = \sigma_2 - \frac{1}{m}(\sigma_1 + \sigma_3); \quad \sigma_{i3} = \sigma_3 - \frac{1}{m}(\sigma_1 + \sigma_2).$$

Die größte von ihnen darf die zulässige Längsspannung nicht überschreiten.

Geht man dagegen von der größten Schubspannung aus, so muß

$$\tau_{\max} = \frac{1}{2}\sqrt{\sigma^2 + 4\tau^2} \leqq k_s \tag{44}$$

sein. Die wieder nur für den kreisförmigen Querschnitt geltende Formel für das ideelle Moment lautet dann

$$M_{di} = \sqrt{M_b^2 + M_d^2}\,, \tag{45}$$

während die dazugehörige Beanspruchung nach

$$\tau_d = \frac{16\,M_{di}}{\pi\,d^3}$$

zu beurteilen wäre.

Wirken drei Längsspannungen σ_1, σ_2 und σ_3 senkrecht zueinander, von denen z. B. σ_1 den größten und σ_2 den kleinsten Wert habe, so entsteht eine größte Schubspannung $\tau_{\max} = \frac{1}{2}(\sigma_1 - \sigma_2)$. Auf sie hat die dritte, zwischen der größten und der kleinsten liegende Spannung — in dem betrachteten Falle σ_3 — keinen Einfluß.

Für den Grenzfall $\tau = 0$ erhält man aus Gleichung (44) $\frac{\tau_{\max}}{\sigma} = \frac{1}{2}$. Bestätigungen dieser Beziehung und der Theorie, daß die größte Schubspannung maßgebend ist, bieten die Arbeiten von Guest [I,10], v. Kármán [I,11] u. a., die die Fließvorgänge an Flußeisen, Kupfer und Marmor näher untersuchten, so daß sich der Widerspruch zwischen den Formeln (41) und (44) vielleicht dadurch aufklärt, daß für die Einleitung des Bruches die größte Dehnung, für die ersten Fließerscheinungen dagegen die größte Schubspannung maßgebend ist.

Da nun die Spannungen in den Maschinenteilen unter der Fließgrenze bleiben sollen, um größere und bleibende Formänderungen zu vermeiden, ist es wohl berechtigt, nach den Formeln (44) und (45) zu rechnen. Dabei darf aber die Beurteilung der Sicherheit nicht nach der Bruchfestigkeit des Werkstoffes erfolgen; die errechneten Werte müssen vielmehr mit der Schubspannung an der Streckgrenze $\tau_s = \frac{1}{2}\sigma_s$ verglichen werden. Die so gefundenen Sicherheitsgrade weichen von den gewohnten ab. Es empfiehlt sich daher, solange genügende Erfahrungszahlen fehlen, die Festigkeitsrechnungen nach der bisherigen Art durchzuführen, sie aber nach der zweiten auf die Sicherheit gegen Eintreten des Fließens nachzuprüfen. Für Werkstoffe ohne ausgeprägte Fließgrenze, wie Gußeisen, erübrigt sich die Rechnung nach der zweiten Anschauung.

In geeigneten Beispielen des Buches sind die Ergebnisse der Rechnung nach den beiden Annahmen nebeneinander gestellt.

X. Stabförmige Körper mit gekrümmter Mittellinie.

Es bedeuten:

e_1 und e_2 Abstände der äußersten Fasern des Querschnittes von der zur Kraftebene senkrechten Schwerlinie. Positiv zu rechnen, wenn sie von dem Krümmungsmittelpunkt abliegen, negativ, wenn sie nach dem Krümmungsmittelpunkt hin gerichtet sind,

F Querschnittfläche in cm²,

M_b das den Querschnitt beanspruchende Biegemoment in kg cm. Positiv, wenn es den Körper stärker zu krümmen, negativ, wenn es die Krümmung zu verringern sucht,

P die im Schwerpunkt des Querschnittes wirkende Längskraft in kg, als Zugkraft positiv, als Druckkraft negativ einzusetzen,

r Krümmungshalbmesser der Stabachse in cm,
σ die entstehenden Normalspannungen in kg/cm²,
x Abstand der Faser, in der die Spannung σ herrscht, von der zur Kraftebene senkrechten Schwerlinie positiv und negativ zu rechnen, wie e_1 und e_2,
$Z = -r^2 \int \frac{x}{r+x}\, d\, F$ eine dem Trägheitsmoment verwandte Größe in cm⁴.

Die Berechnung stark gekrümmter Körper nach den Formeln für den geraden Balken führt zur Unterschätzung der Beanspruchungen. Unter den Voraussetzungen,

1. daß die Schwerpunkte aller Querschnitte in der Kraftebene liegen,
2. daß diese Ebene jeden Querschnitt symmetrisch teilt und
3. daß die Querschnitte eben bleiben,

gilt für einen beliebigen Punkt in der Entfernung x von der zur Kraftebene senkrechten Schwerlinie, Abb. 53a,

$$\sigma = \frac{P + \frac{M_b}{r}}{F} + \frac{M_b \cdot r}{Z} \cdot \frac{x}{r+x}. \tag{46}$$

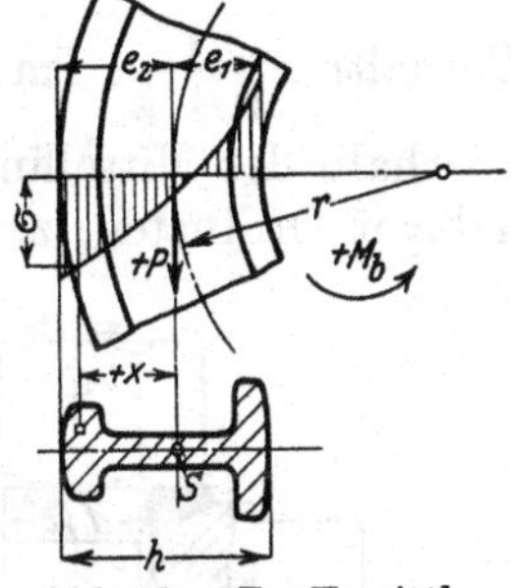

Abb. 53a. Zur Ermittlung der Beanspruchung gekrümmter Körper.

Für die äußersten Fasern des Querschnittes, in denen die größten Zug- und Druckspannungen entstehen, ist für x e_1 und e_2 einzusetzen. Ist der Krümmungshalbmesser r im Verhältnis zur Querschnitthöhe h groß, so darf Z in den Fällen 1, 2 und 3 der nachstehenden Zusammenstellung genügend genau durch das Trägheitsmoment J ersetzt werden, da dann die rasch fallenden Reihen in

Zusammenstellung 10. **Festwert Z zur Berechnung gekrümmter Stäbe.**

Lfde. Nr.	Querschnittform	Z
1	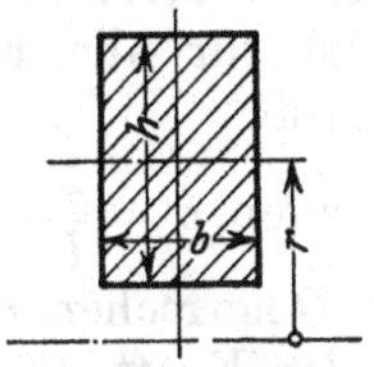	$\frac{b\,h^3}{12}\left\{1 + \frac{3}{20}\left(\frac{h}{r}\right)^2 + \frac{3}{112}\left(\frac{h}{r}\right)^4 + \cdots\right\}$
2	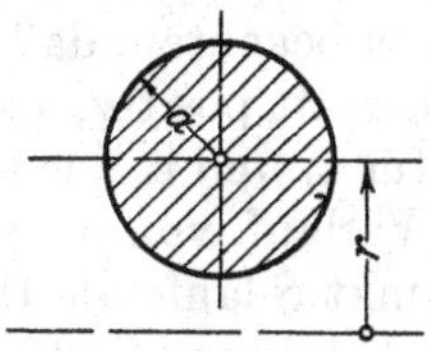	$\frac{\pi a^4}{4}\left\{1 + \frac{1}{2}\left(\frac{a}{r}\right)^2 + \frac{5}{16}\left(\frac{a}{r}\right)^4 + \frac{7}{32}\left(\frac{a}{r}\right)^6 + \cdots\right\}$
3	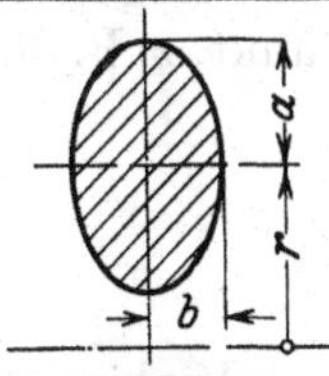	$\frac{\pi a^3 \cdot b}{4}\left\{1 + \frac{1}{2}\left(\frac{a}{r}\right)^2 + \frac{5}{16}\left(\frac{a}{r}\right)^4 + \frac{7}{32}\left(\frac{a}{r}\right)^6 + \cdots\right\}$
4	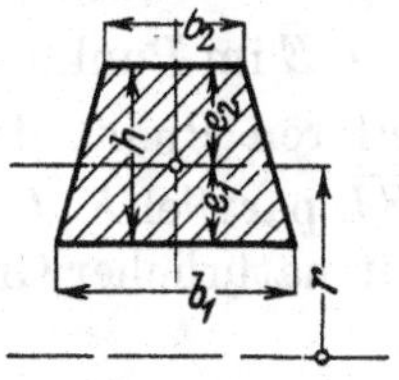	$r^3\left\{\left[b_2 + \frac{b_1 - b_2}{h}(e_2 + r)\right] \ln \frac{r+e_2}{r-e_1} - (b_1 - b_2)\right\} - r^2 h \left(\frac{b_1 + b_2}{2}\right)$ $e_1 = \frac{1}{3}\,\frac{b_1 + 2b_2}{b_1 + b_2} \cdot h;\quad e_2 = \frac{1}{3}\,\frac{2b_1 + b_2}{b_1 + b_2} \cdot h$

den Klammern nur wenig von 1 abweichen. Bei $r = 2\,h$ wird der begangene Fehler für den rechteckigen Querschnitt rund $4^0/_0$, für den kreisförmigen und elliptischen rund $3^0/_0$.

Die Spannungsverteilung ist durch Hyperbeln gekennzeichnet.

Tolle hat das folgende zeichnerische Verfahren zur Ermittelung der Spannungen und ihrer Verteilung in gekrümmten Stäben angegeben [I, 8], das an der Berechnung eines Hakens für $P = 6000$ kg Last, Abb. 53b, erläutert werde. Man bestimmt zunächst den Schwerpunkt S des Querschnittes. Dann verändert man die Breiten des letzteren im Verhältnis $\frac{x}{r+x}$. Im mittleren Teilbild ist das dadurch geschehen, daß die ganzen Breiten oberhalb der Mittellinie bis zur gestrichelten Linie abgetragen und die Endpunkte beliebiger Ordinaten, z. B. B mit K_{I}, der Projektion des Krümmungsmittelpunktes, verbunden werden. Dann schneidet die Parallele zu $K_{\mathrm{I}}B$ durch S die gesuchte Länge AC auf der Ordinate AB ab. Die Punkte C liefern eine Kurve, welche mit der Querschnittachse die Flächen F_1 und F_2 einschließt, deren Differenz $F_1 - F_2$ mit F' bezeichnet sei. Wenn nun die auf den Querschnitt wirkende äußere Kraft P im oberen Teilbild durch zwei senkrecht zum Querschnitt stehende Kräfte P_0 und P' ersetzt wird, von denen P_0 im Schwerpunkte S, P' im Krümmungsmittelpunkt K_{I} angreift, so ist die Spannung in einem Flächenelemente im Abstande x von der Schwerachse die algebraische Summe zweier Spannungen:

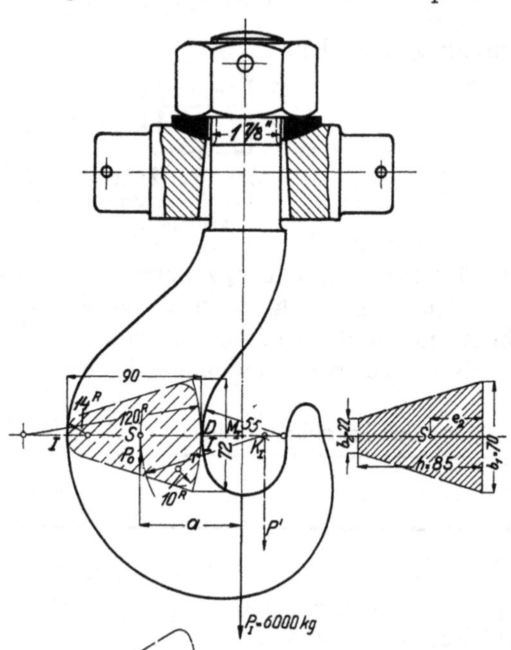

a) von P_0 herrührend, $\sigma_0 = \frac{P_0}{F}$, positiv, wenn P_0 eine Zugkraft, negativ, wenn P_0 eine Druckkraft ist. σ_0 ist für alle Fasern des Querschnitts gleich groß.

b) von P' hervorgerufen, $\sigma' = \frac{P'}{F'} \cdot \frac{x}{r+x}$. Ob Zug- oder Druckspannungen im Punkte D herrschen, ergibt sich anschauungsmäßig aus der Richtung der Kraft P'. (Bei der Bestimmung durch das Vorzeichen ist zu beachten, daß $F' = F_1 - F_2$ stets negativ ausfällt, P' als Zugkraft positiv, als Druckkraft negativ einzusetzen ist und daß für e_1 und e_2 das am Kopf des Abschnittes Gesagte gilt.) Der Verlauf von σ' ist durch eine gleichseitige, durch den Schwerpunkt S laufende Hyperbel dargestellt, die man nach der unteren Abbildung findet, indem man die Spannung für einen beliebigen Punkt, z. B. die äußerste Faser D aus

$$\sigma'_D = \frac{P'}{F'} \cdot \frac{e_2}{r+e_2}$$

Abb. 53b. Hakenberechnung nach Tolle.

berechnet und als Ordinate $\overline{DE}$ aufträgt. Verbindet man E mit S und zieht durch K_{I} die Parallele zu $\overline{ES}$, so schneidet diese $\overline{DE}$ im Punkte G. Legt man durch G die Parallele $\overline{GJ}$ zu $\overline{K_{\mathrm{I}}S}$, so findet man einen weiteren Pnnkt der Spannungslinie, z. B. den auf der Ordinate HJ gelegenen, wenn $\overline{SL}$ parallel $\overline{K_{\mathrm{I}}J}$ gezogen wird. Zahlenmäßig ergeben sich, wenn die Ermittelung an dem in natürlicher Größe aufgezeichneten Haken für $P = 6000$ kg durchgeführt wird:

Querschnitt $F = 39{,}8\ \text{cm}^2$, $r = 8{,}3$ cm,

$$F' = F_1 - F_2 = 3{,}46 - 7{,}17 = -3{,}71\ \text{cm}^2,$$

$$P_0 = P\,\frac{\overline{K_I M_I}}{\overline{K_I S}} = \frac{6000 \cdot 1{,}5}{8{,}3} = +1085\ \text{kg},$$

$$P' = P - P_0 = 6000 - 1085 = +4915\ \text{kg},$$

$$\sigma_0 = \frac{P_0}{F} = \frac{1085}{39{,}8} = +27{,}3\ \text{kg/cm}^2,$$

σ' in der innersten Faser bei D,

$$\sigma'_D = \frac{P'}{F'} \cdot \frac{e_2}{r + e_2} = \frac{+4915}{-3{,}71} \cdot \frac{(-3{,}8)}{(8{,}3 - 3{,}8)} = +1120\ \text{kg/cm}^2 \text{ Zugbeanspruchung.}$$

Durch algebraische Addition von σ_0 und σ' folgt schließlich die größte Spannung in D zu

$$1120 + 27 = 1147\ \text{kg/cm}^2.$$

Die zum Vergleich in dem Abschnitt über Haken durchgeführte Rechnung nach der Theorie der geraden Balken gibt nur 850 kg/cm².

Auf Grund der Formel für gekrümmte, stabförmige Körper berechnet Bach [I, 15] auch die durch die sogenannte Kerbwirkung erhöhte Beanspruchung von Maschinenteilen mit scharfen oder ausgerundeten Kehlen. Gußeiserne Probekörper, die an den Seitenflächen bearbeitet waren, an den ebenen Vorder- und Rückflächen aber die Gußhaut behalten hatten und die nach Abb. 54 belastet wurden, brachen längs schräger, unter ungefähr 45° in der Kehle ansetzender Flächen. Die Bruchlast nimmt annähernd geradlinig mit abnehmendem Rundungshalbmesser ϱ ab. Im Mittel aus je zwei Versuchen betrug sie:

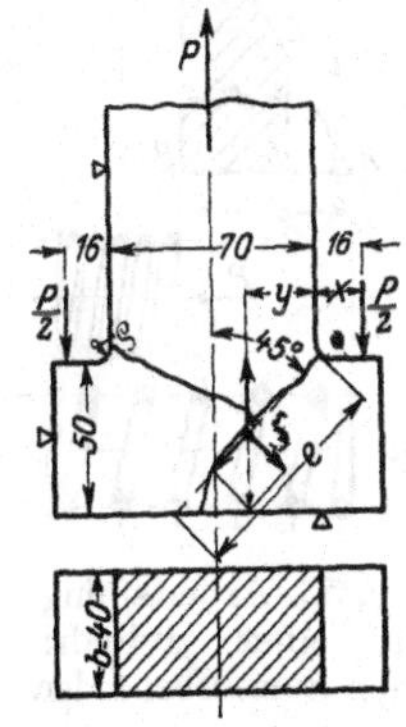

bei $\varrho =$	15	5	0	mm
$P =$	35000	26995	22700	kg.

Abb. 54. Zur Berechnung von Teilen mit scharfen oder ausgerundeten Kehlen.

Bei der Berechnung der Spannung empfiehlt Bach den Krümmungshalbmesser r etwas größer als den Abstand des Schwerpunktes der unter 45° angenommenen Bruchfläche vom Mittelpunkte der Hohlkehle zu setzen, und zwar:

$$r = \sqrt{0{,}01\,e^2 + \varrho^2} + e \quad \text{bis} \quad \sqrt{0{,}018\,e^2 + \varrho^2} + e.$$

Die Kraft, die den Bruchquerschnitt auf Zug beansprucht, ist $\frac{P}{2}\sin 45^0$, das Biegemoment $M_b = \frac{P}{2}\cdot(x + y)$, während die Schubkraft $\frac{P}{2}\cos 45^0$ vernachlässigt werden darf. Der Bruchquerschnitt ist rechteckig und besitzt die Breite b, die Höhe e. (Vgl. auch die Berechnung des Kurbelwellenlagers im Abschnitt Lager.)

XI. Federn.

Man unterscheidet Biegungs- und Drehungsfedern. Die Grundlagen für ihre Berechnung bilden die Formeln der Biege- und Drehfestigkeit. Für Federn, die zur Aufnahme oder Ausübung von Kräften dienen, ist die Tragfähigkeit oder die Kraft, die sie ausüben können, für Federn, die Stöße auffangen oder zum Antriebe benutzt werden sollen, außerdem die Arbeitsfähigkeit maßgebend. Letztere ist unter der Voraussetzung vollkommener Elastizität und der Verhältnisgleichheit zwischen Formänderungen und Spannungen des Baustoffes durch eine Dreiecksfläche

$$ABC = \mathfrak{A} = \frac{P \cdot \delta}{2} \tag{47}$$

Abb. 55, dargestellt, wenn die Feder allmählich von 0 auf P kg belastet und dabei um δ cm durchgebogen wird. Ist die Feder mit P_0 kg vorgespannt, so kann sie noch die durch das Trapez $DECB$ wiedergegebene Arbeit

$$\mathfrak{A}' = \frac{P_0 + P}{2} \cdot \delta' \tag{48}$$

aufnehmen.

Die Arbeitsfähigkeit läßt sich in Beziehung zum Federinhalt bringen und kann dann als Maßstab für die Ausnutzung des Baustoffes dienen. Z. B. nimmt die Dreieckfeder als Körper gleichen Widerstands eine dreimal so große Arbeit auf als die Rechteckfeder gleichen Inhalts (vgl. die letzten Spalten der Nr. 1 und 2 der untenstehenden Zusammenstellung).

Drehungsfedern sind in bezug auf die Ausnutzung des Werkstoffes vorteilhafter als Biegungsfedern und schon deshalb diesen vorzuziehen. Zudem verlangen sie meist auch konstruktiv weniger Raum. Beispielweise folgt aus den Arbeitsfähigkeiten beim Vergleich einer Dreieckfeder Nr. 2 mit einer zylindrischen Schraubenfeder Nr. 10 der Rauminhalt der ersteren:

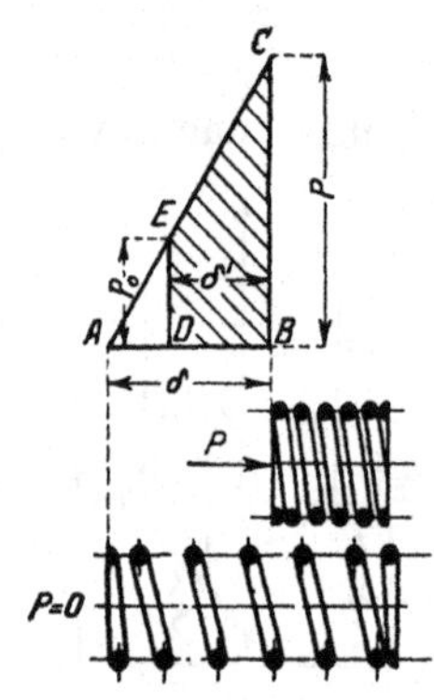

Abb. 55. Arbeitsfähigkeit einer zylindrischen Schraubenfeder.

$$V_1 = \frac{6\,\mathfrak{A}}{\alpha \cdot k_b^2},$$

der der zweiten:

$$V_2 = \frac{4\,\mathfrak{A}}{\beta \cdot k_d^2}$$

und das Verhältnis beider:

$$\frac{V_1}{V_2} = \frac{3}{2}\,\frac{\beta \cdot k_d^2}{\alpha \cdot k_b^2}.$$

Zahlenmäßig wird für Federstahl bei ruhender Belastung:

$$\frac{V_1}{V_2} = \frac{3}{2} \cdot \frac{2200000}{850000} \cdot \frac{6000^2}{7500^2} \approx 2{,}5\,,$$

Zusammenstellung 11. **Federn.**

Lfde. Nr.	Federform	Tragfähigkeit	Durchbiegung	Arbeitsfähigkeit
		Gerade Biegungsfedern.		
1	Rechteckfeder (h, δ, P, b, l)	$P = \frac{b\,h^2}{6} \cdot \frac{k_b}{l}$	$\delta = \alpha \cdot \frac{P}{J}\,\frac{l^3}{3}$ $= 4\,\alpha \cdot \frac{l^3}{b\,h^3} \cdot P = \frac{2}{3}\,\alpha\,\frac{l^2}{h}\,k_b$	$\mathfrak{A} = \frac{P \cdot \delta}{2} = \frac{1}{18}\,\alpha\,k_b^2 \cdot V$
2	Dreieckfeder (h, δ, P, b, l)	$P = \frac{b\,h^2}{6} \cdot \frac{k_b}{l}$	$\delta = \alpha \cdot \frac{P}{J}\,\frac{l^3}{2} = 6\,\alpha \cdot \frac{l^3}{b\,h^3} \cdot P$ $= \alpha \cdot \frac{l^2}{h} \cdot k_b$	$\mathfrak{A} = \frac{P \cdot \delta}{2} = \frac{1}{6}\,\alpha \cdot k_b^2 \cdot V$

Lfde. Nr.	Federform	Tragfähigkeit	Durchbiegung	Arbeitsfähigkeit
3	Nach kubischer Parabel zugeschärfte Rechteckfeder	$P=\frac{b h^2}{6}\cdot\frac{k_b}{l}$	$\delta=\alpha\cdot\frac{P}{J}\frac{l^3}{2}=6\alpha\cdot\frac{l^3}{b h^3}\cdot P$ $=\alpha\cdot\frac{l^2}{h}\cdot k_b$	$\mathfrak{A}=\frac{P\cdot\delta}{2}=\frac{1}{9}\alpha k_b^2\cdot V$
4	Geschichtete Dreieckfeder $n=3$	$P=\frac{n\cdot b h^2}{6}\cdot\frac{k_b}{l}$	$\delta=6\alpha\frac{l^3}{n\cdot b h^3}\cdot P$ $=\alpha\frac{l^2}{h}\cdot k_b$	$\mathfrak{A}=\frac{P\cdot\delta}{2}=\frac{1}{6}\alpha k_b^2\cdot V$

Gewundene Biegungsfedern (l Länge der gestreckt gedachten Feder).

Lfde. Nr.	Federform	Tragfähigkeit	Durchbiegung	Arbeitsfähigkeit
5	Spiralfeder rechteckigen Querschnitts 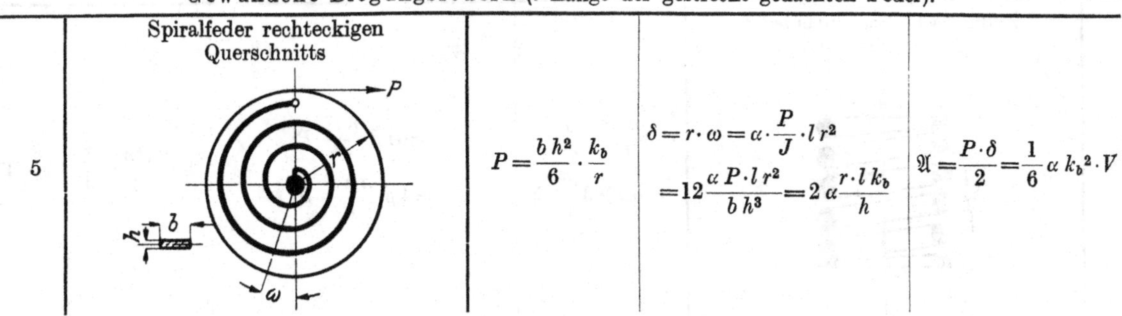	$P=\frac{b h^2}{6}\cdot\frac{k_b}{r}$	$\delta=r\cdot\omega=\alpha\cdot\frac{P}{J}\cdot l r^2$ $=12\frac{\alpha P\cdot l r^2}{b h^3}=2\alpha\frac{r\cdot l k_b}{h}$	$\mathfrak{A}=\frac{P\cdot\delta}{2}=\frac{1}{6}\alpha k_b^2\cdot V$

Gewundene Biegungsfedern (l Länge der gestreckt gedachten Feder).

Lfde. Nr.	Federform	Tragfähigkeit	Durchbiegung	Arbeitsfähigkeit
6	Schraubenfeder Querschnitt rund	$P=\frac{\pi d^3}{32}\cdot\frac{k_b}{a}$	$\delta=r\cdot\omega=\alpha\cdot\frac{P}{J}l\cdot r^2$ $=\frac{64\alpha\cdot P\cdot l\cdot r^2}{\pi\cdot d^4}=2\alpha\cdot\frac{r\cdot l}{d}\cdot k_b$	$\mathfrak{A}=\frac{P\cdot\delta}{2}=\frac{1}{8}\alpha k_b^2\cdot V$
7	Querschnitt rechteckig	$P=\frac{bh^2}{6}\frac{k_b}{a}$	$\delta=r\cdot\omega=\alpha\cdot\frac{P}{J}\cdot l\cdot r^2$ $=12\alpha\cdot\frac{P\cdot l\cdot r^2}{b h^3}=\frac{2\cdot\alpha\cdot r l\cdot k_b}{h}$	$\mathfrak{A}=\frac{P\cdot\delta}{2}=\frac{1}{6}\alpha k_b^2\cdot V$

Lfde. Nr.	Federform	Tragfähigkeit	Durchbiegung	Arbeitsfähigkeit
	Gerade Drehungsfedern.			
8	Querschnitt rund 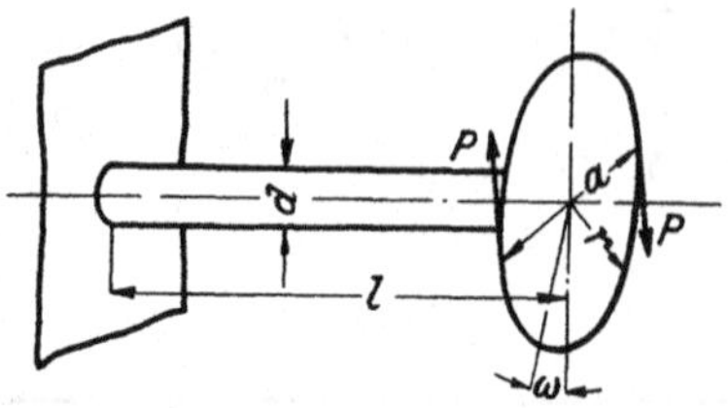	$P=\frac{\pi d^3}{16}\frac{k_d}{a}$	$\delta=r\cdot\omega=\frac{32}{\pi}\cdot\beta P\cdot\frac{r^2 l}{d^4}$ $=2\beta\frac{r\cdot l}{d}\cdot k_d$	$\mathfrak{A}=\frac{P\delta}{2}=\frac{1}{4}\beta k_d^2\cdot V$
9	Querschnitt rechteckig 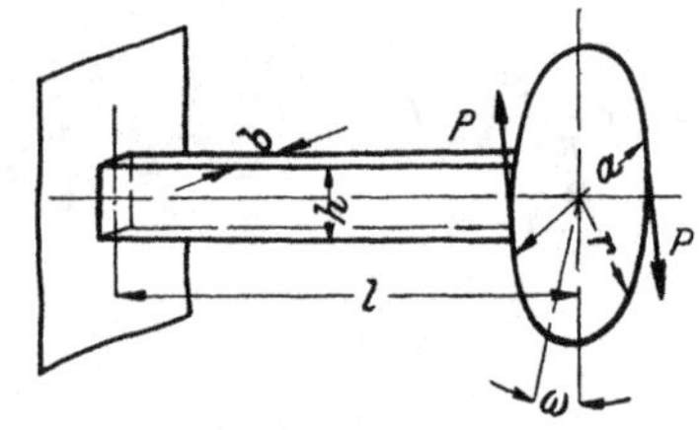	$P=\frac{2}{9}\cdot b^2\cdot h\frac{k_d}{a}$	$\delta=r\,\omega=3{,}6\,\beta P\cdot r^2 l\frac{b^2+h^2}{b^3\cdot h^3}$ $=0{,}8\,\beta\cdot r\cdot l\frac{b^2+h^2}{b h^2}\cdot k_d$	$\mathfrak{A}=\frac{P\cdot\delta}{2}$ $=\frac{4}{45}\beta\left(\frac{b^2}{h^2}+1\right)k_d^2\cdot V$
	Gewundene Drehungsfedern (n = Anzahl der wirksamen Windungen).			
10	Zylindrische Schraubenfeder Querschnitt rund 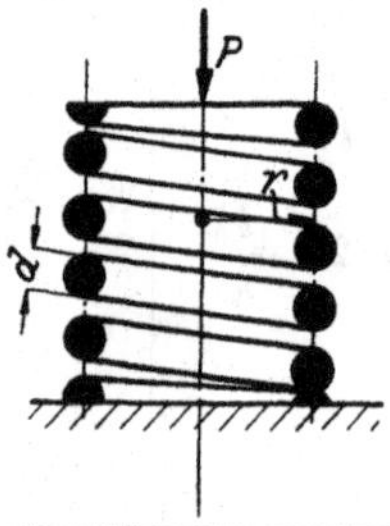	$P=\frac{\pi d^3}{16}\cdot\frac{k_d}{r}$ $=0{,}1963\frac{d^3}{r}\cdot k_d$	$\delta=64\,\beta\cdot\frac{n r^3}{d^4}\cdot P$ $=4\,\beta\cdot\frac{\pi n r^2}{d}\cdot k_d$	$\mathfrak{A}=\frac{P\delta}{2}=\frac{1}{4}\beta k_d^2\cdot V$
11	Zylindrische Schraubenfeder Querschnitt rechteckig 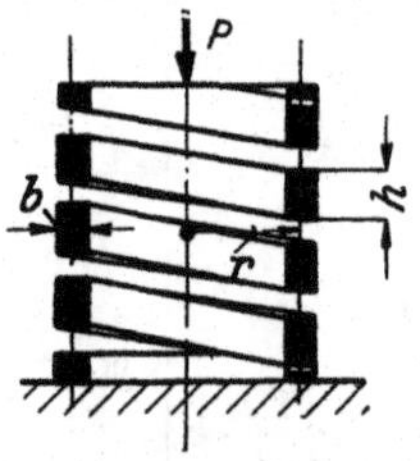	$P=\frac{2}{9}b^2\cdot h\cdot\frac{k_d}{r}$	$\delta=7{,}2\,\beta\pi n r^3\frac{b^2+h^2}{b^3 h^3}P$ $=1{,}6\,\beta\pi n r^2\frac{b^2+h^2}{b h^2}\cdot k_d$	$\mathfrak{A}=\frac{P\cdot\delta}{2}=$ $=\frac{4}{45}\beta\left(\frac{b^2}{h^2}+1\right)k_d^2\cdot V$
12	Kegelstumpffeder Querschnitt rund 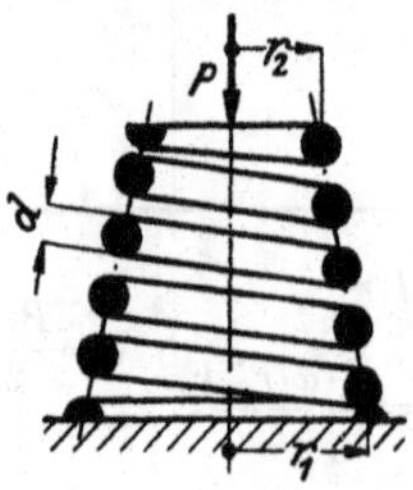	$P=\frac{\pi\cdot d^3}{16}\frac{k_d}{r_1}$ $=0{,}1963\frac{d^3}{r_1}\cdot k_d$	$\delta=16\,\beta\frac{(r_1^2+r_2^2)\cdot n\,(r_1+r_2)}{d^4}\cdot P$ $=\beta\cdot\frac{r_1\cdot\pi n\,(r_1+r_2)}{d}k_d$	$\mathfrak{A}=\frac{P\cdot\delta}{2}=\frac{1}{8}\beta\cdot k_d^2\cdot V$

Lfde. Nr.	Federform	Tragfähigkeit	Durchbiegung	Arbeitsfähigkeit
13	Kegelstumpffeder Querschnitt rechteckig	$P=\frac{2}{9}\frac{b^2 h}{r_1} k_d$	$\delta=1{,}8\beta(r_1{}^2+r_2{}^2)\,\pi\cdot n\,(r_1+r_2)\cdot\frac{b^2+h^2}{b^3 h^3}\cdot P$ $=0{,}4\,\beta\cdot r_1\,\pi\,n\,(r_1+r_2)\,\frac{b^2+h^2}{b\,h^2}\,k_d$	$\mathfrak{A}=\frac{P\cdot\delta}{2}=$ $=\frac{2}{45}\cdot\beta\left(\frac{b^2}{h^2}+1\right)k_d{}^2\cdot V$

der Stahlverbrauch bei der Biegungsfeder also theoretisch 2,5mal größer. Vgl. dazu das unten folgende praktische Beispiel. Dagegen sind der Inhalt und das Gewicht der Feder nicht von der Länge oder den übrigen zu wählenden Abmessungen abhängig, sondern nur von der Federart und der Höhe der Beanspruchung, wie aus dem Bau der Formeln hervorgeht. Wegen der gleichmäßigeren Inanspruchnahme des Werkstoffes ist bei Drehungsfedern der runde Querschnitt dem rechteckigen überlegen.

Zusammenstellung 12. **Zulässige Beanspruchung von Federn.**

Verwendungszweck	Werkstoff	Dehnungszahl α cm²/kg	Schubzahl β cm²/kg	Belastungsart	Zulässige Beanspruchung auf Biegung k_b kg/cm²	Zulässige Beanspruchung auf Drehung k_d kg/cm²
Belastungsfedern	Federstahl, ungehärtet	$\frac{1}{2200000}$	$\frac{1}{850000}$	Ruhend durch P kg	3000	2400
				Schwellend von $O \ldots P$ kg	2000	1600
	Guter Federstahl, gehärtet			Ruhend durch P kg	7500	6000
				Schwellend von $O \ldots P$ kg	5000	4000
Eisenbahnwagenfedern	Guter Federstahl, gehärtet			Berechnet für die statische Last	5500 ... 5800 (Stambke) 6000 ... 6500 (Bach)	—
Rennwagenfedern	Spezialfederstahl *F 64 D*, Krupp			—	bis 14500	—
Belastungsfedern	Phosphorbronzedraht	—	$\frac{1}{480000}$	Ruhend durch P kg	—	2500
				Schwellend von $O \ldots P$ kg	—	1670
	Duranametalldraht *ML*	—	$\frac{1}{380000}$	Ruhend durch P kg	—	2000
				Schwellend von $O \ldots P$ kg	—	1330
	Neusilberdraht *EK*	—	$\frac{1}{510000}$	Ruhend durch P kg	—	2000
				Schwellend von $O \ldots P$ kg	—	1330

Zu den zulässigen Beanspruchungen ist zu bemerken, daß Federn, die höheren Wärmegraden ausgesetzt werden, leicht schlaff werden und daß sie deshalb mit niedrigen zulässigen Spannungen berechnet werden müssen.

Die geschichtete Dreieckfeder Nr. 4 kann als eine Dreieckfeder Nr. 2, in $2\ n$ Stufen von der Breite $\frac{b}{2}$ zerlegt, betrachtet werden. Sie wird besonders häufig an Fahrzeugen verwendet und hat den Vorteil, infolge ihrer größeren inneren Reibung die bei Stößen auftretenden Schwingungen rascher zu dämpfen.

An den auf Druck beanspruchten Schraubenfedern sind des guten Aufliegens wegen die letzten Windungen auf die vorhergehenden niederzubiegen, und zur Vermeidung des Ausbiegens beim Zusammendrücken eben abzuschleifen, Abb. 55a. Dadurch tritt ein etwas größerer Werkstoffverbrauch ein als oben berechnet wurde. Lange Federn neigen trotzdem zum seitlichen Ausknicken, was man nur durch Unterteilen und besondere Führungsteller verhindern kann.

Für Gummifedern und -puffer lassen sich keine allgemein gültigen Formeln angeben, da die verschiedenen Gummisorten stark abweichende Festigkeitseigenschaften haben.

Zahlenbeispiel. Eine geschichtete Dreieckfeder von 600 mm wirksamer Länge für eine dauernde Belastung von 1500 kg bei rund 3 cm Durchbiegung ist zu berechnen. Abb. 56.

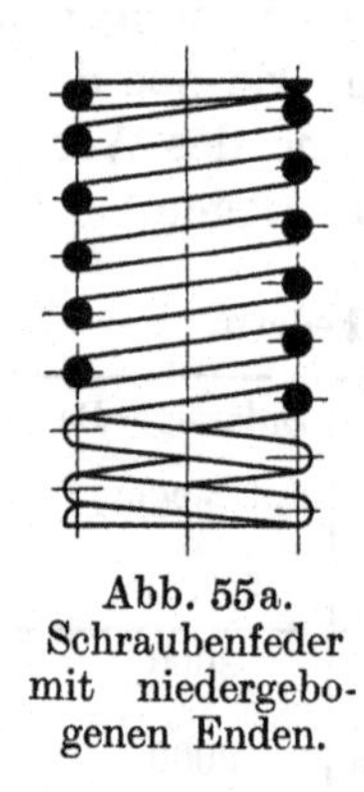

Abb. 55a. Schraubenfeder mit niedergebogenen Enden.

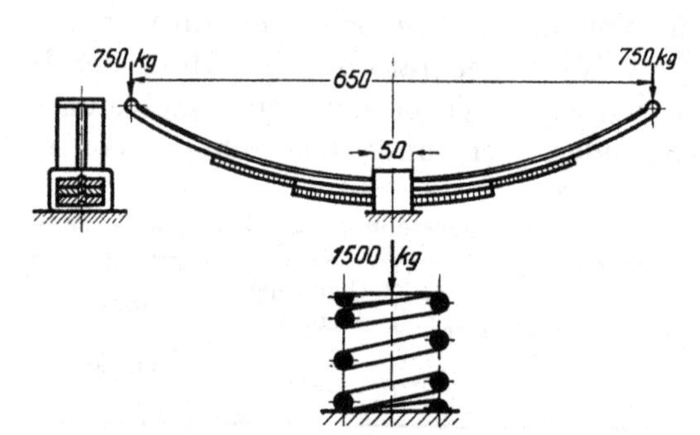

Abb. 56. Vergleich zwischen einer geschichteten Dreieck- und einer Schraubenfeder.

Die Feder kann in der Mitte eingespannt angenommen und daher nach Formelreihe 4 mit $P = 750$ kg Belastung für jede Hälfte berechnet werden.

$$\text{Gewählt: } k_b = 7500 \text{ kg/cm}^2.$$

Aus der verlangten Durchbiegung folgt

$$h = \frac{\alpha \cdot l^2 \cdot k_b}{\delta} = \frac{30^2 \cdot 7500}{2\,200\,000 \cdot 3} = 1{,}02 \text{ cm}$$

und aus der Tragfähigkeit:

$$n \cdot b = \frac{6 \cdot P \cdot l}{h^2 \cdot k_b} = \frac{6 \cdot 750 \cdot 30}{1{,}02^2 \cdot 7500} = 17{,}2 \text{ cm}.$$

Gewählt: 3 Schichten von $h = 1$, $b = 6$ cm; damit:

$$P = \frac{n \cdot b \cdot h^2 \cdot k_b}{6 \cdot l} = \frac{3 \cdot 6 \cdot 1^2 \cdot 7500}{6 \cdot 30} = 750 \text{ kg},$$

$$\delta = \alpha \cdot \frac{l^2}{h} k_b = \frac{30^2 \cdot 7500}{2\,200\,000 \cdot 1} = 3{,}07 \text{ cm}.$$

Die Feder verlangt unter Einschluß des mittleren Stückes von 5 cm Länge zur Fassung rund 5,5 kg Stahl.

Zum Vergleich sei eine gewundene Drehungsfeder runden Querschnitts mit $k_d = 6000$ kg/cm² bei gleicher Durchbiegung berechnet. Windungshalbmesser angenommen zu 60 mm. Formelreihe 10.

$$d^3 = \frac{P \cdot r}{0{,}1963 \cdot k_d} = \frac{1500 \cdot 6}{0{,}1963 \cdot 6000} = 7{,}64\,;$$

$$d = 1{,}97 \sim 2 \text{ cm}.$$

$$n = \frac{\delta \cdot d}{4\,\beta \cdot \pi \cdot r^2 \cdot k_d} = \frac{3{,}07 \cdot 2 \cdot 850000}{4 \cdot \pi \cdot 6^2 \cdot 6000} = 1{,}92\,.$$

Gewicht rund 3,3 kg unter Berücksichtigung der beiden Endwindungen.

XII. Festigkeit der Gefäßwände.

Die folgenden Formeln sind unter der Annahme einer unveränderlichen Dehnungszahl α abgeleitet. Gefäße aus Gußeisen, bei dem α mit steigenden Zugspannungen zunimmt, erfahren durch inneren Druck etwas geringere Zugbeanspruchungen und weisen eine gleichmäßigere Spannungsverteilung auf als die Formeln erwarten lassen.

Eine etwaige Gußhaut wirkt besonders an den Stellen größter Zugspannungen schädlich.

Bei zusammengesetzten Gefäßen ist naturgemäß die Sicherheit der Verbindungsnähte durch Löten, Nieten, Schweißen usw. zu beachten und häufig entscheidend.

Widerstandsfähige Böden versteifen die anschließenden zylindrischen Wandungen, und zwar um so mehr, je kürzer die Zylinder sind. Besondere Sorgfalt verdienen die Übergänge zwischen beiden; scharfe Absätze, Eindrehungen, Bohrungen oder sonstige Unterbrechungen führen zu oft beträchtlichen Spannungserhöhungen und selbst zu Brüchen. Häufig sind besondere Zuschläge zu den rechnungsmäßig ermittelten Wandstärken in Rücksicht auf die Herstellung, Aufstellung oder die Abnutzung im Betrieb nötig.

A. Kugelige Gefäße.

1. Hohlkugel durch inneren Überdruck von p_i kg/cm² beansprucht. Die größte Anstrengung auf Zug tritt an der Innenfläche in tangentialer Richtung auf und beträgt bei einem Außenhalbmesser r_a und einem Innenhalbmesser r_i in cm

$$\sigma_{z\,\max} = \frac{0{,}65\,r_a^3 + 0{,}4\,r_i^3}{r_a^3 - r_i^3} \cdot p_i\,. \tag{49}$$

Die Spannungen nehmen nach außen hin ab. Ist die zulässige Beanspruchung k_z und der Innenhalbmesser r_i gegeben, so wird

$$r_a = r_i \sqrt[3]{\frac{k_z + 0{,}4\,p_i}{k_z - 0{,}65\,p_i}}\,. \tag{50}$$

Bei $k_z = 0{,}65\,p_i$ wird der Nenner des Bruches Null und $r_a = \infty$. Mithin ist in

$$p_i = \frac{k_z}{0{,}65}$$

die Grenze der Verwendbarkeit des Werkstoffes gegeben.

Bei geringer Wandstärke s im Verhältnis zum Durchmesser darf man gleichmäßige Verteilung der Spannungen in der ganzen Wandung annehmen und nach

$$\sigma_z = \frac{d_i \cdot p_i}{4 \cdot s}\,, \tag{51}$$

oder

$$s = \frac{d_i \cdot p_i}{4\,k_z}$$

rechnen.

2. Hohlkugel, durch äußeren Druck von p_a kg/cm² beansprucht. Unter der Voraussetzung, daß Einknicken der Wandung nicht zu fürchten ist, wird die größte

Druckbeanspruchung in tangentialer Richtung an der Innenfläche der Kugel:

$$\sigma_{d\,\max} = \frac{1{,}05 \cdot r_a^3}{r_a^3 - r_i^3} \cdot p_a. \tag{52}$$

Daraus folgt:

$$r_a = r_i \sqrt[3]{\frac{k}{k - 1{,}05\, p_a}}. \tag{53}$$

p_a muß kleiner als $\frac{k}{1{,}05}$ sein.

Für geringe Wandstärken ist

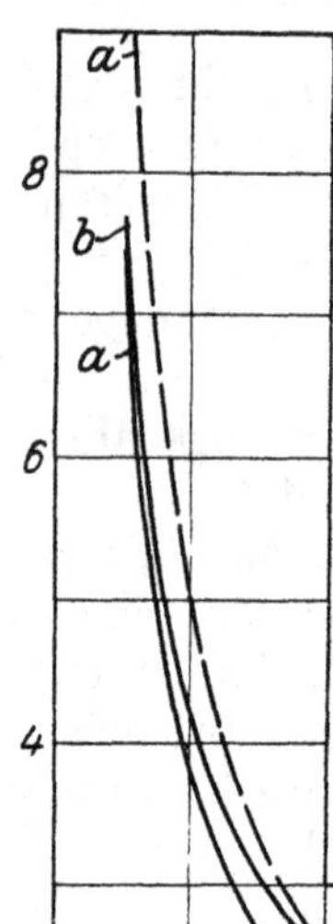

$$\sigma_d = \frac{d_a \cdot p_a}{4 \cdot s}; \qquad s = \frac{d_a \cdot p_a}{4 \cdot k}. \tag{54}$$

Formel (49) läßt sich umformen in:

$$\frac{\sigma_{z\,\max}}{p_i} = \frac{0{,}65 \left(\frac{r_a}{r_i}\right)^3 + 0{,}4}{\left(\frac{r_a}{r_i}\right)^3 - 1}$$

und zeigt dann, daß das Verhältnis der Anstrengung zum inneren Druck $\frac{\sigma_{z\,\max}}{p_i}$ nur von dem Verhältnis $\frac{r_a}{r_i}$ abhängt. Die Beziehung, in der Kurve aa der Abb. 57 aufgetragen, vereinfacht die Berechnung kugelförmiger Gefäße ganz wesentlich.

Ist beispielweise eine Kugel von 200 mm

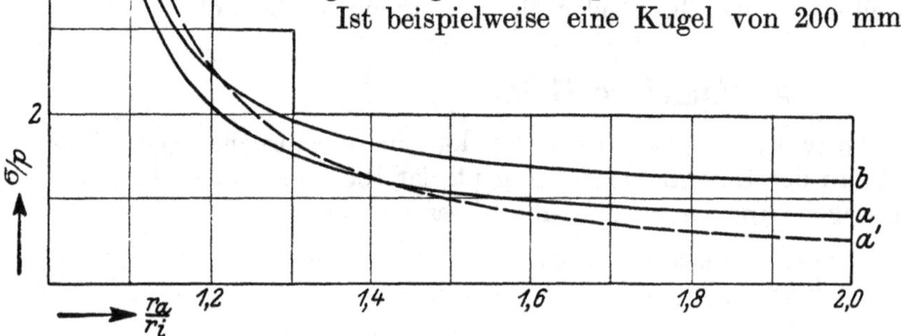

Abb. 57. Zur Berechnung kugeliger Gefäße, a—a innerem Überdruck ausgesetzt, Formel (49), b—b äußerm Überdruck ausgesetzt, Formel (52), a'—a' innerem Überdruck ausgesetzt, Formel (51).

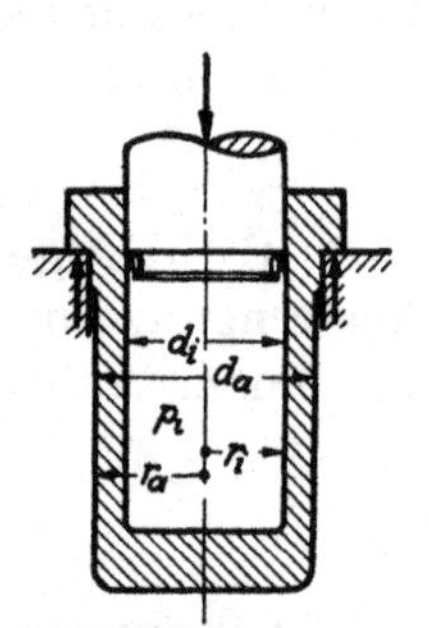

Abb. 58. Hohlzylinder, innerem Druck ausgesetzt.

lichtem und 300 mm äußerem Durchmesser, also $\frac{r_a}{r_i} = \frac{150}{100} = 1{,}5$ einer Innenpressung von 400 at ausgesetzt, so gibt die zur Abszisse 1,5 gehörige Ordinate

$$\frac{\sigma_{z\,\max}}{p_i} = 1{,}09 \quad \text{oder} \quad \sigma_{z\,\max} = 1{,}09 \cdot 400 = 436 \text{ kg/cm}^2$$

als größte Anstrengung.

Linie bb erleichtert in ähnlicher Weise die Berechnung von Kugelwandungen nach Formel (52), die durch äußeren Druck belastet sind, während Linie $a'a'$ Werte der Näherungsformel (51) wiedergibt.

B. Zylinder.

1. Hohlzylinder, geschlossen oder so gestützt, daß die Wandung durch den Bodendruck auf Zug beansprucht wird, Abb. 58, innerem Überdruck p_i ausgesetzt. An der Innenfläche des Zylinders wird in tangentialer Richtung:

die größte Anstrengung:

$$\sigma_{z\max} = p_i \frac{0{,}4\, r_i^2 + 1{,}3\, r_a^2}{r_a^2 - r_i^2}; \quad (55\text{a})$$

Linie *aa* der Abb. 59.

die größte Schubspannung:

$$\tau_s = p_i \frac{r_a^2}{r_a^2 - r_i^2}; \quad (55\text{b})$$

Linie *ff* der Abb. 59.

p_i darf nach der Formel für die größte Anstrengung $\frac{k_z}{1{,}3}$ nicht erreichen.

Bei geringer Wandstärke wird die mittlere Spannung in Richtung des Umfanges Linie *ee* der Abb. 59)

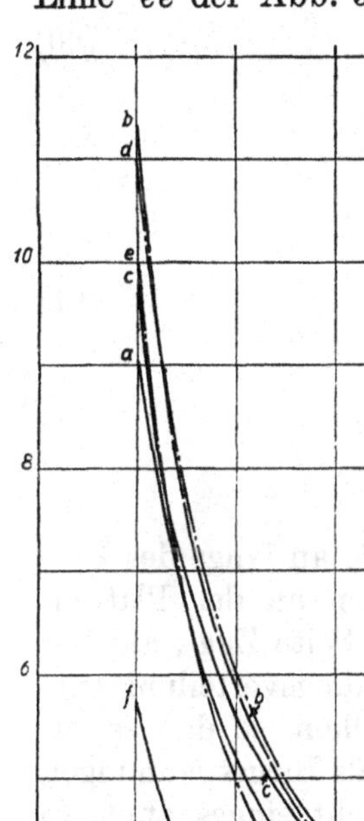

$$\sigma_z = \frac{d_i \cdot p_i}{2\,s} \quad \text{oder die Wandstärke} \quad s = \frac{d_i \cdot p_i}{2 \cdot k_z}. \quad (56)$$

In axialer Richtung ist die mittlere Spannung, die durch den Druck auf den Zylinderboden hervorgerufen wird, nur halb so groß:

$$\sigma_z' = \frac{d_i \cdot p_i}{4\,s}. \quad (57)$$

2. **Hohlzylinder, beiderseits offen**, oder so gestützt, daß die Wandung vom Bodendruck entlastet ist, Abb. 60, innerem Überdruck p_i ausgesetzt. An der Zylinderinnenfläche entsteht in tangentialer Richtung:

eine größte Anstrengung:

$$\sigma_{z\max} = p_i \frac{0{,}7\, r_i^2 + 1{,}3\, r_a^2}{r_a^2 - r_i^2}; \quad (58\text{a})$$

Linie *bb* der Abb. 59.

eine größte Schubspannung:

$$\tau_s = p_i \frac{r_a^2}{r_a^2 - r_i^2}; \quad (58\text{b})$$

Linie *ff* der Abb. 59.

An der Zylinderaußenfläche wird die Anstrengung

$$\sigma_z = 2\, p_i \cdot \frac{r_i^2}{r_a^2 - r_i^2}. \quad (59)$$

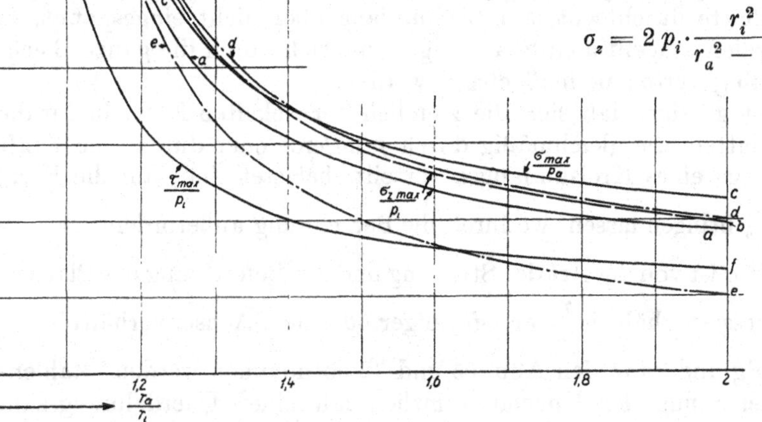

Abb. 59. Zur Berechnung von Hohlzylindern. *a—a* Geschlossene Zylinder, innerem Überdruck ausgesetzt, Formel (55a); *b—b* beiderseits offene Zylinder, innerem Überdruck ausgesetzt, Formel (58a); *c—c* Zylinder, äußerem Überdruck ausgesetzt, Formel (60); *d—d* Zylinder, äußerem Überdruck ausgesetzt, Formel (61); *e—e* Zylinder, innerem Überdruck ausgesetzt, Formel (56); *f—f* Zylinder, innerem Überdruck ausgesetzt, Formeln (55b) und (58b).

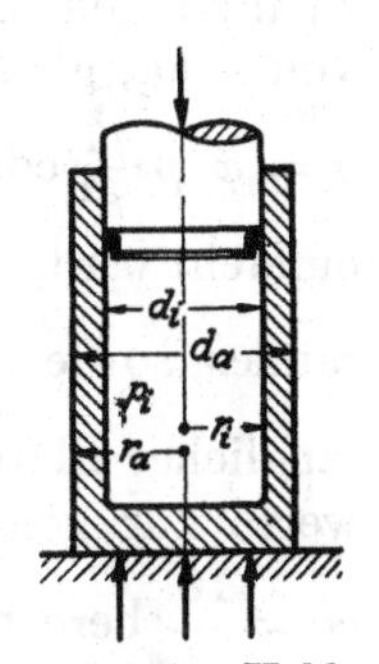

Abb. 60. Hohlzylinder, vom Bodendruck entlastet.

Berechnungsbeispiel. An einem Zylinder nach Abb. 60 von 200 mm lichtem und 300 mm äußerem Durchmesser, also mit $\frac{r_a}{r_i} = \frac{150}{100} = 1{,}5$, für 400 at Betriebsdruck bestimmt, gibt die zur Abszisse 1,5 gehörige Ordinate der Linie *bb*, Abb. 59, $\frac{\sigma_{z\max}}{p_i} = 2{,}90$ oder $\sigma_{z\max} = 2{,}90 \cdot 400 = 1160$ kg/cm² als größte Anstrengung, während Linie *ff* zu $\tau_s = 1{,}8 \cdot 400 = 720$ kg/cm² größter Schubspannung führt.

Zum Vergleich sind in der strichpunktierten Linie *ee* die Werte der Näherungsgleichung (56) aufgetragen. Die Kurve verläuft bei größerem Verhältnis von $\frac{r_a}{r_i}$ weit unter den Linien *a* und *b* und kennzeichnet dadurch die bedeutende Unterschätzung der Anstrengung bei der Anwendung der Näherungsformel (56) auf starkwandige Zylinder. (Im voranstehenden Beispiel würden sich nur 800 kg/cm² Zugspannung ergeben.)

3. Geschlossener Hohlzylinder, äußerem Überdruck p_a ausgesetzt. Maßgebend ist die Tangentialspannung an der Innenfläche, solange nicht ein Einknicken der Wandung zu erwarten ist.

$$\sigma_d = \frac{1{,}7 \cdot r_a^2}{r_a^2 - r_i^2} \cdot p_a, \tag{60}$$

$$r_a = r_i \sqrt{\frac{k}{k - 1{,}7\, p_a}}.$$

Bei kleinem *s* darf

$$\sigma_d = \frac{d_a \cdot p_a}{2\, s}; \qquad s = \frac{d_a \cdot p_a}{2 \cdot k} \tag{61}$$

gesetzt werden.

XIII. Festigkeit ebener Platten.

Die Belastung erzeugt eine räumliche Wölbung. An vollen, sowie an längs des Umfanges eingespannten Platten treten dabei die größten Spannungen an der Plattenoberfläche in radialer Richtung auf, derart, daß auf der erhabenen Seite Zug-, auf der vertieften Seite gleich große Druckspannungen entstehen. Die Spannungsverteilung entspricht also derjenigen an geraden, auf Biegung beanspruchten Balken, so daß es zulässig erscheint, die radialen Spannungen im folgenden gelegentlich als Biegespannungen zu bezeichnen. Ist die Platte durchlocht, am Lochumfang aber nicht eingespannt, so können die dort entstehenden tangentialen Spannungen, die sich durch die ganze Blechstärke hindurch gleichmäßig verteilen, maßgebend werden.

Ensslin [I, 13, 14] hat gezeigt, daß sich die ziemlich verwickelten Formeln für die Spannungen in ebenen Platten, die gleichmäßig durch p kg/cm² oder durch eine Kraft von P kg, gleichmäßig längs eines Kreisumfanges verteilt, belastet sind, auf die Form $\sigma = \varphi \cdot p \cdot \frac{r_a^2}{s^2}$ oder $\sigma = \varphi \cdot \frac{P}{s^2}$ bringen lassen, wodurch die Berechnung außerordentlich vereinfacht wird. Der Beiwert φ ist von der Art der Stützung und der Befestigung des Plattenrandes, sowie vom Halbmesserverhältnis $\frac{r_i}{r_a}$ kreisförmiger oder dem Achsenverhältnis $b:a$ länglicher Platten abhängig und kann den Abb. 65 und 72 entnommen werden. Zahlenwerte zur genauen Aufzeichnung der Kurven, sämtlich mit einer Querdehnungszahl $m = \frac{10}{3}$ berechnet, geben die beigefügten Zusammenstellungen.

Wie bei den Gefäßen können Rücksichten auf Abnutzung, Herstellung, Versand und Aufstellung größere Stärken notwendig machen als sich rechnungsmäßig ergeben.

A. Kreisförmige Platten.

1. Ebene, kreisrunde, am Umfang aufliegende Scheibe, gleichmäßig mit p kg/cm² belastet, Abb. 61. Nach dem Verlauf der Radialspannungen, den die Linie *I—I* der Abb. 63 wiedergibt, tritt die größte Biegespannung in der Plattenmitte auf. Sie beträgt

$$\sigma = \pm\, 1{,}24\, p \cdot \frac{r_a^2}{s^2} \tag{62}$$

und sucht den Bruch längs eines Durchmessers zu erzeugen. Die Durchbiegung, die die Scheibe in der Mitte erfährt, ist

$$\delta = 0{,}7\, p \cdot \frac{r_a^4}{s^3} \cdot \alpha. \tag{63}$$

2. Ebene, kreisrunde, am Umfang vollkommen eingespannte Platte, gleichmäßig mit p kg/cm² belastet, Abb. 62. Die größte Spannung tritt nach der Linie *II II* der Abb. 63 am eingespannten Umfange in radialer Richtung auf, sucht also einen Randriß hervorzubringen. Sie ist

$$\sigma = \pm\, 0{,}75 \cdot p \cdot \frac{r_a^2}{s^2}. \tag{64}$$

Durchbiegung in der Plattenmitte:

$$\delta = 0{,}17 \cdot p \cdot \frac{r_a^4}{s^3} \cdot \alpha. \tag{65}$$

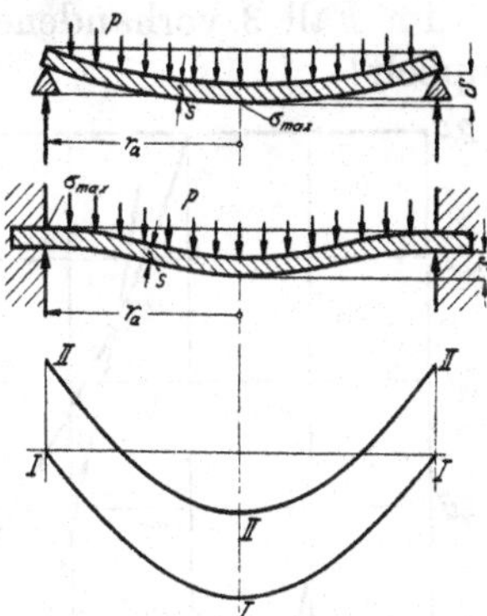

Abb. 61—63. Spannungsverteilung an kreisrunden, am Umfang frei aufliegenden, (*I—I*) und eingespannten Platten (*II—II*).

Ist der Rand einer Platte nicht vollkommen eingespannt, so liegt die Spannungskurve zwischen den Linien *I I* und *II II* der Abb. 63, parallel zu diesen verschoben.

3. Volle, kreisrunde Platte, am äußeren Umfange frei aufliegend, belastet durch eine zentrische, längs des Kreisumfanges $2\pi r_i$ gleichmäßig verteilte Last von P kg, Abb. 64, in der die Platte halb durchschnitten, perspektivisch dargestellt ist. Die größten Radialspannungen an der Plattenoberfläche und die Tangentialspannungen sind innerhalb des Gebietes vom Halbmesser r_i gleich groß:

$$\sigma = \varphi_1 \cdot \frac{P}{s^2}. \tag{66}$$

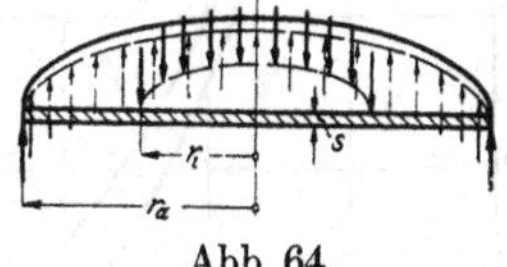

Abb. 64.

φ_1 kann in Abhängigkeit vom Verhältnis der Halbmesser $\frac{r_i}{r_a}$ der Abb. 65 entnommen werden.

4. Zentrisch durchbrochene, kreisrunde Platte, Abb. 66, am äußeren und inneren Umfang vollkommen eingespannt, durch gleichmäßig verteilte Lasten P längs der Umfänge $2\pi r_i$ und $2\pi r_a$ belastet. Einer der Umfänge sei gestützt, der andere in der Lastrichtung beweglich. Die größten Biegespannungen

$$\sigma_i = \pm\, \varphi_2 \frac{P}{s^2} \tag{67}$$

treten am inneren Umfange in radialer Richtung auf und können an Hand der Kurve φ_2, Abb. 65, ermittelt werden. Am äußeren Umfange ist

$$\sigma_a = \pm\, \varphi_3 \frac{P}{s^2}. \tag{68}$$

5. Eine zentrisch durchbrochene Kreisplatte, Abb. 67, am äußeren und inneren Umfange vollkommen eingespannt, am äußeren gestützt, trägt gleichmäßig verteilte Oberflächenlast von p kg/cm². Größte Biegespannung am äußeren Umfange

$$\sigma_a = \pm\, \varphi_4 \frac{p \cdot r_a^2}{s^2}, \tag{69}$$

während am inneren

$$\sigma_i = \pm\, \varphi_5\, p \cdot \frac{r_a^2}{s^2} \tag{70}$$

herrscht, beide in radialer Richtung wirkend.

6. Platte, wie laufende Nummer 5, aber längs des inneren Umfanges gestützt, Abb. 68. Die größte Biegespannung am inneren Umfange wird

$$\sigma_i = \pm\, \varphi_6 \cdot p \cdot \frac{r_a^2}{s^2}. \tag{71}$$

7. Zentrisch durchbrochene, kreisförmige Platte, am äußeren oder inneren Umfange durch eine gleichmäßig verteilte Randlast P belastet, am anderen frei gestützt, Abb. 69. Die größte, tangential gerichtete Umfangsspannung am Lochrande ist

$$\sigma = \varphi_7 \frac{P}{s^2}; \tag{72}$$

sie wird bei kleinem r_i rund doppelt so groß wie in der vollen, in der gleichen Weise belasteten Platte laufende Nummer 3. Durch eine selbst kleine zentrische Bohrung wird die im Fall 3 vorhandene Radialspannung Null, die Tangentialspannung dagegen verdoppelt!

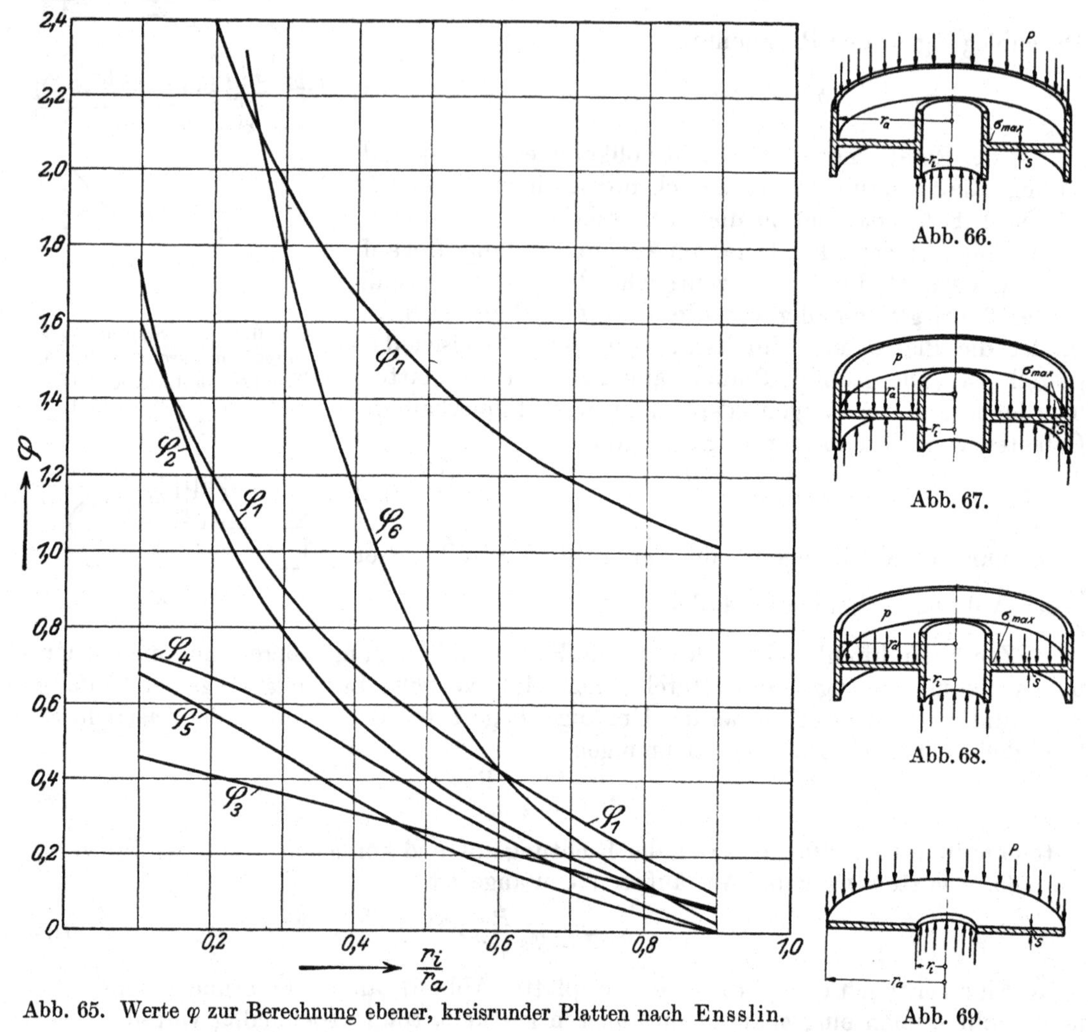

Abb. 65. Werte φ zur Berechnung ebener, kreisrunder Platten nach Ensslin. Abb. 69.

An flußeisernen, vollen und durchlochten kreisförmigen Platten hat Ensslin durch Messen der Durchbiegungen nachgewiesen, daß die Formeln gut mit der Wirklichkeit übereinstimmen, solange die bei ihrer Ableitung vorausgesetzte Verhältnisgleichheit zwischen Spannungen und Formänderungen vorhanden ist.

Ein viel benutztes Näherungsverfahren zur Berechnung ebener Platten hat Bach angegeben. Man denke sich beispielsweise eine kreisförmige, gleichmäßig belastete und am Rande frei aufliegende Platte, Abb. 70 oben, in ihrem gefährlichen Querschnitt, nämlich längs eines Durchmessers, eingespannt und durch die äußere Belastung und die Auflagerkräfte auf Biegung beansprucht. In der darunter stehenden Abbildung sind diese Kräfte zu ihren, ein Kräftepaar bildenden Mittelkräften zusammengefaßt. Die

Zusammenstellung 13. **Werte φ zur Berechnung ebener kreisrunder Platten nach Ensslin.**

$r_i : r_a =$	0,1	0,2	0,3	0,4	0,5	0,6	0,7	0,8	0,9
φ_1	1,59	1,207	0,89	0,702	0,55	0,422	0,307	0,197	0,097
φ_2	1,75	1,125	0,79	0,565	0,407	0,282	0,194	0,115	0,047
φ_3	0,455	0,413	0,365	0,308	0,259	0,200	0,157	0,101	0,058
φ_4	0,727	0,67	0,58	0,47	0,36	0,248	0,15	0,07	0
φ_5	0,687	0,579	0,46	0,347	0,245	0,161	0,088	0,041	0
φ_6	4,73	2,805	1,79	1,154	0,712	0,412	0,268	0,12	0,015
φ_7	3,22	2,405	1,96	1,673	1,468	1,316	1,183	1,096	1,006

obere wirkt im Schwerpunkt der halbkreisförmigen Belastungsfläche, die untere in demjenigen der Halbkreislinie, längs welcher die Platte aufliegt. Die auf der Grundlage abgeleiteten Formeln haben die gleiche Form wie die oben angeführten:

$$\sigma = \varphi_0 \cdot p \cdot \frac{r^2}{s^2}, \tag{73}$$

wobei φ_0 als eine durch Versuche zu ermittelnde Berichtigungszahl aufzufassen ist, die wieder von der Art der Stützung, der Befestigung der Plattenränder, sowie vom Werkstoff abhängig ist. Nach solchen Versuchen von Bach kann φ_0 an gußeisernen Scheiben zu 1,2 bis 0,8 angenommen werden, je nachdem, ob die Stützung dem freien Aufliegen oder dem Eingespanntsein näher liegt. Bei zähem Flußeisen fand sich φ_0, wenn die Platte frei auflag, gleich 0,75 bis 0,67, wenn dagegen die Scheibe am Rande eingespannt war und sich die größte Spannung am Scheibenrande ausbildete, gleich 0,5 bis 0,45.

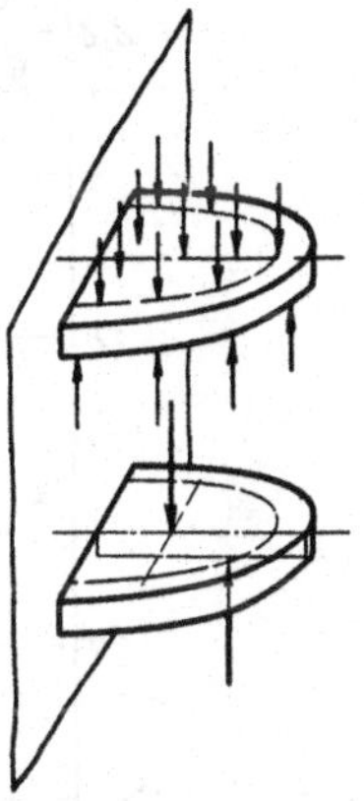

Abb. 70. Zur Berechnung ebener Platten nach Bach.

Daß die erwähnte Berechnung nur eine angenäherte sein kann, geht aus der Betrachtung der Formänderungen, die die Scheiben erleiden, hervor. Durch die Belastung nehmen sie eine räumlich gewölbte Gestalt an, wobei sich auch die Form des gefährlichen Querschnittes ändert, also nicht, wie in der Ableitung an Hand der Abb. 70 vorausgesetzt ist, erhalten bleibt.

Stark gewölbte Platten, die wegen der gleichmäßigeren Inanspruchnahme des Baustoffes — entweder nur auf Druck oder nur auf Zug — vorteilhafter als ebene Platten sind, darf man in erster Annäherung als Teile von Zylindern oder Kugeln auffassen und unter sorgfältiger Einschätzung der Nebenwirkungen nach den Formeln für Gefäßwände berechnen. Einiges Nähere siehe unter Berechnung von Deckeln.

B. Elliptische und rechteckige Platten.

1. Elliptische Platte, mit einer großen Halbachse a, einer kleinen b, am Umfange vollkommen eingespannt, durch eine gleichmäßig verteilte Last von p kg/cm² belastet, Abb. 71. Größte Biegespannungen am eingespannten Rande in Richtung der kleinen Achse

$$\sigma = \pm\, \varphi_8 \cdot p \cdot \frac{b^2}{s^2}. \tag{74}$$

φ_8 ist der Abb. 72 oder der umstehenden Zusammenstellung zu entnehmen. In der Mitte der Platte herrscht in der gleichen Richtung

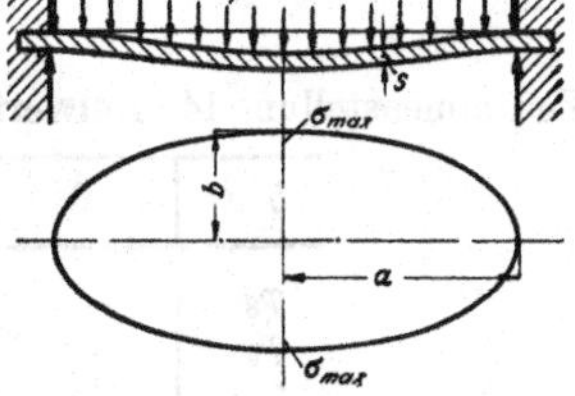

$$\sigma' = \pm\, \varphi_9 \cdot p \cdot \frac{b^2}{s^2}, \quad \text{senkrecht dazu } \sigma'' = \mp\, \varphi_{10} \cdot p \cdot \frac{b^2}{s^2}. \tag{75}$$

Abb. 71.

2. Elliptische Platte, wie unter Nummer 8, aber am Rande frei aufliegend, Abb. 73. Größte Biegespannung in der Plattenmitte

$$\sigma = \pm\, \varphi_{11} \cdot p \cdot \frac{b^2}{s^2}. \tag{76}$$

3. Rechteckige Platte mit den Seitenlängen $2a$ und $2b$ $(a > b)$, am Rande frei aufliegend, gleichmäßig durch p kg/cm² belastet, Abb. 74. Größte Biegespannung in der Plattenmitte in Richtung der kleinen Achse

$$\sigma = \pm\, \varphi_{12} \cdot p \cdot \frac{b^2}{s^2}. \qquad (77)$$

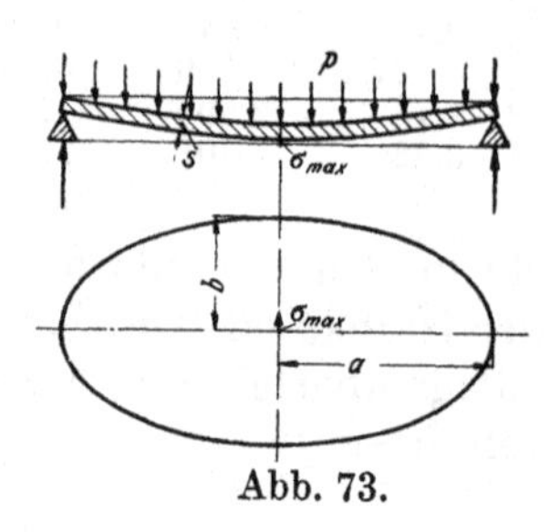

Abb. 73.

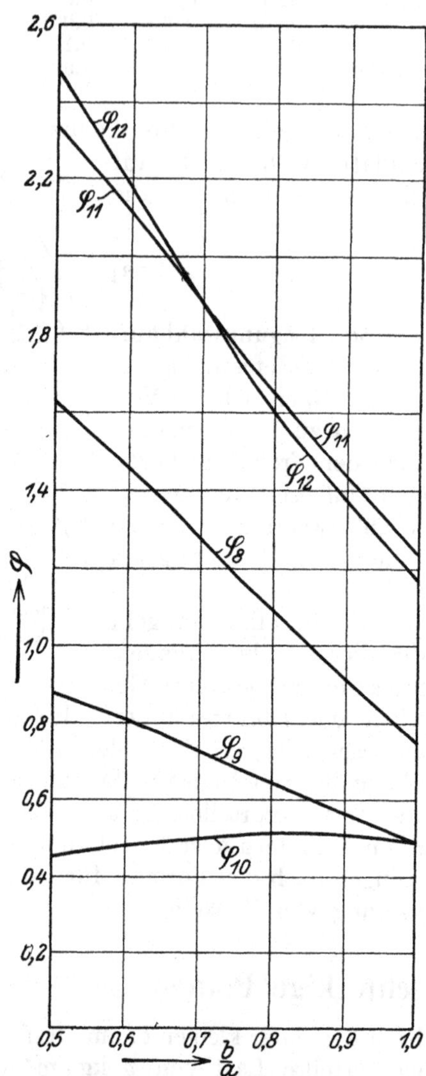

Abb. 72. Werte φ zur Berechnung elliptischer und rechteckiger Platten.

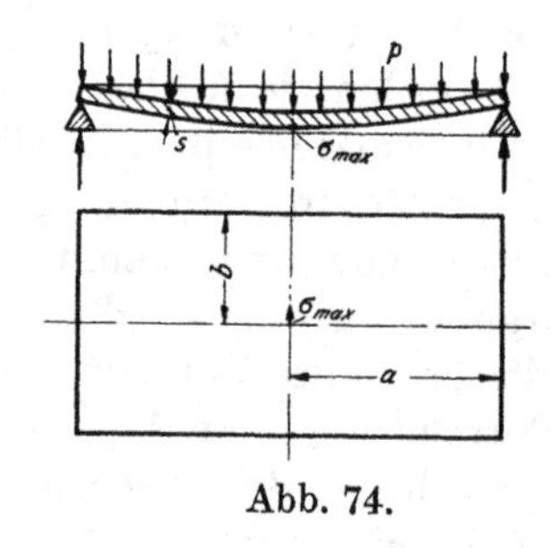

Abb. 74.

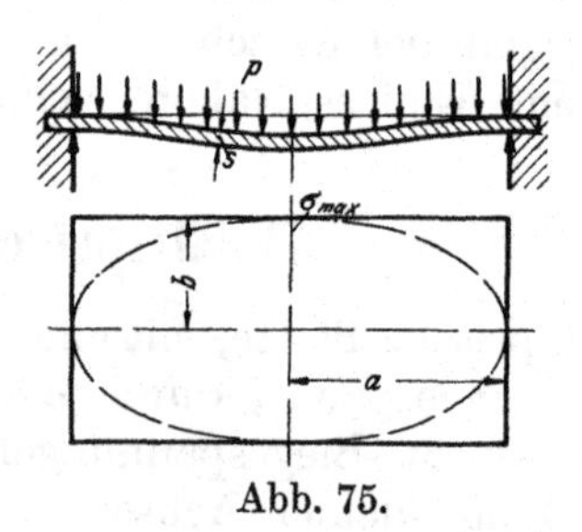

Abb. 75.

Zusammenstellung 14. **Beiwerte zur Berechnung ebener elliptischer und rechteckiger Platten nach Ensslin.**

$b:a$	0	0,5	0,6	0,7	0,8	0,9	1,0
φ_8	2	1,63	1,46	1,28	1,09	0,91	0,75
φ_9	1	0,875	0,81	0,732	0,648	0,566	0,488
φ_{10}	0,3	0,448	0,482	0,5	0,513	0,506	0,488
φ_{11}	3	2,34	2,12	1,89	1,65	1,44	1,24
φ_{12}	3	2,485	2,18	1,89	1,61	1,37	1,17

Für eine vollkommen eingespannte, gleichmäßig belastete, rechteckige Platte, Abb. 75, ist keine brauchbare Lösung bekannt. Ensslin empfiehlt, die größte Beanspruchung der Scheibe in der Mitte in erster Annäherung nach den Formeln für elliptische Platten zu berechnen. Die so ermittelte Biegebeanspruchung dürfte etwas zu niedrig ausfallen.

Zweiter Abschnitt.

Die Werkstoffe des Maschinenbaues.

I. Allgemeines über ihre Untersuchung und die an sie zu stellenden Anforderungen.

Maßgebend für die Verwendung der verschiedenen Werkstoffe sind ihre Eigenschaften. Ihre Kenntnis, durch die Baustoffkunde vermittelt, bildet eine der Grundlagen des Gestaltens. Die Eigenschaften sind mechanisch-technologischer, physikalischer oder chemischer Natur und hängen nicht allein von der Art des Werkstoffes an sich, sondern auch von seiner Herstellung und dem Grad der mechanischen Bearbeitung, der er unterworfen war, manchmal auch von der chemischen Behandlung ab. Zu den mechanisch-technologischen Eigenschaften, die vor allem bei der Weiterbearbeitung des Rohstoffes und bei seinem Verhalten mechanischen Kräften gegenüber in Frage kommen, gehören die Gießbarkeit, die Bildsamkeit im warmen und im kalten Zustande, die Festigkeit, Elastizität, Härte, Zähigkeit und Sprödigkeit, die Bearbeitbarkeit durch Werkzeuge, die Schweißbarkeit, Lötfähigkeit und andere mehr. Wichtige physikalische sind: die Lage der Schmelz-, Erstarrungs- und Siedepunkte, die Wärmeleitfähigkeit und das Ausstrahlungsvermögen sowie die elektrischen und magnetischen Eigenschaften. Von größtem Einfluß ist die Zusammensetzung der Werkstoffe, indem oft schon ganz geringfügige Beimengungen weitgehende Änderungen des Verhaltens bedingen. Chemische Eigenschaften spielen bei der Gewinnung, aber auch bei der Berührung der Werkstoffe mit Flüssigkeiten, Dämpfen oder Gasen, die als Betriebsmittel in Frage kommen, eine entscheidende Rolle.

Die Ermittlung der Eigenschaften ist die Aufgabe der Werkstoffprüfung. Einfache Proben technischer Art sind uralt; das wissenschaftliche Prüfwesen unter Messen und Vergleichen der Eigenschaften auf Grund von Normen ist erst in der neueren Zeit entstanden, gewinnt aber immer größere Bedeutung, je höhere und schärfere Anforderungen an die Stoffe gestellt werden. Neben der Ermittlung der Eigenschaften neuer Baustoffe obliegt dem Prüfungswesen vor allem die laufende Überwachung der Herstellung der Werkstoffe (Werkprüfung), die Nachprüfung der fertigen sowie die Untersuchung ausgeführter ganzer Bauteile (Abnahmeprüfung).

Gründliche Kenntnisse der Eigenschaften der Werkstoffe und ihres Verhaltens gegenüber den in den Maschinen auftretenden Kräften und Betriebsmitteln braucht sowohl der gestaltende Konstruktions-, wie der die Ausführung leitende Betriebsingenieur; aber auch bei der Festlegung der Abnahmebedingungen und der Aufstellung von Lieferverträgen sind sie unentbehrlich. Stets gilt es, den beabsichtigten Zweck auf wirtschaftlichste Weise zu erreichen. Man muß für den betreffenden Fall sorgfältig die passenden Werkstoffe auswählen, für untergeordnete Zwecke mit gewöhnlichen, billigen auszukommen suchen, die Eigenschaften der teureren, besseren aber, so weit irgend möglich, auszunutzen bestrebt sein. In schwierigen oder in Zweifelsfällen tut man gut, mit dem Erzeuger wegen der Angabe geeigneter Werkstoffe in Verbindung zu treten.

Eine allmähliche Steigerung der Ansprüche an die Werkstoffe seitens der Verbraucher wirkt im allgemeinen fördernd auf die Herstellung. Andererseits schaden unberechtigt hohe oder gar einander widersprechende Bedingungen, weil sie die wirtschaftliche Herstellung des Baustoffes erschweren.

a) Entnahme der Proben und Durchführung der Versuche.

An Werkstoffen und Teilen, die größeren Beanspruchungen ausgesetzt sind, werden Festigkeitsuntersuchungen vorgenommen: Zug-, Druck-, Biege-, Falt- und Schlagbiegeversuche sowie Härteprüfungen, seltener Dreh-, Scher- und Lochversuche. Vielfach dienen technologische Versuche, ohne Messung der aufgewandten Kräfte, zur raschen Beurteilung des Zustandes des Baustoffs während seiner Herstellung und vor der weiteren Verwendung.

Die Proben sind der Art der Inanspruchnahme der Maschinenteile entsprechend zu wählen. So sollte z. B. an Werkstoffen, die beim Gebrauch Biegebeanspruchungen unter Stößen und harten Schlägen ausgesetzt sind, größerer Wert auf Schlagbiegeversuche gelegt werden, als auf den noch vielfach vorgeschriebenen Zugversuch. — Bei Schienen ist in neuerer Zeit richtigerweise die Härteprüfung durch das Kugeldruckverfahren neben den Zugversuch getreten.

Die Entnahme der Proben nach Zahl und Art an Form-, Stab- und Breiteisen, sowie an Schrauben- und Nieteisen regeln die DIN 1612 und 1613. Vgl. Seite 82 u. 83. Wichtig ist die Art der Probeentnahme an vorgeschmiedeten und fertigen Maschinenteilen. Wenn irgend möglich, sollen die Versuchsstücke unmittelbar aus dem betreffenden Teil herausgearbeitet werden, wie Abb. 76 an einem Turbodynamoanker zeigt. An dem vorgedreht gelieferten Anker ist der Absatz a nur am linken Ende vorgesehen, am rechten dagegen weggelassen, in der Absicht, dort bei der endgültigen Bearbeitung einen Ring abzustechen, dem die Festigkeitsproben entnommen werden. Auf jeden Fall muß das Schmieden der Proben im warmen oder das Recken im kalten Zustande, das die Eigenschaften wesentlich beeinflußt, vermieden werden. Daher auch die Vorschrift, daß bei Achsen und Wellen das angeschmiedete, zur Untersuchung bestimmte Stück im rohen Zustande mindestens den Durchmesser des schwächsten Teiles der ganzen Welle haben, jedenfalls durch Schmieden nicht weiter gestreckt werden soll. An Walzeisen ist die Walzhaut auf den Probestücken möglichst zu belassen. Eine Ausnahme bilden Proben für Kugeldruckversuche. Wird das Gebrauchsstück geglüht, so sind auch die Proben in gleicher Weise auszuglühen. Bei Gußstücken ist die Dicke der Biegestäbe, die zweckmäßigerweise unmittelbar angegossen werden, den Wandstärken entsprechend zu wählen.

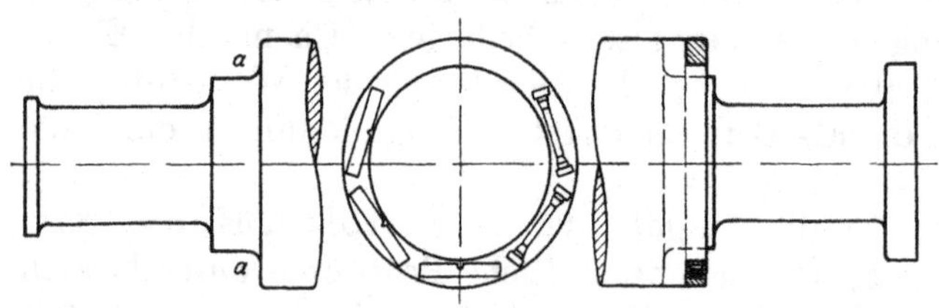

Abb. 76. Entnahme von Festigkeitsproben an einem Turbodynamoanker nach Lasche.

Einheitliche Vorschriften über die Ausführung der Versuche sowie Zahlen für die zu verlangenden Festigkeitseigenschaften sind neuerdings in den deutschen Industrienormen festgelegt worden.

Diejenigen für Stahl und Eisen sind zusammengefaßt im Beuth-Heft 1 [II, 40] herausgegeben. Unter der Mitwirkung der folgenden Behörden und Verbände aufgestellt, dürften sie auf allseitige Anerkennung und baldige allgemeine Einführung rechnen. Sie sind den folgenden Ausführungen zugrunde gelegt.

An den Normen für Stahl und Eisen arbeiteten mit:

für die Erzeuger
der Verein deutscher Eisenhüttenleute,
der Verein deutscher Stahlformgießereien,
der Verein deutscher Eisengießereien;
für die Verbraucher
das Eisenbahnzentralamt,
das Reichswehrministerium,
das Ministerium für Handel und Gewerbe,
die Arbeitsgemeinschaft der eisenverarbeitenden Industrie,
der Verein deutscher Maschinenbauanstalten,
der deutsche Eisenbau-Verband,
der Handelsschiff-Normen-Ausschuß,
der Reichsverband der Automobilindustrie,
der Verein für die bergbaulichen Interessen in Essen,
der Verband deutscher Elektrotechniker,

der Verband deutscher Waggonfabriken,
der Verein der märkischen Kleineisen-Industrie;
für die wissenschaftliche Materialprüfung
der deutsche Verband für die Materialprüfungen der Technik.

Neben den Normen gelten aber vielfach noch die von den Behörden und Verbänden herausgegebenen Liefervorschriften, von denen die folgenden genannt seien:

Allgemeine polizeiliche Bestimmungen über die Anlegung von Landdampfkesseln 1908, desgl. über Schiffsdampfkessel 1908, z. Z. in Neubearbeitung begriffen — (vgl. auch die „Grundlagen der deutschen Material- und Bauvorschriften für Dampfkessel" von Prof. Baumann 1912),

die Vorschriften der Deutschen Reichsbahn und die der Marine,

Normalbedingungen für die Lieferung von Eisenkonstruktionen für Brücken- und Hochbau,

Normalbedingungen für die Lieferung von Eisenbauwerken, DIN 1000,

die Materialvorschriften des germanischen Lloyds, 1925.

Für Sonderbaustoffe geben die Hersteller Zahlen an.

Der Zugversuch pflegt meist nur zur Bestimmung der Zugfestigkeit K_z in kg/cm², der größten Spannung, die der Werkstoff, bezogen auf den ursprünglichen Querschnitt, ausgehalten hat, außerdem zur Ermittelung der Bruchdehnung δ und der Einschnürung ψ in Hundertteilen benutzt zu werden. In den Liefervorschriften werden gewöhnlich nur bestimmte Werte für K_z und δ verlangt.

Nach der Zugfestigkeit wählt man die zulässige Beanspruchung bei der Berechnung der Maschinenteile und beurteilt nach ihr umgekehrt die Sicherheit der Konstruktion gegen Bruch. Daß es für den Konstrukteur wichtig ist, auch die Lage der Elastizitäts- und namentlich der Streckgrenze, die für das Auftreten bleibender Formänderungen maßgebend sind, zu kennen, war schon früher, Seite 3, hervorgehoben.

Über den praktischen Wert großer Dehnung δ und Einschnürung ψ vgl. S. 5.

Sollen untereinander vergleichbare Werte, namentlich in bezug auf die Dehnung, erhalten werden, so müssen die Versuche an geometrisch ähnlichen Probestäben durchgeführt werden. Die DIN 1605 unterscheidet in der Beziehung die Formen 1 und 3 bzw. 2 und 4 der Zusammenstellung 15, indem neben die von Martens vorgeschlagenen und viel benutzten langen Normal- und Proportionalitätsstäbe Nr. 1 und 3 die mit halb so großer Meßlänge versehenen Nr. 2 und 4 gestellt worden sind, die eine nicht unerhebliche Ersparnis an zur Untersuchung nötigem Werkstoff bieten. Die Übergänge zu den Stabköpfen, deren Form sich im einzelnen nach der Zerreißmaschine richtet, auf der die Versuche durchgeführt werden sollen, dürfen nicht scharf abgesetzt sein. Erfolgt der Bruch außerhalb des mittleren Drittels der Meßlänge, so ist die Dehnung nach dem besonderen, in der DIN 1605 angegebenen Verfahren zu ermitteln.

Zusammenstellung 15. **Normale Probestäbe für Zugversuche nach DIN 1605.**

Lfde. Nr.	Probestabform	Stabquerschnitt F_0 mm²	Durchmesser des Rundstabes d mm	Meßlänge l mm	Versuchslänge l_v mm	Zeichen für die Bruchdehnung
1	Langer Normalstab	314	20	200	$\geqq l + d$	δ_{10}
2	Kurzer Normalstab	314	20	100	„	δ_5
3	Langer Proportionalstab . .	beliebig	beliebig	$11{,}3\sqrt{F_0}$	„	δ_{10}
4	Kurzer Proportionalstab . .	„	„	$5{,}65\sqrt{F_0}$	„	δ_5
	Außerdem zulässig, aber nicht geometrisch ähnlich sind:					
5	Langstab	beliebig	beliebig	200	„	δ_l
6	Kurzstab	„	„	100	„	δ_k

Die an langen Normal- oder Proportionalstäben Nr. 1 und 3 ermittelten Dehnungen sollen mit δ_{10}, die an den kurzen Stäben gefundenen mit δ_5, dem Verhältnis $\frac{l}{d}$ entsprechend bezeichnet werden. An den geometrisch untereinander nicht ähnlichen Lang- und Kurzstäben Nr. 5 und 6 erhaltene Werte sind davon durch δ_l und δ_k zu unterscheiden.

Das Produkt aus K_z in kg/cm² und der Bruchdehnung δ in Hundertteilen ist die von Tetmajer eingeführte Wertziffer oder Gütezahl. Sie gibt einen Anhalt für das Arbeitsvermögen oder die spezifische Formänderungsarbeit, die zum Zerreißen des Baustoffes nötig ist. Daß man dabei den Inhalt des umschriebenen Rechteckes statt dem des Schaubildes des Zugversuches selbst benutzt, Abb. 10, ist zulässig, weil das Verhältnis beider, der Völligkeitsgrad, bei ein und demselben Baustoff nahezu unveränderlich ist. Werkstoffe mit gleichen Wertziffern werden in nicht zu weiten Grenzen als gleichwertig erachtet, so daß z. B. bei Abnahmeversuchen etwas zu geringe Festigkeit durch größere Dehnung ausgeglichen werden kann. Für sich allein hat allerdings die Wertziffer keine praktische Bedeutung, weil neben ihr noch einer der beiden Faktoren, die Festigkeit oder die Bruchdehnung, zur Beurteilung des Baustoffes bekannt sein muß. Manchmal wird in ähnlicher Weise die Summe aus K_z und δ benutzt.

Der statische Druckversuch und der dynamische, unter dem Fallwerk ausgeführte Stauchversuch werden nur selten zur Prüfung der Werkstoffe des Maschinenbaues herangezogen. Maßgebend ist bei spröden Stoffen die Bruchgrenze, bei sehr bildsamen — die sich weitgehend zusammendrücken lassen, ohne zu brechen — die Quetschgrenze. Häufige Anwendung findet dagegen der Druckversuch auf Steine und Beton.

Der Biegeversuch wird insbesondere zur Untersuchung von Gußeisen benutzt und hat ferner als technologische Probe (Faltversuch), sowie als Kerbschlagversuch große Bedeutung. Beim einfachen Biegeversuch stellt man die Bruchspannung K_b und die Durchbiegung δ im Augenblick des Bruches fest. An Gußeisen werden Biegeversuche nach den Vorschriften für die Lieferung von Gußeisen des Vereins deutscher Eisengießereien (— die Dinormen sind z. Z. in Bearbeitung —) an Rundstäben durchgeführt, die in Rücksicht auf das Ähnlichkeitsgesetz in einer Entfernung gleich dem 20fachen Durchmesser zu stützen sind. Der Durchmesser ist, da die Festigkeit der Gußstücke mit wachsender Wandstärke abnimmt, in Abhängigkeit von der mittleren Dicke gemäß der Zusammenstellung 16 zu wählen.

Die Stäbe sollen in getrockneten Formen ohne Gußnaht in steigendem Guß und bei mittlerer Gießhitze aus derselben Schmelze, wie die Stücke der Lieferung gegossen werden und in der Form erkalten. Läßt sich eine Gußnaht nicht vermeiden, so ist dieselbe beim Versuch in die neutrale Faser zu legen. Die Stäbe behalten ihre Gußhaut, werden nur mit der Bürste geputzt und durch eine Einzelkraft P, die in der Mitte zwischen den Auflagern wirkt, bei gleichzeitiger Beobachtung der Durchbiegung δ bis zum Bruch belastet. Unter Ausschluß von Stäben mit Fehlstellen sollen die Mittelwerte aus je drei Versuchen den folgenden Zahlen genügen:

Zusammenstellung 16. **Abmessungen normaler Biegestäbe und Anforderungen an Gußeisen nach den Vorschriften für die Lieferung von Gußeisen des Vereins deutscher Eisengießereien.**

Wandstärke	Stababmessungen		Gußeisen								
			mittlerer Festigkeit			hoher Festigkeit			sehr hoher Festigkeit		
s	Durchmesser d	Stützweite l	Bruchlast	Biegefestigkeit	Durchbiegg.						
mm	mm	mm	P kg	K_b kg/cm²	δ mm	P kg	K_b kg/cm²	δ mm	P kg	K_b kg/cm²	δ mm
bis zu 15	20	400	250	3200	$\geqq 5$	265	3400	$\geqq 6$	280	3600	$\geqq 7$
15—20	30	600	530	3000	$\geqq 8$	565	3200	$\geqq 9$	600	3400	$\geqq 10$
über 20	40	800	880	2800	$\geqq 10$	940	3000	$\geqq 11$	1000	3200	$\geqq 12$

Der Faltversuch dient nach DIN 1605 zum Nachweisen der Biegbarkeit (Zähigkeit) der Werkstoffe bei Zimmerwärme, entweder im Anlieferungszustande oder nach Ausglühen des Werkstoffes. Er wird an Flachstäben von 30—50 mm Breite mit abgerundeten

Kanten oder an Rundstäben oder an ganzen Formeisen durchgeführt. Dabei wird die Probe langsam unter einer Presse entweder

a) um einen Dorn mit vorgeschriebenem Durchmesser D bis zum Winkel γ, Abb. 77, durchgebogen oder

b) um einen Dorn von beliebigem Durchmesser vorgebogen und dann durch Druck auf die Schenkelenden frei vollständig oder bis zum Anriß zusammengedrückt, Abb. 77—80.

Im Falle a dürfen auf der Zugseite der Probe keine Risse im metallischen Werkstoff auftreten. Im Falle b dient als Gütemaß die Tetmajersche Biegegröße $B_g = \frac{50a}{r}$, wobei a die ursprüngliche Probendicke, r den Biegehalbmesser in der Mitte der Probe bedeuten.

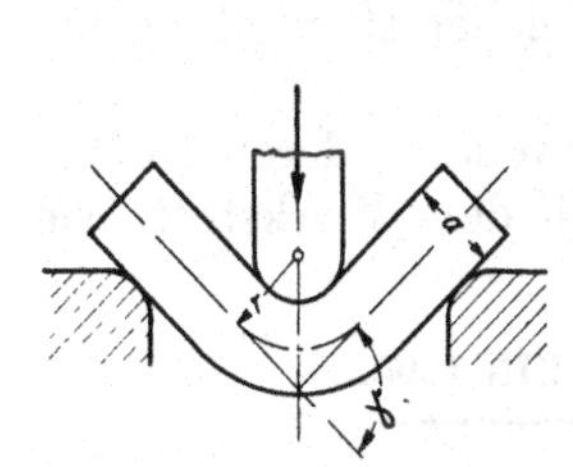

Abb. 77. Faltversuch.

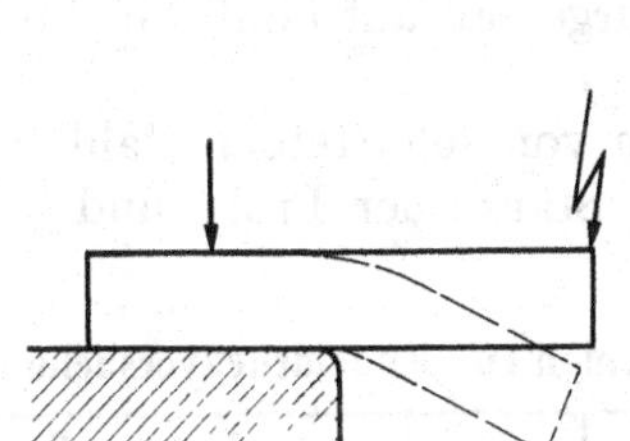

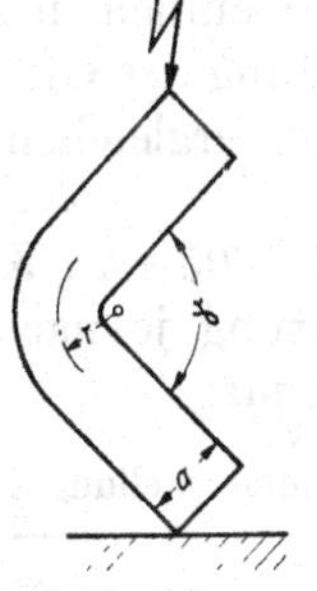

Abb. 78—80. Falt- und Schlagbiegeversuche.

Der an rotwarmen Stäben in ähnlicher Weise durchgeführte Rotbruchversuch dient zum Nachweisen der Warmbearbeitbarkeit der Werkstoffe (DIN 1605).

Blaubruchversuche werden an Stahl bei etwa 300°, wenn eine angefeilte Stelle blau anläuft, Hartbiegeversuche an weichem Flußstahl im abgeschreckten Zustande ausgeführt. Zu letzterem Zwecke wird das Stück auf Kirschrotglut (750°) gebracht, in kaltem Wasser schnell abgekühlt und dann gebogen.

Auch an geschweißten Stäben werden Biegeversuche angestellt, bei denen die Schweißstelle weder im kalten noch im warmen Zustande brechen oder aufreißen darf (DIN 1605).

An Drähten führt man Biegeversuche in der Weise aus, daß die Drähte zwischen zwei Backen mit vorgeschriebenen Abrundungen eingespannt und nach beiden Seiten um je 90° hin und her gebogen werden. Jedes Umlegen und Wiedergeraderichten gilt als eine Biegung; ihre Zahl bis zum Bruche dient als Vergleich.

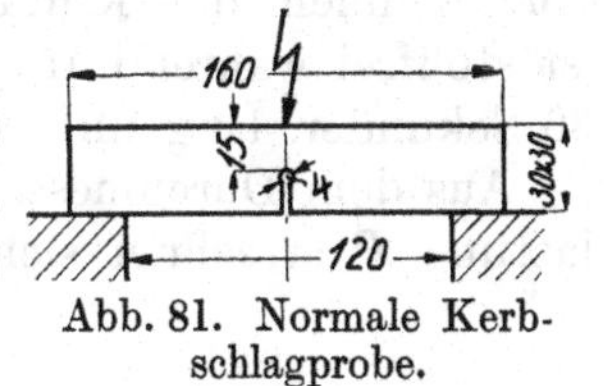

Abb. 81. Normale Kerbschlagprobe.

Gegenüber stoßweiser Beanspruchung bietet der Kerbschlagversuch ein Maß für die Widerstandsfähigkeit. Die Proben nach dem Vorschlage des Deutschen Verbandes für die Materialprüfungen der Technik, Abb. 81, von 30·30 mm Querschnitt werden mit einem Rundkerb versehen, der durch Einbohren eines Loches von 4 mm Durchmesser und Aufschneiden des Stabes von der einen Seite her entsteht, und bei 120 mm Stützweite auf dem mittleren oder dem großen Pendelschlagwerk von 75 bzw. 250 mkg Schlagarbeit von der nicht aufgeschnittenen Seite her durchschlagen. Die Proben für das kleine Pendelschlagwerk von 10 mkg Schlagarbeit sind noch nicht einheitlich festgelegt. Vielfach pflegen sie 10·10 mm Querschnitt, 100 mm Länge und 70 mm Stützweite zu haben und mit einem scharfen Kerb von 90° Flankenwinkel und 2 mm Tiefe versehen zu werden. Als Vergleichsmaß dient die Kerbzähigkeit, d. i. die auf einen Quadratzentimeter des durchschlagenen Querschnitts bezogene Arbeit. Zu erwarten wäre, daß diese Kerbzähigkeit der verschiedenen Baustoffe mit den bei Zugversuchen gefundenen Dehnungsziffern zu- und abnähme. Das ist aber nicht immer der Fall; die Kerbzähigkeit führt vielmehr zu einer anderen Bewertung der Werkstoffe gegenüber Stößen als die Dehnungsziffer. So ergeben Nickel- und Chromnickel- sowie manche Sonderstähle sehr große Kerbzähigkeit im Verhältnis zu gewöhnlichem Stahl von gleicher Festigkeit und Dehnung, minderwertiger oder falsch behandelter, z. B. verbrannter Stahl, dagegen sehr niedrige Werte, trotz guter Dehnungsziffern bei Zugversuchen. Stahlguß liefert unregelmäßige Ergebnisse; seine geringere Sicherheit gegenüber stoßweiser Beanspruchung im Vergleich zu geschmiedeten Stoffen kommt darin zum Ausdruck. Der Kerbschlagversuch verlangt geringe Abmessungen der Stücke, ist rasch ausführbar und eines der schärfsten Untersuchungsverfahren [II, 8].

Die Härte kennzeichnet den Widerstand, den ein Körper dem Eindringen eines anderen härteren Körpers entgegensetzt. Sie ist in starkem Maße von der Form des letzteren abhängig, gibt aber einen Anhalt für die Streckgrenze und die Zugfestigkeit des Werkstoffes, sowie für seine Bearbeitbarkeit durch Werkzeuge, die mit steigender Härte schwieriger wird. Von den verschiedenen Verfahren wird der Kugeldruckversuch seiner raschen und einfachen Ausführbarkeit wegen am meisten benutzt und vielfach zur laufenden Prüfung der Gleichmäßigkeit der eingehenden Werkstoffe verwendet, wenn man sich auch bei Vergleichen naturgemäß auf ähnliche Stoffe gleicher Herstellung beschränken muß.

Nach der DIN 1605 sind Kugeln von gehärtetem Stahl zu verwenden, deren Durchmesser und Belastung je nach der Stärke der Probe und je nach dem Werkstoff, wie folgt, zu wählen sind:

Zusammenstellung 17. **Normen für Kugeldruckversuche nach DIN 1605.**

Dicke der Probe a mm	Kugeldurchmesser D mm	Belastung P kg		
		$30 \cdot D^2$ für Gußeisen und Stahl	$10 \cdot D^2$ für hartes Kupfer, Messing, Bronze u. a.	$2{,}5\ D^2$ für weichere Metalle
über 6	10	3000	1000	250
von 6 bis 3	5	750	250	62,5
unter 3	2,5	187,5	62,5	15,6

Die Eindrücke sind an blanken, ebenen Flächen so weit vom Rande des Probestückes vorzunehmen, daß kein Ausbauchen oder Aufbeulen des Randes eintritt. Die Belastung ist stoßfrei während 15 Sekunden gleichmäßig bis zum Endwert zu steigern und dann 30 Sekunden lang unverändert zu lassen.

Aus dem Durchmesser der Eindruckfläche d, dem Kugeldurchmesser D und der Belastung P errechnet sich die Brinellhärte

$$H = \frac{2P}{\pi \cdot D\left(D - \sqrt{D^2 - d^2}\right)}. \tag{78}$$

d ist als Mittelwert von mindestens zwei Eindrücken zu bestimmen, wobei die mittleren Durchmesser einzusetzen sind, wenn die Eindrücke unrund sind.

Zwischen der Brinellhärte H und der Zugfestigkeit K_z besteht angenähert die Beziehung:

für Kohlenstoffstahl bei einer Zugfestigkeit von 30—100 kg/mm²

$$K_z = 0{,}36\ H, \tag{79}$$

für Chromnickelstahl bei einer Zugfestigkeit von 65—100 kg/mm²

$$K_z = 0{,}34\ H. \tag{80}$$

Der Kugeldruckversuch kann auf Grund dieser Beziehung vielfach als Ersatz für den umständlicheren und teueren Zugversuch dienen und bietet dabei den Vorteil, unmittelbar an dem vorgearbeiteten oder sogar fertigen Stück ohne wesentliche Schädigung ausgeführt werden zu können.

(Brinell ermittelt die Härte nach der oben angeführten Formel, indem er den Druck durch die Oberfläche der entstehenden Kugelkalotte teilt; nach Meyer bezieht man die

Kraft richtiger auf die dem Eindruck entsprechende Kreisfläche, also auf die Projektion der Kalotte senkrecht zur Kraftrichtung. Zwischen der Kraft P und dem Eindruckdurchmesser d besteht dann die Beziehung

$$P = a \cdot d^n, \tag{81}$$

wobei a und n Festwerte des Baustoffes sind [II, 7]).

In Fällen wo die rechnerische Bestimmung der Abmessungen eines Konstruktionsteiles unsicher ist oder wo Ausführungsschwierigkeiten, Lunkerbildungen, Spannungen usw. auftreten, wird häufig die Prüfung des ganzen Maschinenteiles notwendig. Dabei ist noch mehr, als in den bisher besprochenen Fällen auf die Durchführung der Versuche in einer Weise, die der Inanspruchnahme des Stückes im späteren Betriebe entspricht, zu achten. Beispielweise ist es von zweifelhaftem Werte, Teile, die im Betriebe durch äußeren Überdruck belastet werden, bei der Abnahme unter innerem zu prüfen, weil die Erzeugung äußeren Überdrucks manchmal schwierig ist. Häufig werden bei Abnahmeprüfungen Versuche an fertigen Teilen verlangt; so müssen Radreifen, Eisenbahnachsen, Schwellen und andere Eisenbahnteile vorgeschriebenen Bedingungen genügen.

Von den technologischen Versuchen seien noch die folgenden wichtigeren erwähnt.

Zur Feststellung der Schmiedbarkeit dienen Ausbreite-, Stauch- und Lochversuche. Bei dem ersten wird das rotwarme Probestück am Ende mit der Hammerfinne bis zur Rißbildung in der Längsrichtung gestreckt oder quer dazu ausgebreitet. Das Verhältnis der dabei erreichten Länge oder Breite zur ursprünglichen gibt ein Gütemaß. Beim Stauchversuch verlangt man, daß die Höhe eines Zylinders sich um ein bestimmtes Maß verringern läßt. Zum Lochversuch wird ein kegeliger Dorn, z. B. von 10 und 20 mm Enddurchmesser und 50 mm Länge benutzt, der in einer Entfernung gleich der halben Probendicke vom Rande des rotwarmen Stückes aufgesetzt und durchgetrieben wird. Der Werkstoff soll dabei nicht aufreißen.

An Drähten benutzt man noch den Verwindeversuch, bei dem verlangt wird, daß der Bruch erst nach einer Mindestzahl von Windungen um 360° eintritt.

Schließlich muß noch die Wasserdruckprobe für Hohlkörper, die auf inneren Druck beansprucht oder auf Dichtheit zu prüfen sind — Röhren, Zylinder, Ventile, Schiebergehäuse, Kessel usw. — erwähnt werden. Die Stücke werden, um bei einem etwaigen Bruche ein Umherschleudern von Teilen zu verhüten, vollständig mit Wasser gefüllt und einem, den Betriebsdruck meist überschreitenden Probedruck längere Zeit ausgesetzt. Gleichzeitiges Abklopfen der Wandung hat den Zweck, vorhandene Gußspannungen auszulösen.

b) Beeinflussung der Eigenschaften durch die Bearbeitung und die Wärme.

Die Festigkeitseigenschaften zäher Stoffe können durch die Bearbeitung, insbesondere durch Strecken im warmen oder kalten Zustande, stark beeinflußt und verändert werden. So bewirkt das Schmieden oder Walzen gegossener Werkstoffe eine wesentliche Verbesserung der Eigenschaften durch die Verdichtung des Stoffes und durch die Änderung des Gefüges, das aus einem grobkristallinischen in ein feinkörniges oder sehniges übergeht. Festigkeit und Dehnung werden dabei meist erheblich gesteigert.

Das Recken im kalten Zustande bedingt eine Erhöhung der Elastizitäts- und Streckgrenze, der Festigkeit und der Härte, aber eine Verminderung der Bruchdehnung, macht also den Baustoff spröder. Das läßt sich schon durch einen Zugversuch an weichem Flußstahl zeigen, wenn man einen Stab, nachdem er eine gewisse Verlängerung erfahren, ihn also kalt gereckt hat, entlastet und von neuem untersucht. In Abb. 82 wurde der Versuch an einem Stabe von 20 mm Durchmesser und 200 mm Meßlänge bei A, nach einer Verlängerung der Meßstrecke um 20 mm, also nach 10% Dehnung, unterbrochen, die Last entfernt, der Stab aber nach sieben Tagen wiederum belastet. Dabei stellte sich eine neue, gegenüber der früheren, bei F_u gelegenen, wesentlich höhere Fließgrenze F_u' ein. Der Verlauf der Schaulinie müßte weiterhin der gestrichelt gezeichneten Fortsetzung des ersten Versuches entsprechen; oft ergibt sich aber auch eine durchweg höhere Lage der Kurve, wie stark ausgezogen dargestellt ist. Die Dehnung des Baustoffes nach der Streckung im kalten Zustande ist durch die Länge $CD = 19{,}3$ mm gegeben und beträgt, auf die dem Punkte C entsprechende Meßlänge von 220 mm bezogen, nur noch

$$\delta' = \frac{CD}{220} = \frac{19{,}3}{220} = 0{,}088 \text{ oder } 8{,}8\,\%.$$

Dagegen ist die Festigkeit wesentlich erhöht worden. Punkt B der gestrichelten Schaulinie, die dem ursprünglichen Zustande des Werkstoffes entspricht, ergibt bei 20 mm Durchmesser oder $F_0 = 3{,}141$ cm² Querschnitt des Stabes

$$K_z = \frac{P}{F_0} = \frac{12800}{3{,}141} = 4080 \text{ kg/cm}^2$$

Festigkeit. Bei der Unterbrechung des Versuches im Punkte A war der Durchmesser der Probe infolge der Querzusammenziehung auf 19,08 mm, ihr Querschnitt auf $F' = 2{,}86$ cm² gesunken. Legt man den letzteren der Berechnung der Zugfestigkeit des kalt gestreckten Stoffes zugrunde, so folgt aus Punkt B'

$$K_z' = \frac{P}{F'} = \frac{14750}{2{,}86} = 5160 \text{ kg/cm}^2;$$

d. i. eine Steigerung um 26,4%.

Von diesem Umstand macht man u. a. beim Kaltziehen von Drähten ausgiebigen Gebrauch. Die folgenden Zahlen zeigen deutlich die Zunahme der Festigkeit und die gleichzeitige Verminderung der Dehnung einer weichen Flußstahlstange nach mehrfachem Ziehen [II, 1].

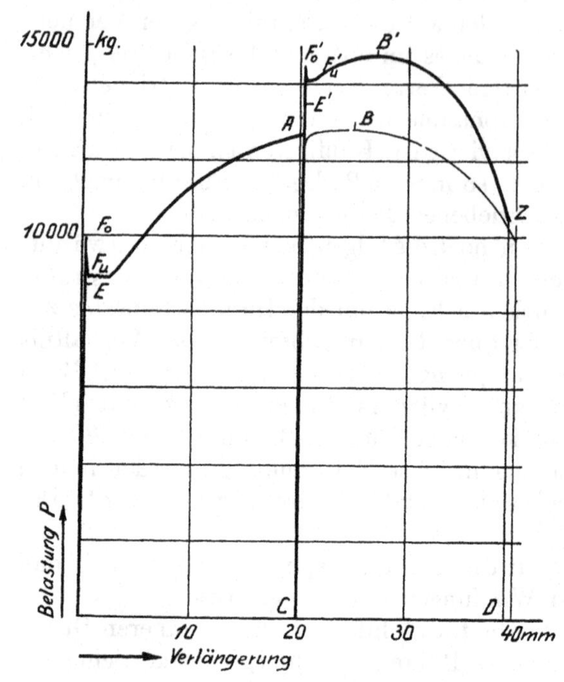

Abb. 82. Zugversuch an weichem Flußstahl unter Entlastung nach 10% Streckung.

Zusammenstellung 18. **Einfluß des Kaltziehens auf die Festigkeitseigenschaften weichen Flußstahls.**

	Spannung an der Streckgrenze kg/cm²	Zugfestigkeit K_z in kg/cm²	Bruchdehnung δ in %
Ursprünglicher Zustand, warm gewalzt auf 51,5 mm Durchm.	1860	3890	34,6
Auf 49,1 mm kalt gezogen . .	4300	4950	15,6
Auf 45,9 mm kalt gezogen . .	—	5750	0,75

Die eben erwähnten Veränderungen können durch Ausglühen beseitigt werden, so daß annähernd der ursprüngliche Zustand wieder eintritt, eine Erscheinung, die bei der Weiterverarbeitung hart gezogener oder kalt gewalzter Stoffe, aber auch in dem Falle zu beachten ist, daß solche Teile hohen Wärmegraden ausgesetzt werden. Beispielweise verlieren Seile aus hart gezogenem Stahldraht ihre Tragfähigkeit und werden unbrauchbar, wenn sie bei einem Brande erhitzt wurden.

Für den Einfluß reiner Wärmebehandlungen bieten das Härten des Stahls, sowie das Vergüten des Duralumins und des Stahles Beispiele. Zu hohe Wärmegrade können infolge Oxydation sehr schädlich wirken. (Verbrennen des Stahles).

Wie die Temperatur die Festigkeit der einzelnen Werkstoffe beeinflußt, ist später ausführlich bei den wichtigeren gezeigt. In der Regel nimmt die Festigkeit von einer bestimmten Grenze an rasch ab.

Der dem Gewicht nach am meisten angewendete Werkstoff des Maschinenbaues ist seiner Billigkeit, leichten Gieß- und Bearbeitbarkeit wegen das Gußeisen. Stahl, Kupfer, Aluminium und zahlreiche Legierungen kommen dann in Frage, wenn die Festigkeitseigenschaften des Gußeisens oder seine Widerstandsfähigkeit gegen atmosphärische oder chemische Einflüsse nicht genügen.

II. Eisen und Stahl.

A. Einteilung und Haupteigenschaften.

Reines Eisen ist schwierig herzustellen und kommt als Werkstoff nicht in Betracht. Alle in der Technik verwandten Eisensorten sind Legierungen. Stets ist Kohlenstoff in ihnen enthalten; daneben wirken Silizium, Mangan, Nickel, Chrom und Wolfram im allgemeinen günstig, Phosphor und Schwefel schädlich. Da der Gehalt an Kohlenstoff entscheidenden Einfluß auf die Eigenschaften hat, benutzt man ihn als Grundlage für die Einteilung der Eisensorten. Eisen mit sehr niedrigem Kohlenstoffgehalt ist in der Hitze leicht schmiedbar. Mit steigendem Gehalt sinkt die Schmiedbarkeit; sie hört bei mehr als 2% ganz auf. Das ermöglicht die Scheidung in zwei Hauptgruppen, die des schmiedbaren und des Roheisens, die sich dadurch noch schärfer trennen, daß Eisen mit 1,6—2,6% Kohlenstoff keine technisch wertvollen Eigenschaften hat und praktisch nicht verwendet wird.

Nach den Dinormen soll alles ohne Nachbehandlung schmiedbare Eisen in Zukunft als Stahl bezeichnet und weiterhin nur nach der Art der Herstellung a) der im flüssigen Zustande gewonnene Flußstahl von b) dem im teigigen Zustande gewonnenen Schweiß- oder Puddelstahl unterschieden werden. Der letztere wird mittels des älteren Puddelverfahrens durch Zusammenschweißen einzelner Körner im teigigen Zustande, der erstere flüssig im Bessemer-, Thomas- oder Siemens-Martin-Verfahren, durch Schmelzen im Tiegel oder auf elektrothermischem Wege hergestellt. Kennzeichnend für den Schweißstahl ist der unvermeidliche Gehalt an Schlacke.

Die früher nach dem Grade der Härtbarkeit übliche Trennung in Schmiedeeisen und Stahl hat man damit fallen lassen. Die Härtbarkeit, d. i. die Eigentümlichkeit, durch plötzliche Abkühlung aus Hitzegraden, die über 700° liegen, große Härte anzunehmen, ist zwar in erster Linie vom Kohlenstoffgehalt, daneben aber auch von anderen Zusätzen, wie Mangan, Nickel und Chrom abhängig, so daß eine scharfe Abgrenzung nicht möglich ist. Auch dem Vorschlag, die an ausgeglühten Proben ermittelte Zugfestigkeit zur Trennung zu benutzen — 5000 kg/cm² zwischen Flußeisen und Flußstahl, 4500 kg/cm² zwischen Schweißeisen und Schweißstahl —, steht der Einwand entgegen, daß die Festigkeit von dem Grade der Verarbeitung abhängig ist. Immerhin ist im Buche, wo es nötig schien, zwischen weichen, kohlenstoffarmen, zähen und harten, kohlenstoffreicheren, festeren, aber spröderen Stahlsorten unterschieden, sofern nicht die genauere Angabe der Festigkeitszahlen oder der Zusammensetzung nach den Dinormen möglich und notwendig war.

Nur der Flußstahl ist genormt worden.

Im Roheisen tritt bei langsamer Abkühlung eine Ausscheidung des Kohlenstoffes in Form von Graphitblättchen ein, die dem Eisen eine graue bis schwarze Farbe und eine größere Weichheit verleihen. Derartiges graues Roheisen mit einem Kohlenstoffgehalt von 3—3,6% bildet das Gußeisen des Maschinenbaues; es wird meist unter nochmaligem Umschmelzen in die Gebrauchsformen gebracht. Silizium begünstigt, Mangan erschwert die Ausscheidung des Kohlenstoffs. Bleibt dieser infolge geeigneter Zusammensetzung oder sehr rascher Abkühlung gebunden, so zeigt die Bruchfläche weiße Farbe. Solches weißes Roheisen ist hart und spröde und nur zu wenigen Konstruktionsteilen unmittelbar geeignet, hat dagegen als Bestandteil des Hartgusses und für die Herstellung des Tempergusses große Bedeutung. Hartguß besitzt eine äußere harte Schicht von weißem Eisen auf einer zähen Grundlage von grauem.

Flußstahl kann sowohl durch Gießen (Stahlguß), wie auch in festem Zustande durch Schmieden, Schweißstahl nur in festem Zustande, Gußeisen nur durch Gießen zu Konstruktionsteilen verarbeitet werden.

In Abb. 83 sind die Eigenschaften der Eisensorten in Abhängigkeit vom Kohlenstoffgehalt dargestellt. Dabei konnten nur für die Schmelztemperatur und die Festigkeit Maßstäbe angegeben werden, da für die Schmied- und Schweißbarkeit Vergleichsmittel fehlen, die Härtbarkeit aber nicht allein vom Kohlenstoffgehalt, sondern auch in starkem Maße von anderen Bestandteilen abhängt. Die Darstellung ist daher in bezug auf die drei zuletzt erwähnten Eigenschaften nur schematisch. Aus ihr geht zunächst der starke Einfluß des Kohlenstoffes auf den Schmelzpunkt hervor. Reines Eisen ist schwer schmelzbar, dickflüssig und zum Gießen nicht geeignet. Die Schmelztemperatur sinkt bis zu einem kleinsten Wert bei etwa 4,2% Kohlenstoff unter gleichzeitiger Abnahme der Dickflüssigkeit, so daß sich Eisen innerhalb der für den Maschinenbau geltenden Grenzen um so leichter vergießen läßt, je höher der Kohlenstoffgehalt ist. Flußstahl verlangt feuerfeste, getrocknete Formen; Gußeisen kann in nassen Sand gegossen werden.

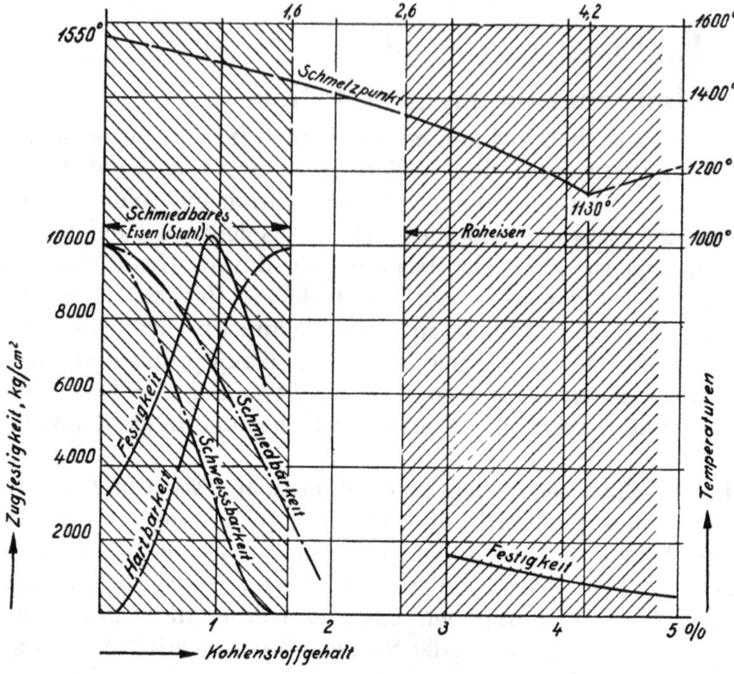

Abb. 83. Eigenschaften der Eisen-Kohlenstofflegierungen.

Die Schmiedbarkeit nimmt, wie schon oben erwähnt, mit wachsendem Kohlenstoffgehalt ab und fehlt dem Roheisen. Noch rascher sinkt die Schweißbarkeit auf Grund des teigigen Zustands, in welchen der Stahl in der Nähe seines Schmelzpunktes kommt, und der die Vereinigung zweier Stücke zu einem Ganzen durch Druck oder Hammerschläge ermöglicht. Harter Stahl mit mehr als 1% Kohlenstoff läßt sich nur noch sehr schwierig schweißen.

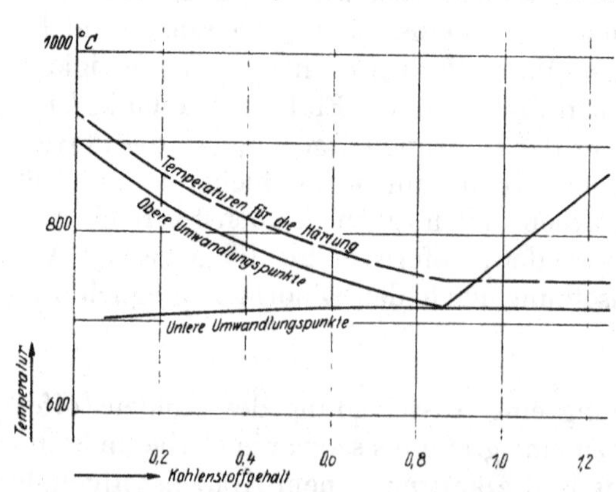

Abb. 84. Härtetemperaturen für Kohlenstoffstahl (unlegierter Stahl).

Die Zugfestigkeit, in der Abbildung an schwedischem Siemens-Martinstahl dargestellt, steigt zunächst mit dem Kohlenstoffgehalt rasch bis zu einem Höchstwerte bei etwa 0,9%, fällt dann aber wieder. Umgekehrt wie die Zugfestigkeit verhält sich die Dehnung. Sie hat im allgemeinen um so größere Werte, je reiner der Werkstoff ist und wird gering im Punkte der größten Festigkeit. Gußeisen weist niedrige Werte sowohl für die Festigkeit, also auch die Dehnung auf.

Die Härte des Eisens im ausgeglühten Zustand wächst mit dem Kohlenstoffgehalt und erreicht bei etwa 1% einen Höchstwert. Durch Abschrecken in Wasser oder

Öl aus Wärmegraden, die 30—50° C über der oberen Umwandlungstemperatur, Abb. 84, liegen, läßt sich die Härte unlegierten Stahls erheblich steigern. Stahl von mittlerem und höherem Kohlenstoffgehalt nimmt dadurch Glashärte an, unter gleichzeitiger wesentlicher Erhöhung der Streck- und Bruchgrenze, aber auch der Sprödigkeit. Durch nachheriges Erwärmen auf Temperaturen, die zwischen 200 und 700° liegen, durch Anlassen, können die Eigenschaften bis zu denen in ungeglühtem Zustande geregelt werden. Abb. 85 zeigt die ungefähren Werte für die mechanischen Eigenschaften eines Stahles von etwa 0,3% Kohlenstoffgehalt, ausgeglüht, gehärtet und verschieden hoch angelassen. (Für Stähle andern Kohlenstoffgehalts verlaufen die Kurven anders.) Auf Härten und nachfolgendem Anlassen beruht auch das in neuerer Zeit in ausgedehntem Maße angewendete Vergüten des Stahles. Bei Kohlenstoffstählen lassen sich nur Stücke bis zu etwa 40 mm Stärke gleichmäßig bis zum Kern durchhärten und -vergüten. Dickere Stücke müssen aus legiertem Stahl ausgeführt werden, wenn hohe Vergütungswerte erreicht werden sollen.

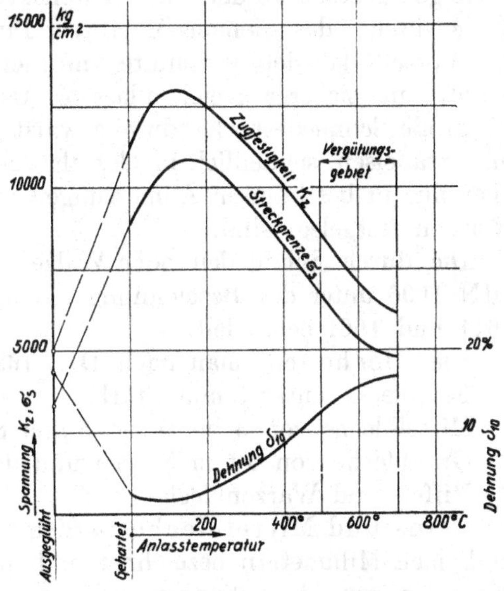

Abb. 85. Einfluß des Härtens und Anlassens auf Flußstahl mit etwa 0,3% Kohlenstoffgehalt (nach DIN 1606).

Das Eisen wird durch atmosphärische und chemische Einflüsse erheblich angegriffen. Der Sauerstoff der Luft ruft in Gegenwart von Feuchtigkeit Rosten, die Bildung von Eisenhydroxyd, hervor. Durch Seewasser und manche Salzlösungen wird die Wirkung noch erheblich verstärkt. Ob der Stahl oder das Gußeisen stärker rostet, ist eine noch unentschiedene Frage. Vielfach kommen an ersterem starke örtliche Anfressungen vor, die die Stücke unbrauchbar machen, während Gußeisen gleichmäßiger angegriffen wird [II, 9]. Verdünnte Säuren lösen das Eisen meist rasch auf.

Als Rostschutzmittel kommen für den Maschinenbau vor allem in Betracht:

1. Ölfarbenanstriche, auf einem gut getrockneten Grund von Leinölfirnis ein- oder zweimal aufgetragen. Der Firnis wird am besten mit Bleimennige oder auch mit Graphit, Eisenmennige usw. gemischt.

2. Zement. Er bildet beim Einbetten des Eisens in Beton oder Zementmörtel den schützenden Bestandteil und haftet, selbst in dünnen Schichten aufgestrichen, sehr fest am Eisen.

3. Für Stahl: Metallüberzüge. Den besten Schutz gibt das Zink, das mit dem Eisen eine Legierung eingeht (verzinktes oder galvanisiertes Blech). Zinn und Blei verhüten das Rosten so lange die Deckschicht vollständig dicht bleibt, Nickel nur bei größerer Stärke.

4. Zum Schutz blanker Teile können Zaponlack, eine Zellidlösung oder Bernsteinlack und Kautschuk, in Terpentinöl aufgelöst, verwendet werden. Schiffswellen und Isolatoren werden häufig mit Überzügen aus Hartgummi versehen.

5. Rohre, Säulenfüße und ähnliche gegossene Teile schützt man durch eine Teer- oder Asphaltschicht, die entweder heiß aufgetragen oder durch Eintauchen in die geschmolzene Masse hergestellt wird. Stellen, die ohne Überzug bleiben sollen, bestreicht man vorher mit Kalkmilch. Schmiedeiserne Rohre werden mit in Teer getränkten Geweben oder Jutestricken umwunden.

6. Emaille, hauptsächlich auf gußeiserne Gegenstände des Hausbedarfs und Teile der chemisch-technologischen Industrie angewendet.

7. Zu vorübergehendem Schutz bei längerem Lagern oder beim Versand dienen Anstriche mit Talg, konsistenten Fetten und Harzöl.

Vgl. [II, 10].

Stahl wird leicht magnetisch und bleibt es um so eher dauernd, je höher sein Kohlenstoffgehalt, und zwar in Form der Härtungskohle ist. Deshalb ist glasharter Stahl zu Dauermagneten besonders geeignet.

B. Flußstahl.

1. Herstellung und Handelsformen, Einheitsgewicht und Leitvermögen.

Flußstahl zu Konstruktionszwecken wird in Deutschland vor allem nach dem Thomas- und dem Siemens-Martin-, und nur in kleineren Mengen nach dem Bessemerverfahren hergestellt. Die teueren Schmelzverfahren im Tiegel und im elektrischen Ofen kommen fast nur für Werkzeugstähle und solche Sorten in Frage, an die besonders hohe Anforderungen gestellt werden. Das Thomasverfahren gestattet große Mengen in kurzer Zeit zu gewinnen, das Siemens-Martinverfahren bietet infolge seines langsameren Verlaufs den Vorteil, daß sich bestimmte Anforderungen an Zusammensetzung und Eigenschaften leichter und sicherer erreichen lassen. Als Werkstoff wird Flußstahl in Form von Blöcken für große Schmiedestücke, durchgewalzt oder durchgeschmiedet, ferner als Blech, Form- und Stabeisen, schließlich in Gestalt von Schienen, Draht und Röhren geliefert, meist aber nur in bestimmten Abmessungen und Querschnitten, die durch Profilbücher und Normen festgelegt sind.

Die durch Schmieden oder Walzen vorbehandelten Maschinenbaustähle sind nach DIN 1606 unter der Bezeichnung „geschmiedeter Stahl" zusammengefaßt, in DIN 1611 und 1661 behandelt.

Die Bleche teilt man nach DIN 1620 der Art nach ein in:

Feinbleche unter 3 mm Stärke,
Mittelbleche von 3 bis unter 5 mm Stärke,
Grobbleche von 5 mm Stärke und darüber,
Riffel- und Warzenbleche.

Fein- und Mittelbleche werden nach den Nummern der deutschen Blechlehre und nach Millimetern bezeichnet und sind nach DIN 1542, in der auch Angaben über die zulässigen Abweichungen in bezug auf Größe, Dicke und Gewicht gemacht sind, in den folgenden für die Verwendung wichtigen Größen im Handel und auf Lager zu haben.

Zusammenstellung 19. **Normale Stärken und Abmessungen gewalzter Eisenbleche nach DIN 1542** (Auszug).

Blechlehre Nr.	3	4	5	6	7	8	9	10	11	12	13	14	15
Blechdicke, Nennmaß mm	4,5	4,25	4	3,75	3,5	3,25	3	2,75	2,5	2,25	2	1,75	1,5
Abmessungen	800 · 1600, 1000 · 2000, 1250 · 2500 mm												

Blechlehre Nr.	16	17	18	19	20	21	22	23	24	25	26	27
Blechdicke, Nennmaß mm	1,375	1,25	1,125	1	0,875	0,75	0,625	0,562	0,5	0,438	0,375	0,3
Abmessungen	800 · 1600, 1000 · 2000 mm									800 · 1600 mm		

Auch die Grobbleche von 5 mm Stärke und darüber werden nur bis zu gewissen Breiten und Größen oder Gewichten zu den gewöhnlichen Preisen geliefert, größere Maße bedingen Überpreise. Das Blechwalzwerk Schulz-Knaudt in Essen z. B. gibt folgende normalen Abmessungen und Gewichte an:

Zusammenstellung 20. **Normale Maße und Gewichte von Grobblechen des Blechwalzwerkes Schulz-Knandt, Essen.**

Bei einer Dicke von mm	Breite und Durchmesser bis zu mm	Fläche bis zu m²	Gewicht bis zu kg
5 bis unter 6	1600	6	500
6 „ „ 7	1700	7	600
7 „ „ 8	1800	8	700
8 „ „ 9	1900	9	800
9 „ „ 10	2000	10	900
10 „ „ 15	2200	12	1250
15 „ „ 25	2400	15	2500
25 und darüber	2700	20	3500

Die zulässigen Abweichungen an Dicke, Länge, Breite und Gewicht regelt DIN 1543. Fertig gepreßt sind Buckelplatten und Tonnenbleche zum Belegen der Brücken, Riffel-, Waffel- und Warzenbleche zu Abdeckungen, Treppen usw. erhältlich.

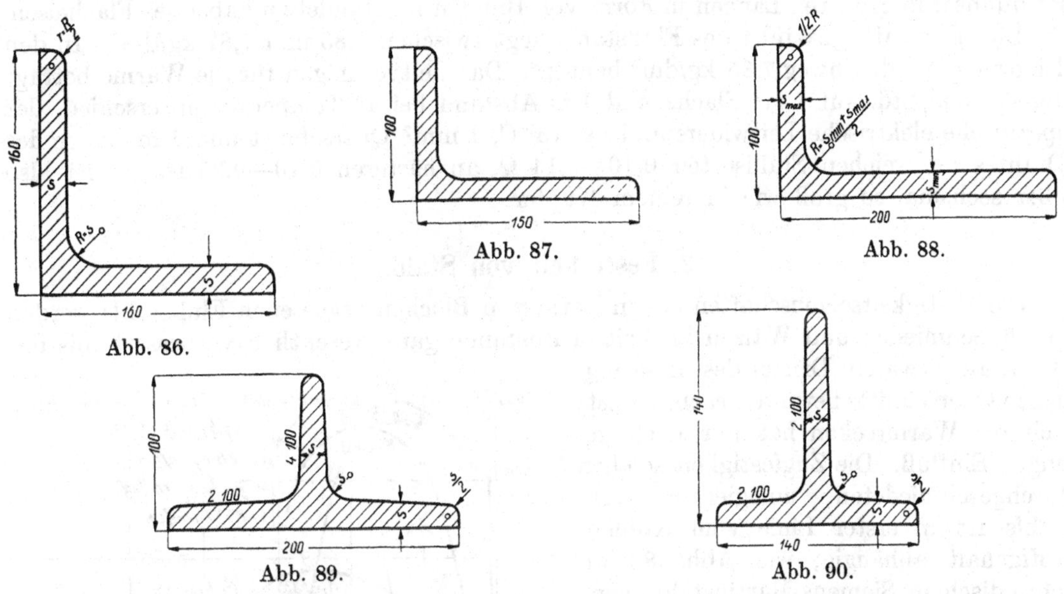

Abb. 86. Abb. 87. Abb. 88. Abb. 89. Abb. 90.

Abb. 86 bis 90. Beispiele normaler L- und T-Eisen.

Abb. 86.	Gleichschenkliges Winkeleisen mit	160 mm Schenkellänge u. 15 mm Dicke:	L 160·160·15,
Abb. 87.	Ungleichschenkliges „ „	150 u. 100 mm „ „ 12 mm „	L 150·100·12,
Abb. 88.	„ „ „	200 u. 100 mm „ „ 14 mm „	L 200·100·14,
Abb. 89.	⊥-Eisen mit 20 cm Fußbreite und 10 cm Höhe: ⊥ 20·10,		
Abb. 90.	⊥-Eisen „ 14 cm „ „ 14 cm „ ⊥ 14·14.		

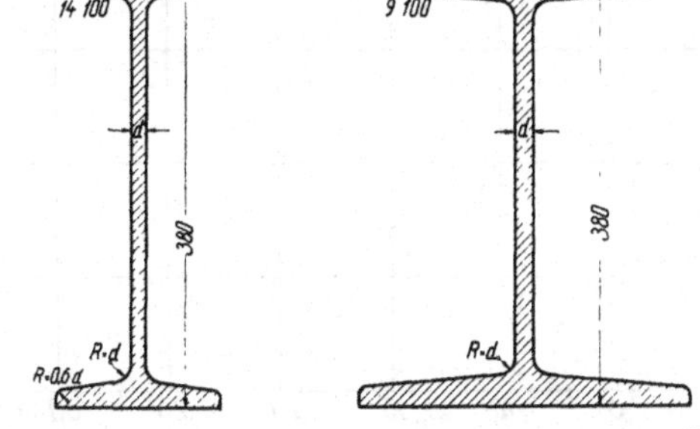

Abb. 91. Doppel-T-Eisen von 38 cm Höhe: I 38.

Abb. 92. Differdinger Breitflansch-Eisen von 38 cm Höhe: I D 38.

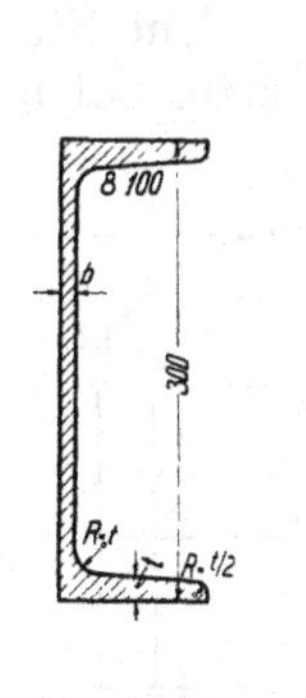

Abb. 93. U-Eisen von 30 cm Höhe: ⊏ 30.

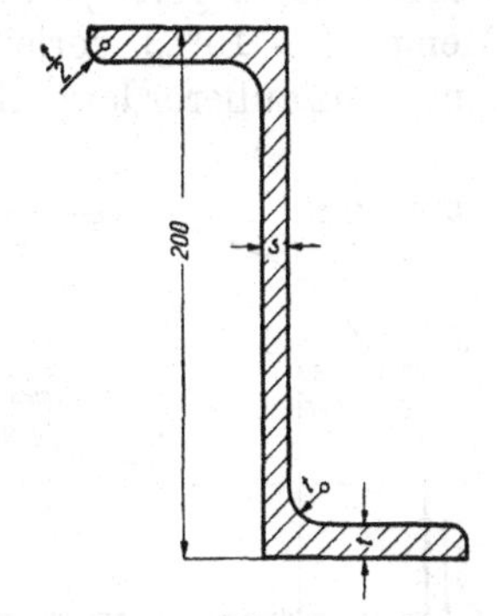

Abb. 94. Z-Eisen von 20 cm Höhe: Z 20.

Die für den Maschinenbau wichtigsten Querschnitte der Formeisen, der L, T, I, ⊏, Z, Belag- und Quadranteisen sind mit den vorschriftmäßigen Neigungen und Abrundungen, sowie den Bezeichnungen nach DIN 1350 in den Abb. 86—96 dargestellt. Ihre normalen Längen liegen zwischen 4 und 8 m, die größten betragen 12 bis 16 m, nur die I-Eisen werden mit 4—10 m gewöhnlicher, 14—20 m größter Länge geliefert.

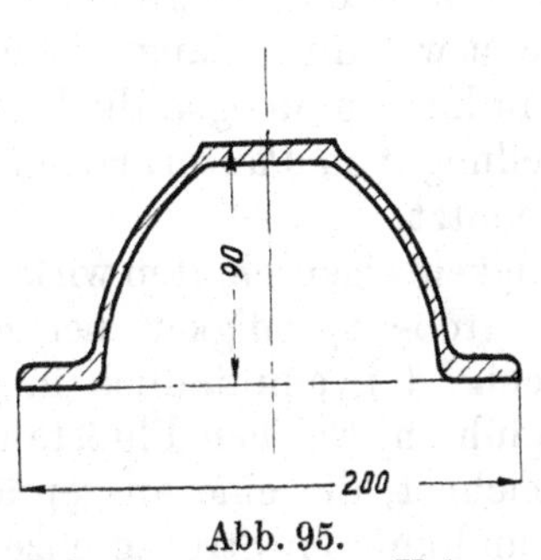

Abb. 95. Belageisen von 9 cm Höhe.

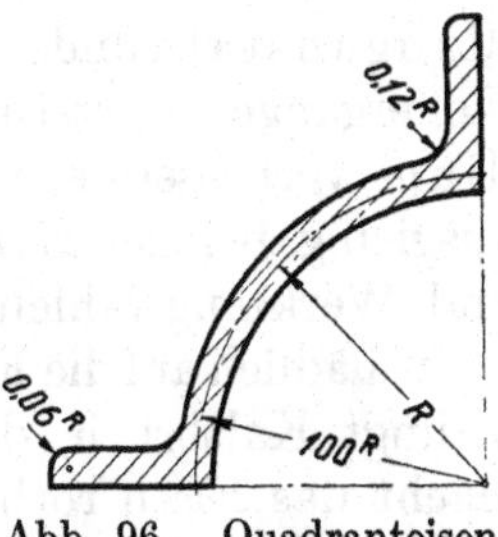

Abb. 96. Quadranteisen mit 100 mm Halbmesser der Wandmitte und 12 mm Dicke der Rundung, ⌒ 100 12.

Stabeisen kommt als Rund-, Sechs- und Achtkant-, Quadrat- und Flacheisen in den Handel. **Breiteisen** und **Universaleisen** sind auf dem Universalwalzwerk hergestellte Eisen rechteckigen Querschnitts von mehr als 180 mm Breite; **Bandeisen** ist dünnes, in größeren Längen in Form von Bunden im Handel zu habendes Flacheisen.

Das **Einheitsgewicht** des Flußstahls liegt zwischen 7,85 und 7,87 kg/dm³. In den Dinormen ist durchweg 7,85 kg/dm³ benutzt. Das Leitvermögen für die Wärme beträgt 40—50 kcal/Std. auf 1 m² Fläche und 1 m Abstand bei 1° Temperaturunterschied, der spezifische elektrische Leitwiderstand bei 15° C, 1 mm² Querschnitt und 1 m Länge des Drahtes an weichen Stahlsorten 0,10—0,14 Ω, an härteren 0,10—0,25 Ω. Er ist also über sechsmal so groß wie in reinem Kupfer.

2. Festigkeit von Stahl.

Die Festigkeitseigenschaften des in Form von Blöcken gegossenen Flußstahls werden durch Schmieden und Walzen im heißen Zustande ganz wesentlich verbessert, bis der Block auf etwa ein Drittel des ursprünglichen Querschnitts heruntergearbeitet ist; weiteres Warmrecken hat nur noch geringen Einfluß. Die Zugfestigkeit solchen durchgeschmiedeten, unlegierten Flußstahls ist in erster Linie vom Kohlenstoffgehalt abhängig, wie Abb. 83 an schwedischem Siemens-Martinstahl zeigt. Sie steigt von rund 3000 kg/cm² an reinem Eisen auf 10300 kg/cm², also auf das 3,4fache bei 0,9% Kohlenstoffgehalt. Mangan in kleineren Mengen erhöht die Festigkeit in geringem Maße; bei großer Menge (> 10%) verleiht es dem Stahl eine ganz außerordentliche Härte. Solcher

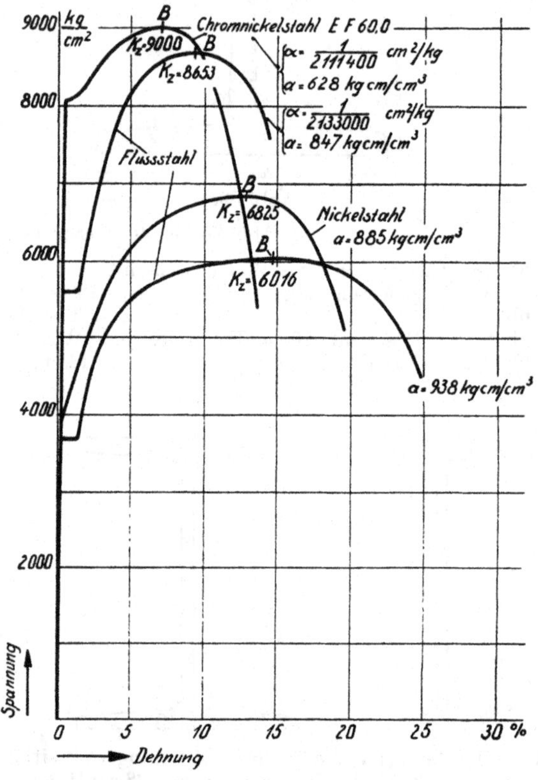

Abb. 98. Zugversuche an Flußstahl, ausgeglüht (nach Bach).

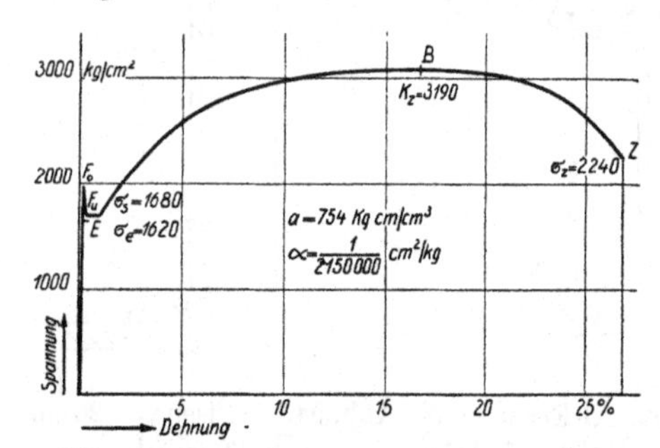

Abb. 97. Schaulinie eines Zugversuchs an weichem Flußstahl.

Manganstahl findet für Stücke, die sehr großer Abnutzung ausgesetzt sind, Steinbrecher, Kollergänge, Herzstücke usw. Anwendung. **Nickel**, **Chrom**, **Wolfram** und **Vanadium** verbessern schon in kleinen Mengen die Festigkeit und Härte erheblich und werden ausgiebig bei der Herstellung von Panzerplatten, legierten Stählen aller Art, Sonder- und Werkzeugstählen benutzt.

Schädlich auf die Festigkeitseigenschaften wirken **Phosphor** und **Schwefel**. Ersterer bedingt Kaltbruch, d. h. große Sprödigkeit bei gewöhnlichen Wärmegraden. Schwefel macht das Eisen rotbrüchig, d. i. empfindlich in glühendem Zustande.

Das Verhalten ausgeglühten, weichen Flußstahls bei einem Zugversuch ist durch die Linie, Abb. 97, gekennzeichnet, die eine ausgeprägte Fließgrenze, oft unter deutlicher Ausbildung einer oberen und unteren Streckgrenze F_o und F_u, zeigt und nach dem Überschreiten der Höchstlast infolge der Querschnittverminderung durch die Einschnürung wieder sinkt. Dehnung und Formänderungsarbeit sind groß. Die Streckgrenze liegt im ausgeglühten Zustande an weichen Sorten bei etwa 0,6 der Bruchfestigkeit, an harten bei 0,55 K_z, die Elastizitätsgrenze in beiden Fällen auf annähernd 0,5 K_z, während die Proportionalitätsgrenze häufig mit der Elastizitätsgrenze zusammenfällt. Die Abb. 98 gibt Schaulinien, die an härteren Stahlsorten gewonnen wurden, wieder. Aus ihnen geht hervor, daß im allgemeinen bei größerer Festigkeit die Dehnung abnimmt, die Elastizitäts-, Proportionalitäts- und Streckgrenzen aber höher liegen, und daß die zuletzt genannte häufig nicht mehr deutlich ausgeprägt ist.

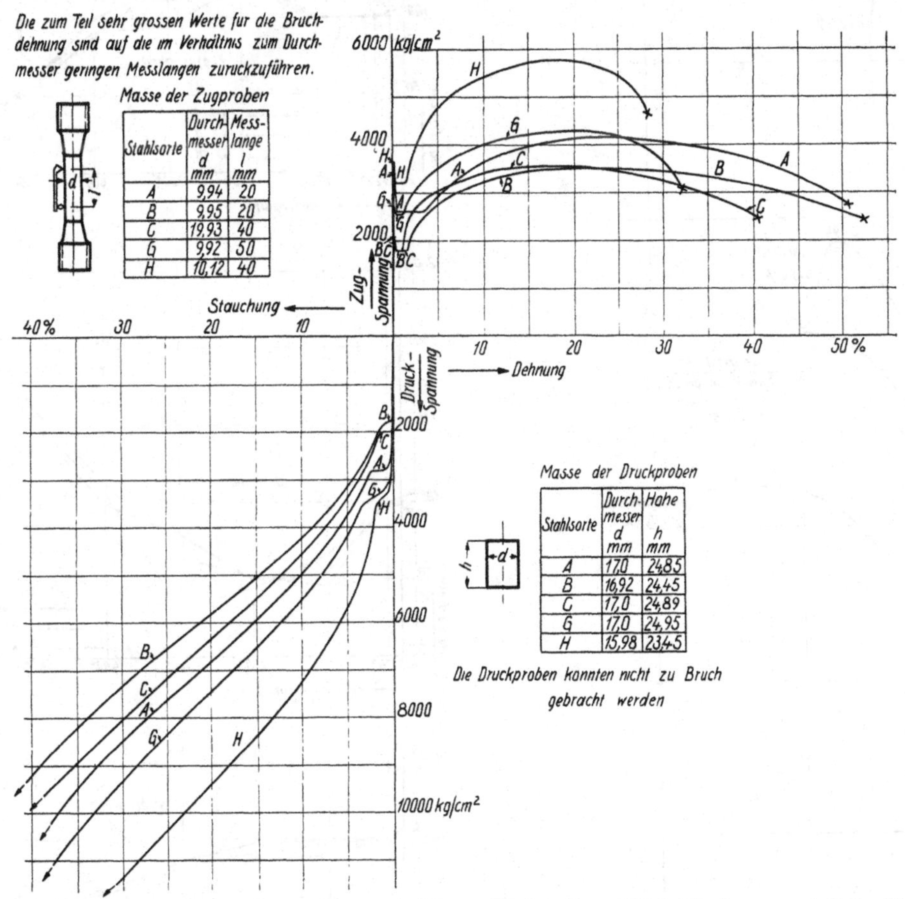

Abb. 99. Zug- und Druckversuche an 5 Sorten Flußstahl, geglüht (Verfasser und Scholl).

Abb. 99 stellt die an fünf geglühten Flußstahlsorten gewonnenen Zug- und Druckschaulinien dar derart, daß die Linien der Druckversuche im linken unteren Viertel die Fortsetzung der Zugversuche im rechten oberen bilden. Die Quetschgrenze liegt praktisch genügend genau auf gleicher Höhe, wie die untere Streckgrenze, ist aber weniger ausgeprägt. Der weitere Verlauf der im Gegensatz zu den Zugversuchlinien schwach S-förmigen Drucklinien zeigt, daß die zu starken Formänderungen nötigen Spannungen immer höher werden, weil der Querschnitt dauernd zunimmt. Die Druckproben konnten nicht zu Bruch gebracht werden.

Strecken im kalten Zustande durch Hämmern, Walzen oder Ziehen erhöht die Fließ-, Quetsch- und Bruchgrenzen, vermindert aber die Dehnung, wie schon auf Seite 69 ausführlich besprochen wurde.

Der Einfluß des Härtens und Anlassens ist in Abb. 99a dargestellt. Die Elastizitäts-, Fließ- und Bruchgrenzen sind wesentlich gehoben, die Dehnung ist dagegen vermindert worden. Der Stahl hat größere Sprödigkeit angenommen.

Auf Härten und darauf folgendes Anlassen ist auch das Vergüten des Stahles zurückzuführen.

Die Bruchfläche durchgeschmiedeten Flußstahls zeigt graue bis hellgraue Farbe und ein um so feinkörnigeres Gefüge, je mehr sich der Kohlenstoffgehalt 0,9% nähert und je stärker die vorangegangene Bearbeitung im warmen oder kalten Zustande war. Auch das Härten hat eine Verfeinerung des Gefüges zur Folge.

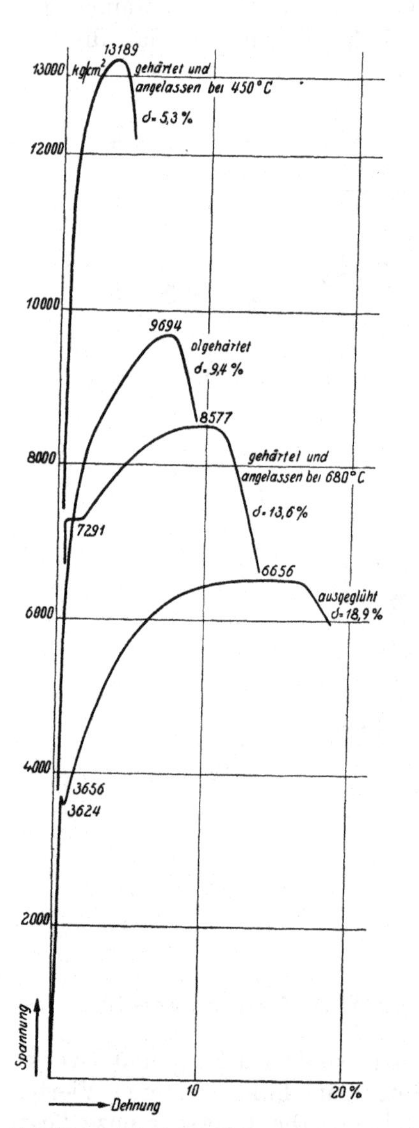

Abb. 99a. Einfluß des Härtens und Anlassens auf die Festigkeit von Siemens-Martin-Flußstahl (Bach).

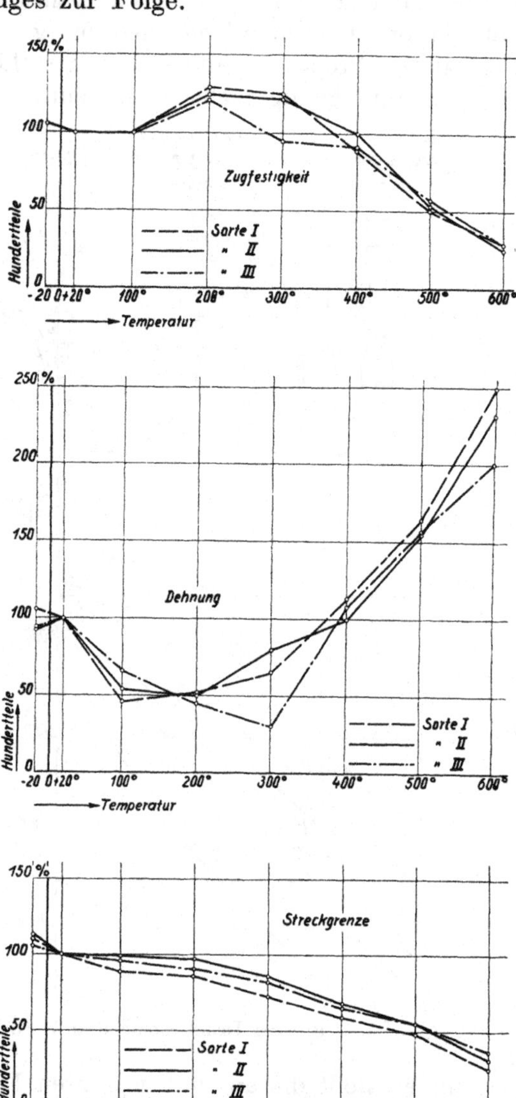

Abb. 100 bis 102. Einfluß der Temperatur auf die Festigkeitseigenschaften von Flußstahl (Martens).

Die Untersuchungen von Martens, Rudeloff, Bach u. a. über den Einfluß der Wärme haben übereinstimmend eine Steigerung der Zugfestigkeit bei 200—300° und in großer Kälte, andererseits aber eine starke Abnahme sowohl der Dehnung zwischen 100 und 200°, wie der Einschnürung bei 250—300° und bei Kälte festgestellt. Die Abb. 100—102 geben Versuche von Martens [II, 11] an drei verschiedenen Flußstahlsorten in Hundertteilen der folgenden, bei 20° ermittelten Grundwerte wieder.

Die Unregelmäßigkeiten im Verlaufe der Zugfestigkeitslinie der Sorte III dürfte auf vorzeitigen Bruch zurückzuführen sein, der bei den betreffenden Probestücken stets am

Sorte	Streckgrenze σ_s kg/cm²	Zugfestigkeit K_z kg/cm²	Bruchdehnung δ %	Einschnürung ψ %
I	2200	3840	30,4	56,8
II	2600	4370	28,9	48,7
III	2860	4700	28,6	61,5

äußersten Ende der Meßlänge erfolgte. Die Dauer der Versuchsdurchführung an Stahlstäben ist bei gewöhnlichen Wärmegraden von geringem Einfluß.

Das Verhalten gedrückter Körper aus Flußstahl bei höheren Wärmegraden hat Riedel [II, 12] eingehend untersucht und dabei nachgewiesen, daß der Kraftverlauf und die Formänderungen durch die von den Endflächen her sich ausbildenden Druckkegel und -pyramiden bedingt sind und daß infolgedessen die Form der Probekörper bedeutenden Einfluß hat. Durch Schlagversuche stellte Martens eine Zunahme der Widerstandsfähigkeit bei etwa 200°, bei höheren Wärmegraden aber eine Abnahme fest [II,13].

Biegeversuche an Flußeisen und -stahl zeigen zunächst Verhältnisgleichheit zwischen den Spannungen und Durchbiegungen, bis an der Biegegrenze die am stärksten beanspruchten Fasern nachgeben. Häufig ist aber noch eine sehr weitgehende Formänderung möglich, ohne daß der Stab bricht. Bei zähen Sorten lassen sich die Schenkel der Probe ohne Einreißen vollständig zusammenbiegen.

Die zulässige Beanspruchung auf Biegung stimmt mit derjenigen auf Zug und Druck überein, da eben an der Biegegrenze, an welcher die Widerstandsfähigkeit des Baustoffes, soweit sie für Maschinenteile in Frage kommt, erschöpft ist, die Streck- und Quetschgrenzen in den äußersten Fasern überschritten werden. Immerhin kann man in vielen Fällen ohne Gefahr etwas höhere Werte als bei Beanspruchungen auf Zug zulassen, da die äußersten Fasern, selbst wenn sie gelegentlich überbeansprucht und gedehnt worden sind, durch die benachbarten unterstützt werden.

Beim Schlagbiegeversuch ist Flußstahl bei etwa 300°, bei welchen eine blankgefeilte Stelle blau anläuft, besonders empfindlich (Blaubrüchigkeit).

Der Kerbschlagversuch läßt die Überlegenheit der Nickel- und Chromnickelstähle gegenüber stoßweisen Beanspruchungen erkennen, vgl. Abb. 183; verbrannter Stahl zeigt sehr geringe Kerbzähigkeit.

Tiefe Temperaturen verringern die Kerbzähigkeit gewöhnlichen Flußstahls beträchtlich und erklären die nicht seltenen Brüche durch stoßweise Beanspruchung im Winter. Bei Sonderstählen sind die Unterschiede geringer. Ehrensberger [II, 8] fand beispielweise an weichem Flußstahl:

bei +200° C 33,9 mkg/cm², bei +20° C 24,7 mkg/cm²,
„ −1° C 16,3 „ „ −20° C 4,2 „ Kerbzähigkeit;

Kaiser [II,14] an Thomasflußstahl von 4010 kg/cm² Zugfestigkeit und 26,8% Dehnung

bei gewöhnlicher Temperatur 14,8 mkg/cm²
„ −20° . . . . 1,7 „
„ −85° . . . . 1,3 „

Der Scherversuch führt nach der Formel $K_s = \frac{P}{F}$ zu Werten, die rund 0,8 der Zugfestigkeit betragen.

Aus Drehversuchen folgt nach Bach für weichen Flußstahl zwar etwas höhere Widerstandsfähigkeit — $K_d \approx 1{,}15\ K_z$ —; dagegen liegt die Fließgrenze und dementsprechend wahrscheinlich auch die Elastizitätsgrenze verhältnismäßig niedriger; bei weichen Sorten ist $\tau_s \approx 0{,}8\,\sigma_s$, bei harten $\tau_s \approx 0{,}5\,\sigma_s$.

Die Elastizitätsziffer ist sowohl bei Beanspruchung auf Zug als auch auf Druck oder Biegung gleich groß und liegt bei weichen Sorten zwischen $\alpha = \frac{1}{2\,100\,000}$ bis $\frac{1}{2\,150\,000}$ cm²/kg. Bei harten beträgt sie etwa $\frac{1}{2\,200\,000}$ cm²/kg und ist bei gehärtetem Stahl unabhängig von dem Grade der Härtung. Für die Schubzahl gilt $\beta = \frac{1}{830\,000}$ bzw. $\frac{1}{850\,000}$ cm²/kg.

3. Gütevorschriften und Anforderungen an Flußstahl.

a) Nach den Dinormen.

In den Dinormen sind bisher nur die unlegierten, für den Maschinenbau aber wichtigsten, weil am häufigsten benutzten Stahlsorten, genormt worden. In DIN 1600 wurde zunächst eine einheitliche Markenbezeichnung festgelegt, die sich aus Buchstaben und zwei Ziffergruppen zusammensetzt. Die Buchstaben dienen zur Unterscheidung der Hauptarten des technischen Eisens, indem St: Flußstahl, Stg: Stahlguß, Ge: Gußeisen, Te: Temperguß kennzeichnet. Die erste zweistellige Ziffergruppe gibt bei unlegiertem Stahl die Mindestzugfestigkeit in kg/mm² an. Bei Handelsgüte, bei der eine bestimmte Festigkeit nicht gewährleistet wird, lautet die erste Gruppe 00. Die zweite weist auf die Nummer des Dinormblattes hin, auf welchem der Stahl angegeben ist; man findet diese Nummer, wenn man vor die Zahlen der zweiten Gruppe 16 setzt. So kennzeichnet

St 34.13 (sprich: Stahl 34 — 13) einen Flußstahl von 34 kg/mm² Mindestzugfestigkeit nach DIN 1613, St 00.11 einen Flußstahl von Handelsgüte, ohne Angabe von mechanischen Eigenschaften, nach DIN 1611.

Bei legierten und Sonderstählen dient die erste Ziffergruppe zur näheren Bezeichnung der Art nach dem Kohlenstoffgehalt oder dem Legierungsbestandteil:

St C 35.61 ist ein Vergütungsstahl von 0,35% mittlerem Kohlenstoffgehalt nach DIN 1661.

Soll ausnahmsweise das Herstellverfahren angegeben werden, so geschieht das durch die folgenden, hinter die zweite Ziffergruppe zu setzenden Buchstaben:

B Th M T E
Bessemer-, Thomas-, Martin-, Tiegel-, Elektrostahl.

Bei Bestellungen wird vor die Markenbezeichnung die Benennung des Werkstoffes, dahinter die vollständige DIN-Nummer gesetzt: Nieteisen 22 ⌀ St 34.13 DIN 1613 ist Nieteisen nach DIN 1613 von 22 mm Durchmesser aus Flußstahl von 34 kg/mm² Mindestfestigkeit.

Rundeisen 30 ⌀ St 00.11 DIN 1611 ist Rundeisen nach DIN 1611 von 30 mm Durchmesser in Handelsgüte.

Vergütungsstahl St C 35.61 DIN 1661, ausgeglüht, ist ausgeglühter Vergütungsstahl nach DIN 1661 mit 0,35% mittlerem Kohlenstoffgehalt.

Einsatzstahl St C 16.61 E DIN 1661 ausgeglüht, ist ein im Elektroofen hergestellter Einsatzstahl nach DIN 1661 von 0,16% mittlerem Kohlenstoffgehalt.

Gütevorschriften sind bisher aufgestellt worden:
für geschmiedeten, unlegierten Stahl in DIN 1611,
für unlegierten Einsatz- und Vergütungsstahl in DIN 1661,
für Form-, Stab- und Breiteisen in DIN 1612,
für Schrauben- und Nieteisen in DIN 1613,
für Eisenblech in DIN 1620 und 1621.

Bei dem in der Regel im allgemeinen Maschinenbau verwandten geschmiedeten Stahl der DIN 1611 (Regelstahl) werden zwei Reinheitsgrade *A* und B unterschieden.

Im Falle *A* wird der Schwefel- und Phosphorgehalt zahlenmäßig nicht gewährleistet.

Im Falle *B* soll der Gehalt an Schwefel und Phosphor nicht mehr als je 0,06%, in Summe nicht mehr als 0,1% betragen. Hohe Ansprüche an Einsetz- und Vergütbarkeit können nicht gestellt werden.

Die Streckgrenze liegt durchschnittlich bei 0,55 K_z.

In Sonderfällen ist der Verwendungszweck anzugeben, z. B. Einsatzstahl, Feuerschweißstahl, Stahl für eine größere Turbinenscheibe.

Bei höheren Ansprüchen in bezug auf die Verbesserungen, die sich durch Einsetzen und Vergüten des Stahles erreichen lassen, wie sie an hoch beanspruchte Zapfen, Wellen, Steuerungsteile, Gleitstücke, Rollen, Zahnräder usw. gestellt werden, verwendet man die im folgenden angeführten Stahlsorten. Je geringer der Kohlenstoffgehalt des Einsatz-

Zusammenstellung 21. **Geschmiedeter Stahl, unlegiert (Regelstahl), nach DIN 1611** (vgl. auch DIN 1906), Auszug.

Marken-bezeichnung	Zugversuch nach DIN 1605: Zugfestigkeit K_z kg/mm²	Bruchdehnung mindestens am kurzen Normal- o. Proport.-Stab δ_5 %	Bruchdehnung mindestens am langen Normal- o. Proport.-Stab, δ_{10} %	Kohlenstoffgehalt[1]) %	Eigenschaften	Verwendungsgebiete und Anwendungsbeispiele
Reinheitsgrad *A*. Die mechanischen Eigenschaften gelten für den Anlieferungszustand des gut durchgeschmiedeten oder gut durchgewalzten Werkstoffes und in der Faserrichtung.						
St 00.11	—	—	—	—	Ohne Angabe von mechanischen Eigenschaften. Weder kalt- noch rotbrüchig.	Für untergeordnete Zwecke Geländerstangen usw.
St 37.11	37 bis 45	25	20	—	Übliche Güte des Thomas- und Siemens-Martinstahls. Läßt sich nicht immer gut schweißen.	Stab- und Formeisen, roh bleibende Teile mit mäßigen Beanspruchungen, Eisenbauteile.
Reinheitsgrad *B*. Die mechanischen Eigenschaften gelten in der Faserrichtung im ausgeglühten (normalisierten) Zustand, in dem der Stahl meist geliefert wird.						
St 34.11	34 bis 42	30	25	~0,12	Einsetzbar, feuerschweißbar.	Teile mit großer Zähigkeit, Schrauben, Schrumpfringe usw. Leicht bearbeitbar. Für einzusetzende Teile, wenn nicht sehr hohe Anforderungen gestellt werden.
St 42.11	42 bis 50	24	20	~0,25	Noch einsetzbar, wenn Kern bereits hart sein darf. Schwer feuerschweißbar.	Treibstangen, Kurbeln, mäßig beanspruchte Wellen und Achsen, Preßstücke, gering beanspruchte Stirnräder.
St 50.11	50 bis 60	22	18	~0,35	Nicht für Einsatzhärtung bestimmt. Kaum feuerschweißbar. Wenig härtbar.	Höher beanspruchte Triebwerkteile, Wellen, gekröpfte Wellen, Kolben- und Schieberstangen, Bolzen, mäßig beanspruchte Zahnräder.
St 60.11	60 bis 70	17	14	~0,45	Härtbar, vergütbar	Hoch beanspruchte Triebwerkteile, Teile mit hohem Flächendruck, Paßstifte, Keile, Ritzel, Schnecken, Preßspindeln usw. Bearbeitung teuer.
St 70.11	70 bis 85	12	10	~0,60	Hoch härtbar, vergütbar	Naturharte Teile: ungehärtete Steuerteile, harte Walzen, Gesenke, Ziehringe, Preßdorne. Für höchst und nicht wechselnd beanspruchte Teile. Bearbeitung teuer.

[1]) Für die Abnahme nicht bindend.

stahls ist, um so höhere Dehnung behält der Kern nach dem Abschrecken, um so höher ist aber im allgemeinen auch der Preis. Teile von mehr als 40 mm Stärke lassen sich wegen der großen Gefügeumwandlungsgeschwindigkeiten nicht mehr bis in den Kern durchhärten und daher auch nicht gleichmäßig durchvergüten. Bei dickeren Stücken sind hohe Vergütungswerte nur mit legierten Stählen mit geringen Umwandlungsgeschwindigkeiten zu erreichen.

Zusammenstellung 22. **Geschmiedeter Stahl, unlegiert, Einsatz- und Vergütungsstahl nach DIN 1661** (vergl. auch DIN 1606). (Auszug).

Reinheitsgrad: Schwefel- und Phosphorgehalt nicht größer als je 0,04%, zusammen jedoch nicht größer als 0,07%. Die mechanischen Eigenschaften gelten in der Faserrichtung.

Einsatzstahl.

Nach dem Einsetzen hat der Werkstoff höhere Festigkeit, auch im Kern.

Markenbezeichnung	Zustand	Zugversuch nach DIN 1605				Kohlenstoffgehalt	Mangangehalt höchstens	Siliziumgehalt höchstens
		Zugfestigkeit K_z	Bruchdehnung, mindestens		Streckgrenze mindestens σ_s			
			am kurzen Normal- o. Proport.-Stab δ_5	am langen Normal- o. Proport.-Stab δ_{10}				
		kg/mm²	%	%	kg/mm²	%	%	%
St C 10.61	ausgeglüht	i. M. 38	30	25	21	0,06 bis 0,13	0,5	0,35
St C 16.61	„	i. M. 42	28	23	23	0,13 bis 0,20	0,4	0,35

Vergütungsstahl.

Die im folgenden unter „vergütet" aufgeführten Werte der mechanischen Eigenschaften liefern einen Maßstab für die Vergütungsfähigkeit des Stahles. Sie werden durch Abschrecken aus 30 bis 50° C oberhalb des oberen Umwandlungspunktes mit darauffolgendem Anlassen auf 600° C erreicht. Gewöhnlich wird weniger hoch angelassen; die Werte der Streckgrenze und Zugfestigkeit liegen dann höher, vgl. z. B. Abb. 85.

Markenbezeichnung	Zustand	Zugfestigkeit K_z kg/mm²	δ_5 %	δ_{10} %	Streckgrenze σ_s kg/mm²	Kohlenstoffgehalt %	Mangangehalt höchstens %	Siliziumgehalt höchstens %
St C 25.61	ausgeglüht	42 bis 50	27	22	24	~ 0,25		
	vergütet	47 bis 55	24	20	28			
St C 35.61	ausgeglüht	50 bis 60	23	19	28	~ 0,35		
	vergütet	55 bis 65	22	18	33			
St C 45.61	ausgeglüht	60 bis 70	19	16	34	~ 0,45	0,8	0,35
	vergütet	65 bis 75	18	15	39			
St C 60.61	ausgeglüht	70 bis 85	15	13	40	~ 0,60		
	vergütet	75 bis 90	14	12	45			

Unter „Ausglühen" (Normalisieren) ist ein gleichmäßiges Erhitzen auf eine Temperatur dicht oberhalb des oberen Umwandlungspunkts, Abb. 84, mit darauffolgendem Erkalten in ruhiger Luft zu verstehen.

Zusammenstellung 23. **Anforderungen an Form- Stab-, und Breiteisen nach DIN 1612.** (Auszug.)

Markenbezeichnung	Güte	Zugversuch nach DIN 1605							Faltversuch nach DIN 1605	Bemerkungen
		Zugfestigkeit K_z	Bruchdehnung mindestens % am Kurzstab δ_k			am Langstab δ_l			Lichte Weite der Schleife bei 180° Biegewinkel, bezogen auf Probendicke a	
			Probendicke mm							
		kg/mm²	30[1]) bis 8	unter 8 bis 7	unter 7 bis 5	30[2]) bis 8	unter 8 bis 7	unter 7 bis 5		
St 37.12	Normalgüte	37 bis 45	25	22	18	20	18	15	0,5a	
St 34.12	Sondergüte	34 bis 42	30	26	22	25	22	18	Die Probe muß sich, ohne Anrisse auf der Zugseite zu zeigen, kalt zusammenschlagen lassen, bis die Schenkel flach aneinanderliegen.	Gut feuerschweißbar
St 42.12	Sondergüte	42 bis 50	24	22	18	20	18	15	2a	
St 44.12	Sondergüte	44 bis 52	24	22	18	20	18	15	3a	
St 00.12	Handelsgüte	Der Stahl darf weder kalt- noch rotbrüchig sein, d. h. die Proben müssen sich im kalten und warmen Zustande bis zum rechten Winkel biegen lassen bei einer Ausrundung, deren Halbmesser gleich der doppelten Probendicke ist.								

[1]) Die in dieser Spalte angegebenen Werte gelten allgemein auch für δ_5 am kurzen Proportionalstab nach DIN 1605. Bei dem im Auslande zum Teil üblichen kleineren Meßlängenverhältnis werden die Dehnungswerte entsprechend höher.

[2]) Die in dieser Spalte angegebenen Werte gelten allgemein auch für δ_{10} am langen Proportionalstab nach DIN 1605.

Für den Werkstoff zu Kupplungsteilen an Eisenbahnfahrzeugen werden die Eigenschaften des *St* 44.12, jedoch 45—52 kg/mm² Zugfestigkeit verlangt.

Form-, Stab- und Breiteisen werden im allgemeinen a) in Handelsgüte, ohne Gewähr für bestimmte mechanische Eigenschaften und b) in Normalgüte auf Lager gehalten. Außerdem sind in der DIN 1612 noch drei Sondergüten mit den in der Zusammenstellung 23 angegebenen Festigkeitszahlen aufgestellt worden.

Die Anforderungen an Schrauben- und Nieteisen sind durch DIN 1613 geregelt.

Zusammenstellung 24. **Anforderungen an Schrauben- und Nieteisen nach DIN 1613.** (Auszug).

Markenbezeichnung	Güte	Zugversuch nach DIN 1605							Faltversuch nach DIN 1605	Bemerkungen
		Zugfestigkeit K_z kg/mm²	Bruchdehnung mindestens % am Kurzstab δ_k			am Langstab δ_l			Lichte Weite der Schleife bei 180° Biegewinkel, bezogen auf Probendicke *a*	
			Probendicke mm							
			8 und mehr[1]	unter 8 bis 7	unter 7 bis 5	8 und mehr[2]	unter 8 bis 7	unter 7 bis 5		
St 38.13	Schraubeneisen	38 bis 45	25	22	18	20	18	15	0,5 *a*	—
St 34.13	Nieteisen, auch Sondergüte weiches Schraubeneisen	34 bis 42	30	26	22	25	22	18	Die Prob. muß sich, ohne Anrisse auf der Zugseite zu zeigen, kalt zusammenschlagen lassen, bis die Schenkel flach aneinanderliegen.	Stauchversuch. Ein Stück Nieteisen, dessen Länge gleich dem doppelten Durchmesser ist, soll sich im warmen, der Verwendung entsprechenden Zustande bis auf 1/3 seiner Länge zusammenstauchen lassen, ohne Risse zu zeigen.

[1]) und [2]) siehe auf S. 82.

Über die Durchführung der Prüfung und der Abnahme, sowie über die zulässigen Abweichungen in bezug auf Maß und Gewicht vergleiche die Normblätter DIN 1612/13.

Die Bleche teilt man der Güte nach entsprechend DIN 1620/21 ein in:

A. Gewöhnliche Bleche, sogenannte Handelsware, wie sie z. B. für einfache Behälter in Frage kommen. Gütezahlen werden nicht gewährleistet. (*St* 00.21.)

B. Baubleche I und II. Von ihnen werden nach DIN 1621 die folgenden Werkstoffeigenschaften verlangt:

Markenbezeichnung	Benennung	Zugversuch nach DIN 1605			Faltversuch nach DIN 1605
		Zugfestigkeit K_z kg/mm²	Bruchdehnung am Langstab δ_l mindestens %		Lichte Weite der Schleife bei 180° Biegewinkel, bezogen auf Probendicke *a*, ohne daß auf der Zugseite Risse entstehen
			Blechdicke mm		
			5 bis 10	über 10	
St 37.21	Baubleche I	37[1]) bis 45	18	20	2*a*
St 42.21	Baubleche II	42 bis 50	16	20	2*a*

[1]) Für die Querrichtung ist 36 zugelassen.

C. Schiffsbleche.

D. Kesselbleche, für welche die anschließend erwähnten allgemeinen polizeilichen Bestimmungen über die Anlegung von Land- und Schiffsdampfkessel gelten.

E. Sonderbleche mit abweichenden Bedingungen.

Über die äußere Beschaffenheit, Prüfungen und Abnahme der Bleche, über Maß- und Gewichtsabweichungen siehe DIN 1620/21, 1542/43.

b) Die allgemeinen polizeilichen Bestimmungen über die Anlegung von Landdampfkesseln,

sowie diejenigen über Schiffsdampfkessel von 1908 mit Abänderungen vom 2. 3. 1912, vom 14. 12. 1913 und 15. 8. 1914 (neue Bestimmungen sind z. Z. in Bearbeitung) verlangen vom Nieteisen:

1. Zugfestigkeit $K_z = 3400—4100$ kg/cm², bei einer Dehnung von mindestens $\delta = 25\%$ und einer Gütezahl von mindestens $\frac{K_z}{100} + \delta = 62$. Soweit Bleche von höherer Zugfestigkeit als 4100 kg/cm² verwendet werden, darf das Nietmaterial entsprechend bis zu 4700 kg/cm² Zugfestigkeit haben, wenn die Dehnung mindestens die gleiche wie in der folgenden Zahlentafel für Bleche ist. Für solches Nieteisen sind Prüfungsbescheinigungen beizubringen.

2. Im kalten Zustande soll das Nieteisen, ohne Risse zu zeigen, so gebogen werden können, daß der Abstand der parallel zusammengebogenen Schenkel voneinander nicht mehr als ein Fünftel des Nietdurchmessers beträgt.

3. Im warmen Zustande muß sich ein Stück Nieteisen, dessen Länge doppelt so groß ist als der Durchmesser, auf ein Drittel bis ein Viertel der Länge niederstauchen und dann lochen lassen, ohne aufzureißen.

4. Nach dem Härten soll sich das Nieteisen um einen Dorn, dessen Durchmesser gleich der zweifachen Dicke des Nieteisens ist, bis zu 180° biegen lassen.

An den Nieten selbst muß sich α) im warmen Zustande ein Nietschaft, dessen Länge doppelt so groß wie der Durchmesser ist, auf ein Drittel bis ein Viertel der Länge niederstauchen und dann lochen lassen, ohne aufzureißen.

β) Nach dem Härten soll sich ein Stück Nietschaft, dessen Länge doppelt so groß ist wie der Durchmesser, um zwei Fünftel seiner Länge zusammenstauchen lassen, ohne daß die Oberfläche reißt. Für Anker- und Stehbolzen gelten dieselben Bedingungen, wie für Nieteisen unter 1) erster Absatz und 4). Ausnahmsweise ist Baustoff bis 4700 kg/cm² Festigkeit zugelassen, wenn die Dehnung mindestens die gleiche wie in der Zahlentafel für Bleche ist.

An Kesselblechen darf

1. der verwandte Flußstahl keine geringere Zugfestigkeit als 3400 und in der Regel keine höhere als 5100 kg/cm² haben. In bezug auf die Mindestdehnung ist folgende Zahlentafel maßgebend:

Festigkeit kg/cm²	5100—4600	4500	4400	4300	4200	4100—3700	3600	3500	3400
Geringste Dehnung % . .	20	21	22	23	24	25	26	27	28

Bis auf weiteres kommen drei Blechsorten zur Anwendung, und zwar:

Blechsorte I mit 3400—4100 kg/cm² (Berechnungsfestigkeit 3600 kg/cm²),
Blechsorte II mit 4000—4700 kg/cm² (Berechnungsfestigkeit 4000 kg/cm²),
Blechsorte III mit 4400—5100 kg/cm² (Berechnungsfestigkeit 4400 kg/cm²).

2. Für diejenigen Teile des Kessels, welche gebördelt werden, oder im ersten Feuerzug liegen, dürfen nur Bleche der Sorte I verwendet werden.

3. Für Teile, die nicht gebördelt werden oder nicht im ersten Feuerzuge liegen, können Bleche der II. und III. Sorte genommen werden.

4. Der Unterschied zwischen der Mindest- und Höchstfestigkeit darf bei einem einzigen Bleche sowie bei Blechen gleicher Art einer und derselben Lieferung bei Längen

bis 5 m höchstens 600 kg/cm²,
über 5 m höchstens 700 kg/cm²

betragen. Die Mindest- und Höchstfestigkeiten müssen aber innerhalb der festgesetzten Grenzen liegen.

5. Beim Hartbiegeversuch muß sich der Probestreifen bei Blechen mit einer Festigkeit bis zu 4100 kg/cm² einschließlich, in Längs- und Querfasern flach, von 4100 bis 4700 kg/cm² um einen Dorn mit einem Durchmesser von der zweifachen Blechdicke,

über 4700 kg/cm² um einen solchen von der dreifachen Blechdicke um 180° zusammenbiegen lassen.

Die Bestimmungen für Schiffsdampfkessel lassen in besonderen Fällen für Teile, welche gebördelt werden, oder im ersten Feuerzuge liegen, Bleche der Sorte II und ausnahmsweise für gebördelte Bleche, die nicht von den Heizgasen bestrichen werden, solche der Sorte III zu.

c) Normalbedingungen für die Lieferung von Eisenbauwerken.

Für Eisenbauwerke ist durch die DIN 1000, aufgestellt vom Verband Deutscher Architekten- und Ingenieurvereine, Verein Deutscher Ingenieure, Verein Deutscher Eisenhüttenleute und vom Deutschen Eisenbauverband, eine einheitliche Vorschrift geschaffen worden. Hervorgehoben seien die folgenden Punkte: die Bestimmungen gelten für Eisen von 4—28 mm Dicke; für andere Stärken sind besondere Vereinbarungen zu treffen. Das Flußeisen soll glatt gewalzt sein und keine Schiefer, Blasen oder Kantenrisse aufweisen. Die Proben sind kalt abzutrennen und möglichst unter Erhaltung der Walzhaut kalt zu bearbeiten; dabei ist die schädigende Wirkung etwaiger Scherenschnitte, des Auslochens oder Aushauens sorgfältig zu beseitigen. Ausglühen ist, wenn das Gebrauchsstück nicht ebenfalls ausgeglüht wird, zu unterlassen. Querproben werden nur an solchem Eisen gemacht, das auch quer beansprucht wird.

1. Zerreißproben.

Sie sollen in der Regel eine Meßlänge von 200 mm bei 3,0—5,0 cm² Querschnitt haben. Bei geringerem Querschnitt F_0 ist die Meßlänge l nach der Formel $l = 11{,}3 \cdot \sqrt{F_0}$ zu bestimmen. Über die Meßlänge hinaus müssen die Probestäbe nach beiden Seiten noch auf je 10 mm Länge den gleichen Querschnitt haben.

Zusammenstellung 25. **Anforderungen an weichen Flußstahl nach den Normalbedingungen für die Lieferung von Eisenbauwerken, DIN 1000.**

Art des Baustoffes		Grenzwerte der Zugfestigkeit in kg/cm²	Kleinste Dehnung in % der Meßlänge
von 7 bis 28 mm Dicke	Längsrichtung	3700—4400	20
	Querrichtung	3600—4500	17
von 4 bis unter 7 mm Dicke	Längsrichtung	3700—4600	18
	Querrichtung	3600—4700	15
für Nieteisen		3500—4200	24
für Schraubeneisen		3800—4500	20

2. Sonstige Proben.

a) An Flacheisen, Formeisen und Blechen.

α) **Biegeproben.** Zu ihnen sind Streifen von 30—50 mm Breite oder Rundeisenstäbe von einer der Verwendung entsprechenden Dicke zu benutzen, vorausgesetzt, daß diese Dicke nicht größer als 28 mm ist. Die Kanten der Streifen sind abzurunden.

I. Kaltbiegeprobe. Die Stücke sollen bei Zimmerwärme gebogen eine Schleife bilden, deren lichter Durchmesser bei Längsstreifen gleich der halben Dicke, bei Querstreifen gleich der Dicke des Versuchsstückes ist.

II. Härtebiegeprobe. Die Stücke sind hellrotwarm (700 bis 750° C) zu machen, in Wasser von etwa 28° C abzuschrecken und dann so zusammenzubiegen, daß sie eine Schleife bilden, deren lichter Durchmesser bei Längsstreifen gleich der einfachen, bei Querstreifen gleich der doppelten Dicke des Versuchsstückes ist.

Weder bei der Kalt- noch bei der Härtebiegeprobe dürfen an den Längsstreifen Risse entstehen; an Querstreifen sind unwesentliche Oberflächenrisse zulässig.

β) **Rotbruchprobe.** Ein im rotwarmen Zustande auf 6 mm Dicke und etwa 40 mm

Zusammenstellung 26. **Festigkeitseigenschaften des Flußstahls großer Wellen, Krupp, Essen.**

	Werkstoff	Festigkeit K_z kg/cm²	Bruchdehnung δ %	Proben- durchmesser mm	Proben- länge mm	Hauptabmessungen der Wellen: Durchmesser mm	Kurbelhalbmess. mm	Gesamtlänge mm	Gewicht kg
Wellenleitung für den Schnelldampfer Kaiser Wilhelm II. 1 sechsfache Kurbelwelle, aus 6 zusammengebauten, gekuppelten Kurbelwellenstücken bestehend . . .	Nickelstahl	6050	21	25 (für die ersten vier Zeilen gemeinsam)	200 (für die ersten vier Zeilen gemeinsam)	$\frac{635}{255}$	900	21950	114000
1 Druckwelle	„	5560	21,5			976, $\frac{641}{255}$	—	5906	18170
5 Laufwellen	Martinstahl	5450	24			$\frac{604}{255}$	—	6274	66870
1 Schraubenwelle	Tiegelstahl	5210	22			$\frac{651}{260}$	—	12550	27160
Vierfache Kurbelwelle, aus 4 zusammengebauten Kurbelwellenteilen für den Schnelldampfer Deutschland	Nickelstahl	6350	22,3	20	200	$\frac{640}{255}$	925	18070	101500
Kurbelwelle für eine Gasgebläsemaschine	Martinstahl	5300	25,3	12	120	$\frac{550}{140}$	760	11610	55090
Dreifache Kurbelwelle für eine Drillings-Walzenzug-Maschine	„	4800	24	20	200	525	650	7680	22250
Kurbelwelle mit 2 aufgezogenen Stahlgußkurbeln für eine Fördermaschine	„	5480	22,5	12	120	760, 600	1000	7660	34700
Dreifache Kurbelwelle } für eine Maschine in einer elektrischen Zentrale	„	4990	29,6	20	200	450, 630	650	8950	46000 (für beide Zeilen gemeinsam)
Dynamowelle } für eine Maschine in einer elektrischen Zentrale	„	5200	25	20	200	550, 800	—	6295	
Blindwelle für eine elektrische Lokomotive	5% Nickelstahl	6100	23,2	25	200	$\frac{250}{60}$	300	2260	1326

Breite abgeschmiedeter Probestreifen soll mit einem sich verjüngenden Lochstempel, der 80 mm lang ist und 20 mm Durchmesser am dünnen, 30 mm am dicken Ende hat, im rotwarmen Zustande in der Mitte gelocht werden. Das Loch von 20 mm Durchmesser soll dann auf 30 mm erweitert werden, ohne daß hierbei ein Einriß im Probestreifen entstehen darf.

b) An Blechen von weniger als 5 mm Stärke, Riffel- und Warzenblechen.

Diese Bleche sind nur der Kaltbiegeprobe zu unterziehen.

c) An Nieteisen.

α) **Biegeprobe.** Rundeisenstäbe sind hellrotwarm (700 bis 750° C) in Wasser von etwa 28° C abzuschrecken und dann so zusammenzubiegen, daß sie eine Schleife bilden, deren Durchmesser an der Biegestelle gleich der halben Dicke der Probe ist. Hierbei dürfen keine Risse entstehen.

β) **Stauchprobe.** Ein Stück Nieteisen, dessen Länge gleich dem doppelten Durchmesser ist, soll sich im warmen, der Verwendung entsprechenden Zustande bis auf ein Drittel seiner Länge zusammenstauchen lassen, ohne Risse zu zeigen.

d) An Schraubenesen.

Rundeisenstäbe sind hellrotwarm (700 bis 750° C) in Wasser von etwa 28° C abzuschrecken und dann so zusammenzubiegen, daß sie eine Schleife bilden, deren Durchmesser an der Biegestelle gleich der Probendicke ist. Hierbei dürfen keine Risse entstehen.

3. Gewalzter oder geschmiedeter Stahl.

Der Stahl muß gleichmäßig und frei von Schlacken, Rissen, Blasen und sonstigen Fehlern sein.

Die Probestücke sind den ausgewalzten, bzw. geschmiedeten, mit entsprechenden Zugaben hergestellten Teilen zu entnehmen und dürfen erst nach der Abstempelung abgetrennt werden. Bei Schmiedestücken soll der Querschnitt, aus dem die Proben herausgearbeitet werden, nicht geringer als der Kleinstquerschnitt der zu prüfenden Stücke sein, damit Änderungen der Werkstoffeigenschaften infolge weiteren Reckens vermieden werden.

Zerreißproben sollen eine Festigkeit von 5000 bis 6000 kg/cm^2 bei einer Dehnung von mindestens $18^0/_0$ ergeben.

d) Eisenbahnachsen.

Nach den Vorschriften des Vereins Deutscher Eisenhüttenleute haben Zugstäbe von 20 mm Durchmesser und 200 mm Meßlänge mindestens 5000 kg/cm^2 Zugfestigkeit aufzuweisen. Beim Schlagversuch unter einem Fallwerk haben Achsen die folgenden Bedingungen zu erfüllen: Bei 1,5 m Stützenentfernung und Schlägen von 3000 kgcm Arbeitsinhalt soll eine rohgeschmiedete Achse von 130 mm Durchmesser eine Durchbiegung von 200 mm ohne Rißbildung oder Bruch aushalten, gemessen gegenüber der Verbindungslinie zweier, ursprünglich 1,5 m voneinander entfernter Körner. Bei Achsen von anderem Durchmesser steht die Mindestdurchbiegung im umgekehrten Verhältnis zum Durchmesser. Flußstahl für Lokomotivradreifen muß wenigstens 6000 kg/cm^2, für Wagen- und Tenderreifen 5000 kg/cm^2 Festigkeit haben.

e) Anforderungen an Flußstahl für große Wellen.

Einige Beispiele für die Eigenschaften der Stahlarten, die Krupp für große Wellen verwendet, gibt die Zusammenstellung 26.

Für die Kurbelwellen von Kraftomnibussen verwendet die Daimler-Gesellschaft in Coventry nach Stahl und Eisen 1913, S. 1909: Nickelstahl von 5740 bis 6580 kg/cm^2 an der Fließgrenze und 8540 bis 9310 kg/cm^2 Bruchfestigkeit bei 16 bis $18^0/_0$ Dehnung oder Chromvanadiumstahl von 5740 bis 6580 kg/cm^2 an der Fließgrenze und 7750 bis 8540 kg/cm^2 Bruchfestigkeit bei 17 bis $18^0/_0$ Dehnung.

Die Wellen werden in Öl gehärtet und angelassen (vergütet).

f) Anforderungen an Draht.

Die Anforderungen an Draht sind entsprechend den Verwendungszwecken außerordentlich verschieden, so daß keine einheitlichen Bestimmungen bestehen.

Der Verein Deutscher Eisenhüttenleute verlangt für verzinkten, geglühten Telegraphendraht aus weichem Flußstahl eine Zugfestigkeit von mindestens 4000 kg/cm^2. Der Draht wird ferner dem Biege- und Verwindeversuch unterworfen, und zwar soll

Draht von	6	5	4	3	2,5	2	1,7	mm Durchmesser
beim Biegeversuch	6	7	8	8	10	14	16	Biegungen,
wenn die Spannbacken einen Abrundungshalbmesser von		10			5			mm haben
und beim Verwindeversuch bei einer freien Länge von 15 cm	16	19	23	28	30	32	38	Windungen aushalten.

An verzinktem Fernsprechdraht aus hartem Flußstahl wird eine Zugfestigkeit von 13000 bis 14000 kg/cm^2, eine Dehnung, gemessen an einer Länge von 500 mm, von $5^0/_0$, bei Drähten unter 2 mm Durchmesser von $4^0/_0$ gefordert. Für den Biegeversuch über Backen von 5 mm Halbmesser sind

bei	2,5	2,2	2	1,8	1,6	mm Durchmesser
	4	6	7	8	10	Biegungen vorgeschrieben.

Zusammenstellung 27. **Sonderstähle.**

Art			Hersteller	Streckgrenze σ_s kg/cm²	Zugfestigkeit K_z kg/cm²	Dehnung δ %	Einschnürung ψ %	Kerbzähigkeit mkg/cm²	Anwendungsgebiete und Bemerkungen
Tiegelstahl		weich	Krupp	2500	4500	22		16	Für Teile, die höheren Beanspruchungen ausgesetzt sind und sehr betriebssicher sein müssen oder die sehr reinen Baustoff erfordern.
		mittelhart	„	3000	5500	20		12	
		hart	„	3500	6500	18		8	
		sehr hart	„	4000	7500	14		4	
		naturhart	„	5000	9000	8		—	Für Teile, die starkem Verschleiß unterworfen sind, und in gehärtetem Stahl nicht ausgeführt werden können.
Nickelstahl ..	weich	*E* 112 *O*	„	3000	4500	22		30	Auch zur Einsatzhärtung geeignet.
		E 120 *O*	„	3500	5000	20		über 40	
	mittelhart	*E* 312 *O*	„	3800	5500	18		20	Schwere Schiffs- und Maschinenwellen, Lokomotivkurbelwellen usw.
		E 220 *O*	„	4200	5500	18		30	
		E 320 *O*	„	4500	6000	18		25	
Chromnickelstahl		*EF* 28 *O*	„	4500	6000	18		25	Schmiedestücke geringerer Abmessungen, bis etwa 100 mm Dicke.
		EF 40 *O*	„	4500	5500	18		25	Lokomotivkurbelwellen u. dgl. (Schmiedestücke größ. Abmessung.)
		EF 55 *O*	„	7000	8000	14		16	Kraftwagenachsen für große Leistungen u. Geschwindigkeiten (Schmiedestücke größ. Abmessung.)
		EF 60 *O*	„	6500	7500	16		25	
Stahl für Einsatzhärtung weich geglüht	*A* 20 *O* (Kohlenstoffstahl)		„	1800	3500	25			Für mäßige Beanspruchung.
	A 40 *O* „		„	2000	4000	22			Für mäßige Beanspruchung.
	E 112 *O* (Nickelstahl)		„	2800	4500	22			Für hohe Beanspruchung, wenn Wert auf besondere Zähigkeit des Kerns gelegt wird. (Hinterachsen, Vorderachsensch., Wechselräder im Kraftwagenbau.)
	E 120 *O* „		„	3000	5000	22			
	EF 35 *O* Chromnickelstahl		„	3000	4500	20			Für sehr hohe Beanspruchungen (Zahnräder im Kraftw.-Bau.)
	EF 58 *O* „		„	4000	6000	20			Für sehr hohe Beanspruchungen
Nickelstahl *NWW* ...		ungehärtet	Bismarckhütte	~ 4000	5000— 6000	24—18	60—50		Für Teile, die durch starke Stöße oder auf Verschleiß beansprucht sind (Zahnräder, Nocken, Rollen), ferner für hoch beanspruchte Wellen, Spindeln und Zapfen, die im Einsatz gehärtet werden.
		gehärtet	„	7000— 8000	10000—12000	15— 8	55—50		
Nickelchromstahl	*NC* 1	ungehärtet	„	~ 5000	6000— 7000	25—20	60—65		
		gehärtet	„	~ 9000	11000—13000	12— 8	40—30		
	NC 4	ungehärtet	„	5500— 7000	7500—10000	18—10	40—50		
		gehärtet	„	12000—17500	15000—20000	10— 5	40—30		
Spezialfederstahl *B* 76 *M*		ungehärtet	Krupp	5200—5750	8340—9560	18—20	37—39		Für hoch beanspruchte Federn.
		gehärtet		12000	14000	5			
Spezialfederstahl *F* 64 *D*		ungehärtet	„		~ 15000	~ 7,5			Für Federn an Rennwagen. Die Faserspannung kann bis 14500 kg/cm² gesteigert werden, ohne daß eine bleibende Durchbiegung eintritt.
		gehärtet			17500—18000	3,5			
Spezialstahl *F* 86 *O*.			„	7500	10000	8			Für Teile mit starkem Verschleiß, ferner solche, die große Festigkeit bei hohen Wärmegraden haben müssen (Zylinder von Metallpressen).

Dehnung der Krupp-Stähle (Tiegelstahl bis *EF* 58 *O*): Meßlänge = 10fachem Durchmesser

g) Sonderstähle, Eigenschaften und Anforderungen.

Die teuren, besonders sorgfältig im Tiegelschmelzverfahren oder im elektrischen Ofen hergestellten Sonder- und legierten Stähle kommen für stark beanspruchte Teile, bei denen gleichzeitig hohe Betriebsicherheit verlangt wird, in Frage. Ein Hauptgebiet ihrer Anwendung sind Kraftwagen- und Leichtmotoren, an denen es gilt, mit möglichst geringen Gewichten auszukommen. Die Zusammenstellung 27 bringt einige Angaben zweier Werke über solche hochwertige Stähle in bezug auf ihre Verwendung und die Anforderungen, die an sie gestellt werden können. Wegen der Einzelheiten und der Behandlung der Stähle, die oft große Sorgfalt verlangt und bei der kleine Fehler den Baustoff verderben und wertlos machen können, muß auf die ausführlichen Drucksachen der Werke verwiesen werden. Es empfiehlt sich vielfach, die Teile fertig oder vorgeschmiedet vom Erzeuger zu beziehen. Legierungen mit Nickel und Chrom sind außerordentlich fest und dehnbar und zeichnen sich durch große Kerbzähigkeit aus. Naturharter Tiegelstahl ist für Teile geeignet, die starkem Verschleiß unterworfen sind, in gehärtetem Stahl jedoch nicht ausgeführt werden können. Wolfram und Vanadium kommen fast nur als Zusätze zu Werkzeugstählen (Schnellschnittstahl) in Frage.

Durch reichliche Zusätze von Nickel und andern Stoffen lassen sich Stähle mit besonderen physikalischen und chemischen Eigenschaften herstellen. So führt Krupp u. a. die folgenden an:

Stahl mit 25% Nickel rostet nicht und ist gegen Salzwasser und verdünnte Säuren sehr widerstandsfähig. Stahl mit 28% Nickel ist ebenfalls rostbeständig und besitzt dieselbe Wärmeausdehnung wie Gußeisen, so daß er in Verbindung mit diesem bei verschiedenen Wärmegraden benutzt werden kann, wenn Wert auf gleiche Maß- und Formänderungen, wie z. B. an Ventilsitzen gelegt wird. Stahl mit 36% Nickel, Marke Indilitans, hat eine außerordentlich geringe Wärmeausdehnungsziffer von nur 0,0000008 für 1° C.

Alle diese Nickelstahle zeigen etwa 3000 kg/cm² an der Streckgrenze, 6000 kg/cm² Zugfestigkeit und 25% Dehnung.

h) Hartstahl.

Hartstahl, geeignet für Teile, die starkem Verschleiß unterworfen sind, kann nur durch Gießen, Schmieden oder Schleifen in die beabsichtigte Form gebracht, dagegen nicht durch Werkzeuge bearbeitet werden. Bei hoher Zugfestigkeit, 8000 bis 10000 kg/cm² ist der Hartstahl noch sehr zäh und besitzt mehr als 25% Dehnung.

4. Verarbeitung und Verwendung des Flußstahls.

Über die Verarbeitung und Verwendung des Flußstahls sei, soweit sie nicht schon im vorangehenden behandelt worden ist, kurz folgendes hervorgehoben.

Schmieden und pressen läßt sich Stahl um so leichter, je geringer seine Naturhärte und je höher die Bearbeitungstemperatur ist, für welche allerdings die obere Grenze durch das Verbrennen des Stahles gegeben ist. Da dieses mit zunehmendem Kohlenstoffgehalt früher eintritt, muß harter Stahl vorsichtiger und bei wesentlich geringeren Wärmegraden verarbeitet werden als weicher. Durch Schmieden und Pressen erhalten Schraubenschlüssel, Hebel, Haken, Kurbelgriffe, Drehbankherzen usw. unter Benutzung von Gesenken ihre fertige Form, Schubstangen, Kreuzköpfe, Achsen und Wellen, Kurbeln usw. ihre rohe Gestalt, die durch Bearbeiten auf den Werkzeugmaschinen in die endgültige gebracht wird.

Beim Schweißen unterscheidet man die Feuerschweißung, das ist die unmittelbare Vereinigung zweier Stücke unter dem Hammer oder der Presse im teigigen, weißglühenden Zustande und die elektrischen und autogenen Schmelzschweißverfahren, bei denen die Stoßstelle verschmolzen oder die Fuge durch Einschmelzen von Schweißdraht geschlossen wird. Das erste Verfahren ist nur auf weichen Flußstahl anwendbar und wird im Schmiedefeuer oder mittels der Wassergasflamme durchgeführt. Das zweite läßt sich auch auf härtere Stahlsorten anwenden. Beide werden zum Ansetzen von Köpfen und Gelenken an Stangen, zur Herstellung von Ringen, Ketten, Blechschüssen, Rohren usw. benutzt, ersetzen auch in vielen Fällen Nietungen, sowohl an Kesseln, wie auch in neuerer Zeit an Eisenbauwerken. Die Schmelzschweißverfahren dienen häufig zur raschen Wiederherstellung gebrochener Teile.

Stahl kann leicht hart und weich gelötet werden.

Das Härten erhöht, wie schon oben gezeigt, die Elastizitäts-, Streck- und Bruchgrenze des Stahls und verleiht ihm bedeutend größere Widerstandsfähigkeit gegen Flächendruck und Abnutzung, wobei sich durch Schleifen eine sehr gleichmäßige und glatte Oberfläche herstellen läßt. Daher die Anwendung gehärteten Stahls zu hoch beanspruchten Teilen, zu Zapfen, Spurpfannen, Druckplatten, Steuerdaumen, Kugel- und Rollenlagern usw. Die große elastische Arbeitsfähigkeit angelassenen Stahls begründet seine Anwendung zu Federn aller Art.

Die Härtung wird meist durch Abschrecken der glühenden Stücke in kaltem Wasser oder, falls ein geringerer Härtegrad erwünscht ist, durch Eintauchen in ein Ölbad, in einzelnen Fällen, in denen besonders hohe Härte verlangt wird, unter Benutzung von Quecksilber durchgeführt. Dabei erstreckt sich die Abkühlung zunächst auf die äußeren Schichten, zieht diese stark zusammen und erzeugt in den Stücken oft beträchtliche Spannungen, die zum Verziehen, Werfen, zu Rissen und Sprüngen führen können. Das Härten ist um so schwieriger, je dicker die Wandungen, je größer die Abmessungen und je verwickelter die Formen sind. Die zur Verminderung von Spannungen in Gußstücken im Abschnitt 3 erwähnten Maßregeln gelten sinngemäß auch für zu härtende Stücke. Der Konstrukteur hat auf möglichst einfache Formen, gleichmäßige Wandstärke, Vermeidung plötzlicher Absätze und unvermittelter Querschnittänderungen, ja selbst aller scharfen Kanten zu achten.

Solche Teile, die eine harte Oberfläche haben sollen, gleichzeitig aber hohe Beanspruchungen durch Stöße oder Kräfte aushalten und deshalb genügende Zähigkeiten aufweisen müssen, werden durch Einsatzhärtung nur mit einer besonders widerstandsfähigen Oberfläche versehen. Das geschieht durch längeres Glühen des an sich nicht oder nur in geringem Maße härtbaren Werkstoffs in einer Packung von Kohlenstoff abgebenden Stoffen, in Härtepulvern verschiedener Zusammensetzung, Lederkohle usw., die die Bildung einer härtbaren Stahlschicht hervorrufen, während der Kern bei dem späteren Abschrecken zäh und weich bleibt. Oberflächenteile, die nicht hart werden sollen, werden während des Einsetzens durch eine Lehmpackung geschützt. Anwendungsbeispiele bieten Zapfen verschiedenster Art, zu schleifende Kolbenstangen, häufig zu lösende blanke Muttern, Achsschenkel für Kraftwagen, Zahnräder usw.

Kalt lassen sich Flußeisen und -stahl durch Hämmern, Treiben, Ziehen, Drücken, Pressen, Walzen und verwandte Verfahren um so leichter und weitgehender verarbeiten, je beträchtlicher die Zähigkeit ist, die nötigenfalls nach größeren Formänderungen durch Ausglühen wieder hergestellt werden muß.

Auf den günstigen Festigkeitseigenschaften beruht die Anwendung des Flußstahls zu Schrauben, Nieten, Keilen, Ketten, Seilen, Zapfen, Kurbeln, Kreuzköpfen, Achsen, hoch beanspruchten Zahnrädern, Röhren, Preßzylindern für hohen Druck und hohe Wärmegrade usw.

Schädlich kann die Rostbildung an aufeinanderlaufenden oder gleitenden Teilen werden. Soll das Zusammenrosten verhütet werden, so wird mindestens der eine Teil aus einem nicht rostenden Werkstoff hergestellt. Das Laufen zäher Eisensorten aufeinander macht Schwierigkeiten infolge der mit der Temperatur zunehmenden Neigung zum Fressen. Durch verschiedene Härte oder noch besser verschiedenartige Baustoffe ist Abhilfe möglich.

Die Bearbeitung durch Werkzeuge wird mit steigender Härte schwieriger und muß dementsprechend mit geringerer Geschwindigkeit erfolgen. Werte dafür bietet nach Angaben der Hütte die folgende Zusammenstellung.

	Weicher Flußstahl		Maschinenstahl	
	mit gewöhnl. Werkzeugstahl m/Min.	mit Schnell-schnittstahl m/Min.	mit gewöhnl. Werkzeugstahl m/Min.	mit Schnell-schnittstahl m/Min.
Drehen	10—13	20—30	8—12	15—25
Lang- und Planfräsen	12—18	30—50	10—15	25—40
Hobeln	6—12	10—15	5—10	10—15

Gehärteter Stahl läßt sich nur noch schleifen.

C. Schweißstahl.

Der Schweißstahl hat seine frühere Bedeutung durch die Einführung der Verfahren eingebüßt, die flüssigen Stahl in großen Massen zu erzeugen gestatten. Das beweisen die gewonnenen Mengen, die nur noch wenige Hundertteile des Flußstahls betragen (in Deutschland 1910 4,5%, 1920 0,65%). Die Herstellung erfolgt durch Puddeln, nur in wenigen Gegenden noch nach dem Herdfrischverfahren. Der Schweiß- oder Puddelstahl wird dabei im teigigen Zustande in inniger Berührung mit Schlacke gewonnen. Dadurch ist der unvermeidliche Gehalt an Schlacke bedingt, der sich durch die Verarbeitung zwar verringern, aber nicht völlig beseitigen läßt; er gibt den Bruchflächen eine dunklere Farbe, häufig auch ein stark sehniges Gefüge. Die Schmied- und Schweißbarkeit wird durch den Schlackengehalt günstig beeinflußt, die Festigkeit, namentlich quer zur Faserrichtung, verringert. Die höheren Herstellungskosten haben dazu geführt, daß der Schweißstahl fast nur noch zu Nieten, Schrauben, Muttern, Röhren, Ketten, Lasthaken, geschweißten Ringen, gelegentlich zu Werkzeugen und zum Verstählen durch An- oder Aufschweißen benutzt wird. Beim Schneiden der Muttern ist wichtig, daß körniges Schweißeisen das Einschneiden des Gewindes durch die Bildung kurzer Späne besonders erleichtert.

Die Festigkeitseigenschaften und ihre Beeinflussung durch Kalt- und Warmbearbeitung, sowie durch höhere Wärmegrade, entsprechen im allgemeinen denen des Flußstahles. Ein Vorteil ist die geringere Empfindlichkeit gegen die Bearbeitung in der Blauhitze und gegen unvorsichtiges Abkühlen aus dem heißen Zustande.

In der folgenden Zusammenstellung sind Festigkeitszahlen und auszugweise einige Abnahmevorschriften wiedergegeben.

Zusammenstellung 28. **Anforderungen an Schweißstahl.**

	Fließgrenze σ_s kg/cm²	Zugfestigkeit K kg/cm²	Bruchdehnung δ %	Einschnürung ψ %	Bemerkungen
Weicher Schweißstahl	1800—2600	3000—4200	20—12	55—40	
Vorschriften für Land- und Schiffsdampfkessel:					
a) Feuerblech, parallel zur Faser		$\geqq 3600 < 4000$	$\geqq 20$		Neben den Zugversuch. werden Schmiede-, Biege- und Lochversuche verlangt.
senkrecht zur Faser		$\geqq 3400 < 4000$	$\geqq 15$		
b) Bördelblech, parallel zur Faser		$\geqq 3500 < 4000$	$\geqq 15$		
senkrecht zur Faser		$\geqq 3300 < 4000$	$\geqq 12$		
c) Nieteisen, Anker, Stehbolzen		3500—4000	$\geqq 20$		Außerdem Kaltbiege-, Stauch- u. Lochversuche

Die Dehnungszahl ist etwa $\alpha = \frac{1}{2000000}$, die Schubzahl $\beta = \frac{1}{770000}$ cm²/kg.

Drehfestigkeitsversuche ergaben nach Bach $K_d \approx 1 \ldots 1{,}15\, K_z$, während das Verhältnis der Spannungen an den Fließgrenzen $\frac{\tau_s}{\sigma_s}$,

an weichem Schweißstahl 0,79,
an härterem Schweißstahl 0,57,
an einem durch Ziehen verdichteten Stahl nur 0,49 betrug.

Bei Schlagbiegeversuchen fand Kaiser [II, 14] eine geringere und langsamere Abnahme der Kerbzähigkeit bei niedrigen Wärmegraden als an Flußstahl, was für Teile, die plötzlichen Beanspruchungen in der Kälte ausgesetzt sind, wie Ketten, Eisenbahnkupplungen usw. wichtig sein kann. Ein Schweißstahl von etwa 3790 kg/cm² Festigkeit und 25,3 % Dehnung zeigte

bei normaler Temperatur 16,2 mkg/cm²,
bei —20° . . . . . 9,3 „
bei —85° . . . . . 1,4 „ Kerbzähigkeit.

D. Stahlguß.

Unter Stahlguß oder Stahlformguß versteht man durch Gießen in Gebrauchsform gebrachten, ohne weitere Nachbehandlung schmiedbaren Flußstahl. Vielfach vergießt man den Stahl unmittelbar nach seiner Herstellung in den Siemens-Martinöfen, den Thomas- und den Bessemerbirnen; im übrigen dienen zum Einschmelzen Tiegel und elektrische Öfen. Unberechtigt und falsch ist es, die Bezeichnung Stahlguß auf Gußeißen, das durch Zusetzen von Schmiedeeisenabfällen oder -spänen verbessert ist, oder auf solche Gußstücke anzuwenden, die durch Tempern in einen schmiedbaren Zustand gebracht wurden.

Durch das starke Schwinden, das im Mittel 2% beträgt, ist die besondere Beachtung aller Regeln zur Verminderung von Spannungen, Blasen- und Lunkerbildungen (s. Abschnitt 3, III A 2), durch die hohen Schmelztemperaturen des Stahls die sorgfältige Herstellung der Formen aus feuerfestem Stoff und das gute Trocknen derselben geboten. Fehler in diesen Beziehungen machen sich häufig sehr stark und ungünstig geltend, so daß man in der Güte der Stahlgußstücke in hohem Maße von dem herstellenden Werke abhängig ist.

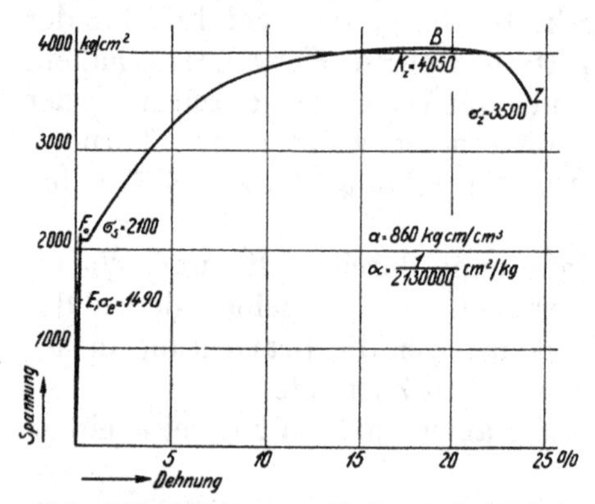

Abb. 103. Spannungs-Dehnungslinie bei einem Zugversuch an weichem Stahlguß.

Zur Beseitigung der Gußspannungen werden die Stücke gut ausgeglüht und danach ganz langsam abgekühlt.

Die Nebenbestandteile haben ähnlichen Einfluß wie im Flußstahl; schädlich sind namentlich Phosphor und Schwefel.

Das Einheitsgewicht kann im Durchschnitt mit 7,85 kg/dm³ in Übereinstimmung mit DIN 1681 angenommen werden.

Die Erscheinungen bei Zugversuchen entsprechen den an Flußstahl zu beobachtenden. In Abb. 103 ist das an einem weichen, zähen Stahlgußstabe gewonnene Schaubild wiedergegeben, vgl. hierzu etwa Abb. 97. An unbearbeiteten Proben vermindert die spröde Gußhaut die Dehnung wesentlich, oft bis auf die Hälfte.

Die Elastizitätszahl ist $\alpha = \frac{1}{2000000} \cdots \frac{1}{2150000}$, die Schubziffer $\beta \approx \frac{1}{830000} \cdots \frac{1}{850000}$ cm²/kg.

Höhere Wärmegrade wirken nach den Versuchen von Rudeloff [II, 15], Abb. 104, (dünne Linien) und Bach [II, 16] (starke Linien) ebenfalls bis zu etwa 300° auf eine Steigerung der Bruchfestigkeit hin, wenn auch nicht in dem hohen Maße wie bei Flußstahl, Abb. 100—102. Die Spannung an der Streckgrenze nimmt, wie dort, mit steigenden Wärmegraden fast stetig ab.

Gegenüber Stößen und Schlägen zeigt sich Stahlguß beim Pendelschlagversuch als ein empfindlicher und wenig gleichmäßiger Werkstoff [II, 8]. In Abb. 105 sind die Ergebnisse von Zug- und Kerbschlagversuchen an 18 Stahlgußsorten, nach der bei Zugversuchen gefundenen Dehnung geordnet, dargestellt. Die an ein und derselben Sorte erhaltenen

Zahlen sind übereinander auf derselben Senkrechten aufgetragen. Der ausgezogene Linienzug gibt die Zugfestigkeit wieder, der strich-punktierte, zwischen 4 und rund 20 kgm/cm² hin- und herspringende, die sehr stark schwankende Kerbzähigkeit.

Die DIN 1681 unterscheidet die folgenden Güteklassen (wegen der Bezeichnung vgl. S. 80):

Zusammenstellung 29. **Anforderungen an Stahlguß nach DIN 1681** (Auszug).

Güteklasse Bezeichnung	Mindest-zugfestigkeit K_z kg/mm²	Bruchdehnung δ_5 mindest. %	Magnetische Induktion mindestens AW/cm 25	50	100	Bemerkungen
Stg 38.81	38	20	—	—	—	
Stg 38.81 *D*	38	20	14500	16000	17500	Nur für Elektromaschinenbau
Stg 45.81	45	16	—	—	—	
Stg 45.81 *D*	45	16	14500	16000	17500	Nur für Elektromaschinenbau
Stg 50.81 *R*	50	16	—	—	—	Für Lokomotiv- und Wagenbau, nach Vorschrift der deutschen Reichsbahn
Stg 52.81	52	12	—	—	—	
Stg 60.81	60	8	—	—	—	

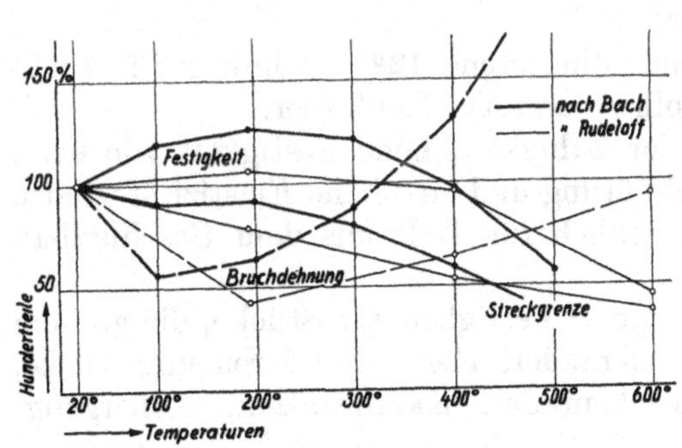

Abb. 104. Einfluß der Temperatur auf die Zugfestigkeit von Stahlguß (Bach, Rudeloff).

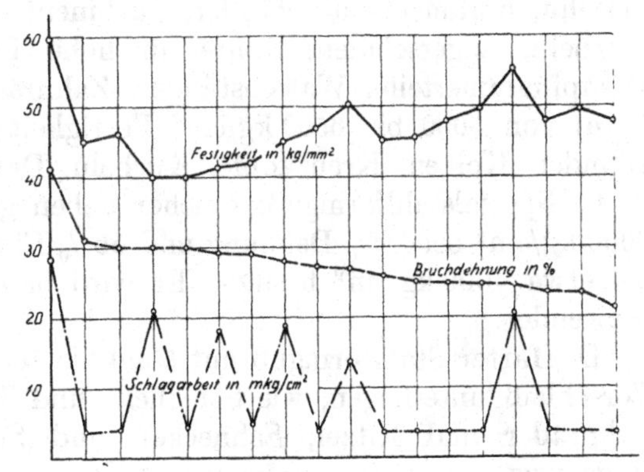

Abb. 105. Kerbschlagversuche an Stahlguß (Ehrensberger).

Der Stahlguß für den Schiffbau unterliegt Sonderbestimmungen.

Stahlgußstücke dürfen keine Gußfehler haben, welche die Verwendbarkeit und Bearbeitbarkeit der Stücke beeinträchtigen. Solche Gußfehler dürfen nur mit ausdrücklicher Genehmigung des Bestellers geflickt oder verdeckt werden.

Probestücke zur Ermittlung der Festigkeitswerte sind an den Stücken selbst anzugießen. Nur wenn das Angießen aus gießtechnischen Gründen ausgeschlossen ist, sollen nach vorheriger Vereinbarung mit dem Besteller lose, aus der gleichen Schmelzung gegossene Proben benutzt werden.

Von Stahlformgußteilen für Eisenbauwerke verlangt die DIN 1000, daß sie keine Blasen oder Poren haben, die die Verwendbarkeit der Stücke beeinträchtigen. Sie müssen, nachdem sie mindestens aus dem Groben geputzt sind, vor Entnahme der Proben gut ausgeglüht werden. Die Proben sind möglichst gleichmäßig auf die verschiedenen Modelle verteilt, an den Gußstücken anzugießen und dürfen erst nach der Abstempelung abgetrennt werden.

Zerreißproben sollen eine Festigkeit von 6500 bis 6000 kg/cm² bei einer Dehnung von mindestens 10% ergeben.

Die Stahlgießereien pflegen ihre Ergebnisse je nach dem Zweck mit verschiedenen Festigkeitseigenschaften zu liefern. So geben die Gelsenkirchener Gußstahl- und Eisenwerke, vorm. Munscheid & Co. an, daß sie sich nach folgender Aufstellung richten, wenn ihnen die Wahl überlassen bleibt:

3600 bis 4000 kg/cm² Festigkeit bei mindestens 20% Dehnung für Dynamomaschinenteile, von denen hohe magnetische Eigenschaften verlangt werden.

4000 bis 5000 kg/cm² Festigkeit bei 20 bis 15% Dehnung für Maschinenteile, die einem Verschleiß nicht unterworfen sind.

5000 bis 6000 kg/cm² Festigkeit bei 15 bis 10% Dehnung für Maschinenteile, die einem Verschleiß unterliegen, wie Zahnräder, Kammwalzen, Kupplungen, Bremsscheiben, Seilscheiben, Laufrollen, Gleitkörper u. dgl.

7000 kg/cm² Festigkeit und mehr für Teile des Hartzerkleinerungsfaches, wie Brechbacken, Mahlringe, Mahlbahnen, Walzenringe u. dgl.

Krupp unterscheidet in ähnlicher Weise:

A. Formguß für Dynamomaschinen, Motoren, Magnetgestelle und Polschuhe.

B. Formguß für den Schiffbau, Schiffsmaschinenbau, Lokomotiv-, Wagen- und allgemeinen Maschinenbau, in drei den Vorschriften der preußischen Staatsbahn und deutschen Marine entsprechenden Sorten:

a) Stahlguß von 3700 bis 4400 kg/cm² Festigkeit und mindestens 20% Dehnung für Radsterne, Lokomotiv- und Schiffsmaschinenteile, Steven- und Ruderrahmen;

b) von 4000 bis 5500 kg/cm² Festigkeit und mindestens 18% Dehnung für Steven, Ruderrahmen, Schiffsschrauben, Schiffsmaschinenkolben und -zylinderdeckel, Schiffsmaschinenrahmen und -ständer, Turbinentrommeln, Preßzylinder, Kolben, Kreuzköpfe, Kurbeln, Lagerschalen, Rohre für hohe Temperatur und hohen Druck, Windkessel, Dampfhammerteile, Walzenständer, Zahnräder;

c) von 5000 bis 6500 kg/cm² Festigkeit und mindestens 12% Dehnung für Preßzylinder, Kolben, Kreuzköpfe, Kurbeln, Dampfhammerteile, Laufräder.

C. Spezialstahlformguß, welcher neben großer Zähigkeit, hohe Festigkeit von etwa 6000 kg/cm² bei 18% Dehnung und 55% Einschnürung und eine hohe Elastizitätsgrenze bei etwa 4000 kg/cm² besitzt. Er wird hauptsächlich für Teile aus dem Geschützbau verwendet.

D. Harter Stahlformguß mit 5000 bis 7000 kg/cm² Festigkeit für Stücke, die großem Verschleiß unterliegen, wie Scheiben- und Speichenräder, Herz- und Kreuzungsstücke, Zahnräder und Ritzel, Schnecken und Schneckenräder, Kammwalzen, Kollergangringe usw.

E. Hartstahlformguß. Dieser Manganstahl hat im Gegensatz zum Hartguß sehr große Zähigkeit und Bruchsicherheit, kann aber nur durch Schleifen bearbeitet werden und ist für Stücke, die starkem Verschleiß unterworfen sind, wie Brechbacken, Kollergangringe usw. geeignet.

Die Bearbeitungsbedingungen des Stahlgusses sind ähnliche wie die des Flußstahls; mit der Härte nehmen die Schwierigkeiten zu. Weicher Stahlguß läßt sich kalt hämmern und biegen.

E. Gußeisen.

1. Einteilung der Gußeisensorten und Einheitsgewicht.

Gußeisen wird aus Roheisen allein oder mit Brucheisen, Stahlabfällen und anderen Schmelzzusätzen erschmolzen und in Formen gegossen, jedoch keiner Nachbehandlung zwecks Schmiedbarmachung unterworfen. Gewöhnlich liegt der Gehalt an Kohlenstoff zwischen 3 und 3,6%, der zum Teil chemisch gebunden, zum Teil aber als Graphit ausgeschieden ist. Je nach der Menge des letzteren unterscheidet man nach DIN 1690:

a) graues Gußeisen (Grauguß) mit reichlicher Graphitausscheidung,

b) halbgraues Gußeisen, mit geringer Graphitausscheidung,

c) weißes Gußeisen ohne oder nur mit Spuren von Graphitausscheidung,

d) Schalengußeisen (Hartguß oder Schalenguß) mit weißer Außenzone und grauem Kern.

Die meisten und namentlich die größeren Stücke des Maschinenbaues bestehen der leichteren Bearbeitbarkeit wegen aus grauem Gußeisen mit etwa 2,5 bis 2,9% Graphitgehalt.

Die Graphitbildung wird in starkem Maße durch die Abkühlungsgeschwindigkeit und den Siliziumgehalt beeinflußt, der zwischen 2,5 und 1,0% liegen und um so größer sein muß, je geringer die Wandstärke ist und je rascher die Abkühlung erfolgt. Mangan wirkt in Mengen von mehr als 1% der Ausscheidung des Kohlenstoffs entgegen. Schwefel macht schon bei geringen Beträgen das Eisen dickflüssig (Gehalt $< 0{,}12\%$); dagegen erhöht Phosphor die Dünnflüssigkeit, gleichzeitig aber auch die Härte und Sprödigkeit, so daß wichtige und größeren Kräften ausgesetzte Maschinenteile nicht mehr als 0,8% Phosphor enthalten sollen. Die für den jeweiligen Zweck nach Festigkeit, Härte und Bearbeitbarkeit geeignete Mischung wird durch Gattieren verschiedener Roheisensorten untereinander oder mit Gußeisenschrott, bei hohen Anforderungen mit Stahlabfällen, zweckmäßigerweise auf Grund chemischer Untersuchung der Rohstoffe hergestellt. Zum Schmelzen dienen in den meisten Fällen Kuppel-, seltener Flammöfen oder Tiegel.

Das Einheitsgewicht grauen Gußeisens liegt zwischen 7,1 und 7,25 kg/dm³, die Ausdehnungsziffer durch die Wärme bei etwa 0,0011 für je 100° C, die Schwindung an geraden Stäben zwischen 0,9 und 1,35%. Als Mittelwert kann 1% gelten, während bei der Herstellung von Modellen in Rücksicht darauf, daß sich die einzelnen Teile eines Gußstückes meist gegenseitig an der freien Schwindung hindern, 0,75% benutzt zu werden pflegt.

2. Festigkeitsverhältnisse grauen Gußeisens.

a) Zug- und Druckfestigkeit.

Die Schaulinien von Zug- und Druckversuchen an Gußeisen, Abb. 106 und 107, zeigen keine Verhältnisgleichheit zwischen Spannungen und Dehnungen, keine Elastizitäts- und Fließgrenze und ein sehr geringes Arbeitsvermögen. In den Abbildungen sind in den rechten oberen Vierteln Zugversuche, in den linken unteren Druckversuche an verschiedenen Sorten Gußeisen dargestellt, in Abb. 107 insbesondere an sieben Arten, die die Motorenfabrik Deutz laufend in ihrem Betrieb verwendet und von denen sie Proben für die Versuche dem Verfasser freundlichst zur Verfügung gestellt hatte. Die Versuche wurden unter Feinmessungen der elastischen und bleibenden Formänderungen an den Zugstäben bis zum Bruch, an den Druckproben bis 5000 kg/cm² Spannung durchgeführt. Dabei hatten die Zugstäbe im zylindrischen Mittelteil rund 20 mm Durchmesser und 100 mm Meßlänge, die Druckproben 25 mm Durchmesser und 60 mm Höhe bei 50 mm Meßlänge. Alle Körper waren sorgfältig bearbeitet. Da sämtliche Druckproben bei 5000 kg/cm² Belastung standhielten, wurde zur Ergänzung die Druckfestigkeit an kleineren Stücken von 15 mm Durchmesser und 15 mm Höhe ermittelt. Die Hauptergebnisse sind in den Zusammenstellungen 30 und 31 wiedergegeben. Die Zugfestigkeit liegt zwischen 2500 und 1330 kg/cm², die zugehörige Bruchdehnung zwischen 0,73 und 0,51%. Dementsprechend ist das spezifische Arbeitsvermögen im Vergleich mit anderen Werkstoffen des Maschinenbaues sehr niedrig: 13,4 bis 7,1 kgcm/cm³, wie auch anschaulich aus der linken Nebenabbildung zu Nr. 106 hervorgeht, welche im gleichen Maßstab, wie die Abb. 97, 127 anderer Konstruktionsstoffe aufgetragen ist.

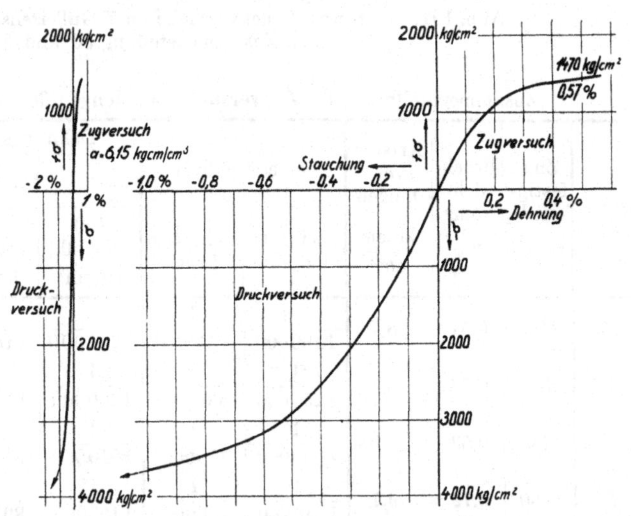

Abb. 106. Zug- und Druckversuch an Gußeisen, links vergleichshalber im gleichen Maßstabe wie Abb. 97.

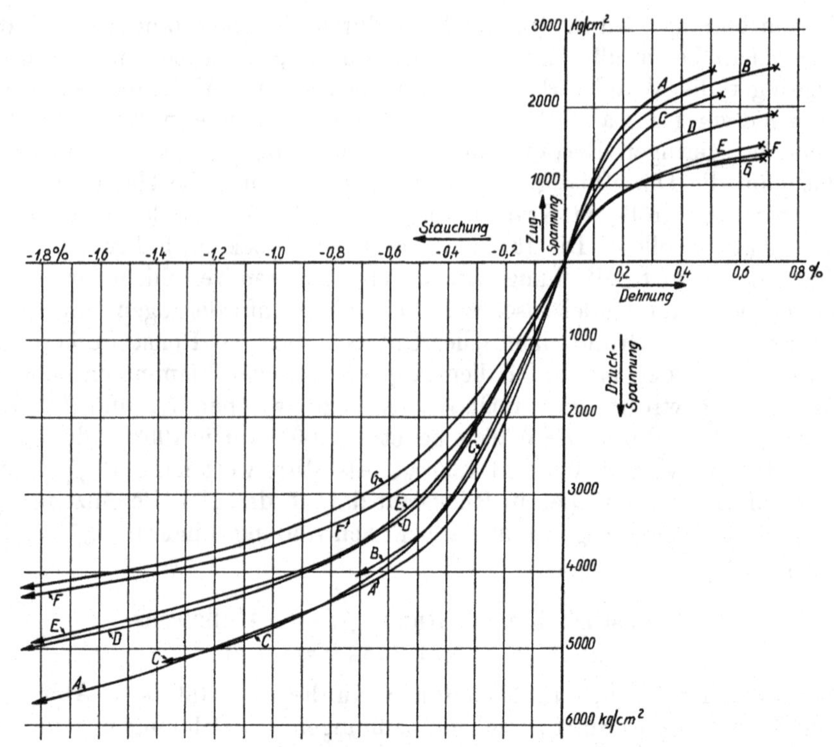

Abb. 107. Zug- und Druckversuche an 7 Gußeisensorten der Motorenfabrik Deutz. Vgl. Zusammenstellung 30 und 31 (Verfasser).

Zusammenstellung 30. **Zugversuche an den Gußeisensorten *A—G*,** Abb. 107 oben.

Sorte	Zugfestigkeit K_z kg/cm²	Bruchdehnung %	Arbeitsvermögen $\frac{\text{kg cm}}{\text{cm}^3}$	Dehnungszahl α in cm²/kg: bei erstmaliger Belastung, bei 100 kg/cm²	bei erstmaliger Belastung, nahe dem Bruch	bei wiederholter Belastung zwischen 100 und 500 kg/cm²	100 und 1000 kg/cm²	100 und 1500 kg/cm²	100 und 2000 kg/cm²	100 und 2500 kg/cm²
A	2480	0,51	8,7	$\frac{1}{1190000}$	$\frac{1}{138000}$	$\frac{1}{1235000}$	$\frac{1}{1181000}$	$\frac{1}{1076000}$	$\frac{1}{974000}$	—
B	2500	0,73	13,4	$\frac{1}{1250000}$	$\frac{1}{60000}$	$\frac{1}{1200000}$	$\frac{1}{1102000}$	$\frac{1}{1000000}$	$\frac{1}{887000}$	$\frac{1}{789000}$
C	2110	0,53	7,6	$\frac{1}{1050000}$	$\frac{1}{110000}$	$\frac{1}{1010000}$	$\frac{1}{900000}$	$\frac{1}{820000}$	$\frac{1}{735000}$	—
D	1880	0,72	9,7	$\frac{1}{1240000}$	$\frac{1}{71000}$	$\frac{1}{1153000}$	$\frac{1}{893000}$	$\frac{1}{620000}$	—	—
E	1475	0,68	7,5	$\frac{1}{565000}$	$\frac{1}{57000}$	$\frac{1}{855000}$	$\frac{1}{710000}$	—	—	—
F	1390	0,70	7,1	$\frac{1}{772000}$	$\frac{1}{45000}$	$\frac{1}{728000}$	$\frac{1}{507000}$	100 und 1250 kg/cm² $\frac{1}{463000}$	—	—
G	1330	0,69	7,5	$\frac{1}{743000}$	$\frac{1}{37000}$	$\frac{1}{721000}$	$\frac{1}{560000}$	100 und 1300 kg/cm² $\frac{1}{482000}$	—	—

Bei der erstmaligen Belastung treten schon unter niedrigen Spannungen bleibende Formänderungen auf. Der Bruch erfolgt plötzlich, ohne Einschnürung, zeigt hell- bis dunkelgraue Farbe und körniges Gefüge, das meist um so feiner ist, je höher die Festigkeit liegt.

Für gewöhnliches Gußeisen darf $K_z = 1100$ bis $1500\,\text{kg/cm}^2$ verlangt werden, bei hochwertigen Sorten steigt die Zugfestigkeit auf 2000 bis $2600\,\text{kg/cm}^2$. In neuerer Zeit ist es gelungen, unter Niedrighalten des Kohlenstoffgehalts auf 2,4 bis 2,8% oder durch hohe Überhitzung des Eisens beim Gießen oder unter Vorwärmen der Formen, Zugfestigkeiten von 3000 und mehr kg/cm^2 zu erreichen.

Unbearbeitete Stäbe ergeben infolge der spröden Gußhaut um 15 bis 20% geringere Zahlen.

Der mäßigen Zugfestigkeit steht eine erheblich größere Widerstandsfähigkeit bei Inanspruchnahme auf Druck gegenüber, die bei den Sorten der Zusammenstellungen 30 und 31 das 3,8- bis 5,3fache der ersteren betrug. Dabei ist sie in starkem Maße von der Form der Probekörper, bei zylindrischer insbesondere von dem Verhältnis der Höhe zum Durchmesser abhängig, weil bei größerer Höhe Nebenbeanspruchungen auf Knickung und Biegung nicht zu vermeiden sind. An Proben mit einer Höhe gleich dem Durchmesser findet man K zwischen 6000 bis 10000 selbst bis zu $12000\,\text{kg/cm}^2$.

Der Bruch erfolgt je nach der Höhe der Proben in verschiedener Weise; an niedrigen durch die Wirkung der Druckkegel oder -pyramiden, die sich auf den Endflächen bilden, an hohen durch Abgleiten längs einer schiefen Fläche.

Zusammenstellung 31. **Druckversuche an den Gußeisensorten *A*—*G*,** Abb. 107 unten.

Sorte	Druckfestigkeit K kg/cm²	Stauchung bei 5000 kg/cm² %	Dehnungszahl α in cm²/kg						
			bei erstmal. Belastung		bei wiederholter Belastung zwischen				
			bei 100 kg/cm²	bei 5000 kg/cm²	100 u. 1000 kg/cm²	100 u. 2000 kg/cm²	100 u. 3000 kg/cm²	100 u. 4000 kg/cm²	100 u. 5000 kg/cm²
A	9540	1,23	$\frac{1}{1093000}$	$\frac{1}{107000}$	$\frac{1}{1130000}$	$\frac{1}{1127000}$	$\frac{1}{1140000}$	$\frac{1}{1115000}$	$\frac{1}{1142000}$
B	9420	—	$\frac{1}{1076000}$	—	$\frac{1}{953000}$	$\frac{1}{1000000}$	$\frac{1}{1027000}$	$\frac{1}{1029000}$	—
C	8930	1,29	$\frac{1}{899000}$	$\frac{1}{143000}$	$\frac{1}{901000}$	$\frac{1}{935000}$	$\frac{1}{965000}$	$\frac{1}{1002000}$	$\frac{1}{1072000}$
D	8370	1,86	$\frac{1}{848000}$	$\frac{1}{64000}$	$\frac{1}{794000}$	$\frac{1}{820000}$	$\frac{1}{827000}$	$\frac{1}{920000}$	$\frac{1}{913000}$
E	7810	1,9	$\frac{1}{734000}$	$\frac{1}{93500}$	$\frac{1}{803000}$	$\frac{1}{835000}$	$\frac{1}{865000}$	—	—
				bei 4000 kg/cm²:					
F	6390	—	$\frac{1}{864000}$	$\frac{1}{75300}$	$\frac{1}{841000}$	$\frac{1}{845000}$	$\frac{1}{843000}$	$\frac{1}{838000}$	—
G	6680	—	$\frac{1}{761000}$	$\frac{1}{84000}$	$\frac{1}{722000}$	$\frac{1}{726000}$	$\frac{1}{793000}$	$\frac{1}{828000}$	—

Die Elastizitätszahl ist entsprechend dem gekrümmten Verlauf der Spannungsdehnungslinie bei der erstmaligen Belastung sehr stark veränderlich. Beispielweise ergab das Gußeisen D der Abb. 107 beim Zugversuch $\alpha = \frac{1}{1240000}$ bei ganz niedrigen Spannungen, $\alpha = \frac{1}{71000}$ kurz vor dem Bruche, beim Druckversuch $\alpha = \frac{1}{848000}$ bei 100 und $\frac{1}{64000}\,\text{cm}^2/\text{kg}$ bei $5000\,\text{kg/cm}^2$ Spannung. Diese Zahlen haben aber praktisch geringe Bedeutung, weil sie nur für die erste, nicht aber für weitere Belastungen gelten, da das Gußeisen, nachdem es bleibende Formänderungen durch die erste Belastung angenommen hat, in einen wesentlich vollkommner elastischen Zustand übergeht. Dabei folgt die Spannung bei der Belastung nicht der gleichen Linie wie bei der Entlastung, eine Erscheinung, die man als elastische Hysteresis bezeichnet, und die sich durch verhältnismäßig große Schleifen, in Abb. 108 am Gußeisen D der oben erwähnten Versuchsreihe dargestellt, ausprägt. Der Inhalt der Schleifen ist eine Form-

Hysteresis am Gußeisen *D* beim Zugversuch.

Schleife Abb. 108	Belastungsstufe kg/cm²	Formänderungsarbeit kgcm/cm³
a	100– 500	0,006
b	100–1000	0,052
c	100–1500 .	0,22

änderungsarbeit, die bei jedem vollen Spannungskreislauf von neuem aufgebracht werden muß.

Der Zugstab wurde in Stufen zwischen 100 und 500, 1000 und 1500 kg/cm² belastet. Die dabei erhaltenen Schleifen *a*, *b* und *c* wachsen mit steigendem Spannungsunterschied und ergeben die nebenstehenden Formänderungsarbeiten.

Beim Druckversuch an dem gleichen Gußeisen werden die Erscheinungen noch viel deutlicher, wie im linken unteren Viertel der Abb. 108 an fünf Spannungsstufen zwischen 100 und 500, 1000, 2000, 3000 und 4000 kg/cm² dargestellt ist. Wiederholte Belastung in ein und derselben Stufe, Schleifen *h* und *i*, zeigt, daß sich die Schleifen unter zunehmenden bleibenden Formänderungen verschieben und daß ihr Flächeninhalt und damit die Formänderungsarbeit, wie nebenstehend, kleiner wird.

Hysteresis am Gußeisen *D* beim Druckversuch.

Schleife Abb. 108	Belastungsstufe kg/cm²	Formänderungsarbeit bei der ersten Belastung kgcm/cm³	Formänderungsarbeit bei der zweiten Belastung kgcm/cm³
d	100– 500	0,005	–
e	100–1000	0,036	–
f	100–2000	0,214	–
g	100–3000	0,609	–
h	100–4000	1,51	–
i	100–4000	–	1,40

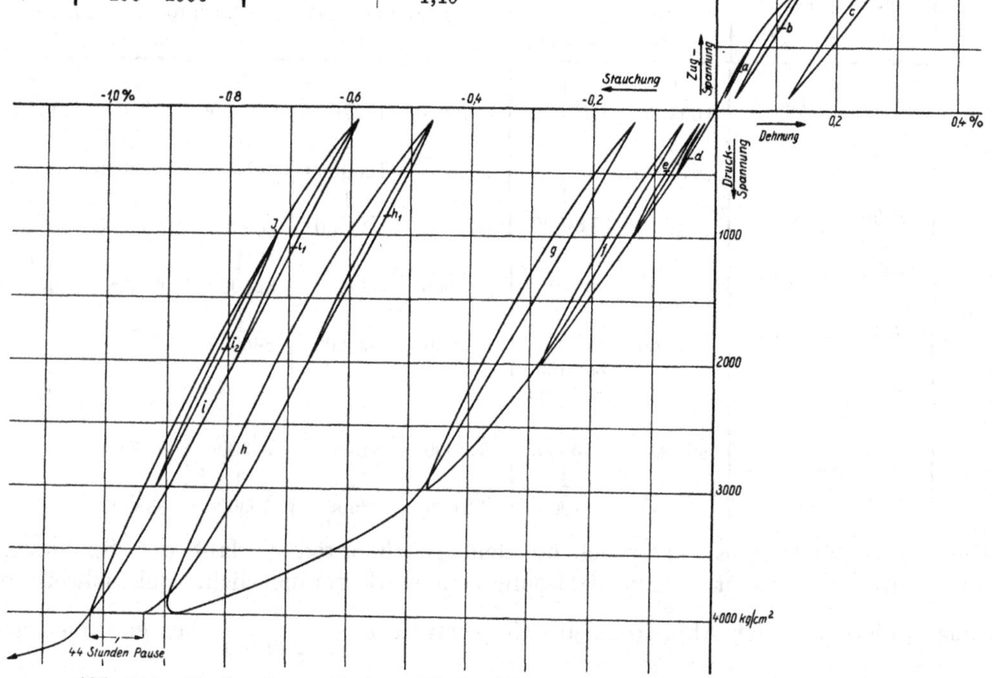

Abb. 108. Hysteresis am Gußeisen *D* der Zusammenstellungen 30 und 31 (Verfasser).

Bei einem Druckversuch an einem anderen, schon wiederholt belasteten Gußeisen, fanden sich die Zahlen:

Belastungsstufe kg/cm²	Formänderungsarbeit nach häufiger Belastung kgcm/cm³
100– 600	0,010
100– 900	0,0262
100–1200	0,0437

Betrachtet man die einzelne, bei einer Be- und Entlastung entstehende Schleife, so setzt sie sich zusammen aus einer schwach gekrümmten Linie bei der Stauchung bzw. während des Wiederzusammenziehens und einer wesentlich stärker gekrümmten bei der Reckung bzw. während des Wiederausdehnens der Proben. Bei größeren Spannungsstufen und an weichen Gußeisensorten tritt diese besondere Form allerdings zurück; beide Linien krümmen sich ungefähr in dem gleichen Maße und lassen die Schleifen annähernd symmetrisch zu ihrer Mittellinie werden.

Bemerkenswert ist nun, daß die für die praktische Berechnung von Formänderungen an gußeisernen Teilen maßgebenden Dehnungszahlen, wie sie durch die mittlere Neigung der Schleifen gegeben sind, in wesentlich engeren Grenzen schwanken, als die bei der erstmaligen Belastung des Gußeisens gefundenen. Sie sind für die sieben verschiedenen Gußeisensorten in den letzten Spalten der Zusammenstellungen 30 und 31 aufgeführt und entsprechen dem oben erwähnten wesentlich vollkommner elastischen Zustande bei wiederholter Belastung. Bei den Sorten A und B von hoher Festigkeit ändern sie sich, namentlich bei Inanspruchnahme auf Druck nur noch in geringem Maße und dürfen durch einen Durchschnittwert für alle Spannungen ersetzt werden. (Bei Beanspruchung auf Druck $\frac{1}{1150000}$ cm²/kg am Gußeisen A, $\frac{1}{1000000}$ am Gußeisen B.)

War das Gußeisen hoch vorbeansprucht, wie im Falle der Abb. 108 nach Durchlaufen der Schleifen h und i, und wird es nun innerhalb engerer Grenzen z. B. nach den Schleifen h_1 und i_1 zwischen 100 und 2000 kg/cm² belastet, so folgen die Belastungslinien genau denjenigen der Schleifen h und i. Der Schleifeninhalt ist jedoch kleiner als der der Schleife f bei der erstmaligen Belastung zwischen 100 und 2000 kg/cm².

Gußeisen *D*.

Schleife Abb. 108	Belastungs-stufe kg/cm²	Form-änderungsarbeit kgcm/cm³
h_1	100—2000	0,161
i_1	100—2000	0,176
i_2	1000—3000	0,152
f	100—2000	0,214

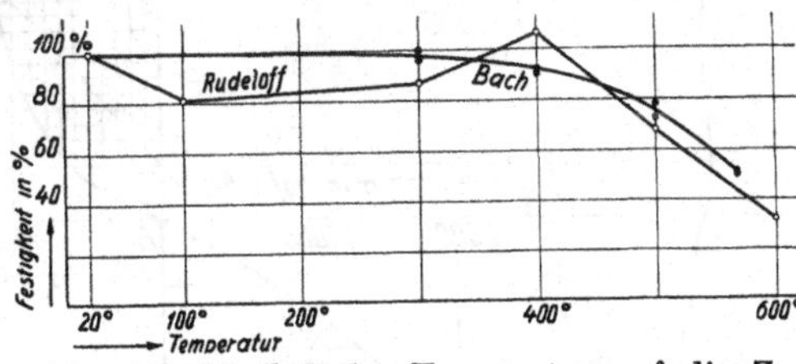

Abb. 109. Einfluß der Temperatur auf die Zugfestigkeit von Gußeisen (Bach, Rudeloff).

Schließlich zeigt die Schleife i_2 noch, daß das Gußeisen, wenn es beim Entlasten auf 1000 kg/cm² im Punkte J wieder bis zu 3000 kg/cm² belastet wird, die bleibende Formänderung, die dem Punkte J entspricht, beibehält und daß sich nun eine kleinere Hysteresisschleife mit etwa der gleichen Neigung wie i_1 unter Ablösung von der Entlastungslinie ausbildet.

Bei Untersuchungen über den Einfluß höherer Wärmegrade fand Bach [II, 17] an hochwertigem Gußeisen erst bei mehr als 300° eine wesentliche Abnahme der Zugfestigkeit, während Rudeloff [II, 15] allerdings unter Ausführung nur je eines Versuchs, eine sehr ungleichartige Wirkung höherer Temperaturen festgestellt hat. Die Zahlenwerte sind in der folgenden Zusammenstellung enthalten; Abb. 109 gibt eine Vorstellung über das Verhältnis der Festigkeit bei t^0 zu der bei 20°, welch letztere = 100% gesetzt ist.

Zusammenstellung 32. **Zugfestigkeit von zwei Gußeisensorten in Abhängigkeit von der Temperatur nach Bach und Rudeloff.**

Temperatur t^0 C		~20	100	300	400	500	570	600°
Zugfestigkeit K_z, im Mittel aus 2 Versuchen,	Bach	2362	—	2335	2177	1793	1230	— kg/cm²
Kleinster Wert von K_z	Bach	2331		2301	2172	1729	1223	— kg/cm²
Verhältnis der Festigkeit bei t^0 zu der bei 20° in Hundertteilen	Bach	100	—	99	92	76	52	— %
Zugfestigkeit K_z	Rudeloff	1300	1050	1140	1390	880	—	430 kg/cm²
Verhältnis der Festigkeit bei t^0 zu der bei 20° in Hundertteilen	Rudeloff	100	81	88	107	68	—	33 %

b) Biegefestigkeit.

Gußeisen ergibt, wie schon in Abschnitt 1 kurz erwähnt, bei Biegeversuchen stets größere Werte für die nach der üblichen Formel $K_b = \frac{M_b}{W}$ berechnete Biegefestigkeit, als seine Zugfestigkeit K_z erwarten läßt. Die Erscheinung erklärt sich, wie Bach zuerst gezeigt hat, aus der Veränderlichkeit der Dehnungszahl mit der Spannung, und zwar aus der dadurch bedingten wirklichen Spannungsverteilung im Augenblick des Bruches nach der gekrümmten Linie ABC, Abb. 110, sowie der Verschiebung der Nullinie aus der Schwerachse S nach B, und aus der höheren Widerstandsfähigkeit des Gußeisens gegenüber Druck als gegen Zug. Abb. 110 bezieht sich auf den schon auf Seite 35 erwähnten Gußeisenstab von 80·80 mm Querschnitt und $l = 1$ m Stützlänge, der bei einer in der Mitte wirkenden Belastung von $P = 7380$ kg brach. Zugversuche aus den Stabenden wiesen im Durchschnitt eine Zugfestigkeit von $K_z = 1315$ kg/cm² nach. Voraussetzung für die Spannungsverteilung ABC ist:

1. daß die Querschnitte bei der Biegung des Stabes dauernd eben bleiben, eine Annahme, die durch anderweitige Untersuchungen gut begründet erscheint,

2. daß sich die auf Zug und Druck beanspruchten Fasern beim Biegeversuch in gleicher Weise wie beim Zug- und Druckversuch dehnen,

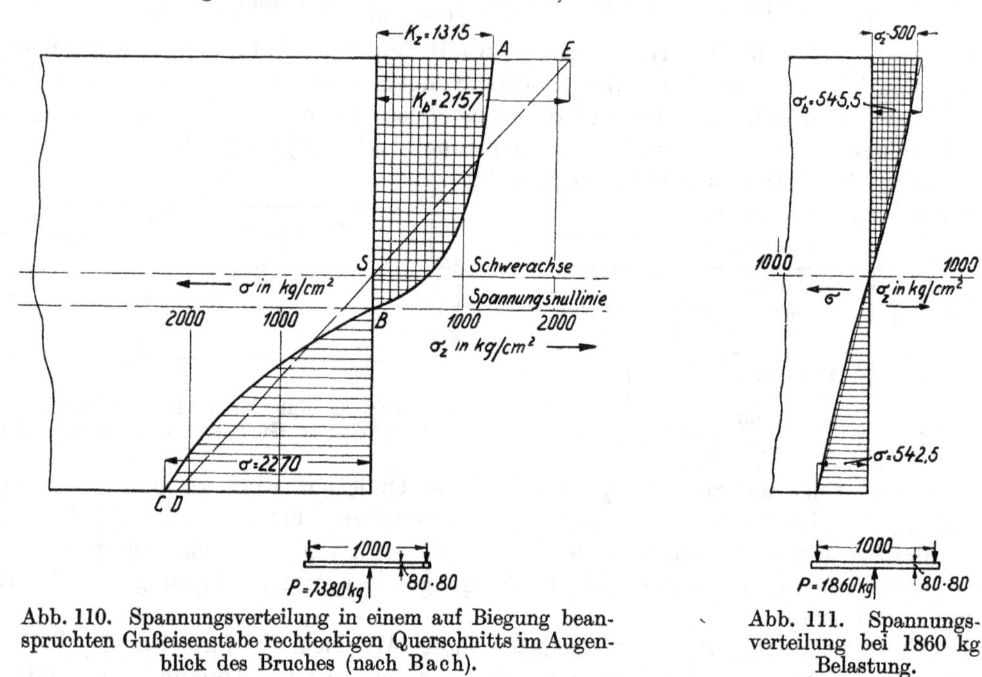

Abb. 110. Spannungsverteilung in einem auf Biegung beanspruchten Gußeisenstabe rechteckigen Querschnitts im Augenblick des Bruches (nach Bach).

Abb. 111. Spannungsverteilung bei 1860 kg Belastung.

3. daß die größten Zugspannungen beim Zug- und Biegeversuch gleich groß (im betrachteten Falle 1315 kg/cm²) sind und daß daher die Zugfestigkeit für die Einleitung des Bruches maßgebend ist.

Dagegen setzt die Formel $K_b = \frac{M_b}{W}$ die geradlinige Zunahme der Spannungen nach der gestrichelten Linie DSE voraus und läßt die Zugspannung bedeutend überschätzen. So wird am vorliegenden Stabe

$$K_b = \frac{M_b}{W} = \frac{7380 \cdot 100}{4 \cdot 8^3} \cdot 6 = 2157 \text{ kg/cm}^2,$$

d. i. 1,64mal so groß wie die Zugfestigkeit. Die Verschiebung der Nullinie beträgt 6,2 mm. Über die Herleitung der Spannungsverteilung vgl. [II, 18].

Die im Augenblick des Bruches vorhandenen großen Abweichungen gegenüber der Theorie werden aber um so geringer, je niedriger die Spannungen sind. Die Spannungsverteilungslinie nähert sich dann mehr und mehr einer Geraden, während die Nullinie an den Schwerpunkt heranrückt, so daß die Formel in den im Maschinenbau üblichen Grenzen, namentlich unter Beachtung der Ungleichmäßigkeit des Gußeisens selbst, vollständig genügend genaue Werte für die auftretenden Spannungen liefert. Abb. 111 zeigt das an dem gleichen Gußeisenstabe bei 1860 kg Belastung, also bei rund vierfacher Sicherheit gegen Bruch. Während die rechnungsmäßige Biegespannung

$$\sigma_b = \frac{M_b}{W} = \frac{1860 \cdot 100 \cdot 6}{4 \cdot 8^3} = \pm\ 545{,}5\ \text{kg/cm}^2$$

ist, wird die wirkliche, auf Grund des Zug- und des Druckversuchs an dem verwandten Gußeisen ermittelte $+$ 500 kg/cm² auf der Zug- und $-$ 542,5 kg/cm² auf der Druckseite des Stabes. Der Nullpunkt fällt praktisch mit dem Schwerpunkt zusammen.

Abb. 110 zeigt ferner, daß die mittleren Fasern des Querschnittes günstiger ausgenutzt werden, als nach der geradlinigen Spannungsverteilung zu erwarten ist. Hierin liegt die Begründung für die Tatsache, daß die Biegefestigkeit gußeiserner Stäbe von der Querschnittform abhängig ist [II, 18]. Und zwar überschreitet die Biegefestigkeit K_b nach den im folgenden zusammengestellten, von Bach gefundenen Zahlenwerten die Zugfestigkeit K_z um so mehr, je stärker der Stoff nach der Nullachse hin zusammengedrängt ist.

Zusammenstellung 33. **Biegefestigkeit von Gußeisen in Abhängigkeit von der Querschnittform (Bach).**

Querschnittform	Maße mm	Zugfestigkeit K_z kg/cm²	Biegefestigk. K_b kg/cm²	$\frac{K_b}{K_z}$	$\mu_0 \sqrt{\frac{e}{z_0}}$	Bemerkungen
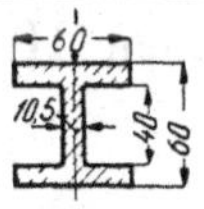		1369	1979	1,45	1,43	Bearbeitet
		1595	2254	1,41	—	„
		1595	2026	1,27	—	Biegestab unbearbeitet
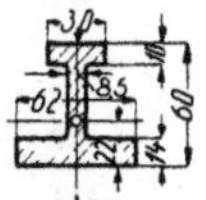		1369	2081	1,52	1,49	„ „
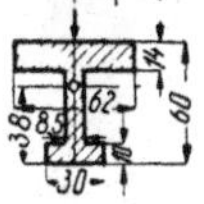		1369	2076	1,52	1,49	Schmaler Flansch zerrissen, breiter unverletzt
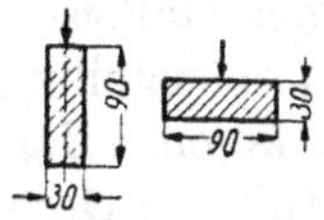		1369	2395	1,75	1,70	Bearbeitet
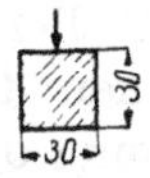	30□	1369	2372	1,73		Bearbeitet
	30□	1418	2539	1,78	1,70	„
	30□	1595	2765	1,73		„
	30□	2394	4315	1,80		Biegestäbe unbearbeitet
	30□	2331	4435	1,90	1,41	„ „
	40□	1595	2295	1,44		„ „
	32□	1595	2390	1,50		„ „
	30⌀	1369	2905	2,12	2,05	Bearbeitet
	36⌀	1848	4139	2,24		„
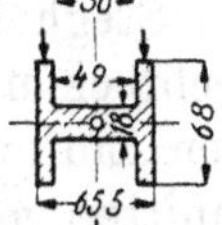		1369	2929	2,14	2,06	„
		1369	3218	2,35	2,31	„
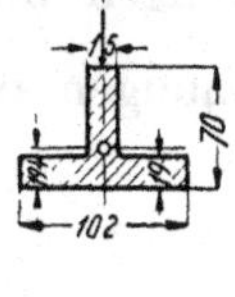		1310	2114	1,61	1,40	Biegestab unbearbeitet

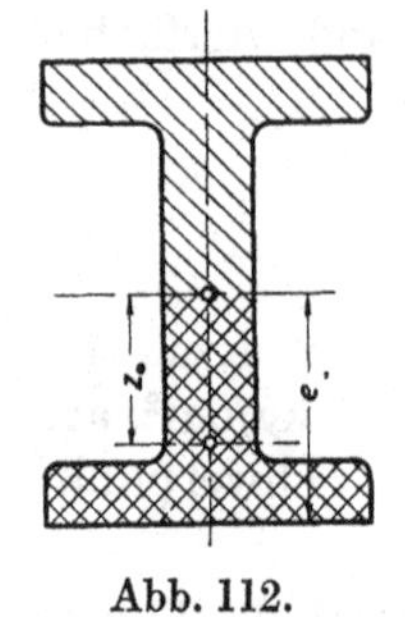
Abb. 112.

Als Beziehung zwischen K_z und K_b gibt Bach

$$K_b = \mu_0 \sqrt{\frac{e}{z_0}} \cdot K_z \tag{82}$$

an, wobei $\mu_0 = 1{,}2$ für Querschnitte gilt, welche parallel zur Nullachse durch eine wagrechte Gerade begrenzt sind, während $\mu_0 = 1{,}33$ ist, wenn nur eine einzige Faser am stärksten gespannt, beide Male aber das Gußeisen bearbeitet ist. μ_0 beträgt 1 bzw. 1,1, wenn die Gußhaut noch vorhanden ist. e bedeutet den Abstand der äußersten, auf Zug beanspruchten Faser, z_0 nach Abb. 112 den Abstand des Schwerpunktes des auf derselben Seite der Schwerlinie gelegenen Teils der Querschnittfläche. Die Zugfestigkeit ist durchweg an bearbeiteten Proben ermittelt. Die Biegeversuche an den Stäben quadratischen und I-förmigen Querschnitts lassen dadurch, daß sie teils bearbeitet, teils unbearbeitet waren, einen Schluß auf den Einfluß der Gußhaut zu. Durch die größere Sprödigkeit der äußeren Schicht, vielleicht auch durch vermehrte Gußspannungen wird die Biegefestigkeit im Mittel auf 83% von derjenigen bearbeiteter Stäbe herabgesetzt.

Erheblichen Einfluß auf die Biegefestigkeit hat die Stützweite im Verhältnis zur Höhe des Querschnitts. Kurze Stäbe ergeben größere Bruchspannungen, so daß die Fehler bei der Berechnung nach der einfachen Formel $K_b = \frac{M_b}{W}$ zunehmen. Wawrziniok fand bei Versuchen an Stäben von 30 · 30 mm Querschnitt aus Gußeisen von $K_z = 1415$ kg/cm² Zugfestigkeit im Mittel aus je fünf Versuchen folgende Zahlen [II, 41]:

Stützweite mm	Biegefestigkeit K_b kg/cm²	Zunahme %
1000	2300	—
500	2400	4,3
300	2590	12,6
200	2630	14,4

c) Drehfestigkeit.

Auch gegenüber Drehmomenten zeigt sich die Widerstandsfähigkeit des Gußeisens in starkem Maße von der Querschnittform abhängig. Die folgende Zusammenstellung bezieht sich auf eine Versuchsreihe Bachs an Gußeisen von $K_z = 1579$ kg/cm² Zugfestigkeit [II, 19]. Nach derselben ist das theoretisch zu erwartende Verhältnis der Drehfestigkeit zur Zugfestigkeit von 0,8 nur für den Kreisringquerschnitt zutreffend. Die Querschnittformen 1 bis 6 zeigen wesentlich größere Widerstandsfähigkeit. Bei den [und I-Querschnitten Nr. 9 bis 13 ist zu bemerken, daß der Bruch an ihnen durch Einreißen der Flansche eingeleitet wurde, daß sie aber trotz dieser Schwächung durch den Anriß weitersteigende Drehmomente aushielten und annähernd rechteckigen Querschnitten mit der mittleren Wandstärke als Breite und der Summe der Steghöhe h und der Flanschbreiten b_0 als Höhe gleichwertig sind, wie es die Formeln der Zusammenstellung zeigen. Dabei dürfen allerdings die Flanschbreiten im Verhältnis zur Steghöhe nicht zu groß sein. Der Kreuzquerschnitt Nr. 14 kann entsprechend als Rechteck mit den Seitenlängen s und $2h - s$ aufgefaßt werden. Die Gußhaut hat geringen Einfluß. Die Abbildungen sind zwar nicht in gleichem Maßstabe, wohl aber den Querschnitten geometrisch ähnlich gezeichnet. U bedeutet unbearbeitet, B bearbeitet.

Wie bei der Inanspruchnahme auf Zug, Druck und Biegung zeigt Gußeisen auch bei derjenigen auf Verdrehung keine Verhältnisgleichheit zwischen Spannungen und Formänderungen; die Gleitziffer nimmt von $\beta = \frac{1}{400000}$ bei niedrigen Spannungen auf $\frac{1}{290000}$ cm²/kg bei hohen zu.

Zusammenstellung 34. **Drehfestigkeit von Gußeisen in Abhängigkeit von der Querschnittform (Bach).**

Lfde. Nr.	Querschnitt-form cm	Bearbeitungszustand	Versuchszahl	Querschnittabmessungen cm	Bruchspannung K_d kg/cm²	$\frac{K_d}{K_z}$
1	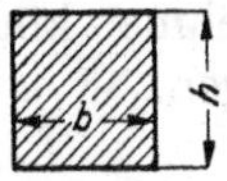	U	4	3,15 · 3,20	$K_d = 4{,}5\,\frac{M_d}{b^2 h} = 2228$	1,42
2	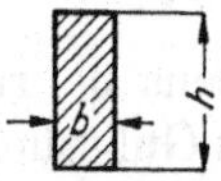	U	4	3,13 · 7,82	„ „ = 2529	1,60
3	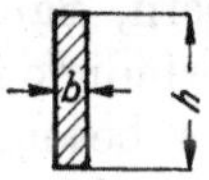	U	4	3,08 · 15,07	„ „ = 2366	1,50
4	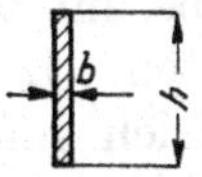	U	3	1,66 · 15,13	„ „ = 2508	1,59
5	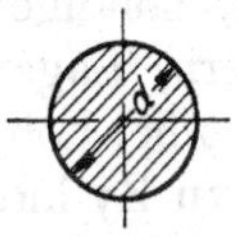	U	3	10,23 ∅	$K_d = \frac{16}{\pi} \cdot \frac{M_d}{d^3} = 1618$	1,02
6		B	1	9,6 ∅	„ „ 1655	1,05
7	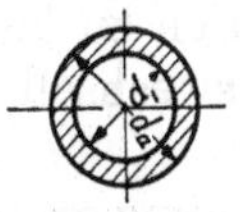	U	3	$d_a = 10{,}2\,∅$, $d_i = 6{,}97\,∅$	$K_d = \frac{16}{\pi} \cdot \frac{M_d}{d_a^4 - d_i^4} \cdot d_a = 1297$	0,82
8	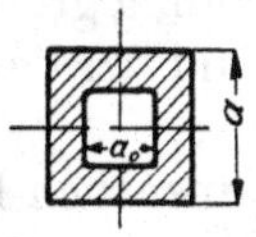	U	4	$a = 6{,}21$, $a_0 = 3{,}16$	$K_d = 4{,}5\,\frac{M_d}{a^4 - a_0^4} \cdot a = 1788$	1,13
9	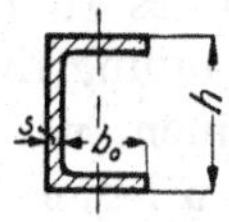	U	3	$h = 15{,}1$, $b_0 = 8{,}6$, $s = 1{,}7$	$K_d = 4{,}5\,\frac{M_d}{s^2\,(h + 2b_0)} = 1800$	1,14
10	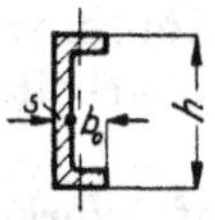	U	3	$h = 15{,}2$, $b_0 = 3{,}5$, $s = 1{,}7$	„ „ = 1890	1,20
11	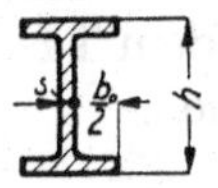	U	3	$h = 15{,}2$, $b_0 = 8{,}6$, $s = 1{,}6$	„ „ = 2770	1,75
12	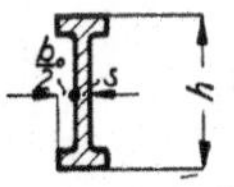	U	3	$h = 15{,}1$, $b_0 = 3{,}4$, $s = 1{,}7$	„ „ = 2480	1,57
13	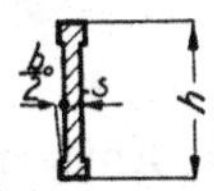	U	1	$h = 15{,}1$, $b_0 = 0{,}9$, $s = 1{,}8$	„ „ = 2650	1,68
14	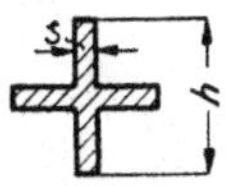	U	2	$h = 15{,}1$, $s = 2{,}1$	$K_d = 4{,}5\,\frac{M_d}{s^2\,(2h - s)} = 2587$	1,64

3. Anforderungen an Gußeisen.

Zur Beurteilung der mechanischen Eigenschaften dient an Stelle des Zugversuchs meist der Biegeversuch, weil er rascher und leichter durchzuführen ist, und weil er der

Verwendung des Gußeisens besser entspricht, das selten zur Übertragung von Zugkräften, häufig dagegen zur Aufnahme von Biegemomenten benutzt wird. Vgl. die Ausführungen und Zahlen auf S. 66.

An Eisenbauwerken schreibt die DIN 1000 bezüglich der Festigkeit von Gußeisenstücken vor, daß ein Normalbiegestab von 30 mm Durchmesser und 600 mm Stützlänge eine allmählich bis zu 460 kg zunehmende Belastung in der Mitte muß aufnehmen können, bevor er bricht. Die Durchbiegung soll hierbei mindestens 6 mm betragen.

4. Verwendung und Bearbeitung des Gußeisens.

Der niedrige Preis und die leichte Schmelz- und Gießbarkeit des Gußeisens bei rund 1200° bedingen die weitgehende Anwendung desselben im Maschinenbau zu Gußstücken aller Art: Röhren für niedrigen und mittleren Druck, Ventilen und Schiebern, Säulen, Kupplungen, Riemen- und Seilscheiben, Schwungrädern für mäßige Geschwindigkeiten usw. Wie die Ausführungen über die Festigkeitsverhältnisse zeigten, ist es besonders zur Aufnahme von Druckkräften und Biegemomenten geeignet. Hierauf beruht seine Benutzung zu Maschinenrahmen und -ständern, Werkzeugmaschinenbetten, Lagerkörpern und -deckeln, Konsolen, Zahnrädern u. a. m. Auch eignet es sich infolge seiner geringen Neigung zum Fressen gut als Werkstoff an Laufflächen, solange der Flächendruck gering gehalten werden kann. (Schalen von Triebwerklagern, Lager an Werkzeugmaschinen und Hebezeugen, Exzenterscheiben und -bügel.) Selbst bei höheren Wärmegraden läuft Gußeisen auf Gußeisen gut; daher seine Verwendung zu Zylindern, Kolben und Kolbenringen für Dampf- und Gasmaschinen, für Kompressoren, Pumpen usw. Man pflegt dabei ein etwas weicheres auf einem harten Gußeisen laufen zu lassen, um die Abnutzung auf den weicheren, wenn möglich, den leicht auswechselbaren Teil zu beschränken (weiche Kolbenringe in harten Zylindern).

Ungeeignet ist Gußeisen wegen seiner geringen Zugfestigkeit zur Übertragung größerer Zug- oder wechselnder Kräfte und wegen seiner geringen Arbeitsfähigkeit und der daraus folgenden Sprödigkeit zur Aufnahme starker Stöße.

Die Widerstandsfähigkeit des Gußeisens gegenüber gewissen Säuren, namentlich konzentrierter Schwefelsäure, aber auch gegenüber manchen organischen läßt es zu Rohrleitungen und zahlreichen Apparaten der chemischen Großindustrie Verwendung finden. Für Schmelzkessel, die mit Feuergasen in unmittelbare Berührung kommen, wird ein Zusatz von 0,5 bis 1% Nickel empfohlen, das aber schwierig gleichmäßig zu legieren ist.

Für chemische Betriebe ist das gegen Schwefel- und Salpetersäure jeder Konzentration widerstandsfähige Siliziumeisen, ein freilich spröder und schwierig zu bearbeitender Werkstoff, wichtig.

Die Bearbeitung des Gußeisens richtiger Zusammensetzung ist auf Werkzeugmaschinen leicht. Es liefert kurze, körnige Späne und kann trocken nach dem Taschenbuch der Hütte mit folgenden Schnittgeschwindigkeiten bearbeitet werden.

	Mit gewöhnl. Stahl m/Min.	Mit Schnellstahl m/Min.
Drehen	6–12	15–20
Lang- und Planfräsen	10–15	25–40
Hobeln	5–10	10–15

Die kleineren Werte gelten für Stücke mit Gußhaut, die größeren nach Entfernung derselben.

F. Hartguß, Schalenguß.

Bei sehr raschem Abkühlen von Gußeisen geeigneter Zusammensetzung scheidet sich der Kohlenstoff nicht als Graphit aus, sondern bleibt chemisch gebunden und verleiht dem Eisen große Härte. Das wird beim Hartguß unter Verwendung gußeiserner Formen oder durch Anlegen von wärmeableitenden Schalen an den Stellen, wo eine harte, mehr oder minder starke Schicht entstehen soll, benutzt. Das sich bildende, spröde, weiße Eisen muß aber auf einem Grund von zähem, grauem Gußeisen liegen und in dieses allmählich übergehen, weil sonst leicht Brüche und Abblätterungen vorkommen. Zufolge der verschiedenen Schwindung der beiden Schichten entstehen in Hartgußstücken leicht starke Spannungen und oft Risse (Hartborsten), so daß große Sorgfalt bei der Auswahl der Rohstoffe und bei der Zusammensetzung des Eisens notwendig ist. Der Konstrukteur wird möglichst einfache Formen anstreben, die die Zusammenziehung nicht hindern. Anwendung findet der Hartguß auf Teile, die hohen Flächendrücken ausgesetzt sind oder großer Abnutzung unterliegen: auf Walzen, Laufrollen, Laufräder, Platten für Steinbrecher und Erzquetscher, Hebedaumen u. a. m.

Die Bearbeitung der harten Oberfläche ist nur mittels Sonderstählen, mit Diamantwerkzeugen oder durch Schleifen möglich.

G. Temperguß.

Temperguß oder schmiedbarer Guß entsteht durch längeres Glühen der aus weißem Gußeisen hergestellten Stücke in Sauerstoff abgebenden Packungen. Dabei wird der Kohlenstoffgehalt von 2,8 bis 3,4% je nach der Glühdauer auf 1 bis 0,4% herabgemindert und das ursprünglich sehr spröde Eisen in schmiedbaren Zustand übergeführt. Bezeichnungen für Temperguß, die die Art und Herstellung nicht erkennen lassen, z. B. „Halbstahl, Stahleisen, Temperstahlguß" sind irreführend. Da das weiße Eisen infolge des starken Schwindens um 1,6 bis 2,1% große Neigung zum Saugen und Lunkern hat und da die Wirkung des Glühens von außen nach innen fortschreitet, ist es wiederum besonders wichtig, den Gegenständen einfache Formen und überall gleiche Wandstärken zu geben, sowie scharfe Ecken und unvermittelte Übergänge zu vermeiden, um hinreichende Gleichmäßigkeit im fertigen Stück zu erzielen. Am vorteilhaftesten sind geringe Wandstärken zwischen 3 bis 8 mm; die größte, noch anwendbare Dicke wird mit 25 mm angegeben. Daß die Teile durch Gießen leicht in die gewünschte Form gebracht werden, macht Tempergußstücke billig und begründet die zunehmende Bedeutung derselben als Ersatz geschmiedeter oder aus Stahlguß hergestellter Stücke; andererseits beschränkt sich das Verfahren doch meist auf kleinere, in großen Mengen gebrauchte Maschinenteile, weil nur gleichartige Stücke in einer Packung genügend gleichmäßig getempert werden können. Beispiele bieten Schraubenschlüssel, mäßig belastete Kettenglieder, Normalköpfe, Griffe, Gasrohrverbindungsstücke, Flanschen, Teile von landwirtschaftlichen Maschinen, Webstühlen usw.

Die Anforderungen in bezug auf Festigkeit und Zähigkeit können die an Gußeisen zu stellenden übertreffen, müssen aber naturgemäß wegen des vom Gießen herrührenden weniger dichten Gefüges niedriger als die an geschmiedetem Stahl üblichen sein. Die Zugfestigkeit pflegt je nach dem weicheren oder härteren Zustande zwischen $K_z = 1900 - 2500 - 3100$, selbst bis zu 3500 kg/cm² bei einer mit steigender Zugfestigkeit abnehmenden Bruchdehnung $\delta = 7,5$ bis 1% zu liegen. Die Bruchfläche zeigt körniges Gefüge. Gute Stücke von 2 bis 3 mm Wandstärke müssen sich kalt um einen mäßig dicken Dorn um 180° biegen lassen ohne zu brechen.

Die Bearbeitung durch Werkzeuge bietet keine Schwierigkeiten. Sie entspricht je nach dem Grade der Entkohlung etwa derjenigen von weichem oder mäßig hartem Stahle.

III. Sonstige Metalle.

A. Kupfer.

Kupfer kommt, nach verschiedenen Verfahren gewonnen und durch Umschmelzen oder auf elektrolytischem Wege gereinigt, als Hütten- und Elektrolytkupfer in den Handel.

Die DIN 1708 Bl. 1 unterscheidet die folgenden Sorten:

Benennung	Kurzzeichen	Kupfergehalt mindestens %	Verwendungsbeispiele
Hüttenkupfer *A* (arsen- u. nickelhaltig)	*A*−*Cu*	99,0	Feuerbüchsen und Stehbolzen
Hüttenkupfer *B* (arsenarm)	*B*−*Cu*	99,0	Legierungen für Gußerzeugnisse sowie Legierungen mit weniger als 60% Kupfergehalt für Walz-, Press- und Schmiedeerzeugnisse
Hüttenkupfer *C*	*C*−*Cu*	99,4	Kupferrohre und -bleche
Hüttenkupfer *D*	*D*−*Cu*	99,6	Legierungen mit mehr als 60% Kupfergehalt für Walz-, Preß- und Schmiedeerzeugnisse
Elektrolytkupfer *E*	*E*−*Cu*	—[1])	Elektrische Leitungen, hochwertige Legierungen

Bei der Bestellung ist die DIN-Nummer mit anzugeben, z. B. bei Hüttenkupfer *A*: *A*—*Cu* DIN 1708.

[1]) Für die Beurteilung des Elektrolytkupfers für elektrische Leitungen ist lediglich die elektrische Leitfähigkeit maßgebend, vgl. DIN 1708.

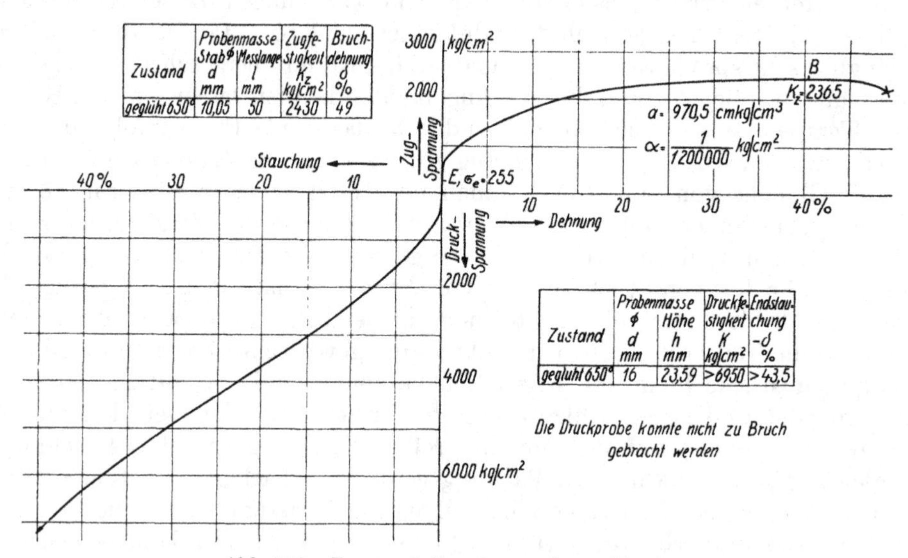

Abb. 113. Zug- und Druckversuch an Kupfer.

Das Hütten- und Elektrolytkupfer ist ein weiches, sehr dehnbares Metall, das sich im kalten und warmen Zustande durch Walzen, Ziehen, Pressen, Hämmern, Treiben und Schmieden leicht verarbeiten, aber wegen seiner Dickflüssigkeit und Neigung zur Blasenbildung schlecht vergießen läßt.

Es schmilzt bei 1083°, hat ein Einheitsgewicht von 8,9 kg/dm³ und zeichnet sich durch große Leitfähigkeit für elektrischen Strom und Wärme aus. Ein Draht von 1 mm² Querschnitt und 1 m Länge hat einen Widerstand von 0,017 bis 0,018 Ω, d. i. rund ein Sechstel von demjenigen des Eisens. Die Wärmemenge, die durch 1 m² Querschnitt bei 1° Temperaturunterschied beider Flächen in einer Stunde 1 m weit geleitet wird, beträgt 320 kcal und ist 6—8 mal größer als beim Eisen.

Das Verhalten ausgeglühten Kupfers beim Zugversuch ist durch eine langgestreckte Schaulinie, Abb. 113, gekennzeichnet, die keine ausgeprägte Fließgrenze, aber sehr große Dehnung aufweist. Die Elastizitätsgrenze tritt bei solchem Kupfer überhaupt nicht oder schon bei sehr niedrigen Spannungen auf; auch fehlt die Verhältnisgleichheit zwischen Spannung und Dehnung. Durch Kaltbearbeitung wird die Fließgrenze gehoben und die Elastizitäts- und Proportionalitätsgrenze nachweisbar. Als Mittelwert für die Dehnungszahl α darf dann $\frac{1}{1200000}$ bis $\frac{1}{1100000}$ cm²/kg gesetzt werden. Der Bruch erfolgt unter großer Einschnürung, zeigt lachsrote Farbe und feinkörniges, dichtes, seidenartig glänzendes Gefüge. Die Kaltbearbeitung bewirkt eine Verringerung der Dehnung, also eine Abnahme der Geschmeidigkeit, die sich jedoch durch Ausglühen bei 400 bis 450° wieder herstellen läßt. Gezogener Kupferdraht fängt nach den Untersuchungen von Martens schon bei 250° an, wieder weich zu werden, bei längerer Einwirkung einer Temperatur von 350° verliert er seine Härte vollständig. Festigkeitszahlen verschiedener Kupfersorten bei gewöhnlicher Luftwärme enthält die folgende Zusammenstellung.

Zusammenstellung 35. **Festigkeitswerte von Kupfer.**

	Zugfestigkeit K_z kg/cm²	Dehnung δ %	Einschnürung ψ %
Kupfer, gewalzt	2000 ... 2300	35 ... 40	45 ... 60
Kupfer, gehämmert	2600 ... 2700	—	—
Kupfer, gezogen	3000 ... 3800	—	—
Feuerbüchskupfer, Rundkupfer (C. Heckmann, Duisburg)	2200	38	45
Spezialfeuerbüchskupfer (C. Heckmann, Duisburg)	2500 ... 2600	$\geqq$ 38	60
Spezialrundkupfer „extragehärtet" (C. Heckmann, Duisburg)	4000 ... 6000	4 .. 12	60

Ein mit Gewinde versehenes Stück Stehbolzenkupfer von 180 mm Länge soll sich kalt mit seinen Enden zusammenbiegen lassen, ohne Risse zu erhalten.

Müller [II, 4] nennt als Grenzen, innerhalb deren die mechanischen Eigenschaften guten Kupfers, an handelsüblichen Blechen ermittelt, liegen können:

	Elastizitätsgrenze σ_E kg/cm²	Streckgrenze $\sigma_{0,2}$ kg/cm²	Zugfestigkeit K_z kg/cm²	Dehnung δ %	Elastizitätszahl α cm²/kg
Blech ausgeglüht	160	800	2200	50	$\frac{1}{1080000}$
Kaltgewalzt, 90% Reckgrad	640	4500	4700	3,50	$\frac{1}{1350000}$

Bei höheren Wärmegraden nehmen Festigkeit und Dehnung ab. Dabei ist die Dauer der Kraftwirkung von großem Einfluß, wie Stribeck nachgewiesen hat [II,20]. Die seiner Abhandlung entnommenen Abb. 114 bis 115 zeigen diese Erscheinung an Stehbolzenkupfer. Die gestrichelten Linien entsprechen Versuchen Rudeloffs [II, 21] mit üblicher, verhältnismäßig kurzer Versuchszeit, die ausgezogenen den Stribeckschen von langer Dauer. Danach sinkt bereits von 200° an die Widerstandsfähigkeit des Kupfers gegenüber ständiger Kraftwirkung sehr beträchtlich; insbesondere fällt die Linie der Dehnung jäh ab, so daß Kupfer bei mehr wie 200° als

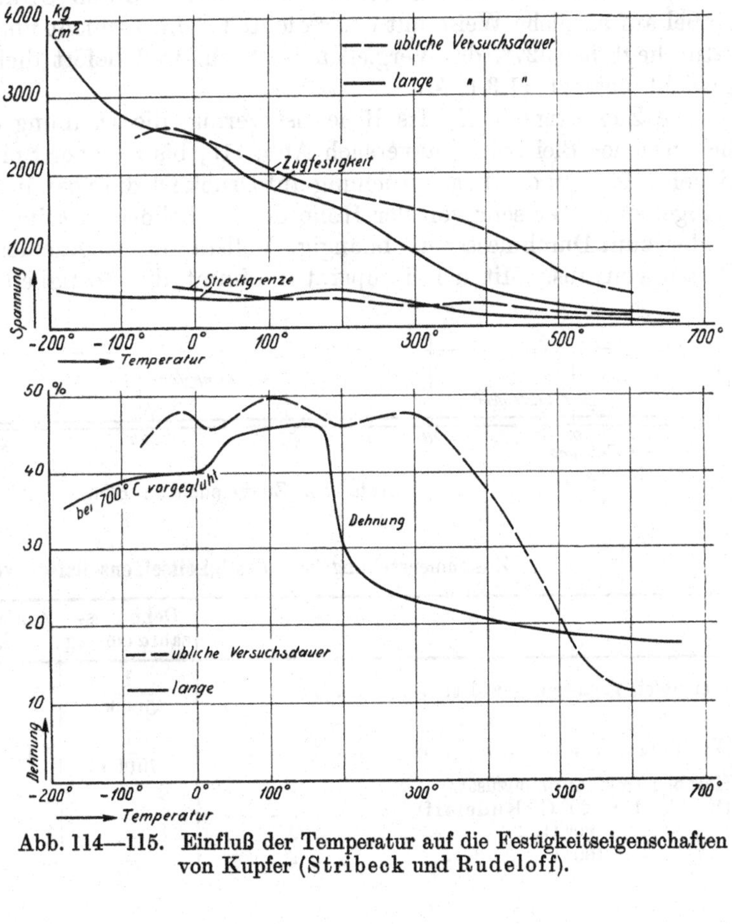

Abb. 114—115. Einfluß der Temperatur auf die Festigkeitseigenschaften von Kupfer (Stribeck und Rudeloff).

nicht mehr zuverlässig vermieden werden sollte, wenn seine Festigkeit in Betracht kommt.

Beim Druckversuch zeigt Kupfer nach Abb. 113 eine etwa gleich hohe Fließgrenze wie beim Zugversuch, bei höheren Belastungen aber eine wesentlich größere Wiederstandsfähigkeit; ein Bruch tritt bei der Weichheit des Stoffes trotz weitgehender Zusammendrückung überhaupt nicht ein.

In trockner Luft ist Kupfer sehr beständig; in feuchter bildet sich an seiner Oberfläche eine Schicht basisch kohlensauren Kupfers, welche das darunterliegende Metall schützt. Durch die meisten Säuren und durch Seewasser wird es, wenn auch zum Teil langsam, angegriffen und zerfressen.

Seine Anwendung im Maschinenbau ist wegen des hohen Preises beschränkt. Auf Grund seiner leichten Formänderungsfähigkeit, sowohl bei der Verarbeitung, wie im Betriebe, wird es zu Kesseln, Pfannen, Trommeln, Anschlußkrümmern, Ausgleichrohren, Stehbolzen, Dichtungsringen u. a. m. benutzt. Verbindungen von Kupferteilen lassen sich leicht durch Weich- oder Hartlöten, in neuerer Zeit auch durch Schweißen herstellen. Die große Leitfähigkeit für den Strom begründet seine ausgedehnte Anwendung in der Elektrotechnik. Gelegentlich finden sich kupferne Nieten wegen ihrer Weichheit verwendet, z. B. beim Anschluß gußeiserner Stutzen an schmiedeeisernen Gefäßen. Wichtig ist das Kupfer als Bestandteil zahlreicher Legierungen.

B. Blei.

Blei wird als Werkblei gewonnen und als solches oder in gereinigtem Zustande als Kaufblei in den Handel gebracht. Seine große Geschmeidigkeit ermöglicht die leichte Verarbeitung durch Pressen, Walzen, Ziehen und Drücken. Beispielweise lassen sich Drähte und Röhren durch Pressen des Metalls durch Öffnungen hindurch herstellen, Kabel auf ähnliche Weise mit einer dichten Schutzschicht umgeben. Die Schmelztemperatur liegt bei 327°, das Vergießen ist leicht und liefert dichte Stücke. Das Einheitsgewicht beträgt 11,3 kg/dm³.

Die Zugfestigkeit K_z des Bleies ist gering, die Dehnung dagegen sehr groß, so daß sich weiches Blei beim Zugversuch Abb. 116, bis zu einer Spitze an der Bruchstelle ausziehen läßt. Bei der Beanspruchung auf Druck ist die Spannung an der Quetschgrenze σ_{-s} maßgebend, aber sehr von der Höhe des Probekörpers h im Verhältnis zu seiner Breite b oder zum Durchmesser d abhängig. Vollständig eingeschlossenes Blei hält sehr hohe Pressungen aus. Mit der Temperatur nimmt die Festigkeit rasch ab.

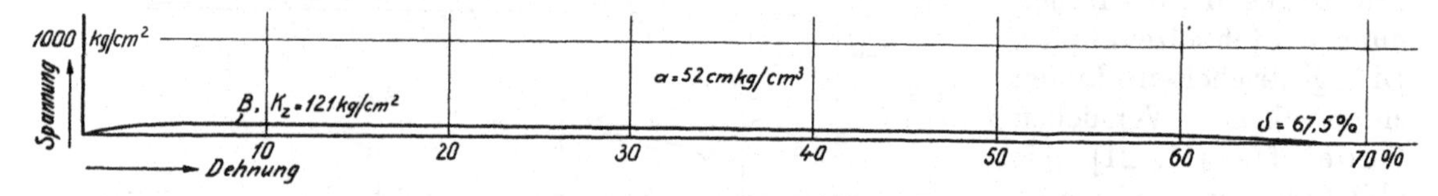

Abb. 116. Zugversuch an Blei.

Zusammenstellung 36. **Festigkeitseigenschaften von Blei.**

	Dehnungszahl α cm²/kg	Zugfestigkeit K_z kg/cm²	Quetschgrenze σ_{-s} kg/cm²
Weichblei, gegossen, gewalzt	$\frac{1}{50000}$	125	50 bis 150 bei $h:d = 2\ldots0{,}1$
Bleidraht	$\frac{1}{70000}$	170 ... 220	—
Hartblei (mit Antimonzusatz)	—	—	300 bei $h:d = 1$
Hartblei bei 20° C (Rudeloff)	—	460	—
60° C	—	440	—
100° C	—	280	—

Blei wird an der Luft durch die Bildung eines Überzuges von Bleioxydul gegen weitere Angriffe geschützt und ist gegen verdünnte und selbst konzentrierte anorganische Säuren, mit Ausnahme der Salpetersäure, sehr widerstandsfähig.

Im Maschinenbau findet es als leicht biegsames Rohr bei Wasserleitungen, als nachgiebige Unterlage und als Dichtungsmittel, zum Untergießen oder zum Befestigen von Metallen in Steinen, in der Elektrotechnik zu Akkumulatorplatten und zum Schutz von Kabeln Verwendung. In der chemischen Industrie dient es zu Schwefelsäurekammern, Pfannen, Rohren usw. oder zu deren Auskleidung. Ferner bildet es einen wichtigen Bestandteil vieler Legierungen, namentlich der Weißmetalle und Weichlote.

C. Aluminium.

Aluminium wird auf elektrothermischem Wege gewonnen und hat in neuerer Zeit wegen seines geringen Einheitsgewichtes, das 2,64 kg/dm³ im gegossenen, 2,73 im gewalzten Zustande beträgt, rasch steigende Bedeutung als Werkstoff erlangt. Das technische Aluminium enthält zwischen 99,8 und 96% Aluminium und läßt sich im kalten Zustande und soweit angewärmt, daß ein Fichtenholzspan, mit ihm in Berührung gebracht, zu rauchen beginnt, schmieden, walzen, hämmern und ziehen; die beim kalten Bearbeiten auftretende Sprödigkeit kann durch Ausglühen wieder beseitigt werden.

Reinaluminium wird nach DIN 1712 von den Hütten in drei Sorten, durch das Kurzzeichen *Al* und den Gehalt an Aluminium in Hundertteilen bezeichnet, geliefert:

Benennung	Kurzzeichen
Reinaluminium 99,5 . . .	*Al* 99,5
Reinaluminium 99	*Al* 99
Reinaluminium 98/99 . .	*Al* 98/99

Bei der Bestellung ist die DIN-Nummer hinzuzusetzen, z. B.: *Al* 99 DIN 1712.

Über die zulässigen Verunreinigungen vgl. DIN 1712.

Der Schmelzpunkt liegt bei 657° C. Wird eine Überhitzung um mehr als 100° vermieden, so läßt es sich sowohl in Sandformen wie in Kokillen leicht und gut vergießen.

Ziemlich beträchtlich ist das Schwindmaß, das an geraden Stäben ermittelt, 1,8% beträgt.

Die Bearbeitung ist leicht; infolge seiner großen Weichheit versetzt Aluminium jedoch die Zähne der Werkzeuge, der Feilen und Sägen. Als Schmiermittel beim Drehen dient Petroleum.

Der elektrische Widerstand ist verhältnismäßig gering und gleich 0,03 . . . 0,05 Ω bei 1 mm² Querschnitt und 1 m Drahtlänge, also etwa doppelt so groß, wie der des Kupfers. Die Wärmeleitzahl von 175 kcal in der Stunde bei 1 m² Querschnitt, 1 m Länge und 1° Temperaturunterschied ist rund halb so groß wie die des Kupfers, aber doppelt so groß wie die des Eisens.

Über die mechanischen Eigenschaften enthält Zusammenstellung 37 nähere Angaben. Abb. 117 gibt dazu einige Schaulinien von Zug- und Druckversuchen an verschiedenen Sorten nahezu reinen Aluminiums und an der Legierung Duralumin.

Bei gegossenen und ausgeglühten weichen Arten treten schon bei geringen Belastungen bleibende Formänderungen auf, so daß eine Elastizitätsgrenze nicht nachzuweisen ist, und die Fließgrenze niedrig liegt. Beide lassen sich aber durch Kaltbearbeitung beträchtlich heben, wie die Zug- und Druckversuche an einem Aluminium des Erftwerkes mit 99,2% Al, Abb. 118, zeigen, die stufenweise unter Neubelastung der Proben nach ihrer Reckung, bzw. Stauchung um rund 2, 5 und 10% durchgeführt wurden. Die Fließgrenze ist jeweils auf etwa die Höhe, die der vorangehenden Höchstbelastung entspricht, gehoben. Manchmal treten sogar geringe Überhöhungen, einer sonst nur bei weichem Stahl beobachteten oberen Fließgrenze entsprechend, auf. Die einzelnen Elastizitäts- und Fließgrenzen sind durch die Buchstaben *E* und *F* mit Ziffern, die die vorangegangene Reckung kennzeichnen, angegeben.

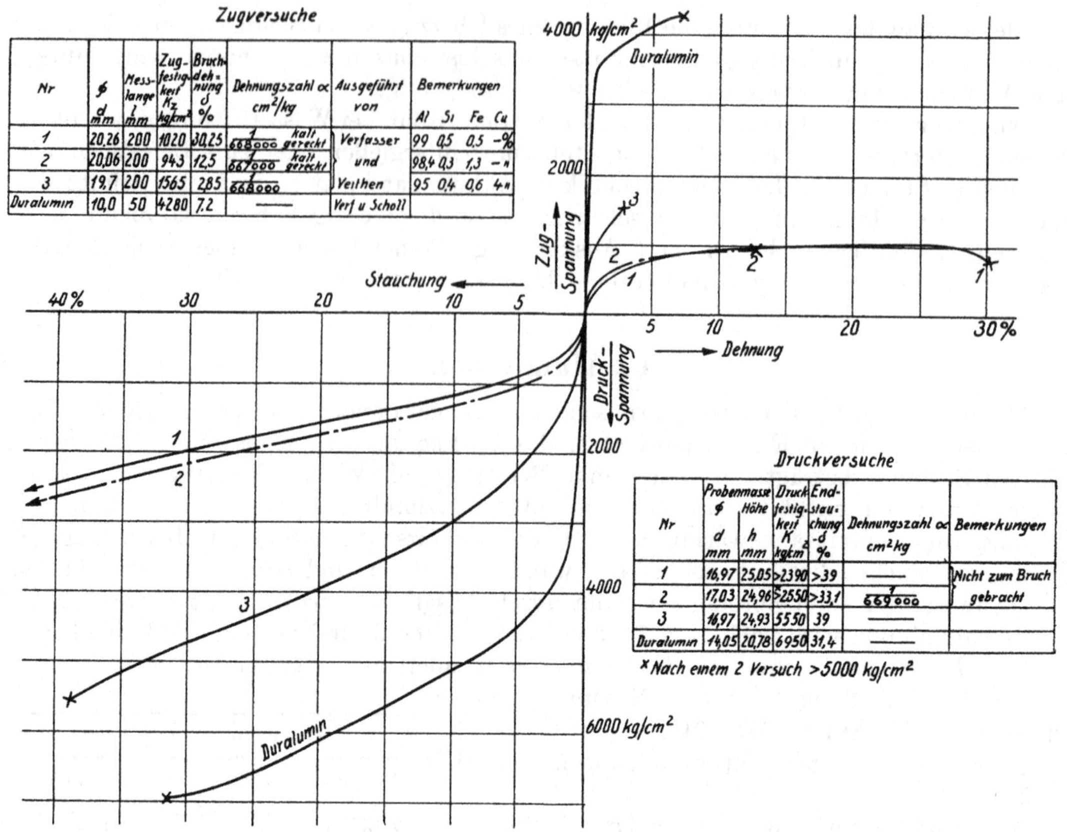

Zugversuche

Nr	⌀ d mm	Messlänge l mm	Zugfestigkeit K_z kg/cm²	Bruchdehnung δ %	Dehnungszahl α cm²/kg	Ausgeführt von	Bemerkungen Al Si Fe Cu
1	20,26	200	1020	30,25	$\frac{1}{668000}$ kalt gereckt	Verfasser	99 0,5 0,5 – %
2	20,06	200	943	12,5	$\frac{1}{667000}$ kalt gereckt	und	98,4 0,3 1,3 – "
3	19,7	200	1565	28,5	$\frac{1}{668000}$	Veithen	95 0,4 0,6 4 "
Duralumin	10,0	50	4280	7,2	—	Verf u Scholl	

Druckversuche

Nr	Probenmasse ⌀ d mm	Höhe h mm	Druckfestigkeit K kg/cm²	Endstauchung −δ %	Dehnungszahl α cm²/kg	Bemerkungen
1	16,97	25,05	>2390	>39	—	Nicht zum Bruch gebracht
2	17,03	24,96	×>2550	>33,1	$\frac{1}{669000}$	
3	16,97	24,93	5550	39	—	
Duralumin	14,05	20,78	6950	31,4	—	

× Nach einem 2 Versuch >5000 kg/cm²

Abb. 117. Zug- und Druckversuche an 3 Sorten Aluminium und an Duralumin.

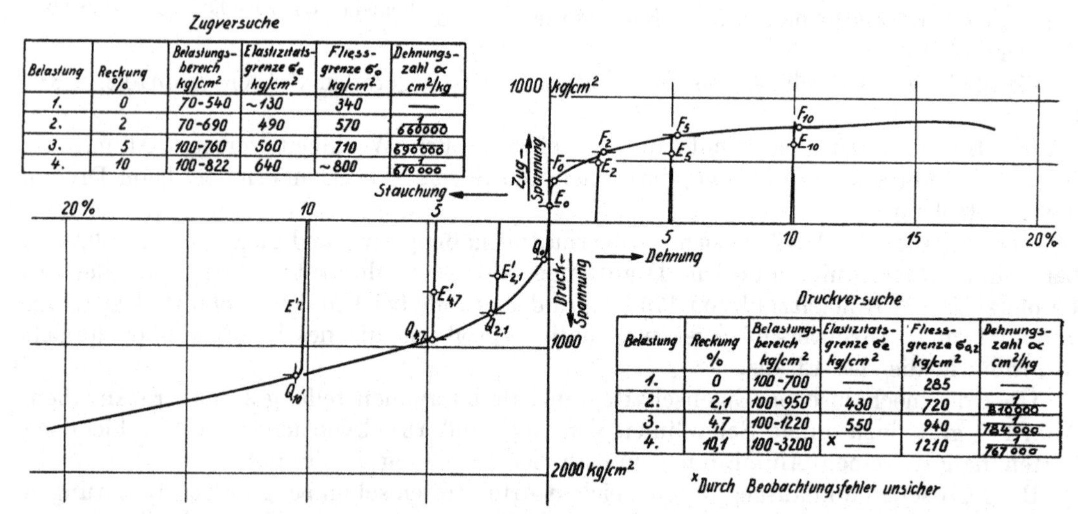

Zugversuche

Belastung	Reckung %	Belastungsbereich kg/cm²	Elastizitätsgrenze σ_e kg/cm²	Fliessgrenze σ_0 kg/cm²	Dehnungszahl α cm²/kg
1.	0	70–540	~130	340	—
2.	2	70–690	490	570	$\frac{1}{660000}$
3.	5	100–760	560	710	$\frac{1}{690000}$
4.	10	100–822	640	~800	$\frac{1}{670000}$

Druckversuche

Belastung	Reckung %	Belastungsbereich kg/cm²	Elastizitätsgrenze σ_e kg/cm²	Fliessgrenze $\sigma_{0,2}$ kg/cm²	Dehnungszahl α cm²/kg
1.	0	100–700	—	285	—
2.	2,1	100–950	430	720	$\frac{1}{810000}$
3.	4,7	100–1220	550	940	$\frac{1}{784000}$
4.	10,1	100–3200	× —	1210	$\frac{1}{767000}$

× Durch Beobachtungsfehler unsicher

Abb. 118. Zugversuch an Aluminium (99,2 % Al, 0,4 % Si, 0,4 % Fe, Erftwerk) unter Entlastung nach 2, 5 und 10 % Reckung; Druckversuch unter Entlastung nach 2,1, 4,7 und 10,1 % Stauchung.

Als Dehnungszahl α darf nach Tetmajer im Mittel $\frac{1}{675000}$ an gegossenem, $\frac{1}{762000}$ cm²/kg an gewalztem oder geschmiedetem Aluminium, die Schubzahl $\beta = \frac{1}{260000}$ cm²/kg in gegossenem Zustande gesetzt werden. Zahlen, die der Verfasser an den Sorten *1*, *2* und *3*, welche die Schaulinien der Abb. 117 lieferten, nach erfolgtem Kaltrecken fand, sind in den Zusammenstellungen zu der genannten Abbildung angegeben. Dehnung und

Einschnürung sind im Falle gegossenen Aluminiums gering; Schmieden, Walzen, Ziehen usw. hebt sie aber bei geeigneter Zusammensetzung beträchtlich.

Wie die mechanischen Eigenschaften an gezogenem und ausgeglühtem Aluminium von steigender Temperatur beeinflußt werden, gibt Abb. 119 wieder. Die Zugfestigkeit und die Streckgrenze sinken, die Dehnung nimmt anfangs langsam, dann aber stark zu.

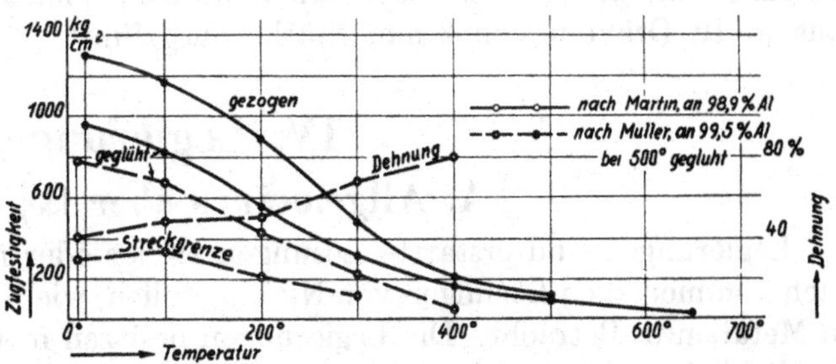

Abb. 119. Einfluß der Temperatur auf die mechanischen Eigenschaften.

Zusammenstellung 37. **Festigkeitseigenschaften von Aluminium.**

		Streckgrenze σ_s kg/cm²	Zugfestigkeit K_z kg/cm²	Bruchdehnung δ %
Aluminium gegossen			1000 ... 1200	3
„ geschmiedet			1200	22,4
„ Kokillenguß	Aluminium-Industrie A.-G. Neuhausen	450	1070	24,5
„ kalt stark gewalzt		—	2300 ... 2600	6 ... 5
Aluminiumblech, hart, 8 mm dick		—	1110	11,9
„ hart, 5 mm „		1340	1380	3,5
„ hart, 2 mm „		1590	1650	2,5
Aluminiumdraht 5 mm Durchmesser	Aluminium-Industrie A.-G. Berlin	—	1850	—
„ 2,5 mm „		—	2700	—

Das Aluminium ist im weichen Zustande an der Luft gut haltbar. Wird Aluminiumblech in starkem Maße kalt bearbeitet, so zeigen sich vielfach örtliche Zersetzungserscheinungen, die nach den Untersuchungen von Heyn und Bauer [II, 22] auf die gleichzeitige Einwirkung von Luft und Wasser zurückzuführen sind, und die durch Ausglühen bei 450° im Anschluß an die Kaltbearbeitung verhütet werden können.

Von Salzsäure, Soda, Kochsalz und stark basischen Flüssigkeiten wird Aluminium rasch, von verdünnter Schwefelsäure langsam, von Salpetersäure und manchen organischen Säuren, Fetten, ätherischen Ölen, Alkohol, Bier usw. überhaupt nicht angegriffen. In der chemischen Industrie verdrängt es deshalb vielfach andere Konstruktionsstoffe, namentlich das Kupfer, und wird in immer steigendem Maße an Stelle von Tongefäßen zum Aufbewahren und Versenden von chemischen Stoffen, ferner in Färbereien und Gerbereien, im Gärungs- und Textilgewerbe benutzt.

In Berührung mit anderen Metallen unterliegt Aluminium durch die Einwirkung galvanischer Ströme einer allmählichen Zerstörung; u. a. sollten deshalb zur Verbindung von Aluminiumteilen stets Aluminiumnieten verwendet werden. Das Löten und Schweißen ist unter besonderen Vorsichtsmaßregeln möglich. Erfahrungen über Eignung und Bewährung des Aluminiums sammelt die auch zu Auskünften gern bereite Aluminium-Beratungsstelle in Berlin W 8. Die hohe Wärmeleitfähigkeit hat Aluminium zu Kolben von Verbrennungsmaschinen, selbst zu Hochofenformen erfolgreich Anwendung finden lassen.

Aluminium wird ferner im Maschinenbau für Teile benutzt, die bei mäßigen Ansprüchen an die Festigkeit und Härte geringes Gewicht oder kleine Massen haben müssen. Beispiele dafür bieten die Rahmen und Gehäuse von Motoren und Zahnrädergetrieben im Kraft- und Luftfahrzeugbau, Riemenscheiben an Wendegetrieben von Werkzeugmaschinen, Gehäuse, Trommeln, Rollen an Instrumenten usw. Ferner wird es in zunehmendem Maße im Schiffbau und bei der Schiffsausrüstung zur Vergrößerung des Auftriebes angewendet.

Die gute elektrische Leitfähigkeit hat zur Benutzung als Leitungsmaterial in der Elektrotechnik geführt. Es bedingt zwar den 1,7fachen Querschnitt von Kupfer, wiegt aber nur etwa die Hälfte und ist noch wettbewerbfähig, wenn sich der Preis des Aluminiums zu dem des Kupfers wie 1:0,52 verhält. Unter anderem ist die 130 km lange Leitung von den Elektrizitätswerken in Golpa nach Berlin mit drei Aluminiumseilen aus je 19 Drähten von 3 mm Stärke ausgeführt.

IV. Legierungen.

A. Allgemeines über Legierungen.

Legierungen sind erstarrte Lösungen zweier oder mehrerer Metalle ineinander. Vielfach kommen auch Lösungen von Nichtmetallen, wie Kohlenstoff, Schwefel und Phosphor in Metallen in Betracht. Die Legierungen besitzen metallische Eigenschaften; die Eigentümlichkeiten der einzelnen Teile werden aber oft schon durch ganz geringe Zusätze in starkem Maße verändert und verschwinden häufig unter Auftreten ganz neuer Eigenschaften völlig. So werden die Farbe, der Schmelzpunkt, die Gießbarkeit, die Festigkeit und Härte, die Widerstandsfähigkeit gegen atmosphärische und chemische Einwirkungen u. a. in oft erheblichem Maße beeinflußt, so daß die Erzielung bestimmter Eigenschaften als Zweck des Legierens bezeichnet werden kann.

Alle Legierungen, mit Ausnahme der eutektischen und bestimmter chemischer Verbindungen zwischen den Bestandteilen der Legierung, schmelzen und erstarren in einem von der Zusammensetzung abhängigen, größeren oder kleineren Temperatur*bereich*. Je nachdem, ob dieser langsam oder rasch durchlaufen wird, ob also das Festwerden allmählich oder schnell vor sich geht, scheiden sich die im Überschuß vorhandenen Bestandteile in größeren oder kleineren Kristallen aus und bewirken so die Bildung eines gröberen oder feineren Gefüges. Manchmal treten Ausseigerungen und dadurch Störungen der Gleichmäßigkeit der Festigkeits- und Bearbeitungseigenschaften auf. Zu diesen Erstarrungsvorgängen kommen häufig noch Veränderungen in festem Zustande, auf welche u. a. das Härten und Anlassen des Stahls, das Vergüten des Duralumins zurückzuführen sind, so daß die Eigenschaften der Legierungen nicht allein durch die Zusammensetzung, sondern auch durch die Behandlung während und nach dem Erstarren bedingt werden. All das ist die Begründung dafür, daß sich manchmal Legierungen nicht bewähren, die an anderen Stellen mit bestem Erfolge angewendet werden.

Die *Schmelztemperaturen* liegen häufig niedriger, als nach der Zusammensetzung und den Schmelzpunkten der Bestandteile zu erwarten ist. Da zudem die Herstellung von Gußstücken meist durch größere Leichtflüssigkeit und geringere Neigung zur Blasen- und Lunkerbildung unterstützt wird, erklärt sich, daß sich Legierungen viel häufiger als die reinen Metalle finden.

Schrifttum: [II, 1, 5, 23]

Von großer Wichtigkeit für die praktische Verwendung sind die Preise der einzelnen Bestandteile. Sie sind in starkem Maße von der Marktlage abhängig; immerhin war das gegenseitige Verhältnis vor dem Kriege annähernd unveränderlich. Anders heutzutage: Die Preise der einzelnen Metalle schwanken innerhalb weiterer Grenzen und unabhängig voneinander; namentlich ist Zinn bedeutend teurer geworden, so daß seine Verwendung beschränkt und sein Ersatz, wo irgend möglich, angestrebt werden sollte. Im Verhältnis zum Kupfer kostete:

	Zinn	Antimon	Zink	Blei	Aluminium
vor dem Kriege im Mittel das	1,97	0,79	0,34	0,20	— fache
Mitte 1926 das	4,7	0,9	0,6	0,5	2 „

B. Kupfer-Zinnlegierungen, Bronzen.

1. Einteilung und Haupteigenschaften.

Die zahlreichen Kupfer-Zinnlegierungen kann man in 4 Hauptgruppen einteilen:

a) reine Zinnbronzen, lediglich aus Kupfer und Zinn bestehend,

b) Phosphorbronzen, mit geringen Zusätzen von Phosphor beim Einschmelzen, die desoxydierend wirken sollen,

c) Rotguß, bei dem ein Teil des Zinns durch Zink und Blei ersetzt ist,
d) Sonderbronzen.

a) Zinnbronzen.

Schon geringe Zusätze von Zinn erhöhen die Festigkeit, die Härte und namentlich die Gießbarkeit des Kupfers wesentlich, lassen dagegen die Dehnbarkeit und Geschmeidigkeit abnehmen, Abb. 120, nach Versuchen von Shepherd und Upton. Die Festigkeit steigt bis zu etwa 17,5% Zinngehalt, die Härte erreicht bei 28% ihren größten Wert. Eine Bearbeitung durch Hämmern, Walzen und Pressen ist bis 6% Zinngehalt im kalten, bis 15% im glühenden Zustande, bis 22% bei Dunkelrotglut, aber nur unter besonderer Vorsicht möglich. Zinnreiche Bronzen neigen beim Gießen zu Seigerungen, die sich häufig in Gestalt von weißlichen Zinnflecken geltend machen.

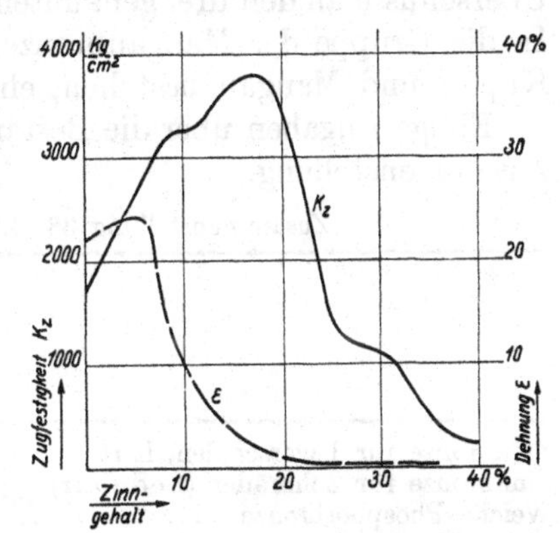

Abb. 120. Mechanische Eigenschaften von Kupfer-Zinnlegierungen, gegossen, nach Shepherd und Upton.

Legierungen bis zu 6% Zinngehalt werden vor allem zu Blechen, Drähten und Bändern ausgewalzt.

b) Phosphorbronzen.

Zur Erhöhung der Dünnflüssigkeit, Dichtheit und Festigkeit erhalten Legierungen mit Zinngehalten zwischen 8 und 20% Zinn meist geringe Zusätze von Phosphor beim Einschmelzen und werden dann Phosphorbronzen genannt. Der Phosphor wirkt dabei, in Mengen von 0,5 bis 1% in Form von Phosphorkupfer oder Phosphorzinn zugeführt, lediglich als Desoxydationsmittel, und zwar zersetzt er nach den Untersuchungen von Bauer und Heyn die im flüssigen Metall schwimmende Zinnsäure. Im fertigen Gußstück ist er nicht oder nur noch in Spuren nachweisbar. Ein größerer Gehalt würde im Gegenteil die Sprödigkeit steigern und die Legierungen für viele Zwecke unbrauchbar machen. Bei Zinngehalten bis zu 10% werden die Zugfestigkeiten nach Künzel durch den Phosphorzusatz um ungefähr 30% gesteigert; die Härte und im Zusammenhang mit ihr die Widerstandsfähigkeit gegen Abnutzung nehmen zu, während die Bruchdehnung unverändert bleibt. Die Phosphorbronzen dienen vor allem zur Herstellung von Gußstücken, so z. B.:

weiche Phosphorbronzen mit 8 bis 12% Zinn, leicht bearbeitbar, zu Büchsen, Hähnen, Ventilen, Schiebern, Pumpenkolben usw.,

harte Phosphorbronzen mit 12 bis 16% Zinn zu Zahn- und Schneckenrädern, stark belasteten Lagerschalen, Sitzen und Tellern von Ventilen usw.

Glockenbronze mit rund 20% Zinn zu Spurplatten und andern Teilen, die starkem Verschleiß unterliegen.

c) Rotguß,

auch Maschinenbronze genannt, ist durch Zusätze von Zink und Blei billiger und wegen der geringeren Härte leichter bearbeitbar. Kleine Mengen von Zink fördern die Dünnflüssigkeit der Legierungen und die Dichtheit der Gußstücke. Im Durchschnitt besteht guter Rotguß aus 82 bis 90 Teilen Kupfer, 15 bis 7 Teilen Zinn, 2 bis 5 Teilen Zink, oder Blei und Zink.

d) Sonderbronzen

entstehen durch Zusätze von Silizium, Mangan, Magnesium, Eisen, Nickel, größeren Mengen Blei und andern Stoffen. Oft werden die besonderen Bestandteile in den Namen der Legierungen angedeutet — Silizium- und Manganbronzen —, häufig werden die Namen der Erfinder oder Firmen zur Bezeichnung benutzt. Vermieden werden sollte aber, den Namen Bronze auf zinkreiche, dem Messing nahestehende Legierungen anzuwenden.

Silizium, Mangan und Magnesium haben ähnliche Wirkungen wie Phosphor, nur in etwas geringerem Maße. So dient das Silizium bei der Herstellung des zu Fernsprech- und Fahrdrahtleitungen benutzten Siliziumbronzedrahtes im wesentlichen zur Reinigung der Bronze. Es darf im fertigen Draht nur noch in ganz geringen Mengen vorhanden sein, weil sonst die elektrische Leitfähigkeit erheblich beeinträchtigt wird. Dagegen haben Überschüsse an den drei genannten Stoffen keinen schädlichen Einfluß auf die Festigkeit. In die Gruppe der Manganbronzen pflegt man auch die Legierungen, die lediglich aus Kupfer und Mangan bestehen, einzuschließen.

Einige Angaben über die Bestandteile häufig gebrauchter Bronzen bringt die folgende Zusammenstellung.

Zusammenstellung 38. **Zusammensetzung häufig gebrauchter Bronzen.**

<table>
<tr><th></th><th>Kupfer</th><th>Zinn</th><th>Zink</th><th>Blei</th><th>Phos-phor-kupfer mit 10%P.</th><th>Sili-zium</th><th>Man-gan</th></tr>
<tr><td>Zinnbronze für Lagerschalen, hart</td><td>83</td><td>17</td><td>—</td><td>—</td><td>—</td><td>—</td><td>—</td></tr>
<tr><td>Zinnbronze für Zahnräder (Ledebur)</td><td>90</td><td>10</td><td>—</td><td>—</td><td>—</td><td>—</td><td>—</td></tr>
<tr><td>Weiche Phosphorbronze</td><td>91—87</td><td>8—12</td><td>—</td><td>—</td><td>1[1])</td><td>—</td><td>—</td></tr>
<tr><td>Harte Phosphorbronze</td><td>87—83</td><td>12—16</td><td>—</td><td>—</td><td>1[1])</td><td>—</td><td>—</td></tr>
<tr><td>Glockenbronze i. M.</td><td>79</td><td>20</td><td>—</td><td>—</td><td>1[1])</td><td>—</td><td>—</td></tr>
<tr><td>Harter Rotguß für Maschinenteile i. M.</td><td>82</td><td>10</td><td colspan="2">8</td><td>—</td><td>—</td><td>—</td></tr>
<tr><td>Weicher Rotguß für Maschinenteile i. M.</td><td>85</td><td>5</td><td colspan="2">10</td><td>—</td><td>—</td><td>—</td></tr>
<tr><td>Lagerschalen, Vorschrift d. preuß. Staatsbahn</td><td>84</td><td>15</td><td>1</td><td>—</td><td>—</td><td>—</td><td>—</td></tr>
<tr><td>Zähe Legierung für Ventile, Hähne usw.</td><td>88</td><td>12</td><td>3</td><td>—</td><td>—</td><td>—</td><td>—</td></tr>
<tr><td>Dichte Legierung für Pumpen und Ventilgehäuse</td><td>88</td><td>10</td><td>2</td><td>—</td><td>—</td><td>—</td><td>—</td></tr>
<tr><td>Für dünnwandigen Guß, Armaturen, Schneckenräder</td><td>85</td><td>9</td><td>6</td><td>—</td><td>—</td><td>—</td><td>—</td></tr>
<tr><td>Lagermetall der Pennsylvania Railroad Co.</td><td>77</td><td>8</td><td>—</td><td>15</td><td>—</td><td>—</td><td>—</td></tr>
<tr><td>Manganbronze, zäh und fest</td><td>84</td><td>15,6</td><td>—</td><td>—</td><td>—</td><td>—</td><td>0,4</td></tr>
<tr><td>Siliziumbronze für Fernsprechdrähte</td><td>91—98</td><td>9—1</td><td>0—1</td><td>—</td><td>—</td><td>0,05[2])</td><td>—</td></tr>
</table>

[1]) Im Einsatz, in der fertigen Legierung nur noch in Spuren.
[2]) In der fertigen Legierung.

2. Festigkeitseigenschaften der Bronzen.

Was die Festigkeitseigenschaften anlangt, so treten bei der erstmaligen Belastung gegossener Bronzen schon bei niedrigen Beanspruchungen bleibende Formänderungen ein. In diesem Zustande fehlt auch die Verhältnisgleichheit zwischen Spannungen und Dehnungen, die sich aber, ebenso wie die Elastizitätsgrenze, bei wiederholter Belastung

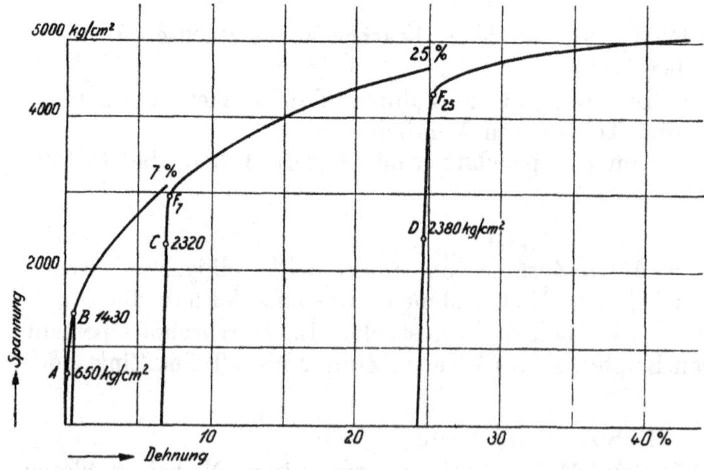

Abb. 121. Zugversuch an Hohenzollern-Propellerbronze. Erhöhung der Elastizitäts- und der Fließgrenze infolge Kaltreckens (Verfasser).

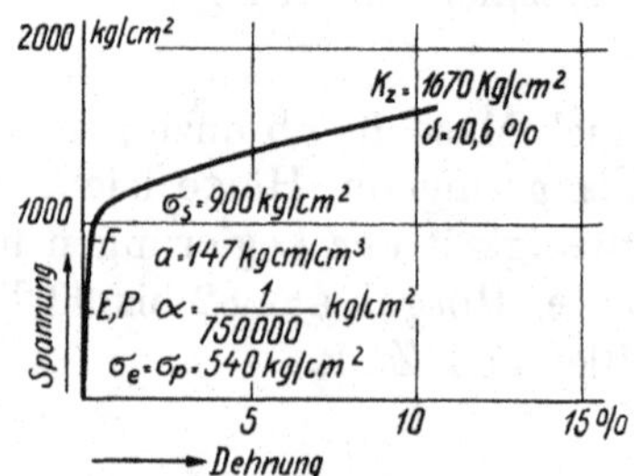

Abb. 121a. Zugversuch an Rotguß (Verfasser).

oder beim Recken im kalten oder beim Walzen und Schmieden im warmen Zustande ausbildet. Die Dehnungszahl liegt dann zwischen $\alpha = \dfrac{1}{800000}$ bis $\dfrac{1}{1200000}$ cm²/kg, während die Höhe der Elastizitäts- und Proportionalitätsgrenze von der vorangegangenen Beanspruchung abhängig ist. So zeigt Abb. 121 nach einem Versuch an einem langen

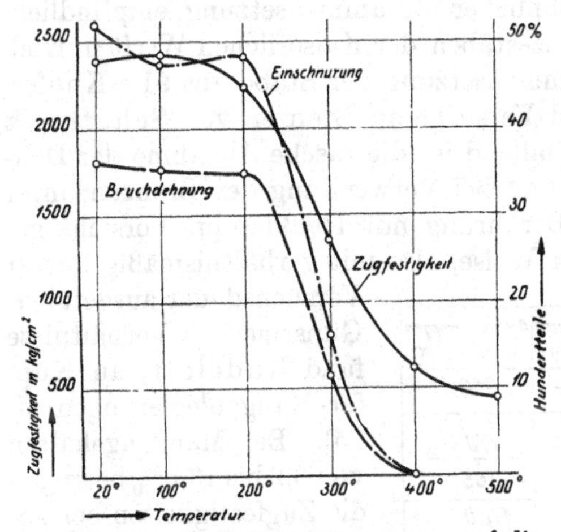

Abb. 122. Einfluß der Temperatur auf die Festigkeit von Bronze (Bach).

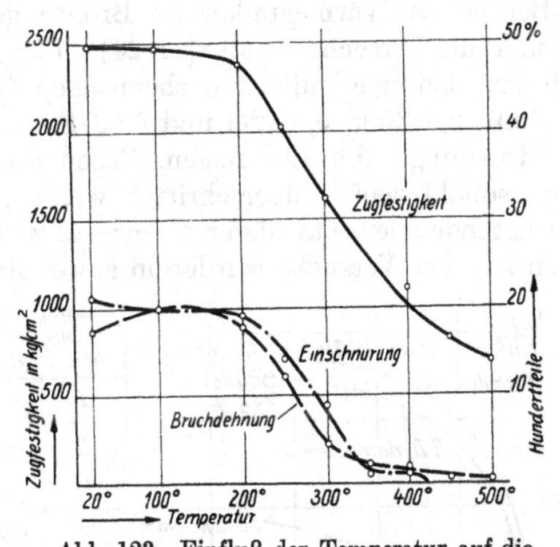

Abb. 123. Einfluß der Temperatur auf die Festigkeit von Bronze (Bach).

Normalstabe aus Propellerbronze des Hohenzollernschen Hüttenwerks Laucherthal im Anlieferungszustande die Elastizitätsgrenze im Punkte A bei 650 kg/cm², nach einer Streckung des Stabes um 0,7 % bei 1430 kg/cm², Punkt B, nach 7 % bei 2350 kg/cm², Punkt C, und nach 25 % Recken bei 2380 kg/cm², Punkt D, wobei die Spannungen durchweg auf den ursprünglichen Querschnitt bezogen sind. Die Elastizitäts-, nach der Abbildung aber auch die durch die Buchstaben F gekennzeichneten Fließgrenzen sind also durch das Strecken ganz wesentlich gehoben worden, so daß sich durch Recken, Walzen und Ziehen in kaltem Zustande die Festigkeitseigenschaften erheblich beeinflussen und hochwertige Bronzen herstellen lassen. Bei manchen Arten wirkt auch das Schmieden im warmen Zustande auf die Erhöhung der mechanischen Eigenschaften hin. Überhöhungen, wie sie nach Abb. 82 an weichem Flußstahl beim Strecken im kalten Zustande beobachtet werden, traten bei dem Versuch, wie auch bei allen weiteren an anderen Bronzen nicht auf.

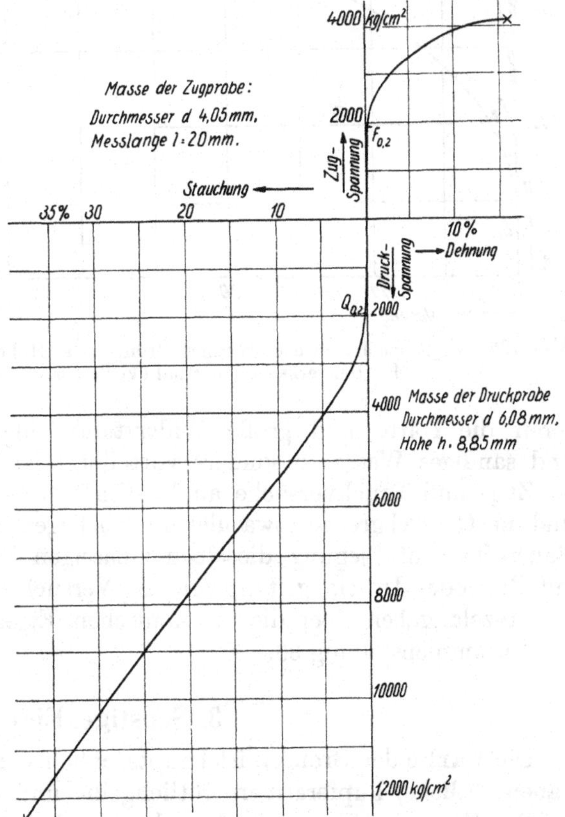

Abb. 124. Zug- und Druckversuch an einer Manganbronze (Verfasser).

Durch Ausglühen sinken in ähnlicher Weise, wie an hartgewalztem Messing in Abb. 127 gezeigt ist, die Elastizitäts-, Proportionalitäts- und Fließgrenzen wieder; die Bronze wird weicher, aber zäher.

Die Fließgrenze ist beim Zugversuch nicht scharf ausgeprägt, Abb. 121 und 121a. Dementsprechend verteilt sich die Dehnung während des ganzen Versuchs annähernd gleichmäßig auf der ganzen Meßlänge des Stabes. Der Bruch tritt meist bei der Höchstbelastung plötzlich, ohne wesentliche Einschnürung an der Bruchstelle ein.

Bei hohen Wärmegraden ist Bronze gewöhnlicher Zusammensetzung empfindlich, wie u. a. die Versuche Bachs [II, 24] an 25 Bronzestäben der Kaiserlichen Werft in Kiel, Abb. 122, bei einer mittleren chemischen Zusammensetzung der Stäbe aus 91,4 Kupfer, 5,5 Zinn, 2,8 Zink, 0,3 Blei und 0,03 Eisen und Versuche an Bronzen von Schäffer & Buddenberg, Abb. 123, zeigen. Besonders auffallend ist die rasche Abnahme der Dehnung, sobald 200° C überschritten werden, so daß bei Verwendung der Bronzen unter Wärmegraden jenseits dieser Grenze z. B. in Berührung mit Heißdampf, Vorsicht geboten ist. Die Versuche wurden in gewöhnlicher Weise, also mit verhältnismäßig kurzer Versuchsdauer ausgeführt. Günstigere Verhältnisse fand Rudeloff, an Kupfer-Manganlegierungen [II, 25]. Bei Mangangehalten von 3,2 bis 13,5% betrugen die Zugfestigkeiten bei gewöhnlicher Temperatur 3000 bis 3500 kg/cm², die Bruchdehnungen 30 bis 40%, die Querschnittverminderungen 74 bis 72%. Bis zu 300° nahmen die Zahlen langsam ab. Die Anwendung der Manganbronzen ist aber infolge ihres hohen Preises und ihrer schweren Schmelzbarkeit (1050 bis 1100°) bis jetzt nur vereinzelt geblieben. Sie beschränkt sich auf Stehbolzen, Turbinenräder, Schiffsschrauben, Schiffsbeschläge und ähnliches, bei welch letzteren die Härte und große Widerstandsfähigkeit gegen Abnutzung durch unreines und sandiges Wasser besonders vorteilhaft ist.

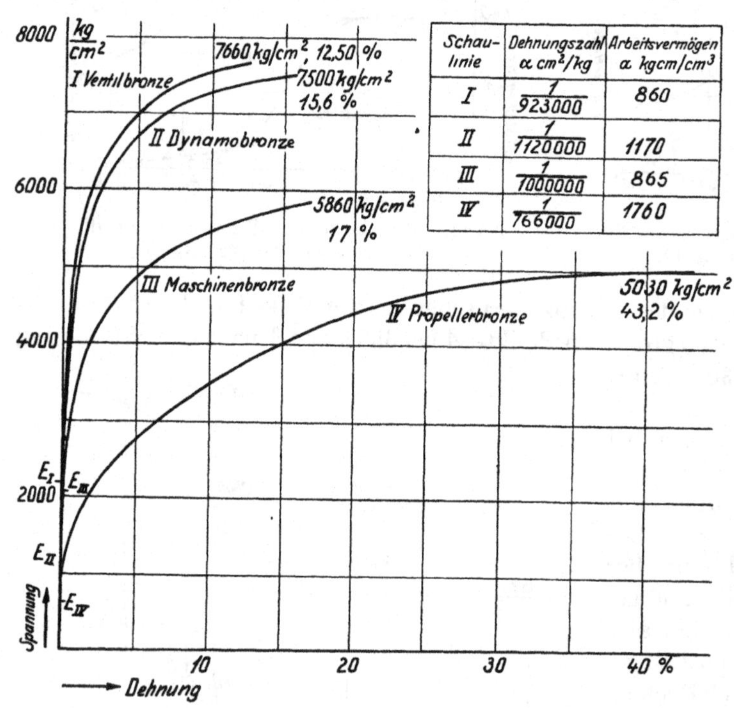

Abb. 125. Zugversuche an hochwertigen Bronzen des Hohenzollernschen Hüttenwerks Laucherthal (Verfasser).

Zug- und Druckversuche an Proben aus denselben Bronzen zeigen, daß die Fließ- und die Quetschgrenze etwa gleich hoch liegen, so daß auch für die Beanspruchung des Baustoffes auf Biegung dieselben zulässigen Spannungen wie bei der Beanspruchung auf Zug oder Druck, gelten, vgl. die Versuche an einer Manganbronze, Abb. 124.

Einzelangaben über die mechanischen Eigenschaften verschiedener Bronzen bietet die Zusammenstellung 39.

3. Sonstige Eigenschaften.

Die Farbe der Bronzen ist hauptsächlich vom Kupfergehalt abhängig. Kupferreiche haben rötliche, kupferärmere rötlichgelbe und gelbe Farbe.

Das Einheitsgewicht schwankt zwischen 7,4 und 8,9 kg/dm³ und darf im Durchschnitt zu 8,5 kg/dm³ angenommen werden. Das Schwindmaß der Bronzen beträgt $\frac{1}{63}$ bis $\frac{1}{65}$ oder 1,5 bis 1,6%, ist also ziemlich groß; der Neigung zu Lunkerbildungen läßt sich aber durch genügenden Druck beim Gießen begegnen.

Zusammenstellung 39. **Mechanische Eigenschaften von Bronzen.**

	Fließgrenze σ_s kg/cm²	Zugfestigkeit K_z kg/cm²	Bruchdehnung δ %	Einschnürung ψ %	Dehnungsziffer α cm²/kg	Bemerkungen
Zinnbronze, gegossen	—	2000—3200	15—6	30—10	—	
„ mit 6% Zinn, kalt gewalzt	—	∼ 5000	10	30	—	Bach [II, 2]
Phosphorbronze, gegossen	—	3500—4500	30—10	30—10	—	
„ kalt gewalzt	—	∼ 6000	—	—	—	
Rotguß	—	1600—2000	6—20	10	$\frac{1}{900000}$	
Bronze der Versuche, Abb. 122	—	2395	36,3	52,1	—	Bach [II, 24]
Hochwertige Bronzen	—	3200—5000	—	—	—	„ [II, 2] Vgl. a. Abb. 125
Warm geschmiedete, hochwertige Bronzen	—	5000—8800	38—8	38—10	$\frac{1}{1100000}$	„ [II, 2] Vgl. a. Abb. 125
Durana-Manganbronze, je nach dem Grad der Kaltbearbeitung, Dürener Metall-Werke	—	4100—6300	28—8	—	—	
Stehbolzenbronze, warm gewalzt	—	3560	39,2	—	$\frac{1}{1290000}$	
Siliziumbronzedraht, 3 mm ⌀	—	6500—7800	—	—	—	30—40% der Leitfähigkeit reinen Kupfers
„ 0,9 mm ⌀	—	8000—8500	—	—	—	30—40% der Leitfähigkeit reinen Kupfers
Manganbronze, 3,2—13,5% Mn	—	3000—3500	30—40	74—72	—	Rudeloff [II, 25]
„ 4% Mn, gewalzt	260	2900	41	68	$\frac{1}{1200000}$	Rudeloff [II, 25]
„ 15% Mn, gegossen	770	3570—4400	34	44	$\frac{1}{940000}$	Rudeloff [II, 25]

C. Kupfer-Zinklegierungen, Messing.

1. Einteilung und Haupteigenschaften.

Die deutschen Industrienormen unterscheiden nach DIN 1709 Bl. 1 zwei Hauptgruppen von Messingsorten:

I. Gußmessing, mit dem Kurzzeichen *GMs*,

II. Walz- und Schmiedemessing, mit dem Kurzzeichen *Ms*.

Die weitere Einteilung und Bezeichnung geschieht nach dem Kupfergehalt in Hundertteilen, so daß z. B. Gußmessing mit 67% Kupfer unter *GMs* 67 DIN 1709, Hartmessing unter *Ms* 58 DIN 1709 bestellt wird. Sondermessingsorten, die neben Kupfer und Zink noch absichtliche Zusätze von Mangan, Aluminium, Eisen und Zinn aufweisen, haben die Kurzzeichen *So—GMs* und *So—Ms* erhalten.

Der folgende Auszug aus der DIN 1709 Bl. 1 enthält die für den Maschinenbau wichtigeren Sorten nebst Angaben über ihre Verarbeitung, sowie Verwendungsbeispiele. Weggelassen sind die kupferreichen, insbesondere für das Kunstgewerbe wichtigen Tombaksorten.

Zusammenstellung 40. **Messingsorten nach DIN 1709 Bl. 1** (Auszug).

I. Gußmessing.

Benennung	Kurzzeichen	Ungefähre Zusammensetzung in %			Behandlung	Verwendungsbeispiele
		Cu	Zusätze	Zn		
Gußmessing 63	*GMs* 63	63	< 3 Pb	Rest	Bearbeiten mit spanabhebenden Werkzeugen	Gehäuse, Armaturen usw.
Gußmessing 67	*GMs* 67	67	< 3 Pb	Rest	Bearbeiten mit spanabhebenden Werkzeugen, Hartlöten	Gehäuse, Armaturen usw.
Sondermessing, gegossen	*So—GMs*	55—60	Mn + Al + Fe + Sn bis zu 7,5% nach Wahl, bezügl. Ni vgl. DIN 1709 Bl. 2	Rest	Bearbeiten mit spanabhebenden Werkzeugen	Schiffsschrauben, kleine Lager, Überwurfmuttern, Grundringe, Beschlagteile, Schiffsfenster, Gußstücke von hoher Festigkeit

II. Walz- und Schmiedemessing.

Benennung	Kurzzeichen	Ungefähre Zusammensetzung in %			Behandlung	Verwendungsbeispiele
		Cu	Zusätze	Zn		
Hartmessing (Schraubenmessing)	*Ms* 58	58	2 Pb	Rest	Warmpressen, Schmieden, Bearbeiten mit spanabhebenden Werkzeugen	Stangen für Schrauben, Drehteile, Profile für Elektrotechnik, Warmpreßstücke aller Art
Schmiedemessing (Muntz-Metall)	*Ms* 60	60	–	Rest	Warmpressen, Schmieden, Bearbeiten mit spanabhebenden Werkzeugen, mäßiges Biegen und Prägen	Stangen, Drähte, Bleche und Rohre, Kondensatorrohrplatten, Vorwärmer und Kühlerrohre
Druckmessing	*Ms* 63	63	–	Rest	Ziehen, Drücken, Prägen, Hartlöten mit leichtflüssigem Schlaglot oder Silberlot	Bleche, Bänder, Drähte, Stangen, Profile für Metallwarenherstellung u. Apparatebau, Rohre im Schiffbau
Halbtombak (Lötmessing)	*Ms* 67	67	–	Rest	Ziehen, Drücken (Kaltbearbeiten), Hartlöten bei hohen Anforderungen	Bleche, Rohre, Stangen, Profile, Drähte, Holzschrauben, Federn, Patronenhülsen
Gelbtombak (Schaufelmessing)	*Ms* 72	72	–	Rest	Ziehen, Drücken, Prägen (Kaltbearbeiten) bei höchsten Anforderungen an Dehn- und Haltbarkeit	Drähte, Bleche, Turbinenschaufeln
Sondermessing, gewalzt	*So–Ms*	55–60	Mn + Al + Fe + Sn bis zu 7,5% nach Wahl, bezügl. Ni vgl. Halbzeugblatt	Rest	Warmpressen, Schmieden	Kolbenstangen, Verschraubungen, Stangen zu Ventilspindeln, Profile, Dampfturbinenschaufeln für ND-Stufen, Bleche, Rohre, Warmpreßteile von hoher Festigkeit

Kleine Zusätze von Blei haben den Zweck, das Messing unter Bildung kurzer, „spritziger" Späne leicht bearbeitbar zu machen.

2. Festigkeitsverhältnisse.

Die mechanischen Eigenschaften der Messingsorten sind denen der Bronze ähnlich. Nach den Linien der Abb. 126 nimmt die Festigkeit mit wachsendem Zinkgehalt zunächst langsam, dann aber rasch zu und erreicht einen Höchstwert bei etwa 43% Zink. Mehr Zink läßt sie ziemlich plötzlich auf sehr geringe Werte sinken. Die Dehnung zeigt einen Höchstwert bei etwa 30% Zinkgehalt, entsprechend der weitgehenden Verarbeitungsmöglichkeit dieser Legierung durch Pressen, Ziehen usw., fällt dann aber ebenfalls stark ab. Durch die damit verbundene Sprödigkeit ist das Gebiet der praktisch verwandten Kupfer-Zinklegierungen durch 42% Zink begrenzt. Höhere Gehalte kommen im wesentlichen nur bei den im gekörnten Zustande verwandten Hartloten zwecks Erniedrigung des Schmelzpunktes vor. Bei der erstmaligen Belastung gegossenen Messings treten bald bleibende Formänderungen auf; es fehlt die Verhältnisgleichheit zwischen Spannungen und Dehnungen. Durch Recken im warmen und noch mehr im kalten Zustande wird Messing vollkommen elastisch, wobei die Lage der Elastizitätsgrenze wiederum von dem Betrage abhängt, um den der Werkstoff gestreckt wurde. Durch Recken hart gewordenes Messing kann umgekehrt durch Glühen unter Sinken der Elastizitäts- und Fließgrenze, sowie der Festigkeit, aber unter Vergrößerung der Dehnung weichgemacht werden, wie Abb. 127 nachweist. Schaulinie *I*, an einem Normalstabe aus gewalztem Messing ermittelt, zeigt die Elastizitätsgrenze bei 900 kg/cm² und die nicht ausgeprägte Fließgrenze bei 2900 kg/cm². Nach Linie *II*, an einem Stabe aus derselben

Stange, aber nach Ausglühen bei 610° gefunden, war die Elastizitätsgrenze schon bei 300 kg/cm² Spannung überschritten, während die Fließgrenze bei 1300 kg/cm² lag. Die Zugfestigkeit fiel von 4460 beim ersten Versuch auf 4090 kg/cm² beim zweiten; die Dehnung aber stieg von 16 auf 36%.

Der nicht ausgeprägten Fließgrenze und dem meist bei der Höchstbelastung plötzlich eintretenden Bruche entsprechend verteilt sich der Streckvorgang bei Zugversuchen annähernd gleichmäßig auf der ganzen Meßlänge. Die Bruchstelle weist nur geringe örtliche Einschnürung auf.

Warmzerreißversuche von Charpy an Messing mit ungefähr 40% Zinkgehalt [II, 26] ergaben bis zu 250° C eine allmähliche Abnahme der Zugfestigkeit auf 55 bis 60%, aber keine wesentliche Verkleinerung der Zahlen für die Dehnung und die Querschnittverminderung. Bach [II, 2] fand an Preßmessing eine stetige Abnahme der Zugfestigkeit und eine Zunahme der Bruchdehnung selbst bis 400° C nach der folgenden Zahlenreihe.

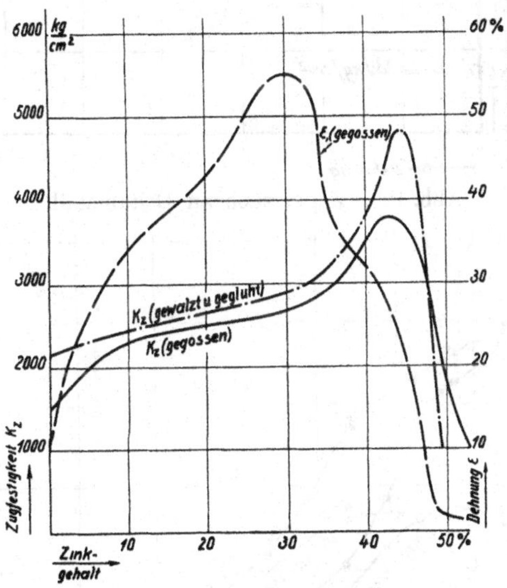

Abb. 126. Mechanische Eigenschaften gegossener und gewalzter Kupfer-Zinklegierungen (Kudriumow, Reason und Charpy).

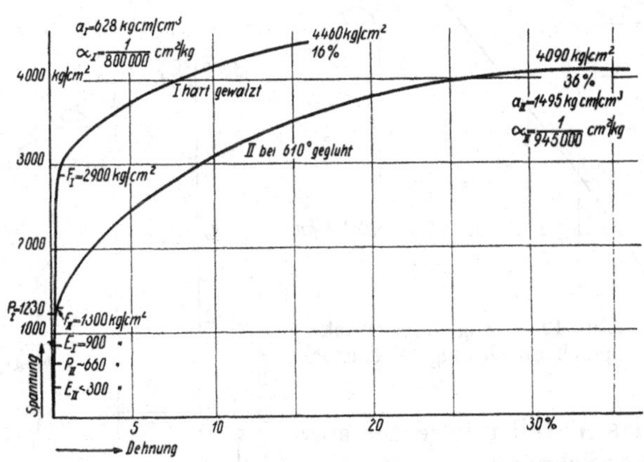

Abb. 127. Zugversuche an hartgewalztem und ausgeglühtem Messing (Verfasser).

Warmzugversuche an Preßmessing, Bach.

Wärmegrad	Lufttemp.	100° C	200° C	300° C	400° C
Zugfestigkeit K_z	4674	4001	2939	1547	508 kg/cm²
Streckgrenze rund.	1600	1400	1600	1200	400 kg/cm²
Bruchdehnung δ	37,6	38,8	44,5	57,3	75,0%

Der Druckversuch, Abb. 128, zeigt an der Quetschgrenze Q etwa dieselbe Spannung wie der Zugversuch an der Fließgrenze F bei Messing gleicher Zusammensetzung und Vorbehandlung.

Näheres über die bei Versuchen gefundenen Festigkeitszahlen verschiedener Messingsorten gibt die Zusammenstellung 41.

Sondermessing. Durch geringe Zusätze von Eisen, Mangan, Aluminium und Phosphor, die sich jedoch vielfach nur auf Grund besonderer Verfahren unter Benutzung von Hilfslegierungen zuführen lassen, können die Schmiedbarkeit und die Festigkeitseigenschaften des gewöhnlichen Messings noch wesentlich verbessert werden. U. a. gehören hierhin das Deltametall der A.-G. Al. Dick & Co., Düsseldorf, und das Duranametall der Dürener Metallwerke, Düren. Das Deltametall wird hauptsächlich in drei Sorten in Form von Barren zum Gießen, von Stangen, Draht, Blech usw. geliefert. Das Einheitsgewicht liegt zwischen 8,0 und 8,6 kg/dm³, der Schmelzpunkt zwischen 900 und 1000°. Einen Zugversuch an Deltametall gibt Abb. 129 wieder.

Vom Duranametall werden 8 Marken mehrerer Härtegrade für verschiedene Zwecke in den Handel gebracht. Ihre Schmelzpunkte liegen bei etwa 950°. Beim Gießen neigt

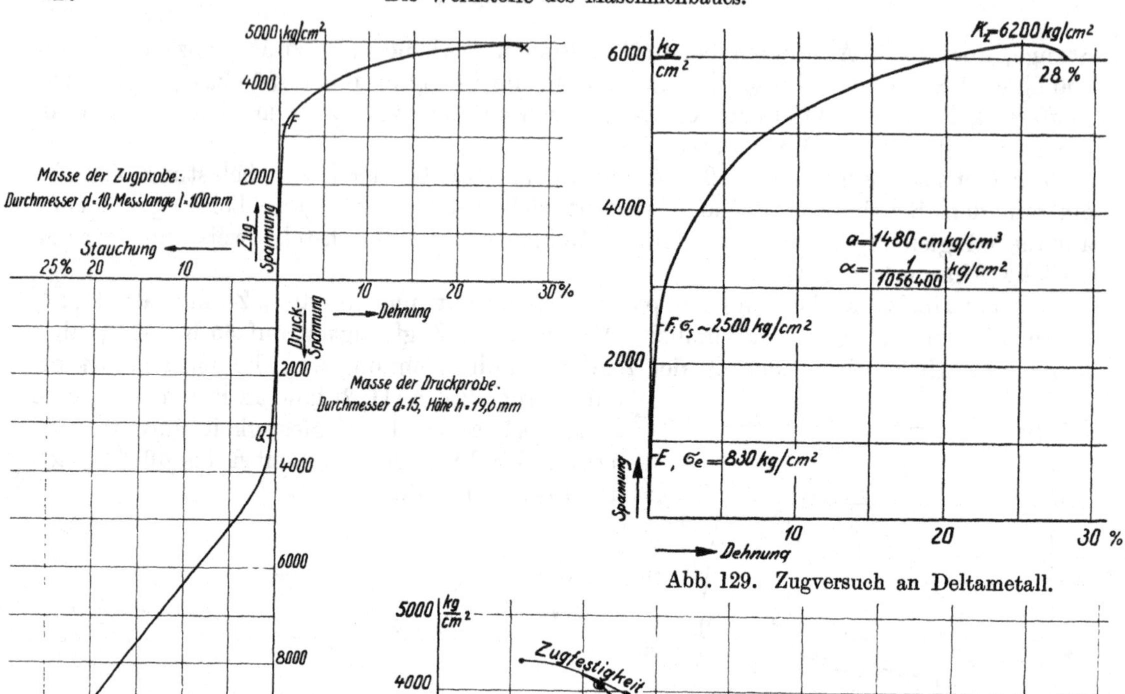

Abb. 128. Zug- und Druckversuch an Messing (Verfasser).

Abb. 129. Zugversuch an Deltametall.

das Metall infolge der starken Schwindung zur Lunkerbildung und verlangt besondere Vorsichtsmaßregeln, namentlich hohe verlorene Köpfe, wenn dichte und gleichmäßige Gußstücke entstehen sollen. Die Festigkeit derselben kommt aber derjenigen gewalzten Messings gleich oder übertrifft sie sogar, vgl. die folgende Zusammenstellung. Zugversuche Stribecks von langer Dauer [II, 27] die für den Gebrauchswert der Legierungen wichtig und kennzeichnend sind, lieferten niedrigere Werte als rasch durchgeführte, zeigten aber doch, daß das Metall im Vergleich zu den Zinnbronzen noch zwischen 200 und 350° recht zäh ist. Allerdings fallen die Spannung an der

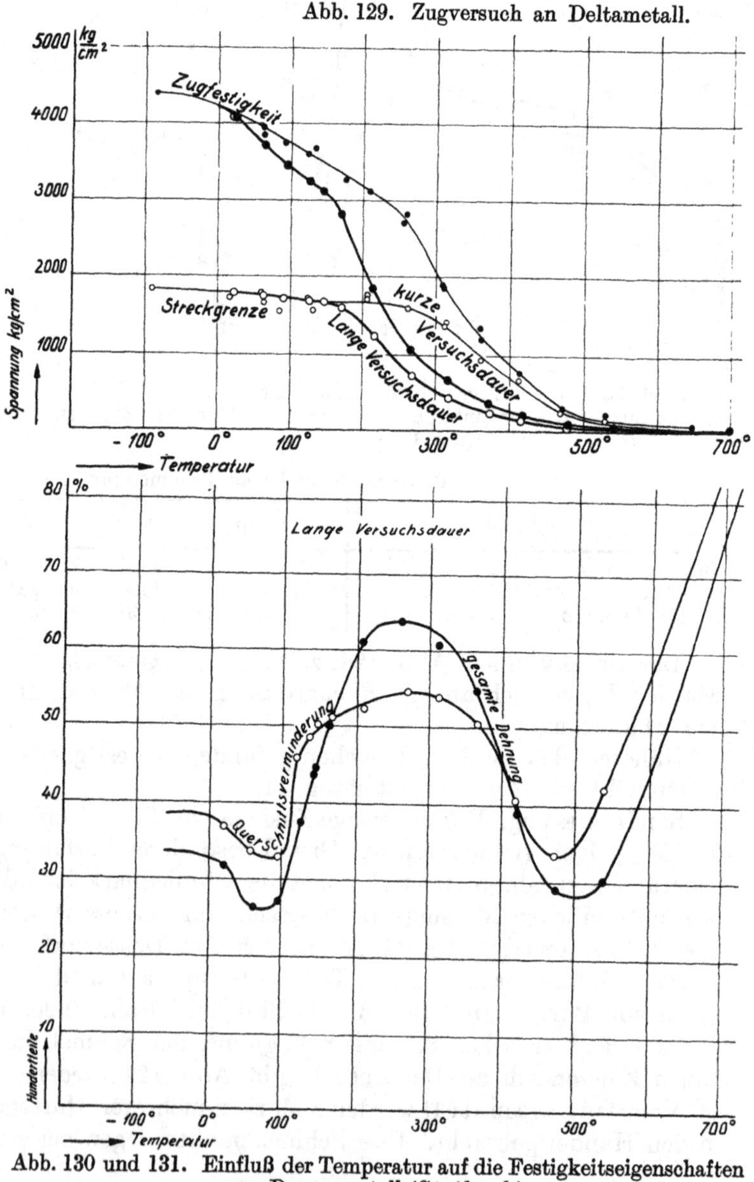

Abb. 130 und 131. Einfluß der Temperatur auf die Festigkeitseigenschaften von Duranametall (Stribeck).

Streckgrenze und die Zugfestigkeit schon von 200° an, Abb. 130, andererseits steigt aber die Dehnung und Querschnittverminderung stark, Abb. 131, so daß das Duranametall in seinen Eigenschaften etwa gutem Stahlguß gleichkommt und für Wärmegrade bis 300° unter mäßigen Beanspruchungen noch empfohlen werden kann.

Die große Geschmeidigkeit der erwähnten Sondermessingarten bei gewöhnlichen Wärmegraden gestattet eine beträchtliche Steigerung der Zugfestigkeit durch Kaltrecken, diejenige im warmen Zustande die Verarbeitung durch Schmieden in Gesenken und durch Pressen nach dem Dickschen Verfahren. Zudem durch große Widerstandsfähigkeit gegen atmosphärische und chemische Einflüsse ausgezeichnet, wird Sondermessing im Maschinenbau bei erhöhten Anforderungen zu ähnlichen Zwecken wie die gewöhnlichen Bronzen, namentlich aber in ausgedehntem Maße zu Schiffsteilen angewendet. Wellenüberzüge, Schiffsschrauben und Schraubenwellen, Kolbenstangen, Ventilspindeln, Kondensatorplatten, Ventilteller und Sitze, Teile des Kraftwagen- und Fahrradbaues, die größeren Beanspruchungen ausgesetzt sind, aber nicht in Eisen ausgeführt werden können, bieten Beispiele dafür. Die französische Marine hat ihre Anwendung auf Gußstücke bei Dampfspannungen von mehr als 15 at unter den in der Zusammenstellung angegebenen Abnahmebedingungen zugelassen.

Zusammenstellung 41. **Messingsorten.**

	Fließgrenze kg/cm²	Zugfestigkeit K_z kg/cm²	Dehnung δ %	Einschnürung ψ %	Bemerkungen
Messing, gegossen	–	1200–1800	20–10	25–15	$\alpha = \frac{1}{800000}$ cm²/kg
„ gewalzt, gehämmert . .	–	2000–3000	50–30	60–40	–
„ gezogen.	–	4000–5000	–	–	–
„ hart gezogen, Abb. 127, I	2900	4460	16	–	$\alpha = \frac{1}{800000}$ cm²/kg
„ geglüht, Abb. 127, II .	1300	4090	36	–	$\alpha = \frac{1}{945000}$ cm²/kg
Deltametall					
Nr. I in Sand gegossen. (Je 5 Versuche der K. mech. techn. Versuchsanstalten Berlin)	2840–3080	5220–6090	5,7–12,9	10,5–15,1	–
Nr. I gepreßt	i. M. 3180	6880	21,8	27	–
Nr. II in Sand gegossen	i. M. 2370	4650	20,5	19,9	–
Nr. II gepreßt	i. M. 2740	5970	19	28	–
Nr. IV in Sand gegossen	1900–1400	3570–3980	25,8–42,9	25,1–37,2	–
Nr. IV geschmiedet . .	i. M. 1690	4430	36,2	40	} $\alpha = \frac{1}{1050000}$ cm²/kg
Nr. IV gepreßt	1650	4500	31,4	35	}
Duranametall:					
B 1 – *B* 3, in Sand gegossen, je nach Legierung	1800–3500	4150–7000	33–20	38–20	–
B 2 geschmiedet und kalt verdichtet	4200	5500	18	30	–
ML und *MF* geschmiedet oder gepreßt, ausgeglüht	1500	4200	41	54	$\alpha = \frac{1}{1054000}$ cm²/kg
Dasselbe, kalt verdichtet	2500	4800	22	32	–
Abnahmebedingungen der franz. Marine bei 15°	1200	3500	18	–	–
bei 215°	1500	2500	20	–	–

D. Aluminiumlegierungen.

1. Aluminiumbronzen.

Von den Legierungen des Aluminiums mit Kupfer werden technisch bisher einerseits solche bis zu 10%, andererseits sehr kupferreiche von mehr als 85% verwandt. Ihre mechanischen Eigenschaften sind in den Linien der Abb. 132 gekennzeichnet. In beiden Fällen treten Erhöhungen der Festigkeit, bei der zweiten Gruppe sogar unter gleichzeitiger beträchtlicher Vergrößerung der Dehnung auf, wobei allerdings die zahlenmäßig sehr hohen Werte der Abbildung wohl auf kurze Meßlängen im Verhältnis zum Querschnitt der Proben zurückzuführen sind.

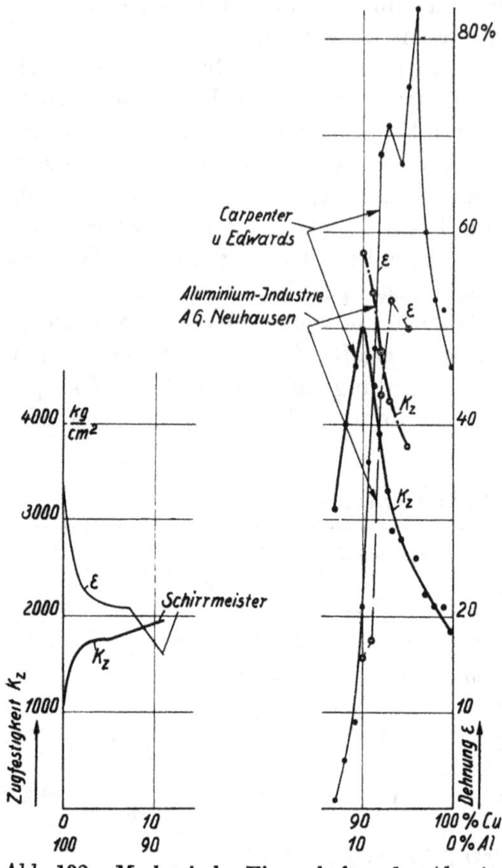

Abb. 132. Mechanische Eigenschaften der Aluminium-Kupferlegierungen.

Die hoch aluminiumhaltigen Legierungen sind wichtige Werkstoffe des Leichtbaues und werden vor allem zur Herstellung von Gußstücken benutzt. Die zweite Gruppe bildet die Aluminiumbronzen. Durch das Hinzufügen mäßiger Mengen Aluminiums zum Kupfer wird die Gießbarkeit nicht gesteigert; infolge des großen Schwindmaßes von 1,8 bis 2% neigen die Gußstücke zum Saugen und Undichtwerden. Wohl aber wird die beträchtliche Steigerung der Festigkeit und der Zähigkeit bei Gehalten bis zu 10% Aluminium an gewalzten und geschmiedeten Teilen ausgenutzt. Bronzen mit großen Aluminiummengen sind sehr hart, aber auch sehr spröde.

Die Aluminiumbronzen haben eine rotgoldene bis hellgelbe Farbe, lassen sich zwischen Dunkel- und Hellkirschrotglut (bei etwa 900°) leicht schmieden, kalt auf Werkzeugmaschinen gut bearbeiten und hart löten. Das Einheitsgewicht sinkt von 8,32 bei 5% auf 7,52 kg/dm³ bei 10% Aluminium.

Die Bronzen, insbesondere diejenige mit 10% Aluminium, sind sehr widerstandsfähig gegen Oxydation und Säuren und werden als Ersatz der Zinn- und Phosphorbronzen empfohlen. Näheres in der Schrift über Aluminium und Aluminiumlegierungen der Aluminiumindustrie A.-G. Neuhausen a. Rh.

Zusammenstellung 42. **Aluminiumbronzen.**

	Streckgrenze σ_s kg/cm²	Zugfestigkeit K_z kg/cm²	Bruchdehnung δ %
Bronze mit 5% Aluminium, geschmiedet	1300	3800	50,0
„ „ 5% „ gewalzt	1450	4550	74,5
„ „ 7% „ geschmiedet	1550	4250	53,0
„ „ 8% „ geschmiedet	2000	4770	43,0
„ „ 9% „ geschmiedet	3000	5370	17,5
„ „ 10% „ geschmiedet	3250	5780	15,7
Aluminiumbronze Nr. 743, geschmiedet	4500	6500	2,5

Auch Aluminium-Zinklegierungen mit 7 bis 14% Zink neben etwa 2,5% Kupfer werden für Gußteile viel verwendet. Sie sind billiger und besitzen größere Festigkeit als das reine Aluminium; dagegen nimmt die Dehnung mit steigendem Zinkgehalt ab.

Große Bedeutung haben in neuerer Zeit Legierungen des Aluminiums mit Silizium, z. B. das Silumin, bekommen.

Auch auf das Messing mit Gehalten bis zu 33% Zink wirken geringe Aluminiummengen verbessernd.

2. Duralumin.

Die von den Dürener Metallwerken in Düren hergestellte Legierung wird in drei Sorten: 681 *B* 1/3, 681 *B* und *Z* geliefert, hat neben Aluminium stets den gleichen Gehalt von 0,5% Magnesium, zwischen 3,5 und 4,5% Kupfer, 0,25 bis 1% Mangan und zeichnet sich bei geringem Gewicht, das zwischen 2,77 und 2,84 kg/dm³ liegt, durch große Festigkeit aus. Es läßt sich in weichem Zustande kalt durch Walzen, Pressen, Ziehen, warm durch Schmieden und in Gesenken verarbeiten, zeigt dagegen, in Sandformen gegossen, keine wesentlich besseren Eigenschaften als die bekannten, zinkhaltigen Aluminiumlegierungen, so daß Formguß nicht geliefert wird.

Eigentümlich ist die Erscheinung, daß es nach einer vorhergehenden gründlichen Durcharbeitung durch Warmschmieden, -walzen, oder -pressen, auf 480 bis 520° erhitzt, nach rascher Abkühlung im Laufe der Zeit steigende Festigkeit ohne Verringerung der Dehnung annimmt, sich also auf diese Weise veredeln läßt. Eine Zunahme ist noch nach mehreren Tagen nachweisbar. Durch Erwärmen auf mehr als 180° kann ein Anlassen bewirkt, durch Ausglühen bei 300 bis 350° der ursprüngliche Zustand wieder hergestellt werden.

Zusammenstellung 43. **Duralumin.**

Legierung	Zustand	Streckgrenze $\sigma_{0,2}$ kg/cm²	Zugfestigkeit K_z¹) kg/cm²	Dehnung δ¹) %	Kerbzähigkeit cmkg/cm²	Brinellhärte	Elastizitätszahl α cm²/kg
681 B $^1/_3$	veredelt	2400...2700	3800...4100	18...21	140...158	115	$\frac{1}{650000} \cdots \frac{1}{720000}$
	kalt nachverdichtet, Härte $^1/_2$	3000...3200	4000...4400	14...16	115...145	122	
681 B	veredelt	2600...2800	3800...4200	18...20	132...149	118	$\frac{1}{710000} \cdots \frac{1}{740000}$
	kalt nachverdichtet, Härte $^1/_2$	3200...3400	4300...4600	12...15	105...116	125	
Z	veredelt	2700...2900	4100...4400	17...19	100...115	120	
	kalt nachverdichtet, Härte $^1/_2$	3300...3500	4400...4700	10...14	88...100	128	

¹) Die höheren Werte beziehen sich auf dünne Proben.

Das Metall ist wetterbeständiger als Aluminium und zeigt große Widerstandsfähigkeit gegen Schwefel- und Salpetersäure. Von Quecksilber wird es nicht angegriffen. Als Werkstoff kommt es da in Betracht, wo große Leichtigkeit neben hoher Festigkeit verlangt wird, u. a. im Luftschiff- und Luftfahrzeugbau, ferner im Boot- und Schiffbau, sowohl zur Vergrößerung des Auftriebs, wie auch wegen seiner Widerstandsfähigkeit gegen Seewasser, zu Zahn- und Schneckenrädern, zu leichten Schubstangen, die unmittelbar auf den Stahlzapfen laufen können usw. Zur Verbindung der einzelnen Teile sollten Nieten und Schrauben aus gleichem Stoff oder höchstens Eisen und Stahl, nicht aber aus Bronze, Kupfer, Messing u. dgl. verwendet werden, weil sonst Zersetzungen durch galvanische Ströme eintreten.

Nähere Angaben in den Druckschriften der Dürener Metallwerke.

E. Elektron.

In der Hauptsache aus Magnesium bestehend, ist das Elektron mit einem Einheitsgewicht von 1,73 bis 1,84 kg/dm³ der leichteste uns zur Verfügung stehende Werkstoff. Der Schmelzpunkt der im Handel befindlichen Legierungen liegt zwischen 630 und 650°. Festigkeitsziffern sowie Anwendungsgebiete gibt die folgende Zusammenstellung. Das Elektron besitzt geringe chemische Widerstandsfähigkeit gegen schwache Säuren und Salzlösungen, sowie gegen die gleichzeitige Einwirkung von Wasser und Luft und bedarf deshalb besonderer Schutzüberzüge, findet aber zunehmende Verwendung im Flugzeug- und Luftschiff- sowie im Kraftradbau. Bei der Prüfung der Leichtkolben für Verbrennungsmotoren hatte es sich durch seine große Wärmeleitfähigkeit und gute Laufspiegelbildung besonders ausgezeichnet. Im übrigen wird es im Maschinenbau zu ähnlichen Zwecken wie das Aluminium verwandt. Hervorzuheben ist seine Unempfindlichkeit gegenüber Flußsäure und konzentrierten Laugen [II, 32, 33].

Zusammenstellung 44. **Elektron.**

	Legierung und Anwendungsgebiete	Vorbehandlung	Zugfestigkeit kg/cm²	Dehnung %	
CM	Elektr. Stromleitungen	gepreßt	1800–2200	20	—
		hart gewalzt	2000–2200	3–5	—
Z 1	Drehteile, Profile, Bleche, Drähte	gegossen	1200–1500	1,5–3	—
		gepreßt	2600–2800	18–22	—
		hart gewalzt	2900–3200	2–3	—
AZM	Desgl. bei hohen Anforderungen	gepreßt	2900–3100	12–14	—
		hart gewalzt	3200–3900	2–4	—
AZ	Gußteile	gegossen	1200–1500	2–4	Schwindmaß 1,1%

F. Weißmetalle.

Weißmetalle, aus Zinn, Blei, Antimon und Kupfer zusammengesetzt, sind in erster Linie wichtige Lagermetalle. Schalen aus Gußeisen, Stahlguß und Bronze werden mit ihnen in dünner, die Lauffläche bildender Schicht ausgegossen. Zu dem Zwecke müssen die Legierungen genügend hart sein, um den Zapfendruck auszuhalten, ohne daß die Schmiernuten verdrückt werden oder sich zusetzen, andererseits aber auch so weich sein, daß sich die Laufflächen den Wellen anschmiegen und das Einlaufen erleichtern. Nach Untersuchungen von Charpy [II, 28] eignen sich dazu Mischungen, in denen harte Kristalle in einer weichen Grundmasse ausgeschieden sind. Die ersteren tragen die Zapfen, drücken sich aber bei örtlich zu hohen Pressungen in die Grundmasse ein und bewirken so ein rasches Anpassen der Schalen ohne Schädigung oder Gefährdung der Zapfen. So bilden in den Blei-Zinn-Antimonlegierungen Antimonkristalle, in den Zinn-Kupfer-Antimonlegierungen Nadeln aus $SnCu_3$ und SbSn die harten, tragenden Bestandteile. Die Beanspruchung auf Druck an der Quetschgrenze, an würfelförmigen Proben ermittelt, soll etwa 150 bis 200 kg/cm² betragen.

Weiterhin bietet das Ausgießen der Lagerschalen mit Weißmetallen den Vorteil, daß die Wellen selbst beim Ausschmelzen der Lager infolge starken Warmlaufens nicht angegriffen werden, solange sie nicht mit dem harten Metall der eigentlichen Lagerschale in Berührung kommen. Da nämlich das Auslaufen infolge der Eigenschaft der Legierungen, in einem Temperaturbereich flüssig zu werden, stets längere Zeit erfordert, läßt sich die Maschine meist noch rechtzeitig abstellen und so größerer Schaden vermeiden. Der untere Schmelzpunkt der Weißmetalle pflegt bei 250 ... 300° zu liegen. Schließlich ist der Ersatz abgenutzter oder beschädigter Laufflächen durch Neuausgießen der Schalen leicht möglich.

Genügende Gleichmäßigkeit und Feinkörnigkeit werden durch rasche Abkühlung nach dem Gießen erreicht, indem die Masse um einen eisernen Dorn oder manchmal um den Zapfen selbst herumgegossen wird. Zweckmäßigerweise wird der Einguß durch späteres Hämmern, Kaltwalzen oder Durchpressen eines Dornes noch weiter verdichtet.

Zu den folgenden Angaben über die gebräuchlichen Zusammensetzungen von Weißmetallen ist zu bemerken, daß im allgemeinen Zinn und Blei die weichen, Antimon und Kupfer die harten Bestandteile bilden. Bei hohen Flächendrücken wird man einen größeren Anteil von härteren Metallen wählen, bei niedrigen Pressungen weichere Stoffe vorziehen. Spröde Lagermetalle sind insbesondere für plötzliche und stoßartige Belastungen ungeeignet.

Zur Herstellung gibt Garbe in den „Lokomotiven der Gegenwart" die folgende Vorschrift: 1 kg Kupfer wird mit 2 kg Antimon (regulus) und 6 kg vollkommen reinem Zinn zusammengeschmolzen. Das Antimon wird zugesetzt, wenn das Kupfer geschmolzen ist und, nachdem beide Metalle flüssig sind, das Zinn. Diese Legierung wird in dünne Platten ausgegossen und von ihr je 9 kg mit 9 kg reinem Zinn zusammengeschmolzen. Das Ganze wird sodann in 15 mm starke Platten (in Metallschalen) ausgegossen und ist damit zur Verwendung fertig. Größere Mengen, als vorstehend angegeben, sollen mit einem Mal nicht eingeschmolzen werden.

Zusammenstellung 45. **Zusammensetzung der Weißmetalle in Hundertteilen.**

	Zinn	Blei	Antimon	Kupfer	Bemerkungen
Lagermetall der preuß. Staatseisenbahnverwaltung[1])	83,3	—	11,1	5,6	Durch Zusammenschmelzen von gleichen Teilen Zinn und einer Legierung aus 11,1 Cu, 22,2 Sb, 66,7 Sn
Für Lokomotiv- und Tenderachslager (Hütte)	78,4	—	12,6	9	—
Nach Charpy	10—20	80—62	10—18	—	—
Bleikomposition	—	85—75	15—25	—	Billig, bei großem Antimongehalt hart
		Nickel			
Achslagermetall für Zentrifugenlager (Wüst)	55	5	5	35	—

[1]) Von der Compagnie des chemins de fer de l'Est schon lange angewandt; nach den Untersuchungen von Charpy ein sehr gutes Weißmetall, bei dem 3 bis 4% Abweichungen in der Zusammensetzung zulässig sind.

Das Antimon darf höchstens 1% Verunreinigungen und hiervon nicht mehr als 0,1% Arsen, das Zinn nicht mehr als 0,2% Fremdstoffe enthalten.

Nach der DIN 1703 wird Weißmetall nach dem Zinngehalt in Hundertteilen bezeichnet und in Blöcken, Barren und Platten in den folgenden Zusammensetzungen geliefert:

Zusammenstellung 46. **Weißmetalle nach DIN 1703.**

Benennung	Kurzzeichen	Zusammensetzung %				Einheitsgewicht kg/dm³
		Sn	Sb	Cu	Pb	
[Weißmetall 80 *F*[2])	*WM* 80 *F*	80	10	10	—	7,5]
Weißmetall 80	*WM* 80	80	12	6	2	7,5
Weißmetall 70	*WM* 70	70	13	5	12	7,7
[Weißmetall 50[3])	*WM* 50	50	14	3	33	8,2]
Weißmetall 42	*WM* 42	42	14	3	41	8,5
Weißmetall 20	*WM* 20	20	14	2	64	9,4
Weißmetall 10	*WM* 10	10	15	1,5	73,5	9,7
Weißmetall 5	*WM* 5	5	15	1,5	78,5	10,1

[2]) *WM* 80 *F* soll nur verwendet werden, wenn Bleifreiheit unerläßlich ist, sonst ist es durch *WM* 80 zu ersetzen.

[3]) *WM* 50 ist möglichst durch *WM* 42 zu ersetzen.

Über die zulässigen Abweichungen bezüglich der Zusammensetzung und der Verunreinigungen vgl. DIN 1703.

G. Lote.

Lote sind metallische Bindemittel. Man unterscheidet zwei Hauptarten: Schlag- oder Hartlote und Lötzinn oder Weichlote. Schlaglote sind dem Messing ähnliche, jedoch zinkreichere Legierungen zwischen Kupfer und Zink, die nach der DIN 1711 durch das Kurzzeichen *MsL* mit dem Gehalt an Kupfer in Hundertteilen bezeichnet, in gekörntem Zustande in folgenden Sorten geliefert werden.

Zusammenstellung 47. **Schlaglote nach DIN 1711.**

Benennung	Kurzzeichen	Zusammensetzung %		Schmelzpunkt °C	Verwendung
		Cu	Zn		
Schlaglot 42	*MsL* 42	42	Rest	820	Lötung von Messing mit mehr als 60% Cu
Schlaglot 45	*MsL* 45	45	Rest	835	2. u. 3. Lötung von Messing mit 67% Cu aufwärts
Schlaglot 51	*MsL* 51	51	Rest	850	Lötung von Kupferlegierungen mit 68% Cu und mehr
Schlaglot 54	*MsL* 54	54	Rest	875	Wie *MsL* 51 und für Kupfer, Rotguss, Bronze, Eisen, Bandsägen

Für den Kupfer- und Zinkgehalt sind Abweichungen von $\pm$ 1% zulässig. Bei Bestellungen ist neben dem Kurzzeichen die DIN-Nummer anzuführen, z. B. Schlaglot mit 42% Kupfer durch *MsL* 42 DIN 1711 zu bezeichnen.

Silberlote mit Zusätzen von Silber dienen zum Löten von Messing mit 58 und mehr % Kupfer sowie von Bronzestücken und geben, da sie besser fließen, sauberere Lötstellen. Über die Sorten vgl. DIN 1710.

Lötzinn wird gemäß DIN 1707 durch die Abkürzung SnL und den Gehalt an Zinn in Hundertteilen bezeichnet, z. B. SnL 50 DIN 1707, und in folgenden Sorten in Form von Blöcken, Platten oder Stangen geliefert.

Zusammenstellung 48. **Lötzinn nach DIN 1707.**

Benennung	Kurzzeichen	Zusammensetzung %		Verwendung
		Sn	Pb	
Lötzinn 25	*SnL* 25	25	75	Für Flammenlötung. Für Kolbenlötung nicht geeignet
Lötzinn 30	*SnL* 30	30	70	Bau- und grobe Klempnerarbeit
Lötzinn 33	*SnL* 33	33	67	Zinkbleche und verzinkte Bleche
Lötzinn 40	*SnL* 40	40	60	Messing- und Weißblechlötung
Lötzinn 50	*SnL* 50	50	50	Messing- und Weißblechlötung für Elektrizitätszähler, Gasmesser und in der Konservenindustrie
Lötzinn 60	*SnL* 60	60	40	Lot für leichtschmelzende Metallgegenstände; feine Lötungen, z. B. in der Elektroindustrie
Lötzinn 90	*SnL* 90	90	10	Besondere, durch gesundheitliche Rücksichten bedingte Anwendungen

Der Zinngehalt muß auf ± 0,5% eingehalten werden. Über sonstige Nebenbestandteile und zulässige Abweichungen vgl. DIN 1707.

Die Schmelzpunkte sind dem Erstarrungsbild, Abb. 133, zu entnehmen, in welchem über den Gehalten an Zinn und Blei, die auf der Grundlinie aufgetragen sind, die Schmelzpunkte angegeben sind. Allen Legierungen zwischen 17 und 97% Zinn ist eine untere, eutektische Schmelztemperatur von 181° gemeinsam, Linie *ADB*, während der gebrochene Linienzug *CDE* die oberen Schmelzpunkte kennzeichnet, bei deren Überschreitung die gesamte Masse flüssig ist. Die Strecken auf den Ordinaten zwischen den Linien der oberen und unteren Schmelzpunkte geben den Temperaturbereich an, in dem das betreffende Lot erstarrt — Lot *SnL* 40 z. B. zwischen 244 und 181°.

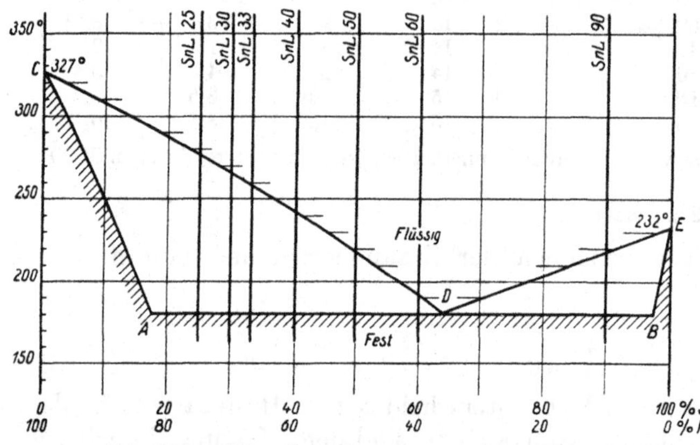

Abb. 133. Schmelzpunkte der normalen Weichlote.

V. Nichtmetallische Werkstoffe.

A. Hölzer.

Holz setzt sich aus dem Holzstoff, der das feste Zellgewebe bildet und dem Saft, aus Wasser mit organischen und anorganischen Stoffen bestehend, zusammen. Sein Gefüge ist infolge des jährlichen Wachstums und der Eigentümlichkeit der Zellen, sich vorwiegend mit ihrer Längsachse gleichlaufend zu der des Stammes anzuordnen, nicht einheitlich und bedingt die bedeutenden Unterschiede in der Widerstandsfähigkeit des Holzes nach den verschiedenen Richtungen. In frisch gefälltem Zustande ist der Feuchtigkeitsgehalt des Holzes groß und beträgt bis 40%; er nimmt beim Lagern an der Luft langsam ab, bis der lufttrockne Zustand mit etwa 15% erreicht ist, in welchen das Holz selbst nach weitergehender, künstlicher Trocknung wieder zurückkehrt.

Der **Feuchtigkeitsgehalt** hat großen Einfluß auf die Eigenschaften, insbesondere auf das Raumgewicht und die Festigkeit und ist die Ursache für das **Arbeiten** des Holzes. Nimmt er ab, so schrumpfen die Zellen zusammen, das Holz schwindet; steigt er, so quillt das Holz und dehnt sich aus. Das Schwinden ist in der Faserrichtung mit 0,1 bis 0,5% gering, erreicht dagegen in radialer Richtung 2 bis 5% und ist in tangentialer Richtung bei 5 bis 8% am größten. Da außerdem die äußeren, saftreicheren Schichten des Stammes stärker schwinden als die inneren, treten oft Risse und Sprünge auf. Ein Brett wird sich in der in Abb. 134 angegebenen Weise verziehen und werfen. Nur durch Übereinanderleimen mehrerer Holzschichten mit verschiedener Faserrichtung kann das Arbeiten des Holzes praktisch unschädlich gemacht werden. Das Raumgewicht steigt mit dem Feuchtigkeitsgrade.

Holz, das dauernd trocken gehalten werden kann oder das immer unter Wasser liegt, besitzt große Haltbarkeit und Dauerhaftigkeit; dagegen tritt an Holz, das abwechselnd feucht und trocken wird, rasche Zerstörung ein infolge mancher, im Saft enthaltener, die Fäulnis befördernder Stoffe, wie Eiweiß, Stärke und Zucker. Ein natürliches Gegenmittel bietet größerer Harz- und Ölgehalt; künstlich macht man das Holz durch Auslaugen der schädlichen Bestandteile, durch Streichen mit Stoffen, die das Eindringen der Feuchtigkeit hindern, wie Teer, Leinöl, Kreosot und Farben oder durch Tränken mit Chlorzink, Quecksilberchlorid, Kupfervitriol, Steinkohlenteeröl oder Karbolineum widerstandsfähiger. Imprägnierte eichene Eisenbahnschwellen halten 14 bis 16 Jahre, solche aus Kiefern 7 bis 8, aus Tannen und Fichten 4 bis 5, aus Buche $2^1/_2$ bis 3 Jahre.

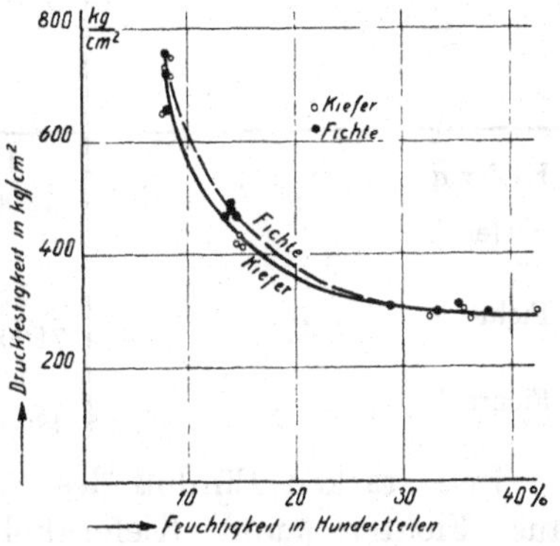

Abb. 135. Abhängigkeit der Druckfestigkeit von Kiefern- und Fichtenholz von der Feuchtigkeit (**Bauschinger**).

Die leichte **Entzündbarkeit** und **Brennbarkeit** des Holzes kann durch Überziehen mit Wasserglas oder mit anderen Feuerschutzmassen, die eine dichte Schicht bilden, oder durch Tränken mit schwefel- oder phosphorsaurem Ammoniak vermindert werden, welche bei der Erhitzung das Feuer erstickende Gase entwickeln.

Abb. 134. Werfen des Holzes.

Die **Festigkeit** unterliegt je nach der Art und dem Wachstum des Holzes, nach dem Teil des Stammes, aus dem die Probe entnommen ist und nach dem Feuchtigkeitsgrade großen Schwankungen. Sie nimmt mit steigendem Wassergehalt rasch ab, Abb. 135, so daß dieser auf gleicher Höhe (15%) liegen muß, wenn Vergleichswerte bei Festigkeitsversuchen erhalten werden sollen.

Die **Zugfestigkeit** ist in der Faserrichtung am größten, senkrecht dazu aber sehr klein, im Zusammenhang mit der leichten Spaltbarkeit des Holzes gleichlaufend zur Stammachse. Zwischen den Spannungen und Verlängerungen besteht nach **Bauschinger**

		Dehnungszahl α cm²/kg		Zugfestigkeit K_z, kg/cm²			
				Kern		Umfang	
		Kern	Umfang		im Mittel		im Mittel
Kiefer	Standort *a*	$\frac{1}{39000}-\frac{1}{68000}$	$\frac{1}{78000}-\frac{1}{157000}$	146–270	230	436–1560	1050
	Standort *b*	—	—	265–335	290	350–1100	750
Fichte	Standort *a*	$\frac{1}{39000}-\frac{1}{85000}$	$\frac{1}{94000}-\frac{1}{140000}$	252–373	310	646–1210	970
	Standort *b*	$\frac{1}{45000}-\frac{1}{67000}$	$\frac{1}{63000}-\frac{1}{116000}$	180–400	290	542–1070	700

Verhältnisgleichheit bis nahe zur Bruchgrenze. Die Dehnungszahl ist für das Kernholz größer als für die äußeren Schichten, die Festigkeit dagegen geringer. An je vier Proben von Kernholz und je acht von Splintholz, aus einem und demselben Stamme entnommen, fand Bauschinger [II, 29] die vorstehenden Zahlen (s. Zus. S. 127 unten).

Die Zusammenstellung zeigt gleichzeitig, welche großen Unterschiede in der Zugfestigkeit an ein und demselben Baum vorkommen. Mittlere Werte für die Festigkeit verschiedener Hölzer gibt die Zusammenstellung 49 am Ende dieses Abschnittes.

Die Druckfestigkeit in Richtung der Fasern ist nur etwa halb so groß wie die Zugfestigkeit, pflegt an Würfeln oder an Prismen quadratischen Querschnittes mit 1,5facher Höhe festgestellt zu werden und dient meist zum Vergleich der Holzarten. Die Elastizitätsgrenze liegt bei 0,5 bis 0,7 der Bruchspannung, während die Zerstörung entweder durch Ineinanderschieben oder Zerknicken der Fasern eintritt. Auch die Druckfestigkeit schwankt, an dem gleichen Stamme ermittelt, stark, wenn auch nicht in dem Maße wie die Zugfestigkeit. Das beweist die nächste Zusammenstellung, die Bauschinger aus Versuchen an den oben erwähnten Stämmen erhielt.

	Dehnungszahl α kg/cm²		Druckfestigkeit K, kg/cm²			
	Kern	Umfang	Kern		Umfang	
				im Mittel		im Mittel
Kiefer a	$\frac{1}{72000} - \frac{1}{96000}$	$\frac{1}{82000} - \frac{1}{136000}$	213—252	229	244—333	278
Kiefer b	—	—	290—334	306	267—446	320
Fichte a	$\frac{1}{71000} - \frac{1}{104000}$	$\frac{1}{68000} - \frac{1}{131000}$	177—253	209	214—289	253
Fichte b	$\frac{1}{48000} - \frac{1}{72000}$	$\frac{1}{44000} - \frac{1}{86000}$	136—163	149	144—194	164

Den starken Einfluß des Feuchtigkeitsgrades auf die Druckfestigkeit von Proben aus Fichten- und Kiefernholz gibt, ebenfalls nach Versuchen Bauschingers [II, 30], Abb. 135.

Die Zahlen für die Biegefestigkeit liegen naturgemäß zwischen denen für Zug und denen für Druck. Dabei ist es, solange der Kern nicht mit der neutralen Faser zusammenfällt, nicht gleichgültig, wie der Balken liegt. Man erhält etwas größere Tragfähigkeit, wenn die Kernfasern auf Druck beansprucht werden. Die Durchbiegungen, vorwiegend elastischer Natur, sind meist sehr bedeutend, ehe der Bruch eintritt, der durch Knicken oder Abreißen einzelner Fasern eingeleitet wird. Die Spannung an der Elastizitätsgrenze darf für Kiefern- und Fichtenholz mit etwa 0,5 der Bruchspannung angenommen werden. Auch der Biegeversuch wird häufig zur Prüfung von Hölzern herangezogen. Die von Bauschinger untersuchten Stämme ergaben bei je vier Versuchen die folgenden Zahlen:

	Dehnungszahl α cm²/kg	Biegefestigkeit K_b kg/cm²	
			im Mittel
Kiefer a	$\frac{1}{100000} - \frac{1}{117000}$	422—524	472
Kiefer b	$\frac{1}{92000} - \frac{1}{117000}$	376—535	451
Fichte a	$\frac{1}{101000} - \frac{1}{120000}$	380—448	419
Fichte b	$\frac{1}{67500} - \frac{1}{78000}$	270—301	295

Als mittlere Festigkeitswerte verschiedener Holzarten können die nachstehenden gelten:

Zusammenstellung 49. **Festigkeitswerte von Hölzern.**

	Zugfestigkeit K_z kg/cm²		Druckfestigkeit K in Richtung der Stammachse kg/cm²	Biegefestigkeit K_b kg/cm²	Scherfestigkeit längs der Fasern K_s kg/cm²
	Kern	Umfang			
Fichte, Tanne, Kiefer	250–350	700–900	250–400	300–500	40–60
Eiche	–	900–1000	350–500	600–750	75
Buche Rot-	–	1200–1300	350–500	650–900	85
Buche Weiß-	–		450–600		
Esche	–	1200–1300	400–500	750–900	–

Das Holz hat für den Maschinenbau wegen der Formänderungen, die es bei dem Wechsel des Feuchtigkeitsgrades erleidet und wegen seiner leichten Zerstörbarkeit viel von seiner früheren Bedeutung verloren. Die Vorteile des geringen Gewichts und der leichten Bearbeitbarkeit lassen es noch im Aufzug- und Wagenbau, sowie für landwirtschaftliche, Textil- und Müllereimaschinen Verwendung finden. Seine geringe Masse ist die Begründung für die Anwendung zu Schubstangenschäften sehr raschlaufender Sägegatter, die schlechte Wärmeleitfähigkeit für diejenige zu Handgriffen an Hähnen und Ventilen oder als Verschalung. Hartes Holz eignet sich bei niedrigen Flächendrücken zur Stützung von Zapfen, die im Wasser laufen, ferner wegen seines großen Reibungswiderstandes zu Bremsbacken und Riemenscheiben.

Nach der Widerstandsfähigkeit und Bearbeitbarkeit unterscheidet man weiche und harte Holzsorten, und rechnet zur ersten Gruppe Fichte, Tanne, Kiefer (Bauhölzer), Linde, Pappel, Erle (zu Modellen) und Weide, zur zweiten Weißbuche (Bremsbacken und Kämme an Zahnrädern), Esche, Eiche, Teak- und Pockholz (die beiden zuletzt genannten namentlich zur Stützung von Spurzapfen). Es wird lufttrockenes, gerades und möglichst astfreies Holz verlangt.

Die Bearbeitung erfolgt mit großen Geschwindigkeiten, 100 bis 200 m/Min., durch Hobeln, Drehen, Bohren und Fräsen unter Abnahme dünner, breiter Späne, damit kein Spalten oder Splittern eintritt.

B. Leder.

In ungegerbtem Zustande, als Rohhaut, findet Leder zu den Ritzeln raschlaufender Zahnradtriebe Anwendung. Zum Schutze gegen Fäulnis wird es einige Zeit in eine Glyzerin-Wasserlösung gehängt, in der es gleichzeitig eine gleichmäßige, hornartige Beschaffenheit annimmt, die es nach dem Trocknen leicht und gut bearbeitbar macht.

Zu Riemen, Dichtungen in Form von Stulpen und Scheiben, sowie als nachgiebiges Mittel in Kupplungen usw. benutzt man gegerbtes Leder, das durch Einlagern von Gerbstoffen viel elastischer und geschmeidiger, aber auch gegen Fäulnis widerstandsfähiger geworden ist. Als bestes Gerbmittel gilt noch immer feingemahlene Eichenrinde, die Eichenlohe. In den Lösungen von zunehmendem Lohe- und Säuregehalt, in welche die Häute nacheinander gebracht werden, nimmt das Leder allmählich Gerbstoff auf, der sich mit der Faser verbindet und die Haut von etwa 1 bis $2^1/_2$ mm Stärke auf 5 bis 9 mm aufquellen läßt. Nach dem Herausnehmen aus der letzten Lösung werden die Häute sorgfältig gereinigt, eingefettet und getrocknet. Das je nach den Anforderungen mehrere Monate bis zu zwei Jahren in Anspruch nehmende Verfahren kann durch Anwendung starker Gerbstoffextrakte aus Eichenholz und ausländischen Gerbhölzern oder durch Walken des Leders in den Lösungen, manchmal freilich unter Beeinträchtigung der Güte des Erzeugnisses abgekürzt werden. Neuerdings sucht man durch schwächere Gerblösungen, die durch das Leder hindurchgepreßt werden und durch späteres starkes Walzen des Leders besonders dünne Riemen von 3,5 bis 5 mm Stärke herzustellen.

Ein wesentlich anderes Erzeugnis ist das durch Behandlung mit Chromsalzen erhaltene grünlich-graue Chromleder, bei dem sich eine Chromoxydverbindung mit der Lederfaser bildet, die schützend wirkt. Das Verfahren dauert, ohne die Faser zu schädigen, nur wenige Tage.

Eine nach dem gewöhnlichen Verfahren gegerbte Ochsenhaut ist in bezug auf Dicke, Festigkeit und Dehnungsverhältnisse sehr ungleichmäßig. In einem Streifen von je etwa 150 mm Breite beiderseits der Rückenlinie beträgt die Stärke 5 bis 6 mm; bis zu rund 400 mm Entfernung von der Mitte nimmt sie auf etwa 8 mm zu und dann nach der Bauchseite hin wieder ab.

Die Zugfestigkeit gegerbten Leders liegt gewöhnlich zwischen 200 und 400 kg/cm². Bei Versuchen an zahlreichen fertigen Riemen verschiedener Herkunft fand Rudeloff [II, 34] im Mittel 260 kg/cm² Zugfestigkeit, bei einem kleinsten Wert von 148 und einem größten von 360 kg/cm². An einer und derselben, zwei Jahre in Eichenlohe gegerbten

Rücken

K_z	ε	K_z	ε	K_z	ε	K_z	ε	K_z	ε
433	13,1	374	9,7	378	9,8	339	11,7	388	
366	14,9	400	13,8	354	14,5	324	12,5	340	10,3
368	16,4	368	15,1	349	16,6	353	14,7	343	12,1
426	18,1	370	15,1	340	16,1	328	16,6	331	13,5
347	19,9	376	16,7	313	19,3	335	16,1	305	14,9
405	19,2	407	15,6	326	21,1	310	15,5	272	19,4
385	17,6	360	16,2	351	22,4	290	15,6	269	20,4
416	17,4	380	18,0	362	20,4	261	16,6	313	16,8
	18,4	397	17,6	367	18,4	288	17,1	325	14,0
460	21,7	421	18,5	368	15,5	270	16,6	315	15,4
		374	18,8	370	13,5	271	15,1	388	12,8
		405	18,9	370	12,0	326	12,3	398	13,1

Hals

Bauchseite

Abb. 136. Festigkeits- und Dehnungswerte des Leders einer Ochsenhaut (Bach).

Ochsenhaut kamen nach Untersuchungen Bachs [II, 35] Verschiedenheiten zwischen 261 und 460 kg/cm² vor, vgl. Abb. 136, in der an den einzelnen Streifen, in welche die Haut zerschnitten war, die bei ziemlich rasch durchgeführten Versuchen erhaltenen Werte der Zugfestigkeit und Dehnung eingeschrieben und des leichteren Vergleichs wegen in Form von wagerechten Strecken eingetragen sind. Die Festigkeit ist längs der Rückenlinie am größten, nimmt nach den Flanken zu ab, steigt aber auf der Bauchseite wieder. Durchschnittlich haben die stärkeren Stellen der Haut geringere Festigkeit, die dünneren größere.

Im Gegensatz zu den Metallen verläuft die Spannungs-Dehnungskurve des Leders, Abb. 137, mit zunehmender Spannung steiler, so daß also Leder bei geringer Inanspruchnahme weicher und nachgiebiger ist, oder sich innerhalb gleicher Spannungsstufen um so mehr streckt, je geringer es belastet ist. Nach Abb. 137 nimmt die Dehnung z. B. zwischen 0 und 50 kg/cm² um 5,4 zwischen 200 und 250 kg/cm² nur noch um 3,0% zu.

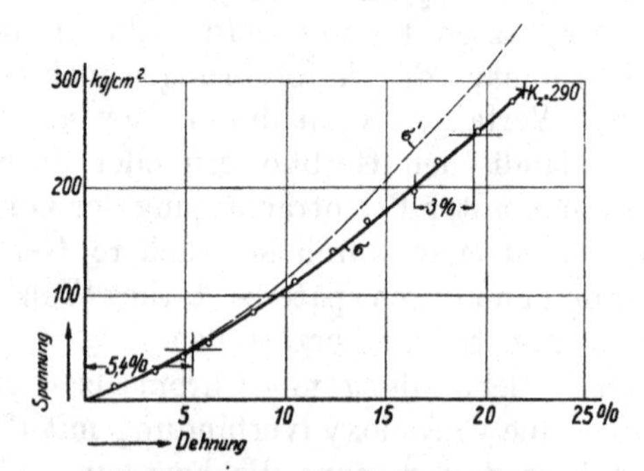

Abb. 137. Spannungs-Dehnungslinie gestreckten Riemenleders.

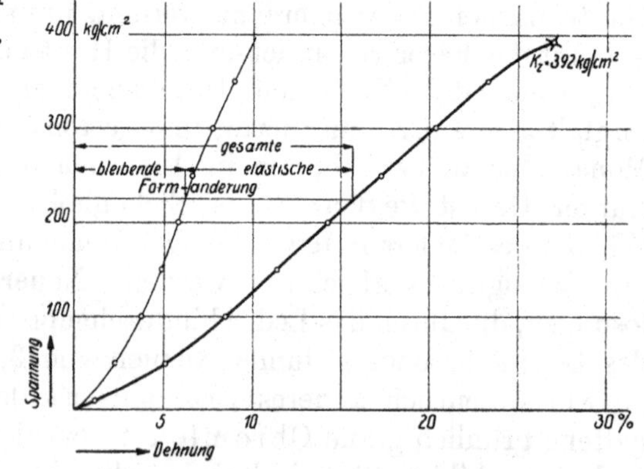

Abb. 138. Bleibende und elastische Formänderungen an Leder.

Schon bei niedrigen Spannungen treten bleibende Formänderungen ein, wie die dünne Linie der Abb. 138 zeigt, die sich bei einem Zugversuch an einem Stück ungebrauchten Riemenleders von 70 mm Breite, 4,9 mm Stärke bei 200 mm Meßlänge ergab. Das Leder wurde von 10 kg/cm² beginnend, in Stufen von je 50 kg/cm² belastet, nach jeder Belastung aber wiederum auf 10 kg/cm² entspannt. Die Abszissen der stark ausgezogenen Linie stellen die Summe der elastischen und bleibenden Formänderungen bei den einzelnen Spannungen dar, diejenigen der dünnen, die im wesentlichen bleibenden Reckungen, die der Riemen bei der Entlastung aufwies.

Von recht erheblichem Einfluß ist die Versuchsgeschwindigkeit. Bei rascher Durchführung findet man erheblich höhere

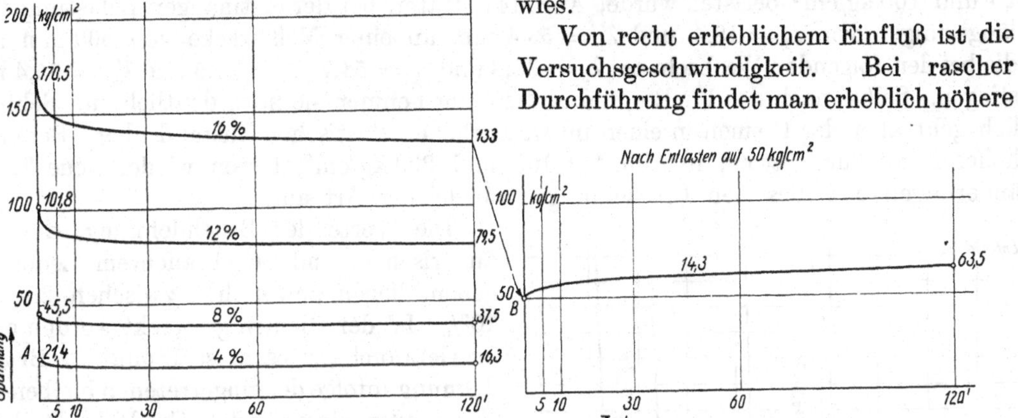

Abb. 139. Zugversuche an Leder. Einfluß der Versuchsdauer (Verfasser).

Festigkeitszahlen als bei langsamer, infolge der dem Leder eigenen, starken elastischen Nachwirkung. Bei der Belastung nehmen nämlich die Formänderungen nicht sofort ihre volle Größe an, sondern wachsen um so mehr, je länger die Kraft wirkt; nach der Entlastung zieht sich das Leder nicht sogleich völlig zusammen, sondern verkürzt sich beim Liegen noch lange Zeit nachher. Die Formänderungen sind also nicht allein von der Größe der wirkenden Kräfte, sondern auch von der Dauer ihrer Einwirkung abhängig, eine Erscheinung, die erklärlich wird, wenn man sich das Leder als ein elastisches Netzwerk mit Einlagen vorstellt, das erst allmählich nachgibt. Das läßt sich deutlich zeigen, wenn man den Riemen stufenweise dehnt und die zu den einzelnen Verlängerungen nötigen Belastungen verfolgt. Im Falle der Abb. 139 wurde ein neuer Riemen von 5,6 mm Stärke, 74 mm Breite und 500 mm Meßlänge zunächst um 4% gereckt und stand dabei im ersten Augenblick, dem Punkte A entsprechend, unter 21,4 kg/cm² Spannung. Diese sank nach 2′ auf 18,9, nach 120′ auf 16,3 kg/cm². Bei weiterem Recken um 8, 12 und 16% tritt die gleiche Erscheinung noch viel ausgeprägter auf; bei 16% fällt die Anfangsspannung von 170,5 innerhalb 2′ auf 154 und nach 120′ auf 133 kg/cm². Verhältnismäßig ist aber der Abfall in den vier Fällen gleich groß; im Durchschnitt beträgt er 79% nach 120′.

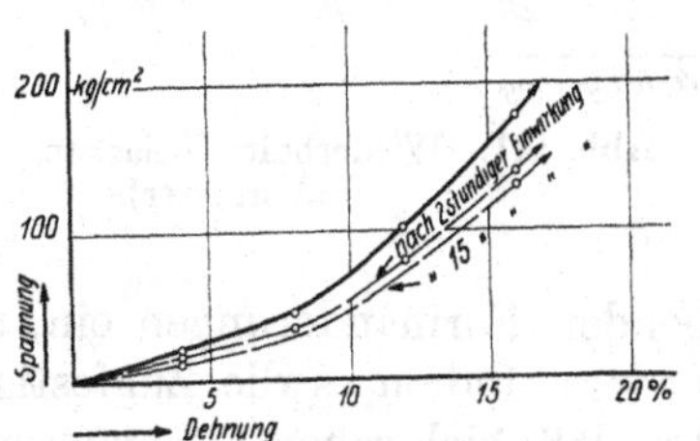

Abb. 140. Einfluß der Versuchsdauer bei Zugversuchen an Leder (Stephan).

Trägt man die Höchstspannungen abhängig vom Reckgrad auf, Abb. 140, so erhält man eine obere, ausgezogene Grenzkurve für die Festigkeit des Leders bei rascher Durchführung des Zugversuchs, während die dünneren Linien die wesentlich niedrigeren Spannungen kennzeichnen, welche dieselben Formänderungen erzeugen, nachdem die Belastung 2 bzw. 15 Stunden gewirkt hat.

Dieses allmähliche Nachlassen der Spannung erklärt neben dem Verschleiß, dem die Riemen an den Laufflächen unterworfen sind, das von Zeit zu Zeit notwendige Nachspannen der Riementriebe.

Umgekehrt erholen sich die Riemen nach plötzlichem Entlasten wieder, indem die Elastizität des Leders die Spannkraft allmählich wieder steigert, wie der Verlauf der im Punkte B, Abb. 139, angetragenen Linie verdeutlicht, als die unter 133 kg/cm² Spannung stehende Probe auf 50 kg/cm² entlastet wurde. Nach 120′ wies der Riemen 63,5 kg/cm², d. i. eine um 27% höhere Spannung auf.

Dieses Verhalten des Leders ist praktisch sehr wichtig bei Riementrieben, an denen der Riemen im ziehenden und gezogenen Trum abwechselnd zwei Grenzspannungen ausgesetzt ist. An einem Probestück von 5,8 mm Dicke und 72,2 mm Breite, das zwischen 25 und 100 kg/cm² belastet wurde, Abb. 141, traten bei der erstmaligen Belastung Verlängerungen von $\lambda_1 = 18{,}4$ und $\lambda_1' = 53{,}4$ mm an einer Meßstrecke von 500 mm auf, die bei den folgenden Wechseln auf $\lambda_2 = 39{,}3$ und $\lambda_2' = 54{,}7$, $\lambda_3 = 39{,}5$ und $\lambda_3' = 55{,}4$ mm stiegen. Selbst nach der 17. Be- und Entlastung nehmen sie noch deutlich zu. Schließlich geht aber der Riemen in einen im wesentlichen elastischen Zustand über. Bei einer höheren Spannungsstufe, in Abb. 141 100 und 200 kg/cm², treten wieder neue Formänderungen und dieselben Erscheinungen in gleicher Art auf.

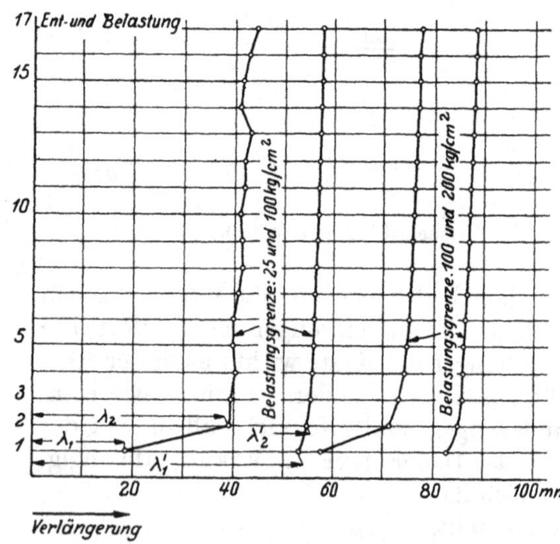

Abb. 141. Wiederholte Belastung von Leder (Verfasser).

Die Werte der Bruchdehnung, die sich an frischem und ungebrauchtem Leder ergeben, liegen gewöhnlich zwischen 25 und 10%. Ist der Riemen gestreckt worden oder im Gebrauch gewesen, so nimmt die Bruchdehnung infolge der eingetretenen bleibenden Formänderungen mit dem Grade des Reckens ab und pflegt dann Werte bis herab zu 10 und 5% zu haben.

Für den Betrieb sind nur die elastischen Formänderungen wichtig und rein elastische Riemen erwünscht. Um das Auftreten bleibender Formänderungen möglichst einzuschränken, werden die fertigen Riemen in den Fabriken durch Belastung oder auf besonderen Maschinen unter der zwei- bis fünffachen späteren Betriebsbelastung ausgiebig gestreckt.

Das Strecken schränkt aber nicht allein die durch den Betrieb zu erwartenden bleibenden Formänderungen ein, sondern verbessert auch die Festigkeitseigenschaften des Leders, indem es die Zugfestigkeit, auf den wirklichen Querschnitt bezogen, erhöht. Das läßt sich schon an einem einfachen Zugversuch, Abb. 137, zeigen. Unter der Voraussetzung, daß der Rauminhalt des Lederstreifens unverändert bleibt und daß die Streckung auf der ganzen Linie gleichmäßig erfolgt, muß, sofern F den ursprünglichen Querschnitt, l die ursprüngliche Länge, F_1 den Querschnitt nach dem Strecken des Streifens auf die Länge l_1 bedeutet,

$$F_1 \cdot l_1 = F \cdot l \quad \text{oder mit} \quad l_1 = l\,(1+\varepsilon)$$

$$F_1 = \frac{F \cdot l}{l_1} = \frac{F}{1+\varepsilon} \tag{83}$$

sein, so daß die auf den wirklichen Querschnitt F_1 bezogene Spannung

$$\sigma' = \frac{P}{F_1} = \frac{P}{F}\,(1+\varepsilon) = \sigma\,(1+\varepsilon) \tag{84}$$

wird, wenn σ, wie bei Zugversuchen üblich, auf den ursprünglichen Querschnitt bezogen ist. Bei 20% Streckung ergibt sich z. B. aus Abb. 137 ein

$$\sigma' = 259 \cdot 1{,}20 = 311 \text{ kg/cm}^2$$

der gestrichelten Linie. In noch stärkerem Maße und sicherer wird die Verbesserung der Festigkeitseigenschaften durch das Strecken und Walzen des Leders in den Fabriken erreicht, weil dabei die Gefahr, daß durch zu hohe Beanspruchungen einzelne Fasern leiden, leichter vermieden werden kann.

Nach dem Verlauf der Dehnungslinie, Abb. 137, muß auch die Dehnungszahl α veränderlich sein und zwar mit steigender Belastung abnehmen. Sie betrug zu Beginn des Versuches $\frac{1}{920}$ und fiel auf $\frac{1}{1630}$ cm²/kg in der Nähe des Bruches bei 290 kg/cm². Abb. 142 zeigt den Einfluß mehrfachen Belastungswechsels innerhalb zweier Spannungsstufen. Die dabei entstehenden Schleifen sind bei der erstmaligen Belastung weniger steil als später, so daß der Mittelwert von α, den man findet, wenn man die unteren Spitzen der Schleifen mit den oberen Schnittpunkten verbindet, zwischen 25 und 100 kg/cm² Belastung von $\frac{1}{2450}$ an der ersten, auf $\frac{1}{2890}$ an der 16. Schleife, zwischen 100 und 200 kg/cm² entsprechend von $\frac{1}{3780}$ auf $\frac{1}{4440}$ cm²/kg abnimmt. Daraus muß geschlossen werden, daß neue Riemen größere Werte von α haben als gebrauchte, an denen sich durch die dauernden Spannungswechsel ein Gleichgewichtszustand mit im wesentlichen nur elastischen Formänderungen herausgebildet hat. Bach gibt für Verhältnisse, unter denen Treibriemen gewöhnlich laufen, an:

für neue Lederriemen $\alpha = \frac{1}{1250}$ cm²/kg,

für gebrauchte $\alpha = \frac{1}{2250}$ cm²/kg.

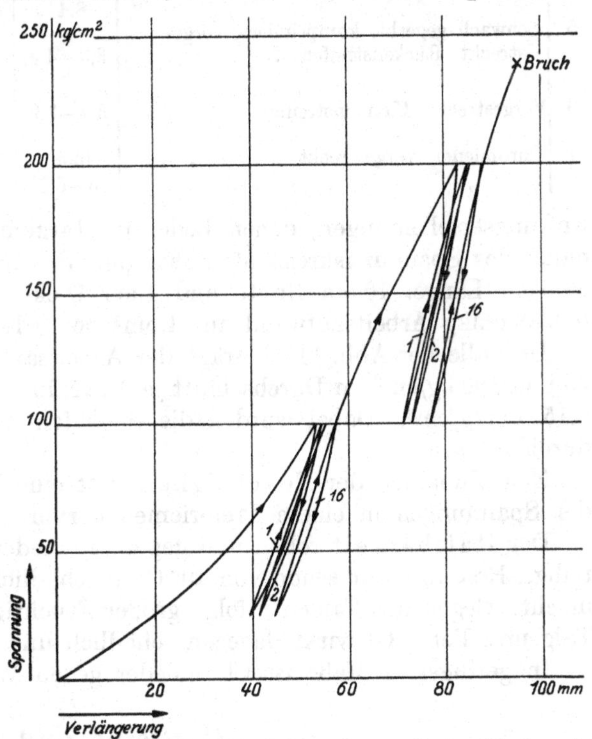

Abb. 142. Wiederholte Belastung von Leder (Verfasser).

An Chromlederriemen, die verschiedenen Stellen ein und derselben Haut entnommen waren, zeigte Bach [II,37], daß die Elastizität längs der Rückenlinie sehr gleichmäßig und am größten war. Aus dem Bauchteil geschnittene Riemen wiesen wesentlich geringere Federungen und außerdem geringere Elastizität am Kopfende als am Schwanzende auf, wobei allerdings zu berücksichtigen ist, daß der Rückenteil bei der Vorbehandlung der Haut weniger gestreckt worden war als die Flanken. Die Dehnungsziffern ergaben sich sehr verschieden; der größte Wert längs des Rückens, wo die Haut um 19% gereckt worden war, betrug $\alpha = \frac{1}{2274}$, der kleinste am Kopfende der Flanke nach 27% vorhergegangener Streckung $\frac{1}{6175}$ cm²/kg.

Einige weitere von Stephan bei sehr langsam durchgeführten Versuchen [II,36] gefundene Festigkeitszahlen enthält die Zusammenstellung 50.

Wie Gußeisen zeigt auch Leder elastische Hysteresis, indem die Spannungen bei der Entlastung einer anderen Kurve folgen als bei der Belastung. Es entstehen Schleifen, Abb. 142, deren Flächeninhalt die Formänderungsarbeit darstellt, welche bei jedem vollen Spannungswechsel aufgebracht werden muß, die also einen Energieverlust beim Betrieb des Riemens mit sich bringt. Die Größe der Schleife ist allerdings infolge der Nach-

Zusammenstellung 50.

Festigkeitswerte von Leder nach Stephan bei sehr langsamer Durchführung der Versuche.

Lfde. Nr.	Art des Leders	Stärke mm	Zugfestigkeit K_z kg/cm²	Bruchdehnung δ %	Dehnungszahl der elastischen Formänderungen α cm²/kg
1	Eichenlohgar, naß vorgestreckt	6,25	215	15,6	$\frac{1}{2080}$ bei 80 kg/cm²
2	„ zweimal vorgestreckt	—		12,4	$\frac{1}{2200}$
3	„ ungereckt	—	210	19—20	—
4	Mit Extrakt vorgegerbt, ungereckt	4	170	20,8	—
		8,4		29	—
5	Schwach gegerbt, komprimiert, vorgestreckt, Rückenstreifen	3,3—4,4	340—425	15,5—18,2	$\frac{1}{2140}$—$\frac{1}{3570}$
6	Vorgestreckt, Flankenstreifen	3,4—3,9	355—528	15—18,7	$\frac{1}{2180}$—$\frac{1}{3710}$
7	Chromleder, vorgestreckt	4,25	407	23	$\frac{1}{1600}$
8	„ „	6—6,3	320	34	

wirkungserscheinungen, denen Leder in starkem Maße unterliegt, noch von der Zeitdauer des Spannungskreislaufs abhängig. Barth ermittelte an neun Lederstreifen von 38,5 cm Länge, 10 cm Breite und 1 cm Dicke zwischen 1 und 19 kg/cm² Spannung 0,0288 cmkg Arbeitsaufwand auf 1 cm³ bei jedem Umlauf.

Im Falle der Abb. 142 beträgt der Arbeitsaufwand in der Spannungsstufe zwischen 25 und 100 kg/cm² im Durchschnitt je 0,122, in der Spannungsstufe 100 und 200 kg/cm², 0,153 cmkg/cm³. Dabei wurden die Schleifen im Durchschnitt in $4^1/_2$ bis 5 Minuten durchlaufen.

Eine Zunahme der Feuchtigkeit ruft eine Verlängerung, also eine Verminderung der Spannungen in einem Treibriemen hervor.

Der Haltbarkeit rohen und gegerbten Leders sind große Wärme und Nässe nachteilig. Erstere wirkt schon von 40° C an schädlich, indem sie Riemen hart und brüchig macht. Gegen das Faulen infolge großer Feuchtigkeit schützt öfteres Einschmieren mit Talg und Fett. Öl wirkt dagegen schädlich und greift das Leder an.

In geringerem Maße ist Chromleder gegen Wärme und Nässe empfindlich.

C. Steine und Beton.

Vor allem in den Maschinenfundamenten, zur Unterstützung einzelner Teile, zum Einmauern von Dampfkesseln und zur Ausführung von Turbinenkammern, Kanälen usw. verwandt, sollen Steine und Beton möglichst nur auf Druck beansprucht werden. Größere Zug- und Biegespannungen müssen grundsätzlich wegen der geringen Widerstandsfähigkeit der Baustoffe solchen Beanspruchungen gegenüber vermieden oder im Falle von Beton durch Eiseneinlagen (Eisenbeton) aufgenommen werden. Dementsprechend erstreckt sich auch die Untersuchung der Steine und des Betons in der Regel nur auf die Druckfestigkeit, die an würfelförmigen Proben festgestellt zu werden pflegt und die als Vergleichs- und Gütemaßstab dient. Die Zahlen schwanken in sehr weiten Grenzen je nach der Art, der Lagerstätte, der Reinheit usw., bei künstlichen Sorten auch nach der Sorgfalt bei der Herstellung. Untere und mäßige obere Werte für die Druckfestigkeit im trockenen Zustande, sowie Mittelwerte aus den Versuchsreihen des Materialprüfungsamtes in Berlin-Dahlem enthält Zusammenstellung 51. Die Festigkeit nimmt mit zunehmendem Wassergehalt bei dichten Gesteinen um 5 . . . 8%, bei Sandsteinen aber häufig um 20 . . . 30% ab. Auch wiederholtes Gefrieren und Auftauen wirkt schädlich.

Die Dehnungsziffer ist ebenfalls je nach der Art der Baustoffe sehr starken Schwankungen unterworfen und nimmt mit der Höhe der Belastung zu. Von der Angabe von Werten wurde in der Zusammenstellung abgesehen.

Zusammenstellung 51.

Gewichte und Druckfestigkeiten von natürlichen und künstlichen Steinen und Baustoffen.

	Gewicht der Raumeinheit	Druckfestigkeit K kg/cm²
A. Natürliche Gesteine:		
Basalt	2,7 ... 3,1	1000–3200
Porphyr	2,5 ... 2,7	1000–2500
Granit	2,6 ... 2,8	1000–2000
Kalkstein	2,2 ... 3,0	400–1000
Sandstein	2,2 ... 2,5	200– 900
B. künstliche Steine und Baustoffe:		
Ziegelsteine, Klinker	1,6 ... 1,7	300–700
„ gut gebrannt	1,5 ... 1,7	200–300
„ schwach gebrannt	1,5 ... 1,7	150–200
Ziegelmauerwerk in Zement	1,5 ... 1,6	180–240
„ in Kalkmörtel	1,5 ... 1,6	120–140
Beton, 28 Tage alt, je nach Mischung	1,8 ... 2,4	80–250
Stampfbeton, 1 Teil Zement, 2 Teile Sand, 4 Teile Kies	1,8 ... 2,4	80–150–200

Mittelwerte aus den Versuchen an natürlichen Gesteinen der K. techn. Versuchsanstalten Berlin (Mitteil. 1897, S. 49).

	Zahl der Versuche	Mittlere Druckfestigkeit in kg/cm²			
		Lufttrocken	Wassersatt	Nach einmaliger Frostbeanspruchung	
				an der Luft	unter Wasser
Granite	5530	2206	2078	2037	2037
Hornblendegesteine und Ophiolite (Grünstein, Diabas, Diorit)	320	2757	2640	2566	2553
Porphyre	1000	2631	2519	2491	2488
Augitgesteine (Basalte)	680	3616	3513	3478	3458
Kalksteine	800	1028	972	955	932
Sandsteine	3960	922	850	826	825
Grauwacke	600	2393	2301	2202	2148

Die Zugfestigkeit gleichmäßigen natürlichen Gesteins darf nur mit etwa 3 bis 5%, die Biegefestigkeit mit 10 bis 15%, die Scherfestigkeit mit 5 bis 8% der Druckfestigkeit angenommen werden.

Wegen der Unzuverlässigkeit und Ungleichheit ist bei der Wahl der zulässigen Beanspruchungen mit größeren Sicherheiten, im Durchschnitt mit $\mathfrak{S} = 12$ bis 20, zu rechnen.

Natürliche Gesteine (Granit, Porphyr, Basalt, Kalk- und Sandsteine) dienen behauen zur Aufnahme größerer Kräfte in Widerlagern von Stützen, Säulen, Lagerstühlen an schweren Achsen und Wellen und vermitteln die Übertragung auf das eigentliche Fundament. An künstlichen Steinen kommen vor allem aus Ton gebrannte Ziegelsteine, bei sehr großen Kräften und bei höheren Wärmegraden (Kesseleinmauerungen) stark gebrannte Klinker in Frage. Ihre normale Größe, das deutsche „Reichsformat", ist 25 · 12 · 6,5 cm. Die einzelnen Ziegel werden im Mauerwerk für untergeordnete Zwecke des Maschinenbaues durch Kalkmörtel (gebrannter Kalk mit 2 bis 4 Teilen möglichst scharfen Sandes vermischt), in den meisten Fällen aber durch verlängerten Zementmörtel, d. i. Kalkmörtel mit Zementzusatz, oder durch reinen Zementmörtel (1 Teil Zement auf 3 bis 4 Teile Sand) verbunden. Unter Wasser darf nur hydraulischer Kalk- oder Zementmörtel verwendet werden. Für Fundamente schwerer Maschinen, bei denen Erschütterungen und Stöße nicht ausgeschlossen sind, wird fetter Zementmörtel im Verhältnis 1:2 benutzt. Der Mörtel haftet beim Erstarren an der Steinoberfläche, nimmt im Laufe der Zeit an Festigkeit zu, erreicht aber meist nicht die der Steine, so daß die Belastung von Mauerwerk niedriger als die der verwandten Steine gehalten werden muß. Das Gewicht von 1 m³ Mauerwerk darf zu rund 1600 kg, gut ausgetrocknet zu 1500 kg angenommen werden.

Zement, mit Wasser und wenig Sand angerührt, dient zum Aus- und Untergießen von Rahmen und Lagerstühlen und zum Vergießen der Löcher, in denen Stein- und kurze Fundamentschrauben sitzen. Der Zement verbindet sich dabei sehr fest mit dem Eisen, so daß eine Trennung der Stücke vom Fundament oft nur unter sehr großen Schwierigkeiten möglich ist.

Beton ist eine Mischung von Zementmörtel mit Steinschlag oder grobkörnigem Kies in sehr wechselnden Zusammensetzungen. Er wird in die Baugrube geschüttet, über Erde aber in Holzverschalungen in Lagen von etwa 15 bis 20 cm eingefüllt und sorgfältig festgestampft. Beton erhärtet langsam und erreicht seine endgültige Festigkeit erst nach sehr langer Zeit. Bei den Festigkeitsproben ist deshalb die Erhärtungszeit (meist werden die Versuche nach 28 Tagen ausgeführt) anzugeben. Hochbeanspruchte, namentlich ausgedehnte Fundamente werden zweckmäßig durch Eiseneinlagen verstärkt.

Zu Maschinenfundamenten geeignete Mischungen sind: 1 Raumteil Zement, 3 Raumteile Sand, 6 Raumteile Kies oder Kleinschlag oder 1 Raumteil Zement, 7,5 Raumteile Kiessand. Die Zahlen entsprechen etwa 210 kg Zement im Kubikmeter fertiggestampften Betons. Für Gebäude benutzte Mischungen sind 1:4:8 bzw. 1:10 Raumteile mit rund 160 kg Zement im Kubikmeter fertigen Betons.

Kalk- und Zementmörtel sowie Beton werden durch Säuren und Öl zerstört, indem sie weich werden und zerbröckeln. Deshalb ist auf Fernhaltung des Öls von den Fundamenten durch Ölfänger oder geeignete Ausbildung der Grundplatten größte Sorgfalt zu verwenden.

Dritter Abschnitt.

Allgemeine Gesichtspunkte bei der Gestaltung von Maschinenteilen.

Maßgebend für die Gestaltung der Maschinenteile sind:

I. ihr besonderer Zweck,
II. die an ihnen wirkenden Kräfte,
III. ihre Herstellung und Bearbeitung,
IV. der Zusammenbau zur ganzen Maschine.

I. Einfluß des Zweckes der Maschinenteile auf die Gestaltung.

Daß der jeweilige Zweck und die Art der Verwendung entscheidenden Einfluß auf die Ausbildung der Maschinenteile haben, zeigen zahlreiche Beispiele anschaulich und deutlich. An stehenden Maschinen müssen die Dampfzylinder in bezug auf Anordnung der Ventile, Unterstützung, Verbindung mit dem Rahmen, Ableitung des Niederschlagwassers usw. ganz anders durchgebildet werden als an liegenden. Vollständig verschieden ist in den beiden Fällen die Beanspruchung und Formgebung der Maschinenrahmen. Aber auch die Kurbelwellenlager und die Schubstangen zeigen wesentliche Unterschiede. Lager für stehende Maschinen können wagrecht geteilt sein, weil die Abnutzung in lotrechter Richtung erfolgt und durch Nachziehen der oberen Schalen ausgeglichen werden kann; bei der Verwendung der gleichen Bauart an liegenden Maschinen würden gerade die größten Kräfte unzulässigerweise auf die Schalenfugen treffen. Die Lager müssen daher schräg geteilt, oder drei- oder vierteilig mit nachstellbaren Seitenschalen ausgeführt werden. Bei den Schubstangen stehender oder liegender Maschinen ist auf die andere Art der Ölzuführung und -verteilung Rücksicht zu nehmen.

Unterschiede an denselben Elementen bei verschiedenen Gattungen von Maschinen sind häufig in den ganz anderen Betriebsverhältnissen begründet, wie u. a. die Gestaltung der Schubstangen für raschlaufende Kleinmotoren, für Lokomotiven, für doppeltwirkende

Großgasmaschinen, Sägegatter usw. zeigt. Außerdem können Versand, örtliche Beschränkungen u. a. m. Einfluß nehmen. Einteilige Zahn- oder Schwungräder, die auf der Bahn verschickt werden sollen, dürfen in Rücksicht auf das Lademaß der Eisenbahnen, Abb. 142a, nicht mehr als 4,4 m Durchmesser haben; größere müssen geteilt werden. Der strichpunktierte Umriß gilt für alle Bahnen des Vereins Deutscher Eisenbahnverwaltungen; der ausgezogene für die Mehrzahl der Vereinslinien, ferner die bulgarischen und serbischen Staatseisenbahnen, die dänischen, orientalischen und nach vorheriger Vereinbarung auch die schwedischen Eisenbahnen. In der Schweiz und Norwegen, Belgien, Frankreich, Italien usw. sind andere, zum Teil nicht einheitliche Lademaße im Gebrauch. Ist die Beförderung der einzelnen Stücke einer Maschine auf schlechten Wegen oder etwa gar in kleinen Trägerlasten notwendig, so darf das Einzelgewicht ein gewisses Maß nicht überschreiten; eine viel weitgehendere Teilung wird dann notwendig.

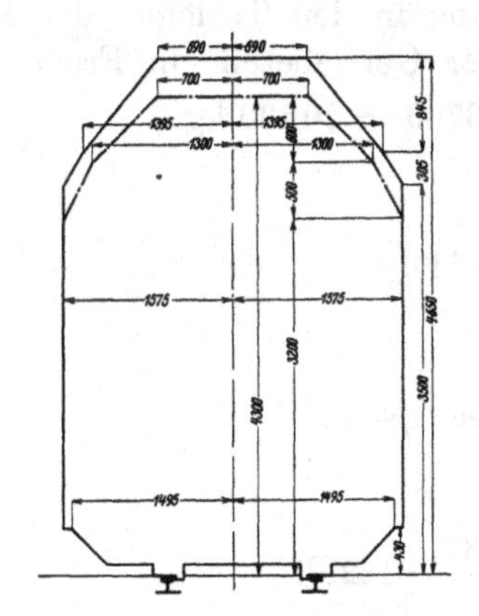

Abb. 142a. Lademaß. M. 1:100.

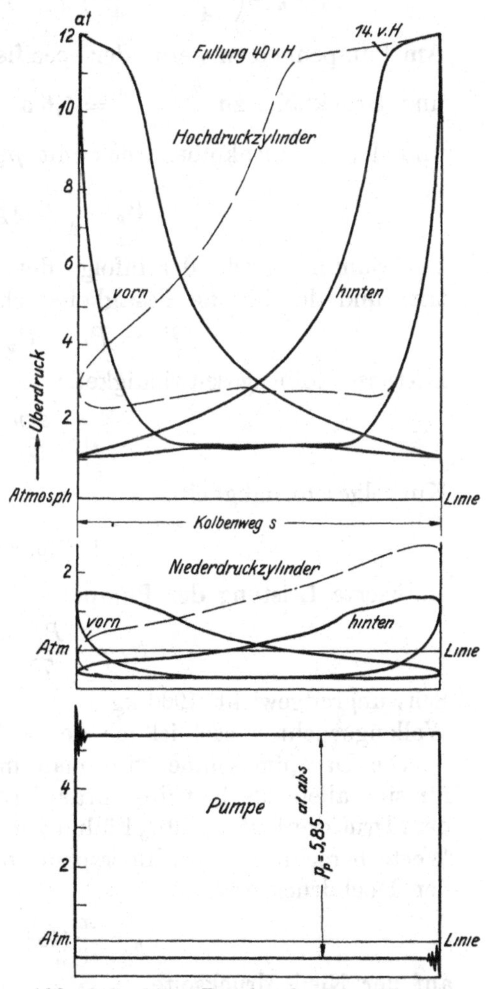

Abb. 143—145. Druckverlauf im Hoch- und Niederdruckzylinder, sowie in der Pumpe der Wasserwerkmaschine, Tafel I.

Häufig beeinflussen sich die einzelnen Maschinenteile gegenseitig. So muß ein offener Kreuzkopf einen geschlossenen Schubstangenkopf umfassen, während ein geschlossener Kreuzkopf eine gegabelte Schubstange verlangt.

Um diese Abhängigkeit der Durchbildung der Einzelteile voneinander zu zeigen, sind viele der Berechnungsbeispiele des Buches an den gleichen Maschinen, insbesondere einer liegenden Wasserwerkmaschine, Tafel I, und einer elektrisch angetriebenen Laufkatze, Abb. 146—148, durchgeführt.

Die Hauptdaten der Wasserwerkmaschine sind:

Hochdruckzylinderdurchmesser	$D_h = 450$ mm,
Niederdruckzylinderdurchmesser . . .	$D_n = 800$ mm,
Hub	$s = 800$ mm,
Umlaufzahl	$n = 50$ i. d. Min.,
Pumpenkolbendurchmesser	$D_p = 285$ mm,
Saughöhe	$h_s = 4$ m,
Druckhöhe	$h_d = 52$ m,
Fördermenge beider Pumpen	10 m³/Min.

Zum Betriebe der Dampfmaschine, die bei 14% Füllung im Hochdruckzylinder insgesamt 165 PS. leistet, dient auf 300° überhitzter Dampf mit einer Einströmspannung von $p = 13$ at abs.; der Kondensatordruck beträgt $p_0 = 0{,}2$ at abs. Aus dem Verlauf des Dampfdruckes, Abb. 143 und 144, ergibt sich eine mittlere Aufnehmerspannung von $p_1 = 2{,}1$ at abs., so daß die größten Kolbenkräfte bei $d = 75$ mm Pumpenstangendurchmesser werden:

Auf der Hochdruckseite:

$$P_h = \left(\frac{\pi \cdot D_h^2}{4} - \frac{\pi \cdot d^2}{4}\right)(p - p_1) = \left(\frac{\pi \cdot 45^2}{4} - \frac{\pi \cdot 7{,}5^2}{4}\right)(13 - 2{,}1) \approx 16900\,\text{kg},$$

auf der Niederdruckseite:

$$P_n = \left(\frac{\pi \cdot D_n^2}{4} - \frac{\pi \cdot d^2}{4}\right)(p_1 - p_0) = \left(\frac{\pi 80^2}{4} - \frac{\pi 7{,}5^2}{4}\right)(2{,}1 - 0{,}2) \approx 9500\,\text{kg}.$$

Am Pumpenkolben werde der spezifische Überdruck, der sich aus der Summe der Saug- und Druckhöhe zu $\frac{h_s + h_d}{10} = 5{,}6$ at ergibt, wegen der Widerstände um 0,25 at erhöht und der Pumpenkolbendruck mit $p_p = 5{,}85$ at berechnet:

$$P_p = \frac{\pi}{4} D_p^2 \cdot p_p = \frac{\pi 28{,}5^2}{4} \cdot 5{,}85 \approx 3700\,\text{kg}.$$

Der Summendruck, der infolge der Voreinströmung in den Totlagen der Kurbel auftritt und der für die Festigkeitsrechnung mancher Getriebeteile in Frage kommt, ist

$$P_0 = P_h + P_p = 16900 + 3700 = 20600\,\text{kg}.$$

Mittlere Kolbengeschwindigkeit:

$$c_m = \frac{s \cdot n}{30} = \frac{0{,}8 \cdot 50}{30} = 1{,}33\,\text{m/sek.},$$

Kurbelgeschwindigkeit

$$v = c_{\max} = \frac{\pi \cdot c_m}{2} = 2{,}095\,\text{m/sek}.$$

Indizierte Leistung der Pumpe:

$$N_i = \frac{2 \cdot P_p \cdot c_m}{75} = \frac{2 \cdot 3700 \cdot 1{,}33}{75} = 132\,\text{PS}_i.$$

Schwungradgewicht 4900 kg.
Wellengewicht, einschließlich der Zahnräder und Kurbeln 2150 kg.

Die Dampfmaschine wird man in ihren Einzelteilen so durchbilden, daß sie auch für sich allein als Betriebsmaschine benutzt werden kann. Es wurden deshalb aus dem Druckverlauf bei 40% Füllung im Hochdruckzylinder, Abb. 143 und 144, die folgenden Werte berechnet: Aufnehmerspannung im Mittel: 3,7 at abs., größte Kolbenkraft auf der Hochdruckseite:

$$P_h' = \frac{\pi}{4}(45^2 - 7{,}5^2)(13 - 3{,}7) = 14400\,\text{kg},$$

auf der Niederdruckseite

$$P_n' = \frac{\pi}{4}(80^2 - 7{,}5^2)(3{,}7 - 0{,}2) = 17400\,\text{kg}.$$

Indizierte Leistung im Hochdruckzylinder bei $n = 50$ Umdrehungen in der Min. 150 PS, im Niederdruckzylinder 163 PS. (Von einer Erhöhung der Umdrehzahl der Betriebsmaschine, die praktisch in mäßigen Grenzen möglich wäre, ist der Einheitlichkeit der Rechnung wegen abgesehen worden.)

Die Grundlagen für die Durchbildung der Laufkatze, Abb. 146—148, sind: Tragkraft: 20 t, Hubmittel: Drahtseil, Hubhöhe: 11 m, Hubgeschwindigkeit: 4 m in der Min. Die Last soll genau senkrecht gehoben werden können. Zu dem für das Heben und Fahren getrennt zu haltenden Antrieb steht Gleichstrom von 220 Volt Spannung zur Verfügung. Das Gestell ist aus Formeisen zusammenzunieten.

Besonderer Wert ist auf die Möglichkeit leichten und raschen Zusammenbaues und Auseinandernehmens der Teile zu legen. So müssen die inneren, oft gerade empfindlichsten Stücke einer Maschine, beispielweise die Ventile einer Pumpe oder einer Kraftmaschine leicht zugänglich sein. Die sie antreibende Steuerung, die beim Nachsehen der genannten Teile meist weggenommen werden muß, soll rasch wieder in richtiger gegenseitiger Lage der Glieder zusammengesetzt werden können. — Die Keile, die vielfach

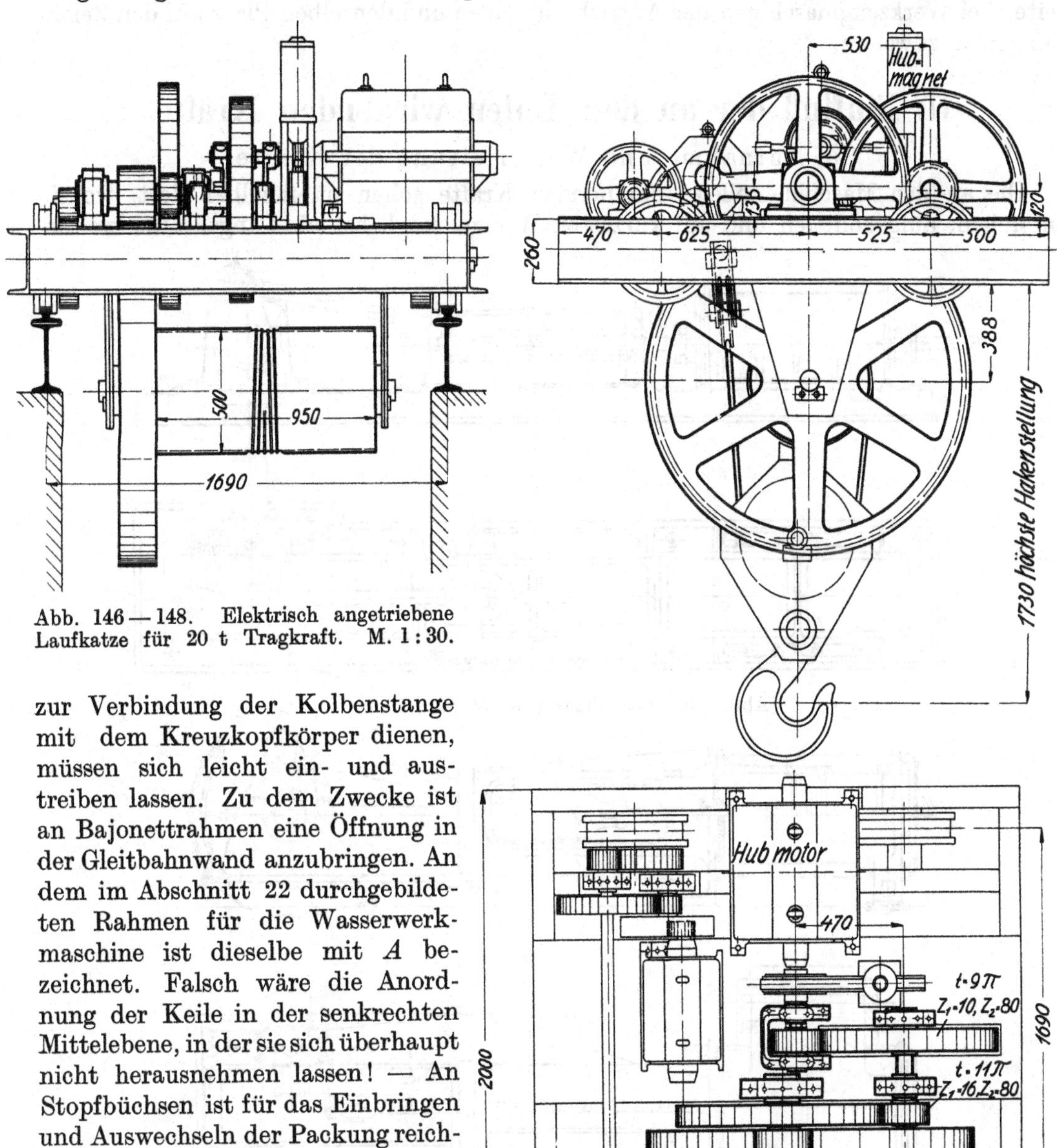

Abb. 146—148. Elektrisch angetriebene Laufkatze für 20 t Tragkraft. M. 1 : 30.

zur Verbindung der Kolbenstange mit dem Kreuzkopfkörper dienen, müssen sich leicht ein- und austreiben lassen. Zu dem Zwecke ist an Bajonettrahmen eine Öffnung in der Gleitbahnwand anzubringen. An dem im Abschnitt 22 durchgebildeten Rahmen für die Wasserwerkmaschine ist dieselbe mit *A* bezeichnet. Falsch wäre die Anordnung der Keile in der senkrechten Mittelebene, in der sie sich überhaupt nicht herausnehmen lassen! — An Stopfbüchsen ist für das Einbringen und Auswechseln der Packung reichlich Raum vorzusehen, die Brille muß also genügend weit zurückgeschoben und das Nachziehen leicht und gefahrlos, gegebenenfalls selbst während des Betriebes vorgenommen werden können.

Beim Entwerfen empfiehlt es sich, alle Teile in der Gebrauchslage darzustellen, in welcher sie an der Maschine Verwendung finden, also: die Schubstange einer stehenden Maschine mit senkrechter Mittellinie, die einer liegenden Maschine mit wagrechter aufzuzeichnen.

Um Verwechslungen von vorn und hinten oder rechts und links zu vermeiden, gleichzeitig, um die Vorstellung des Zusammenhangs zwischen den einzelnen Teilen zu erleichtern, benutzt man zweckmäßigerweise durchweg eine und dieselbe Sehrichtung. Liegt auf der Zusammenstellungszeichnung einer Maschine die Kurbelseite links, so wird man auch das Kurbelende der zugehörigen Schubstange beim Entwurf links anordnen. Bei elektrischen Maschinen pflegt man vielfach grundsätzlich der Kollektorseite, bei Werkzeugmaschinen der Antriebseite einen und denselben Platz auf den Zeichnungen anzuweisen.

II. Einfluß der an den Teilen wirkenden Kräfte.

a) Aufnahme und Weiterleitung der Kräfte.

Die an den Maschinenteilen angreifenden Kräfte sollen unmittelbar dort, wo sie entstehen, aufgenommen und auf kürzesten Wegen, möglichst als Längskräfte, weiter-

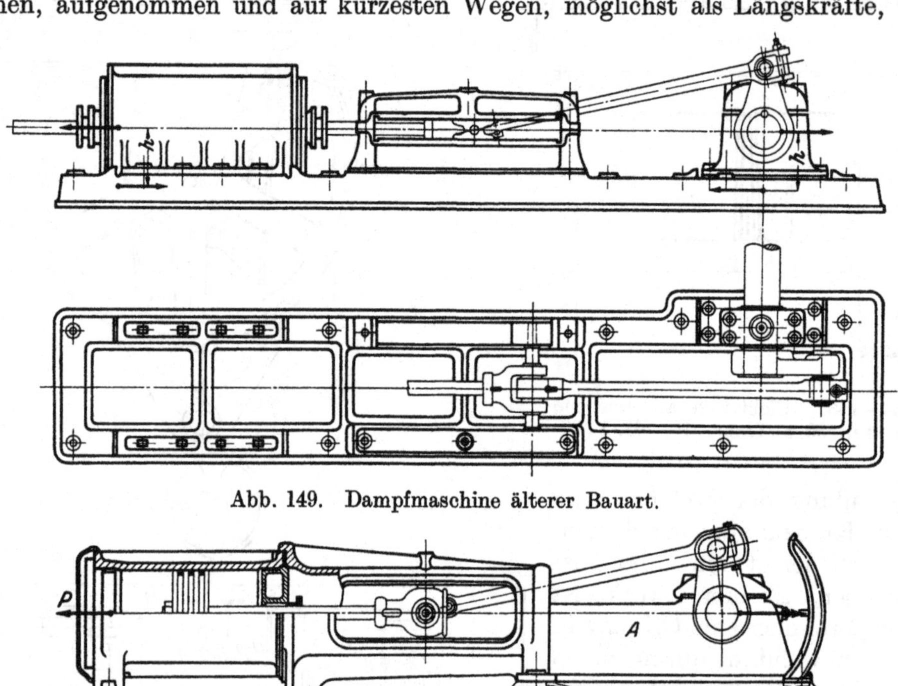

Abb. 149. Dampfmaschine älterer Bauart.

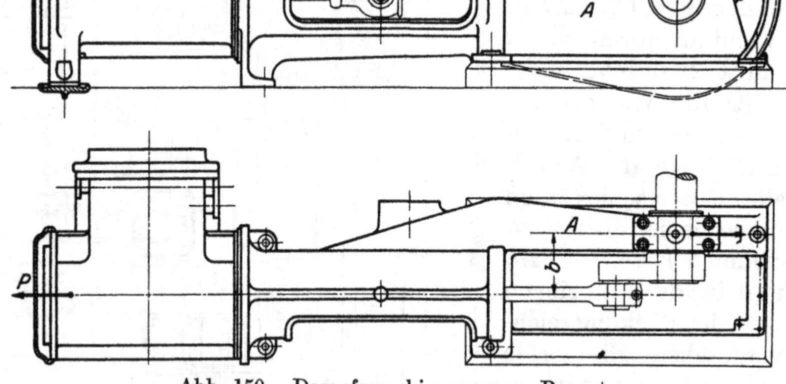

Abb. 150. Dampfmaschine neuerer Bauart.

geleitet und übertragen werden. Umwege oder unnötig große Hebelarme, die Biegemomente erzeugen oder erhöhen, sind zu vermeiden. Lehrreich ist in der Beziehung der Vergleich der älteren und neueren Bauart der Dampfmaschinen, Abb. 149 u. 150. Der Kurbellagerdruck wird in Abb. 149 durch den stark auf Biegung beanspruchten Grundrahmen nach dem Zylinder zurück übertragen und dabei noch durch zahlreiche Zwischenglieder, Schrauben und Stellkeile, geleitet. Demgegenüber nimmt in Abb. 150 der mit dem Lager zusammengegossene Rahmen die Kräfte unmittelbar und unter bedeutender Verringerung des Biegemomentes in der senkrechten Ebene auf. — Die offenen Schubstangenköpfe, sowie der in seitlichen Führungsbahnen laufende Kreuzkopf nach der ersten Abbildung, sind wesentlich ungünstiger beansprucht, aber auch sonst verwickelter durchgebildet und deshalb unvorteilhafter als die in Abb. 150. Ein weiteres Beispiel bieten die Verbindungsstangen *S* zwischen der Pumpe und dem Dampfzylinder, Abb. 151, welche die auf den Pumpenkörper wirkenden Kräfte durch ihre Zug- und Knickfestigkeit aufnehmen und die wesentlich leichter, billiger und einfacher sind als der vielfach übliche, auf Biegung beanspruchte Grundrahmen in der Art der Abb. 149, auf welchem Dampfmaschine und Pumpe ruhen.

Jeder Umweg, auf dem die Kräfte geleitet werden, bedingt nicht allein einen Mehrverbrauch an Werkstoff und dadurch größere Kosten, sondern auch erheblichere Formänderungen, die zu Betriebschwierigkeiten und Störungen führen können.

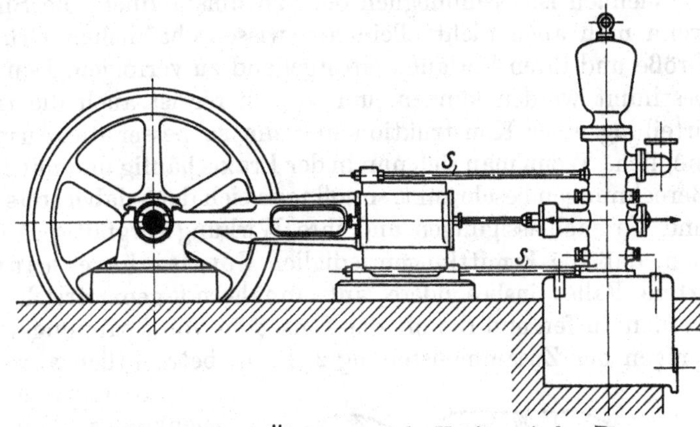

Abb. 151. Unmittelbare Übertragung der Kräfte zwischen Pumpe und Rahmen durch die Stangen *S* (nach Riedler).

Möglichst sollen die Kräfte sich in der Maschine schließen. Wenn im älteren Maschinenbau vielfach die Fundamente zur Aufnahme von Kräften benutzt werden, wie in Abb. 152 zum Weiterleiten der Zylinderdeckel- und Lagerdrucke, so entspricht das nicht dem Zweck der Fundamente, hauptsächlich als Masse zu wirken und die Bewegungen zu dämpfen, welche die freien Kräfte hervorzurufen suchen. Fundament- und Maschinenbrüche waren die häufige Folge solcher Fehler.

Die Überlegenheit der hydraulischen Pressen über den Dampfhammer bei großen Leistungen ist zum nicht geringen Teile auf den Schluß der Kräfte im Gestell der Presse zurückzuführen.

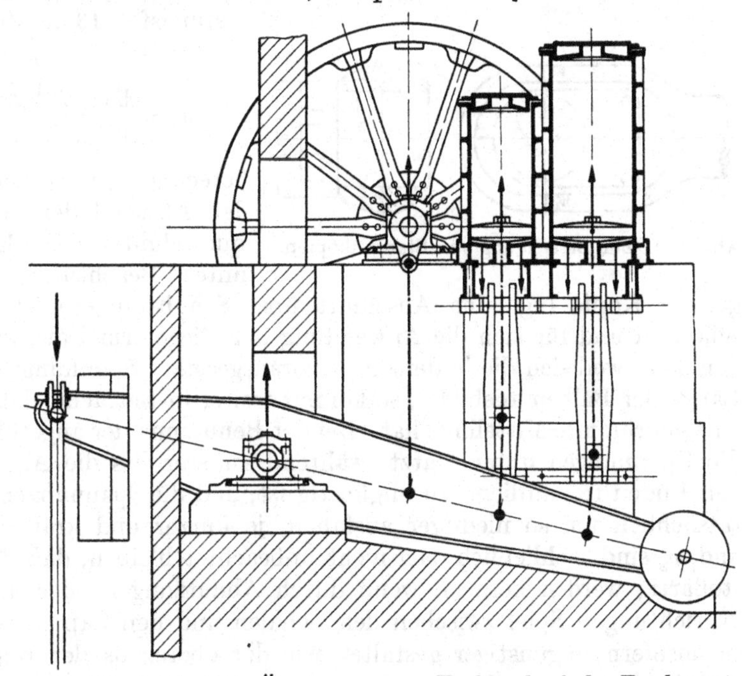

Abb. 152. Fehlerhafte Übertragung von Kräften durch das Fundament.

b) Allgemeine Bemerkungen zur Berechnung von Maschinenteilen.

Die Kräfte bilden die Grundlage für die Berechnung der Maschinenteile. Dabei ist die besondere Art der Kraftwirkung — ob ruhend, schwellend, wechselnd oder stoßweise —, in Betracht zu ziehen und dementsprechend der Werkstoff und die Höhe der Beanspruchung zu wählen. Die auf Seite 12 zusammengestellten Festigkeitszahlen sind aus Versuchen hergeleitet, bei denen die Kraft langsam und stetig einwirkte, die Proben jedoch möglichst frei von Nebenbeanspruchungen gehalten wurden. Da aber im Maschinenbau solche Fälle selten vorkommen, finden sich häufig Abweichungen von den erwähnten

Zahlen. Z. B. sollen in den Befestigungsschrauben kleineren Durchmessers, selbst wenn sie im Betriebe lediglich Zugkräften ausgesetzt sind, wegen der Beanspruchungen beim Anziehen nur geringe Längsbelastungen zugelassen werden. — An Pumpenkörpern und Ventilen muß der plötzliche Druckwechsel in den Totlagen des Kolbens durch niedrige Bemessung der zulässigen Spannungen berücksichtigt werden.

Vielfach ist es unmöglich oder zu umständlich, die Spannungen genau zu ermitteln, wenn man auch nicht allein aus wissenschaftlichen Gründen bestrebt sein wird, ihre Größe und ihren Verlauf weitestgehend zu verfolgen. Denn je genauer und sicherer diese bestimmt werden können, um so sicherer ist auch die richtige Durchbildung und Beurteilung einer Konstruktion und um so besser die Ausnutzung geeigneter Werkstoffe möglich. Wenn man sich nun in der Praxis häufig und mit Recht auf einfache, angenäherte Berechnungen beschränkt, so soll man sich doch dabei stets über die gemachten Annahmen und Vernachlässigungen und ihre Wirkung sorgfältig Rechenschaft geben und bewußt sein, daß die Ermittlungen lediglich Vergleichsrechnungen sind, die nur auf gleichartige Fälle, insbesondere auf annähernd geometrisch ähnliche Formen angewendet werden dürfen und die oft das Einsetzen von Spannungswerten verlangen, die von denjenigen der Zusammenstellung 2, S. 12 beträchtlich abweichen.

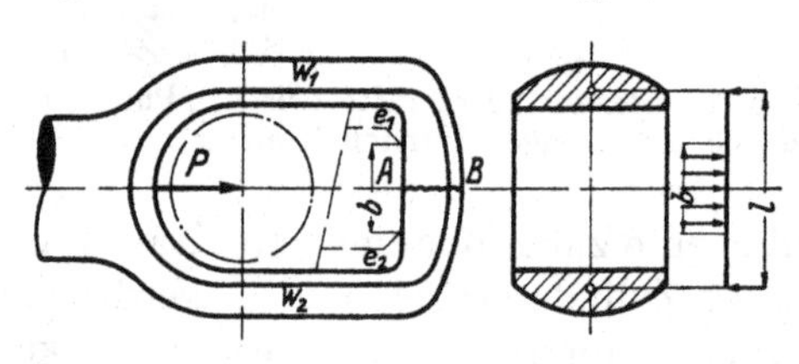

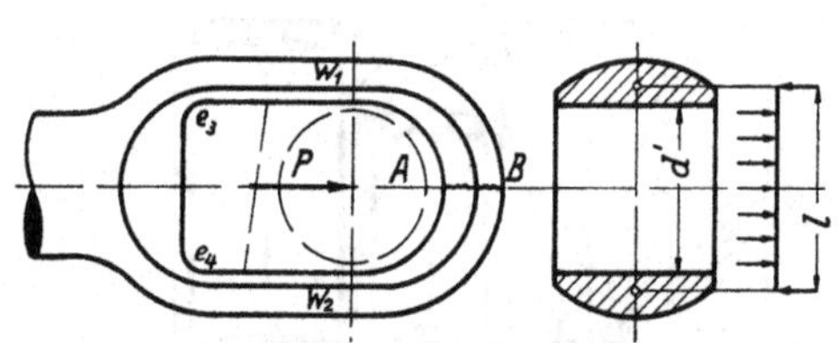

Abb. 153. Zur Berechnung von Stangenköpfen.

So pflegt der Querschnitt A—B des Stangenkopfes, Abb. 153 oben, und selbst des darunter dargestellten unter Benutzung der Biegeformel für den geraden, an den Enden frei aufliegenden Balken von der Länge l, dessen mittlerer Teil auf einer Strecke von b bzw. d' cm gleichmäßig belastet ist, also entsprechend Belastungsfall 13 der Zusammenstellung 5 nach

$$\sigma_b = \frac{M_b}{W} = \frac{P}{2}\,\frac{\left(\frac{l}{2}-\frac{b}{4}\right)}{W} \quad \text{bzw.} \quad \frac{P}{2}\,\frac{\left(\frac{l}{2}-\frac{d'}{4}\right)}{W}$$

berechnet zu werden. Für l setzt man dabei den Abstand der Schwerpunkte der Wangenquerschnitte ein. Eine genauere Berechnung unter Beachtung der Formänderungen der ganzen Köpfe (vgl. den Abschnitt über Schubstangen) ist zu zeitraubend. Ist nun schon an und für sich die Anwendung der Biegeformel auf kurze und starke Stäbe bedenklich, weil sich die in derselben vorausgesetzte Spannungsverteilung erst bei größerer Länge der Balken ausbildet, so kommt weiter in Betracht, daß das Kopfende tatsächlich eine gekrümmte Mittellinie hat. Bei der Benutzung der angeführten Formel werden daher die Spannungen unterschätzt, während andererseits die Annahme, daß der Balken an den Enden frei aufliegt, zu ungünstig ist, und die Spannungen in den Querschnitten $A\,B$ tatsächlich um so niedriger ausfallen, je kürzer und kräftiger die beiden Wangen w_1 und w_2 sind. Schließlich darf nicht unbeachtet bleiben, daß die Beanspruchungen leicht stoßartig werden können, wenn durch Abnutzungen oder durch Lösen der Nachstellvorrichtungen Spiel zwischen den Schalen und den Zapfen entsteht. Der untere Kopf ist insofern ungünstiger gestaltet wie der obere, als der Bügel stärker gekrümmt ist, jedoch günstiger in der Beziehung, daß der Anschluß an die Wangen allmählicher ist.

Die an derartigen Köpfen bei Verwendung von zähem, weichen Flußstahl übliche Biegespannung von 600 kg/cm² erscheint in Anbetracht der schwellenden Belastung, die gewöhnlich vorliegt, verhältnismäßig niedrig; sie ist eben nur ein bewährten Ausführungen entnommener Vergleichswert, in dem die angeführten Umstände berücksichtigt sind und der höchstens als rohe Annäherung an die wirklich auftretenden Spannungen betrachtet werden darf.

Wendet man die Formel auf den kugeligen, aber unter Zugrundelegung derselben

Zapfenabmessungen gestalteten Kopf, Abb. 154, an, so erhält man im Vergleich zu den Köpfen der Abb. 153 eine größere Stützlänge und damit rechnerisch höhere Beanspruchungen im Querschnitt AB. Tatsächlich werden aber die Spannungen um so kleiner ausfallen, je kräftiger die Wangen sind, weil diese dann um so mehr befähigt werden, einen Teil der Belastung durch eigene Biegespannungen zu übernehmen, wie man leicht sieht, wenn man sich die Köpfe bei AB aufgeschnitten denkt. Um wenigstens diesen Widerspruch zu vermeiden und eine einheitliche Vergleichsrechnung zu ermöglichen, kann die Stützlänge l' nach den folgenden Gesichtspunkten ermittelt werden. Die Wangenquerschnitte CD und EF können, unter der Annahme, daß sie lediglich auf Zug in Anspruch genommen sind, äußerstenfalls bis zur Fließgrenze belastet werden, ohne daß bleibende Formänderungen eintreten. Bei σ_{fl} kg/cm² würden dazu je

$$f' = \frac{P}{2\sigma_{fl}} \text{ cm}^2$$

nötig sein, die den gestrichelten Linien entsprechen. Als Balkenlänge für die Berechnung der Biegespannung ergibt sich dann l' und daraus

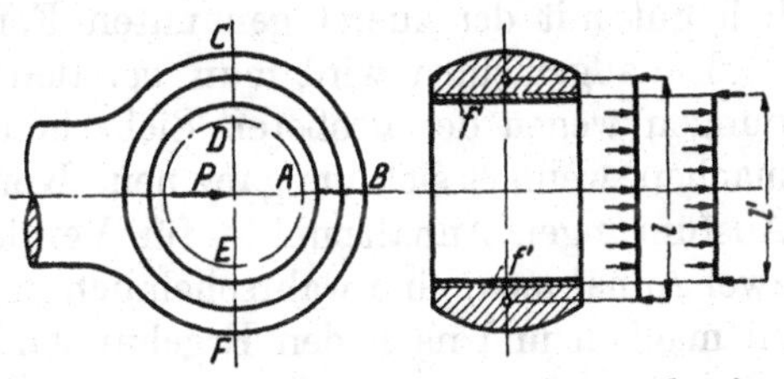

Abb. 154. Zur Berechnung von Stangenköpfen.

$$\sigma_b = \frac{P}{2}\,\frac{\left(\frac{l'}{2} - \frac{d'}{4}\right)}{W}.$$

Auf diese Weise wird man bei der Berechnung derartiger Köpfe unabhängig von den Maßen der Wangenquerschnitte. Je niedriger man die Fließspannungen wählt, um so größer ist die Sicherheit der Rechnung.

Im Anschluß an die Berechnung der Querschnitte AB, Abb. 153, sei erwähnt, daß wir zur Zeit noch nicht in der Lage sind, die Kerbwirkungen in den Ecken e_1 und e_2 des oberen und e_3 und e_4 des unteren Kopfes, von denen erfahrungsgemäß Brüche häufig ausgehen, rechnerisch zu verfolgen und daß es noch dem konstruktiven Gefühl überlassen bleiben muß, die Kerbwirkung durch genügend große Ausrundungen zu beschränken.

In ähnlicher Weise begegnet die Ermittlung der Spannungen, die infolge von Stößen auftreten, noch großen Schwierigkeiten.

Ein weiteres einfaches Beispiel für die Benutzung eines Vergleichswertes bietet die Bestimmung des Auflagerdrucks in einer geschmierten Lagerschale. Der Druck verteilt sich sehr ungleichmäßig, hat nach Abb. 27 nahe der Mitte der Lagerschale einen Höchstwert $p_{\max}$ und nimmt nach den Enden zu ab. Der Berechnung legt man dagegen die mittlere Auflagerpressung p zugrunde, bezogen auf die Projektion der Lagerschale senkrecht zur Kraftrichtung $p = \frac{P}{l \cdot d}$, einen Vergleichswert, dessen Größe wiederum aus der Erfahrung an bewährten Ausführungen gewonnen ist. Nach Abb. 27 ist z. B. der Höchstwert des Auflagerdruckes rund 1,8 mal größer als der mittlere. Wird nun mit dem letzteren ein neues Lager berechnet, so ist bei annähernd geometrisch ähnlichen Formen und gleichen Betriebsverhältnissen zu erwarten, daß sich auch eine der Abb. 27 ähnliche Druckverteilung einstellen und daß der tatsächliche Höchstwert der Pressung die zulässige Grenze nicht überschreiten wird. Dagegen darf der Wert von p nicht ohne weiteres auf Zapfen, die im Verhältnis zum Durchmesser sehr kurz gehalten sind, angewendet werden, weil bei diesen das Öl leichter entweichen kann, die Schmierung also erschwert ist.

Der an Hebezeugen gebräuchliche einfache Haken aus zähem Flußeisen kann entsprechend der Theorie des gekrümmten Balkens nach der Formel (46)

$$\sigma = \frac{P + \frac{M_b}{r}}{F} + \frac{M_b \cdot r}{Z} \cdot \frac{x}{r + x}$$

mit etwa 1200 kg/cm² zulässiger Beanspruchung berechnet werden, also einem höheren Werte, als der Zusammenstellung 2 Seite 12 entspricht, die 1000 kg/cm² für schwellende Belastung angibt. Wendet man dagegen die einfacheren Formeln 1 und 27 für den geraden Balken

$$\sigma = \frac{P}{F} + \frac{M_b}{W}$$

an, so dürfen, da sie zu niedrige Werte für die Spannungen liefern, umgekehrt nur geringe Beanspruchungen, etwa 850 kg/cm², der Berechnung zugrunde gelegt werden. Die Höhe und Verteilung der wirklich auftretenden Beanspruchungen stimmt nach Versuchen ziemlich gut mit der zuerst genannten Formel überein.

Im allgemeinen wird man bei den im Vorstehenden besprochenen Näherungsrechnungen wegen der größeren Sicherheit vorziehen, etwas zu ungünstige Annahmen zu machen, wenn es sich um ganz neue Konstruktionen handelt, bei denen keine verwandten Ausführungen Anhaltpunkte für Vergleichswerte bieten. Manchmal empfiehlt es sich, zwei Annahmen, eine wahrscheinlich zu günstige und eine wahrscheinlich zu ungünstige, zu machen und nach den Ergebnissen der Rechnung die Sicherheit des Maschinenteils abzuschätzen.

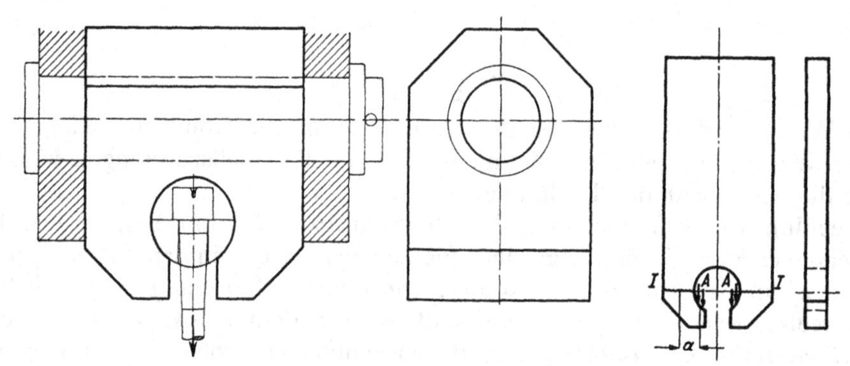

Abb. 155. Spannkopf für eine Festigkeitsprüfmaschine. M. 1:5.

Schließlich kann der Versuch an einem kleinen, geometrisch ähnlichem Stücke die Grundlagen für die Gestaltung geben. So wurde für den Spannkopf einer Festigkeitsprüfmaschine, Abb. 155, an einem aus dem gleichen Werkstoffe ausgeführten, kleineren Versuchsstück die Last festgestellt, bei der das untere Ende sich aufzubiegen begann und aus ihr die Biege- und Zugspannung im Querschnitt $I—I$ unter der Annahme ermittelt, daß sich die Belastung an den Auflagerstellen der Backen nach der Nebenabbildung zu zwei, an den Hebelarmen a wirkenden Mittelkräften A zusammenfassen läßt. Bei der Ausführung wurde halb so hohe Spannung zugelassen, also mit der zweifachen Sicherheit gegen Überschreiten der Fließgrenze gerechnet

Der Konstrukteur wird bestrebt sein, die Werkstoffe durch richtige Formgebung möglichst gut auszunutzen. Ein einfaches Beispiel bieten die Zapfen, deren Durchmesser und Länge so bestimmt werden, daß einerseits der Flächendruck, andrerseits die Biegebeanspruchung an die zulässigen Grenzen herangehen. Schwere Achsen und Wellen, Rahmen und Gestelle, erhalten Formen gleicher Festigkeit, um mit geringen Gewichten auszukommen.

c) Die Bedeutung der Formänderungen.

Daß außer den Spannungen die auftretenden Formänderungen aufs sorgfältigste berücksichtigt werden müssen, ja grundsätzlich wichtiger als jene und daher häufig entscheidend sind, war schon auf Seite 9 näher erörtert. Die Formänderungen können durch Kraft-, aber auch durch Wärmewirkungen bedingt sein. Fälle, in denen die elastischen, durch die Wirkung von Kräften hervorgerufenen Formänderungen beachtet werden müssen, bieten größere Reihenmaschinen, an denen die hinteren Zylinder bei jedem Hub häufig um mehrere Millimeter auf ihren Führungen oder Schienen gleiten, ferner die Antriebwellen der Laufräder von Kranen größerer Spannweite, die symmetrisch zum Motor angeordnet sein müssen, um das Voreilen eines der Räder und das Ecken des Krans zu verhüten, vgl. Abschnitt 18, ferner Preßzylinder mit eingeschliffenen Kolben, Abschnitt 23. — An Flanschen, die zu schwach bemessen sind oder zu große Schraubenabstände aufweisen, haben die auftretenden Durchbiegungen Undichtigkeit zur Folge; an nicht genügend kräftigen Lagerdeckeln werden die Deckelschrauben oft beträchtlichen Nebenbeanspruchungen auf Biegung ausgesetzt. An Dampfturbinen biegen sich die Trennungswände der einzelnen Stufen infolge des Druckunterschiedes auf beiden Seiten durch. Gegenüber den Rädern müssen sie deshalb in axialer Richtung genügendes Spiel haben. Gelegentlich ist es schon vorgekommen, daß die Zwischenwände infolge dieser Formänderungen am nächsten Rade schliffen und heißliefen, sogar mit ihm verschweißten und den Zusammenbruch der ganzen Turbine verursachten. Namentlich wenn die im Deckelrand sitzenden Leitschaufeln sehr lang sind, treten recht bedeutende, sorgfältig zu beachtende Durchbiegungen auf.

Eine große Rolle spielen Formänderungen an den Kraftwagen. Es ist ausgeschlossen, den Wagenrahmen so steif auszubilden, daß nicht mit merkbaren Verbiegungen und Verdrehungen beim Fahren gerechnet werden muß. Diese Formänderungen werden auch auf das Motorgehäuse übertragen, wenn dasselbe, wie früher üblich, fest in den Rahmen eingebaut ist. Klemmungen in den Lagern, Kasten- und Wellenbrüche waren die Folge. Erst durch die Dreipunktlagerung des Gehäuses nach Abb. 156, bei welcher Rahmen und Motor nur in den Punkten A, B und C verbunden sind, ist der Motor von den Formänderungen des Rahmens unabhängig geworden. Denn durch A, B und C läßt sich stets eine Ebene gelegt denken, in der das Motorgehäuse ohne irgendwelche Biege- und Drehmomente gestützt werden kann. Daß auch die Kraftübertragung vom Motor zu den Laufrädern, die durch ihre federnde Abstützung in besonders starkem Maße nachgeben, in richtiger Weise ausgebildet werden muß, braucht nicht betont zu werden.

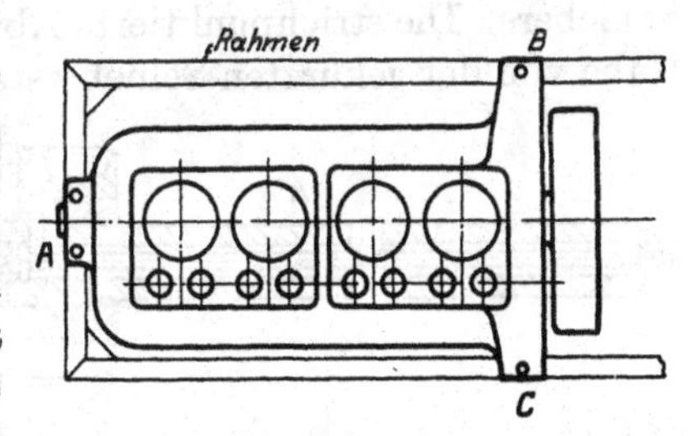

Abb. 156. Lagerung eines Kraftwagenmotors in drei Punkten ABC.

d) Wärmespannungen.

Was die durch Wärmewirkungen hervorgerufenen Spannungen und Formänderungen anlangt, so gibt bei einer Elastizitätszahl α und einer Wärmeausdehnungszahl γ eines Werkstoffes

$$\sigma_1 = \frac{\gamma}{\alpha}$$

die Größe der Zug- oder Druckspannungen an, die zufolge einem Grad Temperaturunterschied entstehen,

$$\sigma_t = \frac{\gamma \cdot t}{\alpha} \qquad (85)$$

diejenige bei t^0, wenn der Körper sich nicht zusammenziehen oder ausdehnen kann. Beispielweise ist für weichen Flußstahl

$$\alpha = \frac{1}{2000000}\ \text{cm}^2/\text{kg}, \qquad \gamma = 0{,}000011, \text{ bezogen auf } 1^0\,\text{C und}$$

$$\sigma_1 = 2000000 \cdot 0{,}000011 = 22\ \text{kg/cm}^2,$$

so daß bei einer Erwärmung um 100^0 schon eine Spannung von 2200 kg/cm² entsteht, wenn die Formänderung vollständig gehindert wird. Zahlen für die wichtigsten Werkstoffe enthält Zusammenstellung 52.

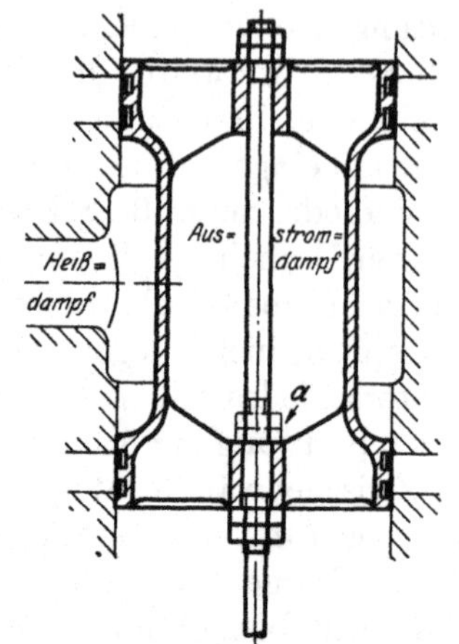

Abb. 157. Heißdampfschieber.

Zusammenstellung 52. **Wärmespannungen im Falle völlig gehinderter Formänderung.**

	α	γ	σ_1
Stahl	$\frac{1}{2200000}$	0,000011	24 kg/cm²
Stahlguß	$\frac{1}{2150000}$	0,000011	24 „
Gußeisen	$\frac{1}{1050000}$	0,000011	11,5 „
Bronze	$\frac{1}{1100000}$	0,000018	20 „
Messing	$\frac{1}{800000}$	0,000019	15 „
Aluminium . . .	$\frac{1}{700000}$	0,000024	14,8 „

Beispiele für schädliche Wärmewirkungen sind häufig. Am Kolbenschieber, Abb. 157, der außen von Heißdampf umspült, innen durch Auspuffdampf abgekühlt war, riß zunächst mehrmals die Antriebstange. Als diese verstärkt wurde, brachen die Rippen des Schiebers. Die strichpunktierte Abänderung nach a bewährte sich, bei der nur die untere Nabe von der gekürzten Schieberstange gefaßt ist. Die Kolbenstange einer Gasmaschine, Abb. 158, dehnte sich während des Betriebes stark aus und verlängerte dadurch das kaltbleibende, an beiden Enden festgehaltene Kühlwasserzuführrohr K, so daß dieses wiederholt abriß. In Abb. 159 ist die Ausdehnung dieses Rohres unabhängig von der Kolbenstange gemacht. Dampfleitungen unterliegen, je nachdem sie unter Druck stehen oder abgestellt sind, oft Temperaturunterschieden von mehreren hundert Grad und müssen deshalb durch elastische Zwischenstücke, Stopfbüchsen oder gelenkige Rohre nachgiebig ausgebildet und auf Rollen, Pendelstützen u. dgl. gelagert werden. In lange Wellenleitungen sind Ausdehnungskupplungen einzuschalten. Dampfzylinderfüße sollen entsprechend der Ausdehnung des Zylinders im Betriebe gleiten können.

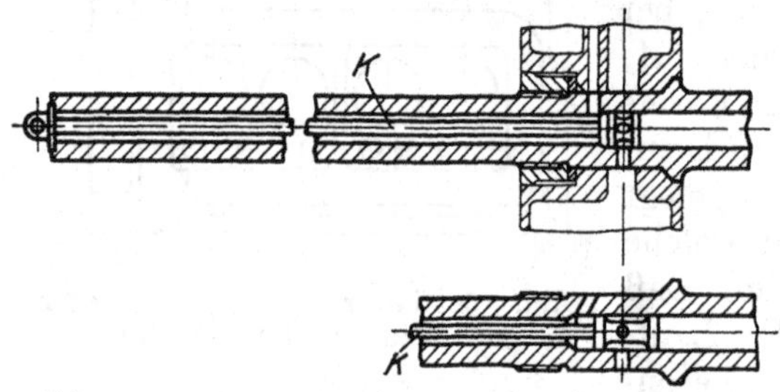

Abb. 158 und 159. Gekühlte Kolbenstange einer Großgasmaschine.

Ein Beispiel für den Einfluß des Werkstoffs: Als man die Leistung der Gasmaschinen mittlerer Größe steigern und die häufig auftretenden Brüche der gußeisernen Zylinderköpfe vermeiden wollte, griff man zum Stahlguß. Die rund halb so große Elastizitätszahl bedingte aber doppelt so hohe Spannungen, die die Brüche trotz der höheren Festigkeit des Werkstoffes nicht verminderten, sondern, wohl infolge größerer Gußspannungen, eher vermehrten! Abhilfe brachte die richtige konstruktive Durchbildung der gußeisernen Deckel, derart, daß sich die einzelnen Teile desselben unabhängig voneinander ausdehnen konnten.

Häufig treten Risse in den Nietreihen von Kesseln und Feuerbüchsen auf, die durch Überanstrengung oder durch falsche Anordnung der Feuerzüge außergewöhnlich starker Hitze oder raschen Temperaturwechseln ausgesetzt sind, namentlich, wenn Wärmestauungen durch Ansammlungen des Werkstoffes an den Stößen der Blechschüsse begünstigt werden. Wie oben gezeigt, kann an Flußstahl bei örtlichen Wärmeunterschieden von 100^0 eine Spannung von 2200 kg/cm² entstehen, die Quetschgrenze also überschritten und dadurch eine örtliche, bleibende Formänderung im Werkstoff herbeigeführt werden, die den Körper bei der Abkühlung verhindert, seine ursprüngliche Form wieder anzunehmen und dadurch Zugspannungen erzeugt. Diesen Zugspannungen ist aber der

Baustoff sehr wenig gewachsen, weil er vorher Druckspannungen über die Quetschgrenze hinaus ausgesetzt war. Wird er nun durch abwechselnde Erhitzung und Abkühlung wechselnden Beanspruchungen unterworfen, so ermüdet er schließlich und reißt ein [III, 1]. In ähnlicher Weise sind die bekannten Rißbildungen an den Kolbenböden- und deckeln von Gasmaschinen zu erklären.

An Großgasmaschinenzylindern kommen Risse besonders häufig an der Ansatzstelle a der Ein- und Auslaßstutzen, Abb. 160, vor. Auch ihre Bildung ist in ähnlichen Ursachen, wie eben erörtert, begründet, indem die Wandung innen in weiten Grenzen wechselnden Temperaturen, außen aber dem kalten Kühlwasser ausgesetzt ist. Die Rißbildung wird durch Lunkerbildungen und durch Unreinigkeiten, die sich an den Stellen beim Guß leicht absetzen, noch unterstützt.

Radiale Risse am Umfang einer Dampfturbinenscheibe konnten auf die plötzliche Abkühlung durch Wasser, das beim Abstellen der Maschine aus dem Einspritzkondensator in das Turbinengehäuse gestiegen war, zurückgeführt werden. Der Rand der noch laufenden Scheibe tauchte in das Wasser und suchte sich zusammenzuziehen, wurde aber daran durch den noch warmen, mittleren Teil gehindert und riß. — Die tangentialen Risse an derartigen Scheiben, an der Stelle, wo sie in die Naben übergehen, dürften ihre Erklärung ebenfalls zum Teil in Wärmespannungen finden, indem sich die dünne Scheibe beim Anstellen der Turbine rascher erwärmt und ausdehnt als die starke Nabe. Als ungünstiges Moment kommt hinzu, daß die Übergänge zur Nabe vielfach zu schroff gewählt und so die Spannungen durch die im folgenden näher behandelte Kerbwirkung beträchtlich gesteigert werden.

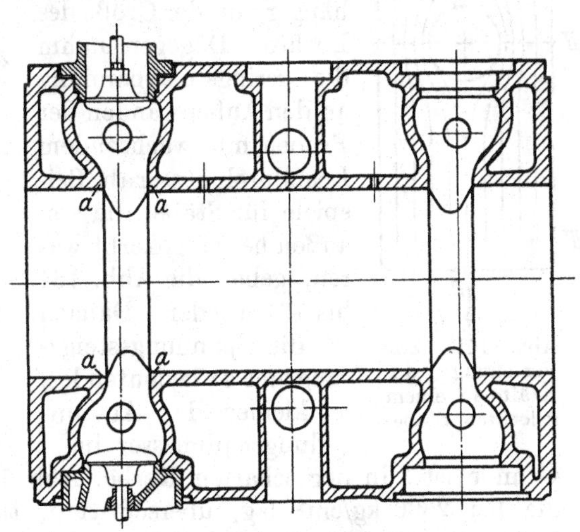

Abb. 160. Großgasmaschinenzylinder.

e) Kerbwirkung.

Sehr wichtig ist nämlich die Wahl der Übergänge und Abrundungen an Stellen, wo größere Spannungen aus einem Teil in einen andern übergeleitet werden müssen. Es ist bekannt, daß Stahlstangen nach geringem Einkerben leicht abgeschlagen werden können, daß hoch beanspruchte Schrauben an dem scharf eingedrehten Kopfe oder dort, wo das Gewinde beginnt, reißen, daß Kurbelwellen häufig an den Ansatzstellen der Schenkel brechen, oder Risse zeigen, die von Nuten oder Bohrungen ausgehen. Alle diese Erscheinungen sind auf die sogenannte Kerbwirkung plötzlicher Querschnittänderungen oder unvermittelter oder zu scharfer Übergänge zurückzuführen. Die Kerbwirkung bedingt 1. örtlich starke Steigerungen der Spannung und macht 2. die Bauteile viel empfindlicher gegenüber stoßweiser Beanspruchung.

1. Die Spannungsverteilung in gekerbten Querschnitten.

In einem längeren, mit einer Bohrung versehenen, durch die Längskraft P belasteten Stabe, Abb. 161, wird in den genügend weit von dem Loch abliegenden Querschnitten I und III die Spannung praktisch gleichmäßig verteilt sein. Denkt man sich P dort in eine Anzahl gleich großer Einzelkräfte *1* bis *10* zerlegt, so werden diese an lauter gleich breiten Streifen wirken. Die Randkräfte *1* und *10* können auf nahezu geradem Wege vom Querschnitt I zum Querschnitt III gelangen; dagegen werden die übrigen um so stärker abgelenkt, je näher der Stabmitte sie liegen; am stärksten also die Kräfte *5* und *6*. Sie beschränken sich an der Stelle II auf kleinere Querschnitte, erzeugen in ihnen höhere Spannungen und eine um so ungleichmäßigere Spannungsverteilung im gesamten

Querschnitt, je größer der Unterschied der Flächen *I* und *II* und je schärfer die Kerbe ist. Der Kräftefluß ist annähernd einem Flüssigkeitsstrom vergleichbar, dem sich ein Hindernis von der Größe und Gestalt des Loches entgegenstellt, das die Geschwindigkeit in den mittleren Flüssigkeitsfäden erheblich mehr steigert als in den äußeren. Ermittlungen über die Größe der tatsächlich auftretenden Spannungen hat Preuß [III, 2 u. 3] an Flußeisenflachstäben durch Feststellen der Längsdehnungen im Querschnitt *II* ausgeführt und dabei u. a. an den gelochten Stäben, Abb. 162—163, die durch die starken Linien wiedergegebene Verteilung gefunden. Die höchste Spannung am Lochrande war 2,1- bis 2,3mal größer als die durch die gestrichelten Linien gekennzeichnete rechnungsmäßige, mittlere Spannung in dem am meisten geschwächten Querschnitte, welche bei allen Versuchen einer Gruppe gleich groß gehalten wurde. Das Verhältnis der höchsten zur mittleren Spannung war in nur unwesentlichem Maße abhängig von der Größe des Loches. Dagegen nahm die geringste Spannung an den Außenwänden der Proben mit wachsendem Lochdurchmesser ab. Beispiele für Stäbe, die von außen her eingekerbt waren, geben die Abb. 164 bis 167 wieder. Danach ist die Spannungssteigerung um so bedeutender, je kleiner der Ausrundungshalbmesser im Grunde ist. In der scharfen Kerbe, Abb. 167, wurde die Fließgrenze des Flußeisens, die bei 2600 kg/cm² lag, überschritten, trotzdem die mittlere Spannung rechnungsmäßig nur 750 kg/cm² betrug! An der rechteckigen Kerbe, Abb. 166, ist die eingetragene Spannung längs der Faser im Grunde gemessen. Sie ist noch nicht die höchste, erfährt vielmehr in den scharfen Ecken bei x, in denen auch stets der Bruch einsetzt, eine weitere Steigerung.

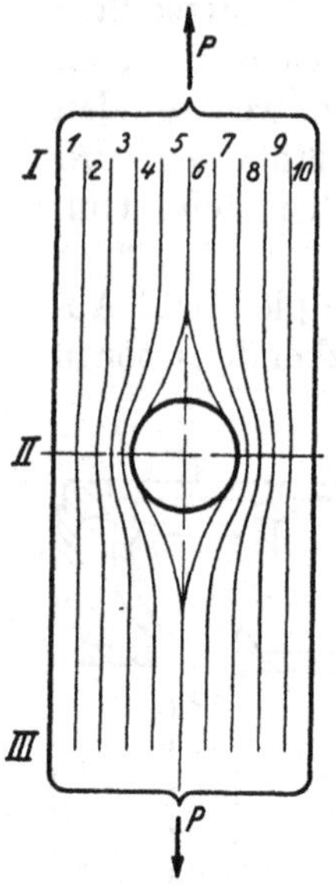

Abb. 161. Zur Verteilung der Kräfte in einem gelochten Stabe.

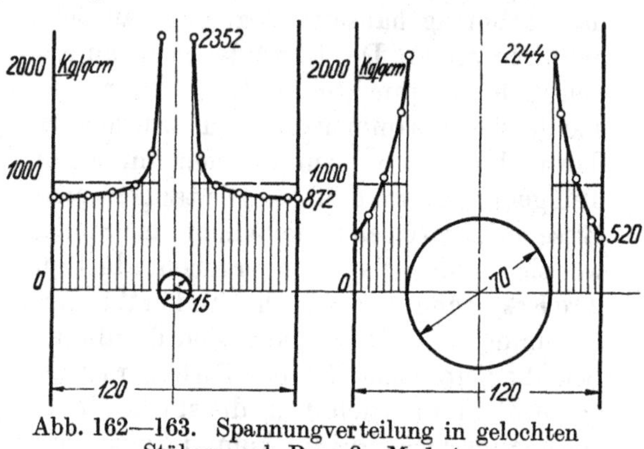

Abb. 162—163. Spannungverteilung in gelochten Stäben nach Preuß. M. 1:4.

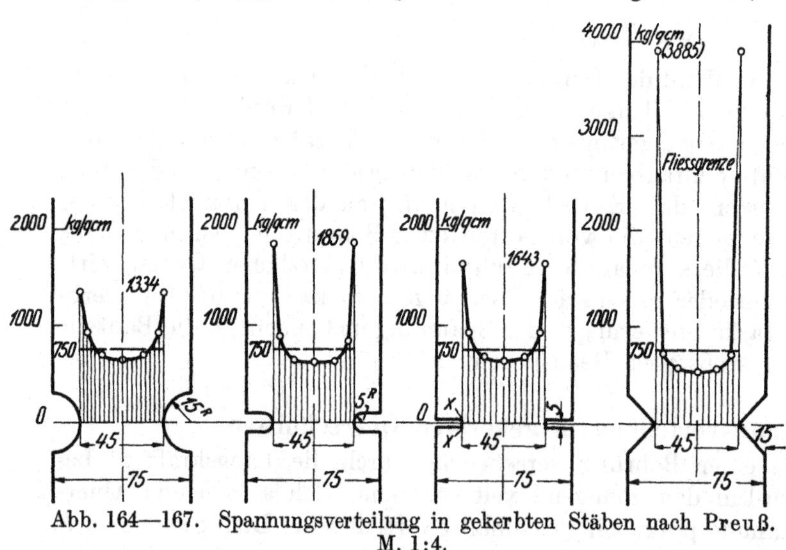

Abb. 164—167. Spannungsverteilung in gekerbten Stäben nach Preuß. M. 1:4.

Kerben, in dem eben besprochenen Sinne, sind aber auch alle Absätze und Ausrundungen, deren Wirkung sich leicht anschaulich machen läßt, wenn man den Verlauf der oben erwähnten Kraftlinien verfolgt. Sie werden z. B. im Falle der Abb. 168 an den Hohlkehlen *a* und *b* und um die Bohrung *c* herum um so näher zusammenrücken und um so größere Spannungssteigerungen hervorrufen, je schärfer die Übergänge und Kehlen sind. Schließlich wirken auch kleine Hohlräume, Fehlstellen, Einschlüsse oder namentlich Risse, die nichts anderes als schärfste Kerben mit sehr kleinem Krümmungshalbmesser sind, in gleicher Weise. Wenn Sprünge durch Abbohren an den Enden,

Abb. 169, am Weiterreißen verhindert und unschädlich gemacht werden, so beruht das auf der Abschwächung der Kerbwirkung durch die Vergrößerung des Krümmungshalbmessers am Ende des Risses.

Auch die theoretischen Untersuchungen von Kirsch [III, 4] und Föppl [III, 5] lassen an runden Kerben Steigerungen auf das dreifache der mittleren Spannung, an scharfen noch höhere erwarten.

Kerben vermindern auch die Widerstandsfähigkeit gegenüber Beanspruchung auf Biegung und Drehung. An dem gekerbten, durch ein Kräftepaar, also zwischen *A* und *B* durch ein überall gleiches Biegemoment belasteten Stabe, Abb. 170, wird die Spannungsverteilung im schwächsten Querschnitte nicht geradlinig wie in den übrigen sein,

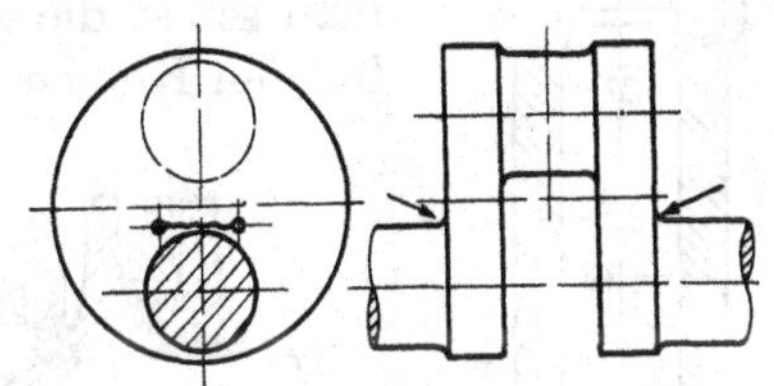

Abb. 169. Abbohren eines Risses.

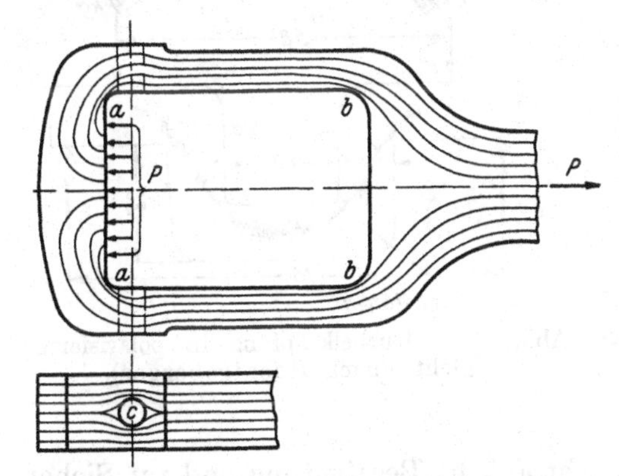

Abb. 168. Verlauf der Kraftlinien in einem Schubstangenkopfe.

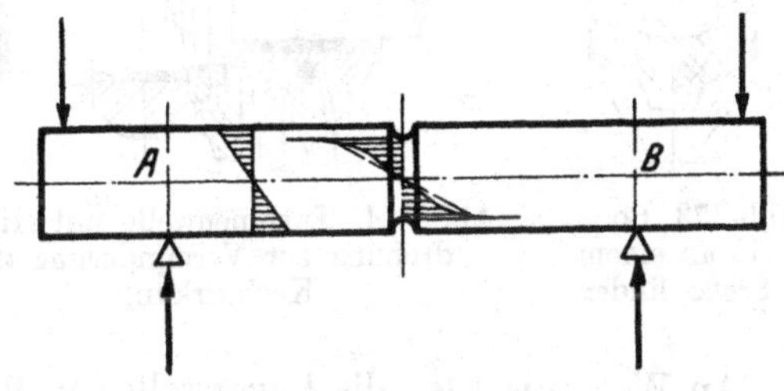

Abb. 170. Spannungsverteilung in einem gekerbten, gebogenen Stabe.

sondern eine erhebliche Erhöhung am Kerbgrunde, entsprechend der Verdichtung der Kraftlinien aufweisen. Versuche von Föppl [III, 6] ergaben an Flußeisenproben aus zwei Stangen mit 4470 bzw. 4040 kg/cm² Zugfestigkeit und einer Fließgrenze von 3020 bzw. 2545 kg/cm² bei wechselnder Beanspruchung auf Biegung, daß der Bruch nach 75300 Belastungswechseln an ungekerbten Stäben von 20 mm Durchmesser bei etwa ± 3200 kg/cm², an Stäben von 30 mm äußerem und 20 mm Durchmesser im Kerbgrunde mit 4 mm Abrundung bei ± 2710 kg/cm² und bei 1 mm Ausrundung bei ± 1940 kg/cm² zu erwarten ist. Die Zahlen stehen im Verhältnis 100:85:61 zu einander, so daß die Widerstandsfähigkeit der zuletzt aufgeführten Stäbe um rund 40% vermindert war. Andere Proben, die im Mittel 4000 kg/cm² Zugfestigkeit und 2085 kg/cm² an der Fließgrenze aufwiesen, lieferten in guter Übereinstimmung als wahrscheinliche Bruchbelastung nach 138000 Wechseln: an glatten Stäben ± 2945, bei 4 mm Ausrundung ± 2320 und bei 1 mm Ausrundung ± 1840 kg/cm².

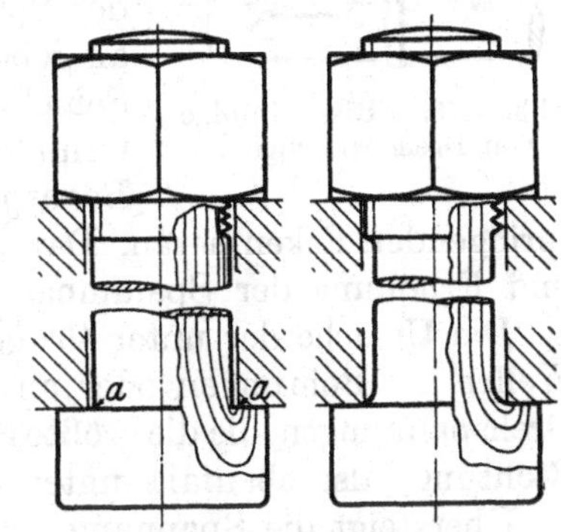

Abb. 171—172. Kerbwirkung an Schraubenbolzen.

Daß auch Drehspannungen an unvermittelten Übergängen erhebliche Erhöhungen erfahren und das bekannte Abwürgen an scharfen Eindrehungen begünstigen, wies Föppl nach [III, 7].

Praktische Anwendungsbeispiele für die vorstehenden Ausführungen bieten die Abb. 171—176. Die Ansatzstelle des Gewindes, Abb. 171, ruft eine beträchtliche Kerbwirkung hervor, die durch Verwendung von Trapez- oder noch besser von Rundgewinde oder durch Feingewinde, das weniger tiefe Einschnitte gibt, gemildert werden kann. Ein anderer Weg ist der an Schubstangenkopfschrauben häufig benutzte, den Bolzen auf den Kerndurchmesser abzusetzen, Abb. 172, und die Gewindegänge vorstehen zu lassen. Falsch ist die scharfe Eindrehung des Schraubenkopfes bei *a*, Abb. 171, zweckmäßig die gut ausgerundete Kehle, Abb. 172, gegebenenfalls unter kegeliger Erweiterung des Loches, in dem der Bolzen sitzt, zweckmäßig auch die Verwendung einer Mutter an Stelle des Kopfes.

An Kurbellagern gehen Brüche häufig von den Kehlen der Aussparungen für die Nachstellkeile aus und zwar bei rechnerisch oft recht geringen Beanspruchungen, vgl. die Ausführungen in dem Abschnitte über Kurbelwellenlager. Preßzylinder mit ebenen oder scharf angesetzten Böden neigen zur Rißbildung an den Ansatzstellen, Abb. 173. Viel widerstandsfähiger ist ein halbkugelförmiger Abschluß, bei welchem man selbst die sonst übliche Eindrehung als Begrenzung der Lauffläche für den Kolben vermeiden soll.

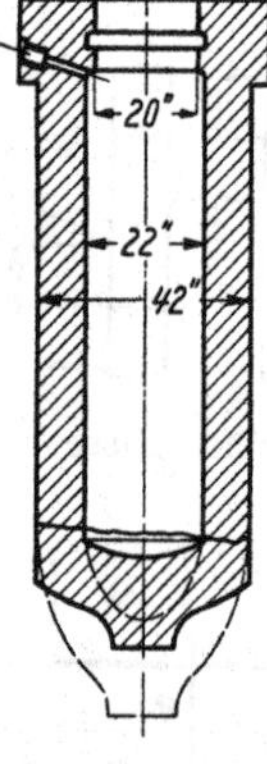

Abb. 173. Bodenriß an einem Preßzylinder.

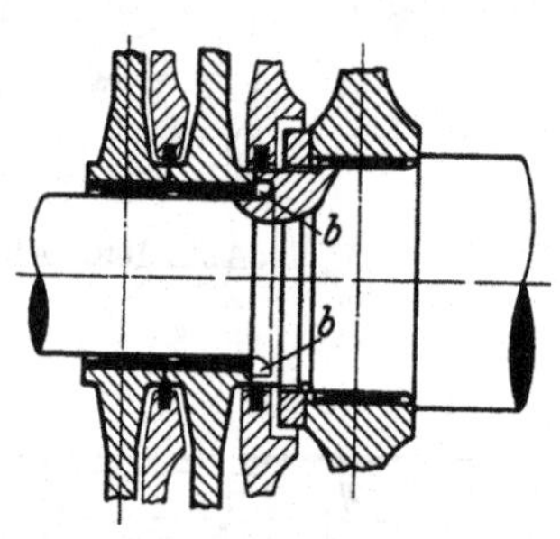

Abb. 174. Turbinenwelle mit Hinterdrehung zur Verminderung der Kerbwirkung.

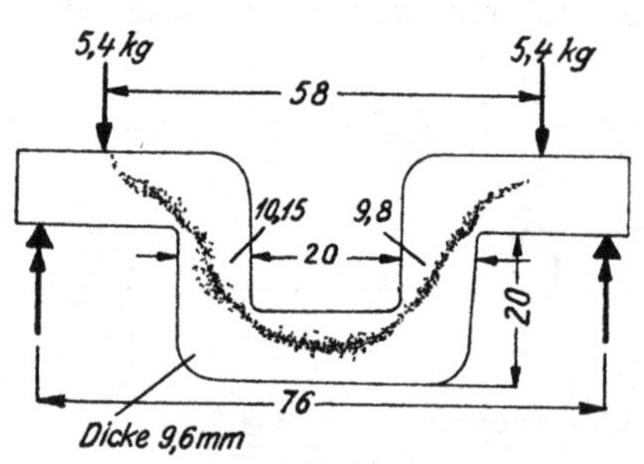

Abb. 175. Kurbelkröpfung in polarisiertem Lichte (nach Hoenigsberger).

An Wellen werden die Lagerstellen in Rücksicht auf die Bearbeitung und zur Sicherheit gegen seitliche Verschiebungen nicht selten abgesetzt. Stets sind dann aber gute Ausrundungen, an Stellen mit sehr großen Durchmesserunterschieden, wie an der Turbinenwelle, Abb. 174 bei *b*, runde Hinterdrehungen zu empfehlen, damit die Spannungen möglichst allmählich aus dem einen in den andern Querschnitt übergeleitet werden. Ein wichtiges Beispiel bilden die gekröpften Wellen, wo die Kerbwirkung an der Übergangsstelle vom Wellenschenkel zum Kurbelarm häufig zu Rissen und Brüchen, Abb. 169, führt. Einen Anhalt für die Verteilung der Spannungen geben die Versuche Hoenigsbergers [III, 10] an gebogenen Glaskörpern, an denen sich die Lage der neutralen Schicht bei Betrachtung im polarisierten Lichte dunkel auf hellem Grunde abhebt. Wie Abb. 175 zeigt, rückt die Schicht bei der Beanspruchung durch ein Kräftepaar sehr nahe an die einspringenden Ecken heran. Daraus ist auf eine starke Zusammendrängung der Kraftlinien und Erhöhung der Spannungen an jenen Stellen zu schließen.

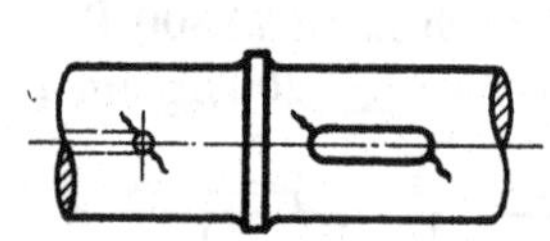

Abb. 176. Risse infolge von Drehspannungen.

Die Ursache der unter 45° gegen die Achse geneigten Risse, Abb. 176, die manchmal Wellen an Bohrungen oder an eingefräßten Nuten für Federn und Keile zeigen, sind Drehspannungen, die die größte Dehnung des Werkstoffes in einer zur Rißebene senkrechten Richtung, also ebenfalls unter 45° gegen die Achse, erzeugen.

Übersteigt die Spannung am Grunde eines Kerbes die Fließgrenze, wie im Falle der Abb. 167 und treten dadurch bleibende Streckungen auf, so wird der Stab bei der Entlastung nicht völlig entspannt. Bei der zweiten Belastung bildet sich annähernd wieder derselbe Zustand wie vorher aus, jedoch unter im wesentlichen elastischen und nur geringen weiteren plastischen Formänderungen. Nehmen die letzteren bei wiederholter schwellender Beanspruchung allmählich ab, so wird sich ein Beharrungszustand einstellen, andernfalls muß schließlich der Bruch eintreten.

Viel bedenklicher ist, wenn ein derartiger gekerbter Stab wechselnden Spannungen ausgesetzt wird. Der durch eine erste Inanspruchnahme auf Zug gestreckte Werkstoff ist nach den Wöhlerschen Gesetzen gegenüber der folgenden Beanspruchung auf Druck viel weniger widerstandsfähig, ermüdet durch die wiederholten wechselnden Belastungen, so daß neue Teile zum Fließen kommen und sich schließlich ein Riß bildet, der früher oder später zum Bruch führen muß (Ermüdungsbruch). Niedrige Beanspruchungen, die das Überschreiten der Fließgrenze sicher ausschließen, sind hier geboten.

2. Die Wirkung von Kerben bei stoßweiser Beanspruchung.

Besonders empfindlich sind eingekerbte Stellen gegenüber Schlägen oder Stößen, weil die Fähigkeit, die Stoßarbeit durch die Formänderungen aufzunehmen, ganz erheblich herabgesetzt ist. Es sei das an einem auf Zug beanspruchten Stabe, Abb. 177, vom Durchmesser $d = 30$ mm, mit einer Kerbe, die im Grunde $0{,}707\ d = 21{,}2$ mm Durchmesser hat, gezeigt, im Vergleich mit zwei zylindrischen Stäben II und III von $0{,}707\ d$ und d mm Durchmesser, sämtlich von $l = 150$ mm Länge.

Zunächst möge die Fließgrenze nicht überschritten und die zu günstige Annahme gemacht werden, daß sich die Spannungen in allen Querschnitten gleichmäßig verteilen. Der Stab bestehe aus weichem Flußstahl, dessen Verhalten beim Zugversuch durch Abb. 178 ge-

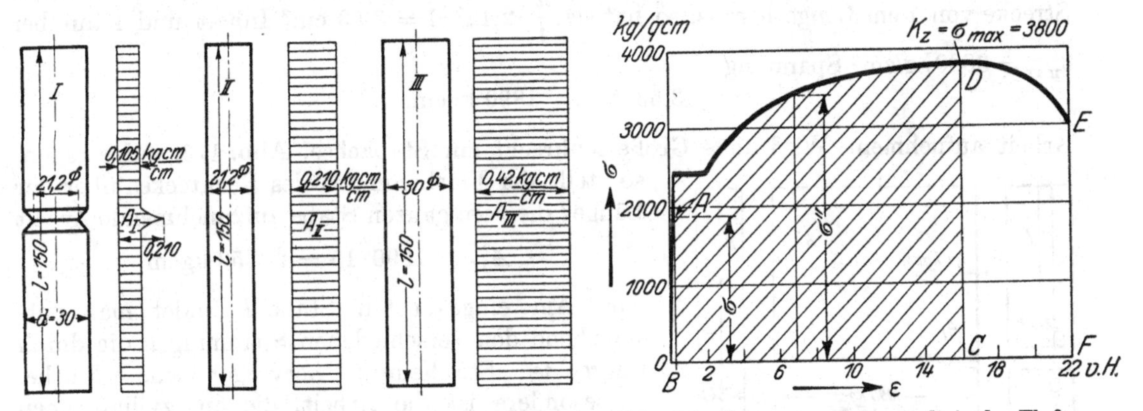

Abb. 177. Elastisches Arbeitsvermögen gekerbter und ungekerbter Stäbe bei $\sigma = 500$ kg/cm².

Abb. 178. Spannungs-Dehnungslinie des Flußstahls zu Abb. 177 u. 179.

kennzeichnet sei. Beträgt die Höchstspannung in allen drei Fällen σ kg/cm², so ist die spezifische Formänderungsarbeit a_0 durch den Inhalt des Dreieckes OAB, Abb. 178, $a_0 = \frac{\sigma \cdot \varepsilon}{2} = \frac{\sigma^2 \cdot \alpha}{2}$ und die gesamte Arbeit, die der Stab III aufnehmen kann, durch $A_{III} = a_0 \cdot \frac{\pi}{4} \cdot d^2 \cdot l$, die des Stabes II durch $A_{II} = a_0 \cdot \frac{\pi}{4} \cdot (0{,}707\, d)^2 \cdot l = \frac{A_{III}}{2}$ gegeben. Am Stabe I läßt sich die Formänderungsarbeit, wie folgt, ermitteln. In einem beliebigen Querschnitte von der Größe f' betrage die Spannung σ'. Man trage $\frac{(\sigma')^2 \alpha}{2} \cdot f'$ senkrecht zur Achse des Stabes auf und verfahre in entsprechender Weise an allen übrigen Stellen des Stabes. Der Inhalt der so erhaltenen Fläche stellt die gesamte Formänderungsarbeit A_I dar. Da der Hauptteil des Stabes nur unter einer Spannung von $\frac{\sigma}{2}$ steht, so wird A_I nur unwesentlich größer als $\frac{1}{4} A_{III}$. Bei $\sigma = 500$ kg/cm² wären die Arbeiten, die die drei Stäbe aufnehmen könnten, $A_I = 1{,}62$, $A_{II} = 3{,}16$, $A_{III} = 6{,}31$ kgcm.

Überschreitet nun die Spannung die Streckgrenze, so wird der Baustoff an der Fließstelle verfestigt, d. h. gegen wiederholte Beanspruchungen im gleichen Sinne und bis zur gleichen Höhe widerstandsfähiger gemacht. Doch beschränkt sich dieser Vorgang an eingekerbten Stäben nur auf einen sehr kleinen Teil der Stabmasse, so daß die Formänderungsarbeit und die Widerstandsfähigkeit gegenüber Stößen nicht wesentlich zunimmt und weitere gleich große Schläge wieder neues Fließen und schließlich den Bruch herbeiführen werden. Der Konstrukteur muß sich also stets vor Augen halten, daß bei

Stoßwirkungen jedes Überschreiten der Fließgrenze an eingekerbten Stäben äußerst bedenklich ist.

Lehrreich ist der Vergleich der Stäbe *I*, *II* und *III*, wenn man annimmt, daß äußerstenfalls an den schwächsten Stellen die Höchstspannung σ_{max} erreicht wird. Während an den zylindrischen Stäben *II* und *III* alle Stabteile durch σ_{max} belastet sind und durch jeden Kubikzentimeter eine spezifische Formänderungsarbeit aufnehmen können, die der gestrichelten Fläche in Abb. 178 in Höhe von 534 kgcm/cm³ entspricht, sinkt am eingekerbten Stabe *I* die Spannung von σ_{max} in der Kehle rasch auf $\frac{\sigma_{max}}{2}$ im zylindrischen Teile. Noch stärker aber nimmt die spezifische Arbeitsfähigkeit ab, nämlich auf 0,86 kgcm/cm³, entsprechend der Fläche *OAB*, weil $\frac{\sigma_{max}}{2} = 1900$ kg/cm² im elastischen Gebiet liegt. Für dazwischenliegende Spannungen z. B. für σ'' kommt die vor der Ordinate σ'' liegende Fläche in Betracht. Greift man aus dem durchweg zylindrischen Stabe *II* eine Strecke von 1 cm Länge heraus, so hat sie $\frac{\pi}{4} \cdot 2{,}12^2 \cdot 1 = 3{,}53$ cm³ Inhalt und kann bei $\sigma_{max} = 3800$ kg/cm² Spannung

$$3{,}53 \cdot 534 = 1890 \text{ kgcm}$$

Arbeit aufnehmen. Wird diese Größe senkrecht zur Stabachse, Abb. 179, aufgetragen, so stellt der Flächeninhalt des Rechteckes über der Länge l die vom ganzen Stabe aufzunehmende Arbeit

$$A'_{II} = 1890 \cdot 15 = 28\,350 \text{ kgcm}$$

dar. Am eingekerbten Stabe *I* findet man entsprechend den verschiedenen Spannungen die durch wagrechte Strichelung hervorgehobene Fläche. Insbesondere ist die Arbeit, die am zylindrischen Teil von einem ein Zentimeter langen Stück des Stabes aufgenommen werden kann, nur $\frac{\pi}{4} \cdot 3^2 \cdot 1 \cdot 0{,}86 = 6{,}1$ kgcm/cm, während der Inhalt der gesamten Fläche $A'_I = 600$ kgcm ergibt. Der Vergleich der Arbeiten, die die drei Stäbe bei $\sigma_{max} = 3800$ kg/cm² aufnehmen können:

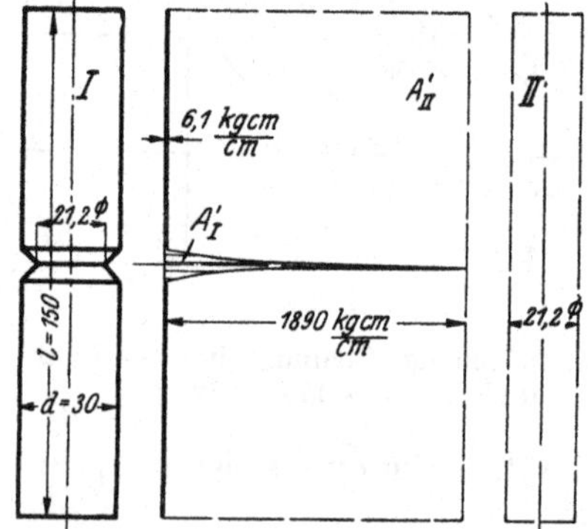

Abb. 179. Arbeitsvermögen eines gekerbten und eines ungekerbten Stabes, wenn die Höchstspannung σ_{max}, Abb. 178, erreicht.

$$A'_{II} = 28\,350 \text{ kgcm am Stabe } II,$$
$$A'_{III} = 56\,700 \text{ kgcm am Stabe } III,$$
und
$$A'_I = 600 \text{ kgcm am Stabe } I$$

zeigt den außerordentlich schädlichen Einfluß von Kerben bei stoßweiser Beanspruchung besonders deutlich. Freilich ist dabei zu beachten, daß die Formänderungsarbeit, die der nicht gestrichelten Fläche *CDEF* in Abb. 178 und dem Einschnürungsvorgang entspricht, vernachlässigt ist und daß sich der Fließvorgang über das Kerbgebiet hinaus erstreckt, so daß die Formänderungsarbeit des Stabes *I* tatsächlich größer, als eben errechnet, wird.

Auf Anregung des Verfassers ausgeführte Zugversuche an verschieden tief gekerbten Flußstahlstäben von 100 mm Meßlänge führten zu den in Abb. 180 wiedergegebenen Schaulinien. Schon eine Eindrehung von nur $\frac{1}{4}$ mm Tiefe ließ die Arbeitsfähigkeit des 20 mm starken glatten Stabes von 1350 kgcm/cm³ auf 1050 kgcm/cm³, d. i. um 22,1⁰/₀ sinken. Abb. 181 zeigt in der ausgezogenen Linie *aa* die Arbeitsfähigkeit in Abhängigkeit von der Kerbtiefe, wobei der Knick bei x dem Absatz der Spannungsdehnungslinie an der Fließgrenze entspricht. Die gestrichelte Linie *bb* gibt die nach dem vorstehend beschriebenen

Verfahren berechnete Arbeitsfähigkeit wieder, die durchweg, wie zu erwarten, unterhalb *aa* liegt, grundsätzlich aber doch gleichartig verläuft. Um von den berechneten auf die Versuchswerte zu kommen, muß man die ersteren mit einer Berichtigungszahl multipli-

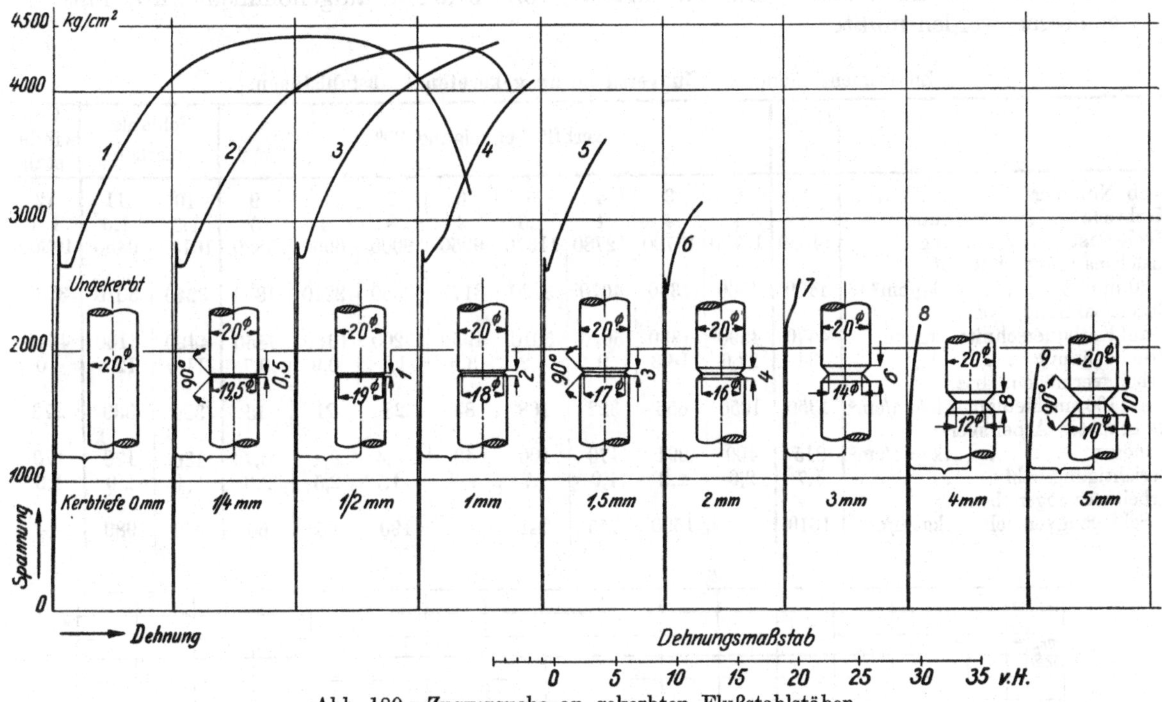

Abb. 180. Zugversuche an gekerbten Flußstahlstäben.

zieren, die in den vorliegenden Fällen zwischen 1,6 und 2,6 schwankt und im Mittel bei etwa 2,0 liegt. In Abb. 182 ist noch das Schaubild, das an einem mit Gewinde versehenen Stabe gewonnen wurde, in Vergleich gestellt mit denjenigen an zwei schlank kegelig, aber auf den Kerndurchmesser eingedrehten Stäben. Der erste zeigt geringere Arbeitsfähigkeit, ist also empfindlicher als die anderen. Weitere, bei den Versuchen ermittelte Zahlen enthält die Zusammenstellung 53.

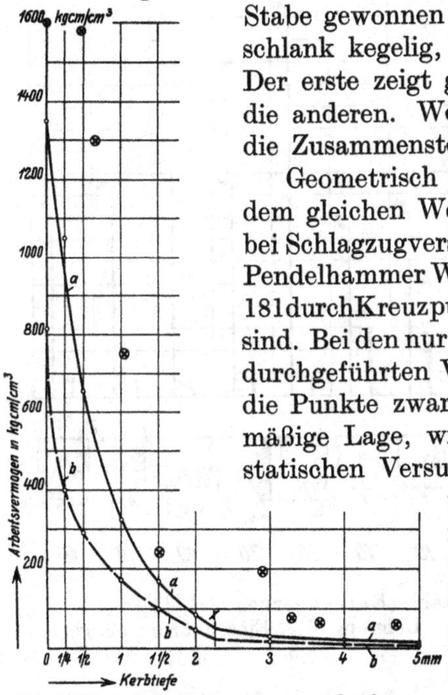

Abb. 181. Arbeitsvermögen gekerbter Stäbe in Abhängigkeit von der Kerbtiefe; *a—a* nach den Versuchen Abb. 180, *b—b* berechnet.

Geometrisch ähnliche Proben von rund 8 mm Durchmesser aus dem gleichen Werkstoff lieferten bei Schlagzugversuchen auf einem Pendelhammer Werte, die in Abb. 181 durch Kreuzpunkte angedeutet sind. Bei den nur an je einer Probe durchgeführten Versuchen zeigen die Punkte zwar nicht die regelmäßige Lage, wie die durch die statischen Versuche gefundenen, und gestatten nicht mit gleicher Sicherheit eine Kurve hindurchzulegen, bestätigen aber doch deutlich die in annähernd gleichem Maße zu-

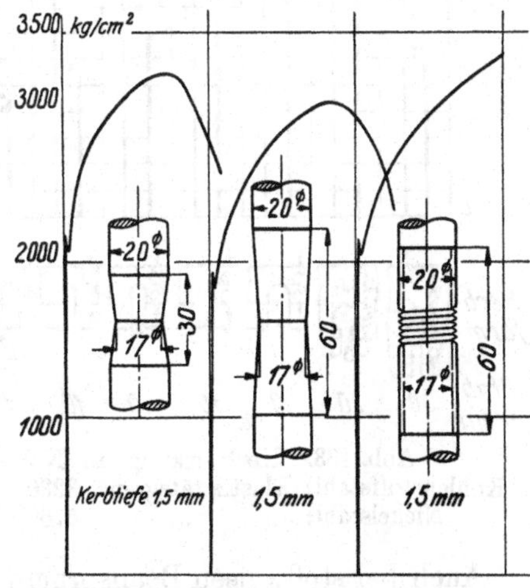

Abb. 182. Zugversuche an schlank kegelig eingedrehten und mit Gewinde versehenen Flußstahlstäben.

nehmende Empfindlichkeit gekerbter Stäbe mit steigender Kerbtiefe. Wenn diese Schlagarbeiten durchweg höher liegen, als die beim Zerreißversuch ermittelten Formänderungsarbeiten, so ist das darauf zurückzuführen, daß auch der Teil der Schlagarbeit, der von den Enden der Probestäbe und den Einspannvorrichtungen aufgenommen wird, mitgemessen werden mußte.

Zusammenstellung 53. **Zugversuche an gekerbten Flußstahlstäben.**

	Ungekerbt	Kerbflächenneigung 90°								Schlanke Kerben		Gewindestab
Stab Nummer	1	2	3	4	5	6	7	8	9	10	11	12
Kerbtiefe . . . . . . mm	0	$\frac{1}{4}$	$\frac{1}{2}$	1	1,5	2	3	4	5	1,5	1,5	1,5
Höchstlast . . . . . kg	14050	13700	13700	12780	11370	9950	8000	6950	5820	10180	9450	10300
Bruchspannung, bez. auf 20 mm ∅ . . . . . kg/cm²	4470	4360	4360	4070	3620	3170	2550	2210	1850	3240	3010	3280
Bruchspannung, bez. auf Kerbquerschnitt kg/cm²	4470	4590	4830	5020	5010	4950	5200	6150	7450	4490	4160	4540
Bruchdehnung . . . . %	34	27,6	16,8	9	5,2	3,0	1,1	0,9	0,7	11,0	12,5	10
Arbeitsvermögen, bez. auf 100 mm Meßlänge kgcm/cm³	1350	1050	655	322	168	83	28	21	15	324	339	273
Berechnetes Arbeitsvermögen . . . . . . kgcm/cm³	815	400	291	170	100	43	16,4	8,4	5,7	136	170	170
Berichtigungszahl	1,7	2,6	2,2	1,9	1,7	1,9	1,7	2,5	2,6	2,4	2,0	1,6
Arbeitsvermögen beim Schlagzugversuch . . kgcm/cm³	1610	—	1580	755	241	—	190	65	60	900	980	—

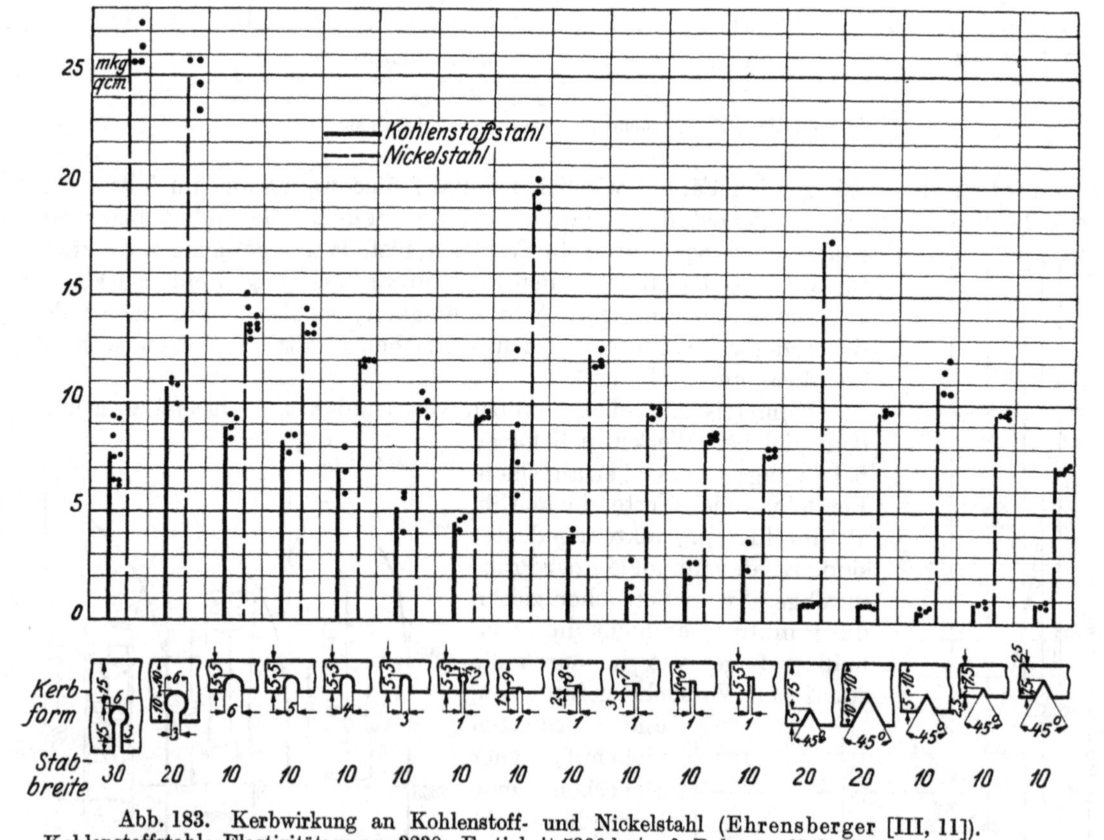

Abb. 183. Kerbwirkung an Kohlenstoff- und Nickelstahl (Ehrensberger [III, 11]).
Kohlenstoffstahl: Elastizitätsgrenze 3230, Festigkeit 5390 kg/cm², Dehnung 37,3, Einschnürung 59,5%;
Nickelstahl: „ 5760, „ 7950 „ , „ 18,3, „ 60%.

Auch bei stoßweisen Beanspruchungen auf Biegung und Drehung beruht die gefährliche Wirkung der Kerben vor allem darauf, daß sich die Formänderungen auf eine um so kleinere Werkstoffmenge beschränken, je schärfer und tiefer die Kerben oder je unvermittelter die Übergänge sind. Zahlenwerte dafür gibt die Kerbschlagprobe, bei der die Arbeit, die zum Durchschlagen der Probe nötig ist, ermittelt wird. In der dem Aufsatz von Ehrensberger [III, 11] entnommenen Abb. 183 sind die Schlagarbeiten an Stäben mit verschiedenen, unter den Gruppen angegebenen Kerbformen und Querschnitten als Ordinaten aufgetragen, und zwar für Kohlenstoff- und Nickelstahl. Die Punkte stellen die Einzel-, die Ordinaten die Mittelwerte der Schlagarbeiten in mkg/cm² dar. Besonders deutlich ist der Einfluß der Größe der Ausrundung und die außerordentlich starke Empfindlichkeit gegenüber tiefen und scharfen Kerben beim Kohlenstoffstahl ausgeprägt. Nickelstahl ist viel widerstandsfähiger; er besitzt wesentlich größere Kerbzähigkeit. Ähnlich verhalten sich Chromnickel- und andere Sonderstähle, Werkstoffe, zu denen der Konstrukteur greifen wird, wenn die Kerbwirkung nicht vermieden oder nicht genügend eingeschränkt werden kann.

III. Einfluß der Herstellung und Bearbeitung.

Die Lösung einer maschinentechnischen Aufgabe verlangt neben der Ausführung des konstruktiven Gedankens die richtige Beurteilung sowohl der Herstellungs- und Bearbeitungsmöglichkeiten wie der Betriebsverhältnisse, so daß Ausführung und Betrieb wirtschaftlich vorteilhaft werden. Die wirtschaftlichste, nicht die theoretisch oder konstruktiv beste Form muß angestrebt werden. Im folgenden ist nur auf die Ausführung der Teile eingegangen; zahlreiche Beispiele, wie die besonderen Betriebsverhältnisse Einfluß nehmen, finden sich in den späteren Abschnitten. Stets ist die leichte

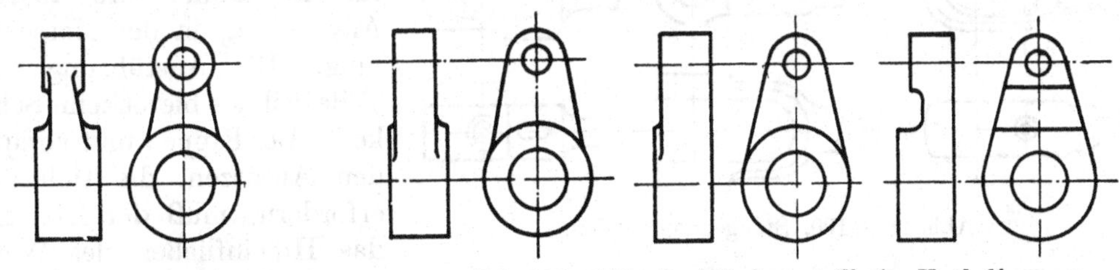

Abb. 184. Theoretisch günstige Kurbelform. Abb. 185—187. Praktisch vorteilhafte Kurbelformen.

und billige Herstellung im Auge zu behalten. Der Konstrukteur hat auf die vorhandenen Werkstatteinrichtungen, Herstellungsmittel und -bedingungen Rücksicht zu nehmen, muß dauernd mit dem Betriebsleiter in Fühlung stehen und sich diesem oft unterordnen. Falsch wäre es, die Festigkeitsrechnung als alleinige Grundlage für die Bemessung der Maschinenteile nehmen zu wollen.

Kurbelarme annähernd gleicher Festigkeit, also theoretisch richtiger Ausbildung, Abb. 184, werden teuer durch die schwierige Schmiedearbeit und die umständliche Bearbeitung. Die einfachen Formen, Abb. 185—187, sind bei weitem vorzuziehen.

Allerdings ist nicht immer die billigste Ausführung eines Teils oder einer ganzen Maschine die günstigste; am vorteilhaftesten wird vielmehr jene sein, bei der die Betriebsunkosten den Kleinstwert annehmen, die sich einerseits aus der Verzinsung und Abschreibung der Aufwendungen für die Anlage, andererseits aus den bei besserer Ausführung abnehmenden Kosten für die Betriebsverluste zusammensetzen. Als einfaches Beispiel sei das Kugellager erwähnt, das gegenüber dem Gleitlager geringere Reibungsverluste aufweist und so trotz höherer Beschaffungskosten oft wirtschaftlich überlegen ist.

A. Die Formgebung der Maschinenteile in Rücksicht auf die Herstellung.

Die Formgebung der Maschinenteile erfolgt entweder auf Grund der Geschmeidigkeit der Werkstoffe im festen Zustande durch Schmieden, Walzen, Pressen, Ziehen, Biegen usw. oder durch Eingießen des geschmolzenen Stoffes in Formen und, soweit notwendig, durch nachträgliche Bearbeitung auf Maschinen oder von Hand.

1. Die Formgebung auf Grund der Geschmeidigkeit.

Das wichtigste Verfahren der ersten Gruppe der Formgebungsarten ist das Schmieden. Geschmiedete Teile müssen wegen der schwierigen Handhabung der heißen Stücke und der Behandlung durch Hammerschläge oder durch Pressen möglichst einfache Formen bekommen. Ansätze und vollends Rippen sind zu vermeiden, Hohlkörper nur bei ganz einfacher Gestaltung ausführbar. Löcher und Höhlungen müssen meist aus dem Vollen herausgearbeitet werden. Ein geschlossener Schubstangenkopf, Abb. 188, ist erheblich leichter und billiger herzustellen als ein gegabelter, Abb. 189, oder ein mit mehreren Ansätzen versehener, Abb. 190, solange nicht bei letzterem Gesenke verwendet werden können. — Unmittelbar an eine Welle angesetzte, also aus einem Stück mit ihr bestehende Flansche müssen entweder angestaucht, angeschweißt oder durch Ausschmieden eines Blockes vom Außendurchmesser des Flansches hergestellt werden und sind daher sehr kostspielig. Die Schwierigkeiten der Herstellung wachsen, je größer der Flanschdurchmesser im Verhältnis zu dem der Welle wird, so daß der Konstrukteur stets darauf hinarbeiten wird, den Flanschdurchmesser zu verkleinern, dadurch, daß er die Schrauben aus besonders widerstandsfähigem und hoch zu belastendem Werkstoff herstellt und sie so nahe wie möglich an den Wellenschaft heransetzt.

Die Ausführung der schon erwähnten Gesenke lohnt sich erst bei der Anfertigung einer großen Anzahl gleichartiger Teile, bietet dann aber die Möglichkeit, die Stücke sehr gleichmäßig und mit geringen Zugaben für die Nacharbeit auszuführen. Daher ihre ausgedehnte Anwendung in der Massenherstellung. Die Ausführung einfacher Teile in ihnen bietet keine Schwierigkeit. Bei Rippen und vorspringenden Ansätzen, die tiefe Gesenke erfordern, muß der Konstrukteur das Hineinfließen des Werkstoffs in die Form beim Schmieden durch geeignete Gestaltung erleichtern. Oft werden mehrere Gesenke hintereinander benötigt, durch die die schließliche Form stufenweise erreicht wird.

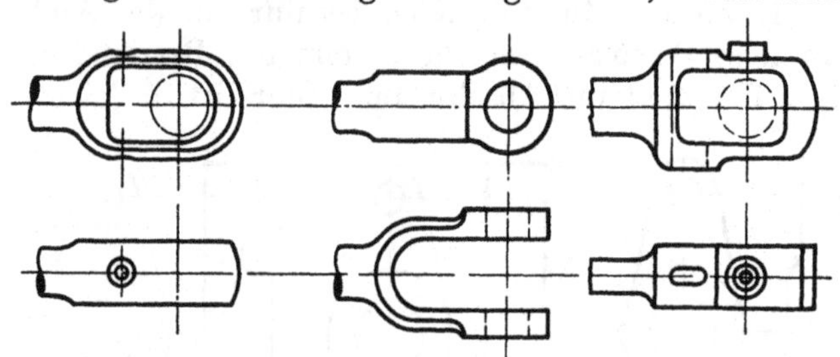

Abb. 188—190. Stangenkopfformen.

2. Die Formgebung gegossener Teile.

Viel freier ist man bei der Formgebung gegossener Teile. Hohl- und Rippenkörper lassen sich leicht gießen. Aber auch hier hat der Konstrukteur die Eigenarten der Herstellverfahren sorgfältig zu beachten und muß die Grundlagen der Formerei und Gießerei beherrschen, muß schon beim Entwurf auf die Einfachheit des Modells, eine geringe Anzahl von Teilflächen, die gute Entlüftung der Form, die Stützung der Kerne und die Möglichkeit achten, letztere leicht entfernen zu können. Unzureichend gestützte Kerne verlagern sich durch den Auftrieb im flüssigen Eisen und bedingen oft Fehlgüsse oder erhebliche Verschiedenheiten der Wandstärke am fertigen Gußstück. Häufig hat man in Rücksicht darauf Zuschläge zu der errechneten Wandstärke zu geben.

a) Berücksichtigung der Einformvorgänge.

Die einfachste Art der Herstellung von Gußstücken, diejenige im offenen Herdguß, pflegt nur selten angewandt zu werden, wenn nämlich das Stück eine ebene Begrenzungsfläche besitzt, die in der Form oben angeordnet werden kann und an deren Zustand und Genauigkeit keine hohen Ansprüche gestellt werden.

Meist wird man auf den verdeckten Herd- oder den Kastenguß angewiesen sein. Dabei ist vor allem auf die Beschränkung der Zahl der Formteile hinzuarbeiten. Beispielweise verlangt das T-Stück mit Fuß, Abb. 191, bedeutend mehr Arbeit und wird schwerer und teurer als dasjenige nach Abb. 192, weil für das letztere nur ein Kernkasten,

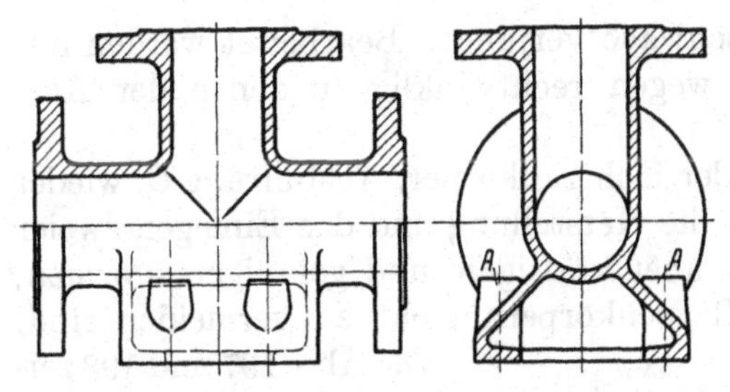

Abb. 191. T-Stück mit hohlem Fuß.

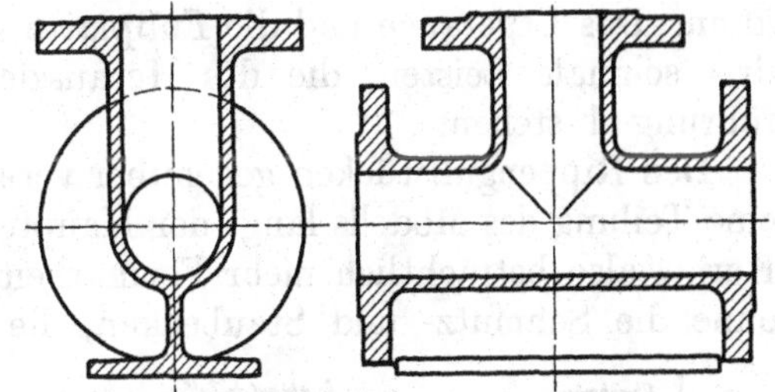

Abb. 192. T-Stück mit Rippenfuß.

für das erste dagegen zwei nötig sind, außerdem aber die vorstehenden Augen A für die Befestigungsschrauben am Modelle abnehmbar sein müssen.

Die Aufgabe, ein einfaches Augenlager, für das Bohrung und Höhe der Lagermitte, Abb. 193, gegeben sind, in bezug auf Herstellung und Bearbeitung durchzubilden, kann auf verschiedene Weise gelöst werden, Abb. 194—196. Wegen des Kerns für die Lagerbohrung liegt es am nächsten, das Modell längs der Hauptebene $I—I$ zu teilen, Ausführung A. Die senkrechten Rippen können dann gekreuzt, symmetrisch zur Mitte angeordnet und dabei die aus der Form herauszuziehenden sowie die Fußplatte schwach verjüngt ausgebildet werden. Schwierigkeiten macht das Herausnehmen der Augen, die entweder als lose Butzen (im linken Teil der Abbildung) aufgesetzt oder, wie in der rechten Hälfte dargestellt, besser ganz vermieden werden, indem die Auflageflächen für die Schraubenköpfe nach dem Bohren der Löcher mit einem Bohrmesser nach Abb. 236 bearbeitet werden. Vorteilhaft ist, daß die Stützflächen des Fußes auf zwei schmale Leisten C und D beschränkt werden können, nachteilig, daß wegen der Symmetrie vier Befestigungsschrauben nötig sind, was sich allerdings durch Anordnung der Stützrippen an einer Seite vermeiden läßt.

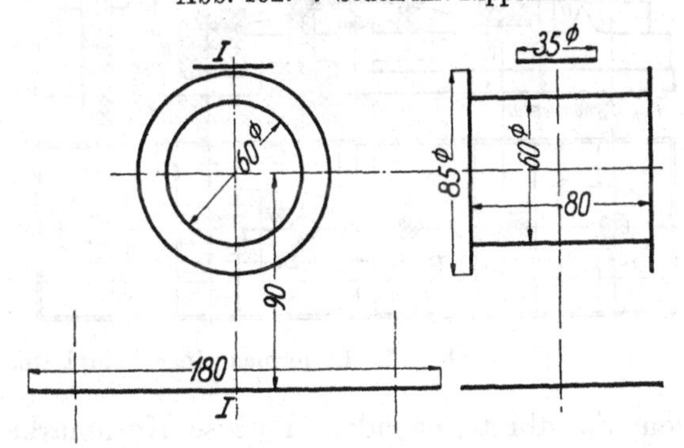

Abb. 193. Grundmaße eines Augenlagers. M. 1:4.

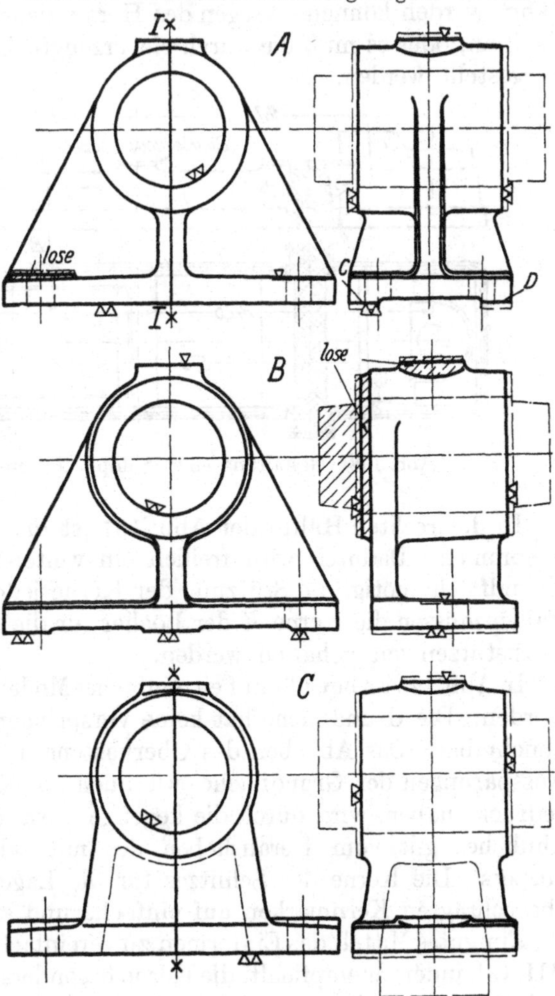

Abb. 194—196. Verschiedene Gestaltung eines Augenlagers. M. 1:4.

Ausführung B vereinfacht das Einformen wesentlich und bietet außerdem den Vorteil, mit niedrigeren Formkästen auszukommen. Der Butzen für das Schmiergefäß und die Arbeitsfläche, sowie die Kernmarke auf der Seite der Rippe sind lose; letztere, damit das Modell während des Einformens des Unterkastens flach auf dem Formbrett liegen kann. Das Lagerauge und die Fußplatte sind schwach verjüngt. Bearbeitet werden nur drei schmale Leisten, die des Herausziehens wegen rechtwinklig zu denen der Ausführung A stehen.

Den Rippengußstücken gegenüber verlangt der Hohlgußkörper, Ausführung C, wieder eine Teilung des Modells längs der Hauptebene, die Herstellung und das Einlegen zweier Kerne, also beträchtlich mehr Formarbeit, gibt aber kräftigere und gefälligere Formen, ohne die Schmutz- und Staubecken, die an Rippenkörpern nicht zu vermeiden sind.

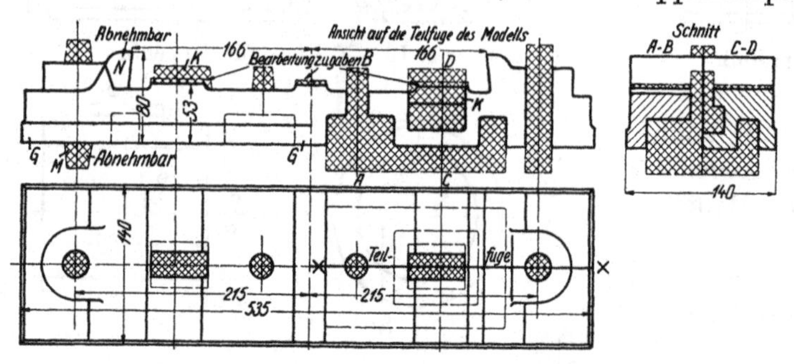

Abb. 197. Einformen einer Sohlplatte.

Die Abb. 197 und 198 zeigen verschiedene Einformmöglichkeiten und konstruktive Gestaltungen von Lagersohlplatten. Das Modell derjenigen in Abb. 197 kann im wesentlichen einteilig sein, wie im linken Teil der Abbildung dargestellt ist. Beim Einstampfen des Unterkastens liegt es mit der ebenen Grundfläche GG auf dem Formbrett, nachdem die lose Kernmarke M entfernt ist. Im Oberkasten drücken sich die Aussparungen der Grundfläche ab, für die also besondere Kernmarken entbehrt werden können. Wegen des Herausziehens des Modells muß die Nase N abnehmbar sein, oder es muß die durch sie erzeugte Unterschneidung mittels eines Hilfskernes hergestellt werden.

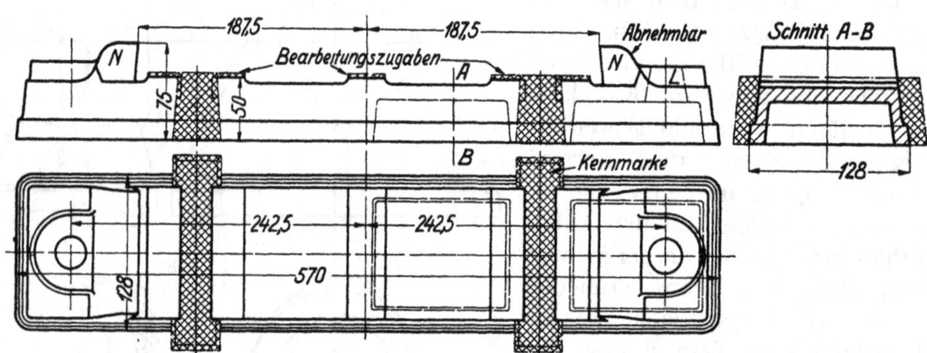

Abb. 198. Gestaltung einer Sohlplatte unter Beachtung einfachen Einformens.

In der rechten Hälfte der Abb. 197 ist das Modell längs der Mittelebene geteilt angenommen. Dadurch wird freilich ein weiterer Kernkasten für die Aussparungen der Grundfläche nötig, die Stützung der Kerne jedoch erleichtert und verbessert. In beiden Fällen müssen die Kerne K der Löcher für die Hammerköpfe der Lagerschrauben durch Kernstützen gut gehalten werden.

In Abb. 198 ist bewußt auf ein einfaches Modell und auf leichtes Einformen hingearbeitet worden. Die Grundfläche hat keine vorspringenden Kernmarken; nur die Nasen N sind abnehmbar. Das Abheben des Oberkastens, in dem sich sowohl die einfach gestalteten Aussparungen der Grundfläche, wie auch die Kerne L für die Sohlplattenschrauben abgedrückt haben, wird durch die kegelige Form der Aussparungen und Kerne erleichtert. Ähnliches gilt vom Herausheben des mit schrägen Wandungen versehenen Modellkörpers. Die Kerne des Schlitzes für die Lagerschrauben werden durch die gleichfalls abgeschrägten Kernmarken auf einfache und sichere Weise gehalten.

Ein gutes Mittel, das Einformen zu vereinfachen und zu erleichtern, gibt Neuhaus an [III, 13], indem er empfiehlt, die Kerne besonders hervorzuheben, um z. B. an dem Rahmen, Abb. 199, deutlich zu machen, wie durch Verlegen von Rippen oder Abänderung von

Maßen und Umrissen mehrere Kerne ohne Schwierigkeit auf gleiche Formen gebracht und Kernkästen erspart werden können.

Die Anfertigung eines größeren Modells lohnt sich erst, wenn das Stück mehrfach ausgeführt werden soll. Bei einmaligem Guß wird man die Verwendung von Schablonen beim Einformen anstreben, also eine Gestaltung wählen, die sich entweder durch Drehen der Schablonen um eine Spindel (Drehkörper) oder durch Ziehen längs eines Leitlineals herstellen läßt. Um die Zahl der Schablonen zu beschränken, gibt man dem Rahmen, Abb. 200, zweckmäßigerweise an allen Stellen gleichen Querschnitt oder wenigstens an allen Seitenflächen dieselben Abrundungen und Neigungen, so daß ein und dieselbe Schablone Verwendung finden kann. Obgleich die Arbeitsflächen zum Aufsetzen der Lager a und b und der Füße c und d verschiedene Abmessungen, insbesondere andere Breiten haben, ist für die Längswangen und das rechte Querstück dieselbe Grundform benutzt. Nur das linke Querstück ist wesentlich breiter und außerdem auf der Strecke e—f unterschnitten; trotzdem hat aber seine rechte Wand das gleiche Profil wie die übrigen erhalten. Ähnliches gilt vom Kern. Alle Arbeitsflächen liegen auf derselben Höhe.

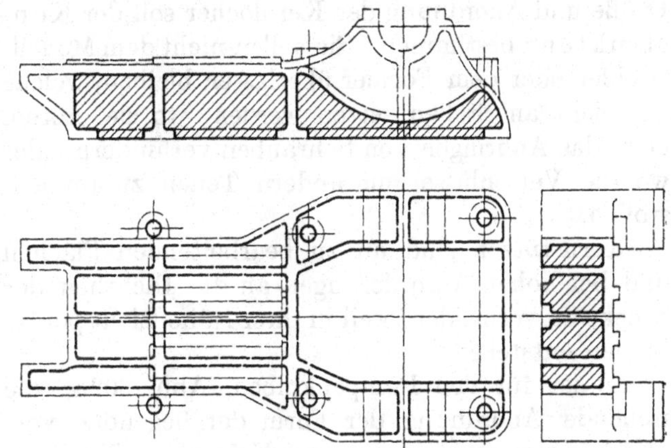

Abb. 199. Hervorhebung der Kerne an einem Rahmen.

Die Modelle müssen sich leicht aus den Formen ausheben lassen. Butzen und Ansätze, die das Herausziehen hindern und besonders am Modell angesetzt werden müssen oder gar eine Teilung der Form verlangen, sollten vermieden werden. Vgl. Abb. 201, die eine besonders aufgesetzte Auflagefläche für die Mutter der Befestigungsschraube zeigt, mit Abb. 202, in der das Auge nach der Wand zu verlängert ist, um das Herausziehen zu ermöglichen und mit Abb. 214, wo das Auge ganz vermieden und die für die Mutter nötige Auflagefläche durch eine Unterlegscheibe geschaffen ist, welche in die beim Bohren des Loches gefräste Fläche paßt. Dadurch ist nicht allein das Einformen des Modells wesentlich erleichtert, sondern auch die Lage des Schraubenloches unabhängig von angegossenen Butzen gemacht, die sich beim Einformen häufig verschieben und dann umständliche Nacharbeiten verlangen. Wegen der Gefahr der Verlagerung solcher Augen gibt man ihnen, soweit sie nötig sind, grundsätzlich reichliche Abmessungen. Rippen, vorstehende Butzen und Flansche erhalten wegen des leichten Herausziehens des Modells verjüngte Formen.

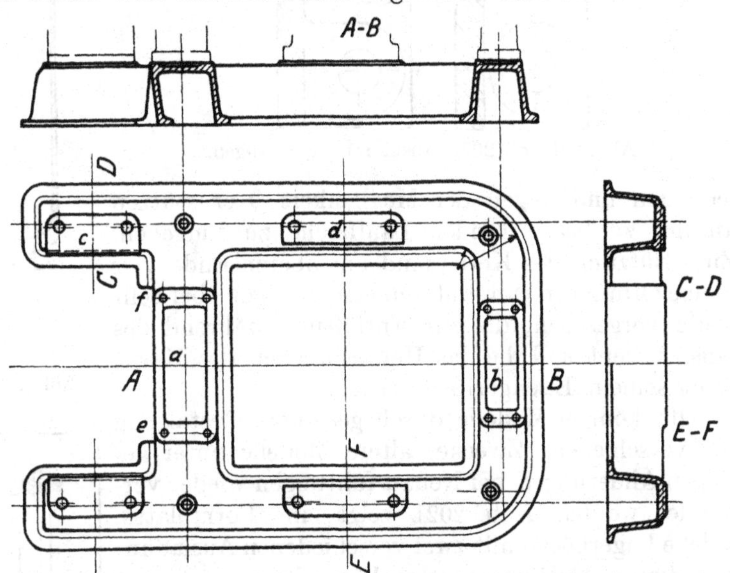

Abb. 200. Rahmen für eine Turbodynamo.

An Hohlkörpern ist für eine genügende Zahl hinreichend weiter Kernlöcher Sorge zu tragen, sowohl zur Stützung und Entlüftung während, wie zur Entfernung der Kerne nach dem Gusse. Der letzte Punkt ist namentlich an Stahlgußstücken zu beachten, aus denen man die Kerne vielfach in noch heißem Zustande entfernen muß, um ein Zerreißen der Wandungen infolge der starken Schwindung zu verhüten. Lage, Größe und Anordnung der Kernlöcher soll der Konstrukteur bestimmen. Sie sollen nicht dem Modelltischler oder dem Former überlassen bleiben, welche sie leicht an Stellen setzen werden, wo sie stören, etwa das Anbringen von Schrauben verhindern, oder wo die Verschlüsse mit andern Teilen zusammenstoßen.

Kernstützen sind an zu bearbeitenden Flächen und bei hohen Anforderungen an die Dichtheit der Stücke zu vermeiden, weil in ihrer Nähe leicht poröse Stellen entstehen.

So ist für den Pumpenkolben, Abb. 202a, die stehende Anordnung der Form der liegenden vorzuziehen, wegen der geringern Neigung zu Kernver-

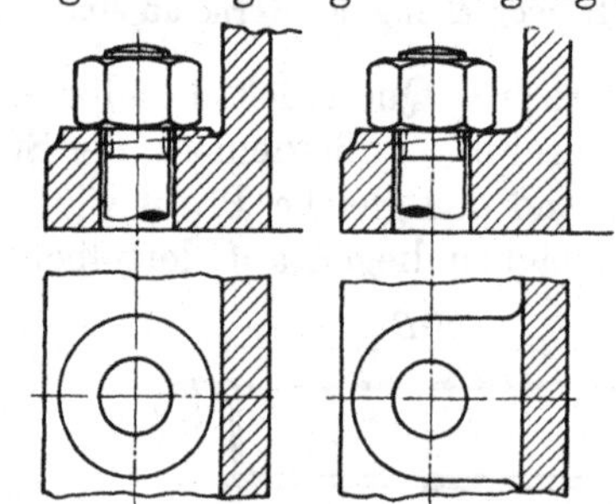

Abb. 201 und 202. Ausbildung von Augen.

legungen und wegen der Möglichkeit, Kernstützen an der zu bearbeitenden Lauffläche zu umgehen. Zur Stützung des Kerns sind am oberen Ende vier kleine Öffnungen, am unteren eine einzige, aber sehr weite vorgesehen, die zur Entlüftung während des Gusses dient und die das Herausbrechen des Kerns samt seinem Eisengerippe erleichtert.

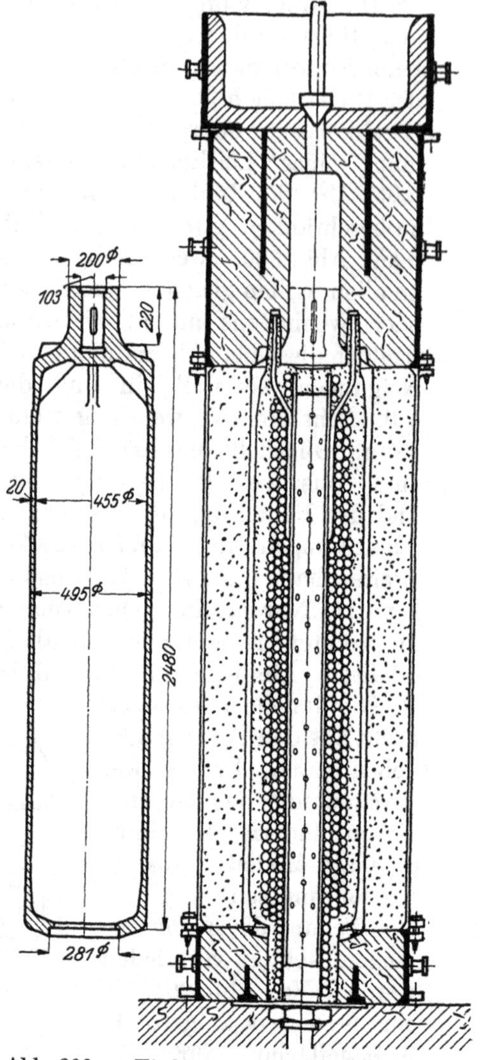

Abb. 202a. Einformen eines Pumpenkolbens. M. 1:30.

Oft können Modelle durch geeignete Gestaltung für verschiedene Zwecke, ältere Modelle unter geringen Änderungen bei Neuausführungen wieder verwendet werden. Abb. 202b zeigt eine Formplatte, welche Lagerböcke mit zwei verschiedenen Ausladungen durch Abdämmen oder Wegnehmen einzelner Modellteile herzustellen gestattet. Das hat der Konstrukteur durch Verwendung gleicher Querschnitte und gleicher Neigungen an den schrägen Armen erreicht.

Bei Gegenständen, die auf Maschinen eingeformt werden sollen, muß häufig auf die Eigenart der Formmaschinen Rücksicht genommen werden.

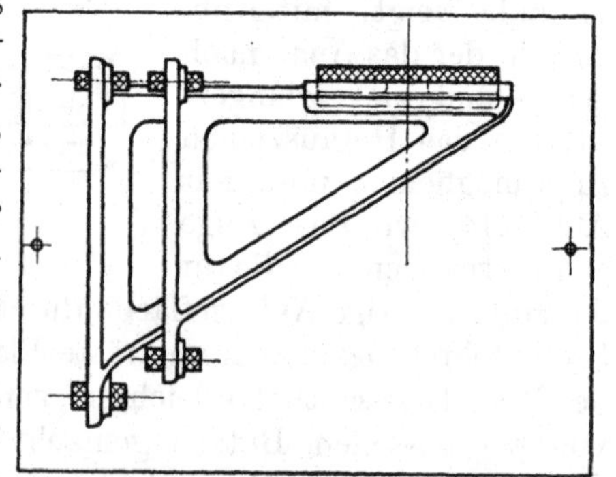

Abb. 202b. Formplatte für zwei Lagerböcke verschiedener Ausladung.

b) Gußspannungen und Lunkerbildungen.

Infolge ungleichmäßiger Abkühlung entstehen in den Gußstücken Spannungen und Hohlräume, auf deren Verminderung schon der Konstrukteur hinarbeiten soll, wenn auch der Former manche Mittel hat, die Erscheinungen zu beeinflussen oder unschädlich zu machen. Bei der Abkühlung schwinden die Gußstücke; — sie ziehen sich infolge der Temperaturabnahme zusammen. Werden sie daran durch ihre eigene Gestalt oder die Formwandungen gehindert, so entstehen Spannungen, die zum Werfen und Verziehen oder, wenn sie die Festigkeit des Werkstoffs überschreiten, zum Reißen führen. So erstarrt der dicke Rand des Rahmens, Abb. 203, später als die dünnen Stege; er reißt infolge der gehinderten Zusammenziehung, wenn die Stege fest geworden sind. Ebene, gleich dicke Platten, werfen sich leicht infolge der Spannungen, die in den mittleren Teilen entstehen, wenn die stärkerer Abkühlung ausgesetzten Ränder schon erstarrt sind. Welche Spannungen in Gußstücken vorkommen, kann man an dem oft starken Klaffen beurteilen, das beim Aufsprengen der Naben von Riemenscheiben, Schwungrädern und dergleichen auftritt. Häufig machen sich die Spannungen beim Bearbeiten von Gußstücken, an denen die Gußhaut nur an einer Seite weggenommen wird, durch Verzerren und Krummziehen geltend, so daß z. B. die endgültige Bearbeitung von Drehbankbetten erst längere Zeit nach dem Vorschruppen, unter Einschalten einer Pause von 2 bis 3 Wochen erfolgen darf.

An den Stellen, wo der Stoff zuletzt in den festen Zustand übergeht, bilden sich Hohlräume, Löcher, Lunker oder Saugstellen, die Undichtheit des Gußstückes und Verminderung der Festigkeit zur Folge haben können. Sie treten insbesondere überall da auf, wo größere Ansammlungen, Verdickungen oder unvermittelte Übergänge in den Querschnitten vorhanden sind.

Abb. 203. Rahmen mit Rissen, infolge von Gußspannungen.

Spannungen und Hohlraumbildungen fallen um so stärker aus, je größer das Schwinden des Werkstoffes ist, für welches die folgenden Längenschwindmaße einen Anhalt geben. Während des Erkaltens zieht sich

Gußeisen um 1/96,
Stahlguß um 1/50,
Bronze um 1/63,
Messing um 1/65

seiner ursprünglichen Länge zusammen. Deshalb sind die erwähnten Erscheinungen an Stücken aus den drei zuletzt genannten Stoffen besonders sorgfältig zu beachten. Stahlgußstücke werden zur Verminderung der unvermeidlichen Spannungen nochmals ausgeglüht und dann sehr langsam und gleichmäßig abgekühlt.

Beim Gestalten wird man nach dem Voranstehenden das Augenmerk in erster Linie auf gleich schnelle Abkühlung aller Teile eines Gußstückes richten. Der meist vertretene Grundsatz der Einhaltung gleichmäßiger Wandstärken ist nicht ganz zutreffend, kann aber immerhin in vielen Fällen, namentlich bei einfachen Formen den ersten Anhalt bieten. So werden manche Teile, z. B. vorspringende Ränder, verhältnismäßig schneller erkalten und sollten kräftiger gehalten werden, weil die sie umgebende Formmasse die Wärme rasch aufnehmen und weiterleiten kann. Ungünstig in bezug auf die Wärmeabführung sind dagegen dünne oder eingeschlossene Kerne, sowie Stellen, an denen Rippen auf Wandungen stoßen oder mehrere Rippen zusammentreffen. An Zylinderdeckeln, Kolben und ähnlichen Teilen, Abb. 204, unterbricht man deshalb gern die Rippen bei a und b, vermeidet auf diese Weise die Lunkerbildung und erreicht gleichzeitig noch eine bessere gegenseitige Stützung der aneinanderstoßenden Kerne. Wenn die Abzweigung des T-Stückes, Abb. 205, oder der Fuß eines Zylinders auf Grund der Beanspruchung sehr geringe Wandstärken erhalten könnten, so wird man diese doch aus Gußrücksichten stärker ausführen, Abb. 206. Solche dünnen Teile springen oft infolge der großen Spannungen an der Ansatzstelle bei der Abkühlung von selbst oder bei geringen Stößen ab. Häufig kann deshalb eine Trennung derartiger Teile vorteilhaft werden. — Eine leichte Tragplatte für eine Schmierpresse an einem dickwandigen Zylinder wird man besser anschrauben und zu dem Zwecke an diesem nur eine entsprechende Arbeitsfläche vorsehen.

Unmittelbar angegossen, würde die Platte auch die Bearbeitung erschweren und bei der Beförderung leicht beschädigt werden. Lassen sich Ungleichheiten in der Wandstärke nicht vermeiden, so mildere man die Wirkung durch Abrundungen oder Einschaltung allmählicher z. B. kegeliger Übergänge, Abb. 425. Sorgfältig sind scharfe Kehlen an Durchdringungen zu vermeiden. .

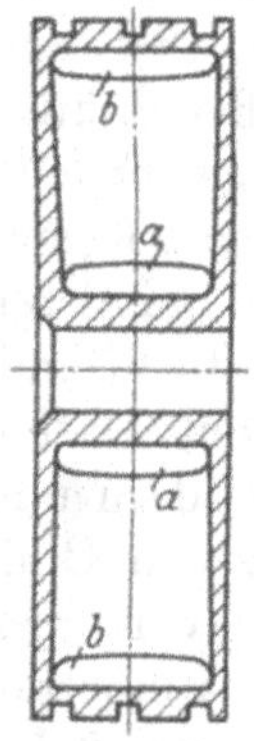

Abb. 204. Kolben mit Aussparungen zur Verminderung der Gußspannungen und Lunkerbildungen.

Ähnlich wie an dem in Abb. 203 dargestellten Rahmen liegen die Verhältnisse bei Handrädern, Zahn- und Schwungrädern und ähnlichen Teilen mit starken Randquerschnitten, wenn auch zuzugeben ist, daß sich die Spannungen an ihnen durch Veränderung der Krümmung des Kranzes leichter ausgleichen. Die Spannungen können konstruktiv noch weiter durch Krümmen der Arme, bei Handrädern, Abb. 207, Sprengen der Naben von Riemenscheiben, Abb. 208, oder Teilen der Schwungräder vermindert werden. An Doppelsitzventilen für Dampfmaschinen, an denen die Spannungen bei höheren Wärmegraden oft starke Verzerrungen und Undichtheiten in den Sitzflächen hervorrufen, kann man die Rippen tangential zur Nabe anordnen, Abb. 210. Spannungen in ihnen werden nur eine geringe, unschädliche Verdrehung der Nabe bedingen.

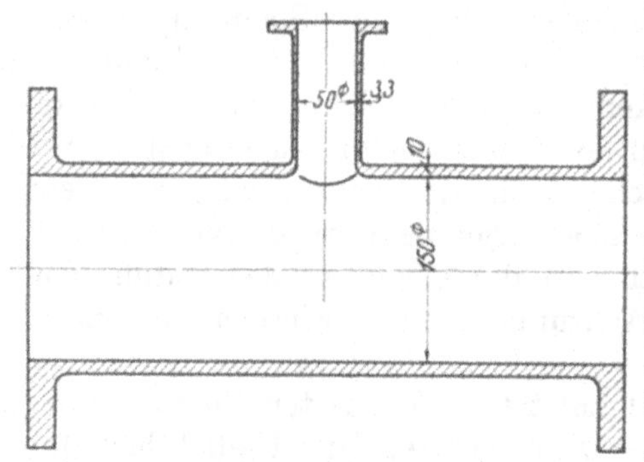

Abb. 205. Zu ungleiche Wandstärken an einem T-Stück.

Rippen sind in den meisten Fällen zweifelhafte Verstärkungsmittel sowohl wegen der Gefahr der Lunkerbildung an den Ansatzstellen, als auch wegen der Spannungen infolge stärkerer Abkühlung an den äußeren Begrenzungslinien.

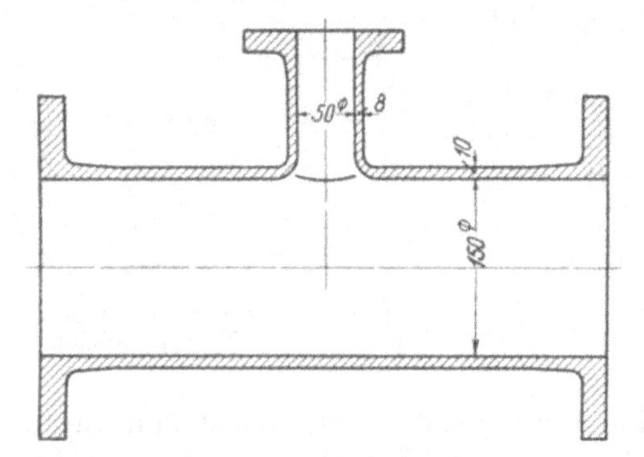

Abb. 206. Richtige Wahl der Wandstärken an einem T-Stück.

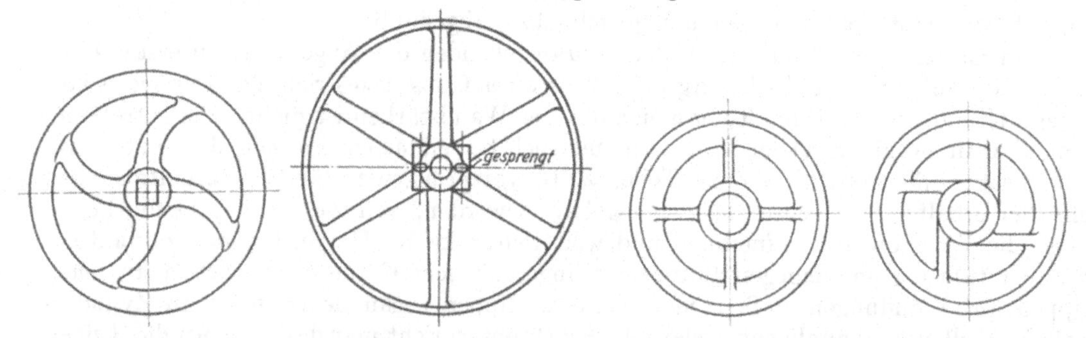

Abb. 207. Handrad mit gekrümmten Speichen. Abb. 208. Riemenscheibe mit gesprengter Nabe. Abb. 209 und 210. Doppelsitzventil mit radial und tangential angeordneten Rippen.

B. Zusammenhang zwischen konstruktiver Durchbildung und Bearbeitung.

1. Allgemeines.

Schon die Werkstattzeichnungen müssen durch ihre Ausführung die Herstellung der Stücke erleichtern; klare und deutliche Wiedergabe der Form, Hervorhebung der zu bearbeitenden Flächen, Einschreiben der Maßzahlen an der Stelle, wo sie der Arbeiter sucht und in der Form, wie er sie braucht, nicht, wie sie beim Entwerfen aufgetragen werden, sind unumgängliche Anforderungen an die Zeichnung. Vorbildlich und von größter Bedeutung für die gesamte deutsche Industrie ist die Vereinheitlichung des Zeichnungswesens und der Darstellung durch die Dinormen, die neuerdings im Dinbuch 8 „Zeichnungsnormen" zusammengefaßt veröffentlicht worden ist.

Zur Erreichung größter Billigkeit ist zunächst weitgehend auf die Einschränkung der Bearbeitung überhaupt, dann auf die Verwendung weniger Arbeitsverfahren und Maschinenarten hinzuwirken.

Ganz bearbeitet werden nur kleinere, aus dem Vollen hergestellte Teile, ferner Schmiedestücke, sofern sie nicht durch Benutzung von Gesenken eine genügend genaue Form erhalten und dann ähnlich wie Gußstücke behandelt werden. Im übrigen bearbeitet man meist nur die Auflageflächen, an denen zwei verschiedene Teile miteinander in Berührung treten und beschränkt sich an allen freiliegenden Flächen auf das äußerste, irgend mögliche Maß. Die Sucht nach blanken Teilen ist veraltet. Neuerdings sieht man selbst von der Bearbeitung der Messing- und Bronzestücke ab, die früher häufig des Aussehens halber vorgenommen wurde.

An Guß- und Gesenkschmiedestücken läßt man die zu bearbeitenden Stellen gewöhnlich über die roh bleibenden Flächen in Form von Arbeitsleisten, Augen oder Ansätzen, Abb. 211, vortreten. Man macht sich auf diese Weise unabhängig, sowohl von den unvermeidlichen Ungenauigkeiten beim Einformen infolge des Verziehens der Modelle,

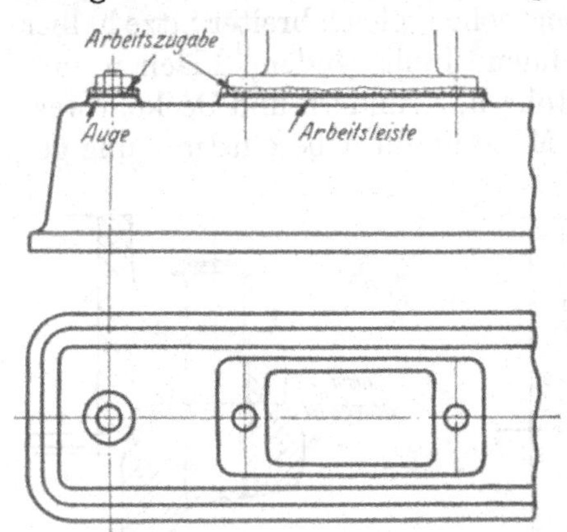

Abb. 211. Auge und Arbeitsleiste an einem Gußstück.

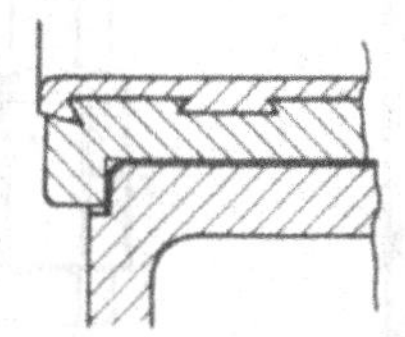

Abb. 212. Einspringende Arbeitsfläche.

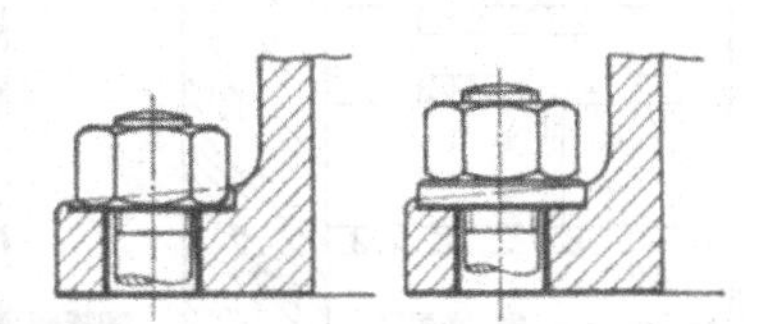

Abb. 213 und 214. Versenkte Auflageflächen für Muttern.

als auch von dem nach verschiedenen Richtungen meist ungleichmäßigen Schwinden der Gußstücke. Gleichzeitig ermöglicht man das Auslaufen der Werkzeuge, wie es namentlich beim Hobeln oder Stoßen, gelegentlich aber auch beim Drehen, Fräsen und Bohren erforderlich ist. Das Maß, um welches die Flächen über die unbearbeiteten Stellen ausladen, hängt an Gußteilen von der Größe der Stücke, dem Werkstoffe und der Genauigkeit, mit der die Gießerei arbeitet, ab. An kleinen Teilen sind 5, an mittleren 10 bis 15 mm ausreichend, an großen 20 bis 25 mm notwendig. Stahlguß verlangt größere Maße als Gußeisen. Auch müssen die Leisten gegenüber den auf ihnen zu befestigenden Stücken überstehen, also etwas länger und breiter als diese gehalten werden. Ragen nämlich die Ränder der aufzusetzenden Teile über die Arbeitsfläche hinaus, so entstehen unschöne, schwer sauber zu haltende Schmutzrinnen. Die Anlageflächen erhalten im rohen Zustande noch Arbeitszugaben, Abb. 211, die auf den Zeichnungen gewöhnlich nicht angegeben werden, und deren Größe ebenfalls je nach den Abmessungen des Maschinenteiles und der Art der Herstellung wechselt. Bei kleinen Stücken genügen wenige Millimeter; an großen werden 10 bis 15 mm abgearbeitet. Gewalzte oder im Gesenk geschmiedete Teile können wesentlich geringere, von Hand geschmiedete müssen dagegen reichliche Zugaben erhalten.

Oft kann man die Arbeitsflächen vorteilhafterweise auch einspringen lassen, namentlich, wenn die Bearbeitung auf der Fräsmaschine oder der Drehbank erfolgen kann, weil dann das Auslaufen der Werkzeuge nicht immer erforderlich ist. In Abb. 212 tritt z. B. die Anlagefläche für den Schalenbund zurück; in Abb. 213 und 214 werden die Auflageflächen für die Muttern durch einen Fräser oder ein in den vorgebohrten Löchern geführtes Messer geschaffen. Daß dadurch nicht allein die Herstellung, sondern auch das Einformen der Modelle erleichtert wird, weil die Augen und Arbeitsleisten wegfallen, die oft abnehmbar sein müssen und sich leicht verschieben, war schon oben erwähnt. Den Nachteil, daß sich Staub und Schmutz in den Vertiefungen ansammeln, kann man durch Einlegen von Unterlegscheiben, Abb. 214, vermeiden.

Gepreßte, gezogene und getriebene Teile, gewalzte Formeisen und Bleche, sowie aus den letzteren zusammengesetzte Stücke bleiben meist roh; bearbeitete Anlageflächen, werden an ihnen durch Aufnieten besonderer Bleche mittels versenkter Niete geschaffen, z. B. am Rahmen einer Laufkatze, Abb. 215. Häufig kann man aber auch von versenkten Arbeitsflächen Gebrauch machen. Rohrverschlüsse an Dampfkesseln und Auflagestellen für Muttern an Formeisen bieten Beispiele dafür.

Die Bearbeitung freiliegender Flächen kommt vor an den Rändern der Anschluß- und Dichtflächen. So pflegen die aus Gußrücksichten, wie oben erwähnt, stets etwas größer gehaltenen Arbeitsleisten, Abb. 211, wenn es das Aussehen verlangt, entsprechend dem Rand des aufgesetzten Stückes „beigearbeitet" zu werden. An Ventilen dreht man, wie später näher besprochen, gleich breiter Sitze halber die anschließenden freiliegenden Flächen an. Flansche von Rohren, Zylindern und Deckeln werden auf gleiche Maße und in Übereinstimmung ge-

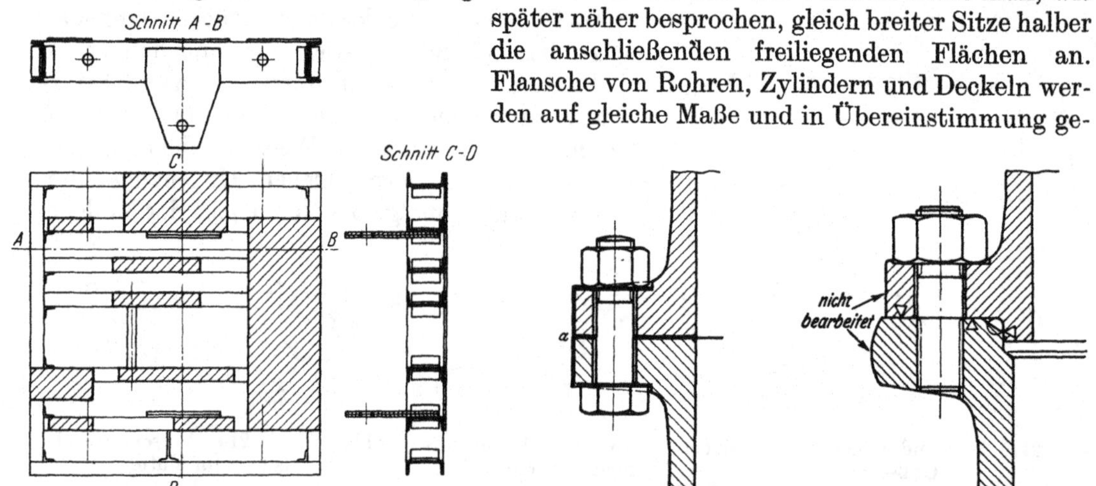

Abb. 215. Laufkatzenrahmen mit aufgenieteten Arbeitsflächen.

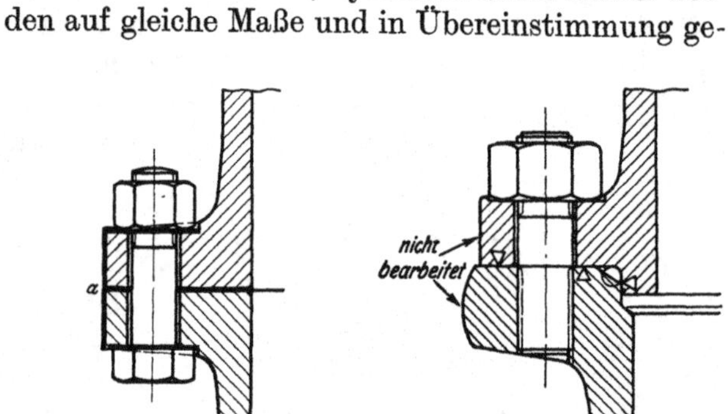

Abb. 215a. Flansche werden durch Abdrehen auf gleiche Durchmesser gebracht.

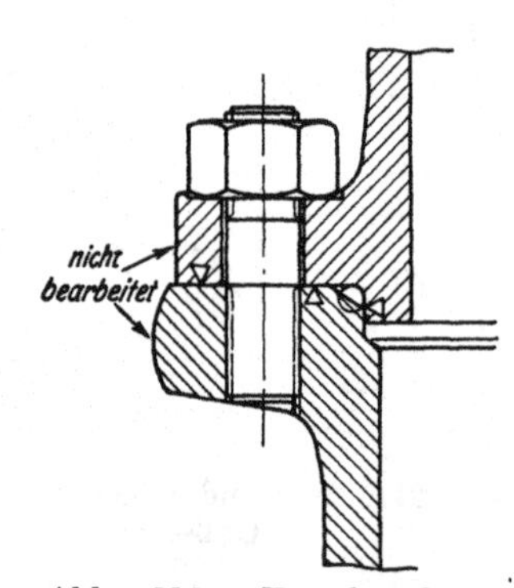

Abb. 216. Einschränkung der Bearbeitung durch geeignete Formgebung.

bracht, Abb. 215a. Doch hat auch hier der Entwerfende Mittel, die Bearbeitung einzuschränken. In Abb. 216 ist der eine Flansch zylindrisch, der andere gewölbt und mit etwas größerem Durchmesser ausgeführt, damit kleine Abweichungen unauffällig werden. Beide bleiben unbearbeitet. Oft kann man noch dadurch nachhelfen, daß man den kleineren Flansch durch den größeren verdecken läßt, den letzteren also unten anordnet, falls die Verbindung über Augenhöhe liegt und umgekehrt.

Manchmal bedingt das genaue Aufspannen auf den Werkzeugmaschinen und die Forderung sehr geringer oder gleichmäßiger Wandstärke die teilweise oder vollständige Bearbeitung von Stücken, beispielweise der gesteuerten Ventile von Dampfmaschinen, der Zylinder und der Kolben von Flugmotoren.

Die Art und Sorgfalt der Bearbeitung hängt vom Zweck und der Aufgabe der Flächen ab. An der Anlagefläche können die Teile fest, also unbeweglich verbunden sein oder aufeinander gleiten (Gleitflächen). In vielen Fällen wird Dichtheit der ruhenden oder gleitenden Flächen verlangt (Dichtflächen). Während die Bearbeitung ruhender Anlageflächen, etwa die der Auflageflächen eines Lagerkörpers auf einem Rahmen oder einer Lagerschale in einem Lagerkörper oder der Naben auf den Achsen und Wellen, lediglich den Zweck hat, eine gleichmäßigere Verteilung des Flächendruckes herbeizuführen und Biegemomente zu vermeiden, soll diejenige der Gleitflächen auch noch die Abnutzung einschränken. Sie muß deshalb genauer und unter besonderer Beachtung der Betriebsverhältnisse erfolgen. Beispiele bieten Zapfen- und Lagerlaufflächen, Gleitführungen, Büchsen, Bewegungsschrauben u. a. m. Auch Dichtflächen (an Rohren, Zylindern und Deckeln) verlangen sorgfältige Bearbeitung, wenn die Ungleichmäßigkeit der Oberflächen nicht durch weiche und nachgiebige Packungen oder Dichtmittel ausgeglichen werden kann. Beispiele für den letzten Fall bieten die unbearbeiteten, umgebördelten Enden schmiedeeiserner oder kupferner Rohre. Eine weitere Ausnahme bilden die Nietverbindungen an Kesseln oder Behältern für größeren Druck, an denen die Anlageflächen ebenfalls unbearbeitet bleiben, während die Dichtheit durch Verstemmen der Blechkanten oder eines dazwischen gelegten weichen Eisen- oder Kupferbleches, etwa an aufgesetzten Rohrstutzen, erreicht wird.

Roh bleiben ferner die Grundflächen der Rahmen und Gestelle, namentlich wenn sie durch Untergießen mit Zement dem Fundament angepaßt werden.

Sehr sorgfältig müssen gleitende Dichtflächen bearbeitet werden, z. B. die Laufflächen der Zylinder, die der zugehörigen Kolben, Kolbenringe, Steuerschieber und

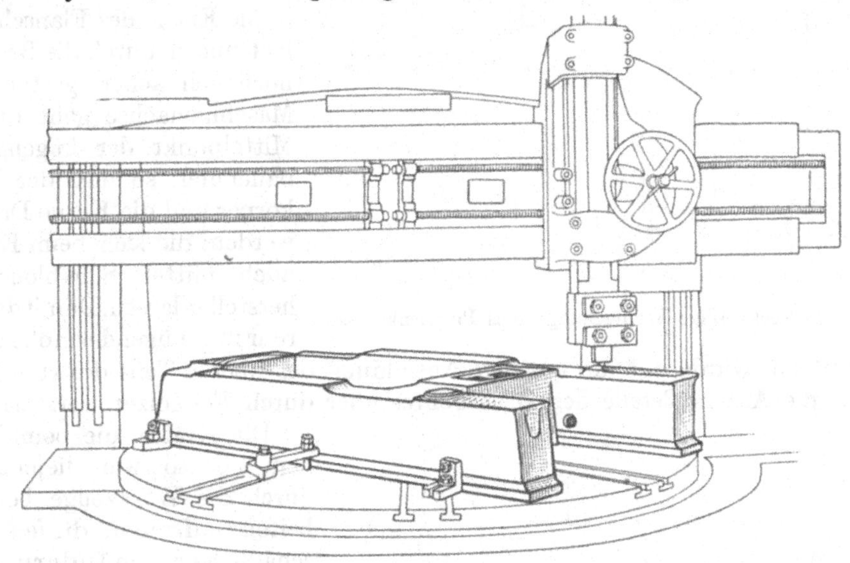

Abb. 217. Gleich hohe Lage der Arbeitsflächen an einem Rahmen, zwecks gleichzeitiger Bearbeitung. (A. E. G. Berlin).

Ventile der Dampf- und Gasmaschinen, Küken von Hähnen, Kolbenstangen und ihre Liderungen. Die einfacheren Bearbeitungsverfahren durch Drehen, Hobeln und Fräsen müssen dann oft durch genaues Abschleifen, gegenseitiges Einschleifen oder durch Aufschaben von Hand ergänzt werden.

Die Bearbeitungsflächen sollen gut zugänglich sein, damit sie mit kräftigen Werkzeugen bearbeitet werden können. Lange und schwache Werkzeugstähle, wie sie beispielweise in Vertiefungen nötig werden, biegen sich durch, federn und gestatten die Abnahme nur geringer Spandicken bei langer Arbeitszeit.

Gleich hohe Lage der Arbeitsflächen erfordert nur einmaliges Einstellen der Werkzeuge und erleichtert so das Bearbeiten und Nachprüfen ganz wesentlich. An dem Grundrahmen einer Turbodynamo, Abb. 217, können alle Auflagestellen auf einer Karusselldrehbank oder einer Hobelmaschine gleichzeitig bearbeitet werden.

Im Anschluß hieran sei allgemein auf den Grundsatz, Konstruktionslinien möglichst zusammenfallen zu lassen, aufmerksam gemacht. Dadurch wird nicht allein das Aussehen ruhiger, auch der Zusammenbau der Maschinen wird durch die Möglichkeit, Richtlineale über die Flächen zu legen, sehr unterstützt. So ist es z. B. in Abb. 218 unzweckmäßig, die Anschlußflanschen A und B des Pumpenkörpers am Saugwindkessel oder die Anschlußflächen des Druckwindkessels C und des Druckrohres D auf verschiedene Höhen zu legen. Die Bearbeitung der Flächen E und F wird durch die ungleiche Entfernung von den Achsen der Pumpenkörper unnötig erschwert. Sehr unzweckmäßig ist die exzentrische Lage der Maschinenachse und der Mittellinie des Verbindungsstutzen zu den kugeligen Teilen des Hauptkörpers. Sie bedingt nicht allein eine ungünstigere Beanspruchung, u. a. durch das Entstehen des scharfen Überganges bei G, sondern auch eine größere Baulänge, da die Kolben in ihren innersten Lagen ziemlich großen Abstand voneinander haben müssen und schließlich eine erheblich schwierigere Herstellung des Modells, der Kerne und der Gußform. In Abb. 219 fallen die Ebenen von A und B, von C und D, von E und F zusammen. Auch ist der Anschlußflansch des Saugstutzens in die Ebene des Flansches A verlegt und dadurch die Bearbeitung noch einfacher gestaltet. Die Maschinenachse geht durch den Mittelpunkt der kugeligen Ausbauchung, so daß der Pumpenkörper und die Kerne Drehkörper werden, die sich beim Einformen auch mittels Schablonen leicht herstellen lassen. Damit das Druckrohr in genügender Höhe über dem Ventil anschloß, wurde auf die kugelige Ausbildung des oberen Teils des Hauptkörpers verzichtet, die Anschlußstelle des Druckrohres aber durch Eckbolzen verstärkt.

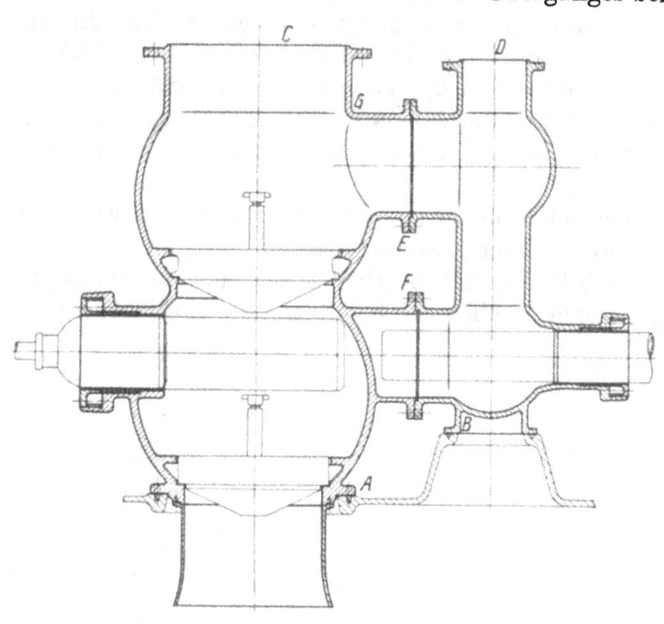

Abb. 218. Unzweckmäßige Formgebung eines Pumpenkörpers.

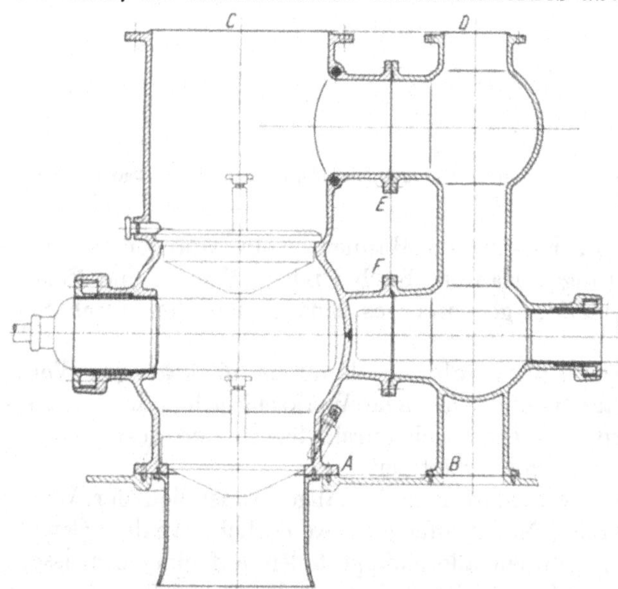

Abb. 219. Richtige Gestaltung des Pumpenkörpers Abb. 218 unter Zusammenfallenlassen der Konstruktionslinien.

Die Kräfte, die beim Einspannen, ebenso wie diejenigen, die durch die Werkzeuge beim Bearbeiten auftreten, dürfen keinerlei schädliche Formänderungen hervorrufen. Sie verlangen gelegentlich Verstärkungen von einzelnen Teilen oder Stellen. Verspannen und dadurch Verziehen nach dem Abnehmen sind sonst die Folge. Die Beachtung dieser Maßregeln ist um so wichtiger, je größer der verlangte Genauigkeitsgrad der fertigen Stücke ist.

Oft bedingt das zuverlässige und rasche Auf- oder Einspannen der Teile beim Bearbeiten das Anbringen besonderer Befestigungsmittel, von Warzen, Anschlägen usw. Ebenso müssen die für das bequeme Anfassen, Abheben oder Befördern nötigen Haken, Ösen oder Nasen vorgesehen werden, so daß sich die Teile leicht durch Seile oder Ketten fassen und an die Kranhaken hängen lassen.

Jedes Umspannen ist, solange nicht besondere Einspannvorrichtungen sich bezahlt machen, schwieriger Handarbeit gleichzusetzen und deshalb teuer.

Als Beispiel für den Wechsel der Arbeitsverfahren und Werkzeugmaschinen seien drei verschiedene Bauarten von Kreuzköpfen, Abb. 220—222, angeführt. Wenn man sich auf die Betrachtung der wichtigeren Arbeiten beschränkt, so verlangt die obere Form des Kreuzkopfkörpers das Ausbohren an den Sitzen der Kolbenstange und des Kreuzkopfbolzens, also nach zwei Richtungen und das Abhobeln der Auflagerflächen der Gleitschuhe, mithin zwei verschiedene Maschinen bei dreimaligem Umspannen. Die Schuhe müssen gehobelt und dann, auf den Kreuzkopfkörper aufgesetzt, außen abgedreht werden. Bei der Ausführung nach Abb. 221 (in der Mitte) ist nur Dreharbeit nötig. Immerhin ist zum Bearbeiten der Zapfen, auf denen die Gleitschuhe sitzen, ein weiteres, im ganzen also ein dreimaliges, Umspannen auf der Drehbank erforderlich. An den Schuhen werden zunächst die Bohrungen für die Zapfen hergestellt; dann werden jene auf dem Kreuzkopfkörper befestigt und außen abgedreht. Bei der Ausführung, Abb. 222, ist das Abdrehen des Kreuzkopfkörpers auf zwei Achsen beschränkt, indem die Ansätze, welche die Schuhe tragen, als Drehflächen um die Längsachse des Kreuzkopfes ausgebildet sind. Die Schuhe, zu vieren zusammenhängend gegossen, können außen und innen ohne Umspannen durch Drehen fertiggestellt und dann auseinandergeschnitten werden.

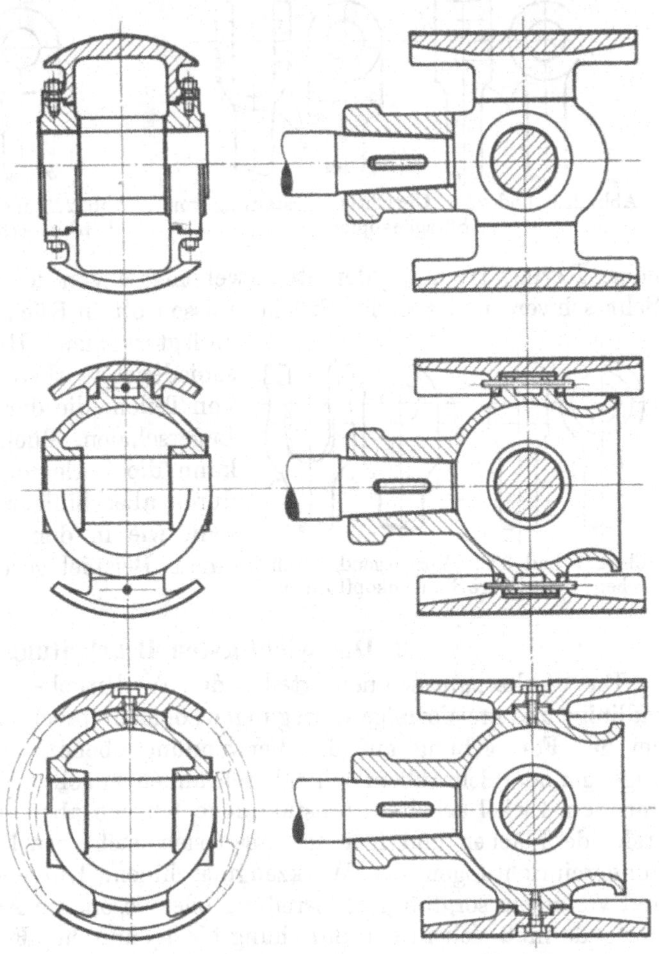

Abb. 220—222. Verschiedene Kreuzkopfformen und ihre Bearbeitung.

Ähnliche Unterschiede in der Bearbeitung lassen sich an verschiedenen Formen von Schubstangen, Lagern usw. zeigen. Geschlossene Schubstangenköpfe werden wesentlich billiger als gegabelte; vgl. die Berechnungs- und Konstruktionsbeispiele im Abschnitt 16.

Maschinenarbeit ist billiger als **Handarbeit**; die Zurückdrängung der letzteren kennzeichnet einen der Fortschritte des Maschinenbaues. Alle zu bearbeitenden Flächen sollen sich daher ohne Schwierigkeit auf den zur Verfügung stehenden Werkzeugmaschinen bearbeiten lassen. Verstöße gegen die Möglichkeit der Bearbeitung sind besonders an den Übergangstellen nicht selten. Die von Anfängern häufig gezeichneten Stangenköpfe, Abb. 223 und 224, sind auf keiner Werkzeugmaschine vollständig bearbeitbar. Möglich ist die Herstellung nach Abb. 225 und 226, durch Drehen der Strecken ab und Fräsen oder Stoßen der Fläche cd oder nach Abb. 227 und 228 vorwiegend durch Drehen. (Sinnlos wäre, etwa verschiedene Halbmesser r, Abb. 225, 226, für die Abrundungen im Auf- und Seitenriß anzugeben!)

Besonders wichtig ist die Einschränkung der Handarbeit beim **Zusammenbau** der Maschinen. Jedes nachträgliche Zusammenpassen kostet Zeit und Geld. Die Teile müssen so bearbeitet werden können, daß sie vollständig fertig zum Zusammenbau kommen. Durch die Steigerung der Meßgenauigkeit und die Einführung des Grundsatzes der Austauschbarkeit der Einzelteile untereinander sind gerade in der Hinsicht neuerdings bedeutende Fortschritte erzielt worden.

Bearbeitungs- und Zusammenpassungskosten steigen im allgemeinen, je vielteiliger eine Konstruktion ist.

Teilungen werden aber nötig, wenn die Herstellung des gesamten Stückes erschwert wird, bei Gußteilen z. B. wegen sehr verschiedener Wandstärken und wegen umständ-

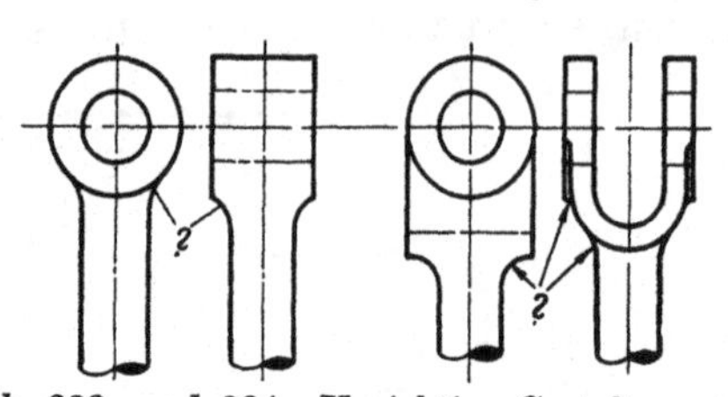

Abb. 223. und 224. Unrichtige Gestaltung von Stangenköpfen.

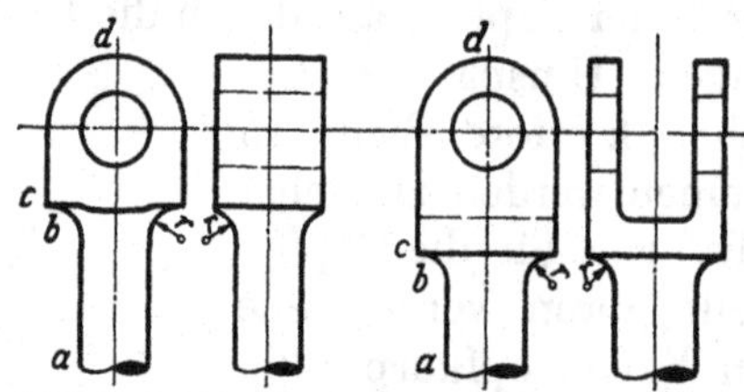

Abb. 225 und 226. Richtige Gestaltung von Stangenköpfen. (Durch Drehen und Fräsen bearbeitbar.)

licher Kerne: Trennung der Steuerwellenlager von den Maschinenrahmen und Ständern. Sehr schwere und sperrige Stücke müssen oft in Rücksicht auf die Beförderung in Teile zerlegt werden. Häufig ist die Trennung wegen verschiedener Werkstoffe, wegen der Auswechselbarkeit von Teilen, die der Abnutzung unterliegen, geboten: Lagerschalen, Büchsen, Zapfen. In manchen Fällen kann die Zerlegung in eine Anzahl normaler, dadurch aber billiger herzustellender Teile vorteilhaft sein, wie in dem Abschnitt über die Normung an einem Beispiel gezeigt ist.

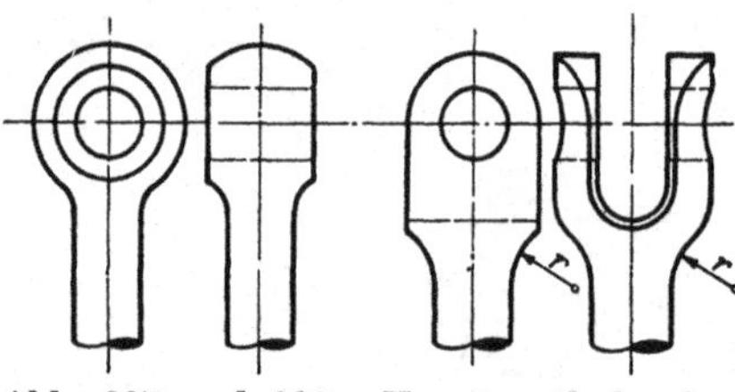

Abb. 227 und 228. Vorwiegend durch Drehen bearbeitbare Stangenkopfformen.

2. Die wichtigsten Bearbeitungsverfahren.

Die Werkzeugmaschinen erteilen den Werkstücken oder Werkzeugen vorwiegend geradlinige und kreisförmige Bewegungen; dementsprechend soll sich auch der Konstrukteur bei der Formgebung auf die Verwendung ebener, zylindrischer, weiterhin kegeliger, kugeliger oder Schraubenflächen beschränken, er soll nur mit der Reißschiene, dem Winkel, und dem Zirkel arbeiten, umständliche Kurven aber vermeiden. Senkrecht zueinander stehende Flächen und Kanten lassen sich leicht bearbeiten; schiefe setzen meist teure Sondereinrichtungen der Werkzeugmaschinen, Universalfräsmaschinen u. dgl. voraus und verlangen sorgfältige Einstellung oder besondere Aufspannvorrichtungen. Der Entwerfende muß sich in der Beziehung ein technisches Formgefühl erwerben, das ihn unzweckmäßige Formen unwillkürlich vermeiden läßt, und dessen Grundlagen schon die praktische Tätigkeit vor dem Studium schaffen sollte.

Soweit nicht Massenherstellung in Betracht kommt, ergibt sich die folgende Reihe der wichtigeren Bearbeitungsverfahren, wenn sie nach den Kosten — die voranstehenden sind die jeweils billigeren — geordnet werden: Drehen und Ausbohren, Hobeln und Stoßen, Fräsen, Schleifen, Handarbeit.

a) Drehen und Ausbohren.

Drehen und Ausbohren beruhen auf der drehenden Bewegung des Werkstückes oder des Werkzeuges unter gleichzeitiger Längsverschiebung. In der ununterbrochenen Wirkung des Werkzeuges während des Umlaufes und der Möglichkeit, große Schnittgeschwindigkeiten anzuwenden, ist die Billigkeit begründet. Da die Führung des Stückes durch die Körner, auf der Planscheibe, im Drehfutter oder in Lünetten gut und sicher möglich ist, können hohe Anforderungen an die Genauigkeit gestellt werden. Die herzustellenden Formen sind vor allem Drehkörper, ferner Schraubenflächen; aber auch genau ebene Flächen können leicht durch Verstellen des Werkzeuges senkrecht zur Drehachse, insbesondere auf Plan- und Karusselldrehbänken, Abb. 217, erzeugt werden. Auf der gewöhnlichen Bohrbank lassen sich nach Abb. 229 und 230 die ebenen Flansche gleichzeitig mit der zylindrischen Bohrung mit der Gewähr für zueinander senkrechte und mittliche Lage bearbeiten. Um dabei eine kräftige, unnachgiebige Bohrspindel verwenden zu können, muß das Loch im Deckel genügend weit sein.

Zylindrisches Abdrehen kann vorteilhafterweise zum Zusammenpassen durch **Zentrieren** dienen. So sichert das Zentrieren der Deckel in einem Zylinder und des Zylinders selbst im ausgebohrten Rahmen ohne Schwierigkeit das Zusammenfallen der Achsen

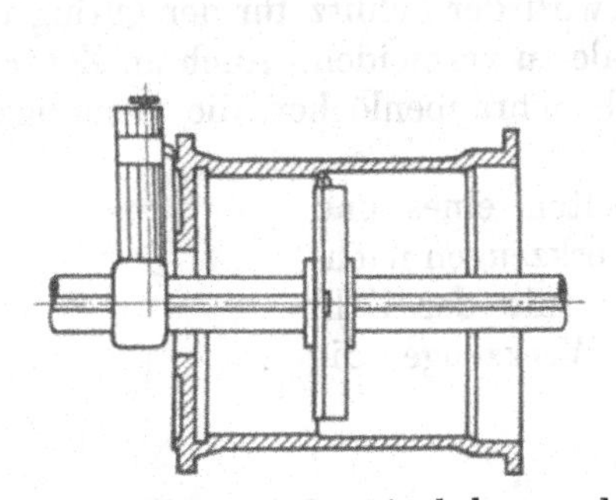

Abb. 229. Gleichzeitiges Ausbohren und Plandrehen.

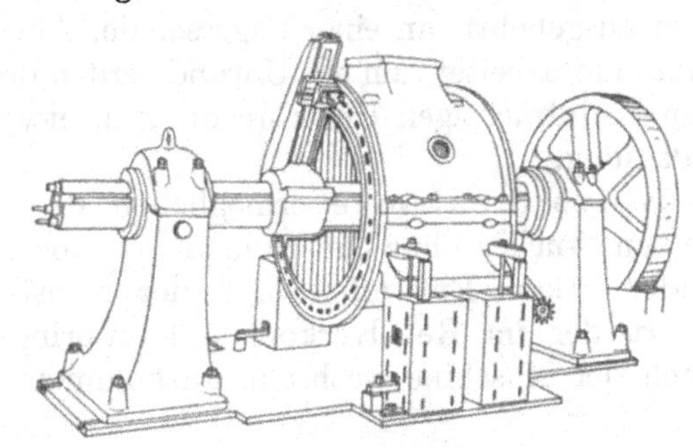

Abb. 230. Gleichzeitiges Ausbohren und Abdrehen der Flansche eines Dynamogehäuses (A. E. G. Berlin).

nicht allein dieser Teile, sondern auch derjenigen des Kreuzkopfes und der Kolbenstange. Durch die vermehrte Anwendung der Dreharbeit und der Zentrierung ist die neuere Bauart der Kolbenmaschine, Abb. 150, der älteren, Abb. 149, beträchtlich überlegen.

Zur Zentrierung genügen bei Flanschverbindungen schon geringe Längen, 5 bis 10 mm; andernfalls wird das Auseinandernehmen erschwert. Unrichtig ist z. B. die im Schrifttum noch zu findende Bauart des Deckels, Abb. 231 linke Seite, unter Einpassen im Grunde bei A. Der Deckel muß mühsam um die Strecke a, häufig noch dazu über verrostete Stellen hinweg, herausgedrückt werden! Die richtige Ausführung zeigt die rechte

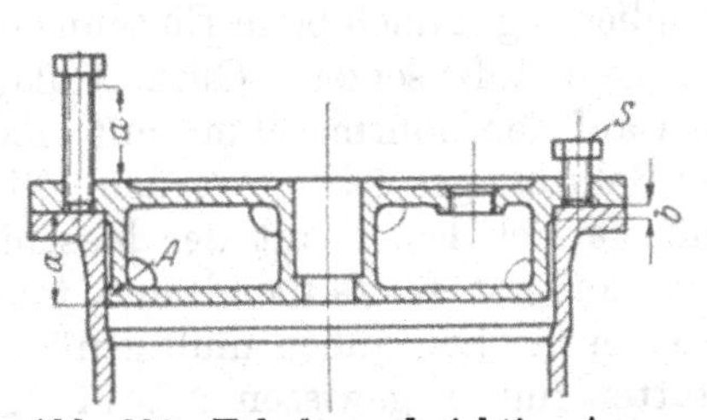

Abb. 231. Falsche und richtige Ausbildung der Zentrierung.

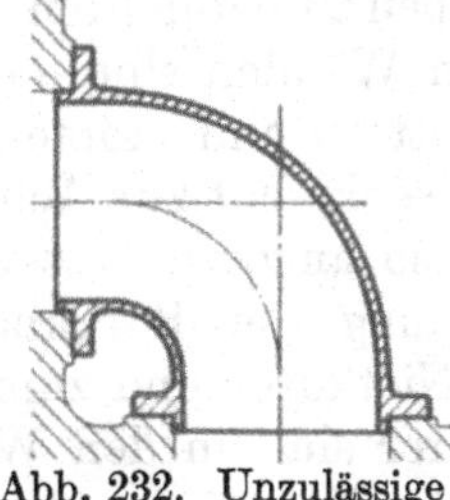

Abb. 232. Unzulässige doppelte Zentrierung.

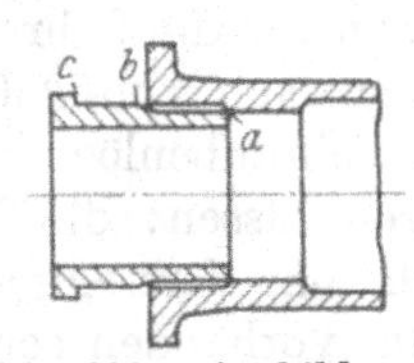

Abb. 233. Ausbildung längerer Zentrierungen.

Hälfte der gleichen Abbildung. Schon nach $b = 15$ mm Abdrücken durch die kurzen Schrauben s kann der Deckel leicht herausgezogen werden. Der angebliche Zweck der ersten Ausführung, den schädlichen Raum zu verringern, wird nicht durch die Zentrierleiste, die nicht abdichten kann, wohl aber in beiden Fällen von selbst dadurch erreicht, daß sich der Zwischenraum bald mit Öl und Wasser füllt, wenn er genügend klein gehalten wird. Genaue und sichere Zentrierung verlangt das Einpassen der Flächen nach dem Schiebesitz (vgl. den Abschnitt über Passungen). Unnötige Zentrierungen sind zu vermeiden. An dem Rohrstutzen, Abb. 232, oder an dem Pumpenkörper, Abb. 219, am Saugwindkessel in der Ebene AB angebracht, würden sie den Zusammenbau erschweren oder ganz unmöglich machen. Falsch ist die doppelte Zentrierung des rechten Pumpenkörpers in Abb. 218 an den Flanschen E und F. In Abb. 219 ist richtigerweise nur der Flansch F zentriert, um beim Zusammenbau die Mitten der beiden Kolbenlaufflächen in eine Linie zu bringen, der Flansch E aber glatt gehalten.

Nur bei dauernd fest ineinandersitzenden Teilen, Büchsen usw., kann man längere Zentrierungen anwenden. Bei sehr großen Längen empfiehlt es sich, sie mit Absätzen auszuführen, die Einzelmaße aber nach Abb. 233 so zu wählen, daß die Kante a beim Einpressen früher paßt als Kante b, um das Fassen der letzteren beobachten zu können $(\overline{ab} > \overline{bc})$.

Jede unterbrochene Arbeitsweise des Drehstahles, z. B. bei der Bearbeitung der Rippen, Abb. 234, führt infolge der Durchbiegung des Werkzeuges und der Formänderung des Stückes zu Ungenauigkeiten. An Gasmaschinenkolben werden deshalb die Augen für die Kreuzkopfbolzen vielfach zunächst geschlossen gegossen und erst nach dem Abdrehen ausgebohrt, an einer Lagerschale, Abb. 235, wird der Schlitz für den Ölring erst zuletzt eingearbeitet, um ein Unrundwerden der Schale zu vermeiden. Auch an Zentrierleisten beeinträchtigen Unterbrechungen, etwa durch Schraubenlöcher, die Genauigkeit der Passung.

Revolverdrehbänke ermöglichen das Bearbeiten eines und desselben Stückes ohne Umspannen mit mehreren Werkzeugen nacheinander. Beim Entwerfen muß der Konstrukteur mit der Zahl und Art der im Revolverkopf unterzubringenden Werkzeuge, die je nach der Maschine wechseln, auskommen.

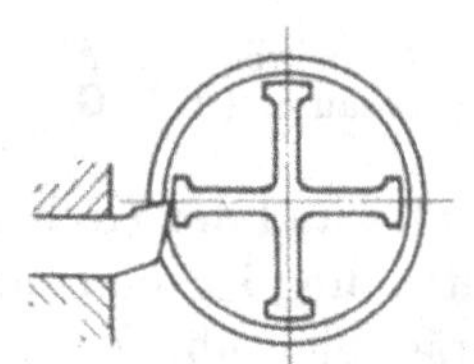

Abb. 234. Unterbrochene Arbeitsweise beim Abdrehen eines Rippenkörpers.

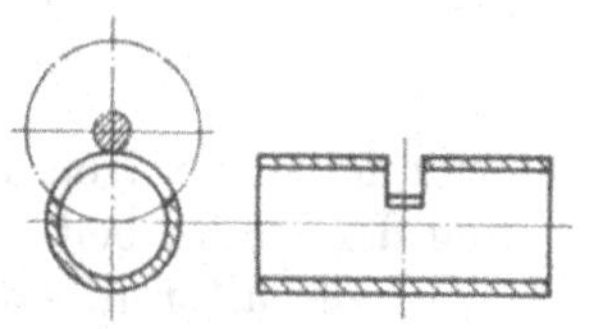

Abb. 235. Lagerschale.

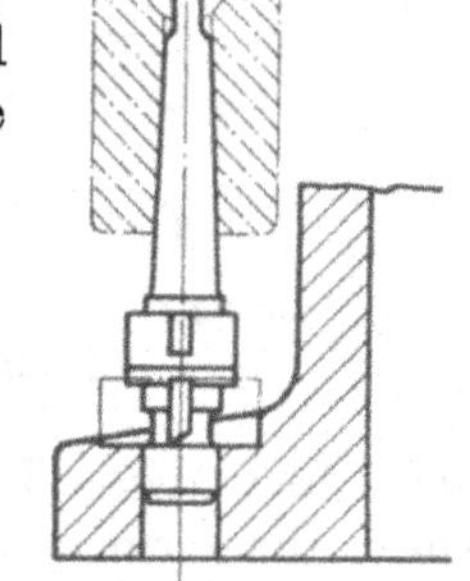

Abb. 236. Bohrmesser.

b) Bohren und Gewindeschneiden.

Es ist darauf zu achten, daß die Bohrer senkrecht zur Fläche angesetzt werden können und daß sie beim Durchbohren rechtwinklig zur Oberfläche austreten, da sonst Verlaufen oder Abbrechen derselben zu befürchten ist. Ähnliches gilt auch beim Einschneiden des Gewindes. Auf schrägen Wänden sind besser Augen aufzusetzen. Gute Auflageflächen für die Schraubenmuttern und -köpfe können auf der Bohrmaschine mit einem Messer nach Abb. 236 genau senkrecht zur Achse der Bohrung geschaffen werden. Niet- und Schraubenlöcher sollen so angeordnet sein, daß sie sich leicht mit der Maschine bohren lassen; die Verwendung der Bohrknarre ist äußerst zeitraubend und teuer. Auch zum Verstemmen der Nietköpfe und zum Anziehen der Schrauben muß genügend Raum vorhanden sein. Bohrer sind in den Werkstätten nur in gewissen Abstufungen vorhanden; mit ihnen muß der Konstrukteur auskommen. Ganz durchgebohrte Löcher sind billiger und besonders beim Gewindeschneiden vorteilhaft, weil die Schneidspäne herausfallen können.

Das gleichzeitige Bohren von Löchern in verschiedenen Werkstoffen zum Einsetzen von Paßstiften oder Paßschrauben ist schwierig, führt ebenfalls leicht zum Verlaufen des Bohrers und soll deshalb möglichst vermieden werden. Hohe Anforderungen an die Genauigkeit gebohrter Löcher können nur durch Nacharbeiten mit Reibahlen erfüllt werden.

c) Hobeln und Stoßen.

Beim Hobeln und Stoßen wird eine geradlinige Bewegung zwischen Werkzeug und -stück ausgenutzt. Meist ist die Wirkung eine absetzende, indem das Werkzeug nur beim Hingang arbeitet, beim Rückgang dagegen ausgeschaltet ist. Das Hobeln ist vor allem vorteilhaft bei der Bearbeitung langgestreckter, ebner Flächen einfacher Form und gibt bei gutem Zustande der Maschine große Genauigkeit (Rahmen, Führungen an Werkzeugmaschinen usw.).

Das Stoßen wird auf die Ausarbeitung von Vertiefungen und Ausschnitten, die sich nicht durch Bohren herstellen lassen, z. B. der Höhlung im Schubstangenkopf, Abb. 237, auf das gleichzeitige Bearbeiten mehrerer zusammengespannter Lokomotivrahmen, das Einarbeiten von Keilnuten und ähnliches beschränkt. Die schwierige Führung des Werkzeuges vermindert die Genauigkeit der Arbeit. Immer ist für das Auslaufen des Werkzeuges genügend Platz, Abb. 238, vorzusehen.

d) Fräsen.

Das Fräsen beruht auf der Anwendung zahlreicher Schneiden kurz nacheinander, so daß eine stetige Wirkung entsteht. Der Vorteil liegt vor allem in der Möglichkeit, verwickelte Formen durch die Ausbildung entsprechender Fräser in einem Schnitt herzustellen. Beispiele bieten das Fräsen von Zahnrädern und von Nuten verschiedener Form, die Massenherstellung normaler Teile oder die Bearbeitung der Schlittenführung einer Werkzeugmaschine nach Abb. 240 durch Zusammenstellen einer Reihe von Fräsern zu einem Satz. Der Konstrukteur hat hierbei vor allem auf die Formen der vorhandenen Fräser Rücksicht zu nehmen, da die Beschaffung oder Anfertigung neuer erst lohnt, wenn sie häufig verwendet werden können. Durch die starke Erwärmung an der Stelle, wo der Fräser arbeitet und durch Erschütterungen kann die Genauigkeit der Arbeit beeinträchtigt werden, ein weiterer Fall, in dem die Verstärkung der Abmessungen des Stückes aus Bearbeitungsrücksichten geboten sein kann. Keilnuten an Wellen können durch Fräsen entweder nach Abb. 241 mittels eines Walzenfräsers von solchem Durchmesser, daß die Frässpindel neben der Welle Platz hat, oder nach Abb. 242 mit einem Stirnfräser hergestellt werden; sie erhalten aber dementsprechend verschiedene Formen. Soll der Stangenkopf, Abb. 243, am Umfange gefräst werden, so wird man ihm bei a und b, wenn möglich auch bei c gleiche Abrundungen von genügend großem Halbmesser geben, um mit ein und demselben kräftigen Fräser arbeiten zu können.

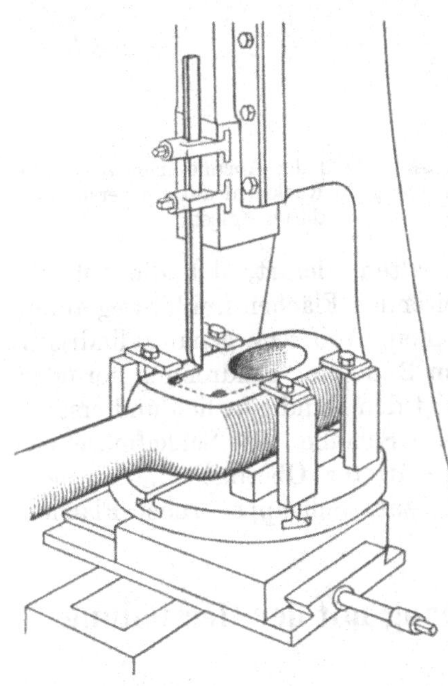

Abb. 237. Ausstoßen eines Schubstangenkopfes.

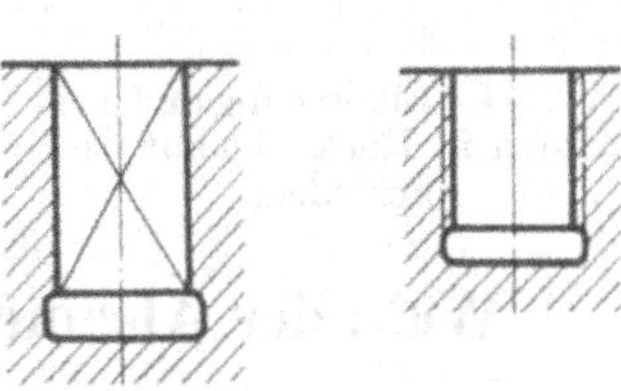

Abb. 238 und 239. Aussparungen in Rücksicht auf das Auslaufen der Werkzeuge.

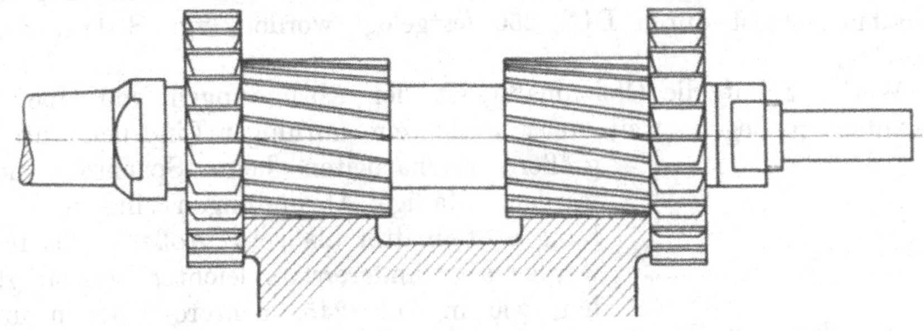

Abb. 240. Fräsen einer Schlittenführung.

e) Schleifen.

Die größte Genauigkeit von runden Teilen, von Bolzen, Wellen, Zapfen und Büchsen, sowie von ebenen Flächen, wird durch Schleifen erreicht. Zu schleifende Stücke sollen

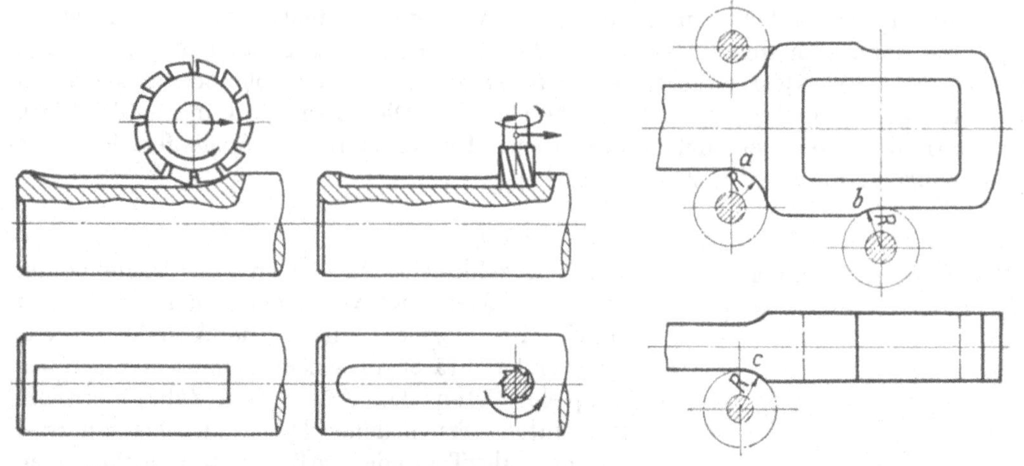

Abb. 241 und 242. Fräsen von Keilnuten.

Abb. 243. Wahl der Abrundungen an einem Stangenkopf in Rücksicht auf die Herstellung durch Fräsen.

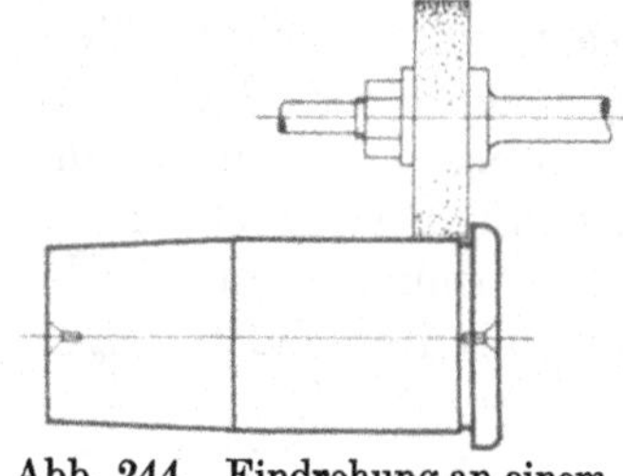

Abb. 244. Eindrehung an einem Zapfen in Rücksicht auf das Schleifen.

aber einfache Formen erhalten, derart, daß die Schleifscheibe über die zu bearbeitenden Flächen frei hinweglaufen kann. Damit z. B. der Zapfen, Abb. 244, genau zylindrisch wird, sieht man neben dem Bund eine Eindrehung vor oder — noch besser —, vermeidet den Bund gänzlich und ersetzt ihn durch eine abnehmbare Scheibe. Die Schleifmaschine erlaubt die Nacharbeit gehärteter Oberflächen. In neuester Zeit wird sie auch zum Schruppen roher Flächen herangezogen.

C. Wahl der Abrundungen im Zusammenhang mit der Herstellung und Bearbeitung.

In engem Zusammenhang mit der Herstellung und Bearbeitung steht die Wahl der Abrundungen [III, 14]. Der Anfänger soll sich bei jeder Kante klar machen, ob sie scharf oder abgerundet sein muß in Rücksicht auf

1. Herstellung des Stückes oder Teiles durch Gießen, Schmieden, Pressen, Walzen usw.,
2. Bearbeitung,
3. Schluß der Anlageflächen,
4. Kerbwirkung.

Im allgemeinen sollen einspringende Flächenwinkel auf Grund der Punkte 1 und 4 gut ausgerundet werden; nach außen tretende Kanten können scharf sein. Die Größe der Rundungshalbmesser ist durch DIN 250 festgelegt worden, vgl. S. 181, Zusammenstellung 55.

Großer Wert ist auf die Gleichmäßigkeit der Abrundungen und Übergänge an längeren Kanten zu legen, weil sonst leicht ein unruhiger Eindruck entsteht und größere Nacharbeiten beim Spachteln notwendig werden. Mäßige Abrundungen sind in der Beziehung vorteilhafter als sehr große. Scharfe Kanten werden aber andererseits leichter beschädigt. Treffen, wie in Abb. 245, mehrere Flächen unter verschiedenen Winkeln auf eine gemeinsame Grundplatte, so soll man des Aussehens wegen darauf achten, daß die Ausrundungen in gleicher Höhe ansetzen, wie durch die dünne Linie angedeutet ist; ihre Halbmesser fallen dabei naturgemäß verschieden groß aus. Stets soll der Entwerfende bestrebt sein, die Formen durch die Zeichnung vollständig fest-

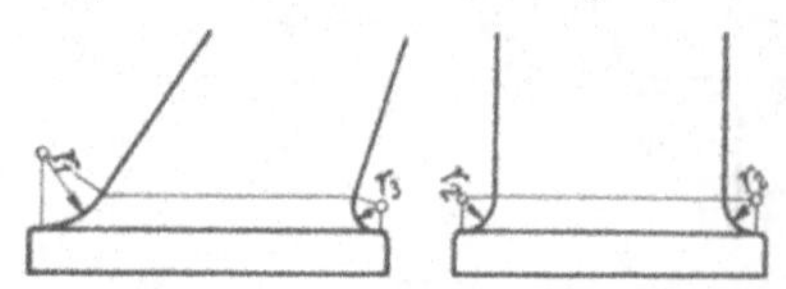

Abb. 245. Abrundungen an Flächen unter verschiedenen Winkeln.

zulegen; für alle wichtigen Abrundungen sind Maße anzugeben; sie sollen nicht dem Belieben des Modelltischlers überlassen werden.

Im einzelnen sei noch folgendes bemerkt:

1. Berücksichtigung der Herstellung.

An Holzmodellen lassen sich die Abrundungen meist ohne Schwierigkeit — Hohlkehlen durch Einsetzen von Leisten oder Lederstreifen oder durch Ausstreichen mit Kitt —, herstellen, nach außen tretende Kanten durch Hobeln, Drehen oder von Hand mit der Raspel brechen oder abrunden. Bei der Wahl ihrer Größe wird man deshalb vor allem auf die Erleichterung des Einformens und Heraushebens der Modelle, die im allgemeinen durch gute Abrundungen unterstützt wird, hinarbeiten. Besondere Sorgfalt ist auf die Übergänge an den Trennstellen des Modells zu verwenden, damit das Herausziehen der Modellteile ohne umständliche Nacharbeiten der Form von Hand möglich ist. Auch in Rücksicht auf den Guß sind Abrundungen günstig, weil scharfe Kanten oft nicht vollständig ausgefüllt werden und daher leicht ungleichmäßig ausfallen. Scharfe Kanten entstehen aber an den Trennstellen der Form und an den Austrittstellen der Kerne.

Beispielsweise werden an dem Querschnitt Abb. 246 des Rahmens Abb. 200 die Hohlkehlen a, *b*, *c*, *d* und *e* gut ausgerundet; dagegen müssen die Kanten *f* bis *i* scharf sein, weil dort beim Einformen des Rahmens in umgekehrter Lage die Trennfuge des Ober-

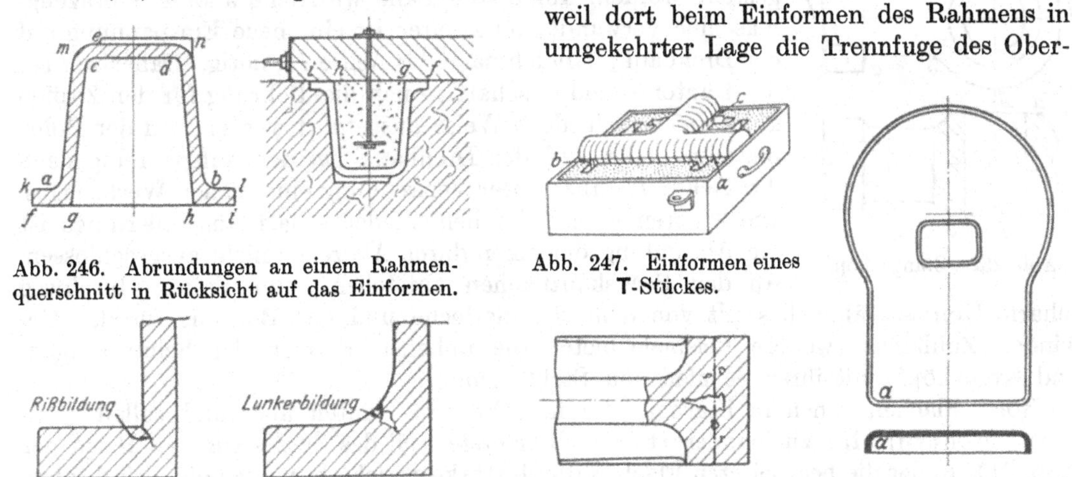

Abb. 246. Abrundungen an einem Rahmenquerschnitt in Rücksicht auf das Einformen.

Abb. 247. Einformen eines T-Stückes.

Abb. 248—250. Riß- und Lunkerbildungen.

Abb. 251. Gepreßter Boden.

kastens liegt. Zugleich wird eine breitere Auflagefläche des Fußes und der Schluß an der Anlagefläche gegenüber dem Fundament gemäß Forderung 3 erreicht. Die Kanten *k* und *l* werden nur schwach gebrochen, *m* und *n* aber zweckmäßigerweise gleicher Wandstärke wegen mittlich zu *c* und *d* abgerundet. An dem T-Stück, Abb. 247, entstehen an den Stützstellen des Kernes bei *a*, *b* und *c* scharfe Kanten.

Auch bei Verwendung von Schablonen erleichtern gute Ab- und Ausrundungen das Formen wesentlich.

Hohlkehlen sind an Gußstücken noch in Rücksicht auf die Rißbildung infolge des Schwindens, wie sie sich z. B. nach Abb. 248 an dem scharf abgesetzten Flansch zeigen würde, gut auszurunden. Zu große Rundungshalbmesser führen freilich zu Gußansammlungen mit Lunkerbildungen, Abb. 249, und daher ebenfalls zu einer Schwächung des Flansches. Gefährdet sind in der Beziehung u. a. auch die Ansatzstellen der Arme am Kranze von Zahnrädern, deren Zähne aus dem Vollen herausgearbeitet werden sollen, Abb. 250. Blasen am Fuß der Zähne, die oft das ganze Rad unbrauchbar machen, sind nicht selten. Aufgabe des Konstrukteurs ist es in solchen Fällen, den richtigen Mittelweg bei der Wahl der Abrundungshalbmesser, gegebenenfalls im Einvernehmen mit dem Gießereileiter, einzuhalten, wenn auch der Former in den Saugtrichtern und Schreckplatten Mittel hat, die Lunkerbildung einzuschränken.

An Gesenkschmiedestücken entstehen ähnlich wie an Gußstücken längs der Trennfugen der Gesenke scharfe Kanten unter Gratbildung; im übrigen sind auch hier Abrundungen der Kanten wegen des leichteren Ausfüllens der Form, in die der Werkstoff hineinfließen muß, erwünscht. An gepreßten Böden bilden die Ecken bei a, Abb. 251, besonders schwierige, dem Einreißen ausgesetzte Stellen, die möglichst gut ausgerundet werden sollten.

2. Einfluß der Bearbeitung.

Bearbeitete Flächen, die auf verschiedenen Werkzeugmaschinen oder auf der gleichen Maschine, aber unter Umspannen, hergestellt werden, bekommen scharfe Kanten. Oft ist auch die Anwendung eines anderen Werkzeuges einer neuen Aufspannung gleichzuachten und führt zu scharfen Kanten. Dagegen können Flächen verschiedener Art, die in ein und derselben Aufspannung bearbeitet werden, durch Abrundungen ineinander übergeführt werden. So wird der Stangenkopf, Abb. 252, zunächst außen durch Drehen um die Längsachse I bearbeitet, wobei die Ausrundungen der Hohlkehlen a und b zwischen dem mittleren Zylinder, der Kugel und der ebenen Fläche keine Schwierigkeiten bieten. Die ebenen Seitenflächen des Kopfes können durch Fräsen oder auch durch Drehen hergestellt werden. Im ersten Falle wird eine andere Werkzeugmaschine verwandt; im zweiten ist eine neue Einspannung auf der Drehbank, nämlich nach der Achse II, nötig. Daher werden die Kanten c und d scharf. Auch die Bohrung für den Zapfen kann auf verschiedene Weise ausgeführt werden, auf der Bohrmaschine oder auf der Drehbank bei der Aufspannung nach der Achse II, aber unter Verwendung eines neuen Werkzeuges. Die Kanten e und f fallen wieder scharf aus, allerdings ist die Abrundung der einen durch Abdrehen nicht ausgeschlossen. An den Sechskantflächen entstehen beim Fräsen durchweg scharfe Umrisse; ähnliches gilt von dem Schmierloche und der Bohrung für das Gewinde. Zahlreiche weitere Beispiele bieten die üblichen Formen der Schubstangen- und Kreuzköpfe mit ihren Schalen und Stellkeilen.

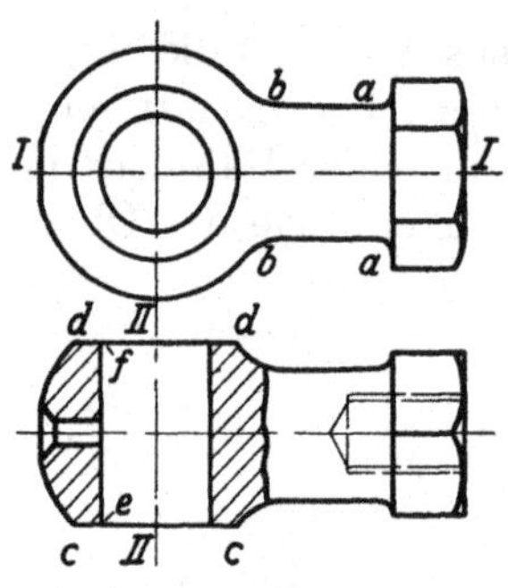

Abb. 252. Stangenkopf.

Rohe Flächen gehen in bearbeitete mit scharfen Kanten über und sollen möglichst rechtwinklig zueinander stehen. Der erste Teil des Satzes wird an Hand der Abb. 211, in der die bearbeiteten Flächen durch starke Striche hervorgehoben sind, ohne weiteres deutlich; auch die Kanten abgeschnittener Bleche oder Formeisen sind stets scharf. Der zweite ist darin begründet, daß die Umrisse der Arbeitsfläche um so sicherer die verlangte Form bekommen, je mehr sich der erwähnte Winkel 90° nähert, gleichviel, ob mehr oder weniger abgearbeitet werden muß. Das letztere ist aber z. B. an Gußstücken je nach dem Grade, in dem sich das Modell oder das Gußstück verzogen hat, nötig. Ferner machen sich die Ungleichmäßigkeiten der Gußhaut um so stärker geltend, je flacher die bearbeitete Fläche in die unbearbeitete ausläuft. Die Form, Abb. 254, ist deshalb der einfacheren, Abb. 253, vorzuziehen. Kleine Abweichungen vom rechten Winkel sind jedoch in Rücksicht auf das leichtere Herausziehen der Modelle immerhin zulässig.

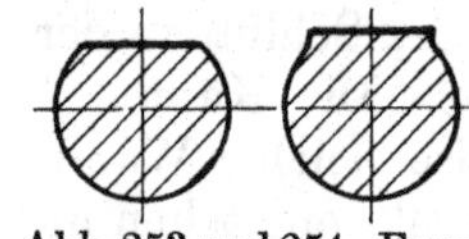
Abb. 253 und 254. Form der Arbeitsflächen.

Das Auslaufen der Flächen unter großen Winkeln, im Grenzfalle unter 180°, gibt unbestimmte und verschwommene Formen. Es sollte selbst an ganz bearbeiteten Stücken vermieden werden, weil dadurch nicht selten beträchtliche Nacharbeiten von Hand nötig werden. So müssen z. B. die Zwickel Z an der Stange, Abb. 255, beim Abdrehen des Auges mit bearbeitet werden. Ihre Überleitung in die zweckmäßigerweise gefrästen ebenen Flächen F wird aber meist nicht ganz vollkommen ausfallen. Vorzuziehen ist unbedingt die Form Abb. 256, wenn durch Weglassen des Absatzes A nicht noch eine weitere Vereinfachung möglich ist. Am Kranze des Handrades, Abb. 257, ist die bearbeitete Fläche gegenüber der rohbleibenden Ansatzstelle der Arme, die nicht bearbeitet werden kann, deutlich abgesetzt. Die Form ist der älteren Ausführung, bei der man die bearbeitete Fläche allmählich auslaufen ließ, Abb. 258, bedeutend überlegen, weil sie weniger Ausschuß infolge von Gußfehlern ergeben wird, und weil das Aufspannen rascher erfolgen kann. Denn Handräder der älteren Art müssen vor dem Abdrehen sehr sorgfältig ausgerichtet werden, wenn ein einigermaßen zufriedenstellendes Auslaufen der bearbeiteten Fläche erreicht werden soll.

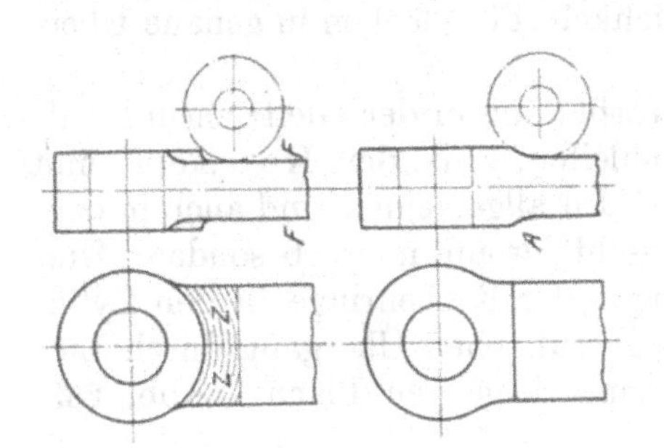

Abb. 255 und 256.

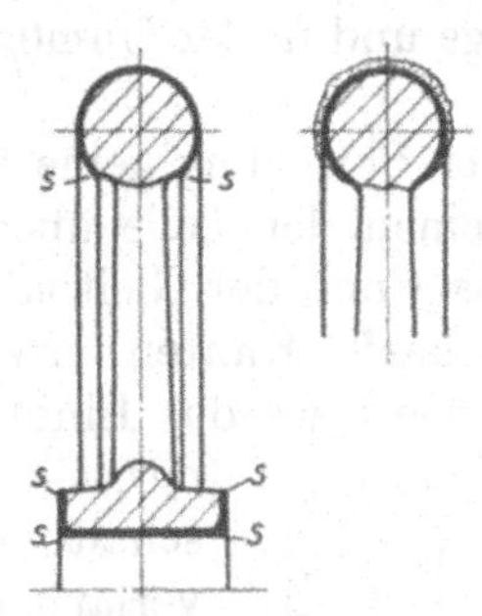

Abb. 257 und 258. Bearbeitung von Handrädern.

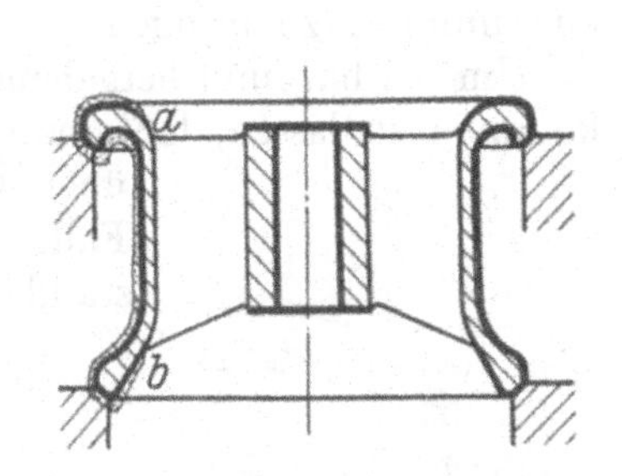

Abb. 259. Bearbeitung von Doppelsitzventilen.

Eine Ausnahme besteht an beströmten Flächen, wenn man die Störungen durch Ränder oder Absätze vermeiden will. An dem Doppelsitzventil, Abb. 259, läßt man zu dem Zwecke die bearbeiteten Flächen bei *a* und *b* auslaufen, weil die Innenfläche wegen der Rippen roh bleiben muß. Das Ventil ist außen ganz bearbeitet, um eine möglichst dünne und gleichmäßige Wandstärke und auch, um eine glattere Oberfläche zu bekommen.

3. Fugenschluß.

Die Kanten ruhender Anlageflächen werden des Fugenschlusses wegen scharf ausgeführt, um Staub- und Schmutzansammlungen zu verhüten. Das trifft sowohl für bearbeitete Flächen, z. B. den Lagerfuß, Abb. 211, zu wie für rohe, etwa die Kanten *f* und *i* des Rahmens, Abb. 246. Auch Formeisen, Abb. 86—96, haben an den zur Anlage bestimmten Stellen scharfe Kanten.

Ähnliches gilt für gleitende Anlageflächen, nur daß man bei ihnen noch auf gleiche Breite achten muß, um ungleichmäßige Abnutzungen und Gratbildungen zu vermeiden. Damit bei eintretender Abnutzung die Laufbreite erhalten bleibt, gibt man einem Spurzapfen und seiner Stützfläche, Abb. 260, oder der Anlaufstelle der Lagerschale, Abb. 261, gleichen Durchmesser und möglichst Kantenwinkel von 90°. Ist einer der Baustoffe, die aufeinanderlaufen, wesentlich widerstandsfähiger als der andere, z. B. der Stahl des Kurbelarmes, Abb. 262, gegenüber dem Weißmetall der Lagerschale, das in erster Linie abgenutzt werden wird, so kann man auf die Ausbildung einer besonderen Anlauffläche, im vorliegenden Falle am Kurbelarm, verzichten. Dagegen wird man das Weißmetall unbedingt gegenüber der Lagerschale vorstehen lassen, zu dem Zwecke, das gleichzeitige Anlaufen zweier verschiedener Baustoffe zu umgehen, das stets zu unregelmäßigen Abnutzungen und häufig zu Störungen führt. Um Fehler bei der Ausbildung der Anlaufflächen zu vermeiden, empfiehlt es sich grundsätzlich, die **Anschlußkonstruktionen** an derartigen Stellen einzuzeichnen.

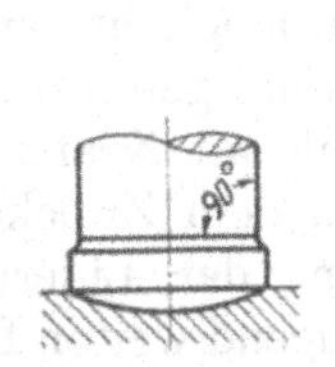

Abb. 260. Gleiche Durchmesser des Zapfens und seiner Stützfläche.

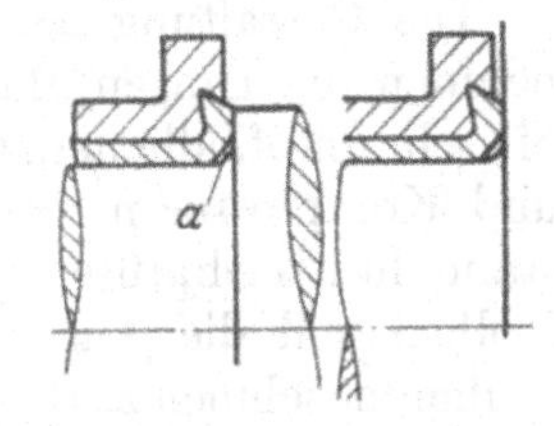

Abb. 261 und 262. Ausbildung von Anlaufflächen.

Betont sei, daß die Ausrundungen in den Fällen der Abb. 261 und 262 bei *a* nicht zum Tragen herangezogen werden sollten, weil es ausgeschlossen ist, eine genügende Übereinder Flächen selbst bei Verwendung von Formstählen zu erreichen. Der Konstrukteur soll das Anlaufen von vornherein durch die Formgebung auf geeignete Flächen beschränken und das Anliegen in der Hohlkehle durch Abschrägen oder größere Abrundungshalbmesser an den Schalen oder durch Freischaben beim Aufpassen der Schalen vermeiden. Sollen Hohlkehlen ausnahmsweise zum Tragen benutzt werden, so müssen die Teile gegenseitig sorgfältig aufgeschliffen werden.

Das Spitzenspiel des scharfen Gewindes findet in ähnlicher Weise seine Begründung in der Abnutzung der Werkzeuge und in der Unmöglichkeit, die Flächen in genaue Übereinstimmung zu bringen.

Um bei hin- und hergehender Bewegung keine Gratbildung in der Gleitrichtung aufkommen zu lassen, läßt man einen der Teile überschleifen, z. B. den Kreuzkopfschuh über das Ende der Gleitbahn. Im allgemeinen sind auch in dem Falle scharfe Kanten erwünscht, wenn nicht besondere Umstände, wie etwa das Einbringen der Kolbenringe in den Zylinder, einen allmählichen Übergang durch Einschaltung einer kegeligen Fläche, Abb. 263, verlangen.

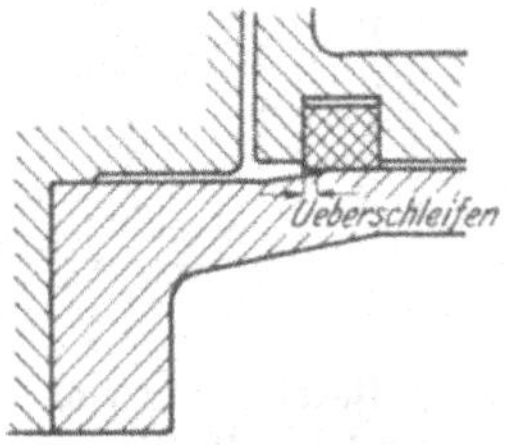

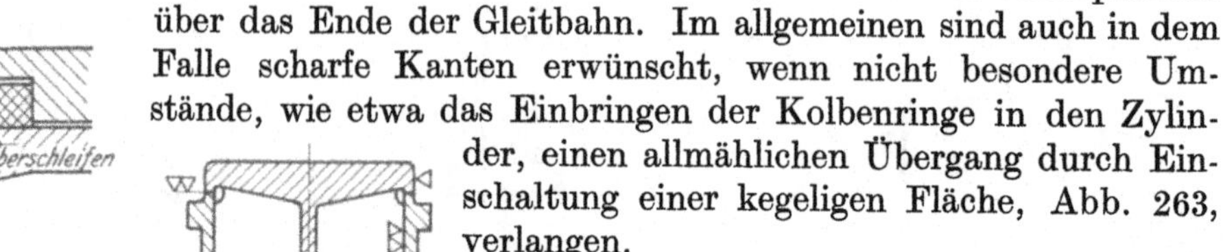

Abb. 263. Überschleifkante in einem Zylinder.

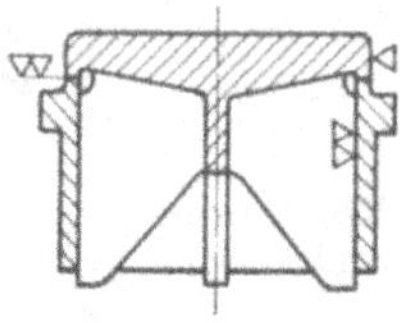

Abb. 264. Ausbildung gleich breiter Sitzflächen.

Als gleitende Flächen sind auch die Dichtflächen von Ventilen während des Einschleifens zu betrachten; sie sollen der möglichen Gratbildung wegen am Sitz und am eigentlichen Ventil oder Teller, Abb. 264, gleich breit sein und erfordern demzufolge meist die Bearbeitung der anstoßenden freien Flächen.

4. Kerbwirkung.

Übergänge, an denen durch die äußeren Kräfte größere Spannungen entstehen, müssen der Kerbwirkung wegen sorgfältig ausgerundet werden. Eingehend ist die Bedeutung und Wichtigkeit dieser Abrundungen in dem Abschnitt über die Kerbwirkung, S. 147, besprochen.

IV. Gestaltung in Rücksicht auf den Zusammenbau.

Die Gestaltung der Einzelteile muß auch den Zusammenbau und das Auseinandernehmen der ganzen Maschine möglichts erleichtern. Schon oben war erwähnt, daß die oft sehr empfindlichen, aber wichtigen inneren Teile der Maschine, wie Ventile an Pumpen und Kompressoren, Steuerteile an Kraftmaschinen aller Art sich leicht auf ihren Zustand hin nachprüfen und zu dem Zwecke rasch herausnehmen lassen müssen. — An Kolben soll die Auswechslung der Liderungen ohne Schwierigkeit möglich sein; bei Reihenmaschinen z. B. in genügend weiten Laternen zwischen den hintereinanderliegenden Zylindern. — Selbst die oft langen Kolbenstangen müssen, wenn sie im Betriebe gelitten haben, ausgebaut werden können, ein Umstand, der bei beschränkten Raumverhältnissen häufig Unterteilungen der Stangen erforderlich macht.

Der rasche richtige Wiederzusammenbau der Teile verlangt die Sicherung ihrer gegenseitigen Lage durch geeignete Paßmittel. Oben war schon die Anwendung und der Wert der Zentrierung besprochen. Weiterhin kann man zu dem Zwecke Federn, Keile, Paßstifte, Paßleisten, Paßringe, Paßschrauben, Stellkeile u. a. benutzen. Einzelheiten über diese Mittel finden sich in den Abschnitten über Keile und Schrauben.

Beim Zusammenpassen sind Überbestimmungen zu vermeiden. So ist es ausgeschlossen, daß die Kolbenstange, Abb. 265, gleichzeitig am kegeligen Absatz a und am Grunde b des Loches aufliegt. Abb. 266 und 267 zeigen richtige Ausführungen mit Spiel bei a oder b. In ähnlicher Weise sind mehrfache Zentrierungen zweier Teile überflüssig und erschweren nur die Herstellung.

Alle nicht einzupassenden Teile erhalten Spiel, um der Werkstatt die Arbeit zu erleichtern. So bohrt man die Löcher, in denen gewöhnliche Verbindungsschrauben sitzen, je nach deren Größe um $^1/_2$ bis 2 mm weiter. Es wäre z. B. ganz unmöglich, einen Deckel auf eine größere Zahl von Stiftschrauben, die ohne Spiel in den Schraubenlöchern sitzen sollten, zu bringen. An Lagerschalen wird man das schwierige Anpassen der Hohlkehle durch Brechen der Lagerkante *a*, Abb. 261, umgehen und aus ähnlichem Grunde die Kanten am Ende der Kolbenstange in Abb. 267 in Rücksicht auf die Kehle am Grunde der Bohrung oder die Kanten der in geschlossenen Schubstangenköpfen liegenden Keile abschrägen, wegen den Ausrundungen der Aussparungen der Köpfe. (Vgl. das Konstruktionsbeispiel 1a des Abschnittes 17.)

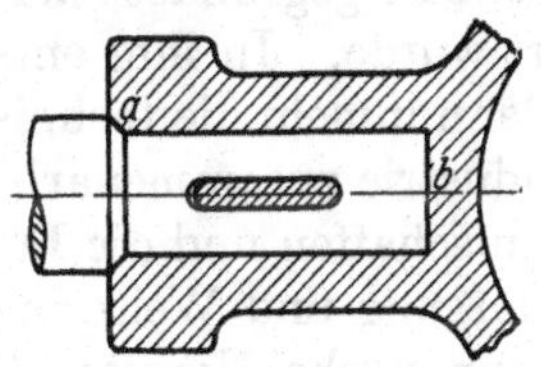

Abb. 265. Falsche, überbestimmte Anpassung.

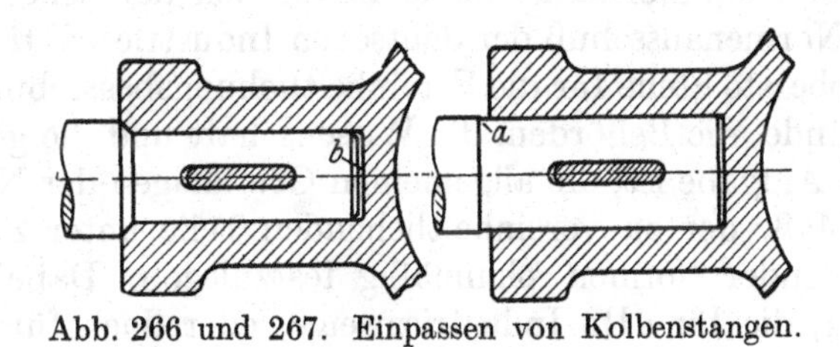

Abb. 266 und 267. Einpassen von Kolbenstangen.

V. Die Normung der Maschinenteile.

Die neuzeitliche Massenherstellung und die weitgehende Arbeitsteilung waren der Anlaß zur Normung der häufig verwandten Teile unter Durchführung des Grundsatzes gegenseitiger Austauschbarkeit. Gleichartige Stücke werden in Reihen nach ihrer Größe geordnet, in bezug auf Form und Abmessungen einheitlich festgelegt und so ausgeführt, daß sie gegeneinander ausgewechselt oder in einer beliebigen Maschine der gleichen Art ohne irgendwelche Nacharbeit eingesetzt werden können. In getrennten Werkstätten bearbeitete oder von verschiedenen Herstellern bezogene Teile gleicher Art müssen in ihren Maßen praktisch übereinstimmen.

a) Entstehung und Bedeutung der Normung.

Normen im weiteren Sinne sind uralt. Handel und Verkehr verlangten schon in ihren einfachsten Formen Vereinbarungen über Maße, Gewichte, Werte und Zeiten und führten zu den Maß-, Gewichts- und Münzsystemen und zur Zeiteinteilung; das Handwerk schuf die ersten technischen Normen; besonders großen Einfluß hat das Kriegswesen gehabt, indem es auf die Vereinheitlichung der Waffen und der gesamten Ausrüstung größerer Gruppen hinwirkte. Während aber das Handwerk, angewiesen auf die menschliche Kraft und Handfertigkeit, im wesentlichen auf der Einzelfertigung der Stücke stehen blieb, bringt die Ausgestaltung der Dampfmaschine eine gewaltige Steigerung der mechanischen Hilfsmittel und schafft die Möglichkeit der Massenherstellung. Gleichzeitig wächst der Bedarf an großen Mengen gleicher Einzelteile — im Maschinenbau z. B. der an Verbindungsmitteln, Schrauben, Nieten, Keilen, Stiften —, die zunächst in den einzelnen Fabriken mehr oder weniger planmäßig vereinheitlicht werden. Allgemeine Bedeutung gewinnen zuerst die von Whitworth 1841 veröffentlichten Gewindenormen, die bei der damaligen überragenden wirtschaftlichen Bedeutung Englands rasch in der ganzen Welt Eingang fanden. In der Folgezeit schaffen vor allem die industriellen Verbände, die technischen Vereine und die großen Abnehmergruppen zahlreiche allgemeiner angewandte Normen. Von den für den Maschinenbau wichtigen wurden in Deutschland u. a. 1873 die Lehren für Bleche und Drähte, 1880 die Normalprofile für Walzeisen, 1882 die Normalien für gußeiserne Rohre, 1900 diejenigen der Rohrleitungen für Dampf von hoher Spannung, 1911 einheitliche Farben zur Kennzeichnung von Rohrleitungen aufgestellt. Ferner wurde 1898 das *SI*-, 1903 das deutsche Gasrohrgewinde eingeführt. Sehr ausgedehnt sind die seitens der Behörden, der Staatsbahnen, der Post, des Heeres und der Handels- und Kriegsmarine erlassenen Vorschriften, die sich z. B. bei der Eisenbahn nicht allein auf Einzelteile, sondern auch auf die einheitliche Gestaltung ganzer Betriebsmittel, der Wagen, Tender und Lokomotiven beziehen und von der Normalisierung zur Typisierung übergehen.

Freier vom Gang der Entwicklung konnte die Elektrotechnik arbeiten und schon während ihres Entstehens einheitliche Grundlagen schaffen.

Wirkungsvollste Förderung erfuhr die Normung durch den Weltkrieg, durch den gewaltigen Bedarf an Waffen, Munition und Geräten aller Art unter hohen Anforderungen an Güte und Gleichmäßigkeit. 1917 wurde auf Anregung des Fabrikationsbureaus in Spandau ein Normalienausschuß für den deutschen Maschinenbau gegründet, der bald zum Normenausschuß der deutschen Industrie (NDI) erweitert wurde. In ihm entstand eine oberste Stelle für die Vereinheitlichungsbestrebungen, in der nunmehr die technischen Verbände, die Behörden, die Wissenschaft und die gesamte Industrie zusammenarbeiten. Seine Aufgabe ist, die allgemeinen Grundlagen der Normung zu schaffen und die Formen und Maße der zu vereinheitlichenden Teile unter Zusammenfassung und Weiterbildung bestehender Normen planmäßig festzulegen. Dabei soll er nur solche Normen durchbilden, die für alle Industriezweige, oder doch für die Mehrzahl von ihnen Bedeutung haben, die Ausgestaltung der Fachnormen aber, die für einen oder wenige Zweige wichtig sind, und die von den Fachverbänden aufgestellt werden, lediglich überwachen. Neben ihm wirken seit 1918 der Ausschuß für wirtschaftliche Fertigung (A. w. F.) und die Ausschüsse für Betriebsorganisation, die vor allem die Herstellung durch Spezialisierung und Typisierung sowie durch organisatorische und wirtschaftliche Maßnahmen möglichst vorteilhaft machen sollen.

Vorschläge und Entwürfe zu neuen Normen werden laufend in den der Zeitschrift „Maschinenbau" beigehefteten NDI-Mitteilungen veröffentlicht und bis zu einem bestimmten Zeitpunkt der allgemeinen Besprechung und Beurteilung anheimgegeben. Vom Ausschuß endgültig angenommene Normen sind in Form von Dinblättern, durch Nummern gekennzeichnet, vom Beuth-Verlag, G. m. b. H., Berlin SW 19, Beuthstraße 8, zu beziehen. Ein jährlich zweimal herausgegebenes Normblattverzeichnis, das im gleichen Verlag erscheint, gibt einen Überblick über die zu dem betreffenden Zeitpunkt bezugfertigen und in Arbeit befindlichen Normblätter, sowie über den Stand der Normungsarbeiten auf den einzelnen Gebieten.

In den NDI-Mitteilungen wird auch ständig über die Fortschritte der Normungsarbeiten in Deutschland und im Auslande berichtet und auf die in anderen Stellen veröffentlichten Arbeiten der Fachnormenausschüsse hingewiesen.

Die zum Teil auszugweise Wiedergabe der Dinormen im vorliegenden Buche erfolgt mit Genehmigung des NDI, wobei bemerkt sei, daß für die Angaben die Dinormen verbindlich bleiben.

Die technischen und wirtschaftlichen Vorteile der Normung sind äußerst wichtig und vielseitig. Sie bestehen in der wesentlichen Verringerung der Herstellungskosten, nicht allein für den Liefernden, sondern auch für den Verbraucher genormter Teile, in der Verbesserung der Arbeit durch die Möglichkeit, Sondermaschinen und -werkzeuge benutzen zu können, in der Erleichterung des Zusammenbaues der Maschinen durch das Bereithalten der normalen Teile in Lagern, in kürzeren Lieferzeiten, in dem leichteren Ersatz einzelner Teile, insgesamt in einer Verbilligung der ganzen Maschine und der gesamten Erzeugnisse und größerer Wettbewerbfähigkeit auf dem Markte. Durch richtige Auswahl der genormten Teile lassen sich die Zahl der auf Vorrat zu haltenden Stücke und die Zahl der Werkzeuge, somit aber auch die darin angelegten Werte wesentlich beschränken. Die Konstrukteure werden von ständig wiederkehrender Kleinarbeit und von der Normung im eigenen Betriebe entlastet und für weitere Aufgaben frei. Und schließlich wirkt die genaue Einhaltung der Maße für die genormten Teile, wie sie die Austauschbarkeit verlangt, auf eine Steigerung der Arbeitsgenauigkeit und auf eine allgemeine

Erhöhung der Güte der Erzeugnisse hin. Das früher vielfach anzutreffende Bestreben, den Käufer einer Maschine in bezug auf jeden Ersatzteil vom liefernden Werk abhängig zu machen, ist falsch; die Eigenart der Maschine darf nicht in nebensächlichen Einzelheiten, sondern muß in möglichst vollkommener Durchbildung des Wesentlichen gesucht werden. Das Bedenken, daß die Normung den Fortschritt hemmen könne, muß durch Beschränkung derselben auf dazu reife Teile und durch sorgfältige und häufige Nachprüfung sowie durch richtige Fortentwicklung der Normen behoben werden.

Um einige Zahlen zu nennen, so führt das Dinbuch 6 an, daß in einem führenden Werke durch die Normung der Triebwerkteile die Zahl der Modelle u. a.

für Hängelager im Bereich von . . . 30 ... 110 mm ϕ	von	146 auf 46,
für kurze Gleitstehlager im Bereich von 50 ... 300 mm ϕ	von	29 auf 18,
für Scheibenkupplungen im Bereich von 50 ... 200 mm ϕ	von	24 auf 13,
für Riemenscheiben	von	3600 auf 600

vermindert werden konnte.

Die weitestgehende Anwendung der Normen ist zur Förderung des Maschinenbaues dringendst erwünscht. An sie muß sich der Konstrukteur selbst unter Aufgabe mancher, allermeist vermeintlicher Vorteile streng halten. Mit ihnen soll sich auch der Studierende eingehend vertraut machen; er muß sie schon von den ersten Übungen im Entwerfen an benutzen und, wo irgend möglich, anwenden lernen. Als Beispiele seien erwähnt: beim Entwurf von Walzenkesseln muß von den normalen Abmessungen der Kesselböden und Bleche ausgegangen werden. Bleche größerer Abmessungen bedingen beträchtliche Überpreise und lange Lieferzeiten. Bei der Anlage von Rohrleitungen ist man auf die Verwendung der normalen Rohrweiten, auf die von den Sonderfabriken billig, aber nur in bestimmten Abmessungen und Abstufungen hergestellten Schieber, Ventile und Hähne, beim Entwurf von Triebwerkanlagen auf die normalen Wellen, Lager, Riemenscheiben, Kupplungen usw. angewiesen. Eisenbauwerke werden nur aus normalen Formeisen und Blechen zusammengesetzt.

Auch im Ausland, namentlich in Amerika, durch das „Bureau of Standards" und in England durch das „British Engineering Standards Committee", beide 1901 gegründet, sind umfangreiche und zum Teil schon weit entwickelte Normungsarbeiten im Gange. Sie zu verfolgen, ist die Aufgabe der Auslandsabteilung des NDI, die u. a. eine vollständige Sammlung der endgültigen ausländischen Normen und eine solche der Entwürfe, soweit sie veröffentlicht werden, unterhält. Gelegentliche Zusammenkünfte von Vertretern der Normenausschüsse der verschiedenen Länder, deren letzte Ende 1925 in der Schweiz stattfand und an der Vertreter Amerikas, Belgiens, Deutschlands, Englands, Frankreichs, Hollands, Österreichs, Polens, Schwedens, der Schweiz und der Tschechoslowakei teilnahmen, bezwecken die gegenseitige Angleichung der nationalen Normen.

b) Einteilung der Normen und einige Grundbegriffe.

Die Normen lassen sich in zwei Gruppen: 1. Grundnormen und 2. Fachnormen, einteilen.

Neben der schon international gewordenen Zeiteinteilung und dem Metermaßsystem, aus dem sich die Längen-, Flächen-, Raum-, Gewichts- und zahlreiche andere Einheiten, wie diejenigen für die Kraft, Geschwindigkeit, Beschleunigung ableiten, haben die Grundnormen allgemeine und grundlegende Bedeutung. Sie sollen deshalb an dieser Stelle kurz besprochen werden. Dazu müssen jedoch noch einige wichtige Begriffe erläutert werden.

Die obenerwähnte Austauschbarkeit stellt hohe Anforderungen an die Güte und Genauigkeit der Teile und setzt voraus, daß die Meßwerkzeuge in allen Fabriken übereinstimmen. Ihre absolute Übereinstimmung läßt sich jedoch praktisch ebensowenig wie die der mit ihnen hergestellten Teile erreichen. Stets hat man mit Abweichungen und Ausführungsfehlern zu rechnen, die aber je nach dem Grade des Zusammenpassens in verschiedenen Grenzen liegen dürfen. Unnötig weit getriebene Genauigkeit verteuert die Herstellung und ist wirtschaftlich falsch. Beispielweise brauchen die Zapfen in den Lagern landwirtschaftlicher Maschinen im allgemeinen nicht so genau zu passen und können größeres Spiel haben als in den Lagern von Dampf- und Werkzeugmaschinen, von denen sehr ruhiger Lauf oder große Arbeitsgenauigkeit verlangt wird. Während die Lager der letzteren sehr sorgfältig durch Aufreiben oder Ausschleifen bearbeitet werden müssen, kann man sich bei den zuerst genannten auf einfachere und billigere Arbeitsvorgänge, auf sorgfältiges Ausdrehen oder sogar sauberes Ausbohren beschränken. Je nach der Art der *Passung*, gekennzeichnet durch das *Spiel* oder das *Übermaß*, mit dem zwei Teile zusammengefügt sind, werden die Grenzen, in denen Abweichungen ohne Schaden zulässig sind, festgelegt und unter Benutzung von *Grenzlehren* eingehalten. *Spiel* ist der freie Raum zwischen der Bohrungswand und der Welle oder dem Zapfen, *Übermaß* das Maß, um welches das einzuführende Stück größer als die Bohrung ist, wenn es in dieser festsitzen soll. Die so entstehenden verschiedenen Passungen nennt man *Sitze*. Abb. 268 zeigt eine *Grenzrachenlehre* mit zwei um die zulässige Abweichung (Toleranz) verschiedenen Maulweiten. Über den herzustellenden Bolzen muß sich die weitere Öffnung, die dem Größtmaß entspricht, schieben lassen; die engere, die das Kleinstmaß kennzeichnet, darf dagegen nicht hinaufgehen. In ähnlicher Weise werden die Grenzen für eine Bohrung durch den *Grenzlehrdorn*, Abb. 269, praktisch festgelegt. Die Einführung der Seite kleineren Durchmessers in das Loch muß zwanglos möglich sein; das Ende mit dem größeren Durchmesser darf höchstens anschnäbeln, aber nicht hineingehen. Derartige *Grenzlehren* machen den Arbeiter von der Einstellung der sonst gebräuchlichen Meßwerkzeuge unabhängig, erhöhen die Genauigkeit und sind bequem und rasch zu handhaben. Bei größeren Maßen dienen Grenzflachlehren und Kugelendmaße zur vergleichenden Messung [III, 19].

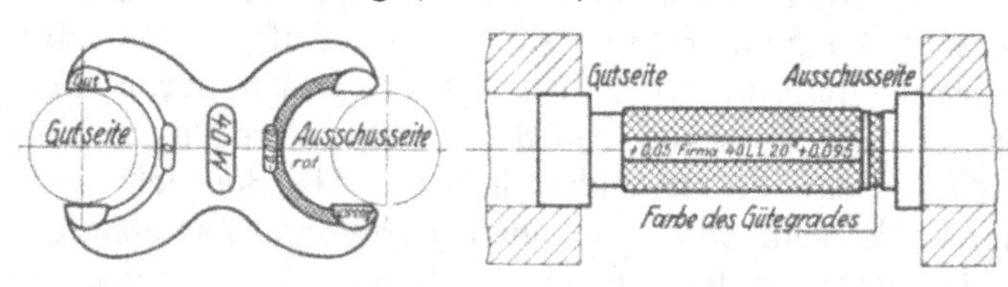

Abb. 268. Grenzrachenlehre. Abb. 269. Grenzlehrdorn.

Grundbedingung für die Herstellung und Benutzung genormter Teile, gleichviel ob sie im eigenen Betriebe ausgeführt oder von auswärts geliefert werden, ist ein der gesamten Industrie gemeinsames *Passungssystem*.

c) Die Grundnormen.

Die *Grundnormen*, vom Normenausschuß in Form des Dintaschenbuchs 1 (III, 20) herausgegeben, beziehen sich auf die Größe, Form und Ausführung der Zeichnungen, eine einheitliche Schrift und einheitliche Bezeichnungen, die Festlegung der Normaltemperatur, Normungszahlen, Normaldurchmesser, Abrundungshalbmesser, Kegelwinkel, Grundlagen der Passungen und deren Fehlergrenzen, ferner auf die Gewinde, Werkstoffe u. a. m.

Die erste Gruppe ist ausführlich behandelt in (III, 18).

Die Festlegung einer *einheitlichen Bezugstemperatur* ist wegen der nötigen Übereinstimmung der Meßwerkzeuge geboten. Sie wurde nach DIN 102 und 524 zu 20° C gewählt. Auf sie sollen die Eigenschaften von Stoffen bezogen, bei ihr insbesondere alle Prüfungen von Meßwerkzeugen vorgenommen werden. Zu dem Zwecke ist der Meßraum der Fabrik, in der die Betriebswerkzeuge an Normalmaßen nachgeprüft werden, möglichst genau auf 20° zu halten. In den Werkstätten kann die Meßtemperatur nicht eingehalten werden; der Einheitlichkeit wegen soll deshalb als Werkstoff der Meßwerkzeuge im allgemeinen Kohlenstoffstahl mit einer Ausdehnungszahl von 11,5 μ auf 1 m und 1° C benutzt werden. Teile höchster Genauigkeit, sowie solche aus Aluminium, Messing, Bronze und anderen Legierungen mit abweichenden Ausdehnungszahlen sind in der Nähe von 20° zu messen.

Zu den Normungszahlen des Blattes DIN 323 sei hier nur bemerkt, daß sie den Zweck haben, die planmäßige Aufstellung von Normen und Typenreihen und die engere Auswahl von Teilen aus einer größeren Reihe zu erleichtern. Sie sind nach dem Grundsatz, daß die Unterschiede in den Maßen zweier aufeinanderfolgender Stücke einer Reihe um so größer werden dürfen, je größer deren Maße sind, in möglichster Annäherung an geometrische Reihen aufgestellt worden.

Die Normaldurchmesser, Zusammenstellung 54, bilden die Grundlage für die Passungen, die zugehörigen Arbeits- und Meßwerkzeuge und gelten vor allem für die Durchmesser sämtlicher Paßstellen. Durch sie wird die Zahl der normalen Werkzeuge, der Bohrer, Reibahlen, Grenzlehren usw. beschränkt, eine Maßnahme, die sowohl für den Hersteller der Werkzeuge wie für die Werkstatt äußerst wichtig ist, indem sich der erste bei der Fertigung auf weniger Arten und auf eine größere Anzahl einstellen, die Werkstatt aber den Werkzeugbestand verringern kann. Der Konstrukteur wird sich häufig weitergehend noch auf eine Auswahl der Durchmesser beschränken können, indem er beispielsweise im allgemeinen Maschinenbau die ungeraden Durchmesserzahlen zwischen 17 und 27 mm vermeidet, die nur in Rücksicht auf den Kraftwagen- und Leichtbau in die Tafel aufgenommen wurden, oder indem er eine Auswahl an Hand der im Vorstehenden erwähnten Normungszahlen trifft. Die Normaldurchmesser sind in DIN 3 zwischen 1 und 500 mm derart festgelegt, daß die Abstufungen mit zunehmendem Durchmesser absatzweise, z. B. zwischen 100 und 200 mm um je 5, von da bis 500 mm um je 10 mm wachsen.

Zusammenstellung 54. **Normaldurchmesser nach DIN 3** (Auszug.)

1	1,5	2	2,5	3	3,5	4	4,5	5	6	7	8	9	10
11	—	12	—	13	—	14	—	15	16	17	18	19	20
21	—	22	—	23	—	24	—	25	26	27	28	—	30
—	—	32	—	33	—	34	—	35	36	—	38	—	40
—	—	42	—	—	—	44	—	45	46	—	48	—	50
—	—	52	—	—	—	—	—	55	—	—	58	—	60
—	—	62	—	—	—	—	—	65	—	—	68	—	70
—	—	72	—	—	—	—	—	75	—	—	78	—	80
—	—	82	—	—	—	—	—	85	—	—	88	—	90
—	—	92	—	—	—	—	—	95	—	—	98	—	100
—	—	—	—	—	—	—	—	105	—	—	—	—	110

usw.
bis zu 200 mm in Stufen von 5,
von 210 bis zu 500 mm in Stufen von 10 mm steigend.

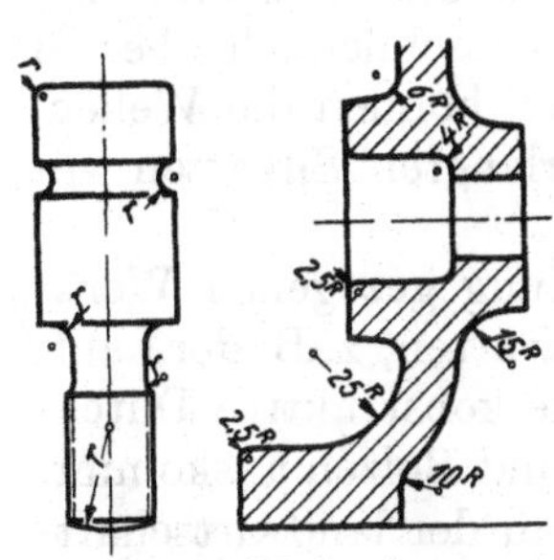

Abb. 270 und 271. Anwendungen der Rundungshalbmesser DIN 250.

Einheitliche Rundungshalbmesser, für welche die Abb. 270 und 271 Anwendungsbeispiele geben, sind in Rücksicht auf die Zahl der Ausrundungsstreifen, Schablonen und Werkzeuge beim Herstellen der Modelle sowie auf diejenige der Profilstähle und Fräser zum Bearbeiten der Kehlen und Abrundungen zweckmäßig. Sie sind in der DIN 250, Zusammenstellung 55, festgelegt, deren nichteingeklammerte Werte vorzugweise verwendet werden sollen.

Abb. 272. Kennzeichnung von Kegeln.

Zusammenstellung 55. **Rundungshalbmesser in mm nach DIN 250.**

	—	—	—	—	—	—	—	—	—	—	—	200	(180)	160	(140)	125	(110)
100	(90)	80	(70)	60	50	(45)	40	(35)	30	25	(22)	20	(18)	15	–	(12)	–
10	—	(8)	—	6	(5)	—	4	—	(3)	2,5	—	(2)	—	1,5	—	(1,25)	
1	—	(0,8)	—	0,6	(0,5)	—	0,4	—	(0,3)	—	—	0,2	—	—	—	—	—

DIN 254 regelt die Formen der Kegel für die verschiedensten Zwecke. Sie sind entweder durch den Kegelwinkel α, Abb. 272, oder durch die Verjüngung in Millimetern gekennzeichnet, wobei der Ausdruck „Kegel $\frac{1}{k}$" bedeutet, daß der Kegeldurchmesser auf einer Länge von k mm um 1 mm abnimmt. Normale Kegelwinkel sind 120°, 110°, 90°, 75°, 60°, 45° und 30°, normale Verjüngungen:

$\frac{1}{k}$	1:1,50	1:3	1:5	1:6	1:10	1:15	Morsekegel	1:20	1:30	1:50
α	36° 52′	18° 56′	11° 25′	9° 32′	5° 44′	3° 49′	nach DIN 231	2° 52′	1° 54′ 34″	1° 8′ 44″

Angaben über die Verwendung finden sich bei den einzelnen Maschinenelementen.

Der große Durchmesser der Kegel soll der Normaldurchmesserreihe der DIN 3 entnommen werden; Ausnahmen bilden die Stifte nach DIN 1, die Morsekegel und solche an Schrauben und Nieten. Bei Kegeln 1:20 wird man sich möglichst nach den normalen Reibahlen und Lehren der DIN 233 richten. Für die Länge einer kegeligen Bohrung sind äußerstenfalls diejenigen der Reibahlen maßgebend.

Im Anschluß hieran sei auf die normalen Zentrierbohrungen DIN 332 hingewiesen.

d) Die Grundlagen der Passungen.

Den Ausgangspunkt für das Passungssystem bildet entweder die Lochweite oder der Wellendurchmesser. Im ersten Falle liegt den unten näher besprochenen Sitzarten eine stets gleichbleibende Bohrung, die Einheitsbohrung, zugrunde, der die Wellen und Zapfen durch Abdrehen oder Abschleifen angepaßt werden, ein Verfahren, das in der Mehrzahl der Fälle einfacher ist und mit weniger und billigeren Werkzeugen auszukommen gestattet. Manchmal geht man aber auch zweckmäßigerweise von der stets gleichgehaltenen Einheitswelle aus, wenn nämlich die Verwendung glatter Wellen vorteilhafter oder geboten erscheint. Allerdings müssen bei diesem System im Falle genauerer Passung für jede Lagerbohrung besondere Reibahlen bereit gehalten werden, ein Nachteil, der aber bei Massenherstellung und mit zunehmender Größe des Betriebes zurücktritt, weil es schließlich gleichgültig ist, ob in einer bestimmten Zeit eine Anzahl unter sich gleicher oder eine gleiche Zahl verschiedener Werkzeuge verbraucht wird.

Nach den Feststellungen des Normenausschusses ist das System der Einheitsbohrung das weiter verbreitete. Im allgemeinen Maschinenbau ist es dort zweckmäßig, wo in einer und derselben Abteilung die verschiedenartigsten Teile ausgeführt und wo höhere Anforderungen an die Genauigkeit bei Anwendung von drei und mehr Sitzarten gestellt werden. In ausgedehntem Maße ist es im Werkzeugmaschinenbau — eine Ausnahme bilden nur die Bohrmaschinen —, im Kraftwagen- und Lokomotivbau und vielfach bei der Herstellung von Zahnrädern und Riemenscheiben, ausschließlich aber in der Kugellagerherstellung im Gebrauch. In den letzten drei Fällen können die Wellen, auf denen die Teile sitzen sollen, durch Schleifen leicht den verlangten Sitzarten angepaßt werden.

Das System der Einheitswelle ist vorteilhaft bei Verwendung gezogenen Werkstoffs und bei gröberen Passungsgraden, oder wenn nur wenige Sitzarten, z. B. der Lauf- und der Haftsitz, in Betracht kommen, ferner in dem Falle, wo die konstruktive Durchbildung der Teile mit weniger Absätzen oder ganz glatten Wellen und Bolzen auskommt. Anwendungsgebiete sind der Triebwerk- und Hebezeugbau, der Bau der landwirtschaftlichen und Textilmaschinen.

In einer bestimmten Fabrik oder Abteilung wird man sich je nach den besonderen Umständen für eines der beiden Systeme entscheiden, das gewählte aber durchweg zur Geltung bringen.

Wie schon oben angedeutet, hängt die Genauigkeit der Passung von der Art der Maschine und von dem angewendeten Herstellungsverfahren ab. Man unterscheidet in der Beziehung vier Gütegrade, die sich durch die Größe der Abmaße oder zulässigen Abweichungen unterscheiden: die Edel-, Fein-, Schlicht- und Grobpassung. Die Edelpassung ist nur bei besonders hohen Anforderungen an die Gleichartigkeit der Ausführung anzuwenden. Die Feinpassung ist die an genau bearbeiteten Maschinen und an den meisten genormten Teilen übliche Art. Bei der Schlichtpassung sind die Anforderungen an die Gleichartigkeit der Sitze geringere; immerhin bleibt die Eigenart der einzelnen Sitzarten gewahrt. Grobpassung kommt nur an Teilen für untergeordnete Zwecke in Frage, bei denen große Spielschwankungen innerhalb des einzelnen Stückes zulässig sind.

Innerhalb der vier Gruppen gibt es verschiedene Arten von Sitzen, so z. B. bei der Feinpassung: vier Bewegungssitze, nämlich den weiten Laufsitz, den leichten Laufsitz, den Laufsitz, den engen Laufsitz und fünf Ruhesitze, nämlich den Gleit-, den Schiebe-, den Haft-, den Treib- und den Festsitz.

Der weite Laufsitz, abgekürzt durch WL bezeichnet, wird an Teilen angewandt, die sich gegenseitig mit sehr reichlichem Spiel bewegen dürfen, der leichte Laufsitz LL an solchen mit reichlichem Spiel (mehrfach gelagerten Wellen, Hebelwerken und Gestängen), der Laufsitz L bei merklichem Spiel (an Kurbel- und Ankerwellen, Hauptlagern von Drehbänken, Fräs- und Bohrmaschinen, überhaupt bei den gewöhnlichen, genauen Lagerungen des Maschinenbaues), der enge Laufsitz EL dann, wenn die Teile kein merkliches Spiel haben sollen (Spindellager an Schleifmaschinen und genauen Drehbänken, Teilkopfspindeln, Indikatorkolben, packungslose Ventilspindeln und Steuerkolben). Der Gleitsitz G gestattet noch eben die Verschiebung der Teile von Hand bei Anwendung von Schmiermitteln (Wechselräder an Drehbänken, Fräser auf Dornen, aufzukeilende ungeteilte Scheiben und Reibungskupplungen auf Wellen). Der Schiebesitz S wird an Stücken, die von Hand oder unter Holzhammerschlägen zusammengefügt oder auseinandergenommen werden sollen, verwandt (Büchsen, verschiebbaren Riemenscheiben, Zahnrädern, zylindrischen Kolbenstangensitzen im Kreuzkopf). Der Haftsitz H ist für Teile bestimmt, die gegenseitig festsitzen müssen, aber ohne erheblichen Kraftaufwand mit Handhämmern oder Handdornpressen zusammengefügt oder gelöst werden sollen (Zahnräder auf Arbeitsspindeln, Kugellagerinnenringe, Turbinenlaufräder, Schwungräder). Der Treibsitz T muß unter größerem Kraftaufwand mit Handhämmern zusammen- oder auseinandergetrieben werden. Der Festsitz F wird mittels Schrauben- oder Wasserdruckpressen, also unter großem Druck hergestellt und verbürgt einen unbedingt festen Sitz (Lagerbuchsen in Lagerkörpern, Planscheiben an Kopfdrehbänken, aufgezogene Bunde an Wellen und Spindeln, fliegend aufgebrachte Zahnräder, Bronzekränze auf Zahnrädern, Feldbahnwagenräder auf ihren Achsen). Bei Anwendung der drei letzten Sitzarten verschieben sich die Teile längs der Achsen keinesfalls mehr von selbst, wohl aber müssen sie gegen Drehen gesichert werden, wenn größere Drehmomente zu übertragen sind.

Für den Preß- und den Schrumpfsitz, der erste vermittels kräftiger Spindel- oder Wasserdruckpressen, der zweite durch Warmaufziehen hergestellt, sind keine einheitlichen Abmaße festgelegt worden, da sie sich nach der Art der Werkstücke und nach den verwandten Werkstoffen richten müssen.

Die Edelpassung wird nur auf die Ruhesitze angewandt; man unterscheidet den Edelgleitsitz eG, den Edelschiebesitz eS, den Edelhaftsitz eH, den Edeltreibsitz eT und den Edelfestsitz eF.

Bei der Schlichtpassung kennt man den weiten Schlichtlaufsitz sWL, den Schlichtlaufsitz sL und den Schlichtgleitsitz sG. Für die Ruhesitze sind die Bohrungslehren der Feinpassung maßgebend; der sich ergebende Sitz ist aber höchstens so fest wie bei der Feinpassung.

Grobpassung wendet man nur auf Bewegungssitze an und unterscheidet die drei Grobsitze g_1, g_3 und g_4.

Abb. 273 zeigt an einem Beispiel aus dem System der Einheitsbohrung, und zwar für 60 mm Bohrungsdurchmesser, anschaulich die Verhältnisse bei den verschiedenen Passungen und Sitzarten. Als Ordinaten sind von der kräftig hervorgehobenen Nullinie aus die Toleranzen aufgetragen, und zwar geben die weit gestrichelten Felder die Abmaße, die für die Bohrung als zulässig erachtet werden, die eng gestrichelten aber die Grenzen an, in denen sich die Maße des Zapfens oder der Welle halten müssen. Die nach oben aufgetragenen + Werte entsprechen Vergrößerungen, die nach unten aufgetragenen

— Werte Verkleinerungen des Nenndurchmessers. Beispielweise ist im Falle der Feinpassung für die Bohrung durchweg ein oberes Abmaß $a = +\,0{,}03$ mm zugelassen; der Bohrungsdurchmesser darf also zwischen 60,00 und 60,03 mm liegen, Grenzen, die das sorgfältige Aufreiben der Bohrung verlangen und die durch Grenzlehrdorne nach Abb. 269 nachgeprüft werden.

Bei der Schlichtpassung beträgt das obere Abmaß 0,06 mm, die Bohrung wird also in den Grenzen von 60 bis 60,06 mm brauchbar erachtet und kann mit einfacheren Hilfsmitteln, z. B. durch Ausbohren und Ausreiben mit Maschinenreibahlen auf der Drehbank hergestellt werden. Kennzeichnend ist aber in beiden Fällen, daß das untere Abmaß der Bohrung Null ist, daß also der Mindestdurchmesser des Loches dem Nennmaße entspricht. Ein Zapfen mit weitem Laufsitz hat bei Feinpassung Abmaße zwischen $b = -0{,}100$ und $c = -\,0{,}150$ mm; sein Durchmesser soll dementsprechend zwischen 59,9 und 59,85 mm liegen; er weist ein Spiel von mindestens $60 - 59{,}9 = 0{,}1$ mm (Kleinstspiel) und äußerstenfalls $60{,}03 - 59{,}85 = 0{,}18$ mm (Größtspiel) auf.

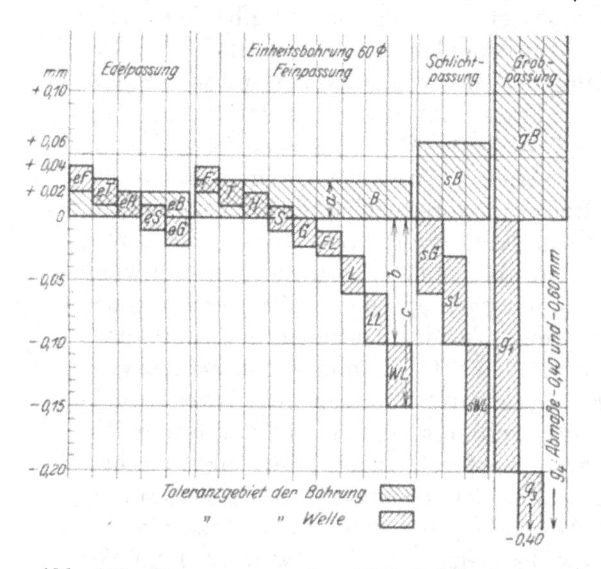

Abb. 273. Passungen an einer Einheitsbohrung von 60 mm Durchmesser.

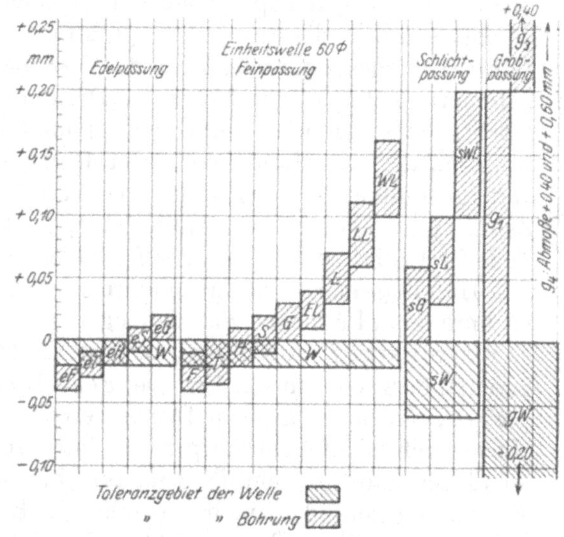

Abb. 274. Passungen an einer Einheitswelle von 60 mm Durchmesser.

Dagegen verlangt der Festsitz einen Zapfendurchmesser mit $+\,0{,}040$ bis $+\,0{,}020$ Abmaß, der also zwischen 60,04 und 60,02 mm liegt, damit der Zapfen in die Bohrung von 60,00 bis 60,03 mm Durchmesser eingetrieben werden muß.

Abb. 274 gibt in ganz entsprechender Weise die Verhältnisse für eine Einheitswelle von 60 mm Durchmesser wieder. Im Falle der Schlichtpassung ist das obere Grenzmaß der Welle Null, das untere $-\,0{,}060$ mm, so daß Wellendurchmesser zwischen 60 und 59,4 mm zulässig sind.

Näheres über die Fachnormen findet sich in den Abschnitten über die betreffenden Maschinenteile.

e) Einige Bemerkungen über Fabriknormen.

Die allgemeine Normung der Maschinenteile muß nun in den einzelnen Fabriken durch Normen der Sonderteile (Fabriknormen) und der wichtigeren und häufig angewendeten Gruppen von Maschinenteilen oder schließlich der ganzen Maschinen (Typisierung) ergänzt werden. Wenn eine Ausführung Beständigkeit erlangt hat, also keinen einschneidenden Änderungen mehr unterliegt und der Bedarf genügend groß ist, kann die Normung und anschließend die Herstellung in Reihen oder Massen einsetzen. So werden vielfach die Spindel- und Reitstöcke der Drehbänke für bestimmte Spitzenhöhen genormt und auf Lager gearbeitet, während nur die Drehbankbetten je nach den verlangten Spitzenweiten oder Sondereinrichtungen im einzelnen ausgeführt werden. Ähnliches gilt von den Steuerteilen der Dampf- und Gasmaschinen, der Dampfturbinen usw. Bei großem Bedarf wird man auch die Stangenköpfe, Kolbenstangenverbindungen, Kreuzköpfe, Stopfbüchsen, Exzenter und anderes normen. Oft wird durch Zusammenfassen ähnlicher Teile zu einer einzigen oder zu wenigen Formen, gelegentlich auch durch Zerlegen eine Massenherstellung möglich.

Derartige Normungen müssen von der **Konstruktionsstätte** ausgehen, die ja die genormten Stücke vor allem anwenden soll, naturgemäß unter voller Berücksichtigung der vorteilhaftesten Herstellmöglichkeiten und der gesamten Kosten. Die Normen werden zweckmäßigerweise in Heften zusammengestellt und sollen, durch Listen der in den Werkstätten vorhandenen Kaliber, Grenzlehren, Fräser, Reibahlen, Ausrundungsstähle usw. ergänzt, den Konstrukteuren jederzeit zugänglich, bereit liegen.

Das Folgende bringt ein paar Beispiele für derartige weitergehende Normungen.

An Steuerungen lassen sich mit Vorteil die Zapfen und die zugehörigen Stangenköpfe einheitlich durchbilden, indem z. B. die Zapfendurchmesser um je 5 mm abgestuft und die Zapfenlängen annähernd im Verhältnis $\frac{d}{l} = \frac{1,4}{1}$ nach der folgenden Reihe unter Beachtung von DIN 3, Zusammenstellung 54, S. 181, festgelegt werden:

$d = 20$	25	30	35	40	45	50	55	60 mm
$l = 30$	36	40	50	55	60	70	75	80 mm

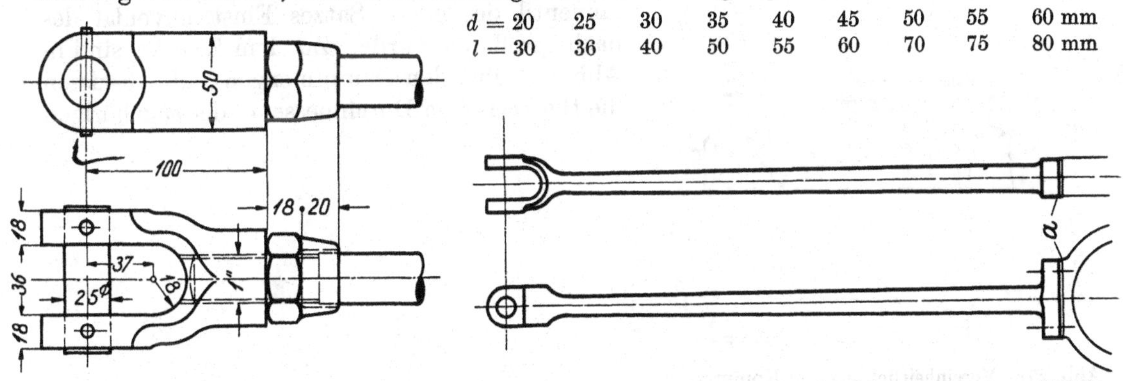

Abb. 275. Normalstangenkopf. M. 1:4.

Abb. 276. Exzenterstange älterer Ausführung aus einem Stück.

Dann lassen sich auch die Stangenköpfe etwa auf Grund der Form Abb. 275 annähernd geometrisch ähnlich gestalten und geben eine Reihe, die die Herstellung in größeren Stückzahlen ermöglicht, wenn die Zapfen und Köpfe überall, wo sie irgend geeignet sind, verwendet werden. Im Zusammenhang mit Exzenterstangen bilden sie ein Beispiel dafür, wie durch Zerlegen von zur Massenherstellung ungeeigneten Teilen in einzelne Stücke Vorteile erzielt werden können. Die Exzenterstangen wurden früher nach Abb. 276 aus einem Stück, also mit angeschmiedeten oder angeschweißten Köpfen und Flanschen zur Befestigung am Exzenterbügel hergestellt. Sie mußten, da die Stangenlängen je nach Art und Größe der Maschine wechselten, einzeln ausgeführt werden. Die Abtrennung des Kopfes und die Ausbildung des Anschlusses am Bügel nach Abb. 277 ermöglichen deren Normung, so daß nur noch die einfachen Zwischenstangen in von Fall zu Fall verschiedener Länge einzeln ausgeführt werden müssen. Durch geeignete Wahl der Gewindemaße lassen sich sogar diese Stangenlängen in Abstufungen bringen und vereinheitlichen. Mit der neuen Gestaltung ist gleichzeitig die Regelung der Stangenlänge durch Nachstellen der Mutter gegenüber der älteren Ausführung wesentlich vereinfacht, bei der man sich durch Einlegen von Zwischenstücken oder Blechen bei a behelfen mußte.

Ein Beispiel, wie durch konstruktive Abänderungen die Massenherstellung von Kompressorventilen gefördert werden kann, sei dem Aufsatz von **Neuhaus** [III,16] entnommen. Die Druck- und Saugventilsitze wurden früher mit verschiedenen Dicht- und Halteflächen im Zylinderdeckel nach Abb. 278 unten ausgeführt. Die darüber dargestellte neue Form benutzt vollständig gleiche Körper für beide Ventilarten. Sie konnten bei dem rund doppelt so großen Bedarf statt auf Revolverbänken auf Halbautomaten in einer Aufspannung bei einem Viertel des früheren Lohnes fertig bearbeitet werden. Gleichzeitig war der Ersatz der früher notwendigen zwei Formplatten durch eine möglich geworden und ferner eine Vereinfachung in den Lagerbeständen eingetreten.

Oft leistet die zeichnerische Darstellung bei der Aufstellung von Normen gute Dienste. Beim Durchbilden einer Reihe von Ventilsteuerungen handelte es sich zunächst um die Festlegung einer möglichst geringen Zahl verschiedener Doppelsitzventile. Dazu wurden die Ein- und Austrittventile unter entsprechender Ausbildung der Körbe, Abb. 279 und 280, auf gleiche Form gebracht. Da aber in den Ausströmventilen geringere Dampfgeschwindigkeit $v = 30$ m/sek als in den Eintrittventilen, $v = 40$ m/sek, herrschen sollte, konnten nicht die gleichen Ventildurchmesser für einen und denselben Zylinder verwendet werden. Die Reihe wurde deshalb so aufgestellt, daß das Auslaßventil des einen Satzes Einströmventil des nächstgrößeren wurde. Zu dem Zwecke sind in Abb. 281 über den Dampfmengen Q als Abszissen die theoretischen Durchmesser d_0 der zugehörigen

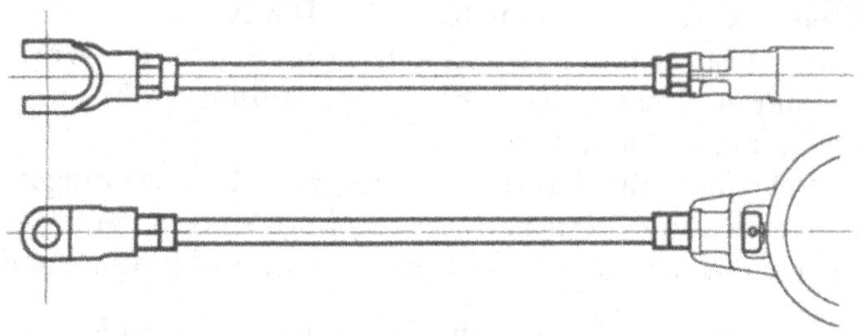

Abb. 277. Normung der Exzenterstange durch Zerlegung.

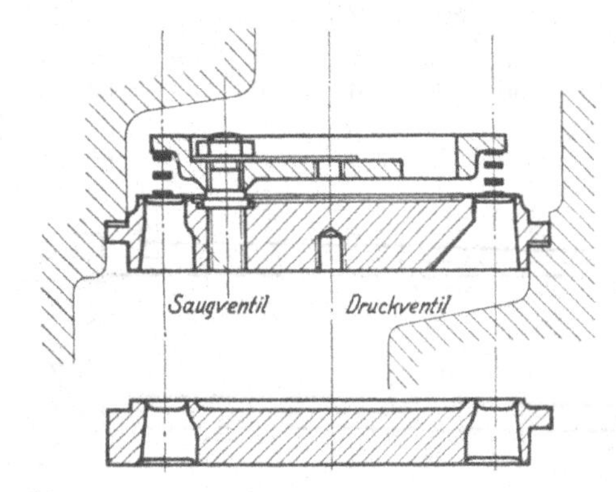

Abb. 278. Vereinheitlichung von Kompressorventilen (Borsig).

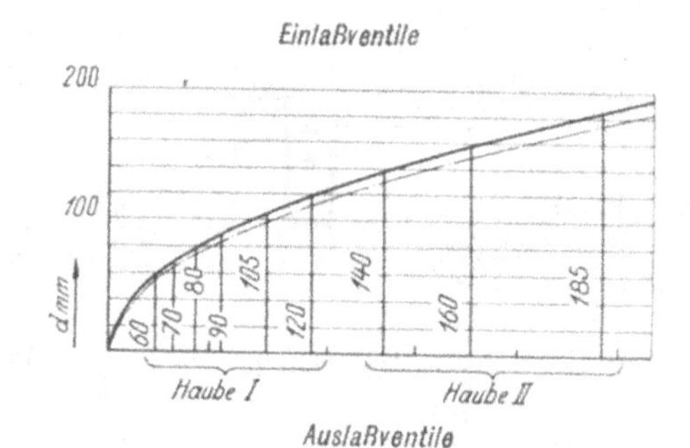

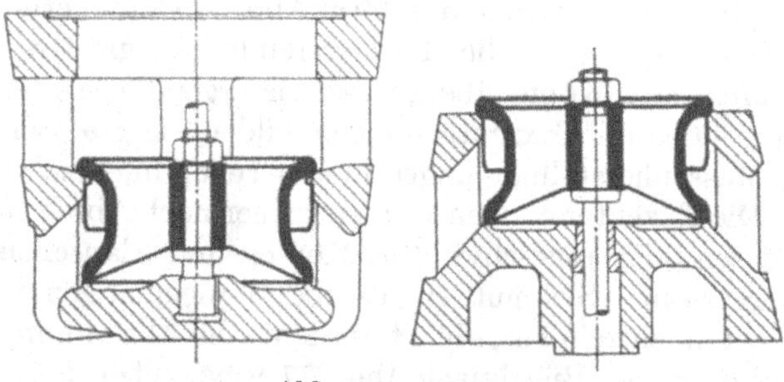

Abb. 279 und 280.
Ein- und Auslaßventil gleicher Form.

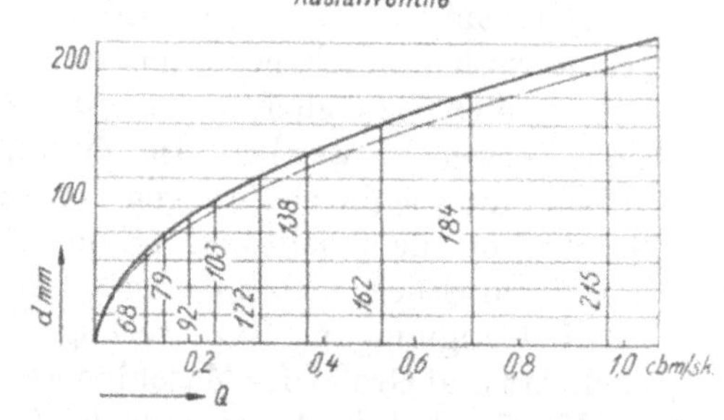

Abb. 281. Ermittlung zusammengehöriger Ein- und Auslaßventile.

Ventile, wie sie aus $\frac{\pi}{4} d_0^2 = \frac{Q}{v}$ folgen, als strichpunktierte Linien aufgetragen. Die ausgezogenen Kurven ergeben die lichten Durchmesser d unter Berücksichtigung der Querschnittminderung durch die Rippen und Wandungen (rd. 20% bei den kleinen, 12% bei den größeren Ventilen), und zwar für die Einlaßventile oben, für die Auslaßventile unten. Durch Ziehen einer senkrechten Linie findet man ohne weiteres zusammengehörige Paare, so z. B. zu dem Einströmventil von 120 mm lichtem Durchmesser ein Ausströmventil von 138 mm Durchmesser. Wird der letztere auf 140 mm abgerundet und als Einströmventil in den oberen Teil der Abbildung eingetragen, so erhält man das nächste Auspuffventil von 162, rund 160 mm, und so die folgende Reihe der Ventildurchmesser: 60, 70, 80, 90, 105, 120, 140, 160, 185, 215 mm. Nach ihnen konnten auch die Körbe und die Steuerhauben, welche für mehrere Ventile die gleiche Form erhielten, festgelegt werden.

VI. Bemerkungen über das Vorgehen beim Entwerfen von Maschinenteilen.

Beim Entwerfen muß die Aufzeichnung der Maschinenteile stets in unmittelbarem Zusammenhang mit der Berechnung der einzelnen Abmessungen oder Größen erfolgen; Berechnung und Entwurf müssen nebeneinander, dürfen nicht hintereinander durchgeführt werden. Man geht von dem Gegebenen, den Anschlußkonstruktionen oder den durch andere Entwürfe und Berechnungen schon festgelegten Teilen aus, zeichnet diese auf und berechnet die daran stoßenden Stücke des neuen Maschinenteils. Trägt man nun das Berechnete sofort in den Entwurf ein, so wird man meist von selbst auf die weiteren nun durchzubildenden oder zu berechnenden Teile hingewiesen und in der Gestaltung rasch gefördert. Für ein Absperrventil, dessen lichter Durchmesser gegeben oder aus den Durchflußmengen berechnet ist, hat man in den normalen Abmessungen der Rohrflansche die Anschlußkonstruktion, die den ersten Anhalt bietet. Sie führt zur Aufzeichnung und Berechnung des Ventilflansches und zur Nachrechnung der zugehörigen normalen Verbindungsschrauben. Wichtig ist nun, diese sofort maßstäblich einzuzeichnen, um bei der Ausbildung des Ventilkörpers genügend Platz für die Mutter und den Schraubenschlüssel zum Anziehen vorzusehen. — Beim Entwerfen einer Schubstange sind häufig die Zapfenabmessungen gegeben; um die Zapfen herum werden die Lagerschalen, weiterhin die Köpfe und schließlich die Stange durchgebildet.

Die einzelnen Teile müssen sofort in allen zur vollständigen Darstellung notwendigen Rissen entworfen werden, zur Prüfung, ob ihre Ausbildung nicht durch andere Stücke gestört wird.

Oft wird es nötig sein, zunächst die Teile nach Gutdünken oder Schätzung, jedoch maßstäblich zu skizzieren, um an dem Entwurf die Art der Beanspruchung, die Größe der Hebelarme, an denen die Kräfte wirken, feststellen und die Teile nachrechnen zu können. Auch bei statisch unbestimmten Aufgaben, etwa der Berechnung einer mehrfach gelagerten Welle, ist immer ein Vorentwurf nötig, ehe die genaue Berechnung einsetzen kann.

Falsch ist das von Anfängern oft versuchte Verfahren, zunächst die Berechnung gesondert durchzuführen und dann erst die Ergebnisse aufzutragen. Nicht allein, daß es viel schwieriger ist, den Gang der Berechnung lediglich an Hand der Vorstellung durchzuführen; oft bedingen Änderungen, die beim Aufzeichnen aus konstruktiven Gründen oder aus Rücksicht auf die Herstellung notwendig werden, die Umrechnung vieler damit im Zusammenhang stehender Teile und machen große Abschnitte der mühsam aufgestellten Rechnung hinfällig.

Die neben dem Entwurf entstehende Rechnung muß übersichtlich sein. Vorteilhafterweise wird zu dem Zweck ein in der Mitte gebrochener Bogen verwendet, dessen eine Hälfte zur Durchführung der Rechnung dient, während die andere in gleicher Höhe Handskizzen zur Erläuterung der Wirkung der Kräfte und zum Eintragen der benutzten Maße und Bezeichnungen aufnimmt. Die Skizzen erleichtern gleichzeitig die Übersicht sowie das Auffinden der Berechnung der einzelnen Teile. Auch etwaige Veränderungen und Nachträge können auf der Seite der Skizzen Platz finden. Sehr zu empfehlen ist, die errechneten Beanspruchungen unmittelbar in die Entwurfzeichnung an der entsprechenden Stelle einzuschreiben, um das lästige Nachsuchen in der Rechnung zu ersparen.

Alle Erläuterungen, sowohl in den Berechnungen, wie auf den Zeichnungen, sind kurz, im Telegrammstil abzufassen. Lange Ausführungen werden besser durch Skizzen ersetzt und veranschaulicht.

Zeichnerische Darstellungen müssen alle zum Verständnis nötigen Angaben enthalten und die Bedeutung der einzelnen Linien, sowie die Größe der Maßstäbe rasch erkennen lassen.

Über die Anfertigung technischer Zeichnungen vgl. [III, 18 und 17].

Unrichtig ist, wie schon auf S. 142 kurz angedeutet, die einseitige Überschätzung des Wertes der Rechnung beim Gestalten. Nicht selten erweist sich das durch sie Ermittelte als untauglich und wird zur Enttäuschung des Anfängers verworfen, weil andere Gesichtspunkte wichtiger erscheinen. Die Rechnung darf eben nur als eines der Mittel, dem Ziele näherzukommen, betrachtet werden. Sie gibt häufig nur den ersten Anhalt für die wirkliche Ausführung und Gestaltung.

Oft ist es nötig, bei der Rechnung vereinfachende Annahmen zu machen, weil die genaue Rechnung zu zeitraubend ist, oder weil die nötigen Unterlagen noch fehlen oder Änderungen unterworfen sind, die die Ergebnisse beeinflussen. Wohl aber ist es für den Anfänger wichtig, an möglichst vielen Beispielen selbst nachzuprüfen, welchen Einfluß derartige Annahmen haben, wie groß z. B. die Abweichungen zwischen der üblichen einfachen Näherungsrechnung und eingehenderen, genaueren Untersuchungen sind. Dadurch lernt er die gemachten Voraussetzungen einschätzen, die wirklichen Verhältnisse bei der Ausführung des Berechneten berücksichtigen und erwirbt sich einen Teil des konstruktiven Gefühls, das den älteren erfahrenen Ingenieur kennzeichnet, das diesen übrigens meist den umgekehrten Weg einschlagen läßt, zunächst dem Gefühl nach zu entwerfen und dann die einzelnen Teile, so weit nötig, nachzurechnen, und das ihn beispielweise der Berechnung jedes einzelnen Flansches oder der genaueren Nachrechnung jeder Schnecke auf Biegung, Drehung und Schub enthebt.

Ganz verfehlt ist es, die abstrakte Rechnung als das Höhere anzusehen, die schwierige Anwendung dagegen als das Niedere, Selbstverständliche zu betrachten. Bei der Ausführung rächt sich jeder Verstoß gegen die Natur oder die vielfältigen gegebenen Bedingungen; alles nicht richtig Durchdachte, nicht richtig Gestaltete versagt und wird dem dafür Verantwortlichen zur Last gelegt.

Vierter Abschnitt.

Keile, Federn und Stifte.

Vorbemerkung. Mittel zur Verbindung von Maschinenteilen.

Zwei oder mehrere Maschinenteile können entweder so verbunden werden, daß sie sich leicht wieder auseinandernehmen lassen oder so, daß zur Lösung der Verbindung die Zerstörung einzelner Teile nötig ist. Man unterscheidet danach: lösbare Verbindungen, hergestellt durch Keile, Schrauben, Stifte und andere Paßmittel und nichtlösbare Verbindungen, durch Nieten, Schrumpfen, Löten, Kitten, Leimen.

Die Verbindung kann geeignet sein, solche Kräfte aufzunehmen, die nur in einer Richtung wirken oder solche, die ihre Richtung wechseln. Um im zweiten Falle Verschiebungen und unzulässige Stöße zu vermeiden, werden die einzelnen Teile von vornherein gegeneinander gepreßt; an den Berührungsstellen herrschen ständig Spannungen, es entstehen Spannungsverbindungen. Ein Beispiel der ersten Art bilden die Hängestangen in Abb. 282; die Kräfte dürfen nur in der gezeichneten Richtung wirken, sonst wird die Verbindung locker, indem sich die Muttern von ihren Auflageflächen abheben. Spannungsverbindungen sind häufig: im Falle der Abb. 283 wird die Kolbenstange einer doppelt wirkenden Maschine durch den Keil schon beim Zusammenbau kräftig in den Kreuzkopfhals hineingetrieben, damit trotz der wechselnden Richtung der Kraft in der Stange stets die Berührung an den die Kraft übertragenden Flächen aufrechterhalten

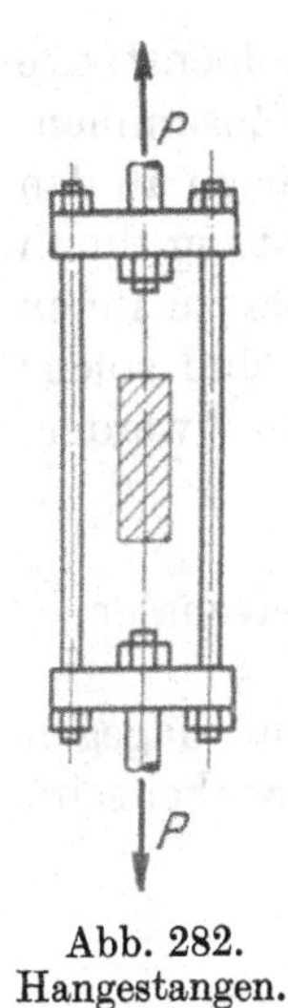
Abb. 282. Hangestangen.

bleibt. Lockert sich der Keil, so treten beim Arbeiten der Maschine Verschiebungen der Teile gegeneinander auf, die zu heftigen Stößen und Brüchen führen können.

Unter Vorspannung müssen auch alle Dichtstellen gesetzt werden, sofern die Dichtmittel, wie Lederstulpen, nicht selbsttätig wirken. Beispielweise müssen die Deckelschrauben von Dampfzylindern beim Zusammenbau kräftig angezogen werden, wenn das Anliegen der Auflageflächen und damit Dichtheit auch beim höchsten Arbeitsdruck gewährleistet werden soll, trotzdem in diesem Falle die Deckelbelastung meist ständig in ein und derselben Richtung wirkt und nicht wechselt.

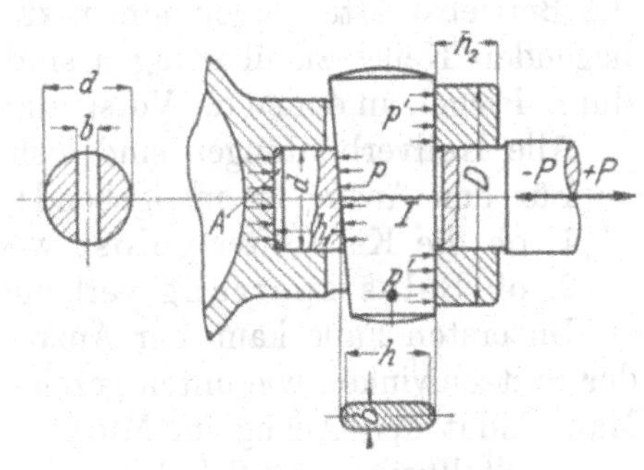
Abb. 283. Befestigung einer Kolbenstange in einem Kreuzkopfe.

I. Keile.

A. Wirkung und Arten der Keile.

Die Wirkung eines Keiles beruht auf der Neigung der kraftübertragenden Flächen, welche durch den Anzug, das Verhältnis $\frac{a}{l} = \operatorname{tg} \alpha$, in Abb. 284 gekennzeichnet ist. Durch eine Kraft in der Längsrichtung des Keils können um so größere Kräfte winkelrecht dazu ausgeübt werden, je kleiner tg α ist. Der Anzug kann einseitig oder doppelt, Abb. 285, sein.

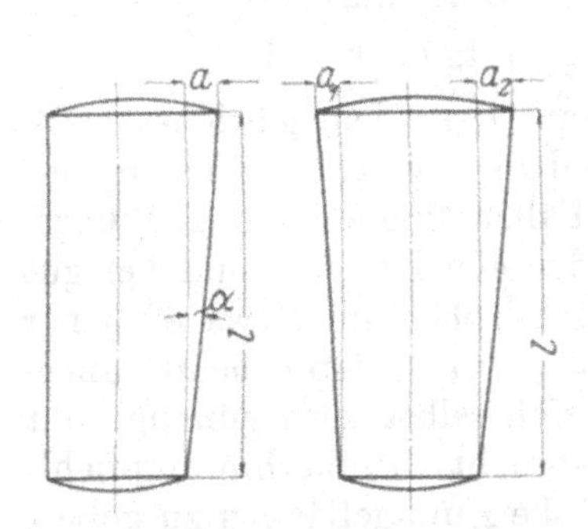
Abb. 284 und 285. Keile mit einseitigem und doppeltem Anzuge.

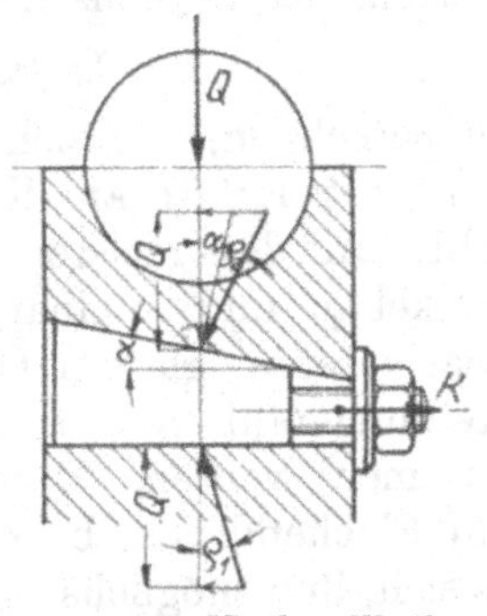
Abb. 286. Nachstellkeil an einem Lager.

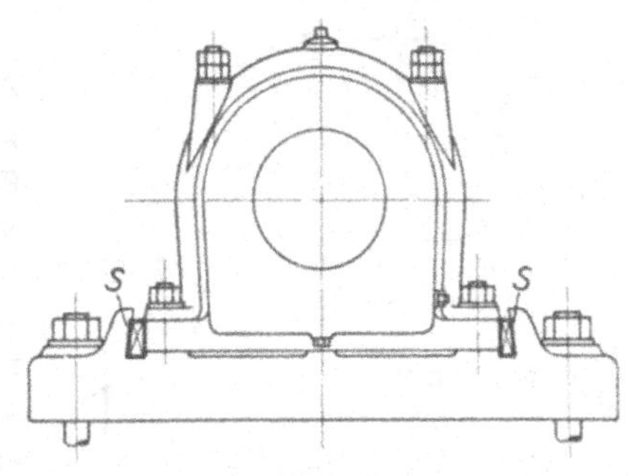
Abb. 287 Einstellkeile an einem Lager.

Keile werden a) als Querkeile zur Erzeugung oder Übertragung von Kräften quer zu ihrer Längsrichtung,

b) als Längskeile zur Befestigung von Hebeln, Kurbeln, Rad- und Scheibennaben auf Achsen, Wellen usw. unter Eintreiben in der Längsrichtung benutzt.

Querkeile dienen verschiedenen Zwecken: sie können als Stellkeile, zur Erzeugung von Kräften benutzt werden, wie bei der Regelung des Preßdruckes von Walzen, deren Lager zu dem Zwecke auf Keilen liegen, Abb. 286, die im ungünstigsten Falle unter der vollen Last nachgezogen werden müssen. Sie werden aber auch lediglich zum richtigen Einstellen, beispielweise eines Lagers in seiner Grundplatte, Abb. 287, oder zum Ausgleichen der Abnutzung der Lagerschalen eines Stangenkopfes, Abb. 288, u. a. m. gebraucht.

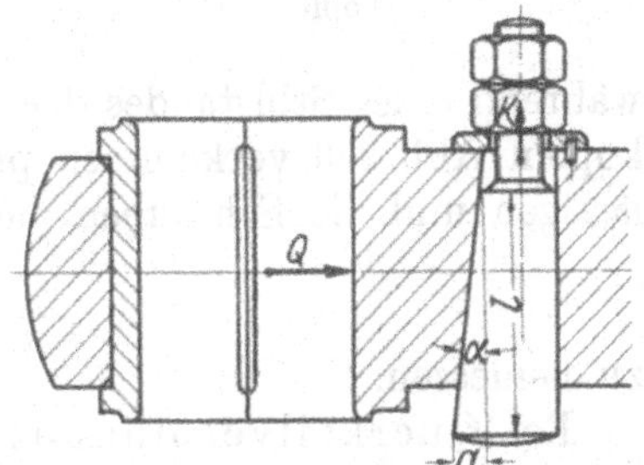
Abb. 288. Nachstellkeil an einem Stangenkopfe.

Bei den Querkeilverbindungen, etwa im Falle der Befestigung einer Kolbenstange im Kreuzkopfhalse, Abb. 283, haben die Keile zunächst die Aufgabe, beim Zusammenbau die zur sicheren Aufnahme wechselnder Kräfte erforderlichen Vorspannungen an den Anlageflächen zu schaffen. Das dazu nötige Eintreiben pflegt vor der Belastung durch die Betriebskräfte vorgenommen zu werden, die durch die Festigkeit des quer zu ihnen liegenden Keiles zu übertragen sind. Verwandt mit den Keilverbindungen sind solche durch Riegel, an denen die Vorspannungen durch Anziehen einer Schraube erzeugt werden.

Alle Keilverbindungen sind lösbar.

Für den Anzug ist maßgebend:

1. ob die Keile öfter gelöst werden sollen, wie z. B. Stellkeile an Lagerschalen,
2. ob Selbstsperrung verlangt wird.

Im ersten Falle kann der Anzug groß genommen werden, im zweiten muß dagegen der Spitzenwinkel, wie unten gezeigt wird, kleiner als der doppelte Reibungswinkel sein. Man findet den Anzug im Mittel

an Stellkeilen für Schubstangen usw. 1:10, . . . 1:5,
an selbstsperrenden Stellkeilen in Lagern usw. 1:50, . . . 1:100,
an Querkeilverbindungen 1:20, wenn sie sich nicht von selbst lösen sollen,
an Längskeilen nach DIN 141 bis 143 1:100.

B. Querkeile.

1. Kraftverhältnisse an Querkeilen.

Stellkeile, die unter der Last angezogen werden müssen, verlangen kräftige Nachstellmittel. Unter Berücksichtigung der Reibung an den beiden gleitenden Flächen ist z. B. die Schraube der Abb. 286 bei einer Belastung des Zapfens durch Q kg auf

$$K = Q\,[\operatorname{tg}\varrho_1 + \operatorname{tg}(\alpha + \varrho_2)]$$

zu berechnen, wie sich aus der Gleichgewichtsbedingung der Kräfte am Keil in wagrechter Richtung ergibt. In den meisten Fällen können die Reibungswinkel ϱ_1 und ϱ_2 einander gleichgesetzt und bei gut bearbeiteten, glatten Oberflächen mit etwa 6^0, einer Reibungszahl $\mu = \operatorname{tg}\varrho_1 = 0{,}1$ entsprechend, angenommen werden. Der Keil selbst wird günstig, nur auf Flächendruck, beansprucht. Immerhin empfiehlt es sich, ihm möglichst große Auflageflächen zu geben. Schmale Keile, wie sie Abb. 289 an einem Schubstangenkopf zeigt, bedingen ungleichmäßige Verteilung des Flächendruckes im Lager oder verlangen sehr dicke, teure Schalen.

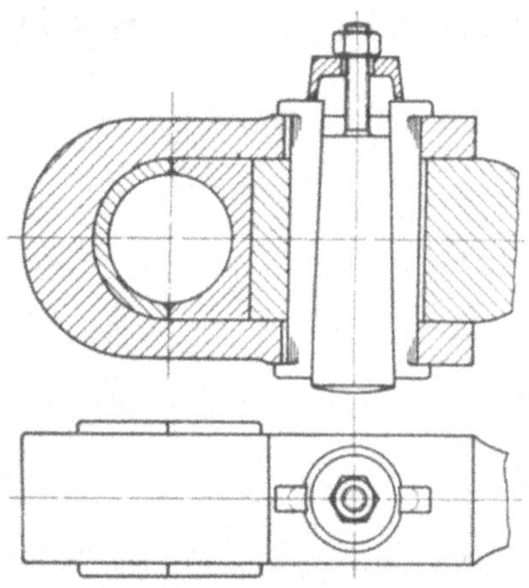

Abb. 289. Veraltete dreiteilige Keilverbindung an einem Schubstangenkopfe.

An Stellkeilen, die nicht unter der Last, sondern während eines Stillstandes der Maschine nachgezogen werden und u. a. an Schubstangenköpfen, Abb. 288, vorkommen, pflegt man die Reibung an den Keilflächen zu vernachlässigen und die Schrauben nach

$$K = Q \operatorname{tg}\alpha = Q \cdot \frac{a}{l} \tag{86}$$

zu bemessen.

Bei Querkeilverbindungen werden die Keile durch die Betriebskräfte gewöhnlich hoch auf Biegung und Flächendruck in Anspruch genommen. Sie erfordern daher guten Werkstoff (Keilstahl), müssen sorgfältig hergestellt und eingepaßt sein und werden dadurch kostspielig. Das Anziehen geschieht meist durch Eintreiben mit kräftigen Hammerschlägen, wobei Überanstrengungen einzelner Teile nicht ausgeschlossen sind. Ein weiterer Mangel ist, daß die Längseinstellbarkeit fehlt oder nur in beschränktem Maße, etwa durch Unterlegen dünner Blechscheiben, möglich ist. Alle diese Umstände geben Anlaß, Querkeilverbindungen tunlichst zu vermeiden. Die hohen Beanspruchungen bieten aber immerhin den Vorteil, daß bei Überlastungen, wie sie etwa bei Wasserschlägen an Dampfmaschinen vorkommen, die leicht ersetzbaren Keile nachgeben, Beschädigungen anderer wichtiger Teile aber vermieden werden.

Stets ist darauf zu achten, daß das Eintreiben und Lösen des Keils leicht und bequem möglich ist. Beispielweise pflegt man Kreuzkopfkeile senkrecht oder schräg zur Mittelebene der Gleitbahn so anzuordnen, daß sie durch die seitlichen Öffnungen in den Gleitbahnen oder durch ein besonderes Loch im Bajonettrahmen zugänglich sind und herausgetrieben werden können.

Die Kraftverhältnisse, die sich beim Eintreiben eines Querkeils unter Berücksichtigung der Reibung einstellen, gehen aus Abb. 290 hervor. Vernachlässigt werde bei der Entwicklung die Reibung, die durch die Seitenkraft $R_2 \sin(\alpha_2 + \varrho_2)$ an der Stelle a erzeugt wird; auf das Ergebnis ist sie von geringem Einfluß. Bedeuten:

α_1 und α_2 die Anzugwinkel,

K die den Keil eintreibende Kraft in kg,

Q die in der Stange erzeugte Kraft in kg,

ϱ_1 und ϱ_2 die Reibungswinkel an den Anlageflächen des Keiles,

R_1 und R_2 die dort entstehenden Drücke in kg,

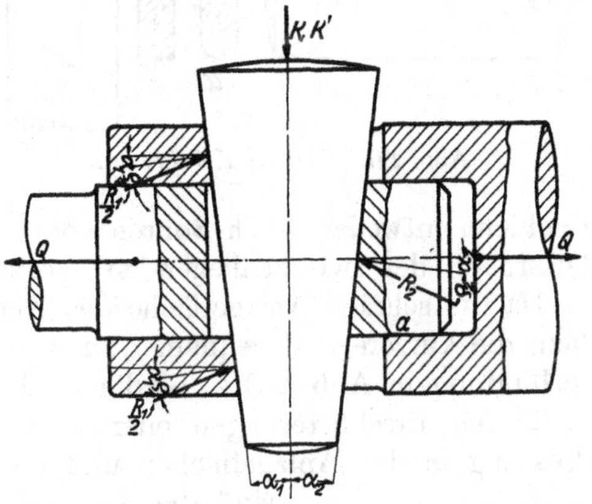

so sind die Gleichgewichtsbedingungen

Abb. 290. Kraftverhältnisse an einem Querkeil.

1. am Keil in Richtung von K:

$$K = R_1 \sin(\alpha_1 + \varrho_1) + R_2 \sin(\alpha_2 + \varrho_2),$$

2. senkrecht dazu:

$$R_1 \cos(\alpha_1 + \varrho_1) = R_2 \cos(\alpha_2 + \varrho_2),$$

3. an der Stange in Richtung von Q:

$$Q = R_2 \cos(\alpha_2 + \varrho_2).$$

Aus 2. und 3. folgen

$$R_2 = \frac{Q}{\cos(\alpha_2 + \varrho_2)}, \quad R_1 = \frac{Q}{\cos(\alpha_1 + \varrho_1)}$$

und damit

$$K = Q\,[\operatorname{tg}(\alpha_1 + \varrho_1) + \operatorname{tg}(\alpha_2 + \varrho_2)]. \tag{87a}$$

Zum Lösen des Keiles ist die Kraft

$$K' = Q\,[\operatorname{tg}(\alpha_1 - \varrho_1) + \operatorname{tg}(\alpha_2 - \varrho_2)] \tag{87b}$$

erforderlich.

Wenn $\alpha_1 = \alpha_2$, $\varrho_1 = \varrho_2$ ist, so wird

$$K' = 2\,Q \cdot \operatorname{tg}(\alpha_1 - \varrho_1).$$

Der Keil mit doppeltem Anzug löst sich nicht von selbst, er wird **selbstsperrend**, falls

$$K' = 0$$

ist, oder

$$\operatorname{tg}(\alpha_1 - \varrho_1) \lesseqgtr 0,$$

$$\alpha_1 \lesseqgtr \varrho_1 \text{ ist.}$$

Bei einseitigem Anzug, wenn z. B. $\alpha_2 = 0$ ist, lautet die gleiche Bedingung:

$$K' = Q\,[\operatorname{tg}(\alpha_1 - \varrho_1) - \operatorname{tg}\varrho_1] \lesseqgtr 0,$$

$$\operatorname{tg}(\alpha_1 - \varrho_1) \lesseqgtr \operatorname{tg}\varrho_1 \quad \text{oder} \quad \alpha_1 - \varrho_1 \lesseqgtr \varrho_1$$

$$\alpha_1 \lesseqgtr 2\,\varrho_1.$$

In beiden Fällen darf mithin bei Selbstsperrung der Winkel an der Spitze des Keiles nicht größer als der doppelte Reibungswinkel sein. Gleichzeitig ist dadurch nachgewiesen, daß Keile mit einseitigem und doppeltem Anzug gleichwertig sind; der leichtern Ausführung wegen zieht man die ersteren vor und verwendet sie fast ausschließlich.

2. Keilformen und Herstellung der Keilverbindungen.

Abb. 291 zeigt die üblichen Keilformen. Der rechteckige Querschnitt b ist zwar einfach herzustellen; nachteilig ist aber die sehr starke Kerbwirkung an den scharfen Kanten des Loches, die oft Anlaß zu Rissen und Brüchen gibt, wie sie an der Stange, Abb. 291 rechts, angedeutet sind. Querschnitt a mit halbzylindrischen Anlageflächen ist für Querkeile unbedingt vorzuziehen. Um Gratbildungen durch die Hammerschläge beim Eintreiben zu vermeiden, sieht man zweckmäßigerweise Schlagflächen c durch Brechen der scharfen Kanten an den Enden vor.

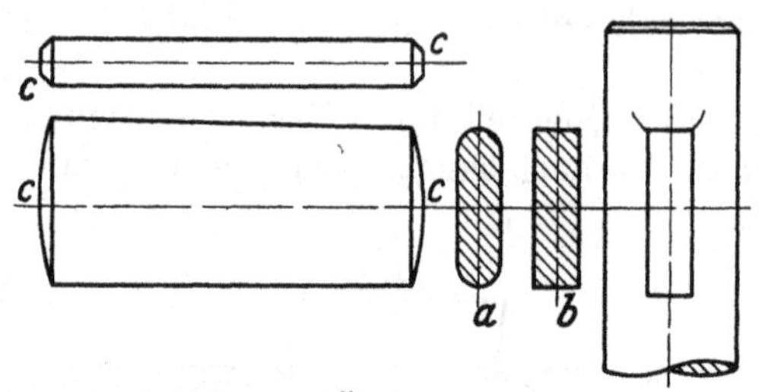

Abb. 291. Übliche Keilformen.

Die Herstellung des Schlitzes für den Keil geschieht entweder durch Bohren von Löchern an den Schlitzenden und darauf folgendes Ausstoßen des zwischenliegenden Werkstoffes, Abb. 292, oder durch Fräsen, Abb. 293.

Da die schräge Anlagefläche des Keiles meist von Hand angepaßt werden muß, ist dazu die kürzere und bequemer zu bearbeitende Fläche zu wählen, bei der Kreuzkopfverbindung in Abb. 283 z. B. die in der Kolbenstange.

Treten Erschütterungen oder Richtungswechsel der Kraft auf, durch welche die Pressung in den Anlageflächen und damit die Reibung aufgehoben werden kann, so sind die Keile zu sichern; vgl. Abb. 283 Sicherung durch Splint; Abb. 288 Sicherung durch Gegenmutter.

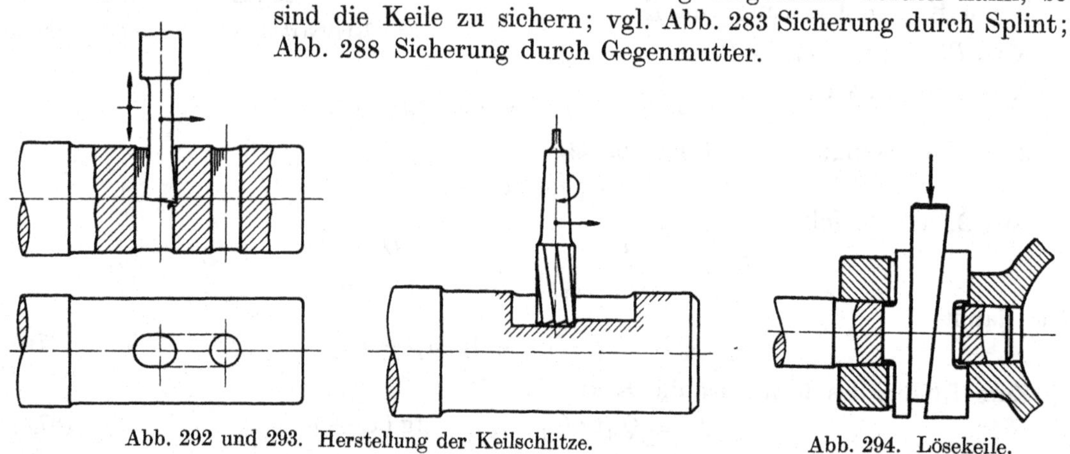
Abb. 292 und 293. Herstellung der Keilschlitze. Abb. 294. Lösekeile.

Zum Lösen von Verbindungen, die durch Querkeile verspannt sind, dienen Lösekeile, Abb. 294.

Zwei- und dreiteilige Keilverbindungen, wie sie Abb. 289 an einem früher viel benutzten Schubstangenkopf zeigt, sind veraltet. Zwar können die Anlageflächen an den zu verbindenden Stücken parallel sein — zudem sind die beim Eintreiben aufeinander gleitenden Keilflächen größer und mithin geringer auf Flächendruck belastet —; aber die Konstruktion ist vielteilig und deshalb kostspielig, abgesehen davon, daß der Bügel des Kopfes durch senkrecht zur Stangenachse wirkende Kräfte, etwa die Massenkräfte einer rasch laufenden Schubstange, ungünstig auf Biegung beansprucht wird.

3. Berechnung der Querkeilverbindungen.

Die Berechnung der Querkeile erfolgt auf Flächendruck und Biegung. Abb. 283 zeigt schematisch die Wirkung der Betriebskräfte $+P$ und $-P$, wenn man bei gutem

Einpassen des Keiles voraussetzt, daß sich der Flächendruck an den Anlageflächen gleichmäßig verteilt. Er ergibt sich zwischen Stange und Keil genügend genau aus:

$$p = \frac{+P}{b \cdot d},$$

zwischen Muffe und Keil aus:

$$p' = \frac{+P}{b\,(D-d)}.$$

Ist der Stangendurchmesser an der Auflagestelle gegeben, so gestattet die erste Formel unter Annahme des Flächendruckes p die Berechnung der Keilstärke

$$b = \frac{P}{p \cdot d}, \tag{88}$$

die zweite die Ermittlung des Bunddurchmessers

$$D = \frac{P}{p' \cdot b} + d. \tag{89}$$

Als Anhalt diene, daß b zwischen $^1/_4$ bis $^1/_3\,d$ genommen wird, um den auf Zug beanspruchten Restquerschnitt der Stange nicht zu hoch zu belasten, wobei die durch das Keilloch bedingte Kerbwirkung durch Wahl mäßiger Zugspannungen zu berücksichtigen ist. Für p gelten die in der Zusammenstellung 2 Seite 12 für die verschiedenen Belastungsarten gegebenen Zahlen. An gutem Stahl findet man bei schwellender Belastung Werte bis zu 1500 kg/cm². Hervorgehoben sei, daß selbst bei wechselnder Kraftwirkung in der Stange, wie bei der vorliegenden Befestigung der Kolbenstange einer doppeltwirkenden Maschine in einem Kreuzkopfe, sowohl die Beanspruchung auf Flächendruck, wie auch die auf Biegung nur schwellend ist, weil die Zugkraft $+P$ in der Stange durch den Keil, die Druckkraft $-P$ jedoch durch den Flächendruck am Grunde des Kreuzkopfhalses, also durch ein anderes Mittel, übertragen wird.

Die Keilhöhe h folgt bei der Berechnung des Querschnittes I, Abb. 283, auf Biegung nach lfd. Nr. (16) der Zusammenstellung 5, Seite 28, aus

$$W = \frac{b h^2}{6} = \frac{P \cdot D}{8 \cdot k_b},$$

wobei der an den Enden abgerundete Keilquerschnitt durch ein Rechteck von der mittleren Höhe h angenähert wird. k_b ist der Zusammenstellung 2, Seite 12 zu entnehmen. Als Widerlagerhöhen h_1, Abb. 283, am Ende der Kolbenstange und h_2 im Kreuzkopfhals pflegt man $^1/_2$ bis $^2/_3\,h$ zu wählen.

Daß für den Keil die Beanspruchung auf Biegung und nicht, wie im Schrifttum noch immer zu finden ist, die auf Abscherung maßgebend ist, zeigen anschaulich die Abb. 295 und 296, die durch Wasserschläge, d. h. infolge Eindringens von Wasser in die Dampfzylinder, überlastete Kreuzkopfkeile wiedergeben. An dem oberen hat der Schervorgang eingesetzt; vorher aber war der Keil schon so stark durchgebogen worden, daß er nicht mehr brauchbar ist. Erst seine völlige Zerstörung und die Trennung der Kolbenstange vom Kreuzkopf hätte durch Abscheren, wie der untere Keil zeigt, erfolgen müssen. Um unzulässige Durchbiegungen zu vermeiden, sind derartige Querkeile stets auf Biegung zu berechnen.

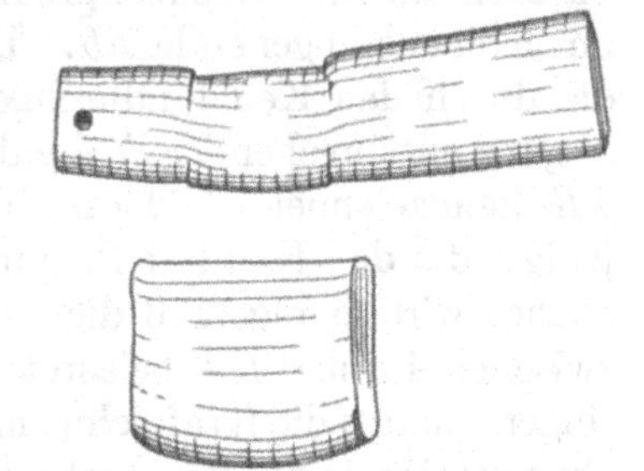

Abb. 295 und 296. Durch Wasserschläge überlastete und zerstörte Keile.

Beim Zusammenbau werden die Keile durch das Eintreiben an ihren Anlageflächen stark angepreßt; in der gesamten Verbindung entstehen Vorspannungen, deren von der Stärke des Eintreibens abhängige Größe sich freilich schwer bestimmen läßt. Die später hinzutretenden äußeren Betriebskräfte rufen Belastungsspannungen hervor, die die Vorspannungen erhöhen, sich aber zu denselben infolge der Elastizität der Teile nicht etwa einfach addieren, wie im folgenden des näheren nachgewiesen ist. Abb. 297 zeigt den Vorspannungszustand; infolge der Wirkung der Vorspannkraft P_0 steht das Gebiet ab der Kolbenstange unter Druckspannungen und wird um das Maß δ_0 zusammengedrückt. Gleichzeitig herrschen im Keil Biege- und im Kreuzkopfhals Zugspannungen, die Formänderungen λ_0 erzeugen mögen. Trägt man nun in Abb. 298 und 299 δ_0 und λ_0 senkrecht zu P_0 auf und verbindet die Endpunkte, so ergeben sich zwei Dreiecke, die die Formänderungen der Strecke ab und des Keiles, sowie des Kreuzkopfhalses zwischen c und d unter der Wirkung beliebiger Kräfte zu verfolgen gestatten, wenn man Verhältnisgleichheit zwischen den Spannungen und Formänderungen voraussetzt. Wird nämlich durch eine äußere Kraft, die in der Kolbenstange wirkt, die Belastung der Strecke ab auf P' erhöht, so wird die Zusammendrückung auf δ' anwachsen. Dadurch werden aber der Keil und die Strecke cd entlastet, und zwar der Differenz $\delta' - \delta_0$ entsprechend, um welche sie sich ausdehnen können. Zieht man diesen Betrag vom zweiten Dreieck ab, so folgt, daß der Keil und cd nur noch der Kraft P'' ausgesetzt sein können. $P' - P'' = P$ ist die zum Hervorbringen der besprochenen Formänderungen nötige äußere Kraft. Sehr einfach wird die Darstellung, wenn die beiden Formänderungsdreiecke des Vorspannungszustandes mit ihren Grundlinien aneinandergelegt werden, wie in Abb. 300

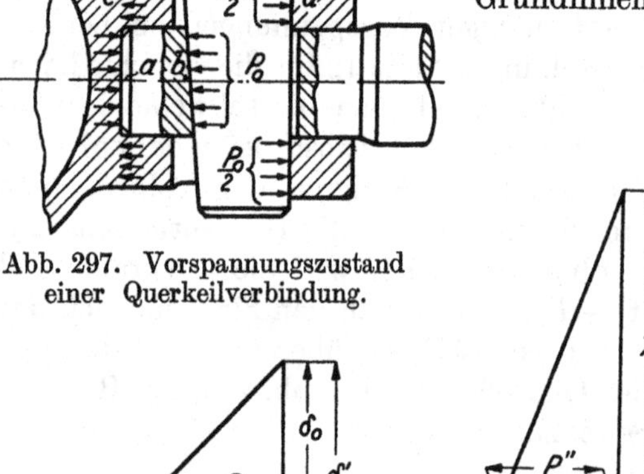

Abb. 297. Vorspannungszustand einer Querkeilverbindung.

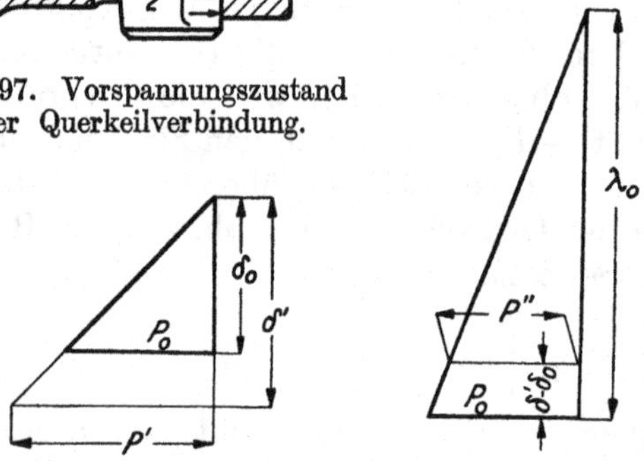

Abb. 298 und 299. Formänderungsdreiecke zur Querkeilverbindung.

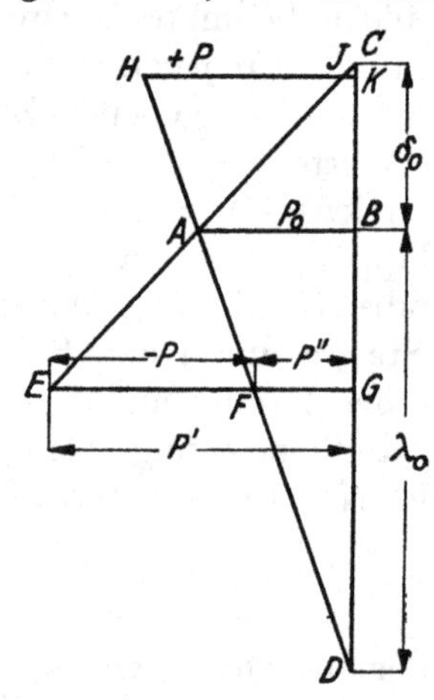

Abb. 300. Ermittlung der Betriebskräfte an Hand der Formänderungsdreiecke.

mit ABC und ABD geschehen ist. Trägt man nun zwischen AD und der Verlängerung von CA, gleichlaufend zu AB, die äußere Druckkraft $EF = -P$ ein, so liefert FG die im Keil und im Kreuzkopfhals wirksame Restkraft P'' und $EG = P'$ die Druckkraft im Kolbenstangenende ab. Die Wirkung einer Zugkraft $+P$ in der Kolbenstange, die durch den Keil hindurchgeleitet, vom Kreuzkopfhals aufgenommen wird, läßt sich in ganz entsprechender Weise durch Eintragen von $HJ = +P$ jenseits von A beurteilen. JK kennzeichnet die Kraft, durch welche ab noch zusammengepreßt wird, HK diejenige, die den Keil auf Biegung und den Hals auf Zug beansprucht. Während des Betriebes wird demgemäß die Verbindung einerseits zwischen EG und AB, andererseits zwischen AB und HK belastet. Zu beachten ist, daß die Spannungsschwankungen geringer sind als die Kraftschwankungen erwarten lassen, die bei den Keilverbindungen, wie oben gezeigt, in der Regel schwellend sind, also zwischen Null und einem Höchstwert liegen. Dagegen verändern sich die Beanspruchungen nur zwischen der Vorspannung und einem Höchstwert, entsprechend den Abszissen der Fläche $GEAHKG$, so daß sich die Art der Belastung der ruhenden nähert, und zwar um so mehr, je höher die Vorspannung war. Da somit die Inanspruchnahme günstiger und deshalb höhere Beanspruchung zulässig ist, dürfte auch die Vorspannung genügend berücksichtigt sein, wenn man der Berechnung nur die Betriebskräfte zugrunde legt, die Beanspruchungen aber schwellender Belastung entsprechend wählt. Manche Konstrukteure berechnen Spannungsverbindungen mit $\frac{5}{4}$ der Betriebsbelastung; die damit angenommene Erhöhung der Spannung um 25% ist lediglich eine willkürliche Schätzung.

Die Verspannung der Kolbenstange in der Kreuzkopfhülse erreicht man konstruktiv entweder durch das Aufliegenlassen am Kreuzkopfhalse, Abb. 266, oder auf dem Grunde des Loches, Abb. 297, unter Anwendung von Gleit- oder Schiebesitzen längs der zylindrischen Teile, oder durch kegeliges Einpassen, Abb. 301. Während die erste Art die Stange nicht unbeträchtlich schwächt, wohl aber den Vorteil bietet, daß der Restquerschnitt neben dem Keilloch nur schwellend durch die Zugkraft belastet ist, ist die Stange bei der zweiten Art wechselnd beansprucht. Im dritten Fall sucht das kegelige Ende die Hülse auseinanderzusprengen; es entstehen Spannungen, die Bonte [IV, 1] unter der Annahme gleichmäßiger Verteilung in dem gestrichelten Querschnitte, Abb. 301, annähernd wie folgt berechnet. Dringt der Kegel um die Strecke dx ein, so vergrößern sich sämtliche Hülsendurchmesser um $2\,dx \cdot \operatorname{tg} \alpha$, somit die Umfänge aller zugehörigen Kreise um $2\pi \cdot dx \cdot \operatorname{tg} \alpha$. Ist P die äußere Kraft, die auf den Kegel wirkt und S die Sprengkraft in der Hülse, so führt die Arbeitsgleichung zu

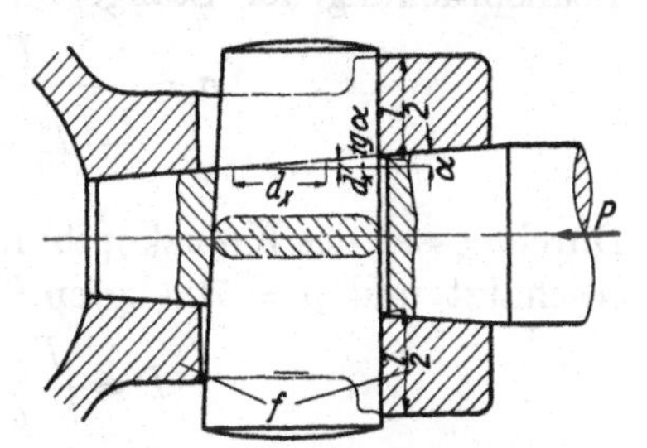

Abb. 301. Zur Berechnung der Sprengspannungen im Kreuzkopfhalse.

$$P \cdot dx = S \cdot 2 \cdot \pi \cdot dx \cdot \operatorname{tg}\alpha \quad \text{oder} \quad S = \frac{P}{2\pi \cdot \operatorname{tg}\alpha}.$$

Daß P auch die Reibung längs der Hülsenwandung überwinden muß, kann man durch den Reibungswinkel ϱ berücksichtigen, indem man annimmt, daß der Dorn unter dem Winkel $\alpha + \varrho$ eindringen muß. Dadurch wird die Sprengkraft auf

$$S' = \frac{P}{2\pi \operatorname{tg}(\alpha + \varrho)} \tag{90}$$

vermindert, entsprechend einer mittleren Zugspannung in der Hülsenwandung:

$$\sigma_z' = \frac{S'}{F} = \frac{P}{2\pi \operatorname{tg}(\alpha+\varrho) \cdot F}. \tag{91}$$

ϱ fand Bonte bei Versuchen mit Stahldornen in gußeisernen Hülsen zu etwa 9°.

Die gleiche Formel kann zur Ermittlung der Spannungen dienen, die beim Einziehen kegelig eingepaßter Zapfen in den Kurbelnaben entstehen.

4. Berechnungsbeispiel. Befestigung der Kolbenstange im Kreuzkopf der Wasserwerkmaschine, Tafel I und Seite 137. Größter Druck in der Totlage der Kurbel: Summe des Dampf- und Pumpendruckes auf der Hochdruckseite: $P_0 = P_h + P_p = 20\,600$ kg. Stange und Keil: Stahl; Kreuzkopfkörper: Stahlguß. In der Kolbenstange ist die Kraftwirkung wechselnd; mithin ist eine Spannungsverbindung notwendig; Keil und Anlagefläche der Stange im Kreuzkopfhalse sind nur schwellend belastet, da die Druckkräfte auf einem anderen Wege als die Zugkräfte übertragen werden. Kolbenstangendurchmesser 100 mm, vgl. Zahlenbeispiel 1 des Abschnittes 12. In den Kreuzkopfhals werde die Stange schlank kegelig eingepaßt, Abb. 302.

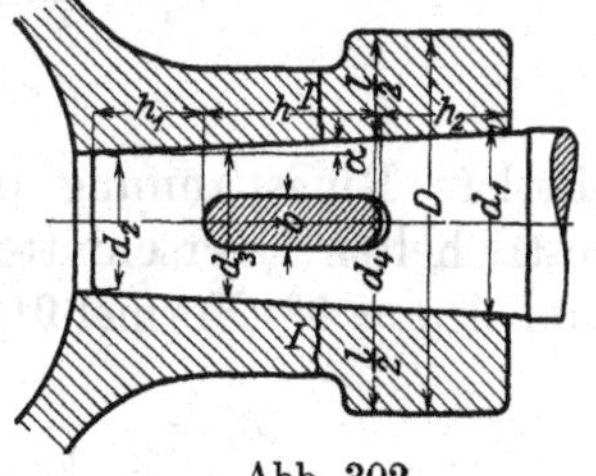

Abb. 302. Zum Berechnungsbeispiel.

Projektion der Auflagefläche der Kolbenstange in der Hülse aus $p = 700$ kg/cm² (Stahlguß)

$$f = \frac{P_0}{p} = \frac{20600}{700} = 29{,}4 \text{ cm}^2.$$

Wird die Stange wegen eines etwaigen späteren Abschleifens an der Eintrittstelle in die

Hülse auf $d_1 = 98$ mm abgesetzt, so folgt der Enddurchmesser des Kegels aus

$$\frac{\pi}{4} d_2^2 = \frac{\pi}{4} d_1^2 - f = 75{,}4 - 29{,}4 = 46\ \text{cm}^2; \quad d_2 = 77\ \text{mm}.$$

Keilstärke b. Schwellende Belastung, Stahl auf Stahl, $p = 900$ kg/cm² angenommen. Durchmesser der Kolbenstange an der Anlagestelle $d_3 = 82$ mm geschätzt.

$$b = \frac{P_0}{d_3 \cdot p} = \frac{20600}{8{,}2 \cdot 900} = 2{,}8\ \text{cm}.$$

Beanspruchung der Stange im Restquerschnitt:

$$\sigma_z = \frac{P_0}{\frac{\pi}{4} \cdot d_3^2 - b \cdot d_3} = \frac{20600}{\frac{\pi}{4} \cdot 8{,}2^2 - 2{,}8 \cdot 8{,}2} = 692\ \text{kg/cm}^2. \quad \text{Zulässig.}$$

Durchmesser des Kreuzkopfbundes D, wenn Stangendurchmesser d_4 zu 91 mm, Abb. 302, geschätzt und $p = 700$ kg/cm² gewählt wird (Formel 89)

$$D = \frac{P_0}{b \cdot p} + d_4 = \frac{20600}{2{,}8 \cdot 700} + 9{,}1 = 19{,}7\ \text{cm}.$$

Gewählt $D = 200$ mm.

Keilhöhe h bei $k_b = 1200$ kg/cm², (Stahl von 7000 kg/cm² Festigkeit).

$$W = \frac{b h^2}{6} = \frac{P_0 \cdot D}{8 \cdot k_b}; \quad h^2 = \frac{6 \cdot 20600 \cdot 20}{8 \cdot 2{,}8 \cdot 1200} = 92\ \text{cm}^2; \quad h = 9{,}6\ \text{cm}.$$

Mit Rücksicht auf die Abrundung ausgeführt: $h = 100$ mm.

Bei einer Länge des überstehenden Kolbenstangenendes $h_1 = 60$ und einer Bundhöhe $h_2 = 70$ mm wird die Gesamtlänge des Kegels im Kreuzkopf

$$h_1 + h + h_2 = 60 + 100 + 70 = 230\ \text{mm}.$$

Daraus Kegelneigung

$$\operatorname{tg} \alpha = \frac{d_1 + d_2}{2 \cdot (h_1 + h + h_2)} = \frac{98 - 77}{2 \cdot 230} = \frac{1}{21{,}9}.$$

Gewählt $\operatorname{tg} \alpha = \frac{1}{20}$; $\alpha = 2^0\,50'$.

Damit erhält d_2 endgültig das Maß von

$$d_2 = d_1 - 2 \operatorname{tg} \alpha \, (h_1 + h + h_2) = 98 - \frac{2}{20} \cdot 230 = 75\ \text{mm}.$$

Beanspruchung des Kreuzkopfhalses im Querschnitt I von 160 mm Außendurchmesser

$$\sigma_z = \frac{P_0}{F_1} = \frac{20600}{\frac{\pi}{4}(16^2 - 8{,}7^2) - 2{,}8 \cdot (16 - 8{,}7)} = 170\ \text{kg/cm}^2.$$

Mittlere Ringspannung infolge der Sprengwirkung des Stangenkegels in den beiden gestrichelten Querschnitten, Abb. 301, von je $f = 70$ cm² Inhalt bei einem Reibungswinkel $\varrho = 9^0$ (Formel 91)

$$\sigma_z' = \frac{P}{2\pi \operatorname{tg}(\alpha + \varrho) \cdot f} = \frac{20600}{2 \cdot \pi \operatorname{tg}(2^0 50' + 9^0) \cdot 70} = 224\ \text{kg/cm}^2.$$

C. Längskeile.

Längskeile dienen zur Befestigung von Zahnrädern, Riemenscheiben, Schwungrädern, Hebeln, Kurbeln usw. auf Wellen und Achsen, sitzen in Nuten in den Wellen oder Naben und wirken beim Eintreiben durch ihren Anzug auf eine Verspannung der Teile hin. Die Nuten werden in den Wellen gleichlaufend zur Achse, also gleichtief, eingehobelt oder mit Walzen- oder Stirnfräsern nach Abb. 241 und 242 eingefräst. In den Naben werden sie dem Anzug entsprechend **geneigt** gestoßen oder gezogen.

Längskeile bestehen aus Stahl und haben normalerweise $^1/_{100}$ Anzug. Nach der Querschnittform unterscheidet man: Hohl-, Flach- und Nutenkeile, Abb. 303—305, ferner nach der Art ihres Einbaues: Einleg-, Treib- und Nasenkeile. Auf die in einer Nut gehaltenen Einlegkeile, Abb. 305, werden die zu befestigenden Stücke getrieben, während umgekehrt Treib- und Nasenkeile von der Seite her in die Nut eingeschlagen werden, die zu dem Zwecke im Falle der Abb. 306, in dem die linke Nabenfläche an einem Wellenabsatz anliegen soll, hinreichend lang sein oder im Falle der Abb. 307a in einer Ver-

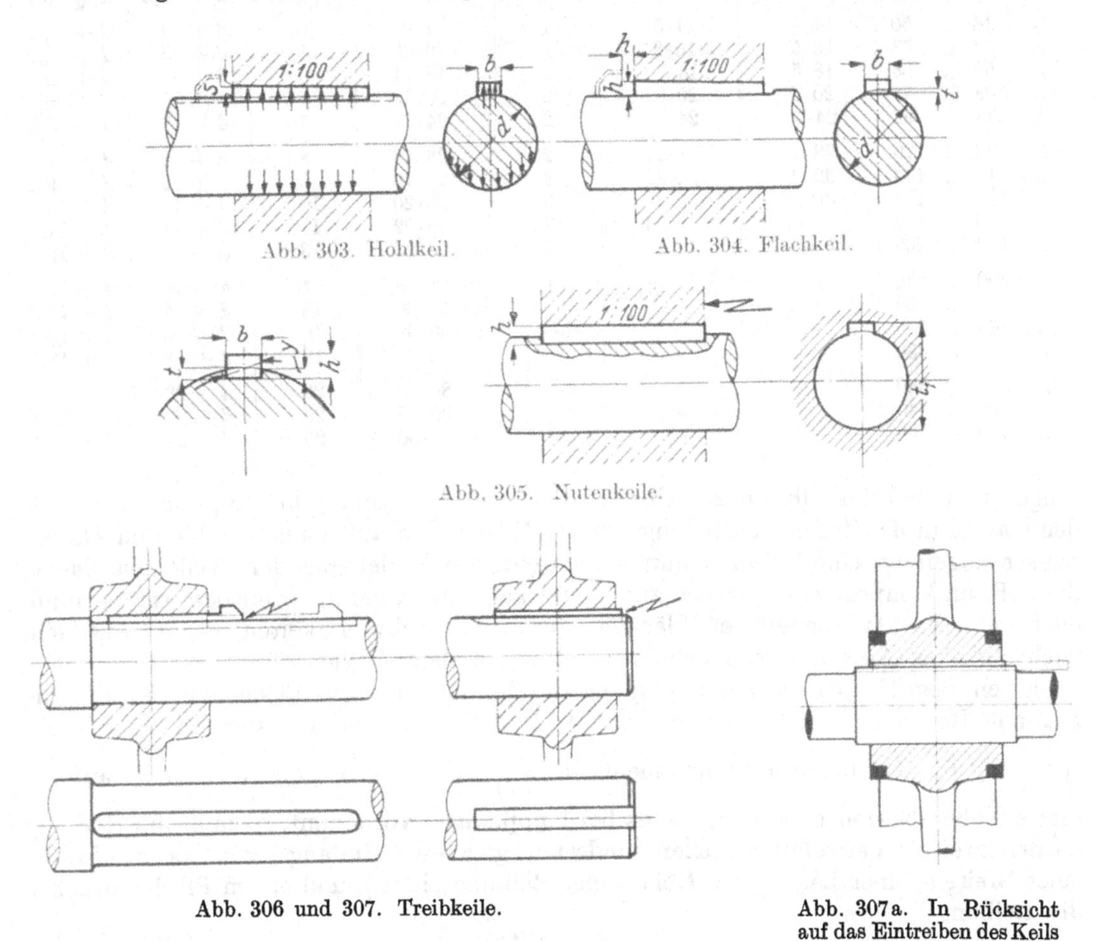

Abb. 303. Hohlkeil. Abb. 304. Flachkeil.

Abb. 305. Nutenkeile.

Abb. 306 und 307. Treibkeile.

Abb. 307a. In Rücksicht auf das Eintreiben des Keils abgesetzte Welle.

stärkung der Welle liegen muß. Nasenkeile, am besten aus einem Stück Stahl vom Querschnitt der Nase ausgeschmiedet, werden da verwendet, wo das schwächere Keilende zwecks Heraustreibens des Keils nicht zugänglich ist. Zur Verhütung von Unfällen sind die Enden und Nasen rasch laufender Keile durch Kappen, Schutzbleche oder in sonst geeigneter Weise einzuhüllen.

Die üblichen Keilformen sind durch die DIN 141 bis 143 und 490 bis 500 einheitlich festgelegt worden, vgl. Zusammenstellung 56. Dabei bezieht sich die Höhe h bei den Treib- und Einlegkeilen auf das dickere Keilende und wird an den Nasenkeilen in der Entfernung h von der Naseninnenfläche gemessen. Die Kanten können nach dem Belieben der Hersteller abgeschrägt, die Nuten ausgeschrägt oder ausgerundet werden.

Hohlkeile, Abb. 303, sind entsprechend der Oberfläche der kleinsten Welle, für die sie verwendet werden sollen, ausgehöhlt, wirken lediglich durch die Reibung, die sie beim Eintreiben an der Anlagefläche des Keils und auf der Gegenseite in der Nabe er-

Zusammenstellung 56. **Längskeile nach DIN 141, 142 und 143. Paß- und Gleitfedern nach DIN 269.**

Wellendurchmesser d	Hohlkeile Breite · Stärke $b \cdot s$	Flachkeile Breite · Höhe $b \cdot h$	Flachkeile Scheitelhöhe t	Nutenkeile und Federn Breite · Höhe $b \cdot h$	Nutenkeile und Federn Wellennuttiefe t [1])	Nabennuttiefe für Nutenkeile t_1 [1])	Nabennuttiefe für Federn t_1
10 bis 12	—	—	—	4·4	2,5	$d+1{,}5$	$d+1{,}7$
über 12 „ 17	—	—	—	5·5	3	$d+2$	$d+2{,}2$
„ 17 „ 22	—	—	—	6·6	3,5	$d+2{,}5$	$d+2{,}7$
„ 22 „ 30	8·3	8·4	1	8·7	4	$d+3$	$d+3{,}2$
„ 30 „ 38	10·3,5	10·5	1,5	10·8	4,5	$d+3{,}5$	$d+3{,}7$
„ 38 „ 44	12·3,5	12·5	1,5	12·8	4,5	$d+3{,}5$	$d+3{,}7$
„ 44 „ 50	14·4	14·5	1	14·9	5	$d+4$	$d+4{,}2$
„ 50 „ 58	16·5	16·6	1	16·10	5	$d+5$	$d+5{,}2$
„ 58 „ 68	18·5	18·7	2	18·11	6	$d+5$	$d+5{,}3$
„ 68 „ 78	20·6	20·8	2	20·12	6	$d+6$	$d+6{,}3$
„ 78 „ 92	24·7	24·9	2	24·14	7	$d+7$	$d+7{,}3$
„ 92 „ 110	28·8	28·10	2	28·16	8	$d+8$	$d+8{,}3$
„ 110 „ 130	32·9	32·11	2	32·18	9	$d+9$	$d+9{,}3$
„ 130 „ 150	36·10	36·13	3	36·20	10	$d+10$	$d+10{,}3$
„ 150 „ 170	—	40·14	3	40·22	11	$d+11$	$d+11{,}3$
„ 170 „ 200	—	45·16	4	45·25	13	$d+12$	$d+12{,}3$
„ 200 „ 230	—	50·18	4	50·28	14	$d+14$	$d+14{,}3$
„ 230 „ 260	—	—	—	55·30	15	$d+15$	$d+15{,}3$
„ 260 „ 290	—	—	—	60·32	16	$d+16$	$d+16{,}4$
„ 290 „ 330	—	—	—	70·36	18	$d+18$	$d+18{,}4$
„ 330 „ 380	—	—	—	80·40	20	$d+20$	$d+20{,}4$
„ 380 „ 440	—	—	—	90·45	23	$d+22$	$d+22{,}4$
„ 440 „ 500	—	—	—	100·50	25	$d+25$	$d+25{,}4$

zeugen und sind deshalb nur zur Übertragung mäßiger Umfangskräfte geeignet, wie sie denn auch in der Zusammenstellung nur für Wellen von äußerstenfalls 150 mm Durchmesser angeführt sind. Man benutzt sie, wenn die Verletzung der Wellenoberfläche, die z. B. an komprimierten Wellen zum Verziehen führen kann, vermieden werden muß, oder wenn das Anarbeiten von Flächen oder Nuten Schwierigkeiten macht, wie beim nachträglichen Aufsetzen von Scheiben auf vorhandene Wellen.

Einen Begriff über die zur Erzeugung der Reibung nötigen Flächendrucke gibt die folgende Rechnung. Soll das von einer Welle von d cm Durchmesser bei einer Drehspannung k_d übertragbare Drehmoment $M_d = \frac{\pi}{16} d^3 \cdot k_d$ kgcm ganz an die darauf gesetzte Nabe abgegeben werden, wie es bei Kupplungen vorkommt, so muß die Reibung an den zwei oben erwähnten Stellen mindestens gleich der Umfangskraft U sein, also bei einer Breite b, einer Länge l des Keils, einer Reibungsziffer μ und einem Flächendruck p die Reibung

$$2p \cdot b \cdot l \cdot \mu = U = \frac{2 M_d}{d} = \frac{\pi}{8} d^2 \cdot k_d,$$

oder

$$p = \frac{\pi}{16} \cdot \frac{d^2 \cdot k_d}{\mu \cdot b \cdot l}$$

sein. Setzt man für k_d den bei der Berechnung von Triebwerkwellen üblichen Wert von 200 kg/cm² und $\mu = 0{,}15$ ein, so erhält man

$$p = \frac{\pi}{16} \cdot \frac{200}{0{,}15} \cdot \frac{d^2}{b \cdot l} \approx 260 \cdot \frac{d^2}{b \cdot l}$$

und schließlich mit einem Durchschnittswert von $l = 1{,}3\, d$

$$p \approx 200 \frac{d}{b}.$$

---

[1]) Vgl. Abb. 305.

Die normalen Abmessungen nach der Zusammenstellung 56

$$d = 30 \quad 50 \quad 100\,\text{mm}$$

$$b = 10 \quad 14 \quad 28\,\text{mm},$$

geben $p = 600 \quad 715 \quad 715\,\text{kg/cm}^2$,

Zahlen, die als Mindestwerte angesehen, ziemlich hoch erscheinen und an einem längeren Hohlkeil nur bei sehr genauem Passen zu erreichen sein werden. Sie kennzeichnen andrerseits die großen Kräfte, die die Naben aushalten müssen.

Der Flachkeil, Abb. 304, liegt längs einer ebenen, an der Welle angebrachten Fläche an. Seine günstigere Wirkung beruht darauf, daß er fester eingeklemmt wird, wenn die durch den Anzug erzeugte Reibung nicht ausreicht und eine Verschiebung zwischen der Welle und dem Keil eintritt, welch letzterer dabei längs der ebenen Fläche nach außen rückt. Ein Wechsel in der Kraftrichtung würde freilich zum Lockerwerden der Verbindung führen. Die rechnerische Verfolgung der Klemmwirkung bietet wenig Aussicht, da sie von sehr unsicheren Annahmen ausgehen muß.

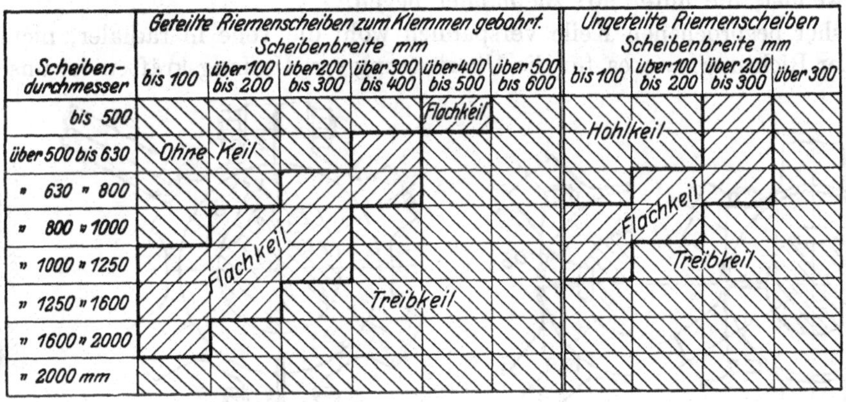

Abb. 308. Verwendungsgebiete der Keilarten.

Beim Nutenkeil, Abb. 305, wird die Wirkung der Reibung und Klemmung durch den Flankendruck ergänzt, der bei seitlichem Schluß oder nach eingetretener Verschiebung die unmittelbare Überleitung der Umfangskräfte ermöglicht. Vernachlässigt man die Reibung und Klemmung vollständig und nimmt an, daß die Umfangskraft an den in die Welle eingelassenen Flanken von der Höhe y übertragen wird, so entsteht ein Flächendruck

$$p = \frac{U}{l \cdot y} = \frac{\pi d^2 \cdot k_d}{8 \cdot l \cdot y} = 78{,}5\,\frac{d^2}{l \cdot y}$$

oder mit $l = 1{,}3\,d$

$$p \approx 60 \cdot \frac{d}{y}.$$

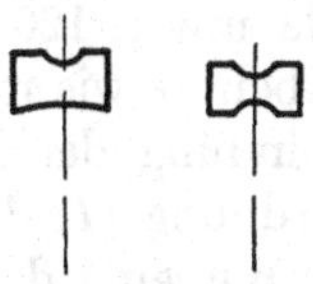

Bei $d = 30 \quad 50 \quad 100 \quad 150\,\text{mm}$

und $y = 3{,}5 \quad 4 \quad 6 \quad 7{,}75\,\text{mm}$

ergeben sich Drucke von $p = 515 \quad 750 \quad 1000 \quad 1160\,\text{kg/cm}^2$.

Abb. 308a. Rinnenkeile von Roemmele, Freiburg i. Br.

Die Werte sind zahlenmäßig höher als bei den Hohlkeilen, sind aber keine Mindestwerte und zulässig, weil sie noch genügende Sicherheit gegen bleibende Formänderungen und Zerstörungen bieten.

Die Verwendungsgebiete der behandelten drei Keilarten gibt Abb. 308 wieder.

Roemmele, Freiburg i. Br., versieht die Keile mit Rillen längs der Druckflächen, Abb. 308a, bekommt dadurch eine bessere Anlage der Kanten und kann zum Lösen angerosteter Keile Petroleum einflößen.

Bei stoßweisem Betrieb und wechselnder Drehrichtung werden an ungeteilten Naben zweckmäßigerweise zwei um 120° versetzte Nutenkeile verwendet, um Dreipunktauflage zu erreichen.

Was die Anordnung der Keile an geteilten Naben betrifft, so hat diejenige nach Abb. 309a, senkrecht zur Fuge, den Vorzug, ein kräftiges Verspannen der Teile durch das Eintreiben zu ermöglichen, freilich unter Belastung der Verbindungsschrauben, die deshalb reichlich stark gehalten werden müssen. Der in der Fuge liegende Keil, Abb. 309b, findet ein wesentlich ungünstigeres Widerlager in der Nabe, die er auf Biegung beansprucht. Auf das seitliche Fassen des Keils beim Anziehen der Schrauben, das manche durch diese Stellung des Keils erreichen wollen, ist keinesfalls mit Sicherheit zu rechnen, da man von dem Schluß zwischen der Welle und der Nabenbohrung abhängig ist. Verwendet man an Stelle eines Nutenkeils nur einen Hohlkeil, so besteht bei der Anordnung desselben senkrecht zur Fuge, Abb. 309a, die Gefahr, daß sich die Schrauben beim Laufen verlängern, weil sie durch die Fliehkraft der Radhälften belastet werden, daß sie dann den Keil nicht mehr kräftig genug gegen die Welle pressen und die Nabe zu rutschen beginnt! Bei schweren Trieben findet man oft einen Nuten- und einen Hohlkeil gleichzeitig verwendet, die unter 90° zueinander liegen.

Die bisher besprochenen Keile verspannen wohl die Teile in radialer, nicht aber in tangentialer Richtung, wie es für die Übertragung von Umfangskräften erwünscht wäre.

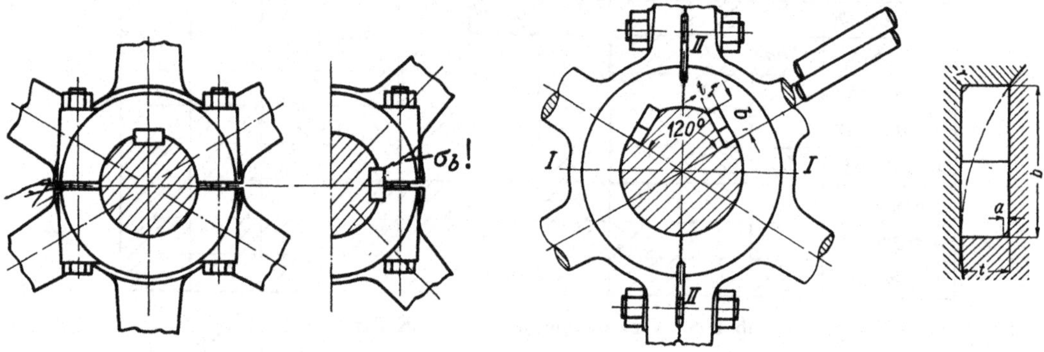

Abb. 309a und 309b. Anordnung der Keile an geteilten Naben.

Abb. 309c. Tangentkeile.

Das gestatten Tangentkeile, Abb. 309c, die deshalb für große und namentlich für wechselnde Kräfte zu empfehlen sind. Die Anlageflächen in der Welle und in der Nabe laufen parallel zueinander; zwischen sie werden auf jeder Seite zwei Keile eingetrieben, durch die die Nabe gewissermaßen um die Welle herumgezogen und auf einem großen Teil des Umfanges zum Anliegen gebracht wird. An der Welle gemessen pflegt man die Keile unter 120° gegeneinander zu versetzen. Die Nabenteilfuge findet man sowohl in Ebene *I* wie in Ebene *II* angeordnet. Im ersten Falle wird die Schrauben- oder Keilverbindung der Nabe gleichmäßig und symmetrisch in Anspruch genommen; bei der Anordnung *II*, die übrigens in den Abbildungen auf den DIN 268 und 271 benutzt ist, wird nur eine der Verbindungsstellen, aber bei der Richtung der durch die Keile erzeugten Kräfte doch nur in mäßigen Grenzen belastet, die andere dagegen entlastet.

In den Dinormen sind zwei Reihen von Tangentkeilen festgelegt worden:

a) für gewöhnliche Betriebsverhältnisse in DIN 271. Die Keilstärken und damit die Nutentiefen t sind nach Millimetern abgestuft, während sich die zugehörigen Nutenbreiten und Keilhöhen b aus der Formel

$$b = \sqrt{t\,(d-t)} \tag{91a}$$

ergeben;

b) für stoßartigen Wechseldruck in DIN 268. Die Keile haben größere Abmessungen; die Nutentiefen $t = 0{,}1\,D$ und -breiten $b = 0{,}3\,D$ sind Maße in ganzen Millimetern, vgl. Zusammenstellung 57.

Bei Wellendurchmessern, die von den aufgeführten abweichen, sind im Fall a die Nuttiefen des nächstgrößern aufgeführten Wellendurchmessers zu wählen und die Nutbreiten nach Formel (91a) zu berechnen; in Gruppe b gelten ebenfalls $t = 0{,}1\,D$ und $b = 0{,}3\,D$. In der Kehle sind die Nuten gemäß Abb. 309c rechts nach dem Halbmesser r ausgerundet, die Keile an den entsprechenden Kanten um a mm abgeschrägt.

Als normaler Anzug der Keile der Gruppe a ist 1:100 festgelegt; im Falle b ist 1:60 bis 1:100 zugelassen.

Zusammenstellung 57. **Tangentkeilnuten nach DIN 271 und 268.**

Wellendurchmesser D	Für gewöhnliche Betriebsverhältnisse, DIN 271		Für stoßartigen Wechseldruck, DIN 268		Wellendurchmesser D	Für gewöhnliche Betriebsverhältnisse, DIN 271		Für stoßartigen Wechseldruck, DIN 268	
	Tiefe t	errechnete Breite b	Tiefe t	Breite b		Tiefe t	errechnete Breite b	Tiefe t	Breite b
mm	mm	mm	mm	mm	mm	mm	mm	mm	mm
60	7	19,3	—	—	420	30	108,2	42	126
70	7	21,0	—	—	440	30	110,9	44	132
80	8	24,0	—	—	460	30	113,6	46	138
90	8	25,6	—	—	480	34	123,1	48	144
100	9	28,6	10	30	500	34	125,9	50	150
110	9	30,1	11	33	520	34	128,5	52	156
120	10	33,2	12	36	540	38	138,1	54	162
130	10	34,6	13	39	560	38	140,8	56	168
140	11	37,7	14	42	580	38	143,5	58	174
150	11	39,1	15	45	600	42	153,1	60	180
160	12	42,1	16	48	620	42	155,8	62	186
170	12	43,5	17	51	640	42	158,5	64	192
180	12	44,9	18	54	660	46	168,1	66	198
190	14	49,6	19	57	680	46	170,8	68	204
200	14	51,0	20	60	700	46	173,4	70	210
210	14	52,4	21	63	720	50	183,0	72	216
220	16	57,1	22	66	740	50	185,7	74	222
230	16	58,5	23	69	760	50	188,4	76	228
240	16	59,9	24	72	780	54	198,0	78	234
250	18	64,6	25	75	800	54	200,7	80	240
260	18	66,0	26	78	820	54	203,4	82	246
270	18	67,4	27	81	840	58	213,0	84	252
280	20	72,1	28	84	860	58	215,7	86	258
290	20	73,5	29	87	880	58	218,4	88	264
300	20	74,8	30	90	900	62	227,9	90	270
320	22	81,0	32	96	920	62	230,6	92	276
340	22	83,6	34	102	940	62	233,2	94	282
360	26	93,2	36	108	960	66	242,9	96	288
380	26	95,9	38	114	980	66	245,6	98	294
400	26	98,6	40	120	1000	66	248,3	100	300

Für gewöhnliche Betriebsverhältnisse, DIN 271	Wellendurchmesser	60 ... 150	160 ... 240	250 ... 340	360 ... 460	480 ... 680	700 ... 1000
	Ausrundung der Nut r	1	1,5	2	2,5	3	4
	Abschrägung am Keil a	1,5	2	2,5	3	4	5
Für stoßartigen Wechseldruck, DIN 268	Wellendurchmesser	100 ... 220	230 ... 360	380 ... 460	480 ... 580	600 ... 860	880 ... 1000
	Ausrundung der Nut r	2	3	4	5	6	8
	Abschrägung am Keil a	3	4	5	6	7	9

Auch durch den Spießkantkeil, Abb. 310, einen Keil von quadratischem Querschnitt, der auf eine Längskante gestellt ist, läßt sich, gute Einpassung vorausgesetzt, eine Verspannung nach beiden Richtungen erzielen.

Das gleiche sucht v. Bechtolsheim durch den Alfakeil, Abb. 311, zu erreichen. Aus Rundstahl von $b = \frac{d}{4}$ mm Stärke hergestellt, besitzt derselbe zwei schräge, unter 60° gegeneinander geneigte Flanken mit $^1/_{100}$ Anzug gegenüber der Achse und ist oben und unten abgeflacht. Die Verspannung wird beim Ein-

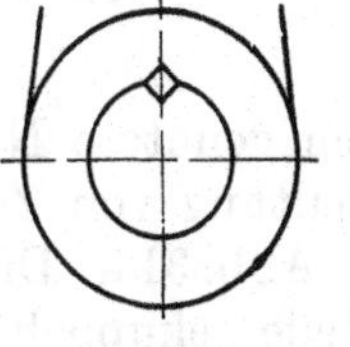

Abb. 310. Spießkantkeil.

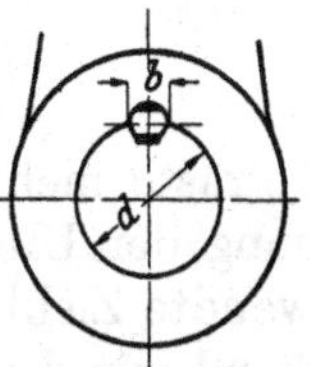

Abb. 311. Alfakeil.

treiben dadurch erreicht, daß die halbrunde Nut in der Nabe dem Anzug entsprechend geneigt ist, während diejenige in der Welle parallel zur Wellenmittellinie läuft.

II. Federn.

Federn haben durchweg gleichen rechteckigen Querschnitt, also keinen Anzug. Dadurch wird das mittliche Aufsetzen der Scheiben erleichtert unter Vermeidung des beim Eintreiben von Keilen leicht auftretenden Schiefziehens oder des aus der Mittesetzens und Unrundlaufens und, wenn notwendig, eine Verschiebung der Teile auf der Welle ermöglicht (Gleitfedern). Andrerseits ist man bei der Übertragung der Umfangskräfte lediglich auf den Flankendruck angewiesen und muß deshalb die Federn seitlich besonders gut einpassen.

Nach DIN 269 erhalten Paß- und Gleitfedern die gleichen Querschnitte wie die Nutenkeile der Zusammenstellung 56, Seite 198. Nur für Werkzeuge und Werkzeugmaschinen sind Sondermaße für die Federn und Nuten in den DIN 138 und 144 festgelegt. Auch die Federn können nach Belieben des Herstellers abgeschrägt, die Nuten ausgeschrägt oder ausgerundet werden, falls dies erforderlich ist.

Zu verschiebende Teile führt man entweder längs einer mit der Welle verstemmten oder nach DIN 145 verschraubten Feder, Abb. 312, oder unter Vermeidung von vor-

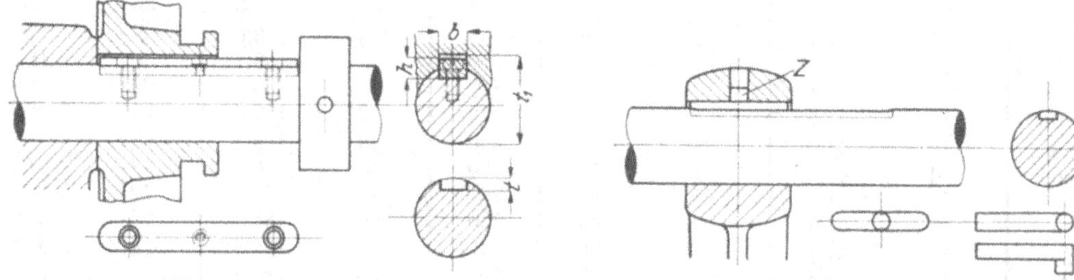

Abb. 312. Gleitfeder.

Abb. 313. In einer Nut gleitende Feder.

springenden Teilen durch eine in der Nabe sitzende Feder auf der genuteten Welle, wobei die Feder durch einen Zapfen Z in der (geteilten) Nabe gehalten sein kann, Abb. 313, — Konstruktionen, die beim Schalten von Zahnrädern oder Kupplungen ausgedehnte Verwendung finden. Je nach der Genauigkeit, mit der die Teile auf der Welle geführt sein sollen, werden sie mit Gleit- oder Schiebesitz zusammengepaßt. An den häufig und hoch beanspruchten Schaltgetrieben von Kraftwagen haben sich Federn nicht bewährt; an ihrer Stelle werden Vierkantwellen und aus dem Vollen

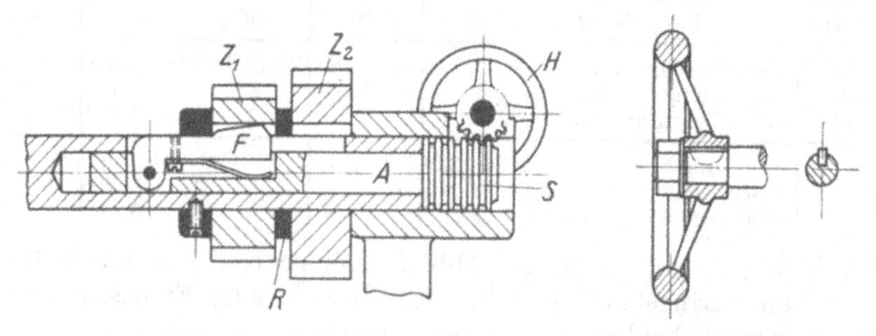

Abb. 314. Ziehkeil.

Abb. 315. Scheibenfeder.

gefräste mehrfach genutete Naben und Wellen benutzt. Eine konstruktiv andere Lösung der Umschaltung von Zahnrädern bietet der an Werkzeugmaschinen häufig verwandte Ziehkeil, Abb. 314. Die Zahnräder Z_1 und Z_2 können durch die Feder F abwechselnd mit der Welle gekuppelt werden. Diese liegt zu dem Zwecke in einem besonderen Stück A im Innern der Welle und wird bei der Verschiebung mittels der Zahnstange S

und des Handrades H durch den Ring R nach innen gedrückt, bis sie in die Nute des Rades Z_2 einspringen kann, so daß nunmehr Z_2 von der Welle angetrieben wird.

Scheibenfedern, Abb. 315, durch DIN 304 genormt, aus gezogenem Profilstahl geschnitten, liegen in einer mit einem Scheibenfräser hergestellten Vertiefung und wirken als Federn, gestatten aber auch das Auftreiben einer Nabe mit Anzug in der Keilnut.

III. Stifte.

Zylinder- und Kegelstifte dienen als Paßstifte zur Sicherung der gegenseitigen Lage von Teilen und zur Aufnahme von Kräften, die längs einer Teilfuge wirken. Beispielweise wird die Lage des Steuerwellenbocks A, Abb. 316, auf der gehobelten Fläche des Maschinenrahmens R durch zwei Paßstifte P festgelegt, damit die richtige Stellung bei einem späteren Zusammenbau rasch und sicher wieder herbeigeführt werden kann. Zu dem Zwecke werden die Löcher für die Stifte erst, nachdem das Lager genau eingestellt, ausgerichtet und festgespannt worden ist, gebohrt und sauber aufgerieben, und dann die Stifte eingetrieben. Je größer deren Abstand genommen werden kann, um so sicherer ist die gegenseitige Lage der Teile gewährleistet. Wird ein anderes Paßmittel, ein Anschlag, eine Paßleiste oder eine Zentrierung, wie häufig an Flanschen, verwandt, so genügt ein Paßstift zur Bestimmung der Lage. Gegenüber fest angeordneten Paßleisten sind die Stifte einfacher und bieten ferner den Vorteil, daß die einzelnen Teile unabhängig voneinander fertiggestellt werden können.

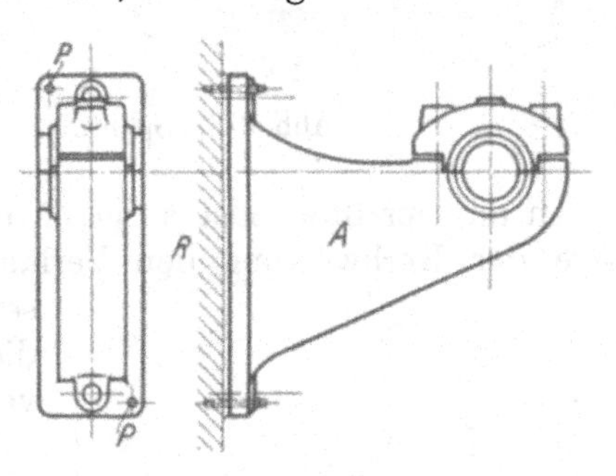

Abb. 316. Paßstifte an einem Steuerwellenlager.

Die Zylinderstifte sind durch DIN 7, die Kegelstifte durch DIN 1, diejenigen mit Gewindezapfen durch DIN 257 und 258 dem Durchmesser und der Länge nach festgelegt. Die Kegelstifte weisen durchweg am schwachen Ende die Nenndurchmesser auf und verstärken sich nach Kegeln 1:50, d. h. um je 1 mm im Durchmesser auf 50 mm Länge, nach dem dickeren Ende hin. Die Längen sind in Stufen von 2 bei kurzen, bis zu 10 mm bei längeren Stiften genormt.

Zusammenstellung 58. **Durchmesser normaler Stifte nach DIN 7 und 1.**

Zylinderstifte	—	—	1	—	1,5	—	2	2,5	3	4	5	6	8	10	13	16	20	25	30	40	50
Kegelstifte .	0,6	0,8	1	1,25	—	1,6	2	2,5	3	4	5	6,5	—	10	13	16	20	25	30	40	50

Zur Bezeichnung benutzt man das Produkt aus dem Nenndurchmesser und der Länge: z. B. Kegelstift 20·190, DIN 257.

Häufig werden Stifte zur Aufnahme von Kräften, die in der Trennfuge wirken, u. a. zur Entlastung von Befestigungsschrauben benutzt; sie sind dann auf Abscheren zu berechnen. Als Anhalt kann dabei dienen, daß für Stifte größeren Durchmessers Stahl von 5000 bis 6000 kg/cm² Festigkeit und $\delta_{10} = 18$ bis 15% Bruchdehnung, für schwächere Stifte Stahl von 6000 bis 8000 kg/cm² und 15 bis 10% Bruchdehnung genommen werden soll. (Nach DIN 7 bis zu 16, nach DIN 1 bis zu 20, nach DIN 257 bis zu 13 mm Durchmesser.)

Kleine Naben, Stellringe, Endscheiben usw. werden durch zylindrische oder kegelige, quer durchgetriebene und auf Abscheren beanspruchte Stifte, Abb. 317, gehalten. Konstruktiv ist darauf zu achten, daß das Bohren und Aufreiben der Löcher im zusammengebauten Zustande der Teile möglich ist.

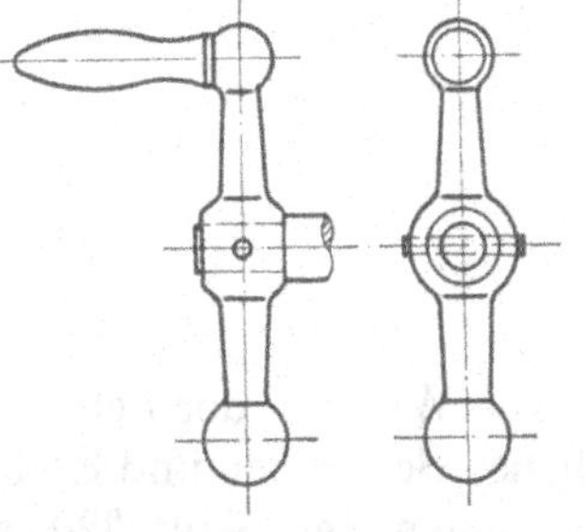
Abb. 317. Befestigung eines Kurbelgriffs mittels eines Kegelstiftes.

Splinte, Abb. 318, aus Draht von halbkreisförmigem Querschnitt zusammengebogen und nach dem Eintreiben auseinander gespreizt, werden verwandt, wenn kleine Kräfte aufzunehmen sind.

Am Stirnende einer Welle kann man das Verbohren, Abb. 319, anwenden. Nach dem Aufziehen wird längs der Fuge ein Loch, das allerdings bei verschiedenen Baustoffen der Nabe und Welle leicht verläuft, gebohrt, in dasselbe ein runder Stift eingetrieben oder Gewinde eingeschnitten und eine Schraube eingeschraubt. Als Maß für den Durchmesser darf $a = 0{,}6\sqrt{d}$ bis $0{,}7\sqrt{d}$ in Zentimetern gelten.

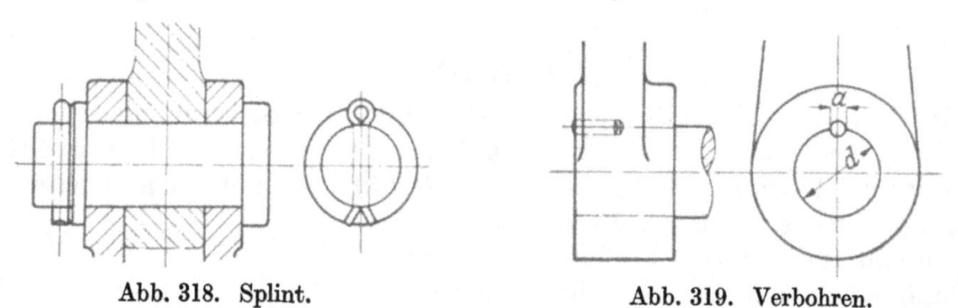

Abb. 318. Splint. Abb. 319. Verbohren.

An aufgepreßten oder aufgeschrumpften Naben kann freilich ein zu tiefes Loch infolge der Kerbwirkung den Verlauf der Schrumpfspannungen erheblich stören und sehr schädlich wirken, indem die Umfangskraft, die die Verbindung aufnehmen kann, durch das Verbohren vermindert wird.

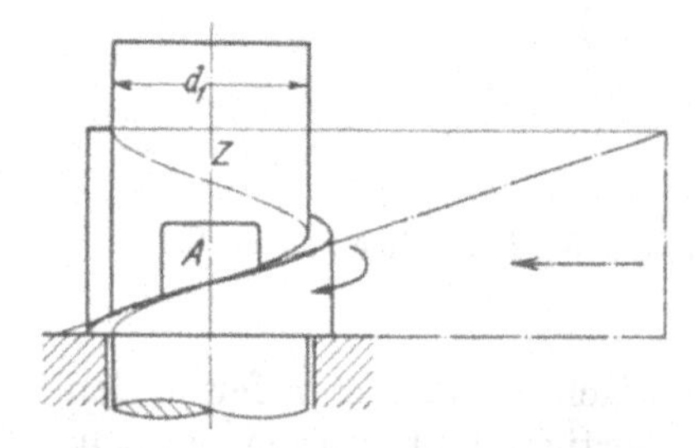

Abb. 320. Verwandtschaft zwischen Schraube und Keil.

Nur die Reibung benutzt man bei reinen Klemmverbindungen, die den Vorteil bieten, daß die Schwächung der Wellen durch Nuten vermieden wird und daß das Zusammenpassen genau zentrisch erfolgt. Die Verbindungsmittel müssen imstande sein, die zur Erzeugung der Reibung nötige Anpressung P zu liefern. Soll das ganze durch eine Welle vom Durchmesser d übertragbare Moment weitergeleitet werden, so wird mit $M_d = \frac{\pi}{16} d^3 k_d$ und $P = \frac{2 M_d}{\mu \cdot d}$ bei $\mu = 0{,}2$ und $k_d = 200$ kg/cm² der nötige Anpreßdruck

$$P = \frac{2\pi d^2}{16\mu} \cdot k_d = \frac{2\pi 200 \cdot d^2}{16 \cdot 0{,}2} = 125\, d^2 .$$

Hierhin gehören auch die kegeligen Spannhülsen an Kugellagern, Abschnitt 21, und an rasch laufenden Zahnrädern, Abschnitt 25, sowie die Sellerskupplung, Abschnitt 20, die sich dadurch, daß sie geschlitzt oder geteilt sind, geringen Abweichungen des Wellen- oder Bohrungsdurchmessers anpassen, aber genau mittlichen Sitz gewährleisten.

Fünfter Abschnitt.

Schrauben.

I. Grundbegriffe.

Die Wirkung der Schrauben beruht, wie die der Keile, auf den Gesetzen der schiefen Ebene. Schrauben und Keile sind verwandt und lassen sich auseinander herleiten. Wickelt man einen Keil, Abb. 320, auf einem Zylinder vom Durchmesser d_1 auf, so entsteht ein Schraubengang, durch Aneinandersetzen mehrerer Keile eine Schraubenfläche. Verschiebt man den strichpunktiert gezeichneten Keil nach links, so wird der Nocken A und der mit ihm verbundene Zylinder Z gehoben, wenn dieser an der Drehung gehindert ist. Die gleiche Wirkung erzielt man durch Drehen des aufgewickelten Keils um die

Zylinderachse im Sinne des ausgezogenen Pfeiles. An Hand der Abbildung werden aber auch zwei der wesentlichen Vorteile der Schrauben gegenüber den Keilen deutlich:

1. Durch Verwendung mehrerer Gänge ist eine Herabsetzung des Flächendruckes möglich.

2. Die Beanspruchung auf Biegung wird niedriger, weil die Schraubengänge nur wenig aus dem Schaft heraustreten. Und schließlich ist

3. die Herstellung von Schraubenflächen leicht und genau möglich.

In Abb. 321 ist die Entstehung einer Schraubenlinie durch Aufwickeln eines keilförmigen Streifens ABC gezeigt. Der Keilwinkel α wird zum Steigungswinkel der Schraubenlinie, der im Punkte D in der Mittelebene des Zylinders in seiner wahren Größe erscheint. Der Länge πd_1, welche einen vollen Schraubengang gibt, entspricht die Ganghöhe h.

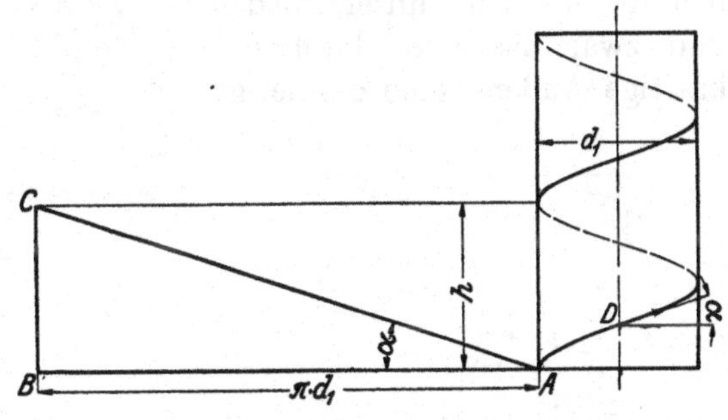

Abb. 321. Entstehung der Schraubenlinie.

$\operatorname{tg}\alpha = \frac{h}{\pi \cdot d_1}$ ist die Steigung der Schraubenlinie.

Je nach der Aufwicklungsrichtung wird die Schraubenlinie rechts- oder linksgängig; von der Seite gesehen, Abb. 322, steigt die Linie nach rechts oder links an. Die üblichen Befestigungsschrauben sind rechtsgängig.

Gleitet längs der Schraubenlinie ein Querschnitt, der Gewindequerschnitt, derart, daß seine Ebene immer durch die Zylinderachse geht, so wird eine Schraube erzeugt. Ein Dreieck, Abb. 323, führt zu dem scharfgängigen Gewinde der gewöhnlichen

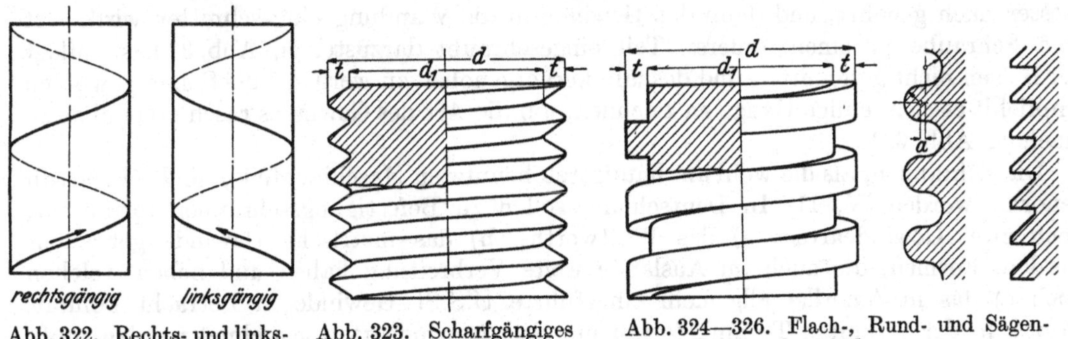

Abb. 322. Rechts- und linksgängige Schraubenlinien. Abb. 323. Scharfgängiges Gewinde. Abb. 324—326. Flach-, Rund- und Sägengewinde.

Befestigungsschrauben, ein Trapez-, Abb. 337 und 326, zu dem leicht fräsbaren Trapez- und Sägengewinde der Bewegungsschrauben, ein Rechteck, Abb. 324, zum Flachgewinde, ein durch Kreisbogen begrenzter Gangquerschnitt, Abb. 325 und 339 zu dem u. a. an den Kupplungen der Eisenbahnwagen benutzten Rundgewinde. Der Außendurchmesser d gibt die Stärke des Bolzens an, aus dem die Schraube geschnitten werden kann; der Kerndurchmesser d_1 kennzeichnet den Kernquerschnitt, der für die Tragfähigkeit maßgebend ist.

$$t = \frac{d - d_1}{2} \tag{92}$$

heißt Gangtiefe des Gewindes. Bedeutet d_f den mittleren Durchmesser der Flanken, den Flankendurchmesser, so gibt

$$\operatorname{tg}\alpha = \frac{h}{\pi \cdot d_f} \tag{93}$$

die für die Wirkung der Schraube wichtige mittlere Steigung an.

An eingängigen Schrauben, Abb. 323 und 324, wird das Gewinde durch einen einzigen schraubenförmig umlaufenden Querschnitt gebildet, wie die gewöhnlichen Befestigungsschrauben zeigen; zwei- und mehrgängige Schrauben entstehen, wenn zwei oder mehr Querschnitte zur Erzeugung nötig sind, die parallelen Schraubenlinien folgen, Abb. 327.

Die zeichnerische Darstellung des Gewindes geschieht zweckmäßig und in Übereinstimmung mit DIN 27 unter Angabe der Gewindetiefe durch eine gestrichelte Linie. Außen- oder Innengewinde können dabei leicht unterschieden, und zwar das erste durch eine kräftige Außen-, eine dünne, ge-

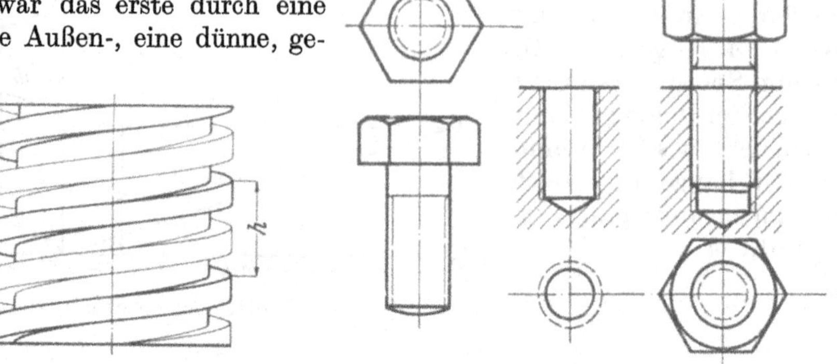

Abb. 327. Doppelgängige Schraube. Abb. 328—331. Zeichnerische Darstellung von Gewinden.

strichelte Innenlinie, Abb. 328, gekennzeichnet werden entsprechend seiner Herstellung, bei der zunächst der Bolzen auf den Außendurchmesser abgedreht und dann mit Gewinde versehen wird. Innengewinde, Abb. 329, wird umgekehrt durch eine starke Innen- und eine dünne Außenlinie wiedergegeben, da zunächst das Loch dem Kerndurchmesser nach gebohrt, und dann das Gewinde in die Wandung eingeschnitten wird. Ist eine Schraube in einen anderen Teil eingeschraubt darzustellen, Abb. 330, so pflegt der Bolzen nicht geschnitten und deshalb hervorgehoben zu werden. Bei Sondergewinden empfiehlt es sich, einige Gänge zu zeichnen, um die Art des Gewindes rasch erkennbar zu machen, Abb. 331.

Die Schrauben, als die wohl am häufigsten benutzten Maschinenteile, sind schon früh genormt worden [V, 1]. In Deutschland sollen zu Befestigungsschrauben fortan nur noch zwei Gewindearten: a) das Whitworth-, b) das metrische Gewinde gebraucht werden, Formen, die auch im Auslande weite Verbreitung haben und neben welchen noch c) das in Amerika allgemein eingeführte U.S.St.-Gewinde in Betracht kommt, so daß in der gesamten Technik fortan mit drei Gewindearten gerechnet werden muß.

II. Die Gewindeformen.

A. Das Whitworth-Gewinde.

Das Whitworth-Gewinde, in England durchweg, aber auch in Deutschland vorwiegend verwandt, gründet sich auf das Zollmaß und benutzt als Gewindequerschnitt ein gleichschenkliges Dreieck von 55^0 Spitzenwinkel, Abb. 332. Die Gänge sind außen und im Grunde so abgerundet, daß je ein Sechstel der Dreieckhöhe $t_0 = 0,96\,h$ wegfällt, daß also eine wirkliche Gewindetiefe $t = 0,64\,h$ entsteht, wenn h die Ganghöhe bedeutet. Die Mutter soll die Schraube passend umschließen.

Die in der folgenden Zusammenstellung 59 aufgeführten normalen Schrauben werden nach dem Außendurchmesser d, in englischen Zollen gemessen, benannt und in Abstufungen hergestellt, die bei kleineren Schrauben um je $^1/_{16}''$, dann um $^1/_8''$, bei größeren um $^1/_4''$ steigen. Die Gangzahl ist auf einen Zoll bezogen und nimmt mit zunehmendem Durchmesser ab. Zwischen $d = {}^1/_4$ bis $6''$ beträgt die Ganghöhe $h = {}^1/_5 \ldots {}^1/_{15}\,d$.

Störend für deutsche Verhältnisse ist die Benutzung des Zollmaßes; ein Nachteil besteht in der schwierigen Herstellung der vorgeschriebenen Abrundungen. Die Werkzeuge nutzen sich vor allem an den Spitzen ab, geben damit ungenaue Gewindeformen und nicht zueinander passende Muttern und Schrauben.

Diesen Übelstand hatte der Normenausschuß der Deutschen Industrie durch das Whitworth-Gewinde mit Spitzenspiel der DIN 12 zu beseitigen versucht, in der Absicht, vor allem eine bessere Flankenanlage zu sichern. Die Ausführung derartiger Schrauben verschlechterte jedoch, namentlich bei schwarzen Schrauben, das Aussehen, weil die Außenhaut des Schraubeneisens an den Gewindespitzen der Bolzen erhalten und infolge nicht zu vermeidender Unrundheit des Eisens in verschiedener Breite sichtbar bleibt. Dieser Mangel soll dadurch behoben werden, daß für das Whitworth-Gewinde nach DIN 11 Toleranzen festgelegt werden, durch die praktisch ein Spitzenspiel entsteht. Das Whitworth-Gewinde mit Spitzenspiel der DIN 12 wird daher nur als Konstruktionsgewinde an ganz bearbeiteten Schrauben Bedeutung gewinnen, bietet aber den nicht unwichtigen Vorteil, daß es in manchen Fällen wegen geringerer Außendurchmesser mit kleineren Paßdurchmessern auszukommen gestattet. Bei 1″ Durchmesser des Gewindes ohne Spitzenspiel nach DIN 11 ist der nächst größere Normaldurchmesser 26 mm, bei 1″ Gewinde mit Spitzenspiel nach DIN 12 dagegen 25 mm. Am 2″ Gewinde sind die entsprechenden Zahlen 52 und 50 mm. Die Einführung des Whitworth-Gewindes mit Spitzenspiel an Stelle des älteren ist ohne Störung und Schwierigkeit derart möglich, daß beliebige verbrauchte Werkzeuge durch solche der neuen Art ersetzt werden. Auf Zeichnungen wird es durch den Zusatz m Sp besonders hervorgehoben. Die Hauptmaße beider Gewinde gibt Zusammenstellung 59 wieder, zu der bemerkt sei, daß die eingeklammerten Gewinde möglichst nicht verwendet und daß als Ersatz für Schrauben unter $^1/_2$″ die entsprechenden metrischen genommen werden sollen.

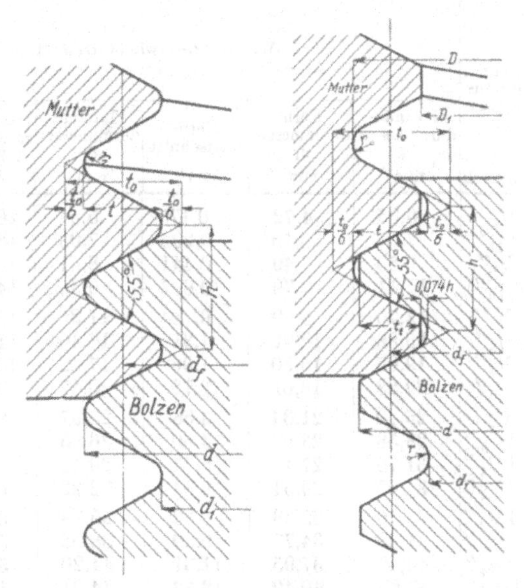

Abb. 332. Whitworth-Gewinde.

Abb. 333. Whitworth-Gewinde mit Spitzenspiel nach DIN 12.

Für Zeichnungen von Eisenbauwerken sind nach DIN 139 die folgenden Sinnbilder, die zum Unterschied von den Nietbildern durch ein schräges Strichkreuz gekennzeichnet sind, festgelegt worden.

Durchmesser . .	$^5/_{16}$″ 8 mm	$^3/_8$″ 10 mm	$^1/_2$″	$^5/_8$″	$^3/_4$″	$^7/_8$″	1″	$1^1/_8$″ und größer
Sinnbild	$^5/_{16}$″							Kreis mit Maßangabe z. B. $1^5/_8$″

Rohrgewinde. Zur Verbindung von schmiedeeisernen Rohren durch Muffen und Nippel ist das normale Whithworth-Gewinde wegen seiner großen Gangtiefe ungeeignet. Das dafür ausgebildete Rohrgewinde benutzt dieselbe Querschnittform, hat aber mehr Gänge auf den Zoll, um ein feineres Gewinde und damit eine geringere Schwächung des Rohres zu erzielen. Die Bezeichnung des Gewindes geht vom lichten Durchmesser des Gasrohres in englischen Zollen aus, nicht vom Außendurchmesser des Gewindes und hat somit den Nachteil, keine unmittelbare Vorstellung über die Größe des letzteren zu geben.

1903 war durch Vereinbarung zwischen den in Betracht kommenden deutschen Verbänden und Vereinen der äußere Durchmesser der Rohre und des zugehörigen „Gasgewindes" in Millimetern festgelegt worden und 1913 hatten sich die meisten Länder auf ein einheitliches, auf gleicher Grundlage aufgebautes Gewinde geeinigt. Seine Einführung wurde jedoch durch den Krieg und den Beschluß Amerikas, ein eigenes Gewinde aufzustellen, vereitelt.

Zusammenstellung 59.

Nenndurchmesser	Whitworth-Gewinde DIN 11						Whitworth-Gewinde mit Spitzenspiel DIN 12	DIN 475	DIN 931	DIN 934	Nenndurchmesser
	Gewindedurchmesser d	Kerndurchmesser d_1	Kernquerschnitt	Flankendurchmesser d_f	Gangzahl auf 1 Zoll z	Tragtiefe t_t	Gewindedurchmesser d	Schlüsselweite	Kopfhöhe	Mutterhöhe	
engl. Zoll	mm	mm	cm²	mm		mm	mm	mm	mm	mm	engl. Zoll
$1/4''$	6,35	4,72	0,175	5,54	20	0,625	6,16	11	5	5,5	$1/4''$
$5/16''$	7,94	6,13	0,295	7,03	18	0,695	7,73	14	6	6,5	$5/16''$
$3/8''$	9,53	7,49	0,441	8,51	16	0,782	9,29	17	7	8	$3/8''$
$(7/16'')$	11,11	8,79	0,607	9,95	14	0,893	10,84	19	8	9,5	$(7/16)''$
$1/2''$	12,70	9,99	0,784	11,35	12	1,04	12,39	22	9	11	$1/2''$
$5/8''$	15,88	12,92	1,31	14,40	11	1,14	15,53	27	11	13	$5/8''$
$3/4''$	19,05	15,80	1,96	17,42	10	1,25	18,68	32	13	16	$3/4''$
$7/8''$	22,23	18,61	2,72	20,42	9	1,39	21,81	36	16	18	$7/8''$
$1''$	25,40	21,34	3,58	23,37	8	1,56	24,93	41	18	20	$1''$
$1\,1/8''$	28,58	23,93	4,50	26,25	7	1,79	28,04	46	20	22	$1\,1/8''$
$1\,1/4''$	31,75	27,10	5,77	29,43	7	1,79	31,21	50	22	25	$1\,1/4''$
$1\,3/8''$	34,93	29,51	6,84	32,22	6	2,08	34,30	55	24	28	$1\,3/8''$
$1\,1/2''$	38,10	32,68	8,39	35,39	6	2,08	37,48	60	27	30	$1\,1/2''$
$1\,5/8''$	41,28	34,77	9,50	38,02	5	2,50	40,53	65	30	32	$1\,5/8''$
$1\,3/4''$	44,45	37,95	11,31	41,20	5	2,50	43,70	70	32	35	$1\,3/4''$
$(1\,7/8)''$	47,63	40,40	12,82	44,01	$4\,1/2$	2,78	46,79	75	34	38	$(1\,7/8)''$
$2''$	50,80	43,57	14,91	47,19	$4\,1/2$	2,78	49,97	80	36	40	$2''$
$2\,1/4''$	57,15	49,02	18,87	53,09	4	3,13	56,21	85	—	45	$2\,1/4''$
$2\,1/2''$	63,50	55,37	24,08	59,44	4	3,13	62,56	95	—	50	$2\,1/2''$
$2\,3/4''$	69,85	60,56	28,80	65,21	$3\,1/2$	3,57	68,78	105	—	55	$2\,3/4''$
$3''$	76,20	66,91	35,16	71,56	$3\,1/2$	3,57	75,13	110	—	60	$3''$
$3\,1/4''$	82,55	72,54	41,33	77,55	$3\,1/4$	3,85	81,40	120	—	65	$3\,1/4''$
$3\,1/2''$	88,90	78,89	48,89	83,90	$3\,1/4$	3,85	87,75	130	—	70	$3\,1/2''$
$3\,3/4''$	95,25	84,41	55,96	89,83	3	4,17	94,00	135	—	75	$3\,3/4''$
$4''$	101,60	90,76	64,70	96,18	3	4,17	100,35	145	—	80	$4''$
$4\,1/4''$	107,95	96,64	73,35	102,30	$2\,7/8$	4,35	106,65	155	—	85	$4\,1/4''$
$4\,1/2''$	114,30	102,99	83,31	108,65	$2\,7/8$	4,35	113,00	165	—	90	$4\,1/2''$
$4\,3/4''$	120,66	108,83	93,01	114,74	$2\,3/4$	4,55	119,29	175	—	95	$4\,3/4''$
$5''$	127,01	115,18	104,2	121,09	$2\,3/4$	4,55	125,64	180	—	100	$5''$
$5\,1/4''$	133,36	120,96	114,9	127,16	$2\,5/8$	4,76	131,92	190	—	105	$5\,1/4''$
$5\,1/2''$	139,71	127,31	127,3	133,51	$2\,5/8$	4,76	138,27	200	—	110	$5\,1/2''$
$5\,3/4''$	146,06	133,04	139,0	139,55	$2\,1/2$	5,00	144,55	210	—	115	$5\,3/4''$
$6''$	152,41	139,39	152,6	145,90	$2\,1/2$	5,00	150,90	220	—	120	$6''$

Die Größen d, d_1, d_f und t_t sind in den Normen auf $\frac{1}{1000}$ mm, die Kernquerschnitte auf $\frac{1}{1000}$ cm² genau angegeben.

Bei einer Rückfrage des Normenausschusses der deutschen Industrie verlangten die das Gewinde vorwiegend benutzenden Firmen, daß an dem englischen Normalgewinde festgehalten werden sollte. Dieses wurde deshalb in der DIN 259 unter der neuen Bezeichnung „Rohrgewinde" bis zu 18″ lichtem Rohrdurchmesser als deutsche Norm anerkannt. Zusammenstellung 60 gibt die Maße bis zu 6″ Durchmesser im Auszug wieder.

Die Gewinde an Rohren sollen in erster Linie dicht, in zweiter aber auch imstande sein, die Längskräfte in den Rohrwandungen zu übertragen. Dichtheit wird entweder unmittelbar erreicht, dadurch, daß das Gewinde an den Rohrenden schwach kegelig geschnitten wird, so daß sich die Gänge beim Ineinanderschrauben in radialer Richtung scharf ineinanderpressen oder mittelbar durch Einlegen besonderer Dichtmittel in die

Zusammenstellung 60. **Whitworth-Rohrgewinde.**

Nenndurchmesser und Bezeichnung		Gangzahl auf 1 Zoll	Ohne Spitzenspiel nach DIN 259		Mit Spitzenspiel nach DIN 260 Gewindedurchmesser *d* mm	
Zoll	gerundet mm		Gewinde-durchmesser *d* mm	Kern-durchmesser d_1 mm		
R 1/8″	10	28	9,73	8,57	*R* 1/8″ m Sp	9,59
R 1/4″	13	19	13,16	11,45	*R* 1/4″ „ „	12,96
R 3/8″	17	19	16,66	14,95	*R* 3/8″ „ „	16,47
R 1/2″	21	14	20,96	18,63	*R* 1/2″ „ „	20,69
R 5/8″	23	14	22,91	20,59	*R* 5/8″ „ „	22,64
R 3/4″	26	14	26,44	24,12	*R* 3/4″ „ „	26,17
R 7/8″	30	14	30,20	27,88	*R* 7/8″ „ „	29,93
R 1″	33	11	33,25	30,29	*R* 1″ „ „	32,91
(*R* 1 1/8″)	38	11	37,90	34,94	(*R* 1 1/8″) „ „	37,56
R 1 1/4″	42	11	41,91	38,95	*R* 1 1/4″ „ „	41,57
(*R* 1 3/8″)	44	11	44,33	41,37	(*R* 1 3/8″) „ „	43,98
R 1 1/2″	48	11	47,81	44,85	*R* 1 1/2″ „ „	47,46
R 1 3/4″	54	11	53,75	50,79	*R* 1 3/4″ „ „	53,41
R 2″	60	11	59,62	56,66	*R* 2″ „ „	59,27
R 2 1/4″	66	11	65,71	62,76	*R* 2 1/4″ „ „	65,37
R 2 1/2″	75	11	75,19	72,23	*R* 2 1/2″ „ „	74,85
R 2 3/4″	82	11	81,54	78,58	*R* 2 3/4″ „ „	81,20
R 3″	88	11	87,89	84,93	*R* 3″ „ „	87,55
R 3 1/4″	94	11	93,98	91,03	*R* 3 1/4″ „ „	93,64
R 3 1/2″	100	11	100,33	97,38	*R* 3 1/2″ „ „	99,99
R 3 3/4″	107	11	106,68	103,73	*R* 3 3/4″ „ „	106,34
R 4″	113	11	113,03	110,08	*R* 4″ „ „	112,69
R 4 1/2″	126	11	125,74	122,78	*R* 4 1/2″ „ „	125,39
R 5″	138	11	138,44	135,48	*R* 5″ „ „	138,09
R 5 1/2″	151	11	151,14	148,18	*R* 5 1/2″ „ „	150,79
R 6″	164	11	163,84	160,88	*R* 6″ „ „	163,49
R 1 5/8″[1]	53	11	52,89	49,93	*R* 1 5/8″[1] „ „	52,54
R 2 3/8″[1]	69	11	69,40	66,44	*R* 2 3/8″[1] „ „	69,06

[1] Die Werte sind im englischen Orginal nicht enthalten und daher möglichst zu vermeiden.

Die Größen d und d_1 sind in den Normen auf $\frac{1}{1000}$ mm genau angegeben.

Gewindegänge, z. B. mit Mennige getränkter Hanffäden, oder schließlich durch Enddichtungen, d. i. durch Einbau einer Dichtung am Muffenende, die durch eine Gegenmutter gehalten und angepreßt wird. An Fittingsanschlüssen schreibt DIN 2999 einen Kegel 1:16 vor, wobei der Gewindedurchmesser in einem bestimmten Abstande vom Rohrende gleich dem des normalen zylindrischen Rohrgewindes sein und die normale Gangform der DIN 259 senkrecht zum Kegelmantel stehen soll.

Wegen der geringen Gewindetiefe findet das Rohrgewinde oft auch anderweitig Verwendung: so z. B. an Kolbenstangen, um den Stangenquerschnitt möglichst wenig durch das Gewinde für die Kolbenmutter zu schwächen und um die Kerbwirkung zu vermindern. Denn Stahl und Flußeisen sind bei tiefen und scharfen Eindrehungen, wie sie das gewöhnliche Whitworth-Gewinde mit sich bringt, sehr empfindlich gegen plötzliche und stoßweise Belastungen. Aus dem gleichen Grunde empfiehlt es sich, Feingewinde auch an den Schrauben der offenen Schubstangenköpfe zu verwenden. Für solche Fälle ist in der DIN 260 ein Whitworth-Rohrgewinde mit Spitzenspiel geschaffen worden, das zweckmäßigerweise auch überall da angewendet wird, wo auf die Dichtheit kein Wert zu legen ist oder wo die Abdichtung außerhalb des Gewindes erfolgen kann. Auf den Zeichnungen werden die Whitworth-Rohrgewinde durch ein vorgesetztes *R* von den andern Gewinden unterschieden: z. B. *R* 4″ und *R* 4″ m Sp.

Ein Vergleich zwischen dem Befestigungs- und dem Rohrgewinde bieten die beiden folgenden Beispiele, die sich auf Gewinde annähernd gleichen Außendurchmessers beziehen:

	Durchmesser mm	Gangzahl/1″	Gewindetiefe mm
{ 1/2″	12,70	12	1,36
{ *R* 1/4″ m Sp	12,96	19	nur 0,75
{ 4″	101,60	3	5,42
{ *R* 3 1/2″	100,33	11	nur 1,48

Als eigentliches Konstruktionsgewinde ist das Rohrgewinde seiner verhältnismäßig großen Sprünge in bezug auf den Außendurchmesser nicht immer geeignet. Deshalb wurden in den DIN 239 und 240 zwei Whitworth-Feingewinde Nr. 1 und 2 aufgestellt, deren Außendurchmesser in Millimetern festgelegt sind, deren Gangzahl sich aber naturgemäß auf den Zoll bezieht. Dabei ist hervorzuheben, daß die größeren Durchmesser absichtlich von den Normaldurchmessern der deutschen Industrie um je 1 mm nach unten abweichen, also die Endziffern 4 und 9 aufweisen, um das Gewinde gegenüber den anschließenden Wellenstücken mit normalen Durchmessern etwas zurücktreten zu lassen und beim Aufschieben von Teilen durch ein darüber gelegtes dünnes Blech schützen zu können. Zudem ist es dadurch vielfach möglich, mit geringeren Konstruktionsdurchmessern auszukommen. Hätte das Gewinde im Falle *b* der Abb. 334 100 mm Durchmesser, so müßte die Sitzstelle der Scheibe, falls diese mit Festsitz aufgebracht werden soll, 105 mm Durchmesser bekommen; andernfalls würde das Gewinde beim Aufbringen beschädigt werden. Mit 100 mm Durchmesser kommt man aber im Falle *a* aus. Bis 80 mm Durchmesser sind die Normaldurchmesser zugrunde gelegt, weil dieselben in dem Bereich genügend fein abgestuft sind und weil es dadurch möglich war, in Übereinstimmung mit dem in der Schweiz und in Frankreich schon festgelegten Gewinde zu bleiben. Auf Wunsch der Industrie hat auch das Whitworth-Feingewinde Spitzenspiel bekommen; da aber der Einheitlichkeit wegen der Außendurchmesser des Muttergewindes als Durchmesser gilt, weicht der Außendurchmesser des Bolzendurchmessers vom Nennmaß etwas ab. Bezeichnet wird das Whitworth-Feingewinde durch ein vorgesetztes *W* und das Produkt des Außendurchmessers in Millimetern und der Steigung, in Teilen eines Zolles ausgedrückt: *W* 60·1/8″.

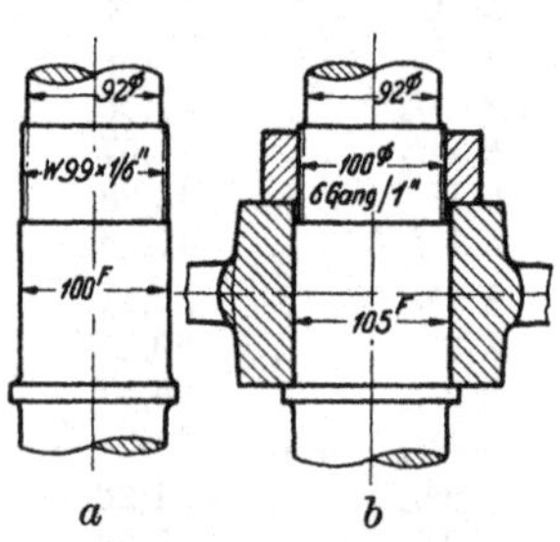

Abb. 334. Zur Ausbildung des Whitworth-Feingewindes. M. 1:10.

B. Das Metrische Gewinde.

In den Ländern, die das metrische Maß eingeführt hatten, waren seit langem Bestrebungen im Gange, auch ein Gewinde auf dieser Grundlage zu schaffen. Nach langwierigen Vorarbeiten wurde schließlich in Zürich zwischen Vertretern der deutschen, französischen und schweizer Industrie (Verein deutscher Ingenieure, Société d'encouragement pour l'industrie nationale und Verein schweizerischer Maschinenindustrieller) das S.-I.-Gewinde (Système International) vereinbart und 1898 von einem internationalen Kongreß angenommen. Es erfreut sich zunehmender Verbreitung.

Die Grundlage bildet ein gleichseitiges Dreieck, Abb. 335, so daß Flankenwinkel von 60^0 entstehen. An den vorspringenden Kanten ist das Gewinde um $1/8$ der Dreieckhöhe abgeflacht und zur leichteren Herstellung der tragenden Flanken mit Spitzenspiel $a = 0{,}045\,h$ unter Ausrundung des Grundes versehen. Die wirkliche Gangtiefe wird dabei $t = 0{,}6945\,h$, die Tragtiefe $t_t = 3/4 \cdot t_0 = 0{,}65\,h$. Die Durchmesser d, über den abgestumpften Kanten des Vollgewindes gemessen, sowie die Ganghöhen sind in Millimetern festgelegt.

Die oben erwähnten internationalen Vereinbarungen bezogen sich auf Gewindedurchmesser zwischen 6 und 80 mm. Durch den Normenausschuß der deutschen Industrie

Zusammenstellung 61.

Metrisches Gewinde von 1 bis 149 mm Durchmesser nach DIN 13, 14, 931, 932, 934. Maße in mm.

Bolzen					Mutter			DIN 475	DIN 931, 932	DIN 934	
Gewindedurchmesser d	Kerndurchmesser d_1	Kernquerschnitt cm²	Flankendurchmesser d_f	Ganghöhe h	Gewindedurchmesser D	Kerndurchmesser D_1	Tragtiefe t_t	Schlüsselweite	Kopfhöhe	Mutterhöhe	Gewindedurchmesser d
1	0,652	—	0,838	0,25	1,024	0,676	0,162	—	—	—	1
1,2	0,852	—	1,038	0,25	1,224	0,876	0,162	—	—	—	1,2
1,4	0,984	—	1,205	0,3	1,426	1,010	0,195	—	—	—	1,4
1,7	1,214	—	1,473	0,35	1,733	1,246	0,227	4	1,2	1,7	1,7
2	1,444	—	1,740	0,4	2,036	1,480	0,260	4,5	1,4	2	2
2,3	1,744	—	2,040	0,4	2,336	1,780	0,260	5	1,6	2,3	2,3
2,6	1,974	—	2,308	0,45	2,642	2,016	0,292	5,5	1,8	2,6	2,6
3	2,306	—	2,675	0,5	3,044	2,350	0,325	6	2	3	3
3,5	2,666	—	3,110	0,6	3,554	2,720	0,390	7	2,4	3,5	3,5
4	3,028	—	3,545	0,7	4,062	3,090	0,455	8	2,8	4	4
(4,5)	3,458	—	4,013	0,75	4,568	3,526	0,487	9	3,2	4,5	(4,5)
5	3,888	—	4,480	0,8	5,072	3,960	0,520	9	3,5	4,5	5
(5,5)	4,250	—	4,915	0,9	5,580	4,330	0,585	10	4	5	(5,5)
6	4,610	0,167	5,350	1	6,090	4,700	0,650	11	5	5,5	6
(7)	5,610	0,247	6,350	1	7,090	5,700	0,650	11	5	5,5	(7)
8	6,264	0,308	7,188	1,25	8,112	6,376	0,812	14	6	6,5	8
(9)	7,264	0,414	8,188	1,25	9,112	7,376	0,812	17	6	8	(9)
10	7,916	0,492	9,026	1,5	10,136	8,052	0,974	17	7	8	10
(11)	8,916	0,624	10,026	1,5	11,136	9,052	0,974	19	8	9,5	(11)
12	9,570	0,718	10,863	1,75	12,156	9,726	1,137	22	9	11	12
14	11,222	0,989	12,701	2	14,180	11,402	1,299	22	9	11	14
16	13,222	1,373	14,701	2	16,180	13,402	1,299	27	11	13	16
18	14,528	1,657	16,376	2,5	18,224	14,752	1,624	32	13	16	18
20	16,528	2,145	18,376	2,5	20,224	16,752	1,624	32	13	16	20
22	18,528	2,696	20,376	2,5	22,224	18,752	1,624	36	16	18	22
24	19,832	3,089	22,051	3	24,270	20,102	1,949	36	16	18	24
27	22,832	4,094	25,051	3	27,270	23,102	1,949	41	18	20	27
30	25,138	4,963	27,727	3,5	30,316	25,454	2,273	46	20	22	30
33	28,138	6,218	30,727	3,5	33,316	28,454	2,273	50	22	25	33
36	30,444	7,279	33,402	4	36,360	30,804	2,598	55	24	28	36
39	33,444	8,785	36,402	4	39,360	33,804	2,598	60	27	30	39
42	35,750	10,04	39,077	4,5	42,404	36,154	2,923	65	30	32	42
45	38,750	11,79	42,077	4,5	45,404	39,154	2,923	70	32	35	45
48	41,054	13,23	44,752	5	48,450	41,504	3,248	75	34	38	48
52	45,054	15,94	48,752	5	52,450	45,504	3,248	80	36	40	52
56	48,360	18,37	52,428	5,5	56,496	48,856	3,572	85	—	45	56
60	52,360	21,53	56,428	5,5	60,496	52,856	3,572	90	—	50	60
64	55,666	24,34	60,103	6	64,54	56,206	3,897	95	—	50	64
68	59,666	27,96	64,103	6	68,54	60,206	3,897	100	—	55	68
72	63,666	31,83	68,103	6	72,54	64,206	3,897	105	—	55	72
76	67,666	35,96	72,103	6	76,54	68,206	3,897	110	—	60	76
80	71,666	40,34	76,103	6	80,54	72,206	3,897	115	—	65	80
84	75,666	44,96	80,103	6	84,54	76,206	3,897	120	—	65	84
89	80,666	51,10	85,103	6	89,54	81,206	3,897	130	—	70	89
94	85,666	57,64	90,103	6	94,54	86,206	3,897	135	—	75	94
99	90,666	64,56	95,103	6	99,54	91,206	3,897	145	—	80	99
104	95,666	71,88	100,103	6	104,54	96,206	3,897	150	—	85	104
109	100,666	79,59	105,103	6	109,54	101,206	3,897	155	—	85	109
114	105,666	87,69	110,103	6	114,54	106,206	3,897	165	—	90	114
119	110,666	96,18	115,103	6	119,54	111,206	3,897	175	—	95	119
124	115,666	105,07	120,103	6	124,54	116,206	3,897	180	—	100	124
129	120,666	114,35	125,103	6	129,54	121,206	3,897	185	—	105	129
134	125,666	124,04	130,103	6	134,54	126,206	3,897	190	—	105	134
139	130,666	134,09	135,103	6	139,54	131,206	3,897	200	—	110	139
144	135,666	144,10	140,103	6	144,54	136,206	3,897	210	—	115	144
149	140,666	155,40	145,103	6	149,54	141,206	3,897	210	—	115	149

wurden sie nach unten bis zu 1 mm, DIN 13, nach oben bis zu 149 mm Durchmesser, DIN 14, bei geringen Abänderungen der Gewinde von 72, 76 und 80 mm Durchmesser, unter der neuen Bezeichnung „Metrisches Gewinde", ergänzt. Vgl. Zusammenstellung 61. Zweck der Ergänzung war, das bisher in der Elektrotechnik und in der Feinmechanik für kleine Schrauben meist benutzte Löwenherzgewinde zu ersetzen und die in der deutschen Industrie gebrauchten Gewinde nur auf zwei Arten, das Whitworth- und das Metrische Gewinde, zurückzuführen. Die eingeklammerten Gewindedurchmesser sollen möglichst vermieden werden. Auf Drehbänken mit Leitspindeln nach englischem Zoll läßt sich das Metrische Gewinde durch Einschalten eines Rades von 127 Zähnen unter Ausnutzung des Umstandes, daß $1'' = 25{,}40 = \frac{1}{5} \cdot 127{,}00$ mm ist, herstellen.

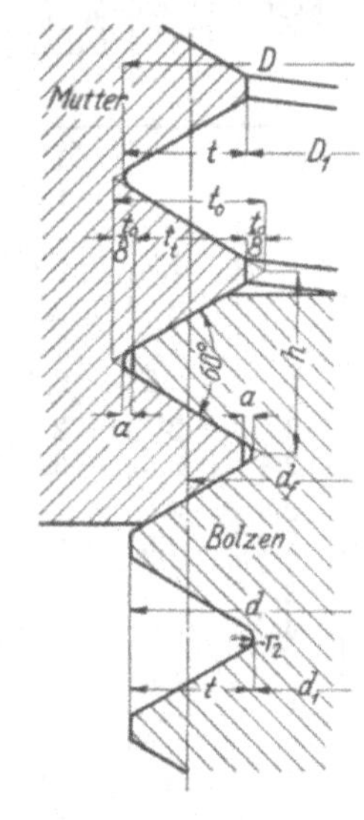

Abb. 335. Grundform des S.-I.- und des Metrischen Gewindes.

Eine Reihe von Metrischen Feingewinden Nr. 1 bis 9 ist in den DIN 241 bis 243, 516 bis 521 festgelegt worden. Als Konstruktionsgewinde kommen dabei vor allem die Metrischen Feingewinde Nr. 1 und 2 in Frage. Dasjenige Nr. 1, DIN 241, bildet die Fortsetzung des Metrischen nach DIN 14, umfaßt das Gebiet von 154 bis 499 mm Durchmesser und hat durchweg 6 mm Steigung. Die Metrischen Feingewinde 2 und 3, DIN 242 und 243, beziehen sich auf die kleineren Durchmesser von 24 bis 189, bzw. 1 bis 300 mm und laufen gewissermaßen den gröberen Befestigungsgewinden parallel. Angaben über die Bereiche und die Steigungen enthält Zusammenstellung 62.

Schließlich ist in den Metrischen Feingewinden 4 bis 9 eine Reihe mit sehr geringen Steigungen, insbesondere für die Zwecke der Feinmechanik und Optik, geschaffen worden, für welche die Gewinde 1 bis 3 noch zu grob sind.

Zusammenstellung 62. **Feingewinde** (Auszug).

	Metrisches Feingewinde			Whitworth-Feingewinde	
	Nr. 1	Nr. 2	Nr. 3	Nr. 1	Nr. 2
DIN	241	242	243 Bl. 1—3	239	240
Bereich	154—499 mm	24—189 mm	1—300 mm	56—499 mm	20—189 mm

Durchmesser mm	Metrisches Feingew. Nr. 1	Metrisches Feingew. Nr. 2	Whitworth-Feingew. Nr. 1	Whitworth-Feingew. Nr. 2	Durchmesser mm	Metrisches Feingew. Nr. 1	Metrisches Feingew. Nr. 2	Whitworth-Feingew. Nr. 1	Whitworth-Feingew. Nr. 2
20				10 Gang auf 1 Zoll, 1,439 mm Gewindetiefe (20—33)	104		4 mm Ganghöhe, 2,778 mm Gewindetiefe (104—189)	4 Gang auf 1 Zoll, 3,596 mm Gewindetiefe (104—214, ↓ bis 499 mm ∅)	6 Gang auf 1 Zoll 2,397 mm Gewindetiefe (104—189)
22					109				
24		2 mm Ganghöhe, 1,389 mm Gewindetiefe (24—33)			114				
27					119				
30					124				
33					129				
36		3 mm Ganghöhe, 2,084 mm Gewindetiefe (36—52)		8 Gang auf 1 Zoll 1,798 mm Gewindetiefe (36—52)	134				
39					139				
42					144				
45					149				
48					154	6 mm Ganghöhe, 4,167 mm Gewindetiefe (154—214, ↓ bis 499 mm∅)			
52					159				
56		4 mm Ganghöhe, 2,778 mm Gewindetiefe (56—99)	4 Gang auf 1 Zoll, 3,596 mm Gewindetiefe (56—99)	6 Gang auf 1 Zoll, 2,397 mm Gewindetiefe (56—99)	164				
60					169				
64					174				
68					179				
72					184				
76					189				
80					194				
84					199				
89					204				
94					209				
99					214				

Auf den Zeichnungen und bei Bestellungen werden die Metrischen Feingewinde durch den Buchstaben *M* und das Produkt aus dem Außendurchmesser und der Ganghöhe in mm, beispielweise durch *M* 94 × 4, gekennzeichnet.

Das Metrische Feingewinde 3 ist für die folgenden Durchmesser bei den darunter angegebenen Ganghöhen vorgesehen:

Durchmesser.	1 1,2 1,4 1,7 2	2,3 2,6	3 3,5 4	4,5 5 5,5 mm
Ganghöhe	←— 0,20 —→	←— 0,25 —→	←— 0,35 —→	←— 0,5 —→ mm

	← Durchmesser in ganz. mm → steigend				Durchmesser mit den Endziffern 2, 5, 8 und 10, z. B. 102, 105, 108, 110, 112	
Durchmesser	6—8	9—11	12—52	53—100	102—190	192—300 mm
Ganghöhe.	0,75	1,0	1,5	2	3	4 mm

Über die Anwendungsgebiete der beiden Gewindearten in der Deutschen Industrie Ende 1924 gibt die folgende, dem Dinbuch 2 entnommene Zusammenstellung Aufschluß.

Behörden und Verbände	Durchmesserbereich			
	1—10 mm		über 10—50 mm	
	Whitworth DIN 11	Metrisch DIN 13	Whitworth DIN 11, 12	Metrisch DIN 14
Reichseisenbahn	Fahrzeuge	Lokomotiven, Maschinen, Apparate	allgemein	—
Reichspost	—	allgemein	allgemein	—
Reichsheer	—	allgemein	—	allgemein
Reichsmarine	—	allgemein	allgemein	—
Handelsschiff-Normenausschuß (HNA)	zum Teil	zum Teil	allgemein	—
Verband deutscher Elektrotechniker (VDE) . .	—	allgemein	allgemein	—
Zentralverband der deutschen elektrotechnischen Industrie (ZV)	—	allgemein	allgemein	—
Verband deutscher Schwachstromindustrieller (VdSI).	—	allgemein	allgemein	—
Kraftfahrbau (Reichsverband d. Automobilindustrie)	—	allgemein	—	allgemein

Die Gruppe „Großmaschinenbau" im Arbeitsausschuß für Einführung der Normen hat im Juni 1925 beschlossen, die Normen wie folgt anzuwenden.

Schraubengewinde: Von 1 bis 10 mm DIN 13, von $^1/_2$" bis 2" DIN 11, über 2" kommt noch bis $2^1/_2$" das Whitworth-Gewinde in Betracht; ferner das Whitworth-Feingewinde 1 nach DIN 239 im Durchmesserbereich 68 bis einschließlich 99 mm (jedoch ohne Spitzenspiel).

Konstruktionsgewinde: Von 20 bis 189 mm Whitworth-Feingewinde 2 nach DIN 240. Für hoch und stoßweise beanspruchte Maschinenteile geht der Großmaschinenbau im allgemeinen bei Durchmesser 149 auf das Feingewinde nach DIN 239 über und benutzt also von 154 mm ab 4 Gang auf 1". Außerdem wird das Whitworth-Feingewinde 2 mit 6 Gang auf 1" weitergeführt bis 369 mm für leichter beanspruchte Teile (Rotationsmaschinenbau). Nebenher läuft das Rohrgewinde, hat aber nur untergeordnete Bedeutung.

Zu wünschen wäre, daß sich die gesamte Industrie auf eine einzige Gewindeart einigte, für welche bei dem in Deutschland sonst allgemein eingeführten metrischen Maße, das auch im Auslande immer größere Bedeutung und Verbreitung gewinnt, nur das Metrische Gewinde in Betracht kommt.

Dem bislang in der Elektrotechnik und von den Mechanikern benutzten Löwenherzgewinde liegt ein einem Quadrat eingeschriebenes Dreieck zugrunde, so daß die Flankenneigung 1 : 2 und der Spitzenwinkel 53° 8' ist. An den Außenkanten und im Grunde ist das Profil um $\frac{t_0}{8}$ geradlinig abgeschnitten. Die Hauptmaße sind in der

Zusammenstellung 63 wiedergegeben, weil das Löwenherzgewinde vielleicht noch nicht sofort verschwinden wird, wenn auch sein völliger Ersatz durch das Metrische baldigst anzustreben ist.

Zusammenstellung 63. **Löwenherzgewinde.**

Äußerer Durchmesser d mm	1	1,2	1,4	1,7	2	2,3	2,6	3	3,5	4	4,5	5	5,5	6	7	8	9	10
Ganghöhe h mm	0,25	0,25	0,3	0,35	0,4	0,4	0,45	0,5	0,6	0,7	0,75	0,8	0,9	1,0	1,1	1,2	1,3	1,4
Kerndurchmesser d_1 mm .	0,625	0,825	0,95	1,175	1,4	1,7	1,925	2,25	2,6	2,95	3,375	3,8	4,15	4,5	5,35	6,2	7,05	7,9

C. Das U. S. St.-Gewinde.

Das United States Standart-Gewinde gründet sich auf die von Sellers 1864 angegebene Gewindeform, Abb. 336, mit 60° Flankenwinkel unter Abflachung der Kanten um $^1/_8$ der Dreieckhöhe. Der äußere Durchmesser d ist in englischen Zollen festgelegt

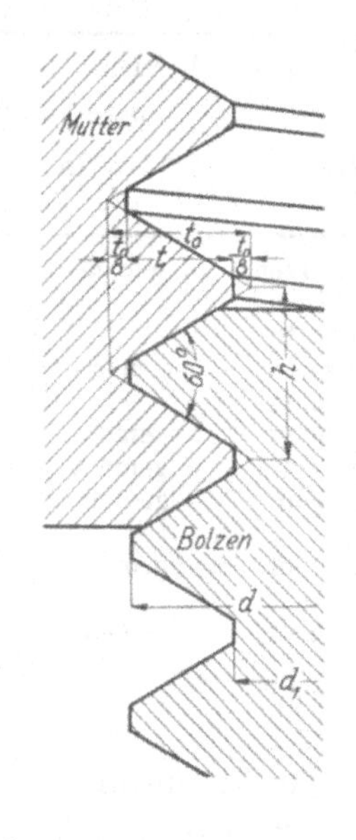

Abb. 336. Sellersgewinde.

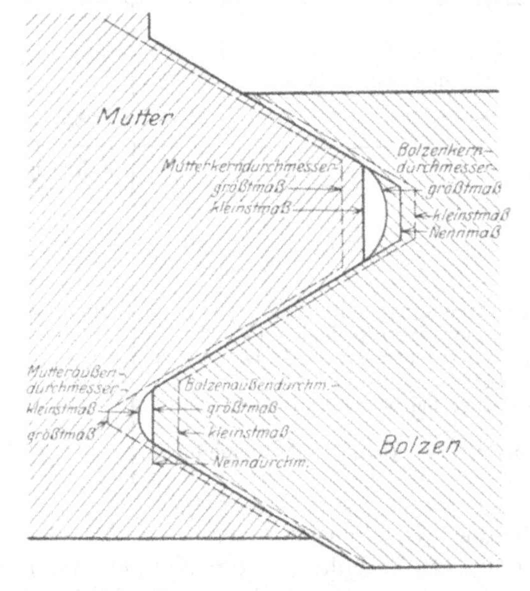

Abb. 336a. Toleranzen des U. S. St.-Gewindes.

Zusammenstellung 64. **U. S. St.-Gewinde.**

Äußerer Gewinde-durchm. d engl. Zoll	Ganghöhe h engl. Zoll	Zahlenwert $n = \frac{h}{d}$	Äußerer Gewinde-durchm. d engl. Zoll	Ganghöhe h engl. Zoll	Zahlenwert n	Äußerer Gewinde-durchm. d engl. Zoll	Ganghöhe h engl. Zoll	Zahlenwert n
$^1/_8$″	0,0250	0,2000	$1^1/_8$″	0,1429	0,1270	$3^1/_4$″	0,2857	0,0879
$^3/_{16}$″	0,0417	0,2222	$1^1/_4$″	0,1429	0,1143	$3^1/_2$″	0,3077	0,0879
$^1/_4$″	0,0500	0,2000	$1^3/_8$″	0,1667	0,1212	$3^3/_4$″	0,3333	0,0889
$^5/_{16}$″	0,0556	0,1778	$1^1/_2$″	0,1667	0,1111	4″	0,3333	0,0833
$^3/_8$″	0,0625	0,1667	$1^5/_8$″	0,1818	0,1119	$4^1/_4$″	0,3478	0,0818
$^7/_{16}$″	0,0714	0,1633	$1^3/_4$″	0,2000	0,1143	$4^1/_2$″	0,3636	0,0808
$^1/_2$″	0,0769	0,1538	$1^7/_8$″	0,2000	0,1067	$4^3/_4$″	0,3810	0,0802
$^9/_{16}$″	0,0833	0,1481	2″	0,2222	0,1111	5″	0,4000	0,0800
$^5/_8$″	0,0909	0,1455	$2^1/_4$″	0,2222	0,0988	$5^1/_4$″	0,4000	0,0762
$^3/_4$″	0,1000	0,1333	$2^1/_2$″	0,2500	0,1000	$5^1/_2$″	0,4211	0,0766
$^7/_8$″	0,1111	0,1270	$2^3/_4$″	0,2500	0,0909	$5^3/_4$″	0,4211	0,0732
1″	0,1250	0,1250	3″	0,2857	0,0952	6″	0,4444	0,0741

und dient zur Bezeichnung. Die Ganghöhe ist im Verhältnis zum Durchmesser durch $h = n \cdot d$ bestimmt, wobei $n = 1/_5 \ldots 1/_{27}$ für $1/_8 \ldots 6''$ beträgt, vgl. Zusammenstellung 64. Die Mutter sollte nach Sellers Vorschlag die Schraube passend umschließen. Die dadurch bedingte schwierige Herstellung genaueren Gewindes ist nun durch die Festlegung der Toleranzen nach Abb. 336a, die praktisch Spitzenspiel schaffen, beseitigt und damit das vom American-Engineering-Standarts-Committee genehmigte U.S.St.-Gewinde geschaffen worden.

D. Das Trapez-, Sägen- und Rundgewinde.

Neben den im vorstehenden behandelten Befestigungsgewinden steht die Gruppe der Bewegungsgewinde für Spindeln und Schrauben aller Art, die oft und meist unter Belastung bewegt werden müssen. In den Dinormen sind für diese Zwecke das Trapez-, das Sägen- und das Rundgewinde vorgesehen.

Das Trapezgewinde findet als Bewegungsgewinde u. a. Anwendung auf Spindeln von Pressen, Ventilen und Schiebern, Steuerspindeln von Lokomotiven, Leitspindeln von Drehbänken, Schrauben an Werkzeugschlitten und Reitstöcken, gelegentlich auch als Befestigungsgewinde an großen und sehr oft gelösten Schrauben, wie an den Werkzeughaltern großer Werkzeugmaschinen und an schweren Verbindungsstangen. Dem Gewindequerschnitt liegt ein Trapez mit 30° Flankenwinkel, Abb. 337, zugrunde. Außendurchmesser und Ganghöhe sind in Millimetern festgelegt. An den nichttragenden Flächen ist Spiel vorgesehen und der Grund des Gewindes in den Muttern scharfkantig gehalten. Auch an den Spindeln kann die gleiche Stelle in Rücksicht auf das meist benutzte Fräsen scharf ausgeführt werden, sofern nicht durch die Spindeln große Kräfte aufzunehmen sind und die in der Abbildung angegebene Abrundung wegen der Gefahr des Einreißens infolge Kerbwirkung geboten ist. Das Trapezgewinde soll das bisher für Bewegungsschrauben vorwiegend benutzte Flachgewinde, mit rechteckigem Gewindequerschnitt, Abb. 324, ersetzen. Diesem gegenüber ist es wegen der größeren Höhe der Ansatzstelle im Grunde der Gänge widerstandsfähiger, bietet aber vor allem den Vorteil leichterer und rascherer Ausführbarkeit. Flachgewinde verlangt, wenn saubere Tragflächen entstehen sollen, beim Schneiden auf der Drehbank eine sehr vorsichtige Zustellung der Werkzeuge oder eine getrennte Bearbeitung der beiden Flanken, macht aber namentlich Schwierigkeiten beim Fräsen. Das Trapezgewinde kann ferner das sowohl für die Herstellung wie für das Tragen der Flanken vorteilhafte Spitzenspiel bekommen, während Flachgewinde an einer der zylindrischen Flächen anliegen muß, wenn radiales Spiel vermieden werden soll.

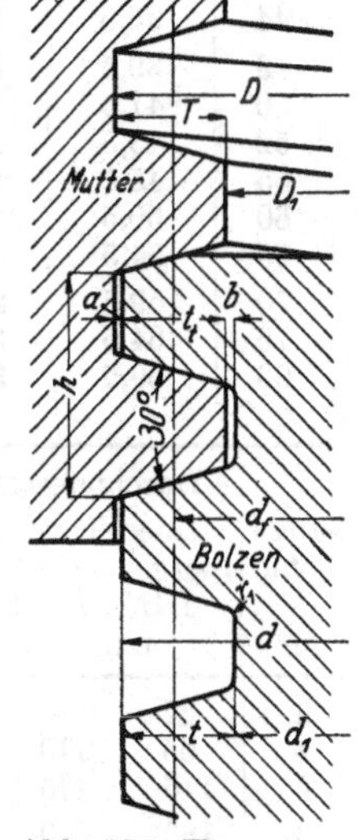

Abb. 337. Trapezgewinde nach DIN 103, 378 und 379.

In der DIN 103 wurde das Trapezgewinde mittlerer Steigung, das in Zusammenstellung 65 ausführlicher wiedergegeben ist, daneben aber in den DIN 378 und 379 noch ein Fein- und ein Grobgewinde dadurch geschaffen, daß dieselbe Gewindegrundform, Abb. 337, benutzt, die Ganghöhen aber anderen Bolzendurchmessern zugeteilt wurden, wie der untere Teil der Zusammenstellung 65 des Näheren zeigt.

Zusammenstellung 65. **Eingängige Trapezgewinde nach DIN 103, 378 und 379** (Auszug).

Ganghöhe	3 und 4 mm	5—12 mm	14—48 mm
Spiel a . . .	0,25	0,25	0,5 mm
Spiel b . . .	0,5	0,75	1,5 mm
Rundung r_1 .	0,25	0,25	0,5 mm

Zusammenstellung 65 (Fortsetzung).

Bolzen			Flankendurchmesser	Ganghöhe / Tragtiefe	Bolzen			Flankendurchmesser	Ganghöhe / Tragtiefe
Gewindedurchmesser	Kerndurchmesser	Kernquerschnitt			Gewindedurchmesser	Kerndurchmesser	Kernquerschnitt		
d	d_1	cm²	d_f	mm	d	d_1	cm²	d_f	mm
10	6,5	0,33	8,5	3/1,25	85	72,5	41,28	79	12/5,5
12	8,5	0,57	10,5	3/1,25	90	77,5	47,17	84	12/5,5
14	9,5	0,71	12	4/1,75	95	82,5	53,46	89	12/5,5
16	11,5	1,04	14	4/1,75	100	87,5	60,13	94	12/5,5
18	13,5	1,43	16	4/1,75	110	97,5	74,66	104	12/5,5
20	15,5	1,89	18	4/1,75	120	105	86,59	113	14/6
22	16,5	2,14	19,5	5/2	130	115	103,87	123	14/6
24	18,5	2,69	21,5	5/2	140	125	122,72	133	14/6
26	20,5	3,30	23,5	5/2	150	133	138,93	142	16/7
28	22,5	3,98	25,5	5/2	160	143	160,61	152	16/7
30	23,5	4,34	27	6/2,5	170	153	183,85	162	16/7
32	25,5	5,11	29	6/2,5	180	161	203,58	171	18/8
36	29,5	6,83	33	6/2,5	190	171	229,66	181	18/8
40	32,5	8,30	36,5	7/3	200	181	257,30	191	18/8
44	36,5	10,46	40,5	7/3	210	189	280,55	200	20/9
48	39,5	12,25	44	8/3,5	220	199	311,03	210	20/9
50	41,5	13,53	46	8/3,5	230	209	343,07	220	20/9
52	43,5	14,86	48	8/3,5	240	217	369,84	229	22/10
55	45,5	16,26	50,5	9/4	250	227	404,71	239	22/10
60	50,5	20,03	55,5	9/4	260	237	441,15	249	22/10
65	54,5	23,33	60	10/4,5	270	245	471,44	258	24/11
70	59,5	27,81	65	10/4,5	280	255	510,71	268	24/11
75	64,5	32,67	70	10/4,5	290	265	551,55	278	24/11
80	69,5	37,94	75	10/4,5	300	273	585,35	287	26/12

Ganghöhe	Durchmesserbereich des		Ganghöhe	Durchmesserbereich des		Ganghöhe	Durchmesserbereich des	
	feinen Trapezgewindes DIN 378	groben Trapezgewindes DIN 379		feinen Trapezgewindes DIN 378	groben Trapezgewindes DIN 379		feinen Trapezgewindes DIN 378	groben Trapezgewindes DIN 379
mm	mm	mm	mm	mm	mm	mm	mm	mm
3	22 ... 62	—	14	—	55 ... 62	28	—	160 ... 180
4	65 ... 110	—	16	—	65 ... 82	32	—	185 ... 200
6	115 ... 175	—	18	420 ... 500	85 ... 98	36	—	210 ... 240
8	180 ... 240	22 ... 28	20	—	100 ... 110	40	—	250 ... 280
10	—	30 ... 38	22	—	115 ... 130	44	—	290 ... 340
12	250 ... 400	40 ... 52	24	520 ... 640	135 ... 155	48	—	360 ... 400

Der Verein deutscher Werkzeugmaschinenfabriken hat sich durch die DIN 113 bezüglich der Ganghöhen an den Leitspindeln auf 3, 6, 12 und 24 mm unter Benutzung der Gewindequerschnitte nach DIN 103 beschränkt. Mit ihnen lassen sich die wichtigsten Ganghöhen der Normen von 0,5, 0,75, 1, 1,5 2, 3 mm mittels der Spindeln von 12 und 24 mm Ganghöhe, auch die von 4 und 6 mm unter Aus- oder Einschlagen des Stangenschlosses an jeder beliebigen Stelle schneiden, weil die Spindelganghöhen ganzzahlige Vielfache derjenigen der Schrauben sind. Das Bremsspindelgewinde der Eisenbahnfahrzeuge ist ein doppelgängiges Trapezgewinde mit 16 mm Steigung (DIN 263).

Das Sägengewinde, Abb. 338, wird an hoch belasteten Spindeln, z. B. Pressen aller Art, benutzt. Die tragende Flanke steht nahezu senkrecht, die Rückenfläche unter 30° zur Schraubenachse. Normalerweise hat die Rückenflanke Spiel, für besondere Zwecke ist es aber zulässig, das Rückenspiel wegzulassen. Um das Ecken in der Mutter zu verhindern, sollen der Außendurchmesser der Spindel und der Grunddurchmesser der Mutter übereinstimmen, zu dem Zwecke, eine zylindrische Führung beider Teile zu schaffen. Das zu erreichen, bringt man vor dem Schneiden des Gewindes auf der Vorderseite der Mutter eine zylindrische Eindrehung vom Durchmesser des Bolzens an und stellt den Gewindestahl allmählich bis zur Tiefe dieser Eindrehung zu. Die Kehlen am Grunde des Spindelgewindes sind in Rücksicht auf die stets hohe Belastung der Spindeln ausgerundet. Auch das Sägengewinde ist in drei Stufen von mittlerer, feiner und grober Steigung, DIN 513 bis 515, genormt worden, derart, daß die Durchmesser und Ganghöhen mit den drei Sorten des Trapezgewindes, Zusammenstellung 65, übereinstimmen. Zur Kennzeichnung dienen die Abkürzungen *Trapg* und *Sägg* und das Produkt aus dem Bolzendurchmesser und der Ganghöhe in Millimetern, z. B. *Trapg* 48 × 8, *Sägg* 70 × 10. Zwei-, drei- und mehrgängige Gewinde erhalten die doppelte, drei- und mehrfache Ganghöhe, bei demselben, also unverändertem Gewindequerschnitt, Abb. 337 und 338. Sie werden beispielweise wie folgt bezeichnet: 2 gäng *Trapg* 48 × 16.

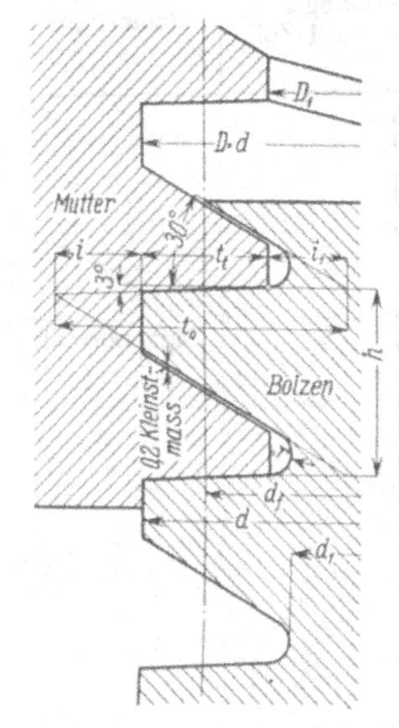

Abb. 338. Sägengewinde nach DIN 513, 514 und 515.

Rundgewinde (früher auch Kordelgewinde genannt), nach Abb. 339 durch DIN 405 vereinheitlicht, wird in solchen Fällen verwandt, wo scharfes Gewinde durch Schmutz, Sand, Staub und Rost zu stark leidet: an Spindeln von Absperrvorrichtungen für unreine Flüssigkeiten, zur Verbindung von Schläuchen, an Eisenbahnkupplungen usw. Die Außendurchmesser sind in der genannten Norm in Millimetern zwischen 8 und 200 mm Durchmesser, die Ganghöhen, bezogen auf englische Zoll festgelegt. Vgl. Zusammenstellung 67. Kennzeichnung: *Rundg* 40 × 1/16″.

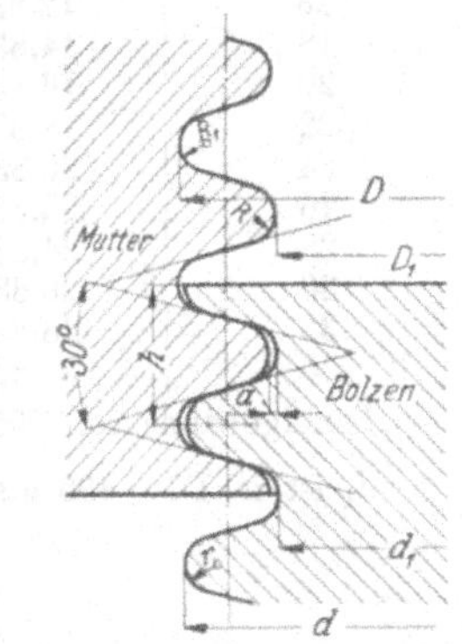

Abb. 339. Rundgewinde nach DIN 405.

Zusammenstellung 66. **Sägengewinde nach DIN 513, eingängig** (Auszug).
$t_t = 0{,}75\,h,\ i = 0{,}52507\,h,\ i_1 = 0{,}45698\,h,\ r = 0{,}12427\,h.$

Bolzen				Mutter	Bolzen				Mutter
Gewindedurchmesser $D = d$ mm	Kerndurchmesser d_1 mm	Kernquerschnitt cm²	Ganghöhe h mm	Kerndurchmesser D_1 mm	Gewindedurchmesser $D = d$ mm	Kerndurchmesser d_1 mm	Kernquerschnitt cm²	Ganghöhe mm	Kerndurchmesser D_1 mm
22	13,32	1,39	5	14,5	100	79,174	49,23	12	82
24	15,32	1,84	5	16,5	110	89,174	62,46	12	92
26	17,32	2,36	5	18,5	120	95,702	71,93	14	99
28	19,32	2,93	5	20,5	130	105,702	87,75	14	109
30	19,586	3,01	6	21	140	115,702	105,14	14	119
32	21,586	3,70	6	23	150	122,232	117,34	16	126
36	25,586	5,14	6	27	160	132,232	137,33	16	136
40	27,852	6,09	7	29,5	170	142,232	158,89	16	146
44	31,852	7,97	7	33,5	180	148,760	173,81	18	153
48	34,116	9,14	8	36	190	158,760	197,96	18	163
50	36,116	10,24	8	38	200	168,760	223,68	18	173
52	38,116	11,41	8	40	210	175,290	241,33	20	180
55	39,380	12,18	9	41,5	220	185,290	269,65	20	190
60	44,380	15,47	9	46,5	230	195,290	299,54	20	200
65	47,644	17,09	10	50	240	201,818	319,90	22	207
70	52,644	21,77	10	55	250	211,818	352,38	22	217
75	57,644	26,10	10	60	260	221,818	386,44	22	227
80	62,644	30,82	10	65	270	228,348	409,53	24	234
85	64,174	32,35	12	67	280	238,348	446,18	24	244
90	69,174	37,58	12	72	290	248,348	484,41	24	254
95	74,174	43,21	12	77	300	254,876	510,21	26	261

Zusammenstellung 67. **Rundgewinde nach DIN 405** (Auszug).
Gewindetiefe 0,5 h, $R = 0{,}256\,h$, $R_1 = 0{,}221\,h$, $r = 0{,}239\,h$, $a = 0{,}05\,h$.

Gewinde-durchmesser d mm	Kern-durchmesser d_1 mm	Gangzahl auf 1 Zoll	Gewinde-durchmesser d mm	Kern-durchmesser d_1 mm	Gangzahl auf 1 Zoll	Bemerkung
8	5,46		40	35,77		
9	6,46		44	39,77		
10	7,46	10	48	43,77		
12	9,46		52	47,77		
14	10,83		55	50,77		
16	12,83		60	55,77		
18	14,83		65	60,77		
20	16,83		(68)	63,77	6	(Metz normal)
22	18,83		70	65,77		
24	20,83	8	75	70,77		
26	22,83		80	75,77		
28	24,83		85	80,77		
30	26,83		90	85,77		
32	28,83		95	90,77		
36	32,83		100	95,77		

Rundgewinde von 105 bis 200 mm Durchmesser hat 4 Gänge auf 1″.

d_1 ist in DIN 405 auf $\frac{1}{1000}$ mm genau angegeben.

E. Holzschrauben und Sondergewinde.

Holzschrauben erhalten scharfes Gewinde mit einem Flankenwinkel von 60° und verhältnismäßig großer Steigung, derart, daß zwischen den Gängen breite Kernflächen stehen bleiben, Abb. 340, DIN 95, 96, 97, 570 und 571. An kleineren Schrauben wird das Gewinde geschnitten oder kalt, an größeren vielfach auch warm, gewalzt.

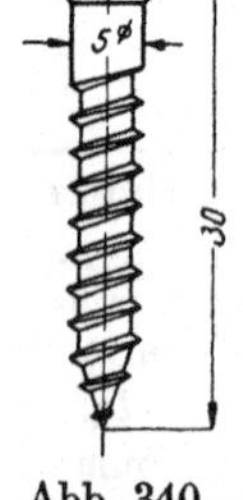

Abb. 340. Holzschraube mit Art der Maßangabe.

Genormt sind ferner die Sondergewinde für Schutzgläser, Porzellan- und Gußkappen, die gedrückten Gewinde an dünnwandigen Rohren, die Panzerrohrgewinde und die Gasflaschengewinde, bei welch letzteren die Möglichkeit der Verwechslung von Flaschen und Behältern bei der Füllung und Benutzung, so weit irgend möglich, auszuschließen war.

Einen Überblick über die Konstruktionsgewinde der Deutschen Industrienormen, sowie die dafür vorgeschriebenen abgekürzten Bezeichnungen und die Art der Maßangabe gewährt die folgende, der DIN 202 entnommene Zusammenstellung 68. Die Kurzzeichen sind grundsätzlich vor die Maßzahl zu setzen, um Verwechselungen mit den Passungsbuchstaben, die hinter der Maßzahl stehen, zu vermeiden.

Zusammenstellung 68. **Bezeichnung der Gewinde nach DIN 202. A. Eingängige Rechtsgewinde.**

Art des eingängigen Rechtsgewindes	Zeichen vor der Maßzahl	Maßangabe	Beispiel	Für Gewinde nach DIN
Whitworth-Gewinde . .	—	Außengewindedurchmesser in Zoll mit zugefügtem Zollzeichen	2″	11
Whitworth-Feingewinde	*W*	Außengewindedurchmesser in Millimetern mal Ganghöhe in Zoll	*W* 104·1/6″	239 und 240
Whitworth-Rohrgewinde	*R*	Innendurchmesser des Rohres in Zoll mit zugefügtem Zollzeichen	*R* 4″	259
Metrisches Gewinde . .	*M*	Außengewindedurchmesser in Millimetern	*M* 80	13 und 14
Metrisches Feingewinde	*M*	Außengewindedurchmesser in Millimetern mal Ganghöhe in Millimetern	*M* 104·4	241, 242 und 243 Bl. 1—3, 516—521
Trapezgewinde	*Trapg*	Außengewindedurchmesser in Millimetern mal Ganghöhe in Millimetern	*Trapg* 48·8	103 Bl. 1 und 2, 378 und 379
Rundgewinde	*Rundg*	Außengewindedurchmesser in Millimetern mal Ganghöhe in Zoll	*Rundg* 40·1/6″	405
Sägengewinde	*Sägg*	Außengewindedurchmesser in Millimetern mal Ganghöhe in Millimetern	*Sägg* 70·10	513, 514 und 515

B. Gewinde mit Spitzenspiel, links- und mehrgängige Gewinde.

Bezeichnung des Zusatzes	Abkürzung	Zeichenort	Beispiel	Für Gewinde	Gültig für
Mit Spitzenspiel	m Sp	hinter der Gewindebezeichn.	2″ m Sp *W* 56·1/6″ m Sp *R* 4″ m Sp	— *W* *R*	DIN 12 DIN 239 u.240 DIN 260
Linksgewinde[1])	links	vor der Gewindebezeichnung	links *W* 104·1/6″ links *M* 80 links *R* 4″ links *Trapg* 48·8	*W* *M* *R* *Trapg*	Alle Gewinde unter A.
Mehrgängiges Gewinde rechts	. . . gäng[2])		2 gäng 2″ 2 gäng *Trapg* 48·16	— *Trapg*	
Mehrgängiges Gewinde links	. . gäng links[2])		2 gäng links 2″ 2 gäng links *Trapg* 48·16	— *Trapg*	

[1]) Bei Teilen die mit Rechts- und Linksgewinde versehen sind, z. B. Stangenschlössern und Eisenbahnkupplungsspindeln ist auch vor die Gewindebezeichnung des Rechtsgewindes das Wort „rechts“ zu setzen.
[2]) Die Gangzahl ist von Fall zu Fall einzusetzen.

III. Konstruktive Durchbildung.

A. Gestaltung der Schrauben und Muttern.

An einem glatten Bolzen läßt sich das Gewinde wegen des Auslaufens des Werkzeuges nicht bis zum Ende in voller Tiefe ausschneiden, eine Mutter also nicht ohne Zwang auf der ganzen Länge seines Gewindes verschrauben. Für den Anschnitt gilt nach DIN 76 an blanken und halbblanken Schrauben ein Winkel γ, Abb. 341, von $22^1/_2$, an rohen Schrauben von 15^0. Die Auslauflänge darf man durchschnittlich bei blanken und halbblanken Schrauben zu 1,4 bis 1,8, bei rohen Schrauben zu 2,2 bis 2,6 Gängen annehmen. Soll das Gewinde durchweg dieselbe Tiefe bekommen, so wird in den Bolzen eine ringsumlaufende Rille, Abb. 342, DIN 76, eingestochen, in Gewindelöchern eine Hinterdrehung, Abb. 343, angebracht, oder bei Trapez-, Sägen- und Rundgewinden am Ende eine Bohrung, Abb. 344, in welche die Spitze des Stahls beim Schneiden im Augenblick des Ausschaltens der Bewegung tritt.

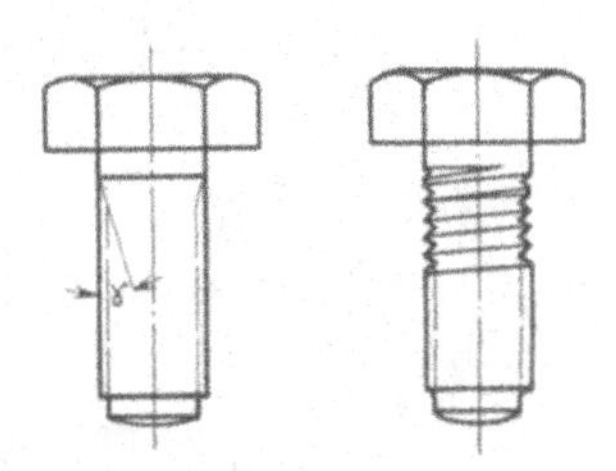
Abb. 341. Gewindeauslauf.

Am freien Ende werden die Schraubenbolzen des besseren Aussehens sowie des leichteren Aufsetzens der Mutter wegen und zur Vermeidung von Beschädigungen des Gewindes bei dem manchmal nötigen Zurücktreiben der Bolzen mit Rund- oder Kegel-

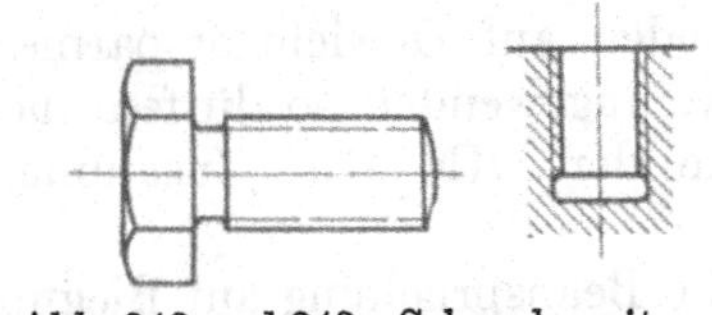
Abb. 342 und 343. Schraube mit Rille, DIN 76, Gewindeloch mit Hinterdrehung, DIN 2352.

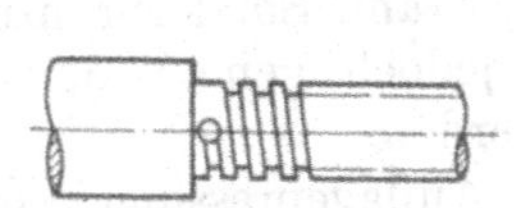
Abb. 344. Bohrung zum Auslaufenlassen des Schneidstahls.

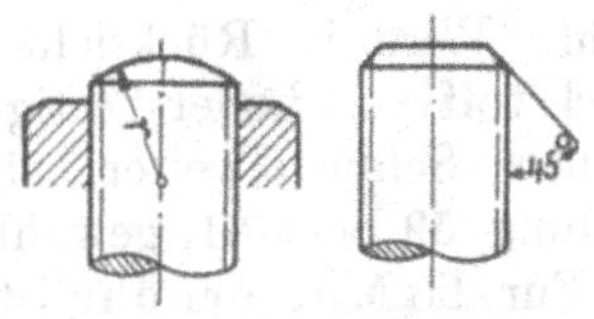

Abb. 345 und 346. Rund- und Kegelkuppe.

kuppen, Abb. 345 und 346, oder mit Kern- und Splintansätzen, Abb. 347 bis 348 nach DIN 78 versehen. Bei der Wahl der Halbmesser r der Rundkuppen wurde der Gewindekerndurchmesser unter Abrundung auf den nächstgrößeren Rundungshalbmesser nach DIN 250, vgl. Seite 181, zugrunde gelegt.

Die Schrauben finden sich stets paarweise verwandt; das Außengewinde des Bolzens wird von einem Innengewinde umschlossen; die Vaterschraube, kurz Schraube genannt, sitzt oder bewegt sich in einem Muttergewinde. Das letztere ist entweder in einen Konstruktionsteil eingeschnitten oder als besonderes Stück, als Mutter, ausgebildet. Auch die Muttern sind genormt; sie erhalten, ebenso wie die normalen Köpfe der Schrauben, wegen des Anziehens mit dem Schraubenschlüssel sechskantig-prismatische Form, Abb. 349, von bestimmter **Schlüsselweite** w. Die letztere ist durch den Abstand zweier paralleler Sechskantflächen oder den Durchmesser des dem Sechseck eingeschriebenen Kreises gegeben und steht zum Durchmesser D_a des umschriebenen Kreises, der den Mindestraum, den die Mutter beim Anziehen beansprucht, kennzeichnet, im Verhältnis $w = 0{,}866\,D_a$. Die scharfen Ecken pflegen durch Kegel mit Basiswinkeln von 30^0 gebrochen zu werden, die an den dem Sechskant eingeschriebenen Kreisen auf den Stirnflächen ansetzen. Auf den Sechskantflächen entstehen dabei hyperbolische Durchdringungslinien, die man zeichnerisch durch Kreisbogen mit den in Abb. 349 angegebenen Halbmessern annähert. r_1 wird auf der äußeren Sechskantlinie durch Verlängern des mit $1{,}5\,a$ geschlagenen Kreisbogens der mittleren Fläche gefunden. a ist gleich $\frac{D_a}{2}$.

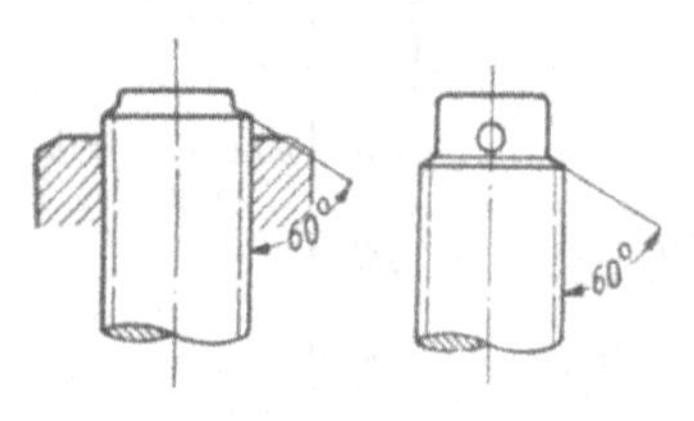

Abb. 347 und 348. Kern- und Splintansatz.

Manche Firmen fasen nur **eine** der Stirnflächen ab, benutzen die andere, etwas größere, als Auflagefläche und bezwecken dabei, daß die Muttern stets im gleichen Sinn aufgesetzt werden. Beim Festziehen derselben können jedoch die Stützflächen durch die scharfen Ecken leichter beschädigt werden. Nach Abb. 349 rechts unten werden die Muttern noch von beiden Seiten her unter 120^0 bis auf den Gewindeaußendurchmesser ausgesenkt.

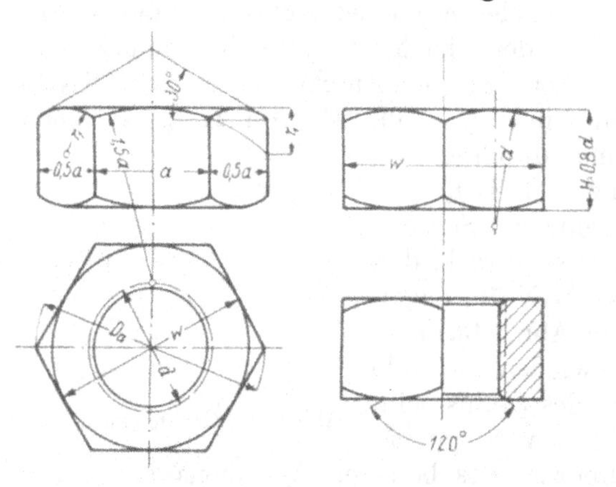

Abb. 349. Normale Mutter.

Die Schlüsselweiten sind durch DIN 475 gemeinsam für das Whitworth- und das metrische Gewinde festgelegt. Dabei ist bei kleinen Schrauben bis zu etwa $^3/_4$ Zoll des ersteren und zwischen 6 bis 18 mm Durchmesser des letzteren die Sechskantseite a rund gleich dem Gewindedurchmesser d, eine Beziehung, die man beim Aufzeichnen der Schraubenköpfe und Muttern in der Breitlage, Abb. 349, vorteilhaft benutzen kann. Bei größeren Schrauben ist a etwas kleiner als d.

Die in den Zusammenstellungen 59 und 61 auf Seite 208 und 211 angeführten Schlüsselweiten gelten für weichen Flußstahl. Wird in Rücksicht auf geringeren Platzbedarf oder auf Gewichtsersparnisse Werkstoff von hoher Festigkeit, Stahl, Sonderbronze usw. angewendet, so dürfen auch kleinere Schlüsselweiten, stets jedoch gemäß der Reihe der DIN 475, Zusammenstellung 59 oder 61, gewählt werden.

Für die **Mutterhöhe** ist die Auflagepressung p und die Beanspruchung auf Biegung σ_b in den Gewindegängen maßgebend, während die Scherbeanspruchung gegenüber σ_b zurücktritt. Bisher galten als normale Höhen, DIN 70 und 428, $H \sim d$ bei kleineren und mittleren Gewinden bis herab zu $0{,}8\,d$ bei sehr großen. Neuerdings ist jedoch die normale Höhe der Sechskantmuttern in den DIN 555, 934 und 935 bis herab zu etwa 5 mm Bolzendurchmesser auf $\sim 0{,}8\,d$ verringert worden, vergleiche die Zusammenstellungen 57 und 59. Damit ergeben sich im Verhältnis zu der im Kernquerschnitt der Schraube zugelassenen Beanspruchung die folgenden Werte für p und σ_b. Ist z_1 die Zahl der Gänge in der Mutter und h die Ganghöhe des Gewindes, so wird

$$p = \frac{Q}{z_1 \cdot \pi \cdot d_f \cdot t_t} \quad (94) \qquad \text{oder mit} \quad \frac{Q}{\frac{\pi}{4}\,d_1^2} = k_z \quad \text{und} \quad z_1 = \frac{H}{h} \quad p = \frac{h \cdot d_1^2}{4\,H \cdot d_f \cdot t_t} \cdot k_z. \quad (94\text{a})$$

Am Metrischen Gewinde beträgt nach Abb. 335 der Hebelarm des Biegemomentes

$$\frac{t_t}{2}+a=\left(\frac{0,6495}{2}+0,045\right)h=0,370\,h,$$

wenn man sich den Auflagedruck in der Mitte der Flanken, also längs einer Schraubenlinie vom Durchmesser d_f wirkend denkt. Damit wird das Biegemoment

$$M_b = 0,370\,Q\cdot h.$$

Als Widerstandsmoment eines Ganges darf am Bolzen ein Rechteck von der Länge $\pi\cdot d_1$ und der Höhe $\frac{15}{16}\,h$ angenommen werden, woraus die Biegebeanspruchung unter Beachtung des Umstandes, daß die Gangzahl z_1 wiederum durch $\frac{H}{h}$ ersetzt werden kann, folgt:

$$\sigma_b=\frac{M_b}{W}=\frac{6\cdot 0,370\,Q\cdot h}{z_1\cdot\pi\cdot d_1\left(\frac{15}{16}h\right)^2}=0,6315\,\frac{d_1}{H}\cdot k_z. \tag{95}$$

Für das Whitworthgewinde lautet die entsprechende Gleichung

$$\sigma_b=0,691\,\frac{d_1}{H}\cdot k_z. \tag{95a}$$

Beispielweise gilt für die folgenden Muttern des Metrischen Gewindes der DIN 934:

d mm	p kg/cm²	σ_b kg/cm²
10	0,334 k_z	0,625 k_z
20	0,357 „	0,652 „
42	0,394 „	0,706 „
80	0,400 „	0,697 „
149	0,460 „	0,773 „

Die Beanspruchungen auf Flächendruck und Biegung nehmen also mit steigendem Durchmesser im Verhältnis zur Beanspruchung auf Zug langsam zu, sind aber hinreichend niedrig, wenn der Werkstoff der Mutter selbst weicher Flußstahl ist.

Soll die Mutter sehr oft nachgestellt oder gelöst werden, wie es an Stopfbüchsschrauben vorkommt, so empfiehlt es sich, entweder die Mutter höher zu wählen oder den Durchmesser der Schrauben, und dadurch die Gewindeflächen, zu vergrößern.

Muttern aus anderem Werkstoff sind unter Berücksichtigung der zulässigen Werte für die Biegebeanspruchung nachzurechnen. Solche aus Gußeisen, die man aber möglichst zu vermeiden sucht, weil sie bei öfterem Lösen und Anziehen sehr leiden, erhalten zweckmäßig eine Höhe $H = 1,5\ldots 2\,d$.

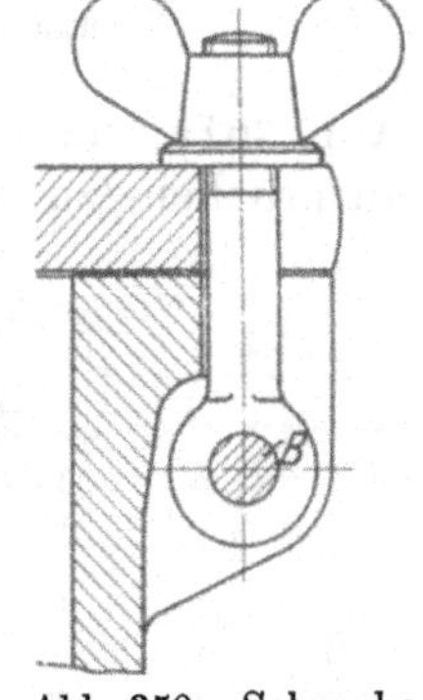

Abb. 350. Schraube mit Flügelmutter.

Vierkantige Muttern kommen im Maschinenbau seltener vor. Sie erhalten normale Schlüsselweiten und Höhen oder sind den Umständen entsprechend auf Auflagepressung zu berechnen.

Zum raschen und leichten Bedienen der Schrauben von Hand benutzt man Flügelmuttern, Abb. 350, — an häufig zu öffnenden Deckeln oft in Verbindung mit Klappschrauben, die sich, in Schlitzen liegend, nach geringem Lösen zur Seite schlagen lassen, aber, durch Bolzen B gehalten, nicht abfallen können. Stellschrauben werden am Umfange des Kopfes oder der Stellschraube gerändelt.

Die wichtigsten auf Muttern bezüglichen deutschen Industrienormen sind die folgenden:

Sechskantmuttern, blank, DIN 934, roh, DIN 555 und 428,

Kronenmuttern, blank, DIN 935, roh, DIN 430,

flache Sechskantmuttern, DIN 439,

Flügelmuttern, DIN 313 und 315,
Vierkantmuttern, roh, DIN 557 und 562.

Kronenmuttern besitzen Schlitze zur Aufnahme von Sicherungssplinten.

Auch die Köpfe der Schrauben erhalten in den meisten Fällen Sechskantform. Jedoch pflegt man nur die Endfläche zu brechen, um die eigentliche Auflagefläche zu vergrößern. Das ist auch insofern zulässig, als die Köpfe beim Anziehen der Schrauben festgehalten, nicht aber auf der Stützfläche gedreht zu werden pflegen, so daß die oben erwähnten Beschädigungen durch die scharfen Ecken nicht zu befürchten sind. Die Kopfhöhe normaler Schrauben ist mit $H_1 \approx 0{,}7\,d$ festgelegt in Übereinstimmung mit der Mauldicke der Schraubenschlüssel.

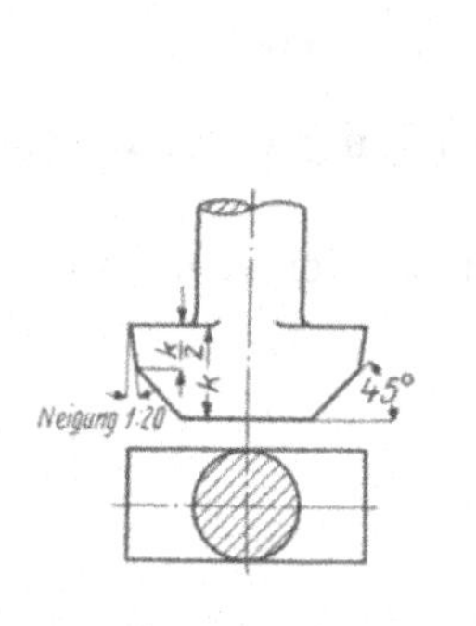

Abb. 351. Hammerschraube nach DIN 188 und 261.

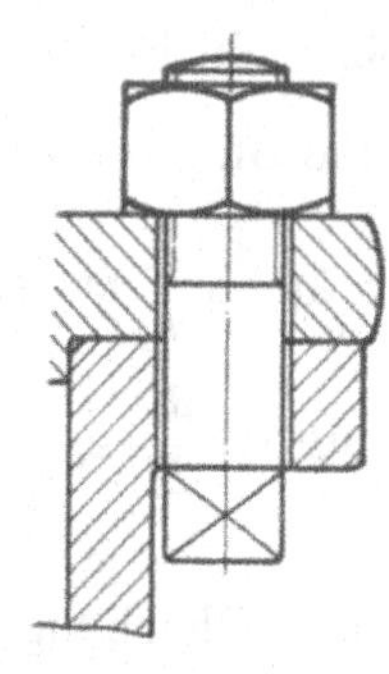

Abb. 351a. Anwendung von Hammerschrauben.

Von vierkantigen Köpfen gilt das von den Vierkantmuttern Gesagte. Oft finden sich Vierkante an Bewegungsspindeln von Werkzeugmaschinen zum Aufstecken von Kurbeln oder Handrädern, sowie an vielen Werkzeugen zum Aufsetzen von Windeisen usw. Sie sind durch DIN 10 im Zusammenhang mit den anschließenden Halsdurchmessern vereinheitlicht.

Hammerschrauben, Abb. 351, (DIN 188 und 261) haben Köpfe, deren Breite gleich dem Schaftdurchmesser ist zu dem Zwecke, die Schrauben möglichst dicht an die Wandungen heranzusetzen und den Hebelarm,

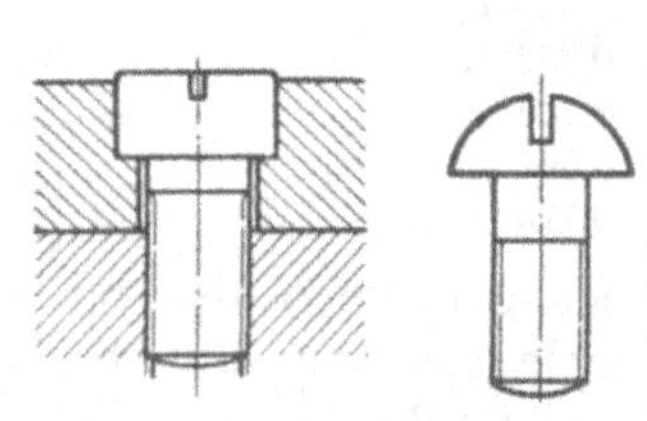

Abb. 352 und 353. Zylinder- und Halbrundschrauben.

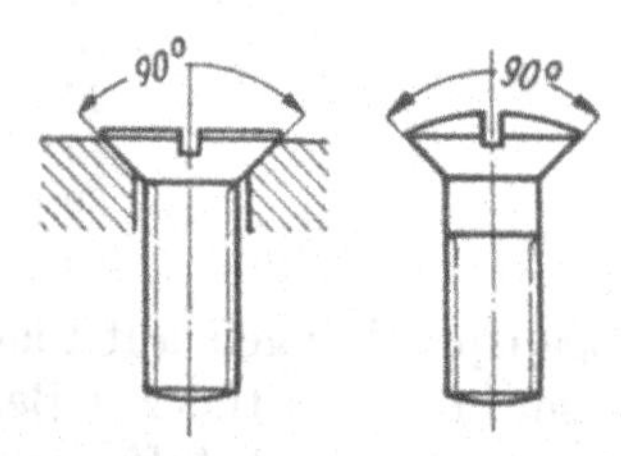

Abb. 354 und 355. Senk- und Linsensenkschrauben.

Abb. 351a, an dem die Schrauben die Flansche und andere Teile auf Biegung beanspruchen, zu vermindern. Gleichzeitig soll durch das Anliegen an den Wandungen das Drehen der Schrauben beim Anziehen der Muttern verhindert werden. Vielfach benutzt man Hammerköpfe auch an Befestigungsschrauben in T-förmigen Schlitzen oder Aussparungen, in die sie, um 90° gedreht, eingeführt werden können.

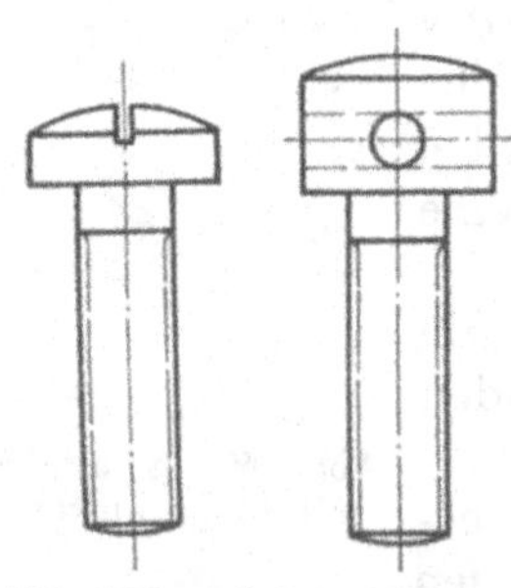

Abb. 356 und 357. Linsen- und Kreuzlochschrauben (DIN 85 und 404).

Schrauben mit geschlitzten oder durchbohrten Köpfen, Abb. 352—357, sind schwierig fest anzuziehen und sollen deshalb vermieden werden, wenn größere Kräfte zu übertragen sind. Auch leiden sie leicht beim Einschrauben durch den Schraubenzieher, haben aber zum Teil den Vorzug, leicht versenkt werden zu können. Der zylindrische Kopf ist den anderen der kräftigeren Form wegen überlegen.

Zylinderschrauben, Abb. 352, blank, DIN 64, 65, 83 und 84, preßblank, DIN 572 und 576,
Halbrundschrauben, Abb. 353, blank, DIN 67 und 86, preßblank, DIN 573 und 577.
Senkschrauben, Abb. 354, blank, DIN 68 und 87, preßblank, DIN 574 und 578.
Linsensenkschrauben, Abb. 355, blank, DIN 88, preßblank, DIN 575 und 579.

Leichtere Holzschrauben versieht man mit Senk-, Linsensenk- oder Halbrundköpfen (DIN 95 bis 97), schwerere mit Vierkant- oder Sechskantköpfen (DIN 570 und 571).

B. Ausbildung der Schraubenschlüssel.

Zum Anziehen der gewöhnlichen Muttern und Schrauben dienen Schraubenschlüssel. Sie werden aus Flußstahl gepreßt oder aus Stahlblech gestanzt, oder aus Temperguß, als einfache und doppelte, Abb. 358 und 359, ausgeführt, im zweiten Falle meist mit zwei aufeinanderfolgenden Schlüsselweiten, w_1 und w_2. Die Maulöffnung ist am Grunde ausgerundet, erhält wegen der Flächenpressung an den Kanten eine Höhe von etwa 0,7 d und wird gehärtet. Bei der Anordnung und Verteilung der

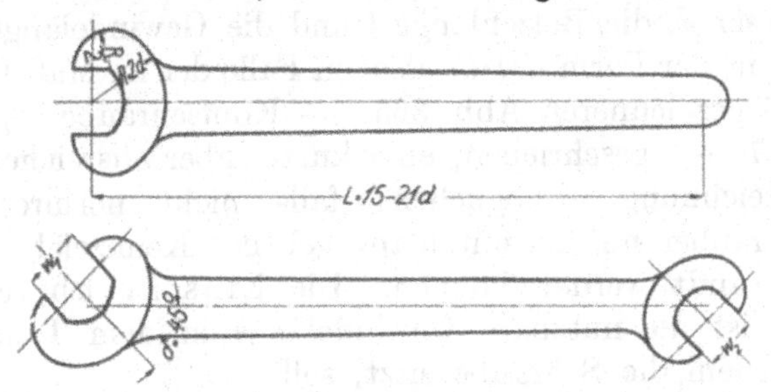

Abb. 358 und 359. Einfacher und doppelter Schraubenschlüssel.

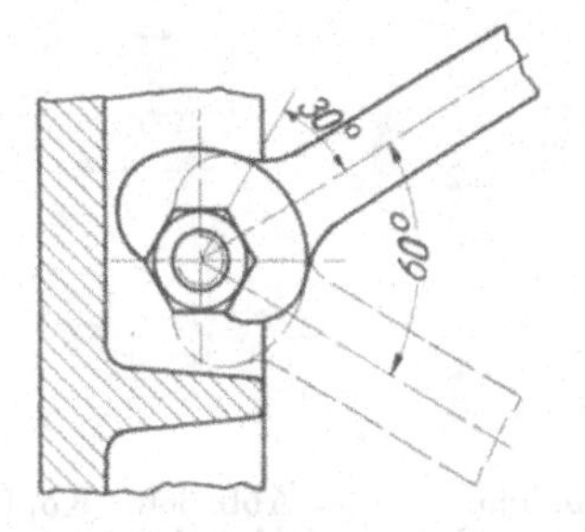

Abb. 360. Für den Schraubenschlüssel ist genügend Platz vorzusehen.

Schrauben ist stets auf genügenden Platz für den Schraubenschlüssel zu sehen, der in zweifelhaften Fällen einzuzeichnen ist, Abb. 360. Wird der Hebelarm, wie Abb. 358 zeigt, symmetrisch oder unter 30°, Abb. 360, gegenüber der Maulöffnung angeordnet, so ist zum Anziehen der Mutter jeweils ein Drehwinkel von 60° oder $^1/_6$ Umdrehung nötig. Versetzt man dagegen nach Pröll den Hebelarm um $\delta = 45°$, Abb. 359, so ermöglicht man das Anziehen der Mutter unter Umlegen des Schlüssels durch Drehungen um je 30°, oder durch Zwölfteldrehungen, kommt also mit geringerem Ausschlag aus. Die Länge des Hebelarms L am Schlüssel wird zu 15 bis 21 d gewählt. Freilich reicht dieselbe bei stärkeren Schrauben nicht aus, da sie verhältnisgleich zu d, die Kraft in der Schraube dagegen entsprechend d^2 steigt. In solchen Fällen verlängert man die Schlüssel durch Aufstecken eines Gasrohres oder dgl., oder läßt die Schrauben durch mehrere Leute anziehen. (Vgl. hierzu die Ausführungen auf Seite 233 über die Beanspruchungen der Schrauben beim Anziehen.)

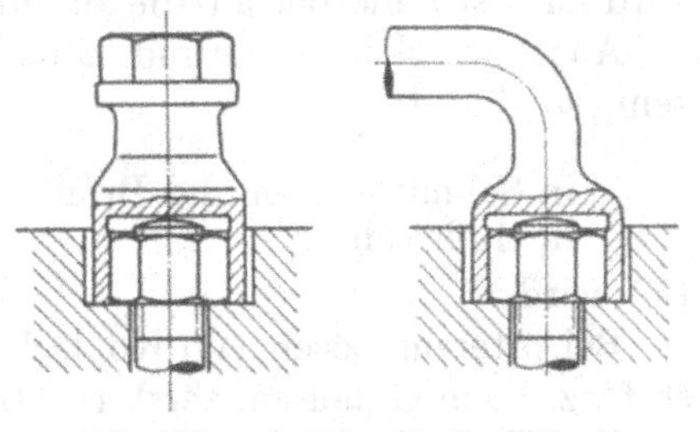

Abb. 361 und 362. Steckschlüssel.

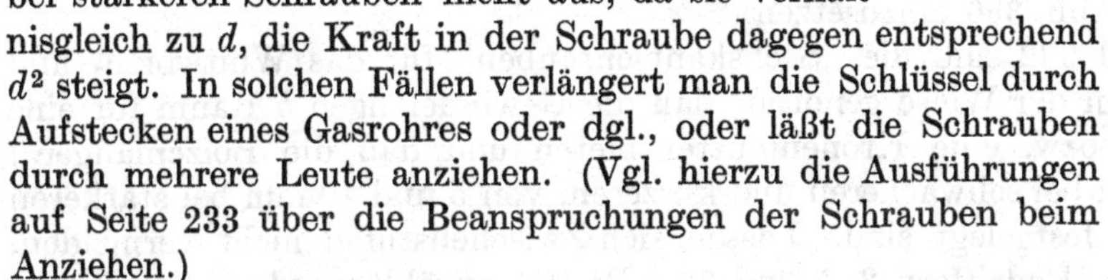

Versenkte Schrauben werden mittels eines der Steckschlüssel, Abb. 361 und 362, angezogen, für die genügend Platz um die Mutter herum vorzusehen ist.

In den deutschen Industrienormen sind die Maße der Einfachschraubenschlüssel durch DIN 129 und 133, die der Doppelschraubenschlüssel durch DIN 130, 131 und 658, die der Steckschlüssel durch DIN 659, 665 und 666 festgelegt.

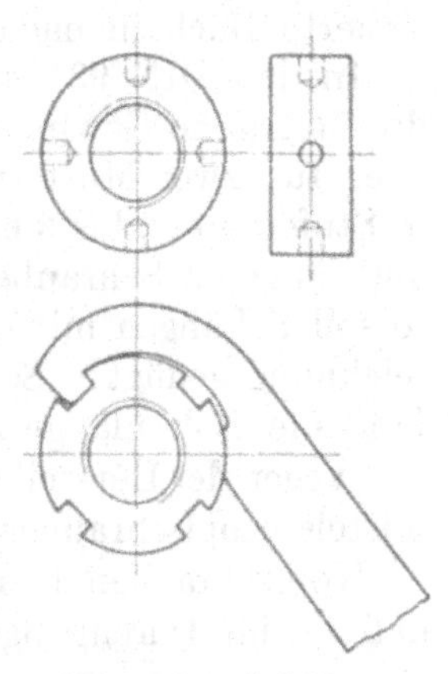

Abb. 363 und 364. Hakenschlüsselschrauben (A.E.G. Berlin).

Wo der Raum für den normalen Schlüssel fehlt, kann die Mutter mit Bohrungen oder Nuten, DIN 1804 und 1805, versehen werden und mittels eines Dornes oder besser eines Haken- oder Sonderschlüssels, Abb. 364, angezogen werden, Mittel, die jedoch nur ausnahmsweise verwandt werden sollten, weil sowohl die Beanspruchung der Schlüssel, wie namentlich die der Nuten und Löcher sehr hoch und ungünstig ist, so daß die letzteren leicht leiden und oft rasch unbrauchbar werden.

C. Die Hauptformen der Befestigungsschrauben.

Die normalen Befestigungsschrauben werden in drei Hauptformen verwendet als Kopf-, Durchsteck- und Stiftschrauben.

1. Die Kopfschraube.

Bei der Kopfschraube, Abb. 365, sitzt das Muttergewinde in einem Konstruktionsteil. Zur Herstellung genügen die drei eingeschriebenen Maße für den Gewindedurchmesser d, die Bolzenlänge l und die Gewindelänge b, die in der Form $d \cdot l \cdot b$, also im Falle der im Maßstabe 1:5 gezeichneten Abb. 365: — Kopfschraube $1^1/_2{}'' \cdot 90 \cdot 70$ —, geschrieben, eine kurze, aber ausreichende Bezeichnung ermöglichen, falls nicht normrechte Schrauben mit der unten angegebenen Kennzeichnung verwandt werden können. Die Einschraubtiefe, das ist die nutzbare Gewindelänge in dem Teil, in welchem die Schraube sitzt, soll

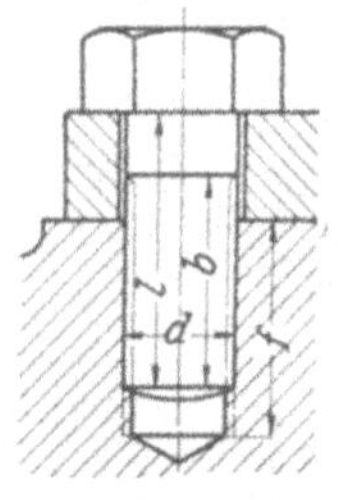

Abb. 365. Kopfschraube $1^1/_2{}'' \cdot 90 \cdot 70$. M. 1:5.

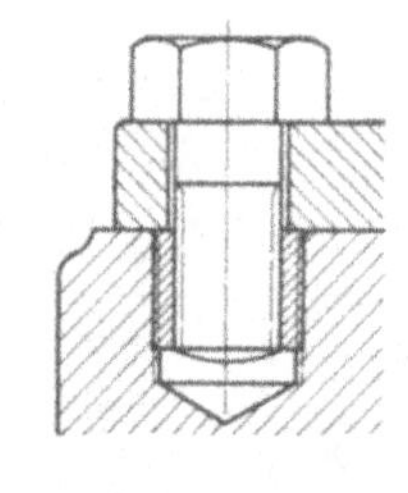

Abb. 366. Kopfschraube, in einer Büchse sitzend.

in Schmiedeeisen und Bronze 1 ... 1,2 d,
in Gußeisen . . . . . 1,3 ... 1,5 d

betragen. Am Schaft ist das Gewinde genügend lang vorzusehen, in Rücksicht darauf, daß das letzte Stück wegen des Auslaufens des Werkzeuges nicht bis auf die volle Tiefe ausgeschnitten werden kann. Eine Zugabe von etwa 1 d bei kleineren, von 0,7 d bei mittleren Schrauben wird in den meisten Fällen genügen. Soweit irgend möglich, wird man sich hierbei an die anschließend erwähnten Normblätter 931 und 932 halten.

Aus dem gleichen Grund muß das Bohrloch für das Gewinde entsprechend tiefer sein, so daß es

	bei kleineren Schrauben	bei größeren Schrauben
in Schmiedeeisen und Bronze	$f = 1{,}5 \ldots 1{,}7\,d$,	$1{,}0 \ldots 1{,}2\,d + 15$ mm
in Gußeisen	$f = 1{,}8 \ldots 2{,}0\,d$,	$1{,}3 \ldots 1{,}5\,d + 15$ mm

tief wird.

Bei öfterem Lösen von Kopfschrauben werden die Gewindegänge in sprödem Werkstoff, z. B. in Gußeisen, zerstört. Lassen sich Kopfschrauben nicht umgehen, so sind in solchen Fällen schmiedeeiserne oder bronzene, durch Vernieten oder Verbohren gesicherte Büchsen nach Abb. 366 einzusetzen.

In den DIN 931 und 932 sind die „Sechskantschrauben" für das Whitworth- und das Metrische Gewinde in der Weise genormt, daß die Gewindelängen b Raum für eine oder für zwei Muttern bzw. eine Kronenmutter bieten und daß die Bolzenlängen l in Stufen von 2 bis 3 mm bei schwächeren und kürzeren, von 5 und 10 mm bei stärkeren und längeren Schrauben festgelegt sind. Lassen sich Zwischenstufen nicht vermeiden, so sollen Längen mit den Endziffern 2, 5 und 8, z. B. 102 gewählt werden. Zur Kennzeichnung genügt: „Sechskantschraube $^3/_4{}'' \times 85$ DIN 931 Flußeisen", wobei die zweite Zahl die Bolzenlänge l angibt.

Wegen der Herstellung des tiefen Gewindes im Konstruktionsteil werden Verbindungen mittels Kopfschrauben teuer.

Kopfschrauben lassen sich nicht einpassen; es kann also nicht verlangt werden, daß sie im Durchgangsloch schließend anliegen.

2. Die Durchsteckschraube.

Eine Schraube mit Mutter, eine Durchsteckschraube, zeigt Abb. 367. Auch bei ihr sind die drei Maße d, l und b und die Bezeichnung „Kopfschraube $d \cdot l \cdot b$ mit Mutter" zur Bestimmung und Herstellung ausreichend. Was die einzelnen Maße angeht, so nimmt man die Bolzenlänge l nach den DIN 931 oder 932 oder die Abmessungen der zusammenzuspannenden Teile so groß, daß das Schraubenende des besseren Aussehens wegen um ein Geringes aus der Mutter hervorragt. Bei kleinen Schrauben genügen hierfür 1 bis 2, bei größeren 5 bis 10 mm. Siehe DIN 930. Durchsteckschrauben sitzen gewöhnlich mit Spiel in den Konstruktionsteilen, die sie verbinden sollen, also in Löchern von etwas größerem Durchmesser als der Schaft.

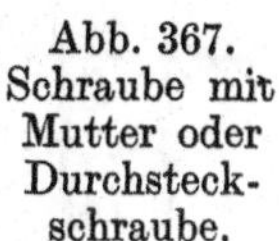

Abb. 367. Schraube mit Mutter oder Durchsteckschraube.

Die DIN 69 unterscheidet in der Beziehung gebohrte und gegossene Durchgangslöcher. In Zusammenstellung 69 sind nur die im allgemeinen Maschinenbau benutzten „mittel“ gebohrten und die im Rohrleitungsbau an Rohren von mehr als 500 mm Durchmesser benutzten „grob“ gebohrten Durchgangslöcher von 5 mm Gewinde an aufgeführt. Bezüglich der Löcher für sehr kleine Schrauben, sowie der „sehr fein“ und „fein“ gebohrten, die in der Feinmechanik und im Präzisionswerkzeugmaschinenbau Anwendung finden, sei auf DIN 69 verwiesen.

Nötigenfalls lassen sich Durchsteckschrauben aber auch einpassen, so daß der etwas stärker als das Gewinde gehaltene Schaft das Schraubenloch vollständig ausfüllt und die Schraube geeignet wird, Kräfte quer zu ihrer Längsachse zu übertragen.

Zusammenstellung 69. **Durchgangslöcher für Schrauben nach DIN 69** (Auszug).

Schraube		Durchgangsloch			Schraube		Durchgangsloch			Schraube		Durchgangsloch		
Whitworth	Metr.	gebohrt mittel mm	gebohrt grob mm	gegossen mm	Whitworth	Metr.	gebohrt mittel mm	gebohrt grob mm	gegossen mm	Whitworth	Metr.	gebohrt mittel mm	gebohrt grob mm	gegossen mm
—	5	5,8	—	—	—	20	23	—	26	2″	—	55	58	65
—	5,5	6,4	—	—	7/8″	22	25	26	28	—	52	56	—	65
—	6	7	—	—	—	24	27	—	30	2 1/4″	56	62	—	70
1/4″	—	7,4	—	—	1″	—	28	30	32	—	60	65	—	75
—	7	8	—	—	—	27	30	—	35	2 1/2″	—	68	—	80
5/16″	8	9,5	—	—	1 1/8″	—	32	33	35	—	64	70	—	80
—	9	10,5	—	—	—	30	33	—	38	2 3/4″	68	74	—	85
3/8″	—	10,5	—	—	1 1/4″	—	35	36	38	—	72	78	—	90
—	10	11,5	—	—	—	33	36	—	42	3″	76	82	—	95
7/16″	11	13	—	—	1 3/8″	—	38	40	42	—	80	86	—	100
—	12	14	—	18	—	36	40	—	45	3 1/4″	—	88	—	100
1/2″	—	15	—	18	1 1/2″	—	42	43	45	—	84	90	—	105
—	14	16	—	20	—	39	42	—	48	3 1/2″	89	95	—	110
5/8″	16	18	—	22	1 5/8″	42	45	47	50	3 3/4″	94	102	—	115
—	18	20	—	24	1 3/4″	45	48	50	55	4″	99	108	—	120
3/4″	—	22	23	25	1 7/8″	48	52	55	60	—	—	—	—	—

Die Herstellung von Verbindungen mittels Durchsteckschrauben ist im allgemeinen billig, das Lösen derselben leicht und rasch möglich; Durchsteckschrauben sind deshalb den anderen Formen in den meisten Fällen vorzuziehen.

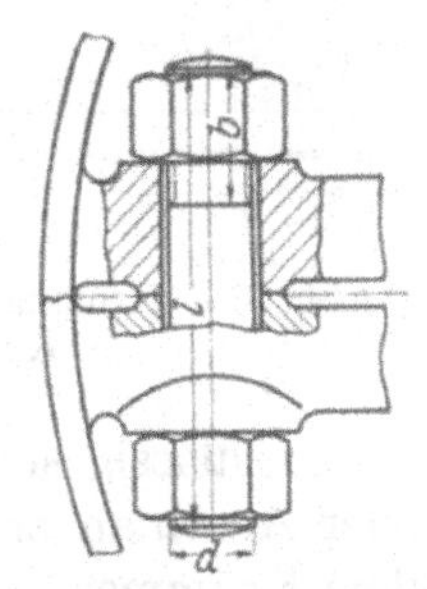

Abb. 368. Doppelmutterschraube.

Die Abart der Doppelmutterschrauben, Abb. 368, wird da verwendet, wo das Durchstecken einer Schraube mit Kopf nicht möglich ist, wie es die Abbildung an dem Arm einer Riemenscheibe zeigt, wo es gilt, die Schraube möglichst nahe am Kranz anzuordnen, um die Biegemomente klein zu halten. Doppelmutterschrauben fallen übrigens bei großem Durchmesser billiger aus als Durchsteckschrauben, wenn nämlich das Schneiden des zweiten Schaftgewindes und die Herstellung der Mutter weniger kostet als das Schmieden und Bearbeiten des Kopfes. Vorteilhaft ist dabei, wenn man das eine Gewinde mit einer Rille versieht, damit die eine Mutter eine Begrenzung des Weges beim Zusammenschrauben findet, dem andern aber die zum festen Anziehen nötige reichliche Länge gibt.

3. Die Stiftschraube.

Stiftschrauben, Abb. 369, werden in die Konstruktionsteile durch völliges Einschrauben des Grundgewindes fest eingezogen und bleiben darin dauernd sitzen, sind deshalb auch im Gußeisen zulässig. Das Lösen der Verbindung geschieht durch Abnehmen der Mutter. Zur Kennzeichnung dienen, sofern nicht normrechte Schrauben in Betracht kommen, die 4 Maße d, b_1, l und b, z. B. in der Form: „Stiftschraube 1″ · 40 · 100 · 50“. Für die nutzbare Gewindelänge b_1, die Gewindetiefe f und den Lochdurchmesser gelten die bei 1 und 2 gemachten Bemerkungen. Am vorstehenden Stift soll das Gewinde möglichst so lang vorgesehen werden, daß zwei Muttern zum festen Einschrauben des Stiftes aufgesetzt werden können, sofern kein Stiftsetzer, Abb. 370, benutzt wird. Wegen der sprengenden Wirkung der Gewindebohrer beim Einschneiden des Gewindes muß der Mittenabstand des Schraubenloches vom Rand mindestens d mm, die Restwandstärke also $\frac{d}{2}$ mm betragen. Zur Befestigung in Bronze, Flußeisen und Stahl genügt $b_1 = 1\,d$, beim Einschrauben in Gußeisen $b_1 = 1{,}3\,d$, in Weichmetall $b_1 = 2{,}5\,d$. Nach diesen Gesichtspunkten, sowie danach, ob am freien Ende eine oder zwei Muttern, bzw. eine Kronenmutter Platz finden, sind die Stiftschrauben in den DIN 938 bis 943 und 944, 945, 947, 948 unter Abstufungen der Länge l des vorstehenden Endes um 2...3 mm bei den kürzern, um 5 und 10 mm bei den längern Schrauben genormt worden. Zur Bezeichnung dient „Stiftschraube $d \cdot l$ DIN ... Werkstoff“. Die zuletzt angeführte Normengruppe bezieht sich auf Stiftschrauben mit Rille am Ende des Grundgewindes. Die Rillen sollen besseren Aussehens wegen das völlige Einziehen des Grundgewindes ermöglichen.

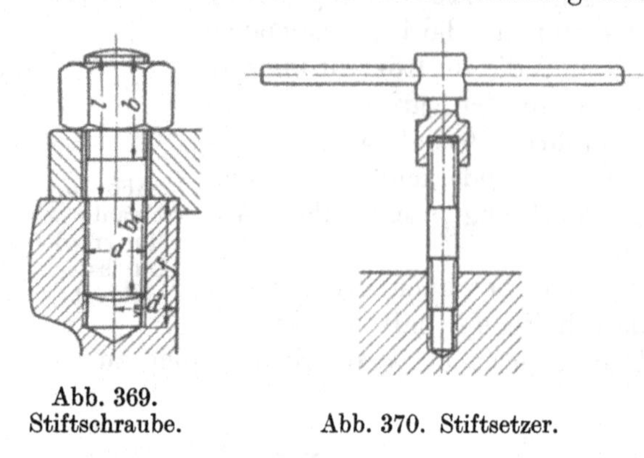

Abb. 369. Stiftschraube. Abb. 370. Stiftsetzer.

Verbindungen durch Stiftschrauben sind teuer in der Herstellung, gestatten aber oft eine wesentliche Herabsetzung der Abmessungen und der Beanspruchungen an Flanschen und ähnlichen Teilen und werden deshalb häufig angewendet. Vergleiche in dieser Beziehung das Berechnungsbeispiel Nr. 3.

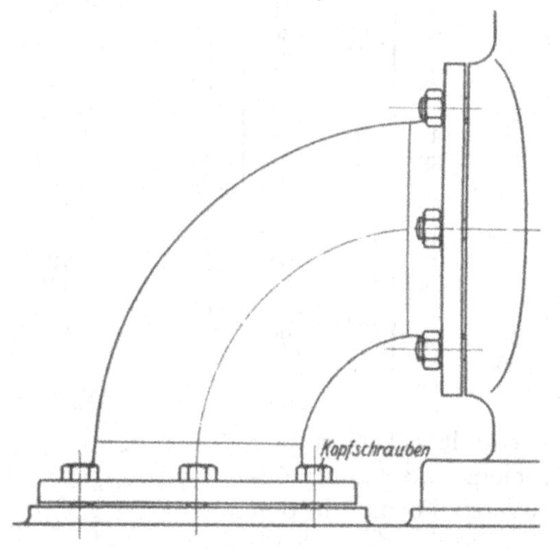

Abb. 371. Krümmerbefestigung mit Stift- und Kopfschrauben.

Unzulässig sind Stiftschrauben dort, wo ein Konstruktionsteil beim Zusammenbau oder Auseinandernehmen quer zur Trennfläche verschoben werden muß. So dürfen an dem Krümmer, Abb. 371, Stiftschrauben nur an einem der Flansche verwandt werden, am andern müssen Durchsteck- oder ausnahmsweise Kopfschrauben Verwendung finden, wenn der Krümmer für sich soll entfernt werden können.

D. Unterlegscheiben.

Unterlegscheiben werden nur dann benutzt, wenn

1. die Auflagerfläche für die Mutter uneben, unbearbeitet oder schief ist,

2. der Flächendruck unter der Mutter zu hoch wird, dadurch daß

a) das Schraubenloch zu groß ist,

b) der Werkstoff, auf dem die Mutter oder der Schraubenkopf aufliegt, hohen Flächendruck nicht verträgt, wie etwa Holz, an dem nur $p = 40$ kg/cm² zulässig ist.

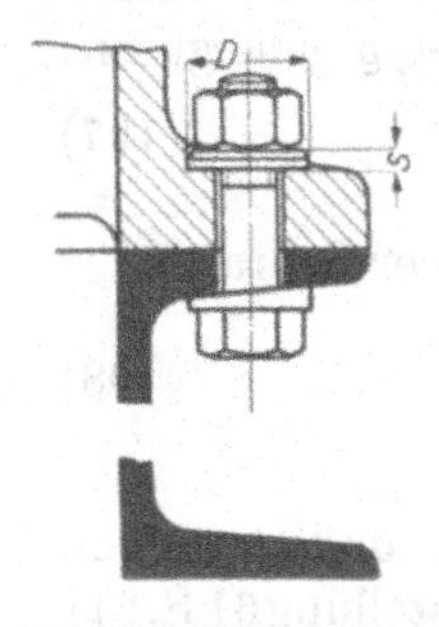

Abb. 372. Verwendung von Unterlegscheiben.

In den Fällen 1 und 2a genügen die Abmessungen der normalen Scheiben nach DIN 125, vgl. den untenstehenden Auszug und Abb. 372 oben. An Flanschen von U-Eisen wird die schiefe Fläche durch keilförmige Vierkant-U-Scheiben der DIN 434, Abb. 372 unten, an I-Trägern durch Vierkant-I-Scheiben nach DIN 435 ausgeglichen, um Biegebeanspruchungen in den Schrauben zu vermeiden.

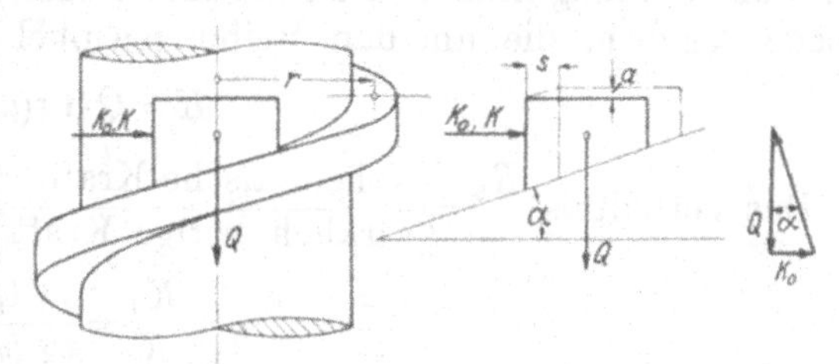

Abb. 373. Kraftverhältnisse an einer Schraube.

Im Fall 2b ist die Größe der Unterlegscheibe je nach dem zulässigen Auflagedruck zu berechnen. Vierkantscheiben für Holzverbindungen siehe DIN 436.

Zusammenstellung 70. **Blanke Scheiben nach DIN 125** (Auszug).

Für Gewinde		Bohrung d'	D	s	Für Gewinde		Bohrung d'	D	s	Für Gewinde		Bohrung d'	D	s
Whitw.	Metr.				Whitw.	Metr.				Whitw.	Metr.			
—	5	5,2	12	0,8	$1^{3}/_{8}''$	—	36	68	6	—	84	86	150	12
—	6	6,2	14	1,5	—	36	37	68	6	$3^{1}/_{2}''$	89	92	160	12
—	8	8,3	18	2	$1^{1}/_{2}''$	—	39	75	6	—	94	96	165	12
$(^{3}/_{8}'')$	—	9,8	22	2,5	—	39	40	75	6	$3^{3}/_{4}''$	—	98	165	12
—	10	10,3	22	2,5	$1^{5}/_{8}''$	—	43	80	7	—	99	102	180	14
—	12	12,5	28	3	—	42	43	80	7	$4''$	—	105	180	14
$^{1}/_{2}''$	—	13,2	28	3	$1^{3}/_{4}''$	45	46	85	7	—	104	108	185	14
—	14	14,5	30	3	$(1^{7}/_{8}'')$	48	50	92	8	$4^{1}/_{4}''$	109	112	190	14
$^{5}/_{8}''$	16	16,5	34	3	$2''$	—	52	98	8	$4^{1}/_{2}''$	114	118	205	14
—	18	19	40	4	—	52	54	98	8	—	119	122	215	16
$^{3}/_{4}''$	—	20	40	4	—	56	58	105	9	$4^{3}/_{4}''$	—	125	215	16
—	20	21	40	4	$2^{1}/_{4}''$	—	60	105	9	—	124	128	220	16
$^{7}/_{8}''$	22	23	45	4	—	60	62	112	9	$5''$	—	130	220	16
—	24	25	45	4	$2^{1}/_{2}''$	64	66	120	9	—	129	132	225	16
$1''$	—	26,5	52	5	—	68	70	125	10	$5^{1}/_{4}''$	134	138	230	16
—	27	28	52	5	$2^{3}/_{4}''$	—	72	130	10	$5^{1}/_{2}''$	139	142	245	18
$1^{1}/_{8}''$	—	29,5	58	5	—	72	74	130	10	—	144	148	255	18
—	30	31	58	5	$3'$	76	78	135	10	$5^{3}/_{4}''$	—	150	255	18
$1^{1}/_{4}''$	—	33	62	5	—	80	82	145	12	—	149	152	255	18
—	33	34	62	5	$3^{1}/_{4}''$	—	84	150	12	$6''$	—	155	270	18

Bezeichnet werden die Unterlegscheiben durch Angabe des Lochdurchmessers d' in mm und die DIN-Nummer, z. B. blanke Scheibe 20 DIN 125.

IV. Kraftverhältnisse an den Schrauben.

Die Schraube, Abb. 373, an der die Kräfte K_0 und K, die zur Verschiebung der mit Q belasteten Mutter ohne bzw. unter Einschluß der Reibung nötig sind, tangential am mittleren Flankenhalbmesser $r = \frac{d_f}{2}$ der Schraubenflächen wirken mögen, ist als schiefe Ebene zu betrachten. Ohne Rücksicht auf die Reibung muß auf Grund der Arbeitsgleichung

$$K_0 \cdot s = Q \cdot a$$

sein, wenn s und a die Strecken sind, die K_0 und Q bei einer Verschiebung zurücklegen.

Mit $\frac{a}{s} = \operatorname{tg}\alpha$ oder nach dem Krafteck in Abb. 373 wird

$$K_0 = Q \cdot \operatorname{tg}\alpha. \tag{96}$$

Tritt die Reibung hinzu, so ist die Kraft zum Heben durch diejenige auf einer schiefen Ebene gegeben, die um den Reibungswinkel ϱ stärker, also unter $\alpha + \varrho$ geneigt ist.

$$K = Q \cdot \operatorname{tg}(\alpha + \varrho). \tag{97}$$

Das Verhältnis $\frac{K_0}{K} = \frac{\text{theoretische Kraft}}{\text{wirklich nötige Kraft}}$ ist der Wirkungsgrad der Schraube.

$$\eta = \frac{K_0}{K} = \frac{\operatorname{tg}\alpha}{\operatorname{tg}(\alpha + \varrho)}. \tag{98}$$

Zahlenbeispiel. Am 24 mm-Flachgewinde mit $h = 6$ mm Ganghöhe und derselben Gewindetiefe wie das Metrische gleichen Durchmessers ist nach Zusammenstellung 61 S. 211

$$r = \frac{d_f}{2} = \frac{2{,}205}{2} = 1{,}103 \text{ cm}$$

und mithin

$$\operatorname{tg}\alpha = \frac{h}{2\pi r} = \frac{0{,}6}{2\pi \cdot 1{,}103} = 0{,}0866 \text{ oder } \alpha = 5^0.$$

Mit $\mu = 0{,}1$ oder $\varrho = 6^0$ wird

$$\eta = \frac{\operatorname{tg}\alpha}{\operatorname{tg}(\alpha + \varrho)} = \frac{\operatorname{tg} 5^0}{\operatorname{tg} 11^0} = 0{,}45;$$

nur 45% der aufgewandten Arbeit werden in Nutzarbeit umgesetzt, 55% gehen durch Reibung verloren!

In Abb. 374 ist der Wirkungsgrad η in Abhängigkeit vom Steigungswinkel α oder der Steigung tg α, unter Annahme eines unveränderlichen Wertes für den Reibungswinkel, $\varrho = 6^0$, dargestellt. η nimmt zunächst rasch, dann allmählich zu, erreicht einen Höchstwert bei $\alpha = 45^0 - \frac{\varrho}{2}$, wie sich durch Nullsetzen des Differentialquotienten $\frac{d\eta}{d\alpha}$ zeigen läßt und sinkt dann langsam wieder. Beispielweise liegt der größte Wert, wenn $\varrho = 6^0$ beträgt, bei $\alpha = 42^0$ und beträgt $\eta_{max} = 0{,}81$. Aber schon von etwa 15^0 ab ist der Wirkungsgrad recht günstig, eine Tatsache, die man bei der Gestaltung von Schneckentrieben benutzt.

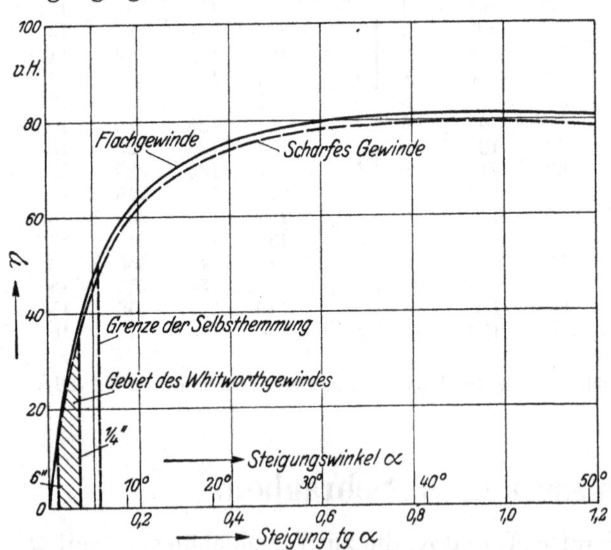

Abb. 374. Wirkungsgrad der Schrauben in Abhängigkeit von der Steigung und dem Steigungswinkel.

Das beim Anziehen der Schrauben aufzuwendende Kraftmoment ist unter Berücksichtigung der Reibung

$$M = K \cdot r = Q \cdot r \cdot \operatorname{tg}(\alpha + \varrho). \tag{99}$$

Wird die Klammer aufgelöst und $\operatorname{tg}\alpha = \frac{h}{2\pi r}$, $\operatorname{tg}\varrho = \mu$ gesetzt, so geht die Gleichung über in die Form:

$$M = Q \cdot r \cdot \frac{h + 2\pi r \cdot \mu}{2\pi r - h \cdot \mu}. \tag{100}$$

Soll die Last sinken oder die Schraube gelöst werden, so ist die Schraube als eine schiefe Ebene, deren Winkel um ϱ verkleinert ist, zu betrachten, woraus die Größe der am Halbmesser r wirkenden Kraft

$$K' = Q \cdot \operatorname{tg}(\alpha - \varrho) \tag{101}$$

folgt. Die Last sinkt und die Mutter löst sich von selbst, wenn die Schraube genügend steil, wenn nämlich $\alpha > \varrho$ oder der Steigungswinkel größer als der Reibungswinkel ist.

Ist $\alpha = \varrho$, so wird $K' = 0$; die Mutter bleibt auch unter der Wirkung der Last Q in Ruhe; sie löst sich nicht von selbst, es tritt Selbsthemmung ein. Für $\alpha < \varrho$ wird K' negativ; zum Lösen der Schraube ist dann eine Kraft nötig, entgegengesetzt gerichtet der beim Anziehen notwendigen. Die Grenze der Selbsthemmung ist mithin in Abb. 374 durch den Reibungswinkel ϱ gegeben; innerhalb des Gebietes liegen die gebräuchlichen Befestigungsschrauben. Freilich ist mit der Selbsthemmung ein niedriger Wirkungsgrad, kleiner als 0,5 verbunden, wie aus der Formel für η hervorgeht, wenn man $\alpha = \varrho$ einsetzt:

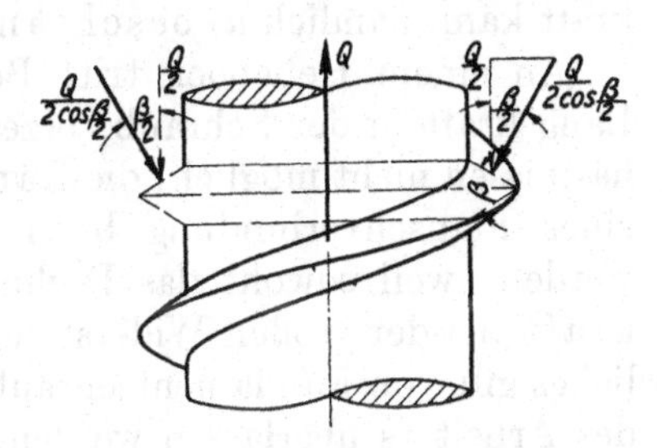

Abb. 375. Kraftwirkung an scharfgängigen Schrauben.

$$\eta = \frac{\operatorname{tg}\varrho}{\operatorname{tg}2\varrho} = \frac{\operatorname{tg}\varrho\,(1 - \operatorname{tg}^2\varrho)}{2\operatorname{tg}\varrho} = \tfrac{1}{2} - \tfrac{1}{2}\operatorname{tg}^2\varrho.$$

An scharfgängigen Schrauben fällt, genau genommen, die Reibung etwas größer aus. Wird nämlich die Schraubenfläche näherungsweise als Kegelfläche betrachtet, so zeigt Abb. 375, daß die Kraft senkrecht zur Kegelfläche, welche die Reibung erzeugt,

$$\frac{2 \cdot Q}{2\cos\frac{\beta}{2}} \text{ und mithin die Reibung } \frac{Q}{\cos\frac{\beta}{2}} \cdot \mu = Q\left(\frac{\mu}{\cos\frac{\beta}{2}}\right) = Q \cdot \mu' \text{ ist.}$$

Für das Metrische Gewinde ist z. B.

$$\frac{\beta}{2} = 30^0,\ \mu' = \frac{\mu}{0{,}866} = 1{,}15\,\mu.$$

Dementsprechend wird das Moment zum Anziehen der Schraube

$$M = Q \cdot r \cdot \frac{h + 2\pi r \cdot \mu'}{2\pi r - h \cdot \mu'} \tag{100a}$$

größer, der Wirkungsgrad

$$\eta' = \frac{\operatorname{tg}\alpha}{\operatorname{tg}(\alpha + \varrho')} \tag{98a}$$

dagegen niedriger, wobei ϱ' aus $\operatorname{tg}\varrho' = \mu' = \frac{\mu}{\cos \beta/_2}$ zu ermitteln ist.

Vergleichsweise ergibt sich für das Metrische 24 mm-Gewinde

$$\eta' = \frac{\operatorname{tg}\alpha}{\operatorname{tg}(\alpha + \varrho')} = \frac{\operatorname{tg}5^0}{\operatorname{tg}(5^0 + 6^0\,34')} = 0{,}428.$$

V. Berechnung der Schrauben.

Die zulässige Beanspruchung der Schrauben hängt nicht allein vom Werkstoff und von der Art der wirkenden Kräfte ab, sondern auch von der Herstellung. Beim Schneiden des Gewindes wird der Werkstoff leicht überanstrengt und verletzt; kleine, aber als scharfe Kerben wirkende Anrisse können später zu Brüchen führen. Für gewöhnliche Handelsschrauben sollen deshalb nur $^8/_{10}$ der Beanspruchungen zugelassen werden, die für sorgfältig auf der Drehbank hergestellte gelten.

Beim Anziehen einer Schraube erzeugt die am Schraubenschlüssel wirkende Kraft ein Drehmoment. Die dadurch auftretenden Drehbeanspruchungen im Schaft sind gering und können völlig vernachlässigt werden, wenn die Schraube ohne Belastung angezogen wird. Das trifft z. B. für die Mutter eines Hakens zu, welche erst später beim Anhängen der Last die im Hakenschaft entstehende Längskraft aufzunehmen hat.

Wird dagegen die Längskraft durch das Anziehen erzeugt, so ist die Beanspruchung auf Drehung zu berücksichtigen. Hierbei sind zwei Fälle zu unterscheiden; die Längskraft kann nämlich a) beschränkt, b) unbeschränkt sein.

An einem Hebebock tritt Bewegung ein, sobald das Drehmoment eine genügende Längskraft in der Schraube erzeugt; ein größeres Drehmoment ist unter normalen Verhältnissen nicht möglich; die Längskraft ist beschränkt. Dagegen kann die Schraube einer Flanschverbindung beim Anziehen leicht überanstrengt und selbst abgewürgt werden, weil sowohl das Drehmoment wie die durch dasselbe hervorgerufene Längskraft bei der großen Widerstandsfähigkeit der Flansche nicht beschränkt ist. Ähnliches gilt von Fundamentschrauben, bei denen die Grenze für das Anziehen dem Gefühle des Arbeiters überlassen werden muß.

Man unterscheidet demnach bei der Berechnung:

A. Schrauben, die ohne Last angezogen werden und im wesentlichen durch Längskräfte belastet sind,

B. Schrauben, die unter Last angezogen, also gleichzeitig auf Drehung und durch Längskräfte beansprucht werden, wobei

1. die Längskraft beschränkt,
2. die Längskraft unbeschränkt sein kann; außerdem

C. Schrauben, die Kräfte quer zu ihrer Längsachse aufnehmen müssen.

Die folgenden Ausführungen zu A und B beziehen sich auf Schrauben, die durch Zugkräfte belastet sind. Tritt Druck auf, so kann bei größerer Länge die Beanspruchung auf Knickung für die Bemessung entscheidend werden.

A. Schrauben ohne Last angezogen, im wesentlichen durch Längskräfte beansprucht.

Der gefährliche Querschnitt ist der Kernquerschnitt $F_1 = \frac{\pi d_1^2}{4}$; unter Beachtung der Art der wirkenden Kraft ergibt er sich aus

$$F_1 = \frac{\pi d_1^2}{4} = \frac{Q}{k_z}. \tag{102}$$

Umgekehrt folgt die Höhe der Beanspruchung bei gegebenem Kerndurchmesser aus:

$$\sigma_z = \frac{Q}{\frac{\pi d_1^2}{4}} = \frac{Q}{F_1}. \tag{102a}$$

Für k_z können die Werte der Zusammenstellung 2, Seite 12, der zulässigen Beanspruchungen genommen werden, wenn die Schrauben sorgfältig hergestellt sind; 0,8 jener Werte ist bei weniger sorgfältiger Bearbeitung einzusetzen. d_1 und den zugehörigen Außendurchmesser d findet man aus den Gewindelisten.

B 1. Schrauben unter voller Last angezogen, Längskraft beschränkt.

Zur Überwindung der Längskraft Q ist nach der Formel (99) ein Moment

$$M = Q \cdot r \operatorname{tg}(\alpha + \varrho)$$

nötig. Q beansprucht den Kernquerschnitt auf Zug mit

$$\sigma_z = \frac{Q}{\frac{\pi d_1^2}{4}},$$

M auf Drehung mit

$$\tau_d = \frac{M}{\frac{\pi d_1^3}{16}} = \frac{Q \cdot r \cdot \operatorname{tg}(\alpha+\varrho)}{\frac{\pi \cdot d_1^3}{16}}. \qquad (103)$$

Das Verhältnis der beiden Spannungen ist

$$\frac{\tau_d}{\sigma_z} = \frac{4r \cdot \operatorname{tg}(\alpha+\varrho)}{d_1}$$

und wenn der mittlere Halbmesser des Schraubenganges r annähernd durch $0{,}55\, d_1$ ersetzt wird:

$$\frac{\tau_d}{\sigma_z} = 2{,}2 \operatorname{tg}(\alpha+\varrho). \qquad (104)$$

Es nimmt, wie Abb. 376 an Beispielen des Whitworth-Gewindes zeigt, verschiedene Werte an, die mit zunehmendem Durchmesser langsam sinken. Durchweg ist die Beanspruchung auf Drehung geringer als die auf Zug. σ_z und τ_d lassen sich zu der ideellen Spannung oder Anstrengung σ_i zusammensetzen:

$$\sigma_i = 0{,}35\,\sigma_z + 0{,}65\sqrt{\sigma_z^2 + 4\,(\alpha_0\,\tau_d)^2},$$

die im Verhältnis zu σ_z

$$\frac{\sigma_i}{\sigma_z} = 0{,}35 + 0{,}65\sqrt{1 + 4\,\alpha_0^2\left(\frac{\tau_d}{\sigma_z}\right)^2} \qquad (105)$$

ergibt, wobei α_0 unter Benutzung der zulässigen Beanspruchungen für schwellende Kraftwirkung bei weichem Flußstahl (42)

$$\alpha_0 = \frac{k_z}{1{,}3\,k_d} = \frac{600}{1{,}3 \cdot 400} \approx 1{,}15 \text{ ist.}$$

Für Schweißeisen wird α_0 größer:

$$\alpha_0 = \frac{600}{1{,}3 \cdot 400} \approx 2\,.$$

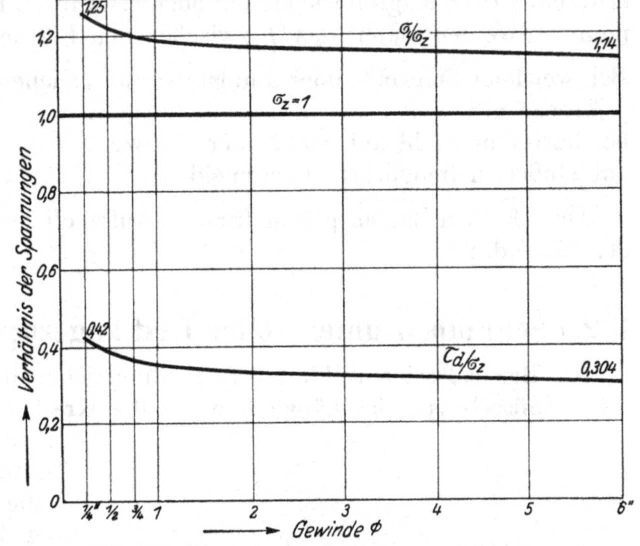

Abb. 376. Spannungsverhältnisse an Schrauben aus weichem Flußstahl im Belastungsfalle B 1.

σ_i liegt nach Abb. 376 höchstens um 25% höher als σ_z. Daher genügt es, derartige Schrauben auf Zug mit $^3/_4$ der normal zulässigen Spannung zu berechnen; die Drehbeanspruchung ist dann genügend berücksichtigt.

S c h r a u b e n, d i e m i t v o l l e r L a s t a n g e z o g e n w e r d e n, bei denen aber die L ä n g s k r a f t b e s c h r ä n k t ist, sind auf Z u g mit $^3/_4$ d e r z u l ä s s i g e n B e a n s p r u c h u n g z u b e r e c h n e n.

Abb. 376 gestattet auf einfache Weise die in den Schrauben auftretenden Spannungen zu ermitteln. Wird z. B. eine 2″-Schraube unter der Wirkung von $Q = 6000$ kg angezogen, so ist die Zugspannung

$$\sigma_z = \frac{Q}{F_1} = \frac{6000}{14{,}91} = 402 \text{ kg/cm}^2,$$

das Verhältnis $\frac{\tau_d}{\sigma_z}$ nach Abb. 376 $= 0{,}33$, mithin die Drehspannung

$$\tau_d = 0{,}33\,\sigma_z = 0{,}33 \cdot 402 = 133 \text{ kg/cm}^2,$$

das Verhältnis $\frac{\sigma_i}{\sigma_z} = 1{,}17$ und die Anstrengung

$$\sigma_i = 1{,}17\,\sigma_z = 1{,}17 \cdot 402 = 470 \text{ kg/cm}^2.$$

Beim Anziehen der Schrauben gleiten die Gewindeflächen nach Formel (94) unter einem Flächendruck

$$p = \frac{Q}{z_1 \cdot \pi \cdot d_f \cdot t_t}$$

aufeinander. Wird p zu hoch, so kann Zerstörung, kann Fressen eintreten. p soll deshalb an Befestigungs- und selten bewegten Stellschrauben folgende Werte nicht überschreiten:

wenn weicher Schweiß- oder Flußstahl auf gleichem Werkstoff oder auf Bronze gleitet . . . . $p \lesseqgtr 300$ kg/cm²,
härterer Stahl auf Stahl oder Bronze . . . . $p \lesseqgtr 400$ kg/cm²,
auf Gußeisen (möglichst zu vermeiden) . . . . $p \lesseqgtr 150$ kg/cm².

Häufig sind Schrauben nach B 1 Bewegungsschrauben, die wie an manchen Pressen und Hebezeugen ständig unter der vollen Last arbeiten müssen. In diesen Fällen ist Trapez- oder Sägengewinde scharfem vorzuziehen; der Flächendruck p darf nur niedrig, etwa ein Drittel so groß wie an den oben erwähnten Befestigungs- und Stellschrauben genommen werden, damit das Öl zwischen den Flächen nicht herausgepreßt wird.

Bei weichem Schweiß- oder Flußstahl auf gleichem Werkstoff oder Bronze gilt . . . . $p = 100$ kg/cm²,
bei härterem Stahl auf Stahl oder Bronze . . . . $p = 130$ kg/cm²,
auf Gußeisen (möglichst zu vermeiden). . . . . $p = 50$ kg/cm².

Die gleichen Zahlen gelten für die Auflagefläche, auf welcher sich die Mutter oder der Kopf dreht.

B 2. Schrauben unter voller Last angezogen, Längskraft unbeschränkt.

Als Beispiel sei eine Flanschverbindungsschraube, Abb. 377, betrachtet. Am Ende, des Schlüssels von der Länge L wirke die Kraft P. Das Moment $M = P \cdot L$ erzeugt:
1. die Längskraft Q in der Schraube zum Zusammenpressen der Flansche und muß
2. die Reibung unter der Mutter überwinden. Zur Erzeugung der Längskraft Q ist nach (99) ein Moment

$$M_1 = Q \cdot r \operatorname{tg}(\alpha + \varrho)$$

nötig. Für die Reibung unter der Mutter werde der gleiche Reibungswinkel ϱ wie am Gewinde angenommen, als Hebelarm aber der mittlere Halbmesser R der Auflagefläche der Mutter. Dann ist das Moment zur Überwindung der Reibung:

$$M_2 = Q \cdot \operatorname{tg} \varrho \cdot R$$

und

$$M = PL = M_1 + M_2$$
$$= Q\,[r \operatorname{tg}(\alpha + \varrho) + R \cdot \operatorname{tg} \varrho]$$

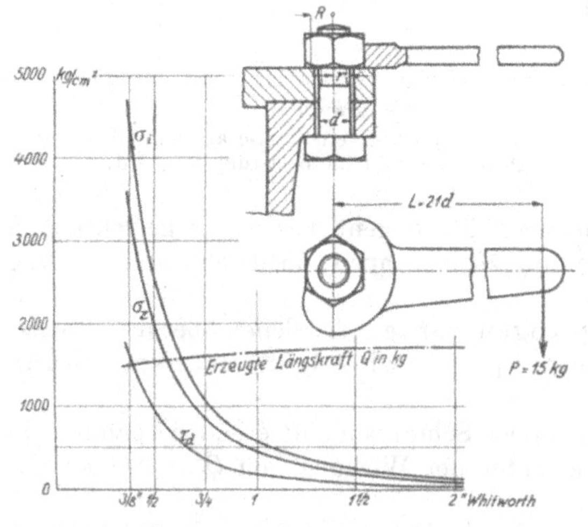

Abb. 377. Kraft- und Spannungsverhältnisse an Schrauben im Falle B 2.

$$= Q \cdot r \left[\operatorname{tg}(\alpha + \varrho) + \frac{R}{r} \operatorname{tg} \varrho\right]. \tag{106}$$

Das Teilmoment M_2 gelangt nicht in den Schraubenschaft, im letzteren sind vielmehr nur Q und M_1 wirksam, so daß die Beanspruchung des Schaftes auf Zug:

$$\sigma_z = \frac{Q}{\frac{\pi d_1^2}{4}},$$

auf Drehung:

$$\tau_d = \frac{Q \cdot r \operatorname{tg}(\alpha + \varrho)}{\frac{\pi d_1^3}{16}}$$

wird, die zusammengesetzt zu

$$\sigma_i = 0{,}35\, \sigma_z + 0{,}65 \sqrt{\sigma_z{}^2 + 4\, (\alpha_0\, \tau_d)^2}$$

führen.

Um einen Überblick über die Spannungsverhältnisse zu bekommen, sei die Kraft P, die ein Arbeiter ausübt, mit 15 kg, die Schlüssellänge $L = 21\, d$, $\varrho = 8^0 30'$ (entsprechend $\mu = 0{,}15$), $\alpha_0 = \frac{k_z}{1{,}3\, k_d}$ für weichen Flußstahl $= 1{,}15$ angenommen. Dann ergeben sich die in Abb. 377 dargestellten Werte für σ_z, τ_d und σ_i, die zeigen, daß in kleinen Schrauben leicht unzulässig hohe Spannungen entstehen, so daß solche Schrauben stets vorsichtig angezogen werden müssen, wenn sie nicht abgewürgt werden sollen. In großen lassen sich dagegen durch die am normalen Schlüssel wirkende Handkraft von 15 kg nur niedrige, in vielen Fällen ungenügende Spannungen erzielen; starke Schrauben müssen durch mehrere Arbeiter oder mit verlängertem Schlüssel, am einfachsten unter Aufstecken eines Gasrohres angezogen werden. Schrauben unter $^5/_8{}''$ oder 16 mm Durchmesser sind für wichtige Verbindungen, solche unter $^3/_8{}''$ oder 10 mm Durchmesser für Verbindungen, die selbst kleinere Kräfte zu übertragen haben, nicht zu empfehlen.

Für den Konstrukteur folgt daraus, daß er bei kleineren Schrauben nur geringe Beanspruchungen, bei großen höhere wählen soll, zweckmäßigerweise unter Benutzung der folgenden, vom Verband der Dampfkesselüberwachungsvereine aufgestellten Erfahrungsformel von der Form

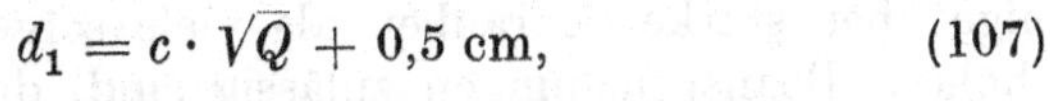

$$d_1 = c \cdot \sqrt{Q} + 0{,}5 \text{ cm}, \tag{107}$$

wobei c von der Güte des Werkstoffes und von der Herstellung der Schrauben und Auflageflächen wie folgt, abhängt:

I α) wenn nachgewiesen ist, daß der Werkstoff den in den polizeilichen Bestimmungen für die Anlegung von Landdampfkesseln [VI, 3] aufgestellten Anforderungen S. 84 an Nieteisen genügt, die Schrauben und Auflageflächen sorgfältig hergestellt sind und weiche Dichtungsstoffe verwendet werden, darf gesetzt werden: $c = 0{,}04$;

II β) bei guten Schrauben, guter Bearbeitung der Auflageflächen und weichen Dichtungsstoffen: $c = 0{,}045$;

III γ) wenn den unter β) genannten Anforderungen weniger vollkommen entsprochen ist: $c = 0{,}055$.

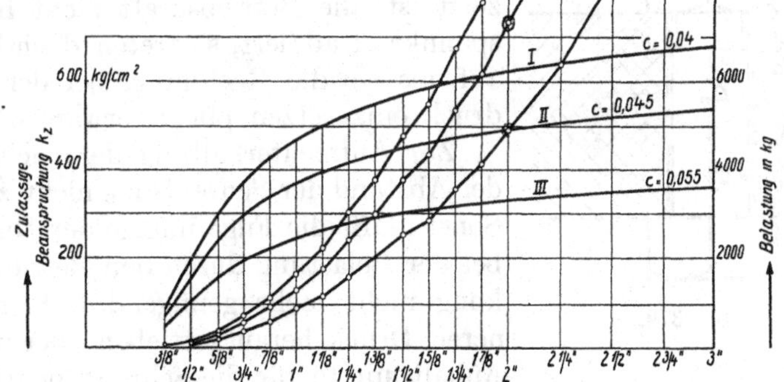

Abb. 378. Zulässige Belastungen und Beanspruchungen von Schrauben im Belastungsfalle B 2.

Für normale Schrauben mit Whitworth-Gewinde ergeben sich danach die in der Zusammenstellung 71 enthaltenden Belastungen, die in der zugehörigen Abb. 378 als Ordinaten zu den als Abszissen aufgetragenen Schraubendurchmessern dargestellt sind. Da sich

Zusammenstellung 71. **Nach dem Verband der Dampfkesselüberwachungsvereine zulässige Belastungen und Beanspruchungen von Schrauben.**

Schraube	Zulässige Belastung Q in kg bei $c =$			Zulässige Beanspruchung k_z in kg/cm² bei $c =$		
	0,04	0,045	0,055	0,04	0,045	0,055
$^3/_8$″	39	31	21	88	69	47
$^1/_2$″	155	120	82	198	157	104
$^5/_8$″	390	310	210	300	236	159
$^3/_4$″	730	575	385	372	294	197
$^7/_8$″	1160	915	615	426	336	226
1″	1670	1320	885	467	371	248
$1^1/_8$″	2240	1770	1185	495	393	262
$1^1/_4$″	3050	2410	1615	528	418	280
$1^3/_8$″	3760	2965	1985	548	434	291
$1^1/_2$″	4790	3785	2535	570	451	302
$1^5/_8$″	5540	4375	2930	583	461	309
$1^3/_4$″	6790	5360	3590	599	474	317
$1^7/_8$″	7840	6190	4145	611	482	323
2″	9310	7355	4920	624	493	330
$2^1/_4$″	12110	9570	6405	642	507	340
$2^1/_2$″	15860	12530	8385	658	520	348
$2^3/_4$″	19290	15235	10200	670	529	354
3″	23950	18925	12665	680	538	360

der Konstrukteur stets über die in den entworfenen Teilen auftretenden Spannungen vergewissern soll, sind auch diese in drei Kurven, *I*, *II* und *III*, so wie sie sich aus $k_z = \frac{Q}{\frac{\pi}{4} d_1^2}$ ergeben, eingetragen.

Die Belastungen und Beanspruchungen werden vielfach und mit Recht auch den Konstruktionen des allgemeinen Maschinenbaues zugrunde gelegt.

Es ist vorteilhafter, wenige aber starke Schrauben als viele schwache zu nehmen, weil für starke Schrauben höhere Beanspruchungen zulässig sind, der Werkstoff also besser ausgenutzt wird.

Die eben besprochenen Grundsätze müssen auch bei den Dichtungsschrauben an Rohren, Zylindern usw. beachtet werden, die schon beim Zusammensetzen der Teile unter „Vorspannung" so stark angezogen werden, daß sie auch bei dem im Betriebe auftretenden höchsten Druck noch dicht halten. Wenn sich auch, wie im folgenden gezeigt ist, die Betriebskraft nicht im vollen Maße zur Vorspannkraft addiert, so treten doch höhere Beanspruchungen auf, als sie die Rechnung, bei der man nur den Betriebsdruck einzusetzen pflegt, erwarten läßt.

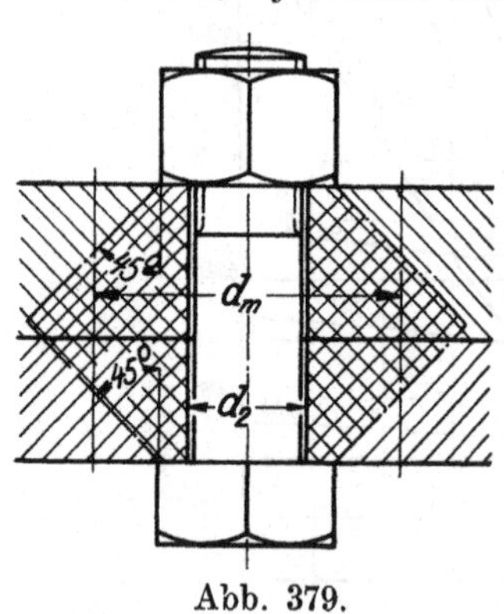

Abb. 379.

Zur Aufrechterhaltung der Dichtung ist es wichtig, daß der Abstand der Schrauben e nicht zu groß genommen wird. Sonst klafft die Fuge infolge der Durchbiegung der Flansche bei der Belastung durch den Betriebsdruck, so daß die Packung nicht mehr genügend festgehalten und durch den inneren Druck herausgetrieben oder wenigstens undicht wird. Anhaltpunkte für die Schraubenentfernung geben die Rohrnormen, die nach den Zusammenstellungen 85 und 95 im Abschnitt 8 an gußeisernen Flanschrohren bei Drucken bis zu 10 at nicht mehr als 165, an Rohren für Dampf von höherer Spannung bis zu 20 at nicht mehr als 114 mm Schraubenentfernung aufweisen. An Dampfzylindern pflegt man bei Spannungen unter 10 at höchstens 150 mm, bei höheren Drucken im Mittel 120 mm Schraubenentfernung zu nehmen.

Daß sich die Belastungs- und die Vorspannung nicht, wie häufig angenommen wird, summieren, ist in der Elastizität der Baustoffe begründet. Eine Schraube, Abb. 379, sei mit einer Vorspannung von σ_0 kg/cm² im Kernquerschnitt F_1, entsprechend einer Kraft $P_0 = F_1 \cdot \sigma_0$ angezogen. Trägt man die elastische Verlängerung λ_0, die sie dabei erfährt, senkrecht zur Kraft P_0 auf, Abb. 380, und verbindet die Endpunkte von P_0 und λ_0, so erhält man das Formänderungsdreieck ABC für die Schraube, das die zu beliebigen Kräften gehörigen Verlängerungen abzulesen gestattet. Die gleiche Kraft P_0 preßt nun die Flansche zusammen und erzeugt dort eine Zusammendrückung δ_f, die zu dem unteren Formänderungsdreieck $A'B'D$ der Abb. 380 führt. Vorausgesetzt ist dabei, daß die Formänderungen verhältnisgleich den Kräften zunehmen, wie es innerhalb der üblichen Spannungen für den Flußstahl der Schrauben genau, für das Gußeisen der Flansche annähernd zutrifft.

Wie verändert sich nun P_0, wenn der Dampfdruck im Zylinder wirkt und die auf die betrachtete Schraube entfallende Kraft Q kg beträgt? Untersuchen wir zunächst die Vorgänge, die in der Flanschverbindung bei Erhöhung der Schraubenkraft von P_0 auf P' kg auftreten. Die Schraube wird noch weiter verlängert um λ'. Um das gleiche Maß können sich aber die Flansche wieder ausdehnen, sie stehen infolgedessen nicht mehr unter dem früheren Druck P_0, sondern üben nur noch die Kraft P'' aus, die man erhält, wenn man in dem unteren Dreieck λ' von δ_f abzieht und durch den so gefundenen Punkt F eine Parallele zu P_0 legt. Als **äußere Kraft**, die die erwähnten Formänderungen, insbesondere die Verlängerung der Schrauben um λ', hervorruft, muß demnach $P'-P''$ wirken.

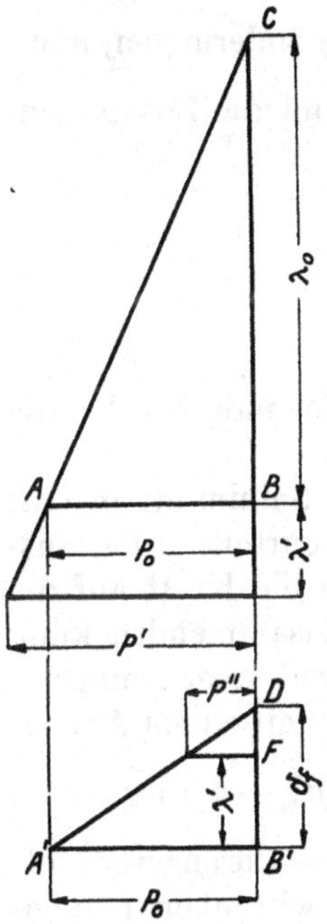

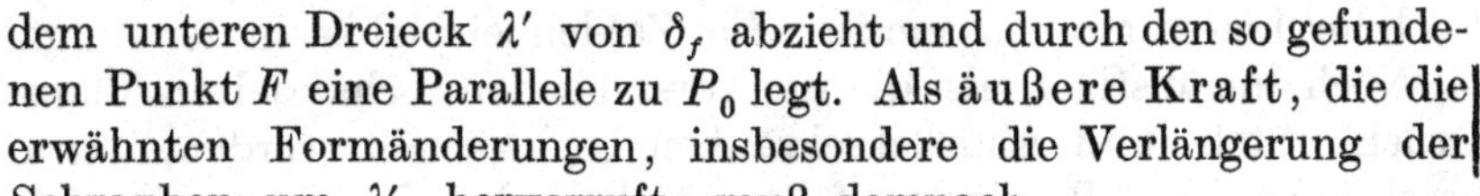

Abb. 380. Formänderungsdreiecke für Schraube und Flansch

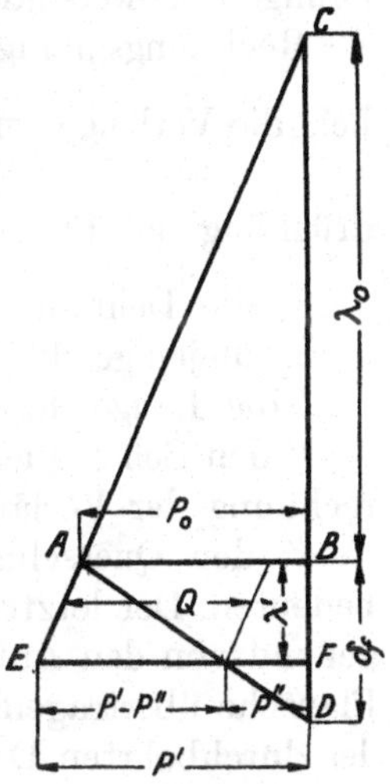

Abb. 381.

Die Darstellung läßt sich durch Aneinandersetzen der Dreiecke des Vorspannungszustandes nach Abb. 381 noch vereinfachen. Die Parallele FE zu P_0 im Abstande λ' gibt die in der Schraube wirkende Kraft P' und die äußere Kraft $P'-P''$. P' ist, wie oben behauptet, wesentlich kleiner als die Summe der äußeren Kraft $P'-P''$ und der Vorspannkraft P_0.

Ist die **äußere** Kraft $P'-P'' = Q$ gegeben, so trägt man Q von der Spitze A der Formänderungsdreiecke auf AB ab und zieht durch den Endpunkt eine Parallele zur Hypothenuse des Schraubendreieckes. Damit finden sich P', die Längskraft in der Schraube, und P'', die Druckkraft im Flansch, endlich $\lambda' = BF$, gleich dem senkrechten Abstand der Parallelen AB und EF.

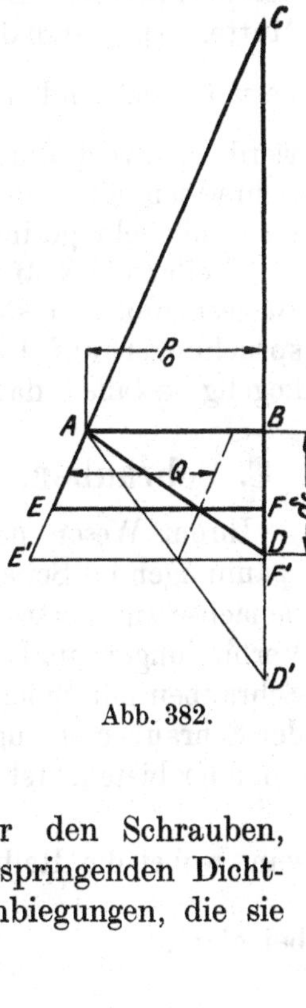

Zu beachten ist, daß die Längskraft in der Schraube und damit die Beanspruchung durch den Betriebsdruck um so größer wird, je größer die Formänderung δ_f der Flansche, je nachgiebiger und elastischer also die Flansche selbst oder die dazwischen eingebauten Packungen sind. Gilt z. B. statt des Dreieckes ABD der Abb. 382 das doppelt so hohe ABD', so wächst die Kraft in der Schraube bei der äußeren Belastung durch Q auf $E'F'$ statt EF an. Am vorteilhaftesten ist es demnach, die Flanschflächen auch unter den Schrauben, also auf ihrer ganzen Breite aufliegen zulassen; Flansche mit vorspringenden Dichtleisten zeigen größere elastische Formänderungen durch die Durchbiegungen, die sie erfahren.

Abb. 382.

Ähnlich, wie bei den Keilverbindungen nachgewiesen, nähert sich die Inanspruchnahme der Teile der ruhenden, weil die durch die Grenzwerte P_0 und P' gegebenen Kraft- und Spannungsschwankungen in den Schrauben geringer sind als die äußere Kraft Q erwarten läßt, da $P'-P_0$ stets kleiner als Q ist. Es erscheint deshalb auch hier zulässig, bei der Berechnung der Schraubenkräfte nur den Betriebsdruck statt des 1,25fachen, wie manchmal empfohlen wird, einzusetzen, wenn die gewählten Beanspruchungen schwellender Belastung entsprechen.

Rechnungsmäßig ergeben sich die im vorstehenden benutzten Formänderungen, nämlich die Verlängerung des Schraubenschaftes nach (6b) $\lambda_0 = \frac{P_0 \cdot l \cdot \alpha_1}{f'}$ und die Zusammendrückung der Flansche nach (14) $\delta_f = \frac{P_0 \cdot l \cdot \alpha_2}{f''}$, wenn

α_1 die Dehnungszahl des Schraubenstahls,

α_2 diejenige des Baustoffes der Flansche in cm^2/kg,

l die Länge der Schraube zwischen Kopf und Mutter in cm,

f' den Schaftquerschnitt der Schrauben in cm^2, der bei kurzem Gewinde für die Berechnung der Verlängerung vorwiegend in Betracht kommt,

f'' den Querschnitt des Flanschteiles, der an der Formänderung teilnimmt, in cm^2 bedeuten. Der letztere läßt sich an Hand der Druckkegel, Abb. 379, beurteilen, die, ausgehend von den Anlageflächen der Mutter und des Kopfes, an denen die Kraft auf die Flansche übertragen wird, unter etwa 45° Neigung verlaufen. Die Zusammendrückung des durchbohrten Doppelkegels ist umständlich zu ermitteln; annähernd, aber genügend genau kann man diesen durch den gestrichelt gezeichneten Hohlzylinder mit einem Außendurchmesser d_m gleich dem mittleren der Kegel ersetzen, so daß $f'' = \frac{\pi}{4}(d_m^2 - d_2^2)$ bei einem Lochdurchmesser von d_2 cm ist. Ein Zahlenbeispiel ist in der Aufgabe 4 durchgerechnet.

Noch ungünstiger als die im vorstehenden behandelten Flanschschrauben können Druck-, Stell- und Abdrückschrauben beansprucht werden, wenn die Längskraft unbeschränkt ist. Bei ihnen fällt nämlich die Reibung unter dem Kopfe oder der Mutter weg, so daß das volle Drehmoment $M = P \cdot L = Q \cdot r \operatorname{tg}(\alpha + \varrho)$ auf den Schraubenkern kommt und die ebenfalls größere Längskraft $Q = \frac{P \cdot L}{r \cdot \operatorname{tg}(\alpha + \varrho)}$ erzeugt. Dadurch werden sowohl die Dreh- wie die Zugspannungen erhöht; das Abwürgen derartiger Schrauben ist also in verstärktem Maße zu befürchten. Sie müssen kräftig gewählt oder mit sehr geringen Beanspruchungen berechnet werden.

Greifen die Kräfte an der Schraube exzentrisch oder schief an, so sind die entstehenden Biegespannungen sorgfältig zu berücksichtigen. So entstehen leicht hohe Nebenbeanspruchungen auf Biegung an unbearbeiteten Flanschen, die beim Guß häufig etwas kegelig ausfallen, dadurch, daß die Köpfe und Muttern der Schrauben einseitig aufliegen.

C. Schrauben, die Kräfte quer zur Längsachse aufnehmen müssen.

Ihrem Wesen nach sind die Schrauben nur geeignet, Längskräfte durch Zugspannungen im Schaft aufzunehmen. Verbindungen, bei denen Kräfte quer zur Schraubenachse zu übertragen sind, kommen aber häufig vor, finden sich z. B. in den lösbaren Verbindungen und Knotenpunkten von Kranen, Brücken, Dachbindern. Sitzen die Schrauben mit Spiel in den Löchern, so muß die Reibung, welche durch das Anziehen der Schrauben erzeugt wird, genügenden Widerstand gegen das Gleiten der Flächen aufeinander bieten. Ist die zu übertragende Kraft P, so muß

$$P \leqq \Sigma Q \cdot \mu \tag{108}$$

sein, wobei die Reibungszahl

$$\mu \leqq 0{,}1$$

bei glatten,

$$\mu \leqq 0{,}2$$

bei rauhen Flächen gewählt werden darf. Zur Erzeugung der Längskräfte Q können wegen des seltenen, oft nur einmaligen Anziehens, sorgfältige Herstellung und gute Auflageflächen vorausgesetzt, die zulässigen Beanspruchungen für ruhende Belastung der Zusammenstellung 2, Seite 12 genommen werden, bei weniger sorgfältiger Ausführung 0,8 jener Werte.

Treten Stöße oder wechselnde Kräfte auf, so ist die Übertragung durch die Reibung nicht genügend betriebsicher. Die Schrauben müssen dann eingepaßt werden, so daß die Schäfte satt an den Wandungen der Löcher anliegen. Das Einpassen kann zylindrisch oder kegelig erfolgen. Im ersten Falle wird das vorgebohrte Loch durch eine Reibahle auf den genauen Durchmesser gebracht und der um 1 bis 2% stärkere oder schwach kegelige Bolzen eingetrieben und festgezogen. Beim genaueren, aber wesentlich teureren kegeligen Einpassen erhält der Schaft denselben Kegel (1/50 oder 1/20), wie die verwandte Reibahle und wird durch die Mutter im Loche fest verspannt. Genauen Passens wegen schleift man ihn sogar manchmal ein.

Sorgfältig eingepaßte Bolzen sind auf Abscheren zu berechnen; ist P_1 die Kraft, die auf eine Schraube kommt, so ist aus $\frac{\pi d^2}{4} = \frac{P_1}{k_s}$ der Schaftdurchmesser d zu ermitteln und dabei k_s je nach der Art der Kraftwirkung der Zusammenstellung 2, Seite 12 zu entnehmen.

Die in der Schraube entstehenden Längskräfte werden bei derartigen Verbindungen unwesentlich; das Gewinde dient nur zum Verspannen des Bolzens im Loche und zur Sicherung gegen Herausfallen. Das Gewinde ist unbedingt so kurz zu halten, daß am Schaft genügend Fläche zur Übertragung der Kraft P_1 durch den Leibungsdruck übrigbleibt und der Schaft etwas größer zu wählen als der äußere Gewindedurchmesser, um Beschädigungen des Gewindes beim Eintreiben zu vermeiden.

Bei ungenauem Herstellen oder beim Lockerwerden eingepaßter Bolzen entstehen Spielräume und dadurch hohe Beanspruchungen auf Biegung. Die Nachrechnung daraufhin oder die Wahl niedriger Werte für k_s ist deshalb zu empfehlen (vgl. Beispiel 7).

Voraussetzung für das Einpassen ist, daß der Bolzen durch die zu verbindenden Teile hindurchgesteckt werden kann; Kopf- und Stiftschrauben lassen sich nicht einpassen, weil das Gewinde nicht genügend schließend herzustellen ist und der Bolzen nicht genau senkrecht zur Fläche stehen wird. An Stellen, wo sich Kopf- und Stiftschrauben nicht vermeiden lassen, müssen Paßstifte zur Aufnahme der Querkräfte verwendet werden.

Wirken in einer Verbindung Längs- und Querkräfte gleichzeitig, so ist eine getrennte Aufnahme beider Kräftearten durch verschiedene Mittel zu empfehlen. Den Schrauben überträgt man zweckmäßig die in ihrer Längsachse wirkenden Kräfte; durch besondere Paßringe, Federn u. dgl. entlastet man sie von den Querkräften. Es entstehen so die „entlasteten Schraubenverbindungen".

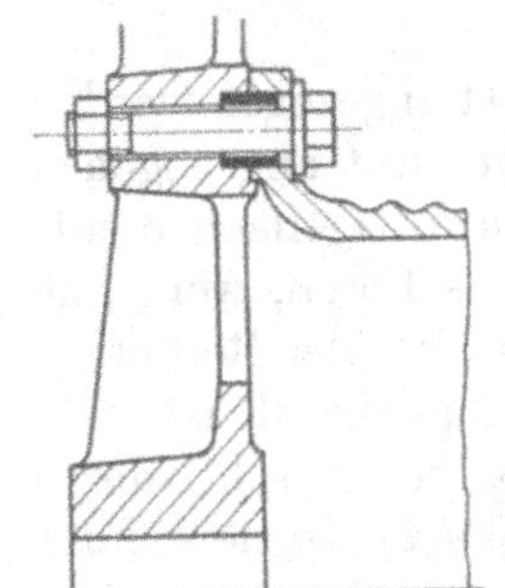

Abb. 383. Scherring am Umfang einer Seiltrommel.

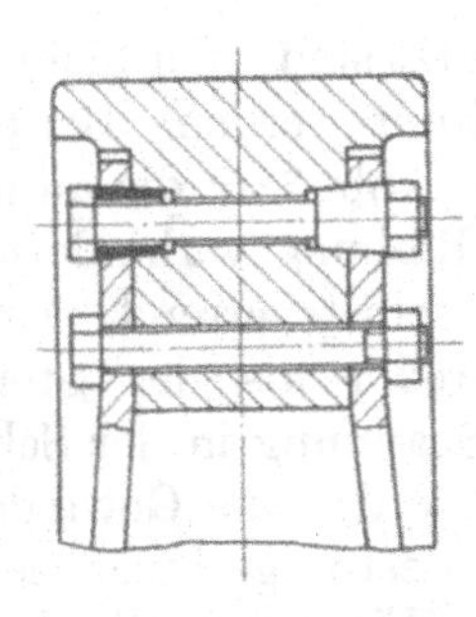

Abb. 384. Entlastung der Schraube durch keglige Buchsen.

In Abb. 383 übertragen zylindrische Ringe die Umfangskraft einer Seiltrommel auf die Arme des antreibenden Zahnrades, in Abb. 384 entlasten kegelige Büchsen die Schrauben von den Kräften zwischen einem Schwungradkranz und den Speichen. Umständlicher ist das Einpassen eines Ringes im Innern, Abb. 385, das

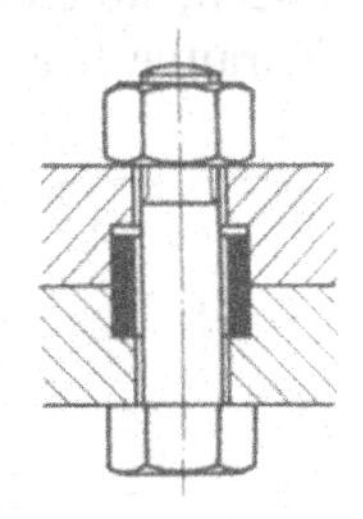

Abb. 385. Entlastungsring.

zweckmäßigerweise so erfolgt, daß zunächst ein Loch durch die in der richtigen Lage miteinander verspannten Teile hindurchgebohrt wird, das nach dem Auseinandernehmen zur Führung des Fräsers dient, der die Sitzflächen für den Ring bearbeitet. Teuer sind auch die Paßfedern, wie sie z. B. bei Flanschkupplungen, Abschnitt 20, verwendet werden.

Die folgende Zusammenstellung gibt eine Übersicht über die Berechnung der Schraubenarten.

Zusammenstellung 72.

Art der Beanspruchung	Sorgfältig hergestellte Schrauben, gute Auflageflächen	Weniger sorgfältige Ausführung	
A. Ohne Last angezogen, nur durch Längskräfte beansprucht	k_z der Zusammenstellung 2, Seite 12	0,8 k_z	Bei Druckkräften kann die Widerstandsfähigkeit gegen Knickung maßgebend werden
B. Mit Last angezogen, Beanspruchung durch Längskraft und auf Drehung. 1. Längskraft beschränkt, Bewegungsschrauben	Flußeisen: 0,75 k_z Schweißeisen: 0,6 k_z	$0{,}8 \cdot 0{,}75\, k_z = 0{,}6\, k_z$ $0{,}8 \cdot 0{,}6\, k_z = 0{,}48\, k_z$	
	Die Auflagepressung im Gewinde ist nachzurechnen. Gußeisen . . . . $p \leqq$ 50 kg/cm² Fluß- und Schweißeisen $p \leqq$ 100 kg/cm² Bronze . . . . $p \leqq$ 130 kg/cm² Stahl . . . . $p \leqq$ 130 kg/cm²		
2. Längskraft unbeschränkt	k_z niedrig bei kleinen, höher bei großen Durchmessern		
Befestigungs- und Dichtungsschrauben	a) Werkstoff von Nieteisengüte: k_z nach Kurve *I*, Abb. 378, $d_1 = 0{,}04\sqrt{Q} + 0{,}5$ cm; b) gutes Schraubeneisen: k_z nach Kurve *II*, Abb. 378, $d_1 = 0{,}045\sqrt{Q} + 0{,}5$ cm.	k_z nach Kurve *III*, Abb. 378, $d_1 = 0{,}055\sqrt{Q} + 0{,}5$ cm	
C. Kräfte wirken quer zur Achse der Schraube a) Schraube nicht eingepaßt, Kräfte werden durch Reibung übertragen	k_z der Zusammenstellung 2, S. 12 $\mu \leqq 0{,}1$ bei glatten Flächen $\mu \leqq 0{,}2$ bei rauhen Flächen	0,8 k_z	
b) Schraube sorgfältig eingepaßt	k_s der Zusammenstellung 2, S. 12 Nachrechnung auf Biegung!		

VI. Sicherung der Schrauben.

Schrauben, die wechselnden Kräften ausgesetzt sind, oder nicht fest angezogen werden dürfen, können sich lösen und müssen gesichert werden. Bei einer fest angezogenen Schraube liegen die Gewindegänge einseitig an, Abb. 386; die an den Anlageflächen entstehende Reibung verhindert das Lösen, wenn die Schraube selbstsperrend, wenn also der Reibungswinkel größer als der Steigungswinkel ist. Je stärkere Spannung in der Schraube herrscht, desto kräftiger werden die Gewindegänge gegeneinander gepreßt, desto geringer ist die Neigung zum Lockern. Wird aber die Längskraft gleich Null, so hört die Anpressung im Gewinde und damit auch die Reibung auf; die Schraube kann sich lösen.

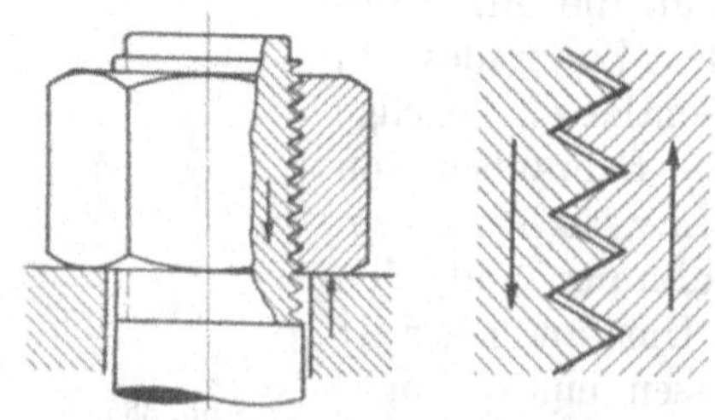

Abb. 386. Anlageflächen von Schrauben.

Bei wechselnden Kräften ist stets ein Augenblick vorhanden, in dem die Längskraft verschwindet; aber auch bei Stößen und Schwingungen kann diese Grenze erreicht werden; alle derartigen Schrauben müssen gesichert werden.

Die Sicherung kann durch verschiedene Mittel und auf sehr mannigfaltige Weise bewirkt werden; im folgenden seien nur einige wichtigere Arten und Formen besprochen.

Soll die Anpressung und damit die Reibung zu Null werden, so muß die ganze elastische Verlängerung der Schraube verschwinden. Je elastischer also eine Schraube ist, desto weniger wird sie zum Lösen neigen; ein Weg der Sicherung ist mithin, die Elastizität der Schraube künstlich zu erhöhen. Hierauf beruhen die Sicherungen durch eine Spiralfeder, Abb. 387, durch eine federnde Unterlegscheibe, Abb. 388 und 389, durch eine Gummischeibe, Abb. 390. Auch ein Holzklotz unter der Platte einer Fundamentschraube wirkt in ähnlicher Weise. Verstärkt wird die Sicherung durch Abbiegen und Zuschärfen der Kanten der Unterlegscheiben nach Abb. 391, entsprechend der durch DIN 127 und 128 genormten Federringe. Voraussetzung für die Anwendung derartiger Sicherungen ist, daß die Schrauben kräftig angezogen werden können. Für Schrauben, in denen nur geringe Kräfte wirken oder die nicht fest angespannt werden dürfen, sind sie nicht brauchbar. Auch beim Auftreten von Stößen ist die Sicherung unvollkommen, da das Trägheitsvermögen der Mutter auf Lösung hinwirkt.

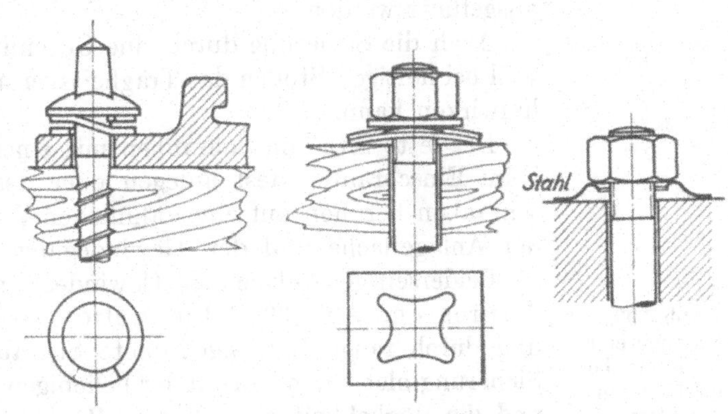

Abb. 387. Sicherung durch Spiralfeder.

Abb. 388 und 389. Sicherung durch federnde Unterlegscheiben.

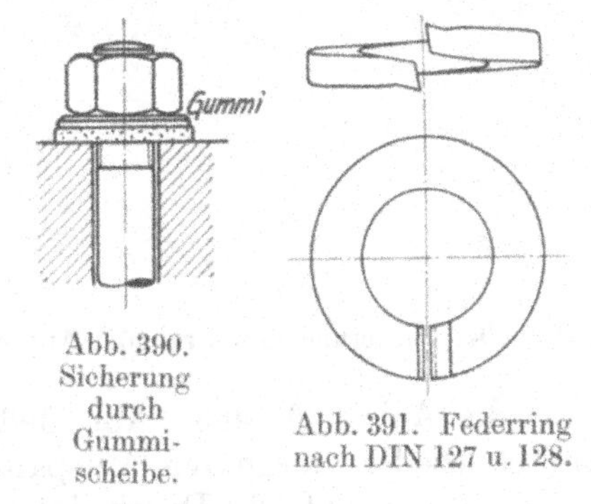

Abb. 390. Sicherung durch Gummischeibe.

Abb. 391. Federring nach DIN 127 u. 128.

Sehr häufig wird die Gegenmutter als Schraubensicherung verwendet, besonders dann, wenn die Schrauben nicht fest angezogen werden dürfen, wie es u. a. für Lagerdeckelschrauben zutrifft, damit die Lagerschalen nicht zu stark gegen die Welle gepreßt werden. Zwei Muttern, Abb. 392, werden gegeneinander kräftig verspannt. Dabei legt sich die äußere, die Gegenmutter, an den oberen, die innere an den unteren Flächen des Bolzengewindes an, so daß die in der Schraube hervorgerufene Spannung und die Flächenpressung zwischen den beiden Muttern selbst dann nicht verschwinden, wenn die Längskraft im Schraubenschaft Null wird. Die Sicherung beruht also auf einer künstlichen Spannungserzeugung in der Schraube zwischen den Anlageflächen der beiden Muttern. Dabei ist zu beachten, daß die außen liegende Gegenmutter die in der Schraube wirkende Zugkraft aufnimmt, also stärker belastet ist, weil sie an den dazu geeigneten Flächen am Bolzengewinde anliegt. Deshalb muß gerade ihre Höhe groß und mindestens normal sein, darf aber nicht, wie häufig zu finden, kleiner genommen werden, in der Meinung, daß die Gegenmutter lediglich Sicherungszwecken diene. Um Verwechslungen vorzubeugen und um die besonderen, schmalen Schlüssel zum

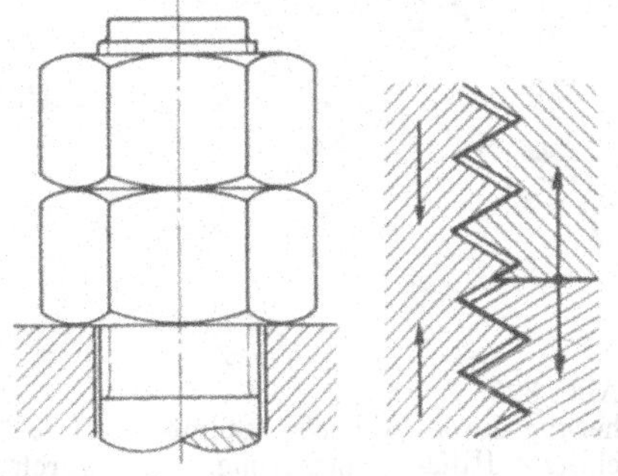

Abb. 392. Gegenmutter.

Anziehen der Gegenmuttern zu vermeiden, ist es am einfachsten, zwei normale Muttern zu verwenden.

Anders liegen die Kräfteverhältnisse bei einer auf Druck beanspruchten Stellschraube, Abb. 393. Hier tritt durch das Aufsetzen der Mutter kein Wechsel in den Auflageflächen ein, die Gegenmutter kann niedriger, z. B. nach DIN 419 oder 429, ausgeführt werden.

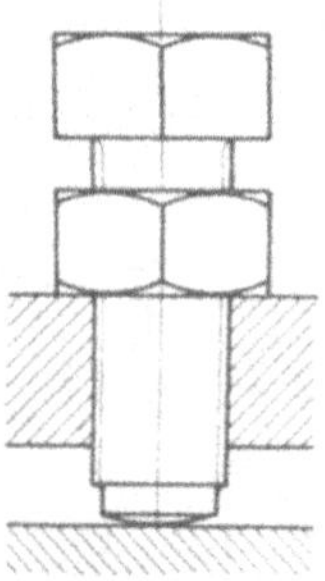

Auch die Sicherung durch eine Gegenmutter ist keine vollkommene, weil bei heftigen Stößen das Trägheitsvermögen der Muttern auf Lösung hinwirken kann.

Der feste Sitz von Schrauben mit einem Absatz, gegen den sie sich beim Einschrauben fest anlegen oder des Einschraubendes von Stiftschrauben beruhen auf einer ähnlichen Verspannung, die sich zwischen der Anlagefläche und den Gewindegängen ausbildet.

Abb. 393. Sicherung einer Stellschraube durch Gegenmutter.

Beiderseitige Anlage des Gewindes erreicht man durch radiales Anpressen, Abb. 394. Die Mutter wird aufgeschnitten oder geteilt und durch tangential angeordnete Schrauben zusammengepreßt. Die Sicherung bietet den Vorteil der beliebigen Einstellbarkeit des Gewindes und die Möglichkeit einer kurzen Baulänge, ist aber teuer. Sie findet Verwendung u. a. bei der Befestigung von Kolbenstangen in den Kreuzköpfen und bei Kupplungen. In ähnlicher Weise wirkt die geschlitzte Hilfsmutter in Abb. 395, die gegen die Hauptmutter festgezogen, durch ihre Kegelform radial in die Gewindegänge des Bolzens gepreßt wird, sowie schwach kegelig geschnittenes Gewinde, das freilich keine axiale Verstellung zuläßt, das aber auch häufig verwendet wird, wenn Dichtheit der Schraubenverbindung gefordert wird.

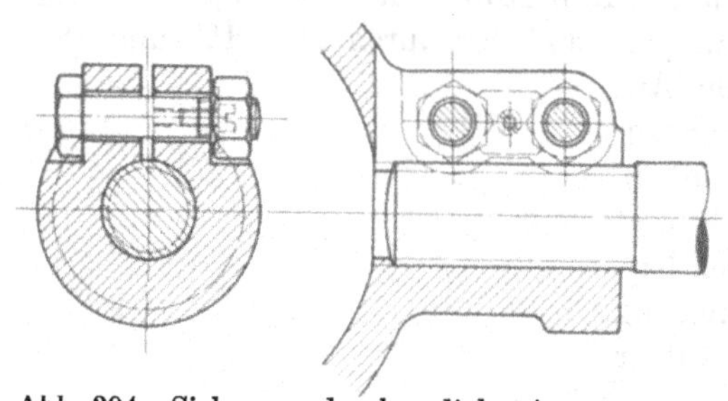

Abb. 394. Sicherung durch radiales Anpressen.

Das sicherste Mittel bietet das Festlegen der Mutter gegenüber dem Bolzen oder der Mutter und des Bolzens gegenüber den Konstruktionsteilen. Einige Beispiele aus dieser Gruppe der Sicherungen zeigen die Abb. 396—408. Abb. 396 gibt die Sicherung mittels eines durchgetriebenen Splintes wieder, der durch Aufspalten am Herausfallen verhindert wird, vgl. DIN 94 und 92. Durch das Loch wird der Schraubenbolzen geschwächt; zweckmäßig ist es, den Splint an das Ende zu setzen, weil Bolzen und Mutter

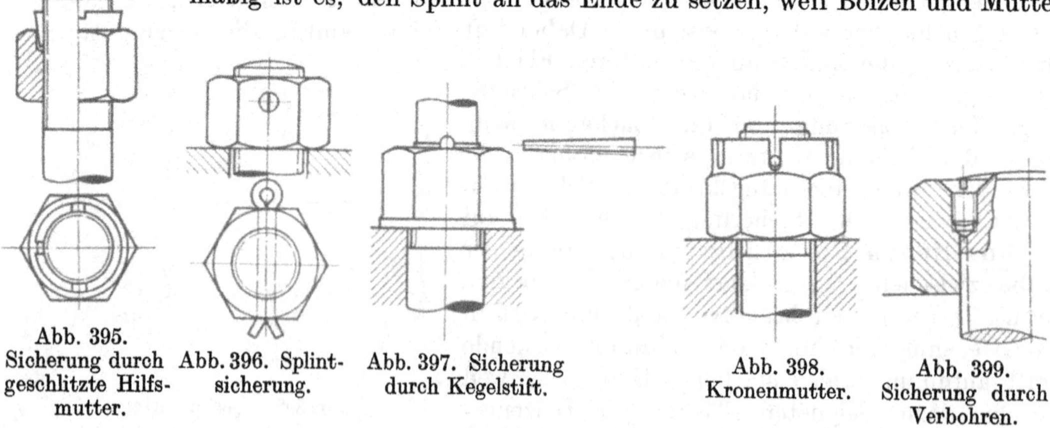

Abb. 395. Sicherung durch geschlitzte Hilfsmutter. Abb. 396. Splintsicherung. Abb. 397. Sicherung durch Kegelstift. Abb. 398. Kronenmutter. Abb. 399. Sicherung durch Verbohren.

dort nicht mehr so stark belastet sind und daher die Schwächung eher vertragen. Ein späteres Nachziehen der Mutter ist nicht ohne weiteres möglich. In engen Grenzen gestattet das der Kegelstift nach Abb. 397, der nachgefeilt oder tiefer eingetrieben werden kann. Widerstandsfähigere Keile oder Riegel, am Ende aufgespalten, finden an größeren und wichtigeren Muttern Anwendung. Kronenmuttern, Abb. 398, sind nach DIN 935 mit 6 Schlitzen bis zu $1^1/_4''$ und 33 mm Gewindedurchmesser, mit 10 Schlitzen bei größern Schrauben versehen und erlauben Nachstellungen um je $^1/_6$ bzw. $^1/_{10}$ Gang. Weniger ist das Verbohren des Bolzens und der Mutter, Abb. 399, zu empfehlen, weil dabei das Hauptgewinde leicht verdorben wird.

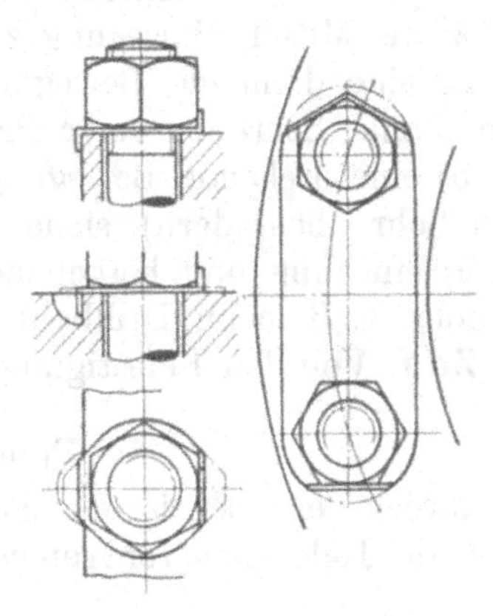

Abb. 404 und 405. Sicherung durch Blechstreifen.

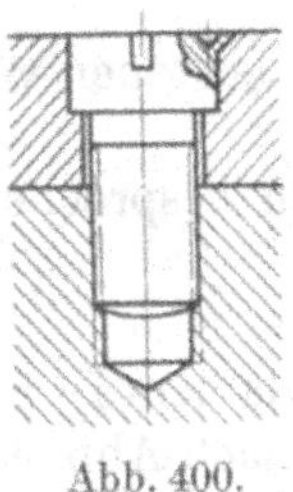

Abb. 400. Sicherung durch Körnerschlag.

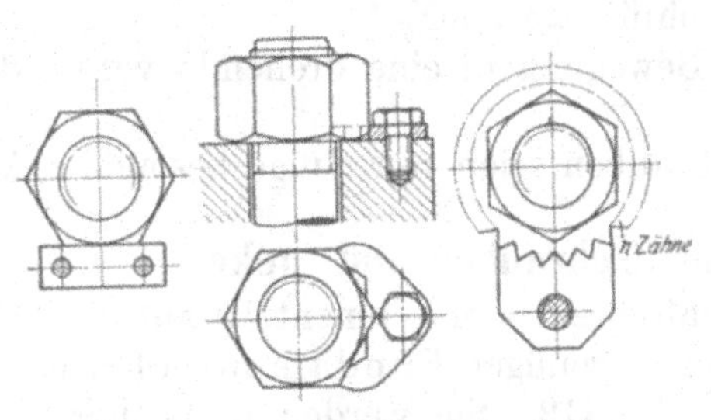

Abb. 401—403. Sicherung durch Legeschlüssel.

Für die Festlegung einer Schraube gegenüber dem Konstruktionsteil, in dem sie sitzt, ist die Sicherung einer versenkten Kopfschraube durch einen Körnerschlag nach Abb. 400 das einfachste Beispiel; sie kann jedoch nur dann Anwendung finden, wenn die Schraube nicht oder nur ausnahmsweise wieder gelöst werden soll. Abb. 401 bis 403 zeigen Sicherungen durch besondere Platten, die je nach der Ausführung $^1/_6$, $^1/_{12}$, $1/n$ Umdrehung beim Nachziehen zulassen und die das Lösen der Verbindung ohne Schwierigkeit gestatten, aber teuer sind. Zu empfehlen ist die Sicherung nach Abb. 404 durch ein Blech, das längs der Sechskantflächen der Mutter und an einer Kante des Konstruktionsteiles scharf umgebogen oder in ein Loch eingedrückt ist, DIN 432, eine Form, die für jede beliebige Stellung der Mutter verwendet werden kann. In DIN 93 sind Sicherungsbleche mit einem Lappen, Abb. 406, zum Umbiegen längs der Kante des Konstruktionsteils genormt. Zwei Muttern können vorteilhaft durch einen gemeinsamen, an beiden Muttern hochgekippten Blechstreifen gesichert werden, Abb. 405. Das Aufspalten des Bleches nach Abb. 407 ist weniger sicher; besonders ist zu beachten, daß das Blech gegen die Löserichtung der Mutter aufgebogen und nicht etwa durch die sich lösende Mutter niedergedrückt wird! Die Pennsche Sicherung, Abb. 408, legt die Mutter durch eine besondere Stellschraube dem Konstruktionsteil gegenüber fest. Sie wird im Schiffbau in ausgedehntem Maße verwendet.

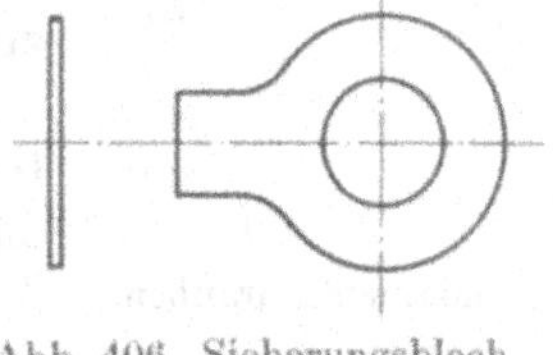

Abb. 406. Sicherungsblech, DIN 93.

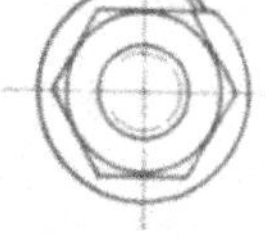

Abb. 407. Sicherung durch Aufspalten des Sicherungsbleches.

Fest eingedrehte Stiftschrauben sind durch die Reibung im Gewinde und das Aufsitzen des Einschraubgewindes meist genügend gesichert, nur die Mutter bedarf besonderer Festlegung. Bei Durchsteckschrauben ist der Schutz gegen Lösen sowohl bei der Mutter, wie auch am Bolzen geboten. Letzterer wird durch Anliegenlassen einer Sechs- oder Vierkant- oder Hammerkopffläche, Abb. 351a, oder durch eingesetzte, eingeschraubte Stifte, Abb. 407, seltener durch aus dem Vollen gearbeitete Nasen oder auf ähnliche Weise wie die Mutter am Drehen gehindert.

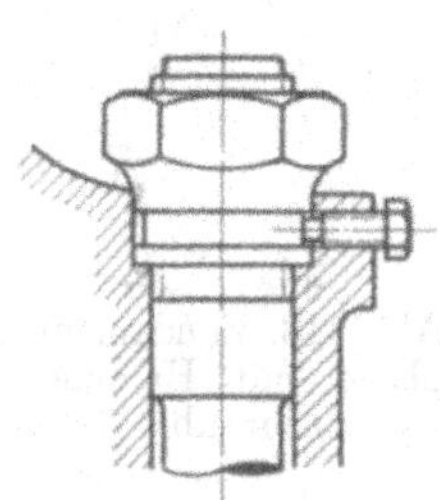

Abb. 408. Pennsche Sicherung.

VII. Verwendung der Schrauben.

Die Schrauben dienen:

1. als Verbindungsmittel: Befestigungsschrauben aller Art,
2. als Verschlußmittel: Verschlußschrauben, Kernstopfen,
3. als Mittel, Bewegung zu erzeugen, und zwar wird entweder

a) eine drehende Bewegung in eine fortschreitende umgeändert (Leitspindel einer Drehbank, Schraube einer Presse) oder

b) eine drehende Bewegung in eine andere umgesetzt (beim Schneckentrieb und an den Schraubenrädern), siehe Abschnitt 25 oder

c) eine hin- und hergehende Bewegung in eine drehende verwandelt (seltener verwendet, z. B. beim Drillbohrer).

Zu 1. Von den Befestigungsschrauben seien nur einige besondere Arten besprochen.

Fundamentschrauben und -anker.

Zweck derselben ist das Festhalten eines Maschinenteils auf dem Fundamente. Für ruhende Teile kleinerer Abmessungen genügen Fundamentschrauben nach Abb. 409 bis 412. Sie werden in Löcher im Fundament eingesetzt und mit Zement oder Blei vergossen. Damit sie fest sitzen, sind die flach ausgeschmiedeten Enden schraubenförmig gewunden oder gespalten oder umgebogen. Die Form nach Abb. 411 ist wegen der größeren Schmiedearbeit teurer; billig und einfach dagegen die Verwendung eines gußeisernen Stückes zusammen mit einer gewöhnlichen Schraube, Abb. 412.

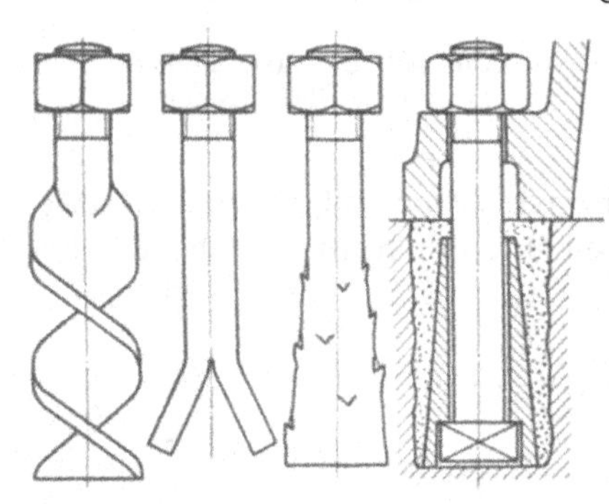

Abb. 409—412. Fundamentschrauben.

Bei schweren Maschinenteilen und größeren Kräften werden Ankerschrauben verwendet, die tief in das Fundament hineingreifen, das sie fest mit der Maschine verbinden sollen. Die auftretenden Kräfte sind sehr verschiedenartig. An einem Auslegerkran haben die Anker die durch das Eigengewicht und die Last hervorgerufenen Momente auf den Fundamentklotz zu übertragen, der den Kran nicht kippen lassen darf. Bei stehenden Dampfmaschinen sind die Massenkräfte, sowie das Moment des Kreuzkopfdruckes vom Fundament aufzunehmen, bei liegenden die freien und die Massenkräfte. Die Wirkung des Fundamentes besteht in den beiden letzten Fällen im wesentlichen in einer Vergrößerung der Maschinenmasse, welche für sich allein durch die genannten Kräfte in Schwingungen geraten würde. Daher müssen die Fundamentschrauben z. B. an einer liegenden Maschine genügend stark sein, um einerseits die Kräfte durch die Reibung an der Grundfläche der Maschine auf das Fundament zu übertragen und um andererseits das ganze Gewicht des Fundaments an die Maschine anzuhängen. Meist werden sie geringer Formänderungen halber reichlich kräftig genommen.

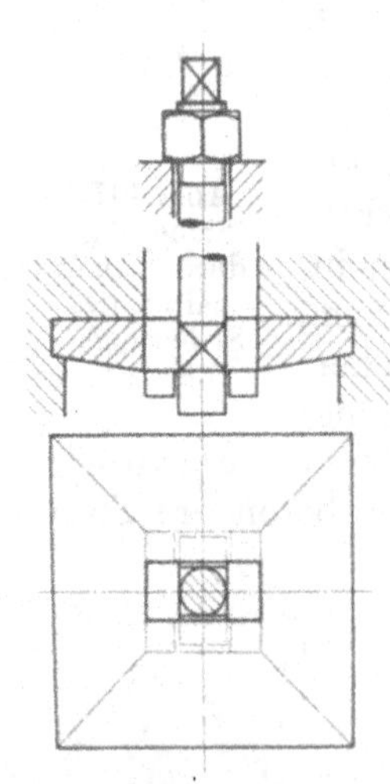

Abb. 413. Fundamentplatte mit Hammerschraube.

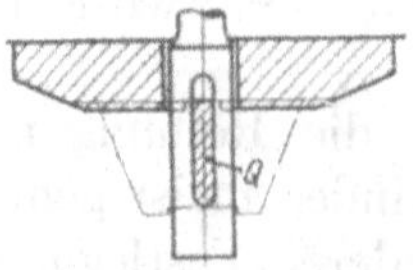

Abb. 414. Anker mit Riegel.

Die einfachste Form ist die einer Doppelmutterschraube oder auch einer Kopfschraube mit Mutter, die an einer gußeisernen, im Fundament eingemauerten, runden oder viereckigen Platte angreift. Bei großen Schaftlängen treten beim Anziehen leicht starke Verwindungen auf, die man vermeidet, wenn man an dem einen Ende, zweckmäßigerweise dem meist zugänglicheren oberen, über dem Gewinde ein Vierkant vorsieht,

Abb. 413, das zum Gegenhalten beim Anziehen der Mutter dient. Gleichzeitig entfällt auf die Weise die Notwendigkeit, die Schraube beim Einbau am anderen Ende festhalten zu müssen. Abb. 414 zeigt einen Plattenanker mit Riegel Q. Zum Einbringen der letzteren müssen die Platten durch Kanäle im Fundament zugänglich sein, Abb. 415. In Abb. 416 ist die vierkantige Mutter am Drehen gehindert; die Platte kann eingemauert und der Anker, dessen unteres Ende zugespitzt ist, von oben nachträglich eingebracht werden. Wegen des möglichen Bruches der Schraube ist es aber auch hier zweckmäßig, die Ankerplatten zugänglich zu halten. Der gußeiserne Anker nach Abb. 417 macht die

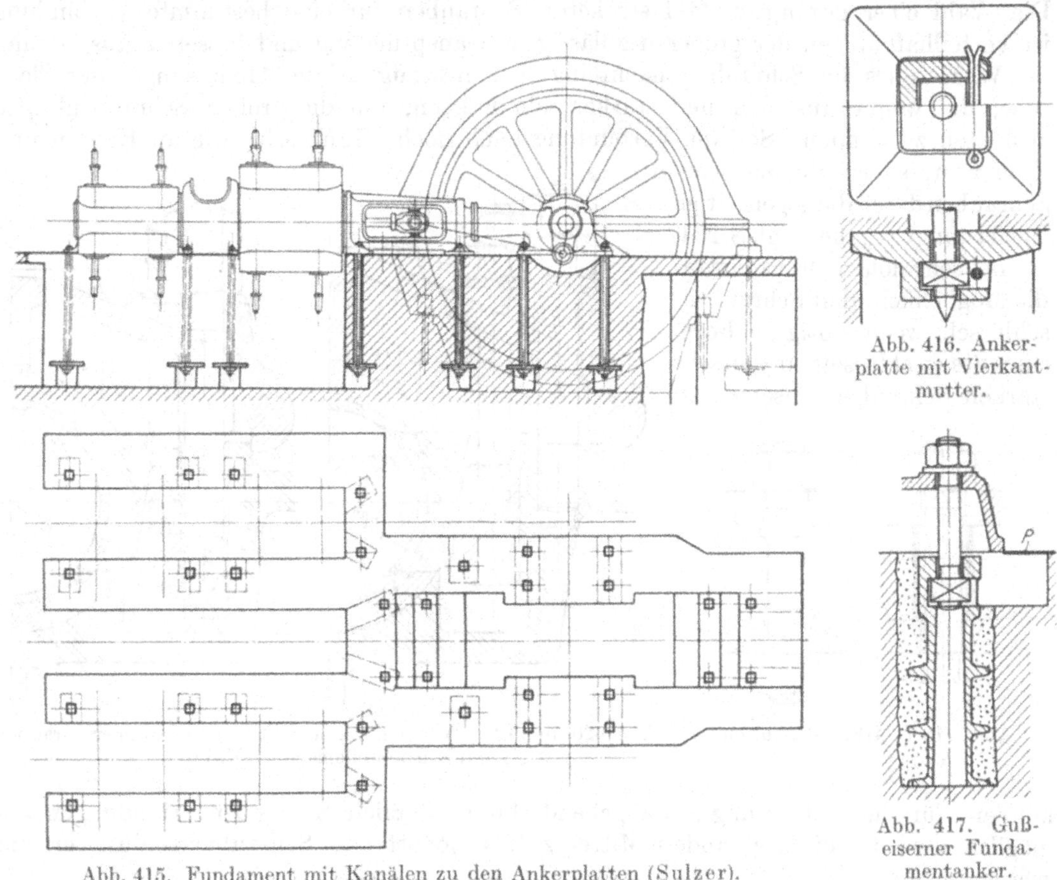

Abb. 415. Fundament mit Kanälen zu den Ankerplatten (Sulzer).

Abb. 416. Ankerplatte mit Vierkantmutter.

Abb. 417. Gußeiserner Fundamentanker.

kurze Schraube durch Wegnehmen der Platte P von oben her zugänglich. Damit ein Bruch am Kopf des Ankers vermieden wird, ist derselbe sehr kräftig gehalten. Durch Vergießen geben derartige, freilich schwere Anker eine sehr feste Verbindung mit dem Fundamente. Sie eignen sich namentlich für die Aufstellung von Maschinen auf gewachsenem Felsen und in Bergwerken oder in solchen Fällen, wo Schrauben nachträglich in vorhandenen Fundamenten anzubringen oder die Ankerplatten unzugänglich sind.

In den Normen sind Ankerschrauben und die zugehörigen Vierkantmuttern durch DIN 797 und 798, die entsprechenden Ankerplatten durch DIN 795, Platten für Anker mit Hammerköpfen in den DIN 794, 191, 796 und 192 vereinheitlicht.

Abb. 418 und 419 zeigen Stehbolzen. Durch das zwischengeschobene Gasrohr, Abb. 418, wird der Abstand der beiden Platten gesichert; die Ausführung nach Abb. 419 stellt sich teurer.

Abb. 420 zeigt Stift-, Abb. 421 Hammerschrauben zum Verstellen des Keils und zum Festhalten des Deckels eines Lagers gleichen Durchmessers. Bei Benutzung der ersteren wird der Abstand der Schraubenmitten von der Lagermitte wegen der Wandstärke, die das Einschneiden des Gewindes verlangt, bedeutend größer als bei den Hammerschrauben. Des größeren Biegemomentes wegen muß aber auch der Deckel im ersten Falle kräftiger und schwerer werden!

Zu den durch Schrauben vermittelten Flanschverbindungen sei das Folgende bemerkt. Die Schrauben fallen infolge der Vorspannung, mit der sie angezogen werden, meist unter Belastungsfall B 2 und werden daher zweckmäßigerweise nach Zusammenstellung 71 oder unter Benutzung der Kurven, Abb. 378, unter Berücksichtigung des Werkstoffes, der Herstellung und des Zustandes der Auflageflächen berechnet. Ihre Zahl ist, wenn lediglich die zu übertragenden Kräfte maßgebend sind, an sich beliebig. Die Wahl einer geringen Zahl stärkerer Schrauben für eine bestimmte Verbindung ist vorteilhaft wegen der größeren zulässigen Beanspruchung und besseren Ausnutzung des Werkstoffes der Schrauben, nachteilig aber in bezug auf die Abmessungen der Flansche, die weiter ausladen und stärker sein müssen, um die großen Schraubenkräfte aushalten zu können. Soll die Verbindung auch noch dicht sein, wie an Rohren und Zylindern, so ist die Zahl de Schrauben durch die gegenseitige Entfernung e gegeben, vgl. S. 234.

Bei sehr hohen Drucken wird die Möglichkeit, den Schraubenschlüssel, wenn nötig in Form eines Steckschlüssels, an den sehr starken Schrauben ansetzen zu können, für die Entfernung e maßgebend, bis schließlich Schraubenverbindungen unmöglich werden und durch andere Mittel, z. B. Bajonett- oder Schraubverschlüsse ersetzt werden müssen.

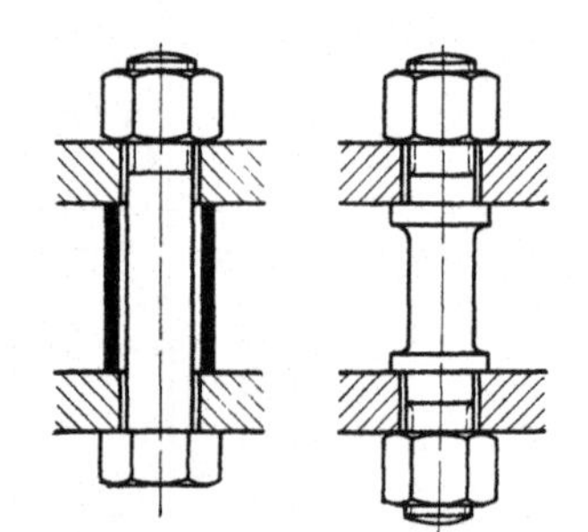

Abb. 418 u. 419. Stehbolzen.

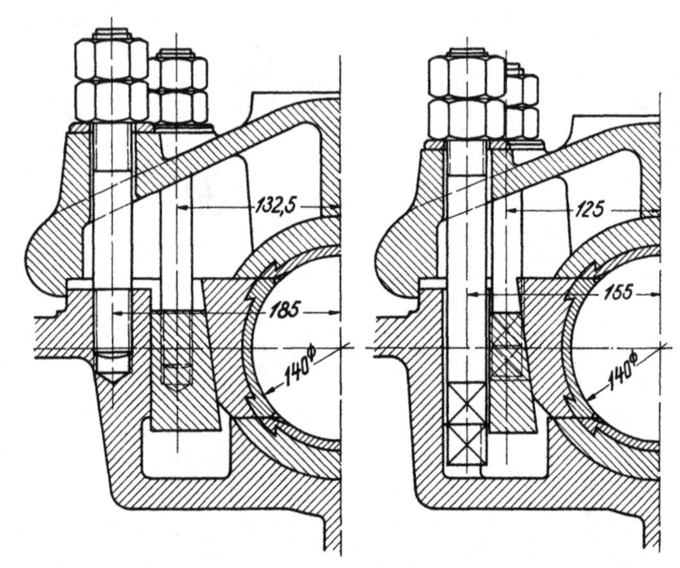

Abb. 420 und 421. Verwendung von Stift- und Hammerschrauben an Kurbelwellenlagern. M. 1:6.

Bei der Durchbildung der zugehörigen Flansche gilt es in erster Linie, die Biegemomente, die durch die Kräfte in den Schrauben an der Ansatzstelle erzeugt werden, klein zu halten und dadurch die Flanschabmessungen zu beschränken. Man sucht die Schrauben so nahe wie möglich an die Wandung heranzusetzen, jedoch unter Wahrung guter Übergänge zwischen den oft sehr verschiedenen Stärken der Flansche und anschließenden Wände, unter genügender Ausrundung der Kehle an der Ansatzstelle und unter Beachtung des leichten Anziehens der Muttern oder Bolzen. Als Anhalt für die Gestaltung ringsumlaufender Flansche an Rohren, Zylindern u. dgl. kann die des näheren im Abschnitt VIII C 1 behandelte DIN 376 dienen. Was den Abstand der Schrauben von der Wandung anlangt, so soll im allgemeinen bei Durchsteckschrauben das Anziehen durch Halten oder Drehen der Mutter und des Schraubenkopfes mit je einem Schlüssel möglich sein. Beim Entwerfen empfiehlt es sich deshalb, die Sechskante in der Breitstellung zu zeichnen oder von dem Durchmesser des dem normalen Sechskant umschriebenen Kreises auszugehen. Nur in Fällen, wo lediglich einer der beiden Teile zum Anziehen gedreht werden soll, lassen sich die Schrauben um einige Millimeter näher an die Wandung legen, wenn man den Sechskant des ruhenden Teils in Schmalstellung anordnet. Eine noch weitergehende Verminderung des Hebelarmes, an dem die Schraubenkräfte wirken, gestatten Hammerschrauben, Abb. 351a. Den Kleinstwert des Moments lassen Stiftschrauben erreichen, vgl. Berechnungsbeispiel 3 und Abb. 425 mit 427.

Die Flansche sind auf Biegung nachzurechnen, wie des näheren im eben erwähnten Beispiel und im Abschnitt VIII gezeigt ist. Als erster Anhalt für die Stärke ringsumlaufender Flansche an Rohren, Zylindern u. dgl. kann bei mäßigen Betriebsdrucken dienen, daß die Flanschstärke h im Verhältnis zur Stärke s der Zylinderwandung $h = 1{,}3\,s$ sein soll. Die Auflagestellen für die Köpfe und Muttern stark beanspruchter Schrauben müssen zur Vermeidung großer Nebenbeanspruchungen auf Biegung bearbeitet werden. Zu dem Zwecke werden die Flansche ringsum abgedreht oder mittels Bohrmesser, Abb. 236, um die Schraubenlöcher herum sorgfältig geebnet.

Auch Befestigungsschrauben an Rahmen, Gestellen und sonstigen schweren Maschinenteilen ordnet man möglichst nahe den Wänden an und läßt sie an kräftigen Flanschen oder an längs der Wandung hochgezogenen Augen angreifen, damit die sonst nicht seltenen Flanschbrüche, die oft das ganze, schwere Stück unbrauchbar machen, vermieden werden.

Zu 2. Als Verschlußschrauben kommen kurze Kopfschrauben, manchmal auch Kappen und Stopfen mit Rohrgewinde in Frage. Eine Sonderform bilden die Kernstopfen, die in den mit Rohrgewinde versehenen Kernlöchern in Gußstücken fest und wenn nötig, dicht eingeschraubt und vernietet werden. Normale Kernstopfen sind in der DIN 907 zusammengestellt. Als Werkstoffe kommen weicher Flußstahl, Gußeisen, Rotguß und Messing in Betracht. Häufig werden die Stopfen in Form von Kernstopfstangen, Abb. 422, geliefert, von denen die Stopfen nach erfolgtem Anziehen abgeschnitten werden. Zur Bezeichnung genügt:

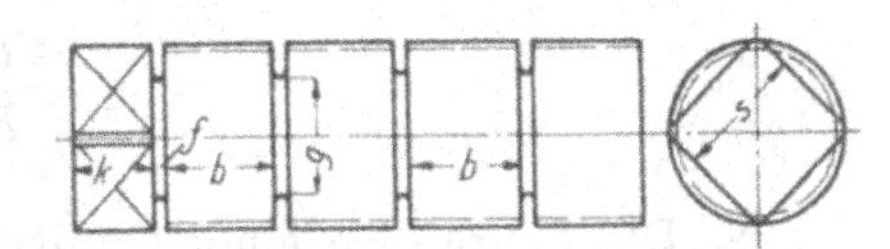

Abb. 422. Kernstopfstange nach DIN 907.

Kernstopfen R $^3/_8''$ DIN 907 Messing,
Kernstopfstange $4 \cdot R$ $^3/_8''$ DIN 907 Flußstahl.

Zusammenstellung 73. **Kernstopfen nach DIN 907** (Auszug).

Nenndurchmesser Zoll	b mm	f mm	g mm	Schlüsselweite s mm	k mm	Nenndurchmesser Zoll	b mm	f mm	g mm	Schlüsselweite s mm	k mm
R $^1/_4''$	12	2	8	11	6	R $1^1/_2''$	30	4	30	36	22
R $^3/_8''$	15	2	10	14	8	R $1^3/_4''$	35	5	30	36	22
R $^1/_2''$	18	3	12	17	10	R $2''$	35	5	35	41	25
R $^5/_8''$	20	3	12	17	10	R $2^1/_4''$	40	5	35	41	25
R $^3/_4''$	22	3	15	22	13	R $2^1/_2''$	45	6	38	46	28
R $^7/_8''$	22	3	15	22	13	R $2^3/_4''$	45	6	40	50	32
R $1''$	25	4	20	27	16	R $3''$	50	6	40	50	32
(R $1^1/_8$)$''$	25	4	20	27	16	R $3^1/_2''$	55	6	45	55	35
R $1^1/_4''$	30	4	25	32	19	R $4''$	55	8	50	60	38

Das Rohrgewinde kann ohne Spitzenspiel DIN 259 oder mit Spitzenspiel nach DIN 260 geschnitten werden.

Zu 3. Beispiele für Bewegungsschrauben zeigen die Abb. 423 und 424.

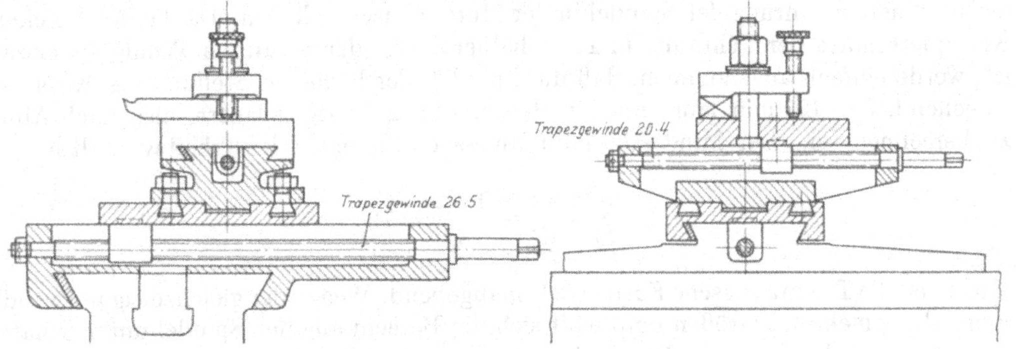

Abb. 423. Werkzeugschlitten einer Drehbank. M. 1:10.

VIII. Berechnungsbeispiele.

1. Das Gewinde eines Hakens für $Q = 6000$ kg Last ist zu berechnen. Werkstoff: Weicher Flußstahl.

Belastungsfall A der Zusammenstellung 72, Seite 238, da die Mutter beim Zusammensetzen des Hakengeschirrs aufgesetzt und durch einen Splint gesichert, die Last aber erst später angehängt wird. Formel (102). Beanspruchung schwellend; gewählt $k_z = 600$ kg/cm², niedrig, wegen etwaiger Stöße.

$$\frac{\pi}{4} d_1^2 = \frac{Q}{k_z} = \frac{6000}{600} = 10 \text{ cm}^2.$$

Ausgeführt: $1^3/_4''$ Schraube mit 11,31 cm² Querschnitt. Wirkliche Beanspruchung:

$$\sigma_z = \frac{Q}{F_1} = \frac{6000}{11,31} = 531 \text{ kg/cm}^2.$$

2. Die Schrauben einer Schlittenwinde, Abb. 424, für $Q = 7500$ kg nach einer Ausführung der Firma Losenhausen, Düsseldorf, sind zu berechnen. Tiefste Stellung des Spindelkopfes 500, Hub 220, Verschiebung des Bockes 170 mm. Spindeln aus Stahl, Muttern aus Bronze, Gewindesteigung nach Zollmaßen.

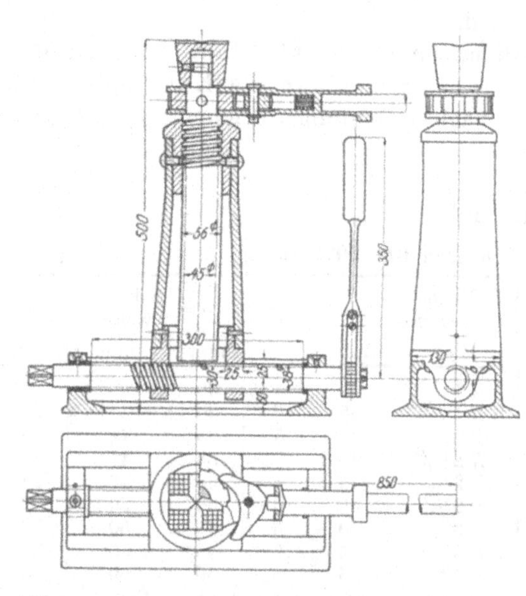

Abb. 424. Schlittenwinde für 7500 kg Last (Losenhausen, Düsseldorf). M. 1:10.

a) Hubspindel mit Flachgewinde auf Druck und Knickung und gleichzeitig auf Drehung beansprucht; Fall B 1. Die Berechnung auf Druck liefert einen Anhalt für den Mindestkerndurchmesser. Wird dabei $^3/_4$ der zulässigen Beanspruchung eingesetzt, so ist das Drehmoment genügend berücksichtigt. Mit k (schwellende Beanspruchung) $= {}^3/_4 \cdot 800 = 600$ kg/cm² folgt aus

$$\frac{\pi}{4} d_1^2 = \frac{Q}{k} = \frac{7500}{600} = 12,5 \text{ cm}^2,$$

der Mindestkerndurchmesser $d_1 \approx 40$ mm.

Die Knicksicherheit der Winde bei der Höchststellung der Spindel rechnerisch genau zu verfolgen, erscheint wegen der uneinheitlichen Gestalt des Körpers und wegen der unsicheren Führung der Spindel in der Mutter ausgeschlossen. Da das Ausknicken im Kernquerschnitt der Schraube in rund halber Höhe der gesamten Winde zu erwarten ist, werde einfach angenommen, daß die Spindel, der höchsten Stellung des Kopfes entsprechend, $l = 720$ mm lang, und an den Enden gelenkig gelagert, also nach Abb. 17, zu berechnen sei. Der Mindestkerndurchmesser gibt ein Schlankheitsverhältnis

$$\frac{l}{i_J} = \frac{4\,l}{d_1} = \frac{4 \cdot 72}{4} = 72.$$

Mithin ist die Tetmajersche Formel (21) maßgebend. Wegen der gleichzeitig notwendigen Ermittlung mehrerer Größen empfiehlt sich die Berechnung der Spindel unter Schätzung ihres Kerndurchmessers an Hand einer Zusammenstellung.

Kerndurchmesser d_1	40	45	48	mm
Kernquerschnitt F_1	12,65	15,90	18,10	cm²
Beanspruchung auf Druck $\sigma_d = \frac{Q}{F_1}$	597	472	415	kg/cm²
Schlankheitsverhältnis $\frac{l}{i} = \frac{4l}{d_1}$	72	64	60	
Knickspannung $K_k = K\left(1 - \frac{a\,l}{i}\right) = 3350\left(1 - 0{,}00185\,\frac{l}{i}\right)$	2904	2953	2978	kg/cm²
Sicherheit $\mathfrak{S}_T = \frac{K_k}{\sigma_d}$	4,87	6,25	7,17	

Gewählt $d_1 = 45$ mm. Gangzahl $2^1/_4$ Gang auf 1 Zoll (halb so groß wie beim entsprechenden scharfgängigen Gewinde), aber Gewindequerschnitt etwa quadratisch, damit die Mutterhöhe nicht zu groß wird. Daraus $d = 56$ mm.

Mutterhöhe H aus Flächendruck. Für Stahl auf Bronze gewählt: $p = 100$ kg/cm²,

$$f = \frac{Q}{p} = \frac{7500}{100} = 75 \text{ cm}^2.$$

Auflagefläche eines Gewindeganges

$$f_0 = \frac{\pi}{4}(d^2 - d_1^2) = 24{,}63 - 15{,}90 = 8{,}73 \text{ cm}^2.$$

Mithin sind $z_1 = \frac{f}{f_0} = \frac{75}{8{,}73} = 8{,}6$ Gänge nötig.

Mutterhöhe, da auf 25,4 mm 2,25 Gänge kommen,

$$H = h \cdot z_1 = \frac{2{,}54}{2{,}25} \cdot 8{,}6 = 9{,}7 \text{ cm} \approx 100 \text{ mm, (8,8 Gänge).}$$

Beanspruchung der Gewindegänge auf Biegung. Hebelarm des Momentes = halbe Gangtiefe $\frac{t}{2} = 0{,}275$ cm. Für das Widerstandsmoment ist ein Rechteck von der Länge $z_1 \cdot \pi \cdot d_1$ und der halben Ganghöhe $\frac{h}{2} = 0{,}565$ cm als Höhe maßgebend.

$$\sigma_b = \frac{M_b}{W} = \frac{6\,Q \cdot \frac{t}{2}}{z_1 \cdot \pi \cdot d_1 \left(\frac{h}{2}\right)^2} = \frac{6 \cdot 7500 \cdot 0{,}275}{8{,}8 \cdot \pi \cdot 4{,}5 \cdot 0{,}565^2} = 312 \text{ kg/cm}^2. \text{ Zulässig.}$$

In der Mutter fällt die Beanspruchung geringer aus, wegen des größeren Umfanges, längs welchem das Gewinde ansetzt. ($\sigma_b' = 252$ kg/cm²).

Kraft P zum Bewegen der Schraube bei 7500 kg Last. Hebelarm $L = 800$ mm, $\varrho = 6^0$.

$$\text{Steigung: } \operatorname{tg}\alpha = \frac{h}{\pi \cdot d_f} = \frac{1{,}13}{\pi \cdot \frac{5{,}6 + 4{,}5}{2}} = 0{,}0712; \qquad \alpha = 4^0\,10'.$$

$$\text{Antriebmoment: } M = Q \cdot r \cdot \operatorname{tg}(\alpha + \varrho) = 7500 \cdot \frac{5{,}6 + 4{,}5}{4} \operatorname{tg}(4^0\,10' + 6^0)$$
$$= 3390 \text{ kgcm}.$$

$$P = \frac{M}{L} = \frac{3390}{80} = 42 \text{ kg}.$$

$$\text{Wirkungsgrad: } \qquad \eta = \frac{\operatorname{tg}\alpha}{\operatorname{tg}(\alpha + \varrho)} = \frac{0{,}0729}{0{,}179} = 0{,}41.$$

b) Schlittenspindel mit Flachgewinde zur Überwindung der Reibung R_1 am Schlitten. μ an den bearbeiteten Flächen angenommen zu 0,1

$$R_1 = Q \cdot \mu = 7500 \cdot 0{,}1 = 750 \text{ kg}.$$

Da R_1 exzentrisch wirkt, ist die Schraube auf Biegung und Druck in Anspruch genommen.

Kerndurchmesser d_1	25	30	32	35	mm
Kernquerschnitt F_1	4,91	7,07	8,04	9,62	cm²
Beanspruchung auf Druck $\sigma_d = \frac{R_1}{F_1}$ . .	153	106	93	78	kg/cm²
Hebelarm b, an dem R_1 wirkt, geschätzt	2,1	2,5	2,7	2,9	cm
Biegebeanspruchung $\sigma_b = \frac{32 R_1 \cdot b}{\pi \cdot d_1^3}$ . .	1029	708	630	517	kg/cm²

Gewählt: $d_1 = 30$ mm (zusammengesetzte Beanspruchung auf Biegung und Druck $\sigma = \sigma_b + \sigma_d = 814$ kg/cm²), Außendurchmesser $d = 38$ mm; da Selbsthemmung nicht nötig ist, werde die Schraube günstigeren Wirkungsgrades halber zweigängig, mit $h_1 = 1$ Zoll Steigung ausgeführt.

Mutterlänge genommen zu $2 \cdot 25 = 50$ mm, entsprechend 3,94 Gängen; Auflagedruck im Gewinde

$$p = \frac{R_1}{f} = \frac{750}{3{,}94 \cdot \frac{\pi}{4}(3{,}8^2 - 3^2)} = 45 \text{ kg/cm}^2.$$

Zulässig.

Kraft P zum Verschieben des Bockes bei einer Hebellänge $L_1 = 350$ mm und $\varrho = 6^0$

$$\operatorname{tg} \alpha' = \frac{h_1}{\pi \cdot d_f} = \frac{2{,}54}{\pi \cdot 3{,}4} = 0{,}238; \quad \alpha' = 13^0\,20'.$$

$$M = M_d = Q \cdot r \cdot \operatorname{tg}(\alpha' + \varrho) = 750 \cdot 1{,}7 \cdot \operatorname{tg}(13^0\,20' + 6^0) = 448 \text{ kgcm}.$$

$$P = \frac{M}{L} = \frac{448}{35} \approx 13 \text{ kg}.$$

Wirkungsgrad:

$$\eta = \frac{\operatorname{tg} \alpha'}{\operatorname{tg}(\alpha' + \varrho)} = \frac{0{,}238}{0{,}351} = 0{,}68.$$

Nachrechnung des Kernquerschnittes auf Drehbeanspruchung:

$$\tau_d = \frac{M_d}{\frac{\pi}{16} d_1^3} = \frac{448}{5{,}30} = 84 \text{ kg/cm}^2.$$

Sie hat geringen Einfluß auf die zusammengesetzte Beanspruchung; mit

$$\alpha_0 = \frac{k}{1{,}3 \cdot k_d} = \frac{900}{1{,}3 \cdot 700} \approx 1$$

für Stahl wird

$$\sigma_i = 0{,}35\,\sigma + 0{,}65 \sqrt{\sigma^2 + (\alpha_0\,\tau_d)^2}$$

$$= 0{,}35 \cdot 814 + 0{,}65 \sqrt{814^2 + 1 \cdot 84^2} = 817 \text{ kg/cm}^2.$$

Die Schlittenspindel wird beim Zusammenbau von der einen Seite her eingeschoben und findet ihr Widerlager an zwei gehärteten Stahlringen, von denen sich der eine unmittelbar gegen das Schlittenbett, der andere gegen den durch einen Splint gesicherten Ring stützt.

Wird an Stelle des veralteten Flachgewindes Trapezgewinde ausgeführt, so stellt sich die Rechnung wie folgt:

a) Dem Mindestkerndurchmesser der Hubschraube entspricht das Trapg 55·9 der DIN 103 mit einem Kerndurchmesser $d_1 = 45{,}5$, einem Flankendurchmesser $d_f = 50{,}5$ und einer Tragtiefe $t_t = 4$ mm. Die Auflagefläche eines Gewindeganges wird

$$f_0 = \pi \cdot d_f \cdot t_t = \pi \cdot 5{,}05 \cdot 0{,}4 = 6{,}35 \text{ cm}^2.$$

Mithin Gangzahl:

$$z_1 = \frac{f}{f_0} = \frac{75}{6{,}35} = 11{,}8;$$

Mutterhöhe:

$$H = h \cdot z_1 = 0{,}9 \cdot 11{,}8 = 10{,}6 \text{ cm}.$$

Bei der gleichen Mutterhöhe von 100 mm wie oben, würde der Flächendruck

$$\frac{100 \cdot 106}{100} = 106 \text{ kg/cm}^2,$$

also nur unwesentlich größer werden. Gangzahl $z_1 = 11{,}1$.

Biegebeanspruchung der Gänge. Die Höhe h' der Ansatzstelle des Gewindes am Bolzen errechnet sich aus

$$h' = \frac{h}{2} + 2 \cdot \frac{d_f - d_1}{2} \cdot \operatorname{tg} 15^0$$

$$= \frac{0{,}9}{2} + 2 \cdot \frac{5{,}05 - 4{,}55}{2} \cdot 0{,}268 = 0{,}584 \text{ cm},$$

$$\sigma_b = \frac{M_b}{W} = \frac{6\, Q \dfrac{d_f - d_1}{2}}{z_1 \cdot \pi \cdot d_1 \cdot (h')^2} = \frac{6 \cdot 7500 \cdot 0{,}25}{11{,}1 \cdot \pi \cdot 4{,}55 \cdot 0{,}584^2} = 208 \text{ kg/cm}^2.$$

Kraft zum Bewegen der Schraube bei 7500 kg Last

$$\operatorname{tg} \alpha = \frac{h}{\pi \cdot d_f} = \frac{0{,}9}{\pi \cdot 5{,}05} = 0{,}567; \qquad \alpha = 3^0\,15';$$

$$M = \frac{Q\, d_f}{2} \operatorname{tg}(\alpha + \varrho) = 7500\, \frac{5{,}05}{2} \operatorname{tg}(3^0\,15' + 6^0) = 3084 \text{ kgcm};$$

$$P = \frac{M}{L} = \frac{3084}{80} = 38{,}6 \text{ kg}.$$

Wirkungsgrad $$\eta = \frac{\operatorname{tg} \alpha}{\operatorname{tg}(\alpha + \varrho)} = \frac{0{,}0567}{0{,}162} = 0{,}35.$$

b) Schlittenspindel. Gewählt: 3 gäng Trapg 40·21. Kerndurchmesser $d_1 = 32{,}5$, Flankendurchmesser $d_f = 36{,}5$, Tragtiefe $t_t = 3$ mm.

Bei 50 mm Mutterlänge, entsprechend $z_2 = 7{,}14$ Gängen, wird der Auflagedruck im Gewinde

$$p = \frac{R_1}{z_2 \cdot \pi \cdot d_f \cdot t_t} = \frac{750}{7{,}14 \cdot \pi \cdot 3{,}65 \cdot 0{,}3} = 30{,}5 \text{ kg/cm}^2.$$

Kraft zum Verschieben des Bockes

$$\operatorname{tg} \alpha' = \frac{h_1}{\pi \cdot d_f} = \frac{2{,}1}{\pi \cdot 3{,}65} = 0{,}1832; \qquad \alpha' = 10^0\,23';$$

$$M = R_1 \cdot \frac{d_f}{2} \operatorname{tg}(\alpha' + \varrho) = 750 \cdot \frac{3{,}65}{2} \cdot \operatorname{tg}(10^0\,23' + 6^0) = 402{,}5 \text{ kgcm};$$

$$P = \frac{M}{L} = \frac{402{,}5}{35} = 11{,}5 \text{ kg}.$$

Wirkungsgrad $$\eta = \frac{\operatorname{tg} \alpha'}{\operatorname{tg}(\alpha' + \varrho)} = \frac{0{,}1832}{0{,}294} = 0{,}623.$$

Die Nachrechnung auf Festigkeit ergibt:

$$\sigma_d = 90{,}4, \quad \sigma_b = 600, \quad \tau_d = 59{,}7, \quad \sigma_i = 693 \text{ kg/cm}^2.$$

3. Deckelschrauben des Hochdruckzylinders der Wasserwerkmaschine, Tafel I. Dampfspannung $p_0 = 12$ at Überdruck. Bohrungsdurchmesser am Sitz des Deckels 494 mm. Zylinderwandstärke $s_0 = 22$ mm. Des Vergleichs wegen werde die Verbindung a) mit Stiftschrauben, b) mit Durchsteckschrauben durchgebildet.

a) Ausführung mit Stiftschrauben, Abb. 425.

Druck auf den Deckel. Nimmt man an, daß der Dampfdruck innerhalb der 18 mm breit gewählten, in einer Nut eingeschlossenen Packung allmählich von p_0 auf 0 at sinkt, so kann man der Berechnung eine Fläche vom mittleren Durchmesser der Packung $D_m = 512$ mm zugrunde legen.

$$P = \frac{\pi}{4} D_m^2 \cdot p_0 = \frac{\pi}{4} \cdot 51{,}2^2 \cdot 12 \approx 25000 \text{ kg}.$$

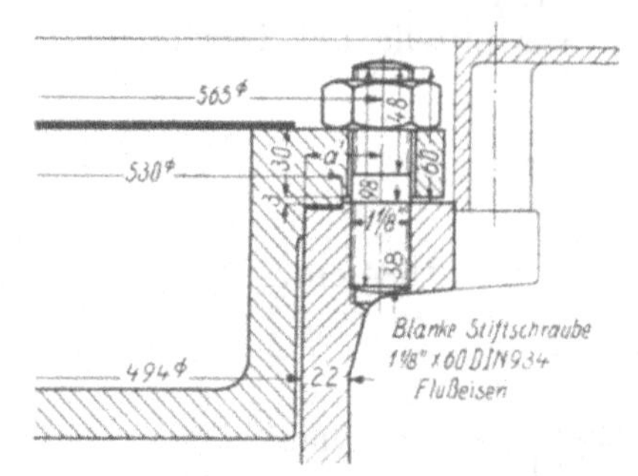

Abb. 425. Flanschverbindung mittels Stiftschrauben. M. 1 : 4.

Schraubenzahl n aus der größten zulässigen Entfernung zweier Schrauben $e \approx 120$ mm. Lochkreisdurchmesser geschätzt zu

$$D_s = 570 \text{ mm}; \qquad n = \frac{\pi \cdot D_s}{e} = \frac{\pi \cdot 57}{12} = 14{,}9.$$

Gewählt $n = 16$ Schrauben.

Schraubenstärke aus

$$Q = \frac{P}{n} = \frac{25000}{16} = 1562 \text{ kg};$$

nach Abb. 378 $d = 1^1/_8''$. Tatsächliche Beanspruchung durch den Dampfdruck

$$\sigma_z = \frac{Q}{F_1} = \frac{1562}{4{,}50} = 347 \text{ kg/cm}^2.$$

Damit die Schrauben, die man bis auf d mm an die Innenwandung, also auf 552 mm Lochkreisdurchmesser setzen könnte, nicht in die Packung einschneiden, werde der Lochkreisdurchmesser zu 565 mm gewählt. Zylinderflanschform und -abmessungen aus der Stiftgewindelänge von 38 mm.

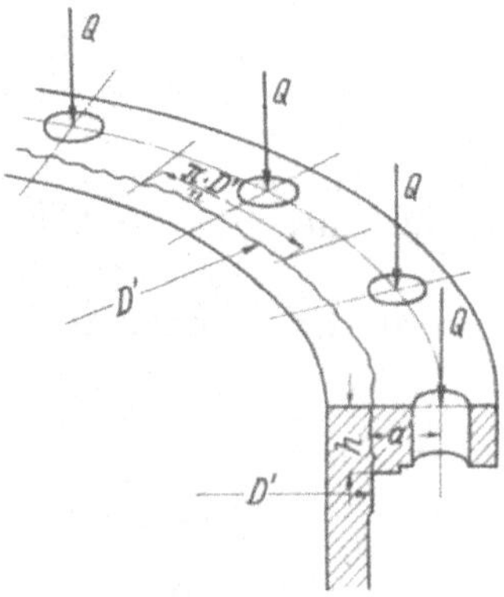

Deckelflansch. Nimmt man die Wandstärke des hohen Deckels ebenso groß wie die des Zylinders, $s_0 = 22$ mm an, so gibt $1{,}3 \cdot s_0 = 28{,}6$ mm einen Anhalt für die Flanschstärke. Gewählt 30, am Sitz der Dichtung $h = 33$ mm. Der Flansch wird gemäß Abb. 426 längs der Zylinderfläche vom Durchmesser $D' = 494$ mm durch die Schraubenkräfte am Hebelarm $a' = 35$ mm auf Biegung beansprucht. Auf eine einzelne Schraube entfällt das Widerstandsmoment eines Rechteckes von der Breite $\frac{\pi D'}{n}$ und der Höhe h. Daraus folgt:

Abb. 426. Zur Berechnung des Deckelflansches.

$$\sigma_b = \frac{6 \cdot Q \cdot a'}{\frac{\pi D'}{n} \cdot h^2} = \frac{6 \cdot 1562 \cdot 3{,}5}{\frac{\pi \cdot 49{,}4}{16} \cdot 3{,}3^2} = 310 \text{ kg/cm}^2. \quad \text{Zulässig.}$$

Normrecht würden blanke „Stiftschrauben $1^1/_8'' \cdot 60$ DIN 939 Flußeisen" sein.

b) Ausführung mit Durchsteckschrauben, Abb. 427, die sich allerdings für den Hochdruckdampfzylinder der Maschine Tafel I weniger empfiehlt, weil das Einziehen der Schrauben in der Nähe der Ventilstutzen und die Ausbildung der Verkleidung Schwierigkeiten machen. Vgl. die Zeichnung des Zylinders im Abschnitt 23.

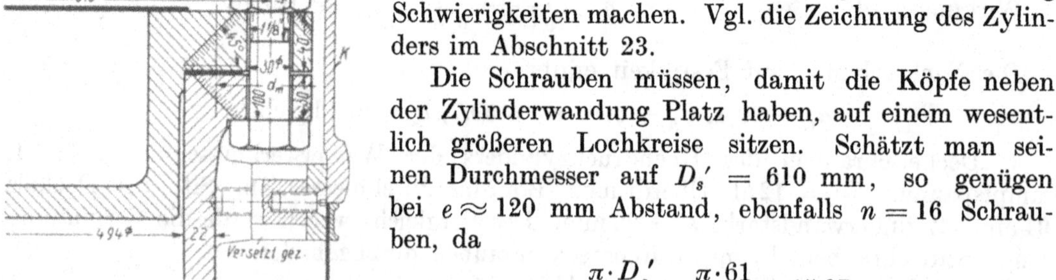

Abb. 427. Flanschverbindung mittels Durchsteckschrauben, M. 1:4.

Die Schrauben müssen, damit die Köpfe neben der Zylinderwandung Platz haben, auf einem wesentlich größeren Lochkreise sitzen. Schätzt man seinen Durchmesser auf $D_s' = 610$ mm, so genügen bei $e \approx 120$ mm Abstand, ebenfalls $n = 16$ Schrauben, da

$$\frac{\pi \cdot D_s'}{e} = \frac{\pi \cdot 61}{12} = 15{,}97$$

ergibt.

Vermeidet man die Eindrehung im Flansch für die Packung, nimmt diese dafür aber 40 mm breit an, so wird der Druck auf den Deckel auf

$$\frac{\pi}{4}(D_m')^2 \cdot p_0 = \frac{\pi}{4} \cdot 53{,}5^2 \cdot 12 = 27000 \text{ kg}$$

und die Kraft in einer Schraube auf

$$Q' = \frac{27000}{16} = 1690 \text{ kg}$$

erhöht. Immerhin reichen $1^1/_8''$ Schrauben, die mit

$$\sigma_z = \frac{Q'}{F_1} = \frac{1690}{4{,}50} = 375 \text{ kg/cm}^2$$

beansprucht werden, nach den Linien der Abb. 378 noch aus.

Beanspruchung des Zylinderflansches bei 30 mm Stärke, Abb. 428, Bruch längs eines Zylinders von $D'' = 545$ mm Durchmesser, h'' infolge der Auskehlung ≈ 35 mm.

$$\sigma_b = \frac{6 \cdot Q' \cdot a''}{\frac{\pi \cdot D''}{n} \cdot (h'')^2} = \frac{6 \cdot 1690 \cdot 3{,}25}{\frac{\pi \cdot 54{,}5}{16} \cdot 3{,}5^2} = 251 \text{ kg/cm}^2.$$

Deckelflanschhöhe h' bei $k_b = 400$ kg/cm² und $a' = 58$ mm Hebelarm:

$$h' = \sqrt{\frac{6 \cdot Q' \cdot a'}{\frac{\pi \cdot D'}{n} \cdot k_b}} = \sqrt{\frac{6 \cdot 1690 \cdot 5{,}8}{\frac{\pi \cdot 49{,}4}{16} \cdot 400}} = 3{,}9 \text{ cm}.$$

Gewählt $h' = 40$ mm.

Die Schrauben würden nach den Normen als blanke „Sechskantschrauben mit Mutter $1^1/_8'' \cdot 100$ DIN 931 Flußeisen" auszuführen sein.

Die Durchsteckschrauben verlangen nun auch eine völlig andere Durchbildung der Verkleidung, damit die Schraubenköpfe beim Anziehen zugänglich bleiben. In der Abb. 427 ist dieselbe als eine abnehmbare, gußeiserne Kappe K gedacht, die sich auf einen schmiedeeisernen, von einigen Nocken gehaltenen Ring stützt.

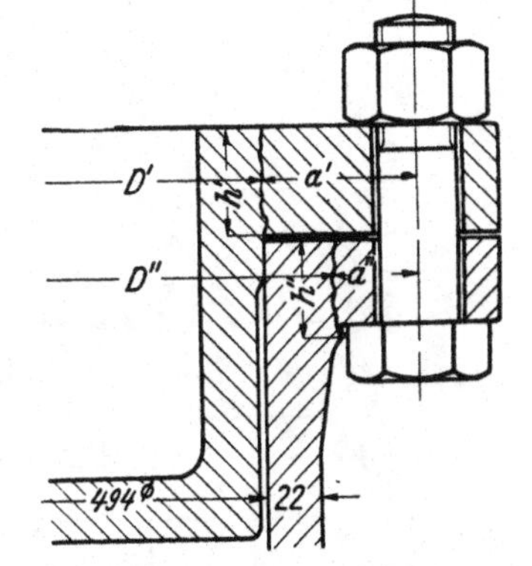

Abb. 428. Zur Berechnung der Flansche des Beispiels 3b, M. 1:4.

4. Um wieviel erhöht sich die Kraft in den Durchsteckschrauben, Ausführung b, Abb. 427, sobald der volle Dampfdruck $p_0 = 12$ at im Zylinder wirkt, wenn sie mit etwa der gleichen Spannung, auf welche sie berechnet sind, d. i. mit $\sigma_0 \approx 375$ kg/cm² Vorspannung angezogen werden. Schaftdurchmesser der Schrauben $d = 29$ mm. Dehnungsziffer des Schraubenstahls $\alpha_1 = \frac{1}{2000000}$, des Gußeisens der Flansche $\alpha_2 = \frac{1}{1000000}$ cm²/kg. Die Flansche seien vollständig bearbeitet, die Packung sehr dünn und über die ganze Flanschbreite reichend angenommen, so daß die Flansche durch die Vorspannkraft nur auf Druck, nicht aber auf Biegung beansprucht sind. Die Zusammendrückung kann dann annähernd an einem Zylinder von $d_m = 80$ mm Außendurchmesser und 30 mm Bohrung berechnet werden, der die in Abb. 427 strichpunktiert angedeuteten Druckkegel ersetzt.

Vorspannkraft:

$$P_0 = F_1 \cdot \sigma_0 = 4{,}50 \cdot 375 = 1688 \text{ kg}.$$

Zugehörige Verlängerung des Schaftes von $l = 70$ mm Länge und

$$f' = \frac{\pi}{4} \cdot 2{,}9^2 = 6{,}61 \text{ cm}^2 \text{ Querschnitt:}$$

$$\lambda_0 = \frac{P_0 \cdot l \cdot \alpha_1}{f'} = \frac{1688 \cdot 7 \cdot 1}{2000000 \cdot 6{,}61} = \frac{8{,}93}{10000} \text{ cm}.$$

Querschnitt des Druckzylinders

$$f'' = \frac{\pi}{4} \cdot (8^2 - 3^2) = 43{,}2 \text{ cm}^2.$$

Zusammendrückung des Flansches:

$$\delta_f = \frac{P_0 \cdot l \cdot \alpha_2}{f''} = \frac{1688 \cdot 7 \cdot 1}{1000000 \cdot 43{,}2} = \frac{2{,}74}{10000} \text{ cm; Abb. 429.}$$

Ohne Vorspannung würde auf jede der Schrauben infolge des Betriebsdrucks eine Kraft von $Q = 1690$ kg kommen und eine Beanspruchung von $\frac{1690}{4{,}5} = 376$ kg/cm² hervorrufen. Die Vorspannung allein ergibt $P_0 = 1688$ kg Längskraft und $\sigma_0 = 375$ kg/cm². Würden sich die beiden Kräfte addieren, so entfielen auf jede Schraube $Q + P_0 = 1690 + 1688 = 3378$ kg Last und $\frac{3378}{4{,}50} = 751$ kg/cm² Spannung. Aus den Formänderungsdreiecken, Abb. 429, ergibt sich aber als wirkliche Schraubenkraft infolge Vorspannung und Betriebsdruck $P' = 2085$, und dementsprechend die wirkliche Beanspruchung

$$\sigma' = \frac{2085}{4{,}5} = 463 \text{ kg/cm}^2.$$

Die Mehrbelastung gegenüber dem Vorspannungszustand infolge Hinzutreten des Betriebsdruckes beträgt also nur $P' - P_0 = 2085 - 1688 = 397$ kg; die Spannung steigt um $463 - 375 = 88$ kg/cm², d. h. um 22,2% der durch den Dampfdruck erzeugten.

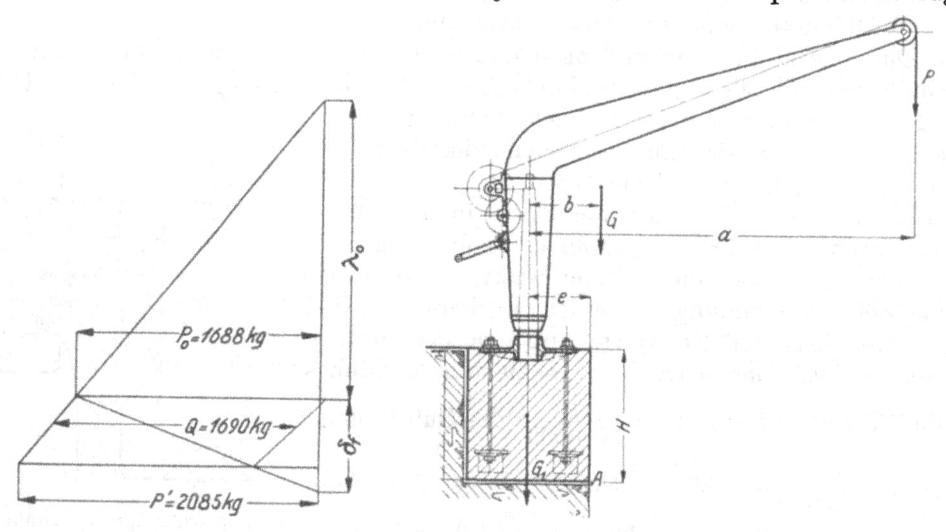

Abb. 429. Formänderungsdreiecke zum Berechnungsbeispiel 4.

Abb. 430. Uferkran.

Die Inanspruchnahme der Schrauben ist schwellend, doch sind die Spannungsschwankungen geringer als die äußere Kraft erwarten läßt. Die Belastung nähert sich mithin der ruhenden, so daß die Erhöhung der Spannungen unbedenklich ist.

5. Die Fundamentschrauben eines Uferkrans für $P = 750$ kg Nutzlast, Abb. 430, bei $a = 4{,}1$ m Ausladung sind zu berechnen. Das Eigengewicht, einschließlich Grundplatte

und Säule, $G = 1050$ kg, wirke in $b = 720$ mm Abstand von der Säulenmitte. Die Kranmitte soll $e = 650$ mm von der Uferkante entfernt liegen.

Berechnung des Fundamentgewichtes G_1 gegen Kippen des Krans um die Kante A:

$$P\,(a - e) + G\cdot(b - e) = G_1\cdot e$$

$$750\,(410 - 65) + 1050\,(72 - 65) = G_1\cdot 65$$

$$G_1 = 4100 \text{ kg}.$$

Daraus folgt der Rauminhalt V_1 des Fundamentklotzes bei einem Einheitsgewicht $\gamma = 1{,}8$ kg/dm³ für Beton (niedrig)

$$V_1 = \frac{G_1}{\gamma} = \frac{4100}{1{,}8} = 2280 \text{ dm}^3,$$

$$V_1 \approx 2{,}3 \text{ m}^3.$$

Höhe H, wenn der Querschnitt quadratisch zu $1{,}3\cdot 1{,}3$ m angenommen wird:

$$H = \frac{2{,}3}{1{,}3^2} \approx 1{,}4 \text{ m}.$$

Das Fundament wurde mit $1{,}6\cdot 1{,}6$ m Grundfläche unter Verlängerung der vom Ufer abgelegenen Seite ausgeführt, so daß sich ein Gewicht von $G_1' = 1{,}6\cdot 1{,}6\cdot 1{,}4\cdot 1800 = 6450$ kg ergibt, das, gegenüber der Kippkante A an einem Hebelarm von 800 mm wirkend, die Standsicherheit noch wesentlich vergrößert. Die Grundplatte des Krans sei quadratisch, mit 1 m Seitenlänge ausgebildet. Durch die vier Schrauben wird das Fundament an die Platte angehängt; somit kommen auf eine Schraube im Durchschnitt

$$Q = \frac{G_1'}{4} = 1610 \text{ kg}.$$

Die Schrauben fallen, da sie kräftig angezogen werden, die Längskraft aber nicht beschränkt ist, unter Gruppe B 2. Aus Zusammenstellung 71, Seite 234, mit geringer Beanspruchung gewählt: 4 Stück 1¹/₄″ Schrauben.

$$\sigma_z = \frac{Q}{F_1} = \frac{1610}{5{,}77} = 279 \text{ kg/cm}^2.$$

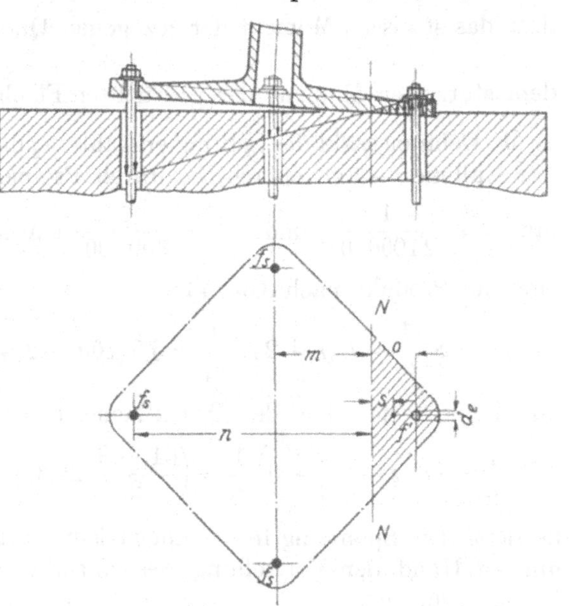

Abb. 431. Verhalten der Fundamentplatte bei Belastung des Krans, M. 1:30.

Tatsächliche Beanspruchung der Schrauben bei Belastung des Krans, durch die sich die Fundamentplatte, wie Abb. 431 veranschaulicht, teilweise vom Fundament abzuheben, teilweise in dasselbe hineinzudrücken sucht. Dabei ist die ungünstigste Stellung des Auslegers diejenige längs einer Diagonale der Platte, weil dann eine, nämlich die abgelegene Schraube besonders stark belastet ist. Wird die Grundplatte als vollkommen starr angesehen, so verhalten sich Fundament und Schrauben wie ein auf Biegung in Anspruch genommener Körper, dessen Querschnitt aus den auf Zug beanspruchten drei Schrauben von je f_s cm² und dem auf Druck beanspruchten, gestrichelten Dreieck f' des Fundaments im Grundriß der Abb. 431 zusammengesetzt ist. Für f_s darf der Schaftquerschnitt genommen werden, da die kurze Gewindestrecke für die Ermittlung der unten benötigten elastischen Formänderung der Schrauben nicht in Betracht kommt. N—N kann als Nullinie bezeichnet werden. Ihre Lage findet man aus der Bedingung, daß die Summe der an der Platte wirkenden Kräfte, auf sie bezogen, gleich Null sein muß, also aus

$$\int \sigma_z \cdot df_s - \int \sigma_d \cdot df' = 0 .$$

Um die verschiedenen Werkstoffe im Biegequerschnitt zu berücksichtigen, ist es notwendig, auf die Formänderungen zurückzugehen. Erreichen diese in der Entfernung 1 von der Nullinie den Betrag λ_1, so ist die Verlängerung der Schrauben in der Entfernung x gleich $\lambda_1 \cdot x$ und die Zusammendrückung des Fundamentes in der Entfernung x' gleich $\lambda_1 \cdot x'$. Mit der allgemeinen Beziehung zwischen Formänderung und Spannung (6a)

$$\lambda = \sigma \cdot \alpha \cdot l; \qquad \sigma = \frac{\lambda}{\alpha \cdot l},$$

insbesondere also mit

$$\sigma_z = \frac{\lambda_1 \cdot x}{\alpha_1 \cdot l} \quad \text{und} \quad \sigma_d = \frac{\lambda_1 \cdot x'}{\alpha_2 \cdot l},$$

wobei l die Länge der Schrauben, zugleich aber auch die Stärke der auf Druck beanspruchten Schicht des Fundaments bedeutet, geht die erste Gleichung über in:

$$\int \frac{\lambda_1 \cdot x \cdot df_s}{\alpha_1 \cdot l} = \int \frac{\lambda_1 \cdot x' \cdot df'}{\alpha_2 \cdot l}; \quad \frac{1}{\alpha_1} \int x \cdot df_s = \frac{1}{\alpha_2} \int x' \cdot df',$$

d. h. das statische Moment der gezogenen Querschnitte, multipliziert mit $\frac{1}{\alpha_1}$, muß gleich dem statischen Moment der gedrückten Fläche mal $\frac{1}{\alpha_2}$, also $S \cdot \frac{1}{\alpha_1} = S' \cdot \frac{1}{\alpha_2}$ sein, wobei α_1 die Dehnungszahl des Schraubenstahls, α_2 die des Betons ist. Damit läßt sich die Lage der Nullinie — am einfachsten durch Probieren — ermitteln. Bei $m = 40{,}5$ cm wird mit $\alpha_1 = \frac{1}{2100000}$ und $\alpha_2 = \frac{1}{300000}$ cm²/kg das auf die Schraubenquerschnitte bezügliche Produkt nach Abb. 431

$$S \cdot \frac{1}{\alpha_1} = f_s(n + 2m)\frac{1}{\alpha_1} = 6{,}6\,(100 + 2 \cdot 40{,}5) \cdot 2100000 = 2{,}51 \cdot 10^9 \text{ kgcm}$$

annähernd gleich dem der Druckfläche, das unter Abzug des Schraubenloches

$$S' \cdot \frac{1}{\alpha_2} = \left(f' \cdot s - \frac{\pi \cdot d_e^2}{4} \cdot o\right)\frac{1}{\alpha_2} = \left(\frac{61 + 8}{2} \cdot 26{,}3 \cdot 9{,}6 - 8{,}55 \cdot 19\right) \cdot 300000 = 2{,}56 \cdot 10^9 \text{ kgcm}$$

beträgt. Die Spannung in der am meisten beanspruchten Schraube ergibt sich, wiederum an Hand der Vorstellung des auf Biegung beanspruchten Querschnittes, nach Formel (26) zu

$$\sigma_z' = \frac{M_b}{J} \cdot n .$$

Das Trägheitsmoment der Schraubenquerschnitte und der Druckfläche f', bezogen auf die Nullinie $N—N$ wurde zu $J = 105000$ cm⁴ ermittelt.

$$M_b = P \cdot (a - m) + G\,(b - m) = 750 \cdot (410 - 40{,}5) + 1050 \cdot (72 - 40{,}5) = 310100 \text{ kgcm};$$

$$\sigma_z' = \frac{310100 \cdot 100}{105000} = 295 \text{ kg/cm}^2 .$$

Diese Beanspruchung der Schrauben wird jedoch durch die Wirkung des Krangewichtes und der Last im Schaft um

$$\frac{P + G}{4 f_s} = \frac{750 + 1050}{4 \cdot 6{,}6} = 68 \text{ kg/cm}^2$$

auf 227 kg/cm² vermindert.

Im Kernquerschnitt des Gewindes steigt sie auf

$$\frac{\sigma_z' \cdot f_s}{F_1} = \frac{227 \cdot 6{,}6}{4{,}5} = 333 \text{ kg/cm}^2,$$

d. i. auf das 1,19fache der statisch ermittelten Beanspruchung, ist aber noch zulässig.

6. Ösenschraube für Transportzwecke für 1000 kg Last. Schon bei unvorsichtigem Einschrauben können unbeschränkte Längskräfte und Überbeanspruchungen der Schraube auftreten. Immerhin ist eine Berechnung nach B 2 als ausreichend sicher zu betrachten, wenn die Schraube nur auf Zug beansprucht wird.

Bei $c = 0{,}055$, Abb. 378, würde eine $1^1/_8''$ Schraube mit

$$\sigma_z = \frac{Q}{F_1} = \frac{1000}{4{,}5} = 222 \text{ kg/cm}^2$$

genügen.

Beim Aufhängen eines Maschinenteils an zwei Ösen nach Abb. 432 entstehen aber beträchtliche Biegespannungen. Würden die beiden Schrauben lediglich dem Gesamt-

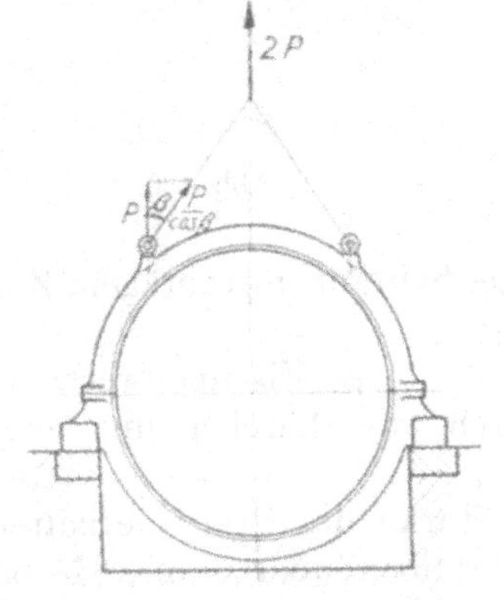

Abb. 432. Aufhängung eines Dynamogehäuses mittels zweier Ösen.

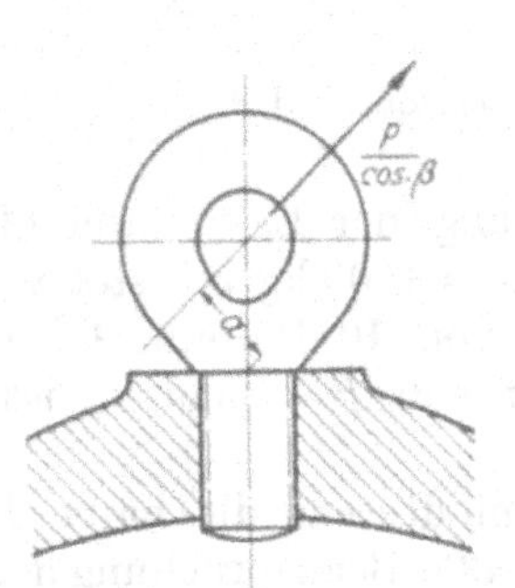

Abb. 433. Ösenschraube.

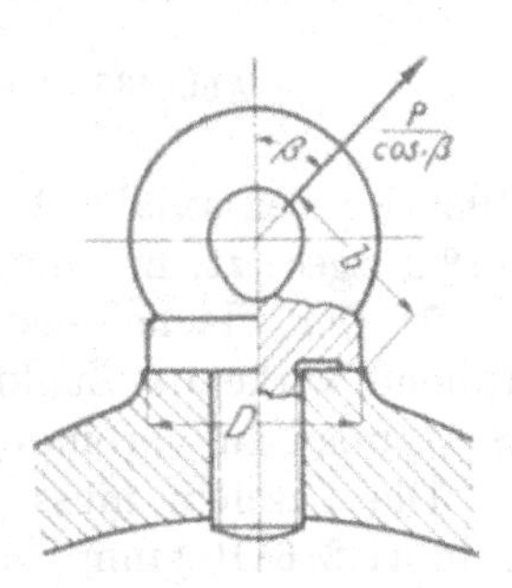

Abb. 434. Ösenschraube mit Rand.

gewicht des Gehäuses von 2000 kg entsprechend nach Abb. 433 ausgeführt, so wird mit $\beta = 45^0$ das Biegemoment

$$M_b = \frac{P}{\cos 45^0} \cdot a = \frac{1000 \cdot 2{,}7}{0{,}707} = 3820 \text{ kgcm}$$

und die Biegespannung

$$\sigma_b = \frac{M_b}{W} = \frac{3820}{1{,}35} = 2830 \text{ kg/cm}^2,$$

also unzulässig.

Solche Ösen müssen deshalb wesentlich stärker genommen oder mit einem gut aufliegenden Rand nach Abb. 434 versehen werden. In diesem Falle kann man annähernd ein Kippen um den Rand annehmen und erhält daraus eine Kraft in der Schraube von

$$Q' = \left(\frac{P}{\cos 45^0}\right) \cdot \frac{b}{\frac{D}{2}} = \frac{1000}{0{,}707} \cdot \frac{4{,}4}{3} = 2080 \text{ kg},$$

welche die Beanspruchung auf

$$\sigma_z' = \frac{Q'}{F_1} = \frac{2080}{4{,}5} = 463 \text{ kg/cm}^2$$

erhöht, die zwischen den Linien *I* und *II* der Abb. 378 liegend, sehr guten Werkstoff und sorgfältige Ausführung der Schrauben verlangt.

In den DIN 580—582 sind die vorbehandelten Schrauben neuerdings unter der Bezeichnung Ringschrauben und -muttern genormt worden. Die Ringschrauben werden entweder mit Bund und Rille, ähnlich wie Abb. 434 zeigt, oder mit Auslauf am Gewinde ausgeführt, dann aber in ein Gewindeloch mit tiefem Versenk fest eingeschraubt, so daß eine ähnliche Wirkung wie im ersten Falle entsteht. Ringmuttern nach DIN 582 dienen zum Aufschrauben auf ein Bolzengewinde. Es wird betont, daß bei schrägem Zug nach Abb. 432 alle Ringschrauben und -muttern fest auf der Auflagefläche angezogen werden müssen. Die Belastung einer einzelnen Schraube ist bei $\beta = 45^0$ nach den Normen nur rund halb so groß zulässig, wie bei axialer Zugrichtung; beispielweise sollen eine „Ringschraube 1" DIN 580" mit höchstens 1050 kg bei axialer Wirkung der Last, zwei gleiche Schrauben, schrägem Zug unter 45^0 ausgesetzt, mit höchstens 1000 kg belastet werden.

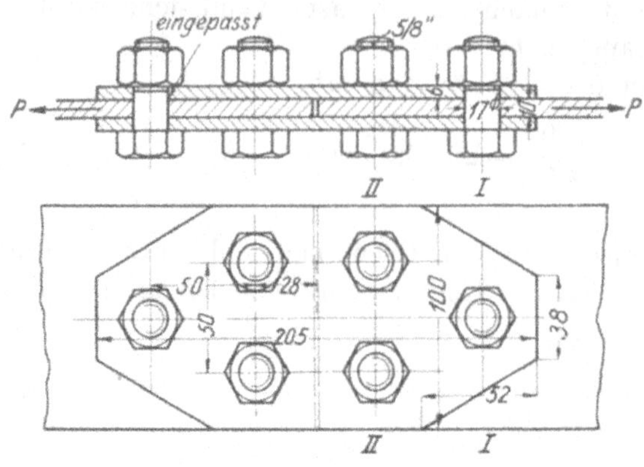

Abb. 435. Flacheisenstoß, M. 1:4.

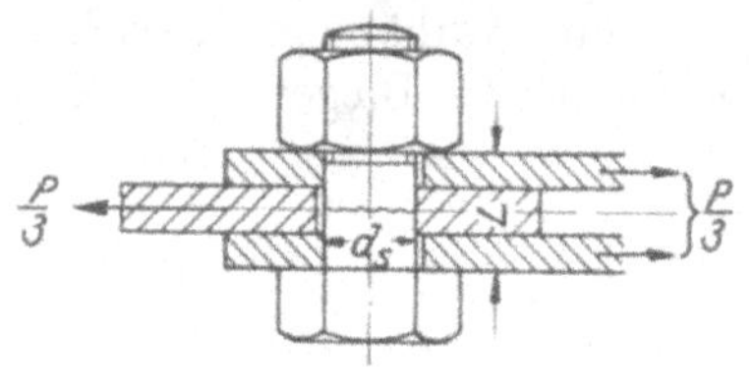

Abb. 436.

7. Der Flacheisenstab von 10·100 mm Querschnitt eines Eisenbauwerks für eine ruhend wirkende Zugkraft von $P = 6000$ kg ist durch zwei Laschen und eingepaßte Schrauben zu verbinden.

Die Laschen müssen mindestens die halbe Eisenstärke des Stabes erhalten; ausgeführt 2·6·100 mm, Abb. 435. Beanspruchung der Schrauben: quer zu ihrer Längsachse, auf Abscheren, doppelschnittig. k_s für weichen Flußstahl gewählt zu nur 600 kg/cm².

$$f = \frac{P}{k_s} = \frac{6000}{600} = 10 \text{ cm}^2,$$

entsprechend 3 Schrauben zu je $\frac{10}{3 \cdot 2} = 1{,}67$ cm².

Nimmt man $^5/_8$" Schrauben mit $d_s = 17$ mm Schaftdurchmesser, so wird die tatsächliche Beanspruchung:

$$\sigma_s = \frac{P}{2 \cdot 3 \frac{\pi}{4} d_s^2} = \frac{6000}{2 \cdot 3 \cdot 2{,}27} = 440 \text{ kg/cm}^2.$$

Flächenpressung zwischen dem Flacheisenstab und den Schraubenschäften

$$p = \frac{P}{3 f'} = \frac{6000}{3 \cdot 1{,}7 \cdot 1} = 1176 \text{ kg/cm}^2.$$

Die Werte gelten jedoch nur bei gleichzeitigem Tragen aller drei Schrauben und sind nur zulässig bei sorgfältig und satt eingepaßten Schrauben.

Ist Spiel vorhanden, so tritt starke Beanspruchung auf Biegung auf. Aus Abb. 436 folgt dann nach Belastungsfall 16 der Zusammenstellung 5, S. 28

$$\sigma_b = \frac{P \cdot L}{8 \cdot \pi \frac{d_s^3}{32}} = \frac{2000 \cdot 2{,}2}{8 \cdot 0{,}482} = 1140 \text{ kg/cm}^2,$$

d. i. der 2,59fache Betrag der Scherspannung!

Durch die Bolzenlöcher tritt eine Schwächung der Stäbe und Laschen ein. Der gefährliche Querschnitt für den Stab ist $I—I$ mit

$$\sigma_z = \frac{P}{f} = \frac{6000}{(10.0 - 1,7)\cdot 1,0} = 723 \text{ kg/cm}^2 \text{ Beanspruchung.}$$

Im Laschenquerschnitt II herrscht:

$$\sigma_z = \frac{P}{2 f_1} = \frac{6000}{2\cdot(10,0 - 2\cdot 1,7)\cdot 0,6} = 760 \text{ kg/cm}^2.$$

Beide sind bei ruhender Kraftwirkung zulässig.

IX. Die Herstellung der Schrauben, Muttern und Gewinde.

Als Werkstoffe kommen vor allem zäher Fluß- und Schweißstahl, für hoch beanspruchte Spindeln auch härterer Stahl, für kleinere Schrauben Messing und — hauptsächlich für Muttern und für Spindeln, die nicht rosten sollen — Bronze in Betracht. Die an Schraubeneisen zu stellenden Anforderungen sind in den DIN 1613 und 1000, vgl. S. 83 und 85, festgelegt. Wert auf große Zähigkeit — genügende Dehnung und Kerbzähigkeit — ist namentlich an Werkstoff für Schrauben, die Stößen oder Schlägen ausgesetzt sind, zu legen. Gußeisen kommt wegen seiner geringen Widerstandsfähigkeit gegen Zug nur für das Muttergewinde von Stift- oder Kopfschrauben, selten für Muttern selbst in Frage und sollte wegen der Brüchigkeit der Gewindegänge überall da vermieden werden, wo die Schrauben öfter gelöst werden müssen. Kopfschrauben werden deshalb an gußeisernen Teilen, sofern sie nicht dauernd festsitzen können, besser durch Stift- oder Durchsteckschrauben ersetzt. Verschiedene Werkstoffe für den Bolzen und die Mutter sind dann zu empfehlen, wenn Zusammenrosten oder Fressen im Gewinde zu befürchten ist, oder wenn die Abnutzung vorwiegend auf einen der Teile, den leichter ersetzbaren, beschränkt werden soll.

Die Herstellung völlig genauen Gewindes ist äußerst schwierig und hängt von zahlreichen Umständen ab: von der Genauigkeit der Werkzeuge, die durch das Härten oder die Abnutzung beeinträchtigt sein kann, von der der Werkzeugmaschinen, von der Temperatur und der Erwärmung beim Schneiden, von der Höhe und Art der Beanspruchung durch die Werkzeuge u. a. m.

Von Hand stellt man das Gewinde an kleineren Schrauben mit dem Schneideisen, an größeren mit der Schneidkluppe her. Gewöhnliche Befestigungsschrauben pflegt man, sobald sie in beträchtlicheren Mengen benötigt werden, auf Schraubenschneidmaschinen, Revolver- und Patronenbänken unter Benutzung von Schneideisen zu bearbeiten. Größere und genaue, sowie Sondergewinde müssen auf Dreh- und Revolverbänken mit Gewindestählen geschnitten werden, unter sorgfältiger Einstellung des Schneidstahls, derart, daß die Ebene des Gewindeprofils durch die Schraubenachse geht.

Je nach der Art des Leitspindelgewindes der vorhandenen Bänke wird man die Steigung in Zollen oder in Millimetern wählen, sofern nicht Wechselräder von 127 Zähnen $\left(1'' = 25{,}40 = \frac{127}{5}\text{ mm}\right)$ den Übergang von einem Maß zum anderen ermöglichen. Glatter Flankenflächen wegen, sowie zur Vermeidung von Anrissen im Werkstoff, die infolge der Kerbwirkung leicht zu Brüchen führen, schließlich zur Verminderung der Ungenauigkeit durch die Erwärmung beim Bearbeiten, sollen geringe Spanstärken, namentlich beim Fertigschneiden, genommen werden. Wie das Auslaufen der Werkzeuge durch den Anschnitt, durch Einstiche oder Bohrungen ermöglicht wird, ist schon auf Seite 219 besprochen.

Rohr- und Feingewinde bieten, da sie dieselbe Gangzahl für größere Durchmesserbereiche benutzen, den Vorteil, nur wenige Werkzeuge zu erfordern, wenn diese den Durchmessern angepaßt werden können.

Flachgewinde ist wegen der parallel zueinander verlaufenden Wandungen schwieriger zu schneiden als Trapezgewinde und darf nur unter Abnahme dünner Späne, wenn auch mit größerer Schnittgeschwindigkeit hergestellt werden. Sein Ersatz durch das normrechte Trapezgewinde ist möglichst weitgehend anzustreben.

Größte Sorgfalt erfordern steilgängige Schrauben. Eingehend ist das Schneiden der Gewinde in dem Buche von O. Müller [V, 3] behandelt.

In neuerer Zeit wird auch vielfach das Fräsen, namentlich zum Bearbeiten steiler Gewinde an Schnecken usw., herangezogen. Ein Fräser mit geneigter Achse wirkt auf die sich drehende und vorgeschobene Spindel oder Mutter.

Das Rollen oder Walzen des Gewindes zwischen zwei mit schrägen Rillen versehenen Platten gestattet, große Mengen von Schrauben rasch herzustellen. Angewendet wird es u. a. auf Schwellenschrauben im warmen, bei genügend zähem Werkstoff aber auch auf kleinere Schrauben im kalten Zustande. Das Gewinde wird dadurch gebildet, daß der Werkstoff in die Vertiefungen der Platten hineinfließt; an scharfgängigen Schrauben tritt es infolgedessen halb aus dem auf den mittleren Durchmesser abgedrehten Bolzen hervor.

Kopfschrauben kleinerer Abmessungen pflegen aus vollen, gezogenen Stangen herausgearbeitet zu werden; an größeren werden die Köpfe angeschweißt oder in Gesenken und auf Schmiedemaschinen oder Pressen angestaucht. Wird das Herstellen und Bearbeiten eines Kopfes teurer als das einer Mutter und eines zweiten Gewindes am Schaft, so können Doppelmutterschrauben vorteilhaft werden.

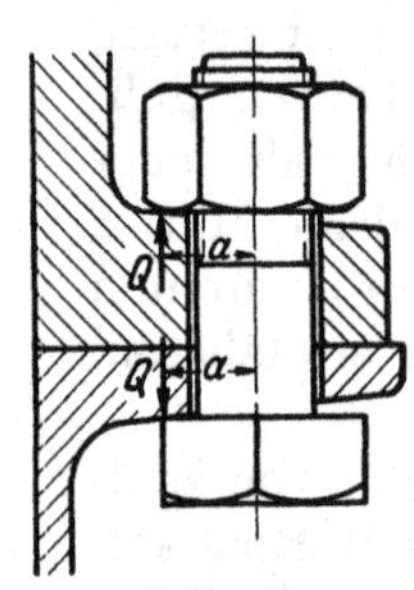

Abb. 437. Durch schräge Auflageflächen auf Biegung beanspruchte Schraube.

In normale Muttern, aus Sechskantstangen oder aus vorgepreßten Stücken herausgearbeitet, wird das Gewinde mittels Gewindebohrer eingeschnitten. Zur Schonung der letzteren ist ein körniger Werkstoff, der kurze Späne liefert, die leicht herausfallen und die Bohrer weniger versetzen, günstig. Schweißeisen oder Feinkorneisen wird deshalb für Muttern vielfach dem für die Schrauben üblichen zähen Flußstahl vorgezogen. Beim Schneiden von Außengewinde ist die Bildung langer Späne insofern von geringer Bedeutung, als diese leichter abfließen können. Wohl aber ist zu beachten, daß zäher Werkstoff mehr zum Einreißen und Rauhwerden an den Gewindeflächen neigt, weil sich die von den beiden Flanken kommenden Späne gegeneinander stauchen, wenn die Flächen nicht gesondert bearbeitet werden.

Größere Muttern und solche mit genauem oder ungewöhnlichem Gewinde müssen wieder auf Drehbänken bearbeitet werden.

Das Gewinde für Stiftschrauben läßt sich auf der Bohrmaschine sofort nach der Herstellung der Löcher schneiden, wenn ein Gewindebohrer eingesetzt wird, der sich selbsttätig ausschaltet, sobald er zu großen Widerstand findet oder im Grunde aufstößt. Daß es vorteilhaft ist, wenn die Gewindelöcher durchgebohrt werden, damit die Späne herausfallen können, war schon oben bemerkt.

Die Auflageflächen und Abfasungen der Muttern werden durch Drehen, die Sechskantflächen meist durch Fräsen hergestellt, so weit nicht blank gezogene und dann unbearbeitet bleibende Stangen verwendet werden. Sollen eiserne Muttern bei häufigem Anziehen durch den Schraubenschlüssel nicht leiden, so empfiehlt es sich, die Sechskantflächen im Einsatz zu härten. Das Gewinde ist jedoch dabei durch Einhüllen in geeignete Mittel vor der Wirkung des Härtepulvers zu schützen.

Für die Muttern sind gute Auflageflächen wichtig, weil einseitiges oder schiefes Aufsitzen derselben Beschädigungen der Flächen und nach Abb. 437 beträchtliche Biegespannungen hervorrufen kann. Mittels eines Messers, Abb. 236, lassen sich auf der Bohrmaschine im Anschluß an die Herstellung der Löcher leicht genau senkrecht zu den Lochwandungen stehende Flächen schaffen.

Zur Erleichterung der Betriebführung, wie auch zur Einschränkung der in den Fabriken auf Lager zu haltenden Schraubensorten ist die Normung der bei der laufenden Konstruktionsarbeit zu verwendenden Schrauben durch Auswahl einer beschränkten Zahl aus den in den deutschen Industrienormen festgelegten Sorten und Formen äußerst wichtig.

Sechster Abschnitt.

Niete.

I. Allgemeines.

a) Teile und Verarbeitung der Niete.

Niete[1]) dienen, im Gegensatz zu den Keilen und Schrauben, zur Herstellung nicht lösbarer Verbindungen; erst durch Zerstören eines der Teile kann die Verbindung wieder getrennt werden. Die meist mit dem Setzkopf versehenen Niete, Abb. 438, werden durch die in den zu vereinigenden Stücken gebohrten Nietlöcher gesteckt und an den vorstehenden Enden durch Hammerschläge von Hand oder durch Druckwirkung in den Nietmaschinen in die gestrichelte Form gebracht, „geschlossen". Man unterscheidet danach Hand- und Maschinennietung.

Kleinere Niete werden kalt eingezogen (Kaltnietung). Da aber der Werkstoff durch die Kaltbearbeitung, bei der die Fließgrenze überschritten wird, härter und spröder wird, und die Köpfe bei stärkerer Beanspruchung zum Abspringen neigen, beschränkt man die Kaltnietung bei Eisen auf untergeordnete Zwecke und auf Nietdurchmesser bis zu etwa 9 mm. Die auf größere Niete ausschließlich angewandte Warmnietung erleichtert die Bildung des Schließkopfes wesentlich unter Vermeidung der ungünstigen Wirkung auf den Werkstoff; sie erhöht außerdem die Festigkeit der Verbindung, indem die vernieteten Teile durch die beträchtlichen Längsspannungen, welche in den Nietschäften beim Abkühlen entstehen, kräftig aufeinander gepreßt werden. Die Niete werden am Schaftende hellrotwarm gemacht, vom anhaftenden Glühspan befreit, durch die gut gereinigten Löcher gesteckt und geschlossen. Wichtig ist, daß der dabei angewandte Druck oder die Bearbeitung genügend lange dauert, bis die Rotglut verschwunden ist, weil sonst der noch weiche Schließkopf den Spannungen der zu verbindenden Teile nachgibt.

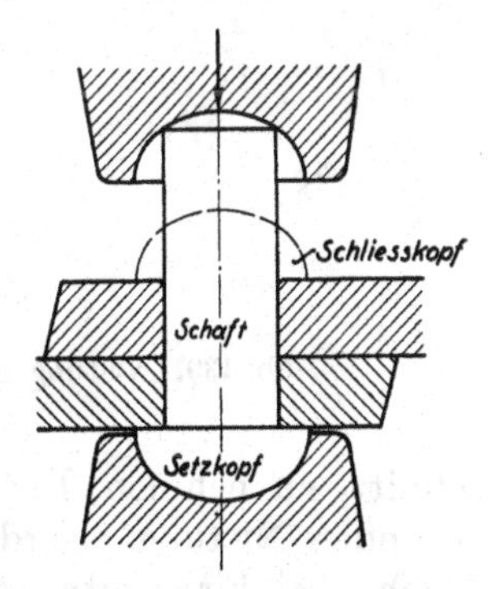

Abb. 438. Schließen eines Nietes.

Dagegen hat sich die Höhe der Temperatur der Niete beim Einsetzen ohne großen Einfluß gezeigt; ist sie hoch, so wird die Bearbeitung erleichtert und damit die Nietung gleichmäßiger. Selbstverständlich darf aber die Erhitzung nicht etwa so weit getrieben werden, daß der Werkstoff Schaden leidet.

Bei der Handnietung wird der Setzkopf durch einen schweren Hammer oder eine Nietwinde, vgl. Abb. 439, festgehalten, und das vorstehende Schaftende zunächst mit dem Handhammer, dann durch Schläge mit dem Vorschlaghammer unter Zwischensetzen eines nach der Form des Schließkopfes ausgehöhlten Schellhammers in die endgültige Gestalt gebracht. Da die Schläge hauptsächlich nur auf das Nietende wirken, eine kräftige Durcharbeitung und Stauchung des Schaftes bei größerer Stärke und Länge aber nicht verbürgen, wird die Handnietung höchstens bis zu 26 mm Nietdurchmesser angewendet.

Bei den in neuerer Zeit viel benutzten Drucklufthämmern, Abb. 439, wird ein Kolben, der ein dem Schließkopf entsprechend ausgehöhltes Einsatzstück trägt, in sehr rasche, hin- und hergehende Bewegung versetzt, und der Nietkopf durch die kurzen, heftigen Schläge gebildet. Auch hierbei erstreckt sich die Schlagwirkung im wesentlichen auf

[1]) Das Wort Niet wird im Sprachgebrauch und im Schrifttum im männlichen, weiblichen und sächlichen Geschlecht gebraucht. In Norddeutschland scheint vorwiegend der und das Niet, in Süddeutschland und Österreich die Niete üblich zu sein. Der Normenausschuß der deutschen Industrie hat sich auf Grund einer Auskunft des deutschen Sprachvereins, nach der „das Niet" am üblichsten sei, für das Niet entschieden.

das vorstehende Ende. Die rasche Arbeit unter Ersparung von Hilfskräften erklärt aber die zunehmende Verbreitung der Druckluftniethämmer.

In den eigentlichen Nietmaschinen werden die Niete durch reine Druckwirkung geschlossen. Auf den Stempel, welcher die Höhlung für den Schließkopf trägt, wirkt die durch Druckwasser, Abb. 440, Druckluft, Dampf oder bei den elektrisch angetriebenen Nietmaschinen unter Verwendung einer Schraubenspindel erzeugte Kraft, während der Setzkopf durch einen Gegenhalter am andern Arm der Maschine unterstützt wird. Da der Druck sich auch in den Schaft hinein fortpflanzt und diesen staucht, können Niete größeren Durchmessers, genügende Höhe des Drucks vorausgesetzt, gut verarbeitet werden. Schröder van der Kolk [VI, 1] empfiehlt in dieser Beziehung 5000 bis 8000 kg/cm², bezogen auf den Schaftquerschnitt, zu nehmen; Frémont [VI, 2] gibt für die Pressung, die zur Herstellung einer gesunden Nietung erforderlich ist, das 2,7fache der Zugfestigkeit bei weißwarm, das 5fache bei kirschrotwarm eingebrachten Nieten an. Bei seinen Versuchen wirkte die Kraft 2 bis 3 Sekunden lang, also nur sehr kurze Zeit; bei einer Schlußzeit von 30″ kann die Kraft um 20 bis 30% erniedrigt werden. Bach und Baumann empfehlen, den Schließdruck nicht größer zu nehmen als zur Bildung des Schließkopfes erforderlich ist (6500 bis 8000 kg/cm² Nietquerschnitt) [VI, 19]. Zu hoher Druck erzeugt große Beanspruchungen in der Lochwand. Die Fließlinien, die sich häufig durch spiraliges Abspringen des Zunders rings um den Schließkopf herum, oft auch an den Blechrändern bemerkbar machen, deuten darauf hin, daß der Werkstoff in einem größeren Gebiete über die Fließgrenze hinaus beansprucht war. Bei sehr hohem Druck erzeugt der Kopf im Blech eine Vertiefung, baucht den Schaft tonnenartig aus oder verdickt ihn am Schließkopfende. Damit sind oft erhebliche Erweiterungen der Nietlöcher, häufig unter Auswölbung der Blechränder verbunden, die bis zur Bildung sehr bedenklicher Anrisse in den Lochwandungen führen können [VI, 19]. Um die Bleche kräftig aufeinander zu drücken und um zu vermeiden, daß etwa Werkstoff aus dem Schaft in die Fuge dringt, werden größere

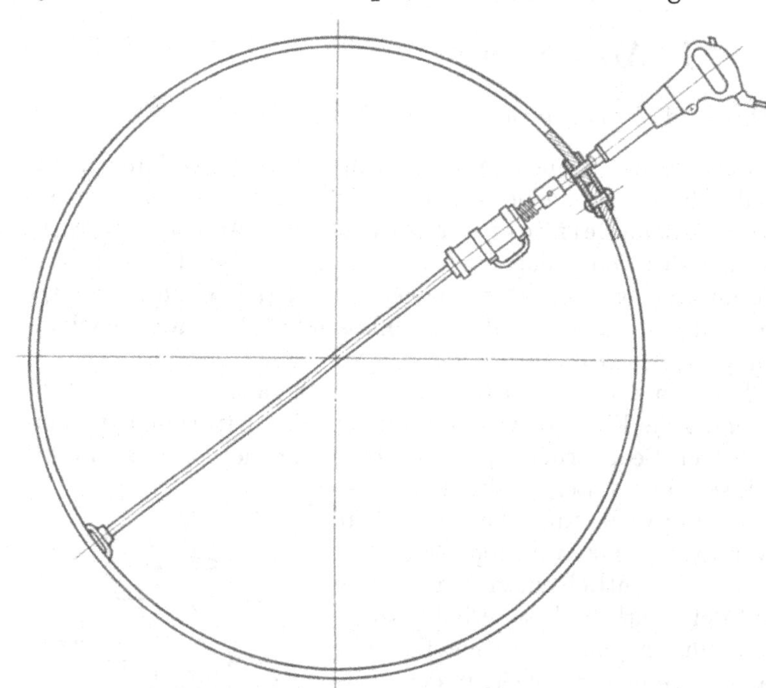

Abb. 439. Nietung mit Nietwinde und Drucklufthammer.

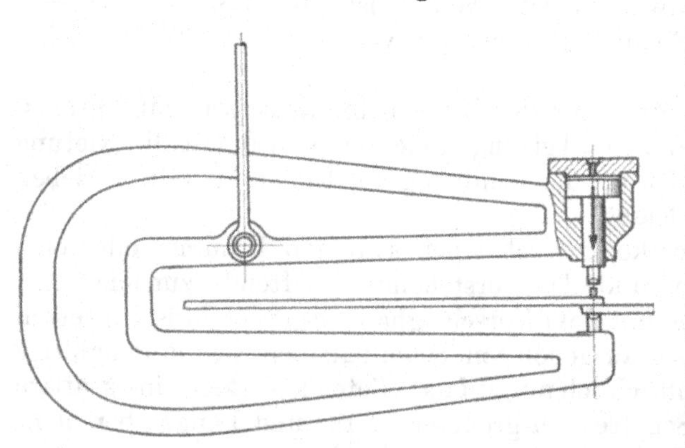

Abb. 440. Druckwassernietmaschine.

Nietmaschinen mit einem Blechschlußring *b*, Abb. 441, versehen, der vor dem Aufsetzen des Stempels durch einen besonderen Kolben niedergepreßt wird.

Die Maschinennietung stellt sich billiger, muß bei größeren Blech- und Nietstärken angewandt werden und gibt festere Verbindungen, vorausgesetzt, daß der Stempel genügend kräftig und, wie schon betont, genügend lange auf die Niete wirkt.

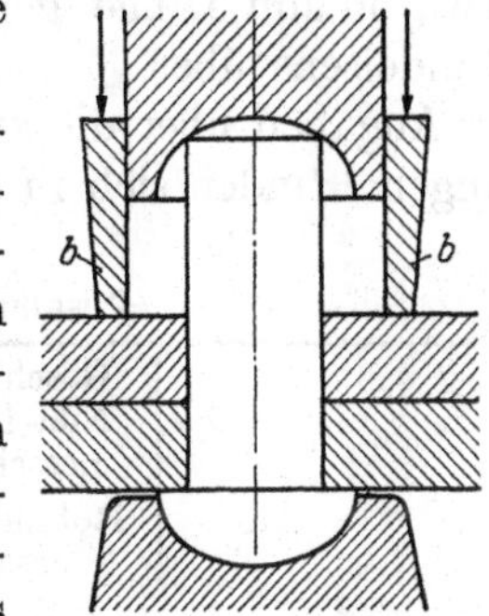

Abb. 441. Nietstempel mit Blechschließer.

In den Vorschriften über die Anlegung von Land- und Schiffsdampfkesseln [VI, 3 und 4] sind maschinengenietete Nähte gegenüber handgenieteten günstiger gestellt, weil durch die Druckwirkung der Presse ein gutes Anliegen der Bleche und dadurch ein höherer Gleitwiderstand erzielt wird, während bei der Handnietung die Pressung zwischen den Blechen im wesentlichen durch das Schrumpfen des warmen Nietes erzeugt wird. Da das letztere auch bei Anwendung von Drucklufthämmern zutrifft, werden die durch solche Werkzeuge hergestellten Nietnähte nicht als maschinengenietete anerkannt [VI, 12]. Bei allen Nieten müssen sowohl der Setz- wie der Schließkopf genau mittlich sitzen und gut anliegen; etwa entstandene Bärte sind zu entfernen. In den Blechen darf keine Vertiefung entstehen.

b) Werkstoffe der Niete.

Bei der Wahl des Werkstoffes für die Niete sind die physikalischen und technologischen Eigenschaften der zu verbindenden Teile zu beachten. Verschiedene Ausdehnungsverhältnisse durch die Wärme können die Ursache für das Lockerwerden der Niete sein. Namentlich liegt aber in Berührung mit Flüssigkeiten die Gefahr der Bildung galvanischer Ströme vor, die oft starke Anfressungen und Zerstörungen hervorrufen. So sollten Aluminiumteile nur durch Aluminiumniete verbunden, Kupferniete an kupfernen Gefäßen und Apparaten benutzt werden. Naturgemäß ist zäher Flußstahl, seiner überragenden Bedeutung im Kessel-, Behälter- und gesamten Eisenbau gemäß, der Hauptwerkstoff für die Niete. Die auf den wichtigsten Anwendungsgebieten üblichen Anforderungen an denselben sind in den DIN 1613 und 1000, vgl. S. 83 und 85, zusammengestellt.

Nur in Fällen, wo größere Niete kalt geschlossen werden müssen, wendet man Kupfer seiner besonders großen Geschmeidigkeit wegen an.

c) Normale Formen und Abmessungen der Niete.

Form und Abmessungen warm einzuziehender Niete sind in der Zusammenstellung 74 wiedergegeben. Zunächst sind sie nach dem Lochdurchmesser, den das fertiggeschlagene Niet annimmt und der für die Berechnung maßgebend ist, in einer Reihe geordnet, die von 11 bis 44 mm Durchmesser in Stufen um je 3 mm steigt. Die rohen Niete erhalten wegen des Einführens beim Schließen einen um 1 mm kleineren Rohnietdurchmesser von 10 bis 43 mm, der als Nenndurchmesser, sowohl für die Hersteller, wie für die Besteller gilt.

Die Berechnung der Niete und die Angaben in der Zeichnung erfolgen nach dem geschlagenen Niet; bei der Bestellung und in der Stückliste dagegen sind die Rohnietdurchmesser anzuführen.

In bezug auf die Nietköpfe unterscheidet man fünf Formen:

Halbrundniete für den Kesselbau	nach	DIN 123,
Halbrundniete für den Eisenbau	nach	DIN 124,
Linsensenkniete	nach	DIN 303,
Senkniete	nach	DIN 302,
Halbversenkniete	nach	DIN 301.

Die Köpfe der am meisten gebrauchten Halbrundniete haben kugelige Gestalt, Zusammenstellung 74: werden aber im Kesselbau des Verstemmens wegen etwas größer gehalten als im Eisenbau und gehen in den Schaft mit einer Ausrundung nach dem Halbmesser r_1 über. Beim Anstauchen des Setzkopfes an das Rundeisenstück, von dem man bei der Herstellung der rohen Niete ausgeht, verdickt sich auch der Schaft; der Rohnietdurchmesser d' soll rund 5 mm unterhalb des Kopfes vorhanden sein. Auf etwa 50 mm Länge geht er in den Durchmesser des für die Herstellung verwendeten Rundeisens über.

Angaben über die zur Bildung des Schließkopfes gleicher Form nötigen Rohschaftlängen l finden sich in der erwähnten Zusammenstellung. l setzt sich aus zwei Teilen

Zusammenstellung 74. **Normale Niete nach DIN 123, 124, 301, 302, 303.**

Geschlagener Niet-Lochdurchmesser d ……	11	14	17	20	23	26	29	32	35	38	41	44
Rohnietdurchmesser d' ……	10	13	16	19	22	25	28	31	34	37	40	43

Halbrundniete für den Kesselbau, DIN 123.

Kopfdurchm. d_1.	18	23	30	35	40	45	50	55	60	67	72	77
Kopfhöhe k ….	7	9	12	14	16	18	20	22	24	26	28	30
Kopfrundung r ..	9,5	12	15,5	18	20,5	23	25,5	28	30,5	34,5	37	40
Schaftausrund. r_1	1	1,5	2	2	2	2,5	3	3	3,5	4	4	4
Rohschaftlänge l	$1{,}34s + 15$	$1{,}26s + 19$	$1{,}24s + 28$	$1{,}27s + 32$	$1{,}23s + 35$	$1{,}2s + 39$	$1{,}2s + 43$	$1{,}16s + 45$	$1{,}15s + 49$	$1{,}14s + 56$	$1{,}13s + 59$	$1{,}12s + 62$

Halbrundniete für den Eisenbau, DIN 124.

Kopfdurchm. d_1 .	16	21	26	30	35	40	45	50	55	60	64	69
Kopfhöhe k ….	6,5	8,5	10	12	14	16	18	20	22	24	26	28
Kopfrundung r .	8	11	13,5	15,5	18	20,5	23	25,5	28	30,5	32,5	35,5
Schaftausrund. r_1						$\leqq 0{,}05\,d$						
Rohschaftlänge l	$1{,}34s + 11$	$1{,}26s + 15$	$1{,}24s + 17$	$1{,}27s + 19$	$1{,}23s + 23$	$1{,}2s + 26$	$1{,}2s + 30$	$1{,}16s + 34$	$1{,}15s + 37$	$1{,}14s + 40$	$1{,}13s + 43$	$1{,}12s + 47$
Sinnbild, DIN 139							Kreis mit Maßangabe z. B. 44					

Linsensenkniete, DIN 303.

Kopfdurchm. d_1 .	15,4	21	27	30	35,0	39,5	39,5	44	48	52,5	57,0	61
Kopfhöhe $k \approx$ ..	5,0	7,0	9,5	12,5	14,5	16,5	18	20	22	24	26	28
Kegelhöhe p …	3,5	5,0	7,0	9,5	11	12,5	14	15,5	17	18,5	20	21,5
Senkwinkel α …	75°	75°	75°	60°	60°	60°	45°	45°	45°	45°	45°	45°
Kopfrundung $r \approx$	20,5	28,5	37,5	39	45,5	51	51	56	60	65,5	70,0	75
Sinnbild f. Eisenbauniete, DIN 139	Oberer Kopf versenkt			Unterer Kopf versenkt			Beide Köpfe versenkt			Montageniet		
Beispiel für einen 23 mm Niet												

Senkniete, DIN 302.

Kopfdurchm. d_1 .	15,4	21	27	30	35,0	39,5	39,5	44	48	52,5	57,0	61
Kopfhöhe k ….	3,5	5,0	7,0	9,5	11	12,5	14	15,5	17	18,5	20	21,5
Senkwinkel α …	75°	75°	75°	60°	60°	60°	45°	45°	45°	45°	45°	45°
Sinnbild für Eisenbauniete, DIN 139	Oberer Kopf versenkt			Unterer Kopf versenkt			Beide Köpfe versenkt			Montageniet		
Beispiel für einen 23 mm Niet												

Halbversenkniete, DIN 301.

Kopfdurchm. d_1 ..	18	23	30	35	40	45	50	55	60	67	72	77
Kopfhöhe H ….	4,5	5	6,5	6,5	7	7,5	10,5	10,5	11,5	12,5	13,5	14
Kopfrundung $R \sim$	16	26,5	29	41,5	50,5	60	47,5	62,5	69,5	80	83	89
Senkwinkel α ….	75°	75°	75°	60°	60°	60°	45°	45°	45°	45°	45°	45°
Kopfdurchm. s …	15,4	21	27	30	35	39,5	39,5	44	48	52,5	57	61
Kegelhöhe k ….	3,5	5	7	9,5	11	12,5	14	15,5	17	18,5	20	21,5

Zusammenstellung 74a. Nietverbindungen nach DIN 265
(durch einige Zusätze erweitert).

Übersicht.

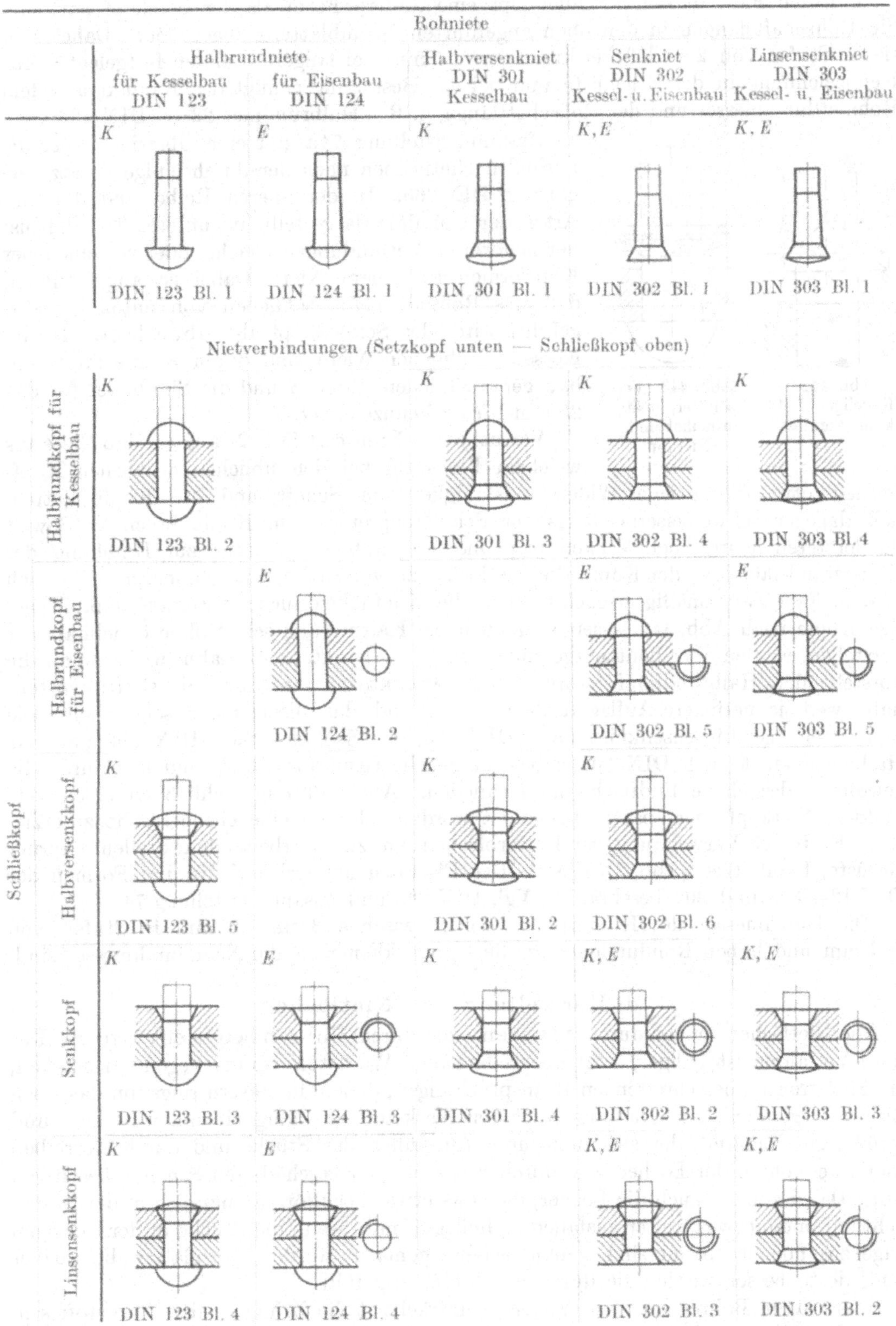

Rohniete				
Halbrundniete		Halbversenkniet	Senkniet	Linsensenkniet
für Kesselbau DIN 123	für Eisenbau DIN 124	DIN 301 Kesselbau	DIN 302 Kessel- u. Eisenbau	DIN 303 Kessel- u. Eisenbau
K DIN 123 Bl. 1	*E* DIN 124 Bl. 1	*K* DIN 301 Bl. 1	*K, E* DIN 302 Bl. 1	*K, E* DIN 303 Bl. 1

Nietverbindungen (Setzkopf unten — Schließkopf oben)

Schließkopf	DIN 123	DIN 124	DIN 301	DIN 302	DIN 303
Halbrundkopf für Kesselbau	*K* DIN 123 Bl. 2		*K* DIN 301 Bl. 3	*K* DIN 302 Bl. 4	*K* DIN 303 Bl. 4
Halbrundkopf für Eisenbau		*E* DIN 124 Bl. 2		*E* DIN 302 Bl. 5	*E* DIN 303 Bl. 5
Halbversenkkopf	*K* DIN 123 Bl. 5		*K* DIN 301 Bl. 2	*K* DIN 302 Bl. 6	
Senkkopf	*K* DIN 123 Bl. 3	*E* DIN 124 Bl. 3	*K* DIN 301 Bl. 4	*K, E* DIN 302 Bl. 2	*K, E* DIN 303 Bl. 3
Linsensenkkopf	*K* DIN 123 Bl. 4	*E* DIN 124 Bl. 4		*K, E* DIN 302 Bl. 3	*K, E* DIN 303 Bl. 2

zusammen: aus dem zum Ausfüllen des Raumes zwischen dem rohen Nietschaft und der Lochleibung in Abhängigkeit von der Klemmlänge oder Stärke *s* sämtlicher zu verbindenden Bleche und aus dem zur Bildung des eigentlichen Kopfes nötigen Stücke des Schaftes.

Für den Fall, daß der Schließkopf eine andere Form als der Setzkopf hat, sind die Rohschaftslängen in den oben angeführten Normblättern angegeben. Dabei sind sie in Stufen von 2 und 3 bei kurzen, von 5 mm bei längeren Nieten festgelegt. Zur Kennzeichnung in der Stückliste und bei der Bestellung genügt das Produkt aus dem Rohnietdurchmesser und der Rohschaftlänge, z. B. „Halbrundniet 22·60 DIN 123".

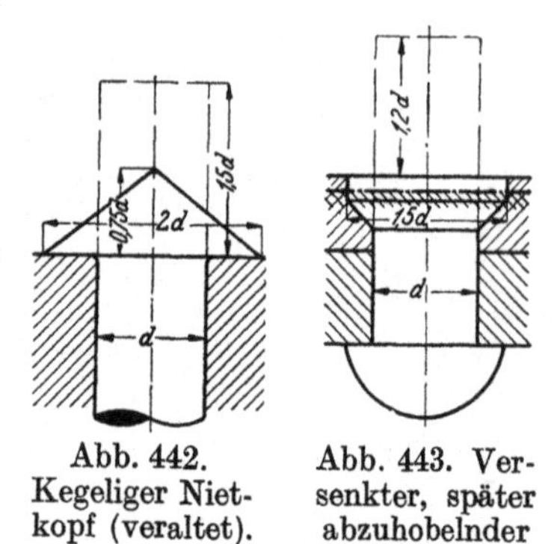

Abb. 442. Kegeliger Nietkopf (veraltet).

Abb. 443. Versenkter, später abzuhobelnder Nietkopf.

Zusammenstellung 74a gibt eine Übersicht über die normalen Nietformen nach der durch einige Zusätze ergänzten DIN 265. In der oberen Reihe sind die fünf Arten der Rohniete dargestellt, im unteren Teil die bisher genormten Verbindungen gleicher oder verschiedener Kopfformen an einem Niet. Dabei ist angenommen, daß das Rohniet beim Schließen von unten her eingeführt wird, der Schließkopf also oben liegt. Die im Kesselbau üblichen Niete sind durch *K*, die im Eisenbau gebräuchlichen durch *E* und die Sinnbilder für das 20 mm-Niet gekennzeichnet.

Versuche von Frémont [VI, 2] zeigten, daß Niete aus weichem Flußstahl bei den üblichen erhabenen Kopfformen etwa die gleiche Widerstandsfähigkeit im Schaft und am Kopfe hatten, daß dagegen schweißeiserne längs der Schichtengrenzen am Kopfe brachen. Soweit die letzteren heute noch Verwendung finden, empfiehlt es sich, zur Erhöhung der Widerstandsfähigkeit der Köpfe die Nietlöcher zu versenken, eine Maßnahme, die auch in dem Falle zweckmäßig erscheint, wenn die Kopfhöhe erniedrigt werden muß. Kegelige Köpfe nach Abb. 442 lassen sich auch bei Kaltnietung selbst ohne Schellhammer herstellen, werden aber heutzutage nur noch selten benutzt. Ausnahmsweise, wenn die vorstehenden Halbrundköpfe stören, sind versenkte anzuwenden. Sie sind unvorteilhaft, weil sie geringere Auflageflächen bieten und das Blech mehr schwächen. Die drei Arten, das Linsensenkniet nach DIN 303, das Senkniet nach DIN 302 und das Halbversenkniet nach DIN 301 haben die gleiche Grundform und sind nur durch die gewölbte oder ebene Endfläche unterschieden. Abb. 443 zeigt schließlich einen versenkten Nietkopf, der später abgehobelt werden soll, um eine ebene Fläche zu erzielen. Er findet Verwendung bei Futterblechen an zu bearbeitenden Stellen eiserner Gerüste, Laufkatzen (Abb. 215) usw. Der Eisenbau hat sich auf die drei Formen der DIN 124, 303 und 302 beschränkt. Vgl. DIN 265 und Zusammenstellung 74a.

Die Durchmesser der Kaltniete steigen zwischen 3 und 10 mm in Stufen von je 1 mm und haben Rohdurchmesser, die $1/2$ mm kleiner als die Nenndurchmesser sind.

d) Herstellung der Nietlöcher.

Die Nietlöcher können durch Stanzen oder durch Bohren hergestellt werden. Das erste Verfahren ist billiger, setzt aber sehr zähen Werkstoff voraus wegen der starken, die Fließgrenze überschreitenden Beanspruchungen, denen die Fasern rings um das Loch herum ausgesetzt sind. Dadurch büßt der Werkstoff an Zähigkeit ein, wird hart und spröde, ein Nachteil, der sich nur durch Ausglühen der Stücke und durch Aufreiben oder Nachbohren der Löcher, also durch Entfernen der geschädigten Schicht, beseitigen läßt. Dabei können auch die Löcher, die stets etwas kegelförmig, nämlich in der Stanzrichtung unten etwas weiter ausfallen, zylindrisch und, wenn die Stücke in der richtigen Lage zusammengespannt sind, genau passend gemacht werden. Je glatter die Löcher sind, desto besser werden sie durch die Niete ausgefüllt.

Das teurere Bohren aus dem Vollen beeinträchtigt die Zähigkeit des Werkstoffes in keiner Weise und ermöglicht eine genauere Herstellung, namentlich wenn die zusammengehörigen Löcher gemeinsam gebohrt werden, wie das an Kesseln mit größerer Wandstärke oder an wichtigeren Knotenpunkten der Eisenbauwerke zu geschehen pflegt. An Kesselschüssen geringer Stärke werden die Löcher meist vor dem Biegen, also im ebenen Zustande des Bleches angerissen und zunächst 1 bis 2 mm kleiner gebohrt, dann die Schüsse gebogen und nun die Löcher gemeinsam auf das genaue Maß aufgerieben. Nichtpassende Löcher haben eine beträchtliche Schwächung des Nietschaftes zur Folge, wie Abb. 444 zeigt. An einem Niet von 20 mm Durchmesser tritt bei einer Versetzung der Lochmitten um 2, 4 und 6 mm eine Verminderung des Nietquerschnittes um 13, 25 und 36% ein, abgesehen von der äußerst bedenklichen Kerbwirkung am Niet in der Berührungsebene der beiden Bleche und der Nebenbeanspruchung des Schaftes auf Biegung! Versetzte Löcher müssen so weit aufgerieben werden, daß eine durchgehende zylindrische Wandung entsteht und nötigenfalls durch stärkere Niete geschlossen werden. Vielfach bestehen Vorschriften über die Herstellung der Löcher; so verlangt die DIN 1000, daß alle Löcher gebohrt werden, mit Ausnahme derjenigen in Futterblechen, welche gelocht werden können. An Kesseln empfehlen die allgemeinen polizeilichen Bestimmungen [VI, 3, 4] das Bohren aller Löcher und schreiben es an Blechen, die höhere Zugfestigkeit als 4100 kg/cm² besitzen und an solchen von mehr als 27 mm Dicke vor, wobei das Bohren an den zum Kessel zusammengesetzten Blechen vorgenommen werden soll. Das Stanzen von Löchern in schwächeren Blechen ist gestattet, jedoch nur unter Einsetzen geringerer Beanspruchungen bei der Berechnung der Nietungen.

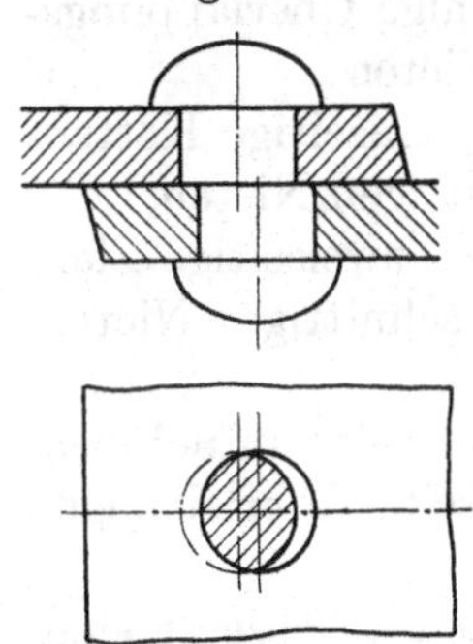

Abb. 444. Verminderung des Schaftquerschnitts durch versetzte Löcher.

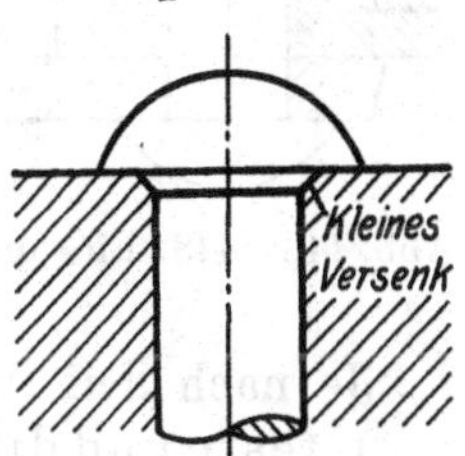

Abb. 445. Nietkopf mit kleinem Versenk.

Der an den Löchern entstehende Grat ist sorgfältig zu entfernen. Jedoch kann die früher vielfach übliche besondere Versenkung unter den Nietköpfen, Abb. 445, das sogenannte kleine Versenk, entbehrt werden. Versuche des Materialprüfungsamtes in Groß-Lichterfelde [VI, 8] haben dargetan, daß es bei weichen Flußstahlnieten keinen Einfluß auf die Haltbarkeit der Nietverbindung hat, und daß die Nietköpfe auch bei scharfem Übergang keine größere Neigung zum Abspringen zeigen. Das Versenk macht zwar den Übergang vom Schaft zum Kopf allmählicher, andererseits aber die Herstellung umständlicher; oft paßt auch der Kegel am Setzkopf nicht genau in die Vertiefung, so daß das Niet schlecht sitzt. Deshalb wird empfohlen, das kleine Versenk, soweit es nicht besonders vorgeschrieben ist, wegfallen zu lassen und die Niete am Setzkopf nur mit der kleinen Ausrundung, die sich bei der Herstellung von selbst ergibt, zu versehen. Nach Angaben des Arbeitsausschusses für Niete des Normenausschusses der deutschen Industrie hatten anfangs 1919 etwa die Hälfte der Kesselfirmen, unter denen sich namentlich alle Handelschiffwerften befanden, das kleine Versenk verworfen. Ohne Versenk ausgeführte Niete haben sich sogar dichter erwiesen, weil es bei ungenauer Ausführung der Vertiefung im Blech nicht ausgeschlossen ist, daß nur das Versenk, nicht aber der Kopf zur Anlage kommt.

Auch die Blechkanten leiden beim Schneiden mit der Schere leicht und sind dort, wo größere Kräfte auftreten, durch Hobeln oder Fräsen nachzuarbeiten. Die Normalbedingungen für die Lieferung von Eisenbauwerken 1921, DIN 1000, schreiben vor, daß an Flußeisen (weichem Flußstahl), das mit der Schere oder nach dem Brennschneideverfahren geschnitten ist, der Stoff neben dem Schnitt in mindestens 2 mm Breite, bei Brennschneidverfahren in mindestens 5 mm Breite, unter allen Umständen jedoch soweit er verletzt ist, durch Hobeln, Fräsen, Schleifen oder Feilen zu beseitigen ist. Ausnahmen bedürfen der Genehmigung des Bauherrn. Auf unwesentliche Teile, Futterstücke u. dgl. findet die Vorschrift keine Anwendung.

e) Arten der Nietungen.

Man unterscheidet ein-, zwei- und mehrschnittige Niete, Abb 446 bis 448, je nach der Zahl der Querschnitte, die bei einer Zerstörung der Niete durch Abscheren in Betracht kommen und ein-, zwei- und mehrreihige Nietverbindungen, Abb. 449 bis 451 und 471 nach der Anordnung der Niete an dem einzelnen Blechrande. Sind die Niete in den Reihen gegeneinander versetzt, so entsteht die Zickzacknietung, Abb. 451, im Gegensatz zu der Parallel- oder Kettennietung, Abb. 450, die allerdings fast nur bei zweireihigen Verbindungen in Gebrauch ist. Wenn zwei Bleche, unmittelbar übereinandergelegt, verbunden werden, spricht man von einer Überlappungsnietung, Abb. 449; dienen zur Verbindung der stumpf aneinanderstoßenden Hauptbleche eine oder zwei besondere Laschen, so entstehen einseitige und doppelte Laschennietungen, Abb. 450 und 451.

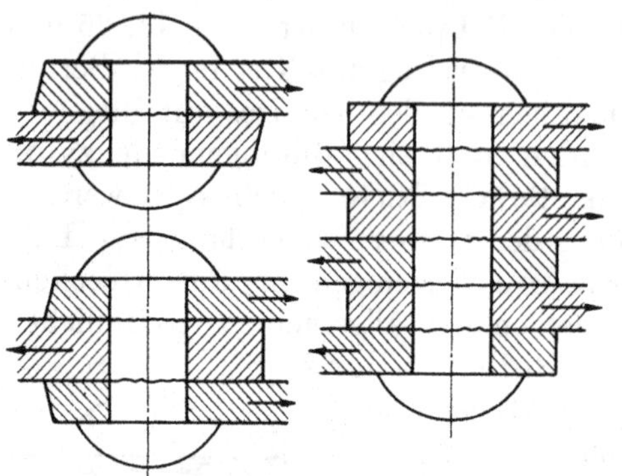

Abb. 446—448. Ein- und mehrschnittige Niete.

Abb. 449 zeigt eine einreihige Überlappungsnietung mit einschnittigen Nieten,

Abb. 450 eine zweireihige, einseitige Ketten-Laschennietung mit einschnittigen Nieten,

Abb. 451 eine zweireihige, zweiseitige Zickzack-Laschennietung mit zweischnittigen Nieten.

Je nach dem Verwendungszweck lassen sich unterscheiden:

1. feste und dichte Nietverbindungen, welche sowohl bedeutende Kräfte aufnehmen, wie auch dicht sein müssen. Sie finden sich an Dampf- und Windkesseln, Rohrleitungen für hohen Druck usw.,

2. dichte Nietverbindungen, die verhältnismäßig geringen Kräften ausgesetzt sind, aber Dichtheit der Naht bezwecken (an Gas- und Wasserbehältern für geringen Druck),

3. feste Nietverbindungen, die nur Kräfte zu übertragen haben (an Eisenbauwerken aller Art, Brücken, Krangerüsten, Dachbindern u. dgl.).

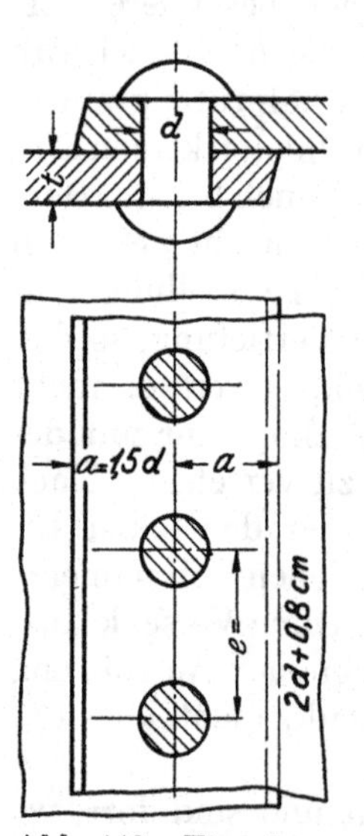

Abb. 449. Einreihige, einschnittige Überlappungsnietung.

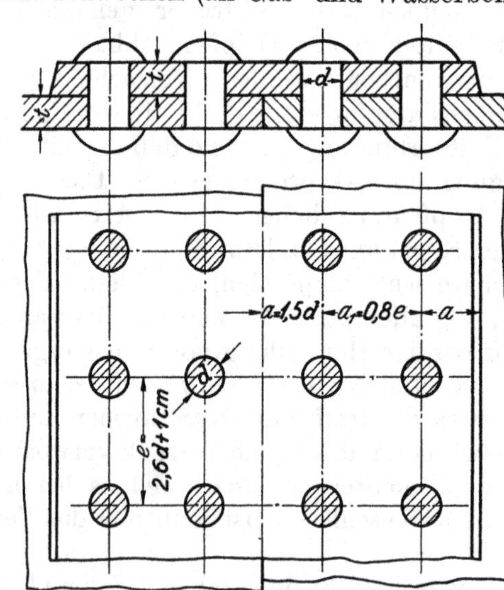

Abb. 450. Zweireihige, einschnittige Kettenlaschennietung.

Die Dichtheit bei 1. und 2. kann erzielt werden a) durch Einlegen besonderer Dichtmittel in die Fuge, z. B. Papier- oder Leinwandstreifen, die mit Öl oder Mennige getränkt sind oder b) durch Verstemmen der Niete und der Fuge, das aber Bleche von mindestens 6 mm Stärke voraussetzt. Zum Zwecke des Verstemmens werden die Blechkanten nach Abb. 452 und 453 unter einer Neigung 1:3 bis 1:4 oder einem Winkel $\gamma = 70$ bis 75^0 abgeschrägt und mittels des Stemmeisens von Hand oder durch Preßluftwerkzeuge auf einer Breite von einigen Millimetern an dem Gegenblech zum völligen Anliegen gebracht. Damit dabei das Blech nicht federt und sich durch Verstemmen an der einen Stelle unmittelbar daneben wieder abhebt, darf die Nietreihe nicht zu weit vom Rande abliegen und die Nietteilung nicht zu groß sein. Eine Verletzung des Bleches nach Abb. 454

ist wegen der gefährlichen Kerbwirkung sorgfältig zu vermeiden. Gußeiserne Stutzen und Anschlüsse werden durch Zwischenlegen eines Stemmbleches aus weichem Eisen oder Kupfer, Abb. 455, das nach dem Einziehen der Niete verstemmt wird, abgedichtet.

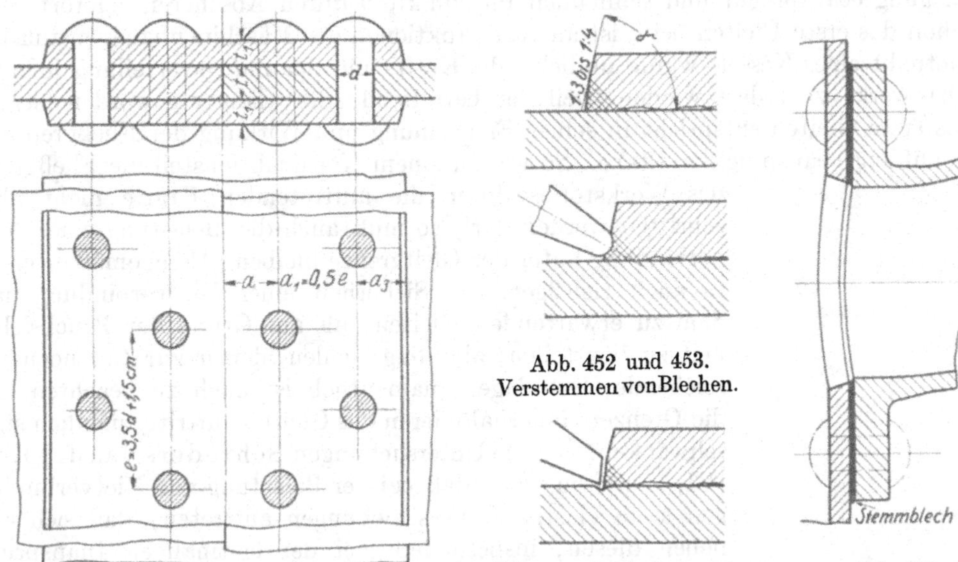

Abb. 451. Zweireihige, zweischnittige Zickzack-Laschennietung.

Abb. 452 und 453. Verstemmen von Blechen.

Abb. 454. Fehlerhaftes Verstemmen. Das Einkerben ist zu vermeiden.

Abb. 455. Abdichtung mittels eines Stemmblechs.

Auch die Nietköpfe müssen verstemmt werden, um das Durchtreten des Betriebmittels längs des Schaftes zu verhüten. Nach den Versuchen von Bach erhöht das Verstemmen die Widerstandsfähigkeit der Verbindung. Keinesfalls dürfen aber locker gewordene Niete durch Verstemmen nachgezogen, sondern müssen stets durch neue ersetzt werden, da das Verstemmen im kalten Zustande den Gleitwiderstand, der durch Warmeinziehen entsteht, niemals ersetzen kann.

II. Berechnung und Gestaltung der Nietverbindungen.

A. Grundlagen.

Durch die Abkühlung warm eingezogener Niete entstehen in den Schäften beträchtliche Längskräfte, die die vernieteten Stücke fest aufeinanderpressen und zwischen denselben große Reibungskräfte erzeugen. Gleichzeitig vermindern sich aber auch die Schaftabmessungen in der Querrichtung, 1. durch die Abnahme der Temperatur, 2. infolge der Querzusammenziehung durch die Längsspannungen. Der Schaft wird dünner und kann nach dem Erkalten nicht mehr anliegen, selbst wenn er bei der Herstellung im warmen Zustande das Loch vollständig ausfüllte. Auf eine Übertragung der Kräfte durch den Flächendruck zwischen Schaft und Lochwandung, den Leibungsdruck und eine Beanspruchung der Niete auf Abscheren kann daher bei warm eingezogenen Nieten nicht gerechnet werden, wenigstens solange keine Verschiebung der vernieteten Teile eingetreten ist. Entfernt man an einer Nietverbindung die Köpfe, so ist der Spielraum, besonders auf der Setzkopfseite oft unmittelbar sichtbar; es ist häufig möglich, ein dünnes Blech in den Spalt zu schieben.

Warm eingezogene Niete übertragen die Kräfte nur durch die Reibung, durch den Gleitwiderstand an den aufeinander gepreßten Flächen. Auf die Erzielung möglichst hohen Gleitwiderstands ist demnach sowohl beim Entwerfen, wie auch bei der Ausführung hinzuarbeiten.

An Nietverbindungen nach Abb. 456, die man in einer Festigkeitsprüfmaschine dem Zugversuch unterwirft, erhält man Schaulinien, Abb. 457, die das Gleiten der Bleche durch die plötzliche Zunahme der Verlängerung der Probe bei a deutlich zeigen. Die ursprünglich mit Spielraum im Loch sitzenden Niete haben sich jetzt an die Lochwandung in der durch Abb. 458 verdeutlichten Weise angelegt, werden nunmehr stark auf Biegung beansprucht und schließlich im Punkte b durch Abscheren zerstört.

Schon das erste Gleiten bei a ist an Konstruktionen des Maschinenbaues unzulässig; die Nietnaht eines Kessels würde undicht, die Kraft- und Spannungsverteilung in einem Eisenbauwerke verändert werden, weil der betreffende Stab länger geworden ist.

Das erste Gleiten entspricht in seiner Erscheinung und Wirkung der Fließgrenze an einem auf Zug beanspruchten Stabe. So wie an einem Konstruktionsteil die Fließgrenze des Werkstoffes durch die auftretenden Kräfte nicht überschritten werden darf, so muß auch die Belastung einer Nietverbindung unter der Gleitgrenze bleiben. Demgemäß erscheint es auch richtiger, die Sicherheit einer Nietverbindung nach dem zu erwartenden Gleiten, als auf Grund der Bruchsicherheit zu beurteilen; allerdings fehlen hierfür zur Zeit noch ausreichende Grundlagen; namentlich ist auch zu beachten, daß die Grenzen, innerhalb deren das Gleiten auftritt, ziemlich stark schwanken. Genaue Untersuchungen Schröders van der Kolk [VI, 1] wiesen nach, daß bei der Belastung von Nietverbindungen stets elastische Verschiebungen auftreten, daß sich aber neben diesen, insbesondere bei der erstmaligen Inanspruchnahme schon bei geringen Kräften bleibende Verschiebungen zeigen, die, wenn die Niete an der Lochwandung anlägen, ausgeschlossen wären. Sie haben bei wiederholter Inanspruchnahme der Verbindung in ein und derselben Richtung keine schädlichen Folgen. Dagegen dürften bei wechselnder Kraftrichtung und hoher Belastung allmählich zunehmende Verschiebungen der Stücke gegeneinander auftreten, die das häufige Lockerwerden der Nietverbindungen bei wechselnden Kräften und Stößen erklären.

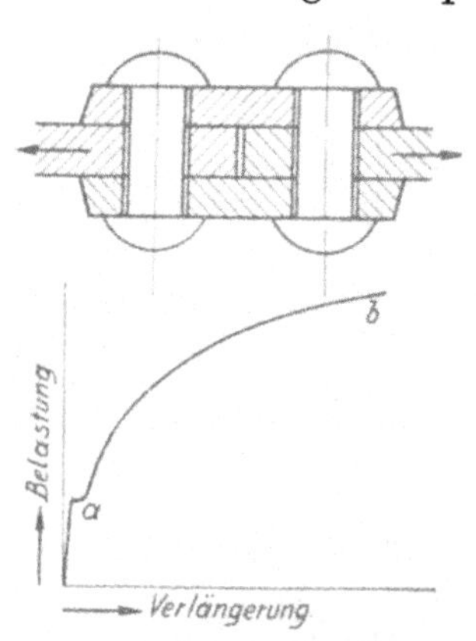

Abb. 456 und 457. Zugversuch an einer Nietverbindung.

Die bleibenden Verschiebungen zeigten sich bei Maschinennietung bedeutend geringer als bei Handnietung. Nach Abnahme der Köpfe und Ausbohren der Kegel nahmen beide Arten von Verschiebungen beträchtlich zu, wiederum ein Beweis dafür, daß der durch die Längskräfte in den Nietschäften hervorgerufene Gleitwiderstand für die Festigkeit der Verbindungen maßgebend ist.

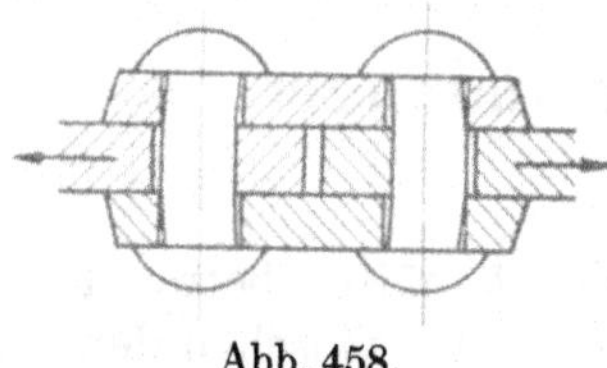
Abb. 458.

Den Gleitwiderstand auf Grund der üblichen Lehre von der Reibung zu ermitteln, bietet keine Aussicht auf Erfolg. Ist die Längskraft im Nietschaft Q', so nimmt theoretisch die Reibung R und damit der Gleitwiderstand zwischen den aufeinanderliegenden Flächen der Zahl der Reibungsflächen entsprechend zu; es wäre

$R = Q' \cdot \mu$ an einer einschnittigen,

$R = 2 \cdot Q' \cdot \mu$ an einer zweischnittigen Verbindung

usw. Zur Längskraft Q' ist nun folgendes zu bemerken:

Der Schaft eines Flußstahlnietes sucht sich bei einer Abkühlung um 100° um $\varepsilon = 1/800$ seiner Länge zu verkürzen. Wird er daran durch eine vollständig unnachgiebige Zwischenlage gehindert, so entsteht in ihm eine Längsspannung, die sich bei einer Dehnungszahl $\alpha = \frac{1}{2\,000\,000}$ cm²/kg unter sinngemäßer Anwendung der Formel (4) zu

$$\sigma = \frac{\varepsilon}{\alpha} = \frac{\frac{1}{800}}{\frac{1}{2\,000\,000}} = 2500 \text{ kg/cm}^2$$

berechnet, die also die Fließgrenze des verwandten Werkstoffs überschreitet. Dabei ist freilich zu beachten, daß sowohl der Nietkopf, wie auch die zusammengenieteten Bleche, die der gleichen Kraft wie der Nietschaft ausgesetzt sind, elastische Formänderungen erleiden, und daß auch die Bleche beim Schließen der Niete erhitzt werden und sich bei der späteren Abkühlung wieder zusammenziehen. Andererseits ist aber die bei der Rechnung angenommene Abkühlung des Schaftes um 100° nach Schluß des Nietkopfes sicher zu niedrig, so daß man Niete als Teile, die bis an die Streckgrenze beansprucht sind, betrachten muß, wie auch Versuche von Bach und Baumann unmittelbar nachgewiesen haben [VI, 19]. Hervorgehoben sei, daß diese hohe Beanspruchung unbedenklich ist, weil sie ruhend wirkt und durch die in den gewöhnlichen Nietverbindungen aufzunehmenden, senkrecht zu den Nietachsen gerichteten Kräfte nicht erhöht wird. Dagegen sollten Niete, die Längskräften ausgesetzt sind, möglichst vermieden werden, weil bei der Erhöhung der Spannungen durch die Längskräfte die Gefahr vorliegt, daß die Fließgrenze überschritten wird. Die damit verbundenen bleibenden Formänderungen können ein Lockern der Niete und ein Undichtwerden der Verbindung zur Folge haben. Vorzuziehen ist, solche Nietungen durch Schraubenverbindungen zu ersetzen. Lassen sie sich jedoch nicht vermeiden, wie an den Krempen von Domen, Abb. 529, an Rohrstutzen und an den Kammerhälsen von Wasserrohrkesseln, so sollen der Berechnung geringe Beanspruchungen durch die Längskräfte zugrunde gelegt werden.

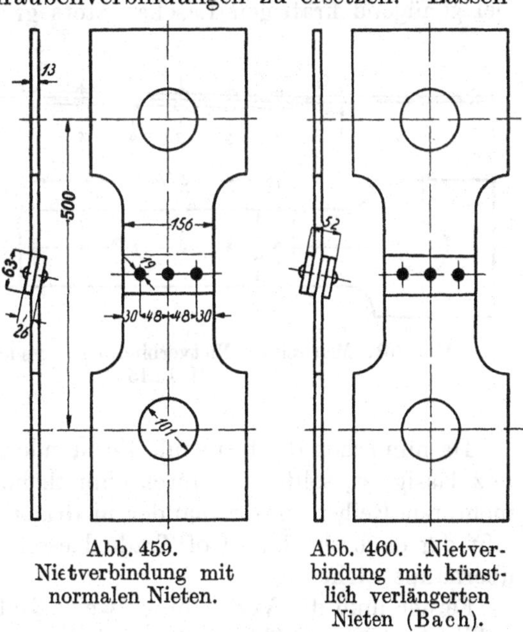

Abb. 459. Nietverbindung mit normalen Nieten.

Abb. 460. Nietverbindung mit künstlich verlängerten Nieten (Bach).

Da auch die Reibungsverhältnisse und die Reibungsziffern bei den hohen Flächendrücken, die an den Nietverbindungen auftreten und die wahrscheinlich die Oberflächen der vernieteten Teile stark ineinander eindringen lassen, noch nicht näher untersucht sind, lassen sich weder Q' noch μ genügend sicher bestimmen. Es bleibt nur der Weg übrig, den Reibungswiderstand R, also das Produkt aus Q' und μ, unmittelbar durch Versuche zu ermitteln, ein Weg, den Bach bei seinen grundlegenden Versuchen [VI, 9,10,11] eingeschlagen hat. Er stellte diejenigen Belastungen P_n an den Nietverbindungen fest, bei denen das erste Gleiten an irgendeiner Stelle stattfand. Um Vergleichswerte bei verschiedenen Nietdurchmessern d zu erhalten, wurden die Gleitwiderstände auf die Flächeneinheit des Nietquerschnitts zurückgeführt und ergaben damit den spezifischen Gleitwiderstand

$$K_n = \frac{P_n}{\frac{\pi d^2}{4}} \text{ in kg/cm}^2 . \tag{109}$$

Die Hauptergebnisse dieser Versuche und die wichtigsten allgemeinen Gesichtspunkte für die Nietungen sind, soweit sie nicht schon erwähnt wurden, im folgenden zusammengestellt.

1. Länge der Niete. Bei größerer Länge steigt der Gleitwiderstand. Im Mittel aus je 5 Versuchen zeigten Verbindungen nach Abb. 459 1115 kg/cm² Gleitwiderstand gegenüber 1769 kg/cm² nach Abb. 460, bei welchen die Nietschäfte durch Hinzufügen zweier Blechstreifen künstlich verlängert waren. Ergänzend hierzu stellte Baumann [VI, 19] fest, daß die größten Spannungen in Nieten mittlerer Länge entstanden: in solchen von rund 28 mm Durchmesser betrug die Längsspannung

bei etwa 40 mm Länge 2310 kg/cm², i. M. aus 2 Versuchen,
„ „ 82 „ „ 3260 „ „ „ „ 3 „
„ „ 159 „ „ 3130 „ „ „ „ 4 „

Die längeren Niete verkürzen sich beim Erkalten mehr und pressen die Bleche kräftiger aufeinander. Sehr lange Niete aber werden wahrscheinlich nicht lediglich längs ihrer Achse zusammengestaucht, sondern knicken seitlich aus und bleiben dadurch nachgiebiger. Längen über 3 bis 4 d bei erhabenen, über 4 bis 5 d bei versenkten Köpfen sollten deshalb vermieden werden. Derartige lange Niete sind besser durch sauber eingepaßte Schrauben oder kegelige Bolzen zu ersetzen.

2. Zahl der Nietreihen. Der Gleitwiderstand wächst nicht entsprechend der Zahl der Nietreihen. Am stärksten werden die äußeren Niete beansprucht; sie geben zuerst nach, während die weiter innen gelegenen erst bei höheren Belastungen gleiten. So lag an einem Bachschen Versuchsstücke nach Abb. 461 die Gleitgrenze der äußeren Niete *1* und *6* bei 6000 kg, die der Niete *2* und *5* bei 8000 kg, die der innersten *3* und *4* bei 11000 kg. Begründet ist die Erscheinung in der Elastizität der Bleche, denn wie Schröder van der Kolk zeigte, waren die elastischen Verschiebungen in den äußeren Reihen bei genügend kräftigen Laschen stets größer als die in den inneren.

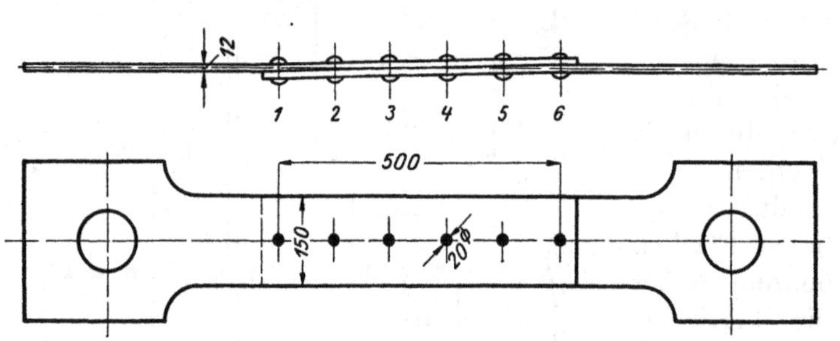

Abb. 461. Mehrreihige Nietverbindung (Versuch von Bach). M. 1 : 15.

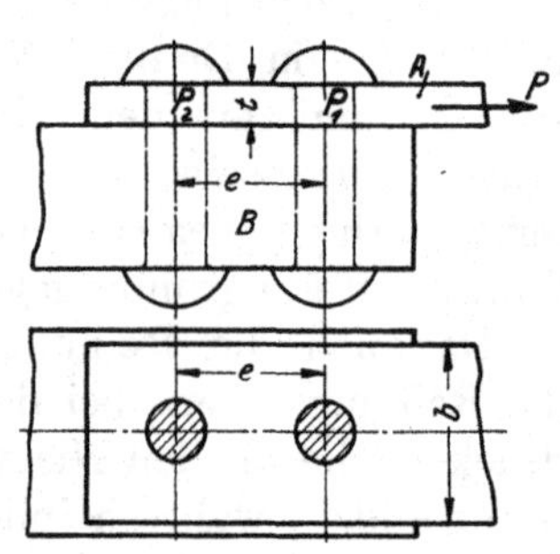

Abb. 462. Verbindung von Körpern sehr verschiedener Elastizität.

Da nun schon die bleibende Formänderung durch das Gleiten der äußeren Nietreihen unzulässig ist, sollte die durchschnittliche Belastung der Niete bei der Anordnung in mehreren Reihen hintereinander niedriger gewählt werden. Auf Grund von Versuchen läßt der englische Board of Trade Kesselnietungen mit mehr als drei vollen Nietreihen überhaupt nicht zu.

Ferner muß die Verbindung zweier Teile sehr verschiedener Elastizität durch mehrreihige Nietungen, Abb. 462, vermieden werden. Die Kraft P im Blech A verteilt sich auf die beiden Niete, so daß $P_1 + P_2 = P$ ist. P_2 beansprucht das zwischen den beiden Nieten liegende Stück des Körpers A von der Länge e und ruft eine Verlängerung λ und gemäß (6a) eine Spannung

$$\sigma = \frac{\lambda}{\alpha \cdot e}$$

hervor; P_2 ist dann gleich

$$\sigma \cdot F = \frac{\lambda}{\alpha \cdot e} \cdot t \cdot b .$$

Ist nun Körper B nur in geringem Maße nachgiebig, so wird sich die Verlängerung von A weniger vollkommen ausbilden können. Nimmt man als Grenzfall an, daß der Körper B ganz unelastisch ist, so wird $\lambda = 0$, damit aber auch σ und $P_2 = 0$; mithin muß das erste Niet im Grenzfalle die ganze Kraft aufnehmen! Auch Verbindungen nach Abb. 463 mit 6 Nieten sind aus ähnlichen Gründen unzweckmäßig. Unter der Annahme, daß jedes der Niete $\frac{1}{6}\,P$ übertragen sollte, würde der Stab A zwischen Nietreihe *1* und *2* von $\frac{2}{3}\,P$, zwischen Reihe *2* und *3* von $\frac{1}{3}\,P$ auf Zug beansprucht; der Stab B dagegen zwischen der 2. und 3. Nietreihe durch $\frac{2}{3}\,P$, zwischen der 2. und 1.

durch $\frac{1}{3} P$. Danach müßten sich dieselben Strecken an den beiden Stäben verschieden stark dehnen, z. B. der untere Stab zwischen Reihe *1* und *2* um das doppelte wie der obere. Das ist unmöglich und deshalb die vorausgesetzte Kraftverteilung ausgeschlossen. Die äußeren Niete werden stärker beansprucht als die mittleren. Zudem sind die Bleche in den Querschnitten *1* und *3* durch je 2 Nietlöcher geschwächt. Günstiger in bezug auf diesen Gesichtspunkt ist die Anordnung Abb. 464; dafür sind aber die Unterschiede der elastischen Formänderungen der beiden Bleche noch größer.

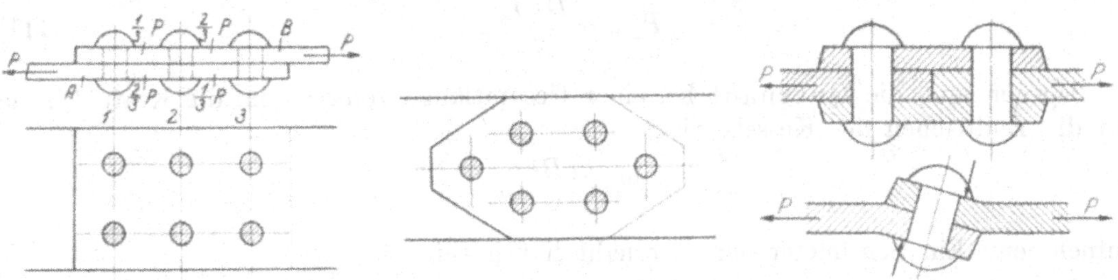

Abb. 463. Zur Kräfteverteilung in einer mehrreihigen Nietverbindung.

Abb. 464.

Abb. 465 und 466. Zwei- und einschnittige Nietverbindung.

3. Mehrschnittige Niete zeigen geringere Widerstandsfähigkeit als der Zahl der Schnitte entspricht. Die zweischnittigen Niete der Doppellaschennietung, Abb. 465, gaben z. B. 906 kg/cm² Gleitwiderstand gegenüber 1186 kg/cm² der Verbindung nach Abb. 466. Die Ursache liegt darin, daß Verschiedenheiten in den Blechstärken der zu verbindenden Enden die Laschen nicht vollkommen anliegen lassen. Außerdem fällt das auf Klemmung wirkende Kräftepaar weg. Es empfiehlt sich daher, bei mehrschnittigen Nietungen verhältnismäßig niedrigere Belastungen zu wählen.

4. Versenkte Niete haben geringere Schaftlängen, geben deshalb bedeutend niedrigeren Gleitwiderstand und sind auch wegen der teureren Ausführung entsprechender Verbindungen möglichst zu vermeiden.

B. Feste und dichte Nietverbindungen.

Die wichtigsten Beispiele bieten die Nietnähte der Dampfkessel. Die einzelnen Teile der letzteren, die Schüsse, haben meist zylindrische Form; an ihnen unterscheidet man die Quernähte Q, Abb. 467, und die Längsnähte L, von denen die ersteren halb so stark beansprucht sind wie die letzteren. Denkt man sich nämlich aus einem Kessel vom Durchmesser D, Abb. 468, einen Streifen von der Breite e herausgeschnitten, so haben die Längsnähte auf der Länge e die von dem innern Überdruck p herrührende Kraft von je

$$P_e = \frac{D \cdot e \cdot p}{2} \text{ kg} \tag{110}$$

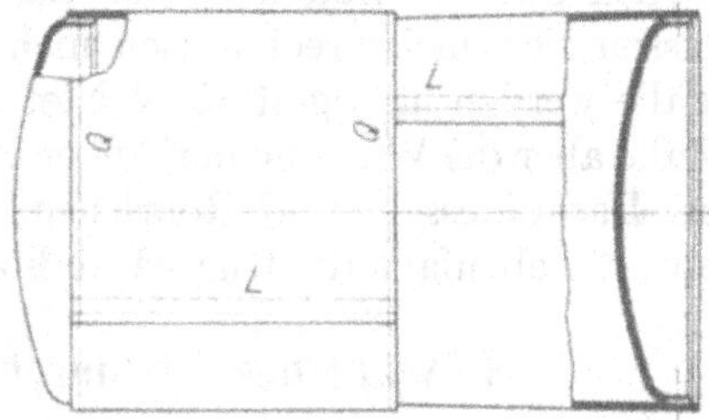

Abb. 467. Längs- und Quernähte an einem Kessel.

auszuhalten, wie man aus der Gleichgewichtsbedingung in Richtung der Kräfte P_e erkennt. $2\,P_e$ muß gleich der Summe der Seitenkräfte der Drucke sein, die auf die einzelnen Flächenteile wirken. Greifen wir ein beliebiges Element von der Größe df unter dem Winkel α gegenüber der Kraftrichtung heraus, so wirkt auf dieses der Druck $p \cdot df$. Die Seitenkraft in Richtung von P_e ist $p \cdot df \cdot \cos\alpha$. Das Gleichgewicht verlangt, daß

$$2\,P_e = \int p \cdot df \cdot \cos\alpha = p \cdot \int df \cdot \cos\alpha$$

sei. Nun ist aber $df \cdot \cos\alpha$ die Projektion des Elementes auf die Ebene AB, während das Integral die gesamte Projektion der Halbzylinderfläche auf AB, das ist ein Rechteck von der Größe $D \cdot e$, darstellt; daher ist

$$2\,P_e = D \cdot e \cdot p$$

und

$$P_e = \frac{D \cdot e \cdot p}{2}.$$

Auf jeden Zentimeter Nietnaht kommen

$$P_{1\,\mathrm{cm}} = \frac{D \cdot p}{2}\,\mathrm{kg}. \tag{111}$$

Dagegen muß die Quernaht bei einer Gesamtlänge von $\pi \cdot D$ cm die Kraft P', die auf die Endflächen des Kessels wirkt,

$$P' = \frac{\pi\,D^2}{4} \cdot p$$

aufnehmen. Ein Zentimeter der Quernaht hat mithin

$$P'_{1\,\mathrm{cm}} = \frac{\pi \cdot D^2 \cdot p}{4\,\pi\,D} = \frac{D \cdot p}{4}\,\mathrm{kg}, \tag{112}$$

d. i. nur halb so viel wie ein solcher der Längsnaht, zu übertragen. Es genügt daher oft, die Längsnähte zylindrischer Kessel und Rohre zu berechnen. Verlangen diese z. B. zweireihige Nietung, so reicht für die Quernähte einreihige mit den gleichen Nieten und der gleichen Teilung aus. Die Beanspruchung in der Quernaht kann verringert werden, wenn die Kraft P' auf die Endflächen des Kessels teilweise durch Anker oder Feuerrohre aufgenommen wird, andrerseits aber beträchtlich erhöht werden, wenn Flammrohre, die stärker erhitzt werden als die Mantelbleche, durch ihre Ausdehnung einen Druck auf die Böden in der Längsrichtung des Kessels ausüben. Diese Zusatzkräfte lassen sich meist rechnerisch nicht sicher ermitteln; im zweiten der eben aufgeführten Fälle werden häufig stärkere Nietungen als rechnungsmäßig nötig, ausgeführt, im ersten Falle aber die Wirkung der Anker vernachlässigt. Durch zu große Entfernung der Stützen an Dampfkesseln und Rohrleitungen treten Biegebeanspruchungen in den Wandungen auf, die ebenfalls die Quernähte höher belasten und Undichtigkeiten hervorrufen können.

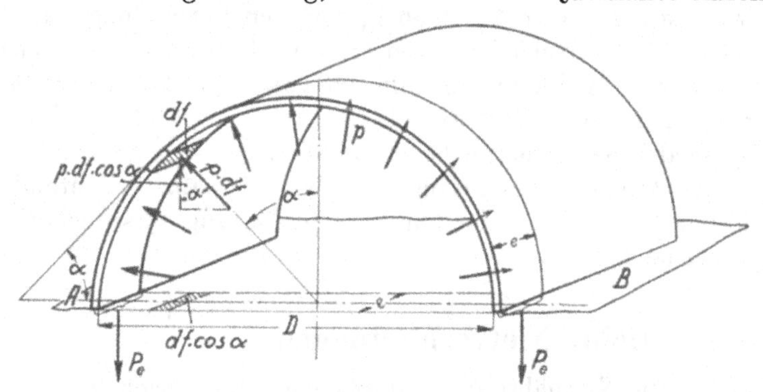

Abb. 468. Zur Ermittlung der Belastung der Längsnaht.

1. Wahl des Nietdurchmessers im Verhältnis zur Blechstärke.

Je größer die Nietquerschnitte sind, desto bedeutender werden naturgemäß die Gleitwiderstände, weil die Bleche stärker aufeinander gepreßt werden. Erfahrungsgemäß pflegen die Nietdurchmesser bei starken Blechen etwa gleich der Blechstärke t, bei schwächeren dagegen verhältnismäßig größer genommen zu werden.

Bach gibt für den Durchmesser d die folgenden Erfahrungsformeln:

A. bei einschnittigen Nietungen $d = \sqrt{5\,t} - 0{,}4$ cm,

B. bei zweischnittigen, einreihigen $d = \sqrt{5\,t} - 0{,}5$ cm,

C. bei zweischnittigen, zweireihigen $d = \sqrt{5\,t} - 0{,}6$ cm,

D. bei zweischnittigen, dreireihigen $d = \sqrt{5\,t} - 0{,}7$ cm.

Die Verminderung der Nietdurchmesser bei den zweischnittigen oder Doppellaschenverbindungen, die durch die letzten Glieder der Formeln angedeutet ist, erklärt sich daraus, daß die Niete nur die Aufgabe haben, die dünneren Laschen an die Bleche anzudrücken.

Trägt man die Werte zeichnerisch auf, und zwar die Blechstärken als Abszissen, die zugehörigen Nietdurchmesser als Ordinaten, so erhält man die Linien A bis D der Abb. 469. Dieckhoff gibt nach praktischen Ausführungen Zahlen, die durch die gestrichelte Fläche dargestellt sind [VI, 20]. Beschränkt man sich nun auf die Nietdurchmesser der DIN 123, so kann man durch Einzeichnen der wagrechten Strecken leicht die folgenden Blechstärken finden, die sowohl den Bachschen wie auch den Dieckhoffschen Zahlen gut entsprechen.

Zusammenstellung 75. **Nietdurchmesser in Abhängigkeit von der Blechstärke.**

Blechstärke t	5—6	6—8	8—12	11—15	14—19	18—23 mm
Nietdurchmesser d	11	14	17	20	23	26 mm
Blechstärke t	22—27	27—31	31—35	35—38	38—41 mm	
Nietdurchmesser d	29	32	35	38	41 mm	

Soweit zu den einzelnen Blechdicken zwei Nietdurchmesser angegeben sind, wird man den kleineren im Falle zweischnittiger oder vielreihiger Nietungen nehmen.

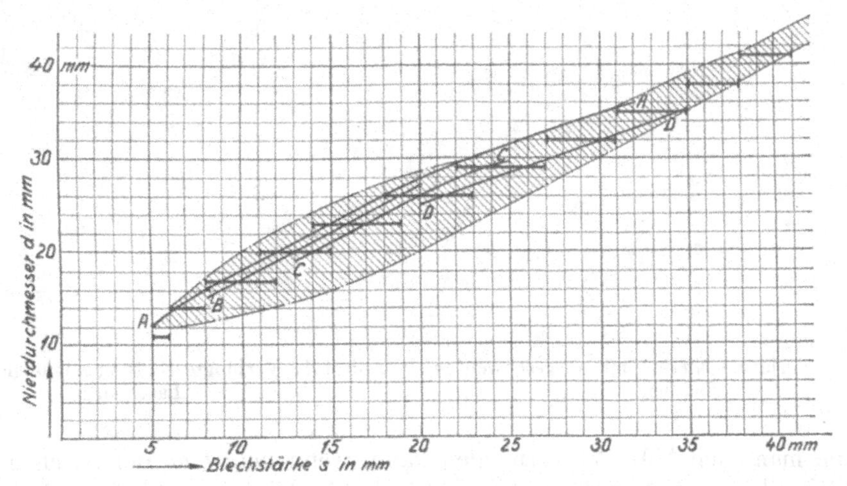

Abb. 469. Beziehung zwischen Nietdurchmesser und Blechstärke.

Sind mehr als zwei übereinanderliegende Bleche zu verbinden, so wird man den Nietdurchmesser etwas größer als der Dicke der einzelnen Bleche entspricht, wählen.

An ein und demselben Konstruktionsteil sollen möglichst nur Niete gleichen Durchmessers Verwendung finden. Beispielweise nimmt man an allen Nähten eines zylindrischen Kessels die gleichen Niete, selbst wenn die Belastung der Quernaht geringere Abmessungen zulassen würde.

2. Allgemeines zur Wahl der Nietteilung.

An festen und dichten Verbindungen ist bei der Wahl der Entfernung der einzelnen Niete voneinander zu berücksichtigen:

a) die Möglichkeit, die Nietköpfe zu bilden,

b) die Dichtheit der Naht,

c) die Schwächung des Bleches.

Aus der Bedingung a) ergibt sich die untere Grenze

$$e_{\min} = 2d\,,$$

eine Entfernung, die bei Verwendung der üblichen, erhabenen Kopfformen zum Aufsetzen des Schellhammers oder des Stempels der Nietmaschine nötig ist.

Zu b. Für die Dichtheit der Naht ist die Möglichkeit, die Blechkante zu verstemmen, entscheidend; ist die Nietteilung zu groß, so federt das Blech. Als Grenze darf $e_{max} = 8\,t_1$ gelten, wenn t_1 die Stärke des zu verstemmenden Bleches oder der Lasche bedeutet. Den Abstand der ersten Nietreihe von der Blechkante wählt man meist zu 1,5 ... 1,6 d, an dünnen Laschen geht man auf 1,35 d herunter.

Punkt c) verlangt möglichst große Teilung, namentlich in den äußeren Nietreihen und führt zu den verjüngten Nietungen, Abb. 470.

Wird dabei die Entfernung der Niete größer als nach Bedingung b) zulässig ist, so müssen die Bleche oder Laschen ausgeschweift werden. Eine teure und umständliche

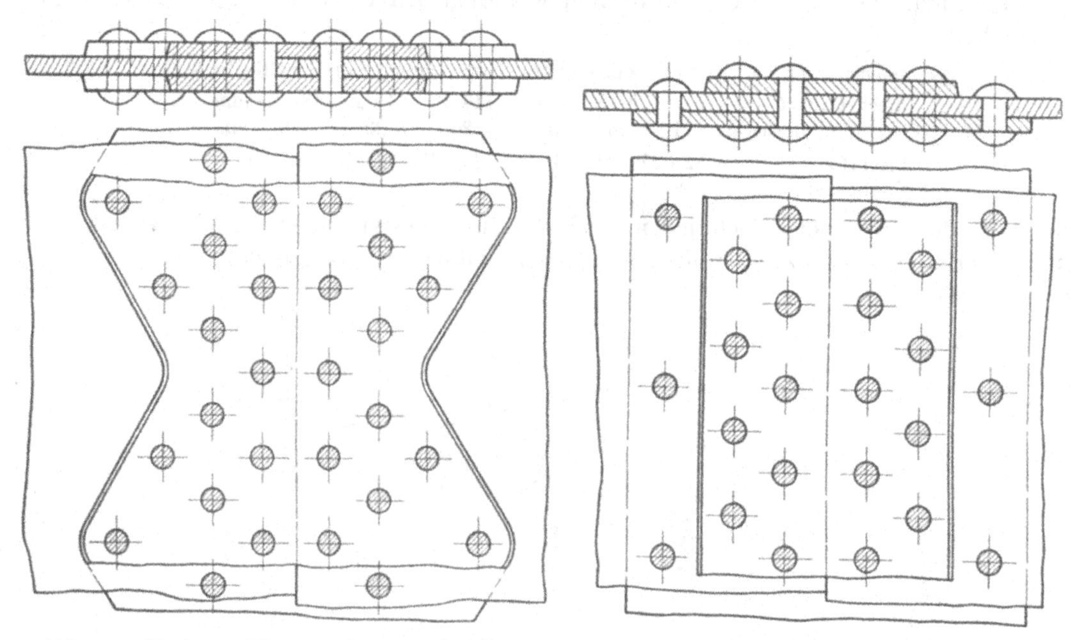

Abb. 470. Verjüngte Nietung mit ausgeschweiften Laschen.

Abb. 471. Verjüngte Nietung mit ungleichbreiten Laschen.

Arbeit, die man nach Abb. 471 vermeiden kann, wenn man eine der Laschen schmaler hält, wobei allerdings die äußersten Niete einschnittig werden. Nur die schmalere Lasche, die die inneren, engeren Nietreihen umfaßt, kann verstemmt werden.

Kesselbleche. Über Anforderungen in bezug auf Festigkeit und Proben, vgl. S. 84, über den Wert großer Zähigkeit bei Kesselbaustoffen S. 5.

Bei der Ermittlung der Blechstärken sind für Schweißstahl und die drei Flußstahlsorten I, II, III die folgenden einheitlichen Berechnungsfestigkeiten zu benutzen, deren Berechtigung aus dem Umstande hergeleitet wird, daß alle Bleche einer Gruppe, z. B. mit 3400 bis 4100 kg/cm² Festigkeit annähernd das gleiche Arbeitsvermögen haben.

$K_z = 3300$ kg/cm² bei Schweißstahl,
$K_z = 3600$ kg/cm² bei Flußstahl I von 3400 bis 4100 kg/cm² Zugfestigkeit.
$K_z = 4000$ kg/cm² bei Flußstahl II von 4000 bis 4700 kg/cm² Zugfestigkeit.
$K_z = 4400$ kg/cm² bei Flußstahl III von 4400 bis 5100 kg/cm² Zugfestigkeit.

3. Einschnittige Nietverbindungen.

Sie können als Überlappungs- oder als einseitige Laschennietungen, Abb. 472 und 473, ausgeführt werden. Bei der ersten Art sind die Bleche unmittelbar übereinander gelegt und müssen dementsprechend vorgebogen sein. Die zweite Verbindung ist durch die Bearbeitung einer besonderen Lasche und durch die doppelt so große Zahl der Niete teurer und wegen des Wegfalls des auf Klemmung wirkenden Kräftepaares ungünstiger.

Sie wird deshalb selten angewendet. Bei beiden Arten treten Biegemomente im Blech oder in der Lasche auf, welche die Wahl einer geringeren Beanspruchung auf Zug oder eine Zugabe zur Wandstärke, namentlich bei dünneren Blechen verlangen. Bezüglich der Berechnung beider Nietungen besteht kein Unterschied.

a) Einschnittige, einreihige Vernietung, Abb. 449. Wird die Teilung e zwischen den einzelnen Nieten nach Bach zu

$$e = 2\,d + 0{,}8 \text{ cm} \tag{113}$$

angenommen, so läßt sich die Schwächung des Bleches für die verschiedenen Nietdurchmesser im voraus berechnen. Auf einen Blechstreifen von der Breite e kommt ein Nietloch, daher ist das Verhältnis φ des Blechquerschnittes in der Nietnaht zum ungeschwächten Bleche, die Schwächungszahl,

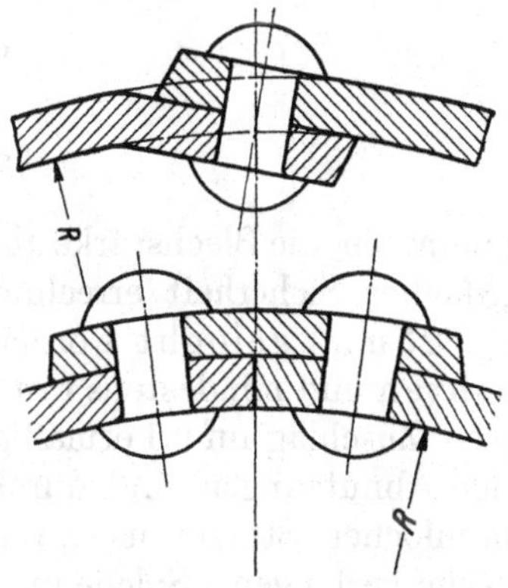

$$\varphi = \frac{e-d}{e} = \frac{d+0{,}8}{2d+0{,}8}. \tag{113a}$$

Abb. 472 und 473. Einschnittige Überlappungs- und einseitige Laschennietung.

Für	$d = 1{,}1$	1,4	1,7	2,0	2,3 cm
wird	$\varphi = 0{,}63$	0,61	0,59	0,58	0,57,

so daß z. B. bei Verwendung von 11 mm starken Nieten nur noch 63% des Blechquerschnittes zur Übertragung der Kraft zur Verfügung stehen.

Der in der Nietnaht vorhandene Querschnitt muß nach Formel (110) die Kraft

$$P_e = \frac{D \cdot e \cdot p}{2}$$

durch seine Festigkeit aufnehmen, falls man sicherheitshalber den Gleitwiderstand vor dem Niet vernachlässigt. Unter Einführung des Wertes φ ist dieser Querschnitt $t \cdot e \cdot \varphi$, und damit muß $P_e = t \cdot e \cdot \varphi \cdot k_z$ sein, wenn k_z die zulässige Beanspruchung des Bleches auf Zug bedeutet. Durch Gleichsetzen der beiden Werte für P_e findet man die Blechstärke

$$t = \frac{D \cdot p}{2 \varphi k_z}. \tag{114}$$

Diese Grundformel läßt sich auch an einem aus dem Kessel herausgeschnittenen Streifen von einem Zentimeter Breite leicht ableiten. Die zu übertragende Kraft ist

$$\frac{D \cdot 1 \cdot p}{2}$$

und die Widerstandsfähigkeit des im Verhältnis φ geschwächten Querschnittes $1 \cdot t \cdot \varphi \cdot k_z$; daraus folgt, wie oben:

$$t = \frac{D \cdot p}{2 \varphi \cdot k_z}.$$

Nach den polizeilichen Bestimmungen über die Anlegung von Kesseln [VI,3,4] soll zur errechneten Blechstärke ein Zuschlag von 0,1 cm gegeben werden, so daß die Formel für die Berechnung der Wandstärke von Dampfkesseln lautet:

$$t = \frac{D \cdot p}{2 \varphi \cdot k_z} + 0{,}1 \text{ cm}. \tag{115}$$

Für φ wird man bei der ersten Berechnung, um sicher zu gehen, einen der kleineren Werte, z. B. 0,58, wählen, wenn der Nietdurchmesser nicht geschätzt und damit φ genauer festgelegt werden kann.

Die Zugbeanspruchung k_z darf nach den polizeilichen Bestimmungen, wenn K_z die Zugfestigkeit der Bleche bedeutet, und die Löcher gebohrt sind,

$$\text{bei Handnietung zu} \quad \frac{K_z}{4{,}75},$$

$$\text{bei Maschinennietung zu} \quad \frac{K_z}{4{,}5}$$

genommen, die Blechstärke also, ohne Berücksichtigung des Zuschlages, mit $\mathfrak{S} = 4{,}75$- und 4,5facher Sicherheit errechnet werden. Sind die Nietlöcher an schwächeren Blechen ($t \leqq 27$ mm) gelocht worden, so ist der Sicherheitsgrad um 0,25 zu erhöhen. Bei gelochten und mindestens um $^1/_4$ des Nietlochdurchmessers aufgebohrten Löchern kann dieser Zuschlag auf 0,1 ermäßigt werden. Auch zu befürchtendes starkes Abrosten oder sonstige Abnutzungen sind durch entsprechende Zuschläge auszugleichen. Ausschnitte für Mannlöcher, Stutzen usw., durch welche die Wandung geschwächt wird, können stärkere Bleche verlangen. Solche unter 7 mm Dicke sollen für gewöhnliche Kessel nicht Verwendung finden; sie sind nur an kleinen Kesseln für Feuerspritzen, Kraftfahrzeuge u. dgl. zulässig.

Mit der Blechstärke t ist auch der Nietdurchmesser d nach der Zusammenstellung 75 S. 273 und die Teilung e nach der Formel (113) gegeben. Letztere wird abgerundet oder bei bestimmter Länge der Naht so gewählt, daß eine ganze Zahl von Teilungen entsteht. Schließlich ist die Verbindung auf Gleiten und, da φ zunächst geschätzt war, die Zugbeanspruchung in dem schwächsten Blechquerschnitt nochmals nachzurechnen und gegebenenfalls abzuändern, wobei die tatsächliche Beanspruchung unter Abzug des Zuschlags von 0,1 cm zur Blechstärke aus

$$\sigma_z = \frac{P_e}{(t-0{,}1)(e-d)} = \frac{D \cdot e \cdot p}{2\,(t-0{,}1)(e-d)} \tag{116}$$

folgt, einer Formel, die sich auch durch Umformen von (115) unter Benutzung von (113a) ergibt. σ_z darf das in den Bestimmungen festgelegte k_z nicht überschreiten.

Der Gleitwiderstand der vorliegenden Verbindung beträgt, da auf die Breite e ein Niet kommt,

$$\frac{\pi d^2}{4} k_n \text{ kg}.$$

Durch Gleichsetzen mit der zu übertragenden Kraft

$$P_e = \frac{D \cdot e \cdot p}{2}$$

ergibt sich die spezifische Belastung auf Gleiten

$$k_n = \frac{D \cdot e \cdot p}{2 \dfrac{\pi}{4} d^2} \tag{117}$$

k_n darf nach den polizeilichen Bestimmungen [VI, 3, 4] unabhängig von der Zahl der Nietreihen bei einschnittigen Nieten höchstens 700 kg/cm² betragen, sofern keine höhere Zugfestigkeit des Werkstoffes der Niete als 3800 kg/cm² nachgewiesen wird. Trifft das aber zu, so kann die Beanspruchung entsprechend der Wurzel aus dem Quotienten der nachgewiesenen Festigkeit und der Zahl 3800 erhöht werden. Da z. B. nach den Vorschriften Nieteisen bis zu 4700 kg/cm² Zugfestigkeit zugelassen ist, so folgt die zulässige Höchstbeanspruchung der aus solchem Stahl gefertigten Niete:

$$700 \cdot \sqrt{\frac{4700}{3800}} = 777 \text{ kg/cm}^2.$$

Bach empfiehlt, bei einreihigen, einschnittigen Nietungen $k_n = 600$ bis 700 kg/cm² zu nehmen.

Um einen Vergleich der einzelnen Nietverbindungen untereinander zu ermöglichen, ist es zweckmäßig, die Kraft anzugeben, welche ein Zentimeter Nahtlänge nach Formel (111) übertragen kann. $P_{1\,cm} = \frac{D \cdot p}{2}$ darf bei einreihiger, einschnittiger Nietung bis 500 kg betragen.

Zahlenbeispiel. Längsnaht an einem Dampfrohr von 500 mm Durchmesser für 12 at Überdruck. Werkstoff: Flußstahlblech von 3800 kg/cm² Festigkeit. Handnietung.

Da für die Berechnung nach S. 274, $K_z = 3600$ kg/cm², gesetzt werden muß, ist

$$k_z = \frac{K_z}{\mathfrak{S}_H} = \frac{3600}{4{,}75} = 758\ \text{kg/cm}^2.$$

Blechstärke gemäß (115):

$$t = \frac{D \cdot p}{2\,\varphi \cdot k_z} + 0{,}1 = \frac{50 \cdot 12}{2 \cdot 0{,}58 \cdot 758} + 0{,}1 = 0{,}78\ \text{cm}.$$

Wegen Abrostens werde gewählt:

$$t = 9\ \text{mm}.$$

Nietdurchmesser: $d = 17$ mm, Teilung $e = 2\,d + 0{,}8 = 2 \cdot 1{,}7 + 0{,}8 = 4{,}2$ cm.

Kraft, die auf eine Teilung entfällt:

$$P_e = \frac{D \cdot e \cdot p}{2} = \frac{50 \cdot 4{,}2 \cdot 12}{2} = 1260\ \text{kg}.$$

Beanspruchung auf Gleiten:

$$k_n = \frac{P_e}{\frac{\pi\,d^2}{4}} = \frac{1260}{\frac{\pi}{4} \cdot 1{,}7^2} = 555\ \text{kg/cm}^2,$$

Beanspruchung in der Nietnaht (116):

$$\sigma_z = \frac{P_e}{(t - 0{,}1)\,(e - d)} = \frac{1260}{(0{,}9 - 0{,}1)\,(4{,}2 - 1{,}7)} = 630\ \text{kg/cm}^2.$$

b) Einschnittige, zweireihige Vernietung. Abb. 474: Parallelnietung, Abb. 475: Zickzacknietung.

Die Teilung kann bei letzterer etwas größer gewählt werden, weil durch die gegeneinander versetzten Niete die Dichtheit besser gewährleistet ist. Bach gibt an:

für Parallelnietung $\quad e = 2{,}6\,d + 1{,}0$ cm, (118)

für Zickzacknietung $\quad e = 2{,}6\,d + 1{,}5$ cm. (119)

Der Gang der Berechnung entspricht ganz dem voranstehenden. Die Schwächung des Bleches ist dargestellt durch:

$$\text{für Parallelnietung}\quad \varphi_p = \frac{e - d}{e} = \frac{1{,}6\,d + 1{,}0}{2{,}6\,d + 1{,}0},$$

$$\text{für Zickzacknietung}\quad \varphi_z = \frac{e - d}{e} = \frac{1{,}6\,d + 1{,}5}{2{,}6\,d + 1{,}5}.$$

Bei	$d = 1{,}7$	2,0	2,3	2,6	2,9 cm
wird	$\varphi_p = 0{,}69$	0,68	0,67	0,67	0,66
	$\varphi_z = 0{,}71$	0,70	0,69	0,69	0,68

Im Mittel kann man für die erste Berechnung

$$\varphi_p = 0{,}67, \qquad \varphi_z = 0{,}69$$

annehmen. Damit ergibt sich die Blechstärke zu

$$t = \frac{D \cdot p}{2 \cdot \varphi \cdot k_z} + 0{,}1\ \text{cm}, \tag{115}$$

wobei wiederum im Falle gebohrter Löcher $k_z = \frac{K_z}{4{,}75}$ bei Handnietung und $= \frac{K_z}{4{,}5}$ bei Maschinennietung gesetzt werden darf.

Aus t folgt an Hand der Zusammenstellung 75, S. 273 der Nietdurchmesser d, aus Formel (118 oder 119) die Teilung e. Für die Nachrechnung auf Gleiten kommen zwei Querschnitte in Betracht; daher wird:

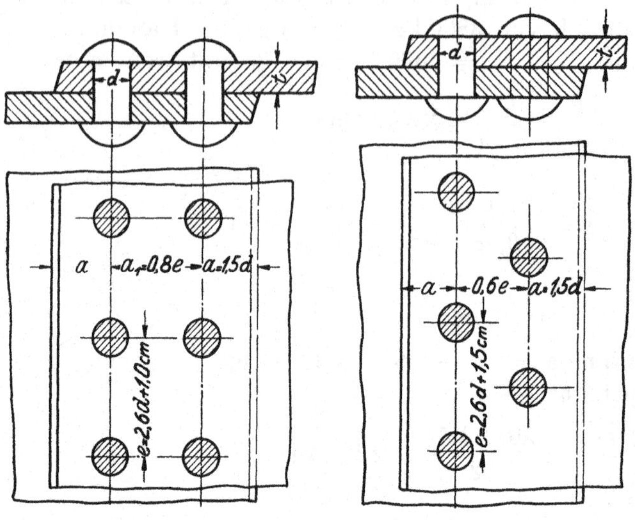

$$k_n = \frac{P_e}{2 \cdot \frac{\pi}{4} d^2} = \frac{D \cdot e \cdot p}{4 \cdot \frac{\pi}{4} d^2}. \qquad (120)$$

k_n soll nach den polizeilichen Bestimmungen [VI, 3, 4] 700 kg/cm² nicht überschreiten. Bach empfiehlt wegen des geringeren Gleitwiderstandes, den zweireihige Nietungen auf Grund seiner Versuche ergaben, k_n zwischen 550 und 650 kg/cm² zu nehmen.

Abb. 474 und 475. Einschnittige, zweireihige Parallel- und Zickzacknietung.

Für die Nachrechnung der Zugbeanspruchung des Bleches gilt Formel (116).

Einschnittige zweireihige Verbindungen gestatten im Vergleich mit einreihigen die Übertragung größerer Kräfte auf einen Zentimeter Nietnaht:

$$P_{1\,\mathrm{cm}} = \frac{D \cdot p}{2} = \begin{array}{l} 390 \text{ bis } 950\,\mathrm{kg} \text{ bei Zickzacknietung,} \\ 390 \text{ bis } 1000\,\mathrm{kg} \text{ bei Parallelnietung.} \end{array}$$

Angaben über weitere einschnittige Verbindungen sind in der Zusammenstellung 76 enthalten.

4. Zweischnittige Verbindungen, doppelseitige Laschennietungen.

Die Herstellung zweier Laschen verteuert die Verbindungen, die deshalb nur für größere Drücke und Durchmesser bei Blechstärken von mehr als 12 mm verwendet werden. Ein wichtiger Vorteil ist, daß das Biegemoment im Bleche an der Nietstelle wegfällt, so daß die Mantelbleche, wenn sie genau zylindrisch sind, nur auf Zug beansprucht werden, und daß deshalb geringere Sicherheitsgrade $\mathfrak{S}$ gegen Bruch eingesetzt werden können. Nach den polizeilichen Bestimmungen [VI, 3, 4] gilt für $\mathfrak{S}$ in der Formel

$$k_z = \frac{K_z}{\mathfrak{S}}, \qquad (2)$$

gebohrte Löcher vorausgesetzt,

$\mathfrak{S} = 4{,}35$ bei zweireihigen, doppeltgelaschten, handgenieteten Nähten, deren eine Lasche nur einreihig genietet ist, Abb. 471,

$\mathfrak{S} = 4{,}25$ bei doppeltgelaschten, handgenieteten Nähten,

$\mathfrak{S} = 4{,}1$ bei zweireihigen, doppeltgelaschten, maschinengenieteten Nähten, deren eine Lasche nur einreihig genietet ist, Zusammenstellung 76, lfde Nr. 7,

$\mathfrak{S} = 4{,}0$ bei doppeltgelaschten, maschinengenieteten Nähten.

Die Werte $\mathfrak{S} = 4{,}25$ und $4{,}0$ können auch dann in die Rechnung eingeführt werden, wenn bei drei- und mehrreihigen Doppellaschennietungen die eine Lasche eine Nietreihe weniger besitzt als die andere.

Wegen der im Falle gestanzter Löcher vorgeschriebenen Erhöhung des Sicherheitsgrades vgl. S. 276.

Zusammenstellung 76. **Feste und dichte Nietverbindungen nach Bach u. a.**

Lfd. Nr.		Reihenzahl	$P_{1\,cm} = \frac{D \cdot p}{2}$ kg	$\mathfrak{S}_H$ [1]	$\mathfrak{S}_M$ [1]	φ	d cm	e cm	k_n kg/cm²	a cm	a_1 cm	a_2 cm	a_3 cm	Lasche t_1 cm
	Einschnittige Überlappungsnietungen													
1		1	bis 500	4,75	4,5	0,58	$\sqrt{5s}-0{,}4$	$2d + 0{,}8$	700 (600 bis 700)[2]	$1{,}5d$	—	—	—	—
2		2	390—950	4,75	4,5	0,69	$\sqrt{5s}-0{,}4$	$2{,}6d + 1{,}5$	700 (550 bis 650)[2]	$1{,}5d$	$0{,}6e$	—	—	—
3		2	390—1000	4,75	4,5	0,67	$\sqrt{5s}-0{,}4$	$2{,}6d + 1$	700 (550 bis 650)[2]	$1{,}5d$	$0{,}8e$	—	—	—
4		3	700—1350	4,75	4,5	0,74	$\sqrt{5s}-0{,}4$	$3d + 2{,}2$	700 (500 bis 600)[2]	$1{,}5d$	$0{,}5e$	—	—	—
	Zweischnittige Laschennietungen													
5		1	350—850	4,25	4,0	0,68	$\sqrt{5s}-0{,}5$	$2{,}6d + 1$	1400 (1000 bis 1200)[2]	$1{,}5d$	—	—	$1{,}35d$	$0{,}6$—$0{,}7t$
6		$1^1/_2$	850—1600	4,25	4,0	0,82	$\sqrt{5s}-0{,}6$	$5d + 1{,}5$	1400 (950 bis 1150)[2]	$1{,}5d$	$0{,}4e$	—	$1{,}5d$	$0{,}8t$
7		$1^1/_2$	850—1600	4,35	4,1	0,82	$\sqrt{5s}-0{,}6$	$5d + 1{,}5$	1400 bzw. 700 (950 bis 1150 bzw. 700)[2]	$1{,}5d$	$0{,}4e$	—	$1{,}5d$	$0{,}8t$
8		2	650—1350	4,25	4,0	0,76	$\sqrt{5s}-0{,}6$	$3{,}5d + 1{,}5$	1400 (950 bis 1150)[2]	$1{,}5d$	$0{,}5e$	—	$1{,}35d$	$0{,}6$—$0{,}7t$

[1]) $\mathfrak{S}_H$ ist die Sicherheit im Falle von Handnietung, $\mathfrak{S}_M$ im Falle von Maschinennietung, beide Male unter Voraussetzung gebohrter Nietlöcher.

[2]) Die eingeklammerten Werte nach Bach.

Zusammenstellung 76 (Fortsetzung).

Lfd. Nr.		Reihenzahl	$P_{1\,cm} = \frac{D \cdot p}{2}$ kg	$\mathfrak{S}_H$ [1]	$\mathfrak{S}_M$ [1]	φ	d cm	e cm	k_n kg/cm²	a cm	a_1 cm	a_2 cm	a_3 cm	Lasche t_1 cm
9	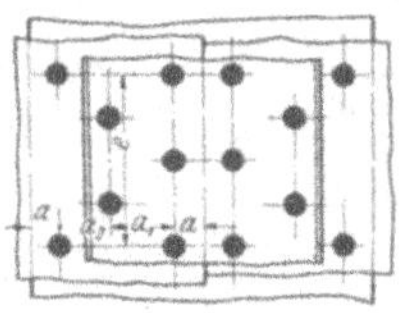	$2^1/_2$	1300—2300	4,25	4,0	0,85	$\sqrt{5s}-0{,}7$	$6d+2$	1400 bzw. 700 (900 bis 1100 bzw. 700) [2])	$1{,}5\,d$	$0{,}38\,e$	$0{,}3\,e$	$1{,}5\,d$	$0{,}8\,t$
10	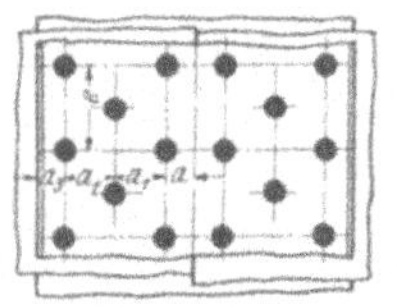	3	1100—2400	4,25	4,0	0,81	$\sqrt{5s}-0{,}7$	$3d+1$	1400 (900 bis 1100) [2])	$1{,}5\,d$	$0{,}6\,e$	—	$1{,}5\,d$	$0{,}8\,t$
11	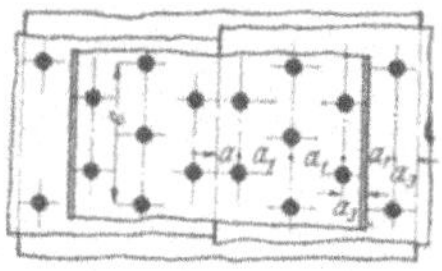	$3^1/_2$	1900—3100	4,25	4,0	0,87	$\sqrt{5s}-0{,}8$	$6d+2$	1400 bzw. 700 (850 bis 1050 bzw. 700) [2])	$1{,}5\,d$	$0{,}38\,e$	—	$1{,}5\,d$	$0{,}8\,t$
12	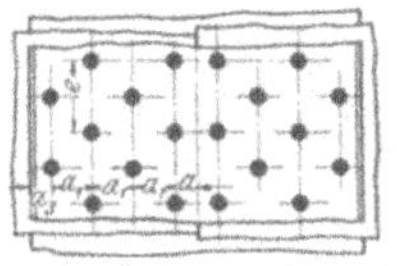	4	1800—3200	4,25	4,0	0,83	$\sqrt{5s}-0{,}8$	$3d+1$	1400 (850 bis 1050) [2])	$1{,}5\,d$	$0{,}6\,e$	—	$1{,}5\,d$	$0{,}8\,t$

a) Zweischnittige, einreihige Vernietung, einreihige Laschennietung.

Zusammenstellung 76, lfde Nr. 5.

Theoretisch würde als Laschenstärke $t_1 = t/2$ genügen; wegen des Verstemmens, des größeren Einflusses des Abrostens und wegen etwaiger ungleichmäßiger Übertragung der Kräfte pflegt sie etwas größer:

$$t_1 = 0{,}6 \ldots 0{,}7 \ldots 0{,}8\,t \qquad (121)$$

gewählt zu werden.

Bei der Herstellung der Laschen soll beachtet werden, daß nicht allein die Art und Beschaffenheit des Werkstoffs, sondern daß auch die Walzrichtung der Lasche die gleiche ist wie im Hauptbleche, letzteres, weil die Elastizität in der Walzrichtung und quer dazu verschieden ist. Als Teilung kann nach Bach

$$e = 2{,}6\,d + 1\text{ cm}, \qquad (122)$$

als Abstand der Nietreihe von der Laschenkante wegen der geringeren Stärke der zu verstemmenden Lasche $1{,}35\,d$ genommen werden. Für einreihige Laschennietungen kommen Nietdurchmesser von 1,7 bis 2,6 cm in Betracht; damit berechnet sich die Schwächungszahl

$$\varphi = \frac{e-d}{e} = \frac{1{,}6\,d+1}{2{,}6\,d+1},$$

für $d =$	1,7	2,0	2,3	2,6 cm,
zu $\varphi =$	0,69	0,68	0,67	0,67

In der Formel für die Blechstärke

$$t = \frac{D \cdot p}{2 \cdot \varphi \cdot k_z} + 0{,}1\text{ cm} \qquad (115)$$

darf $\varphi = 0{,}68$ als Mittelwert eingesetzt werden, da die größeren Nietdurchmesser selten verwendet werden.

[1]) $\mathfrak{S}_H$ ist die Sicherheit im Falle von Handnietung, $\mathfrak{S}_M$ im Falle von Maschinennietung, beide Male unter Voraussetzung gebohrter Nietlöcher.

[2]) Die eingeklammerten Werte nach Bach.

Für die Nachrechnung auf Gleiten betrachten wir wiederum einen Streifen von der Breite der Teilung e, auf welchen ein Niet kommt; daher ist k_n nach der Gleichung

$$k_n = \frac{P_e}{\frac{\pi d^2}{4}} = \frac{D \cdot p \cdot e}{2 \cdot \frac{\pi d^2}{4}} \tag{117}$$

nachzurechnen. k_n darf nach den polizeilichen Bestimmungen [VI, 3, 4] das doppelte wie bei einschnittigen Nieten, also bis zu 1400 kg/cm² betragen. Nach den oben erwähnten Versuchen [VI, 9 bis 11] zeigen freilich mehrschnittige Niete verhältnismäßig geringeren Gleitwiderstand als einschnittige. Bach empfiehlt daher bei zweischnittigen einreihigen Nietungen k_n nur zwischen 1000 und 1200 kg/cm² zu nehmen.

Die Berechnung der wirklichen Beanspruchung des Bleches in der Naht unter Berücksichtigung des Zuschlages von 0,1 cm erfolgt nach Formel (116). Auf einen Zentimeter Nahtlänge lassen sich 350 bis 850 kg übertragen.

b) Zweischnittige, mehrreihige Verbindungen.

Angaben über mehrreihige zweischnittige Verbindungen enthält die Zusammenst. 76.

Bei mehrreihigen Nietungen werden häufig die verjüngten in sehr mannigfaltigen Anordnungen angewendet. Sie haben den Vorteil geringerer Schwächung des Bleches, verlangen aber, daß die zu verstemmende Lasche ausgeschweift oder schmaler gehalten wird, Abb. 470 und 471. Im zweiten Falle umfaßt sie nur die inneren Nietreihen, um die Entfernung der Niete $8\,t_1$ nicht überschreiten zu lassen. Bei derartigen Verbindungen dürfen für den Gleitwiderstand in den inneren Reihen 1400, nach Bach 950 bis 1150, in den äußeren mit einschnittigen Nieten versehenen Reihen 700 kg/cm² angenommen werden. Vgl. Berechnungsbeispiel Nr. 1, S. 298.

Daß die $1^1/_2$reihige, zweischnittige Nietung nach der Übersicht größere Kräfte zu übertragen vermag, ist in der geringeren Schwächung des Bleches begründet.

Zur Berechnung einer Nietverbindung, für die eine bestimmte Anordnung von vornherein nicht vorgeschrieben ist, kann vorteilhafterweise die Zusammenstellung 76 benutzt werden. Die Gebiete der einzelnen Nietungsarten, gekennzeichnet durch die Kraft $P_{1\,\text{cm}}$, die sie auf einen Zentimeter Nahtlänge zu übertragen vermögen, übergreifen einander, so daß z. B. eine Verbindung für $P_{1\,\text{cm}} = 480$ kg auf vier verschiedene Arten, nämlich als ein- oder zweireihige Zickzack- oder Parallelnietung oder als einreihige, zweischnittige Nietung ausgeführt werden kann. Zu diesen verschiedenen Möglichkeiten ist allgemein das Folgende zu bemerken. Die Bleche fallen um so dünner und die Beschaffungskosten um so niedriger aus, je mehr Nietreihen angeordnet werden, weil das Blech in geringerem Maße geschwächt wird. Dagegen steigt die Zahl der Niete; die Ausführung der Verbindungen wird teurer. Bei den zweischnittigen Nietungen werden die Blechstärken geringer, da die zulässige Beanspruchung höher sein darf; dafür steigen die Arbeitskosten durch die Herstellung der Laschen und durch die größere Zahl von Löchern und Nieten. Die Entscheidung, welche Verbindung auszuführen ist, muß nach den Gesamtkosten, in manchen Fällen aber auch nach dem Gewicht, so z. B. im Falle schwieriger Beförderungsverhältnisse oder in Rücksicht auf den Zoll getroffen werden. Ein Beispiel geben die folgenden Zahlen für die vier Arten, nach denen die Belastung $P_{1\,\text{cm}} = 480$ kg aufgenommen

	k_z kg/cm²	t mm	d mm	e mm	Anzahl der Niete auf 1 m
Einschnittige, einreihige Nietung	$\frac{K_z}{4{,}75} = 758$	11,9	20	48	20,8
„ zweireihige Zickzacknietung . . .	$\frac{K_z}{4{,}75} = 758$	10,2	17	59	34
„ „ Parallelnietung	$\frac{K_z}{4{,}75} = 758$	10,5	17	54	37
Zweischnittige, einreihige Nietung	$\frac{K_z}{4{,}25} = 847$	9,4	17	54	37

werden kann. Die Festigkeit des Bleches ist mit $K_z = 3600$ kg/cm² angenommen, ferner Handnietung vorausgesetzt und die berechnete Blechstärke auf Zehntelmillimeter genau angegeben, um die Unterschiede deutlicher zu machen.

5. Auf Zug beanspruchte Niete.

Auf Zug beanspruchte Niete, wie sie an Domen, Stutzen usw. vorkommen, sollen nur gering, mit höchstens 150 bis 200 kg/cm², belastet werden. Das ist, wie schon oben erörtert, darin begründet, daß sich die Beanspruchung des Schaftes aus den Spannungen, die beim Einziehen und Verstemmen entstehen und aus der Zugbeanspruchung durch die Belastung zusammensetzt. Da die Niete schon durch die ersteren bis nahe an die Fließgrenze in Anspruch genommen sind, können große zusätzliche Beanspruchungen leicht bleibende Verlängerungen der Nietschäfte und Undichtwerden der Naht hervorrufen.

6. Die Teile einfacher Kessel.

Im Anschluß an die Berechnung der Vernietungen seien die wichtigeren Teile, aus denen sich Kessel einfacher Gestalt zusammensetzen, kurz besprochen. Wegen der Einzelheiten über Flamm- und Siederohre, Rohrplatten, Platten ungewöhnlicher Form usw. muß auf das einschlägige Schrifttum verwiesen werden [VI, 18].

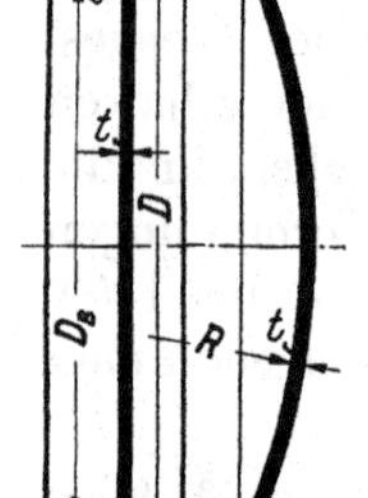

Abb. 476 u. 477. Ebener und gewölbter voller Kesselboden.

a) Kesselböden und ihre Berechnung.

Die Endflächen der Kessel werden je nach den Umständen durch ebene Bleche, gekrempte flache oder gewölbte Böden gebildet, deren Hauptformen die Abb. 476 bis 481 zeigen und deren normale Abmessungen Zusammenstellung 77 angibt. Ebene Böden sind ungünstiger beansprucht als die nach einer Kugelfläche gewölbten, bieten aber den Vorteil, daß sie sich besser bohren lassen und daß die Wasser- oder Feuerrohre die gleiche Länge bekommen und leichter eingezogen werden können.

Zusammenstellung 77. **Normalböden** (Schulz-Knaudt, Essen).

1. Volle Böden, für einreihige Rundnaht (Abb. 476 und 477).
(Werden auf Bestellung auch mit eingepreßten Mannlöchern versehen.)

D	h¹)	$H_{fl.}$¹)	$H_{gew.}$¹)	R	t²)	D	h¹)	$H_{fl.}$¹)	$H_{gew.}$¹)	R	t²)
300	65	90	110	400	6—16	1450	80	125	240	1700	8—26
350	65	90	115	500	6—16	1500	80	125	270	1800	9—26
400	65	90	120	550	6—16	1550	80	125	270	1800	9—26
450	65	95	125	600	6—16	1600	80	125	270	2000	10—26
500	65	95	135	650	6—16	1650	80	125	275	2000	10—26
550	65	105	135	700	6—16	1700	80	125	275	2200	10—26
600	65	105	160	750	6—16	1750	80	130	275	2200	11—26
650	65	105	175	800	6—26	1800	80	130	275	2400	11—26
700	65	105	175	850	6—26	1850	85	130	275	2400	12—26
750	65	105	175	900	6—26	1900	85	130	290	2600	12—26
800	70	110	185	950	6—26	1950	85	130	300	2600	13—26
850	70	110	185	1000	6—26	2000	90	130	300	2800	13—26
900	70	110	200	1100	6—26	2100	90	130	300	3300	13—26
950	70	110	200	1200	6—26	2200	90	130	300	3300	14—26
1000	70	110	200	1300	6—26	2300	90	130	315	3300	15—26
1050	70	110	205	1400	6—26	2400	90	130	330	3300	15—26
1100	70	115	215	1400	6—26	2500	90	130	350	3300	15—26
1150	70	115	215	1450	6—26	2600	90	130	370	3300	15—26
1200	75	115	230	1500	6—26	2700	90	130	380	3500	15—26
1250	75	115	230	1600	7—26	2800	90	130	400	3500	15—26
1300	75	115	230	1600	7—26	2900	90	130	420	3500	15—26
1350	75	120	235	1700	8—26	3000	90	130	445	3500	15—26
1400	75	120	235	1700	8—26						

¹) h ist die Höhe des zylindrischen Teils der Krempe, $H_{fl.}$ die lichte Höhe des flachen, $H_{gew.}$ die lichte Scheitelhöhe des gewölbten Bodens. Für Blechstärken unter 9 mm sind h, $H_{fl.}$, $H_{gew.}$ um 25 mm kleiner.

²) Die angegebenen Werte sind normale Blechstärken, für die der Grundpreis für Böden gilt.

2. Böden für Einflammrohrkessel mit einreihiger Rundnaht (Abb. 478 und 479).

D	H	H_1	a	h	h_1	R	t
1300	230	340	45	70	75	1600	15 — 20
1350	235	340	45	70	75	1700	15 — 20
1400	235	340	45	70	75	1700	15 — 20
1450	235	350	45	70	75	1700	15 — 20
1500	270	365	50	70	80	1800	16 — 23
1550	270	375	55	70	80	1800	16 — 23
1600	270	390	65	70	80	2000	17 — 23
1650	275	390	65	75	80	2000	17 — 23
1700	275	400	65	75	80	2200	17 — 24
1750	275	400	65	75	80	2200	17 — 24
1800	275	400	70	75	80	2400	18 — 25
1850	275	405	70	75	85	2400	18 — 25
1900	290	410	75	75	85	2600	18 — 25
1950	300	410	75	75	85	2600	18 — 25
2000	300	410	75	80	90	2800	18 — 25
2100	310	410	75	80	90	3000	18 — 25
2200	325	410	75	80	90	3000	18 — 25
2300	345	420	75	80	90	3000	18 — 25
2400	365	425	75	80	90	3000	18 — 25
2500	385	430	75	80	90	3000	18 — 25

Die Maße b, c und d werden nach Angabe ausgeführt.

3. Böden für Zweiflammrohrkessel mit einreihiger Rundnaht (Abb. 480 und 481).

D	1800	1900	2000	2100	2200	2300	2400	2500
	650	725	750	775	825	875	925	975
	625	700	725	750	800	850	900	950
d	600	675	700	725	775	825	875	925
	575	650	675	700	750	800	850	900
		600	650	675	725	775	825	875
H	295	330	320	335	355	375	395	400
H_1	445	465	455	470	490	515	535	545
H'	285	310	295	305	320	340	355	360
h	75	75	75	75	75	80	80	80
h_1	90	90	90	90	90	90	90	90
a	60	65	65	65	60	55	55	55
b	110	115	130	140	150	160	160	160
c	825	875	925	970	1040	1085	1140	1180
e	220	230	260	260	350	390	425	470
f	600	650	700	700	750	810	810	925
R	2400	2500	3000	3000	3000	3000	3000	3000
t	20 — 22	20 — 22	20 — 25	20 — 25	20 — 25	20 — 25	20 — 25	22 — 25
w	450	450	450	450	450	450	450	450

Für zweireihige Rundnaht werden H H_1 H' h_1 und a um 35 mm größer.

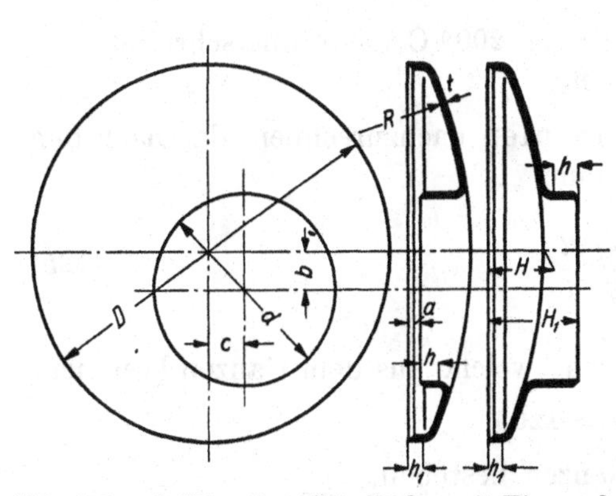

Abb. 478 und 479. Gewölbte Böden mit Ein- und Aushalsung für Einflammrohrkessel.

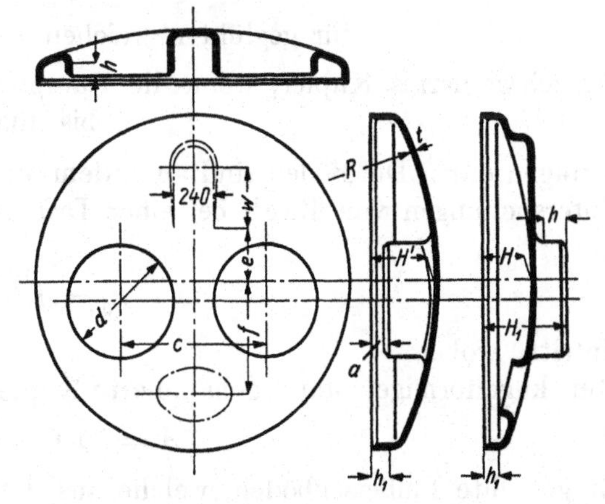

Abb. 480 und 481. Gewölbte Böden mit Ein- und Aushalsungen für Zweiflammrohrkessel.

4. Domböden mit Mannloch (Abb. 529).

Durchmesser	500	600	650	700	750	800	850	900	950
Wölbungshalbmesser .	650	750	800	850	900	950	1000	1100	1200

Der gewölbte, volle Boden, Abb. 477, von innen durch den Überdruck p beansprucht, darf näherungsweise als Teil einer Kugel mit dem Halbmesser R betrachtet werden und, solange seine Wandstärke t gegenüber R klein ist, nach der Näherungsformel

$$t = \frac{p \cdot R}{2\,k_z} \tag{123}$$

berechnet werden. Vgl. (51).

Die Spannung in einer undurchbrochenen Kugelfläche ist überall gleich groß. Bei Kesselböden treten aber an der Krempung Nebenbeanspruchungen auf Biegung und Schub auf, die sich rechnerisch schwierig verfolgen lassen, jedenfalls aber mit zunehmender Schärfe des Übergangs rasch wachsen und die Wahl eines mäßigen Wertes für k_z begründen. Nach den polizeilichen Bestimmungen [VI, 3, 4] sind für k_z unter der Voraussetzung, daß der Krempungshalbmesser ausreichend groß gewählt wird,

an weichem Schweißstahl bis zu 500 kg/cm²,
an weichem Flußstahl bis zu 650 kg/cm²

an Kupfer, wenn die Dampftemperatur 200° C nicht überschreitet, bis zu 400kg/cm² zulässig. Auch für gewölbte Flammrohrböden nach Abb. 478 bis 481 (ein- und zweihalsig) darf dieselbe Formel mit k_z bis zu 750 kg/cm² im Falle weichen Flußstahls benutzt werden, unter der Voraussetzung ausreichend großer Krempungshalbmesser der Böden und genügend großen Abstandes der Flammrohre von den Krempen, sowie der Verwendung von Flammrohren, die in Richtung ihrer Achse elastisch genug sind, so daß die Böden durch dieselben keine erheblichen Zusatzspannungen erfahren.

Des bequemen Nietens und Verstemmens wegen werden häufig gewölbte Böden nach Abb. 467 rechts so angeordnet, daß sie äußerem Überdruck ausgesetzt sind. So kann an dem Windkessel Abb. 531, der zu eng ist, um durch ein Mannloch hindurch befahren zu werden, nur an einem Ende ein nach außen gewölbter Boden benutzt werden, während am andern ein nach innen gewölbter verwendet werden muß, damit sich die Niete auf seinem Umfange einziehen lassen. Die Wandstärke derartiger Böden ist unter der Annahme gleichmäßiger Spannungsverteilung nach der ähnlich wie Gleichung (123) abgeleiteten Formel

$$t = \frac{p \cdot R}{2 \cdot k} \tag{124}$$

zu berechnen, wobei die Beanspruchung auf Druck k

für geglühten weichen Flußstahl bis 650 kg/cm²,

für gehämmertes Kupfer, wenn die Dampftemperatur 200° C nicht überschreitet, bis 400 kg/cm²

betragen darf. Die Böden sind außerdem auf Einbeulen nachzurechnen, das nach den Untersuchungen von Bach bei einer Druckspannung

$$k_0 = A - B\sqrt{\frac{R}{t}} \tag{125}$$

eintritt, wobei

„für kugelförmige, stark gehämmerte Kupferböden, welche aus dem Ganzen bestehen,

$$A = 2550, \qquad B = 120,$$

für geglühte Flußeisenböden, welche aus dem Ganzen bestehen,

$$A = 2600, \qquad B = 115,$$

für Flußeisenböden, welche aus einzelnen Teilen mit Überlappungsnietung hergestellt sind,

$$A = 2450, \qquad B = 115$$

zu setzen ist".

k_0 soll $\frac{k}{0,4}$ nicht überschreiten, mit anderen Worten, es muß eine mindestens 2,5fache Sicherheit gegen Einbeulen vorhanden sein.

Die Berechnung der Nietungen in kugeligen Böden oder Wänden bietet keine Schwierigkeiten, wenn man auf die Belastung auf einen Zentimeter Nietnahtlänge zurückgeht. Sie ergibt sich aus Abb. 482, wenn P den gesamten Druck auf die Halbkugelfläche, U den Umfang der Kugel bedeutet, zu

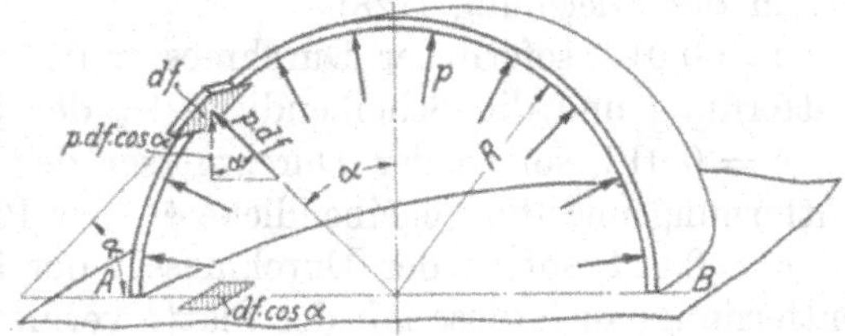

Abb. 482. Zur Berechnung kugeliger Wandungen.

$$P_{1\,\mathrm{cm}} = \frac{P}{U} = \frac{\pi R^2 \cdot p}{2\pi R} = \frac{R \cdot p}{2}. \tag{126}$$

b) Ebene Wandungen.

In ihnen treten durch die Belastung Biegespannungen auf. Je nachdem, ob die Platten am Umfange eingespannt sind oder frei aufliegen, stellt sich die größte Inanspruchnahme am Rande oder in der Mitte ein. In den meisten Fällen liegt aber die Art der Beanspruchung zwischen den genannten beiden Grenzfällen, vgl. [VI, 13]. Verlangt die Rechnung nach den unten angeführten Formeln eine zu große Wandstärke, so läßt sich diese durch Verankerungen, Stehbolzen, Eckversteifungen, aufgenietete Verstärkungsplatten usw. verringern. Die polizeilichen Bestimmungen über die Anlegung von Kesseln schreiben für die Berechnung folgendes vor:

„1. Für gekrempte, ebene Böden ohne Anker, Abb. 476, gilt

$$t = \frac{1}{98}\left[D_B - r\left(1 + \frac{2r}{D_B}\right)\right]\sqrt{p}, \tag{127}$$

wenn t die Blechdicke in cm,

p den größten Betriebsüberdruck in at,

r den Wölbungshalbmesser der Krempe in cm,

D_B den inneren Durchmesser der Krempe in cm

bedeuten.

2. Sind in einer flußeisernen Wand die Anker regelmäßig, wie in Abb. 483, verteilt, so ist die Blechstärke t in cm zu nehmen:

$$t = c\sqrt{p(a^2 + b^2)}. \tag{128}$$

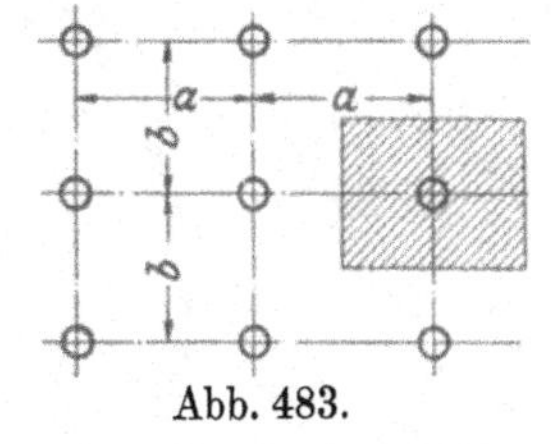

Abb. 483.

Dabei bezeichnet

p den größten Betriebsüberdruck in at,

a den Abstand der Stehbolzen oder Anker innerhalb einer Reihe voneinander in cm,

b den Abstand der Stehbolzen- oder Ankerreihen voneinander in cm,

c einen Zahlenwert,

der wie folgt zu wählen ist:

$c = 0{,}017$ bei Platten, in welche die Stehbolzen oder Anker eingeschraubt und vernietet sind, und welche von den Heizgasen und vom Wasser berührt werden,

$c = 0{,}015$, wenn solche Platten nicht von den Heizgasen berührt werden,

$c = 0{,}0155$ bei Platten, in welche die Stehbolzen oder Anker eingeschraubt und außen mit Muttern oder gedrehten Köpfen versehen sind, und welche von den Heizgasen und vom Wasser berührt werden,

$c = 0{,}0135$, wenn solche Platten nicht von den Heizgasen berührt werden,

$c = 0{,}014$ bei Platten, welche durch Ankerröhren versteift sind.

3. Bei Platten, deren Anker mit Muttern und Verstärkungsscheiben versehen sind, ist in der Gleichung (128)

$c = 0{,}013$, sofern der Durchmesser der äußeren Verstärkungsscheibe $^2/_5$ der Ankerentfernung und die Scheibendicke $^2/_3$ der Plattendicke,

$c = 0{,}012$, sofern der Durchmesser der äußeren Verstärkungsscheibe $^3/_5$ der Ankerentfernung und die Scheibendicke $^5/_6$ der Plattendicke,

$c = 0{,}011$, sofern der Durchmesser der äußeren Verstärkungsscheibe $^4/_5$ der Ankerentfernung, auch diese mit der Platte vernietet und die Scheibendicke gleich der Plattendicke ist, vgl. (Abb. 516,)

und die Platten nicht vom Feuer berührt sind. Werden sie dagegen auf der einen Seite von den Heizgasen, auf der anderen vom Dampf bespült, dann sind sie, falls sie nicht durch Flammenbleche geschützt werden, um $^1/_{10}$ stärker zu nehmen, als die Rechnung ergibt.

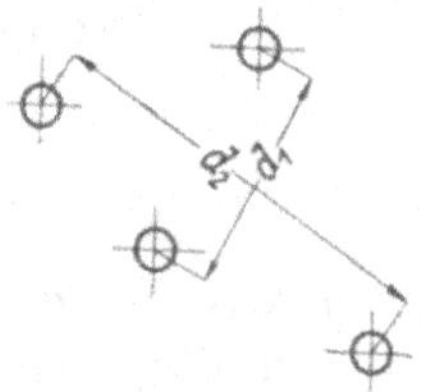

Abb. 484.

4. Bei unregelmäßig verteilten Verankerungen wie in Abb. 484 ist

$$t = c \cdot \tfrac{1}{2}(d_1 + d_2)\sqrt{p}. \tag{129}$$

Der Wert von c ist je nach der Art der Verankerung aus Ziffer 1 oder 2 zu entnehmen.

5. Für Verstärkungen nicht dem ersten Feuer ausgesetzter ebener Platten durch Doppelungsplatten können $12{,}5\%$ von den für die ebenen Platten sich ergebenden Blechdicken in Abzug gebracht werden, wenn die Dicke der Doppelungsplatten mindestens $^2/_3$ der berechneten Blechdicke beträgt und die Doppelungen gut mit den Platten vernietet sind.

6. Rechteckige Platten, die am Umfang befestigt sind, erhalten die Wanddicke

$$t = 0{,}053\, b \sqrt{\frac{p}{k_z\left[1 + \left(\frac{b}{a}\right)^2\right]}} \tag{130}$$

wobei bedeuten:

a die größere Rechteckseite in cm,

b die kleinere Rechteckseite in cm,

p den größten Betriebsüberdruck in at,

k_z die zulässige Zugbeanspruchung des Werkstoffs in kg/cm², für welche bis $^1/_4$ der rechnungsmäßigen Zugfestigkeit eingeführt werden kann.

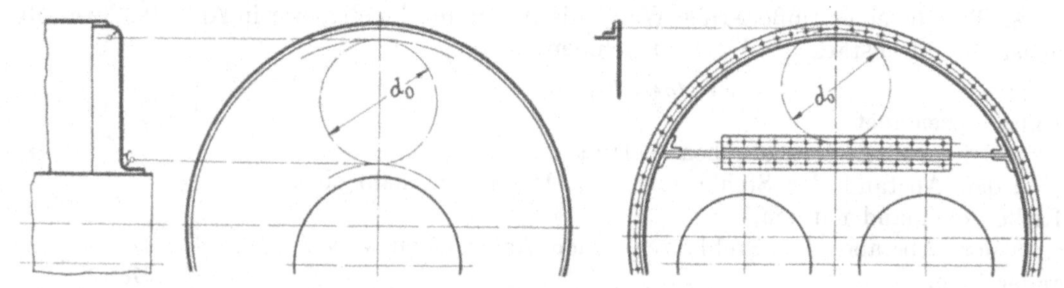

Abb. 485. Zur Berechnung ebener Kesselwandungen. Abb. 486. Versteifung einer ebenen Kesselwand durch ein Querblech.

7. Bei Platten, die nicht durch Stehbolzen oder Längsanker, sondern durch Eckanker oder in anderer Weise ausreichend unterstützt werden, ist die Wanddicke nach

$$t = 0{,}017\, d_0 \sqrt{p} \tag{131}$$

zu bemessen, sofern nicht nachgewiesen wird, daß eine geringere Wanddicke zulässig ist.

Hierin bedeutet:

p den größten Betriebsüberdruck in at,

d_0 den Durchmesser des größten Kreises in cm, der auf der ebenen Platte nach Maßgabe der Abb. 485 bis 487 durch die Befestigungsstellen gehend, beschrieben werden kann.

Werden keine Angaben über das Maß des Krempungshalbmessers der Stirnplatten gemacht, so ist es zu 50 mm anzunehmen.

8. Vorstehende Ausführungen gelten nur für flußeiserne Wandungen.

Durch Stehbolzen oder Anker unterstützte Kupferplatten erhalten die folgenden Wanddicken, und zwar

bei regelmäßig verteilten Verankerungen, wie in Abb. 483:

$$t = 5{,}83\, c \sqrt{\frac{p}{K_z}(a^2 + b^2)}, \tag{132}$$

bei unregelmäßig verteilten Verankerungen, wie in Abb. 484,

$$t = 5{,}83\, c \frac{1}{2}(d_1 + d_2) \sqrt{\frac{p}{K_z}}. \tag{133}$$

Der Wert von K_z kann, wenn größere Festigkeit nicht nachgewiesen wird, bei Temperaturen bis 120° C zu 2200 kg/cm² angenommen werden. Im Falle höherer Temperatur ist die Zugfestigkeit für je 20° C um 100 kg/cm² niedriger zu wählen. c ist je nach der Art der Verankerung aus Ziffer 1 oder 2 zu entnehmen."

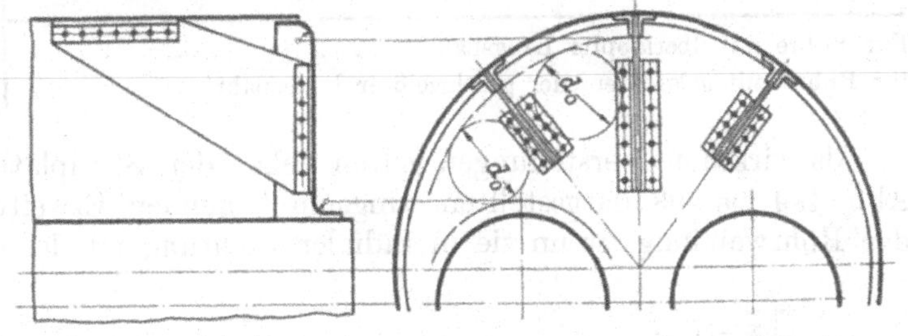

Abb. 487. Versteifung einer ebenen Kesselwand durch Eckanker.

Versteifungen werden größerer Sicherheit wegen, unter Vernachlässigung der Tragfähigkeit der Wandungen, so berechnet, daß sie die Belastung der zugehörigen Flächen allein aufnehmen können; z. B. ist diejenige eines Ankers oder Stehbolzens der Abb. 483 durch den Druck auf die gestrichelte Fläche $a \cdot b \cdot p$ oder die Belastung der Deckenträger A, Abb. 488, durch die Kräfte $P_1 = \left(\frac{c}{2} + c_1\right) \cdot d \cdot p$ und $P_2 = c \cdot d \cdot p$ kg gegeben. Die erwähnten

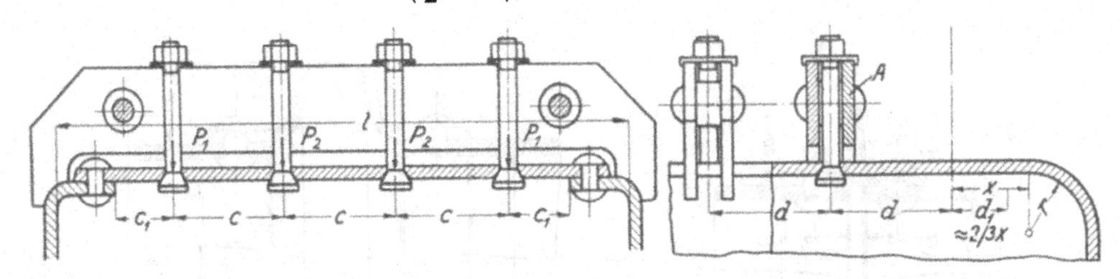

Abb. 488. Versteifung einer ebenen Wand durch Deckenträger.

Stehbolzen, Anker und Schrauben sind auf Zug, die Deckenanker auf Biegung zu berechnen — die letzteren als Balken von der Stützlänge l, belastet durch die Einzelkräfte in den Schrauben. Die Beanspruchung soll nach den Bestimmungen über die Anlegung von Kesseln

„bei geschweißten Ankern und Stehbolzen aus Schweißeisen . . . . . . 350 kg/cm²,
bei ungeschweißten Ankern und Stehbolzen aus Schweißeisen . . . . . 500 kg/cm²,
bei ungeschweißten Ankern und Stehbolzen aus Flußeisen . . . . 600 kg/cm²,
bei Ankern und Stehbolzen aus Kupfer für Dampftemperaturen bis 200° C 400 kg/cm²

nicht überschreiten".

Die Biegebeanspruchung k_b im Deckenträger darf zu 900 kg/cm² oder falls die Zugfestigkeit K_z des Werkstoffs festgestellt ist, zu $\frac{K_z}{4}$ genommen werden.

c) Flammrohre.

Innen von der Flamme oder den Heizgasen bestrichene Flammrohre, Abb. 513, sind, als einfache, zylindrische oder kegelige Rohre ausgebildet, dem Einknicken oder Einbeulen durch den von außen her wirkenden Druck ausgesetzt. Zur Berechnung der Blechstärke t in cm dient die von Bach angegebene Formel

$$t = \frac{p \cdot d_i}{2400}\left(1 + \sqrt{1 + \frac{a}{p}\,\frac{l}{l + d_i}}\right) + 0{,}2\ \text{cm}. \tag{134}$$

wobei neben den auf Seite 285 aufgeführten Bezeichnungen t und p bedeuten:

d_i den inneren Durchmesser des zylindrischen oder den mittleren inneren Durchmesser des kegeligen Flammrohres in cm,

l die Länge des Rohres in cm oder, falls wirksame Versteifungen angebracht sind, deren größte Entfernung voneinander;

a einen Zahlenwert, der wie folgt gewählt werden darf:

	Bei liegenden Flammrohren	Bei stehenden Flammrohren
Für Rohre mit überlappter Längsnaht	$a = 100$	$a = 70$
für Rohre mit gelaschter oder geschweißter Längsnaht	$a = 80$	$a = 50$

Als wirksame Versteifungen gelten neben den Stirnplatten und Rohrwänden die in Abb. 489 bis 493 dargestellten, ringsum laufenden Erweiterungen und Verstärkungen der Rohrwandung, wenn sie in radialer Richtung mindestens 50 mm ausladen.

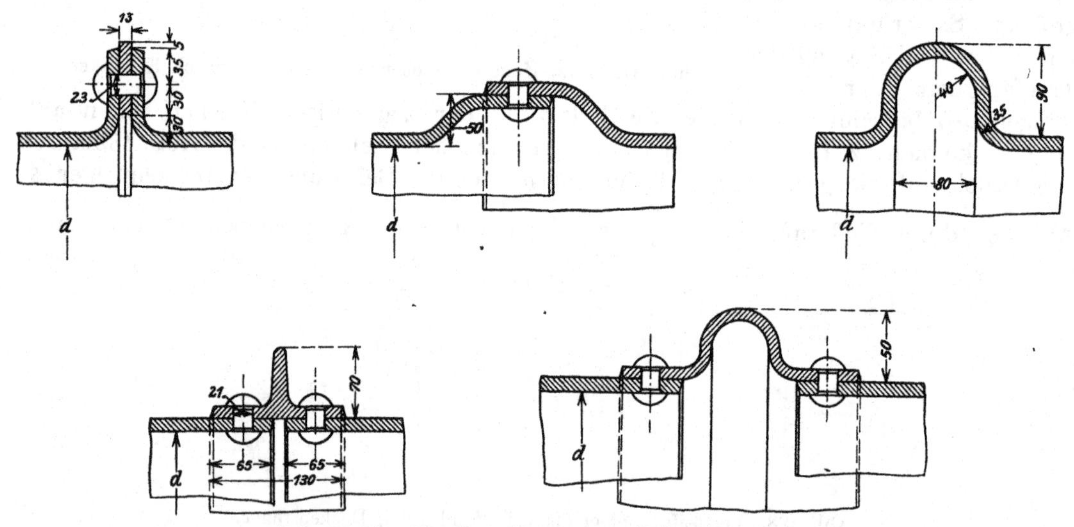

Abb. 489 bis 493. Versteifungen von Rohrwandungen.

Zylindrische oder kegelige Flammrohre können durch ihre geringe Längselastizität beträchtliche Kräfte auf die Kesselböden ausüben, wenn sich Temperaturunterschiede zwischen ihnen und der Kesselwandung ausbilden, wie beim Durchströmen von heißen Feuergasen zu erwarten steht. Besonders leicht werden die Nähte an den Ein- und Aushalsungen der Böden undicht.

Viel elastischer und gleichzeitig wirksamer versteift sind Wellrohre nach Abb. 494 und 495. Die größere Versteifung wird dadurch berücksichtigt, daß man l in der Formel

(134) gleich Null setzt, so daß die Berechnung der Wandstärke nach

$$t = \frac{p \cdot d_i}{1200} + 0{,}2 \text{ cm} \qquad (135)$$

erfolgen kann.

Rohre, die die Feuerroste unmittelbar aufnehmen sollen, bekommen meist einen weiteren Zuschlag von 0,05 bis 0,1 cm.

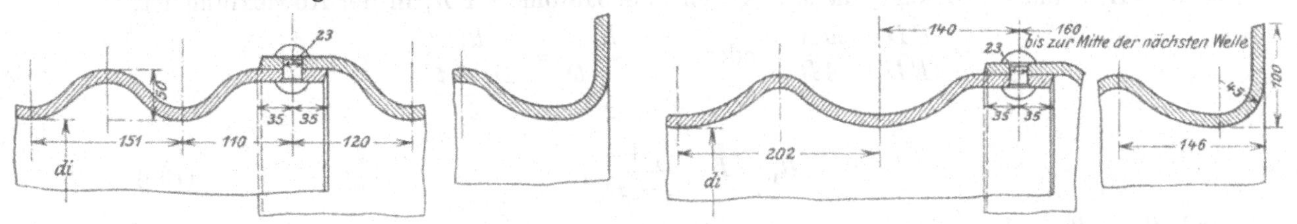

Abb. 494 und 495. Wellrohrformen.

7. Gestaltung einfacher Kessel, Durchbildung und Ausführung ihrer Vernietungen.

Die Kessel pflegen aus zylindrischen, seltener kegeligen Schüssen und ebenen oder gewölbten Böden und Wänden, häufig in Verbindung mit Flamm-, Wasser- und Rauchrohren zusammengesetzt zu werden. Flammrohre sind weite, im Innern eines walzenförmigen Kessels liegende Rohre, Abb. 527, die oft den Rost und damit die Feuerung selbst aufnehmen oder durch welche die Feuergase geleitet werden. Wasserrohre dienen zur Erhitzung des in ihnen strömenden Wassers; sie werden von außen her vom Heizmittel umspült. Umgekehrt strömen bei den Feuer- oder Rauchrohren, Abb. 513, die Gase durch die außen von Wasser umgebenen Rohre hindurch.

Beim Entwurf der einfachsten Form der Kessel, des Walzenkessels, geht man von den normalen Böden, Zusammenstellung 77, aus und bestimmt danach die Durchmesser der einzelnen, an den Quernähten ineinander gesteckten Schüsse. Wählt man deren Zahl ungerade, Abb. 527, so kommt man bei gleichem Durchmesser der beiden Böden mit zylindrischen Schüssen aus, die sich aus rechteckigen, also geradlinig begrenzten und daher leicht anzureißenden und durch Hobeln zu bearbeitenden

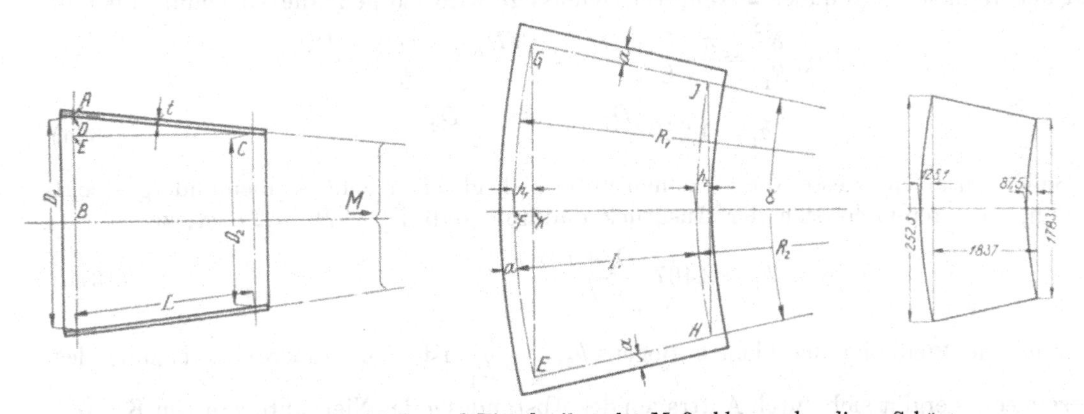

Abb. 496. Ermittlung der Maße und Einschreiben der Maßzahlen an kegeligen Schüssen.

Blechen zusammenrollen lassen. Eine gerade Schußzahl verlangt dagegen, daß mindestens einer der Schüsse kegelig gestaltet wird, Abb. 467. In der Abwicklung erhält dieser zwei kreisbogenförmige und zwei schräg zueinanderstehende, aber gerade Begrenzungslinien, Abb. 496, ist also umständlicher anzureißen und schwieriger auszuarbeiten. Die Darstellung verdeutlicht auch die Art der Maßangabe an solchen Schüssen. Die Abwicklungsmaße werden wie folgt gefunden. Bezeichnen

D_1 und D_2 die lichten Durchmesser des Kesselschusses in den Quernähten,

t die Blechstärke,

L die Länge des Schusses zwischen den Nietnähten
α den Zentriwinkel der abgewickelten Fläche,
h_1 und h_2 die Pfeilhöhen der Bögen,
R_1 und R_2 die Halbmesser der Nietlochkreise in der Abwicklung,
so sind die mittleren Umfänge des Schusses, längs der Quernähte gemessen, $\pi \cdot (D_1 + t)$ und $\pi \cdot (D_2 + t)$ gleich den Bogenlängen $\widehat{EFG}$ und $\widehat{HJ}$. Aus der Ähnlichkeit der Dreiecke MAB und CDE folgt, da MA gleich dem Halbmesser R_1 in der Abwicklung ist,

$$\frac{CD}{ED} = \frac{MA}{AB} \quad \text{oder} \quad \frac{L}{\frac{D_1 - D_2}{2}} = \frac{R_1}{\frac{D_1 + t}{2}};$$

$$R_1 = L \cdot \frac{D_1 + t}{D_1 - D_2}, \tag{136}$$

und $R_2 = R_1 - L$.

Bei schwach kegeligen Schüssen werden die Halbmesser R_1 und R_2 sehr groß. Dann empfiehlt es sich, das Blech unter Benutzung der Pfeilhöhen h_1 und h_2 mit einer durchgebogenen Latte anzureißen. Zur genauen Bestimmung der Pfeilhöhen führt folgender Weg: Man berechnet zunächst R_1 nach (136), dann den Zentriwinkel α aus

$$\frac{\alpha}{360^0} = \frac{\widehat{EFG}}{2\pi R_1} = \frac{\pi (D_1 + t)}{2\pi R_1} = \frac{D_1 + t}{2 R_1}$$

und findet

$$h_1 = \overline{FK} = R_1 \left(1 - \cos\frac{\alpha}{2}\right). \tag{137}$$

Für die meisten Fälle genügt eine Näherungsformel, die selbst bei einer Neigung der Erzeugenden des Kegels gegenüber der Achse von 15^0 nur 2% Fehler gibt. Es ist

$$\overline{GK}^2 = h_1 (2 R_1 - h_1) = 2 R_1 h_1 - h_1^2.$$

Wenn nun die halbe Sehnenlänge $\overline{GK}$ durch die Bogenlänge $\widehat{FG} = \frac{\pi}{2}(D_1 + t)$ ersetzt und der Wert h_1^2 gegenüber $2 R_1 h_1$ vernachlässigt wird, so geht die Gleichung über in

$$h_1 = \frac{\overline{GK}^2}{2 R_1} = \frac{\pi^2 (D_1 + t)^2}{8 R_1} = \frac{\pi^2}{8} \frac{(D_1 + t)(D_1 - D_2)}{L},$$

$$h_1 = 1{,}233 \frac{(D_1 + t)(D_1 - D_2)}{L}. \tag{137a}$$

Sollen an einem Kessel die einzelnen unter sich gleichen Schüsse ineinandergesteckt werden, so vereinfacht sich der Ausdruck dadurch, daß $D_1 - D_2 = 2t$ ist, zu

$$h_1 = 2{,}467 \frac{(D_1 + t) \cdot t}{L}, \tag{137b}$$

während die Pfeilhöhe des kleinen Bogens $h_2 = h_1 \frac{R_2}{R_1}$ ist. Die äußere Begrenzung des Kesselbleches ergibt sich durch Auftragen des Abstandes a der Nietnähte von den Kanten an allen Seiten.

Beim Zusammentreffen von Längs- und Quernähten entstehen Blechstöße. Je nach der Zahl der dabei beteiligten Bleche unterscheidet man Drei- und Vierplattenstöße, Abb. 497 und 498, von denen man freilich die letzteren der schwierigeren Ausführung und der größeren Werkstoffansammlung wegen gern dadurch vermeidet, daß man die Längsnähte unter Ausführung von zwei Dreiplattenstößen gegeneinander versetzt, Abb. 467.

Bei diesen muß das mittlere Blech zur Vermeidung einer Lücke in Form einer Zunge zugeschärft werden, über die man den anschließenden Schuß schiebt, Abb. 499. Das

Zuschärfen kann nach Abb. 500 durch Ausschmieden der Blechecke geschehen, wobei die Zunge nach Form und Maßen so zu wählen ist, daß sie sich aus dem rechtwinklig zugeschnittenen Blech ausziehen läßt. Die von Anfängern häufig gezeichnete Gestalt, Abb. 502, ist falsch, weil sie den strichpunktiert gezeichneten, schwierig herzustellenden und daher teuren Ansatz an der Blechtafel voraussetzt! In Flußstahl entstehen jedoch durch die örtliche Erwärmung und das Ausschmieden der Blechecke leicht Spannungen, die durch nachträgliches, sorgfältiges Ausglühen zu beseitigen sind, die sich aber vermeiden lassen, wenn man die Zunge nach Abb. 501 durch Abhobeln herstellt, eine Ausführung, die in neuerer Zeit mehr und mehr angewendet wird.

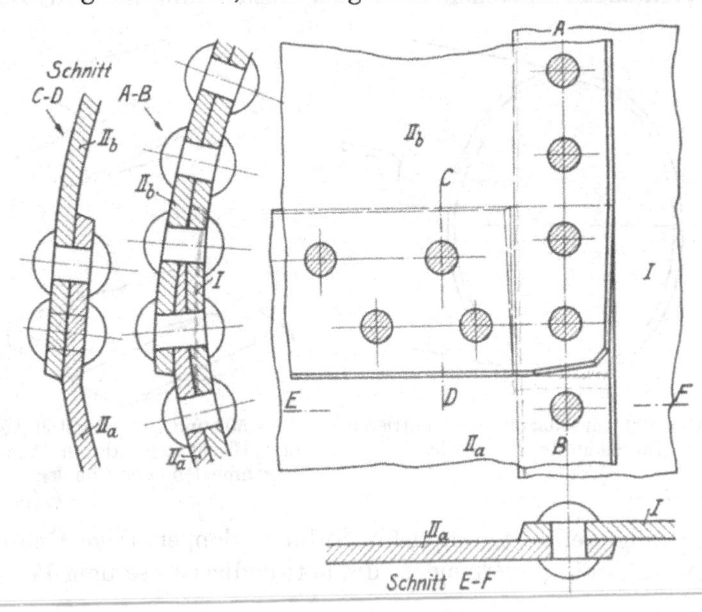

Abb. 497. Dreiplattenstoß.

Beim Vierplattenstoß, Abb. 498, schärft man die beiden mittleren Platten zu; seltener findet man die Ausführung mit stumpfem Schluß, Abb. 503. Schwierige Stöße, z. B. den an der Bördelung des Dampfdomes liegenden, Abb. 504, kann man durch überlappte Schweißung auf der Strecke *ab* umgehen; manchmal schweißt man auch zylindrische Schüsse an den Stoßstellen, wie bei *c* in der gleichen Abbildung angedeutet ist. Die Ausbildung des Stoßes einer Doppellaschennietung zeigt Abb. 505. Die innere Lasche deckt die Fuge in ihrer ganzen Länge; die äußere ist am Ende zugeschärft, greift unter den anschließenden Schuß und wird durch Verstemmen der Kante *a* abgedichtet, zu welchem Zwecke der Spalt genügend weit zu halten ist.

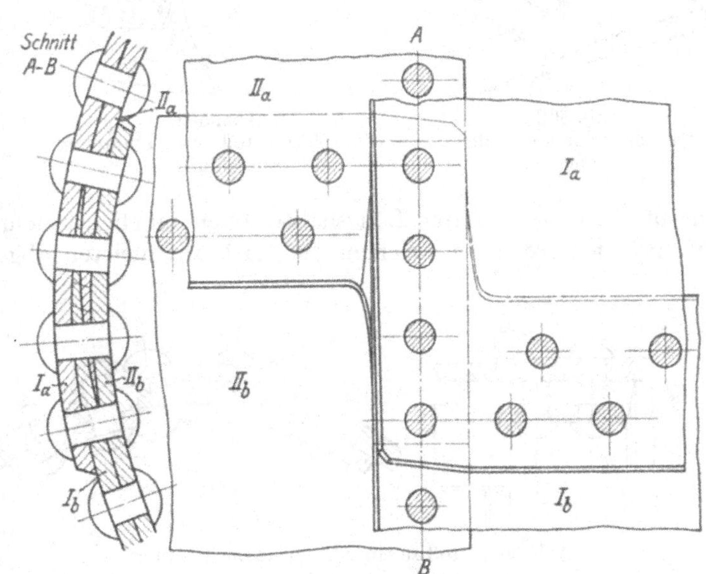

Abb. 498. Vierplattenstoß.

Sorgfältig sind alle unnötigen Werkstoffanhäufungen und Kröpfungen, die unregelmäßige Erwärmung und Spannungsbildung begünstigen, zu vermeiden. In einer zylindrischen, durchweg gleich starken Wandung, die außen und innen einem bestimmten Temperaturunterschied ausgesetzt ist, in der also ein überall gleiches Wärmegefälle herrscht, entstehen Druckspannungen auf der Seite der höheren Temperatur, Zugspannungen auf der andern. Da dieselben sich aber ringsum gleichmäßig ausbilden und im Gleichgewicht halten, üben sie bei den gewöhnlichen Wärmegraden keine schädlichen Wirkungen aus und sind unbedenklich. Beträchtliche Störungen und Unregelmäßigkeiten treten aber an allen Überlappungen und Stoßstellen auf. Die den Feuergasen ausgesetzten Blechkanten werden stärker erhitzt, suchen sich auszudehnen und kommen unter zusätzliche Druckspannungen, Abb. 506, weil die weiter abliegenden Schichten, in denen Zugspannungen entstehen, sie an der Ausdehnung hindern; Spannungen, die im Verein mit den vorerwähnten und den Betriebsspannungen schließlich zu Rissen und Brüchen in den Nietnähten führen können. Zu ihnen tritt noch ein stärkerer Angriff der hoch erhitzten Blechstellen durch die Feuergase, eine Erscheinung, die sich u. a. in der bekannten geringen Haltbarkeit aufgesetzter Flicken an Kesseln und an dem Abbrennen der Stemmkanten und Nietköpfe äußert. Da die Wirkungen um so stärker sind, je breiter die Überlappungsstelle ist, empfiehlt Sulzer, doppelreihige Überlappungsnietungen in solchen Quernähten zu vermeiden, die notwendigerweise dem Feuer ausgesetzt werden müssen.

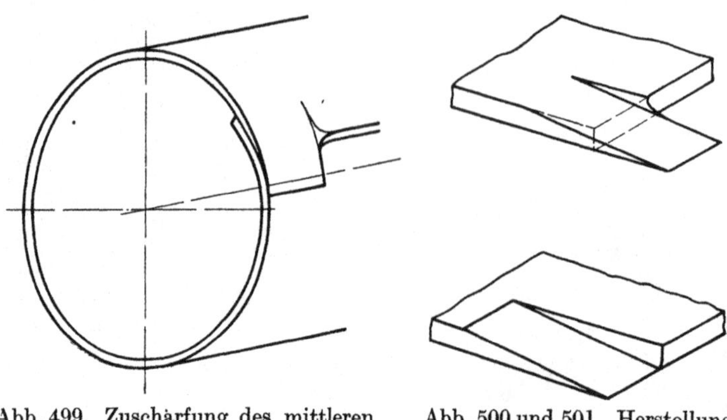

Abb. 499. Zuschärfung des mittleren Blechs an der Stoßstelle.

Abb. 500 und 501. Herstellung der Blechzunge durch Ausschmieden oder Abhobeln.

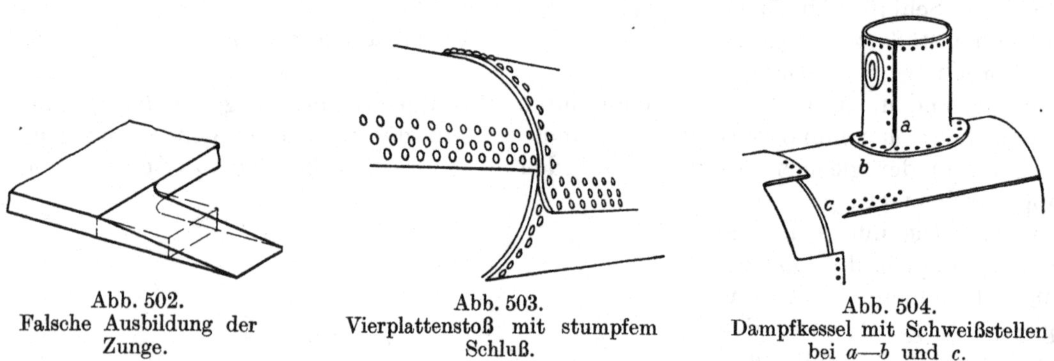

Abb. 502. Falsche Ausbildung der Zunge.

Abb. 503. Vierplattenstoß mit stumpfem Schluß.

Abb. 504. Dampfkessel mit Schweißstellen bei *a*—*b* und *c*.

Die oft besonders breiten Längsnähte sollen möglichst dem Feuer entzogen und in den Zug gelegt werden, in welchem die Gase am meisten abgekühlt sind. Schweißstellen

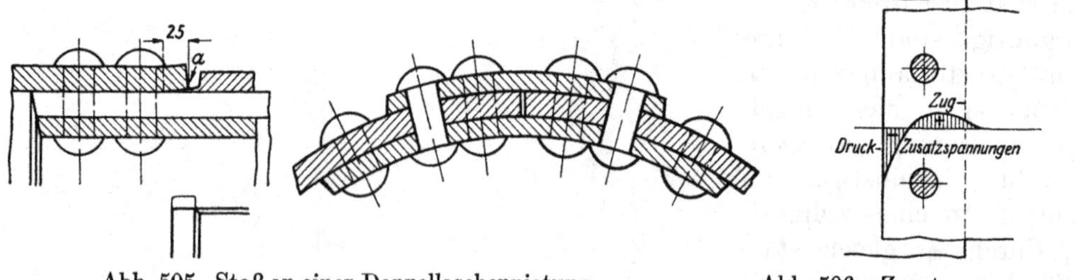

Abb. 505. Stoß an einer Doppellaschennietung.

Abb. 506. Zusatzspannungen in der Überlappung.

von gleicher Stärke, wie das volle Blech, sind wegen des Fehlens der Wärmestauungen in der erwähnten Beziehung Nietnähten überlegen.

Für die Anordnung der Niete gibt die auf Grund der Rechnung ermittelte Teilung den ersten Anhalt. Praktisch wird man von derselben wegen der Abmessungen der Schüsse häufig mehr oder weniger abweichen müssen — nach oben freilich nur, so weit es der Gleitwiderstand der Niete zuläßt —, wird aber im übrigen möglichst gleichmäßige

Nietverteilung anstreben. Unregelmäßige Anordnung und größere Abweichungen von der normalen Teilung sind oft an den Stößen notwendig, wo besonders darauf zu achten ist, daß sich die Köpfe trotz der vorspringenden Blechkanten gut schlagen und verstemmen lassen, während aber andererseits sorgfältig zu vermeiden ist, daß die Nietentfernung längs der Stemmkanten zu groß wird. Vgl. hierzu die Berechnung und konstruktive Durchbildung der Nietung an dem Dom, Abb. 529, Abb. 532 und Berechnungsbeispiel Nr. 3.

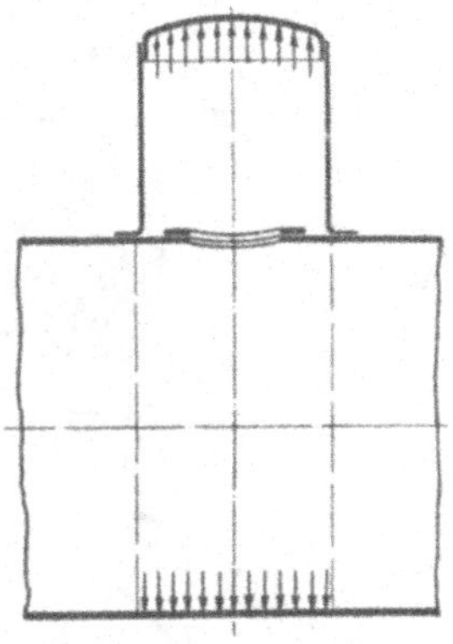

Nietlöcher, welche im ungerollten Zustande des Bleches angerissen und gebohrt werden sollen, werden in der Abwicklung, Abb. 530, so, wie es das Anreißen verlangt, solche, die erst nach dem Biegen oder Bördeln hergestellt werden können, z. B. die Anschlußniete des Domes am Kessel, am fertigen Stück, Abb. 529, angegeben.

Daß man an ein und demselben Kessel oder Konstruktionsteil der einfacheren Herstellung wegen durchweg Niete gleichen Durchmessers benutzt, selbst wenn die Rechnung verschiedene Maße liefert, sei hier nochmals betont.

Abb. 507. Belastung der Kesselwandung durch den Druck auf den Domboden.

Ausschnitte in den Kesselwandungen, wie sie als Mannlöcher und wegen Anschlüssen von Domen oder Rohrstutzen nötig werden, sind so klein wie möglich zu halten. Sie bedingen eine oft beträchtliche Schwächung des Kesselmantels in mehrfacher Hinsicht. Infolge der durch die Löcher hervorgerufenen Kerbwirkung (vgl. Seite 148) tritt eine Erhöhung der Spannungen am Lochumfange ein; erst in größerer Entfernung vom Loche nähert sich die Beanspruchung der nach Formel (56) berechneten mittleren. Ferner sucht der im Fall der Abb. 507 oft recht bedeutende Druck auf dem Domboden und auf dem dem Boden gegenüberliegenden Stück der Wandung den Kessel unter Verzerrung des kreisförmigen Querschnitts durchzuspannen, ruft also Nebenbeanspruchungen auf Biegung hervor [VI,14]. Diese Inanspruchnahme ist nicht von der Größe des Ausschnittes im Mantel, sondern vom Durchmesser des Domes, genauer von dem Durchmesser abhängig, bis zu welchem der Dampfdruck zwischen Kesselmantel und Domflansch vordringt. Aus all den Gründen ist eine wirksame Verstärkung der Ränder größerer Ausschnitte geboten, z. B. durch Aufnieten eines Ringes nach Abb. 507. Mindestens muß der Schuß im ungünstigen Querschnitt auf die volle Kraft, welcher er ausgesetzt ist, berechnet, die volle Sicherheit aufweisen, die für die Kesselart und Ausführungsweise vorgeschrieben ist. Längliche Ausschnitte, wie die Mannlöcher zum Befahren des Kessels, werden zweckmäßig mit ihrer Längsachse quer zu der des Kessels angeordnet, weil dieser dann in dem stärker beanspruchten Längsschnitt weniger geschwächt wird. Normale Abmessungen eines Mannlochausschnittes mit gepreßten oder ebenen Verschlußdeckeln, des besseren Dichthaltens wegen von innen her angelegt, zeigen die Abb. 529 und 508. Die geringste zulässige Lichtweite ist 280·380 mm, die normale 300·400 mm.

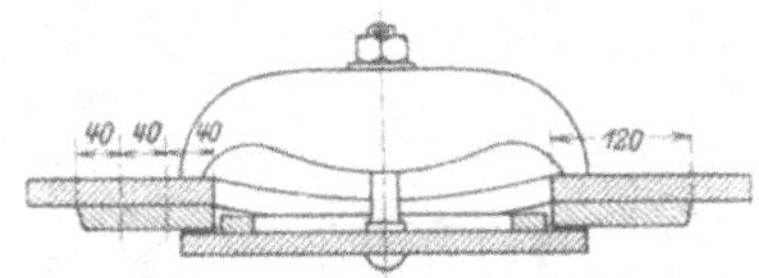

Abb. 508. Mannlochverschluß.

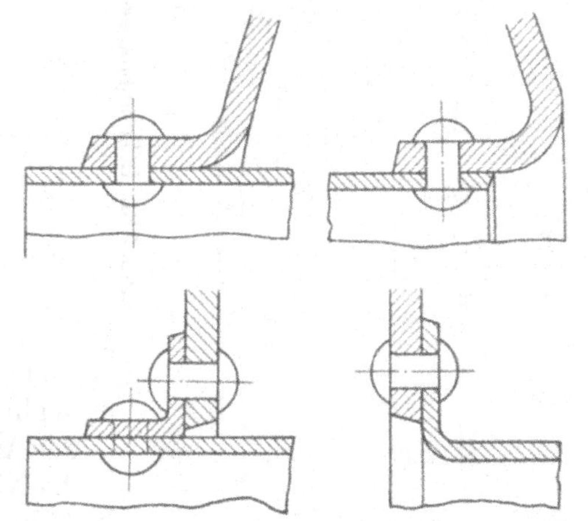
Abb. 509 bis 512. Nietverbindungen an Flammrohren und Kesselböden.

Übliche Verbindungen der Kesselböden mit Längswänden und Flammrohren zeigen die Abb. 509 bis 512, die Flammrohrkesseln mit gepreßten Böden nach Abb. 478 bis 481 entnommen sind. An ihnen pflegt der eine Boden, gewöhnlich der hintere, mit Einhalsungen, der andere dagegen mit Aushalsungen zur Befestigung der Flammrohre nach Abb. 527, 510 und 509 versehen zu werden, um das Schließen der Niete und den Einbau des Feuergeschränkes zu erleichtern. Allerdings hat die Aushalsung den Nachteil, daß sich der keilförmige Zwischenraum gern mit Kesselstein zusetzt, der die Wärmeleitung verschlechtert, die stärkere Erhitzung des Rohres und dadurch das Undichtwerden der Nietnaht begünstigt, wenn die Stelle dem Feuer ausgesetzt ist. Verbindungen mit ebenen Böden, wie sie sich beispielweise an Lokomobilkesseln mit aus-

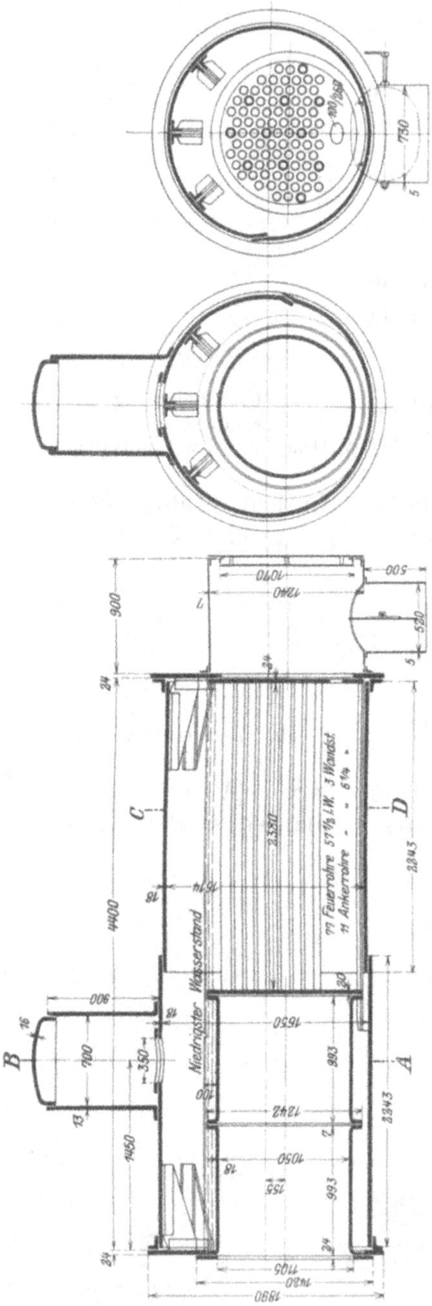

Abb. 513. Lokomobilkessel mit ausziehbarem Flammrohr und Rohrbündel. M. ≈ 1 : 60.

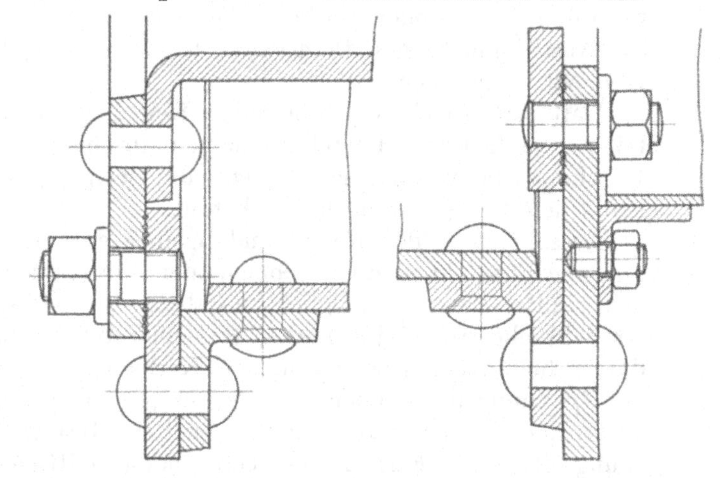

Abb. 514 und 515. Nietverbindungen und Verschraubungen an dem ausziehbaren Flammrohr und Rohrbündel des Kessels, Abb. 513.

ziehbaren Röhrenbündeln, Abb. 513, unter Benutzung von gewalzten oder geschweißten Winkelringen

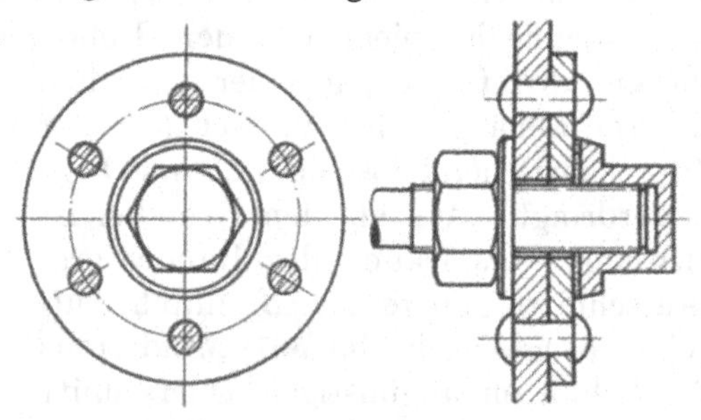

Abb. 516. Anker.

finden, geben die Abb. 514 und 515 wieder. Bei der Wahl und Durchbildung aller dieser Verbindungen ist der Arbeitsgang bei der Herstellung des Kessels und der Nietnähte genau zu beachten. Ausführungen nach Abb. 509 und 511 lassen das Einziehen der Niete von außen her zu, eignen sich also für Nähte, die zuletzt geschlossen werden sollen. Zu verstemmende Kanten müssen etwas zurücktreten und zugänglich gehalten werden.

Größere ebene Wände werden durch Anker, Ankerrohre, Stehbolzen, aufgenietete Träger oder Eckbleche versteift. Abb. 516 zeigt einen Anker mit einer geschlossenen Mutter unter gleichzeitiger Verstärkung der Angriffstelle durch eine aufgenietete Platte. Ankerrohre, Abb. 517, werden an Rauch- und Wasserrohrkesseln zwischen den Siede-

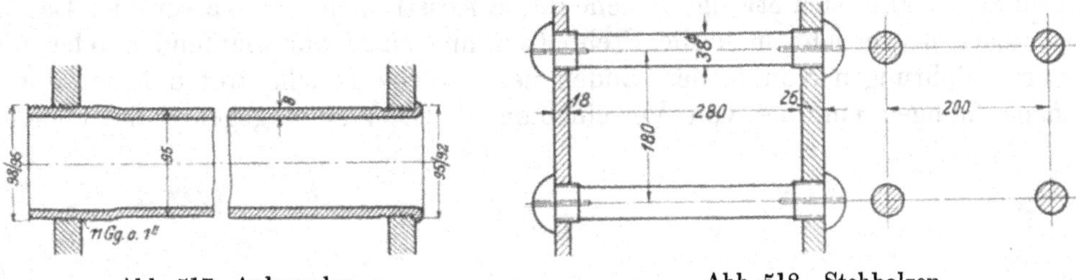

Abb. 517. Ankerrohr. Abb. 518. Stehbolzen.

rohren, Abb. 513, verteilt angeordnet, haben größere Wandstärke und werden in den Böden oder Wandungen eingeschraubt, aufgewalzt und mindestens auf der Feuerseite

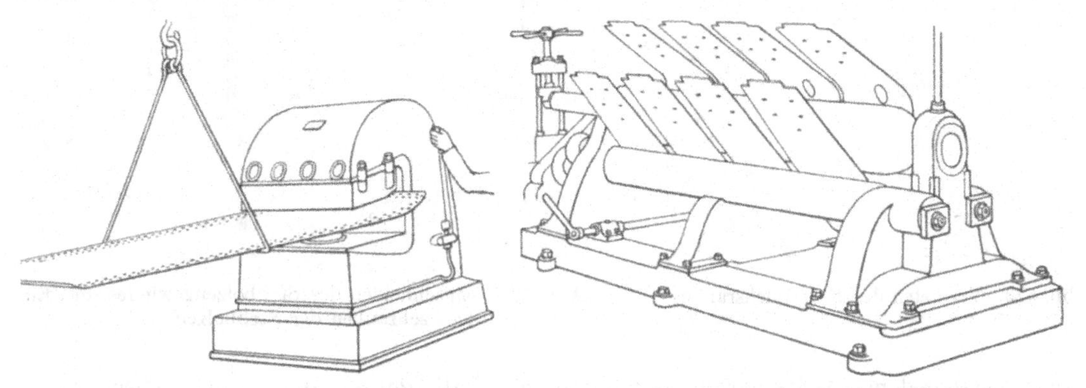

Abb. 519. Anbiegen der Kesselschüsse. Abb. 520. Biegen der Stehkesselbleche.

umgebördelt. Stehbolzen, Abb. 518, dienen zur Versteifung naher Wände und tragen an beiden Enden Gewinde, das durchlaufen muß, um Zwängungen beim Einziehen,

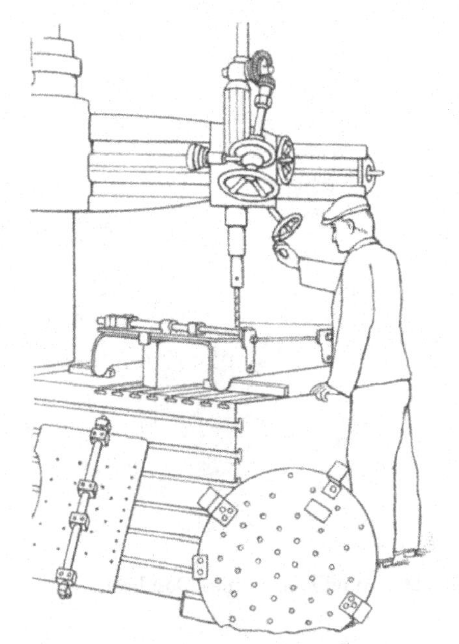

Abb. 521. Bohren einer Feuerbüchswand unter Benutzung von Bohrlehren.

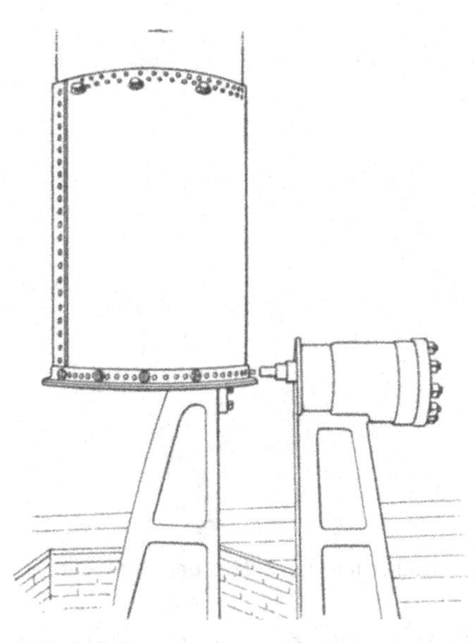

Abb. 522. Annieten des Bordringes am Langkessel.

das mittels eines an den Bolzen sitzenden Vierkants erfolgt, zu vermeiden. Nach Entfernung der Schraubengänge und des Vierkants an den vorstehenden Enden werden die

Bolzen vernietet. Damit sich etwaige Brüche durch Ausströmen von Wasser oder Dampf bemerkbar machen, versieht man die Stehbolzen mit einer durchlaufenden oder mit zwei kürzeren Bohrungen von beiden Enden her. Solche Brüche treten leicht durch Biegebeanspruchungen ein, die von Verschiebungen der Wände gegeneinander meist

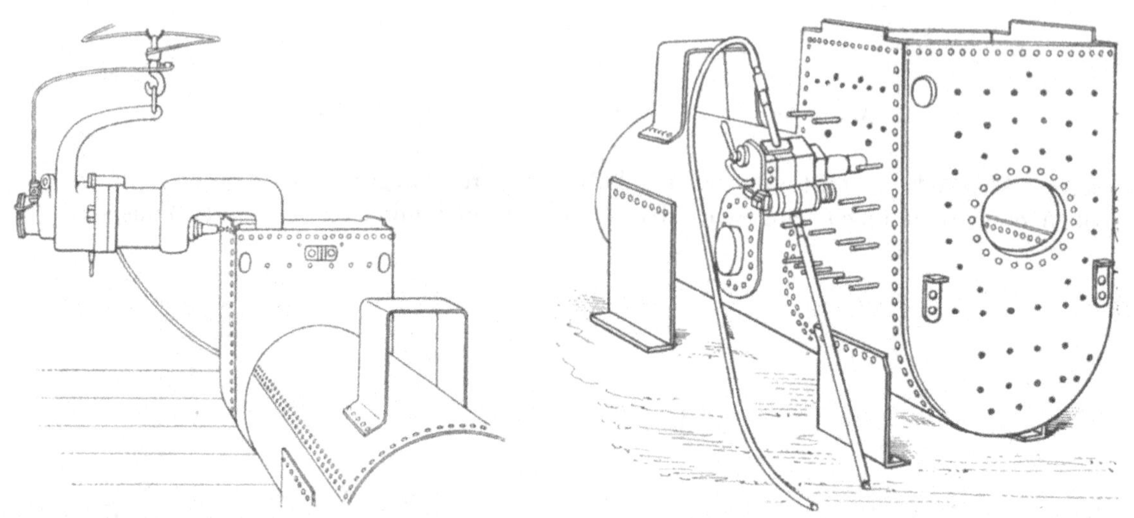

Abb. 523. Vernieten des Feuerbüchsrandes.

Abb. 524. Einschneiden des Stehbolzengewindes und Einschrauben der Stehbolzen.

infolge verschiedener Wärmegrade herrühren, ein Fall, der an den Feuerbüchsen der Lokomotiven und Lokomobilen häufig vorkommt.

Einige wichtige Stufen der Herstellung von Kesseln sind in den Abb. 519 bis 526 nach Aufnahmen der Maschinenfabrik H. Lanz, Mannheim u. a.

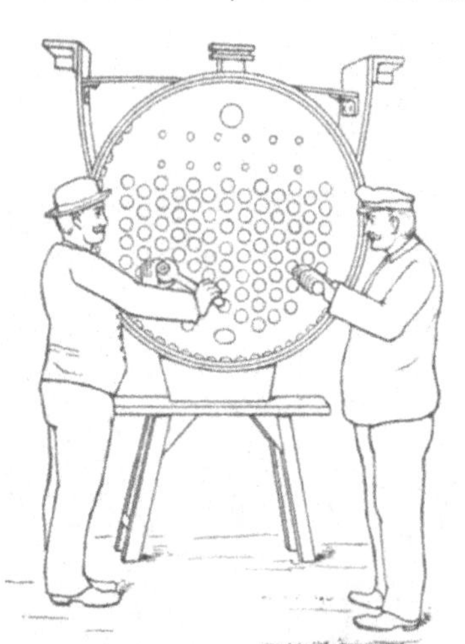

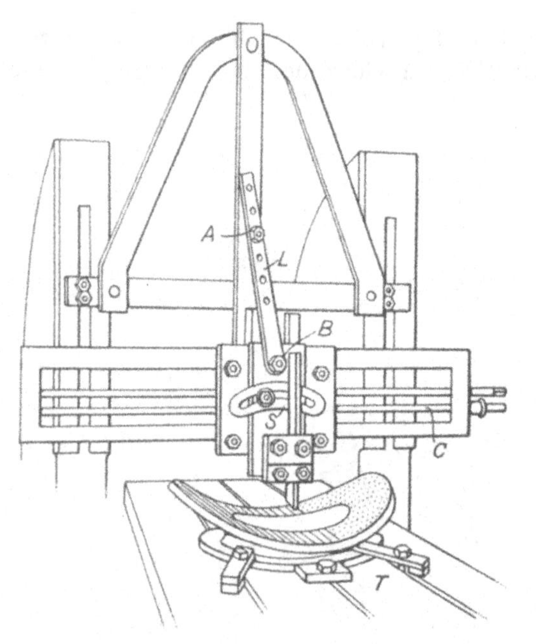

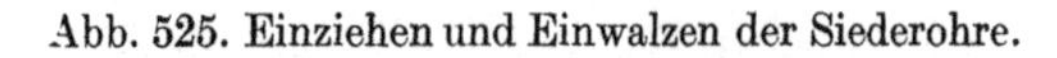

Abb. 525. Einziehen und Einwalzen der Siederohre.

Abb. 526. Rundhobeln eines Domhalses.

wiedergegeben. Die für den Kesselmantel bestimmten Bleche werden in ungerolltem Zustande angerissen, an den Längskanten gehobelt und zu mehreren gleichzeitig gebohrt. Vollrunde Kesselschüsse biegt man dann an den Enden an, Abb. 519, und bringt sie ähnlich wie die Stehkesselbleche, Abb. 520, auf der Biegemaschine allmählich in die endgültige Form. Das Bohren der gepreßten Böden und äußeren Feuerbüchswände geschieht unter Verwendung von Bohrlehren, Abb. 521, während die Stehbolzenlöcher in den inneren Wänden der Feuerbüchse erst nach dem Zusammenbau gebohrt werden, um sie zu den Löchern in den Außenwänden genau passend zu bekommen. Die einzelnen Teile werden nun zusammengesetzt, durch Heftschrauben verbunden und mit Wasserdrucknietmaschinen vernietet. So zeigt Abb. 522 das Annieten eines Bordringes an einem Langkessel, dessen Längsnähte schon geschlossen sind, während die obere Quernaht noch durch Heftschrauben zusammengehalten wird, Abb. 523, das Einziehen der Niete am unteren Rande der Feuerbüchse. In Abb. 524 werden die Stehbolzenlöcher mit durchlaufendem Gewinde versehen und die Bolzen selbst unter Verwendung von kleinen, durch Preßluft getriebenen Maschinen eingeschraubt. Abb. 525 gibt das Einziehen und Einwalzen der Rohre wieder. Schließlich werden die Niete, Blechkanten und Rohre verstemmt, die Kessel nach Verschluß sämtlicher Öffnungen der Wasserdruckprobe unterworfen und dabei auf Festigkeit sowie völlige Dichtheit geprüft.

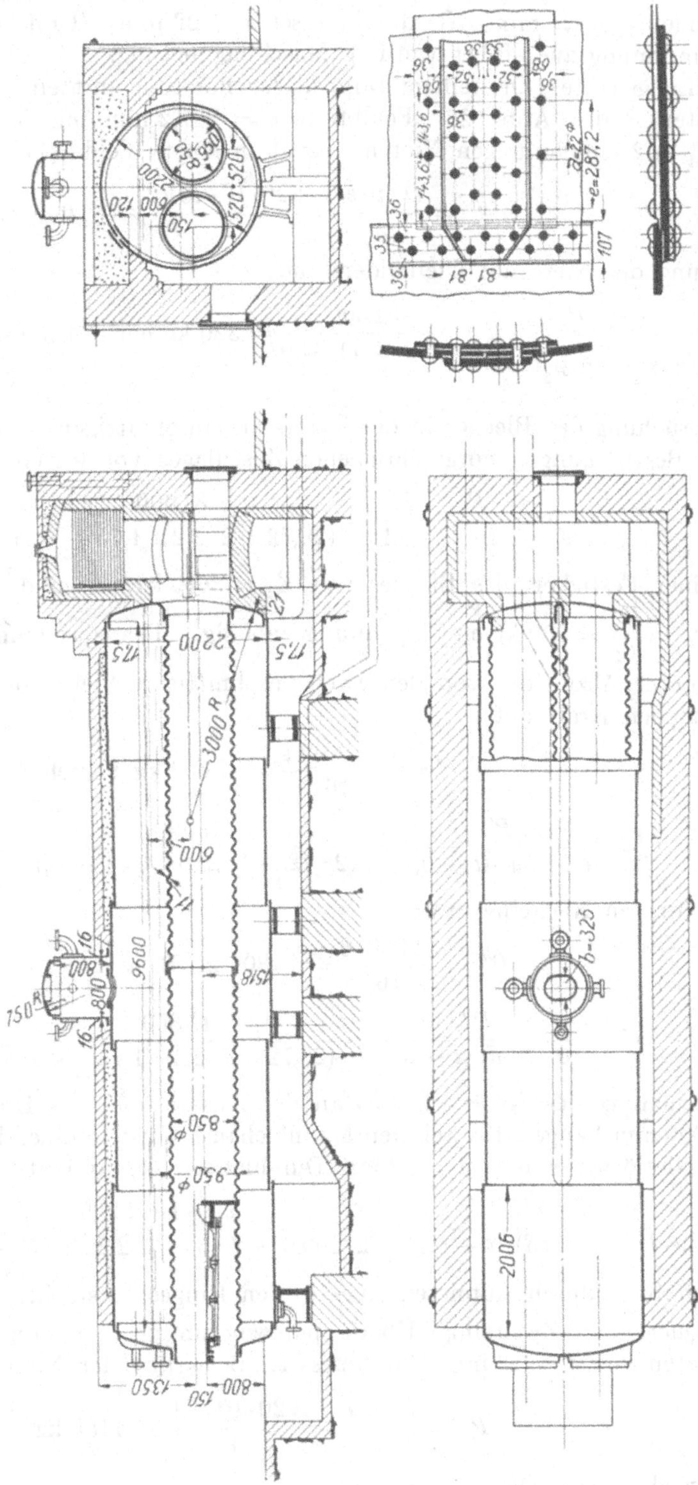

Das Rundhobeln eines Rohrstutzens oder Domhalses zeigt Abb. 526. Der Werkzeugschlitten S der Hobelmaschine wird durch die Lenkstange L auf einem Kreisbogen um den Punkt A geführt, so daß der Hobelstahl bei der Querverschiebung des Schlittens S durch die Spindel C eine Zylinderfläche vom Halbmesser AB bearbeitet, während der Tisch T die hin- und hergehende Bewegung unter dem Werkzeuge ausführt.

Abb. 527 und 528. Zweiflammrohrkessel von J. Piedboeuf, Aachen und Stoß der Längs- und Quernaht. M. 1 : 100 und 1 : 20.

8. Berechnungsbeispiele.

1. Nachrechnung des Zweiflammrohrkessels, Abb. 527, von J. Piedboeuf, Aachen. $D = 2200$ mm Durchmesser, $p = 10$ at Überdruck. Wandstärke der Schüsse $t = 17{,}5$, der Böden $t_1 = 21$ mm. Nietdurchmesser $d = 22$ mm. (Unnormal, da der Kessel vor der Dinormung ausgeführt wurde.) Maschinennietung.

a) Längsnähte. Dreireihige Doppellaschennietung mit einschnittigen Nieten in der äußersten Reihe, Abb. 528. Feldbreite $e = 287{,}2$ mm mit je $n_2 = 7$ zweischnittigen und $n_1 = 2$ einschnittigen Nieten. Kraft in einem Felde (110):

$$P_e = \frac{D \cdot p \cdot e}{2} = \frac{220 \cdot 10 \cdot 28{,}72}{2} \approx 31\,600 \text{ kg}.$$

Belastung der Niete auf Gleitwiderstand:

$$k_n = \frac{P_e}{(n_1 + 2 \cdot n_2)\frac{\pi d^2}{4}} = \frac{31\,600}{(2 + 2 \cdot 7) \cdot 3{,}80} = 520 \text{ kg/cm}^2.$$ (Zulässig 700, nach Bach 550 kg/cm².)

Beanspruchung des Bleches in der äußersten einschnittigen Nietreihe, unter Abzug des in den Bestimmungen vorgeschriebenen Zuschlages von 0,1 cm, auf P_e kg berechnet:

$$\sigma_z = \frac{P_e}{(e - 2\,d) \cdot (t - 0{,}1)} = \frac{31\,600}{(28{,}72 - 2 \cdot 2{,}2) \cdot (1{,}75 - 0{,}1)} = 788 \text{ kg/cm}^2.$$

(Bei einer Festigkeit des Bleches von $K_z = 3600$ kg/cm² und $\mathfrak{S} = 4$facher Sicherheit wäre $k_z = \frac{K_z}{\mathfrak{S}} = 900$ kg/cm² Spannung zulässig.) Beanspruchung in der zweiten Nietreihe, unter Abzug der von den zwei einschnittigen Nieten der äußersten Reihe aufgenommenen Kraft auf

$$P' = \frac{31\,600 \cdot 14}{16} = 27\,650 \text{ kg berechnet:}$$

$$\sigma_z' = \frac{P'}{(e - 3\,d) \cdot (t - 0{,}1)} = \frac{27\,650}{(28{,}72 - 3 \cdot 2{,}2) \cdot (1{,}75 - 0{,}1)} = 758 \text{ kg/cm}^2,$$

in der inneren Nietreihe mit

$$P'' = \frac{31\,600 \cdot 8}{16} = 15\,800 \text{ kg Belastung:}$$

$$\sigma_z'' = \frac{P''}{(e - 4\,d) \cdot (t - 0{,}1)} = \frac{15\,800}{(28{,}72 - 4 \cdot 2{,}2) \cdot (1{,}75 - 0{,}1)} = 481 \text{ kg/cm}^2.$$

Beanspruchung des Kesselschusses an der Ansatzstelle des Domes. Der Schuß von $L = 2006$ mm Länge ist durch den Mannlochausschnitt in einer Breite von $b = 325$ mm und 4 Nietlöcher von je $d = 22$ mm Durchmesser geschwächt.

$$\sigma_z = \frac{D \cdot p \cdot L}{2\,(L - b - 4\,d) \cdot (t - 0{,}1)} = \frac{220 \cdot 10 \cdot 200{,}6}{2\,(200{,}6 - 32{,}5 - 4 \cdot 2{,}2)\,(1{,}75 - 0{,}1)} = 840 \text{ kg/cm}^2.$$

Der Schuß ist durch Aufnieten eines ovalen Ringes verstärkt.

b) Quernähte. Zweireihige Überlappungsnietung; $e' = 81$ mm mit je zwei einschnittigen Nieten von $d = 22$ mm Durchmesser. Belastung der Niete:

$$P_e' = \frac{D \cdot p \cdot e'}{4} = \frac{220 \cdot 10 \cdot 8{,}1}{4} = 4455 \text{ kg},$$

Beanspruchung auf Gleiten:

$$k_n = \frac{P_e'}{2 \cdot \frac{\pi}{4} d^2} = \frac{4455}{2 \cdot 3{,}80} = 586 \text{ kg/cm}^2.$$

Zugbeanspruchung im Bleche:

$$\sigma_z' = \frac{P_e'}{(e-d)\cdot(t-0{,}1)} = \frac{4455}{(8{,}1-2{,}2)\,(1{,}75-0{,}1)} = 458 \text{ kg/cm}^2.$$

c) Beanspruchung der gewölbten Böden, als Kugelwandung mit $R = 3000$ mm Halbmesser berechnet (123):

$$\sigma_z = \frac{p\cdot R}{2\cdot t_1} = \frac{10\cdot 300}{2\cdot 2{,}1} = 715 \text{ kg/cm}^2. \quad \text{(Zulässig 750 kg/cm}^2\text{)}.$$

d) Wellrohr. Rechnungsmäßig beträgt die Wandstärke nach Formel (135)

$$t = \frac{p\cdot d_i}{1200} + 0{,}2 = \frac{10\cdot 85}{1200} + 0{,}2 = 0{,}91 \text{ cm},$$

die bei eingebauten Feuerrosten um 0,1 cm Zuschlag auf $t = 1{,}01$ cm erhöht werden müßte. Ausgeführt ist das Flammrohr mit 11 mm Stärke.

2. Berechnung und konstruktive Durchbildung der Vernietung des Dampfdomes, Abb. 529.

$D = 700$ mm Durchmesser, Betriebsdruck $p = 12$ at Überdruck; Höhe des Dommantels 700 mm über Kesseloberkante. Die Festigkeit des verwandten Bleches sei $K_z = 3600$ kg/cm². Maschinennietung.

Nach (111)

$$P_{1\,\text{cm}} = \frac{D\cdot p}{2} = \frac{70\cdot 12}{2} = 420 \text{ kg}$$

erscheint gemäß Zusammenstellung 76 einreihige Überlappungsnietung ausreichend und zweckmäßig. Mit $\mathfrak{S} = 4{,}5$facher Sicherheit wird

$$k_z = \frac{K_z}{\mathfrak{S}} = \frac{3600}{4{,}5} = 800 \text{ kg/cm}^2,$$

$$t = \frac{D\cdot p}{2\cdot\varphi\cdot k_z} + 0{,}1$$

$$= \frac{70\cdot 12}{2\cdot 0{,}58\cdot 800} + 0{,}1 = 1{,}05 \text{ cm}.$$

Gewählt in Rücksicht auf die Krempe am unteren Rande des Dommantels: $t = 12$ mm.

Nietdurchmesser nach Abb. 469

$$d = 20 \text{ mm}.$$

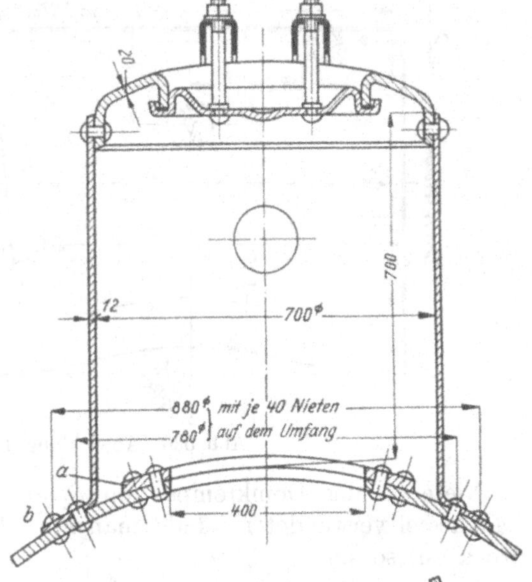

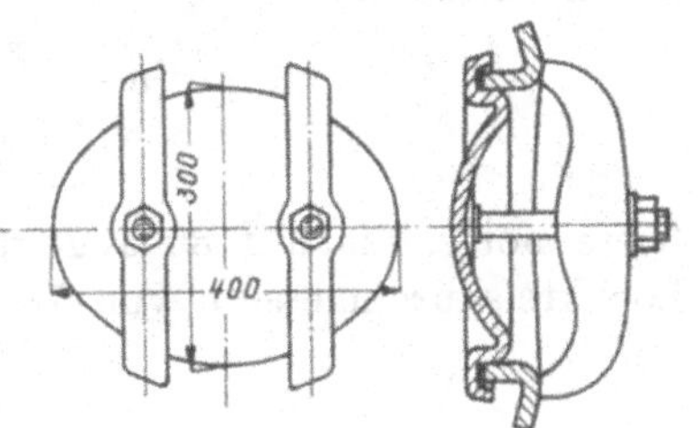

Abb. 529. Dampfdom. M. 1 : 15.

Teilung $e = 2\,d + 0{,}8 = 2\cdot 2 + 0{,}8 = 4{,}8$ cm (113).

$$P_e = \frac{D\,p\cdot e}{2} = \frac{70\cdot 12\cdot 4{,}8}{2} = 2016 \text{ kg}.$$

Beanspruchung der Niete

$$k_n = \frac{P_e}{\frac{\pi d^2}{4}} = \frac{2016}{3{,}14} = 642 \text{ kg/cm}^2.$$

Beanspruchung des Bleches in der Nietnaht (116):

$$\sigma_z = \frac{P_e}{(t-0{,}1)\,(e-d)} = \frac{2016}{(1{,}2-0{,}1)\,(4{,}8-2)} = 655 \text{ kg/cm}^2.$$

Die Nietteilung am Domboden könnte in Rücksicht auf die Festigkeit doppelt so groß wie in der Längsnaht sein, also $e = 9{,}6$ cm betragen. Der gleiche Wert ergibt sich auch auf Grund des Verstemmens, indem $8 \cdot t = 8 \cdot 1{,}2 = 9{,}6$ cm ist. Aus dem mittleren Umfang U des Mantelblechs würde damit die Zahl der Teilungen

$$\frac{U}{e} = \frac{\pi(D+t)}{e} = \frac{\pi(70+1{,}2)}{9{,}6} = 23{,}3\,.$$

Gewählt in Rücksicht auf bessere Abdichtung 28 Teilungen zu je 7,99 cm.

In der Längsnaht, die wegen der in der Längsebene des Kessels liegenden Stutzen für die Dampfleitung und die Sicherheitsventile in der Querebene angeordnet wurde, bleiben, wenn das untere Ende nach Abb. 504 auf der Strecke a—b der Bördelung wegen geschweißt wird, als Nahtlänge 672 mm oder 14 Teilungen zu je 48 mm übrig.

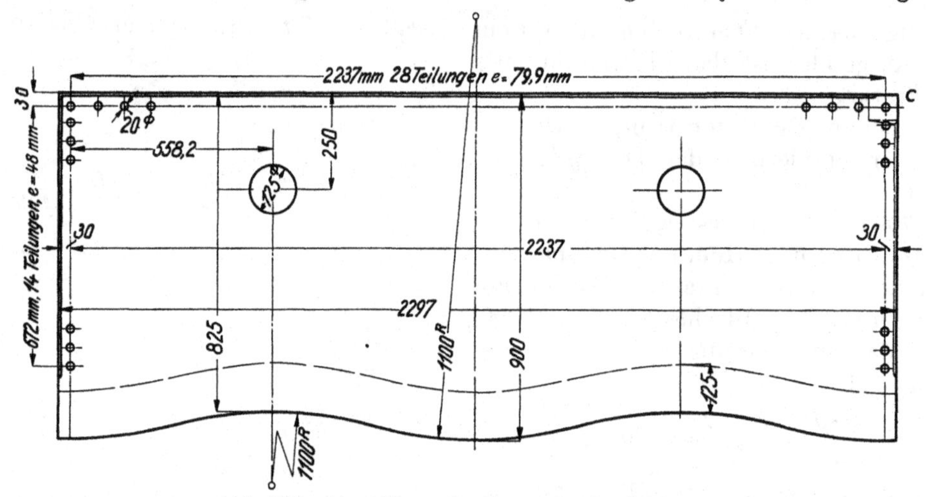

Abb. 530. Abwicklung des Dommantels M. 1 : 20.

Niete in der Domkrempe von $d_1 = 23$ mm Durchmesser, entsprechend den am Langkessel verwendeten. Läßt man $k_z = 150$ kg/cm² Zugspannung durch den Dampfdruck zu, so sind

$$n = \frac{\pi D^2 \cdot p}{4\,k_z \cdot \frac{\pi d_1^{\,2}}{4}} = \frac{\pi \cdot 70^2}{4} \cdot \frac{12}{150 \cdot 4{,}15} = 74{,}2$$

Niete nötig, die auf 80 abgerundet, in zwei Reihen von je 40 Stück angeordnet, zu Lochkreisdurchmessern von 780 und 880 mm führen. Kleinster Nietabstand

$$\frac{\pi \cdot 780}{40} \sim 61 \text{ mm}.$$

Abb. 530 zeigt die Abwicklung des Dommantels mit den zum Anreißen der Nietlöcher nötigen Maßen. Auch am Stoß, der unter Zuschärfung des Bleches bei c gebildet ist, können die berechneten Teilungen in der Längs- und Quernaht ohne Schwierigkeit eingehalten werden. Die für die Anordnung der Niete am Domflansch nötigen Maße sind im Schnitt, Abb. 529, angegeben, weil die Löcher erst nach Herstellung der Bördelung angerissen und gebohrt werden können. Zum Anreißen derselben pflegt man dünne Blechlehren zu benutzen, die sich, über den Dom geschoben, der Krümmung des Flansches anschmiegen.

3. Ein liegender Windkessel von $V = 1{,}20$ m³ Inhalt ist unter Verwendung normaler gewölbter Böden für $p = 12$ at Betriebsdruck aus Blech von $K_z = 3600$ kg/cm² Festigkeit nach den für Dampfkessel geltenden Vorschriften zu entwerfen. Die Maultiefe der vorhandenen Nietmaschine beträgt 2000 mm. Die anzuschließenden Rohrleitungen haben 150 mm lichte Weite und 1200 mm Abstand voneinander.

Um die Rundnähte bequem schließen zu können, muß einer der Böden nach innen gewölbt sein, Abb. 531, da sonst ein Mannloch zum Befahren des Kessels wegen des Festhaltens der Setzköpfe beim Einziehen der Niete nötig wäre. Das Nieten müßte zudem von Hand erfolgen. In Rücksicht auf die vorhandene Nietmaschine darf der Abstand der linken Quernaht vom rechten Kesselschußrand 2000 mm nicht überschreiten; andererseits wird man aber den Durchmesser des Schusses so klein wie möglich nehmen, um den Kessel leicht und billig zu machen, weil sowohl die Stärke der Wandung, wie die der Böden, mit dem Durchmesser zunimmt.

Bei $L_0 = 2000$ mm Schußlänge wäre der Mindestquerschnitt

$$F = \frac{V}{L} = \frac{1200000}{200} = 6000 \text{ cm}^2$$

und der entsprechende Durchmesser 874 mm. Gewählt $D = 900$ mm. $F = 6362$ cm^2; lichte Länge des Kessels

$$L = \frac{V}{F} = \frac{1200000}{6362} = 189 \text{ cm}.$$

Ausgeführt $L = 1900$ mm, wobei der Anschluß der Rohrleitungen auf einfache Weise längs des Scheitels des Kessels möglich ist.

Längsnaht. Kraft auf ein Zentimeter Nahtlänge:

$$P_{1\,\text{cm}} = \frac{D \cdot p}{2} = \frac{90 \cdot 12}{2} = 540 \text{ kg}.$$

Nach Zusammenstellung 76, Seite 279, folgt unter Annahme einer zweireihigen, einschnittigen Überlappungsnietung ein Mittelwert für $\varphi = 0{,}69$ und bei $\mathfrak{S} = 4{,}5$facher Sicherheit die zulässige Beanspruchung auf Zug in der Wandung

$$k_z = \frac{K_z}{\mathfrak{S}} = \frac{3600}{4{,}5} = 800 \text{ kg/cm}^2.$$

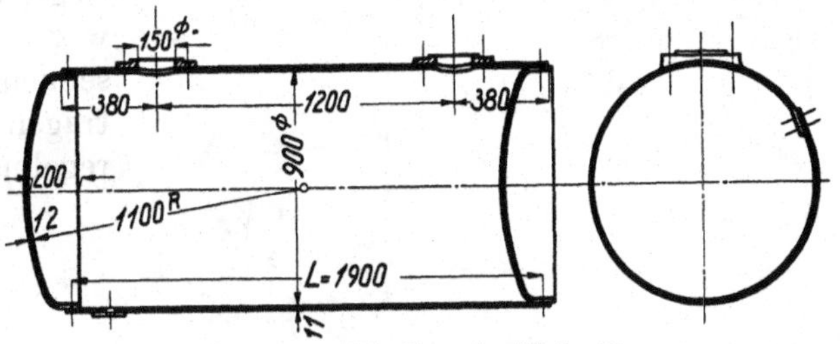

Abb. 531. Windkessel. M. 1 : 40.

Blechstärke:

$$t = \frac{D \cdot p}{2 \cdot \varphi \cdot k_z} + 0{,}1 = \frac{90 \cdot 12}{2 \cdot 0{,}69 \cdot 800} + 0{,}1 = 1{,}08 \text{ cm}.$$

Gewählt: $t = 11$ mm. Nietdurchmesser $d = 20$ mm. Nietteilung $e = 2{,}6\,d + 1{,}5 = 2{,}6 \cdot 2 + 1{,}5 = 6{,}7$ cm.

Quernaht. Eine einreihige Überlappungsnietung mit $e = 6{,}7$ cm Nietabstand genügt, da die Grenze der wegen Dichtheit zu fordernden Entfernung von $8\,t$ noch nicht erreicht ist.

Stärke des Kesselbodens bei $k = 650$ kg/cm^2 Beanspruchung und $R = 1100$ mm Wölbungshalbmesser, Formel (123)

$$t_1 = \frac{p \cdot R}{2\,k_z} = \frac{12 \cdot 110}{2 \cdot 650} = 1{,}04 \text{ cm}.$$

Gewählt $t_1 = 12$ mm. Die Nachrechnung des nach innen gewölbten Bodens auf Einbeulen liefert nach Formel (125)

$$k_0 = A - B\sqrt{\frac{R}{t_1}} = 2600 - 115\sqrt{\frac{110}{1{,}2}} = 1498 \text{ kg/cm}^2,$$

während die Grenze für

$$k_0 = \frac{k}{0{,}4} = \frac{650}{0{,}4} = 1625 \text{ kg/cm}^2$$

wäre. Es ist mithin genügende Sicherheit gegen Einbeulen vorhanden.

Der Entwurf des Kessels führt bei $h = 70$ mm zylindrischer Krempenhöhe des Bodens, $3\,d = 60$ mm Überlappung an den Quernähten und 1900 mm Abstand der Quernähte voneinander zu 1930 mm Entfernung der linken Quernaht vom rechten Kesselschußrande, wofür die Nietmaschine ausreicht.

Teilung der Quernaht aus dem mittleren Umfange des Schusses. Zahl der Niete:

$$n = \frac{\pi(D+t)}{e} = \frac{\pi(90+1{,}1)}{6{,}7} = 42{,}7\,.$$

Gewählt 42 Niete in je

$$e = \frac{\pi(D+t)}{n} = \frac{\pi(90+1{,}1)}{42} = 6{,}81 \text{ cm}$$

Abstand.

Belastung der Niete auf Gleitwiderstand

$$k_n = \frac{D \cdot e \cdot p}{4 \cdot \frac{\pi d^2}{4}} = \frac{90 \cdot 6{,}81 \cdot 12}{4 \cdot 3{,}14} = 585 \text{ kg/cm}^2. \quad \text{Zulässig.}$$

Beanspruchung des Bleches in der Nietnaht:

$$\sigma_z = \frac{D \cdot e \cdot p}{4\,(t - 0{,}1) \cdot (e - d)} = \frac{90 \cdot 6{,}81 \cdot 12}{4\,(1{,}1 - 0{,}1) \cdot (6{,}81 - 2)} = 382 \text{ kg/cm}^2.$$

Nachrechnung der Längsnaht. An dem nach außen gewölbten Boden muß der Abstand des ersten Niets von der Quernaht wegen der Bildung des Kopfes 55, am andern wegen der Wölbung des Bodens trotz Versenkens des Nietkopfes sogar 60 mm betragen, Abb. 532. Damit wird die für die regelmäßige Teilung verfügbare Strecke

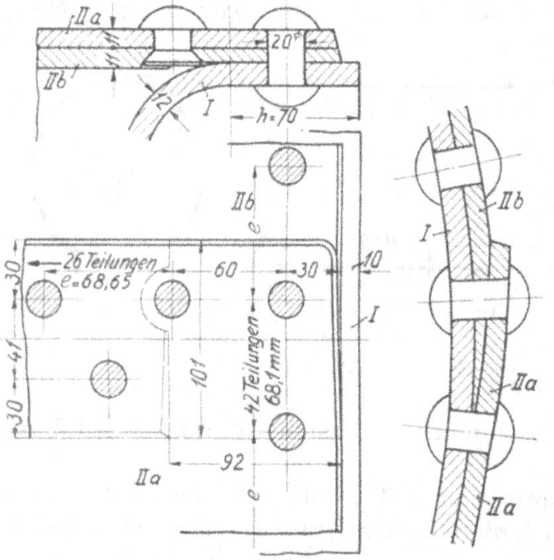

Abb. 532. Dreiplattenstoß am rechten Ende des Windkessels, Abb. 531, M. 1 : 4.

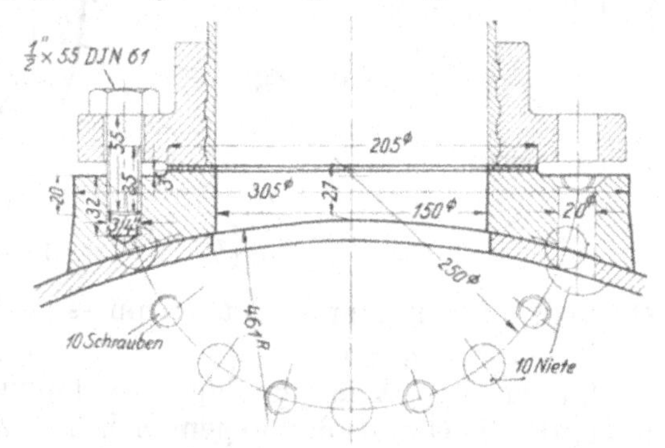

Abb. 533. Rohranschluß am Windkessel, Abb 531. M. 1 : 10.

der Längsnaht $1900 - 55 - 60 = 1785$ mm, die, in 26 gleiche Teile eingeteilt, zu

$$e = \frac{1785}{26} = 68{,}65 \text{ mm}$$

führt. Beanspruchung der Niete auf Gleitwiderstand (120):

$$k_n = \frac{D \cdot p \cdot e}{4 \frac{\pi d^2}{4}} = \frac{90 \cdot 12 \cdot 6{,}865}{4 \cdot 3{,}14} = 590 \text{ kg/cm}^2. \quad \text{Zulässig.}$$

Zugbeanspruchung des Bleches in der Naht (116):

$$\sigma_z = \frac{D \cdot e \cdot p}{2\,(t - 0{,}1)\,(e - d)} = \frac{90 \cdot 6{,}865 \cdot 12}{2\,(1{,}1 - 0{,}1) \cdot (6{,}865 - 2)} = 762 \text{ kg/cm}^2. \quad \text{Zulässig.}$$

Die Rohrflansche erhalten nach den Normen der Rohrleitungen für Dampf von hoher Spannung 1912 10 Stück $^3/_4''$ Schrauben auf einem Lochkreis von 250 mm Durchmesser, Abb. 533. Druck aus dem mittleren Packungsdurchmesser $D_m = 177{,}5$ mm berechnet:

$$P = \frac{\pi}{4} D_m^2 \cdot p = \frac{\pi}{4} \cdot 17{,}75^2 \cdot 12 = 2940 \text{ kg}.$$

Gewählt 10 Niete von $d = 20$ mm Durchmesser, zwischen den Schrauben angeordnet. Zugbeanspruchung:

$$\sigma_z = \frac{P}{10 \cdot \frac{\pi}{4} d^2} = \frac{2940}{10 \cdot 3{,}14} = 93{,}5 \text{ kg/cm}^2. \quad \text{Zulässig.}$$

C. Dichte Nietverbindungen.

Bei Gas- und Wasserbehältern für geringen Druck brauchen die Nietverbindungen keine größeren Kräfte zu übertragen, müssen dagegen die Bleche so stark aufeinanderpressen, daß die Fugen dauernd dicht bleiben.

1. Berechnung der Wandungen.

Behälter für Luft und Gase sind nach allen Richtungen gleichem Drucke ausgesetzt. In solchen für Flüssigkeiten nimmt der spezifische Druck p mit der Tiefe geradlinig zu. Ist das Raumgewicht γ kg/dm³, so beträgt p in der Tiefe von h Metern, Abb. 534,

$$p = \frac{\gamma \cdot h}{10} \text{ kg/cm}^2. \tag{138}$$

Für Wasser mit $\gamma = 1$ kg/dm³ vereinfacht sich der Ausdruck zu

$$p = \frac{h}{10} \text{ kg/cm}^2. \tag{138a}$$

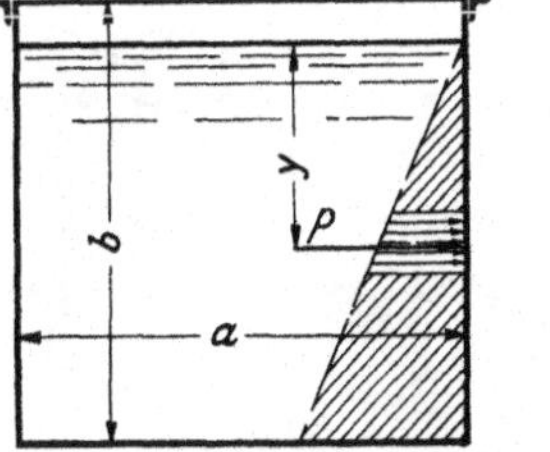

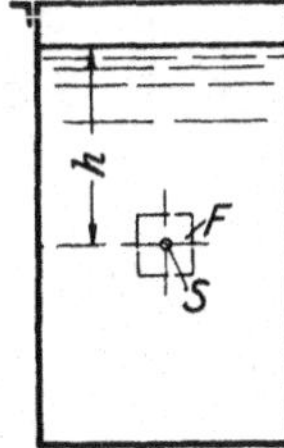

Abb. 534. Druckverteilung in einem Flüssigkeitsbehälter.

Der Druck P auf eine Fläche F in Quadratzentimetern wird

$$P = p \cdot F = \frac{\gamma \cdot h}{10} \cdot F \text{ kg}, \tag{139}$$

p und h sind im Schwerpunkte S der Fläche zu messen. Dagegen liegt der Angriffpunkt dieses Druckes in der Tiefe

$$y = \frac{J}{S}, \tag{140}$$

wenn J das Trägheits-, S das statische Moment der Fläche F in bezug auf die Schnittlinie ihrer Ebene mit dem Flüssigkeitsspiegel bedeutet. Bei tiefen Behältern können die Unterschiede im Druck verschiedene Wandstärken in den oberen und unteren Teilen zweckmäßig erscheinen lassen. Steht die Flüssigkeit in einem geschlossenen Behälter unter dem Druck p_1 kg/cm², so erhöht sich die spezifische Pressung an der Wand überall um p_1.

In zylindrischen Behältern mit senkrechter Achse sind alle Teile des Umfanges in derselben Tiefe gleichmäßig auf Zug beansprucht; die Blechstärke t kann nach den für Kesselwandungen geltenden Formeln bestimmt werden. Bezeichnet

D den Durchmesser in cm,

p den größten spezifischen Druck, der auf das Blech wirkt, der also an der tiefsten Stelle des betreffenden Schusses zu bestimmen ist, in kg/cm²,

t die Wandstärke in cm,

φ die Schwächungszahl,

k_z die zulässige Beanspruchung auf Zug, in kg/cm²,

so ist:

$$t = \frac{D \cdot p}{2 \cdot \varphi \cdot k_z} + c \text{ cm.} \qquad (115\text{a})$$

k_z darf, wenn die Beanspruchung ruhend ist, bei weichem Flußstahlblech mit 900 kg/cm² eingesetzt werden. Der Zuschlag c pflegt wegen etwaiger äußerer Beschädigungen und wegen des Abrostens hoch, zu etwa 0,4 cm, genommen zu werden.

Der Boden wird zweckmäßig gewölbt, als Kugelabschnitt ausgeführt oder nach Intze durch einen Ring so unterstützt, daß die durch denselben getrennten Bodenflächen einander gleich sind, um die beim gewölbten Boden auftretenden wagrechten Kräfte zu vermeiden.

Bei rechteckigen, eben begrenzten Behältern müssen die Wände als ebene Platten nach den Formeln des Abschnitts 1, XIII, B, S. 62, berechnet werden. Ist $2a$ die Länge einer Platte oder eines Feldes, das am Rande frei aufliegend betrachtet werden darf, $2b$ die Breite desselben ($b < a$), so ergibt sich auf Grund des Formel (77) ihre Stärke zu

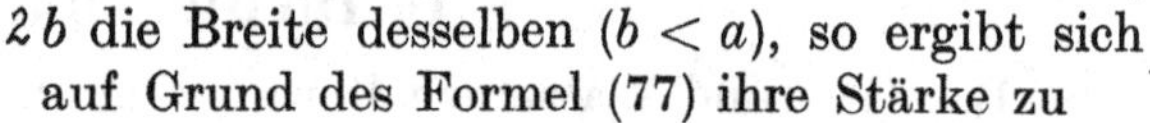

$$t = b\sqrt{\frac{\varphi_{12} \cdot p}{k_b}} + c \text{ cm.} \qquad (141)$$

φ_{12} ist Abb. 72 zu entnehmen.

Im Falle vollkommener Einspannung am Rande dürfte die Stärke unter Beachtung der Bemerkung am Schluß des angeführten Abschnittes und des Verlaufs der Kurven für φ_{12} und φ_8 in Abb. 72 um etwa 15% verringert werden dürfen.

k_b darf für weichen Flußstahl zu 900 kg/cm² angenommen werden. Auch hier ist, insbesondere bei schwächeren Blechen, aus den oben angeführten Gründen ein Zuschlag c von einigen Millimetern zu geben. Größere Abmessungen der Wände verlangen Versteifungen durch aufgenietete Winkeleisen und Anker, welche die gegenüberliegenden Wände verbinden. Die Versteifungen berechnet man auf die volle Belastung unter Vernachlässigung der Widerstandsfähigkeit der Wand. Ist z. B. die Verteilung der Anker die in Abb. 535 angegebene, so darf man die ebene Wand als rechteckige Platte von der Größe $a' \cdot b'$ betrachten und muß die Queranker auf die Belastung

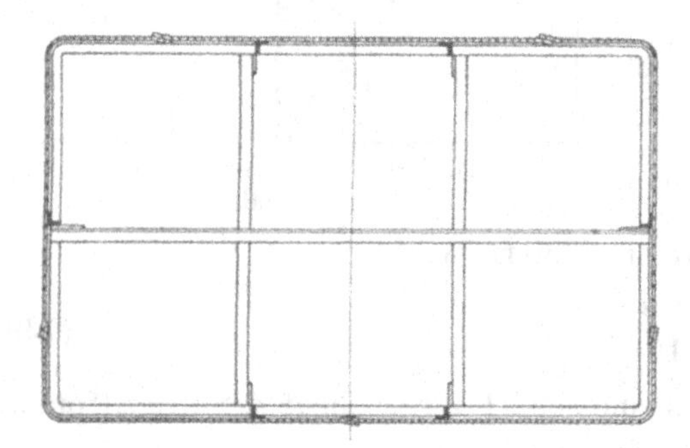

Abb. 535. Wasserbehälter mit ebenen Wänden.

$$P = \frac{a' \cdot b' \cdot h'}{10}$$

auf Zug berechnen. Auch der Boden wird durch aufgenietete Eisen versteift, falls nicht ein Trägerrost oder das Fundament das Bodenblech genügend unterstützen.

2. Wahl des Nietdurchmessers.

Wenn die Niete bis zu 11 mm Durchmesser um je 1 Millimeter, größere nach DIN 123 um je 3 Millimeter steigend angenommen werden, so können sie der Blechstärke entsprechend nach folgender Zusammenstellung gewählt werden (vgl. auch Abb. 469):

Zusammenstellung 78. **Nietdurchmesser, Teilung, Randabstand und Winkeleisen für dichte Nietungen.**

$t =$	2	3	4	5—6	6—8	8—12	11—15
$d =$	8	9	10	11	14	17	20
$e =$	29	32	35	38	47	56	65
$a =$	16	17	17	18	21	25	30
Winkeleisen NP	$\frac{40}{5}$ (für t = 2—4)			$\frac{45}{7}$	$\frac{50}{9}$	$\frac{75}{12}$	$\frac{80}{12}$

Als Nietteilung der wegen der geringen, zu übertragenden Kräfte meist einreihig und überlappt ausgeführten Nietungen gibt Bach

$$e = 3\,d + 5\text{ mm} \tag{142}$$

an, vgl. die in der vorstehenden Zusammenstellung aufgeführten Werte.

Niete, die nicht dicht zu halten brauchen, wie sie an Schornsteinen, Auspuffleitungen usw. vorkommen, können größere Teilungen bis zu $e = 5\,d$ erhalten.

Der Abstand a der Niete vom Blechrande wird bei dünnen Blechen mit dazwischengelegter Dichtung breit, bis zu $2\,d$, an zu verstemmenden Kanten schmaler, mit $1{,}5\,d$ ausgeführt. Als Dichtmittel kommen an Flüssigkeitsbehältern Leinwand-, Pappe- oder Papierstreifen, mit Öl oder Mennige getränkt, an Rohren und Gefäßen, die höheren Wärmegraden ausgesetzt sind, Asbeststreifen in Frage.

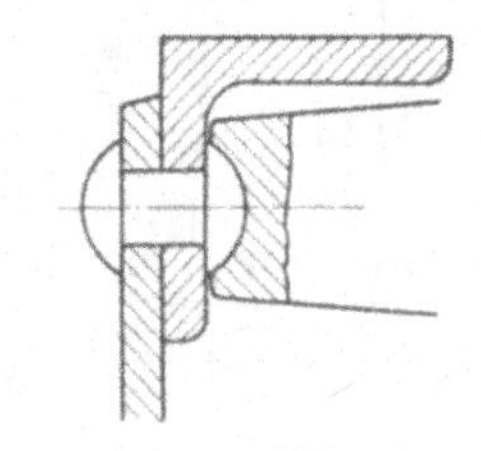

Abb. 536. Anordnung der Niete an einem Winkeleisen.

In der Zusammenstellung sind gleichzeitig die normalen Winkeleisen, wie sie häufig an den Kanten der Behälter vorkommen, angegeben. Sie müssen genügenden Platz für den Nietkopf bieten, die Niete selbst aber so weit vom Schenkel abstehen, daß der Schellhammer aufgesetzt werden kann, Abb. 536. Zweckmäßigerweise beachtet man die im Eisenbau üblichen Wurzelmaße, Zusammenstellung 82, S. 313.

3. Konstruktive Durchbildung.

Anschlüsse gewölbter Böden an zylindrische Wandungen und ihre Unterstützung, die durch aufgebogene und zum Ring geschweißte Winkel- oder Formeisen vermittelt werden, zeigen die Abb. 537 u. 538. Biegemomente im Bodenblech selbst, wie sie bei der Ausführung, Abb. 539, entstehen und auf Zug beanspruchte Niete sind möglichst zu vermeiden. Kanten- und Eckverbindungen an Behältern mit ebenen Flächen geben die Abb. 540 bis 542 wieder. Im ersten Bilde ist ein auf dem Boden sitzendes, in der Ecke scharf abgebogenes und verschweißtes Winkeleisen zu einer Zunge ausgezogen. Über diese greift das Winkeleisen, das die senkrechte Fuge deckt. Im zweiten Falle

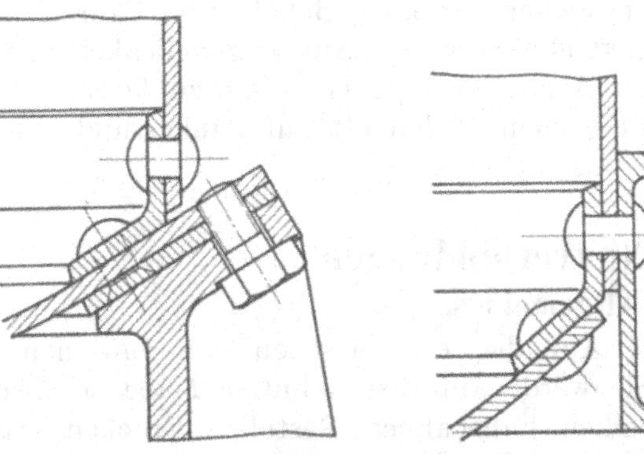

Abb. 537 und 538. Bodenanschlüsse.

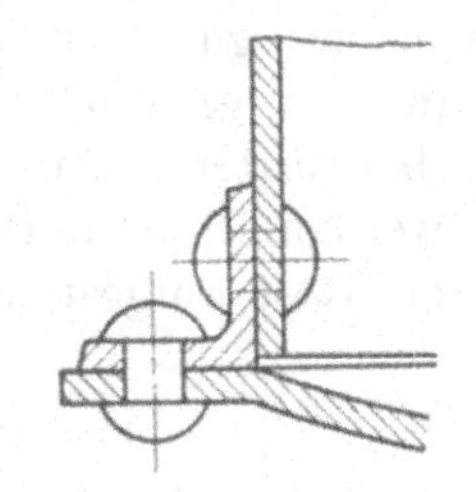

Abb. 539. Fehlerhafte Ausführung. Die unteren Niete sind auf Zug, der Boden auf Biegung beansprucht!

liegt das senkrechte, am unteren Ende zugeschärfte Winkeleisen unter dem Bodenwinkel. Beide Ausführungen verlangen sorgfältige und schwierige Schmiedearbeit. Günstiger ist die Ausbildung nach Abb. 542, in der die Eckverbindung im Grundriß dargestellt ist. Die senkrechten, in der Abbildung geschnittenen Wände bestehen aus einem gebogenen Bleche, dessen Enden durch eine überlappte Naht verbunden sind, vgl. auch Abb. 535, an das der Boden mittels eines darum gelegten, gebogenen Winkeleisens angenietet wird. Die Herstellung ist im Falle der Abb. 542 namentlich dadurch erleichtert, daß der Boden durch die außenliegenden Niete zuletzt angeschlossen und von außen her verstemmt werden kann.

Treffen Bleche, wie in Abb. 540, senkrecht aufeinander, so ist ein genaues Aufpassen derselben unnötig, da die Dichtung doch nur durch Verstemmen der Winkeleisen erreicht werden kann. Man läßt in dem Falle das Blech zweckmäßigerweise etwas zurücktreten, gibt also Spielraum bei a, um geringe Ungenauigkeiten des Blechrandes ausgleichen zu können. Zu verstemmende Kanten sollten stets, wie in Abb. 541, wo das Blech, oder wie in Abb. 542, wo das Winkeleisen verstemmt wird, etwas zurücktreten. Stellen, an denen Rohrleitungen oder sonstige größere Konstruktionsteile anschließen, werden durch aufgenietete Platten nach Art der Abb. 533 verstärkt, die oberen Ränder aber durch angenietete Flach- oder Winkeleisen, Abb. 535, versteift.

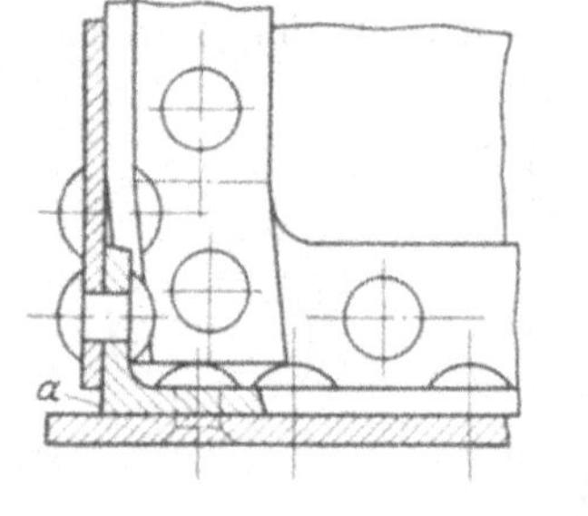

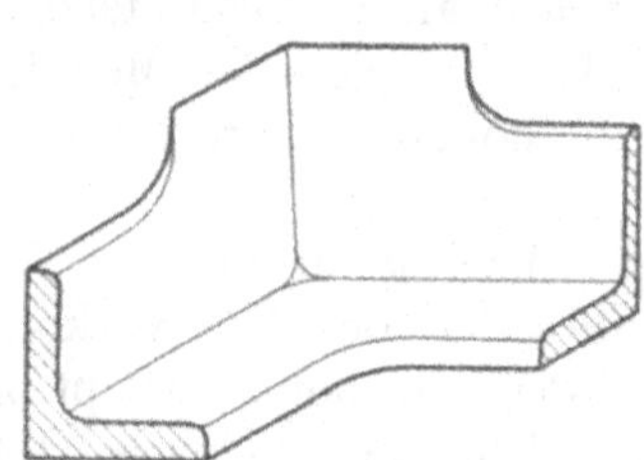

Abb. 540. Eckverbindung unter Verschweißung des Winkeleisens am Boden.

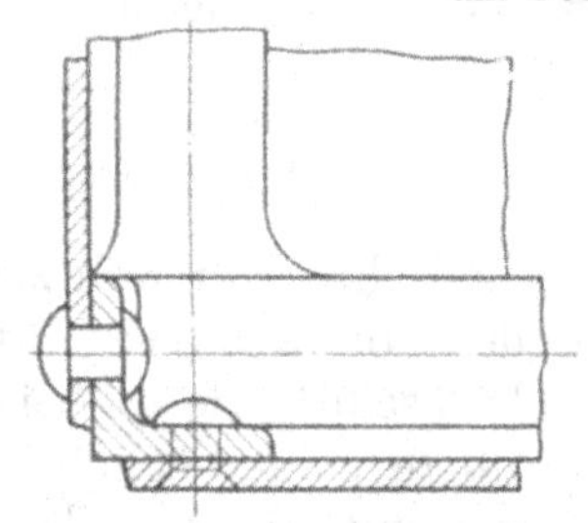

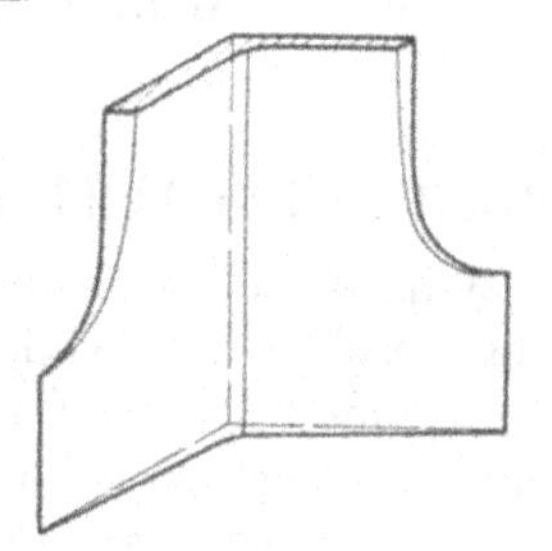

Abb. 541. Eckverbindung unter Ausziehen des senkrechten Winkeleisens.

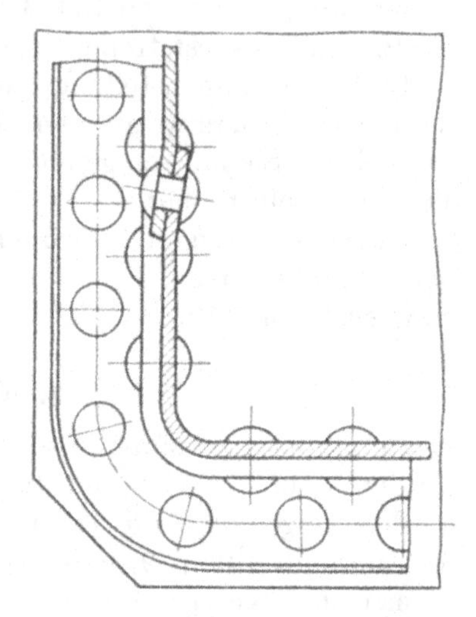

Abb. 542. Eckverbindung unter Abbiegen des Wandbleches.

Zum Schutz gegen Rosten müssen Wasserbehälter aus Eisen verzinkt oder mit Mennige- und gut deckenden Ölfarbenanstrichen versehen, Behälter für Säuren mit Blei oder anderen geeigneten Stoffen ausgekleidet werden. Auf Zugänglichkeit der Nietnähte bei späteren Anstrichen und bei Ausbesserungen ist Wert zu legen. Beispielweise werden deshalb Blechkästen mit ebenen Böden oft auf Säulen und einem besonderen Rost aufgestellt.

D. Feste Nietverbindungen.

1. Allgemeines.

Feste Nietverbindungen haben die Aufgabe, die zwischen den einzelnen Teilen auftretenden Kräfte zu übertragen. Sie werden in ausgedehntem Maße an Eisenbauwerken aller Art, Krangerüsten, Kranbalken, Fahrbahnen, Gestellen, Brücken, Dachbindern, Hochbauten usw. verwandt. Soweit irgend möglich, benutzt man bei der Ausführung derartiger Bauwerke lediglich ebene Bleche, Flacheisen und normale Winkel- und Formeisen, wie sie von den Walzwerken geliefert werden, vermeidet aber jede größere Schmiedearbeit. Bei kleineren Abmessungen werden die Formeisen unmittelbar als Träger, Glieder, Unterstützungen, Kranbalken usw. verwendet, wie es Abb. 543 an einem Laufkran mäßiger Spannweite zeigt. Bei größeren Abmessungen und Belastungen greift man zu Blechträgern, Abb. 544, und geht schließlich zu den aus einzelnen Stäben zusammengesetzten Fachwerken, Abb. 545, über. Durch die Auflösung in einzelne Stäbe oder Glieder, die an den Knotenpunkten zusammengeführt, durch Knotenbleche verbunden sind, ist eine günstigere Ausnutzung der Werkstoffe möglich, da in den Stäben nur Zug- und Druckkräfte wirken, die die Querschnitte gleichmäßig und hoch zu beanspruchen gestatten. Dagegen ist der Werkstoff in den auf Biegung beanspruchten Formeisen und Blechträgern in der Nähe der Nullinie nur geringen Spannungen unterworfen und daher schlecht ausgenutzt. Blechträger fallen deshalb bei größeren Abmessungen stets schwerer als Fachwerke aus, verlangen aber weniger Arbeit bei der Ausführung. Bei kleinen Abmessungen ist der Blechträger billiger, bei größeren das Fachwerk, wenn auch manchmal andere Gesichtspunkte für die Wahl des Fachwerks entscheidend sein können, wie die Forderung geringer Massen bei raschlaufenden Kranen, niedrigerer Winddruck und in Werkstätten geringere Lichtwegnahme.

Während bei den dichten Verbindungen die Nietteilung in Rücksicht auf die Dichtheit der Nähte zu wählen ist, ist man bei den festen viel freier und trifft die Anordnung

Abb. 543. Laufkran aus Formeisen.

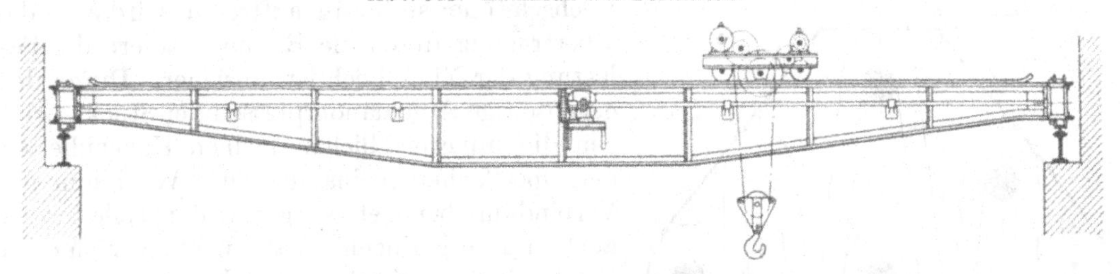

Abb. 544. Laufkran mit Blechträgern.

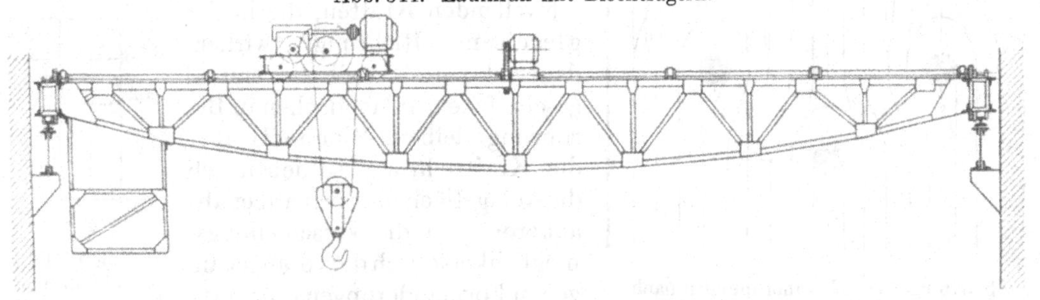

Abb. 545. Laufkran mit Fachwerktragern.

und Verteilung so, daß sich die zu übertragenden Kräfte möglichst gleichmäßig auf alle Niete verteilen, daß sich die Verbindungen leicht herstellen, insbesondere die Nietköpfe bequem schlagen lassen, und daß die zu verbindenden Teile so wenig wie möglich geschwächt werden. An Zugstäben sind zweckmäßige Anordnungen nach Schwedler leicht dadurch zu finden, daß man sich den Stab in einzelne, um die Niete herumgeschlungene Bänder aufgelöst denkt, wie die Abb. 546 bis 548 an mehreren Anschlüssen zeigen, Anordnungen, die sich auch bei Versuchen als günstig erwiesen haben. Anschlüsse mit 5 und 7 Nieten sind unvorteilhaft.

Stehen in der ersten Reihe n Niete, so dürfen im Falle einschnittiger Nietung in der zweiten $2\,n$ Niete usf. angeordnet werden, ohne daß der erste Querschnitt aufhört, der gefährliche zu sein, wenn der Nietdurchmesser d größer als $2\,t$ ist. Denn bei der Tragfähigkeit eines Nietes $\frac{\pi\,d^2}{4}\cdot k_n$ nimmt die erste Reihe $n\cdot\frac{\pi d^2}{4}\cdot k_n$ kg auf, während die Schwächung des Querschnittes $n \cdot d \cdot t$ cm² beträgt, so daß die Tragfähigkeit des Streifens um $n \cdot d \cdot t \cdot k_z$ kg abgenommen hat. Der zweite Querschnitt ist also sicherer, wenn

$$n \cdot \frac{\pi d^2}{4} \cdot k_n > n \cdot d \cdot t \cdot k_z,$$

$$\frac{\pi}{4} \cdot d \cdot k_n > t \cdot k_z$$

ist. Wird, wie üblich, $d \gtreqless 2\,t$ gewählt, so geht die Gleichung über in:

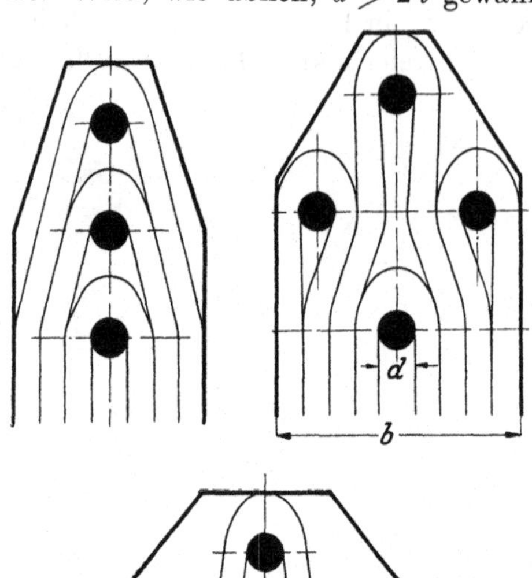

$$\frac{\pi}{2} \cdot k_n > k_z.$$

Beträgt also z. B. die Zugbeanspruchung 900 kg/cm², so müßte $k_n > 574$ kg/cm² sein, was meistens zutrifft.

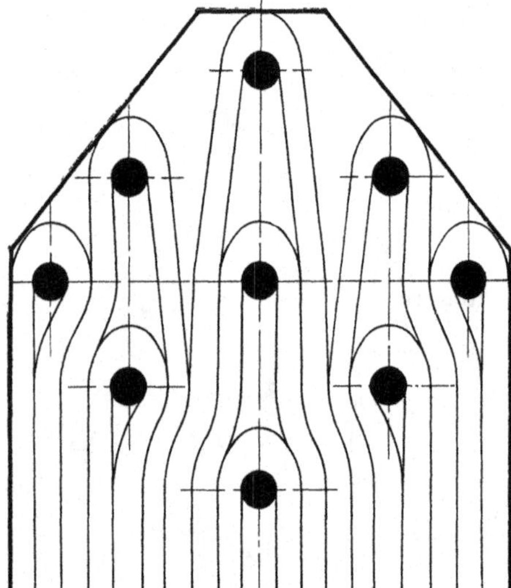

Abb. 546 bis 548. Nietanordnungen nach Schwedler.

Bei warm eingezogenen Nieten liegt, wie früher gezeigt, der Nietschaft nach dem Erkalten nicht mehr an der Lochwandung an; die Kraft wird vielmehr durch den Reibungs- oder Gleitwiderstand an den aufeinandergepreßten Flächen übertragen. Bei Kräften, die ihre Richtung wechseln oder stoßweise auftreten, wird aber die Übertragung durch die Reibung, sofern die Belastung der Niete hoch ist, unsicher. Durch das gegenseitige Aufeinanderpressen der Stücke dringen die unvermeidlichen kleinen Unebenheiten der Oberflächen ineinander ein. Wird nun die Verbindung belastet, so geben die Teile, wenn auch nur in geringem Maße, nach, verschieben sich, halten aber ruhenden oder schwellenden Kräften, die in der gleichen Richtung wirken, dauernd stand, weil die einmal geschaffenen Anlageflächen in Berührung bleiben. Wechselt aber die Kraftrichtung, so heben sich die Anlageflächen voneinander ab; außerdem ist die Verschiebungsmöglichkeit durch die vorangegangenen Formänderungen größer geworden. Die Flächen arbeiten bei oft wiederholtem Wechsel aufeinander; schließlich tritt das häufig zu beobachtende Lockerwerden von Nietverbindungen ein, die wechselnden Kräften ausgesetzt sind. Sofern es nicht möglich ist, die Beanspruchung der Niete sehr gering zu halten, also eine große Anzahl unterzubringen, verwendet man kalt eingezogene Niete, die im Durchmesser $2^0/_0$ stärker als die Löcher hergestellt, durch Hammerschläge in die sauber gebohrten oder aufgeriebenen Löcher eingetrieben werden, Abb. 549, während das vorstehende Ende, soweit möglich, in die Form eines Kopfes gebracht wird. Bei derartigen Nieten ist das Anliegen am Lochumfang unter Spannung gewährleistet; sie zeigten dementsprechend auch bei Versuchen Schröders van der Kolk [VI, 1] sehr kleine bleibende Verschiebungen, sind auf Abscheren beansprucht, pressen aber die vernieteten Teile nur in geringem Maße aufeinander, weil die Erzeugung großer Längskräfte in den Schäften ausgeschlossen ist. Ist das feste Aneinanderliegen der Teile erwünscht, so empfiehlt es sich, im voraus einzelne über die ganze Fläche verteilte Heftniete warm einzuziehen.

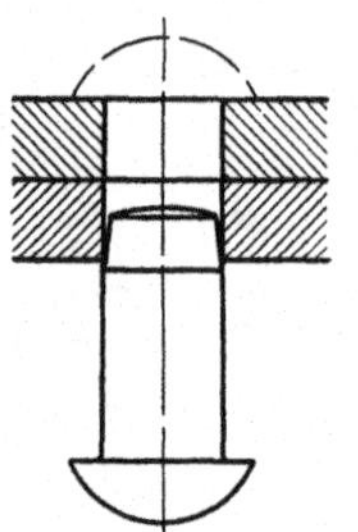

Abb. 549. Form kalt einzuziehender Niete.

2. Berechnung fester Nietverbindungen.

a) Grundlagen.

Die in den einzelnen Stäben eines Eisenbauwerkes auftretenden Kräfte werden nach verschiedenen rechnerischen und zeichnerischen Verfahren, je nach Umständen unter Berücksichtigung

1. des Eigengewichtes,
2. der Nutzlasten,
3. des Winddrucks,
4. der Massen- und Bremskräfte, Stöße usw.

ermittelt.

Die Nietverbindungen sind stets nach den größten auftretenden Kräften, unter besonderer Beachtung der Art ihrer Wirkung zu bemessen. Bei Dächern und vielen anderen Eisenbauwerken ist die Belastung ausschließlich oder vorwiegend ruhend; bei Kranen treten schwellende Beanspruchungen auf, meist schwankend zwischen einem unteren, durch das Eigengewicht bedingten Werte und einer oberen Grenze, die beim Heben oder Verfahren der Last erreicht wird. Stoßartige Wirkungen, die durch das plötzliche Anheben der Last eintreten und die durch Schwingungen selbst wechselnde Beanspruchungen einzelner Teile bedingen können, müssen sorgfältig berücksichtigt werden.

Manche Maschinenteile, genietete Hebel, Balanziers usw., haben ständig wechselnde Kräfte zu übertragen. Dementsprechend sind die zulässigen Gleitwiderstände, unter gleichzeitiger Würdigung der Art und Anordnung der Niete — ein- oder zweischnittig, in einer oder mehreren Reihen hintereinander — zu wählen.

Bei ruhender Einwirkung oder allmählicher Steigerung der Kräfte darf k_n in der Gleichung $P = n \cdot \frac{\pi d^2}{4} \cdot k_n$ an Maschinenteilen etwa, wie folgt, angenommen werden:

Zusammenstellung 79. Zulässige Belastung k_n fester Nietverbindungen des Maschinenbaus auf Gleitwiderstand.

Niete	Ein- oder zweireihig kg/cm²	In 3 und mehr Reihen hintereinander kg/cm²
Einschnittig	600 bis 700	500 bis 600
Zweischnittig	1200	1000
Dreischnittig	1600	1400

Bei stoßweise auftretenden und bei wechselnden Kräften kann man etwa halb so hohe Werte einsetzen oder im Falle genauerer Berechnung die Summe der größten Belastungen auf Zug und Druck, $P_{\max} + P_{\min}$, beide absolut genommen, zugrunde legen.

Die staatlichen und behördlichen Vorschriften verlangen die Berechnung der Nietungen an Bauwerken nach dem Schwedlerschen Verfahren auf Abscheren und Lochleibungsdruck. Dabei muß allerdings hervorgehoben werden, daß die Formeln für die Berechnung auf Gleitwiderstand und die auf Abscheren die gleiche Form haben, nämlich bei n Nieten einerseits $P = n \cdot \frac{\pi}{4} \cdot d^2 \cdot k_s$, andererseits $P = n \cdot \frac{\pi}{4}\, d^2 \cdot k_n$, und daß sie deshalb, gleich hohe spezifische Belastung vorausgesetzt, auch dieselben Ergebnisse liefern. Man geht eben in den beiden Fällen nur von einer anderen Anschauung über die Art der Inanspruchnahme aus.

Die Berücksichtigung des Lochleibungsdruckes p_0 nach der Formel

$$P = n \cdot d \cdot t \cdot p_0 \tag{143}$$

kommt, wie unten gezeigt, namentlich für zwei- und mehrschnittige Niete in Frage.

Die für die deutsche Reichsbahn gültigen Grundlagen für das Entwerfen und Berechnen eiserner Brücken 1925 [VI, 16] lassen als Scherspannung der Niete das 0,8fache, als Lochleibungsdruck das zweieinhalbfache der zulässigen Zug- und Biegespannung k_z und k_b der anzuschließenden Teile zu. Beispielweise darf weicher Flußstahl mit 2400 kg/cm² Spannung an der Streckgrenze mit $k_z = k_b = 1400$ kg/cm² belastet werden, sofern der Rechnung die Hauptkräfte, die durch die ständige Last, die Verkehrslast, Fliehkräfte und Wärmeschwankungen bedingt sind, zugrunde gelegt werden, Zahlen, die im Vergleich mit den im Maschinenbau üblichen sehr hoch erscheinen. Dabei ist aber zu berücksichtigen, daß die dynamischen Einflüsse der Verkehrslast und etwaiger Fliehkräfte mit der Stoßzahl φ_0 zu multiplizieren sind, während im Maschinenbau meist nur mit den statisch ermittelten Kräften gerechnet wird. φ_0 ist von der Art der Brücke und der Ausbildung der Fahrbahn abhängig und nimmt mit steigender Spannweite ab, z. B. für Balkenbrücken, bei denen die Schienen unmittelbar auf den Haupt-, Quer- oder Längsträgern liegen, nach den Zahlen der zweiten Zeile der Zusammenstellung 80.

Einen Anhalt dafür, welche zulässigen Beanspruchungen zu wählen wären, wenn man der Rechnung lediglich die statisch ermittelten Kräfte zugrunde legt, gewinnt man nun, wie folgt. Bezeichnet an einem auf Zug beanspruchten Stabe

P_g die durch das Eigengewicht,

P_v die durch die Verkehrslast,

P_f die durch die Fliehkräfte bedingte Belastung des Stabes und kommen Wärmespannungen nicht in Betracht, so wäre nach der Vorschrift ein Stabquerschnitt

$$F = \frac{P_g + \varphi_0 (P_v + P_f)}{k_z} = \frac{P_g + \varphi_0 (P_v + P_f)}{1400}$$

erforderlich. Setzt man dagegen nur die Summe der drei Kräfte ein, so würde sich eine Beanspruchung

$$\sigma_z = \frac{P_g + P_v + P_f}{F}$$

ergeben. Dividiert man beide Beziehungen durcheinander und bezeichnet das Verhältnis $\frac{P_v + P_f}{P_g}$ mit c so folgt

$$\sigma_z = \frac{P_g + P_v + P_f}{P_g + \varphi_0 (P_v + P_f)} \cdot 1400 = \frac{1 + c}{1 + \varphi_0 \cdot c} \cdot 1400.$$

Mit den in der Zusammenstellung 80 angeführten Durchschnittwerten für c, gültig für gerade, eingleisige Brücken ohne Schotterbett, die ich Herrn Prof. Müllenhoff verdanke, ergeben sich die in den drei letzten Zeilen angeführten Beanspruchungen für den Fall, daß man bei der Berechnung von den statischen Kräften ausgeht.

Zusammenstellung 80.

Zulässige Beanspruchungen an Brücken unter Zugrundelegung der statisch ermittelten Kräfte.

Spannweite der Brücke		10	20	40	80	120 m
		Blechträger		Fachwerkträger		
Stoßzahl φ_0		1,65	1,55	1,45	1,36	1,32
Größe c		6,97	4,91	3,33	2,14	1,59
Zulässige Beanspruchung auf Zug oder Biegung unter Zugrundelegung der statisch ermittelten Kräfte	$\leqq$	890	960	1040	1125	1170 kg/cm²
Scherbeanspruchung der Niete	$\leqq$	712	768	832	900	936 ,,
Lochleibungsdruck	$\leqq$	2225	2400	2600	2810	2925 ,,

Der Einfluß der Fliehkräfte im Falle gekrümmter Brücken auf die angeführten Beanspruchungen ist sehr gering.

Durch die hiernach mit der Spannweite zunehmende Höhe der zulässigen Beanspruchungen wird berücksichtigt, daß sich die Belastung großer Brücken ruhender Inanspruchnahme nähert, weil die Verkehrslast gegenüber dem bedeutenden Eigengewicht zurücktritt, ein Gesichtspunkt, der bei der Übertragung der Zahlen auf Fälle und Aufgaben des Maschinenbaues sorgfältig zu beachten ist. Beispielweise wird man bei den fast stets unter der Höchstlast und voller Ausnützung der Leistungsfähigkeit arbeitenden Hüttenwerkkranen vorsichtiger in der Wahl der Belastung sein und geringere Beanspruchungen nehmen, als bei den unter wesentlich günstigeren Bedingungen und Verhältnissen laufenden Werkstattkranen.

Die preußischen Ministerial-Bestimmungen über die bei Hochbauten anzunehmenden Belastungen und über die zulässigen Beanspruchungen der Baustoffe vom 24. XII. 1919 und 25. II. 1925 schreiben folgende zulässige Beanspruchungen vor:

Zusammenstellung 81.
Zug- oder Biegespannung in flußeisernen Teilen von Dächern, Fachwerkwänden, Kranbahnträgern usw.,

bei Verwendung von:	Flußstahl St. 37·12 kg/cm²	Hochwertigem Baustahl v $K_z = 4800\ldots5800$ kg/cm² und $\delta_l \gtrless 18\%$ kg/cm²
a) wenn die Querschnitte auf Grund der Eigenlast, der Nutzlast und des Schneedrucks berechnet werden . .	1200	1560
b) wenn der Berechnung die gleichzeitig ungünstigste Wirkung von Eigenlast, Nutzlast, Schneedruck und Winddruck von 150 kg/m² zugrunde gelegt wird . . .	1400	1820
c) ausnahmsweise bei Dächern, wenn für eine den strengsten Anforderungen genügende Durchbildung, Berechnung, Ausfuhrung und gute Unterhaltung volle Sicherheit gegeben ist, im Falle b)	1600	2080
Scherspannung in Nieten oder gedrehten Schraubenbolzen k_s	1000	1300
Lochleibungsdruck p_0	2000	2600

Es liegt nahe, die Niete so zu gestalten, daß sie sowohl in bezug auf den Gleitwiderstand oder auf Abscheren, wie in bezug auf den Leibungsdruck möglichst weitgehend

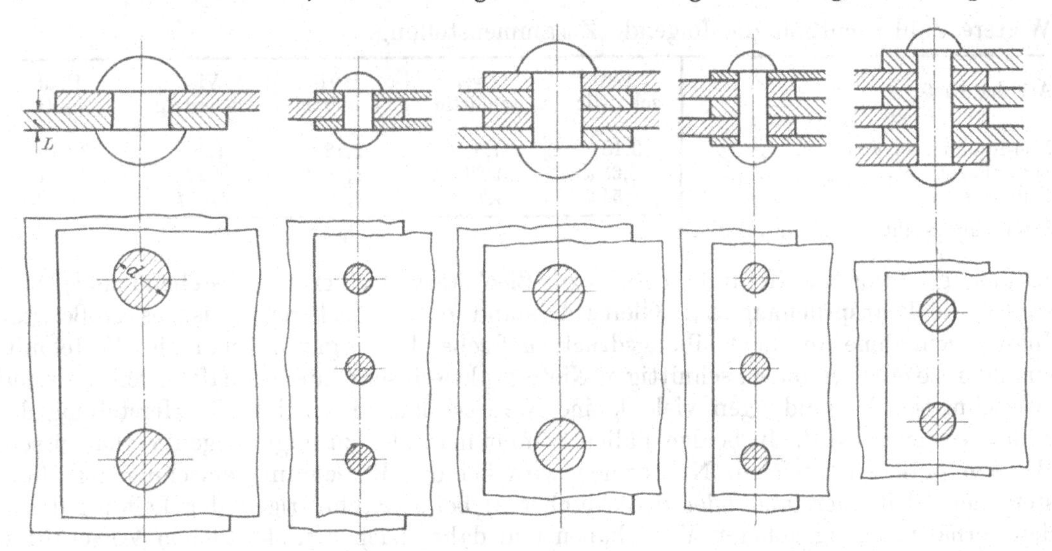

Abb. 550 bis 554. Niete gleicher Widerstandsfähigkeit gegenüber Abscheren und Lochleibungsdruck.

ausgenutzt werden. Das führt je nach der Zahl der Schnitte zu verschiedenen, aber teilweise ungünstigen Verhältnissen zwischen dem Nietdurchmesser und den Blechstärken. Nimmt man auf Grund der vorstehend angeführten verschiedenen Zahlen im Mittel an, daß die Scherspannung das 0,8fache der in den Gliedern des Bauwerkes zugelassenen Zugspannung, $k_s = 0{,}8\, k_z$, der Lochleibungsdruck das Zweifache der Zugspannung, $p_0 = 2\, k_z$ oder $p_0 = 2{,}5\, k_s$ betragen soll, so muß an einem einschnittigen Niet

$$\frac{\pi}{4} d^2 \cdot k_s = d \cdot t \cdot p_0 = d \cdot t \cdot 2{,}5\, k_s\,,$$

$$t = \frac{\pi}{10} d = 0{,}314\, d$$

oder $d = 3{,}2\, t$, Abb. 550, sein. Für die zweischnittigen Niete in Abb. 551, wo dieselbe Stärke des Hauptbleches vorausgesetzt ist, fordert die entsprechende Rechnung:

$$2\,\frac{\pi}{4} d^2 \cdot k_s = d \cdot t \cdot p_0 = d \cdot t \cdot 2{,}5\, k_s\,;$$

$$t = \frac{\pi\, d}{5}$$

oder als theoretisch günstigstes Verhältnis $d = 1{,}59\,t$. Sinngemäß ergeben sich für drei- bis fünfschnittige Niete die Zahlen der folgenden Zusammenstellung entsprechend den Abb. 552 bis 554. Je größer die Schnittzahl ist, um so mehr wächst die Schaftlänge im Verhältnis zum Durchmesser. Dabei sind im Fall der zwei- und vierschnittigen Niete Abb. 551 und 553 die äußeren Laschen nur halb so stark wie die Bleche angenommen.

Wählt man die Zugspannung k_z im Blech $\frac{1}{0{,}8} = 1{,}25$mal so groß wie die Beanspruchung der Niete auf Gleiten oder Abscheren, so lassen sich für den Fall der einreihigen Nietung auch die vorteilhafteste Teilung e und die Schwächungszahl φ für die verschiedenen Nietarten ableiten. So werden z. B. für die einschnittige Nietung

$$\frac{\pi}{4} d^2 \cdot k_s = (e - d) \cdot t\, k_z$$

oder mit $k_s = 0{,}8\, k_z$ und $d = 3{,}2\,t$

$$e = 3\,d = 9{,}54\,t,$$

$$\varphi = \frac{e-d}{e} = \frac{3\,d - d}{3\,d} = 0{,}67\,.$$

Weitere Zahlen enthält die folgende Zusammenstellung.

Art der Niete	Einschnittig	Zweischnittig	Dreischnittig	Vierschnittig	Fünfschnittig
Nietdurchmesser d	$3{,}18\,t$	$1{,}59\,t$	$2{,}72\,t$	$1{,}59\,t$	$1{,}91\,t$
Schaftlänge	$0{,}63\,d$	$1{,}26\,d$	$1{,}47\,d$	$2{,}52\,d$	$3{,}15\,d$
Teilung e	$9{,}54\,t$	$4{,}77\,t$	$8{,}16\,t$	$4{,}77\,t$	$5{,}73\,t$
Schwächungszahl φ			0,67		

Ist das Verhältnis des Nietdurchmessers zur Blechstärke kleiner als vorstehend angegeben, so ist die Beanspruchung auf Gleitwiderstand oder Abscheren — ist es größer, die Inanspruchnahme auf Lochleibungsdruck maßgebend. Vergleicht man die Werte miteinander, so erhalten die einschnittigen Niete praktisch sehr kurze Schaftlängen, während zweischnittige Verbindungen viele kleine Niete verlangen, so daß die Herstellung der Nähte verteuert wird. In beiden Fällen kommt man also zu ungünstigen Verhältnissen. Bei den praktisch üblichen Nietformen wird bei der Berechnung einschnittiger Niete stets der Gleitwiderstand oder das Abscheren, bei zweischnittigen der Leibungsdruck den verhältnismäßig höheren Wert haben und daher nach den staatlichen Vorschriften maßgebend sein, die allerdings stets den Nachweis der Höhe beider Inanspruchnahmen fordern.

Dreischnittige Niete bieten günstigere Verhältnisse, werden aber seltener verwendet.

An auf Zug beanspruchten Stäben ist die Schwächung durch die Nietlöcher an der Anschlußstelle immer, an gedrückten nur dann, wenn die Druckwirkung die Knickwirkung überwiegt, zu berücksichtigen. Die Breite b des Stabes in Abb. 547 ergibt sich beispielweise aus

$$P = (b - d) \cdot t \cdot k_z\,.$$

b) Wahl des Nietdurchmessers.

Nach den DIN 124, 302 und 303 sind die um je 3 mm steigenden Durchmesser von 11, 14, 17, 20 usw. bis 44 mm der Zusammenstellung 74, Seite 262, als Normalmaße der Niete, sowie die eingezeichneten Sinnbilder festgelegt worden. Für die letzteren genügt bis zum Maßstabe 1 : 5 die Größe des Schaftdurchmessers; bei kleineren Maßstäben ist der Deutlichkeit wegen die Größe des Kopfdurchmessers zu nehmen. Geschlagene Niete unter 11 mm werden durch das gleiche Zeichen wie das 11 mm Niet unter Beifügung des Nietdurchmessers bezeichnet, etwa in der Form $+^9$. Als Anhalt für die Wahl der Nietdurchmesser kann an Stäben und Blechen von $t = 6 \ldots 13$ mm Stärke, $d = 2\,t$ dienen, wobei im Falle der Verbindung von Teilen verschiedener Dicke stets der stärkste maßgebend ist. Die bei den dichten und festen Nietungen an Dampfkesseln usw. geltende Regel, daß an ein und demselben Konstruktionsteil möglichst nur Niete gleichen Durchmessers benutzt werden sollen, läßt sich nur bei größeren Eisenbauwerken durchführen. An Dächern und leichten Bauwerken nimmt man häufig in Rücksicht auf die Schenkelbreiten der zu verbindenden Winkel- und Formeisen, selbst an ein und demselben Knotenpunkt, verschiedene Nietdurchmesser, wenn man mit geringem Gewicht auskommen will. Niete von mehr als 26 mm Durchmesser pflegen höchstens bei großen Brücken verwandt zu werden, bei den übrigen Eisenbauwerken dagegen nur ausnahmsweise, weil sich die Köpfe schwer von Hand bilden lassen, was beim Zusammenbau häufig notwendig ist. Niete mit Schaftlängen $l \geqq 5\,d$ werden im Eisenbau als Linsensenkniete ausgeführt, solche von $l \geqq 6{,}5\,d$ besser ganz vermieden, da die Stauchung durch den ganzen Schaft hindurch Schwierigkeiten macht und die Köpfe infolge der großen Längsspannungen, die in den Nietschäften beim Abkühlen entstehen, zum Abspringen neigen. Zylindrisch oder kegelig gut eingepaßte Schrauben sind ihnen gegenüber vorzuziehen. Wegen des Platzes, den der Nietkopf beansprucht, ist man bei Flach- und Formeisen auf eine Mindestbreite von $3\,d$ des Eisens oder anzuschließenden Flansches angewiesen. Nach DIN 1032/33, vgl. Zusammenstellung 82, erfordern Niete

von d	11	14	17	20	23	26 mm	Durchmesser,
eine Mindestbreite	33	42	51	60	69	78 mm	
oder ein kleinstes Winkeleisen NP	$3^1/_2$	5	$5^1/_2$	$6^1/_2$	$7^1/_2$	9	

c) Wahl der Nietteilung.

e soll sich in den Grenzen $2{,}5\,d$, in Rücksicht auf die Bildung des Kopfes nach DIN 124, vgl. Zusammenstellung 74, S. 262, und $6\,d$ halten. Heftniete, die nur die Teile zusammenhalten sollen, aber keine Kräfte zu übertragen brauchen, können Teilungen e bis zu $8\,d$ und sogar bis zu $12\,d$ erhalten, wenn kein Rosten zu befürchten ist. Nach Beobachtungen von Meyerhof an den Brücken in Breslau [VI, 15] geht die Rostbildung häufig von den Spalten aus, die sich bei großer Nietentfernung nach Abb. 555 bilden; sie kann sich von dort weithin fortpflanzen, ohne äußerlich bemerkt zu werden. Er empfiehlt $e = 8\,d$ zu wählen bei der Verbindung solcher Teile, die große Steifigkeit gegen Klaffen besitzen, dagegen

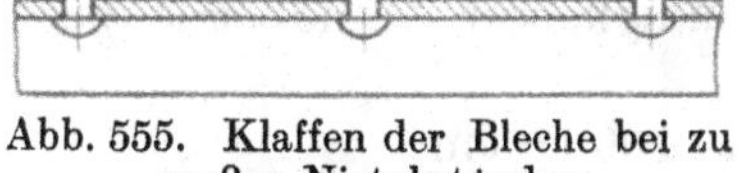

Abb. 555. Klaffen der Bleche bei zu großen Nietabständen.

Zusammenstellung 82.
Wurzelmaße nach DIN 1032 und 1033, Abb. 556 bis 558.

Schenkelbreite b	Wurzelmaße w_1	Wurzelmaße w_2	Größter zulässiger Niet- oder Schraubendurchmesser d
35	20	—	11
40	22	—	11
45	25	—	11
50	28	—	14
55	30	—	17
60	32	—	17
65	35	—	20
70	37	—	20
75	42	—	23
80	45	—	23
90	50	—	26
100	55	—	26
110	45	25	26
120	50	30	26
130	50	40	26
140	55	45	26
150	55	55	26
160	60	55	29
170	60	65	29
200	60	90	32
250	60	140	32

$$e = 5\,d \text{ für } t = 8 \ldots 11 \text{ mm}$$

und

$$e = 6\,d \text{ für } t > 11 \text{ mm}$$

zu setzen, wenn die Teile nicht genügend steif sind, Abb. 555.

Der Randabstand a der Niete darf 1,5 bis $2{,}5\,d$, nur bei Blechen über 14 mm Stärke bis zu $2{,}8\,d$ betragen. Vielfach wird er in Richtung der Kraft etwas größer, zu etwa $a_1 = 2\,d$, als senkrecht dazu, $a_2 = 1{,}5\,d$, genommen.

Bei Winkel- und Formeisen sind die sogenannten Wurzelmaße w_1 und w_2, Abb. 556 bis 558, einzuhalten, bei denen sich die Niete in Rücksicht auf die Döpper- und Kopfdurchmesser noch schlagen lassen. Sie sind für die normalen Winkeleisen durch die DIN 1032, Blatt 1 bis 3, und 1033 festgelegt, vgl. Zusammenstellung 82, die sowohl für gleich- wie auch für ungleichschenklige Winkeleisen gilt, so daß z. B. für ein L 65·130·12 die Wurzelmaße der Abb. 558 maßgebend sind. Diejenigen der U-, I-, Z- und ⊥- Eisen sind in DIN 1030 und 1031 enthalten.

3. Genietete Blechträger.

a) Wahl der Hauptabmessungen.

Sie werden, wenn die normalen gewalzten Formeisen nicht ausreichen oder zu schwer ausfallen, angewendet und aus Stegblechen und angenieteten Winkeln zusammengesetzt, die durch Gurtplatten weiter verstärkt werden können, Abb. 562 und 563. Es entstehen I- oder kastenförmige, zur Aufnahme von Biegemomenten besonders geeignete Querschnitte. Ihre Höhe h nimmt man an Laufkran- und festen Trägern gleich $1/_8$ bis $1/_{10}$, ausnahmsweise bis $1/_{14}$ der Spannweite, an Auslegern von Drehkranen, die meist als Kastenträger ausgebildet werden, gleich $1/_6$ bis $1/_7$ der Ausladung. Je größer die Höhe sein kann, um so leichter fällt der Träger aus, weil das Widerstandsmoment des Querschnitts mit der zweiten Potenz der Höhe wächst.

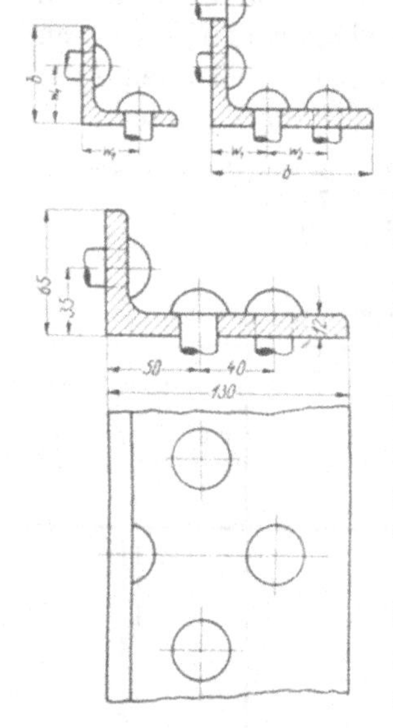

Abb. 556—558. Nietverbindungen an Winkeleisen. M 1 : 5.

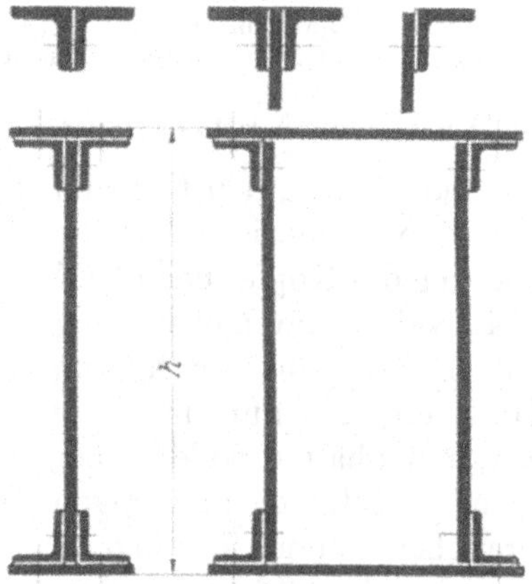

Abb. 559—563. Anschlüsse von Winkeleisen und Ausbildung von Blechträgern.

Ist das an einer beliebigen Stelle wirkende größte Biegemoment M_b, so ergibt sich das dort nötige Widerstandsmoment aus:

$$W = \frac{M_b}{k_b} \qquad (28)$$

und das Trägheitsmoment aus

$$J = W \cdot \frac{h}{2}.$$

k_b darf für weichen Flußstahl an Brücken bis zu 1400, bei Berücksichtigung des Winddruckes 1600 kg/cm²,

an Kranträgern für Hebezeuge mit geringen Geschwindigkeiten (Handbetrieb) zu 900 bis 1100 kg/cm²,

bei mittleren und hohen Geschwindigkeiten zu 700 bis 900 kg/cm² angenommen werden,

an Hochbauten nach [VI, 6] bei Verwendung von Stahl 37 · 12 zu 1200 kg/cm²,

bei Verwendung von hochwertigem Stahl von 4800 bis 5800 kg/cm² Festigkeit und $\delta_l \gtreqless 18\%$ Bruchdehnung zu 1560 kg/cm².

Dabei sind die ungünstigsten, gleichzeitig auftretenden Wirkungen der ständigen Last, der Verkehrs- und Schneelast, sowie Bremswirkungen oder Schrägzug, soweit sie von einem Kran herrühren, zu berücksichtigen. Bei sorgfältigster Durchbildung, Berechnung und Ausführung sind noch Erhöhungen der Beanspruchungen zulässig, vgl. [VI, 6].

Bei der Berechnung geht man unter Aufzeichnung des Querschnittes so vor, daß man das Trägheitsmoment J nach Wahl der Träger- oder Steghöhe zunächst durch Hinzufügen der Winkeleisen und, wenn diese nicht genügen, durch Aufsetzen von Gurtplatten zu erreichen sucht. Dabei sind die Nietlöcher zu berücksichtigen; und zwar brauchen, wenn Gurtplatten notwendig sind, im allgemeinen nur die Nietlöcher abgezogen zu werden, die zum Anschluß der Platten dienen, wenn diejenigen im Steg versetzt zu jenen angeordnet sind. Wenn aber der Abstand der Kopf- und Halsniete kleiner als $2d$ wird, müssen beide Nietlöcher abgezogen werden, da dann ein Bruch durch beide Löcher gehen würde.

Anhaltpunkte für den ersten Entwurf gibt die folgende Zusammenstellung.

Zusammenstellung 83. **Übliche Maße an Blechträgern.**

h cm	Stegstärke cm	Winkeleisen cm	Gurtplattendicke cm	Übliche Zahl der Platten an einem Gurt ≤
50—70	1,0—1,2	8—10	1,0—1,4	2
75—100	1,0—1,3	8—12	1,1—1,5	3
105—150	1,1—1,4	10—13	1,2—1,5	4
150	1,2—1,6	12—20	1,2—1,8	4

Die Plattendicke wird mit Rücksicht auf die Stoßdeckung am besten gleich der Winkeleisendicke gewählt.

Nach den Auflagern zu läßt sich der Träger infolge der abnehmenden Biegemomente schwächer halten. Entweder verringert man zu dem Zwecke dort die Zahl der Gurtplatten oder die Trägerhöhe oder auch beide. Die Form gleichen Widerstandes würde im Falle rechteckigen Trägerquerschnitts, sowohl wenn die Belastung gleichmäßig verteilt ist (vgl. lfde. Nr. 6 der Zusammenstellung 7, S. 33), als auch, wenn sie aus einer beweglichen Einzellast besteht (Laufkranträger, bei dem die Laufkatze durch eine Einzellast ersetzt ist), elliptisch begrenzt sein. An den Enden muß der Querschnitt genügen, die größten auftretenden Querkräfte aufzunehmen, vgl. Berechnungssbeispiel 2. Praktisch nähert man die Form der leichteren Ausführung wegen durch eine solche mit geraden Umrissen, die die Ellipse berühren, an, Abb. 583a und 544. Die genauere Untersuchung unter Berücksichtigung des I-Querschnittes der Blechträger zeigt, daß die schrägen Umrißlinien etwas in die elliptische Begrenzung einschneiden können, daß also der nach dem eben erwähnten Verfahren ermittelte Träger noch etwas leichter gehalten werden kann.

b) Berechnung der Nietteilung an den Trägergurtungen.

Die Halsniete, welche die Gurtung mit dem Steg verbinden, haben die Aufgabe, die Ausbildung der Gurtspannungen zu ermöglichen, die in den einzelnen Trägerquerschnitten verschiedene Größe annehmen. Betrachten wir zwei um die Strecke e voneinander entfernte Ebenen I und II, Abb. 564, in denen die Biegemomente M_1 und M_2 herrschen mögen. In einer Faser des Gurtes im Abstande y von der neutralen Achse wirken in den Ebenen I und II verschiedene Spannungen

$$\sigma_I = \frac{M_1 \cdot y}{J} \quad \text{und} \quad \sigma_{II} = \frac{M_2 \cdot y}{J}.$$

Hat die betrachtete Faser den Querschnitt df und summiert man die Spannungen im gesamten Gurtquerschnitt, so wird die Kraft in der Ebene I:

$$N_1 = \int \sigma_I \cdot df = \int \frac{M_1}{J} y \cdot df,$$

die in der Ebene II:

$$N_2 = \int \frac{M_2}{J} \cdot y \cdot df.$$

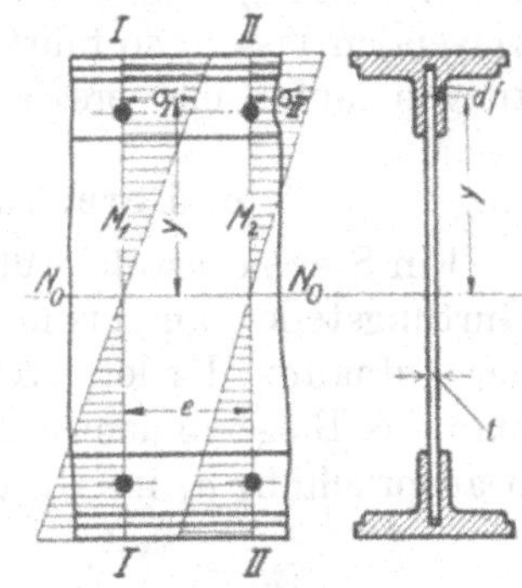

Abb. 564. Zur Ermittlung der Nietteilung an Blechträgern.

Der Unterschied beider

$$N = \int y \cdot df \, \frac{M_1 - M_2}{J} = \frac{M_1 - M_2}{J} \int y \, df$$

muß durch die Nietung aufgenommen werden, um die Spannungsbildung in den Gurten sicher zu stellen. Nun ist $\int y \cdot df$ das statische Moment S des Gurtquerschnittes, bezogen auf die Nullinie N_0N_0, während $M_1 - M_2$ gleich dem Inhalt der Querkraftfläche auf der Strecke e, Abb. 565, also gleich $Q \cdot e$ ist, so daß

$$N = \frac{Q \cdot e}{J} \cdot S \tag{144}$$

wird. Faßt man e als Nietteilung auf, so muß ein Niet die Kraft N übertragen. Ist umgekehrt der Nietdurchmesser d und damit $N = \frac{\pi d^2}{4} k_n$ bzw. $N = d \cdot t \cdot p_0$ gegeben, so folgt die Teilung aus:

$$e = \frac{N \cdot J}{Q \cdot S} = \frac{\pi}{4} \frac{d^2 \cdot k_n \cdot J}{Q \cdot S} \quad \text{bzw.} \quad \frac{d \cdot t \cdot p_0 \cdot J}{Q \cdot S}, \tag{145}$$

worin bedeutet:

J das Trägheitsmoment des gesamten Trägerquerschnitts, bezogen auf die Schwerlinie N_0N_0 in cm⁴,

S das statische Moment des durch die Niete anzuschließenden Querschnittes, hier also das der ganzen Gurtung in cm³,

Q die Querkraft in kg,

t die Stegblechstärke in cm,

und für k_n die zulässige Belastung zweischnittiger Niete einzusetzen ist.

Die Teilung der Halsniete, auf die größten in den einzelnen Schnitten auftretenden Querkräfte berechnet, soll $6\,d$ nicht überschreiten. Ergibt die Rechnung größere Entfernungen, so wird der Grenzwert $e = 6\,d$ ausgeführt. So genügt es an Kranbalken häufig, die Teilung an den Enden, wenn die Katze in der äußersten Stellung steht, zu ermitteln, da dann die größtmöglichen Querkräfte entstehen. Die Kopfniete, welche die Gurtplatten anschließen, haben zufolge des kleineren statischen Moments des Plattenquerschnitts geringere Kräfte aufzunehmen, werden jedoch meist mit der gleichen Teilung mitten zwischen den Halsnieten, also um $\frac{e}{2}$ verschoben, angeordnet. Nur in dem Falle, daß sie weitere Teilung oder kleineren Durchmesser bekommen sollen, sind sie sinngemäß besonders zu berechnen.

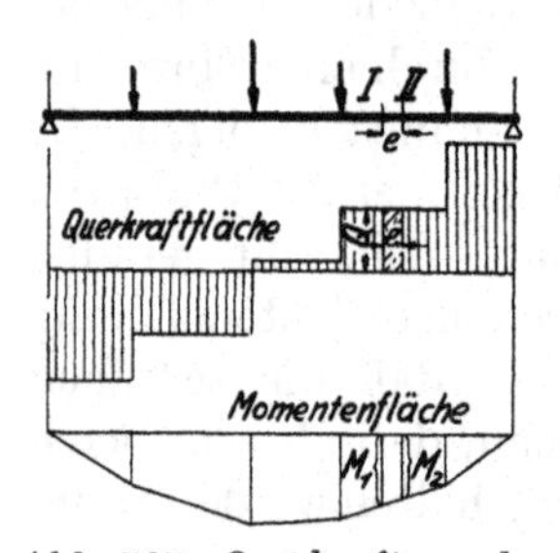

Abb. 565. Querkraft- und Momentenfläche.

Bei längeren Blechträgern müssen Stege und Gurtungen aus mehreren Teilen zusammengefügt, „gestoßen" werden. Diese Stellen werden, sofern der Versand des ganzen Trägers möglich ist, gegeneinander versetzt; so liegt in der Abb. 582 der Stoß des Stegbleches bei I—I, der der Winkeleisen und der Gurtbleche nach der Mitte des Trägers, bei b, c und a, Abb. 586. Sind die Blechträger so lang, daß sie sich nicht als ein Ganzes versenden lassen, so führt man Universalstöße aus, die durch den Steg und die Gurtungen laufen und erst an der Baustelle geschlossen werden.

c) Berechnung der Stegblech- und Gurtungsstöße.

Ein Stegblechstoß muß das Biegemoment, soweit es nicht von den durchlaufenden Gurtungsteilen aufgenommen wird, sowie die gesamte Querkraft übertragen, denn an der Aufnahme der letzteren hat die Gurtung nur sehr geringen Anteil. Annähernd kann man das Biegemoment aus dem Widerstandsmoment W_s des Stegbleches und der Biegebeanspruchung σ_b im Gurtblech des Trägers ermitteln, Abb. 583:

$$M_{bs} = W_s \cdot \sigma_b \cdot \frac{h_1}{h} = \frac{t \cdot h_1^3}{6\,h} \cdot \sigma_b, \tag{146}$$

wenn t die Stegblechstärke in cm,

h_1 die Stegblechhöhe in cm,

h die Höhe des gesamten Trägers in cm ist.

Die Stoßstelle wird nach Abb. 566 durch Laschen von der Stärke der Gurtwinkel oder $t_1 = 0{,}6$ bis $0{,}8\,t$, möglichst nicht unter 8 mm Dicke gedeckt. Das Moment M_{bs} und die ganze Querkraft Q werden durch die Niete übertragen, die in verschiedenen Entfernungen a von der neutralen Faser des Trägers angreifen. Man macht nun die Annahme, daß

a) die Querkraft sich gleichmäßig über die Niete verteilt, so daß auf jedes der n-Niete (in Abb. 566 $n = 16$)

$$N_Q = \frac{Q}{n}\,\text{kg} \tag{147}$$

entfallen,

b) die Belastungen der Niete durch das Moment M_{bs} sich verhalten, wie ihre Abstände a_1 a_2 a_3 von der neutralen Faser. Dann bestehen zwischen den Belastungen $N_1, N_2, N_3 \ldots$ der Niete die Beziehungen:

$$N_1 = N_1 \cdot \frac{a_1}{a_1},\ N_2 = N_1 \cdot \frac{a_2}{a_1},\ N_3 = N_1 \cdot \frac{a_3}{a_1} \cdots$$

während

$$M_{bs} = \sum N \cdot a = N_1 \cdot \frac{\sum a^2}{a_1},$$

oder

$$N_1 = M_{bs} \cdot \frac{a_1}{\sum a^2} \tag{148}$$

wird, wobei N_1 die Belastung des am weitesten von der neutralen Faser entfernten Nietes ist. Die Gesamtbelastung dieses zweischnittigen Nietes ist dann

$$N = \sqrt{N_Q^2 + N_1^2}$$

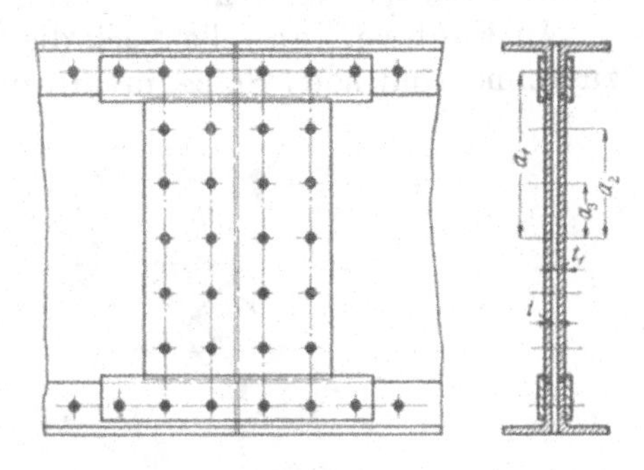

Abb. 566. Stegblechstoß an Blechträgern.

und muß kleiner sein, als die zulässige Belastung

$$N \leqq \frac{\pi}{4} d^2 \cdot k_n \ \text{bzw.}\ \leqq d t \cdot p_0$$

Beim Entwurf geht man so vor, daß man zunächst die Zahl der Nietreihen und der Niete selbst schätzt, dann nachrechnet und, wenn nötig, Abänderungen trifft.

Bei den Stößen in den Gurtungen ist die Längskraft P in den durchschnittenen Stücken

1. durch den Widerstand der Nietung,
2. durch die Festigkeit der Laschen aufzunehmen.

P darf, sicher gerechnet, zu $P = f \cdot \sigma_b$ angenommen werden, wenn f den Querschnitt der durchschnittenen Stücke, σ_b die größte an der betrachteten Stelle auftretende Biegebeanspruchung bedeuten.

$$n_3 = \frac{P}{N} = \frac{P}{\frac{\pi}{4} d^2 \cdot k_n} \quad \text{bzw.} \quad \frac{P}{d \cdot t \cdot p_0}$$

liefert die Anzahl der nötigen Niete.

4. Konstruktive Durchbildung fester Nietverbindungen.

Daß man bei der konstruktiven Durchbildung der Eisenbauwerke von den normalen Blechen, Stab- und Formeisen ausgeht, war schon oben bemerkt. An den Kanten und Enden begrenzt man die einzelnen Stäbe möglichst geradlinig und senkrecht zur Achse, Abb. 568, um bei der Herstellung mit einem Säge- oder Scherenschnitte kleinster Fläche auszukommen. Wegen des besseren Anschlusses schräg begrenzte Winkeleisen werden zweckmäßigerweise nach Abb. 567 zunächst durch einen Schnitt senkrecht zur Achse und dann durch schräges Beschneiden des einen Schenkels gewonnen. Auch die Knotenbleche erhalten, wenn irgend möglich, geradlinige Umrisse ohne einspringende, schwierig auszuführende Ecken. Mit der Schere dürfen Bleche nur dann geschnitten werden, wenn einem Einreißen durch das Schneiden selbst oder durch entsprechende Vorarbeit, insbesondere durch gute Ausrundungen, sicher vorgebeugt wird. Freier ist man in der Gestaltung bei Anwendung der Brennschneidverfahren. Sowohl bei den beiden vorstehend genannten Verfahren, wie auch bei etwaigem Stanzen ist nach DIN 1000 der neben dem Schnitt befindliche Stoff an flußstählernen Stücken in mindestens 2 mm Breite durch Hobeln, Fräsen, Schleifen oder Feilen zu beseitigen. Ausnahmen bilden in dieser Beziehung nur unwesentliche Teile, wie Futterstücke u. dgl. Die in Aussicht genommene Art der Bearbeitung ist schon bei der Formgebung zu berücksichtigen.

Zur konstruktiven Durchbildung der Blechträger ist zu bemerken, daß man ungleichschenkelige Winkeleisen mit den kürzeren Schenkeln am Stegbleche anschließt, um die längeren vorteilhafter, nämlich mit höherer Spannung ausnutzen zu können. Die Gurtplatten läßt man seitlich um 5 bis 10 mm über die Gurtwinkel überstehen. Bei größerer Höhe wird der Steg durch aufgenietete Winkeleisen in etwa 1,2 bis 1,7 m Abstand, Abb. 582, versteift.

An Fachwerken sollen sich die Schwerlinien der einzelnen in einem Knotenpunkte zusammentreffenden Stäbe in einem Punkte schneiden, Abb. 568 und 581, um Biegemomente auszuschalten. Nur bei kleineren Winkeleisen benutzt man des leichteren Anreißens wegen

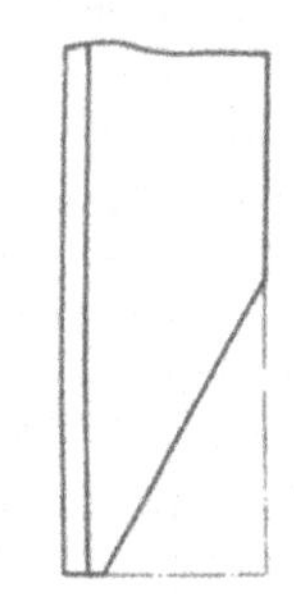

Abb. 567. Schrag abgeschnittenes Winkeleisen.

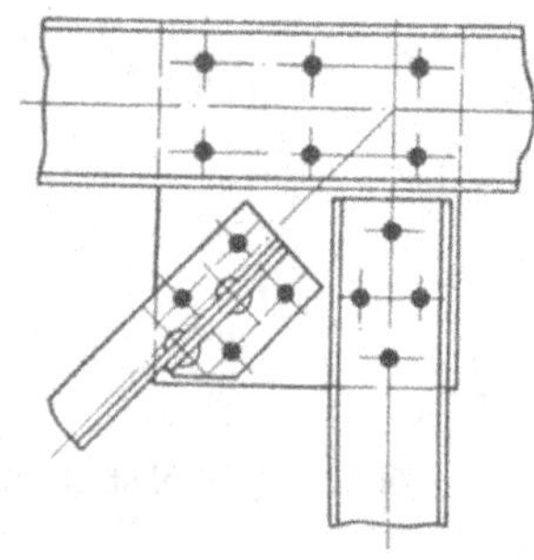

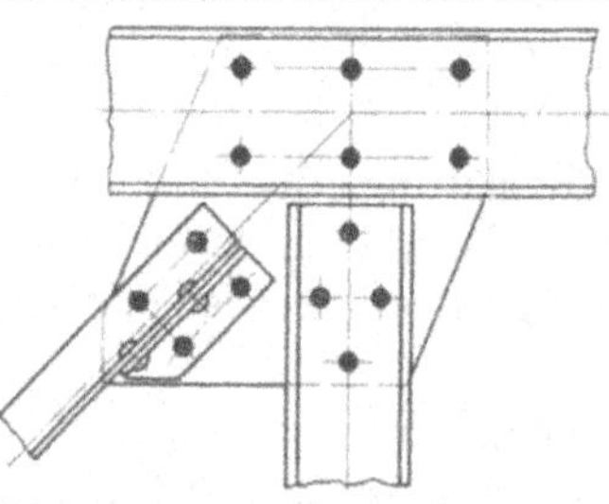

Abb. 568 und 569. Ausbildung von Knotenpunkten. Anschluß des Winkeleisens durch einen Hilfswinkel.

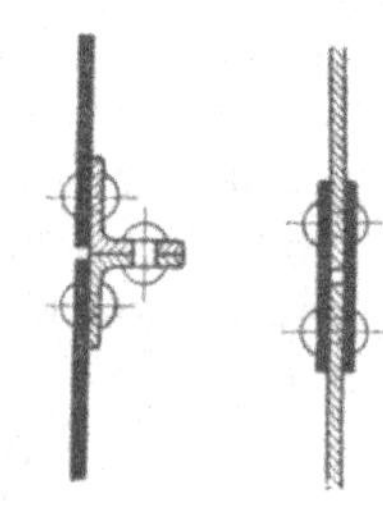

Abb. 570 und 571. Auf Zug beanspruchte Niete (links) sind zu vermeiden.

statt der Schwerlinien der Querschnitte die Mittellinien der Nietreihen. Gezogene Stäbe stellt man aus Flacheisen her, in neuerer Zeit aber fast allgemein wie die auf Druck oder Knickung beanspruchten, aus Eisen steifer Form, aus L-, T-, U- und I-Eisen. Notwendig wird die Vermeidung aller Flacheisenstäbe, wenn Erschütterungen, wie beim Betrieb von Kranen, nicht zu vermeiden sind. Reichen die Stege oder die seitlichen Flächen der Formeisen zum Anschluß an den Knotenblechen nicht aus, so müssen besondere Hilfswinkel, Abb. 568, vorgesehen werden. Jeder wesentliche Kräfte übertragende Stab ist mit mindestens zwei Nieten anzuschließen. Auf Zug oder Biegung beanspruchte Niete, Abb. 570, sind zu vermeiden, und durch Verbindungen, bei denen die Kräfte durch den Gleitwiderstand, Abb. 571, aufgenommen werden oder durch Schrauben zu ersetzen. Das Zusammenpassen und Aneinanderstoßen der Stabenden ist nur ausnahmsweise, wie in Abb. 581 des Fugenschlusses wegen zulässig, da die Ausführung unnötigerweise erschwert ist, die Kräfte aber nicht durch den Stoß, sondern durch die Niete übertragen werden sollen. Im Gegenteil sind Zwischenräume von einigen Millimetern, Abb. 569, erwünscht, um kleine Ungenauigkeiten in der Länge der Stäbe ausgleichen zu können. Auch die Knotenbleche begrenzt man in Rücksicht auf geringe Fehler beim Anschließen der Glieder nach Abb. 569 und 580 so, daß man einigen Spielraum in der Lage derselben hat; man soll nicht verlangen, daß die Ecken der Knotenbleche genau mit den Stabkanten zusammenfallen, sondern nur, daß sie nicht über die Stabkanten hervorragen.

Gerade Stäbe oder solche mit geringem Knick, kann man an den Knotenblechen durchgehen lassen, wie das wagrechte U-Eisen in Abb. 569 und braucht dann den Anschluß nur auf den Unterschied der in den Stabteilen wirkenden Kräfte, bzw. die Resultante derselben, zu berechnen. Biegemomente sind sorgfältig zu vermeiden, oder, wenn sie sich nicht umgehen lassen, durch entsprechend berechnete Querschnitte und Anschlüsse aufzunehmen. So erachtet man die Ausbildung des Knotenpunkts Abb. 569 für besser als die nach Abb. 568, weil die Kräfte auf das wagrechte U-Eisen symmetrisch zum Knotenmittelpunkte übertragen werden. Das Knotenblech erhält hierbei freilich nicht die einfache rechteckige Gestalt, wie in Abb. 568. Es gilt als Fehler, schlanke Zugstäbe an starke Gurtungen unter Weglassen der Knotenbleche anzuschließen; dagegen können Druckglieder unmittelbar mit den Gurtungen verbunden werden. Häufig verwandte zusammengesetzte Querschnitte für Druckstäbe, die dann benutzt werden, wenn die einfachen Formeisen nicht ausreichen oder zu schwer werden, zeigen die Abb. 572 bis 576. Die einzelnen Teile sind durch Bindebleche oder Flach- und Winkeleisen so vergittert, daß ihr Ausknicken auch auf den Teilstrecken, von Mitte zu Mitte Knotenpunkt der Vergitterung gerechnet, ausgeschlossen ist, unter der Annahme, daß die Teile an den Enden gelenkig geführt sind. Dabei verlangen die Vorschriften für Eisenbauwerke [VI, 17], daß der Schlankheitsgrad der einzelnen Teile kleiner als 30 und nicht größer als derjenige des ganzen Stabes ist, sofern kein besonderer Nachweis ausreichender Knicksteifigkeit des Gesamtstabes erbracht wird.

Die Wirkung der Vergitterung läßt sich leicht an Abb. 576 nachweisen. Werden die beiden ⊏-Eisen NP 20 unvergittert, also unabhängig voneinander, als Druckglied verwandt, so sind ihre kleinsten Trägheitsmomente, im ganzen also $2\,J_y = 2 \cdot 148 = 296\ \text{cm}^4$ für die Tragfähigkeit maßgebend. Bei 4,5 m Länge und $\mathfrak{S} = 5$facher Sicherheit gegen Knicken würden sie nach Formel (16) mit

$$P = \frac{\pi^2 \cdot J_y}{\alpha \cdot \mathfrak{S} \cdot l^2} = \frac{\pi^2 \cdot 296 \cdot 2100000}{5 \cdot 450^2} = 6060\ \text{kg}$$

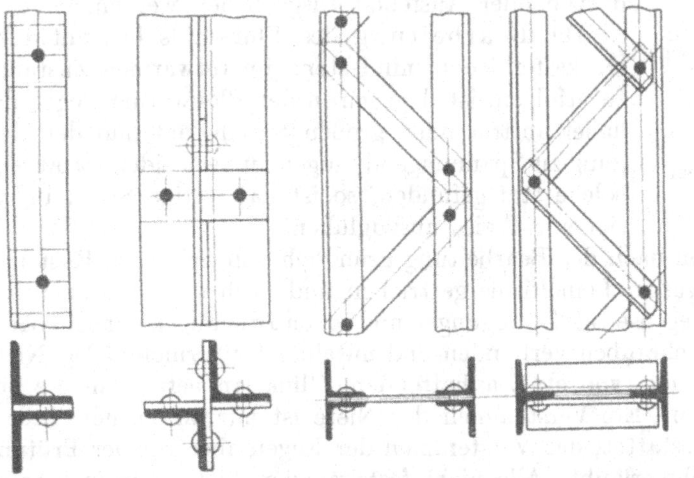

Abb. 572 bis 575. Übliche Formen fur zusammengesetzte Druckstäbe.

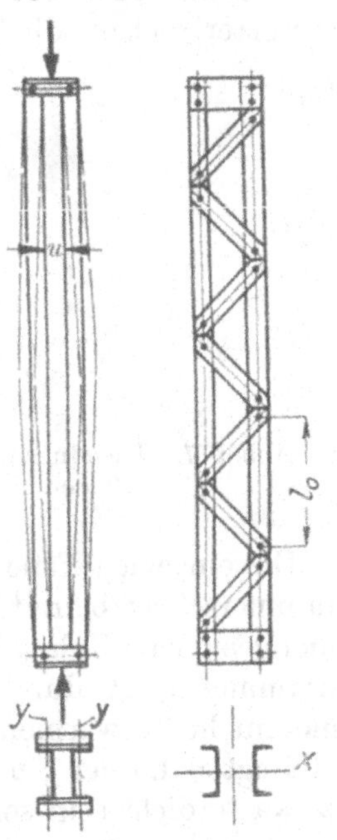

Abb. 576. Vergitterte U-Eisen.

belastet werden können. Ordnet man sie dagegen in einem lichten Abstand von mindestens $u = 116$ mm an, und vergittert sie, so wird die Summe ihrer **größten** Trägheitsmomente $2\,J_x = 2 \cdot 1911 = 3822\ \text{cm}^4$ maßgebend, weil sich die beiden Teilstäbe gegenseitig so stützen, daß ein Ausknicken senkrecht zur Y-Achse ausgeschlossen ist. Der Abstand u ergibt sich aus der Bedingung, daß das Gesamtträgheitsmoment um die freie Achse J_y mindestens 10% größer sein soll als das auf die Materialachse bezogene J_x. Die Tragfähigkeit würde nach der **Eulerschen** Formel im Verhältnis der Trägheitsmomente $\frac{J_x}{J_y} = \frac{1911}{148}$ auf das 13fache gestiegen sein. Da jedoch der Schlankheitsgrad des gesamten Stabes auf

$$\frac{l}{i} = \frac{l}{\sqrt{\frac{2\,J_x}{2\,F}}} = \frac{450}{\sqrt{\frac{2 \cdot 1911}{2 \cdot 32{,}2}}} = 58{,}3$$

gesunken ist, wird die Tetmajersche Formel (20) maßgebend, nach der sich die Knickspannung

$$K_k = K\left(1 - c_1 \frac{l}{i}\right) = 3100\,(1 - 0{,}00368 \cdot 58{,}3) = 2434 \text{ kg/cm}^2$$

und die Tragfähigkeit bei $\mathfrak{S}$ = 5facher Sicherheit zu

$$P' = \frac{2 \cdot F \cdot K_k}{\mathfrak{S}} = \frac{2 \cdot 32{,}2 \cdot 2434}{5} = 31\,400 \text{ kg}$$

errechnet. Die letztere ist also durch die Vergitterung auf das rund 5,2fache gestiegen. Als größte Entfernung l_0 der Bindebleche oder Gitterknotenpunkte folgt, da die Schlankheit des gesamten Stabes größer als 30 ist:

$$l_0 = 30\, i_y = 30 \sqrt{\frac{J_y}{F}} = 30 \cdot \sqrt{\frac{148}{32{,}2}} = 64{,}3 \text{ cm.}$$

5. Ausführung von Eisenbauwerken.

Die Niet- und Schraubenlöcher sind nach der DIN 1000 — mit Ausnahme von solchen in Futterblechen, die gelocht werden dürfen, — zu bohren und vor dem Zusammenlegen und Nieten der Stücke sorgfältig vom Grat zu befreien. Zusammengehörige Löcher müssen gut aufeinander passen; kleine Abweichungen sollen durch Aufreiben mit der Reibahle, nicht aber durch Aufdornen oder Ausfeilen ausgeglichen werden.

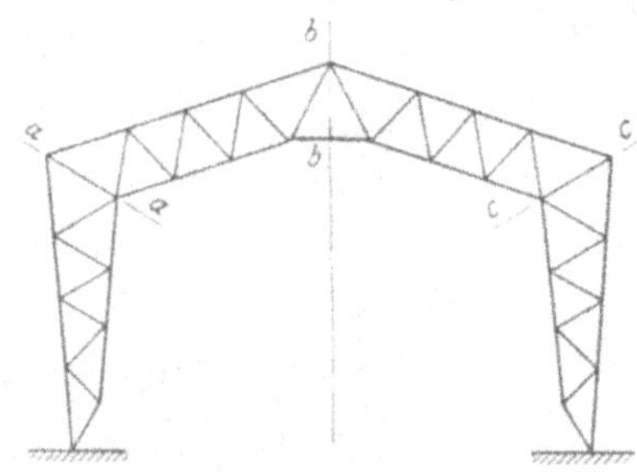

Abb. 577. Trennfugen an einem Binder.

Die Bearbeitung des Flußstahls hat entweder im kalten oder mindestens im rotwarmen Zustande zu erfolgen, ist dagegen in der Blauwärme wegen der dabei auftretenden großen Sprödigkeit und der Neigung zu Spannungsbildungen zu vermeiden. Hat eine solche stattgefunden, so ist das fertige Stück in geeigneter Weise auszuglühen.

Die einzelnen Teile werden nach der Bearbeitung gründlich von Schmutz, Rost und Hammerschlag befreit, mit gutem Leinölfirnis gestrichen und nach dem Trocknen auf einer geeigneten Zulage ohne gegenseitige Zwängungen und so, daß die Fugen gut schließen, zusammengelegt, durch Heftschrauben verbunden und miteinander vernietet. Die Niete sind im hellrotwarmen Zustande, von etwa anhaftendem Glühspan befreit, in die gut gereinigten Löcher einzuziehen. Ein Verstemmen der Niete ist nur an solchen Teilen, die wasserdicht sein sollen, gestattet, das Verstemmen der Fugen aber vor der Prüfung und Abnahme überhaupt nicht erlaubt. Alle nicht festsitzenden Niete müssen herausgeschlagen und durch neue ersetzt werden. Sollten sich einzelne Bauteile beim Vernieten verziehen, so müssen die Verbindungen nochmals gelöst und die Fehler sorgfältig beseitigt werden. Schließlich wird der Leinölanstrich an den Nietköpfen ergänzt.

Größere Bauwerke werden in Rücksicht auf den Versand und die leichtere Handhabung auf dem Bauplatz in Teile zerlegt, der Binder, Abb. 577, z. B. nach den Ebenen *aa*, *bb*, *cc*. Der Zusammenbau dieser in der Werkstatt fertig vernieteten Einzelteile erfolgt zweckmäßig durch Schrauben, um das Nieten auf dem Bauplatze möglichst einzuschränken, das wegen der schwierigen Ausführung am fertigen Bauwerke oft schlecht ausfällt. Eingepaßte Schrauben werden auf Abscheren und Leibungsdruck beansprucht; ihre Berechnung erfolgt unter Einsetzen der Beanspruchungen, die oben angegeben sind. Nur bei großen Bauwerken darf man auf genügend gute Nietung durch geübte Niettrupps auf dem Platz selbst rechnen. Zum Schutz gegen Rosten werden die Teile nach der Prüfung und Abnahme in der Werkstatt und nachdem alle Fugen mit Kitt sorgfältig geschlossen sind, mit einem dichten Grundanstrich von Bleimennigfarbe versehen. Nach erfolgter Aufstellung füllt man alle Räume zwischen den Eisenteilen, in denen sich Wasser sammeln kann, mit Kitt, Asphalt oder fettem Zementmörtel, bessert den Grundanstrich aus und streicht das Ganze mindestens zweimal mit gut deckender Ölfarbe. Um das Anstreichen zwischen zwei Platten zu ermöglichen, muß ihr Zwischenraum genügend groß sein.

6. Konstruktions- und Berechnungsbeispiele.

In Abb. 578 ist der Ausleger eines Drehkranes für 2500 kg Nutzlast bei rund 10 m Ausladung, nach einer Ausführung der Deutschen Maschinenbau A.-G., vorm. Benrather Maschinenfabrik A.-G., dargestellt. Links oben ist an Hand des Schemas die

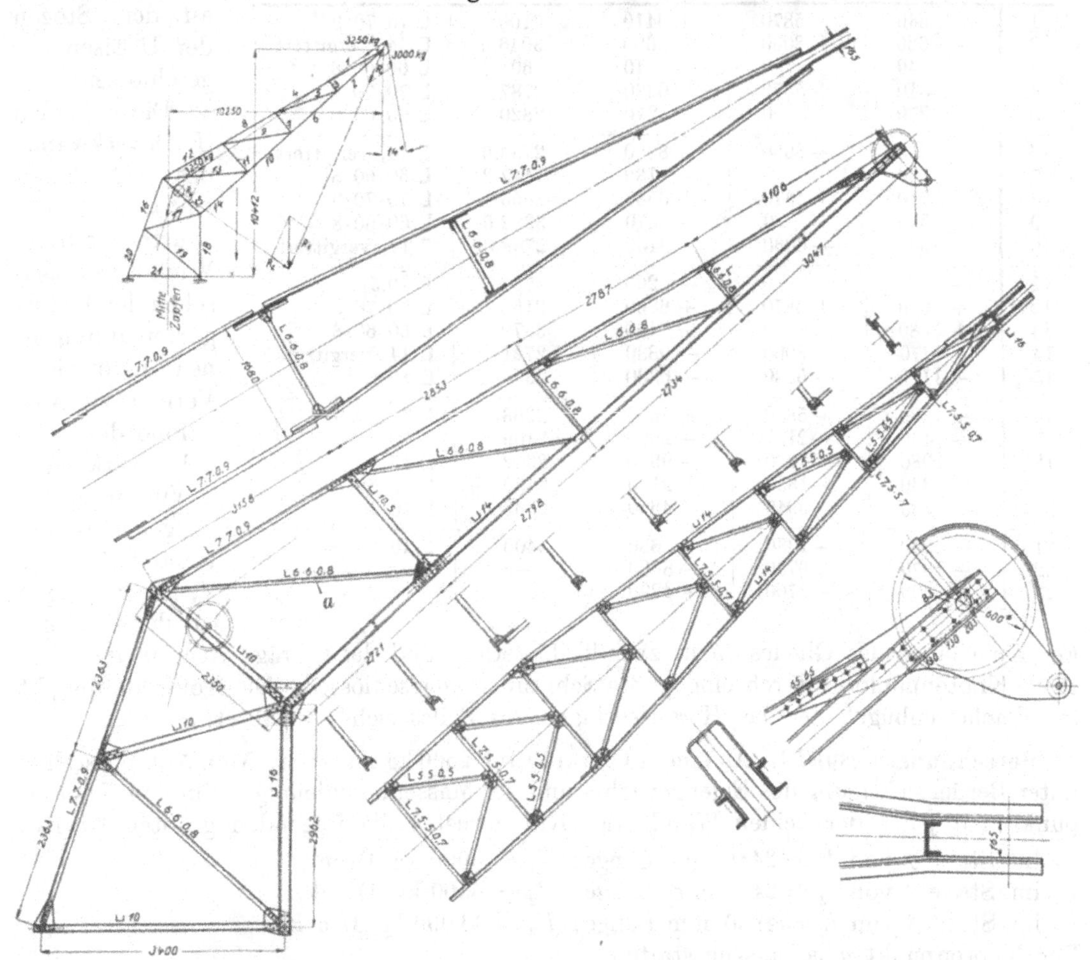

Abb. 578. Ausleger eines Drehkrans für 2500 kg Nutzlast. Ausführung der Deutschen Maschinenbau A.-G., vorm. Benrather Maschinenfabrik A.-G. M. 1 : 100.

Größe und Verteilung der äußeren Kräfte wiedergegeben. Es ist angenommen, daß die Last an der Kopfrolle ungünstigerweise unter 14^0 schräg nach außen wirkt und daß die Zugkraft im Seil durch das Hakengewicht um 100 und durch die Beschleunigung um 400, also auf 3000 kg erhöht wird. Dann beträgt der Seilzug zwischen der Kopf- und der auf dem Stabe *15* gelagerten Leitrolle bei einem Rollenwirkungsgrad von 92% $\frac{3000}{0,92} = 3250$ kg. Durch Zusammensetzen des Seil- und Hakenzugs findet man Größe und Richtung der Kräfte R_1 und R_2. Der Ausleger besteht aus zwei Fachwerkwänden, die infolge ihrer symmetrischen Anordnung zur Belastungsebene je die Hälfte der Kräfte aufzunehmen haben. Das Eigengewicht in Höhe von 2560 kg wurde nach Maßgabe der verwandten Walzeisen auf die einzelnen Knotenpunkte verteilt.

Die auf zeichnerischem Wege ermittelten, auf 10 kg abgerundeten Kräfte in den einzelnen Gliedern sind in der folgenden Liste zugleich mit den genauen Längen der Stäbe zusammengestellt.

Alle Glieder sind in steifen Querschnitten, Winkel- und U-Eisen, ausgeführt und, abgesehen von wenigen Stäben des Windverbandes, mit mindestens je zwei Nieten an den Knotenblechen oder, wo diese am Untergurt weggelassen sind, an den Stegen der U-Eisen angeschlossen.

Stabnummer	Belastung einer Auslegerwand durch			Stablänge	Walzeisen
	Eigengew. kg	Last kg	Summe kg	mm	
1	+ 540	+ 5870	+ 6410	3106	L 70·70·9
2	— 620	— 8060	— 8680	3046,6	[14, vergittert
3	— 40	0	— 40	601,6	L 60·60·8
4	+ 510	+ 5870	+ 6380	2787	L 70·70·9
5	+ 270	0	+ 270	2820	L 60·60·8
6	— 930	— 8060	— 8990	2733,6	[14, vergittert
7	— 130	0	— 130	1147,2	L 60·60·8
8	+ 710	+ 5870	+ 6580	2853	L 70·70·9
9	— 370	0	— 370	3382,5	L 60·60·8
10	— 1340	— 8060	— 9400	2798,8	[14, vergittert
11	— 200	0	— 200	1703	[10,5
12	+ 990	+ 5870	+ 6860	3158	L 70·70·9
13	+ 480	0	+ 480	3870	L 60·60·8
14	— 1770	— 8060	— 9830	2721	[14, vergittert
15	— 1180	— 5180	— 6360	2350	[10
16	+ 1200	+ 5850	+ 7050	2363	L 70·70·9
17	— 430	— 2130	— 2560	2409	[10
18	— 1980	— 7930	— 9910	2962	[16
19	+ 330	+ 1830	+ 2160	3430	L 60·60·8
20	— 720	— 3940	— 4660	2363	L 70·70 9
21	— 250	— 1380	— 2630	3400	[10
22	— 1870	— 6730	— 8600	—	—
23	+ 590	+ 3700	+ 4290	—	—

Die beiden Fachwerkwände des Auslegers sind an den Obergurten durch Winkeleisen, zwischen den Untergurten durch einen K-förmigen Verband zur Aufnahme des seitlich wirkenden Winddruckes gegeneinander versteift. Des Versands wegen ist der Ausleger am Knie längs des Gliedes *15* in zwei Teile zerlegt und der schräge Arm an den dortigen Knotenpunkten durch eingepaßte Schrauben angeschlossen. Die Kopfrolle umgibt ein Flacheisenbügel, der das Herausspringen des Seiles sicher verhütet.

Berechnungsbeispiel 1. An einem Uferkran für 2500 kg Nutzlast, Abb. 579, entstehen unter Berücksichtigung des Eigengewichts und der Massenbeschleunigung in den Knotenpunkten a jeder der beiden Wände des Krangerüstes die folgenden größten Kräfte:

im Stabe *1* von $l_1 = 2450$ mm Länge: $P_1 = 8000$ kg Druck,
im Stabe *2* von $l_2 = 2450$ mm Länge: $P_2 = 5500$ kg Druck,
im Stabe *3* von $l_3 = 4650$ mm Länge: $P_3 = 11000$ kg Druck.

Der Knotenpunkt a ist auszugestalten.

Alle drei Stäbe sind auf Knickung zu berechnen. Bei $\mathfrak{S} = 5$facher Sicherheit und

$$\alpha = \frac{1}{2100000}\ \mathrm{cm^2/kg}$$

für weichen Flußstahl folgt das erforderliche Trägheitsmoment J_1 des Stabes *1* nach der Eulerschen Formel (16) aus:

$$J_1 \geq \frac{\alpha \cdot \mathfrak{S} \cdot P_1 \cdot l_1^2}{\pi^2} = \frac{5 \cdot 8000 \cdot 245^2}{2100000 \cdot \pi^2} = 116\ \mathrm{cm}^4 .$$

Gewählt U-Eisen NP 20 mit $J_{\min} = 148\ \mathrm{cm}^4$ und $F_1 = 32{,}2\ \mathrm{cm}^2$ Querschnitt. Die Schlankheit beträgt:

$$\frac{l_1}{i_1} = \frac{l_1}{\sqrt{\frac{J_{\min}}{F_1}}} = \frac{245}{\sqrt{\frac{148}{32{,}2}}} = 114{,}5 .$$

Sie ist größer als 90; mithin ist die benutzte Formel nach Zusammenstellung 3, S. 18, zutreffend.

Für Stab *2* wird unter den gleichen Voraussetzungen:

$$J_2 \geqq \frac{\alpha \cdot \mathfrak{S} \cdot P_2 \cdot l_2^2}{\pi^2} = \frac{5 \cdot 5500 \cdot 245^2}{2100000 \cdot \pi^2} = 79{,}5 \text{ cm}^4.$$

U-Eisen *NP* 16 mit $J_{\min} = 85{,}3$ cm⁴ genügt. Die Nachrechnung des Schlankheitsgrades erübrigt sich, da er sicher größer als bei Stab 1 ist.

Stab *3*:
$$J_3 \geqq \frac{\alpha \cdot \mathfrak{S} \cdot P_3 \cdot l_3^2}{\pi^2} = \frac{5 \cdot 11000 \cdot 465^2}{2100000 \cdot \pi^2} = 573 \text{ cm}^4.$$

Das Trägheitsmoment läßt sich durch zwei voneinander unabhängige U-Eisen nicht mehr verwirklichen. Diese müssen vielmehr vergittert werden. Gewählt in Rücksicht auf das Zusammentreffen mit Stab *1* zwei vergitterte U-Eisen *NP* 20 mit $J_{\max} = 1911$ cm⁴. Die Schlankheit wird:

$$\frac{l_3}{i_3} = \frac{l_3}{\sqrt{\frac{J_{\max}}{F_3}}} = \frac{465}{\sqrt{\frac{1911}{32{,}2}}} = 60{,}4.$$

Somit ist die Tetmajersche Formel (20) anzuwenden.

Knickspannung: $K_k = K\left(1 - c_1 \frac{l_3}{i_3}\right) = 3100\,(1 - 0{,}00368 \cdot 60{,}4) = 2410 \text{ kg/cm}^2,$

$$\mathfrak{S} = \frac{K_k}{\sigma_k} = \frac{K_k \cdot F_3}{P_3} = \frac{2410 \cdot 32{,}2}{11000} = 7{,}05\text{fach. Ausreichend.}$$

Für den Fall, daß man die Unterstützung des Stabes *3* im Knotenpunkt *b* der Skizze 579 durch die unter ziemlich geringem Winkel angesetzte Diagonale vernachlässigt und Stab *3* in seiner Gesamtlänge $l_3' = 9300$ mm auf Knickung nachrechnet, wird das Schlankheitsverhältnis doppelt so groß, also die Eulersche Formel maßgebend. Betrachtet man die beiden vergitterten U-Eisen zusammen, so werden sie durch $2\,P_3$ bei einem Trägheitsmoment $2\,J_{\max}$ belastet und bieten dabei:

$$\mathfrak{S} = \frac{\pi^2 \cdot 2 \cdot J_{\max}}{\alpha \cdot 2 \cdot P_3 \cdot (l_3')^2}$$

$$= \frac{2100000 \cdot \pi^2 \cdot 2 \cdot 1911}{22000 \cdot 930^2} = 4{,}17\text{fache},$$

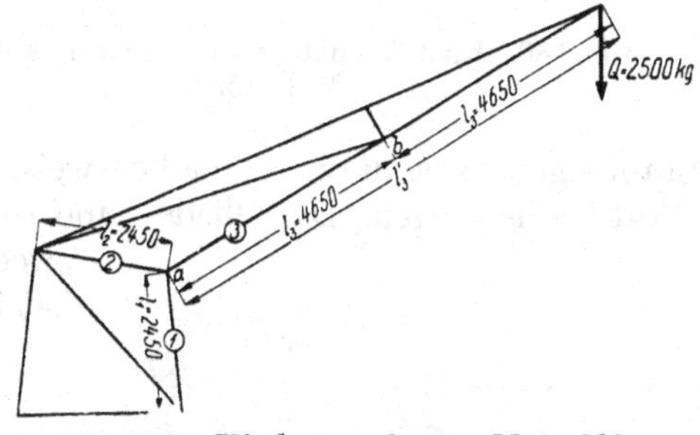

Abb. 579. Uferkranausleger. M. 1 : 200.

d. i. eine für die ungünstige Annahme noch hinreichende Sicherheit. Der Mindestabstand der beiden U-Eisen von $u = 116$ mm ist konstruktiv durch den Abstand der Gerüstwände bei weitem übertroffen.

Größter Abstand l_0 der Vergitterungsknotenpunkte. Bei dem Schlankheitsgrad 30, bezogen auf das kleinste Trägheitsmoment, wird:

$$l_0 = 30\sqrt{\frac{J_{\min}}{F_3}} = 30 \cdot \sqrt{\frac{148}{32{,}2}} = 64{,}3 \approx 65 \text{ cm}.$$

Berechnung der Anschlußniete. Stegstärke des schwächsten U-Eisens $t = 7{,}5$ mm. Gewählt: Knotenblechstärke 10 mm. Nietdurchmesser $d = 20$ mm, $k_n = 600$ kg/cm². Tragfähigkeit eines Nietes gegenüber Gleiten:

$$N = \frac{\pi}{4} d^2 \cdot k_n = \frac{\pi}{4} \cdot 2^2 \cdot 600 = 1880 \text{ kg}.$$

(Größter Leibungsdruck in dem schwächsten U-Eisen:

$$p_0 = \frac{N}{t \cdot d} = \frac{1880}{0{,}75 \cdot 2} = 1250 \text{ kg/cm}^2. \text{ Zulässig.)}$$

Nietzahl zum Anschluß des Stabes *1*: $n_1 = \frac{P_1}{N} = \frac{8000}{1880} = 4{,}3$; gewählt 5 Niete;

des Stabes *2*: $n_2 = \frac{P_2}{N} = \frac{5500}{1880} = 3$; gewählt 3 Niete;

des Stabes *3*: $n_3 = \frac{P_3}{N} = \frac{11000}{1880} = 5{,}9$; gewählt 6 Niete.

Die konstruktive Gestaltung des Knotenpunktes zeigt Abb. 580. Um die Lücke zwischen den U-Eisen 1 und 3 bei *c* zu schließen, ist ein Flacheisen als Lasche über die Flansche genietet. Viel teurer, allerdings einen geschlosseneren Eindruck bietend, ist die Ausführung Abb. 581, bei der die Stäbe *1* und *3* schräg, dem Winkel $\frac{\beta}{2}$ entsprechend, bearbeitet und zusammengepaßt sind. Stab *2* ist in beiden Fällen senkrecht zu seiner Mittellinie abgeschnitten und mit reichlichem Spielraum gegenüber den Gliedern *1* und *3* angeschlossen. Die Anordnung der Niete ergab sich im Zusammenhang mit den geradlinig begrenzten Knotenblechen ohne Schwierigkeit.

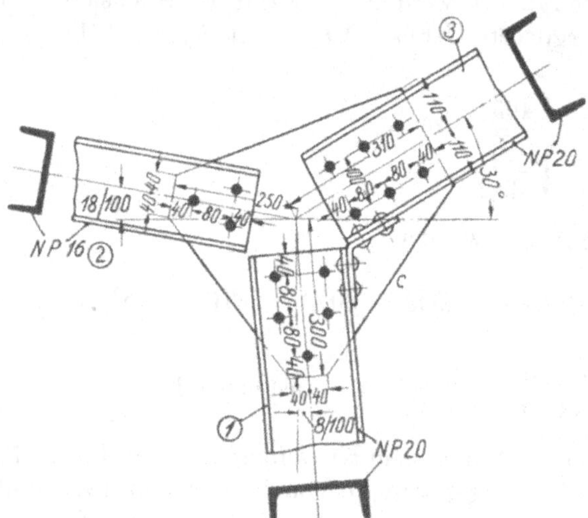

Abb. 580. Knotenpunkte *a* am Uferkran Abb. 579. M. 1 : 15.

Berechnungsbeispiel 2. Der Knotenpunkt *A* des Dachbinders, Abb. 581a, soll konstruktiv durchgebildet werden. Die in den einzelnen Gliedern wirkenden größten Kräfte sind an den Systemlinien der linken Hälfte der Abbildung, die Stablängen sowie die zweckmäßigerweise zu verwendenden Winkeleisen in der rechten Hälfte eingetragen. Die Glieder sind durchweg in steifen Querschnitten ausgeführt und zwecks symmetrischer Kraftwirkung aus je zwei Winkeleisen nicht unter 45 · 45 · 5 mm zusammengesetzt.

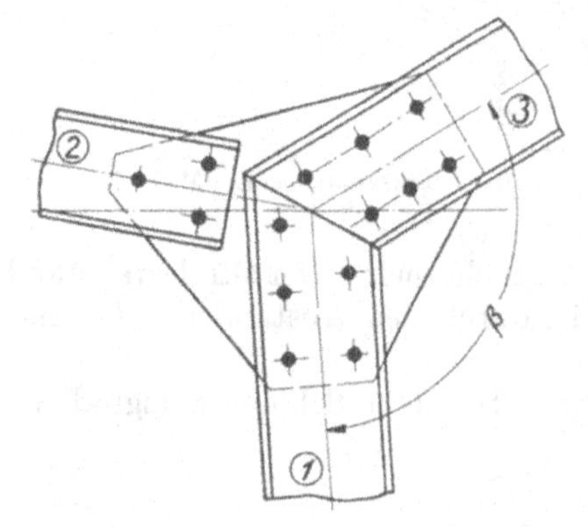

Abb. 581. Ausbildung des Knotenpunktes *a* unter Zusammenpassen der Stäbe *1* und *3*. M. 1 : 15.

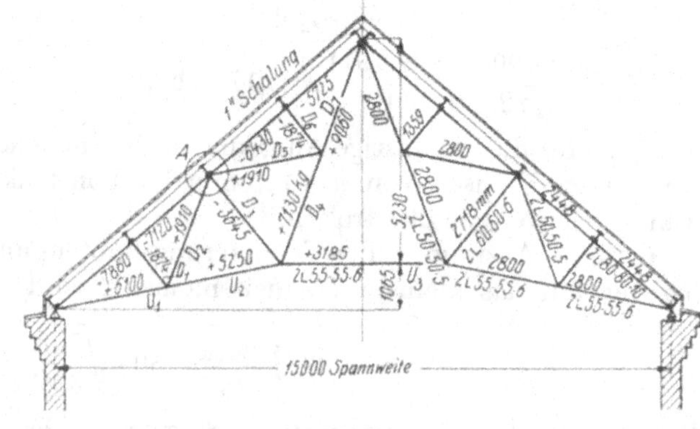

Abb. 581a.

Die konstruktive Durchbildung ist in den Abb. 581b bis d nach verschiedenen Gesichtspunkten durchgeführt.

Ausführung a), Abb. 581b, gibt die bei leichteren Eisenbauwerken meist gebräuchliche

Art wieder, die Wurzellinien oder Nietmittellinien in den Knotenpunkten zusammentreffen zu lassen. Die Stäbe D_2, D_3 und D_5 sind mit je zwei Nieten, der im Knotenpunkt durchlaufende Obergurt aber an dem rechteckig geschnittenen Knotenblech durch drei Niete angeschlossen, um den Nietabstand nicht zu groß werden zu lassen. Unter Benutzung der normalen Wurzelmasse und der zulässigen größten Nietdurchmesser nach Zusammenstellung 82, ferner mit $a = 4$ mm lichtem Abstand zwischen den einzelnen Stäben und einer gleich großen Überdeckung an den Knotenblechkanten und -ecken kann man die Winkeleisen in ihrer gegenseitigen Lage aufzeichnen. Zweckmäßigerweise geht man dabei vom Obergurt aus. Am Stab D_3 ergibt sich dann die Mindestbreite des Knotenbleches auf Grund von 1,5 d Randabstand und 2,5 d gegenseitigem Mindestabstand der Niete zu 172 mm, wie strichpunktiert angedeutet. Rundet man dieses Maß auf 175 mm ab, um das Knotenblech aus einem Universaleisen von 175 · 10 mm Querschnitt schneiden zu können, so folgt die Knotenblechlänge aus der Lage der Stäbe D_2 und D_5

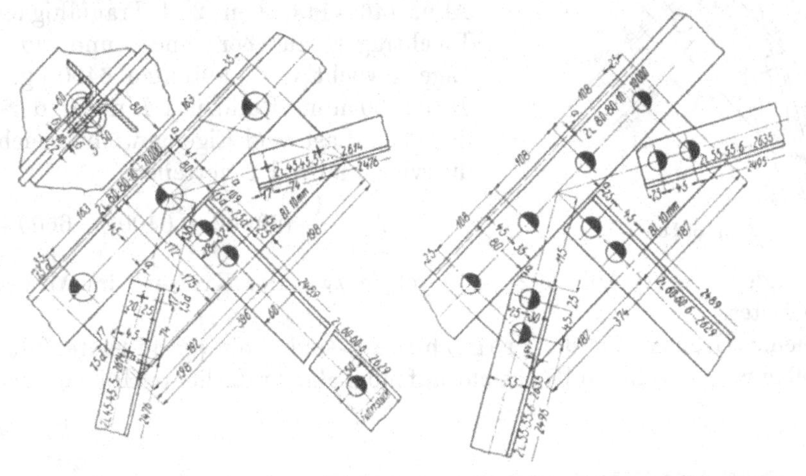

Abb. 581 b und c.

bei $a = 4$ mm Überdeckung zu 396 mm. Durch den Randabstand von 1,5 d ist nun auch die Lage sämtlicher Anschlußniete gegeben, deren Belastung durchweg niedrig ist:

	Nietdurchmesser mm	Nietzahl	Belastung kg	Inanspruchnahme auf Gleiten oder Abscheren kg/cm²	Inanspruchnahme auf Leibungsdruck kg/cm²
Obergurt	23	3	7120—6430 = 690	27.8	100
D_2	11	2	1910	502	868
D_3	17	2	3645	402	1070
D_5	11	2	1910	502	868

Zulässig wären 1100 bzw. 2200 kg/cm².

Durch schräges Abschneiden ist es möglich, die Größe des Knotenbleches einzuschränken und mit zwei Anschlußnieten am Obergurt auszukommen. Nachteilig ist, daß an dem Knotenpunkt drei verschiedene Nietdurchmesser zur Anwendung gekommen sind. Ohne weiteres könnte aber der Obergurt mit Nieten von 17 mm Durchmesser unter entsprechender Verringerung der Nietabstände angeschlossen werden.

In Ausführung b) ist durchweg ein und derselbe Nietdurchmsser von 17 mm benutzt. Das zwingt freilich dazu, die Glieder D_2 und D_5 nach Zusammenstellung 82 mindestens 55 mm breit, das ist 1,47 mal schwerer als bei Ausführung a) zu nehmen. Die in beiden Gliedern auftretende Höchstbelastung würde zwar ohne weiteres durch je ein solches Winkeleisen aufgenommen werden können, aber unter ungünstiger Nebenbeanspruchung des Knotenbleches auf Biegung und Verdrehung. Zum Anschluß des Obergurtes wird man in Rücksicht auf nicht zu große Abstände im Verhältnis zum Nietdurchmesser vier Niete vorziehen, wenn man das Knotenblech rechteckig gestalten will. Bricht man, wie gezeichnet, die Ecken der Stäbe D_2 und D_5, so kommt man mit 374 mm Knotenblechlänge aus.

Schließlich zeigt Ausführung c) die Lösung der gleichen Aufgabe unter Zusammenführen der Schwerlinien der angeschlossenen Winkeleisen im Knotenpunkt und unter Benutzung von drei verschiedenen Nietdurchmessern. Im Vergleich mit Ausführung a) wird im vorliegenden Falle das Knotenblech etwas länger (444 mm), trotzdem den Stäben D_2 und D_5 die umgekehrte Lage wie in Abb. 581b gegeben ist.

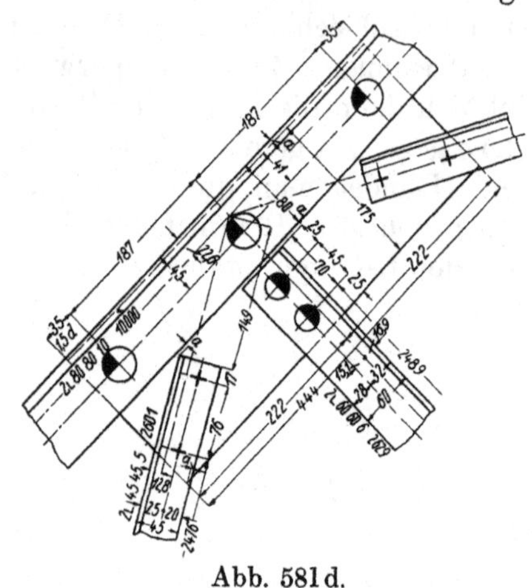

Abb. 581d.

Berechnungsbeispiel 3. Für ein Laufkrangerüst von $L = 12$ m Spannweite und die Katze, Abb. 146—148, von 20 t Tragfähigkeit sind die Blechträger zu berechnen und zu entwerfen. Eigengewicht der Laufkatze 6400 kg. Radstand $B = 1150$ mm. Raddruck R unter der Annahme, daß sich Last und Eigengewicht gleichmäßig auf die vier Laufräder verteilen:

$$R = \frac{1}{4} \cdot (20000 + 6400) = 6600 \text{ kg}.$$

Jeder der beiden Träger, Abb. 582, ist durch je zwei der Kräfte R im Abstande B voneinander belastet.

Die üblichen Grenzen für die Trägerhöhe h sind $\frac{1}{8}$ bis $\frac{1}{10}$, äußerstenfalls $\frac{1}{14}$ L, also 1500 bis 860 mm. Gewählt in Rücksicht auf möglichst große lichte Höhe unter dem Kran:

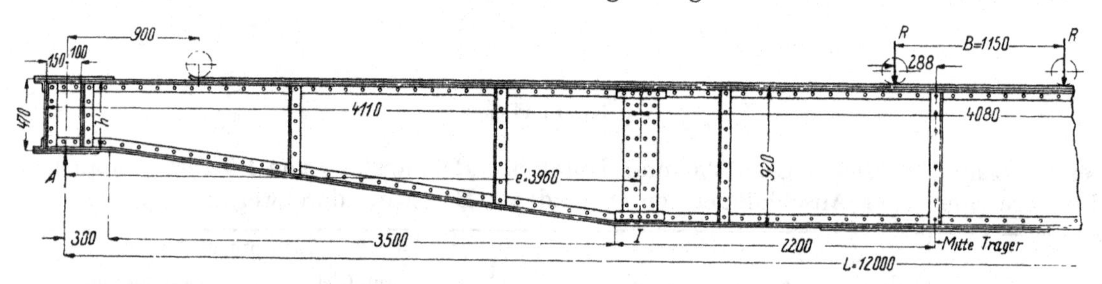

Abb. 582. Blechträger zum Laufkran von 20 t Nutzlast und 12 m Spannweite. M. 1 : 50.

$h \approx 900$ mm. Das größte Biegemoment tritt unter dem linken Rad ein, wenn dieses gegenüber der Trägermitte um $\frac{1}{4} B = 288$ mm vorgeschoben ist, Abb. 582.

$$\text{Auflagedruck } A = 6600 \frac{628{,}8 + 513{,}8}{1200} = 6284 \text{ kg}.$$

Größtes Biegemoment:

$$M_{b\,\max} = A\left(\frac{L}{2} - \frac{B}{4}\right) = 6284\,(600 - 28{,}8) = 3\,589\,000 \text{ kgcm}.$$

Die Rechnung werde zunächst ohne Rücksicht auf das Eigengewicht des Trägers durchgeführt, die Beanspruchung auf Biegung aber deshalb mäßig, zu $k_b = 800$ kg/cm², angenommen.

Erforderliches Trägheitsmoment:

$$J = \frac{M_{b\,\max}}{k_b} \cdot \frac{h}{2} = \frac{3\,589\,000 \cdot 45}{800} = 201\,900 \text{ cm}^4.$$

Ein Stegblech von 900 mm Höhe und 10 mm Stärke mit zwei Gurtwinkeln von 80 · 80 · 10 mm Querschnitt, wie es schwarz angelegt in der Skizze 583 dargestellt ist, würde unter Abzug der Nietlöcher von $d = 20$ mm Durchmesser in den Gurtwinkeln ein Trägheitsmoment von:

$$J_1 = \frac{1}{12}[(b_1 - 2\,d)(h_1^3 - h_2^3) + b_2(h_2^3 - h_3^3) + t \cdot h_3^3] = \frac{1}{12}[(17 - 2 \cdot 2)(90^3 - 88^3) + 3(88^3 - 74^3) + 1 \cdot 74^3] = 154\,300 \text{ cm}^4$$

ergeben. Da dieses noch nicht ausreicht, müssen Gurtplatten aufgesetzt werden, die $b = 180$ mm breit seien, damit sie die beiderseitigen Winkel um je 5 mm überdecken. Ihre Stärke läßt sich aus dem Trägheitsmoment, das durch sie verwirklicht werden soll, bestimmen. Aus

$$J - J_1 = 201\,900 - 154\,300 = 47\,600 \text{ cm}^4 = \frac{b - 2\,d}{12}(h^3 - h_1^3)$$

folgt:

$$h^3 = \frac{12}{b - 2\,d}(J - J_1) + h_1^3 = \frac{12 \cdot 47\,600}{18 - 2 \cdot 2} + 90^3 = 769\,800 \text{ cm}^3; \text{ also}$$

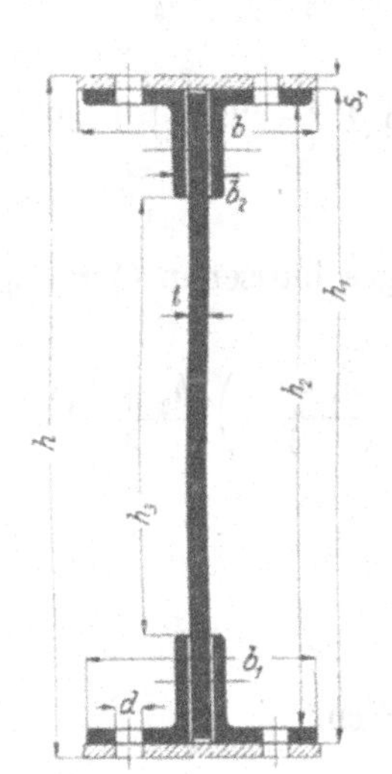

Abb. 583. Trägerquerschnitt.

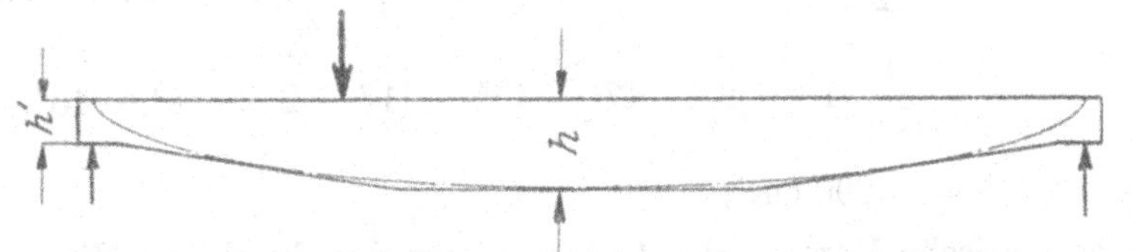

Abb. 583a. Form annähernd gleicher Festigkeit des Trägers Abb. 582.

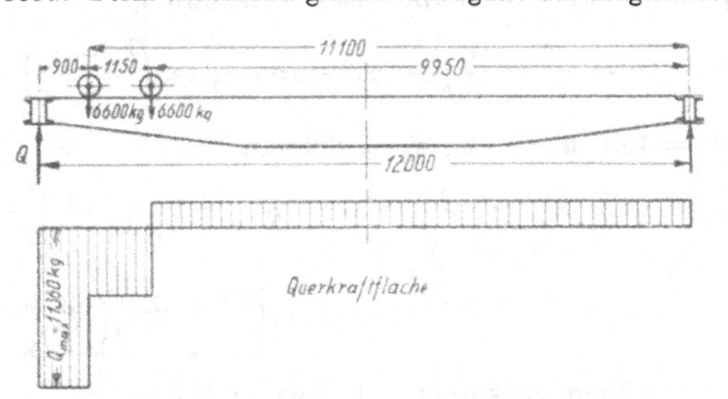

Abb. 584. Querkraftflache des Kranbalkens Abb. 582, bei Endstellung der Laufkatze.

$h = 91{,}7$ cm. Daraus Gurtplattenstärke $s_1 = \frac{h - h_1}{2} = 8{,}5$ mm. s_1 abgerundet auf 10 mm. Wirkliches Trägheitsmoment des gesamten Querschnittes $J_{ges} = 212\,270$ cm^4. Biegebeanspruchung $\sigma_b' = 778$ kg/cm^2.

Die Stegbleche laufen, wie Abb. 582 zeigt, bis zu den äußeren Endquerträgern durch und sind der annähernd elliptischen Form gleicher Festigkeit durch Abschrägen der Enden angepaßt. Ihre Mindesthöhe am Ende h', Abb. 583a, ergibt sich rechnerisch daraus, daß die größte Querkraft Q_{max} bei der Endstellung der Katze im wesentlichen durch die Schubspannung im Steg aufgenommen werden muß, weil in den Gurtwinkeln und Blechen nur geringe Schubspannungen entstehen können. Nach der Querkraftfläche, Abb. 584, wird in der Endstellung der Laufkatze:

$$Q_{max} = 6600 \cdot \frac{1110 + 995}{1200} = 11580 \text{ kg},$$

so daß bei einer größten zulässigen Schubspannung $k_s = 600$ kg/cm^2 ,gemäß Zusammenstellung 8, lfde. Nr. 2, eine Höhe:

$$h' = \frac{3}{2}\frac{Q_{max}}{t \cdot k_s} = \frac{3}{2} \cdot \frac{11580}{1 \cdot 600} = 29 \text{ cm}$$

nötig ist. Gewählt wurde die Steghöhe h' namentlich in Rücksicht auf den Anschluß der Endquerträger zu $h' = \frac{h}{2} = 450$ mm; Gesamthöhe einschließlich Gurtplatten 470 mm.

Biegebeanspruchung durch das Eigengewicht. Einer der Träger wiegt, reichlich gerechnet, $Q = 1700$ kg. Unter der etwas zu günstigen Annahme, daß das Gewicht gleichmäßig auf der ganzen Länge verteilt betrachtet werden darf, wird die zusätzliche Beanspruchung in der Mitte des Trägers (vgl. Formel lfde. Nr. 9 der Zusammenstellung 5 S. 26):

$$\sigma_b'' = \frac{Q \cdot L}{8 \cdot J} \cdot \frac{h}{2} = \frac{1700 \cdot 1200 \cdot 46}{8 \cdot 212270} = 55 \text{ kg/cm}^2,$$

mithin die höchste Beanspruchung: $\sigma_b = \sigma_b' + \sigma_b'' = 778 + 55 = 833$ kg/cm².

Berechnung der Nietteilung für den Anschluß der Gurtwinkel auf $Q_{\max}$ in der Endstellung der Laufkatze nach Formel (145) bei $k_n = 1200$ kg/cm². Dabei wird unter Benutzung der Buchstaben der Abb. 583 das Trägheitsmoment:

$$J' = \frac{1}{12}[(b - 2d)(h^3 - h_1^3) + (b_1 - 2d)(h_1^3 - h_2^3) + b_2(h_2^3 - h_3^3) + t \cdot h_3^3]$$

$$= \frac{1}{12}[(18 - 2 \cdot 2)(47^3 - 45^3) + (17 - 2 \cdot 2)(45^3 - 43^3) + 3(43^3 - 29^3) + 1 \cdot 29^3]$$

$$= 43200 \text{ cm}^4,$$

das statische Moment des Querschnittes der durch die Niete angeschlossenen Gurtung, wenn s_2 die Dicke der Winkeleisen bezeichnet:

$$S = (b - 2d) \cdot s_1 \left(\frac{h_1 + s_1}{2}\right) + (b_1 - 2d - t) \cdot s_2 \left(\frac{h_2 + s_2}{2}\right) + (b_2 - t)\left(\frac{h_2 - h_3}{2}\right)\left(\frac{h_2 + h_3}{4}\right).$$

Mit $h_1 = 450$, $h_2 = 430$, $h_3 = 290$ mm folgt:

$$S = (18 - 2 \cdot 2) \cdot 1 \left(\frac{45 + 1}{2}\right) + (17 - 2 \cdot 2 - 1) \cdot 1 \left(\frac{43 + 1}{2}\right)$$

$$+ (3 - 1)\left(\frac{43 - 29}{2}\right)\left(\frac{43 + 29}{4}\right) = 838 \text{ cm}^3,$$

und die Nietteilung entsprechend Formel (145):

$$e = \frac{\pi}{4} d^2 \cdot \frac{k_n \cdot J'}{Q_{\max} \cdot S} = \frac{\pi}{4} 2^2 \cdot \frac{1200 \cdot 43200}{11360 \cdot 838} = 17{,}1 \text{ cm},$$

also größer als der Grenzwert $e = 6\,d = 120$ mm, der deshalb auf der ganzen Länge des Trägers, sowohl für die Hals-, wie die Kopfniete benutzt wurde.

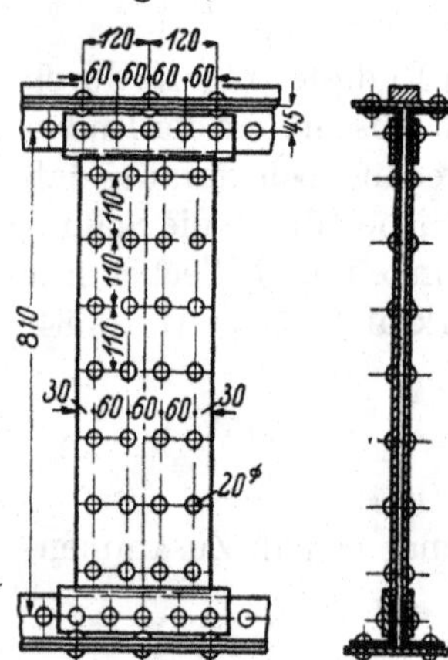

Abb. 585. Stegblechstoß. M. 1 : 20.

Das Stegblech ist in drei annähernd gleichlange Stücke geteilt und daher zweimal, bei I—I, Abb. 582, in den Entfernungen $e = 4110$ mm von den Stegblechenden oder $e' = 3960$ mm von den Laufrollenebenen gestoßen; außerdem wurde es durch Aufnieten von Versteifungswinkeln in je 1500 mm Entfernung voneinander versteift. Das Stegblech hat an den Stoßstellen noch die volle Höhe von $h_1 = 900$ mm.

Berechnung des Stegblechstoßes, Abb. 585. Das Moment, das das Stegblech an der Stelle I aufzunehmen vermag und das daher auch durch die Verbindung zu übertragen ist, ergibt sich nach der Formel (146) bei einer Biegespannung von $\sigma_b = 800$ kg/cm², die schätzungsweise unter Berücksichtigung der Wirkung des Eigengewichts des Trägers im Querschnitt I auftreten dürfte,

$$M_{bs} = W_s \cdot \sigma_b = \frac{t \cdot h_1^3}{6\,h} \cdot \sigma_b = \frac{1 \cdot 90^3}{6 \cdot 92} \cdot 800 = 1056000 \text{ kgcm}.$$

Die an der Stoßstelle auftretende größte Querkraft beträgt ungünstigenfalls, wenn nämlich das linke Rad der Laufkatze in Abb. 582 über dem Stoße steht:

$$Q = R\frac{(L - e' + L - e' - B)}{L} = R\frac{2L - 2e' - B}{L} = 6600\frac{2\cdot 1200 - 2\cdot 396 - 115}{1200} = 8200\,\text{kg}\,.$$

Der Stoß wird durch zwei Laschen über dem Stegblech selbst sowie durch vier schmale Laschen auf den Gurtwinkeln gedeckt, Abb. 585. Die Niete für die letzteren mögen, um die Gurtwinkelteilung möglichst wenig zu stören, mit einer Teilung $\frac{e}{2} = 60$ mm mitten zwischen die Halsniete gesetzt werden. Dabei kommt je eines auf die Stoßfuge zu liegen, Niete, die bei der folgenden Berechnung unberücksichtigt bleiben sollen. Nimmt man auf den Hauptlaschen des einfacheren Anreißens wegen zweireihige Parallelnietung und beiderseits des Stoßes je 14 Niete an, so ergibt sich nach Skizze 585 ein Nietabstand von 110 mm und eine Belastung N_1 der Niete in der schmalen Lasche, die am weitesten von der Nullinie abliegen, durch das Moment M_{bs} nach Formel (148):

$$N_1 = \frac{M_{bs}\cdot a_1}{\sum a^2} = \frac{1056000\cdot 40{,}5}{4\,(11^2 + 22^2 + 33^2 + 40{,}5^2)} = 3210\,\text{kg}.$$

Dazu tritt die Belastung durch die Querkraft (147):

$$N_Q = \frac{Q}{n} = \frac{8200}{18} = 455\,\text{kg}\,,$$

die zu einer Gesamtbelastung:

$$N = \sqrt{N_Q^2 + N_1^2} = \sqrt{455^2 + 3210^2} = 3240\,\text{kg}$$

führt. Die Beanspruchung der zweischnittigen Niete auf Gleitwiderstand:

$$k_n = \frac{N}{\frac{\pi d^2}{4}} = \frac{3240}{\frac{\pi\cdot 2^2}{4}} = 1030\,\text{kg/cm}^2,$$

auf Abscheren:

$$\sigma_s = \frac{N}{2\,\frac{\pi d^2}{4}} = \frac{3240}{2\cdot\frac{\pi 2^2}{4}} = 515\,\text{kg/cm}^2$$

und auf Leibungsdruck:

$$p_0 = \frac{N}{d\cdot t} = \frac{3240}{2\cdot 1} = 1620\,\text{kg/cm}^2$$

sind im Vergleich mit den Zahlen der Zusammenstellung 79 und den preußischen Ministerialbestimmungen über Hochbauten, Seite 311, niedrig; die Ausführung ist also ohne weiteres zulässig.

Eine Verminderung der Niete in der Hauptlasche auf 12 würde zwar zu einer besseren Ausnützung derselben, aber zu einer Überschreitung der Mindestentfernung $6\,d = 120$ mm führen und ist deshalb nicht empfehlenswert.

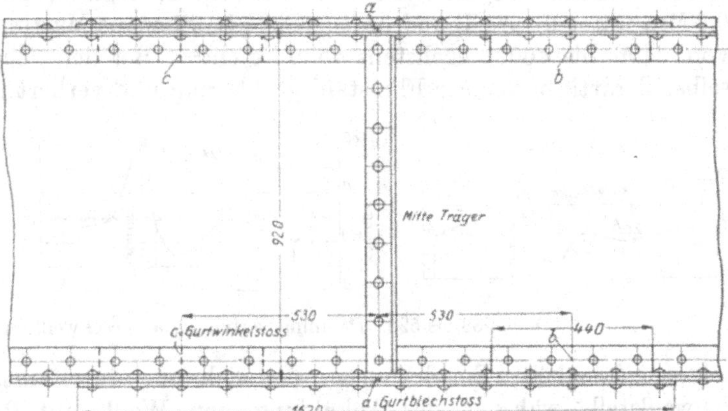

Abb. 586. Gurtstöße am Blechträger Abb. 582.

Berechnung der **Gurtstöße**, Abb. 586. Der Stoß der Gurtbleche a ist am Untergurt durch eine 180 mm breite, 10 mm dicke Platte, am Obergurt durch die flache Kranschiene und zwei daneben angeordnete Laschen von 70 mm Breite und 12 mm Stärke gedeckt. Dieselben Stücke dienen dem gleichen Zweck an den um 530 mm beiderseits der Mitte versetzten Stößen b und c der Gurtwinkel und mußten deshalb ziemlich lang gehalten werden.

Kraft im Gurtblech; vgl. Abb. 583, $P_1 \approx (b - 2\,d)\cdot s_1\cdot\sigma_b = (18 - 2\cdot 2)\cdot 1\cdot 833 = 11\,660$ kg. Anzahl der zur Übertragung nötigen einschnittigen Niete von je $N = \frac{\pi}{4}\,d^2\cdot k_n = \frac{\pi}{4}\,2^2\cdot 600 = 1880$ kg Tragfähigkeit:

$$n' = \frac{P_1}{N} = \frac{11\,660}{1880} = 6{,}2\,,$$

beiderseits also je drei Niete.

Kraft in einem der Gurtwinkel $P_2 \approx f\cdot\sigma_b = 15{,}1\cdot 833 = 12\,580$ kg. Nietzahl:

$$n'' = \frac{P_2}{N} = \frac{12\,580}{1880} = 6{,}7\,,$$

rund je vier Niete für jeden Flansch. Aus diesen Zahlen ergibt sich konstruktiv die Länge der Deckstreifen und die Lage der Stöße der einzelnen Teile.

Siebenter Abschnitt.

Verbindungen durch Schweißen und Löten.

I. Schweißen.

Unter Schweißen versteht man die Vereinigung zweier Stücke durch Druck- oder Schlagwirkung im hocherhitzten, festen oder teigigen Zustande, faßt darunter aber auch die neueren Verfahren zusammen, die auf dem unmittelbaren Zusammenschmelzen der Teile oder auf dem Einschmelzen von Werkstoff längs der Fuge beruhen (Schmelzschweißung). Die erste Art wird beim Schweißen im Koksfeuer und in der Wassergasflamme vorzugsweise auf weichen Schweiß- und Flußstahl angewendet, wobei die Vereinigung um so leichter und sicherer möglich ist, je ärmer das Eisen an Kohlenstoff ist. Hoher Kohlenstoffgehalt macht das Eisen gegenüber den notwendigen beträchtlichen Hitzegraden empfindlich. Mangan scheint günstig, Silizium in Mengen von mehr als 0,2% ungünstig zu wirken. Als geeignetste Zusammensetzung empfiehlt Diegel [VII, 1]: 0,06 bis 0,12% C, unter 0,01% Si, 0,45 bis 0,8 Mn, unter 0,05% P und unter 0,05% S. Siemens-Martineisen zeigt dabei Festigkeiten von 3400 bis 4000, höchstens 4500 kg/cm². Bei den Schweißtemperaturen wird aber selbst derartiger weicher Flußstahl grobkörnig und verliert an Festigkeit, sowie nament-

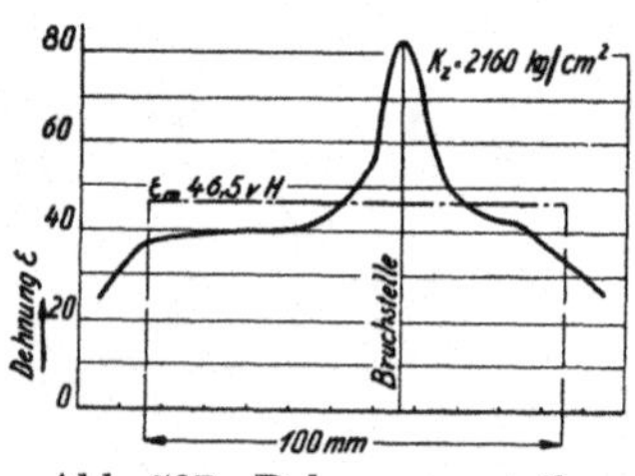

Abb. 587. Dehnungsverteilung an einem ungeschweißten Kupferstabe.

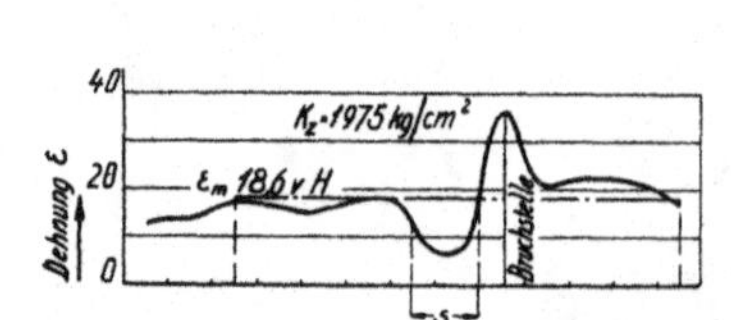

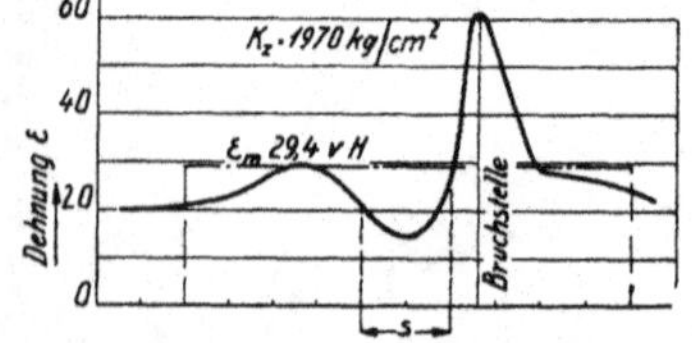

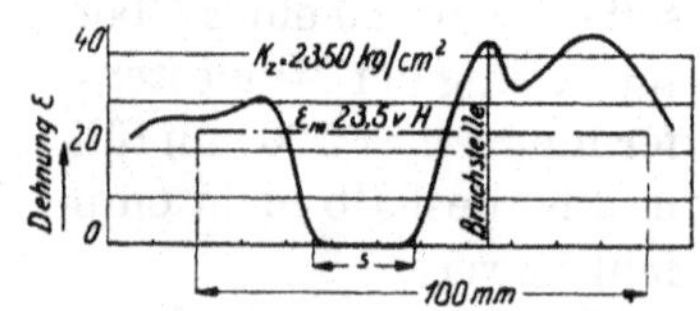

Abb. 588 bis 590. Dehnungsverteilung an geschweißten Kupferstäben.

lich an Zähigkeit, Einwirkungen, die sich nur durch mechanische Bearbeitung der Schweißstelle während der Abkühlung von Weiß- auf Rotglut, durch Walzen oder Hämmern genügend beseitigen lassen.

Den Einfluß dieser nachträglichen Bearbeitung zeigen deutlich die Abb. 587 bis 590, die bei Zugversuchen gewonnen wurden, welche Verfasser Gelegenheit hatte, an Kupferstäben durchzuführen, die nach dem Canzlerschen Verfahren schräg überlappt geschweißt waren. Die Linien geben die Dehnungsverteilungen längs der Stäbe wieder, dadurch ermittelt, daß die Proben vor dem Versuch mit Teilungen versehen worden waren, an denen sich die Dehnung der einzelnen Stabstrecken verfolgen ließ. Durch Auftragen der Dehnungen senkrecht über den Mitten der Strecken entstanden die Kurven. Für einen ungeschweißten Stab gilt Abb. 587 mit sehr beträchtlichen Werten nahe der Bruchstelle und einer mittleren Dehnung $\varepsilon_m = 46{,}5\%$ an einer Meßstrecke von 100 mm bei $20{,}1 \cdot 1{,}95$ mm Querschnitt. Ein an der etwas verdickten Verbindungsstelle nur befeilter und geschabter Stab ergab die Linie Abb. 588 mit sehr geringen, die Sprödigkeit kennzeichnenden Dehnungswerten an der Schweißstelle s, die aber auch die Ausbildung einer größeren Einschnürung und größerer Dehnungen an der dicht daneben liegenden Bruchstelle verhinderte. Hämmern und Ausglühen der Probe hob die Dehnungswerte nach Abb. 589 wieder beträchtlich. Wenn sie auch unter den Werten der ungeschweißten Probe bleiben, so ist die Schweißstelle doch wesentlich weicher und damit weniger empfindlich geworden. Linie Abb. 590 zeigt schließlich die sehr ungünstige Wirkung kalten Bearbeitens der Schweißstelle durch Hämmern ohne nachheriges Ausglühen, das die Dehnung auf der Strecke s auf Null sinken läßt, also die Sprödigkeit noch mehr steigert. Die Abbildungen weisen deutlich nach, daß die Güte der Schweißung sehr scharf auf Grund der Dehnungsverteilung beurteilt werden kann; diese sollte deshalb an Stelle der meist benutzten mittleren Dehnung ε_m an einer längeren Meßstrecke beiderseits der Schweißstelle herangezogen werden.

Nachheriges Ausglühen aller größeren Beanspruchungen ausgesetzten Teile ist auch zur Beseitigung der Spannungen, die durch die örtliche Erhitzung namentlich an Teilen verwickelter Formen entstehen, geboten.

Die „Schmelzschweißung" wird beim Angießen, bei der Thermitschweißung und bei den elektrischen und autogenen Verfahren auf zahlreiche Werkstoffe: Gußeisen, Schmiedeeisen und Stahl, Kupfer, Rotguß, Bronze, Messing, Aluminium, Zink und Blei angewendet, und zu Ausbesserungsarbeiten, zum Beseitigen von Fehlstellen, Rissen oder Brüchen an Guß- und Schmiedestücken und in ausgedehntem Maße zum Schweißen der Nähte dünner und mittlerer Bleche aller Art benutzt [VII, 2].

Die Schweißung kann in verschiedener Form, als stumpfe, Abb. 591, überlappte, Abb. 592, als Keilschweißung, Abb. 593 und auf elektrischem Wege als Punkt- und Nahtschweißung ausgeführt werden. Die stumpfe Schweißung gibt eine schmale Haftfläche und sollte bei größeren Kräften vermieden werden, wenn nicht die Verfahren oder besondere Umstände, z. B. das Einschweißen eines dicken Bodens in eine dünne Wandung oder das Anschweißen von Flanschen an Rohren zur Anwendung zwingen. Die geschweißte Stelle ist gegenüber Beanspruchungen auf Biegung und Zug empfindlich. Am günstigsten ist die überlappte Ausführung, bei welcher die zu verbindenden Bleche in einer Breite $b = 1{,}5$ bis $2\,t$ übereinander gelegt und durch Hammerschläge oder Druck so vereinigt werden, daß die Schweißstelle dieselbe Stärke wie das übrige Blech erhält. Das Einschweißen eines besonderen Stückes in die Fuge wird bei größeren Blechstärken benutzt. Verwandt mit der Keilschweißung ist das Einschmelzen des Schweißmittels in die keilförmige Nut bei den autogenen und elektrischen Verfahren nach Abb. 594 bis 596. Im Falle der Abb. 594 werden die unter etwa 45° zugeschärften, behauenen oder abgeschmolzenen Stücke von der einen Seite her verschweißt, indem das Metall im zähflüssigen Zustande unter Benutzung einer Schweißpaste in die Rinne eingetragen wird. Ist das Stück beim Schweißen von beiden Seiten her zugänglich, so sind Nähte nach Abb. 595 oder noch mehr nach 596 zu empfehlen, letztere weil die Stelle durch die symmetrische Ausbildung viel trag- und widerstandsfähiger ist. Bei der Punktschweißung werden die übereinandergelegten Blechränder durch den Strom, der durch zwei Elektroden beiderseits der Bleche zugeleitet wird, punktförmig verbunden, so daß eine einer Nietnaht ähnliche Verbindung entsteht. Bei der Nahtschweißung erzeugt die Zu-

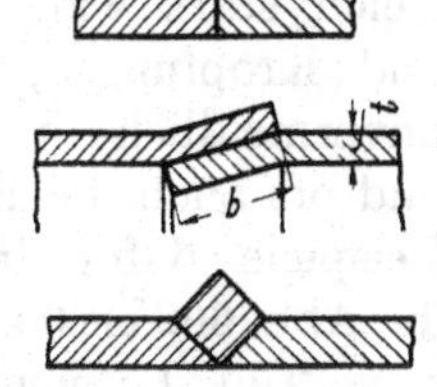

Abb. 591 bis 593. Stumpfe, überlappte und Keilschweißung.

führung des Stromes durch eine längs der Überlappung laufende Rolle eine linienförmige Naht

Beispiele für die Anwendung des Schweißens bringen die Abb. 597 bis 606. Abb. 597 Anschluß eines Winkeleisens, 598 eines Flansches, 599 eines Bodens, Abb. 600 Abdichten einer Nietnaht als Ersatz für das Verstemmen. Die Herstellung einer langen Exzenterstange, Abb. 601, ist durch das Schmieden des Stangenschaftes aus einem Stück vom Querschnitt des Kopfes oder des Flansches möglich, wird aber teuer. Vorzuziehen ist das Anschweißen des Kopfes bei *b* und des Flansches bei *a*. In ähnlicher Weise lohnt es sich vielfach, die Köpfe schwerer Bolzen oder Schrauben anzuschweißen. An Wellen werden starke Bunde an- oder aufgeschweißt, eine allerdings schwierige, zeitraubende Arbeit, die, wenn möglich, konstruktiv vermieden werden sollte.

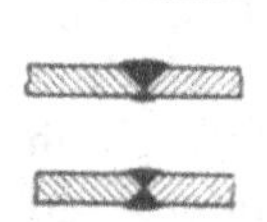

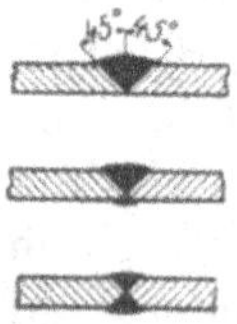

Abb. 594 bis 596. Schmelzschweißungen.

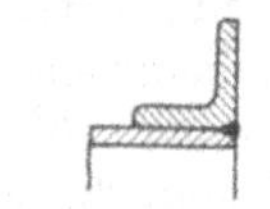

Abb. 597. Anschweißen eines Winkeleisens.

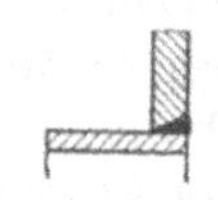

Abb. 598. Anschweißen eines Flansches.

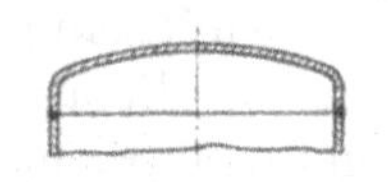

Abb. 599. Stumpfe Schweißung an einem Boden.

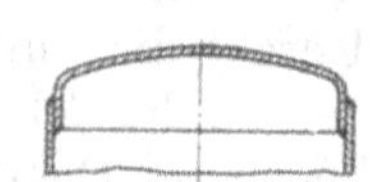

Abb. 600. Abdichten einer überlappten Naht durch Schweißen.

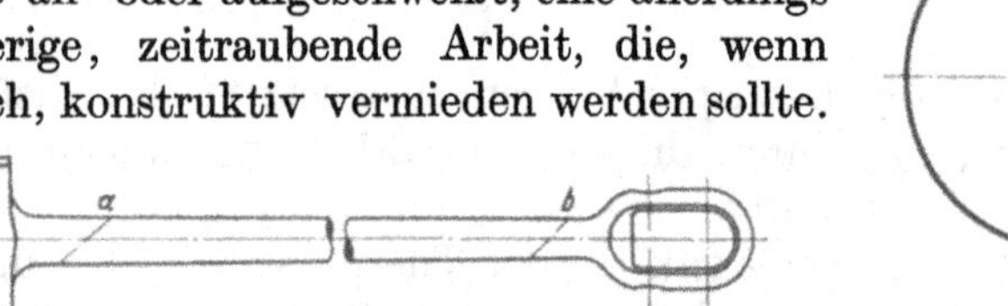

Abb. 601. Geschweißte Exzenterstange.

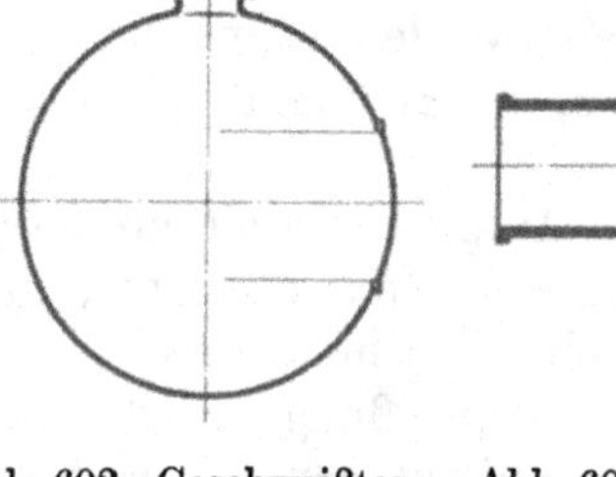

Abb. 602. Geschweißtes kugeliges Gefäß.

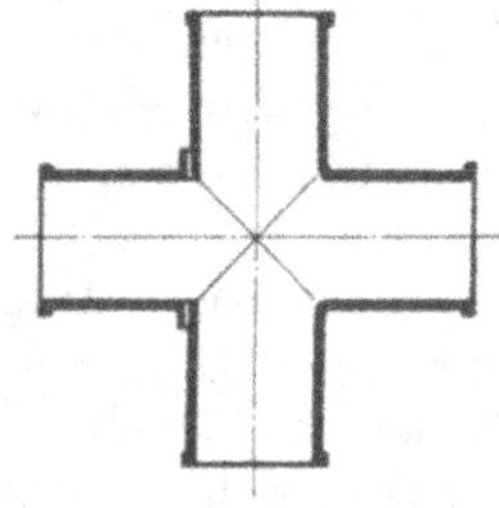

Abb. 603. Kreuzstück geschweißt.

In neuerer Zeit wird die Schweißung in zunehmendem Maße an Stelle von Nietungen an Dampfkesseln, Flammrohren, Wasserkammern, Rohrleitungen, Apparaten der chemischen und Papierindustrie angewendet. Die dabei erreichten Vorteile sind, daß keine künstliche Dichtung nötig ist, daß die Wandung glatt und überall gleich stark wird, daß also Werkstoffansammlungen und Kröpfungen, wie sie bei überlappten Nietungen unvermeidlich sind, wegfallen und daß das Gewicht und oft auch die Herstellungskosten geringer werden. Beispiele dafür bieten die Abb. 602 bis 606, die zum Teil Formen, die bisher gegossen wurden, in Flußeisen zeigen. Auf der einen Seite der Abbildungen sind die Schweißstellen angedeutet, auf der anderen die fertig geschweißten Stücke dargestellt.

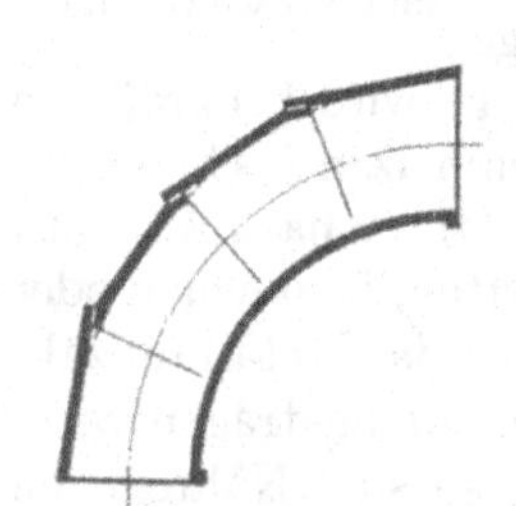

Abb. 604. Geschweißter Krümmer. W. Fitzner, Laurahütte.

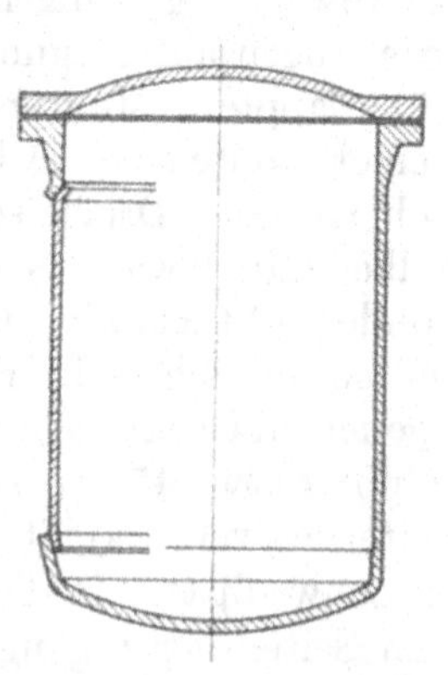

Abb. 605. Geschweißter Wasserabscheider. W. Fitzner, Laurahütte.

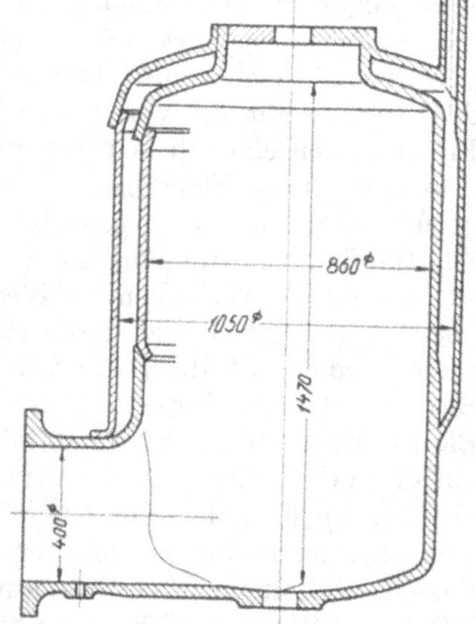

Abb. 606. Gefäß mit Heizmantel, geschweißt (J. Pintsch, Fürstenwalde). M. 1 : 25.

An Dampfkesseln unterliegt die Anwendung des Schweißens gewissen Beschränkungen. So müssen die Eckschweißungen von Böden zylindrischer Kessel, Abb. 607, unter allen Umständen vermieden werden, weil die Schweißnähte gegenüber den hohen Nebenbeanspruchungen auf Zug und Biegung an dem scharfen Übergang nicht genügend zuverlässig sind. Aus dem gleichen Grunde werden die früher vielfach üblichen stumpfen Eckschweißungen an Wasserkammern, Abb. 608 und 609, neuerdings vermieden. Sehr gefährlich sind Schweißungen an Flammrohren an den höheren Wärmegraden ausgesetzten Stellen über dem Roste und in der Nähe der Feuerbrücke, die bei einem etwaigen Einbeulen der Rohre infolge Wassermangels wegen der geringen Dehnbarkeit der Schweißnaht besonders leicht brechen, wie denn überhaupt Schweißungen an allen Stellen, die großen Wärmeschwankungen unterworfen sind, besser umgangen werden.

Die Festigkeit einer Schweißung hängt von der Verwendung richtigen Werkstoffs, außerdem aber in sehr wesentlichem Maße von der Sorgfalt bei der Herstellung ab. Schwierige Schweißarbeiten erfordern sehr geübte und dauernd damit beschäftigte Leute und sollten deshalb stets Sonderfirmen mit genügenden Erfahrungen übertragen werden.

Berechnung. Die Festigkeit geschweißter, überlappter Nähte darf bei sorgfältiger Ausführung sicher zu 80% des vollen Bleches angenommen werden. Manche Firmen gewährleisten 90 bis 95%. Bei Dampfkesseln soll nach den polizeilichen Bestimmungen [VII, 3] die Festigkeit „gut und mittels Überlappung geschweißter Nähte zu 0,7 der Festigkeit des vollen Bleches in Rechnung gesetzt werden. Dabei wird empfohlen, solche Nähte, welche auf Biegung oder Zug beansprucht werden, nicht zu schweißen und keine Schweißnaht herzustellen, wenn das geschweißte Stück nicht nachträglich ausgeglüht werden kann. In besonderen Fällen kann bei geschweißten Längsnähten in Kesselmänteln verlangt werden, daß Sicherheitslaschen angebracht werden“.

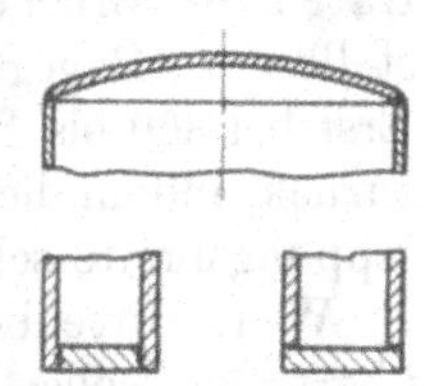

Abb. 607 bis 609. Unrichtige Lage der Schweißnähte, die starken Nebenbeanspruchungen auf Zug und Biegung ausgesetzt sind.

II. Löten.

Beim Löten werden zwei Stücke durch ein metallisches Bindemittel, das Lot, vereinigt. Für Verbindungen, in denen größere Kräfte wirken, kommen ausschließlich Kupfer und Hart- oder Schlaglot, eine Legierung aus Kupfer und Zink, genormt durch DIN 1711, vgl. S. 125, manchmal mit Zuschlägen von Silber als Silberlot nach DIN 1710, in Betracht. Mit steigendem Zinkgehalt wächst die Leichtflüssigkeit, vermindert sich aber die Zähigkeit. Die zu vereinigenden Oberflächen werden sorgfältig gereinigt und während des Erhitzens durch ein Flußmittel, in der Regel Borax, von Oxydschichten freigehalten. Beim Schmelzen fließt das Lot in die Fuge und stellt so die Verbindung her, deren Widerstandsfähigkeit von der Festigkeit des verwandten Lotes und von der Breite der Überlappung abhängt. Die Eigenschaften des Bleches, insbesondere seine Festigkeit und Dehnbarkeit, bleiben bei den geringen Wärmegraden, die beim Löten nötig sind, meist unverändert. Das Hartlöten findet ausgedehnte Anwendung bei der Herstellung kupferner Gefäße und Rohrleitungen, zum Befestigen von Flanschen, Abb. 610, und Stutzen an schmiedeeisernen Rohren und als Ersatz der Nietung bei schwächeren Eisenblechen ($t \gtrless 6$ mm). An Stücken, die auf mehr als 200° erwärmt werden, sind Hartlötungen bedenklich und nicht zu empfehlen.

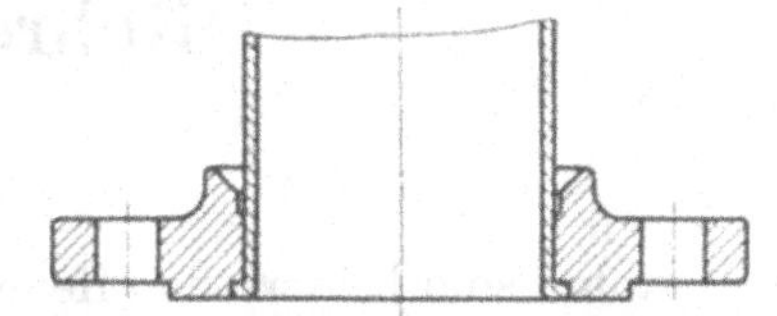

Abb. 610. Aufzulötender Flansch.

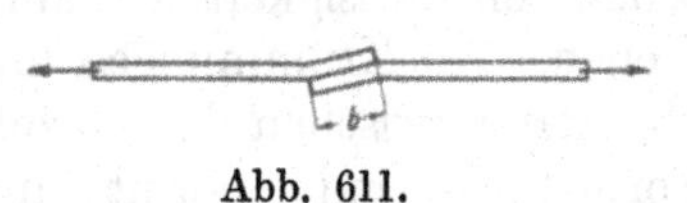

Abb. 611.

Berechnung. Lötstellen sollen auf Abgleiten, Abb. 611, nicht auf Zug oder Biegung beansprucht werden. Über die erste Art der Inanspruchnahme hat Diegel Versuche ausgeführt [VII, 1] und dabei Tragfähigkeiten von 1400 bis 1900 kg/cm² der Lötfuge bei Verwendung zähen Hartlots festgestellt. Wenn man mit derselben Sicherheit wie im

Blech und mit dem kleinsten der ermittelten Werte rechnet, so ergibt sich aus der Betrachtung eines Streifens von einem Zentimeter Breite, Abb. 611, die Überlappungsbreite der Lötnaht zu:

$$b = \frac{t \cdot K_z}{1400}, \tag{149}$$

wenn t die Dicke, K_z die Zerreißfestigkeit des Bleches bedeutet.

Aus Herstellungsrücksichten wird die Überlappungsbreite meist größer, $b \geqq 4 - 6\,t$ genommen, so daß die Widerstandsfähigkeit der Lötnaht stets größer als die des Bleches ist und die Brüche außerhalb der Naht eintreten. Flanschverbindungen werden durch Umbördeln des Rohres nach dem Löten weiter verstärkt.

Bei Versuchen von Rudeloff an Zugproben aus Rohren von weichem Kupfer von 3, 5 und 8 mm Wandstärke, die unter Zuschärfen der Blechkanten etwa 20, 25 und 35 mm breit überlappt mit Schlaglot gelötet waren [VII, 4], verhielten sich gut gelungene Lötnähte bei Wärmegraden bis zu 300° im allgemeinen ebenso wie Proben ohne Naht. Bis zu 200° traten die Brüche bei den schwächeren Blechen fast ausnahmslos außerhalb der Lötstelle ein. Dagegen rissen die Proben aus 8 mm dicken Blechen meist in der Lötstelle. Erst bei 300 bis 400° C ging die Festigkeit der Lötnähte stärker als die der Kupferbleche zurück, indem die Brüche häufiger in den Lötnähten auftraten. Mit zunehmender Überlappungsbreite schien die Schwierigkeit, blasenfreie Lötnähte herzustellen, zu wachsen.

Weichlote dienen zur Herstellung von Verbindungen, die keine oder mäßige Kräfte übertragen sollen, insbesondere an Gefäßen und Teilen aus Kupfer, Zink, Messing und aus Blechen aller Art. Die Lötstellen werden blank gemacht und während des Erhitzens beim Löten durch ein Lotaufbringmittel, Zinkchlorid, Salzsäure, Wachs, Fette usw., die leichtflüssiger als die Lote sind, vor dem Sauerstoff der Luft geschützt und blank gehalten. Die Lote selbst haben im flüssigen Zustande größere Benetzungskraft, verdrängen die eben erwähnten Mittel, schließen die Fuge und stellen die Verbindung her.

Achter Abschnitt.

Rohre und Rohrleitungen.

I. Allgemeines.

Rohre sind beiderseits offene Zylinder, die zu Leitungen und Rohrnetzen zusammengesetzt oder zwischen einzelnen Maschinenteilen eingeschaltet, zum Fortleiten und Verteilen von Flüssigkeiten, Dampf und Gasen, ausnahmsweise von körnigen, festen Körpern dienen. An Krümmungen und Abzweigstellen vermitteln besondere Formstücke den Übergang zwischen den einzelnen Rohren oder Strängen. Die gängigen Rohrsorten und Formstücke sind genormt; nur solche mit ungewöhnlichen Abmessungen oder solche für sehr hohen Druck werden von Fall zu Fall besonders entworfen.

Die Normen sind auf den in DIN 2401 festgelegten Druckstufen, Zusammenstellung 84, unter Benutzung der Normungszahlen der DIN 323 aufgebaut. Die Rohre werden dem Nenndruck entsprechend bemessen und nach demselben in Gruppen eingeteilt und benannt, aber je nach der Art und den Eigenschaften der durchzuleitenden Stoffe bei z. T. abweichendem Betriebsdruck verwendet. So sind z. B. Rohre vom Nenndruck 40 für Wasser bis zu 40 kg/cm² Pressung, dagegen für Gase und Dampf unter 300° bis zu 32, für Heißdampf nur bis zu 25 kg/cm² Betriebsdruck zulässig. Gas und Dampf sind nämlich bei etwaigen Brüchen ungleich gefährlicher wie Wasser; außerdem verlangen hohe Wärmegrade eine Ermäßigung der Spannungen in den Rohrwandungen und Verbindungsmitteln, weil mit steigender Temperatur die Streckgrenze der Werkstoffe sinkt. Dementsprechend sind den Nenndrucken die folgenden Betriebsdrucke zugeordnet:

für Wasser,	gekennzeichnet durch	W	100% des Nenndrucks,
„ Gase und Dampf,	„ „	$G \approx$	80% „ „
„ Heißdampf,	„ „	$H \approx$	64% „ „

Die Betriebsdrucke für „Wasser“ W gelten für Wasser unterhalb 100° und für andere ungefährliche Flüssigkeiten unterhalb ihrer Siedetemperatur bei Atmosphärendruck.

Zusammenstellung 84. **Druckstufen für Rohrleitungen nach DIN 2401 in kg/cm²,**

a	b	c	d	e	f	a	b	c	d	e	f	a	b	c	d	e	f
	Großter zulässiger Betriebsdruck für						Größter zulässiger Betriebsdruck fur						Größter zulässiger Betriebsdruck fur				
Nenndruck	Wasser bis 100° Flansche u. Rohre	Gas u. Dampf unterhalb 300° Flansche und Rohre	Heißdampf 300° bis 400° *H*		Probedruck	Nenndruck	Wasser bis 100° Flansche u. Rohre	Gas u. Dampf unterhalb 300° Flansche und Rohre	Heißdampf 300° bis 400° *H*		Probedruck	Nenndruck	Wasser bis 100° Flansche u. Rohre	Gas u. Dampf unterhalb 300° Flansche und Rohre	Heißdampf 300° bis 400° *H*		Probedruck
ND	*W*	*G*	Flansche	Rohre		*ND*	*W*	*G*	Flansche	Rohre		*ND*	*W*	*G*	Flansche	Rohre	
1	1	1	—	—	2	10	10	8	—	—	16	100	100	80	64	64	125
—	—	—	—	—	—	12,5	—	—	—	—	—	125	125	100	80	80	160
—	—	—	—	—	—	16	16	13	13[2])	10	25	160	160	125	100	100	200
2	—	—	—	—	—	20[1])	20	16	—	13	32	200	200	160	125	125	250
2,5	2,5	2	—	—	4	25	25	20	20	16	40	250	250	200	160	160	320
—	—	—	—	—	—	32[1])	32	25	—	20	50	320	320	250	200	200	400
—	—	—	—	—	—	40	40	32	32	25	60	400	400	320	250	250	500
5	—	—	—	—	—	50[1])	50	40	—	32	70	500	500	400	—	—	640
6	6	5	—	—	10	64	64	50	40	40	80	640	640	500	—	—	800
8	—	—	—	—	—	80[1])	80	64	—	50	100	800	800	640	—	—	1000
10	10	8	—	—	16	100	100	80	64	64	125	1000	1000	800	—	—	1250

Wiedergabe erfolgt mit Genehmigung des NDI.

[1]) Fur diese Nenndrucke sind nur Rohre festgelegt.

[2]) Für Heißdampfbetriebsdruck sind Armaturen und Formstücke nicht genormt.

Die Betriebsdrucke für „Gas und Dampf“ G gelten für Gase unterhalb 300°, sowie für anderen expansionsfähigen Leitungsinhalt wie Luft und Dämpfe, im besonderen auch für gesättigten oder mäßig überhitzten Dampf unterhalb 300°, ferner für Flüssigkeiten, die mit Rücksicht auf ihre physikalischen oder chemischen Eigenschaften oder aus anderen Gründen eine erhöhte Sicherheit verlangen.

Die Betriebsdrucke für „Heißdampf“ H gelten insbesondere für überhitzten Wasserdampf bei Temperaturen von 300 bis 400°, ferner für Gase und Flüssigkeiten bei diesen Temperaturen.

Bei Temperaturen über 400° wird die Wahl des nächsthöheren Nenndruckes sowohl für Flansche als auch für Rohre empfohlen, wenn gleichzeitig der Betriebsdruck an die festgelegte Höchstgrenze heranreicht. Trifft das nicht zu, so ist eine Überschreitung der Temperaturgrenze von 400° in angemessenem Verhältnis erlaubt.

Die festgelegten Betriebsdrücke stellen die zulässigen Höchstdrücke unter normalen Betriebsverhältnissen dar. In allen außergewöhnlichen Fällen ist zu prüfen, ob eine Herabsetzung des Betriebsdruckes gegenüber den festgelegten Richtlinien erforderlich ist.

Die erwähnten Kurzzeichen W, G und H mit den zugehörigen Zahlen des Betriebsdruckes, z. B. G 32, dienen zur Kennzeichnung von Rohrleitungsteilen. Das Kurzzeichen ND für Nenndruck, z. B. ND 100 darf nicht dazu benutzt werden; es dient vielmehr nur zur Bezeichnung einer Gruppe in den Normen.

Für jede Druckstufe ist ein vom Verwendungszweck unabhängiger, einheitlicher Probedruck, Spalte f, Zusammenstellung 84, festgelegt. Für die verschiedenen Verwendungsgebiete ergibt sich dabei das 2,5- bis 1,25fache des Betriebsdrucks, Abb. 611a. Für solche unter 1 kg/cm² beträgt der Probedruck 1 kg/cm² mehr, für Teile zu Vakuumleitungen 1,5 kg/cm². Die Probedrucke gelten nur für die Festigkeitsprüfung, die gewöhnlich in Form der Wasserdruckprobe der einzelnen Teile oder im Falle geringeren

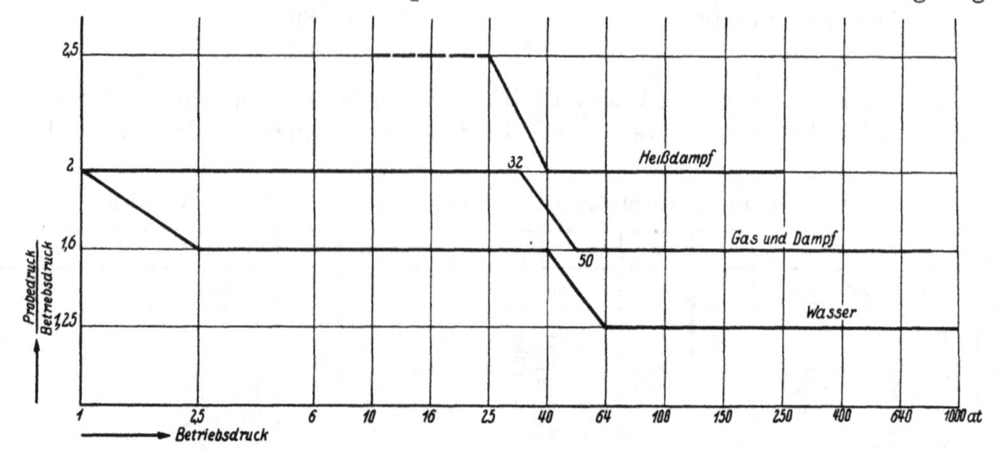

Abb. 611a. Verhältnis des Probedrucks zum Betriebsdruck in den deutschen Rohrnormen.

Durchmessers an der gesamten Rohrleitung vorgenommen wird. Fertig verlegte Dampf-, Luft- oder Gasleitungen über 100 mm Nennweite der Wasserdruckprobe zu unterwerfen, ist dagegen nicht ratsam, weil die Leitung und die Träger derselben überlastet werden können. Die Prüfung des dichten Abschlusses der Absperrmittel wird gewöhnlich und zweckmäßigerweise beim Betriebsdruck vorgenommen.

Zusammenstellung 84a. **Nennweiten der Rohrleitungen nach DIN 2402. Maße in mm.**

1	10	100	1000
		110	1100
1,2		(120)*	1200
		125	
	13	(130)*	
		(140)	1400
1,5		150	
	16	(160)	1600
		175	1800
2	20	200	2000
		225	2200
2,5	25	250	2400
		275	2600
3		300	2800
	32	(325)	3000
		350	3200
		(375)	(3400)
4	40	400	3600
		450	(3800)
5	50	500	4000
		550	
6	60	600	
	70	700	
8	80	800	
	90	900	
10	100	1000	

Für Kessel, Dampffässer, Druckgefäße usw. bestehen gesetzliche Vorschriften, an die man sich auch bei der Prüfung von Wasserabscheidern, Windkesseln und ähnlichen Teilen anlehnen wird.

Die zweite wichtige Grundlage der Normung der Rohrleitungen bilden die in DIN 2402 festgelegten Nennweiten, Zusammenstellung 84a. Sie entsprechen im allgemeinen den lichten Durchmessern. Eine vollständige Übereinstimmung beider ist aber nicht immer vorhanden, da bei der Herstellung vielfach die Außendurchmesser eingehalten werden müssen, die Innendurchmesser aber je nach der zur Ausführung kommenden Wandstärke Veränderungen erfahren. Die eingeklammerten Nennweiten sollen möglichst vermieden werden; diejenigen von 120 und 130 mm kommen nur für Heizungsanlagen und im Lokomotivbau in Betracht.

Als abgekürzte Bezeichnung dient *NW* 250 für Nennweite 250 mm.

Als Werkstoffe der im Maschinenbau verwendeten Rohre kommen Gußeisen, Stahlguß, Fluß-, selten noch Schweißstahl, ferner Kupfer, Aluminium, Zinn und Blei, Messing, Bronze und andere Legierungen in Betracht.

Eine Übersicht über die Verwendungsgebiete gußeiserner und glatter Flußstahlrohre und die Dinormen, in denen die Rohrmaße und sonstige wichtige Einzelheiten festgelegt sind, bietet Zusammenstellung 84b.

Zusammenstellung 84b. **Übersicht über die Verwendungsgebiete der Rohre.**

Werkstoff	Rohrart	Benennung		Verwendungsbereich für Nenndruck	bis Betriebsdruck in kg/cm² W	G	H	für Nennweite mm	DIN
Gußeisen	Flanschenrohre			10	10	—	—	40 bis 1200	2422
Gußeisen	Muffenrohre			10	10	—	—	40 bis 2000	2432
Flußstahl	Glatte Rohre	nahtlos	Festigkeit 3400 bis 4500 kg/cm²	1 bis 32	32	25	20	6 bis 400	2450
				40	40	32	25		
				50	50	40	32		
			Festigkeit 4500 bis 5500 kg/cm²	1 bis 40	40	32	25	6 bis 400	2451
				50	50	40	32		
		patent geschweißt		1 bis 50	—[1]	—[1]	—[1]	60 bis 400	2452
		wassergas-geschweißt		1 bis 6	6	5	—	250 bis 2000	2453
				10	10	8	—	250 bis 1200	
				16, 25, 32	—[1]	—[1]	—[1]	250 bis 500	
				40 u. 50	—[1]	—[1]	—[1]	250 bis 400	
		autogen geschweißt		1 u. 2,5	2,5	2	—	50 bis 2000	2454
				6	6	5	—	50 bis 1200	
		genietet		1 u. 2,5	2,5	2	—	600 bis 2000	2455
				6	6	5	—	600 bis 1200	

Verbindlich für die vorstehenden Angaben bleiben die Dinormen.

[1]) Die Betriebsdrucke zu den einzelnen Druckstufen sind der Zusammenstellung 84 zu entnehmen.

II. Arten der Rohre.

A. Gußeisenrohre.

Gußeiserne Rohre finden in ausgedehntem Maße zu Wasser-, Gas- und Kanalisationsleitungen Verwendung und wurden bisher nach den deutschen Rohrnormalien für gußeiserne Muffen- und Flanschenrohre vom Jahre 1882, Zusammenstellung 85, von 40 bis zu 1200 m lichter Weite hergestellt. Die angegebenen Wandstärken gelten für Rohre mit 10 at Betriebsdruck. Bei geringeren Drucken ist eine Verminderung der Wanddicken zulässig. Dabei soll aber in Rücksicht auf die Dichtungen der äußere Rohrdurchmesser und die innere Muffenform beibehalten, die Regelung der Wandstärke also im glatten Rohr durch Verändern des lichten Durchmessers, an den Muffen aber durch diejenige des äußeren Umrisses bewirkt werden. Die Formen der Muffen und Flansche sind später behandelt.

In den neuen deutschen Normen waren Ende 1926 nur die gußeisernen Flanschenrohre durch DIN 2422 für den Nenndruck 10 einheitlich festgelegt worden. Sie lehnen sich eng an die Normen von 1882 an, so daß vorhandene Modelle weiter verwandt werden können. Auch die Lochkreisdurchmesser stimmen an der Mehrzahl der Rohre mit den früheren überein. Wohl aber ist die Zahl der Schrauben grundsätzlich durch vier teilbar gemacht worden, damit Schraubenlöcher in den Hauptebenen vermieden werden können. Die Maße der Rohre sind dem stark umrahmten Feld der Zusammenstellung 93c, S. 366, für Nenndruck 10, Spalte 1 bis 12 zu entnehmen. Normale „Lagerlängen" sind für die Rohre der Nennweiten 40 bis 175 mm 2000 und 3000 mm, für 200 bis 1200 mm 3000 und 4000 mm. Flanschenrohre größeren Durchmessers können auch bis zu 5000 mm Länge geliefert werden. Die in Zusammenstellung 93c eingeklammerten Größen sind möglichst zu vermeiden. Zur Bezeichnung eines normalen Flanschenrohres dient das

Zusammenstellung 85. **Deutsche**
gemeinschaftlich aufgestellt von dem Vereine deutscher Ingenieure
Abmessungen und Ge-

Muffen-Rohre

Abmessungen											Gewichte (kg)			
								Wulst						
lichter Rohrdurchm. D mm	normale Wandstärke s mm	äußerer Rohrdurchm. D_1 mm	übliche Baulänge L m	innere Muffentiefe t mm	Weite der Dichtungsfuge f mm	innere Muffenweite D_2 mm	Muffenwandstärke $y = 1,4\,s$ mm	Dicke, Breite und Anschlußhalbmesser $x = 7 + 2s$ mm	äußerer Durchm. D_3 mm	Dichtungstiefe $t' = t - 1,5s$ mm	der Muffe (doppelt schraffierter Teil)	von 1 m Rohr ausschl. der Muffe	eines Rohres von üblicher Baulänge	von 1 m Rohr einschl. der Muffe
40	8	56	2	74	7	70	11	23	116	62	2,68	8,75	20,18	10,09
50	8	66	2	77	7,5	81	11	23	127	65	3,14	10,57	24,28	12,14
60	8,5	77	2	80	7,5	92	12	24	140	67	3,89	13,26	30,41	15,21
70	8,5	87	3	82	7,5	102	12	24	150	69	4,35	15,20	49,95	16,65
80	9	98	3	84	7,5	113	12,5	25	163	70	5,09	18,24	59,81	19,94
90	9	108	3	86	7,5	123	12,5	25	173	72	5,70	20,29	66,57	22,19
100	9	118	3	88	7,5	133	13	25	183	74	6,20	22,34	73,22	24,41
125	9,5	144	3	91	7,5	159	13,5	26	211	77	7,64	29,10	94,94	31,65
150	10	170	3	94	7,5	185	14	27	239	79	9,89	36,44	119,21	39,74
175	10,5	196	3	97	7,5	211	14,5	28	267	81	12,00	44,36	145,08	48,36
200	11	222	3	100	8	238	15	29	296	83	14,41	52,86	172,99	57,66
225	11,5	248	3	100	8	264	16	30	324	83	16,89	61,95	202,71	67,57
250	12	274	4	103	8,5	291	17	31	353	84	19,61	71,61	306,05	76,51
275	12,5	300	4	103	8,5	317	17,5	32	381	84	22,51	81,85	349,91	87,48
300	13	326	4	105	8,5	343	18	33	409	85	25,78	92,68	396,50	99,13
325	13,5	352	4	105	8,5	369	19	34	437	85	28,83	104,08	445,15	111,29
350	14	378	4	107	8,5	395	19,5	35	465	86	32,23	116,07	496,51	124,13
375	14	403	4	107	9	421	20	35	491	86	34,27	124,04	530,43	132,61
400	14,5	429	4	110	9,5	448	20,5	36	520	88	39,15	136,89	586,71	146,68
425	14,5	454	4	110	9,5	473	20,5	36	545	88	41,26	145,15	621,82	155,46
450	15	480	4	112	9,5	499	21	37	573	89	44,90	158,87	680,38	170,10
475	15,5	506	4	112	9,5	525	21,5	38	601	89	48,97	173,17	741,65	185,41
500	16	532	4	115	10	552	22,5	39	630	91	54,48	188,04	806,64	201,66
550	16,5	583	4	117	10	603	23	40	683	92	62,34	212,90	913,94	228,49
600	17	634	4	120	10,5	655	24	41	737	94	71,15	238,90	1026,75	256,69
650	18	686	4	122	10,5	707	25	43	793	95	83,10	273,86	1178,54	294,64
700	19	738	4	125	11	760	26,5	45	850	96	98,04	311,15	1342,64	335,66
750	20	790	4	127	11	812	28	47	906	97	111,29	350,76	1514,33	378,58
800	21	842	4	130	12	866	29,5	49	964	98	129,27	392,69	1700,03	425,01
900	22,5	945	4	135	12,5	970	31,5	52	1074	101	160,17	472,76	2051,21	512,80
1000	24	1048	4	140	13	1074	33,5	55	1184	104	195,99	559,76	2435,03	608,76
1100	26	1152	4	145	13	1178	36,5	59	1296	106	243,76	666,81	2911,00	727,75
1200	28	1256	4	150	13	1282	39	63	1408	108	294,50	783,15	3427,10	856,78

Wegen der Bezeichnungen vgl. Abb. 628.

Bemerkungen: Die normalen Wandstärken gelten für Rohre, welche einem Betriebsdrucke von etwa 10 at und einem Probedrucke von höchstens 20 at ausgesetzt sind und vor allem Wasserleitungszwecken dienen. Für gewöhnliche Druckverhältnisse von Wasserleitungen (4 bis 7 at) ist eine Verminderung der Wandstärke und dementsprechend auch der Gewichte zulässig, desgleichen für Leitungen, in welchen nur ein geringer Druck herrscht (Gas-, Wind-, Kanalisationsleitungen usw.). Für Dampfleitungen, welche größeren Temperaturunterschieden und dadurch entstehenden Spannungen, sowie für Leitungen, welche unter besonderen Verhältnissen schädlichen äußeren Einflüssen ausgesetzt sind, ist es empfehlenswert, die Wandstärken und Gewichte entsprechend zu erhöhen. — Der äußere Durchmesser des Rohres ist feststehend; Änderungen der Wandstärke sollen nur auf den lichten Durchmesser des Rohres von Einfluß sein. — Als unabänderlich gilt ferner die innere Muffenform, die Art des Anschlusses an das Rohr, sowie die Bleifugendicke. Aus Gründen der Herstellung sind bei geraden Normalrohren Abweichungen von den durch Rechnung ermittelten Gewichten höchstens um $\pm 3\%$ zu gestatten. — In den Gewichtberechnungen ist das Einheitsgewicht des Gußeisens zu 7,25 eingesetzt worden. Für die Anordnung der Schraubenlöcher bei den Flanschenrohren gilt die Regel, daß die lotrechte Ebene durch die Achse des Rohres die Entfernung zwischen zwei Schraubenlöchern halbiert.

Rohr-Normalien,

und dem deutschen Vereine von Gas- und Wasserfachmännern (1882).

wichte für gußeiserne

Flanschen-Rohre

Abmessungen														Gewichte (kg)		
Rohrdurchm. lichter	normale Wandstärke	äußerer Rohrdurchm.	übliche Baulänge	Flansch		Lochkreis-durchm.	Dichtungs-leiste		Schrauben				Schraubenloch-durchm.	ein. Flansches (doppelt schraff. Teil)	eines Rohres von üblicher Baulänge	von 1 m Rohr einschl. d. Flansche
				Durch-messer	Stärke		Breite	Höhe	Zahl	Stärke		Länge				
D mm	s mm	D_1 mm	L m	D' mm	s_1 mm	D'' mm	b mm	h mm	i	d	Zoll engl.	l	d_0			
40	8	56	2	140	18	110	25	3	4	13	$^1/_2$	70	15	1,89	21,28	10,64
50	8	66	2	160	18	125	25	3	4	16	$^5/_8$	75	18	2,41	25,96	12,98
60	8,5	77	2	175	19	135	25	3	4	16	$^5/_8$	75	18	2,96	32,44	16,22
70	8,5	87	3	185	19	145	25	3	4	16	$^5/_8$	75	18	3,21	52,02	17,34
80	9	98	3	200	20	160	25	3	4	16	$^5/_8$	75	18	3,84	62,40	20,80
90	9	108	3	215	20	170	25	3	4	16	$^5/_8$	75	18	4,37	69,61	23,20
100	9	118	3	230	20	180	28	3	4	19	$^3/_4$	85	21	4,96	76,94	25,65
125	9,5	144	3	260	21	210	28	3	4	19	$^3/_4$	85	21	6,26	99,82	33,27
150	10	170	3	290	22	240	28	3	6	19	$^3/_4$	85	21	7,69	124,70	41,57
175	10,5	196	3	320	22	270	30	3	6	19	$^3/_4$	85	21	8,96	151,00	50,33
200	11	222	3	350	23	300	30	3	6	19	$^3/_4$	85	21	10,71	180,00	60,00
225	11,5	248	3	370	23	320	30	3	6	19	$^3/_4$	85	21	11,02	207,89	69,30
250	12	274	3	400	24	350	30	3	8	19	$^3/_4$	100	21	12,98	240,79	80,26
275	12,5	300	3	425	25	375	30	3	8	19	$^3/_4$	100	21	14,41	274,37	91,46
300	13	326	3	450	25	400	30	3	8	19	$^3/_4$	100	21	15,32	308,68	102,89
325	13,5	352	3	490	26	435	35	4	10	22,5	$^7/_8$	105	25	19,48	351,20	117,07
350	14	378	3	520	26	465	35	4	10	22,5	$^7/_8$	105	25	21,29	390,79	130,26
375	14	403	3	550	27	495	35	4	10	22,5	$^7/_8$	105	25	24,29	420,70	140,23
400	14,5	429	3	575	27	520	35	4	10	22,5	$^7/_8$	105	25	25,44	461,55	153,85
425	14,5	454	3	600	28	545	35	4	12	22,5	$^7/_8$	105	25	27,64	490,73	163,58
450	15	480	3	630	28	570	35	4	12	22,5	$^7/_8$	105	25	29,89	536,39	178,80
475	15,5	506	3	655	29	600	40	4	12	22,5	$^7/_8$	105	25	32,41	584,33	194,78
500	16	532	3	680	30	625	40	4	12	22,5	$^7/_8$	105	25	34,69	633,50	211,17
550	16,5	583	3	740	33	675	40	5	14	26	1	120	28,5	44,28	727,26	242,42
600	17	634	3	790	33	725	40	5	16	26	1	120	28,5	47,41	811,52	270,51
650	18	686	3	840	33	775	40	5	18	26	1	120	28,5	50,13	921,84	307,28
700	19	738	3	900	33	830	40	5	18	26	1	120	28,5	56,50	1046,45	348,82
750	20	790	3	950	33	880	40	5	20	26	1	120	28,5	59,81	1171,90	390,63

Wegen der Bezeichnungen vgl. Abb. 674.
Die neuen Normen gußeiserner Flanschenrohre siehe S. 366.

Produkt aus der Nennweite und der Lagerlänge, z. B. gußeisernes Flanschenrohr 250·3000 DIN 2422.

Die Gebiete, in denen Gußeisen für Rohrleitungen verwandt werden darf, sind noch nicht endgültig festgelegt. Voraussichtlich wird es in größerem Umfange bis zum Nenndruck 10, darüber hinaus aber nur in Sonderfällen zugelassen werden; für Heißdampf von 300 bis 400° Temperatur soll es vermieden werden.

Nach den vom Verein deutscher Ingenieure 1912 aufgestellten Normalien der Rohrleitungen für Dampf von hoher Spannung ist Gußeisen bis zu 8 at Überdruck zu Rohren, Formstücken und Ventilkörpern bei allen Durchmessern, von 8 bis 13 at zu Ventilkörpern und Formstücken für alle, zu Rohren jedoch nur bis zu 150 mm Durchmesser zulässig. Bei höherem Druck als 13 at darf es, Ventile bis zu 50 mm Durchmesser ausgenommen, überhaupt nicht verwendet werden. Das Gußeisen muß eine Biegefestigkeit, ermittelt an Rundstäben mit Gußhaut von 30 mm Durchmesser bei 600 mm Auflagerentfernung, von mindestens $K_b = 3400$ kg/cm² bei 10 mm Durchbiegung besitzen. Solches von geringerer Güte darf selbst bei kleinen Dampfrohrleitungen nur dann verwendet werden, wenn durch Bruch eine Gefährdung von Menschenleben nicht eintreten kann.

Die gußeisernen Rohre werden jetzt meist stehend gegossen, da bei liegender Anordnung Verschiebungen und Durchbiegungen des Kernes durch den Auftrieb im flüssigen Eisen ungleichmäßige Wandstärken entstehen lassen. Zudem sammeln sich Unreinigkeiten und Teile, die sich von der Formwand lösen, längs der obersten Linie und bedingen dort leicht Porenbildung und geringere Festigkeit der Rohre. Auch können die beim liegenden Guß unvermeidlichen Kernstützen undichte Stellen verursachen. In Rücksicht auf alle diese Umstände werden die Wandstärken bei liegendem Guß größer als bei stehendem genommen; der Eisenverbrauch und die Kosten wachsen.

Die fertigen Rohre werden mit Wasser vollständig gefüllt, unter dem Probedruck nach DIN 2401, Zusammenstellung 84, Spalte f, unter gleichzeitigem Hämmern der Oberfläche auf Festigkeit und Dichtheit untersucht. Gasrohre prüft man mit Luft unter Wasser auf Dichtheit nach.

Zum Schutz gegen Rosten versieht man die Rohre, auf 100 bis 150° angewärmt, mit einem Überzug von Asphalt oder Teer, der entweder durch Eintauchen der Rohre hergestellt oder heiß aufgetragen wird, wobei die Stellen, die freibleiben sollen, z. B. das Muffeninnere und das Äußere des anderen Rohrendes vorher mit Kalkmilch gestrichen werden.

An Gußeisenrohren sind die Muffen und Flansche zur Verbindung der Enden stets angegossen.

B. Stahlgußrohre.

Stahlgußflanschen- und -muffenrohre sind in den deutschen Normen noch nicht festgelegt, wohl aber bestehen Normen für die Flansche von Stahlgußformstücken und Absperrmitteln, die man naturgemäß auch der Gestaltung von Rohren zugrunde legen wird (siehe S. 369, 371 und 373).

C. Stahlrohre.

Stahlrohre werden von sehr kleinen Durchmessern an bis zu den größten ausgeführt und eignen sich zu Wasser-, Gas- und Dampfleitungen bei allen Drücken. Gegenüber gegossenen bieten sie durch höhere Festigkeit, geringeres Gewicht sowie größere Baulängen und die damit verbundene Ersparnis an Dichtungsstellen, Dichtmitteln und Arbeitslohn beim Zusammenbau Vorteile. Wegen der größeren Zähigkeit des Werkstoffs sind sie besonders für Leitungen in unsicherem Boden geeignet.

In bezug auf die Festigkeitswerte des Flußstahls für Rohre schließt sich DIN 2413 den polizeilichen Bestimmungen für die Anlegung von Land- und Schiffsdampfkesseln vom 17. 12. 1908 an und unterscheidet Rohre aus Flußstahl von 3400 bis 4500 kg/cm² Festigkeit, mit einer Rechnungsfestigkeit von 3600 kg/cm² und aus Flußstahl von 4500 bis 5500 kg/cm² Festigkeit, Rechnungsfestigkeit 4500 kg/cm².

Die Normalien zu Rohrleitungen für Dampf von hoher Spannung 1912 verlangten für Rohre, Formstücke und Ventilkörper von:

	K_z kg/cm²	δ %
Schweißeisen in der Längsrichtung	$\geqq 3400$	12
in der Querrichtung	$\geqq 3200$	8
weichem Flußstahl	$\geqq 3600$, $\leqq 4500$	$\geqq 20$

Die Herstellung erfolgt entweder durch Zusammenrollen von Blechstreifen und Schweißen, Löten oder Nieten der Nähte oder nahtlos nach dem Mannesmannschen, Ehrhardtschen und anderen Verfahren.

Im Zusammenhang mit der Herstellung der Stahlrohre sind deren Außendurchmesser in Millimetern einheitlich festgelegt worden. Sie gehen an allen glatten Rohren zwischen 38 und 420 mm auf das Zollmaß zurück. An solchen von mehr als 420 mm ist der Außendurchmesser jeweils um 20 mm größer als die zugehörige Nennweite. Die Außendurchmesser von Gewinderohren sind durch das Rohrgewinde gegeben.

Da nun die Wandstärke je nach dem Betriebsdruck und dem Betriebsmittel verschieden ist, stimmt die Nennweite nicht immer mit dem lichten Durchmesser des Rohrs überein. Wohl aber konnten die Flanschbohrungen und damit die Flansche selbst einheitlich in Übereinstimmung mit den Rohraußendurchmessern genormt werden.

Das Produkt aus dem Außendurchmesser und der Wandstärke dient zur Bezeichnung der Flußstahlrohre bei der Bestellung; z. B. kennzeichnet: nahtloses Rohr 121 · 4 ein nahtloses Flußstahlrohr von 121 mm Außendurchmesser und 4 mm Wanddicke. Seine Lichtweite ist 113, seine Nennweite dagegen nach Zusammenstellung 84a 110 mm.

Rohre für Heißdampfleitungen sollen nach ihrer Herstellung ausgeglüht werden.

1. Geschweißte Rohre.

Geschweißte Röhren aus weichem Fluß- oder Schweißstahl werden entweder stumpf oder überlappt gestoßen. Die stumpfe Schweißung nach Abb. 612, bei welcher der vorher zusammengerollte, auf Weißglut gebrachte Rohrstreifen durch eine runde Düse gezogen, längs der Naht stark zusammengepreßt und dadurch geschweißt wird, ergibt infolge der schmalen Schweißstellen geringere Widerstandsfähigkeit, namentlich beim Biegen der Rohre, ist aber billiger als die überlappte nach Abb. 613. Bei dieser werden die vorher durch Walzen oder Hobeln zugeschärften, dann zusammengerollten und schweißwarm gemachten Blechstreifen in einem Walzwerk über einem Dorn zusammengepreßt und geschweißt (patentgeschweißte Rohre).

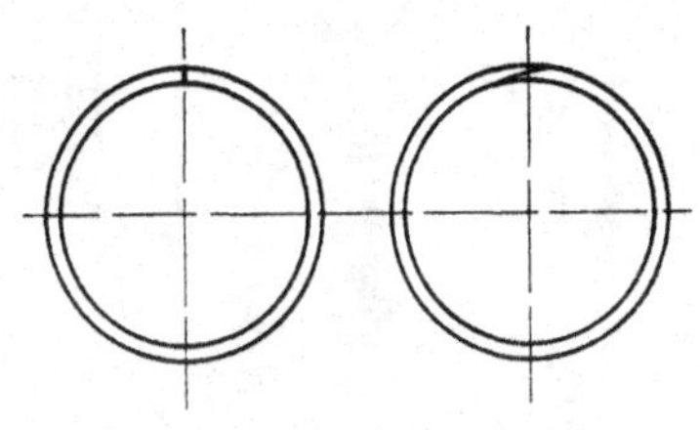

Abb. 612 und 613. Stumpf und überlappt geschweißte Rohre.

Bei der hauptsächlich auf größere Wandstärken und Rohrdurchmesser (von 267 mm Außendurchmesser an) angewandten Wassergasschweißung wird jeweils eine kurze Strecke der Stoßstelle durch Wassergasbrenner erhitzt und dann durch Hämmern über einem Amboß verschweißt (wassergasgeschweißte Rohre).

Autogen geschweißte Rohre werden durch Schmelzschweißung, d.i. durch Einschmelzen flüssigen Stahls in die Fuge hergestellt.

Die stumpf geschweißten „Gasrohre" finden zu Gas- und Wasserleitungen, in Heizungs- und Lüftungsanlagen ausgedehnte Verwendung und werden in den normalen Abmessungen, Zusammenstellung 86, geliefert. Ihre Normung ist noch nicht abgeschlossen. Als Bezeichnung dient die Angabe des lichten Durchmessers in englischen Zollen.

Zusammenstellung 86. **Stumpfgeschweißte Gasrohre.**

Innerer Durchmesser	(1/8)	1/4	3/8	1/2	(5/8)	3/4	(7/8)	1	1 1/4	1 1/2	(1 3/4)	2	(2 1/4)	2 1/2	(2 3/4)	3	3 1/2	4	engl. Zoll
	3	6	10	13	16	20	22	25	32	38	44	51	57	63	70	76	89	102	mm abger
Äußerer Durchm.	10	13	16,5	20,5	22	26,5	29	33	42	48	52	60	70	76	81,5	89	102	114	mm abger
Gewicht	0,4	0,57	0,87	1,15	1,50	1,72	2,25	2,44	3,4	4,2	4,6	5,8	6,8	7,7	8,9	10	11,5	13,5	kg/m

Die eingeklammerten Durchmesser sind ungebräuchlich.

Für Dampf von höherer Spannung dürfen stumpf geschweißte Rohre nicht verwandt werden.

Rohre bis zu 2 Zoll Durchmesser sind auch mit 1/4" Wandstärke in folgenden Maßen zu haben.

Zusammenstellung 87. **Rohre für hohen Druck für Manometer, Wasserdruckpressen usw.**

Innerer Durchmesser	1/4	3/8	1/2	5/8	3/4	1	1 1/4	1 1/2	1 3/4	2	in engl. Zoll
	6	10	13	16	20	25	32	38	44	51	mm
Gewicht bei 1/4" engl. Wandstärke	2,05	2,5	2,9	3,4	3,9	4,9	6,0	7,0	7,8	9,5	kg/m abger.

Überlappt oder patentgeschweißte Rohre, auch als Kessel- und Siederohre bezeichnet, werden von 38 bis 305, von manchen Firmen bis zu 420 mm Außendurchmesser mit verschiedenen Wandstärken, z. B. von Thyssen & Co., Mülheim a. d. Ruhr, nach Abb. 614 geliefert. In ihr sind die äußeren, festliegenden Rohrdurchmesser als Abszissen, die Wandstärken als Ordinaten aufgetragen. Die mit den Durchmesserzahlen versehenen senkrechten Linien geben durch ihre Endpunkte die größte und kleinste Wandstärke an. Ein Rohr von 70 mm Außendurchmesser wird z. B. von 3 bis zu 13 mm Stärke geliefert, die zwischen 3 und 6 mm in Stufen von je $^1/_4$, von da ab um je $^1/_2$ mm steigt. Die normale Stärke ist durch den untern Linienzug gekennzeichnet.

Die für die Nenndrucke 1 bis 50 auf Grund der Formel (154e) berechneten Wandstärken sind in DIN 2452 für weichen Flußstahl von 3400 bis 4100 kg/cm² von 70 bis 420 mm Nenndurchmesser festgelegt. Entsprechend gelten die DIN 2453 für wasser-

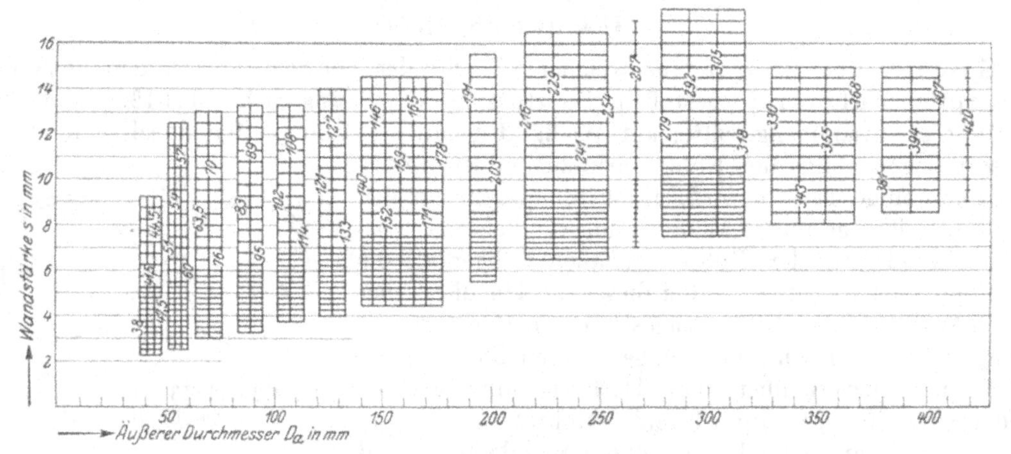

Abb. 614. Wandstärken von Stahlrohren.

gasgeschweißte Rohre von mindestens 3400 kg/cm² und 267 bis 2020 mm Außendurchmesser, DIN 2454 für autogen geschweißte Rohre von mindestens 3400 kg/cm² und 57 bis 2020 mm Außendurchmesser, letztere jedoch nur für die Nenndrucke 1 bis 6. Vgl. Zusammenstellung 84b.

2. Gelötete und genietete Rohre.

Schmiedeeiserne Rohre großen Durchmessers, aber geringer Wandstärke für niedrigen Druck (Auspuffrohre, Gas- und Windleitungen an Hochöfen, Kuppelöfen usw.) werden heutzutage an den Längsnähten meist autogen oder elektrisch geschweißt, manchmal auch genietet und verstemmt oder mittels besonderer Einlagen gedichtet.

In der Längsnaht hart oder mit Kupfer gelötete Rohre finden zu Dampfheizungen Verwendung.

Genietete Flußstahlrohre von 620 bis 2020 mm Außendurchmesser für die Nenndrücke 1 bis 6 enthalten die DIN 2455 und 2516. Vgl. Zusammenstellung 84b.

3. Nahtlose Rohre.

Nahtlose Rohre können auch aus Stahl größerer Festigkeit hergestellt werden, sind in bezug auf Gleichmäßigkeit und Widerstandsfähigkeit allen anderen überlegen und besonders für hohe Drucke geeignet. Das Mannesmannverfahren benutzt mehrere schräggestellte Walzen, zwischen welchen das Rohr aus einem vollen Stück herausgewalzt wird; nach dem Ehrhardtschen Verfahren der Firma Rheinmetall, Düsseldorf, wird zunächst ein dickwandiges Rohrstück aus einem vollen Block durch Einpressen eines Dornes hergestellt. Die endgültige Wandstärke, für welche die Zahlen der Abb. 614 mit nur geringen Abweichungen gelten, wird dann durch weiteres Auswalzen oder Ziehen erreicht. Beide Firmen liefern die Rohre von 38 bis 318 bzw. 305 mm Außendurchmesser.

Die für die Nenndrücke 1 bis 50 normalen nahtlosen Rohre aus Flußstahl von 3400 bis 4500 bzw. 4500 bis 5500 kg/cm² Festigkeit sind in den DIN 2450 und 2451 zusammengestellt.

4. Schutz und Verarbeitung von Stahlrohren.

Zum Schutz gegen Rosten streicht man Stahlrohre mit Mennige und Ölfarbe, versieht sie heiß mit einem Asphalt- oder Teerüberzug oder umgibt sie für den Fall, daß sie in feuchtem Erdreich liegen, in welchem sie dem Rosten besonders stark unterworfen sind, mit Band- oder Schnurumwickelungen aus geteerter Jute. Wasserleitungsrohre werden oft verzinkt; dadurch, daß das Zink eine Legierung mit dem Eisen eingeht, die sehr fest haftet, sind sie gegen Rosten gut geschützt.

Stahlrohre mäßiger Lichtweite lassen sich warm leicht biegen; doch soll der mittlere Krümmungshalbmesser mindestens gleich dem Vierfachen des lichten Durchmessers sein. Damit sie sich beim Biegen nicht flach drücken, füllt man sie vorher mit Sand oder benutzt besondere Rohrbiegemaschinen.

D. Kupfer- und Messingrohre.

Kupfer- und Messingrohre werden entweder hart gelötet oder nahtlos durch Walzen und Ziehen, Kupferrohre außerdem nach dem Elmoreverfahren auf elektrolytischem Wege hergestellt. Die Grenzen, in denen diese Rohre dem Durchmesser und der

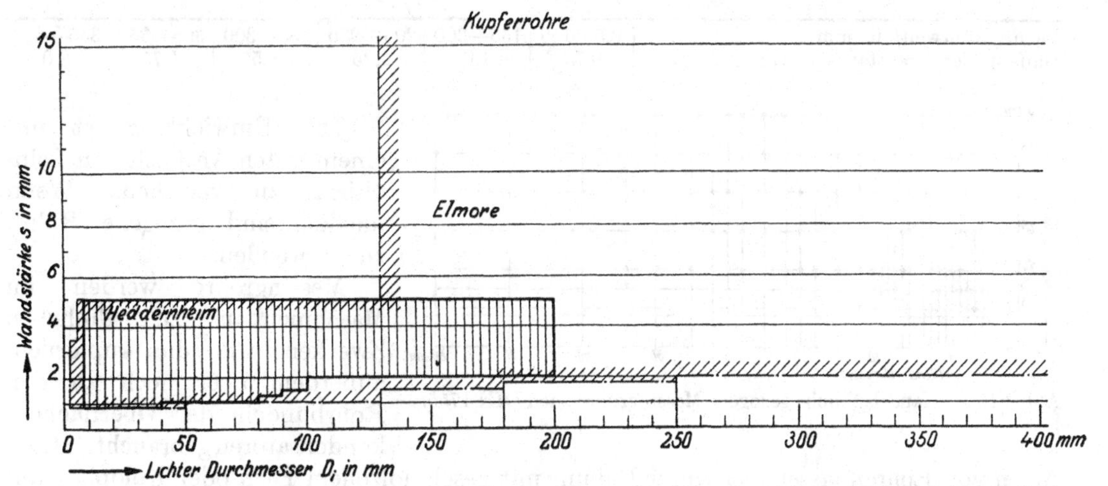

Abb. 615. Abmessungen gezogener Kupferrohre; —— Heddernheimer Kupferwerke, —·— Elmore's Metall A. G.

Wandstärke nach geliefert werden, zeigen die Abb. 615 und 616. Die Elmore's Metall A.-G. in Schladern a. d. Sieg stellt nahtlose Kupferrohre in dem durch schräge Strichelung umgrenzten Gebiete und bis zu 2500 mm Durchmesser bei 4 und mehr Millimetern Wandstärke, solche bis zu 4000 mm Durchmesser nach besonderer Vereinbarung her. Das dort verwandte Verfahren dient auch zum Verkupfern von Eisenrohren, Walzen, Preßzylindern und Pumpenkolben. Die handelsüblichen nahtlos gezogenen Kupferrohre bis 100 mm Außendurchmesser sind in DIN 1754, die Messingrohre bis 80 mm Außendurchmesser in DIN 1755 zusammengestellt worden. In Abb. 616a und 616b sind diese gängigen Größen durch Punkte gekennzeichnet. Kupferrohre finden außer in chemischen Fabriken und Brauereien wegen ihrer hohen Wärmeleitfähigkeit als Kühl- und Heizrohre, wegen ihrer großen Elastizität als Federrohre und nachgiebige Zwischenstücke und in den kleineren Lichtweiten zu allen scharf zu biegenden Leitungen an Maschinen

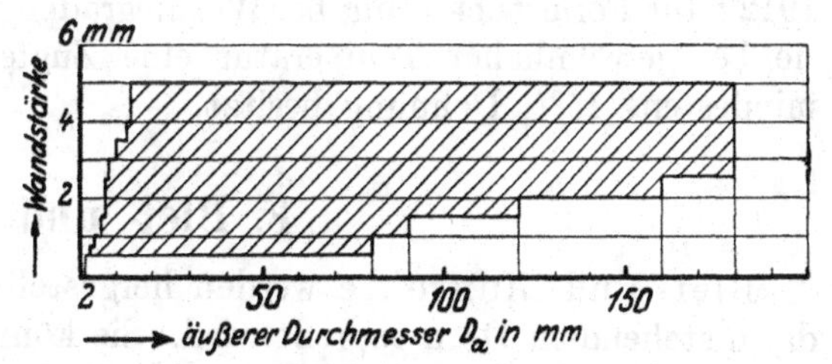

Abb. 616. Abmessungen gezogener Messingrohre (Heckmann, Düsseldorf).

Anwendung. Bei höheren Wärmegraden nimmt die Festigkeit des Kupfers und die der Lötnähte rasch ab; zu Dampfleitungen dürfen deshalb gelötete Rohre bei hohem Druck und Überhitzung nicht verwendet werden. Selbst nahtlose Kupferrohre sind dafür nicht zu empfehlen; sie haben mehrfach zu Unglücksfällen geführt und sind zudem teurer als schmiedeiserne.

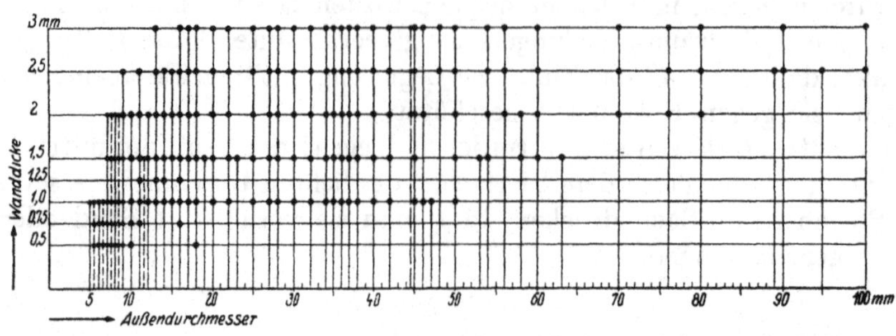

Abb. 616a. Handelsübliche nahtlos gezogene Kupferrohre nach DIN 1754.

Nach den Vorschriften der Marine sind kupferne Rohre von 125 mm lichtem Durchmesser und darüber für Dampf von mehr als 8 at mit verzinktem Stahldrahttau so zu umwickeln, daß die Tauspiralen sich berühren, und daß beim Bruche des Taues in einer Spirale die anderen anliegenden Tauspiralen nicht lose werden; für die Dicke des Taues gelten folgende Maße:

Lichte Rohrweite in mm	125—150	155—200	205—250	255—300	305—350	355—400
Umfang des Drahttaues in cm	0,75	1,0	1,25	1,5	1,75	2,0

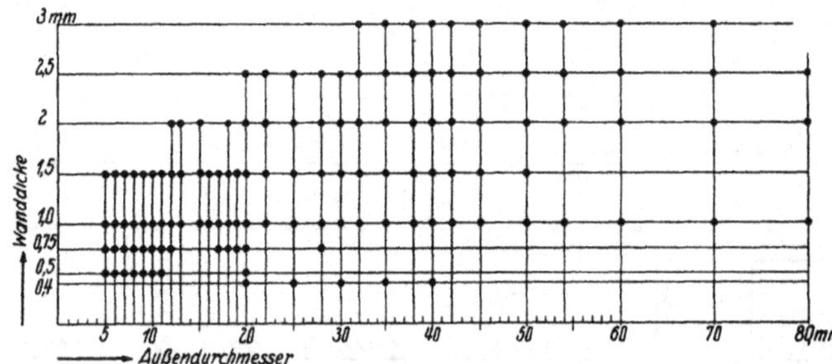

Abb. 616b. Handelsübliche gezogene Messingrohre nach DIN 1755.

Die Umwicklung ist mit einem guten Anstrich von Leinölfirnis zu versehen. Wenn möglich sind gezogene Rohre zu verwenden.

Messingrohre werden im Maschinenbau zu ähnlichen Zwecken wie die kupfernen, außerdem aber noch zu den Rohrbündeln der Oberflächenkondensatoren gebraucht. Beide Arten von Rohren lassen sich unter Füllung mit geschmolzenem Pech oder Kolophonium leicht kalt biegen. Bei kleinerem Durchmesser kann der Krümmungshalbmesser zu 3 bis herab zu $2\,d_i$, bei größerem Durchmesser zu 4 bis $5\,d_i$ gewählt werden.

E. Bronzerohre.

Bronze ist nach den „Normalien zu Rohrleitungen für Dampf von hoher Spannung 1912" für Formstücke nur bei Wärmegraden bis zu 220° C zulässig, vorausgesetzt, daß sie bei gewöhnlicher Temperatur eine Zugfestigkeit von wenigstens 2000 kg/cm^2 bei mindestens 15% Dehnung besitzt.

F. Blei- und Zinnrohre.

Blei- und Zinnrohre werden hergestellt, indem das Metall durch eine Düse mit darin stehendem Dorn gepreßt wird. Sie können auf diese Weise in sehr großen Längen angefertigt werden, so daß sie wenig Verbindungsstellen benötigen und finden wegen ihrer Widerstandsfähigkeit gegen Säuren in chemischen Fabriken, wegen ihrer leichten Biegsamkeit zu Wasserleitungen viel Verwendung. Kohlensäurehaltiges Trinkwasser kann durch Auflösen des Bleis giftig werden. Gegen diese Wirkung werden Bleirohre innen verzinnt oder durch Behandlung mit Schwefelnatrium mit einem Schwefelbleiüberzug versehen. Man unterscheidet Weich- und Hartbleirohre. Die letzteren bestehen aus einer Legierung mit 1 bis 3 % Antimon, besitzen bedeutend größere Festigkeit und Elastizität, so daß sie den doppelten Druck aushalten und zu Dampf- und Warmwasserleitungen benutzt werden können.

Bleirohre werden in dem Preisverzeichnis des Handelsbureaus der Sächsischen Hüttenwerke zu Freiberg in Sachsen von 3 mm lichtem Durchmesser an mit 1, 1,5 und 2 mm Wandstärke bis zu 300 mm Durchmesser mit 5 und 10 mm Wanddicke aufgeführt. Die zulässigen Drucke sind bei 30^0 Temperatur für Weichblei mit 25 kg/cm^2, für Hartblei mit 50 kg/cm^2 Spannung in der Wandung berechnet. Bei höheren Wärmegraden müssen wesentlich geringere Beanspruchungen gewählt werden.

Zinnrohre sind von 4 mm lichtem Durchmesser und 2 mm Wandstärke an bis zu 50 mm Durchmesser bei 2 bis 3 mm Wanddicke zu haben. Als zulässige Spannung in der Wandung werden 60 kg/cm^2 angegeben. Näheres enthalten die Listen der oben angeführten und anderer Firmen.

G. Biegsame Rohre, Schläuche.

Biegsame Rohre und Schläuche werden aus Metall, Hanf oder Gummi hergestellt. Einfache Hanfschläuche, roh oder gummiert und Gummischläuche dienen zum Fortleiten von kalten Flüssigkeiten unter geringem Druck. Durch Spiraldrahteinlagen oder Umflechten mit Metalldraht oder -band werden sie gegen höhere Drucke und bei Verwendung geeigneter Gummiarten auch gegen Dampf widerstandsfähig. Metallschläuche aus Tombak, Bronze oder Stahl durch Einwalzen von Rillen in nahtlos gezogene Tombakrohre, Abb. 617 (Deutsche Waffen- und Munitionsfabriken, Karlsruhe) oder durch Ineinanderfalzen von Blechstreifen, Abb. 618 (Metallschlauchsyndikat Pforzheim) hergestellt, eignen sich für hohe Drucke und Temperaturen und für Flüssigkeiten, welche Gummi angreifen würden.

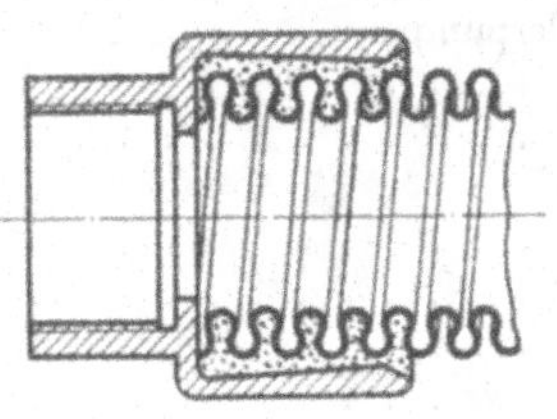

Abb. 617. Durch Einwalzen von Rillen biegsam gemachtes Rohr (Deutsche Waffen- und Munitionsfabriken, Karlsruhe).

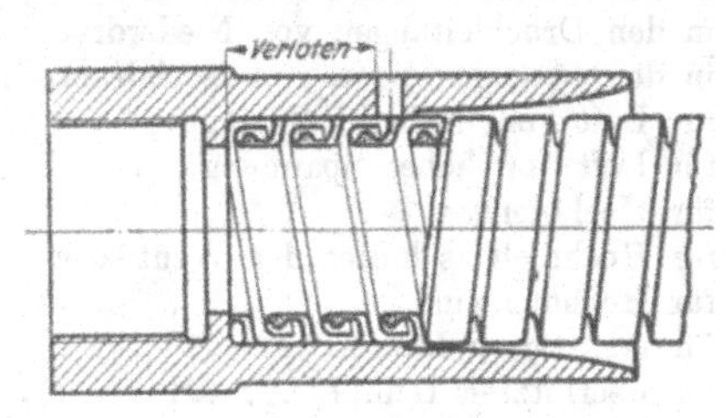

Abb. 618. Durch Ineinanderfalzen von Blechstreifen biegsames Rohr (Metallschlauchsyndikat, Pforzheim).

III. Berechnung der Rohre.

Die Berechnung der Rohrleitungen erstreckt sich:

A. auf die Bestimmung des Querschnitts auf Grund der hindurch zu leitenden Dampf-, Gas- oder Flüssigkeitsmenge,

B. auf genügende Festigkeit gegenüber dem inneren oder äußeren Druck oder den sonstigen Kräften, denen die Rohre ausgesetzt sind.

A. Ermittlung des Rohrquerschnitts.

Bei einer Fördermenge Q in m^3/sek und einer mittleren Geschwindigkeit v_m in m/sek folgt der nötige Querschnitt f in m^2 oder der lichte Durchmesser d in m aus:

$$f = \frac{\pi}{4} d^2 = \frac{Q}{v_m} \text{ m}^2 . \tag{150}$$

Die mittlere Geschwindigkeit wählt man in erster Linie nach dem Einheitsgewicht des durchzuleitenden Stoffes und zwar um so geringer, je größer dieses ist; man muß aber auch auf die Betriebsverhältnisse Rücksicht nehmen, indem bei gleichmäßigem Fluß und in großen Rohren höhere Geschwindigkeiten zulässig sind, als bei schwankender oder stoßweiser Entnahme und in kleinen Rohren.

Für die Anschlußleitungen an Kolbenmaschinen pflegt meist ohne Rücksicht auf die Größe der Füllung der gesamte Zylinderinhalt zugrunde gelegt und die Fördermenge

$$Q = F \cdot c_m$$

aus der Kolbenfläche F in cm^2 und der mittleren Kolbengeschwindigkeit $c_m = \frac{s_1 \cdot n}{30}$ berechnet zu werden, wenn s_1 den Kolbenhub in m, n die Umdrehzahl in der Minute bedeutet. Man erhält mithin den Rohrquerschnitt aus:

$$f = \frac{\pi}{4} d^2 = \frac{F \cdot c_m}{v_m} = \frac{F \cdot s_1 \cdot n}{30 \cdot v_m} \text{cm}^2. \qquad (151)$$

Üblich sind die folgenden Werte für v_m:

Zusammenstellung 88. **Mittlere Geschwindigkeiten in Rohrleitungen.**

In Saugleitungen von Wasserkolbenpumpen je nach der Länge	1,0 bis 0,5	m/sek
in Druckleitungen von Wasserkolbenpumpen	1 bis 1,5 bis 2	„
in den Saugleitungen der Schleuderpumpen	2 bis 2,5	„
in den Druckleitungen von Niederdruckschleuderpumpen	2,5 bis 3	„
in den Druckleitungen von Hochdruckschleuderpumpen	3 bis 3,5	„
für Luft von niedriger Spannung	12 bis 15	„
für Luft von hoher Spannung	20 bis 25	„
für Hochofengas	7	„
für Hochofengas hinter dem Ventilator	15	„
für Hochofenwind	12 bis 15	„
für gesättigten Dampf	20 bis 30	„
für überhitzten Dampf	30 bis 45	„
für überhitzten Dampf in großen Dampfturbinenzentralen bei normalem Betrieb	50	„
bei vollem Betrieb bis	70	„
für Auspuffdampf je nach der Länge der Leitung	25 bis 50	„
in Überströmleitungen, bezogen auf den größeren der Zylinder	30 bis 35	„
in Dampfleitungen zum Kondensator, bezogen auf die Niederdruckkolbenfläche	20 bis 30	„
in Dampfleitungen zum Kondensator, bezogen auf das Dampfvolumen	100	„
in Saugleitungen an Kleingasmaschinen je nach Länge	10 bis 20	„
in Luftsaugleitungen an Viertaktgroßgasmaschinen	20	„
in Gassaugleitungen an Viertaktgroßgasmaschinen	30 bis 35	„
in Auspuffleitungen an Viertaktgroßgasmaschinen	20 bis 25	„
in Auspuffleitungen an Zweitaktmaschinen	10 bis 15	„

Bei stoßweiser Förderung ist die Einschaltung von Windkesseln, Ausgleichern, Dampfsammlern oder weiten Wasserabscheidern zu empfehlen, um Erzitterungen der Rohrleitungen, Schwingungen des Inhaltes und Rückwirkungen auf andere in der Nähe angeschlossene Maschinen und Apparate zu vermeiden.

An ausgedehnten Rohrleitungen, Wasserleitungsnetzen usw. sind für die Wahl des Durchmessers wirtschaftliche Gesichtspunkte maßgebend: einerseits die Verzinsung und die Tilgung der Anlagekosten, die mit zunehmendem Durchmesser steigen, andererseits die Betriebskosten, die mit größerem Durchmesser fallen, da die Verluste bei geringerer Geschwindigkeit abnehmen, vgl. Berechnungsbeispiel 5.

B. Berechnung der Rohre auf Festigkeit.

In einem durch inneren Druck p_i beanspruchten Rohr treten die größten Spannungen in den durch die Rohrachse gehenden Längsebenen auf. Die Wandstärke s kann, wenn sie gegenüber dem lichten Durchmesser d gering ist, nach der Formel:

$$s = \frac{p_i \cdot d}{2 \cdot k_z} + C, \qquad (152)$$

berechnet werden, wie sich ohne weiteres aus der Betrachtung eines Rohrabschnittes von 1 cm Breite, Abb. 619, unter Annahme gleichmäßiger Verteilung der Spannungen in der Wandung ergibt. Die Flüssigkeitspressung ruft die Kraft $p_i d \cdot 1$ kg hervor; diese muß durch die Festigkeit der beiden Wandungen $k_z \cdot 2 \cdot s \cdot 1$ aufgenommen werden, woraus

$$p_i \cdot d = 2\, k_z \cdot s$$

folgt.

Betrachtet man den Längsschnitt eines Rohres, Abb. 620, so läßt sich die Formel dahin deuten, daß die linke Rohrwand auf der Strecke $AB = l$ cm den Druck, der auf der gestrichelten Fläche $ABCD$ ruht, also

$$P = \frac{d}{2} \cdot l \cdot p_i \text{ kg}$$

aufzunehmen hat, wobei die Spannung:

$$\sigma_z = \frac{P}{f} = \frac{d \cdot l \cdot p_i}{2\, l \cdot s} = \frac{d \cdot p_i}{2\, s} \quad (152\text{a})$$

entsteht.

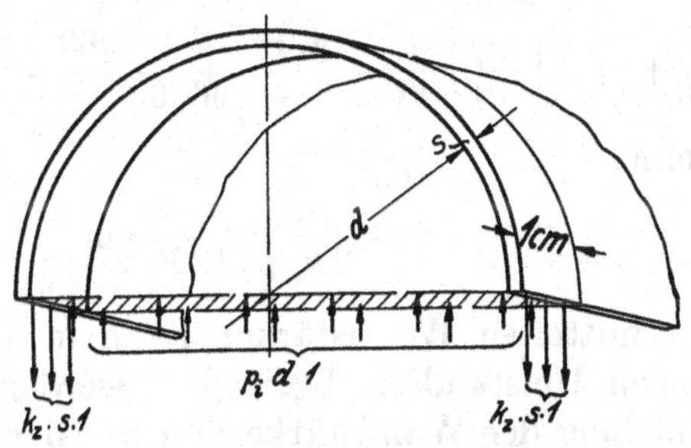

Abb. 619. Zur Berechnung der Stärke oder der Beanspruchung einer Rohrwandung.

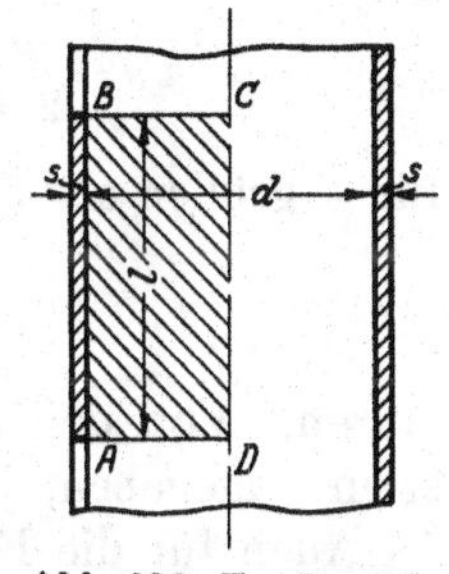

Abb. 620. Zur Berechnung der Spannung in einer Rohrwandung.

C ist ein Zuschlag, der in Rücksicht auf die Herstellung, insbesondere die bei derselben unvermeidlichen Ungenauigkeiten und in Rücksicht auf die zu erwartende Abnutzung zu wählen ist.

An Gußeisenrohren geht man bei der Berechnung nach DIN 2411 von der Nennweite d und dem Nenndruck p_i aus, nimmt $k_z = 250$ kg/cm² und wählt den Zuschlag C verhältnisgleich zu dem Produkt $p_i \cdot d$ derart, daß er von 0,6 bei der kleinsten Wandstärke auf 0 bei 55 mm sinkt. Er läßt sich ausdrücken durch:

$$C = 0{,}6 \left(1 - \frac{p_i \cdot d}{2750}\right),$$

so daß die Formel für die Wandstärke die Form:

$$s = \frac{p_i \cdot d}{2 \cdot 250} + 0{,}6 \left(1 - \frac{p_i \cdot d}{2750}\right) = \frac{9{,}8\, p_i \cdot d + 3300}{5500} = \frac{1{,}78\, p_i \cdot d + 600}{1000} \text{ cm} \quad (153\text{a})$$

annimmt. Für Wandstärken über 55 mm gilt:

$$s = \frac{p_i \cdot d}{2\, k_z} = \frac{p_i \cdot d}{500} \text{ cm}. \quad (153\text{b})$$

Die Wandstärken stimmen bei 10 at Nenndruck annähernd mit denjenigen nach Zusammenstellung 85 überein.

Dadurch, daß für Gas- und Dampfrohre als Betriebsdruck nur $\approx 80\,\%$ des Nenndrucks zugelassen sind, wird die zulässige Beanspruchung k_z von 250, die für Wasser gilt, auf 200 kg/cm² ermäßigt. Die nach den Formeln errechneten Wandstärken gelten nur als Anhalt; je nach den besonderen Eigenschaften des Gußeisens, nach den technischen Einrichtungen der Gießerei oder aus andern Gründen kann davon abgewichen werden. An zu gießenden Zylindern, auf welche die Formel auch vielfach angewendet wird, nimmt man $C = 0{,}5$ cm, wenn lediglich auf etwaige Kernverlegungen Rücksicht zu nehmen ist, $C = 1{,}0$ cm, wenn der Zylinder nach dem Auslaufen nochmals soll ausgebohrt werden können.

Bei geringen inneren Drucken sind vielfach Erfahrungsformeln, welche die Herstellung, aber auch Nebenbeanspruchungen beim Versand, ungleichmäßige Auflagerung usw. berücksichtigen, für die Bemessung der Wandstärke s im Gebrauch. Für gußeiserne Rohre wählt man, wenn der Betriebsdruck 10, der Probedruck 20 at nicht überschreitet,

bei stehendem Guß: $s = \frac{1}{60} d + 0{,}7$ cm, (154a)

bei liegendem Guß: $s = \frac{1}{50} d + 0{,}9$ cm. (154b)

Die Wandstärke von Stahlgußrohren wird nach DIN 2412 nach der gleichen Formel, aber mit $k_z = 600$ kg/cm² beim Nenndruck ermittelt (entsprechend 500 kg/cm² bei *G*-, 400 kg/cm² bei *H*-Rohren). Dabei ist eine Mindestfestigkeit des Stahlgusses $K_z = 4500$ kg/cm² und eine Mindestbruchdehnung $\delta_5 = 22\,\%$ vorausgesetzt. C folgt unter den Umständen dem Ausdruck:

$$C = 0{,}6\left(1 - \frac{p_i \cdot d}{6600}\right),$$

so daß die Formeln für die Wandstärke bis zu 55 mm:

$$s = \frac{p_i \cdot d}{2 \cdot 600} + 0{,}6\left(1 - \frac{p_i \cdot d}{6600}\right) = \frac{4{,}9\,p_i \cdot d + 3960}{6600} = \frac{0{,}74\,p_i \cdot d + 600}{1000}\ \text{cm}, \qquad (154\text{c})$$

für s größer als 55 mm:

$$s = \frac{p_i \cdot d}{2\,k_z} = \frac{p_i \cdot d}{1200}\ \text{cm} \qquad (154\text{d})$$

lauten. Von den so ermittelten Wandstärken kann in ähnlicher Weise, wie für Gußeisen angegeben, je nach Umständen abgewichen werden.

Auch für die Ermittlung der Wandstärke von Stahlrohren, soweit sie nicht durch die Herstellung bedingt ist, gilt nach DIN 2413 eine ähnliche Formel:

$$s = \frac{p_i \cdot d}{2 \cdot \varphi \cdot k_z} + C, \qquad (154\text{e})$$

wobei φ die im Abschnitt 6 S. 275f. schon benutzte Schwächungszahl, d. i. das Verhältnis der Festigkeit der Rohrnaht zur Festigkeit der vollen Rohrwand bedeutet. Nach DIN 2413 ist

an nahtlosen Rohren mit $\varphi = 1$,
an geschweißten Rohren, unabhängig von der Art der Schweißung, mit $\varphi = 0{,}8$,
an genieteten Rohren bei einreihiger Längsnaht mit $\varphi = 0{,}57$ bis 0,63 zu rechnen.

Die zulässigen Beanspruchungen k_z ergeben sich aus der in der gleichen Norm festgelegten Bruchsicherheit, die an den auf den Nenndruck berechneten Rohren mindestens $S = 4{,}5$ betragen soll, für die verschiedenen Rohrarten wie folgt:

Festigkeit des verwandten Flußstahls kg/cm²	Rechnungsfestigkeit K_z kg/cm²	Beim Nenndruck, Wasserrohre		Gas- und Dampfrohre		Heißdampfrohre	
		Bruchsicherheit $\mathfrak{S}$	Zul. Beanspruchung k_z kg/cm²	Bruchsicherheit $\mathfrak{S}$	Zul. Beanspruchung k_z kg/cm²	Bruchsicherheit $\mathfrak{S}$	Zul. Beanspruchung k_z kg/cm²
3400 bis 4500	3600	**4,5**	**800**	5,6	640	7,1	500
4500 bis 5500	4500	**4,5**	**1000**	5,6	800	7,1	640

Der Zuschlag C, der Herstellungsungenauigkeiten und die gewöhnliche Abnutzung der Rohre berücksichtigt, ist einheitlich mit 0,1 cm festgelegt. Damit ergeben sich als Grundformeln für die Berechnung der Wandstärke von Stahlrohren, ausgehend vom Nenndruck p_i:

bei Flußstahl von 3400 bis 4500 kg/cm² Festigkeit:

$$s = \frac{p_i \cdot d}{1600 \cdot \varphi} + 0{,}1\ \text{cm}, \qquad (154\text{f})$$

bei Flußstahl von 4500 bis 5500 kg/cm² Festigkeit:

$$s = \frac{p_i \cdot d}{2000 \cdot \varphi} + 0{,}1\ \text{cm}. \qquad (154\text{g})$$

Zusätzliche Beanspruchungen durch Stöße, Wasserschläge, die Inanspruchnahme auf Biegung oder die Schwächung der Rohrwände durch besonders starke Rostangriffe oder bei der Herstellung, etwa beim scharfen Biegen, sind durch besondere Zuschläge zu berücksichtigen. DIN 2413 empfiehlt in solchen Fällen die Rohre nach dem nächsthöheren Nenndruck zu wählen.

An dickwandigen Rohren führt die Annahme gleichmäßiger Verteilung der Spannungen in den Wandungen zu einer beträchtlichen Unterschätzung der Höhe der Beanspruchung. Die größte, am inneren Umfang in tangentialer Richtung auftretende Anstrengung muß vielmehr nach der genauen Formel (55a) berechnet werden. Sind p_i, k_z und r_i gegeben, so erhält man den äußeren Halbmesser aus:

$$r_a = r_i \cdot \sqrt{\frac{k_z + 0{,}4\,p_i}{k_z - 1{,}3\,p_i}} + C \tag{155a}$$

oder die Wandstärke s aus:

$$s = r_i \cdot \left(\sqrt{\frac{k_z + 0{,}4\,p_i}{k_z - 1{,}3\,p_i}} - 1\right) + C. \tag{155b}$$

Betrachtet man die größte Schubspannung als maßgebend für die Inanspruchnahme, so wird nach Formel (55b):

$$r_a = r_i \sqrt{\frac{\tau_s}{\tau_s - p_i}} + C \tag{156a}$$

und

$$s = r_i \left(\sqrt{\frac{\tau_s}{\tau_s - p_i}} - 1\right) + C. \tag{156b}$$

Der Zuschlag C ist wiederum, je nach den Umständen, wie oben erläutert, zu wählen.

Die erwähnten Formeln pflegen auch auf die Berechnung von Formstücken, Pumpenkörpern und anderen, aus zylindrischen Teilen zusammengesetzten Stücken, die innerem Druck widerstehen müssen, angewendet zu werden. Dabei sei jedoch auf die oft beträchtliche Erhöhung der Beanspruchungen aufmerksam gemacht, die an den Durchdringungsstellen und in den Kehlen der Abzweigungen bei scharfen Übergängen oder Krümmungen entsteht. Sie macht sich nicht selten bei Druckwechseln durch deutlich sichtbare Formänderungen, durch das „Atmen" der Stücke bemerkbar und ist die Ursache der so häufig von diesen Stellen ausgehenden Risse und Brüche. Lehrreich sind in der Beziehung die Versuche von Bach [VIII, 2] an zwei gußeisernen Körpern, von denen einer mit einem seitlichen Stutzen nach Abb. 621 versehen, der andere glatt, also ohne Stutzen, Abb. 622, ausgeführt war. Innerem Wasserdruck ausgesetzt, riß der erste bei $p_1 = 34{,}5$, der zweite erst bei $p_2 = 83$ kg/cm² Druck. Der Bruch hatte bei dem letzteren offenbar als Längsriß am zylinrischen Teil an einer Stelle begonnen, wo die Wandstärke 12,6 bis 15,2, im Mittel $s_2 = 13{,}2$ mm betrug. Bezogen auf diese Stärke, berechnet sich die Spannung der Hauptzylinder zu:

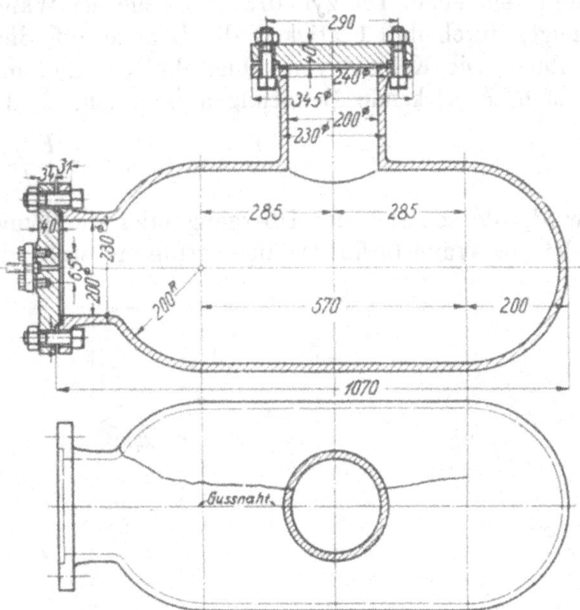

Abb. 621. Versuchskörper für Inanspruchnahme auf inneren Druck (Bach). M. 1 : 15.

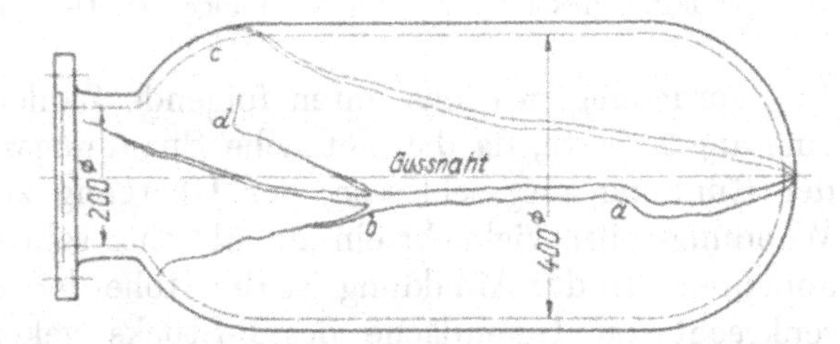

Abb. 622. Vergleichskörper zum vorstehenden. M. 1 : 15.

$$\sigma_z = \frac{d \cdot p_2}{2 \cdot s_2} = \frac{40 \cdot 83}{2 \cdot 1{,}32} = 1258 \text{ kg/cm}^2.$$

An dem Körper mit Stutzen riß der Zylindermantel nur auf der Seite, wo sich der Stutzen befand; der Bruch verlief parallel zur Hauptebene, war aber der Seite nach verschoben. Die mittlere Wandstärke betrug dort etwa $s_1 = 15$ mm. Auf Grund der Formel (152a) ergibt sich daraus eine Spannung im Hauptzylinder von nur:

$$\sigma_z' = \frac{d \cdot p_i}{2 s_1} = \frac{40 \cdot 34{,}5}{2 \cdot 1{,}5} = 460 \text{ kg/cm}^2.$$

Das Verhältnis beider ist:

$$\frac{\sigma_z}{\sigma_z'} = \frac{1258}{460} = \frac{2{,}73}{1};$$

die Widerstandsfähigkeit des Körpers ohne Stutzen war also 2,73mal größer als die desjenigen mit Stutzen. Zugversuche an unmittelbar herausgeschnittenen Probestäben ergaben im Mittel 1380 bzw. 1438 kg/cm² Zugfestigkeit.

In erster Annäherung lassen sich die Spannungen in der Kehle wie folgt berechnen und beurteilen. Die zylindrischen Teile der Wandung, Abb. 623, nehmen, wie oben gezeigt, durch ihre Festigkeit die Drucke auf, die auf den einfach gestrichelten Flächen ruhen. Die Kehle I vom Querschnitt f muß mithin die auf der doppelt gestrichelten Fläche F wirkende Belastung aufnehmen, so daß die Spannung:

$$\sigma_z = \frac{F \cdot p_i}{f} \tag{157}$$

wird. Je schärfer der Übergang oder die Rundung, desto geringer ist bei durchweg gleicher Wandstärke der zur Verfügung stehende Querschnitt f, um so höher also die

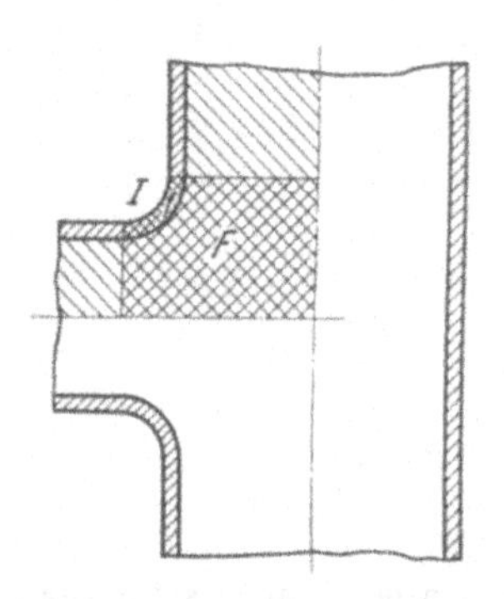

Abb. 623. Zur Berechnung von Formstücken.

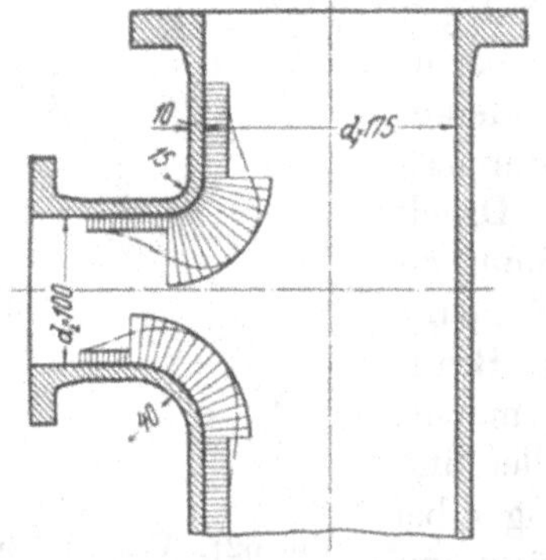

Abb. 624. Verteilung der Spannungen an Übergangstellen.

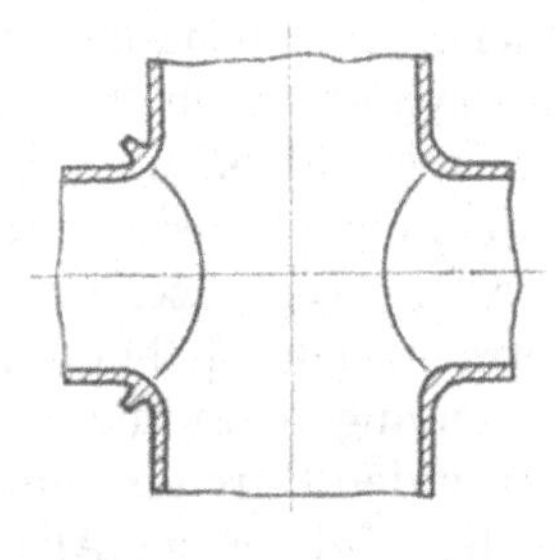

Abb. 625. Kehlenverstärkungen an Formstücken.

Beanspruchung, wie das unten folgende Zahlenbeispiel zeigt. Die Berechnung ist nur eine angenäherte, da die plötzliche Spannungssteigerung, Abb. 624, an der Ansatzstelle der Rundung ausgeschlossen, der Übergang zu den Spannungen in den zylindrischen Wandungsteilen vielmehr ein allmählicher sein wird, wie es die strichpunktierten Linien andeuten. In der Abbildung ist die Höhe der Spannungen durch die Länge der Striche senkrecht zur Innenfläche des T-Stücks gekennzeichnet. Falls Ausrundungen nicht möglich oder nicht ausreichend sind, können die Ecken durch örtlich größere Wandstärken, Abb. 625 rechts, durch aufgesetzte Rippen, Abb. 625 links, oder durch warm eingezogene schmiedeeiserne Schraubenbolzen nach Abb. 626 verstärkt werden. Das Loch für die letzteren soll eingegossen werden, um zu bedeutende Werkstoffansammlungen und damit Lunkerbildungen an der gefährdeten Stelle zu vermeiden. Der Bolzen wird rotwarm eingesetzt und ruft bei seiner Abkühlung Druckspannungen in der Ecke hervor, welche erst von dem inneren Druck überwunden werden müssen, ehe Zugspannungen auftreten können. Die Berechnung der Bolzen erfolgt mit $k_z = 800$ bis 900 kg/cm² unter Zugrundelegung des Druckes, der der gestrichelten Fläche in Abb. 626 entspricht.

Zahlenbeispiel. An einem in Abb. 624 dargestellten Formstück von $d_1 = 175$ mm Durchmesser des Hauptstranges, $d_2 = 100$ mm lichter Weite des Stutzens und durchweg $s = 10$ mm Wandstärke errechnet sich die Beanspruchung bei $p_i = 20$ at inneren Druck im Hauptrohr zu:

$$\sigma_z = \frac{d_1 \cdot p_i}{2\,s} = \frac{17{,}5 \cdot 20}{2 \cdot 1} = 175 \text{ kg/cm}^2,$$

in der Abzweigung zu:

$$\sigma_z' = \frac{d_2 \cdot p_i}{2\,s} = \frac{10 \cdot 20}{2 \cdot 1} = 100 \text{ kg/cm}^2.$$

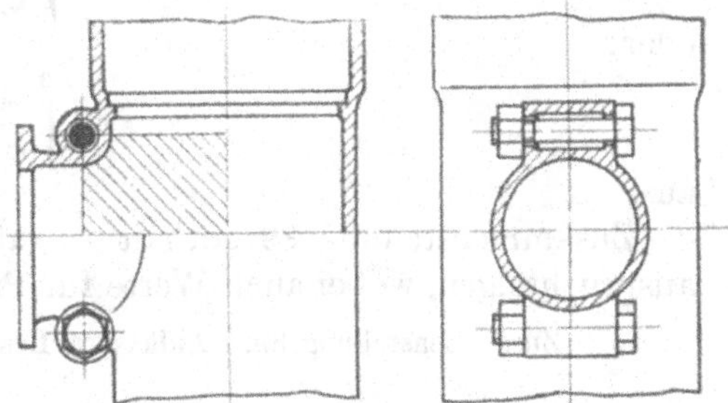

Abb. 626. Eckverstärkung durch warm eingezogene Bolzen.

Um den Einfluß der Abrundungshalbmesser zu zeigen, ist dieser an der oberen Übergangstelle klein, zu 15 mm, an der unteren größer, zu 40 mm angenommen. Die folgende Rechnung ergibt im ersten Falle eine 2,9, im zweiten eine 1,9mal so große Spannung wie in der Wandung des Hauptrohres.

	Obere Ecke, $R = 15$ mm	Untere Ecke, $R = 40$ mm
Wandungsquerschnitt	$f = \frac{\pi}{4}(2{,}5^2 - 1{,}5^2) = 3{,}14$	$\frac{\pi}{4}(5^2 - 4^2) = 7{,}06 \text{ cm}^2,$
Druckfläche	$F = 11{,}25 \cdot 7{,}5 - \frac{\pi}{4} \cdot 2{,}5^2 = 79{,}5$	$13{,}75 \cdot 10 - \frac{\pi}{4} \cdot 5^2 = 117{,}9 \text{ cm}^2$
Beanspruchung	$\sigma_z'' = \frac{F \cdot p_i}{f} = \frac{79{,}5 \cdot 20}{3{,}14} = 507$	$\frac{117{,}9 \cdot 20}{7{,}06} = 334 \text{ kg/cm}^2.$

An dem Bachschen Versuchskörper, Abb. 621, ist ein Maß für die der Zeichnung nach ziemlich scharfe Abrundung in der Kehle nicht angegeben. Schätzt man den Halbmesser zu 10 mm, so wird bei $s = 15$ mm durchschnittlicher Wandstärke die Spannung in der Kehle:

$$\sigma_z'' = \frac{F \cdot p_1}{f} = \frac{22{,}5 \cdot 12{,}5 - 2{,}5 \cdot 2{,}5}{2{,}5 \cdot 2{,}5 - \frac{\pi}{4} \cdot 1^2} \cdot p_1 = 50{,}4\,p_1 = 50{,}4 \cdot 34{,}5 = 1740 \text{ kg/cm}^2,$$

während sich in der Wandung:

$$\sigma_z = \frac{d \cdot p_1}{2\,s} = \frac{40}{2 \cdot 1{,}5}\,p_1 = 13{,}3\,p_1$$

ergibt und mithin das Verhältnis:

$$\frac{\sigma_z''}{\sigma_z} = \frac{50{,}4}{13{,}3} = 3{,}8,$$

gegenüber dem beim Versuch ermittelten Wert von 2,73 um rund 35% zu groß ist.

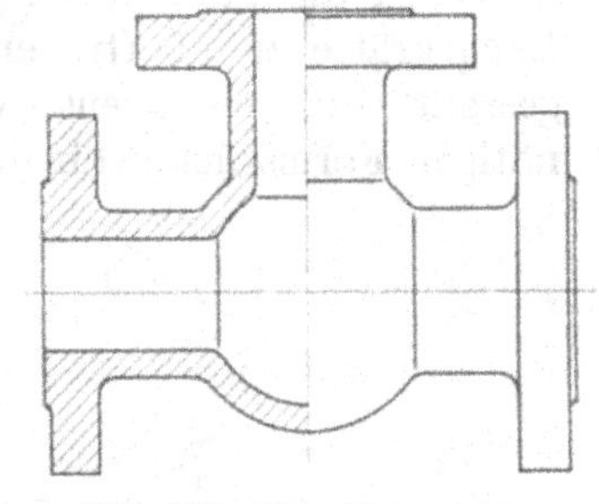

Abb. 627. Kugelformstück.

Kugelige Wandungen, bei Pumpen- und Ventilkörpern, Abb. 219, sowie Formstücken, Abb. 627, gern angewendet, zeigen nicht allein größere Widerstandsfähigkeit, sondern bieten auch günstigere und ringsum gleichmäßige Übergänge beim Anschluß zylindrischer Stutzen und Rohre, wenn deren Mittellinien durch die Kugelmitte gehen. Ihre Wandstärke wird ebenso groß wie die der anschließenden zylindrischen Teile gewählt, sofern nicht die Berechnung auf Festigkeit größere Abmessungen verlangt, und zwar wird dann die Wandstärke s im Verhältnis zum inneren Durchmesser, ausgehend von der Formel (51),

$$s = \frac{d}{4} \cdot \frac{p_i}{k_z} + C \tag{158}$$

genommen. Bei verhältnismäßig größerer Wandstärke führt man, ausgehend von Formel (50),

$$r_a = r_i \cdot \sqrt[3]{\frac{k_z + 0{,}4\,p_i}{k_z - 0{,}65\,p_i}} + C \tag{159a}$$

oder:

$$s = r_i\left(\sqrt[3]{\frac{k_z + 0{,}4\,p_i}{k_z - 0{,}65\,p_i}} - 1\right) + C \tag{159b}$$

aus.

Zusammenstellung 89 enthält Angaben über die in Rohrwandungen zulässigen Beanspruchungen, wobei auch Werte für Preßzylinder, Pumpenkörper usw. aufgeführt sind.

Znsammenstellung 89. **Zulässige Beanspruchungen in Rohren, Formstücken u. dgl.**

	Zulässige Beanspruchung k_z kg/cm²	Zuschlag C cm
Rohre aus		
Gußeisen (Friedrich Wilhelmshütte)	210	0,86
Flußeisen, $d \leqq 200$ mm	350	0,1
$d > 200$ mm	400	—
Kupfer (Marinevorschriften) $d \leqq 100$ mm	200	0,15
$d \geqq 125$ mm	200	—
Dickwandige Rohre, Preßzylinder usw. aus		
Gußeisen	200—300—(750)[1]	
Stahlguß	600—(1500)[1]	
Flußeisen	800—(1800)[1]	
Phosphorbronze	500—(1000)[1]	
Pumpenkörper aus		
Gußeisen, zwischen den Ventilen[2]	100—150	
„ Druckraum über dem Druckventil[2]	150—2(0	
Stahlguß, zwischen den Ventilen[2]	200—250	
„ Druckraum über dem Druckventil[2]	250—300	

[1]) Die eingeklammerten Zahlen sind Höchstwerte für Preßzylinder, an die man nur gezwungen bei vorzüglichem Werkstoff und allmählich zunehmendem Druck herangehen soll.

[2]) Der eigentliche Arbeitsraum der Pumpen unterliegt in den Umkehrpunkten der Kolbenbewegung plötzlichen, stoßartigen Druckwechseln zwischen der Saug- und der Druckspannung, während der Raum über dem Druckventil nur geringen Schwankungen, sogar annähernd gleichbleibendem Druck ausgesetzt ist, solange die Windkessel genügend groß und mit Luft gefüllt sind. Daher die Unterschiede in der zulässigen Beanspruchung.

IV. Rohrverbindungen.

Die Rohrverbindungen müssen 1. dicht und 2. geeignet sein, die auftretenden Längskräfte zu übertragen. Vielfach wird noch 3. die Forderung leichter Lösbarkeit gestellt. Sie sind, ebenso wie die zur Herstellung von Abzweigungen und Krümmungen nötigen Formstücke, für die gebräuchlichen Rohrdurchmesser in ihren Maßen festgelegt, d. h. genormt.

Rohrverbindungen werden hergestellt durch Muffen, Verschraubungen und Flansche.

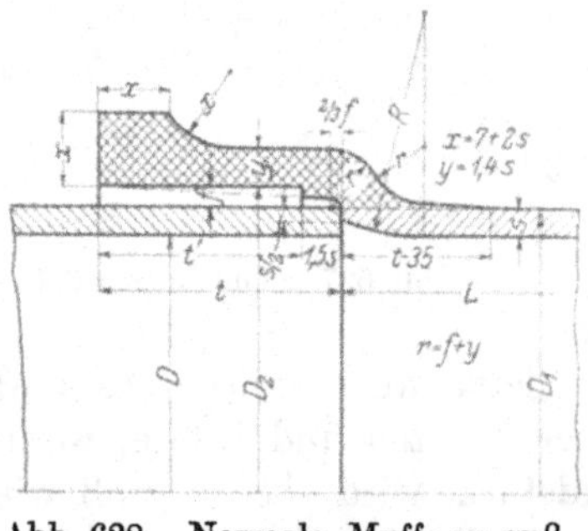

A. Muffenverbindungen.

Abb. 628. Normale Muffe an gußeisernen Rohren der Zusammenstellung 85.

Muffenverbindungen, in Abb. 628 in der an gußeisernen Rohren der Zusammenstellung 85 üblichen Form gezeigt, sind einfach und billig. Sie eignen sich aber im allgemeinen nur für mäßige Drucke, weil größere Längskräfte nicht unmittelbar übertragen werden können, sondern längs der Rohre selbst aufgenommen oder an den End- und Knickpunkten der Leitung besonders aufgefangen werden müssen und weil die Packung nur durch die Reibung in den zylindrischen Muffen gehalten wird. Andererseits lassen sie Ausdehnungen durch die Wärme zu und ermöglichen, wenn sie mit etwas Spiel im Grunde der

Muffe verlegt werden, geringe Abweichungen der Rohrstrangachse von der geraden Linie, wie sie beim Verlegen von Gas-, Wasser- und Kanalisationsleitungen im Erdboden unvermeidlich sind. Der dritten der oben erwähnten Forderungen entsprechen Muffenverbindungen schlecht; Muffenrohre können nicht ohne weiteres aus einer verlegten Strecke herausgenommen werden.

Die Muffenwand wird wegen der beim Verstemmen der Dichtung auftretenden Beanspruchungen kräftig, rund 1,4mal so dick wie die Rohrwand ausgeführt, außerdem noch durch einen Bund am Ende verstärkt. Am Grunde befindet sich eine kurze, schwach kegelige Verengung, in der das anschließende Rohr geführt und beim Verstemmen gegen zu starke seitliche Verschiebungen gesichert wird. Wegen der Maße vgl. die Zusammenstellung 85, S. 338, die auch Angaben über die üblichen Baulängen und die Gewichte normaler Muffenrohre enthält. Manche Rohrgießereien liefern auch größere Längen als die dort aufgeführten.

Eine Liste über dünnwandige, gußeiserne Rohre für Heizungszwecke, und zwar für einen Betriebsdruck von 5 at bei Füllung mit kaltem, von 3 at mit heißem Wasser oder Dampf, ist im Dezember 1911 vom Verband Deutscher Zentralheizungs-Industrieller herausgegeben worden.

Die Maße gußeiserner Abflußrohre für Entwässerungsanlagen sind in DIN 364 festgelegt.

Nach dem Guß der Rohre werden lediglich die verlorenen Köpfe abgestochen; im übrigen bleiben Muffenrohre unbearbeitet.

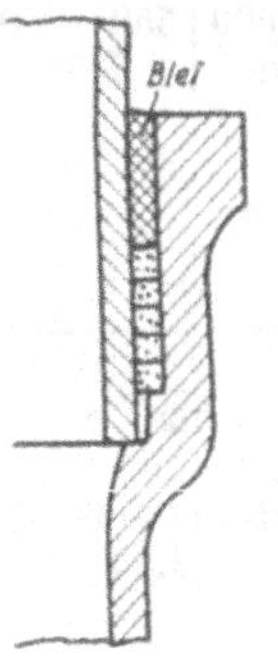

Abb. 629. Abdichtung an Muffenrohren.

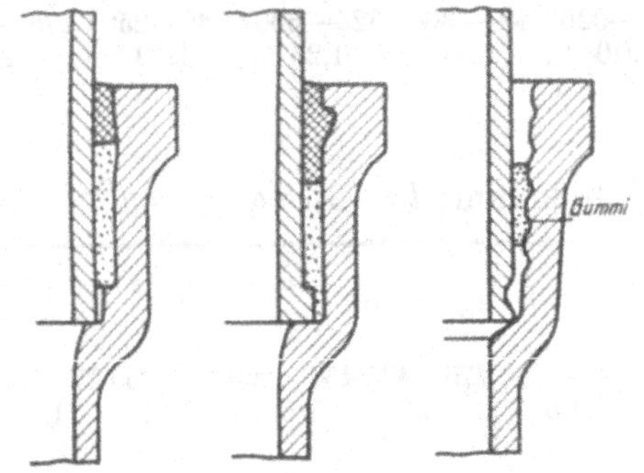

Abb. 630 bis 632. Muffenverbindungen an gußeisernen Rohren.

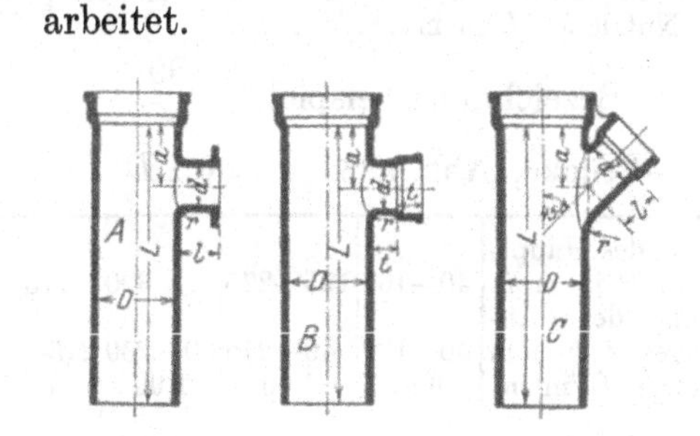

Abb. 633 bis 635. *A*-, *B*- und *C*-Stück zur Herstellung von Abzweigungen.

Die Abdichtung geschieht bei Wasserrohren nach Abb. 629 durch Eintreiben von Hanfstricken und durch Blei, das in den Muffenraum gegossen und dort verstemmt wird, bei Gasrohren in ähnlicher Weise durch Teerstricke, eine Lage Hanf und Blei. Um die Packung sicherer festzuhalten und das Herausdrücken zu verhüten, bringt man auch Erweiterungen in der Muffenwand, manchmal auch Verdickungen des freien Rohrendes, Abb. 630 und 631, an. Abb. 632 zeigt die Dichtung von Budde und Göhde, Berlin, bei der sich ein Rundgummiring beim Einschieben des Rohrendes in die Muffe hineinrollt und in den Rillen festsetzt. Die Verbindung ist besonders in nassen Rohrgräben vorteilhaft, weil sie das Verlegen der Rohrleitungen erleichtert und weil sich guter Gummi in Wasser hält und nicht hart wird.

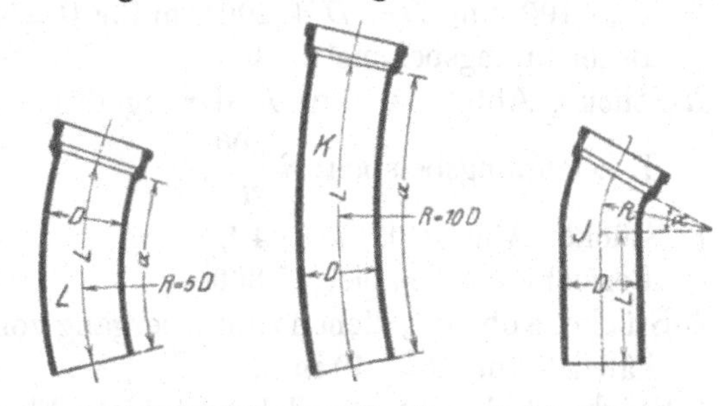

Abb. 636 bis 638. *L*-, *K*- und *J*-Stück.

Abb. 633 bis 642 zeigen die normalen Muffen-Formstücke. *B*- und *C*-Stücke, Abb. 634 und 635 dienen zu der Herstellung von Abzweigungen, *L*-, *K*-, *J*-Stücke, Abb. 336 bis 638, zu der von Kurven und Knicken. Abb. 639 ist ein Übergangrohr, Abb. 640 eine Überschiebmuffe zur Verbindung zweier zylindrischer Rohrenden oder zum Schließen der Fuge, wenn ein schadhaftes Rohr aus einem Strang herausgeschnitten und durch zwei kürzere Rohrstücke ersetzt worden ist. Nur zersprungene Rohre können durch Umlegen einer geteilten Doppelmuffe gedichtet werden. Die Bezeichnung der Formstücke erfolgt in der Weise, daß die Art und bei Abzweigrohren der lichte Durchmesser des Hauptrohres in Millimetern über, der lichte Durchmesser des Abzweiges unter einem Bruchstriche angegeben wird. Bei Krümmern steht die Anzahl der Stücke, die einen Bogen von 90^0 bilden, also die Größe $90^0 : \alpha$; (bei $\alpha = 45^0$ mithin 2, bei $\alpha = 30^0$ 3, bei $\alpha = 22^1/_2{}^0$ 4 und bei $\alpha = 15^0$ 6) unter dem Bruchstriche. Vgl. Zusammenstellung 90.

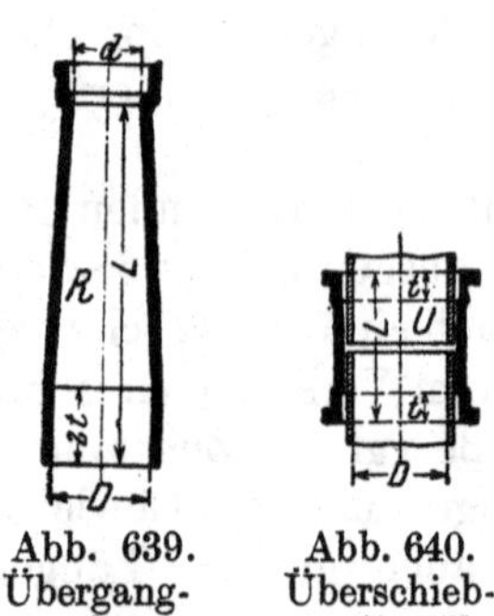

Abb. 639. Übergangrohr (R-Stück). Abb. 640. Überschiebmuffe (U-Stück).

Im folgenden sind die in den Normalien von 1882 festgelegten Hauptabmessungen und Verhältniszahlen zusammengestellt.

Zusammenstellung 90. **Muffenformstücke (1882).**

A- und B-Stücke, Abb. 633 und 634. $a = 0{,}2\,D + 0{,}5\,d + 100$ mm;
$l = 0{,}1\,d + 120$ mm; $r = 0{,}05\,d + 40$ mm.

Durchmesser des Hauptrohres D in mm	40—100	125—325	350—500		550—750		
Durchmesser des Abzweiges d in mm	40—100	40—325	40—300	325—500	40—250	275—500	550—750
Nutzlänge L in m	0,80	1,00	1,00	1,25	1,00	1,25	1,50

Bezeichnungsbeispiel: $\frac{A\ 300}{150}$.

C-Stücke, Abb. 635. $a = 0{,}1\,D + 0{,}7\,d + 80$ mm; $l = 0{,}75\,a$; $r = d$.

Durchm. des Hauptrohres D in mm	40—100	125—275	300—425		450—600			650—750			
Durchm. des Abzweiges d in mm	40—100	40—275	40—250	275—425	40—250	275—425	450—600	40—250	275—425	450—600	650—750
Nutzlänge L in m	0,80	1,00	1,00	1,25	1,00	1,25	1,50	1,00	1,25	1,50	1,75

Bezeichnungsbeispiel: $C\,\frac{300}{150}$.

L-Stücke, Abb. 636. $R = 5\,D$; zulässig für $D \,\overline{\overline{>}}\, 300$ mm.

Bezeichnungsbeispiel: $L\,\frac{300}{3}$.

K-Stücke, Abb. 637. $R = 10\,D$; zulässig für $D \geqq 40$ mm.

Bezeichnungsbeispiel: $K\,\frac{300}{6}$.

J-Stücke, Abb. 638. $R = 250$ mm für $D = 40$ bis 90 mm; $R = D + 150$ mm für $D \geqq 100$ mm; $L = D + 200$ mm für $D = 40$ bis 375 mm; $L = 600$ mm für $D \geqq 400$ mm.
Bezeichnungsbeispiel: J 300.

R-Stücke, Abb. 639. Zur Änderung des Durchmessers, $L = 1$ m.

Bezeichnungsbeispiel: $R\,\frac{300}{200}$.

U-Stücke, Abb. 640. $L = 4\,t$.
Bezeichnungsbeispiel: U 300.

E-Stücke, Abb. 641, dienen zum Übergang von Muffen- zu Flanschrohren. $L = 300$ mm erhältlich für $D \geqq 40$ mm.

F-Stücke, Abb. 642, zum Übergang von Flansch- zu Muffenrohren, $L = 600$ für $D = 40$ bis 475 mm; $L = 800$ für $D = 500$ bis 750 mm.

Außer den A-, B- und C-Stücken sind auch AA-, BB- und CC-Stücke mit zwei gegenüberliegenden Abzweigen gleicher Abmessungen, wie an den einfachen, erhältlich.

Formstücke, deren Abzweige lichte Durchmesser von 400 und mehr Millimetern besitzen, sind bei Betriebsdrucken von 2 at und darüber in ihren Wandungen oder durch Rippen, Abb. 643 und 644, zu verstärken.

Wegen weiterer Formstücke vgl. DIN 2430.

Bei der Ermittlung der Formstückgewichte, die mit einem Einheitsgewichte des Gusseisens von 7,25 kg zu geschehen pflegt, ist zu dem aus den normalen Abmessungen berechneten Betrag ein Zuschlag von 15%, bei Krümmern ein solcher von 20% zu geben. Formstücke von mehr als 750 mm Durchmesser werden nicht als normal betrachtet.

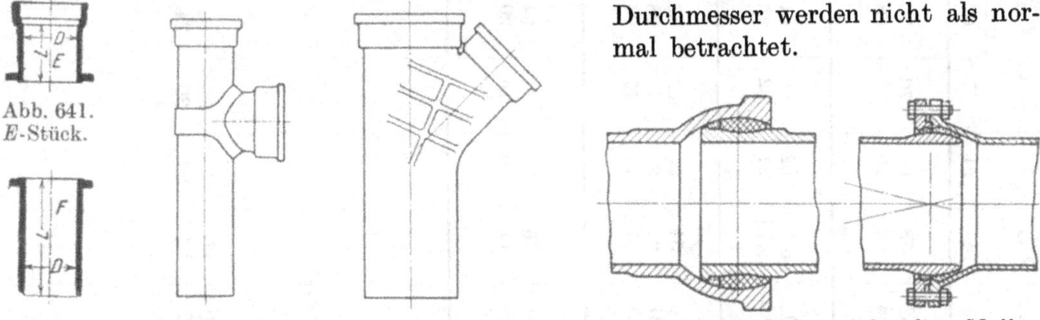

Abb. 641. *E*-Stück.

Abb. 642. *F*-Stück.

Abb. 643 und 644. Verstärkte Formstücke.

Abb. 645 und 646. Rohre mit kugeligen Muffen, Böcking & Co.

R. Böcking & Co., Halberger Hütte bei Saarbrücken, stellen gußeiserne Rohre mit kugeligen Muffen her, um starke Ablenkungen und dauernde Beweglichkeit zu ermöglichen. Entweder sind nach Abb. 645 die Muffen innen oder nach Abb. 646 die Rohre außen genau kugelig geschliffen; sie drehen sich in den verstemmten Bleidichtungsflächen. Düker, aus diesen Rohren am Lande oder auf einem Floß fertig zusammengebaut, lassen sich als ein Ganzes versenken und passen sich dem Grunde an.

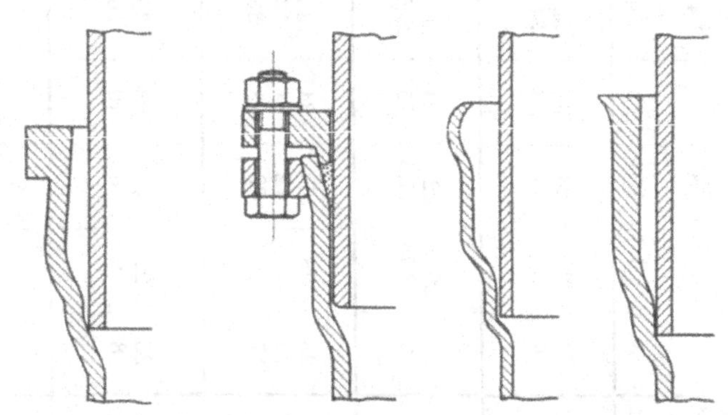

Abb. 647 bis 650. Muffenverbindungen an Stahlrohren, Hahnsche Werke, Ferrum A.G., Rheinmetall, Mannesmann.

Muffenverbindungen an Stahlrohren nach Art der angegossenen üblichen, geben die Abb. 647 bis 650 wieder. Die Bauart, Abb. 647, der Hahnschen Werke hat eine kegelig nach innen erweiterte Muffe mit einer kräftigen Verstärkung des Randes. Abb. 648 stellt eine an zahlreichen Turbinenleitungen eingebaute Hochdruckmuffenverbindung der A. G. Ferrum, Kattowitz, dar, bei welcher zwei Überwurfringe einen besonders zubereiteten Hanfstrick in den Muffenspalt pressen. Abb. 649 ist eine an die spiralgeschweißten Rohre der Firma Rheinmetall, Düsseldorf, angewalzte Muffe für Rohre von 157 bis 672 mm Außendurchmesser für Betriebsdrucke bis zu 5 at, Abb. 650 eine Muffe der Mannesmann-Röhrenwerke für 40 bis 250 mm Rohrdurchmesser, die aus den verstärkt gewalzten Rohrenden hergestellt wird.

B. Verschraubungen.

Zum Zwecke der Verbindung durch Überschraubmuffen werden die Rohrenden mit Rohrgewinde versehen, auf das die Muffen aufgedreht werden. Es entsteht eine auch zur Übertragung größerer Längskräfte geeignete Verbindung. Die Dichtung wird durch das Anliegen der Gänge des schwach kegelig geschnittenen Gewindes, Abb. 651, vgl. auch S. 208, gewöhnlich unter Einlegen einiger mit Öl und Mennige getränkter Hanf-

Zusammenstellung 91. Gasrohrverbindungen.

Rohrbezeichnung	In engl. Zoll, zugl. Bezeichnung des Gewindes	1/8	1/4	3/8	1/2	3/4	1	1 1/4	1 1/2	1 3/4	2	2 1/4	2 1/2	3	3 1/2	4″
	Innerer Durchm.	3	6	10	13	20	25	32	38	44	51	57	63	76	89	102 mm
Muffe, Abb. 654	Länge *l*	20	24	28	32	36	40	46	52	58	64	70	76	82	90	100
	Außendurchm. *a*	16	20	24	28	34	42	52	58	62	70	82	88	102	115	128
Nippel, Abb. 655	Länge *l*	18	20	22	24	28	32	36	40	46	52	58	64	70	80	90
	Innendurchm. *a*	6	8,75	11,5	15	20,5	26	35	40,5	43,75	51	62	68	80	92	104
Doppelnippel, Abb. 656	Länge *l*	26	28	30	34	38	42	46	50	54	58	62	66	70	74	80
	Gewindelänge *b*	10	11	12	14	16	18	19	21	23	25	27	28	30	32	35
	Schlüsselweite	17	17	22	28	33	39	55	61	61	77	77	94	103	112	125
Gegenmutter, Abb. 657	Schlüsselweite	22	22	28	28	39	44	55	61	66	77	94	94	112	125	150
	Höhe *h*	8	8	8	10	10	12	12	14	14	16	16	20	20	24	26
Knie, Abb. 658; *T*-Stück, Abb. 659; Kreuzstück, Abb. 660	Schenkellänge *l*	16	20	24	28	32	38	44	50	60	70	80	90	100	115	130
	Außendurchm. *a*	8	10	12	14	16	18	20	22	24	26	30	34	38	42	46
	Gewindetiefe *t*	—	—	—	—	—	—	—	—	—	—	—	—	—	—	—

Rohrbezeichnung	In engl. Zoll zugl. Bezeichnung d. Gewindes	1/8	1/4	3/8	1/2	3/4	1	1¼	1½	1¾	2	2¼	2½	3	3½	4"
	Innerer Durchm.	3	6	10	13	20	25	32	38	44	51	57	63	76	89	102 mm
Kappe, Abb. 661	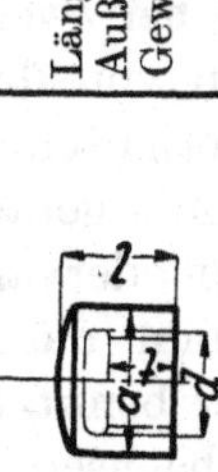 Länge l	16	20	24	24	28	32	32	34	36	38	46	48	54	66	70
	Außendurchm. a	16	20	24	28	34	42	50	58	62	70	82	88	102	115	128
	Gewindetiefe t	8	10	12	14	16	18	20	22	24	26	28	30	34	38	42
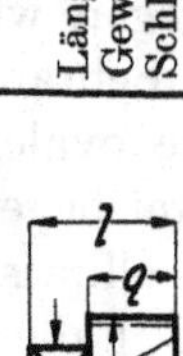 Stopfen, Abb. 662 (Kegel 1:50)	Länge l	20	22	24	26	30	34	38	42	46	50	54	58	62	66	70
	Gewindelänge b	14	16	16	16	18	22	24	28	30	30	32	34	38	40	42
	Schlüsselweite c	7	8	10	12	14	17	19	22	22	24	28	28	30	33	39
Flansch, Abb. 663	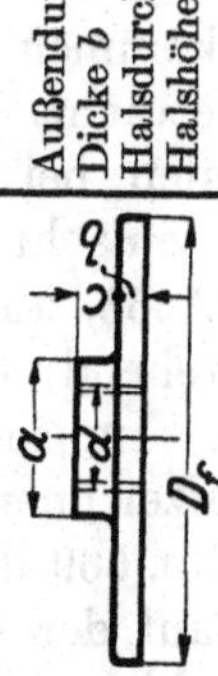 Außendurchm. D_f	60	65	75	85	100	110	125	135	145	155	165	175	190	205	220
	Dicke b	5	5	6	6	8	8	10	10	10	10	10	12	12	12	12
	Halsdurchm. a	20	24	26	30	36	44	54	62	64	74	84	90	106	118	134
	Halshöhe c	5	5	8	8	8	8	8	8	10	10	12	12	12	14	14

fäden bewirkt oder durch Einpressen des scharfen Randes, Abb. 652, oder durch einen zwischengelegten profilierten

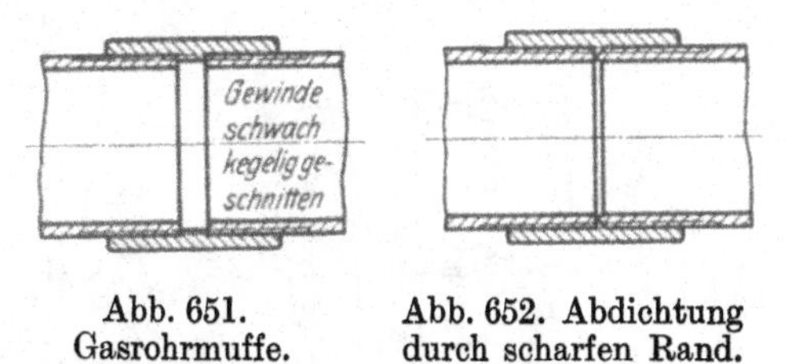

Abb. 651. Gasrohrmuffe.

Abb. 652. Abdichtung durch scharfen Rand.

Metallring. Sollen die Rohre ohne Verschiebung getrennt werden können, so versieht man das Ende des einen mit so langem Gewinde, Abb. 653, daß man die ganze Muffe samt einer Gegenmutter aufschrauben kann; zur Herstellung der

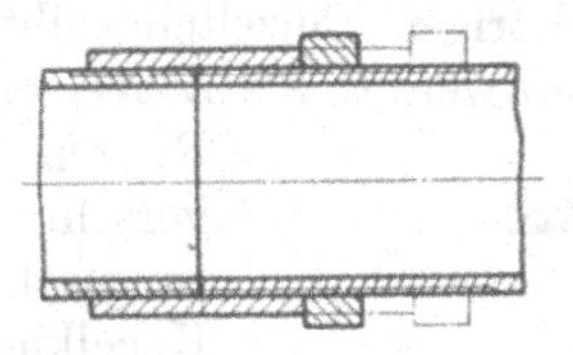

Abb. 653. Muffenverbindung mit Langgewinde.

Verbindung wird die Muffe in die in der Abbildung strich-punktiert gezeichnete Lage gebracht und die Dichtung am rechten Ende durch die Gegenmutter unter Einlegen von Hanffäden in den Spalt erreicht. Die am häufigsten gebrauchten normalen Formstücke oder Gasrohrverbindungen zeigen die Abb. 654 bis 663 der Zusammenstellung 91, in der auch die wichtigsten Maße angegeben sind.

Rohrverschraubungen, Abb. 664, sind leicht lösbare Verbindungen, bei

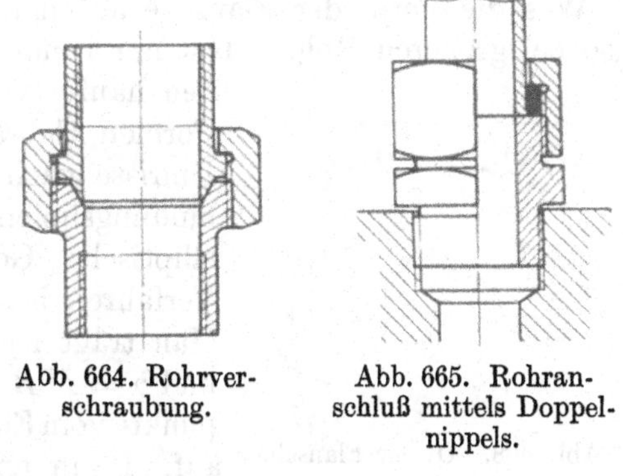

Abb. 664. Rohrverschraubung.

Abb. 665. Rohranschluß mittels Doppelnippels.

denen die Rohre mit aufgeschraubten oder aufgelöteten Stutzen versehen, durch Überwurfmuttern verbunden werden. In den Dinormen ist beabsichtigt, je eine Reihe schwerer und leichter Rohrverschraubungen durchzubilden. Eine Übersicht über

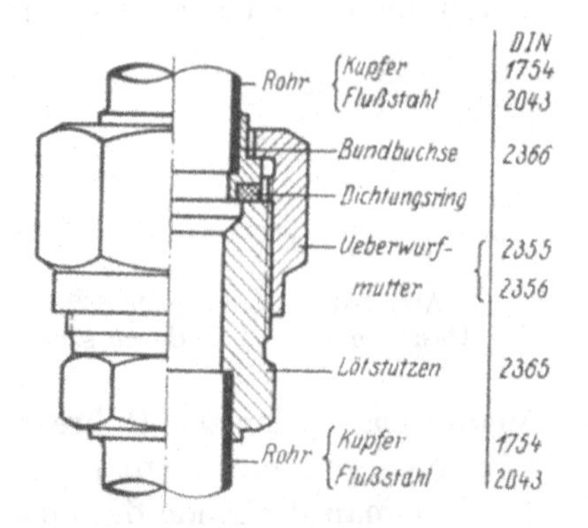

Abb. 666. Lötverschraubung, schwer, nach DIN 2360.

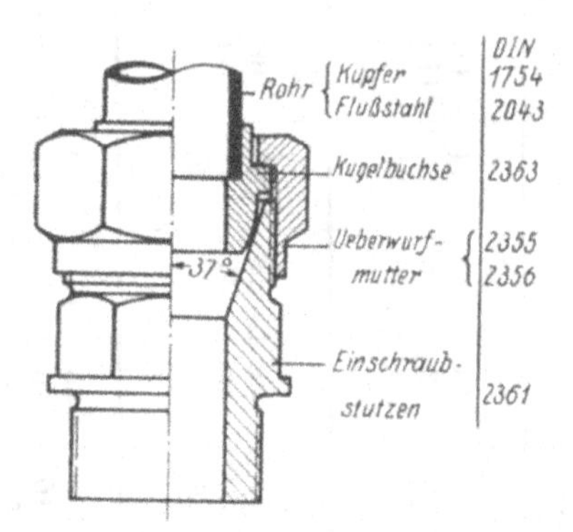

Abb. 666a. Einschraubverschraubung, schwer, nach DIN 2360.

die bisher fertiggestellte erste Gruppe für die Druckstufen $W\,6\;D\,5$ bis $W\,40\;D\,32$ und die zugehörigen Einzelteile gibt DIN 2360. Mitten in den Rohrleitungen sitzende Verbindungen werden als Lötverschraubungen, Abb. 666 ausgeführt. Zum Anschluß von Rohren an anderweitige Maschinenteile dienen Einschraubverschraubungen nach Abb. 666a. Dabei sind je zwei Abdichtungsarten vorgesehen: Abb. 666 zeigt Bunddichtung, Abb. 666a Kegelkugeldichtung. Die Bezeichnung der einzelnen Teile sowie die zugehörigen Normblätter sind neben den Abbildungen angegeben. Bleirohre verlötet man nach dem Übereinanderschieben der Enden, Abb. 667.

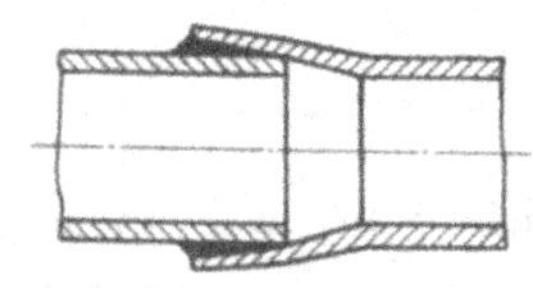

Abb. 667. Verbindung von Bleirohren.

C. Flanschverbindungen.

Flanschverbindungen sind imstande, große Kräfte unter guter Dichtungsmöglichkeit zu übertragen; sie werden deshalb besonders bei hohen Pressungen verwendet, lassen sich leicht lösen, sind aber vielteilig und teuer. Im Freien oder im feuchten Erdboden leiden die Verbindungsschrauben oft stark durch Rost, so daß dort Muffen vorzuziehen sind. Flanschverbindungen werden an allen Rohrarten benutzt.

Man unterscheidet feste Flansche — an gegossenen Rohren und Stücken fast ausschließlich verwandt — und Überwurf- oder lose Flansche, die über das Rohr geschoben, an einem Bund oder Wulst angreifen.

1. Verbindungen mittels fester Flansche.

Was die Form der Flansche anlangt, so kommen bei vier und mehr Schrauben, also bei größeren Rohren fast nur runde in Betracht. Dagegen wird bei zwei Schrauben häufig von ovalen, bei drei Schrauben von dreieckigen Formen Gebrauch gemacht. Die ovalen erhalten entweder Umrisse nach Abb. 668, aus Kreisbögen mit geraden Verbindungslinien bestehend, oder elliptische oder annähernd elliptische Gestalt. Im letzten Falle kann das folgende Verfahren beim Aufzeichnen und Anreißen benutzt werden. Man trägt nach Abb. 669 die beiden Halbachsen $a = MA$ und $b = MB$ und auf der Verbindungslinie AB ihrer Endpunkte vom Ende der kleinen Achse aus die Differenz $a - b = BC$ auf. Dann trifft das Mittellot über der Reststrecke CA die beiden Achsen in den Mittelpunkten D und E der Kreisbögen mit den Halbmessern DA und EB zur Begrenzung des Flansches.

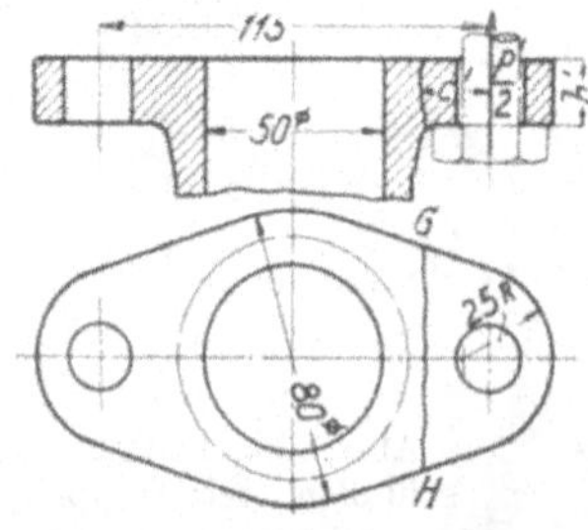

Abb. 668. Ovaler Flansch.

Feste Flansche werden an Gußeisen- und Stahlgußrohren stets durch Angießen, an Stahl-, Kupfer- und Messingrohren durch Aufschrauben, Anlöten, Anschweißen oder Einwalzen hergestellt.

Bei der Normung der Flansche legte man an den runden zunächst in DIN 2501 bis 2503 — lediglich abhängig vom Nenndruck und der Nennweite — die Anschlußmasse fest, nämlich die Flansch- und Lochkreisdurchmesser, die Zahl und Größe der Schrauben und die Durchmesser und Höhen der Arbeitsleisten. Sie sind bei sämtlichen Flanscharten in Rücksicht auf Auswechselbarkeit und gegenseitige Anschlußfähigkeit eingehalten worden. Dagegen wechseln die Maße für die Flanschdicke, den Übergang zum Rohr und die Ansätze je nach dem Werkstoff und der besonderen Art der Flansche und Rohre.

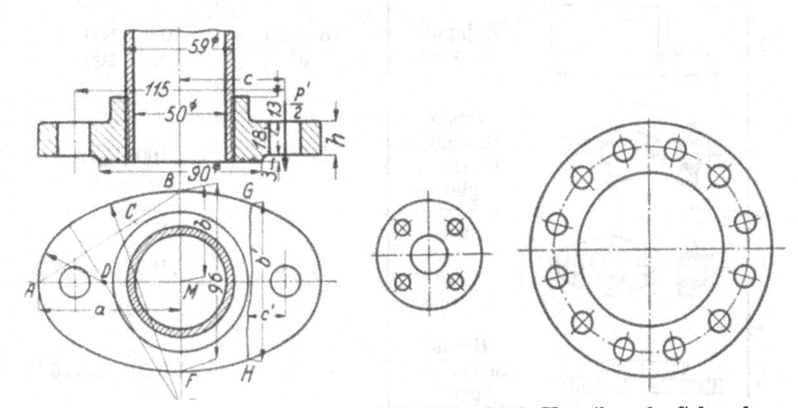

Abb. 669. Ovaler Flansch.

Abb. 670 und 671. Verteilung der Schraubenlöcher an normrechten Flanschen.

Ein weiterer wichtiger allgemeiner Gesichtspunkt betrifft die Zahl und Anordnung der Schraubenlöcher in den Flanschen. Nach DIN 2508 sind nur durch vier teilbare Zahlen, also 4, 8, 12, 16 ... Schrauben zu verwenden; ihre Anordnung an Rohrleitungen und Absperrmitteln ist stets so zu treffen, daß sie symmetrisch zu den beiden Hauptachsen liegen und daß in diese keine Schrauben fallen, Abb. 670 und 671.

Zusammenstellung 92 gibt einen Überblick über die Ende 1926 genormten Flansche, sowohl nach ihrer Form wie auch nach den Nenndrücken und Nennweiten, bei denen die einzelnen Arten Anwendung finden sollen. Sie haben nicht allein für die Rohre und Formstücke, sondern auch für die Absperrmittel grundlegende Bedeutung und können auch sonst im Maschinenbau häufig angewendet werden. Im einzelnen ist dazu das Folgende zu bemerken:

Zu 1. Von den Gußeisenflanschen haben für Rohre in erster Linie die der Druckstufe 10 Bedeutung, weil sie an den normalen Gußeisenrohren der DIN 2422 benutzt sind. Die übrigen kommen vor allem für Absperrmittel und sonstige gußeiserne Teile des Maschinenbaus in Frage. Der Übergang der Flanschstärke in die Rohrwanddicke ist durch Einschalten eines Kegels unter einer Neigung 1 : 5 und guter Ausrundung der Kehle an der Ansatzstelle des Flansches vermittelt, sowohl in Rücksicht auf leichtere Herstellung durch den Guß, wie auf die von den Schraubenkräften herrührende Nebenbeanspruchung auf Biegung. Der Kegel soll beim Entwurf neuer Teile oder bei Neuanfertigung von Modellen, deren Wandstärke von der normalen abweicht, dazu benutzt werden, diese Wandstärke durch Vergrößern des Außendurchmessers zu erreichen. Dabei verringert sich die Höhe des Kegels; Neigung und Ansatzdurchmesser am Flansch bleiben dagegen in Rücksicht auf den Platz, den die Schrauben beanspruchen, erhalten. Wird bei vorhandenen Modellen eine Änderung der Wanddicke gegenüber der bei der Modellanfertigung zugrunde gelegten erforderlich, so gilt im allgemeinen der Außendurchmesser des Modells als feststehend; die Änderung der Wanddicke erfolgt auf Kosten der lichten Weite.

Bearbeitet wird gewöhnlich nur die Arbeitsleiste. Da sie zwecks besseren Festhaltens der Dichtung nicht zu glatt sein soll, pflegt man sie nur zu überschruppen.

Zusammenstellung 92. **Genormte Flansche** [1]).

Lfde Nr.	Flanschart	Nenndrucke	Nennweiten	Normblatt Nr.	Zusammenstellung
1	Gußeisenflansche	1 und 2,5 6 und 10 16 und 25 40	10...2000 10...1200 10... 500 10... 400	2530 2531 u. 2532 2533 u. 2534 2535	— 93b und c 93d und e 93 f
2	Stahlgußflansche	16 u. 25 40	10... 500 10... 400	2543 u. 2544 2545	93d u. e 93f
3	Ovale Gewindeflansche, glatt	1...6	6...100 (1/8...4″)	2550	93
4	Ovale Gewindeflansche mit Ansatz	1...6	6...100 (1/8...4″)	2560	93
5	Runde Gewindefl., glatt	1...6	6...150 (1/8...6″)	2555	93
6	Runde Gewindeflansche mit Ansatz	1...6 10 16 25 u. 40	6...150 (1/8...6″) 6...150 (1/8...6″) 6...100 (1/8...4″) 6...20 (1/8...3/4″)	2565 2566 (10, 16) 2567	93 93a 93a
7	Glatte Flansche, gelötet o. geschweißt	1...6	10...150	2570	93b
8	Glatte, runde Walzflansche	1...6	10...150	2575	93b
9	Walzflansche mit Ansatz	1...6 10, 16, 25 40	(160)...400 10...400 10...200	2580 2581, 2582 u. 2583 2584	93b 93c, d, e 93f
10	Walzfl. mit Ansatz und Sicherheitsnietg.	10 u. 16 25 u. 40	150...400 100...400	2590 u. 2591 2592 u. 2593	93c u. d 93e u. f
11	Nietflansche	1...6, 10, 16 25 40	150...500 100...500 100...400	2600...2602 2603 2604	93b, c, d 93e 93f
12	Lose Flansche für Bördelrohr	1...2,5 6 10	50...2000 50...1200 50... 800	2640 2641 2642	— 93b 93c

Nietflansche aus Walzeisen, Vorschweißflansche und lose Flansche mit Bunden und Vorschweißbunden befinden sich noch in Bearbeitung.

[1]) Wiedergabe erfolgt mit Genehmigung des Normenausschusses. Maßgebend sind die jeweils neuesten Ausgaben der Dinblätter, die durch den Beuth-Verlag GmbH., Berlin S 14, Dresdener Str. 97, zu beziehen sind.

Zu 2. An **Stahlgußflanschen** werden die Endflächen wegen der rauheren Oberfläche auf ihrer ganzen Breite bearbeitet und deshalb die Arbeitsleisten weggelassen. Die Normung beschränkt sich auf die höheren Druckstufen. Der am Flansch anschließende Kegel ist ähnlich, wie unter 1. beschrieben, ausgebildet und kann in der gleichen Weise bei der Verstärkung der Wanddicke benutzt werden.

Zu 3 bis 12. Als **Werkstoff** ist für die glatten Flansche der Gruppen 3, 5, 7 und 12, die aus Blechen oder Universaleisen sollen hergestellt werden können, Flußstahl von 3400 kg/cm² Mindestfestigkeit, für die glatten Walzflansche der Gruppe 8 Flußstahl *St* 42·11 DIN 1611, für die übrigen, sämtlich mit Ansätzen versehenen Flansche der Gruppen 4, 6, 9, 10 und 11 entweder Flußstahl *St* 42·11 DIN 1611 oder Stahlguß von mindestens 4500 kg/cm² Festigkeit und $\delta_5 = 22\,^0/_0$ Bruchdehnung vorgeschrieben. Der Werkstoff ist bei der Bestellung der Flansche anzugeben.

Zu 3 bis 6. **Gewindeflansche** finden an den Gewinderohren in Form von ovalen und runden für mäßige Drucke Anwendung. Sie sind sämtlich mit Whitworthrohrgewinde der DIN 259 versehen, wobei die nutzbare Gewindelänge nach DIN 2999 bei Flanschen mit Ansatz einen geringen Zuschlag erhalten muß.

Die Hauptmaße der Gewindeflansche gibt die Zusammenstellung 93 und 93a.

Zu 7. Die Flansche dieser Gruppe werden hart aufgelötet oder autogen, mit Wassergas oder im Feuer aufgeschweißt.

Hart gelötete Flansche, nicht allein an Stahl-, sondern auch an Kupfer- und Messingrohren verwendet, dürfen nur bis zu 200° Temperatur benutzt werden.

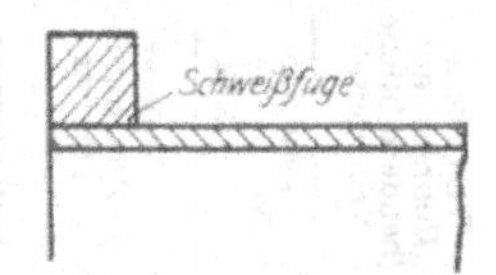

Abb. 672. Bordring aufgeschweißt.

Vom **Anschweißen** der Flansche wird sowohl an Rohren wie an Behältern häufig Gebrauch gemacht. Auch die in Verbindung mit losen Flanschen benutzten **Bordringe** pflegen entweder **aufgeschweißt** oder **vorgeschweißt** zu werden, Abb. 672 und 673.

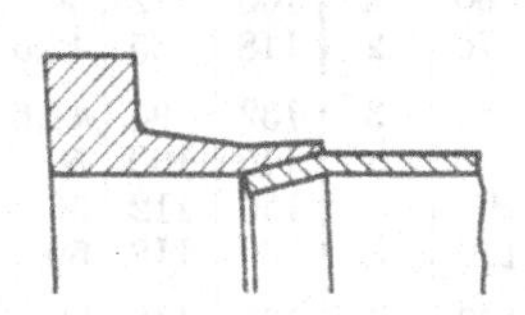

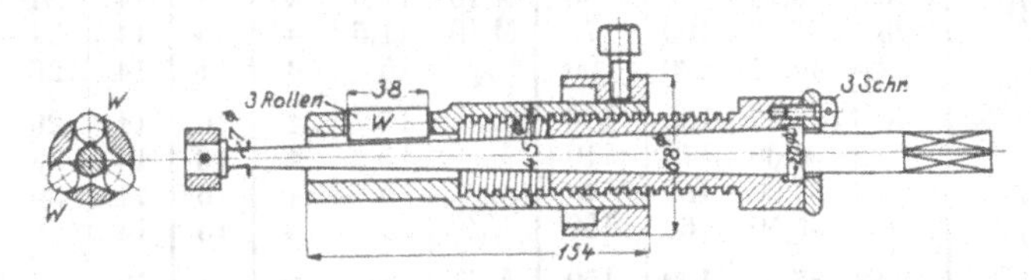

Abb. 673. Bordring vorgeschweißt. Abb. 673a. Rohrwalze für Rohre von ≈ 40 mm Durchmesser. M. 1 : 5.

Das Aufschweißen ist nach den Normalien zu Rohrleitungen für Dampf von hoher Spannung 1912 bis zu 250 mm Durchmesser zulässig, wenn der Schweißdruck durch mechanische Vorrichtungen erzeugt wird. Das Vorschweißen von Flanschen und Bordringen, Abb. 673, kann nur für größere Rohrweiten empfohlen werden, bei denen eine **beiderseitige** Bearbeitung der Schweißstelle möglich ist.

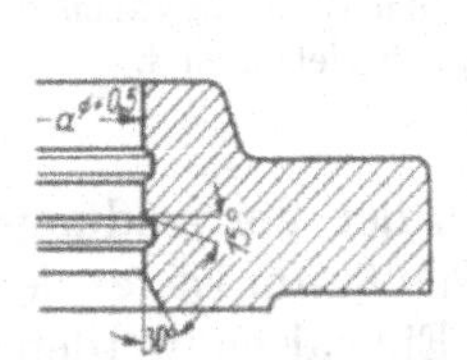

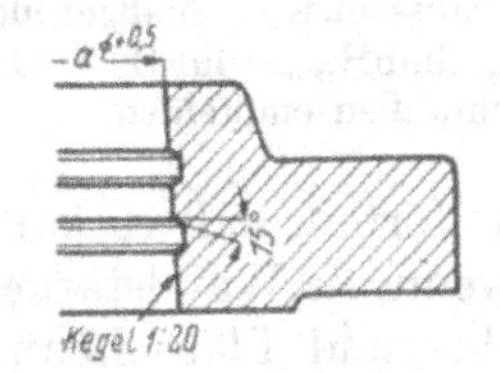

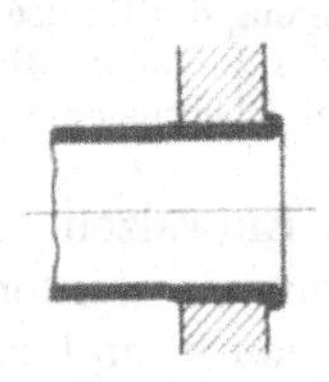

Abb. 673b. Zylindrische Flanschbohrung mit Abfasung an Walzflanschen. Abb. 673c. Kegelige Flanschbohrung an Walzflanschen. Abb. 673d. Eingewalztes Siederohr.

Zu 8 bis 10. **Walzflansche** sind mit Rillen versehen, in welche die Rohrwandung hineingewalzt wird. Der Flansch wird zunächst auf das gutgereinigte Rohr aufgezogen, genau ausgerichtet und das Rohr dann durch die Wirkung mehrerer Walzen *W*, Abb. 673a, die durch einen kegeligen Dorn im Innern der Vorrichtung allmählich auseinandergerückt werden, aufgeweitet, bis die Nuten ausgefüllt sind. Die Flanschbohrung wird nach DIN 2515 entweder zylindrisch gehalten und mit einer Abfasung am Ende versehen, Abb. 673b, oder nach einem Kegel 1 : 20 ohne Abfasung, Abb. 673c, ausgeführt. Um die Reibung zu erhöhen, soll die Bohrung rauh gehalten und deshalb mit großem Vorschub ausgedreht werden. Zahl und Form der Rillen sind durch die eben erwähnte Dinorm einheitlich festgelegt.

Zusammenstellung 93. **Normrechte Gewindeflansche für Nenndruck 1 bis 6 (Auszug)** [1].

Glatte ovale Gewindeflansche, DIN 2550. Ovale Gewindeflansche mit Ansatz, DIN 2560. Glatte runde Gewindeflansche, DIN 2555. Runde Gewindeflansche mit Ansatz, DIN 2565.

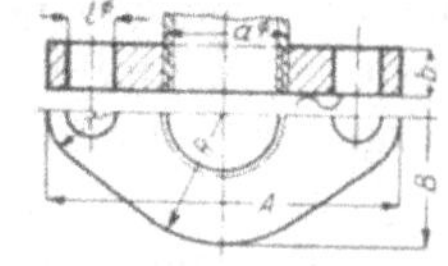

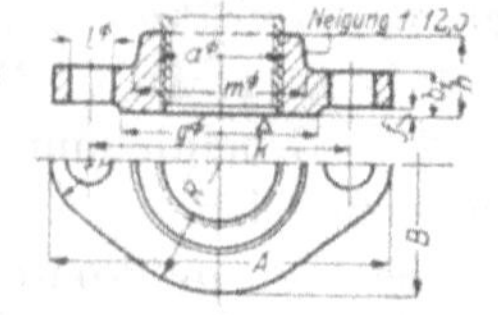

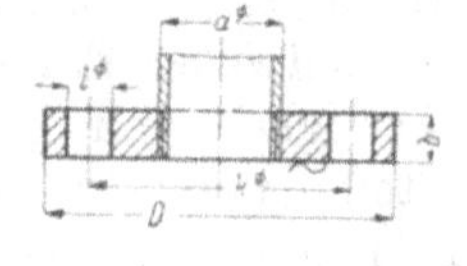

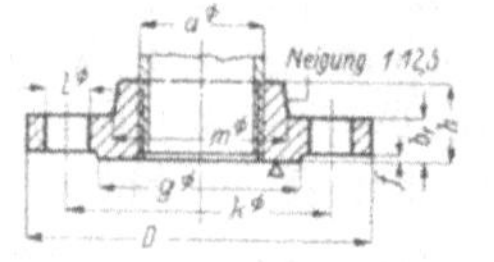

Maße in mm.

1	2	3	4	5	6	7	8	9	10	11	12	13	14	15	16	17	18
Whitworth-Rohrgewinde (handelsübliche Nennweite)	Zugehörige Nennweite DIN 2402	Äußerer Rohrdurchmesser ≈	Durchmesser runder Flansche	Lochentfernung bzw. Lochkreisdurchmesser	Schrauben: Gewinde	Schrauben: Lochdurchmesser	Schrauben: Zahl a. rund. Flanschen	Dicke glatter Flansche	Flansche mit Ansatz: Dicke	Flansche mit Ansatz: Höhe	Flansche mit Ansatz: Ansatzdurchmesser	Flansche mit Ansatz: Arbeitsleiste: Durchmesser	Flansche mit Ansatz: Arbeitsleiste: Höhe	Ovale Flansche: Länge	Ovale Flansche: Breite	Ovale Flansche: Halbmesser	
Zoll	*NW*	*a*	*D*	*k*		*l*		*b*	b_1	*h*	*m*	*g*	*f*	*A*	*B*	*R*	*r*
1/8″	6	10,00	65	40	M 10	11,5	4	12	10	18	18	25	2	64	32	16	10
1/4″	8	13,25	70	45	M 10	11,5	4	12	10	18	22	30	2	72	36	18	11
3/8″	10	16,75	75	50	M 10	11,5	4	12	12	20	25	35	2	75	40	20	12
1/2″	13	21,25	80	55	M 10	11,5	4	12	12	20	30	40	2	80	45	22,5	13
(5/8″)	16	23,50	85	60	M 10	11,5	4	12	12	22	35	45	2	90	50	25	15
3/4″	20	26,75	90	65	M 10	11,5	4	14	14	24	40	50	2	90	64	32	18
1″	25	33,50	100	75	M 10	11,5	4	14	14	24	50	60	2	100	72	36	20
1 1/4″	32	42,25	120	90	1/2″	15	4	14	14	26	60	70	2	118	85	42,5	22
1 1/2″	40	48,25	130	100	1/2″	15	4	16	14	26	70	80	3	132	95	47,5	25
2″	50	60,00	140	110	1/2″	15	4	16	14	28	80	90	3	140	100	50	28
2 1/4″	60	66,00	150	120	1/2″	15	4	16	14	30	90	100	3	150	112	56	30
2 1/2″	70	75,50	160	130	1/2″	15	4	16	14	32	100	110	3	160	118	59	32
3″	80	88,25	190	150	5/8″	18	4	18	16	34	110	128	3	190	140	70	38
3 1/2″	90	101,00	200	160	5/8″	18	4	18	16	36	120	138	3	200	150	75	40
4″	100	113,50	210	170	5/8″	18	4 [2]	18	16	38	130	148	3	210	160	80	42
4 1/2″	110	126,50	220	180	5/8″	18	8	18	16	38	142	158	3				
5″	125	139,00	240	200	5/8″	18	8	20	18	40	160	178	3				
(5 1/2″)	140	152,00	255	215	5/8″	18	8	20	18	42	172	192	3				
6″	150	164,50	265	225	5/8″	18	8	20	18	44	185	202	3				

[1]) Die Wiedergabe der in den Zusammenstellungen 93 u. 93a—f benutzten Normenblätter erfolgt mit Genehmigung des Deutschen Normenausschusses. Maßgebend sind die jeweils neuesten Ausgaben der Dinblätter, die durch den Beuth-Verlag GmbH., Berlin S 14, Dresdener Str. 97, zu beziehen sind.

[2]) Für Ölleitungen werden 8 Schrauben empfohlen.

Das Einwalzen bietet den Vorteil, daß es kalt von Hand an der Verwendungsstelle vorgenommen werden kann, wenn die Wandstärke nicht größer als 8 mm ist; es verlangt aber weichen und zähen Rohr- und Flanschbaustoff. Durch Einwalzen werden auch

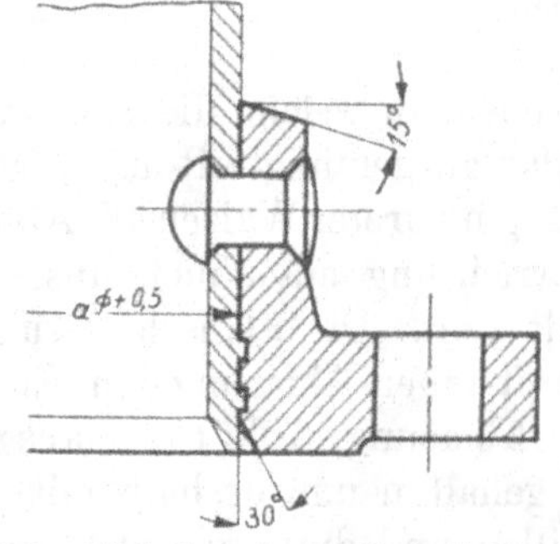

Abb. 673e. Walzflansch mit Sicherheitsnietung. Zylindrische Bohrung mit Abfasung.

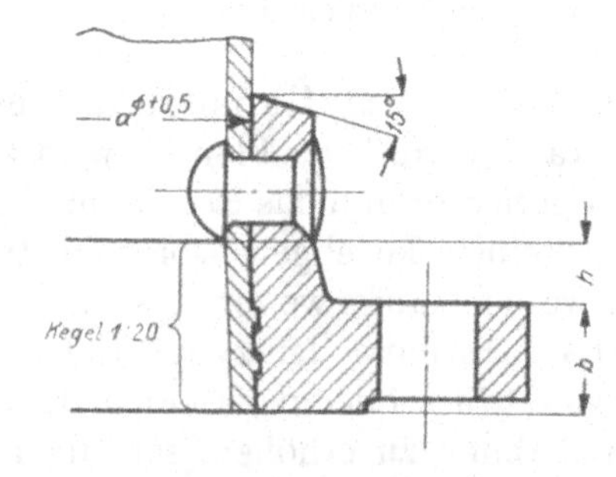

Abb. 673f. Walzflansch mit Sicherheitsnietung. Kegelige Flanschbohrung.

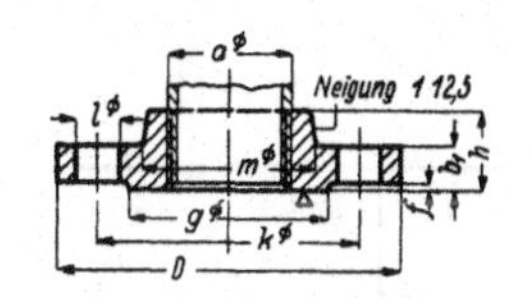

Zusammenstellung 93a.

Runde Gewindeflansche mit Ansatz für die Nenndrucke 10, 16, 25 und 40 DIN 2566 und 2567 (Auszug).

Maße in mm.

1	2	3	4	5	6	7	8	9	10	11	12	13	14	15
	Nenndruck 10 und 16												Nenndruck 25 und 40	
			Flansch					Arbeitsleiste		Schrauben				
Whitworth-Rohrgewinde (handelsübliche Nennweite)	Zugehörige Nennweite DIN 2402	Äußerer Rohrdurchmesser ≈	Durchmesser	Dicke	Lochkreisdurchmesser	Höhe	Ansatzdurchmesser	Durchmesser	Höhe	Anzahl	Gewinde	Lochdurchmesser	Flanschdicke	Flanschhöhe
Zoll	NW	a	D	b_1	k	h	m	g	f			l	b_1	h
1/8″	6	10	75	12	50	18	20	32	2	4	M 10	11,5	14	20
1/4″	8	13,25	80	12	55	18	25	38	2	4	M 10	11,5	14	20
3/8″	10	16,75	90	14	60	20	30	40	2	4	1/2″	15	16	22
1/2″	13	21,25	95	14	65	20	35	45	2	4	1/2″	15	16	22
(5/8″)	16	23,5	100	14	70	22	40	50	2	4	1/2″	15	16	24
3/4″	20	26,75	105	16	75	24	45	58	2	4	1/2″	15	18	26
1″	25	33,50	115	16	85	24	52	68	2	4	1/2″	15		
1 1/4″	32	42,25	140	16	100	26	60	78	2	4	5/8″	18		
1 1/2″	40	48,25	150	16	110	26	70	88	3	4	5/8″	18		
2″	50	60	165	18	125	28	85	102	3	4	5/8″	18		
2 1/4″	60	66	175	18	135	30	95	112	3	4	5/8″	18		
2 1/2″	70	75,5	185	18	145	32	105	122	3	4	5/8″	18		
3″	80	88,25	200	20	160	34	118	138	3	4[1]) 8	5/8″	18		
3 1/2″	90	101	210	20	170	36	130	148	3	8	5/8″	18		
4″	100	113,5	220	20	180	38	140	158	3	8	5/8″	18		
	Nenndruck 10													
4 1/2″	110	126,5	230	20	190	38	150	168	3	8	5/8″	18		
5″	125	139	250	22	210	40	168	188	3	8	5/8″	18		
(5 1/2″)	140	152	265	22	225	42	185	202	3	8	5/8″	18		
6″	150	164,5	285	22	240	44	195	212	3	8	3/4″	22		

[1]) Für Nenndruck 10 beträgt die Anzahl der Schrauben 4.

die Rohrenden in den Kesselböden und den Wänden der Kondensatoren, Abb. 673d, befestigt. Die vorstehenden Rohrenden werden umgebördelt und verstemmt.

An den Walzflanschen der Gruppe 10 wird das äußere Ende entweder nach Abb. 673e oder Abb. 673f ausgeführt; der anschließende Fortsatz zur Aufnahme der Sicherheits-

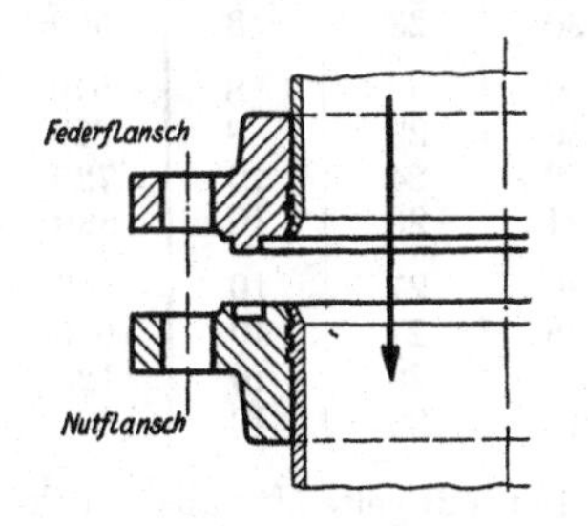

Abb. 673g. Flansch mit Nut und Feder, DIN 2512.

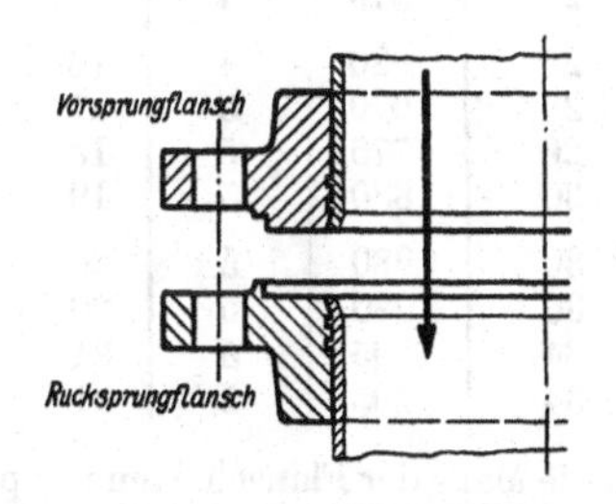

Abb. 673h. Flansch mit Eindrehung für Flachdichtung DIN 2513.

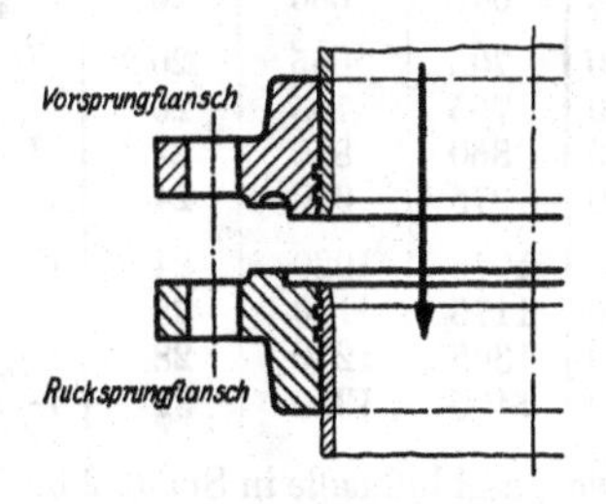

Abb. 673i. Flansch mit Eindrehung für Runddichtung, DIN 2514.

nietung ist zylindrisch gehalten und am Ende kegelig angedreht, um verstemmt werden zu können.

Zu 11. Nietflansche werden nach dem Rohraußendurchmesser unter Zugabe von 0,5 mm zylindrisch ausgedreht, mit einer ein- oder zweireihigen Nietung am Rohre angeschlossen und verstemmt.

Zusammenstellung 93b.

Maße in mm.

1	2	3	4	5	6	7	8	9	10	11	12	13
Nennweite	Anschlußmaße DIN 2501							Gußeisenflansche DIN 2531				Außendurchmesser des Stahlrohres
	Flanschdurchmesser	Lochkreisdurchmesser	Zahl	Schrauben		Arbeitsleiste		Wanddicke	Flanschdicke	Übergangdicke	Rundung	
				Gewinde	Lochdurchm.	Durchm.	Höhe					
NW	*D*	*k*			*l*	*g*	*f*	*s*	*b*	s_1	*r*	*a*
6	65	40	4	M 10	11,5	25	2					
8	70	45	4	M 10	11,5	30	2					
10	75	50	4	M 10	11,5	35	2	6	12	8	3	14
13	80	55	4	M 10	11,5	40	2	6	12	8	3	18
16	85	60	4	M 10	11,5	45	2	6,5	12	9	3	22
20	90	65	4	M 10	11,5	50	2	6,5	14	9	4	25
25	100	75	4	M 10	11,5	60	2	7	14	11	4	30
32	120	90	4	$^1/_2$″	15	70	2	7	16	12	4	38
40	130	100	4	$^1/_2$″	15	80	3	7,5	16	12	4	44,5
50	140	110	4	$^1/_2$″	15	90	3	7,5	16	12	4	57
60	150	120	4	$^1/_2$″	15	100	3	8	16	12	4	70
70	160	130	4	$^1/_2$″	15	110	3	8	16	12	4	76
80	190	150	4	$^5/_8$″	18	128	3	8,5	18	14	5	89
90	200	160	4	$^5/_8$″	18	138	3	8,5	18	14	5	102
100	210	170	4[1])	$^5/_8$″	18	148	3	9	18	14	5	108
110	220	180	8	$^5/_8$″	18	158	3	9	18	14	5	121
125	240	200	8	$^5/_8$″	18	178	3	9,5	20	15	5	133
(140)	255	215	8	$^5/_8$″	18	192	3	9,5	20	15	5	152
150	265	225	8	$^5/_8$″	18	202	3	10	20	15	5	159
(160)	275	235	8	$^5/_8$″	18	212	3	10	20	15	5	171
175	295	255	8	$^5/_8$″	18	232	3	11	22	17	6	191
200	320	280	8	$^5/_8$″	18	258	3	11	22	17	6	216
225	345	305	8	$^5/_8$″	18	282	3	12	22	17	6	241
250	375	335	12	$^5/_8$″	18	312	3	12	24	18	6	267
275	400	360	12	$^5/_8$″	18	335	4	12	24	18	6	292
300	440	395	12	$^3/_4$″	22	365	4	13	24	18	6	318
(325)	465	420	12	$^3/_4$″	22	390	4	13	26	20	8	343
350	490	445	12	$^3/_4$″	22	415	4	14	26	20	8	368
(375)	515	470	16	$^3/_4$″	22	440	4	14	28	21	8	394
400	540	495	16	$^3/_4$″	22	465	4	14	28	21	8	420
450	595	550	16	$^3/_4$″	22	520	4	15	28	21	8	470
500	645	600	20	$^3/_4$″	22	570	4	16	30	23	8	520
550	705	655	20	$^7/_8$″	26	620	4	16	30	23	8	570
600	755	705	20	$^7/_8$″	26	670	5	17	30	23	8	620
700	860	810	24	$^7/_8$″	26	775	5	18	32	24	10	720
800	975	920	24	1″	30	880	5	19	34	26	10	820
900	1075	1020	24	1″	30	980	5	20	36	27	10	920
1000	1175	1120	28	1″	30	1080	5	20	36	27	10	1020
1100	1305	1240	28	$1^1/_8$″	34	1195	5	21	38	29	10	1120
1200	1405	1340	32	$1^1/_8$″	34	1295	5	21	40	30	10	1220

Die Anschlußmaße in Spalte 2 bis 8 und die Maße der Flanscharten in Spalte 13 bis 21 gelten für alle Druck-
Spalte 22 sind für die Nenndrucke 1 und 2,5 in DIN 2530 und 2640 besonders festgelegt. Sie weichen aber nur
ergänzt. Die Flanschmaße der normalen Gußeisenrohre sind in Zusammenstellung 93c enthalten.

[1]) Für Ölleitungen werden 8 Schrauben empfohlen.

Zu 12. Bei dieser einfachsten Art der Verbindung mittels **loser Flansche** werden ringförmige Flansche über die Rohre geschoben, die Rohre umgebördelt, wobei der Größtdurchmesser des Bordes dem normalen Arbeitsleistendurchmesser entsprechen soll und dann durch die Flansche zusammengepreßt.

Normrechte Flansche für Nenndruck 6.

Maße in mm.

14	15	16	17	18	19	20	21	22	23
Flansche an Stahlrohren				Nietflansche DIN 2600				Lose Flansche für Bördelrohr DIN 2641	
Glatte Flansche, gelötet, geschweißt DIN 2570 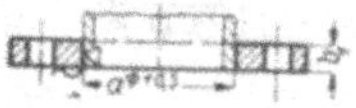 / Glatte Walzflansche DIN 2575 	Walzflansche mit Ansatz DIN 2580 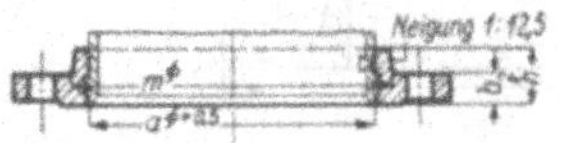			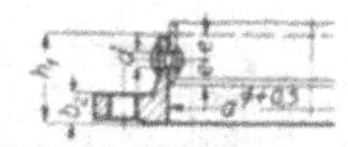				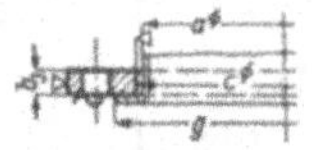	
Flanschdicke	Flanschdicke	Flanschhöhe	Ansatzdurchmesser	Flanschhöhe	Durchmesser	Nietzahl	Abstand	Flanschdicke	Lochdurchm.
b_1	b_2	h	m	h_1	d		e	b_3	c
12									
12									
12									
14									
14									
16									
16									
16								12	60
16								12	74
16								12	80
18								14	94
18								14	107
18								14	113
18								14	126
20								14	138
20								14	157
20				58	11	16	17	14	164
	18	34	195	58	11	16	17	16	177
	20	36	215	60	11	20	17	16	197
	20	36	240	60	11	24	17	16	222
	20	36	265	60	11	24	17	18	247
	22	38	295	62	11	28	17	20	273
	22	38	320	62	11	32	17	22	298
	22	40	350	62	11	32	17	24	324
	22	40	375	62	11	36	17	24	349
	22	42	400	62	11	40	17	26	374
	24	44	425	64	11	40	17	26	400
	24	46	450	64	11	44	17	28	426
				64	11	48	17	30	477
				66	11	52	17	32	527
								36	577
								40	627
								44	727
								48	827
								52	927
								56	1027
								60	1130
								64	1230

stufen von 1 bis 6. Die Maße der Gußeisenflansche in Spalte 2 bis 8 und der losen Flansche für Bördelrohr in
bei größeren Durchmessern von den oben angegebenen ab und sind noch für die Nennweiten bis zu 2000 mm

Sollen die Packungen eingeschlossen werden, wie es bei höheren Drucken in Sonderfällen verlangt wird, so können die normalen Arbeitsleisten der Flansche mit Nut und Feder nach DIN 2512, Abb. 673g oder mit einer Eindrehung für Flachdichtung nach DIN 2513, Abb. 673h oder für Runddichtung nach DIN 2514, Abb. 673i, versehen werden, ohne daß die Baulänge der Rohre, Absperrmittel und Formstücke sich ändert.

Zusammenstellung 93c.

Maße in mm.

1	2	3	4	5	6	7	8	9	10	11	12
Nennweite	Anschlußmaße DIN 2502							Gußeisenflansche DIN 2532			
	Flanschdurchmesser	Lochkreisdurchm.	Schrauben			Arbeitsleiste		Wanddicke	Flanschdicke	Übergangdicke	Rundung
			Zahl	Gewinde	Lochdurchm.	Durchm.	Höhe				
NW	*D*	*k*			*l*	*g*	*f*	*s*	*b*	s_1	*r*
6	75	50	4	M 10	11,5	32	2				
8	80	55	4	M 10	11,5	38	2				
10	90	60	4	1/2"	15	40	2	6	14	10	4
13	95	65	4	1/2"	15	45	2	6	14	11	4
16	100	70	4	1/2"	15	50	2	6,5	14	11	4
20	105	75	4	1/2"	15	58	2	6,5	16	11	4
25	115	85	4	1/2"	15	68	2	7	16	12	4
32	140	100	4	5/8"	18	78	2	7	18	14	5
40	150	110	4	5/8"	18	88	3	7,5	18	14	5
50	165	125	4	5/8"	18	102	3	7,5	20	15	5
60	175	135	4	5/8"	18	112	3	8	20	15	5
70	185	145	4	5/8"	18	122	3	8	20	15	5
80	200	160	8	5/8"	18	138	3	8,5	22	17	6
90	210	170	8	5/8"	18	148	3	8,5	22	17	6
100	220	180	8	5/8"	18	158	3	9	22	17	6
110	230	190	8	5/8"	18	168	3	9	22	17	6
125	250	210	8	5/8"	18	188	3	9,5	24	18	6
(140)	265	225	8	5/8"	18	202	3	9,5	24	18	6
150	285	240	8	3/4"	22	212	3	10	24	18	6
(160)	295	250	8	3/4"	22	222	3	10	24	18	6
175	315	270	8	3/4"	22	242	3	11	26	20	8
200	340	295	12	3/4"	22	268	3	11	26	20	8
225	370	325	12	3/4"	22	295	3	12	26	20	8
250	395	350	12	3/4"	22	320	3	12	28	21	8
275	420	375	12	3/4"	22	345	4	12	28	21	8
300	445	400	12	3/4"	22	370	4	13	28	21	8
(325)	475	430	16	3/4"	22	400	4	13	30	23	8
350	505	460	16	3/4"	22	430	4	14	30	23	8
(375)	540	490	16	7/8"	25	456	4	14	32	24	10
400	565	515	16	7/8"	25	482	4	14	32	24	10
450	615	565	20	7/8"	25	532	4	15	32	24	10
500	670	620	20	7/8"	25	585	4	16	34	26	10
550	730	675	20	1"	30	635	4	16	36	27	10
600	780	725	20	1"	30	685	5	17	36	27	10
700	895	840	24	1"	30	800	5	19	40	30	10
800	1015	950	24	1 1/8"	34	905	5	21	44	33	12
900	1115	1050	28	1 1/8"	34	1005	5	23	46	35	12
1000	1230	1160	28	1 1/4"	37	1110	5	24	50	38	12
1100	1340	1270	32	1 1/4"	37	1220	5	26	52	39	15
1200	1455	1380	32	1 3/8"	40	1330	5	28	56	42	15

Die Anschlußmaße sind für *NW* 6 bis 70 und 90 bis 225 gleich denen der Druckstufe 16, bis *NW* 50 auch Schraubenzahlen.

Das stark umrahmte Feld der Spalten 1 bis 12 enthält die Maße der normalen gußeisernen Flanschen.

Da die Ausführungen aber nur für Sonderzwecke in Betracht kommen sollen, ist auf die Wiedergabe von Maßen verzichtet.

Die Zusammenstellungen 93 bis 93f enthalten die wichtigsten Maße der normrechten Flansche mit Ausnahme der Gußeisenflansche der DIN 2530 und der losen Flansche für Bördelrohre DIN 2640, beide für die niedrigen Nenndrücke 1 und 2,5.

Normrechte Flansche für Nenndruck 10.

Maße in mm.

13	14	15	16	17	18	19	20	21	22	23	24
Flansche an Stahlrohren											
Außendurchmesser des Stahlrohres	Flanschdicke	Ansatzdurchmesser	Walzflansch mit Ansatz DIN 2581	Walzflansche mit Ansatz und Sicherheitsnietung DIN 2590				Nietflansch DIN 2601		Lose Flansche für Bördelrohr DIN 2642	
DIN 2581, 2590, 2601, 2642			Flanschhöhe	Flanschhöhe	Durchmesser	Nietzahl	Abstand	Flanschhöhe	Nietzahl	Dicke	Lochdurchm.
a	b_2	m	h	h_1	d		e	h_1		b_3	c
14	14	30	20								
18	14	35	20								
22	14	40	22								
25	16	45	24								
30	16	52	24								
38	16	60	26								
44,5	16	70	26								
57	18	85	28							16	60
70	18	95	30							16	74
76	18	105	32							16	80
89	20	118	34							18	94
102	20	130	36							18	107
108	20	140	38							18	113
121	20	150	38							18	126
133	22	168	40							18	138
152	22	185	42							18	157
159	22	195	44	62	11	8	17	62	16	18	164
171	22	205	40	67	14	8	21	67	16	20	177
191	24	225	42	69	14	8	21	69	16	20	197
216	24	250	42	69	14	12	21	69	16	20	222
241	24	278	42	69	14	12	21	69	20	22	247
267	26	305	44	71	14	12	21	71	20	22	273
292	26	330	44	71	14	12	21	71	24	24	298
318	26	355	46	71	14	12	21	71	24	26	324
343	26	385	46	71	14	16	21	71	28	26	349
368	26	412	48	71	14	16	21	71	28	28	374
394	28	440	50	73	14	16	21	73	32	30	400
420	28	465	52	73	14	16	21	73	32	32	426
								73	36	34	477
								75	40	38	527
										42	577
										44	627
										50	727
										56	827

denen der Druckstufen 25 und 40; zwischen *NW* 50 und 80 besteht Übereinstimmung, mit Ausnahme der rohre der DIN 2422.

Zusammenstellung 93 und 93a bringen die Gruppen der Gewindeflansche, 93b bis f die übrigen Arten. Die den Gruppen gemeinsamen Maße sind in den ersten Spalten der Zusammenstellungen vereinigt. — Einen Flansch der Gußeisenrohre der deutschen Rohrnormalien von 1882, Zusammenstellung 85, S. 339, zeigt Abb. 674. Er ist schon in ganz ähnlicher Weise, wie in den neuen deutschen Normen, gestaltet.

Zusammenstellung 93d. **Norm-**

Maße in mm.

1	2	3	4	5	6	7	8	9	10	11	12
Nennweite	Anschlußmaße DIN 2502							Gußeisenflansche DIN 2533			
	Flanschdurchmesser	Lochkreisdurchm.	Schrauben			Arbeitsleiste		Wanddicke	Flanschdicke	Übergangdicke	Rundung
			Zahl	Gewinde	Lochdurchm.	Durchm.	Höhe				
NW	*D*	*k*			*l*	*g*	*f*	*s*	*b*	s_1	*r*
6	75	50	4	M 10	11,5	32	2				
8	80	55	4	M 10	11,5	38	2				
10	90	60	4	1/2″	15	40	2	6	14	10	4
13	95	65	4	1/2″	15	45	2	6	14	11	4
16	100	70	4	1/2″	15	50	2	6,5	14	11	4
20	105	75	4	1/2″	15	58	2	6,5	16	11	4
25	115	85	4	1/2″	15	68	2	7	16	12	4
32	140	100	4	5/8″	18	78	2	7	18	14	5
40	150	110	4	5/8″	18	88	3	7,5	18	14	5
50	165	125	4	5/8″	18	102	3	7,5	20	15	5
60	175	135	4	5/8″	18	112	3	8	20	15	5
70	185	145	4	5/8″	18	122	3	8	20	15	5
80	200	160	8	5/8″	18	138	3	8,5	22	17	6
90	210	170	8	5/8″	18	148	3	9	24	18	6
100	220	180	8	5/8″	18	158	3	9,5	24	18	6
110	230	190	8	5/8″	18	168	3	9,5	24	18	6
125	250	210	8	5/8″	18	188	3	10	26	20	8
(140)	265	225	8	5/8″	18	202	3	10	26	20	8
150	285	240	8	3/4″	22	212	3	11	26	20	8
(160)	295	250	8	3/4″	22	222	3	11	26	20	8
175	315	270	8	3/4″	22	242	3	12	28	21	8
200	340	295	12	3/4″	22	268	3	12	30	23	8
225	370	325	12	3/4″	22	295	3	13	30	23	8
250	405	355	12	7/8″	25	320	3	14	32	24	10
275	435	385	12	7/8″	25	352	4	14	32	24	10
300	460	410	12	7/8″	25	378	4	15	32	24	10
(325)	490	440	16	7/8″	25	408	4	16	34	26	10
350	520	470	16	7/8″	25	438	4	16	36	27	10
(375)	555	500	16	1″	28	465	4	17	38	29	10
400	580	525	16	1″	28	490	4	18	38	29	10
450	640	585	20	1″	28	550	4	19	40	30	10
500	715	650	20	1 1/8″	32	610	4	21	42	32	12

Die Anschlußmaße sind für *NW* 6 bis 70 und 90 bis 225 gleich denen der Druckstufe 10.

[1]) Die Zahlen beziehen sich auf die Nietflansche nach DIN 2602 in den letzten Spalten.

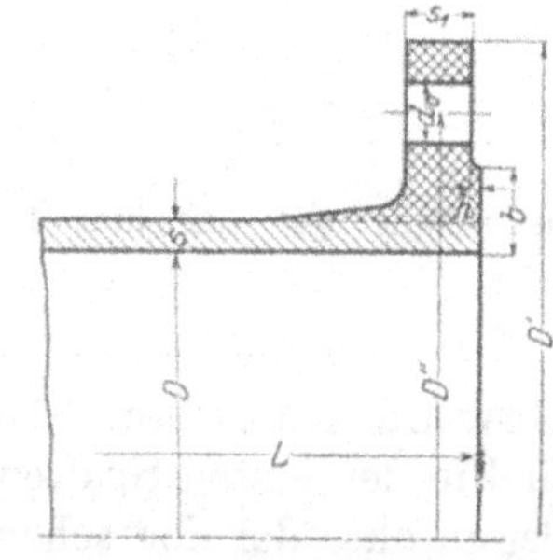

Abb. 674. Flansch der gußeisernen Rohre der Zusammenstellung 85, S. 339.

Auch die Abb. 675 bis 677 zeigen noch Teile nach den älteren Normen, Abb. 675 einen Krümmer, Abb. 676 ein *T*-Stück, Abb. 677 ein Kreuzstück. Für sie gilt

$$L = D + 100 \text{ mm} \quad \text{und} \quad l = \tfrac{1}{2}(D + d) + 100 \text{ mm}. \quad (160)$$

Für hohen Druck sind die gezeichneten Formen wegen der großen Beanspruchungen an den Anschlußstellen der Stutzen nicht günstig; besser verwendet man Formstücke nach Abb. 627 mit kugeligem Mittelteil.

Für die Anordnung der Schraubenlöcher galt die Regel, daß die lotrechte Ebene durch die Rohrachse Symmetrie-

rechte Flansche für Nenndruck 16.

Maße in mm.

13	14	15	16	17	18	19	20	21	22	23	24	25
Stahlgußflansche DIN 2543				Flansche an Stahlrohren								
				Außendurchmesser des Stahlrohres	Flanschdicke	Ansatzdurchmesser	Walzflansch mit Ansatz, DIN 2582	Walzflansche mit Ansatz und Sicherheitsnietung, DIN 2591				Nietflansche DIN 2602
Wanddicke	Flanschdicke	Übergangdicke	Rundung	DIN 2582, 2591, 2602			Flanschhöhe	Flanschhöhe	Durchmesser	Nietzahl	Abstand	Nietzahl
s	b_2	s_1	r	a	b_2	m	h	h_1	d		e	
6	14	10	4	14	14	30	20					
6	14	11	4	18	14	35	20					
6,5	14	11	4	22	14	40	22					
6,5	16	11	4	25	16	45	24					
7	16	12	4	30	16	52	24					
7	16	12	4	38	16	60	26					
7,5	16	12	4	44,5	16	70	26					
7,5	18	14	5	57	18	85	28					
8	18	14	5	70	18	95	30					
8	18	14	5	76	18	105	32					
8,5	20	15	5	89	20	118	34					
9	20	15	5	102	20	130	36					
9,5	20	15	5	108	20	140	38					
9,5	20	15	5	121	20	150	38					
10	22	17	6	133	22	168	40					
10	22	17	6	152	22	185	42					
11	22	17	6	159	22	195	44	62	11	8	17	16
11	22	17	6	171	22	205	40	67	14	8	21	16
12	24	18	6	191	24	225	42	69	14	8	21	16
12	24	18	6	216	24	250	42	69	14	12	21	16
13	24	18	6	241	24	278	42	69	14	12	21	20
14	26	20	8	267	26	305	44	81	17	12	25	20
14	26	20	8	292	26	335	46	81	17	12	25	20
15	28	21	8	318	28	360	50	83	17	12	25	20
16	28	21	8	343	28	390	50	83	17	16	25	24
16	30	23	8	368	30	415	54	85	17	16	25	24
17	30	23	8	394	30	445	56	85	17	16	25	28
18	32	24	10	420	32	470	58	87	17	16	25	28
19	34	26	10					89[1]	17[1]	—	25[1]	32
21	36	27	10					91[1]	17[1]	—	25[1]	36

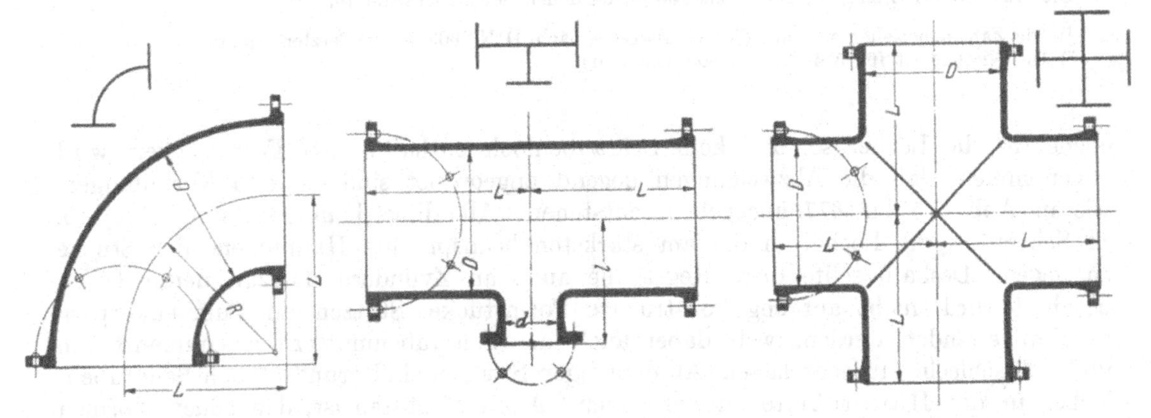

Abb. 675. Krümmer mit Flanschen. Abb. 676. T-Stück mit Flanschen. Abb. 677. Kreuzstück mit Flanschen.

Zusammenstellung 93e. Normrechte

Maße in mm.

1	2	3	4	5	6	7	8	9	10	11	12
Nennweite	Anschlußmaße DIN 2503 							Gußeisenflansche DIN 2534 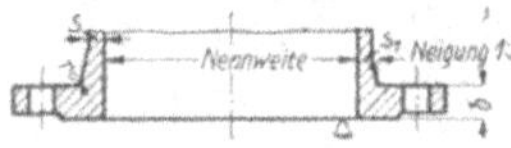			
	Flanschdurchmesser	Lochkreisdurchm.	Schrauben			Arbeitsleiste		Wanddicke	Flanschdicke	Übergangdicke	Rundung
			Zahl	Gewinde	Lochdurchm.	Durchm.	Höhe				
NW	*D*	*k*			*l*	*g*	*f*	*s*	*b*	s_1	*r*
6	75	50	4	M 10	11,5	32	2				
8	80	55	4	M 10	11,5	38	2				
10	90	60	4	1/2″	15	40	2	6,5	16	10	4
13	95	65	4	1/2″	15	45	2	6,5	16	11	4
16	100	70	4	1/2″	15	50	2	7	16	11	4
20	105	75	4	1/2″	15	58	2	7	18	12	4
25	115	85	4	1/2″	15	68	2	7,5	18	14	5
32	140	100	4	5/8″	18	78	2	7,5	20	15	5
40	150	110	4	5/8″	18	88	3	8	20	15	5
50	165	125	4	5/8″	18	102	3	8,5	22	17	6
60	175	135	8	5/8″	18	112	3	9	24	18	6
70	185	145	8	5/8″	18	122	3	9,5	24	18	6
80	200	160	8	5/8″	18	138	3	10	26	20	6
90	225	180	8	3/4″	22	152	3	11	26	20	8
100	235	190	8	3/4″	22	162	3	11	26	20	8
110	245	200	8	3/4″	22	172	3	11	26	20	8
125	270	220	8	7/8″	25	188	3	12	28	21	8
(140)	290	240	8	7/8″	25	208	3	13	30	21	8
150	300	250	8	7/8″	25	218	3	13	30	23	8
(160)	310	260	8	7/8″	25	228	3	14	30	23	8
175	330	280	12	7/8″	25	248	3	14	32	24	10
200	360	310	12	7/8″	25	278	3	15	34	26	10
225	395	340	12	1″	28	305	3	17	34	26	10
250	425	370	12	1″	28	335	3	18	36	27	10
275	455	400	12	1″	28	365	4	19	38	29	10
300	485	430	16	1″	28	390	4	20	40	30	10
(325)	525	460	16	1 1/8″	32	420	4	21	42	32	12
350	555	490	16	1 1/8″	32	450	4	22	44	33	12
(375)	595	525	16	1 1/4″	35	480	4	23	46	35	12
400	620	550	16	1 1/4″	35	505	4	24	48	36	12
450	670	600	20	1 1/4″	35	555	4	27	50	38	12
500	730	660	20	1 1/4″	35	615	4	29	52	39	15

Die Anschlußmaße sind für *NW* 6 bis 150 gleich denen der Druckstufe 40.

[1]) Die Zahlen beziehen sich auf die Nietflansche nach DIN 2603 in der letzten Spalte.
[2]) Die Nietung ist für *NW* 375 bis 500 zweireihig.

ebene für die Löcher sei und kein Schraubenloch enthalte. An Formstücken wird angenommen, daß die Abzweigungen liegend angeordnet sind, so daß Verteilungen, wie in Abb. 675 bis 677 angegeben, entstehen. Allerdings kommen dann bei 6, 10, 14 Schrauben die Löcher in die am stärksten beanspruchte Hauptebene der Stücke zu liegen. Deshalb sollte diese Regel, die auch an Zylindern und an deren Teilen beachtet wird, nicht auf eng konstruierte Formstücke, Stutzen an Pumpenkörpern usw. angewendet werden, weil dabei auch die Schraubenmuttern zusammenstoßen und sich schlecht anziehen lassen. An derartigen Stücken sind grundsätzlich Schraubenlöcher in der Hauptebene zu vermeiden. Am einfachsten ist, den neuen Normen entsprechend, durch vier teilbare Schraubenzahlen zu nehmen.

Flansche für Nenndruck 25.

Maße in mm.

13	14	15	16	17	18	19	20	21	22	23	24	25
Stahlgußflansche DIN 2544				Flansche an Stahlrohren								
				Außendurchmesser des Stahlrohres	Flanschdicke	Ansatzdurchmesser	Walzflansche mit Ansatz, DIN 2583	Walzflansche mit Ansatz und Sicherheitsnietung, DIN 2592				Nietflansche DIN 2603
Wanddicke	Flanschdicke	Übergangdicke	Rundung	DIN 2583, 2592, 2603			Flanschhöhe	Flanschhöhe	Durchmesser	Nietzahl	Abstand	Nietzahl
s	b_2	s_1	r	a	b_2	m	h	h_1	d		e	
6	16	10	4	14	16	30	22					
6	16	11	4	18	16	35	22					
6,5	16	11	4	22	16	40	24					
6,5	18	12	5	25	18	45	26					
7	18	14	5	30	18	52	28					
7	18	14	5	38	18	60	30					
7,5	18	14	5	44,5	18	70	32					
7,5	20	15	5	57	20	85	34					
8	22	17	6	70	22	95	36					
8	22	17	6	76	22	105	38					
8,5	24	18	6	89	24	118	40					
9	24	18	6	102	24	135	42					
9,5	24	18	6	108	24	145	44	64	11	8	17	12
9,5	24	18	6	121	24	155	46	64	11	8	17	12
10	26	20	8	133	26	170	48	66	11	8	17	12
10	28	21	8	152	28	188	50	68	11	8	17	16
11	28	21	8	159	28	200	52	68	11	8	17	16
11	28	21	8	171	28	212	52	73	14	8	21	16
12	28	21	8	191	28	232	52	73	14	12	21	16
12	30	23	8	216	30	260	54	75	14	12	21	16
13	30	23	8	241	30	285	54	75	14	12	21	20
14	32	24	10	267	32	315	56	87	17	12	25	20
14	32	24	10	292	32	342	58	87	17	12	25	20
15	34	26	10	318	34	370	60	89	17	16	25	20
16	36	27	10	343	36	395	64	91	17	16	25	24
16	38	29	10	368	38	425	68	93	17	16	25	24
17	38	29	10	394	38	455	72	103 138[1])	20	16	30	32[2])
18	40	30	10	420	40	480	76	105 140[1])	20	16	30[1])	40[2])
19	42	32	12	470	42	530		142[1])	20[1])	—	30[1])	40[2])
21	44	33	12	520	44	585		144[1])	20[1])	—	30[1])	48[2])

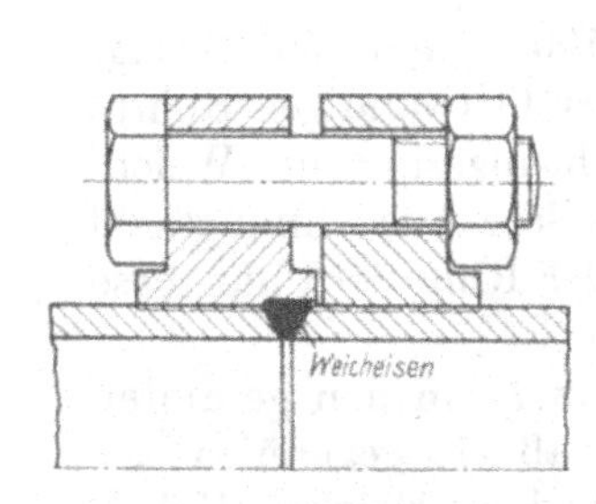

Abb. 677a. Rohrverbindung an Dampfleitungen bis zu 100 at Betriebsdruck.

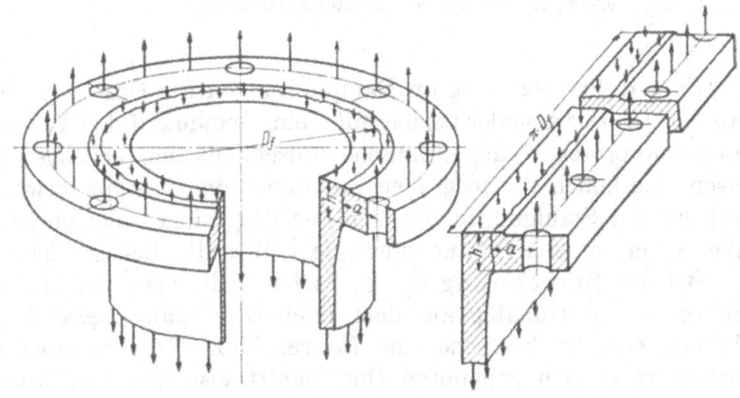

Abb. 678 u. 679. Zur Berechnung angegossener Flansche.

Zusammenstellung 93f. **Norm-**

Maße in mm.

1	2	3	4	5	6	7	8	9	10	11	12
	Anschlußmaße DIN 2503							Gußeisenflansche DIN 2535			
Nennweite	Flanschdurchmesser	Lochkreisdurchm.	Schrauben: Zahl	Schrauben: Gewinde	Schrauben: Lochdurchm.	Arbeitsleiste: Durchm.	Arbeitsleiste: Höhe	Wanddicke	Flanschdicke	Übergangdicke	Rundung
NW	*D*	*k*			*l*	*g*	*f*	*s*	*b*	s_1	*r*
6	75	50	4	M 10	11,5	32	2				
8	80	55	4	M 10	11,5	38	2				
10	90	60	4	1/2″	15	40	2	6,5	16	10	4
13	95	65	4	1/2″	15	45	2	7	16	11	4
16	100	70	4	1/2″	15	50	2	7,5	16	11	4
20	105	75	4	1/2″	15	58	2	7,5	18	12	5
25	115	85	4	1/2″	15	68	2	8	18	14	5
32	140	100	4	5/8″	18	78	2	8,5	20	15	5
40	150	110	4	5/8″	18	88	3	9	20	15	5
50	165	125	4	5/8″	18	102	3	10	22	17	6
60	175	135	8	5/8″	18	112	3	11	24	18	6
70	185	145	8	5/8″	18	122	3	11	24	18	6
80	200	160	8	5/8″	18	138	3	12	26	20	6
90	225	180	8	3/4″	22	152	3	13	28	21	6
100	235	190	8	3/4″	22	162	3	14	28	21	6
110	245	200	8	3/4″	22	172	3	14	28	21	6
125	270	220	8	7/8″	25	188	3	15	30	23	6
(140)	290	240	8	7/8″	25	208	3	16	32	23	6
150	300	250	8	7/8″	25	218	3	17	34	24	8
(160)	325	270	8	1″	28	235	3	18	36	26	8
175	350	295	12	1″	28	260	3	19	38	29	8
200	375	320	12	1″	28	285	3	21	40	30	8
225	420	355	12	1 1/8″	32	315	3	23	42	32	10
250	450	385	12	1 1/8″	32	345	3	24	46	34	10
275	480	415	12	1 1/8″	32	375	4	26	48	36	10
300	515	450	16	1 1/8″	32	410	4	28	50	38	10
(325)	550	480	16	1 1/4″	35	435	4	30	52	39	12
350	580	510	16	1 1/4″	35	465	4	31	54	41	12
(375)	625	550	16	1 3/8″	38	500	4	33	58	44	12
400	660	585	16	1 3/8″	38	535	4	35	62	47	15

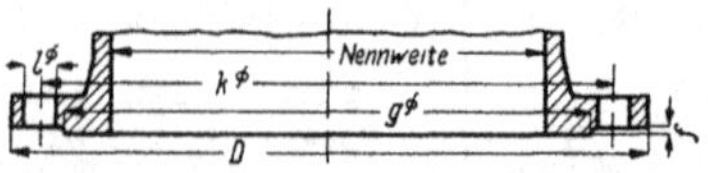

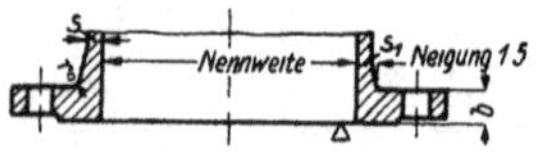

Die Anschlußmaße sind für *NW* 6 bis 150 gleich denen der Druckstufe 25.

[1]) Die Zahlen beziehen sich auf die Nietflansche nach DIN 2604 in der letzten Spalte.
[2]) Die Nietung ist für *NW* 300 bis 400 zweireihig.

Eine Rohrverbindung an Dampfleitungen für Drucke bis zu 100 at und 450° C zeigt Abb. 677a. Der eine der beiden mit Feingewinde auf den Enden des dickwandigen Rohres aufgeschraubten Stahlgußflansche umschließt den kegeligen Dichtungsring aus Weicheisen, das hohen Wärmegraden widersteht und das eine etwas größere Ausdehnungszahl hat, als der Stahlguß, in welchem der Ring eingeschlossen ist. Der Ring wird auf diese Weise um so schärfer angepreßt, je heißer die Leitung ist.

Bei der Berechnung der Flansche denkt man sich die Kraft P in den gesamten Schrauben gleichmäßig auf dem Lochkreisumfang verteilt, so daß sie gegenüber der Ansatzstelle des Flansches am Rohre, Abb. 678, durchweg mit dem gleichen Hebelarm a wirkt, den genannten Querschnitt also mit dem Moment $P \cdot a$ auf Biegung beansprucht. Der widerstehende Querschnitt ist nach Abb. 678 ein Zylinder vom Durch-

rechte Flansche für Nenndruck 40.

Maße in mm.

13	14	15	16	17	18	19	20	21	22	23	24	25
				Flansche an Stahlrohren								
Stahlgußflansche DIN 2545				Außendurchmesser des Stahlrohres	Flanschdicke	Ansatzdurchmesser	Walzflansche mit Ansatz. DIN 2584	Walzflansche mit Ansatz und Sicherheitsnietung, DIN 2593				Nietflansche DIN 2604
Wanddicke	Flanschdicke	Übergangdicke	Rundung	DIN 2584, 2593, 2604			Flanschhöhe	Flanschhöhe	Durchmesser	Nietzahl	Abstand	Nietzahl
s	b_2	s_1	r	a	b_2	m	h	h_1	d		e	
6	16	10	4	14	16	30	22					
6	16	11	4	18	16	35	22					
6,5	16	11	4	22	16	40	24					
6,5	18	12	5	25	18	45	26					
7	18	14	5	30	18	52	28					
7	18	14	5	38	18	60	30					
7,5	18	14	5	44,5	18	70	32					
8	20	15	5	57	20	85	34					
8,5	22	17	6	70	22	95	36					
8,5	22	17	6	76	22	105	38					
9	24	18	6	89	24	118	40					
9,5	24	18	6	102	24	135	42					
10	24	18	6	108	24	145	44	64	11	8	17	12
10	24	18	6	121	24	155	46	64	11	8	17	12
11	26	20	8	133	26	170	48	66	11	8	17	12
11	28	21	8	152	28	188	50	68	11	8	17	16
12	28	21	8	159	28	200	52	68	11	8	17	16
12	30	23	8	171	30	215	54	75	14	8	21	16
13	32	24	10	191	32	238	58	77	14	12	21	16
14	34	26	10	216	34	265	62	89	17	12	25	16
15	36	27	10					91	17	12	25	16
16	38	29	10					103	20	12	30	16
16	40	30	10					105	20	12	30	16
17	42	32	12					107 142[1])	20	16	30	32[2])
18	44	33	12					119 159[1])	23	16	35	32[2])
19	46	35	12					121 161[1])	23	16	35	32[2])
20	48	36	12					123 163[1])	23	16	35	32[2])
21	50	38	12					125 165[1])	23	16	35	32[2])

messer D_f und der Höhe h, der abgewickelt, Abb. 679, ein Rechteck von der Länge $\pi \cdot D_f$ und der Höhe h gibt, so daß die Biegebeanspruchung:

$$\sigma_b = \frac{6\,P' \cdot a}{\pi \cdot D_f \cdot h^2} \tag{161}$$

wird. Die Form:

$$h = \sqrt{\frac{6\,P' \cdot a}{\pi \cdot D_f \cdot k_b}} \tag{161a}$$

dient zur Ermittlung der Flanschstärke, wenn die zulässige Beanspruchung auf Biegung k_b gegeben ist.

Zur Berechnung von P' pflegt man anzunehmen, daß der innere Druck in voller Höhe bis zur Mitte der Packung wirkt, so daß:

$$P' = \frac{\pi D_m^2}{4}\, p_i \tag{162}$$

wird. Bei der Aufstellung der „Normalien für Dampf von hoher Spannung 1912“ wurde sogar der äußere Durchmesser D_6 der Dichtungsleisten oder der Bordringe eingesetzt.

Der auf S. 250 durchgeführten Flanschberechnung war nur der Teil des Flansches, der auf eine Schraube entfällt, zugrunde gelegt; sie führt naturgemäß zu derselben Höhe der Inanspruchnahme wie Formel (161). Von der gleichen Vorstellung ist aber auch der leichteren Darstellung wegen in den Abb. 680 und 681 Gebrauch gemacht, indem die auf eine Teilung entfallenden Kräfte $\frac{P_0}{i}$, $\frac{P'}{i}$, $\frac{P}{i}$ und $\frac{P'-P}{i}$ als Einzelkräfte eingetragen sind, wobei i die Zahl der Flanschschrauben bedeutet, während sich die Formeln auf die gesamten Kräfte beziehen.

Die tatsächliche Beanspruchung angegossener Flansche ist ziemlich verwickelt. Wenn die Schrauben beim Zusammenbau, wie üblich, mit Vorspannung angezogen werden, entstehen in Flanschen, die in ihrer vollen Breite aufeinander liegen, nur Druckspannungen, in solchen, die mit einer Dichtleiste versehen sind oder durch Zwischenlegen einer Packung klaffen, aber auch schon Biegemomente. Die Vorspannkraft P_0, unter der die Flansche durch das Anziehen der Schrauben stehen und von der auf eine Schraubenteilung $\frac{P_0}{i}$ kg, Abb. 680, kommen, preßt in ihrer vollen Stärke die Flanschfläche oder die Dichtleiste aufeinander. Unter ihrer Wirkung wölben sich die Flansche, bauchen dabei aber auch die anschließenden Teile der Rohrwandung aus und erzeugen in diesen Spannungen, deren Art weiter unten näher erläutert wird. In größerem Abstande vom Flansch ist das Rohr spannungsfrei, wenn die Leitung ohne Zwang zusammengebaut wurde.

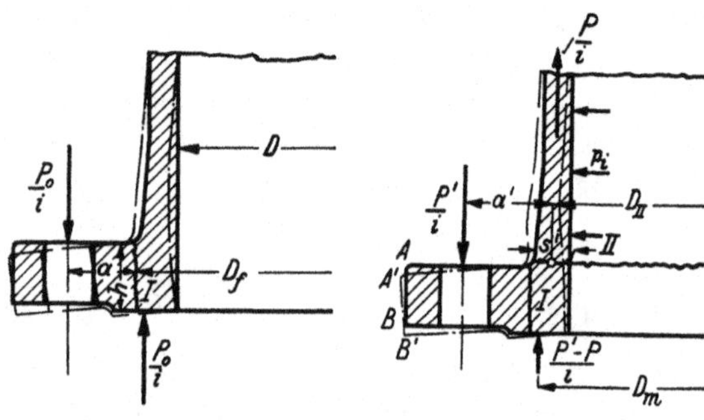

Abb. 680. Flansch im vorgespannten Zustande.

Abb. 681. Flansch im Betriebszustande.

Wird nun die Rohrleitung in Betrieb genommen, also innerem Druck p_i unterworfen, so erhöhen sich die Kräfte in den Schrauben. Es tritt eine teilweise Summierung der Vorspann- und der Längskraft im Rohr ein, wie des Näheren auf Seite 235 nachgewiesen wurde. Die so von den Schrauben auf die Flansche ausgeübte Kraft sei P'. Sie findet ihre Gegenwirkung zunächst in der in der Rohrwandung wirkenden Längskraft $P = \frac{\pi}{4} \cdot D^2 \cdot p_i$. Auf die eigentliche Flanschfläche oder die Dichtleiste wirkt nur noch die Differenz $P' - P$. Die Formänderungen, die der Flansch dabei erleidet, sind ähnlich wie im Vorspannungszustande, vgl. Abb. 681. Der Flansch wölbt sich und unterliegt dabei:

1. Biegespannungen, die sich im Querschnitt I in erster Annäherung aus dem Momente $P' \cdot a$, wie oben gezeigt, errechnen lassen.

Die Formel (161) führt aber sicher zu einer Überschätzung der Beanspruchung, da die Festigkeit des Flansches als Ring vernachlässigt ist, wie der Vergleich der Abb. 578 und 579 anschaulich zeigt. Neben den Biegespannungen treten nämlich auch noch

2. tangential gerichtete Ringspannungen auf, die einem Teil des äußeren Biegemomentes das Gleichgewicht halten. Durch die Wölbung wird nach Abb. 681 z. B. der Punkt A nach A', also nach außen, der Punkt B nach B', also nach innen, verlegt. Die Kreise, auf denen sie liegen, werden dadurch vergrößert, bzw. verkleinert, die entsprechenden Fasern gereckt oder zusammengedrückt; sie unterliegen also Zug- und Druckspannungen.

Die Schubspannungen sind meist gering und können unberücksichtigt bleiben.

Querschnitt II wird beansprucht:

1. auf Zug durch die in der Rohrwand wirkende Längskraft:

$$P = \frac{\pi}{4} D^2 \cdot p_i .$$

Unter der Annahme gleichmäßiger Verteilung der Spannung wird:

$$\sigma_z = \frac{P}{f} = \frac{\frac{\pi}{4} D^2 p_i}{\pi \cdot D_{II} \cdot s'},$$

wenn s' die Wandstärke an dieser Stelle bedeutet.

2. Auf Biegung durch die Wölbung des Flansches. Welcher Anteil des Biegemomentes, das die Kräfte P' und $(P' - P)$ erzeugen, durch die Steifigkeit des Flansches aufgenommen und welcher Anteil noch in der Rohrwandung wirksam ist, läßt sich nur schätzungsweise angeben. Vernachlässigt man die Vorspannung und zieht als äußere Kraft nur P in Betracht, namentlich auch in Rücksicht darauf, daß $P' - P$ an der Dichtleiste Aufnahme findet, so wird das dadurch gegebene Biegemoment $P \cdot a'$ im allgemeinen noch zu groß ausfallen und deshalb mit einer Berichtigungszahl $\varkappa \leqq 1$ zu versehen sein. Nach Versuchen von Bach liegt $\varkappa$ bei unbearbeitetem Gußeisen zwischen 0,36 und 1 und beträgt im Mittel 0,65. Je kräftiger der Flansch und je allmählicher der Übergang von der Rohrwand zur Flanschstärke ist, um so niedriger darf $\varkappa$ genommen werden.

3. Durch tangential gerichtete Zugspannungen infolge des inneren Druckes und infolge der Erweiterung des Rohres durch die Wölbung des Flansches.

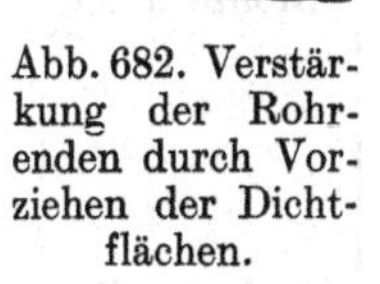

Abb. 682. Verstärkung der Rohrenden durch Vorziehen der Dichtflächen.

Entscheidend für einen Bruch im Querschnitt II, der tatsächlich am häufigsten vorkommt, sind vor allem die unter 1. und 2. genannten Kräfte und Momente. Zu ihnen tritt noch die Kerbwirkung in der Kehle, die die Spannungen bei unvermittelten Übergängen beträchtlich erhöht, sich aber rechnerisch nicht verfolgen läßt. Deshalb gestattet auch eine genauere Ermittlung des Moments, die Westphal [VIII, 3] angegeben hat, die aber zu einer ziemlich verwickelten Rechnung führt, keine sichere Beurteilung, da die Kerbwirkung vernachlässigt ist.

Die angedeutete Näherungsrechnung liefert als größte Spannung:

$$\sigma = \sigma_z + \sigma_b' = \frac{P}{f} + \varkappa \cdot \frac{6 \cdot P \cdot a'}{\pi D_m \cdot s^2}. \tag{163}$$

Die Betrachtung zeigt jedenfalls, daß man der Ansatzstelle des Flansches konstruktiv große Sorgfalt zuwenden muß: es sind

1. die Hebelarme a und a', an denen die Schrauben angreifen, so klein wie irgend möglich zu halten,

2. ein allmählicher Übergang der Rohrwandstärke in die des Flansches, am besten durch Einschalten eines kegeligen Stückes zu schaffen,

3. die Kehle so auszurunden, daß einerseits die Kerbwirkung beschränkt, andererseits aber auch Lunkerbildungen vermieden werden.

Daß ein Flansch durch Vorziehen der Dichtleiste nach Abb. 682 beträchtlich verstärkt werden kann, weil dadurch ein kräftiger, widerstandsfähiger Ringkörper entsteht, der die Rohrwandung entlastet, folgt ohne weiteres aus dem Vorstehenden.

Über die Zulässigkeit der Berechnung von Flanschen nach der Näherungsformel (161) geben die von Bach gelegentlich der Aufstellung der Rohrnormalien für hohen Druck gemachten Versuche an Ventilkörpern aus Bronze, Stahlguß und Gußeisen [VIII, 1] einigen

Aufschluß. Die Körper, die durch sehr kräftige Deckel und Rundgummidichtung abgeschlossen waren, wurden innerem Druck in Stufen von 20 at unter sorgfältiger Beobachtung der Formänderungen der Flansche unterworfen. Die einschlägigen Hauptergebnisse sind in der Zusammenstellung 94 wiedergegeben. Spalte 5 enthält die Drucke, bei denen sich an den Bronze- und Stahlgehäusen die ersten bleibenden Formänderungen zeigten. Die zugehörigen, an Hand der Skizzen in Spalte 4 ermittelten Biegespannungen sind in Spalte 6 aufgeführt. Dabei wurden die an den Deckeln wirksamen Drucke aus der dem äußersten Dichtungsdurchmesser entsprechenden Kreisfläche berechnet. Mit den Streckgrenzen der Baustoffe, Spalte 9, verglichen, ergibt sich bei Bronze recht gute Übereinstimmung. Bei Stahlguß liegen die berechneten Werte sehr niedrig, wobei aber zu beachten ist, daß die Formänderungen am Ventil, lfd. Nr. 2, bei 140 at noch äußerst gering waren. Auch die gußeisernen Gehäuse zeigten bei der stufenweisen Belastung selbst bei 60 at Druck erst sehr kleine bleibende Formänderungen; sie wurden dann stetig steigendem Druck unterworfen, bis die Stutzen für die Ventilspindeln bei den in Spalte 5 angegebenen Drucken am Halse abrissen, so wie es die Skizzen Spalte 4 zeigen. Die am eigentlichen Flansch errechneten Beanspruchungen auf Biegung in Spalte 6 wurden, da sie keine Bruchspannungen sind, eingeklammert.

Zusammenstellung 94. **Versuche an Ventilkörpern, Bach [VIII, 1].**

1	2	3	4	5	6	7	8	9	10
Lfde. Nr.	Werkstoff	Ventildurchm. mm	Flanschabmessungen	Prüfdruck at	Biegebeanspr. nach Formel (161) bei dem in Spalte 5 angegebenen Prüfdruck.	Biegebeanspr. nach Formel (161) bei 20 at Betriebsdruck	Zugfestigk. des verwandten Werkstoffs kg/cm²	Streckgrenze des verwandten Werkstoffs kg/cm²	Bemerkung
1	Bronze	200		60	$\frac{6\cdot 27100\cdot 3{,}15}{\pi\cdot 23{,}7\cdot 2{,}5^2}=1100$	367	2206 [1])	1080 [1])	[1]) Im Mittel aus drei Versuchen (Nr. 1–3)
2	Stahlguß	200		140	$\frac{6\cdot 62300\cdot 2{,}7}{\pi\cdot 24{,}6\cdot 2{,}6^2}=1930$	276	4327 [1]) (für Nr. 2 und 3)	2353 [1]) (für Nr. 2 und 3)	
3	Stahlguß	300		120	$\frac{6\cdot 116800\cdot 3{,}35}{\pi\cdot 34{,}8\cdot 3{,}5^2}=1750$	292			
4	Gußeisen	200		Bruch bei 93 at	$\left(\frac{6\cdot 56500\cdot 2{,}59}{\pi\cdot 27{,}8\cdot 3^2}=1120\right)$	240	1668 [2]) (für Nr. 4 und 5)	—	[2]) Im Mittel aus zwei Versuchen
5	Gußeisen	300		Bruch bei 63 at	$\left(\frac{6\cdot 67800\cdot 2{,}4}{\pi\cdot 38{,}2\cdot 3{,}8^2}=563\right)$	180			

Die an der Bruchstelle vorhandenen Zug- und Biegespannungen würden, aus dem Druck P auf dem lichten Querschnitt des Stutzens nach Formel (163) mit $\varkappa = 1$ berechnet, betragen:

	$\sigma_z = \frac{P}{\pi \cdot D_m \cdot s}$	$\sigma_b' = \frac{6\,P \cdot a'}{\pi\, D_m \cdot s^2}$	$\sigma = \sigma_z + \sigma_b'$
Am Ventil Nr. 4 bei $s = 19{,}6$ mm mittlerer Wandstärke	262	2860	3122 kg/cm²
Am Ventil Nr. 5 bei $s = 27$ mm mittlerer Wandstärke	177	1403	1580 kg/cm²

Aus der an zwei bearbeiteten Stäben ermittelten Zugfestigkeit des verwandten Gußeisens von durchschnittlich $K_z = 1668$ kg/cm² läßt sich auf eine um etwa 15% niedrigere Festigkeit $K_z' = 0{,}85 \cdot 1668 = 1420$ kg/cm² des unbearbeiteten Gußeisens und nach den auf Seite 101 angeführten Versuchen an unbearbeiteten Stäben quadratischen Querschnitts auf eine Biegefestigkeit von etwa $K_b = 1{,}41 \cdot K_z' = 2000$ kg/cm² schließen. Mit dieser Zahl verglichen, bestätigt Versuch 4, daß die eben benutzte Rechnung zu ungünstig ist, da sich σ viel höher ergibt. Dem widerspricht aber Versuch Nr. 5; doch ist der niedrige Wert der Spannung, bei der der Bruch eintrat, sicher auf die sehr starke Kerbwirkung in der Kehle zurückzuführen, durch die auch die Bruchlinie hindurchläuft.

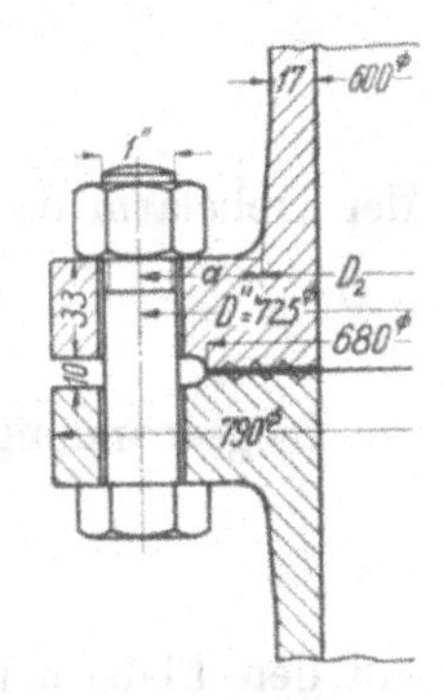

Abb. 683. Flanschverbindung eines Rohres von 600 mm Durchmesser. M. 1 : 5.

Die Normalien für gußeiserne Flanschenrohre, Seite 339, lassen bei 10 at Betriebsdruck für die Biegebeanspruchung der Flansche nach der Formel (161) bei kleinen Rohren sehr niedrige, bei großen ziemlich hohe Werte zu, wie die folgenden Zahlen zeigen, die ähnlich wie die der Spalte 7 der Zusammenstellung 94 einen Anhalt bei der Berechnung neuer Flansche geben können. Dabei wurde als Druckfläche der mittlere Dichtungskreis eingesetzt und der Hebelarm a unter Schätzung des Rohrwanddurchmessers D_2 an der Ansatzstelle, Abb. 683, ermittelt, der in den Normen nicht zahlenmäßig festgelegt ist. a folgt aus:

$$\frac{D'' - D_2}{2}.$$

Beispielweise ergibt sich für ein Rohr von 600 mm Durchmesser, Abb. 683, die Längskraft:

$$P' = \frac{\pi}{4} D_m^2 \cdot p_i = \frac{\pi}{4} \cdot 64^2 \cdot 10 = 32170 \text{ kg},$$

der Hebelarm:

$$a = \frac{D'' - D_2}{2} = \frac{1}{2}(72{,}5 - 64{,}4) = 4{,}05 \text{ cm},$$

das Widerstandsmoment des Rohrumfanges an der Ansatzstelle des Flansches:

$$W = \frac{\pi \cdot D_2 \cdot (s_1 + h)^2}{6} = \frac{\pi\, 64{,}4 \cdot 3{,}8^2}{6} = 487 \text{ cm}^3$$

und damit:

$$\sigma_b = \frac{P' \cdot a}{W} = \frac{32170 \cdot 4{,}05}{487} = 268 \text{ kg/cm}^2.$$

Die Werte für einige andere Rohre sind:

Durchmesser	40	100	300	500	600	750 mm,
Biegespannung σ_b in Flansch	60	105	206	290	268	333 kg/cm²,
Zugspannung σ_z in den Schrauben	106	164	545	702	563	686 kg/cm².

Auch die in der letzten Zeile angegebenen Beanspruchungen in den Schrauben bei 10 at Druck erscheinen bei den größeren Rohren ziemlich hoch.

Für die Gestaltung und Berechnung der festen, aber besonders aufgesetzten Flansche ist die Art ihrer Verbindung von Wichtigkeit, ob diese nämlich den Flansch mit der Rohrwand zu einem Ganzen vereinigt, wie es beim Aufschweißen oder Auflöten der Fall ist oder nicht. Im ersten Falle wird die Rohrwandung zur Aufnahme der Kräfte herangezogen, im zweiten muß der Flansch an sich genügende Steifheit und Festigkeit besitzen, um den angreifenden Kräften standzuhalten. Immerhin sollen die Flansche auch im ersten Falle kräftig — die Flanschdicken mindestens gleich $^5/_4$ der Schraubenstärke — genommen werden, um die Rohrwandung nicht zu hohen Nebenbeanspruchungen auszusetzen.

Runde, besonders aufgesetzte Flansche berechnet man nach der Näherungsformel (161) auf Biegung. So ergibt sich an einem Hochdruckrohre nach Abb. 700 von 200 mm Nennweite bei $p_i = 20$ at Druck, bezogen auf den Außendurchmesser der Dichtleiste: die Längskraft im Rohr:

$$P' = \frac{\pi}{4} \cdot D_6^2 \cdot p_i = \frac{\pi}{4} \cdot 26^2 \cdot 20 = 10\,620 \text{ kg},$$

der Hebelarm des Biegemomentes:

$$a = \frac{D_2 - D_5}{2} = \frac{310 - 256}{2} = 27 \text{ mm},$$

die Biegespannung:

$$\sigma_b = \frac{6 \cdot P' \cdot a}{\pi \cdot D_5 \cdot h_1^2} = \frac{6 \cdot 10\,620 \cdot 2{,}7}{\pi \cdot 25{,}6 \cdot 2{,}8^2} = 274 \text{ kg/cm}^2.$$

An den Flanschen der Rohre von 300 und 400 mm Durchmesser steigt die Spannung auf 343 und 405 kg/cm².

Ovale Flansche, Abb. 669, müssen im Querschnitt BF dem Biegemoment $\frac{P'}{2} \cdot c$, im Querschnitt GH dem Biegemoment $\frac{P'}{2} \cdot c'$ entsprechende Widerstandsmomente aufweisen; vgl. Berechnungsbeispiel 4.

2. Verbindungen durch lose Flansche.

Die einfachste Form zeigt Abb. 684. Die Enden der Rohre aus weichem Eisen, Kupfer oder Messing werden um 90° umgebördelt und durch zwei Überwurfflansche zusammengepreßt. Die Verbindung ist billig, für geringe Drucke gut geeignet, durch die DIN 2640

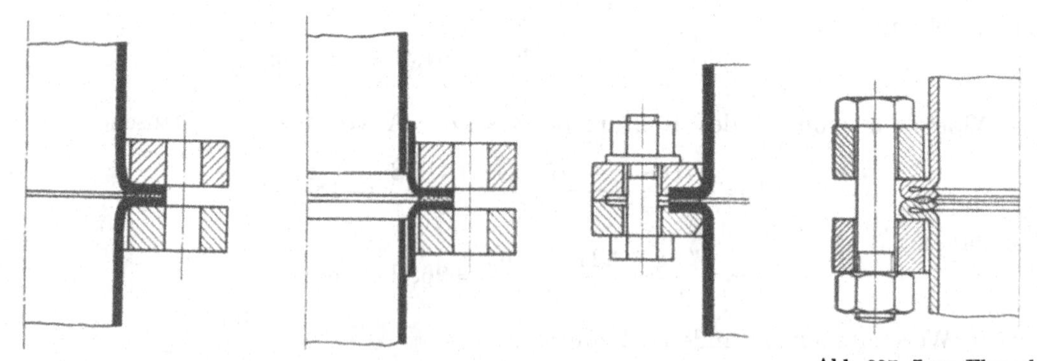

Abb. 684. Verbindung durch lose Flansche unter Umbördeln der Rohrenden.

Abb. 685. Lose Flansche an vorgeschuhten Rohren.

Abb. 686. Verbindung durch lose Flansche, A.-G. Ferrum.

Abb. 687. Lose Flansche an doppelt gebördelten Rohren, Mannesmannwerke.

bis 2642 für die Nenndrucke 1 bis 10 genormt, vgl. Zusammenstellung 93b und c und wird viel verwendet. Manchmal wird das Rohr nach Abb. 685 vorgeschuht, indem ein Kupferbord mit dem Rohr hart verlötet wird. Um das Schiefziehen und Verbiegen der Flansche zu vermeiden, versieht die A.-G. Ferrum sie mit Rändern, die im angezogenen Zustande aufeinander liegen, Abb. 686. Allerdings ist man dabei auf die genaue Einhaltung der Flansch- und Dichtungsstärken angewiesen.

Die Mannesmannröhrenwerke verwenden für Hochdruckleitungen die doppelte Bördelung nach Abb. 687.

Auf- und vorgeschweißte Bunde mit losen Flanschen nach Abb. 692 und 694 geben sehr gute Verbindungen für Stahlrohre ab, sind günstig in bezug auf Beanspruchung auf Biegung, aber teurer als aufgewalzte Flansche. Ihre Stärke wird nach Bach, wie folgt, berechnet [VIII, 1], vgl. auch [VIII, 3]. Die in den Schrauben wirkende Kraft von P' kg, Abb. 688 und 689, ruft am Bordring eine gleich große, aber entgegengesetzt gerichtete Kraft hervor. Man denke sich beide gleichmäßig auf dem Umfang des Lochkreises und längs der mittleren Auflagelinie des Bordringes verteilt und betrachte die auf den halben Flansch wirkenden Kräfte $\frac{P'}{2}$. Sie lassen sich zu zwei Mittelkräften in den Schwerpunkten S_1 und S_2 der Halbkreislinien vereinigen, wobei ersichtlich wird, daß der gefährliche Querschnitt, der durch zwei einander gegenüberliegende Schraubenlöcher geht, durch ein Kräftepaar $\frac{P'}{2}\cdot\overline{S_1 S_2} = \frac{P'}{2}\cdot a$ auf Biegung beansprucht wird. Damit wird nach

$$M_b = k_b \cdot W,$$

$$\frac{P'}{2}\cdot\left(\frac{D_2}{\pi} - \frac{D_m}{\pi}\right) = k_b \cdot \frac{1}{6}\,(D_1 - D_3 - 2\,d_0)\,h^2, \tag{164}$$

woraus sich h bei Annahme von k_b ergibt. P' findet man aus dem inneren Druck p_i und der Fläche, auf welche er wirkt. Legt man in Übereinstimmung mit den Normalien zu Rohrleitungen für Dampf von hoher Spannung den äußeren Dichtungsdurchmesser zugrunde, so ist nach den Abb. 692 bis 701

$$P' = \frac{\pi}{4}\cdot D_6^2 \cdot p_i .$$

Die Berechnung entspricht der von Bach angegebenen Annäherungsrechnung für ebene

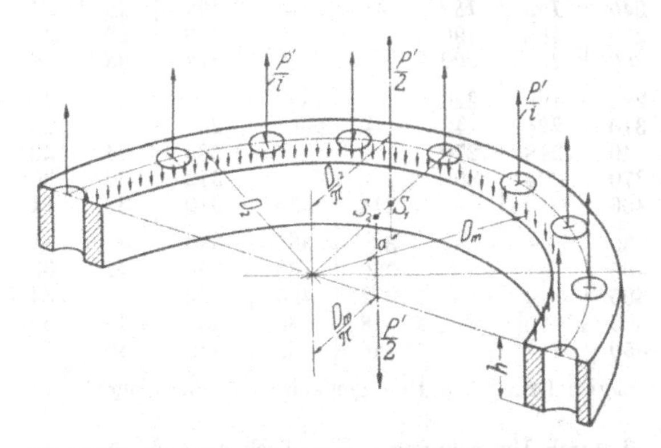

Abb. 688. Zur Berechnung loser Flansche nach Bach

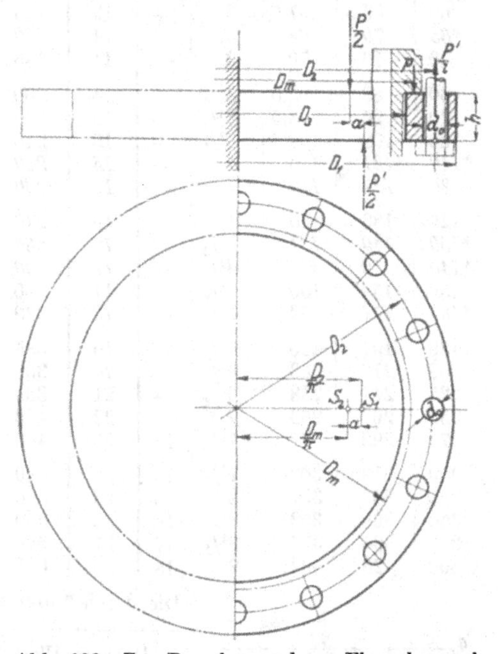

Abb. 689. Zur Berechnung loser Flansche nach Bach.

Platten (73), darf aber nur als Vergleichsmittel betrachtet werden und gibt keinen Aufschluß über die wirklich auftretende Art und Höhe der Spannungen. Denn bei der Ableitung der Formel an Hand der Abb. 688 wird angenommen, daß der eingespannt gedachte gefährliche Querschnitt seine ursprüngliche, rechteckige Form behält, daß die Nullinie parallel zu den langen Seiten verläuft und daß die größte Beanspruchung auf Biegung längs der unteren und oberen Kante auftritt. Tatsächlich aber nimmt der Flansch unter der Wirkung der ringsum verteilten Kräfte eine gewölbte, annähernd kegelige Form an, indem sich die einzelnen Querschnitte um einen Winkel ω drehen,

Zusammenstellung 95. **Normalien zu Rohrlei-**
Aufgestellt vom Verein

1	2	3	4	5	6	7	8	9	10	11	12	13	14	15
	Rohre					Flansche und								
	Tatsächlicher Durchmesser		Wanddicke					Innerer Durchmesser des losen Flansches D_3						
								bei aufgeschweißtem Bordring		bei vorgeschweißtem Bordring		bei aufgewalztem u. aufgenietetem Bordring		
Bezeichnung	außen	innen	im Schaft Abb. 692 bis 701	am Bordring Abb. 694 u. 695	Wanddicke des Ventils Abb. 700 und 701	Äußerer Durchmesser des losen Flansches Abb. 692 bis 699, sowie des festen Flansches Abb. 700 und 701	Lochkreisdurchmesser Abb. 692 bis 701	mit Flachsitz Abb. 692	mit Schrägsitz Abb. 693	mit Flachsitz Abb. 694	mit Schrägsitz Abb. 695	mit Flachsitz und Schrägsitz Abb. 696 bis 699	Höhe d. losen Flansches Abb. 692 bis 699	Höhe des festen Flansches Abb. 700 u. 701 sowie d. Bordringes Abb. 692 bis 699
	D_a[1]) mm	D_i mm	s mm	s_1 mm	s_2 mm	D_1 mm	D_2 mm	mm	mm	mm	mm	mm	h mm	h_1 mm
*25	32	26	3	—	11	120	90	35	50	—	—	52	13	13
30	38	32	3	—	11	125	95	42	55	—	—	58	14	14
*35	41,5	35,5	3	—	12	130	100	45	60	—	—	64	14	14
40	47,5	41,5	3	—	12	140	110	52	65	—	—	70	15	15
*45	51	45	3	—	12	150	115	55	70	—	—	76	15	15
50	57	51	3	—	13	160	125	62	75	—	—	82	16	16
*55	60	54	3	—	13	165	130	65	80	—	—	88	16	16
60	63,5	57,5	3	—	13	175	135	68	85	—	—	92	17	17
*65	70	64	3	—	14	180	140	74	90	—	—	100	17	17
70	76	70	3	—	14	185	145	80	95	—	—	106	18	18
80	89	82,5	$3^1/_4$	—	14	200	160	94	110	—	—	118	19	18
90	95	88,5	$3^1/_4$	—	15	220	180	100	120	—	—	130	20	19
100	108	100,5	$3^3/_4$	—	15	240	190	114	130	—	—	142	21	20
*110	121	113	4	—	15	250	200	126	144	—	—	154	22	21
*120	127	119	4	—	16	260	210	132	156	—	—	164	23	22
125	133	125	4	—	16	270	220	138	164	—	—	170	24	22
*130	140	131	$4^1/_2$	—	16	280	230	145	170	—	—	178	25	23
*140	152	143	$4^1/_2$	—	17	290	240	158	180	—	—	190	26	24
150	159	150	$4^1/_2$	—	17	300	250	165	190	—	—	200	27	25
*160	171	162	$4^1/_2$	—	18	310	260	176	200	—	—	212	28	26
180	191	180	$5^1/_2$	—	19	335	285	198	220	—	—	235	30	27
200	216	203	$6^1/_2$	—	20	360	310	224	242	—	—	262	32	28
225	241	228	$6^1/_2$	—	21	390	340	248	270	—	—	286	34	29
250	267	253	7	—	22	420	370	274	300	—	—	312	36	30
275	292	277	$7^1/_2$	15	23	450	400	—	—	314	330	340	38	31
300	318	303	$7^1/_2$	15	24	480	430	—	—	340	355	370	40	32
325	343	327	8	16	25	520	465	—	—	366	380	396	42	33
350	368	352	8	16	26	550	495	—	—	392	405	424	45	34
375	394	377	$8^1/_2$	17	27	580	525	—	—	418	430	452	48	35
400	420	402	9	18	28	605	550	—	—	446	455	480	50	36

Die durch * und schrägen Druck kenntlich gemachten Abmessungen gelten

[1]) Diese Werte sind durch Umrechnung aus englischem Maß erhalten.

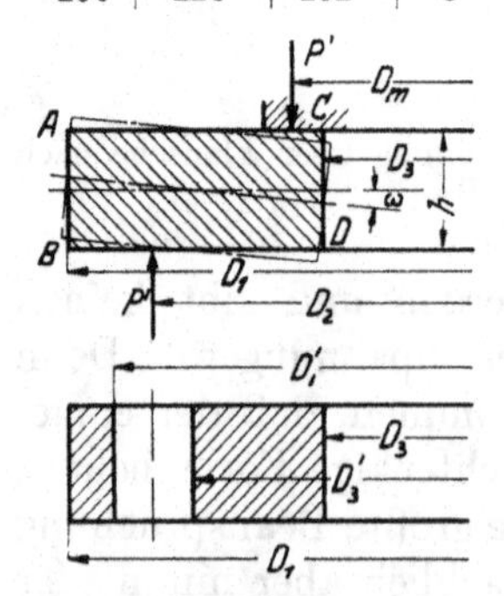

Abb. 690. Zur Berechnung loser Flansche nach Westphal.

wie in Abb. 690 strichpunktiert angedeutet ist. Die dabei entstehenden Spannungen hat Westphal [VIII, 3] näher untersucht; wenn die Schwächung, die der Flansch durch die Schraubenlöcher erfährt, vernachlässigt wird, fand er die größten längs der Innenkanten C und D des Ringes in Höhe von:

$$\sigma = \pm \frac{3\,P'(D_2 - D_m)}{\pi D_3 h^2 \cdot \ln \frac{D_1}{D_3}}. \qquad (165)$$

tungen für Dampf von hoher Spannung 1912.

deutscher Ingenieure.

16	17	18	19	20	21	22	23	24	25	26	27	28	29	30
Bordringe						Niete			Schrauben					
Äußerer Durchmesser des Bordringes D_4		Hals des aufgewalzten und aufgenieteten festen Flansches sowie des aufgewalzten und aufgenieteten Bordringes Abb. 696 bis 701												
aufgeschweißt Abb. 692 u. 693 sowie vorgeschweißt Abb. 694 und 695	aufgewalzt Abb. 696 u. 697 sowie aufgenietet Abb. 698 und 699	Äußerer Durchmesser D_5	Höhe h_2	Äußerer Durchmesser der Dichtungsleiste Abb. 692 bis 701 D_6	Höhe d. Dichtungsleiste Abb. 692 bis 701 c	Anzahl	Durchmesser	Abstand von Oberkante Hals = e Abb. 698, 699 und 701	Gesamtdruck $P' = \frac{\pi}{4} D_6^2 \cdot 20$	Anzahl i	Durchmesser	Werte von $P' : if$, worin f Kernquerschnitt der Schraube	Durchmesser des Schraubenloches	Bezeichnung
mm	mm	mm	mm	mm	mm		mm	mm	kg		Zoll engl.	kg/cm²	mm	
60	*64*	*48*	*18*	*60*	*2*	—	—	—	*565*	*4*	$^1/_2$	*180*	*14*	*25*
65	68	54	19	65	2	—	—	—	665	4	$^1/_2$	212	14	30
70	*74*	*60*	*20*	*70*	*2*	—	—	—	*770*	*4*	$^1/_2$	*246*	*14*	*35*
75	80	66	21	75	2	—	—	—	885	4	$^1/_2$	282	14	40
80	*88*	*72*	*22*	*80*	*2*	—	—	—	*1 005*	*4*	$^5/_8$	*192*	*17*	*45*
85	94	78	23	85	2	—	—	—	1 135	4	$^5/_8$	216	17	50
90	*100*	*82*	*24*	*90*	*2*	—	—	—	*1 270*	*4*	$^5/_8$	*242*	*17*	*55*
95	106	86	25	95	2	—	—	—	1 420	4	$^5/_8$	271	17	60
102	*114*	*94*	*26*	*102*	*2*	—	—	—	*1 635*	*4*	$^5/_8$	*312*	*17*	*65*
110	122	102	27	110	2	—	—	—	1 900	4	$^5/_8$	363	17	70
125	134	114	28	125	2	—	—	—	2 455	8	$^5/_8$	234	17	80
135	146	124	29	135	2	—	—	—	2 865	8	$^5/_8$	273	17	90
145	158	138	30	145	2	—	—	—	3 305	8	$^5/_8$	315	17	100
160	*172*	*150*	*31*	*160*	*3*	—	—	—	*4 020*	*8*	$^3/_4$	*257*	*21*	*110*
172	*182*	*160*	*32*	*172*	*3*	—	—	—	*4 645*	*8*	$^3/_4$	*296*	*21*	*120*
180	188	165	33	180	3	—	—	—	5 090	8	$^3/_4$	324	21	125
185	*195*	*174*	*34*	*185*	*3*	—	—	—	*5 375*	*8*	$^3/_4$	*343*	*21*	*130*
195	*206*	*186*	*36*	*195*	*3*	—	—	—	*5 975*	*10*	$^3/_4$	*305*	*21*	*140*
205	216	195	38	205	3	—	—	—	6 600	10	$^3/_4$	337	21	150
215	*230*	*208*	*40*	*215*	*3*	—	—	—	*7 260*	*10*	$^3/_4$	*370*	*21*	*160*
238	252	230	44	238	3	—	—	—	8 900	10	$^7/_8$	327	24	180
260	280	256	48	260	4	—	—	—	10 620	10	$^7/_8$	390	24	200
290	305	280	50	275	4	—	—	—	11 880	12	$^7/_8$	364	24	225
320	332	306	52	305	4	—	—	—	14 610	12	1	341	28	250
350	362	334	54	330	4	—	—	—	17 105	12	1	399	28	275
380	395	362	56	355	4	20	16	28	19 795	14	1	396	28	300
405	420	388	58	380	4	20	18	29	22 680	14	$1^1/_8$	360	32	325
430	450	416	60	410	4	20	18	30	26 405	14	$1^1/_8$	419	32	350
455	478	444	62	435	4	22	18	31	29 725	16	$1^1/_8$	413	32	375
485	510	472	64	460	4	22	18	32	33 240	16	$1^1/_8$	462	32	400

für Rohrweiten, die als Zwischengrößen und nicht als normal zu bezeichnen sind.

Den Einfluß der Löcher hat er durch Berechnung eines Ringes mit einer Unterbrechung, Abb. 690 unten, festzustellen versucht; die dabei erhaltenen Spannungen:

$$\sigma' = \pm \frac{3\,P'(D_2 - D_m)}{\pi\, D_3\, h^2 \ln \dfrac{D_1}{D_1'} \dfrac{D_3'}{D_3}}, \tag{166}$$

sind obere Grenzwerte, weil der Zusammenhang zwischen den beiden Ringteilen unberücksichtigt blieb. Die wirkliche Spannung liegt zwischen σ und σ'.

Schließlich hat man in der Ensslinschen Formel (72), Abb. 69, die Möglichkeit, die Beanspruchung loser Flansche nachzuprüfen. Dabei ist aber zu beachten, daß der

Wert zu groß ausfallen muß, weil bei der Ableitung der Formel vorausgesetzt ist, daß die Belastung an den Umfängen der ringförmigen Platte angreift, während der lose Flansch beiderseits über die Belastungslinien hinausragt, also breiter und widerstandsfähiger ist.

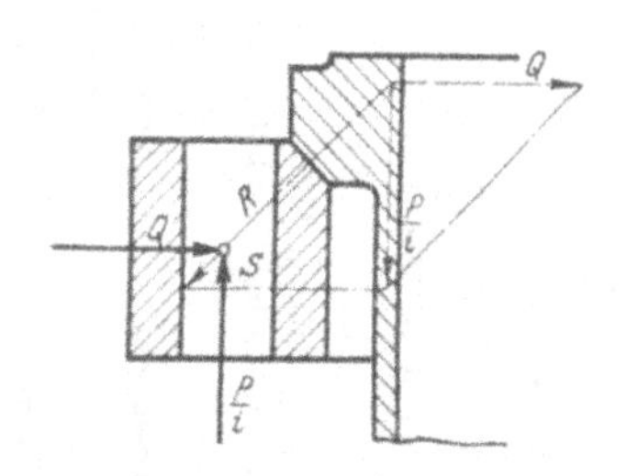

Abb. 691. Kraftwirkung an Flanschen nach Westphal.

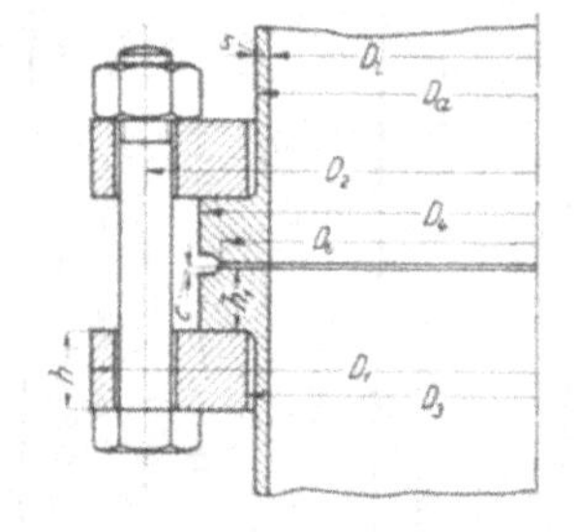

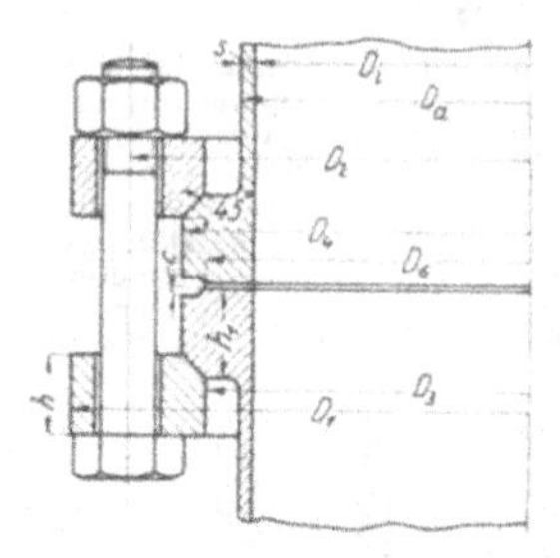

Abb. 692 und 693. Rohrverbindung mit aufgeschweißten Bunden und losen Flanschen.

Vorteilhaft ist, den Bund nach dem Vorschlage von Westphal, Abb. 693, 695 usw. abzuschrägen. Die auf eine Schraubenteilung entfallende, vom Flüssigkeitsdruck herrührende Kraft von $\frac{P}{i}$ kg in der Wandung, Abb. 691, läßt sich dann in eine senkrecht zur Anlagefläche des Flansches stehende Seitenkraft R und eine radial nach innen gerichtete Q zerlegen. Im Flansch wird Kraft R durch die radiale Kraft Q und diejenige in der Schraube $\frac{P}{i}$ das Gleichgewicht gehalten. Gestaltet man nun den Flansch so, daß sich die Schraubenmittellinie und R im Schwerpunkte S schneiden, so erzeugen die Kräfte Q, die auf den Flansch bezogen, nach außen gerichtet sind, in diesem lediglich Zugspannungen, während umgekehrt der Bordring am Rohre im wesentlichen auf Druck, beide also sehr günstig beansprucht sind. (Durch die Vorspannung werden die Kräfte in den Schrauben, wie oben gezeigt, auf je $\frac{P'}{i}$ kg erhöht. Dabei wird der Flansch durch die Differenz $\frac{P'-P}{i}$ nach wie vor auf Biegung in Anspruch genommen.)

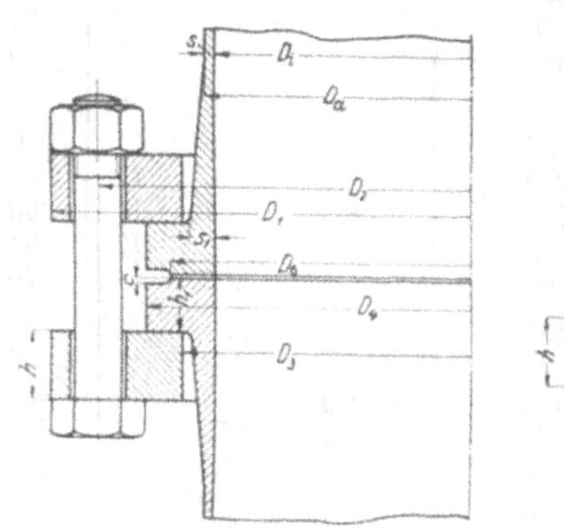

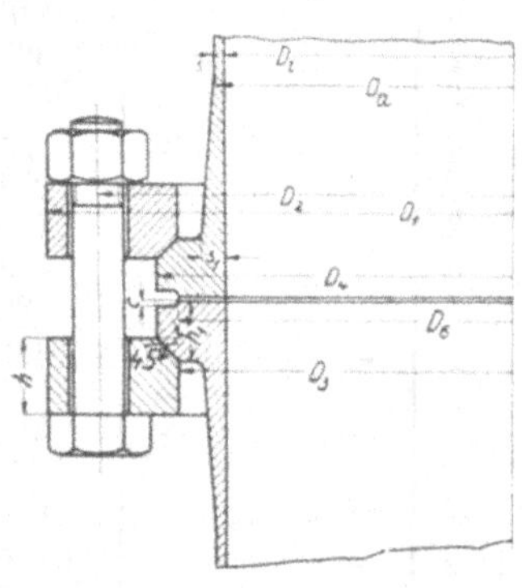

Abb. 694 und 695. Lose Flansche auf vorgeschweißten Bunden.

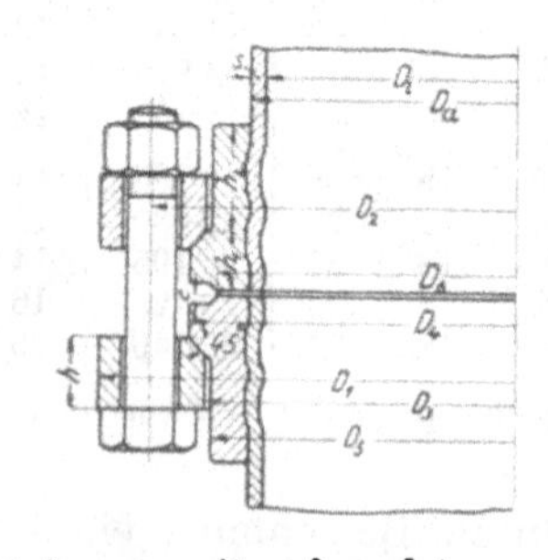

Abb. 696 und 697. Rohrverbindungen mit aufgewalzten Bordringen und losen Flanschen.

Die Bedingung, daß die Kraft R durch den Schwerpunkt S gehe, führt bei der in den Normalien benutzten Neigung von 45^0 der Abschrägung zu sehr dicken Flanschen und wurde deshalb nicht völlig erfüllt. Immerhin wird durch die schrägen Flächen die Biegespannung herabgesetzt, gleichzeitig aber auch die richtige Lage der Rohre zueinander besser als durch ebene Flansche gesichert.

In Zusammenstellung 95 sind noch die älteren, von einem Ausschuß des Vereins deutscher Ingenieure 1912 aufgestellten Normalien zu Rohrleitungen für Dampf von hoher Spannung wiedergegeben. Sie gelten von 25 bis 400 mm lichtem Rohrdurchmesser bei Betriebsdrucken bis zu 20 at Überdruck und für Dampftemperaturen

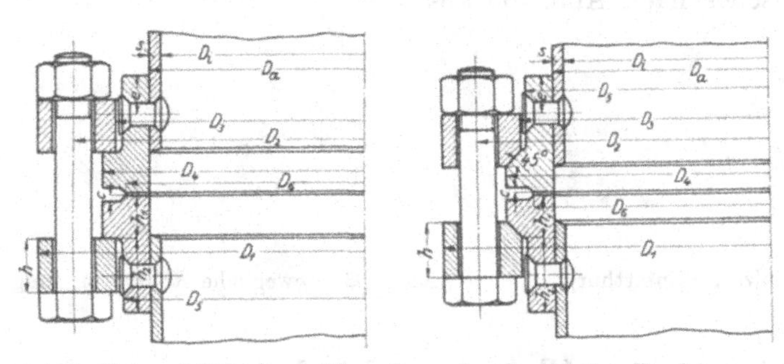

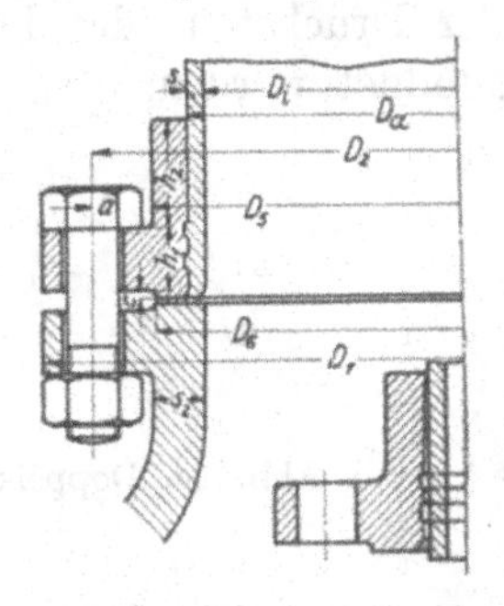

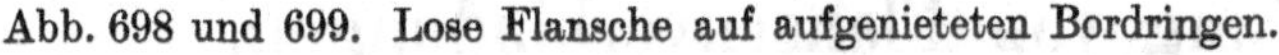

Abb. 698 und 699. Lose Flansche auf aufgenieteten Bordringen.

Abb. 700. Flanschverbindung mit eingewalztem Rohr.

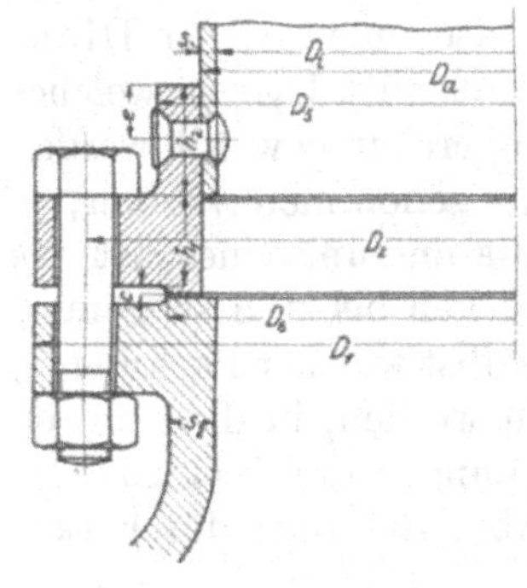

Abb. 701. Flanschverbindung mit angenietetem Rohr.

bis zu 400° C und haben ausgedehnte Anwendung gefunden, sollen aber bei neuen Anlagen selbstverständlich durch die neuen zum Teil noch in Bearbeitung befindlichen Normen ersetzt werden. Als Bezeichnung (Spalte 1) dienen auf 5 und 10 mm abgerundete Maße, die nur annähernd mit den lichten Weiten der Rohre, wie sie die Walzwerke liefern, übereinstimmen. In bezug auf die Abmessungen sind lediglich die Maße für die Flansch- und Lochkreisdurchmesser, sowie die Angaben für die Zahl und Stärke der Schrauben bindend; in der sonstigen Gestaltung ist dem Konstrukteur freie Hand gelassen. Abb. 692 bis 701 zeigen vom Ausschuß empfohlene Formen von Rohrverbindungen und Anschlüssen, auf die sich die Zahlen der Zusammenstellung beziehen.

3. Einstellbare und bewegliche Rohrverbindungen.

Geringe Abweichungen von der geraden Linie beim Verlegen der Rohre ermöglicht man durch kugeliges Abdrehen und Einschleifen der Dichtflächen nach Abb. 702, durch Verwendung von Linsen, Abb. 703, oder bei großen Rohren durch Einlegen zweier

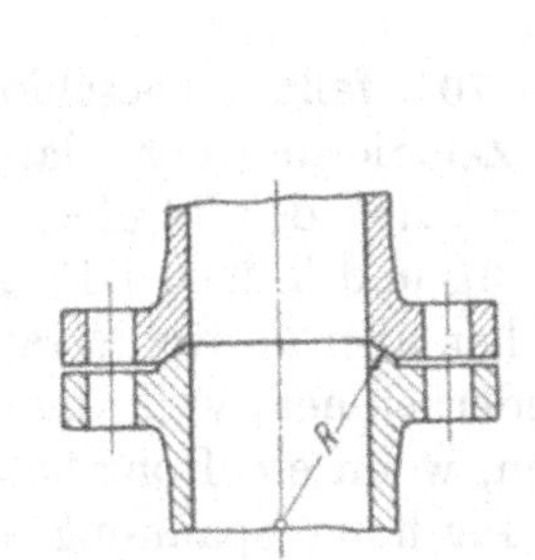

Abb. 702. Kugelig abgedrehte Dichtflächen.

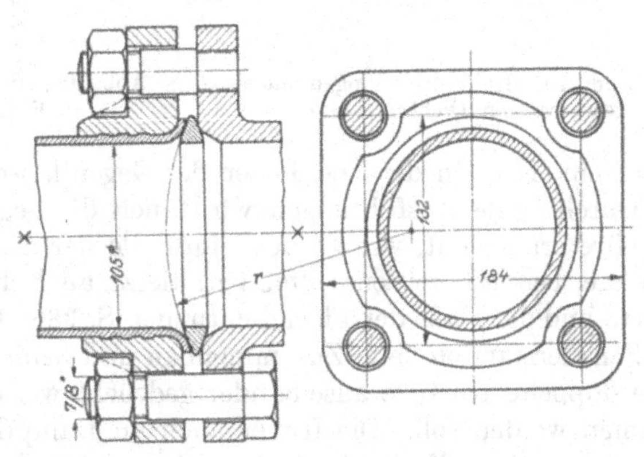

Abb. 703. Rohrverbindung mit Dichtungslinsen. M. 1 : 5. Oben mit Stift-, unten mit Durchsteckschrauben.

Ringe mit einer schrägen Trennfläche AB, Abb. 704. Durch Verdrehen der beiden Teile gegeneinander entsteht ein keilförmiges Zwischenstück, das schiefen Flanschen angepaßt werden kann. Bei allen derartigen Verbindungen ist aber zu beachten, daß die Muttern und Köpfe der Schrauben schlecht aufliegen, so daß die Schäfte auf Biegung beansprucht werden, wenn die Rohrachsen nicht in einer Geraden liegen.

Wird Beweglichkeit der Rohrverbindung verlangt, so müssen grundsätzlich zwei zu einander konzentrische Kugelflächen, die eine an der Dichtstelle, die andere an der Druckstelle des losen Flansches nach Abb. 705 ausgebildet werden.

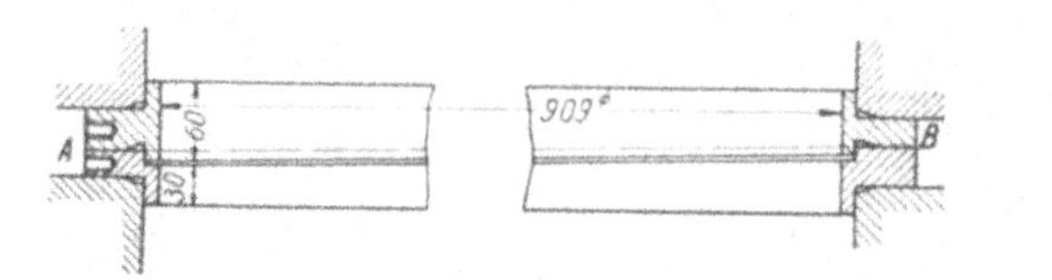

Abb. 704. Doppelkeilringe (Sulzer, Winterthur).

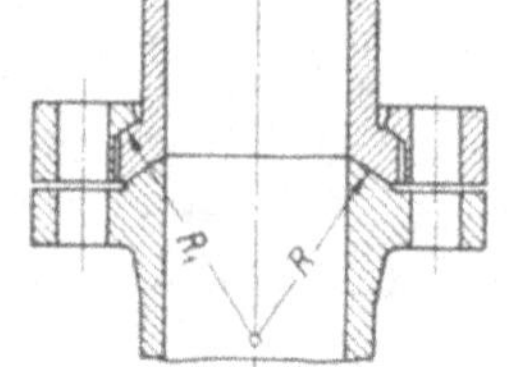

Abb. 705. Bewegliche Rohrverbindung.

V. Die Abdichtung von Flanschverbindungen.

Die Abdichtung der Flanschverbindungen kann entweder unmittelbar an den aufeinander liegenden Flächen oder durch Einlegen besonderer Zwischenlagen, der Dichtungen oder Packungen, erreicht werden, die je nach dem Betriebsmittel, gegen welches sie abdichten sollen, nach der Höhe der Pressung und der Temperatur gewählt werden müssen. Im allgemeinen sollen die Packungen möglichst dünn genommen werden; je dicker sie sind, um so stärker ist der radiale Druck des Rohrinhalts und umso mehr ist das Hinauspressen der Dichtungen zu befürchten. Bei niedrigen Drucken bis zu 8 at, genügt die Reibung an den Flanschen oder Dichtleisten zum Festhalten selbst weicher Packungen, namentlich wenn in die Dichtfläche Rillen, Abb. 683, eingedreht werden, in die sich die Packung hineindrückt. Bei hohen Drucken müssen weiche Packungen durch einen Vorsprung an einem der Flansche, einen Rücksprung im andern, Abb. 706, oder durch Ein-

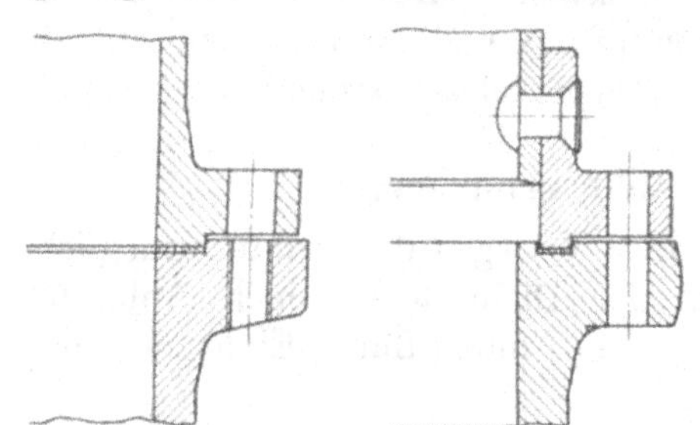

Abb. 706 und 707. Rohrverbindungen mit eingeschlossenen Dichtmitteln.

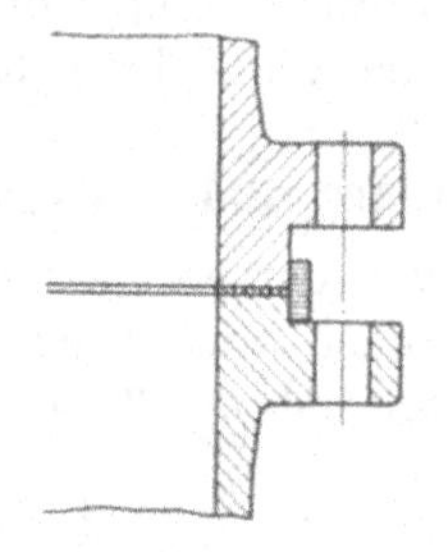

Abb. 708. Schmitzscher Ring.

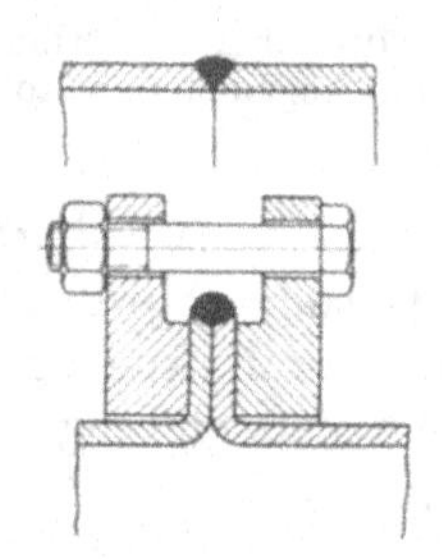

Abb. 709. Abdichtung durch Verschweißen der Naht.

legen in eine Nut, in die eine Feder des Gegenflansches, Abb. 707, faßt, eingeschlossen sein. Durch beide Ausführungen wird auch die gegenseitige Zentrierung der Flansche und Rohre ermöglicht, wozu jedoch im Falle der Abb. 707 nur einer der Ränder, z. B. der äußere, benutzt werden sollte. Vgl. hierzu auch die Abb. 673g und h nach DIN 2512 und 2513 und die Maße der Flachdichtungen S. 386. Oft entstehen aber an Rohrsträngen große Schwierigkeiten beim Zusammenbau und beim Auseinandernehmen, weil dieselben um die doppelte Nuttiefe auseinander gedrückt werden müssen, wenn ein Rohr herausgenommen werden soll. Die früher auch an Dampfleitungen für hohe Spannung empfohlenen derartigen Verbindungen wurden wegen der erwähnten Schwierigkeiten kaum benutzt und sind deshalb in den Normalien von 1912 weggelassen worden. Schmitz vermeidet den Übelstand durch Umlegen eines Ringes nach Abb. 708, der beim Zusammenbau auf das längere Rohrende geschoben wird, während er in der gezeichneten Lage das Heraustreten der Packung verhütet.

Ein zweiter Weg ist, die Packung an sich oder durch besondere Einlagen gegenüber dem inneren Druck genügend widerstandsfähig zu machen, so daß sie in die offne Fuge eingebaut werden kann.

Zwecks Sicherung ihrer Lage gegenüber der Rohrwandung, mit der sie möglichst abschließen, keinesfalls aber nach innen vorstehen soll, wählt man den Außendurchmesser von Packungen so, daß die Dichtung gerade zwischen die Schrauben paßt und von diesen gehalten wird.

Zum Erreichen einer guten Abdichtung ist es nötig, daß alle Schrauben gleichmäßig angezogen und so angeordnet werden, daß man sie am zusammengeschraubten Flansch unter dem Betriebsdruck oder bei Dampfleitungen im warmen Zustande nachziehen kann.

Im folgenden sind die wichtigsten Dichtmittel aufgeführt und besprochen.

Vollständige Dichtheit, freilich unter Aufgabe der Möglichkeit, die Rohre wieder auseinandernehmen zu können, läßt sich durch Verschweißen der Fugen nach Abb. 709 erzielen, ein Verfahren, das auch bei immer wiederkehrenden Dichtungsschwierigkeiten an bestimmten Stellen von Rohrleitungen Abhilfe bringen kann.

Breite, sauber bearbeitete und gut passende Flächen lassen sich durch Überstreichen mit einer Mischung aus dickem Öl und Graphit gegen Druck von mehreren Atmosphären dicht machen. (Teilfugen an den Gehäusen der Dampfturbinen usw.)

Metallische Dichtungen sind für alle Pressungen und bei richtiger Zusammensetzung für hohe Temperaturen geeignet. Ohne Zwischenlage kann die Dichtheit durch sorgfältiges Aufschleifen der Flächen unmittelbar aufeinander erreicht werden. Der Vorteil dieser Dichtungsart ist, daß die Teile leicht und ohne Schaden auseinander genommen werden können, daß bei der Bearbeitung und Aufstellung keine Rücksicht auf die oft wechselnde Dicke der Packung genommen zu werden braucht und daß das Schiefziehen der Flansche vermieden wird. Andererseits müssen die Teile sehr genau passen und sorgfältig zusammengesetzt werden. Die Ausführung ist teuer; zudem verlangt die Dichtung wegen ihrer Empfindlichkeit gegen Beschädigungen, Staub und Unreinigkeiten sorgfältigste Behandlung. Sie muß aber verwendet werden, wenn die Verbindung beweglich sein soll, Abb. 705.

In Abb. 664, an einer Rohrverschraubung, ist die Abdichtung durch Einschleifen der kegeligen Flächen erreicht und auf diese Weise das rasche Schließen und Öffnen der Verbindung ermöglicht.

Ist es ausgeschlossen oder zu schwierig, die Stücke gegenseitig einzuschleifen, so legt man Dichtungslinsen aus Bronze oder Kupfer nach Abb. 703 ein, die an beiden Stücken aufgeschliffen, infolge der kugeligen Flächen auch geringe Schiefstellungen der Flansche zueinander zulassen und das Anschließen gebogener Rohre erleichtern. Die Abbildung zeigt die an Rohr- und Armaturflanschen der Lokomotiven der preußischen Staatsbahnen für Rohre von 75 bis 220 mm lichter Weite übliche Form. Das Rohrende ist in den Flansch eingewalzt und so umgebördelt, daß die Linse zum unmittelbaren Aufliegen und Abdichten kommt. Bei starken Temperaturwechseln werden derartige Linsen allerdings leicht undicht, da sie nicht dauernd den Ausdehnungen und Verkürzungen folgen; sie lecken besonders beim Unterdampfsetzen so lange, bis die Wärmeausdehnung der Rohre die Dichtungsringe wieder fest gegen die Flansche preßt.

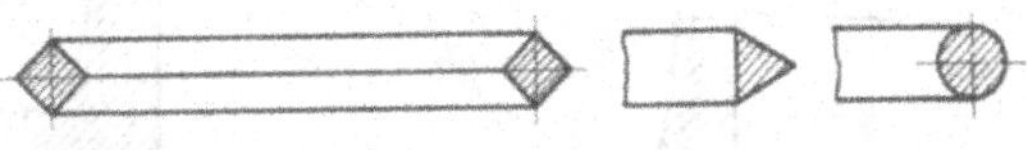
Abb. 710. Profilierte Metalldichtungsringe.

Profilierte Metallringe nach Abb. 710 dichten durch Breit- oder Einpressen der Kanten am Flansch ab; auch sie lecken wegen ihrer geringen Elastizität leicht beim

Abb. 711. Gewellte Dichtungsringe. Abb. 712. Dichtungsringe von Götze, Burscheid bei Köln.

Inbetriebsetzen und sind empfindlich gegen öfteres Lösen, wenn die Lage der einzelnen Teile zueinander nicht sorgfältig gesichert ist.

Für Dampfleitungen werden Ringe aus gewelltem Kupfer- oder Stahlblech (letzteres für Heißdampf), Abb. 711, oder aus profilierten weichen Kupferringen, Abb. 712, oft mit elastischen Einlagen aus Asbest, Hanf-Graphitmasse und ähnlichen Stoffen verwendet. Die Wellen und scharfen Kanten passen sich den Dichtflächen leicht an.

Schließlich dienen weiche Metalle, z. B. Blei und weißmetallähnliche Legierungen, in Form von Ringen oder Scheiben als Dichtmittel. Sie fließen beim Zusammenpressen der Flansche und schließen sich dadurch den Dichtflächen gut an, vertragen jedoch meist keine hohen Wärmegrade.

Alle die erwähnten Metallringe haben in sich genügende Festigkeit gegenüber den gewöhnlichen inneren Drucken.

Von den weichen Dichtungen kommt für hohe Temperaturen der vollständig unverbrennliche Asbest in Form von Asbestpappe oder Zöpfen und Schnüren in Betracht. Nachteilig ist seine geringe Festigkeit und die Eigenschaft, an den Dichtflächen zu haften, so daß die Packung beim Auseinandernehmen meist zerreißt und nicht wieder verwendet werden kann. Dem zu begegnen, umgibt man ihn mit dünnen Kupferblechen, Abb. 713. Bei hohen Drücken müssen Asbestdichtungen eingeschlossen werden.

Abb. 713. Durch Kupferringe verstärkte Weichpackungen.

Am einfachsten und billigsten ist die Verwendung von Asbestschnur in Nuten; Scheibendichtungen werden wegen des meist unvermeidlichen Abfalls bedeutend teurer. Ungeeignet ist Asbest zur Abdichtung von Flüssigkeiten, mit Ausnahme von Säuren, durch die er nicht angegriffen wird. Selbst an Dampfleitungen, in denen sich Kondenswasser bilden kann, sollte er vermieden werden.

Dafür geeigneter sind Klingerit, Polypyrit und zahlreiche ähnliche, aus Asbest, Gummi und anderen Stoffen zusammengesetzte und stark gepreßte Dichtmittel, die an sich oder durch Gewebe- und Drahteinlagen große Festigkeit haben und in Form von Tafeln, Ringen und Platten in den Handel kommen.

In Öl getränkte Pappe oder Papier hat sich bei gut bearbeiteten Dichtflächen für Sattdampf und verdichtete Luft bis zu 200°, sowohl an Rohrleitungen wie auch an Zylinderdeckeln u. dgl. bewährt.

Die Maße der Flachdichtungen für normrechte Flansche mit ebenen Dichtflächen enthält DIN 2690,

für solche mit Nut und Feder DIN 2691,

für solche mit Eindrehung DIN 2692.

Bei der ersten Gruppe ist der Innendurchmesser der Dichtung gleich dem Außendurchmesser der Flußstahlrohre, ihr Außendurchmesser aber gleich der Differenz aus

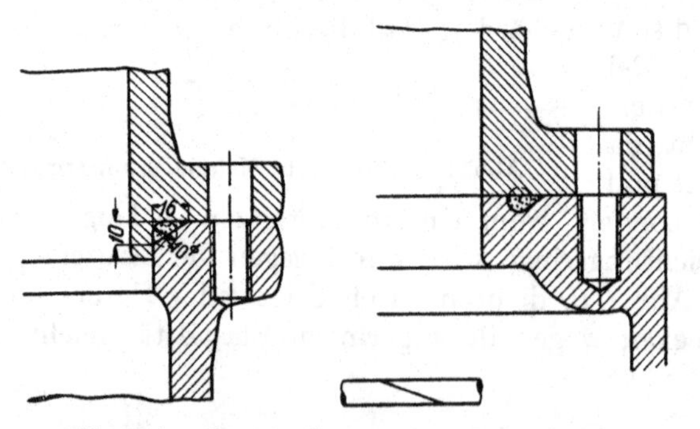

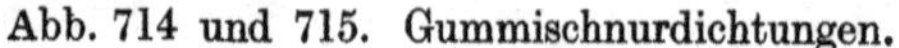

Abb. 714 und 715. Gummischnurdichtungen.

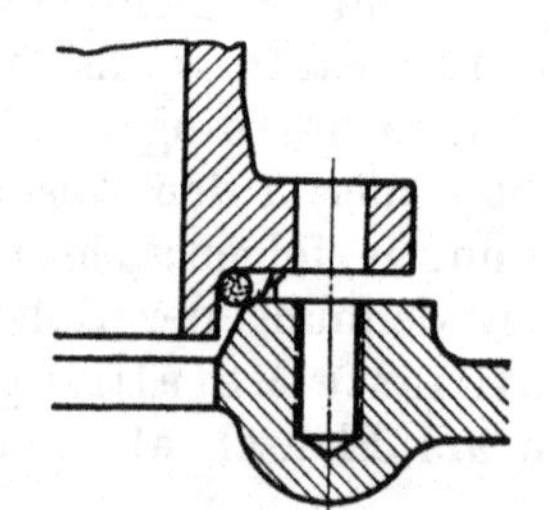

Abb. 716. Falsche Ausbildung der Nut für eine Gummischnurdichtung.

dem Lochkreis- und dem Lochdurchmesser gewählt, so daß die Packung mit geringem Spiel durch die Schrauben geführt ist. Die Dicke der Packung ist durchweg mit 2 mm angenommen.

Zur Abdichtung von Wasser ist Gummi das beste Dichtmittel. Er wird entweder als Gummischnur oder in Form von 2 bis 3 mm starken Platten, meist mit Stoff- oder

Drahteinlagen verwendet. Um das Zerreißen und Herauspressen zu verhüten, sind alle Gummidichtungen bei höheren Pressungen einzuschließen.

Die billigste Art ist wiederum die Gummischnurdichtung, Abb. 714 und 715. Die runde Schnur wird an den Enden schräg abgeschnitten, mit Gummilösung zu einem Ring zusammengekittet, in eine Nut von etwas größerem Querschnitt als dem der Schnur selbst gelegt und durch Anziehen der Schrauben breit gepreßt. Dabei kommen die Flansche in unmittelbare, metallische Berührung, ein Vorteil, der schon oben näher gewürdigt wurde. Die Nut soll so angeordnet sein, daß der Flüssigkeitsdruck den Gummiring in die Keilfläche preßt, die Dichtung also zu einer selbsttätigen wird. Falsch ist die Ausbildung der Nut nach Abb. 716, weil beim Aufsetzen des oberen Teils die Kante K den Gummiring leicht verletzt oder zerschneidet, namentlich wenn der obere Teil nicht noch durch eine Zentrierung geführt ist. Abb. 714 gilt für einen zentrierten, Abb. 715 für einen ebenen Flansch.

Rundgummidichtungen von 5 bis 7 mm Durchmesser für Flansche mit Eindrehungen nach DIN 2514 sind in DIN 2693 genormt. Der mittlere Durchmesser im ungespannten Zustande stimmt mit dem Vorsprungdurchmesser der Flansche überein, um die Ringe mit etwas Spannung um die Vorsprünge legen zu können.

Flachgummidichtung ist wiederum teurer und deshalb weniger zu empfehlen. Um das Anhaften des Gummis zu verhüten, kann die Dichtung mit angefeuchtetem Graphit, Schlemmkreide oder Ähnlichem bestrichen werden.

VI. Berechnungsbeispiele.

1. Berechnung der Saug- und Druckrohrquerschnitte der doppelt wirkenden Pumpe der Wasserwerkmaschine, Tafel I. Kolbendurchmesser $D_p = 285$ mm, Hub $s_1 = 800$ mm, Umlaufzahl $n = 50$ in der Minute. Mittlere Kolbengeschwindigkeit:

$$c_m = \frac{s_1 \cdot n}{30} = \frac{0{,}8 \cdot 50}{30} = 1{,}33 \text{ m/sek.}$$

Unter Vernachlässigung der Querschnittverminderung durch die Kolbenstange wird der Rohrquerschnitt f_s nach der Formel (151) bei einer mittleren Wassergeschwindigkeit $v_m = 1$ m/sek in der Saugleitung:

$$f_s = \frac{F \cdot c_m}{v_m} = \frac{\pi}{4}\, 28{,}5^2 \cdot \frac{1{,}33}{1} = 850 \text{ cm}^2.$$

Saugrohrdurchmesser 33 cm, abgerundet auf 350 mm.

Bei $v_m = 1{,}7$ m/sek Geschwindigkeit in der Druckleitung muß das Druckrohr einen Querschnitt von:

$$f_d = \frac{\pi}{4} \cdot 28{,}5^2 \cdot \frac{1{,}33}{1{,}7} = 500 \text{ cm}^2$$

erhalten. Lichter Rohrdurchmesser $D = 25{,}2$ cm, gewählt $D = 250$ mm.

Will man die Verluste in den Ventilen durch den volumetrischen Wirkungsgrad, der zu $\eta_1 = 0{,}975$ angenommen sei und den Einfluß der Kolbenstange berücksichtigen, so ermittelt man zunächst aus dem mittleren Kolbenquerschnitt F_p die sekundliche Fördermenge Q der Pumpe und daraus die Rohrquerschnitte.

Bei einem Kolbenstangendurchmesser $d = 75$ mm wird:

$$F_p = \frac{1}{2}\left[\frac{\pi}{4} D_p^2 + \frac{\pi}{4}(D_p^2 - d^2)\right] = \frac{1}{2}\frac{\pi}{4}[2 \cdot 28{,}5^2 - 7{,}5^2] = 616 \text{ cm}^2.$$

$$Q = \eta_1 F_p \cdot 2 s_1 \cdot \frac{n}{60} = 0{,}975 \cdot 616 \cdot 2 \cdot 80 \cdot \frac{50}{60} \approx 80080 \text{ cm}^3/\text{sek}.$$

Daraus folgt für den Druckrohrquerschnitt

$$f_d = \frac{Q}{v_m} = \frac{80080}{170} = 471 \text{ cm}^2.$$

Demnach würde ein Rohr von 245 mm Durchmesser ausreichen. In demjenigen von 250 mm Durchmesser entsteht eine wirkliche mittlere Geschwindigkeit von 1,63 m/sek.

2. Rohrleitungen zu den Zylindern der Dampfmaschine, Tafel I. Der Querschnitt des Dampfzuleitungsrohres am Hochdruckzylinder wird bei $v_m = 30$ m/sek und unter Vernachlässigung der Wirkung der Kolbenstange bei $D_h = 450$ mm:

$$f_e = \frac{\pi}{4} D_h^2 \cdot \frac{c_m}{v_m} = \frac{\pi}{4} \cdot 45{,}0^2 \cdot \frac{1{,}33}{30} = 70{,}7 \text{ cm}^2.$$

Ihm entspricht ein Rohrdurchmesser von 95 mm. Gewählt $d_e = 100$ mm.

Auslaßrohre des Hochdruckzylinders. $v_m = 20$ m/sek:

$$f_a = \frac{\pi}{4} D_h^2 \cdot \frac{c_m}{v_m} = \frac{\pi}{4} \cdot 45{,}0^2 \cdot \frac{1{,}33}{20} = 106 \text{ cm}^2.$$

$d_a = 116$ mm; gewählt 125 mm.

Überströmleitung zum Niederdruckzylinder. $v_m = 30$ m/sek, bezogen auf den Niederdruckzylinderquerschnitt. $D_n = 800$ mm.

$$f_e' = \frac{\pi}{4} D_n^2 \cdot \frac{c_m}{v_m} = \frac{\pi}{4} \cdot 80^2 \cdot \frac{1{,}33}{30} = 223 \text{ cm}^2.$$

$d_e' = 169$, gewählt 175 mm Durchmesser.

Ausströmleitung, $v_m = 20$ m/sek.

$$f_a' = \frac{\pi}{4} D_n^2 \cdot \frac{c_m}{v_m} = \frac{\pi}{4} \cdot 80^2 \cdot \frac{1{,}33}{20} = 335 \text{ cm}^2.$$

$d_a' = 207$, gewählt 225 mm.

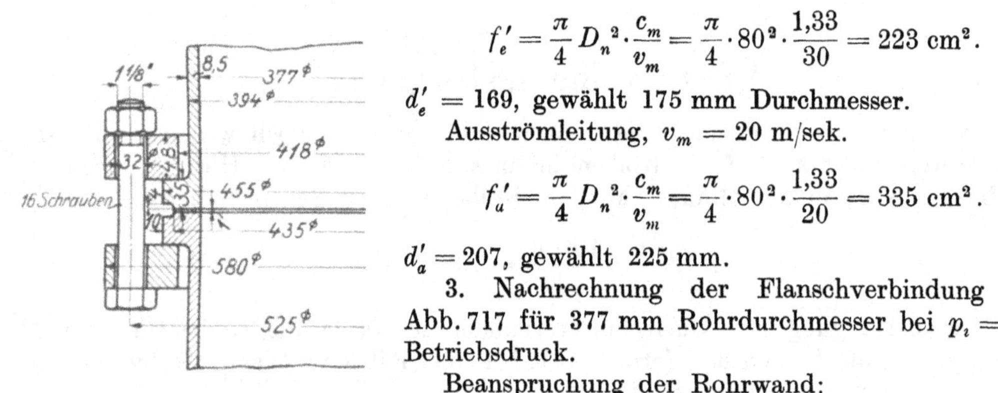

Abb. 717. Lose Flanschverbindung für 377 mm Rohrdurchmesser.

3. Nachrechnung der Flanschverbindung nach Abb. 717 für 377 mm Rohrdurchmesser bei $p_i = 20$ at Betriebsdruck.

Beanspruchung der Rohrwand:

$$\sigma_z = \frac{d \cdot p_i}{2s} = \frac{37{,}7 \cdot 20}{2 \cdot 0{,}85} = 444 \text{ kg/cm}^2.$$

Längskraft der Flanschverbindung, berechnet aus dem äußeren Dichtungsdurchmesser D_6:

$$P' = \frac{\pi}{4} D_6^2 \cdot p_i = \frac{\pi}{4} \cdot 43{,}5^2 \cdot 20 \approx 29700 \text{ kg}.$$

Beanspruchung der 16 Stück 1⅛" Schrauben:

$$\sigma_z = \frac{P'}{i \cdot \frac{\pi}{4} d_1^2} = \frac{29700}{16 \cdot 4{,}50} = 413 \text{ kg/cm}^2.$$

Beanspruchung des losen Flansches nach Formel (164), für die sich der mittlere Durchmesser der Auflagefläche des Flansches am Bordring:

$$D_m = \frac{D_4 + D_3}{2} = \frac{455 + 418}{2} = 436{,}5 \text{ mm}$$

ergibt Formel (164):

$$\sigma_b = 6 \cdot \frac{P'}{2} \cdot \frac{\frac{D_2 - D_m}{\pi}}{(D_1 - D_3 - 2\,d_0)\,h^2} = 6 \cdot \frac{29700}{2} \cdot \frac{\left(\frac{52{,}5 - 43{,}65}{\pi}\right)}{(58 - 41{,}8 - 2 \cdot 3{,}2)\,4{,}8^2} = 1110 \text{ kg/cm}^2.$$

Auf Grund der von Westphal angegebenen Formeln (165) und (166) werden die Grenzwerte, zwischen denen die Spannung an den Innenkanten des Flansches liegt:

$$\sigma = \pm \frac{3\,P'(D_2 - D_m)}{\pi D_3 h^2 \ln \frac{D_1}{D_3}} = \frac{3\cdot 29700\,(52{,}5 - 43{,}65)}{\pi\cdot 41{,}8\cdot 4{,}8^2 \ln \frac{58}{41{,}8}} = 796 \text{ kg/cm}^2,$$

$$\sigma' = \pm \frac{3\,P'(D_2 - D_m)}{\pi D_3 h^2 \ln \frac{D_1}{D_1'}\frac{D_3'}{D_3}} = \frac{3\cdot 29700\,(52{,}5 - 43{,}65)}{\pi\cdot 41{,}8\cdot 4{,}8^2 \ln \frac{58\cdot 49{,}3}{55{,}7\cdot 41{,}8}} = 1270 \text{ kg/cm}^2.$$

Für die Berechnung nach der Ensslinschen Formel (72) wäre

$$r_i = \frac{D_m}{2} = 21{,}83 \quad \text{und} \quad r_a = \frac{D_2}{2} = 26{,}25 \text{ cm}$$

zu setzen, woraus

$$\frac{r_i}{r_a} = \frac{21{,}83}{26{,}25} = 0{,}831$$

und aus Abb. 65 $\varphi_7 = 1{,}062$ folgt.

$$\sigma = \varphi_7 \cdot \frac{P'}{h^2} = \frac{1{,}062\cdot 29700}{4{,}8^2} = 1369 \text{ kg/cm}^2.$$

Daß dieser Wert sicher zu hoch ist, war schon auf Seite 381 des näheren ausgeführt.

Beanspruchung des Bordringes.

Der Hebelarm a des Biegemomentes findet sich als Abstand der Mitte der Auflagefläche des losen Flansches von der Rohrwand:

$$a = \frac{D_m - D_a}{2} = \frac{436{,}5 - 394}{2} = 21{,}25 \text{ mm}.$$

$$\sigma_b = \frac{6\cdot P'\cdot a}{\pi\cdot D_a\cdot h^2} = \frac{6\cdot 29700\cdot 2{,}13}{\pi\cdot 39{,}4\cdot 3{,}5^2} = 253 \text{ kg/cm}^2.$$

Die Scherspannung betrüge nur:

$$\sigma_s = \frac{P'}{\pi\cdot D_a\cdot h} = \frac{29700}{\pi\cdot 39{,}4\cdot 3{,}5} = 69 \text{ kg/cm}^2,$$

ist also nicht maßgebend.

4. Berechnung ovaler Flansche.

a) Ein besonders aufgesetzter Flansch, Abb. 669, muß in sich genügende Festigkeit gegenüber den äußeren Kräften haben. Der gefährliche Querschnitt FB liegt in der Mitte; er muß hinreichend biegefest sein. Bei $p_i = 10$ at Druck, einem lichten Rohrdurchmesser von 50 und einem Außendurchmesser der Dichtleiste von 90 mm wird der mittlere Durchmesser $d_m = 70$ mm und die Längskraft im Rohre:

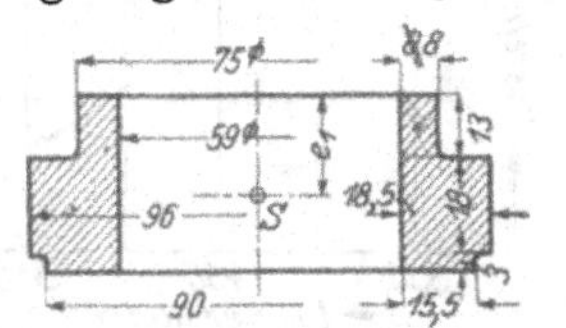

Abb. 718. Querschnitt FB des Flansches Abb. 669.

$$P' = \frac{\pi}{4} d_m^2 \cdot p_i = \frac{\pi}{4}\cdot 7^2\cdot 10 = 385 \text{ kg}.$$

Am Querschnitt FB, Abb. 718, beträgt der Schwerpunktabstand von der oberen Fläche des Flansches:

$$e_1 = \frac{0{,}8\cdot 1{,}3\cdot 0{,}65 + 1{,}85\cdot 1{,}8\cdot 2{,}2 + 0{,}3\cdot 1{,}55\cdot 3{,}25}{0{,}8\cdot 1{,}3 + 1{,}85\cdot 1{,}8 + 0{,}3\cdot 1{,}55} = 1{,}97 \text{ cm},$$

das Trägheitsmoment:

$$J = 2\left[\frac{0{,}8\cdot 1{,}3^3}{12} + 0{,}8\cdot 1{,}3\cdot 1{,}32^2 + \frac{1{,}85\cdot 1{,}8^3}{12} + 1{,}85\cdot 1{,}8\cdot 0{,}23^2 + \frac{1{,}55\cdot 0{,}3}{12} + 1{,}55\cdot 0{,}3\cdot 1{,}28^2\right] = 7{,}59 \text{ cm}^4,$$

Damit wird die Biegebeanspruchung:

$$\sigma_b = \frac{P' \cdot c}{2\,J} \cdot e_1 = \frac{385 \cdot 5{,}75 \cdot 1{,}97}{2 \cdot 7{,}59} = 288 \text{ kg/cm}^2,$$

ist also genügend niedrig. Im Querschnitt GH, Abb. 669, als Rechteck von der Breite $b' = 83$ und der Höhe $h = 18$ mm aufgefaßt, beträgt die Spannung nur:

$$\sigma_b' = 6 \cdot \frac{P'}{2} \cdot \frac{c'}{b'\,h^2} = 6 \cdot \frac{385}{2} \cdot \frac{2}{8{,}3 \cdot 1{,}8^2} = 86 \text{ kg/cm}^2.$$

b) Im Falle eines an dem Rohr unmittelbar angegossenen Flansches, Abb. 668, wird dagegen der Querschnitt GH der gefährliche. Bei den in der Abbildung eingeschriebenen Maßen und $p_i = 10$ at Druck muß ein gußeiserner Flansch unter einer zulässigen Beanspruchung auf Biegung von $k_b = 200$ kg/cm² bei einer Dichtungsbreite von 15 mm und somit:

$$P' = \frac{\pi}{4} d_m^2 \cdot p_i = \frac{\pi}{4} \cdot 6{,}5^2 \cdot 10 = 332 \text{ kg}$$

Längskraft in den beiden $^5/_8''$ Schrauben, ein Widerstandsmoment:

$$W = \frac{P' \cdot c'}{2 \cdot k_b} = \frac{332 \cdot 1{,}9}{2 \cdot 200} = 1{,}58 \text{ cm}^3$$

haben. Bei einer Breite $b' = 60$ mm wird die erforderliche Flanschstärke h':

$$h' = \sqrt{\frac{6\,W}{b}} = \sqrt{\frac{6 \cdot 1{,}58}{6}} = 1{,}26 \text{ cm}.$$

Gewählt in Rücksicht auf die $^5/_8''$ Schrauben $h' = 15$ mm.

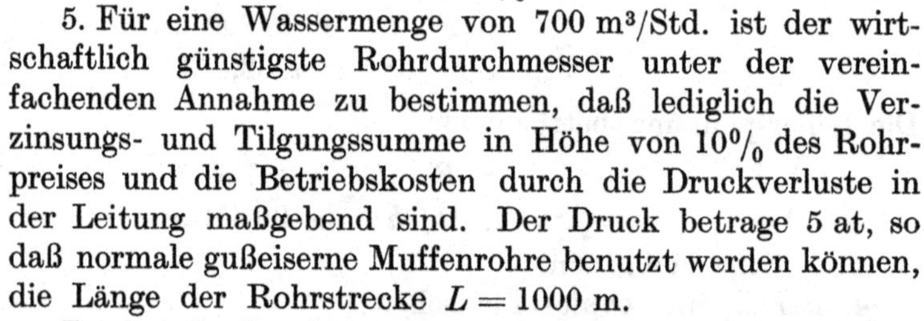

5. Für eine Wassermenge von 700 m³/Std. ist der wirtschaftlich günstigste Rohrdurchmesser unter der vereinfachenden Annahme zu bestimmen, daß lediglich die Verzinsungs- und Tilgungssumme in Höhe von 10% des Rohrpreises und die Betriebskosten durch die Druckverluste in der Leitung maßgebend sind. Der Druck betrage 5 at, so daß normale gußeiserne Muffenrohre benutzt werden können, die Länge der Rohrstrecke $L = 1000$ m.

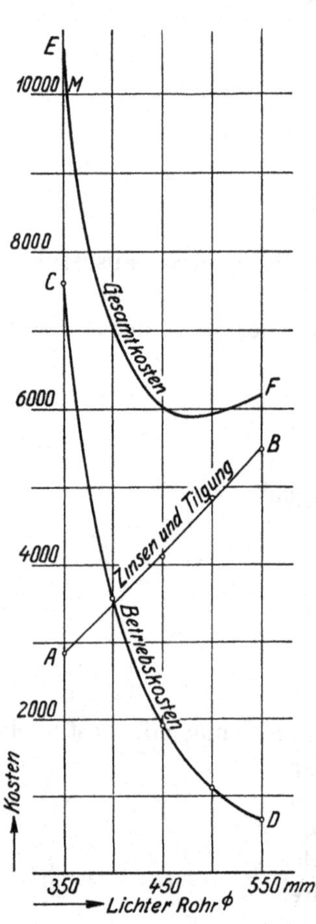

Abb. 719. Ermittlung des wirtschaftlichsten Durchmessers einer Rohrleitung.

Zu den in der folgenden Liste enthaltenen Zahlen für Rohre zwischen 350 und 550 mm lichtem Durchmesser sei bemerkt: Bei der sekundlichen Wassermenge

$$Q = \frac{700}{3600} = 0{,}194 \text{ m}^3\text{/sek}$$

folgt die Geschwindigkeit v aus dem Rohrdurchmesser d und dem Querschnitt $f = \pi \frac{d^2}{4}$:

$$v = \frac{Q}{f} \text{ (Spalte 3).}$$

In Spalte 4 sind die Gewichte G der normalen Muffenrohre von 4 m Gebrauchslänge nach der Zusammenstellung 85, Seite 338, in Spalte 5 die Kosten K für $L = 1000$ m Leitung bei einem Vorkriegspreis, einschließlich Verlegungskosten, von $k = 0{,}24$ M für ein kg Gußeisen: $K = G \cdot k \cdot \frac{L}{4}$, in Spalte 6 die Verzinsungs- und Tilgungssumme in Höhe von $0{,}10\,K$ angegeben. Dieselbe steigt nach der Linie $A\,B$ der Abb. 719 annähernd geradlinig mit zunehmendem Durchmesser.

Die Betriebskosten sind durch den Widerstand w der Leitung bedingt, der in Metern Wassersäule ausgedrückt, aus $w = \lambda \cdot \frac{L}{d} \frac{v^2}{2g}$, Spalte 8, folgt. λ ist darin nach der Gleichung von Lang aus:

$$\lambda = 0{,}009 + \frac{a}{\sqrt{d}} + \frac{0{,}0019}{\sqrt{v \cdot d}}$$

mit $a = 0{,}012$ für Rohre mit dünner Ansatzschicht ermittelt. Aus w und der sekundlichen Wassermenge Q ergibt sich schließlich der Betriebsverlust N in Pferdestärken:

$$N = 1000 \cdot \frac{Q \cdot w}{75}\ \text{PS},$$

der bei 3000 Betriebsstunden mit 150 M für eine Jahrespferdekraft angesetzt, zu den Betriebskosten in Spalte 10 führt. Sie sind in Abb. 719 durch die mit dem Rohrdurchmesser fallende Linie CD dargestellt. Der wirtschaftlichste Durchmesser ist nach dem Kleinstwert, den die Summe der Kosten $K + K_1$, Spalte 11 und Linie EF annimmt, 475 mm.

1 d mm	2 f m²	3 v m/sek	4 G kg	5 K M	6 $0{,}1 \cdot K$ M	7 λ	8 w m Wassersäule	9 N PS	10 K_1 M	11 $K+K_1$ M
350	0,0962	2,01	496	29700	2970	0,0316	18,6	50,7	7600	10570
400	0,125	1,54	587	35100	3510	0,0304	9,2	23,8	3570	7080
450	0,159	1,22	680	41100	4110	0,0295	4,95	12,8	1920	6030
500	0,196	0,99	807	48400	4840	0,0287	2,86	7,4	1110	5950
550	0,238	0,815	914	54900	5490	0,0281	1,78	4,6	690	6180

VII. Anlage von Rohrleitungen.

Allgemein gilt, daß die gesamte Anlage möglichst einfach, übersichtlich und in allen wesentlichen Teilen leicht zugänglich sein soll. Klare, einfache Rohrleitungspläne bilden schwierige, aber wichtige Teile des Entwurfes einzelner Maschinen und in erhöhtem Maße der Pläne ganzer Anlagen. Verwickelte Rohrleitungen sind teuer; meist geben sie auch durch vermehrte Widerstände erheblich größere Betriebsverluste, sind empfindlicher, schwieriger zu bedienen und im Stand zu halten! Man vermeide jede unnötige Krümmung und beschränke die Zahl der Teile, Anschlüsse und Verbindungstellen soweit als möglich, jedoch unter Wahrung leichten Zusammenbaues und Wiederauseinandernehmens. Bei Stahlrohren geht man z. B. in neuerer Zeit mehr und mehr zur Schweißung der Stoßstellen, Abb. 709 und zum Anschweißen von Stutzen und Abzweigen unter Vermeidung von Formstücken über. Alle Verbindungsstellen an Rohren unter hohem Druck müssen zugänglich gehalten und so angeordnet werden, daß sich sämtliche Schrauben gleichmäßig anziehen lassen. Zu dem Zwecke sollen die Abstände, in denen die Rohre längs der Wände laufen, genügend groß, Kanäle, in denen sie liegen, weit und nicht zu tief sein. Der Zusammenbau der Leitungen muß, soweit nicht Ausgleichvorrichtungen Vorspannungen zweckmäßig erscheinen lassen, spannungsfrei erfolgen. Besondere Sorgfalt beim Verlegen und Abdichten ist Rohren, die im Betriebe unter Unterdruck stehen, zuzuwenden, weil es an ihnen, im Gegensatz zu solchen mit Überdruck, erheblich schwieriger ist, undichte Stellen nachzuweisen.

An liegenden Muffenrohren sollen die Muffen nach Möglichkeit der Strömungsrichtung entgegengesetzt angeordnet sein, damit die Bewegungswiderstände an den Rohrstößen geringer werden. In Rücksicht auf Nachgiebigkeit und Formänderung durch verschiedene Wärmegrade werden die Rohre zweckmäßigerweise mit etwas Spiel in der Längsrichtung verlegt. Bei senkrechter oder steil-schräger Lage sollen die Muffen des leichteren Zusammenbaues und Einbringens der Dichtung wegen stets aufwärts gerichtet sein. Da sich die Rohre durch ihr Eigengewicht aufeinanderstützen, muß an längeren Leitungen, die Temperaturschwankungen unterworfen sind, z. B. an im Freien liegenden, Ausdehnungsmöglichkeit durch gelegentlich angeordnetes größeres Spiel oder durch Stopfbüchsen unter geeigneter Stützung der Leitung vorgesehen werden.

Stets ist auf die Verwendung normaler Teile hinzuwirken. Einheitliche Sinnbilder für Rohrleitungsteile sind in DIN 2429 und 2430 festgelegt worden.

Bei Anlagen mit verschiedenen Betriebsmitteln empfiehlt es sich, der Übersichtlichkeit wegen dringend, Farben zur Kennzeichnung und Unterscheidung der einzelnen Rohrstränge zu benutzen. Auf Grund der Arbeiten eines Ausschusses [VIII, 5] und darauf fußend, des Normenausschusses der deutschen Industrie, sind zu dem Zwecke die folgenden Grundfarben der DIN 2403 vereinbart worden: Grün für Wasser, Gelb für Gas, Blau für Luft, Rot für Dampf, Grau für Vakuum, Orange für Säuren, Lila für Lauge, Braun für Öl, Schwarz für Teer. Durch schmale, über die Grundfarben gelegte Querstreifen lassen sich noch Unterarten des Leitungsinhaltes, ferner die Höhe der Pressung, die Temperatur u. dgl. kenntlich machen. Die Bezeichnung der Rohre erfolgt unmittelbar unter Verwendung hitzebeständiger Farben oder durch emaillierte oder lackierte Blechbänder von etwa 10 bis 15 cm Breite, die an den Kreuzungspunkten oder an sonst wichtigen Stellen um die Rohre gelegt werden oder durch farbige Pfeile, die gleichzeitig die Stromrichtung angeben. Durch Anbringen von Rippen läßt sich den Bändern ein gewisser Abstand geben, um sie der Einwirkung der Rohrtemperatur zu entziehen. Auch gegen Hitze und Feuchtigkeit unempfindliche Porzellanschilder sind vorgeschlagen worden, die mit Drähten an die Leitungen angehängt werden können.

Die gleichen Farben sollen auch auf Rohrplänen benutzt werden. Unterschiede bezüglich des Leitungsinhaltes u. dgl. sind durch helleres oder dunkleres Abtönen der Grundfarbe zu kennzeichnen und in einer Farbentafel auf der Zeichnung zu erläutern.

Der Werkstoff der Rohre ist abhängig von der Art, dem Druck, der Temperatur und der Geschwindigkeit der durchzuleitenden Betriebsmittel oder Stoffe und so zu wählen, daß er durch deren mechanische oder chemische Wirkungen nicht oder nur in verschwindendem Maße angegriffen wird oder die durchgeleiteten Stoffe nicht schädigt.

Bei Entwurf und Verlegung der Leitungen ist für eine sichere und gute Unterstützung, bei Rohren, die verschiedenen Wärmegraden ausgesetzt sind, für die Ausdehnungsmöglichkeit Sorge zu tragen. Dem ersten Punkt werden am einfachsten im Boden verlegte Rohrleitungen gerecht, wenn sie auf gewachsenem Erdreich ruhen und gut hinterfüllt und unterstopft werden. Besonders gefährdet sind die Rohre an den Übergangstellen von festem in lockeren Boden oder an den Einführungspunkten in Gebäude. Dort ist darauf zu achten, daß sie durch Senkungen des Bodens oder des Mauerwerks nicht auf Biegung beansprucht werden, wie es z. B. beim vollständigen Einmauern derselben in einer Gebäudewand der Fall wäre.

Große Schwierigkeiten bieten Rohrleitungen auf unsicherem oder aufgeschüttetem Grunde, indem die dort unvermeidlichen unregelmäßigen Senkungen selbst bei zähen Baustoffen oft Brüche hervorrufen. Stahlrohre sind in dem Falle den spröden gußeisernen unbedingt überlegen. Wegen der leichteren Anpassung an die Unebenheiten des Bodens und wegen der Vermeidung der Schrauben, die im feuchten Erdreich stark rosten, sind Muffenrohre bei nicht zu hohen Drucken Flanschenrohren vorzuziehen, verlangen aber eine sichere Festlegung der End- und Knickpunkte, weil größere Längskräfte durch die gewöhnlichen Muffen nicht übertragen werden können.

Freiliegende Leitungen müssen in genügenden Abständen unterstützt werden, um schädlichen Nebenbeanspruchungen durch das Eigengewicht und durch den Inhalt — auf Biegung bei wagrechter Lage, auf Druck oder Knickung bei senkrechter Anordnung —, zu begegnen, die nicht selten zu Brüchen und zum Undichtwerden der Dichtstellen Anlaß geben. In erster Linie wird man dazu die Abzweig- und Kreuzungsstellen, manchmal auch die Eckpunkte benutzen, weil die dort verwandten Formstücke meist Gelegenheit zum Anbringen von Füßen, Stützen, Rippen usw. bieten und weil dadurch diese besonders wichtigen Punkte festgelegt und gegenseitige Einwirkungen längerer Rohrstränge aufeinander vermieden werden. Eine Ausnahme bilden Leitungen, die starken Wärmeschwankungen unterworfen sind, vgl. Seite 395. Beispiele für Unterstützungen zeigen die Abb. 731 und 720 bis 723. Abb. 731 Eckunterstützung, Abb. 720 Aufhängung einer

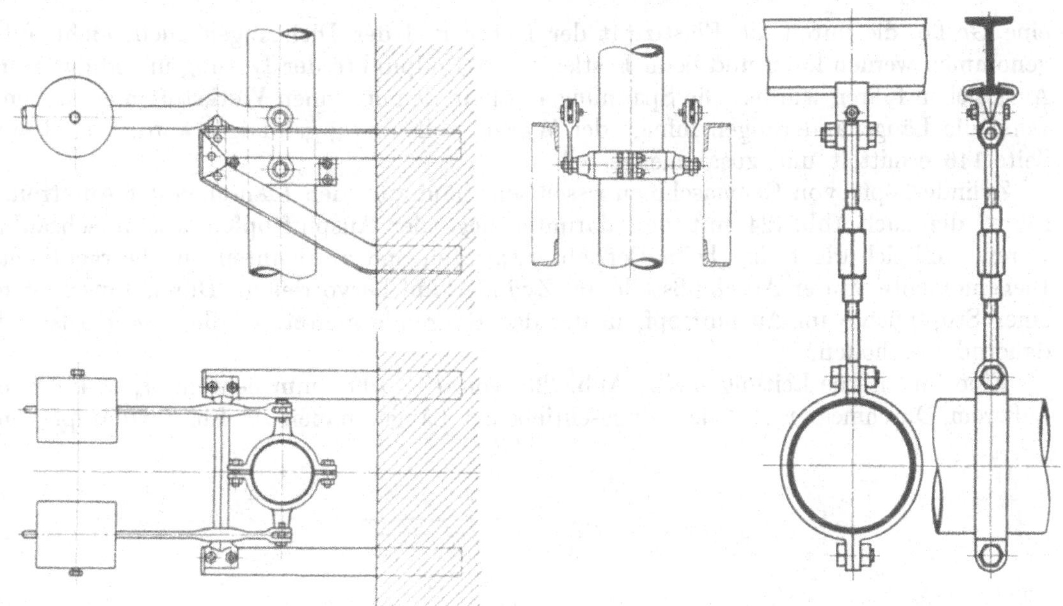

Abb. 720. Unterstützung einer Schachtleitung.

Abb. 721. Aufhängung einer Leitung.

Schachtleitung unter Ausgleich des Eigengewichts. Liegende Rohre werden an Zwischenpunkten nach Abb. 721 aufgehängt oder nach Abb. 722 und 723 auf Rollen gelagert, Vorrichtungen, die gleichzeitig Längenänderungen durch die Wärme zulassen.

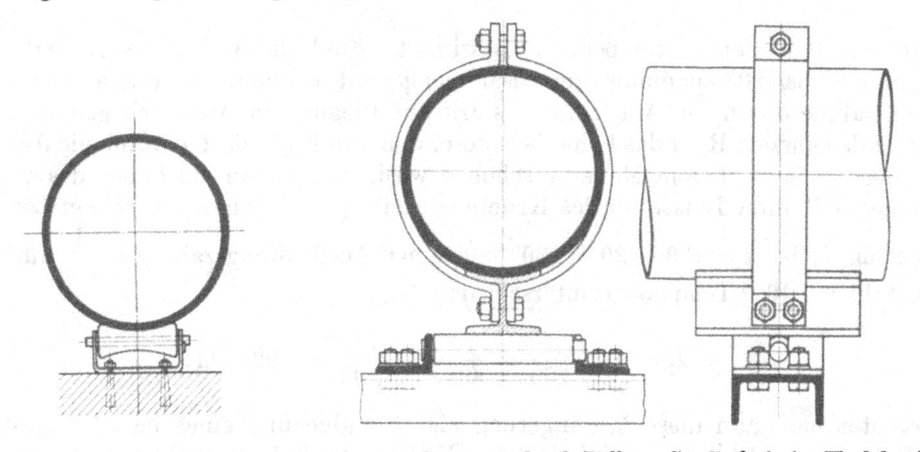

Abb. 722. Lagerung auf Rollen.

Abb. 723. Stützung durch Rollen. Gesellschaft für Hochdruckrohrleitungen, Berlin.

Kleinere Rohrleitungen, wie sie z. B. als Brennstoff-, Öl- und Kühlwasserleitungen an Maschinen vorkommen, müssen durch Schrauben oder Schellen in um so kürzeren Abständen sicher gehalten werden, je stärkeren Erschütterungen oder Stößen sie z. B. an bewegten Teilen oder an Fahrzeugen ausgesetzt sind, um Eigenschwingungen, die häufig Brüche zur Folge haben, nach Möglichkeit auszuschalten.

Der Einfluß der Wärme sei an einigen Beispielen erläutert. Eine $L = 50$ m lange, gerade, schmiedeiserne Leitung für überhitzten Dampf von $t = 350^0$ Betriebstemperatur erfährt bei Erwärmung von 0 auf 350° bei einer Wärmeausdehnungszahl $\gamma = \frac{1}{900}$ für 100° Temperaturunterschied eine Verlängerung:

$$\lambda = L \cdot \gamma \cdot \frac{t}{100} = 5000 \cdot \frac{1}{900} \cdot \frac{350}{100} = 19{,}5 \text{ cm},$$

eine Größe, die durch die Elastizität der Rohre und der Dichtungen allein nicht aufgenommen werden kann und beim Festlegen der Endpunkte der Leitung unbedingt zum Ausknicken führen würde. Die Spannungen, die in den einzelnen Werkstoffen entstehen, wenn die Längenänderungen infolge der Wärme vollständig gehindert werden, sind auf Seite 146 ermittelt und zusammengestellt.

Zylinderköpfe von Gasmaschinen rissen sehr häufig an den Flanschen der Ausströmrohre, die nach Abb. 724 mit den darunter liegenden Auspufftöpfen fest verschraubt waren, weil sich die Rohre beim Betrieb erwärmten und ausdehnten und beträchtliche Biegemomente an der Anschlußstelle am Zylinderkopf hervorriefen. Durch Einschalten einer Stopfbüchse im Auspufftopf, in der das Rohrende gleitet, wurde dem Übelstand dauernd abgeholfen.

Eine flußeiserne Leitung ABC, Abb. 725, von $d_i = 100{,}5$ mm lichtem, $d_a = 108$ mm äußerem Durchmesser und den eingeschriebenen Längenmaßen sei für Sattdampf von

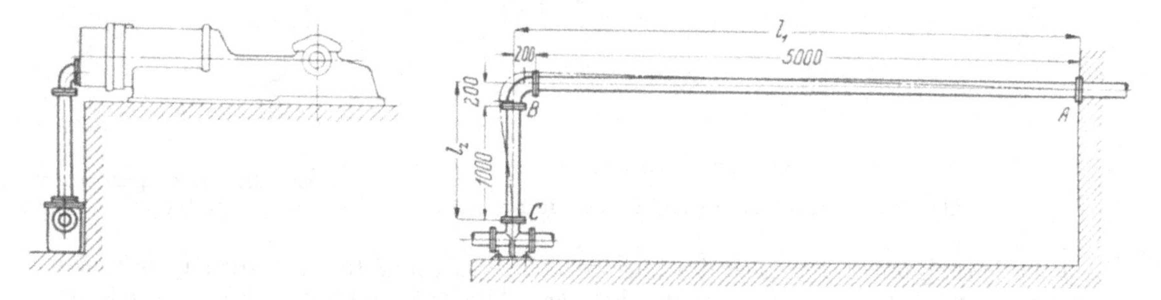

Abb. 724. Abb. 725. Formänderungen an einer Rohrleitung bei der Erwärmung.

10 at und 180° Betriebstemperatur, bestimmt. Sind die Rohre bei A und C eingespannt und bei 20° spannungsfrei zusammengebaut worden, so werden sie bei der Inbetriebnahme durch die Ausdehnung stark auf Biegung in Anspruch genommen. Und zwar ist das kürzere Rohr das höher belastete, weil sein Endpunkt B durch die Ausdehnung des längeren in stärkerem Maße verschoben wird. Setzt man die Länge des wagrechten Stranges AB unter Einschluß des Krümmers mit $l_1 = 5200$ mm an, so beträgt die Verlängerung λ_1 bei $t = 180 - 20 = 160°$ und einer Ausdehnungszahl $\gamma = \frac{1}{900}$ für weichen Flußstahl bei 100° Temperaturunterschied:

$$\lambda_1 = \gamma \cdot l_1 \cdot \frac{t}{100} = \frac{1}{900} \cdot 520 \cdot \frac{160}{100} = 0{,}925 \text{ cm}.$$

Betrachtet man nun diese Verlängerung als Durchbiegung eines bei C eingespannten, bei B durch eine Einzelkraft P belasteten Freiträgers BC, so ergibt sich die dazu nötige Belastung P nach Zusammenstellung 5, S. 24, lfd. Nr. 1 aus:

$$\lambda_1 = \frac{\alpha \cdot P \cdot l_2^3}{3\,J},$$

wenn α die Dehnungszahl des Werkstoffes, J das Trägheitsmoment des Trägers, also der Rohrwandung ist. Die Biegebeanspruchung σ_b im Querschnitt C durch P würde:

$$\sigma_b = \frac{P \cdot l_2}{J} \cdot \frac{d_a}{2}$$

sein. Setzt man den Wert von $P = \frac{3\,J \cdot \lambda_1}{\alpha \cdot l_2^3}$ aus der oberen Gleichung in die untere ein, so folgt als Beziehung zwischen σ_b und λ_1:

$$\sigma_b = \frac{3\,\lambda_1}{\alpha \cdot l_2^2} \cdot \frac{d_a}{2}.$$

Sie zeigt, daß die Länge l_2 des Rohres quadratischen Einfluß hat, daß also die Spannungen mit abnehmender Länge sehr stark wachsen. Durch Einführen der Zahlenwerte wird:

$$\sigma_b = \frac{3 \cdot 0{,}925 \cdot 2100000}{100^2} \cdot 5{,}4 = 3145 \text{ kg/cm}^2,$$

so daß die Spannung im Rohr die Fließgrenze des üblichen weichen Stahls bei weitem überschreitet. Aber auch die Flansche und die Schrauben werden sehr ungünstig und ungleichmäßig beansprucht, Flanschverbindungen, die Biegemomenten ausgesetzt sind, zudem besonders leicht undicht!

Die Rechnung ist insofern eine nur angenäherte, als die Nachgiebigkeit der Packungen und der Schrauben die Beanspruchung erniedrigen wird, abgesehen davon, daß eine vollständige Einspannung der Rohrenden bei A und C selten vorliegen dürfte. Andererseits ist aber die Annahme des Rohres BC als Freiträger zu günstig, weil die elastische Linie, wie Abb. 725 schematisch zeigt, doppelt gekrümmt ist. Den Einfluß der Länge l_2 des Rohres BC zeigen die folgenden, mit größerer Länge rasch günstiger werdenden Zahlen für σ_b:

$l_2 =$	1000	2000	3000	4000 mm
$\sigma_b =$	3145	786	349	197 kg/cm².

Bei genügender Länge der beiden Rohrstränge ist es mithin möglich, die durch die Wärme bedingten Formänderungen durch die Elastizität der Rohre aufzunehmen, ein Umstand, der bei der Anlage von Dampfleitungen häufig benutzt wird, indem die Ecken nicht zur Unterstützung herangezogen, sondern frei gehalten werden.

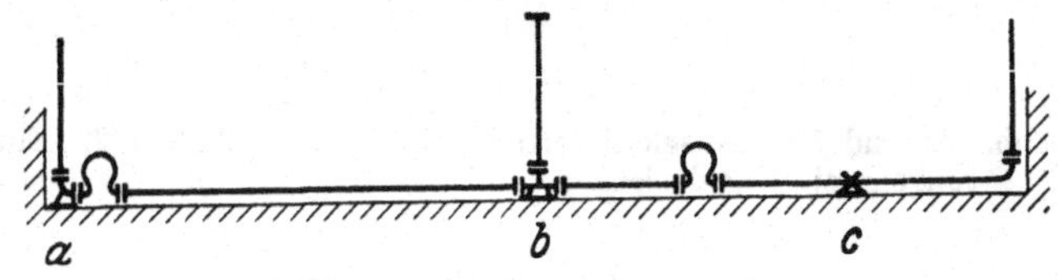

Abb. 726. Rohrstrang mit Ausgleichvorrichtungen.

Ein anderer Weg, die Spannungen zu vermindern, ist, die Rohre bei gewöhnlicher Temperatur unter **Vorspannung** so zusammenzubauen, daß diese den bei der Erwärmung auftretenden Momenten entgegenwirkt, ein Mittel, das beim Einsetzen der unten erwähnten Federbogen, Abb. 727 und 728, angewendet wird, indem man die Flansche des Rohrstranges in etwas größerem Abstande und geneigt zueinander anordnet, so daß der Bogen beim Einbau auseinandergezogen werden muß.

Reicht die Elastizität der Rohre nicht aus, so müssen besondere **Ausgleichvorrichtungen** eingeschaltet werden. In einem geraden Strange, Abb. 726, an dem die Punkte a, b und c festgelegt sind, sind zwei derartige Vorrichtungen nötig.

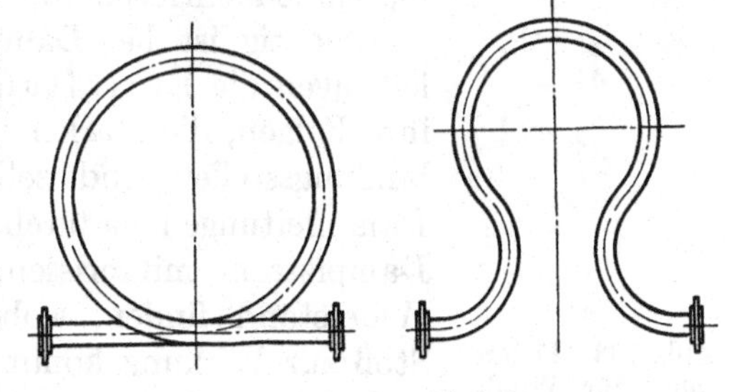
Abb. 727 und 728. Federbogen.

Die einfachsten und billigsten Formen für Leitungen bis zu 400 mm Durchmesser sind, sofern genügender Raum zur Verfügung steht, Rohrbogenausgleicher oder Federbogen, Abb. 727, 728 aus Kupfer (bis 200°) oder weichem Schmiedeeisen. Sie zeigen gewöhnlich runden Querschnitt, werden aber auch nach einem D. R. G. M. der Gesellschaft für Hochdruckleitungen mit elliptischem ausgeführt, um die Beanspruchung des Rohres in den äußeren Fasern durch die Biegung geringer zu halten. Ihr Krümmungshalbmesser soll mindestens gleich dem fünffachen des lichten Rohrdurchmessers sein. Die gebräuchlichen Federrohre pflegen 50 bis 100 mm Verschiebung zuzulassen.

Ausgleichvorrichtungen mit Kugelgelenken und metallischen, geschliffenen Dichtflächen nach Abb. 729 und 730 geben erfahrungsgemäß häufig Anlaß zu Undichtigkeiten und schwierigen, störenden Nacharbeiten. Solche mit Metallschläuchen liefert die Metallschlauchfabrik Pforzheim.

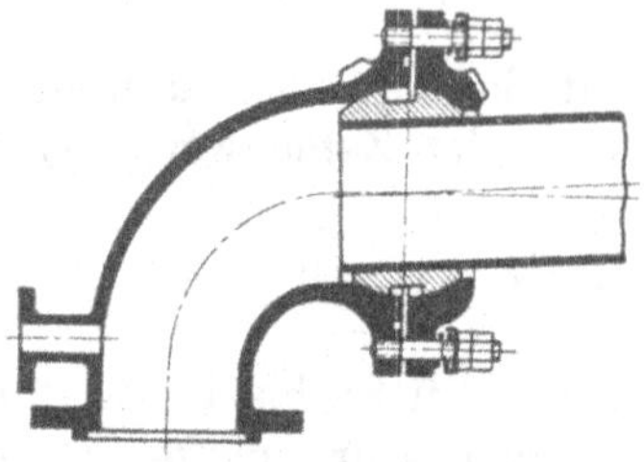

Stopfbuchsausgleicher, Abb. 731, können unmittelbar in die gerade Rohrleitung, z. B. eine Schachtleitung, eingeschaltet werden, verlangen aber die Aufnahme der Längskräfte durch besondere Verankerungen oder Stützen, brennen leicht fest und sind zudem schwer dicht zu halten. Um das Einrosten zu vermeiden, stellt man die Degenrohre D aus Bronze oder Messing her. Entlastete Stopfbuchsausgleicher, Abb. 732, bieten den

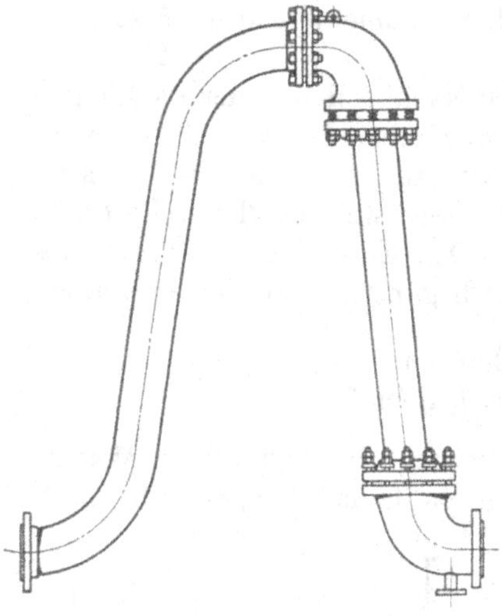

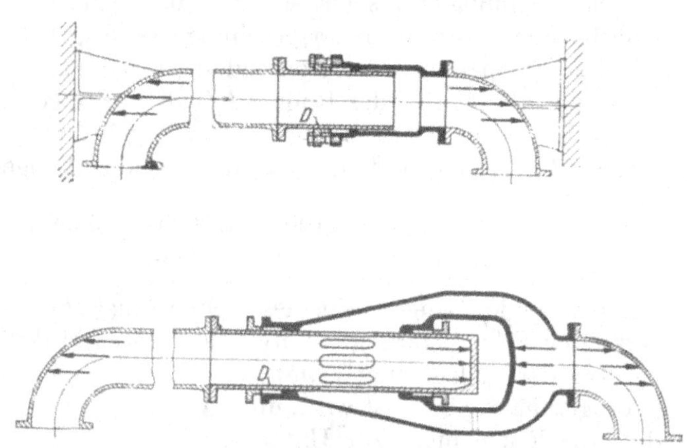

Abb. 729 und 730. Ausgleichvorrichtungen mit Kugelgelenken.

Abb. 732. Entlasteter Stopfbuchsausgleicher.

Vorteil, daß sich die Längskräfte aufheben, bedingen aber zwei Abdichtungen und sind deshalb noch empfindlicher.

Für geringe Verlängerungen und bei mäßigen Drucken genügen Federteller, Abb. 733 oder besonders dünnwandige, sehr elastische Zwischenstücke und Krümmer aus Kupfer oder Messingblech, wie sie z. B. in die Auspuffleitungen an Dampfmaschinen eingeschaltet werden.

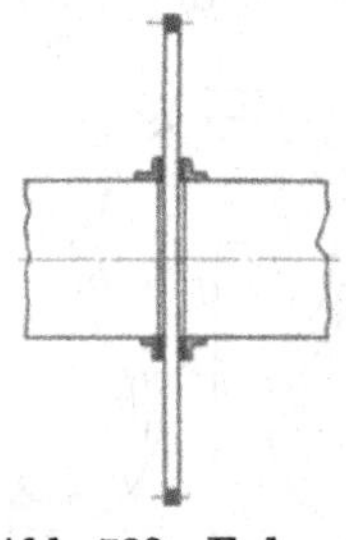

Abb. 733. Federteller für Windleitungen usw.

Wichtig ist bei Dampfleitungen die Entwässerung, bei Wasserleitungen die Entlüftung, um die oft sehr heftigen Wasserschläge und ihre Folgen, die starken Erschütterungen, das Undichtwerden der Verbindungsstellen und selbst Brüche zu vermeiden. Sie entstehen in Dampfleitungen dadurch, daß größere Ansammlungen von Wasser vom Dampfstrom mitgerissen, an einem Knick der Rohrleitung plötzlich Widerstand finden, wobei die lebendige Kraft der Wassermasse als Stoß zur Wirkung kommt.

In Wasserleitungen sammelt sich die mitgerissene oder sich ausscheidende Luft an den höchsten Punkten. Wird nun eine größere, so gebildete Luftmenge vom Wasserstrom mitgenommen, so erzeugen die durch das Luftpolster getrennten beiden Wassersäulen an den Knickpunkten der Leitungen wiederum heftige Massenstöße.

Dampfleitungen gibt man zur Entwässerung geringes Gefälle in der Richtung des Dampfstromes, damit dieser den Abfluß des ausgeschiedenen Wassers unterstützt. In den tiefsten Punkten der Leitung sind Kondenstöpfe anzuschließen oder an geeigneten Punkten, insbesondere dicht vor den angeschlossenen Maschinen Wasserabscheider zur Ableitung des Niederschlags einzuschalten.

Wasserleitungen sind an den höchsten Punkten mit Entlüftungsvorrichtungen zu versehen.

VIII. Schutz der Rohrleitungen gegen Ausstrahlung.

Ungeschützte Leitungen für warme Flüssigkeiten oder Dämpfe geben an die kältere Luft beträchtliche Wärmemengen ab. Sollen die so entstehenden Verluste beschränkt werden, so müssen die Leitungen isoliert, mit einem die Wärme schlecht leitenden Stoff umgeben werden. Als solche kommen Kieselgur, Asbest, Kork, Torf, Haare usw., in Betracht, die entweder für sich allein oder miteinander gemischt verwendet werden. Die Masse wird durch Lehm, Kartoffelmehl und Wasser plastisch gemacht, schichtweise auf die heißen Rohrleitungen aufgetragen und nach dem Trocknen durch eine Umwicklung gegen Herabfallen gesichert, oder sie wird in Form von Steinen und Schalen aufgebracht. Wichtig ist, auch die Flansche gegen Ausstrahlung zu schützen, sie aber andererseits zugänglich zu halten. Diesem Zwecke dienen abnehmbare Kappen oder verschiebbare Umhüllungen.

Neunter Abschnitt.

Absperrmittel.

Absperrmittel dienen zum zeitweiligen Unterbrechen eines Flüssigkeits-, Gas- oder Dampfstromes. Je nach Art der Bewegung der abdichtenden Flächen gegeneinander teilt man sie ein in:

I. Ventile, II. Klappen, III. Schieber und IV. Hähne.

Bei den Ventilen und Klappen wird die Öffnung durch Abheben des abschließenden Teiles freigegeben, und zwar bei den Ventilen durch eine geradlinige Bewegung senkrecht zum Sitz, bei den Klappen durch eine Drehung um eine seitlich liegende Achse.

An den Schiebern und Hähnen gleiten die Dichtflächen unter geradliniger oder drehender Bewegung aufeinander.

Die wichtigsten Gesichtspunkte bei der Gestaltung und Beurteilung der Absperrmittel sind:

1. Es muß ein sicherer und dauernd dichter Abschluß möglich sein. Je nach der Art und dem Druck der abzusperrenden Flüssigkeiten, Dämpfe oder Gase sind die Werkstoffe der abdichtenden Flächen und Teile: Metall, Leder, Gummi, Holz usw. so zu wählen, daß sie durch die mechanischen oder chemischen Einwirkungen nicht oder nur in ganz geringem Maße angegriffen werden. Manchmal finden sich zwei Stoffe, z. B. am Fernisventil Metall und Leder, gleichzeitig verwandt, der eine zur Aufnahme der Flächenpressung im Sitz, der andere zur Erzielung einer sicheren Abdichtung. Die gleitende Bewegung macht die Schieber und Hähne nur für reine Flüssigkeiten und Gase geeignet; Unreinigkeiten führen rasch zu starkem Verschleiß und Undichtheit.

2. Der Flüssigkeitsstrom soll möglichst wenig Geschwindigkeits- und Richtungsänderungen erfahren, damit die Bewegungswiderstände und Druckverluste klein ausfallen. Das ist um so wichtiger, je schwerer die Flüssigkeit, je größer die Geschwindigkeit und je geringer der Betriebsdruck ist. Schieber und Hähne, die den vollen Querschnitt ohne Ablenkung freigeben, sind in dieser Beziehung den Ventilen und Klappen überlegen.

3. Die einzelnen Teile, besonders die abdichtenden Flächen, müssen zum Reinigen und Nacharbeiten leicht zugänglich und, wenn starker Verschleiß zu erwarten ist, auswechselbar sein.

4. Die Absperrvorrichtungen sollen sich in normale Rohrleitungen einbauen lassen und geringen Raum beanspruchen.

5. An selbsttätigen Ventilen sind die Vorgänge beim Öffnen und Schließen sorgfältig zu berücksichtigen. Die bewegten Teile müssen um so kleinere Gewichte und Hübe erhalten, je rascher sie arbeiten sollen.

I. Ventile.

Je nach dem Zweck und der Art der Betätigung unterscheidet man:

A. Absperrventile. (Ventile in Rohrleitungen.) Die Betätigung geschieht meist von Hand.

B. Selbsttätige Ventile. (Ventile an Pumpen, Kompressoren, Gebläsen usw.) Das Öffnen und Schließen erfolgt von selbst, je nachdem der Druck unter oder über dem Ventilteller größer ist.

C. Gesteuerte Ventile. (Ventile an Dampf-, Gasmaschinen usw.) Die Bewegung der Ventile wird ganz oder teilweise durch einen besonderen Antrieb beherrscht.

D. Ventile für Sonderzwecke. (Sicherheits-, Rohrbruch-, Druckminderventile usw.)

A. Absperrventile.

1. Teile eines Absperrventils.

Die Teile eines Absperrventils, der Teller, der Sitz, die Spindel mit Führung und Stopfbüchse und der Ventilkörper sollen im folgenden einzeln besprochen werden.

Nach Abb. 734 werde die Öffnung, die sich bei gehobenem Ventilteller zwischen den Sitzflächen a und b bildet, als Ventilspalt, die engste Stelle der Öffnung, durch die die Flüssigkeit zuströmt und die gewöhnlich in Höhe der Sitzfläche a liegt, als Sitzweite bezeichnet. Sinngemäß seien der mit dem Hub veränderliche Spalt- und der unveränderliche Sitzquerschnitt unterschieden.

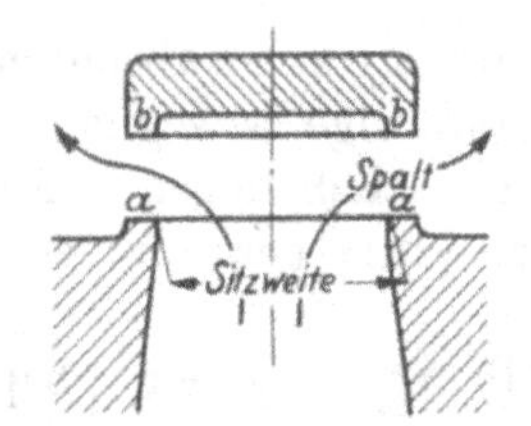

Abb. 734. Ventil geöffnet.

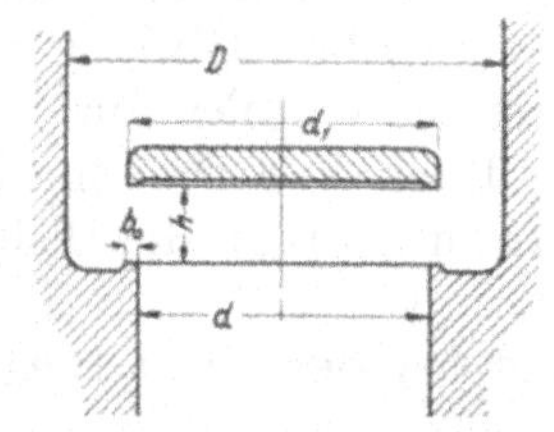

Abb. 735. Tellerventil mit ebenem Sitz.

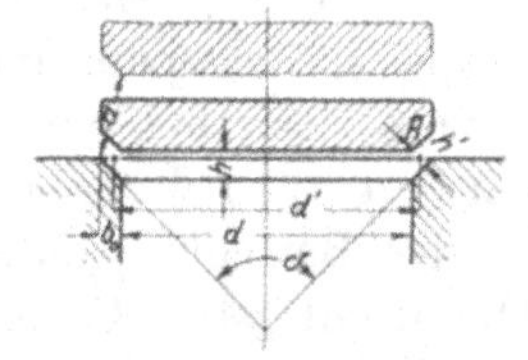

Abb. 736. Tellerventil mit kegeligem Sitz.

2. Durchbildung des Tellers und des Sitzes.

Sie werde an einem einfachen Ventil mit rundem Teller und ebenen Sitzflächen, Abb. 735, gezeigt. Damit die Geschwindigkeit in dem zylindrischen Spalt zwischen den Sitzflächen die gleiche wie im Sitzquerschnitt ist, muß der Hub:

$$h = \frac{d}{4} \tag{167}$$

sein, wie ohne weiteres aus dem Gleichsetzen der beiden Durchflußquerschnitte:

$$\pi \cdot d \cdot h = \frac{\pi\, d^2}{4}$$

folgt. Die Sitzbreite b_0 wird, soweit es Herstellung und Auflagedruck p_0 gestatten, möglichst schmal gewählt, um das Ventil leichter einschleifen zu können und um den zur Dichtheit nötigen Anpreßdruck klein zu halten.

Die Flächenpressung p_0 zufolge des auf dem Teller lastenden Drucks ergibt sich, wenn d_m den mittleren Sitzflächendurchmesser bedeutet und die Sitzbreite b_0 gering ist, genügend genau aus:

$$\frac{\pi d_1^2}{4} \cdot p = \pi \cdot d_m \cdot b_0 \cdot p_0 \,. \tag{168}$$

Bei kegeliger Sitzfläche muß die Projektion b_0 senkrecht zur Druckrichtung, Abb. 736, eingesetzt werden.

Zulässige Werte für p_0, die übrigens, wie später gezeigt ist, durch das Anziehen der Spindel beim Schließen der Ventile noch wesentlich erhöht werden, sind an Absperrventilen, an denen die Sitzflächen nicht aufeinander arbeiten, bei

weichem Gummi . . .	$p_0 \leqq$	15 kg/cm²
Leder	$p_0 \leqq$	80 „
Rotguß	$p_0 \leqq$	150 „
Bronze	$p_0 \leqq$	200 „
Phosphorbronze. . . .	$p_0 \leqq$	250 „
Nickel	$p_0 \leqq$	300 „

Hat man hiernach b_0 und je nach der konstruktiven Ausbildung des Tellers dessen äußeren Durchmesser d_1, Abb. 735, festgelegt, so ergibt sich der Gehäusedurchmesser D aus der Bedingung, daß zwischen der Wand und dem Teller mindestens der Rohrquerschnitt vorhanden sein muß:

$$\frac{\pi}{4}(D^2 - d_1^{\,2}) = \frac{\pi}{4} d^2 .$$

Setzt man $d \approx d_1$, so folgt:

$$D^2 = 2\, d_1^{\,2},$$

$$D \approx 1{,}4\, d_1 . \tag{169}$$

Gewöhnlich wird der Hub und der Raum um das Ventil herum etwas reichlicher gewählt, um geringere Ablenkungen und weniger Wirbelungen zu bekommen. Der Gang der Berechnung ist bei allen andern Ventilformen sinngemäß der gleiche. Aufmerksam sei auf das folgende gemacht. Rippen oder Führungen am Sitz oder Teller verengen die Durchtrittquerschnitte bei kleinen Ventilen um 20 bis 30% und sind sorgfältig zu berücksichtigen. Sind i Rippen von der Breite b' vorhanden, so nehmen sie bei h cm Hub $i \cdot b' \cdot h$ cm² vom Spaltquerschnitt weg. Kegelige Dichtflächen, normrecht nach DIN 254 mit einem Kegelwinkel δ von 90°, Abb. 736, geben bei geringen Hüben um so kleinere Querschnitte frei, je kleiner δ ist. Für den Durchgang kommt nur das von der Kante A des Tellers auf die Sitzfläche gefällte Lot h' oder bei größeren Hüben die Länge der Verbindungslinie a in Betracht, so daß der freigegebene Querschnitt $f' = \pi \cdot d' \cdot h'$, bzw. $\pi \cdot d' \cdot a$ ist, wenn d' den mittleren Spaltdurchmesser bedeutet. Solange das Lot h' gilt, wird mit

$$h' = h \cdot \sin\frac{\delta}{2} \quad \text{und} \quad d' = d + h' \cos\frac{\delta}{2},$$

$$f' = \pi \cdot \left(d + h \cdot \sin\frac{\delta}{2} \cdot \cos\frac{\delta}{2}\right) \cdot h \cdot \sin\frac{\delta}{2},$$

oder bei dem üblichen Wert $\frac{\delta}{2} = 45^0$

$$f' = 2{,}22\left(d + \frac{h}{2}\right) \cdot h . \tag{170}$$

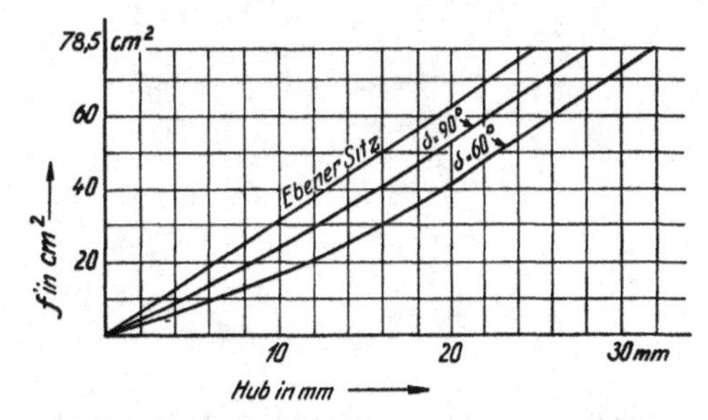

Abb. 737. Durchtrittquerschnitte in Abhängigkeit vom Hub bei ebenen und kegeligen Sitzflächen eines Ventils von 100 mm lichter Weite.

Abb. 737 zeigt die Verhältnisse in einem bestimmten Falle: für ein Ventil ohne Rippen von $d = 100$, $b_0 = 5$, also $d_1 = 110$ mm und 78,5 cm² Sitzquerschnitt wurden die Spaltquerschnitte als Ordinaten zu den verschiedenen Hüben für den ebenen und für kegelige Sitze mit $\delta = 90$ und 60° aufgezeichnet. Der volle Querschnitt wird bei 25 bzw. 28,2 und

31,8 mm Hub erreicht. Verlangen demnach kegelige Dichtflächen größere Hübe, so bieten sie andrerseits Vorteile durch die geringere Ablenkung des Flüssigkeitsstromes, durch die sicherere Führung der breiteren Sitzflächen beim Einschleifen und durch bessere Abdichtmöglichkeit.

Die Beanspruchung des Ventiltellers durch den Druck der auf ihm lastenden Flüssigkeit oder den Druck der Spindel kann bei einfacher ebener Form nach den Formeln für kreisrunde Platten beurteilt werden, bei verwickelter Gestalt nach der von Bach angegebenen Art der Berechnung von Platten, vgl. das Zahlenbeispiel 1, dann allerdings nur in erster Annäherung.

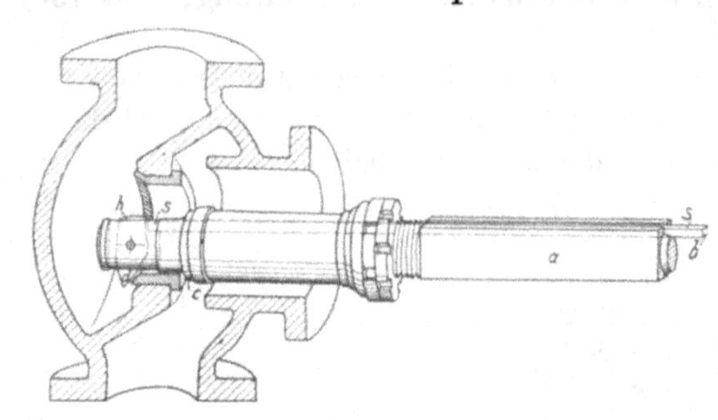

Abb. 738. Werkzeug zum Umbördeln des Ventilsitzrandes.

Bei kleineren Ventilen ist der Sitz oft unmittelbar im Ventilkörper selbst ausgebildet, der dann aus geeignetem Werkstoff (Bronze, Messing, Gußeisen) bestehen muß. Bei größeren wird der Sitz meist als Büchse oder Ring aus Bronze, Messing, Nickel u. dgl. eingesetzt und sorgfältig befestigt. Einfaches Einpressen durch Wasserdruck- oder Schraubenpressen wird unsicher, wenn das Ventil Temperaturschwankungen unterworfen ist und der Sitz sich anders ausdehnt wie der Ventilkörper. So lockern sich z. B. sehr oft Bronzesitze

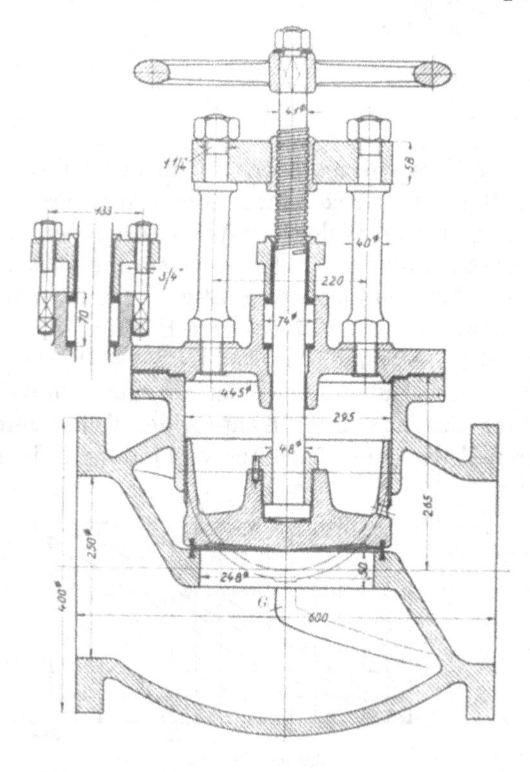

Abb. 739. Absperrventil mit Nickelsitzringen, Dreyer, Rosenkranz und Droop. M. 1:10.

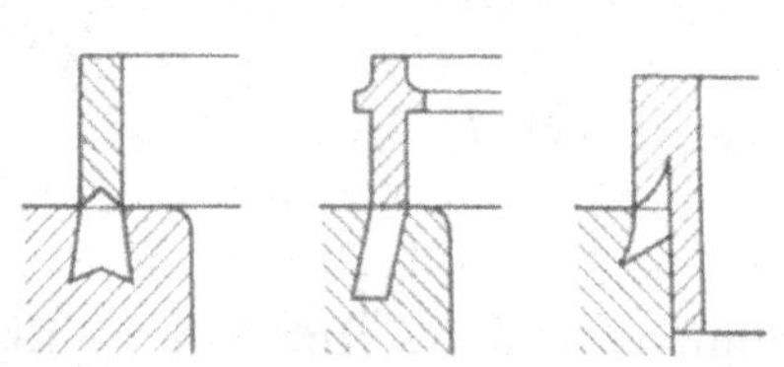

Abb. 740. Befestigungsarten von Nickelsitzringen.

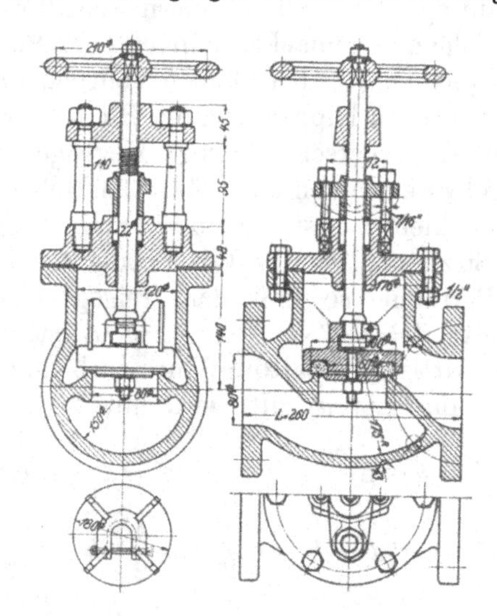

Abb. 741. Absperrventil mit Jenkinsring, Klein, Schanzlin und Becker. M. 1:10.

in gußeisernen Körpern. Sie müssen durch Sicherungsschrauben, Abb. 749 oder durch Einwalzen oder Umbördeln des unteren Randes, Abb. 747, gesichert werden. Das letztere geschieht nach Abb. 738 mit einem in den Schlitten der Drehbank bei a eingespannten Werkzeug. Der Anschlagring c liegt fest am oberen Teil des Sitzes an. Durch Schläge auf das Ende b der Stange s bördelt das Ende d des Hebels h den Rand um, während das auf der Planscheibe befestigte Gehäuse langsam umläuft. Büchse und Sitz dreht man erst nach dem Befestigen auf genaues Maß ab.

Durch Heißdampf wird Bronze rasch angegriffen; bewährt haben sich für denselben Ringe aus einer Nickellegierung mit gleicher Ausdehnungszahl wie der Stahlguß der Ventilkörper, die in schwalbenschwanzförmige oder hinterschnittene Nuten im Gehäuse und im Teller eingetrieben werden, Abb. 739 und 740. Weiche, für Wasser und Dampf von geringem Druck und niedriger Temperatur benutzte Dichtungen, z. B. Ringe aus Gummi- oder Jenkinsmasse können in einer Nut nach Abb. 741 Vulkanfiber- oder Lederscheiben durch eine Platte, Abb. 742, festgehalten werden.

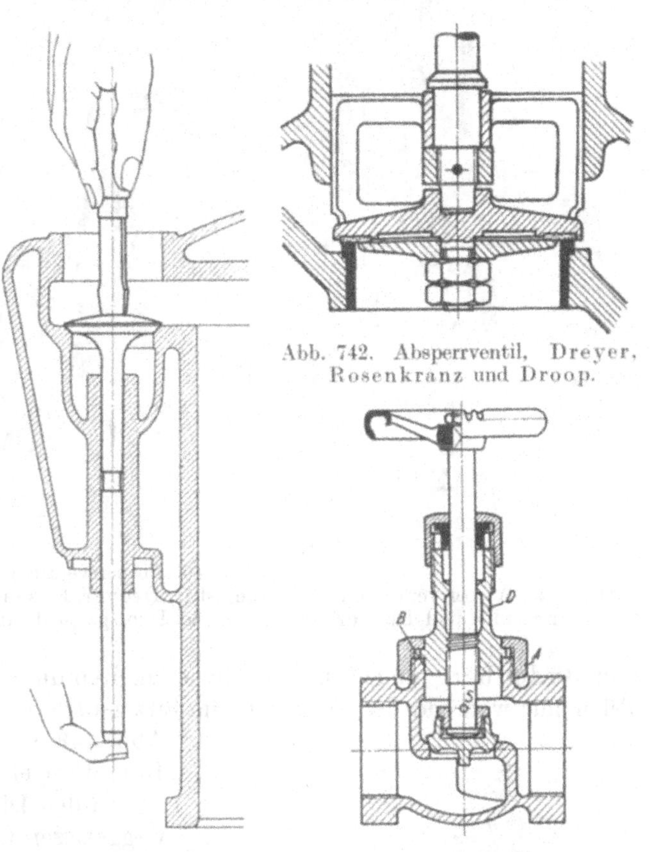

Abb. 742. Absperrventil, Dreyer, Rosenkranz und Droop.

Abb. 743. Einschleifen eines Steuerventils.

Abb. 744. Jenkinsventil.

Metallische Sitzflächen müssen der Dichtheit wegen mit feinem Schmirgel oder Glaspulver sorgfältig aufeinander aufgeschliffen werden. Zur Verhütung von Gratbildung sollen sie genau gleich breit sein, was man z. B. nach Abb. 747 durch seitliches Ab- und Eindrehen des Tellers bei *a* erreicht. Für die Handhabung beim Einschleifen und zum Herausnehmen erhält der Teller zweckmäßig ein Gewinde, in das ein Handgriff eingeschraubt werden kann. Vgl. auch Abb. 743, die das Einschleifen des Steuerventils eines Verbrennungsmotors mittels eines Schraubenziehers zeigt. Von Zeit zu Zeit hebt man das Ventil durch einen Druck auf die Spindel an, um das Schleifmittel neu zu verteilen. Jenkins Bros. ermöglichen das Nachschleifen des Sitzes mittels der Ventilspindel selbst, Abb. 744, indem der Teller nach dem Lösen der Verschraubung *A* durch Durchstecken eines Stiftes *S* mit der Spindel verbunden wird. Nachdem das Schleifmittel auf den Sitz gebracht ist, zieht man *A* nur leicht an, so daß sich die Spindel samt dem Deckel *D* noch gut drehen läßt, gleichzeitig aber die zum Einschleifen nötige genaue Führung bei *B* findet.

Sonst gewinnt man die auch des sicheren Abdichtens wegen wichtige Führung auf verschiedene Weise: entweder durch drei oder vier an den Teller angegossene Rippen, die sich im Sitz, Abb. 761, im Gehäuse, Abb. 741 und 742 oder auch in beiden führen können, Abb. 745, oder durch einen am Teller sitzenden Stift, Abb. 746 oder durch zylindrische Führungen im Oberteil des Ventilkörpers, Abb. 739.

An den Dinormventilen findet der Teller die Führung in der Sitzbohrung, in die er um ein geringes mit Grobsitzpassung hineinreicht, Abb. 764a—c.

Besonders bei unregelmäßigem, stoßweisem Betrieb, wie er unter anderem bei den Absperrventilen für Dampfmaschinen vorliegt, ist sowohl auf reichlich lange Führung, namentlich im gehobenen Zustande des Tellers, wie auch darauf zu sehen, daß sich bei der Betätigung des Ventiles kein Grat bilden kann. Deshalb sind die oberen Rippen in Abb. 745 eingedreht, während die unteren in Abb. 761 aus der Führung hervorstehen.

Seitlich von den Rippen des gehobenen Tellers muß im Ventilkörper genügender Querschnitt für den Durchtritt der Flüssigkeit vorhanden sein.

Rippen verziehen sich bei höheren Wärmegraden leicht und führen dadurch zu Klemmungen. Paßt man sie deshalb mit Spiel ein, so werden die Teller bei größeren Durchflußgeschwindigkeiten und besonders bei einseitiger Ablenkung des Stromes oft heftig hin- und hergeschlagen oder in Drehung versetzt. Die Rippen nutzen sich dabei rasch ab und brechen leicht. Manche Firmen vermeiden sie deshalb im Flüssigkeitsstrom (obere Rippenführung). Schäffer

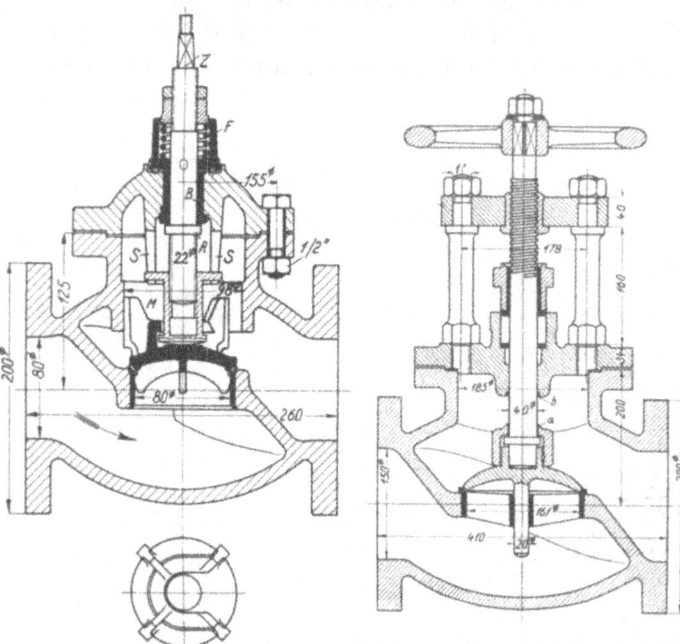

Abb. 745. Absperrventil, Klein, Schanzlin und Becker.

Abb. 746. Absperrventil mit Führungsstift, Dreyer, Rosenkranz und Droop. M. 1 : 10.

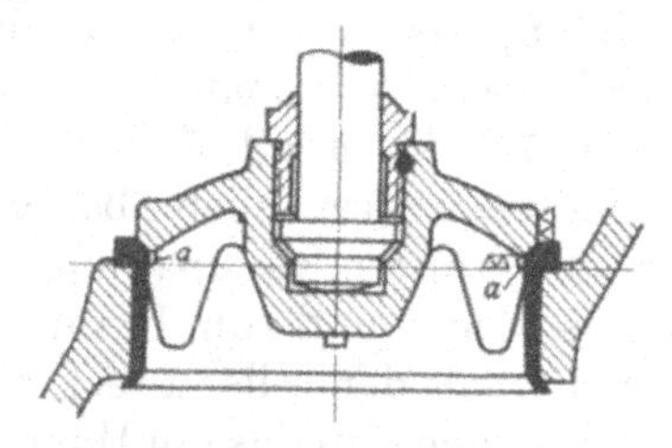

Abb. 747. Ventilteller mit kurzen Rippen, Schäffer und Budenberg.

und Budenberg umgehen die Schwierigkeiten durch kurze Rippen, Abb. 747, die den Teller nur während des Aufsetzens im Sitz zentrieren; Wiß bildet den Ventilkörper nach Abb. 748 so aus, daß am Sitz symmetrischer Durchfluß entsteht.

An den Dinormventilen sind die Rippen ganz weggelassen und die Führung der kräftigen Spindel, beim Aufsetzen aber dem Teller übertragen, der mit geringem Spiel in die Sitzbohrung paßt.

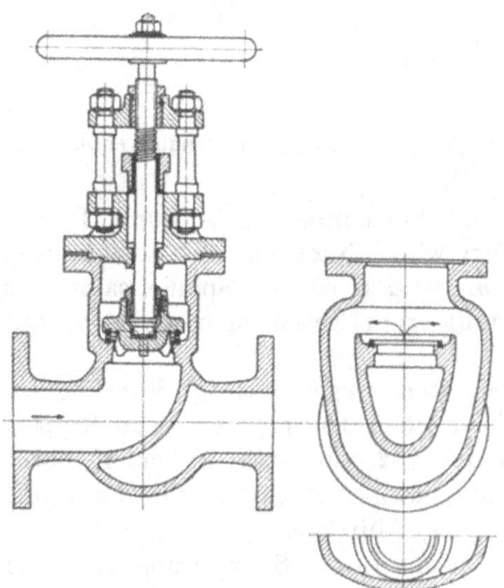

Abb. 748. Wißventil, Schäffer und Budenberg.

3. Spindeln und Stopfbüchsen.

Der Teller wird durch die meist mit Gewinde versehene Ventilspindel bewegt und so das Ventil geöffnet und geschlossen. Die Verbindung zwischen Spindel und Teller muß einerseits geeignet sein, die auftretenden Kräfte zu übertragen, andererseits aber eine gewisse Beweglichkeit gestatten, damit der Teller sich dem Sitz anpassen kann und beim Drehen der Spindel nicht mitgenommen wird. Entscheidend ist, ob der Druck bei geschlossenem Ventil in Richtung der Spindel, von oben oder ihr entgegen, von unten auf den Teller wirkt. Im zweiten Fall wird die Spindel auf Knickung beansprucht; für die Übertragung der Kraft genügen aber einfache Verbindungen nach Abb. 749, bei welchen der Splint lediglich das Abfallen des Tellers verhütet. Im ersten Fall, in dem die Spindel beim

Öffnen Zugkräften ausgesetzt ist, empfehlen sich Ausführungen nach Abb. 741 mit seitlich eingeschobenem Kopf — wobei jedoch die Übertragung der Zugkraft nicht genau axial stattfindet — oder nach Abb. 750, bei größeren Kräften nach 746 oder 747. Von oben auf den Teller wirkender Druck unterstützt die Abdichtung, hat aber den Nachteil, daß die Stopfbüchse dauernd, also auch bei geschlossenem Ventil unter Druck steht. Viele Ventile, z. B. in Ringleitungen eingebaute, müssen geeignet sein, den Druck bald von

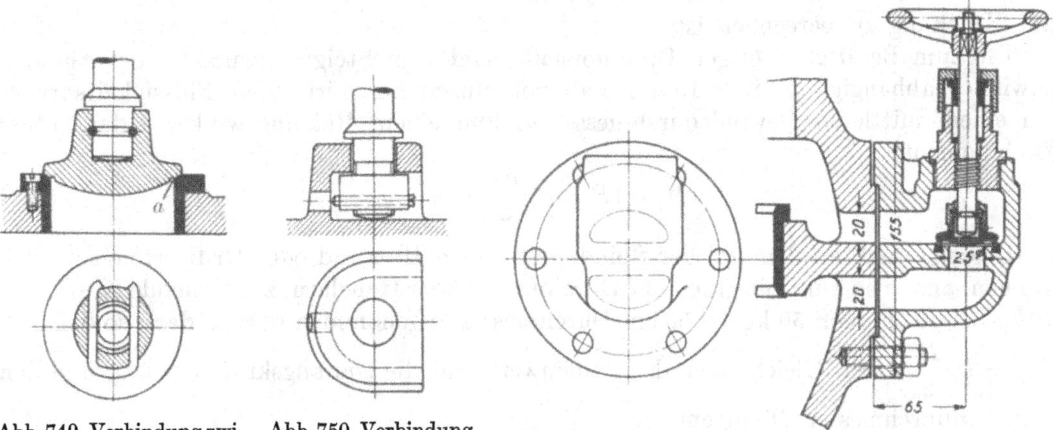

Abb. 749. Verbindung zwischen Ventilspindel und Teller durch Splint.

Abb. 750. Verbindung zwischen Ventilteller und -spindel.

Abb. 751. Umlaufventil, Schäffer und Budenberg. M. 1 : 5.

der einen, bald von der anderen Seite aufzunehmen, sind also auf beide Fälle hin durchzubilden. Werden die Spindelkräfte bei hoher Betriebsspannung oder bei großen Abmessungen der Teller zu bedeutend, so entlastet man den letzteren vor dem Anheben, indem man Dampf oder Flüssigkeit auf die andere Seite treten läßt; entweder durch ein besonderes Umlaufventil, Abb. 751, oder durch ein an der Spindel sitzendes Hilfsventil Abb. 751a. Durch den Druckausgleich, der auf diese Weise geschaffen wird, erleichtert man das Öffnen des Hauptventils wesentlich. An den Dinormventilen, Abb. 764d, soll der Betriebsdruck normalerweise auf den Teller von unten her wirken, ein Umführungsventil aber stets dann angeordnet werden, wenn der Druck unterhalb des Kegels $\geqq$ 4000 kg ist. Die Verbindung des Tellers mit der Spindel, deren Druckpunkt möglichst in der Ebene der Sitzfläche liegen soll, ist durch einen geteilten Ring und eine sorgfältig gesicherte Überwurfschraube hergestellt.

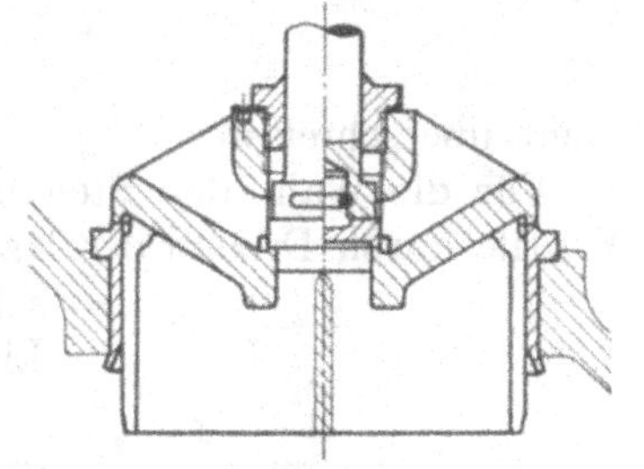

Abb. 751a. Voröffnungsventil.

Als Werkstoffe für die Spindeln kommen Flußstahl, an kleineren Ventilen und wenn starkes Rosten zu befürchten ist, Messing und harte Bronzen in Betracht. Für die Stärke ist die Art der Belastung durch die Längskraft auf Zug, Druck oder Knickung und die Drehbeanspruchung beim Schließen und Öffnen maßgebend, bei kleinen Ventilen die Herstellung.

Die Längskraft in der Spindel ist je nach der Richtung des Flüssigkeitsdruckes auf den Teller verschieden. Wirkt dieser von oben, so wird die Spindel beim Öffnen durch:

$$P = \frac{\pi}{4} \cdot d_m^2 \cdot p \text{ kg} \tag{171}$$

auf Zug beansprucht. Beim Schließen muß der Teller der Dichtheit wegen kräftig gegen den Sitz mit einer Kraft:

$$P' = \pi \cdot d_m \cdot b_0 \cdot p_0' \tag{172}$$

gepreßt werden, wenn d_m den mittleren Sitzdurchmesser, b_0 die Sitzbreite, p_0' den spezifischen Anpreßdruck bedeutet, den man zu 50 bis 80 at anzunehmen pflegt. P' wirkt auf Druck oder Knickung. Ungünstiger liegen die Verhältnisse, wenn der Flüssigkeitsdruck auf den Teller von unten her wirkt, weil sich bei geschlossenem Ventil P und P' addieren, so daß die Spindel gegenüber:

$$P + P' = \frac{\pi}{4} d_m^2 \cdot p + \pi \cdot d_m \cdot b_0 \cdot p_0' \tag{173}$$

auf Knickung zu berechnen ist

Die zum Betätigen nötigen Drehmomente sind vom Steigungswinkel α des Spindelgewindes abhängig. Z. B. wird im Fall von unten her wirkenden Flüssigkeitsdrucks bei einem mittleren Gewindedurchmesser d_f und einem Reibungswinkel ϱ das größte Drehmoment:

$$M_d = (P + P') \frac{d_f}{2} \cdot \operatorname{tg}(\alpha + \varrho) . \tag{174}$$

Dasselbe muß an dem auf der Spindel sitzenden Handrad oder Griff erzeugt werden können, an denen eine mit größerem Durchmesser oder Hebelarm zunehmende Kraft, von 10 kg bei 10 cm, von 50 kg bei 50 cm Durchmesser angenommen werden darf, so daß sich $M_d = U \cdot \frac{D'}{2}$ durch Gleichsetzen der Zahlenwerte für die Umfangskraft U in kg und den Handraddurchmesser D' in cm, oder:

$$U = D' = \sqrt{2 M_d} \tag{175}$$

ergibt. Das Moment M_d kann durch gewaltsames Aufpressen der Sitzflächen beim Schließen den rechnungsmäßigen Betrag bedeutend überschreiten. Daher ist die Wahl niedriger Beanspruchung k_d in den Spindeln zweckmäßig; sie soll bei

Stahl	400 bis 500 kg/cm²,
Bronze und Messing	200 bis 300 kg/cm²

nicht überschreiten.

Für die Wahl des Steigungsinns des Gewindes gilt die Regel, daß der Schluß der Ventile durch Drehen des Handrades im Sinne des Uhrzeigers erfolgen muß. Bei Einschaltung eines Zahnradvorgeleges sind daher Spindeln mit Linksgewinde zu verwenden, vgl. Abb. 764.

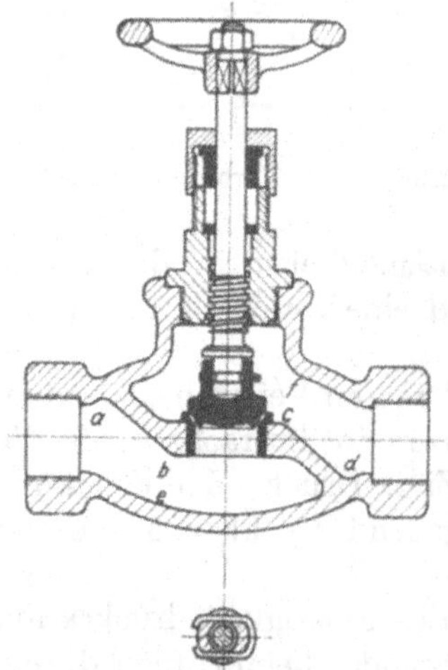

Abb. 752. Durchgangventil, Schäffer und Budenberg.

Das Muttergewinde kann, um die Bauhöhe des Ventiles gering und die Ausführung billig zu machen, in das Gehäuse gelegt werden, Abb. 752 und 744, ist dann aber Unreinigkeiten des Betriebmittels, dem Ansatz von Kesselstein und Angriffen durch die Flüssigkeit ausgesetzt. Besser ist, die Mutter außen anzuordnen und sie in einem besonderen, gegossenen oder schmiedeeisernen Bügel unterzubringen.

An Gewinden kommt in erster Linie das Trapezgewinde der DIN 103 an Stelle des früher bevorzugten flachen, in zweiter Rundgewinde nach DIN 405 in Frage, namentlich, wenn es innenliegend der Einwirkung der Betriebmittel unterworfen ist.

Die Abdichtung der Spindel geschieht durch eine Stopfbüchse mit Weich- oder Metallpackung, in welche selbstverständlich das Gewinde nicht eindringen darf. In Abb. 752 ist dementsprechend über der Mutter so viel freier Raum vorgesehen, daß der volle Hub des Tellers möglich wird. Um die Packung auch während des Betriebes erneuern zu können, sieht man vielfach an der Spindel, Abb. 753, oder auch an der Tellermutter, Abb. 746, den Ansatz a vor, der sich beim Aufschrauben gegen den Sitz b legt und nach außen abdichtet. Während des Betriebs soll jedoch die Spindel der Gefahr des Festbrennens wegen nicht dauernd an diesem Sitz anliegen, sondern um etwa einen halben Gang zurückgedreht sein, damit das Ventil im Notfall ohne Verzögerung geschlossen werden kann.

4. Gestaltung der Ventilkörper.

Als Werkstoffe kommen wegen der meist nicht einfachen Formen vor allem gegossene: Gußeisen, Stahlguß, Bronze, Messing in Betracht; nur für sehr hohe Pressungen werden die Körper aus geschmiedeten ausgearbeitet.

Das Gebiet, in dem Gußeisen für Absperrventile verwendet werden darf, ist noch nicht endgültig festgelegt. Nach einem Vorschlag des deutschen Normenausschusses soll es im Anschluß an die Reihen der Nenn- und Betriebsdrucke sowie der Nennweiten in dem durch Zusammenstellung 95a gekennzeichneten Bereich noch abhängig von den angegebenen Betriebstemperaturen benutzt werden; über Nenndruck 10 jedoch nur in Sonderfällen. Außerhalb des Gebiets kommt in erster Linie Stahlguß von mindestens 4500 kg/cm² Festigkeit und $\delta_5 = 22\%$ Bruchdehnung in Frage, der auch für Heißdampf von 300 bis 400° Betriebstemperatur ausschließlich benutzt wird.

Gewöhnliche Bronze kann bei Wärmegraden bis zu 220° C verwandt werden, wenn sie bei Zimmerwärme eine Zugfestigkeit von mindestens 2000 kg/cm² und wenigstens 15% Dehnung besitzt. Sollen Legierungen bei mehr als 220° Temperatur benutzt werden, so ist vorher die Ermittlung der Festigkeitseigenschaften für die in Betracht kommenden Wärmegrade geboten.

Die Form der Ventilkörper schwankt je nach dem Verwendungszweck. Abb. 746 zeigt ein Durchgangventil zur Einschaltung in eine gerade Rohrleitung, Abb. 753 ein Eckventil, das den Flüssigkeitsstrom um einen rechten Winkel ab-

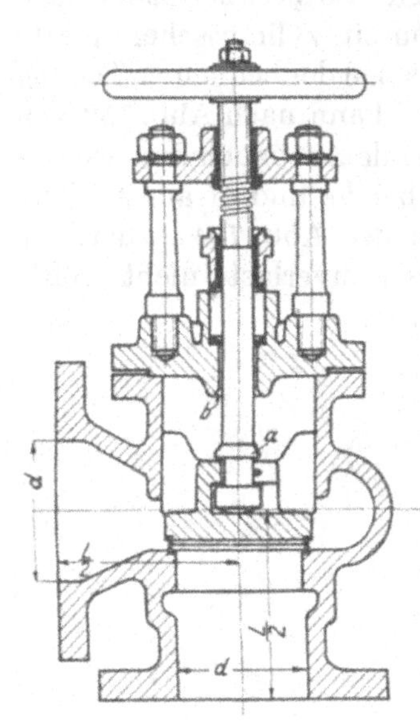

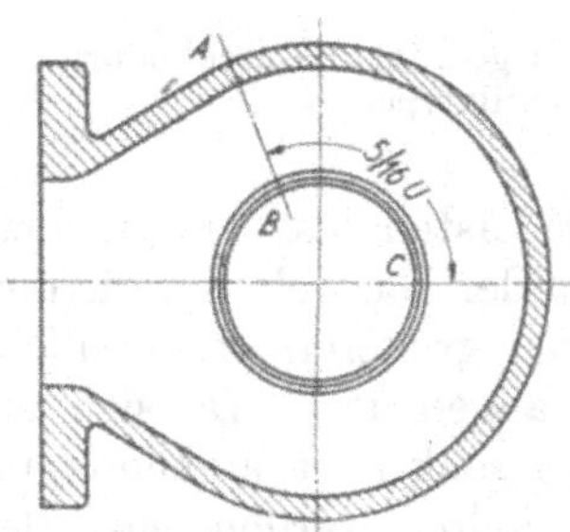

Abb. 753. Eckventil, Schäffer und Budenberg.

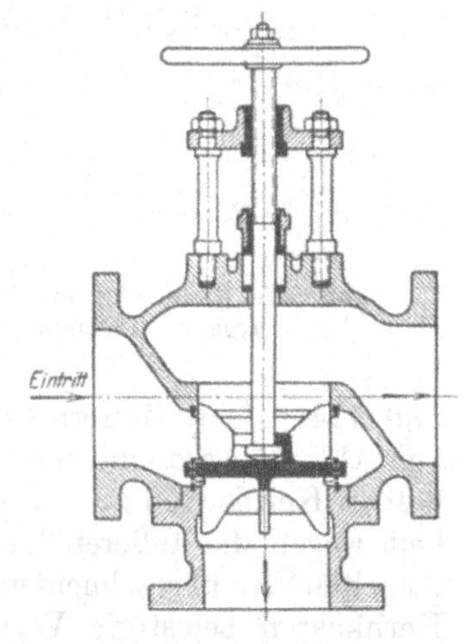

Abb. 754. Wechselventil, Schäffer und Budenberg.

Zusammenstellung 95a. **Verwendungsbereich von Gußeisen für Rohrleitungen und Absperrmittel nach dem Vorschlage des Deutschen Normenausschusses vom November 1926.**

Nenndruck	Wasser bis 100°			Dampf und Gase bis 200°		bis 300°	
	Größter Betriebsdruck at	Nennweite mm	Größte Nennweite mm	Größter Betriebsdruck at	Nennweite mm	Größter Betriebsdruck at	Nennweite mm
2,5	2,5	4000	4000	2	1600	1,5	800
6	6	3600	3600	5	1000	4	500
10	10	3000	3000	8	600	6	300
16	16	600	(1600)	13	400	10	200
25	25	500	(1000)	20	250	—	—
40	40	350	(600)	32	150	—	—
64	64	175	(300)	50	100	—	—
100	100	60	(80)	80	60	—	—

lenkt, Abb. 754 ein Wechselventil, das die Verbindung mit zwei verschiedenen Anschlüssen herzustellen erlaubt.

Wichtig ist, daß die Übergänge allmählich verlaufend gestaltet und Verengungen des lichten Querschnitts vermieden werden. Deshalb ist z. B. an dem Eckventil, Abb. 753, die äußere Begrenzung des Körpers so gewählt, daß im Schnitt AB des Grundrisses noch $^5/_{16}$ vom Ventilquerschnitt, entsprechend dem Umfang BC des Sitzes vorhanden sind. Die Dinormen sehen im engsten, in Abb. 764d durch Strichelung hervorgehobenen Querschnitt vor und hinter dem Sitz das 1,1fache des Nennquerschnittes vor.

Der leichteren Herstellung des Modells und der günstigeren Festigkeitsverhältnisse wegen wird man als Grundform möglichst Drehkörper wählen. So besteht das Ventilgehäuse, Abb. 741, aus einem bauchigen Hauptkörper, auf dem ein zylindrischer Ansatz für den Deckel und zur Führung des Tellers sitzt, deren Hauptebenen der bequemen Teilung des Modells halber zusammenfallen. Die innere Trennungswand kann nach Abb. 752 von a bis b und c bis d eben ausgebildet werden. Durch genügende Ausbauchung des Gehäuses läßt sich die Verengung des Durchtrittquerschnittes bei be und cf ausgleichen, so daß diese einfache Form auch den normrechten Ventilen des Abb. 764e zugrunde gelegt wurde, namentlich da Versuche zeigten, daß die Durchströmverluste nicht größer waren, als bei Anwendung von kegeligen oder zylindrischen Trennflächen, Abb. 745

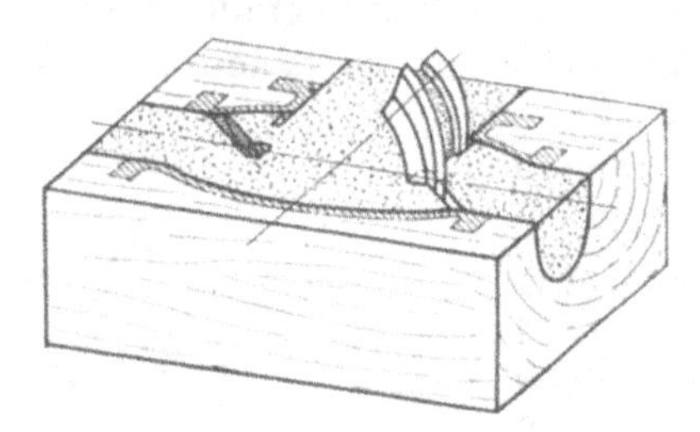

Abb. 755. Kernkasten mit herausziehbarer kegeliger Trennungswand.

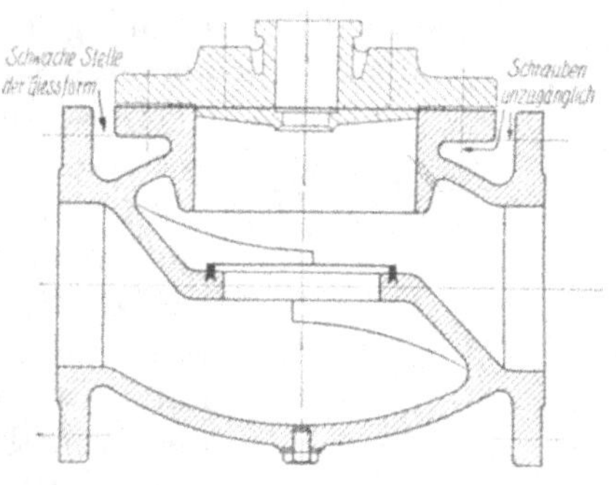

Abb. 756. Falsche, zu gedrängte Durchbildung eines Ventilkörpers.

und 744. Beim Einformen werden diese Wände in den Kernkästen lose angeordnet, vgl. Abb. 755, wo eine derselben zum Teil herausgedreht ist. In der Darstellung, die den halben Kernkasten zum Ventil der Abb. 739 wiedergibt, sind der größeren Anschaulichkeit wegen die äußeren Umrisse des Körpers strichpunktiert angedeutet. Da sich die Kegelflächen überschneiden, muß eine kurze, zur Ventilachse senkrecht stehende, im Kernkasten befestigte Verbindungswand G, Abb. 739, eingeschaltet werden, von der sich aber der Kern beim Abziehen des Kastens ohne Schwierigkeit löst. Der Deckel auf dem Stutzen am Ventilkörper muß Sitz und Teller zwecks Bearbeitung und Ausbesserungen genügend zugänglich machen.

Die Baulänge der Durchgang- und Eckventile ist in den Dinormen in Abhängigkeit von den Nennweiten festgelegt worden, siehe Zusammenstellung 95b. Dabei wird die Baulänge L der Durchgangventile von Flansch- zu Flanschfläche, diejenige L_1 der Eckventile von Mitte Ventilkörper bis zu den Flanschflächen gerechnet. Neueren Ausführungen wird man in Rücksicht auf die Austauschbarkeit diese Baulängen zugrunde legen.

Ältere Ventile für niedrigen Druck zeigen vielfach $L = 2d + 100$ mm, für hohen $L = 2d + 150$ mm.

Die Flanschabmessungen, Schrauben und Schraubenteilungen stimmen mit den Normen, Zusammenstellung 93—93f überein.

Sorgfältig ist auf gute Zugänglichkeit aller Schrauben und Muttern zu achten. Ein nach Abb. 756 sehr gedrängt gestalteter Ventilkörper verstößt gegen diese Forderung, abgesehen davon, daß die in der Abbildung hervorgehobene schwache Stelle der Gießform leicht zu Fehlgüssen führt.

Zusammenstellung 95b. **Baulängen und Hübe der normrechten Durchgang- und Eckventile nach DIN-Entwürfen 3302 bis 3306 und 3322 bis 3326 (noch nicht endgültig).**

Nennweite	Nenndruck	10	13	16	20	25	32	40	50	60	70	80	90
Baulänge L der Durchgangventile	6...40	120	130	140	150	160	180	200	230	250	290	310	330
Baulänge L_1 der Eckventile	6 10...40	60 85	65 90	65 90	70 95	75 100	80 105	90 115	100 125	110 135	120 145	130 155	140 165
Hub der Durchgang- und Eckventile	6...40	8	11	11	13	15	16	19	22	26	30	34	38
Nennweite		100	110	(120)	125	(130)	(140)	150	(160)	175	200	225	
Baulänge L der Durchgangventile		350	370	400			450	480	500	550	600	660	
Baulänge L_1 der Eckventile		150 175	160 185	175 200			190 215	200 225	210 235	230 255	250 275	275 300	
Hub		45	48	52			60	64	68	75	85	95	
Nennweite		250	275	300	(325)	350	(375)	400	450	500			
Baulänge L der Durchgangventile		730	790	850	900	980	1040	1100	1200[1])	1350[1])			
Baulänge L_1 der Eckventile		300 325	325 350	350 375	375 400	400 425	425 450	450 475	500 525[1])	550 575[1])			
Hub		105	118	125	140	150	160	170	190	210			

Die eingeklammerten Nenndurchmesser sind möglichst zu vermeiden; diejenigen von 120 und 130 gelten nur für die Heizungsindustrie.

[1]) Durchgang- und Eckventilgehäuse für Nenndruck 40 sind nur bis zu 400 mm Nennweite genormt. Verbindlich bleiben die Dinormen.

5. Ausführungsbeispiele.

Nach der vorangegangenen eingehenden Besprechung der Einzelteile erübrigen sich Erläuterungen zu den Ventilen Abb. 739, 741, 744, 746, 748, 752, 753.

Ein Ventil einfachster Form, für Bohrungen von einigen Millimetern Durchmesser an Preßluftflaschen, hydraulischen Steuerapparaten usw. geeignet, zeigt Abb. 757. Die aus harter Bronze bestehende Spindel wird mit ihrer kegeligen Spitze unmittelbar gegen den Rand der abzuschließenden Bohrung in dem aus etwas weicherer Bronze hergestellten Gehäuse gepreßt. Der Kegel drückt sich den Rand zurecht und schließt dadurch selbst bei hohen Betriebsdrucken gut ab. Nach außen ist die Spindel durch einen Gummi- oder Lederstulp G abgedichtet und ihr vorstehendes, vierkantiges Ende durch eine aufgeschraubte Kappe geschützt. Der Gehäuseflansch hat viereckige Gestalt, um, falls nötig, vier Rohre anschließen zu können.

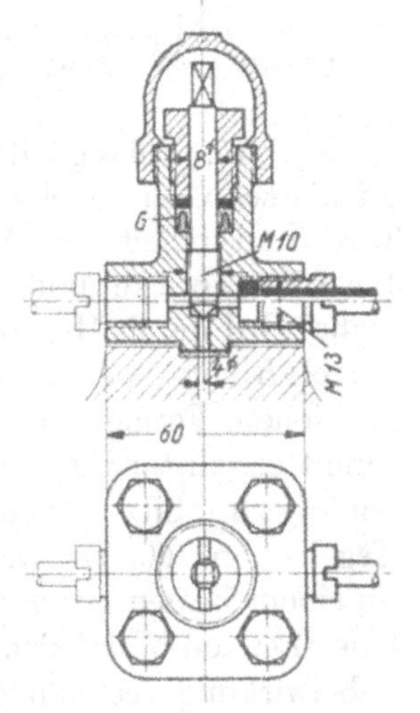

Abb. 757. Flaschenabsperrventil.

Abb. 758 gibt ein Ventil Daelenscher Bauart wieder. Der Teller, auf den der Dampfdruck von oben wirken muß, ist mit einem Voröffnungsventil V und einer undurchbrochenen, zylindrischen Führung versehen, die den Ausgleich des Dampfdrucks zwischen den Räumen A und B durch geringes Spiel an ihrem Umfang ermöglicht, so lange das Ventil geschlossen ist. Wird jedoch V durch Drehen der Spindel geöffnet, so entweicht zunächst der Dampf aus dem Raum B über dem Teller, der ganz entlastet und sogar durch den Druck des Betriebmittels auf den über den Sitz vorstehenden Rand R angehoben wird. Das auf die Weise erreichte leichte Öffnen gestattet die Wahl kleiner Abmessungen für die Spindel und das Handrad und macht derartige Ventile für große Rohrweiten und hohe Dampfspannungen geeignet, nicht aber für Fälle, in denen der Druck bald ober-, bald unterhalb des Tellers wirkt (Ringleitungen) oder in denen die Dampfentnahme stoßweise erfolgt, was starkes Hämmern der Teller zur Folge hätte. Dann sind Ventile mit Umlaufvorrichtung am Platze.

Abb. 745 zeigt ein Absperrventil, bei welchem die Stopfbüchse durch Aufschleifen des Ringes R auf der Führungsbüchse B vermieden ist. Die nötige Anpressung wird durch den Dampfdruck und die Feder F erzeugt, die in einer auf Kugeln laufenden Büchse liegt. Der durch vier obere und untere Rippen geführte Teller wird beim Drehen der Spindel gehoben, indem sich die Mutter M, da sie durch Schlitze S an der Drehung verhindert ist, auf der Spindel hinaufschraubt.

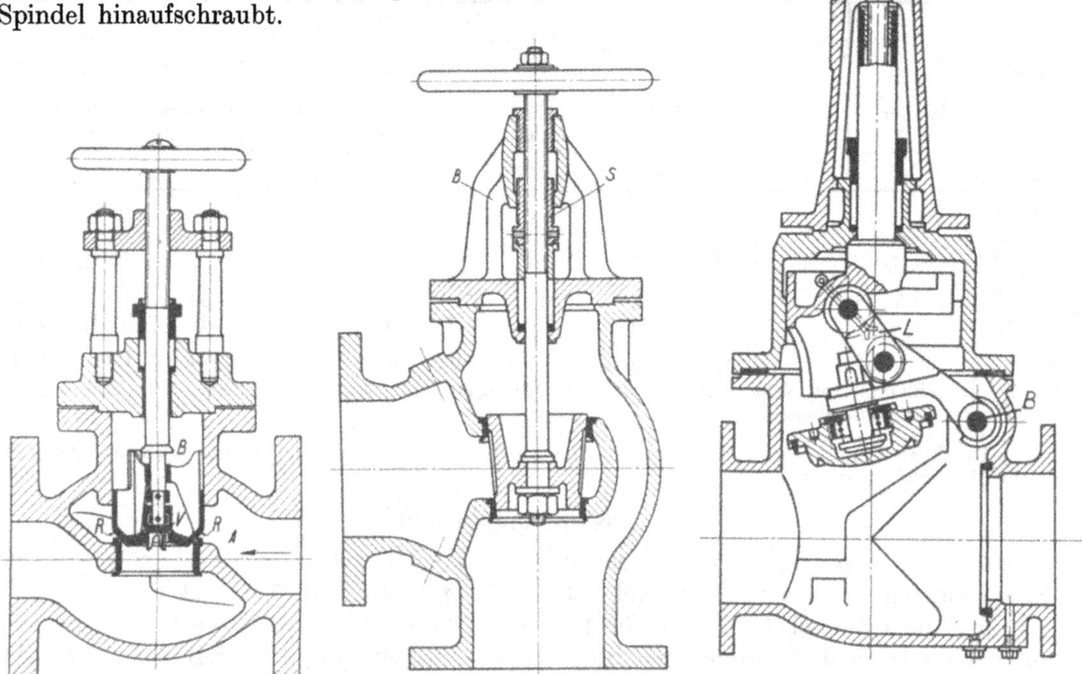

Abb. 758. Daelensches Ventil, Schäffer und Budenberg. Abb. 759. Nahezu entlastetes Absperrventil, Schäffer und Budenberg. Abb. 760. Klappenventil, Borsig, Berlin-Tegel.

Ein vom Flüssigkeitsdruck nahezu entlastetes Absperrventil stellt Abb. 759 dar. Es ist als schwach kegeliges Doppelsitzventil ausgebildet, das durch die Spindel angepreßt wird und bietet den Vorteil, sich leicht öffnen und schließen zu lassen, so daß es für hohe Drucke und große Durchgangweiten vorteilhaft erscheint. Die Stopfbüchsbrille wird durch Herunterdrehen der Schrauben S angezogen, deren Muttergewinde im Bügel B sitzt.

Neuere Formen von Ventilen suchen den Vorzug der Schieber, die Durchgangquerschnitte vollständig freizugeben, mit der besseren Abdichtung durch den Druck rechtwinklig zum Sitz zu vereinigen. Ein Beispiel zeigt das Klappenventil von Borsig, Berlin-Tegel, Abb. 760, bei welchem der Sitz senkrecht zur Rohrachse angeordnet, der Teller an einem Bolzen B aufgehängt ist, die Kraft in der Spindel aber unter Zwischenschalten eines Lenkers L auf den Teller übertragen wird. In der Schlußstellung erhöht die Kniehebelwirkung des Lenkers den Anpreßdruck in vorteilhafter Weise.

6. Berechnungs- und Konstruktionsbeispiele.

1. An einem Dampfzylinder von $D = 375$ mm Durchmesser, $s_1 = 600$ mm Kolbenhub, für gesättigten Dampf von $p = 12$ at Überdruck soll das unmittelbar eingebaute Absperrventil, Abb. 761, durchgebildet werden. Der Dampf umspült im Heizmantel H den Lauf-

zylinder Z, strömt dann durch das Absperrventil und den Kanal K zu den durch die Steuerung betätigten Einlaßventilen an den Enden der Lauffläche. Die Maschinenwelle mache $n = 100$ Umdrehungen in der Minute.

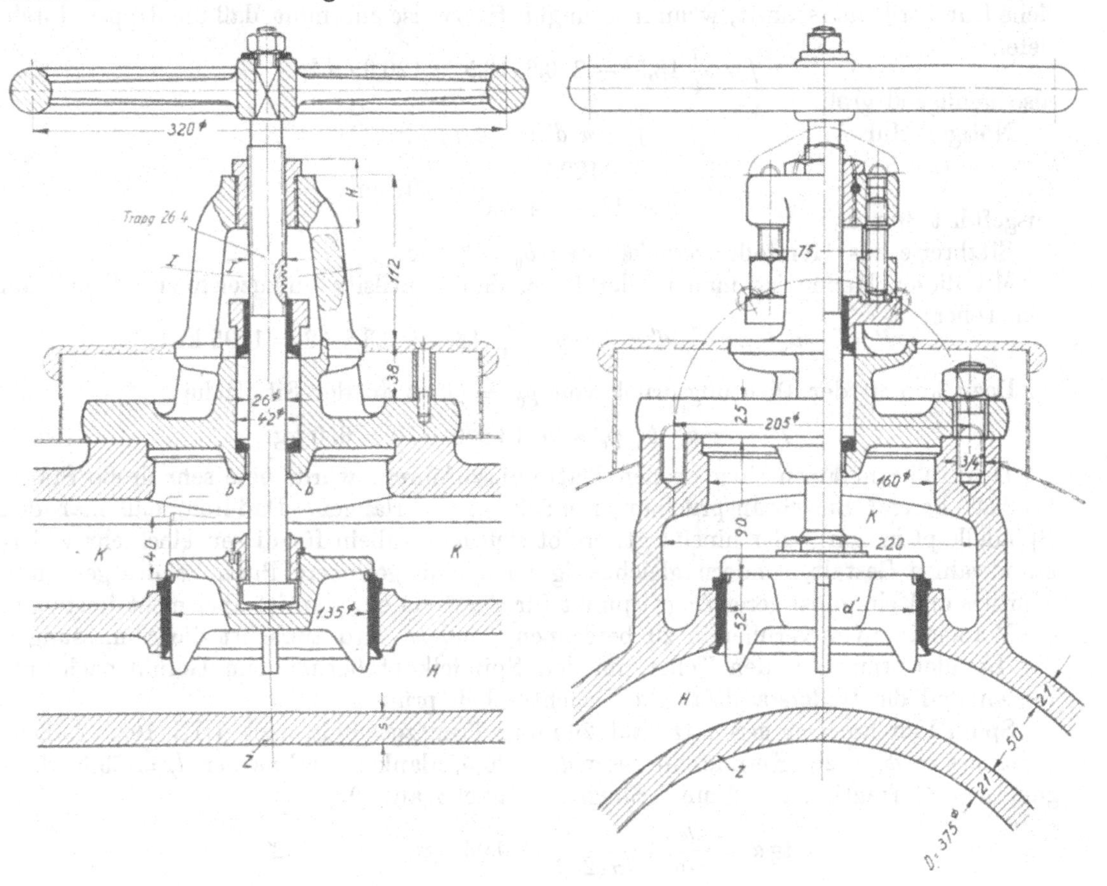

Abb. 761. Absperrventil an einem Dampfzylinder mit Ventilsteuerung. M. 1 : 5.

Kolbenfläche:

$$F = \frac{\pi D^2}{4} = \frac{\pi \cdot 37{,}5^2}{4} = 1104{,}5 \text{ cm}^2 .$$

Mittlere Kolbengeschwindigkeit:

$$c_m = \frac{s_1 \cdot n}{30} = \frac{0{,}6 \cdot 100}{30} = 2{,}00 \text{ m/sek} .$$

Die mittlere Dampfgeschwindigkeit v_m im Ventil sei wegen des ungleichmäßigen Strömens infolge der Nähe der Steuerventile gering, zu 18 m/sek angenommen, vgl. die zulässigen Geschwindigkeiten in Rohrleitungen S. 316.

Ventilquerschnitt:

$$f = \frac{F \cdot c_m}{v_m} = \frac{1104{,}5 \cdot 2}{18} = 122{,}7 \text{ cm}^2 .$$

Theor. Ventildurchmesser:

$$d \approx 125 \text{ mm}.$$

Zylinderwandstärke bei stehendem Guß:

$$s = \frac{D}{50} + 1{,}3 = \frac{37{,}5}{50} + 1{,}3 = 2{,}1 \text{ cm} .$$

Weite des Heizmantels rund 50 mm.

Bei geschlossenem Ventil belastet der Dampfdruck den Teller von unten her, der ebenso wie der Sitz aus Bronze bestehe und durch vier, $s_0 = 6$ mm starke Rippen geführt werde. Schätzt man den lichten Sitzdurchmesser $d' = 135$ mm, so wird der wirkliche Durchtrittquerschnitt, wenn man ungünstigerweise annimmt, daß die Rippen durchliefen:

$$f = \frac{\pi}{4} 13{,}5^2 - 2 \cdot 0{,}6 \cdot 13{,}5 = 126{,}9 \text{ cm}^2,$$

also genügend groß.

Nötiger Hub h:

$$f = \pi \cdot d' h - 4 \cdot s_0 \cdot h,$$

$$h = \frac{122{,}7}{\pi \cdot 13{,}5 - 4 \cdot 0{,}6} = 3{,}07 \text{ cm};$$

ausgeführt 40 mm.

Sitzbreite aus Herstellungsrücksichten $b_0 = 3$ mm.

Mit diesen Maßen ist man in der Lage, den Ventilsitz aufzuzeichnen. Druck auf den Teller:

$$P = \frac{\pi}{4} \cdot d_m{}^2 \cdot p = \frac{\pi}{4}(d' + b)^2 \cdot p = \frac{\pi}{4}(13{,}5 + 0{,}3)^2 \cdot 12 = 1795 \text{ kg}.$$

Dazu kommt der Dichtungsdruck von $p_0' = 50$ at an der Sitzfläche:

$$P' = \pi \cdot d_m \cdot b_0 \cdot p_0' = \pi \cdot 13{,}8 \cdot 0{,}3 \cdot 50 = 650 \text{ kg}.$$

Den Teller in Form einer ebenen Platte auszuführen, würde eine sehr große Stärke (bei 500 kg/cm² Biegebeanspruchung rund 20 mm) verlangen. Dadurch, daß man den Spindelkopf in den Teller hineinlegt, ergibt sich nicht allein für diesen eine sehr widerstandsfähige Gestalt, sondern gleichzeitig auch eine geringere Bauhöhe des gesamten Ventiles und ein günstigerer Angriffpunkt für die Spindel. Man ist aber nicht imstande, die Wandstärke von vornherein zu berechnen, sondern wird zunächst die Abmessungen der Spindel ermitteln, den Teller um den Spindelkopf herum dem Gefühl nach entwerfen und die Widerstandsfähigkeit nachträglich prüfen.

Spindeldurchmesser geschätzt auf 26 mm. Trapezgewinde nach DIN 103. Außendurchmesser $d_a = 26$, Kerndurchmesser $d_i = 20{,}5$, Flankendurchmesser $d_f = 23{,}5$, Steigung $h = 5$, Tragtiefe $t = 2$ mm. Steigungswinkel α aus (93):

$$\operatorname{tg} \alpha = \frac{h}{\pi \cdot d_f} = \frac{5}{\pi \cdot 23{,}5} = 0{,}0677; \qquad \alpha = 3^0\,52'.$$

Werkstoff der Spindel: Flußstahl. Drehmoment an der Spindel nach Formel (174):

$$M_d = (P + P') \cdot \frac{d_f}{2} \cdot \operatorname{tg}(\alpha + \varrho) = (1795 + 650) \cdot \frac{2{,}35}{2} \cdot \operatorname{tg}(3^0\,52' + 6^0) = 500 \text{ kgcm}.$$

Daraus Handraddurchmesser D' und Umfangskraft U (175):

$$D' = \sqrt{2\,M_d} = \sqrt{2 \cdot 500} = 31{,}6 \text{ cm} \quad \text{und} \quad U = 31{,}6 \text{ kg}.$$

Gewählt $D' = 320$ mm.

Die Spindel wird im oberen Teil auf Drehung, zwischen der Mutter und der Auflagestelle im Teller aber, abgesehen von der Wirkung geringer Reibungsmomente, auf Knickung beansprucht. Drehspannung im Gewindekern:

$$\tau_d = \frac{16 \cdot M_d}{\pi\, d_i^3} = \frac{16 \cdot 500}{\pi \cdot 2{,}05^3} = 296 \text{ kg/cm}^2. \quad \text{Zulässig.}$$

Die Inanspruchnahme auf Knickung läßt sich erst nach weiterer Ausgestaltung des Ventiles nachrechnen. Es können aber schon die Druckbeanspruchungen durch die Längskraft im Gewindekern σ_1 und im Spindelschaft σ_2 ermittelt werden:

$$\sigma_1 = \frac{P + P'}{\frac{\pi}{4} d_i^2} = \frac{1795 + 650}{3{,}30} = 741 \text{ kg/cm}^2;$$

$$\sigma_2 = \frac{P + P'}{\frac{\pi}{4} d_a^2} = \frac{1795 + 650}{5{,}31} = 460 \text{ kg/cm}^2.$$

Mit der Annahme, daß der Spindelkopf durch eine Schraube von $1^1/_4''$ Rohrgewinde im Teller gehalten wird, läßt sich dieser entwerfen. Wandstärke im Mittel 12 mm.

Näherungsweise Nachrechnung des Tellers als ein in der Mittelebene eingespannter Körper, Abb. 762, der bei geschlossenem, unter Druck stehendem Ventil, durch die Kräfte $\frac{P}{2}$ und $\frac{P'}{2}$ von unten her belastet ist. $\frac{P}{2}$ darf gleichmäßig über die halbe Kreisfläche, $\frac{P'}{2}$ gleichmäßig auf den Sitzumfang verteilt angenommen werden. Denkt man sich diese Kräfte in den Schwerpunkten der Halbkreisfläche und der Halbkreislinie vom mittleren Sitzdurchmesser vereinigt, so wird das Biegemoment:

$$M_b = \frac{P}{2} \cdot \frac{2}{3} \cdot \frac{d_m}{\pi} + \frac{P'}{2} \cdot \frac{d_m}{\pi} = \frac{1795}{2} \cdot \frac{2}{3} \cdot \frac{13{,}8}{\pi} + \frac{650}{2} \cdot \frac{13{,}8}{\pi} = 4056 \text{ kg cm}.$$

Ermittlung des Trägheitsmoments des Querschnittes, Abb. 762.

Schwerpunktabstand e, bezogen auf die Kante AA:

$$e = \frac{10 \cdot 1{,}2 \cdot 0{,}6 + 2 \cdot 2{,}1 \cdot 2{,}25 + 6 \cdot 1{,}5 \cdot 4{,}05}{10 \cdot 1{,}2 + 2 \cdot 2{,}1 + 6 \cdot 1{,}5} = 2{,}11 \text{ cm}; \quad e' = 4{,}8 - 2{,}11 = 2{,}69 \text{ cm}.$$

Trägheitsmoment:

$$J = \frac{10 \cdot 1{,}2^3}{12} + 10 \cdot 1{,}2 \cdot 1{,}51^2 + \frac{2 \cdot 2{,}1^3}{12} + 2 \cdot 2{,}1 \cdot 0{,}14^2 + \frac{6 \cdot 1{,}5^3}{12} + 6 \cdot 1{,}5 \cdot 1{,}94^2 \approx 66 \text{ cm}^4.$$

Beanspruchung auf Biegung:

$$\sigma_b = \frac{M_b \cdot e'}{J} = \frac{4056 \cdot 2{,}69}{66} = 165 \text{ kg/cm}^2. \text{ Genügend niedrig.}$$

Nun kann man zur Gestaltung des Kanals K und des gußeisernen Deckels übergehen. Die lichte Weite der durch den Deckel verschlossenen Öffnung muß den bequemen Einbau des Sitzes und des Tellers gestatten. Gewählt 160 mm Durchmesser. Das leichte Abströmen des Dampfes bei gehobenem Ventil verlangt eine Kanalhöhe von etwa 70 mm. Bei 220 mm Breite bietet er 164 cm², also ausreichenden Querschnitt.

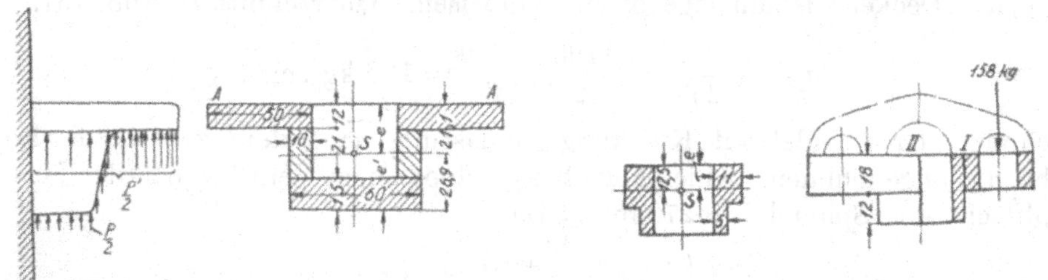

Abb. 762. Zur Berechnung des Ventiltellers. Abb. 763. Stopfbüchsbrille.

Stopfbüchse. $d_i = 26$, $d_a = 42$, Tiefe 55 mm. Zwei Stopfbüchsschrauben, nach S. 583 auf $3\,p$ zu berechnen. Kraft in einer Schraube:

$$P = \frac{1}{2} \cdot \frac{\pi}{4} (d_a^2 - d_i^2)\, 3 \cdot p = \frac{1}{2} \cdot \frac{\pi}{4} \cdot (4{,}2^2 - 2{,}6^2) \cdot 3 \cdot 12 = 158 \text{ kg}.$$

$^5/_8''$ Schrauben mit $\sigma_z = \frac{P}{F_1} = \frac{158}{1{,}31} = 121 \text{ kg/cm}^2$ reichen aus.

Stopfbüchsbrille. Form angenommen nach Abb. 763.

Querschnitt I: $\sigma_b = \frac{M_b}{W} = \frac{158 \cdot 1{,}6 \cdot 6}{4{,}6 \cdot 1{,}8^2} = 102 \text{ kg/cm}^2.$

Querschnitt II:

Schwerpunktabstand: $e = \frac{2{,}2 \cdot 1{,}8 \cdot 0{,}9 + 1 \cdot 1{,}2 \cdot 2{,}4}{2{,}2 \cdot 1{,}8 + 1 \cdot 1{,}2} = 1{,}25 \text{ cm},$

Trägheitsmoment: $J = \frac{2,2 \cdot 1,8^3}{12} + 2,2 \cdot 1,8 \cdot 0,35^2 + \frac{1 \cdot 1,2^3}{12} + 1 \cdot 1,2 \cdot 1,15^2 = 3,29 \text{ cm}^4$.

$$\sigma_b = \frac{M_b \cdot e}{J} = \frac{158 \cdot 3,75}{3,29} \cdot 1,25 = 225 \text{ kg cm}^2 \text{ Zugbeanspruchung.}$$

Deckelschrauben. Dichtungsbreite 15 mm. Mittlerer Dichtungsdurchmesser $D_m = 180$ mm. Druck auf den Deckel:

$$P = \frac{\pi}{4} \cdot D_m^2 \cdot p = \frac{\pi}{4} \cdot 18^2 \cdot 12 = 3053 \text{ kg}.$$

Gewählt nach Abb. 378 bei $c = 0,045$: 6 Stück $^3/_4''$ Schrauben, beansprucht mit:

$$\sigma_z = \frac{P}{6 \cdot F_1} = \frac{3053}{6 \cdot 1,96} = 260 \text{ kg/cm}^2.$$

Flanschstärke gewählt zu 25 mm, Beanspruchung:

$$\sigma_b = \frac{M_b}{W} = \frac{6 \cdot 3053 \cdot 2}{\pi \cdot 16,5 \cdot 2,5^2} = 113 \text{ kg/cm}^2.$$

Muttergewinde der Spindel. Da der größte Druck nicht dauernd beim Drehen wirkt, sondern erst beim scharfen Aufpressen des Tellers auf dem Sitze entsteht, sei $p = 200$ kg/cm² Flächendruck zugelassen.

Auflagefläche: $f = \frac{P + P'}{p} = \frac{1795 + 650}{200} = 12,2 \text{ cm}^2$.

Ein Gewindegang hat:

$$f_0 = \pi \cdot d_f \cdot t = \pi \cdot 2,35 \cdot 0,2 = 1,48 \text{ cm}^2;$$

daher sind:

$$n_1 = \frac{f}{f_0} = \frac{12,2}{1,48} = 8,25 \text{ Gänge nötig.}$$

Höhe der Mutter $H = h \cdot n_1 = 5 \cdot 8,25 = 41,3$ mm. Ausgeführt $H = 45$ mm.

Bügel mit Deckel zusammengegossen. Gußeisen. Querschnitt I, Abb. 761.

$$\sigma_z = \frac{P + P'}{2f} = \frac{1795 + 650}{2 \cdot 5 \cdot 1,8} = 136 \text{ kg/cm}^2.$$

Nachrechnung der Spindel auf Knickung. Belastung nach dem zweiten Eulerschen Fall, Abb. 17, angenommen. Knicklänge bei geschlossenem Ventil von Mitte Mutter bis zur Kopffläche der Spindel $l = 270$ mm. Da

$$\frac{l}{i} = 4 \frac{l}{d} = \frac{4 \cdot 27}{2,6} = 41,5$$

beträgt, ist die Tetmajersche Formel anzuwenden.

Knickspannung: $K_k = K\left(1 - c_1 \frac{l}{i}\right) = 3350\,(1 - 0,00185 \cdot 41,5) = 3093 \text{ kg/cm}^2$.

Im Vergleich mit der oben berechneten Druckspannung σ_2 im Schaft ist die Sicherheit:

$$\mathfrak{S} = \frac{K_k}{\sigma_2} = \frac{3093}{460} = 6,7\text{fach}.$$

Sie erscheint unter Beachtung der Führung, die die Spindel in der Stopfbüchse findet, völlig ausreichend.

Zur konstruktiven Durchbildung, Abb. 761, sei noch das folgende bemerkt: Der Sitz ist als eine eingepreßte, am unteren Rande umgebördelte Bronzebüchse ausgebildet. Bei ganz geöffnetem Ventil dient die Spindelkopfverschraubung zur Abdichtung am Sitz b und ermöglicht so das Verpacken der Stopfbüchse während des Betriebs unter Dampf. Zum Anziehen der Brille dienen zwei im Bügel sitzende Stiftschrauben, weil sich die Löcher und Gewinde im Deckel nur schwierig herstellen lassen würden und weil außerdem das Einlegen der Packung um die ringsum freie Spindel leichter ist. Um das bei geringer Undichtheit der Stopfbüchse durchtretende Wasser aufzufangen und die Verschalung bequem anschließen zu können, liegt die Brille in einer vertieften runden Schale. Die Spindelmutter ist in den mit dem Deckel zusammengegossenen Bügel mit Feingewinde eingeschraubt und durch einen tangentialen Stift gesichert.

Bekommt das Handrad eine zu hohe Lage, so kann man die Bedienung durch Einschalten eines Kegelradtriebes, Abb. 764, erleichtern. Daß dabei die Ventilspindel Linksgewinde erhalten muß, war schon auf S. 404 betont worden.

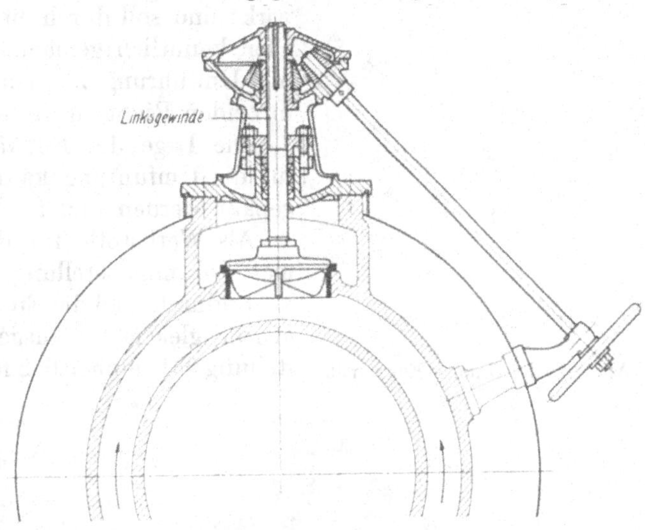

Abb. 764. Absperrventil an einem Dampfzylinder mit Ventilsteuerung.

2. Die Ausbildung normrechter Ventile. Im folgenden sind nochmals die wichtigsten Gesichtspunkte, die für die Normung der Absperrventile maßgebend sind, zusammengestellt.

Es ist beabsichtigt, die Durchgang- und Eckventile im engen Anschluß an die Rohre und Rohrleitungen und gestützt auf die Druckstufen, Zusammenstellung 84 und die Nennweiten Zusammenstellung 84a innerhalb des durch Zusammenstellung 95b gekennzeichneten Gebiets einheitlich durchzubilden. Den folgenden Ausführungen liegen die Entwürfe zu den Normblättern vom April 1926 zugrunde[1]).

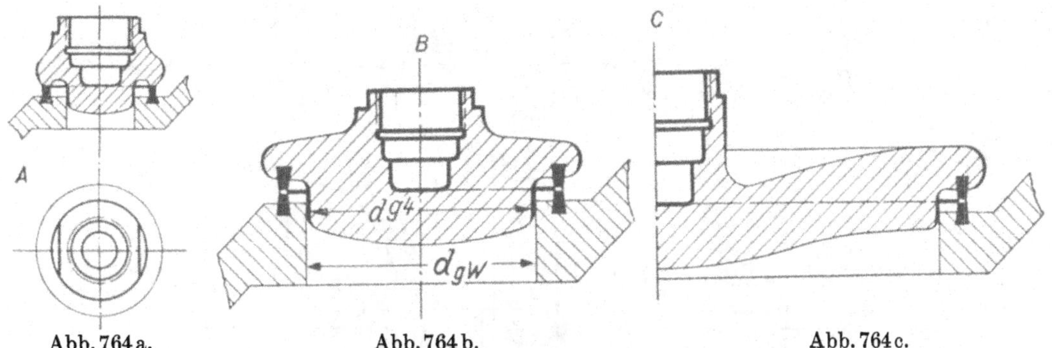

Abb. 764a. Bis 25 mm Nennweite. Abb. 764b. Von 32 bis 80 mm Nennweite. Abb. 764c. Von 90 bis 500 mm Nennweite.
Normale Kegel nach DIN 3313 (Entwurf).

Die Gehäuse bestehen aus drehrunden Hauptkörpern. Normrechte Flansche nach Zusammenstellung 93 bis 93f dienen zum Anschluß an die Rohrleitungen und zum Abschluß durch die Deckel mit den Aufsätzen für die Spindelmuttern. Während die Körper der Durchgangventile symmetrisch zur Mittelebene ausgebildet sind, setzen sich diejenigen der Eckventile, Abb. 764d, aus zwei verschiedenen Stücken zusammen: einem halbkugeligen Endstück und einem schlankeren zum Anschluß an die Rohrleitung. Die Baulängen sind gemäß Zusammenstellung 95b genormt, um die Austauschbarkeit von Ventilen verschiedener Herkunft sicherzustellen. Die Trennungswand im Innern der Gehäuse liegt bei den Durchgang- und kleineren Eckventilen unter 45° zur Haupt-

[1]) Die endgültigen Normblätter sind nach Erscheinen durch den Beuth-Verlag, G.m.b.H., Berlin S 14, Dresdener Str. 97, zu beziehen.

achse, nur bei größeren Eckventilen unter 30°. Sie ist eben ausgebildet, der Körper aber so bemessen, daß der engste, in Abb. 764e durch Strichelung hervorgehobene Querschnitt 10% größer als der Rohrquerschnitt ist. Die Durchströmrichtung muß im Zusammenhang mit der normalen Spindelbefestigung so gewählt werden, daß der Druck auf den Ventilkegel von unten her wirkt und soll durch einen auf dem Gehäuse aufgegossenen Pfeil kenntlich gemacht werden. Nur die größeren Ventile mit Umführung können in Ringleitungen für Strömungen in beiden Richtungen verwandt werden.

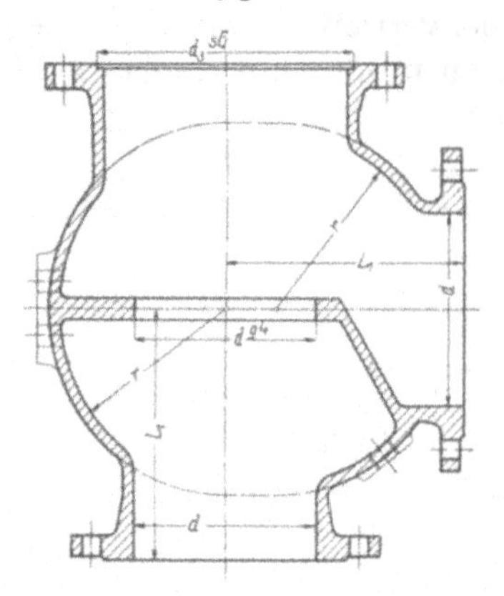

Abb. 764d. Dinorm-Eckventil.

Die Lage der Entwässerungswarzen und des Ansatzes für die Umführung kann den jeweiligen Verhältnissen angepaßt werden und ist bei der Bestellung anzugeben.

Als Werkstoffe für die Gehäuse kommen Gußeisen gemäß Zusammenstellung 95a und Stahlguß in Betracht.

Dadurch, daß die Einzelteile für die Durchgang- und Eckventile gleichartig ausgebildet und die Hübe, Zusammenstellung 95b, einheitlich festgelegt sind, werden auch die Bau-

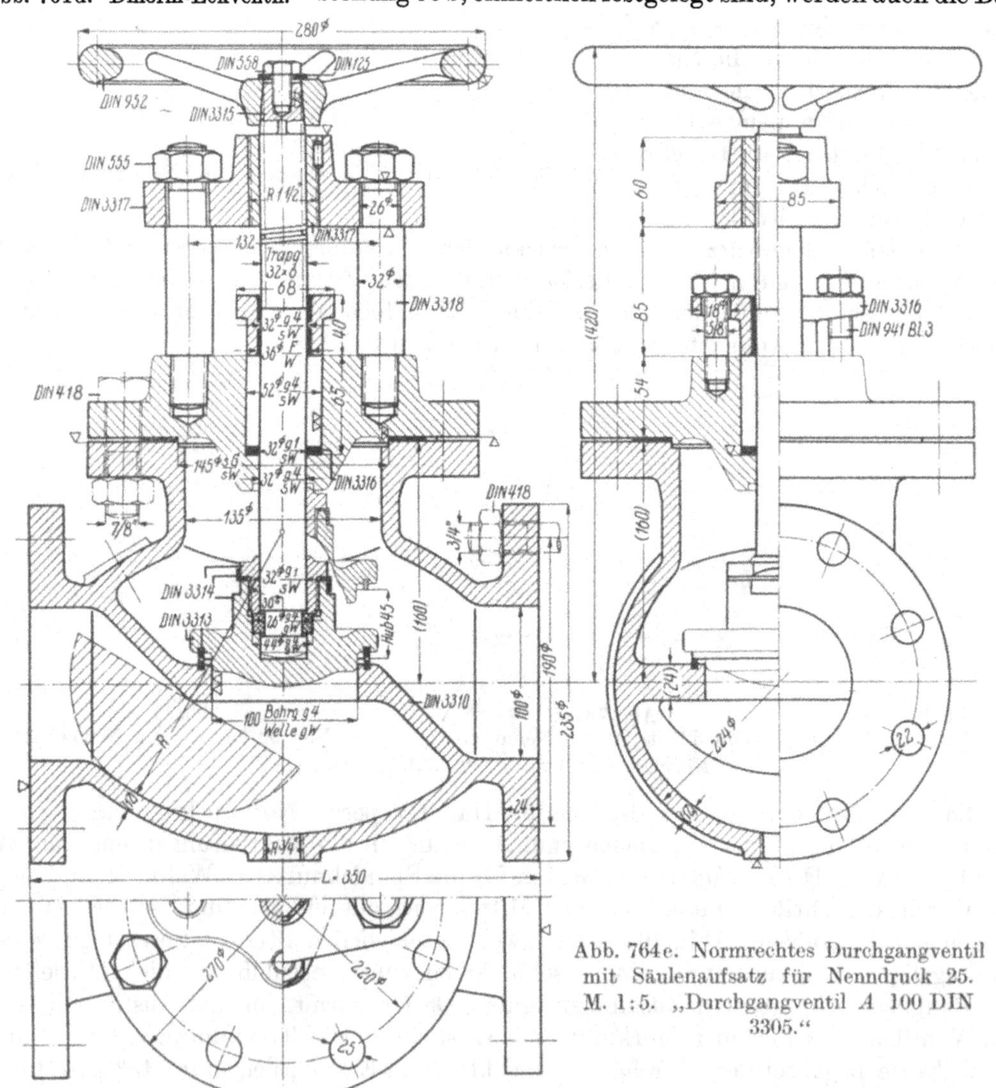

Abb. 764e. Normrechtes Durchgangventil mit Säulenaufsatz für Nenndruck 25. M. 1:5. „Durchgangventil A 100 DIN 3305."

höhen beider Ventilarten, von Mitte Rohrachse gemessen, einerseits im geschlossenen, andrerseits im geöffneten Zustand gleich groß. Sie sind in Form von Richtmassen, die je nach der besonderen konstruktiven Durchbildung geändert werden dürfen, festgelegt.

Die Sitze bestehen aus eingepreßten Ringen aus Rotguß oder Messing bei Temperaturen bis zu 275°, aus Nickellegierungen bei höheren Wärmegraden, während die Kegel je nach der Nennweite gemäß Konstruktionsblatt DIN 3313 nach Abb. 764a bis 764c gestaltet werden sollen. Sie werden durch die Spindel, kurz vor dem Aufsetzen aber durch den Mittelteil des Tellers in der Sitzbohrung mit Grobsitzpassung geführt. Führungsrippen sind ganz weggelassen worden, weil sie die Kegel durch die Wirkung des Dampfstromes in Drehung versetzen und die Abnutzung der Spindeln vergrößern. Der Druckpunkt der Spindel soll möglichst in der Ebene der Sitzflächen liegen. Als Werkstoff kommt für Kegel der Form *A* Rotguß oder Messing, bei Temperaturen über 275° Nickellegierung, für solche der Form *B* und *C* Flußstahl oder Stahlguß in Betracht.

Mit den Spindeln sind die Kegel durch einen geteilten Ring und eine gutgesicherte Überwurfschraube verbunden, eine Befestigung, die, wie oben erwähnt, verlangt, daß der Betriebsdruck bei dem geschlossenen Kegel von unten her wirkt, wenn in Ringleitungen nicht durch eine Umführung für die Entlastung vor dem Öffnen gesorgt ist.

Die Spindeln bestehen aus Messing oder Rundstahl, sind mit normalem Trapezgewinde der DIN 103 versehen und mit den Handrädern nach DIN 952 durch ein verjüngtes Vierkant verbunden. Sie laufen in Büchsen aus Rotguß oder Messing, die mit Rohrgewinde in die Brücken oder Bügelaufsätze eingeschraubt und durch Verbohren gesichert sind.

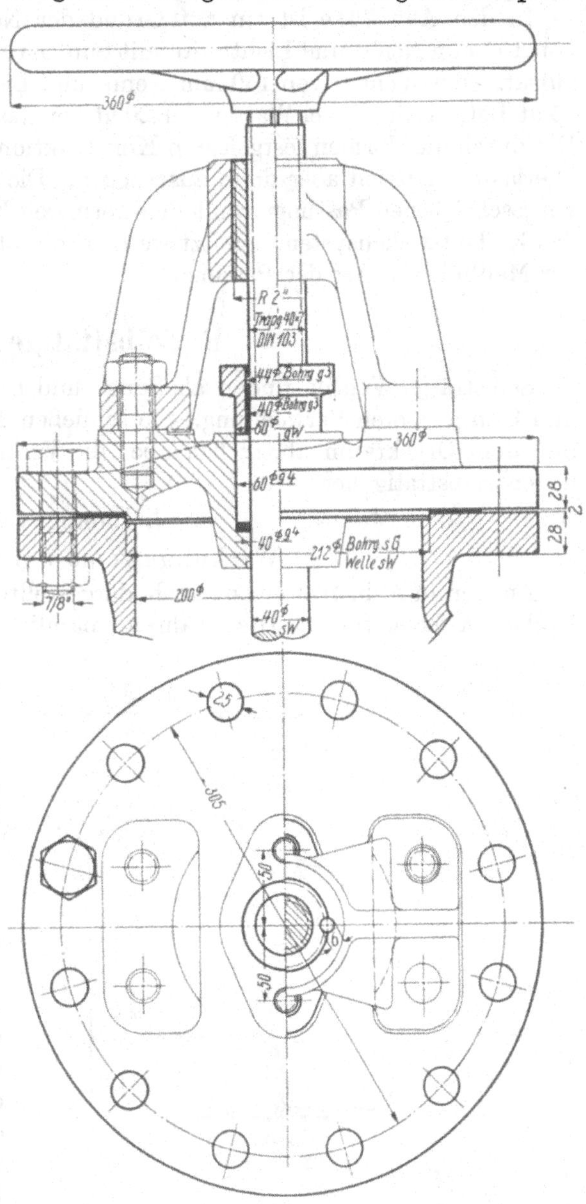

Abb. 764f. Normrechter Deckel mit Bügelaufsatz für Durchgang- oder Eckventile von 150 mm lichter Weite und Nenndruck 25. M. 1:5.

Für die Deckel ist ein Konstruktionsblatt 3312 herausgegeben. Es unterscheidet zwei Deckelarten:

A mit Säulenaufsatz, Abb. 764e und

B mit Bügelaufsatz, Abb. 764f.

A und *B* dienen zur Kennzeichnung der Ventile bei der Bestellung: ein normrechtes Durchgangventil mit Säulenaufsatz von 200 mm Nennweite für den Nenndruck 6 ist durch „Durchgangventil *A* 200 Din 3302" gegeben. Der Werkstoff der Deckel ist wie der der Bügelaufsätze in Übereinstimmung mit dem des Gehäuses zu wählen.

Die Stopfbüchsbrille mit ovalem Flansch soll für Spindeln bis zu 18 mm Durchmesser aus Messing, für größere aus Gußeisen, mit einem Messingrohr ausgefüttert, hergestellt werden.

Die Brücken der Form A bestehen aus geschmiedetem oder gepreßtem Stahl oder aus Stahlguß.

In den Abb. 764e ist ein auf Grund der Normen durchgebildetes Durchgangventil von 100 mm Nenn- und Lichtweite mit Säulenaufsatz, in Abb. 764f der Deckel mit Bügelaufsatz eines Ventils von 150 mm Nenn- und Lichtweite, für den Nenndruck 25, also für 25 at Betriebsdruck bei Wasser, für 20 at bei Gas, Dampf und Heißdampf wiedergegeben. Die durch die Normen festgelegten Konstruktionslinien sind stark, die dem Konstrukteur überlassenen freien aber dünn ausgezogen. Die Richtmaße sind eingeklammert und die vorgeschriebenen Passungen mit den normalen Kurzzeichen angeschrieben und zwar, da das Einheitswellensystem benutzt werden soll, über der Maßlinie die Art des Sitzes, unter der Maßlinie die Art der Passung.

B. Selbsttätige Ventile.

Selbsttätige Ventile finden als Saug- und Druckventile an Kolbenpumpen, Gebläsen und Kompressoren Verwendung. Sie schließen den Arbeitszylinder gegenüber dem Saug- und dem Druckraum ab, stellen aber die Verbindung unter bestimmten Druckverhältnissen selbsttätig her.

1. Pumpenventile.

a) Wirkungsweise der Pumpenventile.

An der in Abb. 765 schematisch dargestellten, einfach wirkenden Pumpe saugt der Kolben K beim Saughube, während nämlich der Kurbelzapfen Z die untere Hälfte ABC des Kurbelkreises durchläuft, durch das Saugventil S die Flüssigkeit an. Diese wird durch den Luftdruck, der auf den Saugwasserspiegel wirkt, durch das Saugrohr R hindurch in den Pumpenraum gedrückt, weil sonst hinter dem Kolben ein luftleerer Raum entstehen würde. In dem darunter gezeichneten Bilde des Druckverlaufes, das die Drucke im Pumpenraume abhängig vom Kolbenwege s_1 darstellt, wird während dieser Zeit die unter der atmosphärischen Linie liegende Gerade GH durchlaufen. Im Totpunkte C (in der oberen Abbildung) kehrt die Richtung der Kolbenbewegung um. Das Saugventil schließt sich; entsprechend der Linie HJ wird die nunmehr eingeschlossene Flüssigkeit unter Druck gesetzt. Infolgedessen öffnet sich das Druckventil, durch das die Flüssigkeit beim Durchlaufen der oberen Hälfte des Kurbelkreises CEA, während des Druckhubes, in den Druckraum und die anschließende Rohrleitung gefördert wird. Dem Vorgang entspricht im Schaubild des Druckverlaufes die Gerade JK. Im Punkte A schließt sich das Ventil. Die Pressung sinkt bei der Rückkehr des

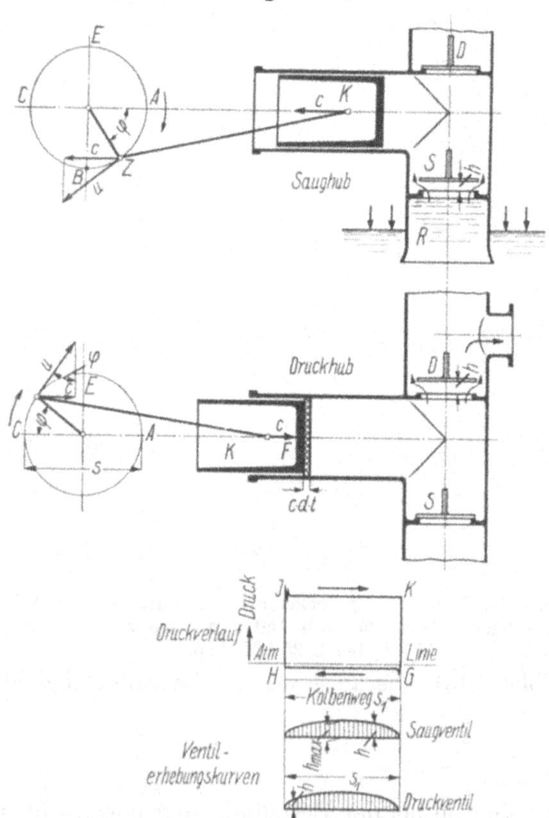

Abb. 765. Wirkungsweise der Saug- und Druckventile an einer einfachwirkenden Kolbenpumpe. Druckverlauf und Ventilerhebungskurven.

Kolbens auf die Saugspannung (Linie KG des Druckverlaufes); das Spiel beginnt von neuem. In den Umkehrpunkten kommen häufig nicht unbeträchtliche stoßartige Spannungsschwankungen vor, die sich in der Abbildung durch die spitzen Ausschläge ausprägen.

b) Teile, Grundformen und allgemeine Anforderungen.

Die wichtigsten Teile eines selbsttätigen Ventils sind der Sitz, der Teller und das Belastungsmittel, das die Tellerbewegung regelt. Ventile mit Vollkreisquerschnitt, für kleine Flüssigkeitsmengen zweckmäßig, trennt man nach der Form der Sitzfläche in Tellerventile mit ebenem, Kegelventile mit kegeligem und Kugelventile mit kugeligem Sitz, Abb. 766, 767 und 768. Die Vor- und Nachteile der beiden erstgenannten Arten waren schon auf Seite 399 besprochen worden; während der ebene Sitz geringen Hub ($h = d/4$) verlangt und die Herstellung erleichtert, führen kegelige und kugelige zu größeren Hüben, aber zu geringerer Ablenkung des Flüssigkeitsstromes, bis sich der zweite der unten erläuterten Strömungszustände ausbildet. Am Kugelventil ist der Durchtrittquerschnitt nach Abb. 768, ähnlich wie beim Kegelventil, annähernd durch $\pi \cdot d_m \cdot h \cdot \sin \delta_1$ gegeben. δ_1 pflegt zu rund 45° und damit der Kugeldurchmesser gleich dem 1,4- bis 1,5fachen des Sitzes genommen zu werden. Wird dieser Wert unterschritten, so klemmen die Kugeln leicht. Solche einfachen Gewichtsventile, aus Gummi oder Metall bestehend, bei größeren Abmessungen oft hohl ausgeführt und durch Drehspäne oder Bleiausguß auf das zum rechtzeitigen Schluß nötige Gewicht gebracht, finden vor allem an Hubpumpen für dicke Flüssigkeiten, sowie als Rückschlagventile an Wasserständen u. dgl. häufig Anwendung. Die Dichtheit ist bei metallischen Kugeln, weil Einschleifen ausgeschlossen ist, unvollkommen, aber von der Stellung der Kugeln zum Sitz unabhängig.

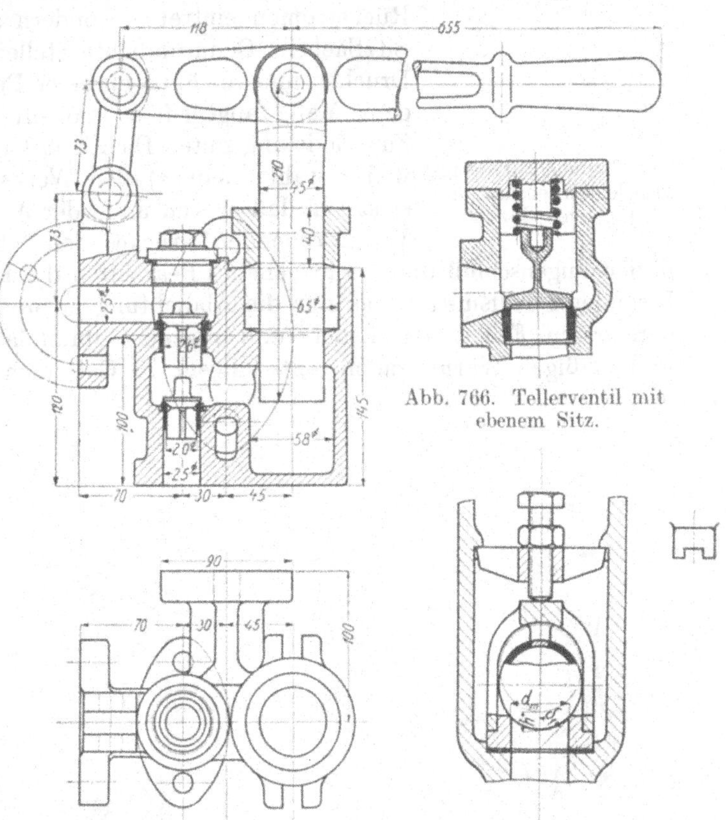

Abb. 766. Tellerventil mit ebenem Sitz.

Abb. 767. Handpreßpumpe mit Kegelventilen. M. 1 : 5.

Abb. 768. Kugelventil.

Bei größerem Durchmesser wird bei den eben besprochenen Ventilen die Raumausnutzung schlecht. Soll der Hub 10 mm nicht überschreiten, so werden, ohne Rücksicht auf etwaige Rippen, die Querschnitte in der Sitzöffnung und im Ventilspalt am Tellerventil bei 40 mm Durchmesser oder 12,6 cm² Querschnitt, am Kegel- und Kugelventil schon bei rund 30 mm Durchmesser (7,06 cm²) gleich groß.

Ringventile, Abb. 769 und 770, gestatten den Durchtritt längs des äußeren und inneren Umfangs und bieten damit wesentlich günstigere Ausnutzung des Raumes. Reicht ein einfacher Ring nicht aus, so ordnet man mehrere konzentrisch in- oder übereinander an und gelangt so zu den mehrfachen Ring- und den Treppenventilen, Abb. 797 und 771. Letztere führen bei gleichem Sitz- oder Spaltquerschnitt, wie es für die angeführten Ventile zutrifft, allerdings zu kleinerem Gesamtdurchmesser, sind aber vielteiliger und im Bau verwickelter und werden wegen der großen Gewichte und Bearbeitungskosten, sowie der Schwierigkeit, Federbelastung anzubringen, kaum noch ausgeführt.

Schließlich sind Gruppenventile, Abb. 787, das sind Teller- oder Ringventile, die oft in großer Zahl zu Saug- und Drucksätzen zusammengestellt werden, ein häufig benutztes Mittel, größere Flüssigkeitsmengen zu beherrschen.

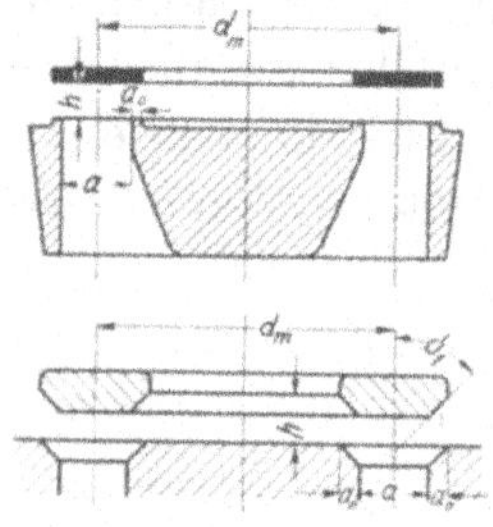

Abb. 769 und 770. Ringventile mit ebenen und kegeligen Sitzen.

Was die allgemeinen Gesichtspunkte anlangt, so ist die möglichst vollkommene Dichtheit der Sitze von besonderer Wichtigkeit, nicht allein in Rücksicht auf die Verluste, die durch Rückströmen eintreten, sondern auch wegen der Erhaltung der Sitzflächen. Denn undichte Stellen werden namentlich bei höheren Drucken und im Falle unreiner Betriebstoffe in immer zunehmendem Maße angegriffen und oft rasch sägeschnittartig vertieft. Zur Erzielung guter Dichtheit hat man verschiedene Mittel: entweder wählt man α) den Werkstoff des Tellers so weich und elastisch, daß er sich unter der Wirkung des auf dem geschlossenen Ventil ruhenden Druckes den Sitzen anpaßt, oder man erzeugt β) den Fugenschluß durch sehr genaues Bearbeiten der Flächen oder man schaltet γ) ein besonderes Hilfsmittel, das nur die Abdichtung zu übernehmen hat, ein. Beispiele für den ersten Fall bieten Leder- und weiche Gummiplatten, die bei geringen Drucken und mäßigen Wärmegraden seit langem in Gebrauch sind und sich gut bewähren. Die zweite Art wird vor allem an metallenen Sitzflächen angewendet, indem diese sorgfältig abgedreht und aufeinander aufgeschliffen werden. Soweit es Herstellung und Flächendruck gestatten, sollen die Sitzflächen zugunsten kräftiger Anpressung am geschlossenen Ventil so schmal wie möglich, aber am Sitz und Teller stets gleichbreit gehalten werden; letzteres um Gratbildungen beim Einschleifen zu vermeiden. Schmale Sitzflächen verlangen aber besonders sorgfältige Führung der Teller gegenüber den Sitzen. Deshalb werden z. B. an mehrfachen Ringventilen, Abb. 797, sehr kräftige und lange Führungsbolzen vorgesehen, die auch etwaigen seitlichen Strömungsdrucken oder bei liegenden Ventilen der andauernden Wirkung des Tellereigengewichts gewachsen sein müssen.

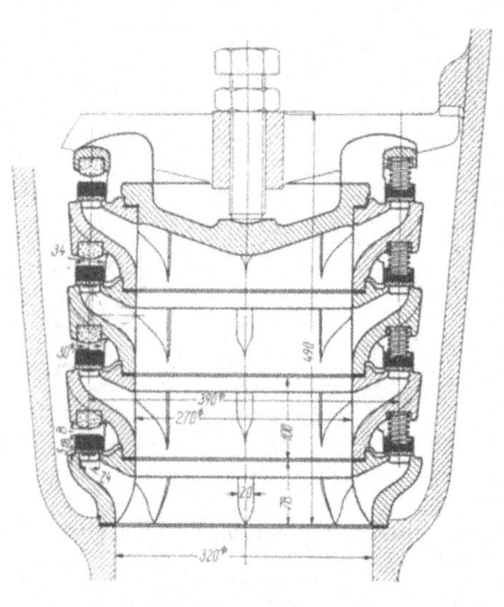

Abb. 771. Treppenventil von 780 cm² Spaltquerschnitt bei 8 mm Hub (veraltet). M. 1 : 10.

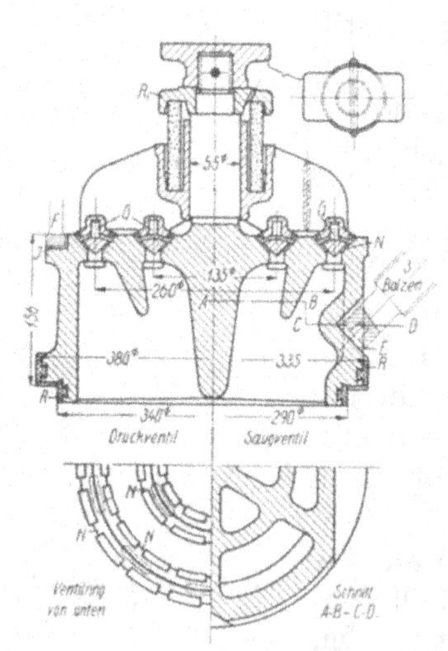

Abb. 772. Fernisventil, Maschinenbauanstalt Humboldt, Köln-Kalk, links Druck-, rechts Saugventil. M. 1 : 10.

Sehr schwierig ist es, zahlreiche Dichtflächen, wie sie an mehrringigen Ventilen, Abb. 797, vorkommen, zum gleichzeitigen Abdichten zu bringen. Es empfiehlt sich, die äußeren Ringe von den inneren unabhängig zu machen und getrennt einzuschleifen, eine Maßnahme, zu der man meist bei mehr als drei Ringen und namentlich bei kegeligen Sitzflächen greift.

Ein besonderes Hilfsmittel zur Abdichtung schaltet man bei den Fernis-Ventilen, Abb. 772, ein. Die Belastung, der die Ringe ausgesetzt sind, wird durch den Flächendruck längs der metallischen Auflagefläche aufgenommen, die Abdichtung aber durch weiche Leder- oder Gummistreifen bewirkt, die durch Bleche oder Rippen gehalten, beim Schluß des Ventiles selbsttätig durch den Flüssigkeitsdruck angepreßt werden. Selbst kleinen Fremdkörpern, die auf die Sitze gelangen, passen sich solche weichen Ringe an. Zu beachten ist, daß die Dichtmittel nicht etwa beim Arbeiten des Ventiles durch den Flüssigkeitsstrom unter rascher Abnutzung und Zerstörung hin- und hergebogen werden, wie es in Abb. 773 links der Fall wäre. Die Herstellung der Lederringe erfolgt, nachdem sie vorher in warmem Wasser gut aufgeweicht sind, durch Pressen in einer Form, Abb. 774. Gummiringe werden in ähnlicher Weise in Formen in die verlangte Gestalt gebracht und darin vulkanisiert. Um den Überdruck beim Öffnen breiter Ringe zu erniedrigen, versieht man die Metallringe mit Nuten N, Abb. 772, die den Zutritt des Wassers zu den Dichtstreifen gestatten und das Anheben erleichtern. Fernis-Ventile sind namentlich bei unreinen Flüssigkeiten geboten, aber auch an größeren Ventilen, bei höheren Flüssigkeitsdrucken, von etwa 8 bis 10 at ab, zu empfehlen.

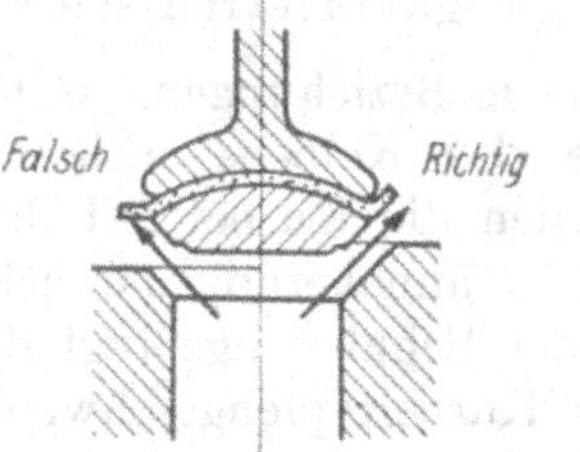

Abb. 773. Zur Ausbildung von Fernisventilen.

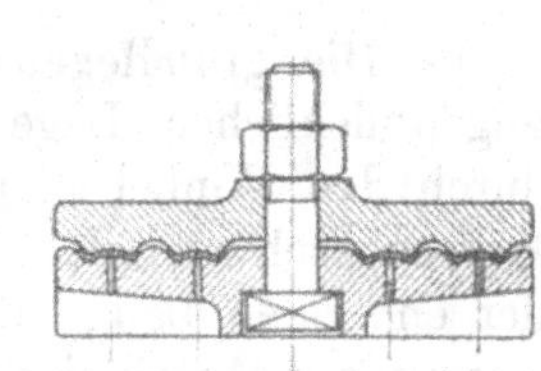
Abb. 774. Presse für die Lederringe des Fernisventils Abb. 772. M. 1:10.

Je nach der Art des Belastungsmittels — Gewicht oder Feder —, unterscheidet man Gewichts- und Federventile: Abb. 768 und 766.

c) Die zu den Pumpenventilen verwandten Werkstoffe.

Die Ventile pflegen getrennt von den Pumpenkörpern, Zylindern oder Kolben, in denen sie sitzen, hergestellt zu werden — größere wegen ihrer verwickelten Form, kleinere wegen der leichteren Herstellung, namentlich, wenn es sich um die Ausführung in größerer Zahl oder in Massen handelt. Als Werkstoffe kommen wegen der meist nötigen Rippen vorwiegend gießbare in Betracht. Wegen des Rostens und der dadurch bedingten Zerstörung vermeidet man Eisen an den Sitzflächen und stellt die Ventile entweder ganz aus Messing, Bronze, Phosphorbronze oder verwandten Legierungen her oder schraubt dünne Bronzesitze auf die gußeisernen oder Stahlgußrippenkörper, Abb. 785.

Um die Sitzfläche beim Guß dicht zu bekommen, wird sie in der Form unten angeordnet, häufig auch geschlossen gegossen. In diesem Falle arbeitet man die Spalten und Sitze aus dem Vollen heraus, wobei man aber wegen der Kerbwirkung vermeiden soll, die radialen Rippen anzuschneiden, dadurch, daß man sie bei a, Abb. 795, gegenüber dem Sitz etwas zurücktreten läßt. Auch die eben erwähnten Bronzeringe, Abb. 785, pflegen aus einer vollen, auf dem Ventilkörper befestigten Platte durch Eindrehen der Spalten und Sitze hergestellt zu werden.

Bei salz- oder säurehaltigem Wasser sind die Werkstoffe je nach den Umständen besonders sorgfältig zu wählen; oft kann man durch Vermeidung verschiedener Metalle, die galvanische Elemente bilden oder durch Isolieren derselben voneinander die Zerstörung verlangsamen oder einschränken, vgl. Abb. 772 und die Ausführungen dazu auf S. 453.

Besonders hohe Anforderungen werden an die Teller durch die stoßweisen, dauernd wiederholten Beanspruchungen während des Betriebs gestellt. Bei geringen Drucken benutzt man, wie schon erwähnt, elastische Stoffe wie Leder bei kaltem oder weichen Gummi bei warmem Wasser, z. B. in den Kondensatorpumpen. Für mittlere Drucke wird Metall oder Hartgummi, letzterer bis zu 8 at, für hohe Drucke ausschließlich Metall, in der Hauptsache Bronze oder Phosphorbronze, in neuerer Zeit auch gepreßter oder durchgeschmiedeter zäher Stahl in Form dünner Platten verwandt. Dagegen haben sich

Teller aus gewalztem Blech häufig nicht bewährt, da sie längs der Walzrichtung geringere Festigkeit aufweisen und leicht brechen.

Bei der Durchbildung und Beurteilung selbsttätiger Pumpenventile ist neben der Bewegung der Flüssigkeit beim Durchtritt durch das Ventil (— jederzeit muß Hub und Spaltquerschnitt genügend groß sein —), auch die Bewegung des Tellers in bezug auf Verdrängung und Massenwirkung zu beachten.

d) Die Bewegungsverhältnisse selbsttätiger Pumpenventile.

α) **Die grundlegenden Beziehungen.** Geht man an Hand der Abb. 765 von der augenblicklichen Lage des Kolbens während des Druckhubes aus, gekennzeichnet durch den Winkel φ, den die Kurbel mit der Hauptmittellinie einschließt, so ist die Kolbengeschwindigkeit c annähernd, nämlich unter Vernachlässigung des Einflusses der endlichen Länge der Schubstange (vgl. den Abschnitt Kurbelgetriebe), durch den wagrechten Anteil der Kurbelzapfengeschwindigkeit u:

$$c = u \cdot \sin \varphi$$

gegeben. Die während der Zeit dt durch den Kolben vom Querschnitt F angesaugte Flüssigkeitsmenge ist daher:

$$dQ = F \cdot c \cdot dt = F \cdot u \cdot \sin \varphi \cdot dt.$$

In Abb. 765 ist sie angedeutet durch die kreuzweise gestrichelte Fläche. Die gleiche Menge muß während derselben Zeit dt durch den Ventilspalt, der in dem betrachteten Augenblick den Querschnitt f darbiete, mit der Geschwindigkeit $\mu \cdot v$ treten, wenn μ die Ausflußzahl bedeutet, so daß:

$$dQ = f \cdot \mu \cdot v \cdot dt \tag{176}$$

wird. μ kennzeichnet das Verhältnis der tatsächlichen Ausflußmenge zur theoretischen. $\mu \cdot v = v_m$ ist die mittlere Geschwindigkeit im Spalt.

Durch Gleichsetzen der beiden Ausdrücke für dQ ergibt sich als Beziehung zwischen der Kolbenfläche F und dem vom Ventil freizugebenden Spaltquerschnitt f:

$$F \cdot c \cdot dt = f \cdot \mu \cdot v \cdot dt; \quad F \cdot c = \mu \cdot v \cdot f. \tag{177}$$

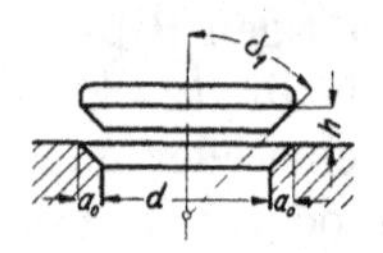

Abb. 775. Ventilteller mit kegeliger Sitzfläche.

f kann bei kegeligen, unter dem Winkel δ_1 geneigten Sitzflächen, Abb. 775, bei den meist geringen Hüben selbsttätiger Ventile genügend genau durch $l \cdot h \cdot \sin \delta_1$, bei ebenen Sitzflächen mit $\sin \delta_1 = 1$, durch $l \cdot h$, das Produkt aus dem Spaltumfang l und dem Hub h ersetzt werden, so daß ganz allgemein:

$$F \cdot c = l \cdot h \cdot \sin \delta_1 \cdot \mu \cdot v \text{ ist.}$$

Damit wird der Hub, den das Ventil haben muß:

$$h = \frac{F \cdot c}{\mu \cdot v \cdot l \cdot \sin \delta_1} = \frac{F \cdot u \cdot \sin \varphi}{\mu \cdot v \cdot l \cdot \sin \delta_1}. \tag{178}$$

Die Kurbelgeschwindigkeit u pflegt praktisch gleichförmig zu sein. Nimmt man in erster Annäherung an, daß auch $\mu \cdot v$ einen bestimmten und stetsgleichen Wert habe, so wird auch $\frac{F \cdot u}{\mu \cdot v \cdot l \cdot \sin \delta_1}$ unveränderlich. Dieser Ausdruck stellt den höchsten Hub h_{max} dar, wie sich ergibt, wenn man für $\sin \varphi$ den größten Wert, nämlich 1 bei $\varphi = 90^0$ einsetzt, so daß schließlich für den Hub bei beliebigem Kurbelwinkel φ geschrieben werden kann:

$$h = h_{max} \cdot \sin \varphi, \tag{179}$$

der Hub also annähernd durch eine Sinusfunktion des Kurbelwinkels φ ausgedrückt ist.

Diese Gleichungen bilden die Grundlage zur Berechnung der Ventilquerschnitte.

Trägt man den Hub h abhängig von der Zeit t auf, die wegen der gleichförmigen Kurbelzapfengeschwindigkeit auch dem Kurbelwinkel φ verhältnisgleich ist, so ergibt sich als Ventilerhebungskurve eine Sinuslinie, Abb. 776. In Abhängigkeit vom Kolbenweg, eine Darstellung, wie sie der von dem Kreuzkopf angetriebene, mit dem Teller verbundene Stift des Indikators liefert, müßte eine Ellipse entstehen, Abb. 777 und 765 unten. (Denn, während der Hub bei einem beliebigen Kurbelwinkel φ nach Formel (179) gegeben ist, ist die Lage des Kolbens durch $x = R \cdot \cos\varphi$ gekennzeichnet, wenn R den Kurbelhalbmesser bedeutet und die endliche Länge der Schubstange vernachlässigt wird. Setzt man die Werte für $\sin\varphi$ und $\cos\varphi$ aus den beiden Beziehungen in $\sin^2\varphi + \cos^2\varphi = 1$ ein, so findet man die Gleichung einer Ellipse: $\frac{h^2}{h_{max}^2} + \frac{x^2}{R^2} = 1$.) Der größte Hub $h_{max} = \frac{F \cdot u}{\mu \cdot v \cdot l \cdot \sin\delta_1}$ würde bei $\varphi = 90^0$, also in der Mittelstellung der Kurbel erreicht. Ihm entspricht der größte Querschnitt, den das Ventil freizugeben hat:

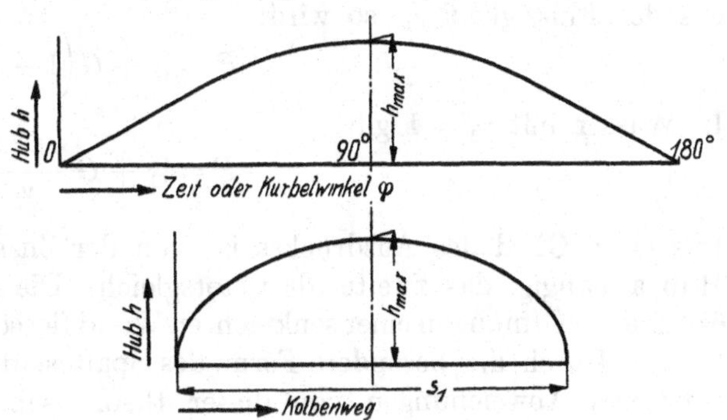

Abb. 776 und 777. Ventilhub in Abhängigkeit vom Kurbelwinkel und vom Kolbenweg.

$$f_{max} = l \cdot h_{max} \cdot \sin\delta_1 = \frac{F \cdot c_{max}}{\mu \cdot v} = \frac{F \cdot u}{\mu \cdot v}. \tag{180}$$

In den Totlagen, bei $\varphi = 0$ und 180^0, wird $h = 0$; die Ventile sollten sich genau in den Totpunkten öffnen und schließen.

Der Spaltquerschnitt steht in enger Beziehung zur sekundlichen Fördermenge. Setzt man nämlich, ausgehend vom Kolbenhub s_1:

$$u = \frac{\pi \cdot s \cdot n}{60},$$

so wird:

$$f_{max} = \frac{\pi \cdot F \cdot s_1 \cdot n}{60 \cdot \mu \cdot v} = \frac{\pi \cdot Q_0}{\mu \cdot v} \text{ in } m^2, \tag{181}$$

wobei $Q_0 = \frac{F \cdot s_1 \cdot n}{60}$ die sekundliche Wassermenge in m^3 ist, die das Ventil zu verarbeiten hat. Der größte Spaltquerschnitt hängt also lediglich von dieser Fördermenge ab, gleichgültig, aus welchen Einzelwerten für den Kolbenquerschnitt F, den Hub s_1 und die Umdrehzahl n sich Q_0 oder das Produkt $\frac{F \cdot s_1 \cdot n}{60}$ zusammensetzt. Eine Beziehung, die bei den Versuchen von Berg [IX, 6] dadurch bestätigt wurde, daß die untersuchten Ventile bei bestimmter Belastung und gleicher sekundlicher Fördermenge stets denselben größten Hub annahmen, unabhängig insbesondere von der Spielzahl, die in weiten Grenzen, nämlich zwischen 58 und 178 lag.

Damit der Teller bei einer gegebenen Spielzahl einen bestimmten größten Hub annimmt, muß er entweder das nötige Eigengewicht haben (an Gewichtsventilen) oder durch künstliche Mittel, insbesondere Federn, richtig belastet sein (an Federventilen). Zur Ermittlung dieser Größen dient die folgende Beziehung. Die unter dem Teller, im Ventilsitz vom Querschnitt f_1 in cm² befindliche Flüssigkeit steht beim arbeitenden, also geöffneten Ventil infolge der Belastung von P kg unter einer Pressung b, ausgedrückt in Metern Wassersäule:

$$b = 10 \frac{P}{f_1}.$$

Dabei setzt sich P aus dem Druck $\mathfrak{F}$ der Feder oder des sonstigen Belastungsmittels und dem Eigengewicht G des Tellers unter Abzug des Auftriebs, den dieser in der Flüssigkeit erfährt, zusammen, während die lebendige Kraft des Tellers bei den geringen Eigengeschwindigkeiten vernachlässigt werden kann. Ist das Einheitsgewicht des Tellers γ, das der Flüssigkeit γ_1, so wird:

$$P = \mathfrak{F} + G\left(1 - \frac{\gamma_1}{\gamma}\right). \tag{182}$$

In Wasser mit $\gamma_1 = 1$ gilt:

$$P = \mathfrak{F} + G\frac{\gamma - 1}{\gamma}. \tag{183}$$

Das erste Glied des Ausdruckes ist von der Zusammendrückung der Feder, also vom Hub abhängig, das zweite aber stetsgleich. Die Pressung b würde dem Wasser, wenn es aus einer Öffnung in einer senkrechten Wand flösse, eine Geschwindigkeit $v' = \sqrt{2\,g\,b}$ verleihen. Durch die besondere Form des Spaltes, des Tellers und der benachbarten Teile entstehen Abweichungen von dieser theoretischen Geschwindigkeit; die tatsächliche mittlere Geschwindigkeit wird:

$$\mu_P \cdot v' = \mu_P \sqrt{2\,g\,b} \tag{184}$$

und die durch das Ventil in einer Zeit dt strömende Wassermenge:

$$dQ = f \cdot \mu_P \cdot v' \cdot dt,$$

welche beim Vergleich mit Formel (176) die Beziehung:

$$\mu_P \cdot v' = \mu \cdot v \tag{185}$$

zwischen μ_P und der Ausflußzahl μ liefert. μ_P, Abb. 788 und 789 läßt sich aus Versuchen ermitteln und wird Durchfluß(berichtigungs)zahl genannt, eine Bezeichnung, die leicht zu Verwechslungen mit μ Anlaß geben kann. Da μ_P aus der Belastung hergeleitet und zur Berechnung derselben benutzt wird, v' aber eine nur ideelle Geschwindigkeit ist, sei μ_P im folgenden mit Belastungszahl bezeichnet. (Dagegen ist die Geschwindigkeit v wichtig für die im Spalt auftretenden Verluste. $\mu \cdot v = v_m$ dient zur Ermittlung der Durchströmquerschnitte, insbesondere des größten Spaltquerschnittes, μ_P dagegen, wie später gezeigt wird, zur Berechnung der Belastung.)

Ist μ_P bekannt, so läßt sich die Belastung des Tellers in Metern Wassersäule aus:

$$b = \frac{1}{\mu_P^2} \cdot \frac{Q^2}{f^2 \cdot 2\,g} = \frac{(v')^2}{2\,g} \tag{186}$$

bestimmen.

Differentiiert man die Näherungsgleichung (179) der Ventilbewegung $h = h_{\max} \cdot \sin\varphi$ nach der Zeit t, so erhält man die Eigengeschwindigkeit des Tellers:

$$v_v = \frac{dh}{dt} = h_{\max} \cdot \cos\varphi \cdot \frac{d\varphi}{dt} = h_{\max} \cos\varphi \cdot \omega = h_{\max} \cdot \frac{\pi\,n}{30} \cdot \cos\varphi\,. \tag{187}$$

Sie folgt einem Cosinusgesetz, erreicht also ihren größten Wert, wenn $\varphi = 0$ oder 180^0 ist, d. h. beim Öffnen und Schließen des Ventils, so daß der Teller sich stets mit einer endlichen Geschwindigkeit vom Sitz abheben sollte, aber auch auf denselben auftrifft.

β) Störungen der Ventilbewegung. Die eben erörterte Ventilbewegung unterliegt nun mancherlei Störungen; die wichtigste Rolle spielt bei den Pumpenventilen die Verdrängung, d. h. die Tatsache, daß der Teller selbst bei seiner Bewegung als Kolben wirkt. Außerdem ist die Annahme, daß die Spaltgeschwindigkeit $\mu \cdot v$ stetsgleich sei, nicht zutreffend. Daneben macht sich die Länge der Schubstange und die Reibung der Teller an ihren Führungen geltend, und schließlich können Störungen durch Schwingungen der Saug- und Druckwassersäulen, durch Eigenschwingungen der Teller und durch die vielfach benutzten Fänger und Puffer vorkommen.

Die Wirkung der Verdrängung werde an einer einfach wirkenden Pumpe für $Q = 1$ m³/min, Abb. 778, zahlenmäßig verfolgt. Bei $n = 60$ Umdrehungen in der Minute und $s = 500$ mm Hub muß die Pumpe unter Berücksichtigung des weiter unten erläuterten

Völligkeitsgrades ξ von 96% einen Kolben von 210 mm Durchmesser und $F = 346{,}4$ cm² Querschnitt bekommen. Als Druckventil sei für die Betrachtung ein solches mit großer Verdrängung, ein in Wirklichkeit wegen des zu hohen Hubes nicht betriebsfähiges, einfaches Tellerventil, Abb. 783, von 182 mm Durchmesser, $h_{max} = 45{,}5$ mm Hub, $f = 261$ cm² Spaltquerschnitt und gleich großem Sitzquerschnitt f_1 gewählt. Der Kolben habe die Mittellage überschritten, das Ventil sei also im Sinken begriffen. Dann verdrängen Kolben und Ventilplatte in der Zeit dt die durch die kreuzweis gestrichelten Flächen in Abb. 778 angedeuteten Flüssigkeitsmengen $F \cdot c \cdot dt$ und $f_1 \cdot v_v \cdot dt$, wenn c die

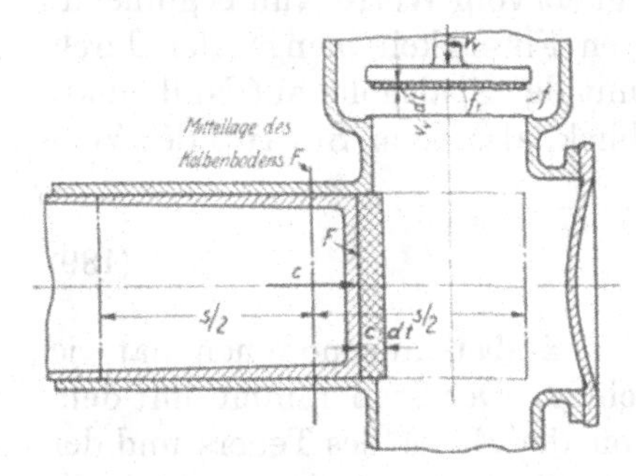

Abb. 778. Zur Wirkung der Verdrängung.

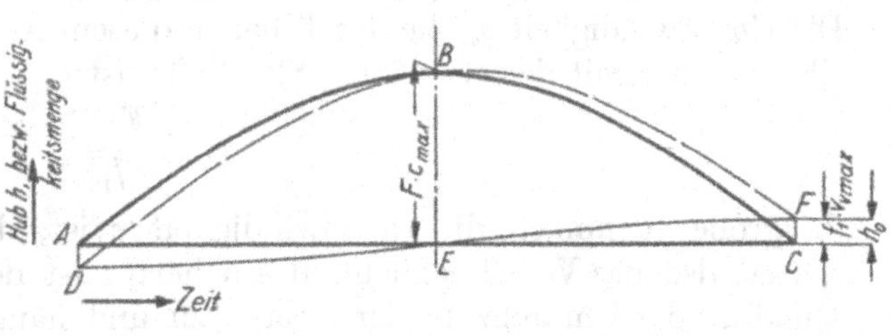

Abb. 779. Wirkung der Verdrängung.

augenblickliche Kolben-, v_v die Eigengeschwindigkeit des Tellers bedeuten. Die Mengen verhalten sich, weil F und f_1 unveränderlich sind, wie die Geschwindigkeiten c und v_v und können deshalb, bezogen auf die Zeit t, durch die Ordinaten der Sinuslinie ABC und diejenigen der Cosinuslinie DEF, Abb. 779, dargestellt werden. Dabei entspricht die größte Ordinate der Sinuslinie BE der bei der höchsten Kolbengeschwindigkeit verdrängten Wassermenge:

$$F \cdot c_{max} = 0{,}0346 \cdot 1{,}57 = 0{,}0544 \text{ m}^3/\text{sek},$$

während die größten Ordinaten AD und CF der Cosinuslinie das Produkt:

$$f_1 \cdot v_{v\,max} = f_1 \cdot \frac{\pi n}{30} \cdot h_{max} \tag{188}$$

$$= 0{,}0261 \cdot \frac{\pi \cdot 60}{30} \cdot 0{,}0455 = 0{,}00746 \text{ m}^3/\text{sek},$$

das mit Q_v bezeichnet sei, darstellen. Die Kurven sind gegeneinander versetzt, weil der Kolben in der Mitte des Hubes die größte Geschwindigkeit und Verdrängung aufweist, der Teller dagegen in der höchsten Stellung auf der Flüssigkeit schwebt, die größte Eigengeschwindigkeit und Verdrängung aber im Augenblick des Öffnens und beim Schluß erreicht. Die Summe der einzelnen Ordinaten führt zu der gestrichelten, nach dem Hubende zu verschobenen Linie, welche die Flüssigkeitsmengen kennzeichnet, die zu den einzelnen Zeiten durch das Ventil treten müssen, zugleich aber auch eine Abbildung des Ventilhubes gibt, wenn die Durchflußgeschwindigkeit unveränderlich angenommen wird. Sie zeigt, daß im Totpunkt C noch eine bestimmte Flüssigkeitsmenge durch das Ventil treten muß und daß der Teller um $h_0 = CF$ angehoben ist, also verspätet schließt. Bei einer mittleren Spaltgeschwindigkeit $\mu \cdot v = 2$ m/sek würde der Teller noch um:

$$h_0 = \frac{Q_v}{(\mu \cdot v) \cdot l} = \frac{0{,}00744}{2 \cdot 0{,}57} = 0{,}0065 \text{ m} \quad \text{oder um} \quad 6{,}5 \text{ mm}$$

vom Sitz entfernt sein.

Kommt der Kolben in dieser Stellung, also in der Totlage, zur Ruhe, wie es z. B. für Hubpumpen, die mit Pausen zwischen den einzelnen Spielen arbeiten, zutrifft, so muß die unter dem Teller eingeschlossene Wassermenge noch durch den Ventilspalt hindurchtreten. Da dieser aber immer enger wird und zunehmenden Widerstand bietet, wird die Tellerbewegung wirksam abgebremst; der Teller setzt sich ohne Stoß auf den Sitz. Ein Ventilschlag ist ausgeschlossen, so lange das vom Teller verdrängte Wasser keinen anderen Ausweg als den Ventilspalt hat. An derartigen Pumpen sind deshalb Ventile ganz einfacher Bauart mit großen Hüben zulässig.

Anders liegen die Verhältnisse bei Pumpen mit Kurbeltrieben. Bei ihnen wechselt in den Totpunkten die Richtung der Kolbenbewegung. Die Kolbenverdrängung wird negativ und daher ein Teil der unter dem Teller befindlichen Flüssigkeit zurückgesaugt. Dieser Betrag steigt entsprechend der Kolbengeschwindigkeit vom Werte Null beginnend, rasch an, während der Anteil der vom Teller verdrängten Flüssigkeitsmenge, der durch den Ventilspalt tritt, umgekehrt anfangs groß ist und mit der Spalthöhe auf Null sinkt. Die Geschwindigkeit v_s, die der Teller in diesem Augenblick, also beim Schluß des Ventils, hat und mit der er auf den Sitz trifft, ist:

$$v_s = \frac{F \cdot c}{f_1}. \tag{189}$$

Je größer demnach die Geschwindigkeit c ist, die der Kolben angenommen hat, je später also das Ventil schließt, desto härter ist der Schlag. Der Stoß nimmt mit dem Quadrat der Umdrehzahl der Pumpe zu und hängt von der Masse des Tellers und der in seiner Nähe befindlichen Flüssigkeit ab, tritt aber nicht unvermittelt, sondern allmählich in Erscheinung, solange nicht weitere Störungen, wie Schwingungen, etwa infolge schlechter Saugverhältnisse, hinzukommen. Die Grenze, bis zu der ein Ventil stoßfrei arbeitet, ist deshalb häufig nicht scharf festzulegen, hängt vielmehr vom Gefühl des Beobachters ab, der nach der Erfahrung zu beurteilen hat, ob der Schlag bedenklich ist oder nicht.

Den Zeitpunkt oder die Kurbelstellung, bei der das Ventil schließt (den Schlußwinkel) und dadurch die Auftreffgeschwindigkeit rechnerisch genau zu bestimmen, ist man noch nicht in der Lage. Die gewöhnlich gemachte Voraussetzung, daß die Spaltgeschwindigkeit unveränderlich sei, ist bei den kleinen Hüben in der Nähe der Totlagen sicher nicht zutreffend.

In gleicher Weise schließt infolge der Verdrängung auch das Saugventil verspätet. So lange eines der Ventile noch offen ist, bleibt das Gegenventil geschlossen; mithin muß auch das Öffnen verspätet und unter Stoß erfolgen. Dieser Öffnungsstoß ist an den Saugventilen wegen der beschränkten Kräfte, die zur Wirkung kommen, meist gering, kann aber an den Druckventilen äußerst heftig werden, wenn die Hubzahl groß ist und wenn die Saugventile infolge ungünstiger Verhältnisse sehr verspätet schließen. Anlaß hierzu geben namentlich zu hohe Ventilbelastung, große Saughöhen und Widerstände in den Rohren und Ventilen, die bewirken, daß sich der Pumpenraum nicht genügend rasch und vollständig füllt.

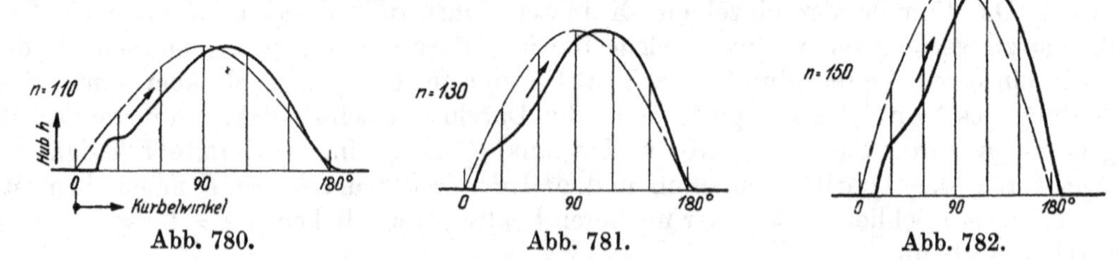

Abb. 780. Abb. 781. Abb. 782.

Abb. 780 bis 782. Ventilerhebungslinien des Ventils 6, Zusammenstellung 96, bei verschiedenen Spielzahlen (Berg).

Stark schlagende Ventile unterliegen rascher Abnutzung und baldiger Zerstörung an den Sitzen, so daß man im Betriebe genügend weit unter der Schlaggrenze bleiben muß.

Abb. 780 bis 782 zeigen in den ausgezogenen Kurven die tatsächlichen Ventilerhebungslinien eines zweiringigen Ventils, Nr. 6 der Zusammenstellung 96, S. 430, bei verschiedenen

Spielzahlen nach Berg, im Vergleich mit den theoretischen Sinuslinien. Der Teller des Ventils konnte sich längs der Führungsspindel frei bewegen; eine Hubbegrenzung war nicht vorgesehen. Deutlich tritt die Verspätung beim Öffnen und die etwas geringere beim Schließen hervor, ein Unterschied, der auf die elastischen Formänderungen des Pumpenkörpers und des Triebwerkes beim Druckwechsel, sowie auf die im Wasser enthaltene Luft zurückzuführen ist. Der Öffnungsstoß macht sich durch das scharfe Ansteigen der Linie, die steiler als die Sinuslinie ansetzt und durch die anschließende Schwingung geltend. Je höher die Umdrehzahl der Pumpe ist, desto größer wird der Hub und desto mehr verschiebt sich der Scheitel der Erhebungslinie nach dem Hubende, unter Verringerung der zum Schluß des Ventils zur Verfügung stehenden Zeit, desto steiler verläuft also auch die Linie im Augenblick des Schlusses. Während sich die Kurve in Abb. 780 und 781 allmählich der Grundlinie anschmiegt, das Ventil also unter Abbremsung ruhig schließt, trifft es nach Abb. 782 bei 150 Spielen in der Minute mit großer Geschwindigkeit unter hörbarem Schlag auf den Sitz.

Die Verdrängung steigt unter den gleichen Betriebsbedingungen verhältnisgleich mit dem größten Ventilhub, wie aus der Formel (188) für die im Totpunkt unter dem Teller vorhandene Flüssigkeitsmenge:

$$Q_v = f_1 \cdot \frac{\pi n}{30} \cdot h_{\max} = \text{konst} \cdot h_{\max}$$

hervorgeht. Nun ist man konstruktiv durch Ausbildung von Ring- oder Gruppenventilen in der Lage, den Hub durch Vergrößerung des Ventilumfanges zu verringern.

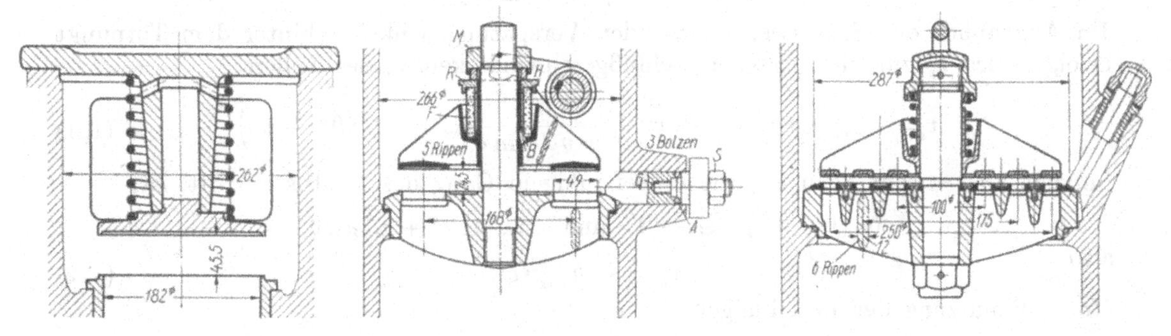

Abb. 783. Tellerventil (betriebsunbrauchbar).

Abb. 784. Einfaches Ringventil, nach Riedler gesteuert.

Abb. 785. Dreispaltiges Ringventil, selbsttätig.

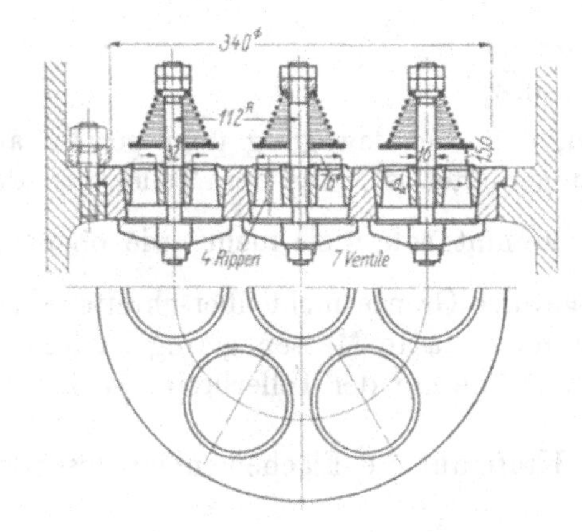

Abb. 786. Gruppentellerventil.

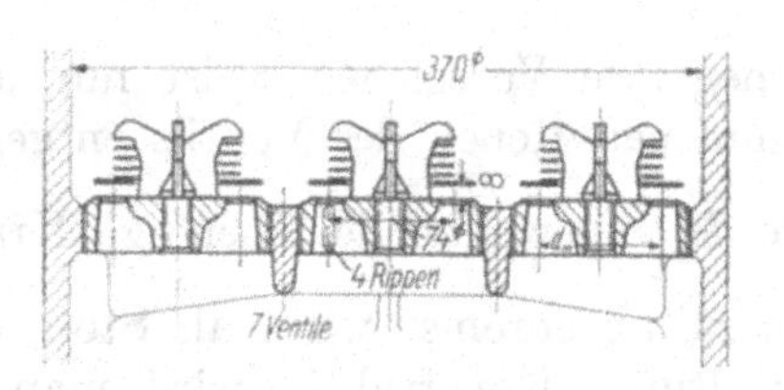

Abb. 787. Gruppenringventil.

Abb. 783 bis 787. Ventile für 1 m³/min in verschiedener konstruktiver Durchbildung. M. 1:8.

So zeigen die Abb. 784 bis 787 dem Tellerventil 783 gleichwertige mit kleineren Hüben, die daher auch dementsprechend geringere Verdrängung haben, weil die Sitzquerschnitte oder Tellerunterflächen aller dieser Ventile gleich groß sind. Die Verdrängung ist mithin von der Ventilform abhängig. Sie ist groß an einfachen Teller-, kleiner an gleichwertigen Ringventilen; an vollkommen entlasteten fällt sie ganz weg.

An ein und demselben Ventil tritt die Wirkung der Verdrängung um so mehr zurück, je größer die Durchflußgeschwindigkeit und mithin die Fördermenge ist. Künstliche Mittel zur Beseitigung der Verdrängung, wie Verdrängerkolben oder Überströmventile führen zu großen Abmessungen und werden durch den besonderen Antrieb, den sie erfordern, zu umständlichen Einrichtungen.

Der mathematische Ausdruck für die Ventilbewegung unter Berücksichtigung der Verdrängung folgt aus der Gleichung (177), wenn man die Flüssigkeitsmenge unter dem Teller von der vom Kolben verdrängten in Abzug bringt:

$$\mu \cdot v \cdot f = F \cdot c - f_1 \cdot v_v \quad \text{(Westphalsche Gleichung [IX, 3]).} \tag{190}$$

Mit $f = l \cdot h \cdot \sin \delta_1$ und den Beziehungen (178, 179) und (187) ergibt sich der Hub:

$$h = \frac{F \cdot c}{\mu \cdot v \cdot l \cdot \sin \delta_1} - \frac{f_1 \cdot v_v}{\mu \cdot v \cdot l \cdot \sin \delta_1} = h_{\max}\left(\sin \varphi - \frac{f_1}{\mu \cdot v \cdot l \cdot \sin \delta_1} \cdot \omega \cos \varphi\right).$$

Differentiiert man die Gleichung nach der Zeit t, so folgt die durch Beachtung der Verdrängung berichtigte Geschwindigkeit des Tellers:

$$v_v' = \frac{dh}{dt} = h_{\max}\left(\cos \varphi \frac{d\varphi}{dt} + \frac{f_1 \cdot \omega}{\mu \cdot v \cdot l \cdot \sin \delta_1} \cdot \sin \varphi \frac{d\varphi}{dt}\right)$$

$$= h_{\max}\left(\omega \cos \varphi + \frac{f_1}{\mu \cdot v \cdot l \cdot \sin \delta_1} \cdot \omega^2 \cdot \sin \varphi\right).$$

Im Augenblick des Schlusses, der um den Verspätungswinkel ψ hinter dem Totpunkt erfolgt, wird v_v' zur theoretischen Schlußgeschwindigkeit v_s des Tellers:

$$v_s = h_{\max}\left(\omega \cos(180 + \psi) + \frac{f_1}{\mu \cdot v \cdot l \cdot \sin \delta_1} \omega^2 \cdot \sin(180^0 + \psi)\right). \tag{191}$$

Solange aber ψ sehr klein ist, wie es bei ruhigem Gang des Ventils zutrifft, ist:

$$\cos(180 + \psi) \approx -1 \quad \text{und} \quad \sin(180^0 + \psi) \approx 0,$$

also

$$v_s = -h_{\max} \cdot \omega. \tag{192}$$

Unter Benutzung der Beziehungen:

$$h_{\max} = \frac{F \cdot u}{\mu \cdot v \cdot l \cdot \sin \delta_1}, \quad u = \frac{s_1}{2} \cdot \omega \quad \text{und} \quad \mu \cdot v = \mu_P \cdot v'$$

geht v_s über in:

$$v_s = -\frac{F \cdot s \cdot \omega^2}{2 \mu_P \cdot v' \cdot l \cdot \sin \delta_1}.$$

Das negative Vorzeichen weist nur darauf hin, daß die Bewegung dem positiv angenommenen Heben des Ventils entgegengesetzt gerichtet ist. Die dem Teller von der Masse M innewohnende lebendige Kraft $\frac{M v_s^2}{2}$ kommt sofern sie nicht, wie oben geschildert, abgebremst wird, als Stoß, der eine gewisse Grenze nicht überschreiten darf, zur Geltung. Konstruktiv wird man danach streben, alle Massen gering zu halten, in erster Linie die des Tellers selbst, dann aber auch die mit der Tellerbreite wachsende Masse des beteiligten Wassers.

Prof. Bonin, Aachen, bezieht die lebendige Kraft auf die Flächeneinheit des Sitzquerschnittes f_1, bildet also die Größe:

$$\frac{M v_s^2}{2 f_1} = \frac{1}{2} \frac{G}{g f_1} \left(\frac{F_1 \cdot s_1 \cdot \omega^2}{2 \mu_P \cdot v' \cdot l \cdot \sin \delta_1}\right)^2.$$

Mit $\omega = \frac{\pi n}{30}$, $\frac{F \cdot s_1 \cdot n}{60} = Q_0$ und $\mu_P \cdot v' = \sqrt{2 g b_0}$, wenn b_0 die Belastung des geschlossenen Tellers in Metern Wassersäule bedeutet, geht der Ausdruck unter Trennung der veränderlichen von den stetsgleichen Größen und unter Einführung einer Berichtigungszahl ξ_1, die wegen der am Stoß beteiligten Wassermasse notwendig wird, über in:

$$\frac{M \cdot v_s^2}{2 f_1} \leqq \xi_1 \cdot \frac{\pi^4}{3600} \cdot \frac{G}{g \cdot f_1} \left(\frac{Q_0 \cdot n}{\sqrt{b_0}\, l \cdot \sin \delta_1} \right)^2 = \text{konst}$$

und schließlich unter Zusammenfassen der unveränderlichen Beiwerte in:

$$\frac{G}{f_1 \cdot b_0} \cdot \frac{Q_0^2\, n^2}{l^2 \cdot \sin^2 \delta_1} \geqq C^2.$$

Maßgebend ist mithin das auf der linken Seite stehende Produkt, während C als eine aus der Erfahrung zu bestimmende Zahl zu betrachten ist.

Um sowohl Ventile mit ebenen, wie kegeligen Sitzen durch eine einzige Zahl zu kennzeichnen, empfiehlt es sich, das Produkt:

$$C \cdot \sin \delta_1 \leqq \sqrt{\frac{G}{f_1 \cdot b_0}} \cdot \frac{Q_0 \cdot n}{l} \tag{193}$$

zu benutzen, wie es in Spalte u der Zusammenstellung 96, Seite 430, unter Einsetzen von Q_0 in $\frac{l}{\text{sek}}$, f_1 in cm², b_0 in Metern Wassersäule und l in cm berechnet worden ist. Trotzdem es sich um Ventile verschiedenster Größe und mannigfaltigster konstruktiver Durchbildung handelt, ist bemerkenswert, daß die an der Schlaggrenze liegenden, in der Zusammenstellung durch Fettdruck hervorgehobenen Werte für $C \cdot \sin \delta_1$ in der Mehrzahl der Fälle in verhältnismäßig engen Grenzen, nämlich zwischen 1,3 und 1,9 liegen. Das sind Unterschiede, die in den verschieden großen Wassermassen, die am Stoß beteiligt sind und in den Veränderungen begründet sein dürften, denen die Belastungszahl bei den geringen Hüben in den Totpunkten und bei verschiedenen Tellerformen unterworfen ist. Ausnahmen bilden die an den Ventilen 5 und 8 gefundenen niedrigen Zahlen, die unter 1 liegen. Am Ventil 5 dürfte das auf die ungewöhnlich geringe Sitzweite von nur 9 mm und die dadurch bedingten großen Geschwindigkeiten im Sitz zurückzuführen sein, die z. B. bei dem größten beobachteten Hube von 17,8 mm 8,9 m/sek erreichten. Sie erzeugen hohe, auf die Tellerunterfläche wirkende Strömungsdrucke und dadurch verhältnismäßig sehr große Hübe. Die niedrigen, am Ventil 8 ermittelten Werte stiegen, nachdem das Ventil in geringem Maße abgeändert, die Sitzbreite nämlich verringert worden war, bei den Versuchen der Gruppe 9 auf 2,63 und 1,48.

$C \cdot \sin \delta_1$ fällt mit zunehmender Belastung, die sich durch einen größeren Betrag für b_0 äußert, wenn alle sonstigen Größen unverändert gelassen werden. Deutlich zeigt das die folgende, der Kraussschen Arbeit [IX, 14] entnommene Versuchsreihe am Ventil 11, die sich bei rund 100 Spielen in der Minute ergab:

	Druck der Feder bei geschlossenem Ventil $\mathfrak{F}_0$ kg	b_0 m Wasser	$C \cdot \sin \delta_1$
α	0	0,45	**2,31**
β	24	1,55	1,24
γ	49,5	2.71	**0,94**
δ	70	3,65	**0,81**
ε	89	4,52	(0,73) Schlaggrenze überschritten

Die Zahlen für $\mathfrak{F}_0$ und die nach Formel (211) berechneten Werte b_0 der Belastung des Tellers in Metern Wassersäule sind Mittelwerte aus den am Saug- und Druckventil festgestellten Einzelwerten. Im Falle β war die Schlaggrenze noch nicht erreicht, im Fall ε überschritten. Schaltet man die hohen Belastungen γ bis ε, die unnötig große, mit b_0 steigende Verluste bedingen, aus, so erscheint auch hier die Wahl von $C \cdot \sin \delta_1$ in den oben erwähnten Grenzen von 1,3 bis 1,9 zulässig, wobei man an den größeren Wert erst herangehen wird, wenn die Belastung in Rücksicht auf die Widerstände besonders niedrig gehalten werden muß.

Wenn die Bergschen Versuche an den Ventilen 3 bis 6 der genannten Beziehung scheinbar widersprechen, indem dort jeweils höherer Belastung größere Werte von $C \cdot \sin \delta_1$ entsprechen, so ist zu berücksichtigen, daß diese Versuche unter gleichzeitiger Änderung der Spielzahl und der Fördermenge durchgeführt wurden.

Bei der Berechnung neuer Ventile empfiehlt es sich, $C \cdot \sin \delta_1 = 1{,}1 \ldots 1{,}3$ zu setzen, sofern die in der Zusammenstellung zu den einzelnen Ventilformen angegebenen Werte keinen näheren Anhalt geben.

Greift man ein bestimmtes Ventil heraus, so sind die Größen G, f_1, $\sin \delta_1$ und l durch die Bauart, b_0 durch die Tellerbelastung gegeben, können also als Festwerte betrachtet werden. Verwendet man es an verschiedenen Pumpen, läßt es also unter anderen Bedingungen arbeiten, so sind in der Formel (193) nur noch Q_0 und n veränderlich. Das Produkt aus beiden, also aus der sekundlichen Wassermenge und der Spielzahl, darf mithin einen gewissen Höchstwert nicht überschreiten, wenn das betrachtete Ventil stoßfrei schließen soll.

$$Q_0 \cdot n = C_1 \tag{194}$$

Dieses Gesetz wurde zuerst von Bach [IX, 2] an Ventilen mit Gewichtsbelastung in der Form, daß das Produkt aus dem Hub und dem Quadrat der Umdrehzahl $s \cdot n^2$ ein Festwert sein müsse, experimentell nachgewiesen, dann von Klein [IX, 8] auch an einem Gewichtsring- und von Berg [IX, 6] an federbelasteten Ventilen bestätigt, von Krauss [IX, 14] aber wegen der allmählichen Zunahme der Stöße nicht scharf ausgeprägt gefunden. Die Größe des Produkts hängt von der Art des Ventils und der Höhe der Belastung ab. Sind Q_0 und n bekannt, so läßt sich die Verwendungsmöglichkeit des Ventiles unter veränderten Bedingungen beurteilen.

Beispiel 1. Das Ventil Nr. 5 der Zusammenstellung 96, S. 430, erreichte an einer Pumpe mit einem Kolbendurchmesser $D = 150$ mm und einem Hub $s_1 = 190$ mm bei $n = 103$ Umdrehungen in der Minute die Schlaggrenze. Somit ist der Festwert:

$$Q_0 \cdot n = \left(\frac{\pi}{4} D^2 \cdot s_1 \cdot \frac{n}{60}\right) \cdot n = \left(\frac{\pi}{4} 1{,}5^2 \cdot 1{,}9 \cdot \frac{103}{60}\right) 103 \approx 600 \frac{l}{\text{sek}} \cdot \frac{1}{\text{min}}.$$

Geht man der Sicherheit wegen auf 0,75 dieses Grenzwertes, das ist $Q_0 \cdot n = 450$ zurück, so darf das Ventil an einer Pumpe von $D_1 = 200$ mm und $s_1' = 150$ mm noch bei $n = 76$ Umdrehungen in der Minute benutzt werden, wie aus der Beziehung:

$$\frac{\pi}{4} D_1^2 \cdot s_1' \cdot \frac{n_1^2}{60} = Q_0 \cdot n \quad \text{oder} \quad n_1 = \sqrt{\frac{60\,(Q_0 \cdot n)}{\frac{\pi}{4} D_1^2 \cdot s_1'}} = \sqrt{\frac{60 \cdot 450}{\frac{\pi}{4} 2^2 \cdot 1{,}5}} = 75{,}8$$

folgt.

Beispiel 2. Ein Ventil, das in einer Pumpe mit 800 mm Kolbenhub, 250 mm Durchmesser und 60 Umdrehungen in der Minute noch ohne Stoß arbeitet, kann auch bei $n_1 = 80$ Hüben und $s_1' = \frac{s_1 \cdot n^2}{n_1^2} = \frac{800 \cdot 60^2}{80^2} = 450$ mm Kolbenweg Verwendung finden. Soll dabei die geförderte Wassermenge die gleiche bleiben, so muß die Kolbenfläche und die Zahl der Ventile im umgekehrten Verhältnis der Hübe vergrößert werden.

$$F' = F \cdot \frac{s_1}{s_1'} = 491 \cdot \frac{80}{45} = 873 \text{ cm}^2; \quad D_1 \approx 335 \text{ mm Durchmesser.}$$

Reichten bei der ersten Ausführung 4 Ventile aus, so sind jetzt:

$$z' = \frac{4 \cdot 873}{491} \approx 7{,}2,$$

also mindestens 7 nötig.

Unter Benutzung der Gleichungen (180 und 181):

$$f_{max} = h_{max} \cdot l \cdot \sin \delta_1 = \frac{\pi \cdot Q_0}{\mu \cdot v} \quad \text{oder} \quad Q_0 = \frac{l \cdot \sin \delta_1 \cdot \mu \cdot v}{\pi} \cdot h_{max}$$

wird:

$$Q_0 \cdot n = \frac{l \cdot \sin \delta_1 \cdot \mu \cdot v}{\pi} \cdot h_{max} \cdot n = C_2 \cdot h_{max} \cdot n, \tag{195}$$

da sich nämlich unter einer bestimmten Belastung des Tellers beim höchsten Hub stets die gleiche mittlere Durchflußgeschwindigkeit $\mu_p \cdot v' = \mu \cdot v$ einstellt, die somit als unveränderlich betrachtet werden darf. Die Kennzahl $Q_0 \cdot n$ läßt sich also auch durch das Produkt $h_{max} \cdot n$ ersetzen, das nun die Verwendungsmöglichkeit des Ventiles durch Änderung des Hubes zu erweitern gestattet, allerdings nur in mäßigen Grenzen, soweit die Belastungszahl μ_p gleich groß angenommen und die Änderung der Belastung durch die stärkere oder schwächere Zusammendrückung der Feder vernachlässigt oder durch Nachstellvorrichtungen ausgeglichen werden kann.

Das Ventil des Beispieles 1 hatte bei $n = 90$ Spielen in der Minute einen Hub von 11,8 mm. Mithin betrug das Produkt $h_{max} \cdot n = 11{,}8 \cdot 90 = 1062$. Will man das Ventil mit $n_2 = 100$ Spielen in der Minute arbeiten lassen, so muß die größte Hubhöhe auf h''_{max} verringert werden, so daß

$$h''_{max} \cdot n_2 = h_{max} \cdot n \quad \text{oder} \quad h''_{max} = h_{max} \cdot \frac{n}{n_2} = 11{,}8 \cdot \frac{90}{100} \approx 10{,}6 \text{ mm}$$

wird. Da aber bei der Ableitung die gleiche mittlere Spaltgeschwindigkeit vorausgesetzt ist, wird die Wassermenge Q_0'', die das Ventil durchläßt, im Verhältnis der Hübe geringer:

$$Q_0'' = Q_0 \cdot \frac{h''_{max}}{h_{max}} = \frac{\pi}{4} \cdot 1{,}5^2 \cdot 1{,}9 \cdot \frac{90}{60} \cdot \frac{10{,}6}{11{,}8} = 4{,}52 \quad \text{statt} \quad 5{,}04 \frac{l}{\text{sek}}.$$

Die Werte für die Kennzahlen $n \cdot h_{max}$ und $Q_0 \cdot n$ sind in den Spalten v und w der Zusammenstellung 96, Seite 430, für die dort aufgeführten Ventilformen enthalten. Beide Zahlen schwanken in viel weiteren Grenzen als der Festwert $C \cdot \sin \delta_1$, weil sie eben den einzelnen Ventilen und der Belastung, unter der die Teller stehen, eigen sind. $Q_0 \cdot n$ ist naturgemäß eine mit der Größe der Ventile steigende Zahl.

Die endliche Länge der Schubstange äußert sich dadurch, daß das hintere Druck- und das vordere Saugventil einer doppelt wirkenden Pumpe, gleiche wirksame Kolbenflächen auf beiden Seiten vorausgesetzt, unter um so ungünstigeren Bedingungen arbeiten als die andern, je größer das Verhältnis $R:L$ des Kurbelarmes zur Schubstangenlänge ist.

Fänger und Puffer zur Begrenzung des Hubes können schädlich wirken, indem sie die Teller durch Ädhäsion länger, als die Strömungsverhältnisse verlangen, hochhalten, die Schlußbewegung verzögern und Schläge und Stöße verstärken.

Im ganzen genommen ist die Beherrschung der Bewegung der Pumpenventile beim Öffnen, günstige Ansaugverhältnisse vorausgesetzt, leicht, da die dazu nötige Kraft von außen stammt. Die meisten Saugventile werden durch den atmosphärischen Überdruck angehoben; die Kraft zum Öffnen der Druckventile gibt der Kolben, also die Maschine her. Schwierigkeiten bietet die Schlußbewegung. Soll der Schluß rechtzeitig erfolgen, so muß eine genügende Schlußkraft im Eigengewicht oder in der Eigenelastizität des Abschlußmittels oder in der künstlichen Belastung der Teller mittels Federn aus Stahl, Bronze oder Gummi vorhanden sein.

Das verspätete Öffnen und Schließen der Ventile wirkt noch auf die von der Pumpe gelieferte Flüssigkeitsmenge ein, welche um die von dem Kolben nach Überschreiten der Totlagen zurückgesaugten Mengen kleiner als das Hubvolumen ist; ein Verlust, den man durch den schon oben benutzten Völligkeitsgrad ξ auszudrücken pflegt. Er beträgt 0,96 bis 0,99 bei gut ausgeführten größeren Pumpen, 0,90 bis 0,95 bei Pumpen

Zusammenstellung 96. An selbsttätigen

a	*b*			*c*	*d*	*e*	*f*	*g*	*h*	*i*
Lfde. Nr.	Skizzen der Ventile, Maßstab 1:10	Art des Ventils		Teller- oder Ring-durchmesser mm	Sitz-weite mm	Tellerunter-fläche = Sitz-querschnitt f_1 cm²	Spalt-länge l cm	Größ-ter Hub h_{max} mm	Spalt-quer-schnitt f cm²	Spielzahl in der Minute n
1	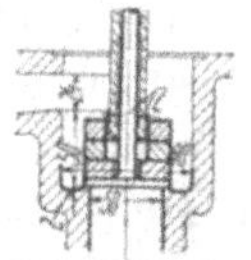	Gewichtstellerventil m. ebenem Sitz		50	(25)	19,6	15,7	17,6	27,6	60
2	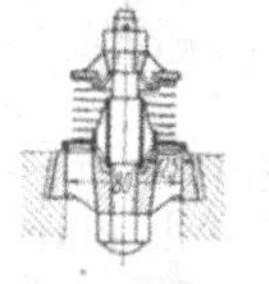	Einfaches Ringventil, als Gruppenventil verwandt, je 100 Saug- und 100 Druckventile		62,5	17,5	34,4	39,3	10,5 (berechnet)	41,3	60
3	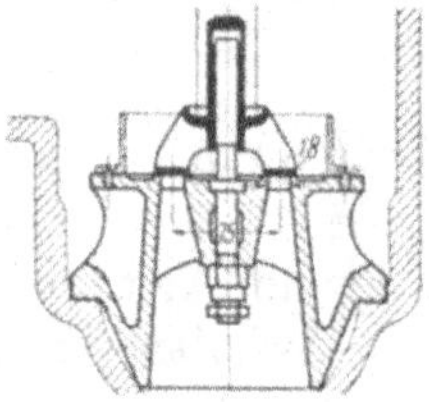	Einfaches Ringventil	schwach belastet	75	18	42,4	47,1	11,1 17,4	52,3 82	144 110
			stark belastet					11,0 16,8	51,9 79,2	195 149
4	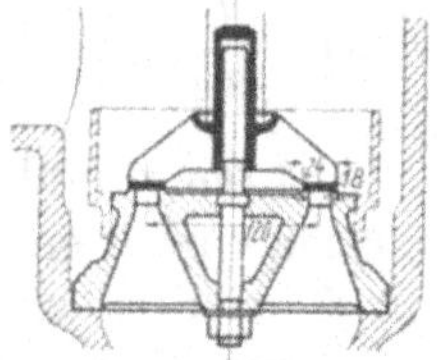	Einfaches Ringventil	schwach belastet	120	18	67,9	75,4	9,3 13,2	70,1 99,6	144 118
			stark belastet					13,6 17,7	102,6 133,5	176 150
5	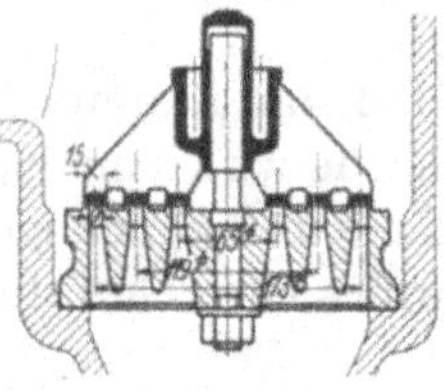	Dreifaches Ringvent. m. ebenen Sitzen	schwach belastet	173 119 65	9	101	224	7,2 10,5	161 235,5	165 123
			stark belastet					11,2 17,8	251 399	169 123
6	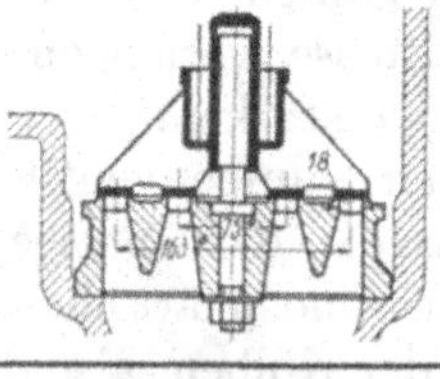	Zweiringiges Ventil m. ebenen Sitzen	schwach belastet	75 163	18	134,6	149,5	5,7 7,3	85,2 109,1	177 142
			stark belastet					11,0 15,2	164,5 227	164 123
7	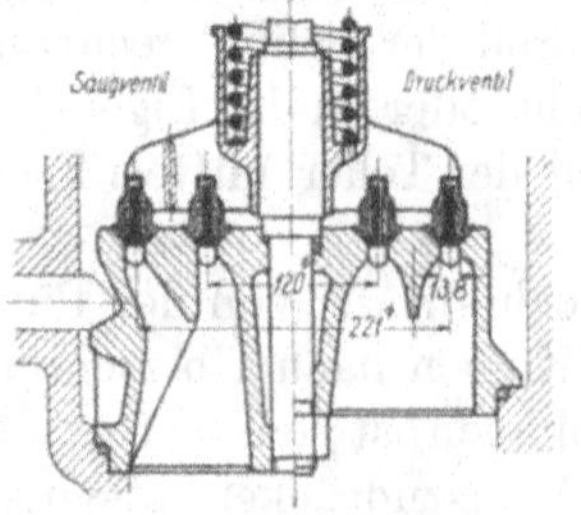	Zweiringiges Fernisventil m. kegeligen Sitzen		221 120	13,8	148,1	213,9	8,75 8,41	132 127	72,8

Pumpenventilen gefundene Versuchswerte.

k	l	m	n	o		p	q	r	s	t	u	v	w	x
Fördermenge Q_0 l/sek	Spaltgeschwindigkeit $\mu \cdot v$ m/sek	Tellergewicht in Luft G, in Wasser G' kg	Federgewicht im Wasser kg	Belastung im Totpunkt $\mathfrak{F}_0$ kg	Belastung im Totpunkt b_0 m Wassersäule	Belastung bei höchst. Hub $\mathfrak{F}_{max}$ kg	Saughöhe m	Schlußwinkel ψ	Hub im Totpunkt mm	Zulässige Schlußgeschwindigkeit mm/sek	$C \cdot \sin \delta_1$ der Formel (193)	$n \cdot h_{max}$ $\frac{1}{min} \cdot$ mm	$Q_0 \cdot n$ $\frac{l}{sek} \cdot \frac{1}{min}$	Quelle und Bemerkungen
1,51	1,72	1,055 0,933	—	—	0,476	—	—	—	—	—	**1,94**	1056	91	Bach: Z. V. d. I. 1886, S. 421f., insbes. S. 1038
1,85	1,41	—	—	1,52	—	2,36	—	—	—	—	—	630	111	HamburgerWasserwerk, Maschine IX—XI, Z. V. d. I. 1910, S. 875. Bei einzelnen Ventilen härterer Schlag
1,87 2,37 2,53 3,21	1,12 0,91- 1,53 1,27	0,75 0,66	— —	0,715 1,719	0,324 0,56	1,23 1,52 2,59 3,05	— — — —	— — — —	— — — —	160 bis 200	**1,35** **1,29** **1,86** **1,80**	1600 1915 2145 2520	269 261 493 478	Berg: Kolbenpumpen, II. Aufl., S. 380f.
2,59 3,23 4,82 5,41	1,16 1,02 1,48 1,27	1,09 0,96	— —	0,74 3,072	0,25 0,59	1,38 1,65 5,08 5,69	— — — —	— — — —	— — — —		**1,25** **1,28** **1,85** **1,77**	1340 1560 2395 2660	373 381 848 811	
4,52 5,32 7,44 9,06	2,81 2,26 2,96 2,27	3,04 2,68	—	0,83 3,517	0,35 0,61	1,33 1,56 6,87 8,84	— — — —	— — — —	— — — —		**0,98** **0,86** **1,24** **1,11**	1190 1290 1890 2190	746 654 1259 1114	
3,18 3,92 7,22 9,06	1,17 1,13 1,38 1,25	2,86 2,53	— —	0,815 4,192	0,25 0,50	1,21 1,32 7,49 8,71	— — — —	— — — —	— — — —		**1,10** **1,09** **1,38** **1,54**	1010 1040 1800 1870	563 556 1184 1114	
15,3	1,15 1,20	8,89 7,60	1,55 0,78	0 0	0,62 0,57	42,1 40,6	2	4°56' 5°32'	0,93 0,75	110 bis 120	**1,63**	637 613	1100	Druckventil Saugventil Krauss: Forschungsarbeit 233, S. 56, Vers. Nr. 3. μ_P vgl. Abb. 789, Linie *D*

Zusammenstellung 96

a		b	c	d	e	f	g	h	i
Lfde. Nr.	Skizzen der Ventile, Maßstab 1:10	Art des Ventils	Teller- oder Ring-durchmesser mm	Sitz-weite mm	Tellerunter-fläche = Sitz-querschnitt f_1 cm²	Spalt-länge l cm	Größ-ter Hub h_{max} mm	Spalt-quer-schnitt f cm²	Spielzahl in der Minute n
8	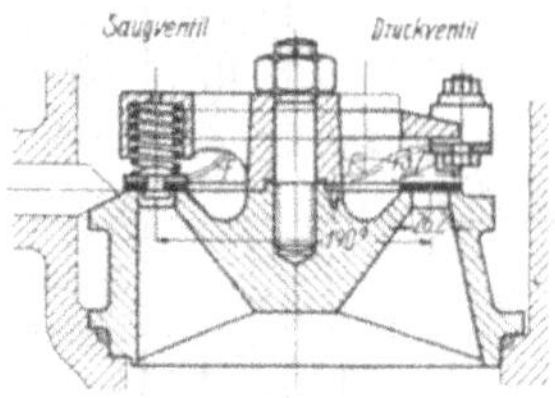	Einfaches Ringventil nach Hörbiger	190	26,2	156,4	119,1	4,64 5,65 4,56 4,65	55,2 67,2 54,3 55,4	} 74,3 } 73,8
9		Dasselbe Ventil, jedoch Sitzbreite verringert	189,8	27,2	165,4	119,2	10,02 9,14 10,28 11,04	119,5 108,9 122,6 131,7	} 73,1 } 148,6
10	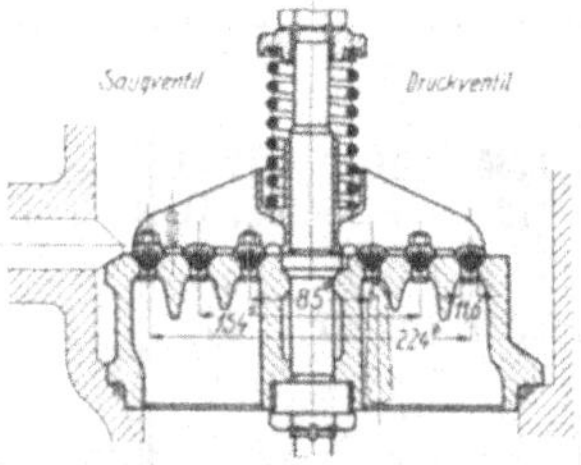	Dreiringiges Fernisventil mit kegeligen Sitzen	224 154 85	11,6	168,8	290,8	7,46 7,85 11,79 —	153 162 242 —	} 101,6 } 123,4
11	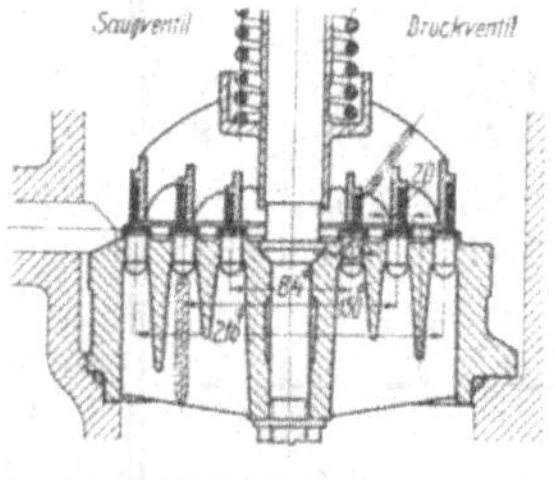	Dreiringiges Ventil mit ebenen Sitzen	216 150 84	15,5	218,8	282,9	9,98 8,89 8,02 6,53 9,92 9,36	282 251 227 185 281 265	} 100,4 } 122,4 } 122,1
12	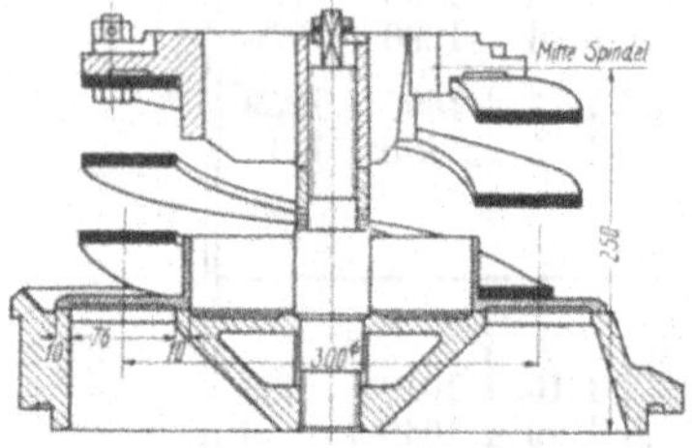	Einringiges Kanalisationspumpenventil	300	76	716	188,5	25,9 22,5	488,2 424,1	60,7
13	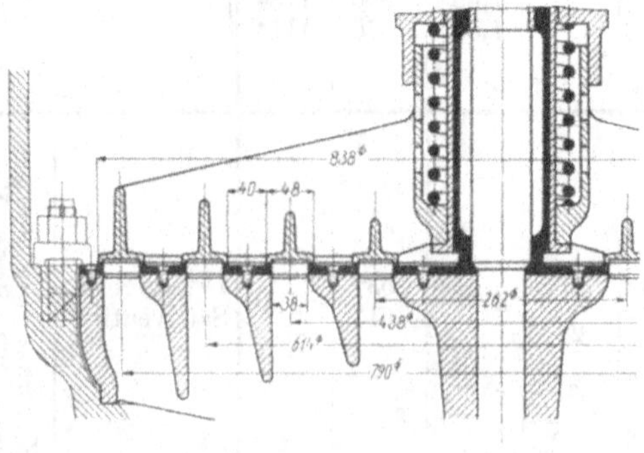	Vierringiges Schöpfpumpenventil	790 614 438 262	38	2512	1322	16,9 20,7	2234 2736	60

(Fortsetzung).

k	l	m	n	o		p	q	r	s	t	u	v	w	x	
Fördermenge Q_0 l/sek	Spaltgeschwindigkeit $\mu \cdot v$ m/sek	Tellergewicht in Luft G / in Wasser G' kg	Federgewicht in Wasser kg	Belastung im Totpunkt ϑ_0 kg	Belastung im Totpunkt b_0 m Wassersäule	Belastung bei höchst. Hub ϑ_{max} kg	Saughöhe m	Schlußwinkel ψ	Hub im Totpunkt mm	Zulässige Schlußgeschwindigkeit mm/sek	$C \cdot \sin \delta_1$ der Formel (193)	$n\,h_{max}$ $\frac{1}{min} \cdot mm$	$Q_0 \cdot n$ $\frac{l}{sek} \cdot \frac{1}{min}$	Quelle und Bemerkungen	
15,6	2,83	0,99	0,19	23,9	1,64	98,5	2,04	2°4′	0,27		0,632	345	1140	Druckventil	Krauss: Forschungsarbeit 233, S. 88, Vers. Nr. 2 u. 3, μ_P vgl. Abb. 788 Lin. d
	2,32	0,87		22,8	1,51	106		3°7′	0,27			420		Saugventil	
15,5	2,86			23,9	1,64	97	4,05	2°5′	0,28		0,625	337	1140	Druckventil	
	2,80			22,8	1,51	91		7°38′	2,11			343		Saugventil	
15,4	1,29	0,95	0,34	0	0,07	36,2	2	3°1′	0,7		2,63	733	1125	Druckventil	Krauss: Forschungsarbeit 233, S. 90, Vers. Nr. 3 u. 38, μ_P vgl. Abb. 788 Lin. e
	1,41	0,83		0	0,07	39,4		2°16′	0,4			668		Saugventil	
23,1	1,88			33,8	2,17	35,0	2	2°26′	0,64		1,48	1530	3430	Druckventil	
	1,75			0	0,07	1,2		5°31′	1,40		—	1640		Saugventil	
16,4	1,07	5,96	0,56	0	0,34	38,2	2	3°39′	0,57	110 bis 120	1,76	758	1670	Druckventil	Krauss: Forschungsarbeit 233, S. 78, Vers. Nr. 32 u. 14. μ_P vgl. Abb. 789, Linie E
	1,01	5,14	0,55	0	0,34	39,2		4°1′	0,36			797		Saugventil	
25,9	1,07			29,3	2,07	91	2	2°58′	0,36		1,44	1460	3200	Druckventil	
	—			0	0,34	—		—	—		—	—	—	Saugventil	
21,1	0,75	9,41	1,55	0	0,45	36,7	2	1°38′	0,28		2,33	1002	2120	Druckventil	Krauss: Forschungsarbeit 233, S. 40, Vers. Nr. 7, 32 u. 13. μ_P vgl. Abb. 788, Linie f
	0,84	8,26		0	0,45	44,9		1°52′	0,19			894		Saugventil	
19,1	0,84			7,0	0,77	35,6	2	3°7′	0,60		1,95	983	2340	Druckventil	
	1,03			7,0	0,77	—		3°37′	0,24			800		Saugventil	
25,6	0,91			23,7	1,53	65	2	2°1′	0,15		1,93	1210	3130	Druckventil	
	0,96			24,4	1,56	74,4		4°3′	0,14			1140		Saugventil	
48,6	3,13	6,70	—	47	0,74	130	—	—	—	—	1,23	1542	2950		Schoene: Z. V. d. I. 1913, S. 1246
	3,61	6,00	—	60	0,92	151,5					1,13	1366			
182	2,56	103	—	200	1,15	284,5	4	—	—	—	1,55	1014	10920	Saugventil	Hamburger Wasserw. Billwärder Insel, Maschine I; Schröder: Z. V. d. I. 1902, S. 661
	2,09	90				303,5						1240		Druckventil	

Zusammenstellung 96

a		*b*	*c*	*d*	*e*	*f*	*g*	*h*	*i*
Lfde. Nr.	Skizzen der Ventile, Maßstab 1:10	Art des Ventils	Teller- oder Ring-durchmesser mm	Sitz-weite mm	Tellerunter-fläche = Sitz-querschnitt f_1 cm²	Spalt-länge l cm	Größ-ter Hub h_{max} mm	Spalt-quer-schnitt f cm²	Spielzahl in der Minute n
14		Fünfringiges Wasserwerk-maschinenventil	874 718 562 406 250	34	3000	1765	14,8 13,3	2612 2347	50

mittlerer Größe. Dabei sind auch die Beträge eingerechnet, die durch die normale, geringe Undichtheit der Ventile und durch die elastischen Ausdehnungen des Pumpenraumes während des Druckhubes entstehen.

e) Der Dichtungsdruck der selbsttätigen Ventile.

Er ist, wenn man vom Einfluß des Eigengewichts und der äußeren Belastung absieht, durch den Druckunterschied über und unter dem Teller, bezogen auf die Einheit der Sitzlänge, also durch den Ausdruck:

$$\frac{(p_1 - p_2)\cdot f_1}{l}$$

gekennzeichnet, wenn p_1 den Druck in at auf der belasteten Fläche des geschlossenen Ventils, p_2 denjenigen auf der anderen bedeutet. Als Vergleichswert verschiedener Ventilarten kann $\frac{f_1}{l}$ dienen, indem man den Dichtungsdruck auf $p_1 - p_2 = 1$, d. h. auf je eine Atmosphäre Überdruck bezieht. Dieser Wert wird bei Tellerventilen sehr groß, nimmt für das Ringventil gleichen Durchgangquerschnittes ab und wird für entlastete Ventile Null. Letztere dichten also nicht mehr selbsttätig ab. Siehe hierzu die vorletzte Zeile der vergleichenden Zusammenstellung 99, S. 451, verschiedener Ventile. Durch äußere Belastung kann der Dichtungsdruck naturgemäß vermehrt und die Abdichtung verbessert werden.

f) Versuchswerte.

In der vorstehenden Zusammenstellung 96 sind die bei Versuchen an Ventilen verschiedenster Art gefundenen wichtigsten Zahlen zusammengestellt. Sie sollen Anhaltpunkte bei der Berechnung und Durchbildung neuer Ventile geben. Der leichten Übersicht wegen ist der Sitzquerschnitt (Spalte *e*) und damit auch annähernd die Fördermenge (Spalte *k*) zur Ordnung benutzt, indem die kleineren Ventile oben, die größeren unten stehen; außerdem sind die Ausführungen durch Skizzen der wesentlichen Teile in durchweg dem gleichen Maßstabe (1:10) veranschaulicht. Die bei den Versuchen angebrachten Meßvorrichtungen und Mittel zur Veränderung der Belastung an den Ventilen Nr. 7 bis 11 wurden weggelassen; auch bezüglich weiterer Einzelheiten muß auf die in Spalte *x* aufgeführten Quellen verwiesen werden, in denen die Ventile meist in größerem Maßstabe wiedergegeben sind.

(Fortsetzung).

k	*l*	*m*	*n*	*o*		*p*	*q*	*r*	*s*	*t*	*u*	*v*	*w*	*x*
Fördermenge Q_0 l/sek	Spaltgeschwindigkeit $\mu \cdot v$ m/sek	Tellergewicht in Luft G / in Wasser G' kg	Federgewicht in Wasser kg	Belastung im Totpunkt $\mathfrak{F}_0$ kg	Belastung im Totpunkt b_0 Wassersäule	Belastung bei höchst. Hub $\mathfrak{F}_{max}$ kg	Saughöhe m	Schlußwinkel ψ	Hub im Totpunkt mm	Zulässige Schlußgeschwindigkeit mm/sek	$C \cdot \sin \delta_1$ der Formel (193)	$n \cdot h_{max}$ $\frac{1}{min} \cdot mm$	$Q_0 \cdot n$ $\frac{l}{sek} \cdot \frac{1}{min}$	Quelle und Bemerkungen
192	2,31 2,57	139 122	—	150 200	0,91 1,07	224 216	2,25	—	—	—	1,23 1,13	740 665	9600	Saugventil; Hamburger Wasserwerk, Rothenburgsort, Maschine VIII; Schröder: Z. V. d. I. 1902, S. 661.

Im allgemeinen wurden aus den oft umfangreichen Zahlenreihen, namentlich der Kraussschen Arbeit, — ausgehend von den Spielzahlen in der Minute — solche Versuche herausgegriffen, die größte Hübe bei günstigen Belastungsverhältnissen und gerade noch ruhigem Gang der Pumpe aufwiesen.

Im einzelnen sei das Folgende bemerkt: Die Hübe, Spalte *g* und *s*, wurden, mit Ausnahme desjenigen am Ventil 2, unmittelbar beobachtet oder gemessen. Sie sind zum Teil, so namentlich an den lfdn. Nrn. 1, 3, 12 und 13, größer, als man bisher vielfach für zulässig erachtete.

Die mit den Ventilen 5 und 6 angestellten Versuche zeigen die Wirkung verschiedener Fördermengen (Spalte *k*) auf die Spielzahl in der Minute (Spalte *i*) und auf den höchsten Hub (Spalte *g*). Dabei ist je eine schwache und je eine starke Feder verwandt, wie aus den Belastungen (Spalte *o* und *p*) hervorgeht. Auch die Zahlen zu den Ventilen 9 und 11 lassen den Einfluß der Federkräfte erkennen.

Genaueren Einblick in die Verhältnisse beim Schließen der Ventile, insbesondere über die wirkliche Größe des Hubes im Totpunkt und über den Schlußwinkel (Spalte *r* und *s*) auf Grund von sehr sorgfältig aufgenommenen Schaulinien geben die Untersuchungen von Krauss an den Ventilen 7 bis 11. Die Zahlen weichen untereinander noch recht beträchtlich ab; an Hand seiner zahlreichen Beobachtungen betrachtet Krauss aber eine Schlußgeschwindigkeit von 100 bis 120 mm/sek als zulässige Grenze beim normalen Betrieb. Bei 80 mm/sek ergab sich ganz ruhiger Gang, bei 130 mm/sek lautes Schlagen. Berg gibt auf Grund seiner Versuche an den Ventilen 3 bis 6 160 bis 200 mm/sek an.

Das von K. Schoene angegebene Ventil Nr. 12 soll als Ersatz gesteuerter Klappen an Kanalisationspumpen dienen. Es hat in Rücksicht auf die groben Unreinigkeiten in derartigem Wasser ungewöhnlich große Sitzweiten und Hübe. Der Teller besteht aus einem einzigen Bronzering, der durch drei Blattfedern belastet ist, die, an einem sternförmigen Halter verschraubt, den Hals des Tellers umfassen und führen. Dadurch werden die sonst üblichen Führungsbolzen mit ihren Nachteilen: der oft starken Reibung und der Gefahr des Klemmens und des Festsetzens der Teller infolge von Unreinigkeiten vermieden. Die Ventile zeigten bei der Untersuchung im Maschinenlaboratorium der Technischen Hochschule zu Berlin starke Schwingungen infolge des Eröffnungsstoßes, schlossen aber ruhig.

Nr. 13 und 14 sind als gesteuerte Ventile nach Riedler durchgebildet, liefen jedoch bei den Versuchen, die die angeführten Zahlen ergaben, nach Wegnahme der Steuerungen und nach Einbau von Belastungsfedern als völlig selbsttätige.

In Spalte u sind die für die Berechnung der Belastung im Totpunkt wichtigen Größen $C \sin \delta_1$ der Formel (193) zusammengestellt. Vergleiche die dazugehörigen Ausführungen auf Seite 426.

g) Berechnung und konstruktive Durchbildung selbsttätiger Pumpenventile.

Sie erstreckt sich α) auf die Durchgangquerschnitte für die Flüssigkeit, β) die Belastung, γ) die Beanspruchung der einzelnen Teile. Bei der Gestaltung kann man diese Reihenfolge nicht immer einhalten, sondern ermittelt zunächst die nötigen Sitz- und Spaltquerschnitte und dann unter gleichzeitiger konstruktiver Durchbildung des Ventiles die Beanspruchung der einzelnen Teile und die Belastung.

Zu α). Die Grundlagen geben die Formeln (180) und (181). Sie gestatten, aus der Kolbenfläche F und der größten Kolbengeschwindigkeit c_{max} oder der sekundlich zu fördernden Wassermenge Q_0 unter Wahl der mittleren Geschwindigkeit $\mu \cdot v$ den größten Ventilquerschnitt:

$$f_{max} = \frac{F \cdot c_{max}}{\mu \cdot v} = \frac{\pi \cdot Q_0}{\mu \cdot v}, \tag{196}$$

ferner unter weiterer Annahme des größten Hubes h_{max} den Spaltumfang:

$$l = \frac{f_{max}}{h_{max} \cdot \sin \delta_1} \tag{197}$$

zu ermitteln. Aus diesen Größen ergeben sich, nachdem der Entscheid über die Art des Ventiles getroffen ist, entweder die grundlegenden Abmessungen der Sitz- und Tellerfläche, von denen ausgehend das gesamte Ventil durchgebildet wird, oder die Anzahl der zu verwendenden Gruppenventile.

Was nun die mittlere Spaltgeschwindigkeit $\mu \cdot v$ anlangt, so ist es zwecks Beschränkung der Abmessungen der Ventile vorteilhaft, sie so groß wie möglich zu nehmen; andrerseits ist aber zu beachten, daß die Strömungswiderstände und Energieverluste mit dem Quadrat der wirklichen Geschwindigkeit wachsen. Bei geringen Drucken müssen, um diese Verluste nicht zu bedeutend werden zu lassen, mäßige Geschwindigkeiten gewählt werden; bei hohen Pressungen kann man einen größeren Druckhöhenverlust hinnehmen und dementsprechend mit höherer Spaltgeschwindigkeit rechnen. Zu hohe Geschwindigkeiten bedingen, besonders bei unreinen Betriebsmitteln, starken Verschleiß.

Übliche Werte für $\mu \cdot v$ sind bei mäßiger Saughöhe an

Wasserwerkpumpen mit geringer Förderhöhe (Schöpfpumpen) . .	1 . . . 2	m/sek
Wasserwerkpumpen mit größerer Förderhöhe	1,5 . . . 2,5	„
Wasserhaltungspumpen in Bergwerken	2 . . . 3	„
Pumpen für hohe Drucke (Preßpumpen)	3 . . . 5	„

Große Saughöhe ist durch niedrige Wahl der Spaltgeschwindigkeit oder, wenn die Saug- und Druckventile nicht gleichartig ausgestaltet zu werden brauchen, durch größeren Durchflußquerschnitt in den Saug- oder durch Einbau einer erhöhten Zahl von Gruppenventilen zu berücksichtigen.

Der größte Hub hängt von der Spielzahl und der konstruktiven Durchbildung des Ventiles ab, wie die Zusammenstellung 96, Seite 430, an den Zahlen der Spalte g im Vergleich mit Spalte i und den Abbildungen zeigt. An Hand dieser Angaben ist man in der Lage, den größten Hub h_{max} zu wählen, wenn die beabsichtigten Spielzahlen mit denen der Zusammenstellung übereinstimmen. Ist das nicht der Fall, so gibt das Produkt $n \cdot h_{max}$ in Spalte v die Möglichkeit, den Hub innerhalb nicht zu weiter Grenzen zu verändern, wie im obenstehenden Beispiel 2 gezeigt wurde. Dabei empfiehlt sich, etwas unter den angeführten Werten zu bleiben, die, wie oben hervorgehoben, meist an der Schlaggrenze liegen.

An voneinander unabhängigen Gruppenventilen soll man die Hübe besonders klein wählen, weil bei Unterschieden in der Belastung oder bei unregelmäßigem Arbeiten die Gefahr besteht, daß sie nicht gleichzeitig schließen und daß die zuletzt noch offenen besonders scharf zugeschlagen werden. (Vgl. Schröder, Z. V. d. I. 1910, Seite 876.)

Daß dagegen an Hubpumpen, bei welchen die Ventile während der Pausen Zeit haben, auf den Sitz zu kommen, konstruktiv sehr einfache Ventile mit großen Tellerwegen von 15 bis 20 und mehr Millimetern genommen werden dürfen, war oben begründet worden. Auch Ventile mit Zwangschluß nach Riedler sind nicht an kleine Hübe gebunden, weil die schwierige Schlußbewegung durch die Steuerung beherrscht wird.

Hierbei sei hervorgehoben, daß kleiner Hub durchaus nicht etwa große Abmessungen der gesamten Fläche, die das Ventil beansprucht oder auf welcher die Ventile verteilt sind, bedingt. Die Zunahme hängt vielmehr von der konstruktiven Ausbildung ab. Bei Annahme gleicher Durchströmquerschnitte im Sitz, im Spalt und zwischen den einzelnen Ringen oder Ventilen sowie den anschließenden Wandungen wird der Gehäusequerschnitt, ohne Rücksicht auf die Sitzbreite und Führung gleich $2f$ sein müssen. Um wieviel diese untere Grenze bei verschiedenen Formen überschritten wird, zeigen die Abb. 783 bis 787, die ein Teller-, ein einfaches und ein mehrfaches Ringventil, sowie Gruppenventile, sämtlich aber gleichen Gesamtquerschnitts darstellen. Vgl. hierzu die näheren Ausführungen auf S. 450 und Zusammenstellung 99.

Ein anderer Weg ist, zunächst die Sitzweite, wie folgt, zu berechnen. Nach Abb. 779 und den Ausführungen auf Seite 423 verhält sich der Hub im Totpunkt h_0 zum größten h_{max}:

$$\frac{h_0}{h_{max}} = \frac{Q_v}{F \cdot c_{max}} = \frac{f_1 \cdot v_{v\,max}}{f_{max} \cdot \mu \cdot v}, \tag{198}$$

nämlich wie die Verdrängung des Ventiltellers in der Totlage des Kolbens $Q_v = f_1 \cdot v_{v\,max}$ zur Verdrängung durch den Kolben in Hubmitte $F \cdot c_{max} = f_{max} \cdot \mu \cdot v$. Daraus leitet Kutzbach in der 24. Auflage der Hütte Bd. I, S. 970, unter Benutzung der in Abb. 770 an einem Ringventil mit kegeligem Sitz eingetragenen Bezeichnungen eine Beziehung zwischen der lichten Weite a, der minutlichen Spielzahl n und der mittleren Wassergeschwindigkeit $\mu \cdot v$ ab:

$$\frac{h_0}{h_{max}} = \frac{\pi \cdot d_m \cdot a}{2} \cdot \frac{\frac{\pi \cdot n \cdot h_{max}}{30}}{\pi \cdot d_m \cdot h_{max} \cdot \sin \delta_1 \cdot \mu \cdot v} = \frac{\pi\, a \cdot n}{60 \sin \delta_1 \cdot \mu \cdot v}.$$

Nach den Versuchen von Berg [IX, 6] war nun bei einer Spalthöhe im Totpunkt $h_0 = \frac{1}{60} h_{max}$ noch kein Aufsetzen zu hören. Bei einem dreimal größeren Betrage erfolgte der Schluß mit einem dumpfen Ton. Auch die Versuche von Krauss an den Ventilen 7 bis 11 der Zusammenstellung 96, Spalte s und g, bestätigen, daß im Totpunkte Hübe bis zu $\frac{1}{20} h_{max}$ zulässig sind. Damit wird, unter Ausgleich der verschiedenen Maßeinheiten in der vorstehenden Formel:

$$\frac{\pi \cdot a \cdot n}{100 \cdot 60 \sin \delta_1 \cdot \mu \cdot v} = \frac{1}{20} \text{ bis } \frac{1}{60};$$

oder:

$$\frac{a \cdot n}{\mu \cdot v \sin \delta_1} \approx 30 \ldots 100. \tag{199}$$

Werte für $\frac{a}{\sin \delta_1}$ an Ringventilen oder sinngemäß für den halben Sitzdurchmesser an Tellerventilen gibt die folgende Zusammenstellung.

Zusammenstellung 97. **Werte für $\frac{a}{\sin\delta_1}$ nach Formel (199).**

Spielzahl n	$\mu \cdot v$ m/sek	1	2	3	4	5
50		0,6 ... 2,0	1,2 ... 4,0	1,8 ... 6,0	2,4 ... 8,0	3,0 ... 10,0
100	$\frac{a}{\sin\delta_1}$ cm	0,3 ... 1,0	0,6 ... 2,0	0,9 ... 3,0	1,2 ... 4,0	1,5 ... 5,0
250		0,12 ... 0,4	0,24 ... 0,8	0,36 ... 1,2	0,48 ... 1,6	0,6 ... 2,0

Durch die Wahl von a ist bei gleicher Durchflußgeschwindigkeit im Sitz und Spalt, vgl. Abb. 770, auch der größte Hub

$$h_{max} = \frac{a}{2\sin\delta_1} \tag{200}$$

gegeben. Daß man allerdings bei Gruppenventilen besonders kleine Werte für h_{max} nehmen soll, war auf Seite 437 schon erwähnt worden.

Ob die von Berg und Krauss beobachteten Werte ganz allgemein gelten und ob die Formel auch bis zu 250 Hüben in der Minute sowie für beliebig schwere Teller zutrifft, erscheint nicht sicher. Immerhin deuten die Zahlen auf wichtige Zusammenhänge zwischen der Sitzweite oder dem Hub und der Spielzahl sowie der mittleren Geschwindigkeit hin, die durch Versuche nachgeprüft werden sollten. Mit zunehmender Geschwindigkeit sind nach der Kutzbachschen Formel größere Sitzweiten und Hübe zulässig und zweckmäßig.

Bei der Anwendung auf die Ventile der Zusammenstellung 96, wobei $\mu \cdot v$ der Spalte l, die zugehörigen größten Hübe der Spalte g entnommen wurden, zeigten Nr. 2, 10, 11, 13, 14 befriedigende Übereinstimmung, indem die tatsächlichen Größen zwischen den errechneten Grenzwerten liegen. Nr. 3, 4, 5 und 6 haben größere Sitzweiten und Hübe als die Formeln verlangen, 1 weist einen größeren tatsächlichen Hub auf, dagegen ergaben 7 und bei manchen Versuchen auch 9 kleinere Hübe. Die an dem Hörbiger Ventil unter Nr. 8 gefundenen Zahlen fallen aus dem Rahmen heraus; in der nur wenig geänderten Form Nr. 9 zeigt sich aber befriedigende Übereinstimmung. Schließlich besitzt Nr. 12 eine verhältnismäßig große Sitzweite. Vgl. die folgende Zusammenstellung, in der Nr. 8 weggelassen wurde.

Zusammenstellung 98. **Zur Nachprüfung der Formel (199) an Hand der Ventile der Zusammenstellung 96.**

Ventil Nr.	Sitzweite		Größter Hub	
	tatsächlich cm	nach Formel (199)	tatsächlich cm	nach Formel (200)
1	2,50	0,86 ... 2,85	1,76	0,43 ... 1,42
2	1,75	0,71 ... 2,34	1,05	0,35 ... 1,17
3	1,8	0,25 ... 0,85	1,3	0,10 ... 0,34
4	1,8	0,30 ... 0,99	1,1	0,16 ... 0,52
5	1,8	0,20 ... 0,66	0,69	0,10 ... 0,33
6	1,8	0,41 ... 1,42	0,83	0,21 ... 0,71
7	1,38	1,03 ... 3,42	0,65	0,73 ... 2,42
9	2,62	1,32 ... 4,4	1,07	0,66 ... 2,2
10	1,16	0,68 ... 2,26	0,74	0,48 ... 1,85
11	1,55	0,79 ... 2,63	0,44	0,40 ... 1,31
12	7,6	1,78 ... 5,95	2,25	0,89 ... 2,97
13	3,8	1,28 ... 4,27	1,69	0,64 ... 2,13
14	3,4	1,54 ... 5,14	1,33	0,77 ... 2,57

Ergibt sich der Spaltumfang l auf Grund der Formel (197) klein, so genügt ein Tellerventil vom lichten Durchmesser:

$$d = \frac{l}{\pi}. \tag{201}$$

Fällt dieser zu groß aus, so wird man zunächst zu einem Ringventil, Abb. 770, dann zu mehrringigen, Abb. 785 u. a., greifen. Der mittlere Durchmesser des ersteren folgt aus:

$$d_m = \frac{l}{2\pi}. \tag{202}$$

Seine Sitzweite wählt man so, daß bei höchstem Hub die Geschwindigkeit im Sitz diejenige im Spalt nicht überschreitet: $a \geqq 2\,h_{max} \cdot \sin\delta_1$, eine Beziehung, die bei ebenem Sitz zu $a \geqq 2\,h_{max}$, bei kegeligem mit dem meist gebräuchlichen Winkel $\delta_1 = 45^0$ zu $a \geqq 1{,}41\ h_{max}$ führt. Bearbeitungsrücksichten und geringer Geschwindigkeitsverluste halber wird im ersten Falle meist $a \approx 2{,}5 \ldots 3\ h_{max}$, im zweiten $a \approx 2{,}1 \ldots 2{,}5\ h_{max}$ ausgeführt.

Zur Bestimmung der Ringdurchmesser an einem mehrspaltigen Ventil geht man vom Hub aus und legt zunächst die Querschnittform eines Ringes unter Nachrechnung seiner Festigkeitsverhältnisse in einer Skizze fest, vgl. das Zahlenbeispiel S. 445, Abb. 796. Durch Wahl des lichten Abstandes zwischen den einzelnen Ringen — rund gleich a —, erhält man deren Mittenentfernung m, findet aus ihrer Anzahl z den mittleren Durchmesser:

$$D_m = \frac{l}{2\pi}\cdot\frac{1}{z} \tag{203}$$

und schließlich die Einzeldurchmesser der Ringe durch Hinzufügen bzw. Abziehen der Mittenentfernung m. So wird bei drei Ringen der Durchmesser

des inneren: $D_1 = D_m - 2\,m$,

des mittleren: $D_2 = D_m$,

und des äußeren: $D_3 = D_m + 2\,m$.

Vierringige Ventile bekommen:

$$D_1 = D_m - 3\,m,\quad D_2 = D_m - m,\quad D_3 = D_m + m \quad\text{und}\quad D_4 = D_m + 3\,m,$$

so daß $\sum_1^4 D = 4\,D_m$ ist.

Sollen an Stelle mehrfacher Ringventile Gruppenventile, meist in Form einfacher Teller- oder Ringventile von gegebener Größe, also von bestimmtem Umfang l_0 verwandt werden, so folgt ihre Zahl aus $z = \frac{l}{l_0}$. (204)

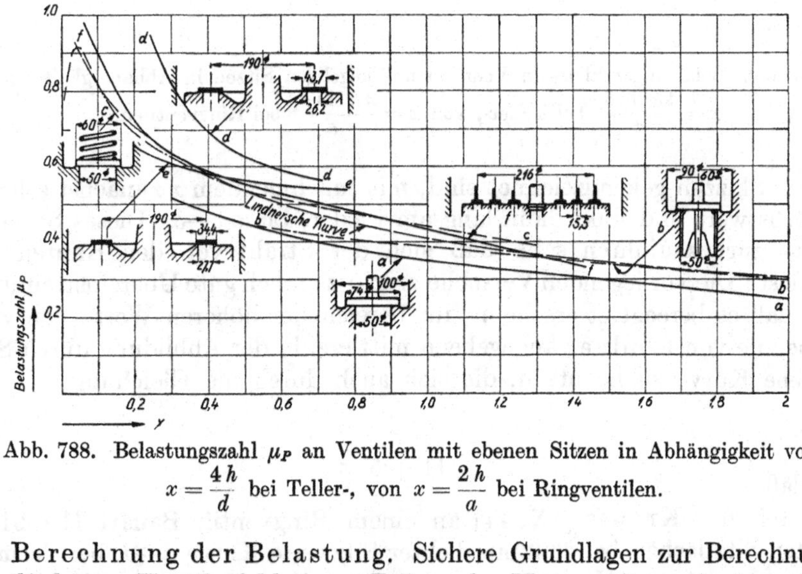

Abb. 788. Belastungszahl μ_P an Ventilen mit ebenen Sitzen in Abhängigkeit von $x = \frac{4\,h}{d}$ bei Teller-, von $x = \frac{2\,h}{a}$ bei Ringventilen.

Zu β) Berechnung der Belastung. Sichere Grundlagen zur Berechnung der Belastung beliebiger Ventile fehlen zur Zeit noch. Man greift am besten auf bewährte Ausführungen zurück und benutzt dabei vorteilhafterweise die Zusammenstellung 96, Seite 430, oder die Darstellung der Belastungszahlen μ_P, Abb. 788 und 789.

μ_P ist in erheblichem Maße von der Gestalt der Sitzflächen und von dem Verhältnis x des Spaltquerschnitts f zu dem des Sitzes f_1 abhängig, ein Verhältnis, das sich an Tellerventilen vom Durchmesser d, Abb. 775, auch durch:

$$x = \frac{f}{f_1} = \frac{\pi d h \sin \delta_1}{\frac{\pi d^2}{4}} = \frac{4 h \sin \delta_1}{d}, \tag{205}$$

an Ringventilen, Abb. 770, durch:

$$x = \frac{2 \pi d_m \cdot h \sin \delta_1}{\pi d_m \cdot a} = \frac{2 h \sin \delta_1}{a} \tag{206}$$

ausdrücken und damit in Beziehung zum Hub bringen läßt.

An Ventilen mit ebenen Sitzen steigt μ_P nach Abb. 788, wo der Anschaulichkeit und Übersicht wegen die Sitz- und Tellerformen, an denen die einzelnen Kurven ermittelt

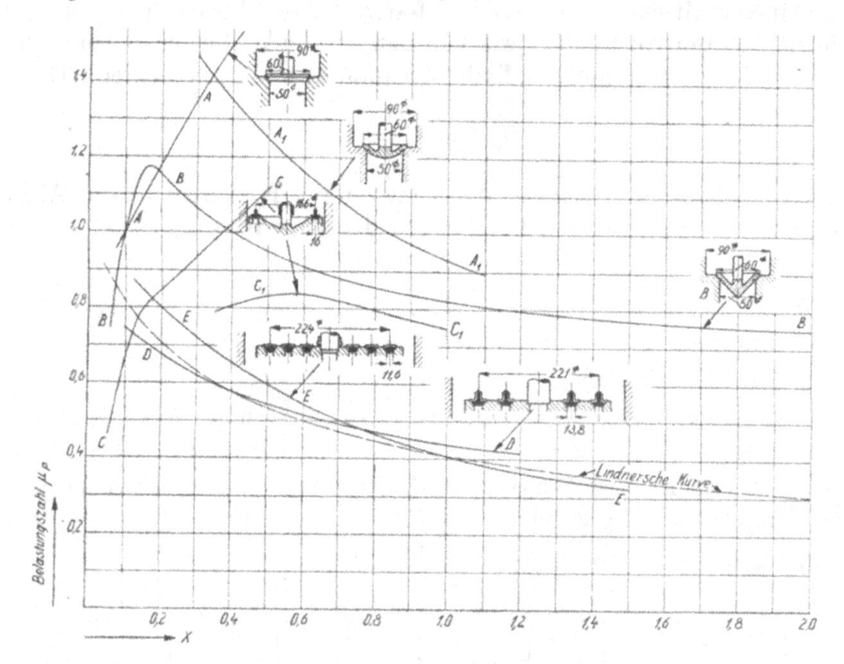

Abb. 789. Belastungszahl μ_P an Ventilen mit kegeligen Sitzen in Abhängigkeit von $x = \frac{4 h \sin \delta_1}{d}$ bei Teller-, von $x = \frac{2 h \sin \delta_1}{a}$ bei Ringventilen.

wurden, durch Skizzen gekennzeichnet sind, mit zunehmendem x zunächst sehr rasch bis zu einem Höchstwert und sinkt dann langsam wieder, Linie c—c. Dieses Sinken von μ_P dürfte darauf zurückzuführen sein, daß sich der Strahl von den Kanten a und b, Abb. 790, ablöst. Die vorliegenden Versuche zeigen ziemlich gute Übereinstimmung untereinander, so daß es berechtigt erscheint, im Bereich der höheren Werte von x, also für größere Hübe, die von Lindner angegebene mittlere, in der Abbildung durch Strichlung hervorgehobene Kurve zu benutzen, die sich auch durch die Gleichung:

$$\mu_P = \frac{1}{\sqrt{1 + 5 \cdot x}} \tag{207}$$

ausdrücken läßt.

Erwähnt sei, daß Krauss [IX, 14] an einem Ringventil, Bauart Hörbiger, mit 8,7 mm breiten Sitzflächen bei 26,2 mm lichter Sitzweite Kurve d—d, bei Verminderung der Sitzbreite auf 3,4 und Vergrößerung der Sitzweite auf 27,7 mm die tieferliegende Linie e—e fand. Demgegenüber verläuft freilich die Kurve a—a an einem Gewichtstellerventil von 50 mm lichtem Sitzdurchmesser und 12 mm, also verhältnismäßig noch b e t r ä c h t l i c h e r e r Sitzbreite, aber mit einem Gehäusedurchmesser von nur 100 mm, besonders tief.

Viel unregelmäßiger liegen die Kurven im Falle von kegeligen Sitzen, Abb. 789. μ_P nimmt zunächst bei kleinen Hüben mit x sehr rasch zu, überschreitet sogar vielfach den Wert 1, wobei der Wasserstrahl nach Abb. 791 links durch die Spaltwandung unter dem Kegelwinkel geführt wird. Bei großen Hüben löst sich jener aber von den Kegelflächen nach Abb. 791 rechts ab, so daß zwei ganz verschiedene Strömungszustände entstehen, die abwechselnd möglich sind. An einem von Klein [IX, 7] besonders sorgfältig untersuchten Ringventil C trat diese Erscheinung zwischen 4 und 5,5 mm Hub, einem $x = 0{,}354$ und 0,486 entsprechend, ein. μ_P liegt dabei entweder auf der oberen Kurve C—C, Abb. 789,

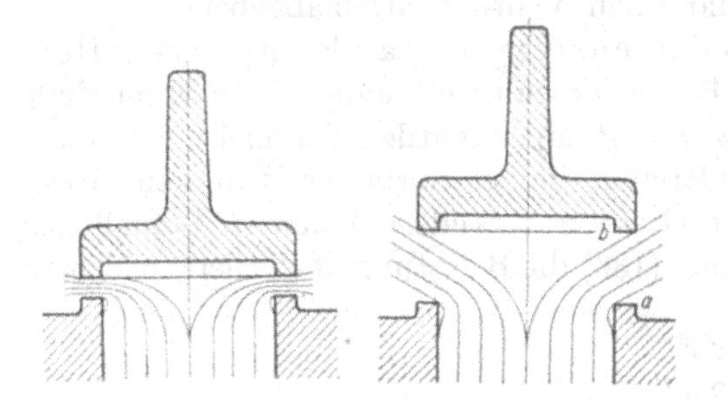

Abb. 790. Strömungszustände an Ventilen mit ebenen Sitzen.

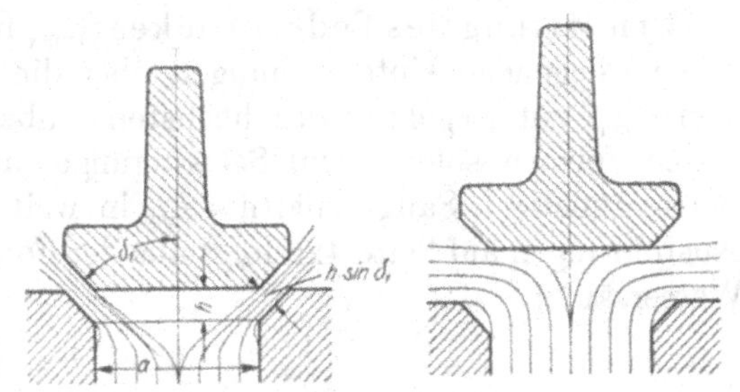

Abb. 791. Strömungszustände an Ventilen mit kegeligen Sitzen.

oder der unteren mit zunehmendem x fallenden Linie C_1—C_1, die bei großen Werten von x allein maßgebend wird. Sehr hohe Werte nach der Linie A—A ergaben sich aus den Bachschen Versuchen an einem Gewichtstellerventil mit ebener Mittelfläche. Leider genügen die beobachteten Zahlen nicht, μ_P für Werte $x > 0{,}4$ zu ermitteln. Jedoch ist aus der Kurve für μ, deren Verlauf festgestellt worden ist, zu erwarten, daß μ_P beim zweiten Strömungszustand rasch fällt. Umgekehrt fehlen bei dem Ventil A_1 mit kugeliger Unterfläche Zahlen für μ_P bei kleinem x; für größere gilt Linie A_1—A_1. Die rein kegelige Tellerform B führt zu einer durchlaufenden, bei kleinem x rasch steigenden, dann langsamer fallenden Kurve B—B, die wesentlich tiefer als A—A und A_1—A_1 liegt. Mehrringige Ventile, wie D und E, nähern sich in ihrem Verhalten ausgesprochenerweise solchen mit ebenen Sitzen, wie die wiederum gestrichelt eingezeichnete Lindnersche Kurve verdeutlicht.

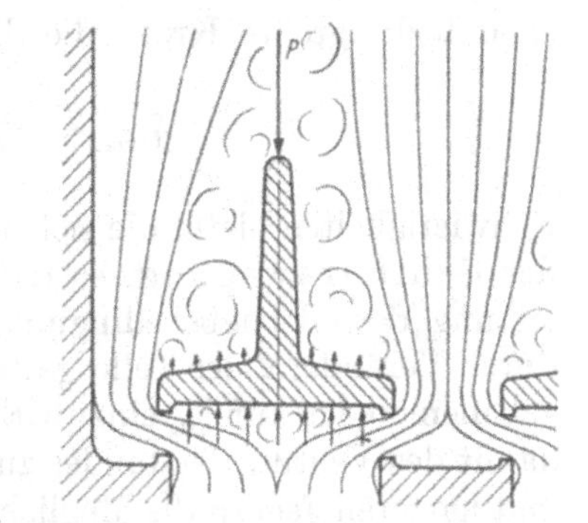

Abb. 792. Wirbelbildung an Ventilen.

Allerdings zeigte Ventil D bei Hüben unter 5 mm oder x kleiner als 0,512 starke Streuung, die wohl in der abwechselnden Ausbildung der beiden Strömungszustände begründet sein dürfte, welche die Festlegung der Kurve unsicher machte.

Die immerhin bedeutenden Abweichungen der Linien für μ_P untereinander sind auf die verschiedene Gestalt der Sitze und Teller, aber auch diejenige der benachbarten Teile, Rippen und Wandungen, sowie die Lage des Abströmrohres zurückzuführen, welche die durchströmenden Flüssigkeitsstrahlen und insbesondere die bei geöffnetem Ventil mehr oder weniger ausgedehnten Wirbel über dem Teller, Abb. 792, beeinflussen. Diese erzeugen einen Unterdruck, der zusammen mit dem Flüssigkeitsdruck des gegen die Unterfläche treffenden Stromes den Teller zu heben sucht.

Einzelheiten über Höhe und Verteilung der beiden Flüssigkeitsdrucke fehlen; auf Anregung des Verfassers hin sind Untersuchungen darüber aufgenommen worden.

Den Flüssigkeitsdrucken wirken die Belastung P und im Falle stehender Ventile das Eigengewicht entgegen, während die Massenkräfte des in Bewegung befindlichen

Tellers, die bald in der einen, bald in der anderen Richtung wirken, meist vernachlässigt werden können. Wohl aber gewinnen diese beim Schluß große Bedeutung.

Der Zweck der Belastung ist ein doppelter: sie soll a) den größten Hub regeln und b) den rechtzeitigen Schluß des Ventils bewirken. Nur bei kleiner Spielzahl und im Falle von Pausen zwischen den einzelnen Pumpenspielen genügt dazu das Eigengewicht (Gewichtsventile), bei größerer muß unter Beschränkung der Tellermasse ein weiteres, besonderes Belastungsmittel, meist eine Feder, angebracht werden (Federventile). Während das Eigengewicht eine ständig und unverändert wirkende Kraft darstellt, sind die fast ausschließlich verwandten Druckfedern bei höchstem Hub am stärksten gespannt, üben dann also den größten Druck $\mathfrak{F}_{max}$ aus. Für die Schlußbewegung ist die Vorspannkraft $\mathfrak{F}_0$, mit der die Feder auf dem geschlossenen Ventil ruht, maßgebend.

Ermittlung des Federdruckes $\mathfrak{F}_{max}$ bei höchstem Hub an Pumpenventilen: Die vorliegenden Untersuchungen über die Belastungszahl μ_P genügen zur Ermittlung von $\mathfrak{F}_{max}$ zur Regelung des höchsten Hubes von Pumpenventilen der meist gebräuchlichen Formen, sofern nicht Schwingungen auftreten, die den normalen Hub, namentlich bei ungünstigen Saugverhältnissen, in weiten Grenzen verändern können. Gemäß den Ausführungen auf Seite 422 folgt aus der Formel (186) die Belastung des Tellers in Metern Wassersäule:

$$b = \frac{(v')^2}{2g},$$

wobei $v' = \frac{\mu \cdot v}{\mu_P}$ (vgl. (185)) eine mittels der Belastungszahl μ_P nach Abb. 788 oder 789 ermittelte ideelle Geschwindigkeit ist. Aus b ergibt sich der Druck, den der Teller auf den Sitzquerschnitt f_1 ausüben muß:

$$P_{max} = \frac{f_1 \cdot b}{10} = \frac{f_1 \cdot (v')^2}{20g}. \tag{208}$$

P_{max} setzt sich aus dem Gewicht des Tellers G im Wasser und dem Federdruck $\mathfrak{F}_{max}$ zusammen:

$$P_{max} = G \cdot \frac{\gamma - 1}{\gamma} + \mathfrak{F}_{max},$$

so daß die größte Kraft, die die Feder zu erzeugen hat, wird:

$$\mathfrak{F}_{max} = P_{max} - G \cdot \frac{\gamma - 1}{\gamma} = \frac{f_1 \cdot (v')^2}{20g} - G \cdot \frac{\gamma - 1}{\gamma}. \tag{209}$$

Schwierigkeiten bietet die sichere Ermittlung der richtigen Vorspannung $\mathfrak{F}_0$ zur Reglung der Schlußbewegung, so daß es sich empfiehlt, die Möglichkeit vorzusehen, die Belastung den Betriebsbedingungen durch Auswechseln oder Anspannen der Feder oder durch Verändern des Tellergewichts anpassen zu können. Durch Anspannen einer gegebenen Feder auf $\mathfrak{F}_0$ einzuwirken, hat auch eine Veränderung des größten Hubes und damit des Ventilwiderstandes zur Folge, während man durch Auswechseln von weicheren und härteren Federn die Möglichkeit hat, $\mathfrak{F}_0$ unter Einhaltung von $\mathfrak{F}_{max}$ zu beeinflussen.

Bei der Ermittlung der erforderlichen Belastung im Totpunkt suchte man vom Zeitpunkt des Ventilschlusses, von der Schlußgeschwindigkeit v_s, mit der der Teller auf den Sitz trifft und von der im Totpunkte noch zulässigen Hubhöhe h_0 auszugehen. Alle drei sind aber sehr kleine Größen, deren sichere Beobachtung und genaue Festlegung beträchtliche Schwierigkeiten bietet, so daß auf sie bisher noch keine zuverlässige Berechnung von $\mathfrak{F}_0$ gegründet werden konnte. Müller [IX, 4] schlug vor, das Produkt der Tellermasse und des Quadrates der Schlußgeschwindigkeit $M \cdot \frac{v_s^2}{2}$ zugrunde zu legen, gab aber keine Zahlenwerte dafür an. Bonin bezog die lebendige Kraft auf die Flächeneinheit des Sitzquerschnittes und leitete daraus den Festwert $C \cdot \sin \delta_1$, Formel (193) ab, für den er bei der Berechnung der Ventile 1,1 bis 1,3 zu setzen empfiehlt. Aus ihm ergibt sich die nötige Belastung des Ventiltellers b_0 in Metern Wassersäule:

$$b_0 = \frac{1}{(C \cdot \sin \delta_1)^2} \cdot \frac{G}{f_1} \cdot \frac{Q_0^2 \cdot n^2}{l^2}, \tag{210}$$

wobei das Tellergewicht G in kg, der Sitzquerschnitt f_1 in cm², die Fördermenge Q_0 in l/sek, der Spaltumfang l in cm einzuführen ist. Die Belastung des geschlossenen Ventils oder die Vorspannung der Feder $\mathfrak{F}_0$ folgt dann aus:

$$\mathfrak{F}_0 = \frac{f_1 \cdot b_0}{10} - G \cdot \frac{\gamma - 1}{\gamma}. \tag{211}$$

Soll die Belastung durch eine einfache Druckfeder erzeugt werden, so muß naturgemäß $\mathfrak{F}_0$ kleiner als $\mathfrak{F}_{max}$ ausfallen. Trifft das nicht zu, so ist das Ventil umzugestalten: entweder a) durch Vergrößerung des Spaltumfanges l oder b) durch Verringerung des größten Hubes h_{max}, also unter Erhöhung der Durchströmgeschwindigkeit und damit der Widerstände und Energieverluste.

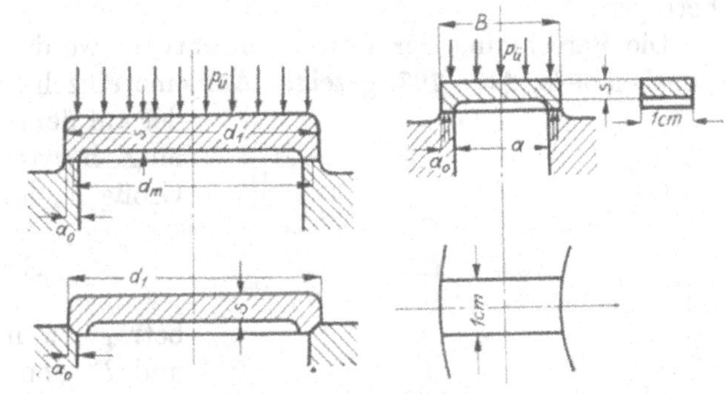

Abb. 793. Zur Berechnung des Auflagedrucks oder der Sitzbreite an Tellerventilen.

Abb. 794. Zur Berechnung des Auflagedrucks oder der Sitzbreite an Ringventilen.

Zu γ) Berechnung der Beanspruchungen. Die Ventilteller sind a) auf Auflagedruck p_0 im Sitz und b) auf Festigkeit nachzurechnen. Aus dem ersteren folgt bei hohen Pressungen die nötige Sitzbreite a_0. An einfachen Tellerventilen, Abb. 793, ist dabei der größte Plattendurchmesser der Berechnung zugrunde zu legen, so daß mit den in der Abbildung eingeschriebenen Bezeichnungen, unter Vernachlässigung des Eigengewichts und der künstlichen Belastung:

$$p_0 = \frac{\pi}{4} \frac{d_1^2 \cdot p_u}{\pi \cdot d_m \cdot a_0} \quad \text{oder} \quad a_0 = \frac{\pi d_1^2}{4 \cdot \pi \cdot d_m} \cdot \frac{p_u}{p_0} \tag{212}$$

wird. p_u ist der auf den Teller wirkende Überdruck in at, dargestellt durch den Unterschied der absoluten Pressungen im Druck- und Saugraum.

An Ringventilen denkt man sich einen radialen Streifen von 1 cm Breite herausgeschnitten und erhält nach Abb. 794:

$$p_0 = \frac{B \cdot p_u}{2\, a_0} \quad \text{oder} \quad a_0 = \frac{B \cdot p_u}{2\, p_0}. \tag{213}$$

Bei kegeligem Sitz ist a_0 als Projektion senkrecht zur Druckrichtung zu messen. Noch zulässige Werte für p_0, wobei für den Fall, daß die Sitzflächen aus verschiedenen Werkstoffen bestehen, stets der weniger widerstandsfähige maßgebend ist, sind für

Bronze	150 kg/cm²
Phosphorbronze	200 „
Gußeisen	80 „
Hartgummi und Leder	50 „

Bei geringem Überdruck ist für die Breite a_0 die Herstellung und das Einschleifen der Sitzflächen bestimmend.

Zur Ermittlung der Festigkeit der Tellerventile, Abb. 793, wird der Teller als eine am Rande frei aufliegende runde Scheibe vom Durchmesser d_m aufgefaßt und Formel (62) benutzt, die mit den Bezeichnungen der Abb. 793 liefert:

$$\sigma = \pm 1{,}24 \cdot \frac{p_u\, d_m^2}{4\, s^2} \quad \text{oder} \quad s = 0{,}56 \cdot d_m \sqrt{\frac{p_u}{k_b}}. \tag{214}$$

An Ringen kann man wiederum einen 1 cm breiten Streifen, Abb. 794, durch $p_ü$ kg/cm² gleichmäßig belastet annehmen und annähernd die Beanspruchung aus:

$$\sigma_b = \frac{M_b}{W} = \frac{6 \cdot (a + a_0)^2 \cdot p_u}{8 s^2} \tag{215}$$

oder die Stärke aus:

$$s = 0{,}87\,(a + a_0)\sqrt{\frac{p_ü}{k_b}} \tag{216}$$

berechnen. k_b ist in Rücksicht auf die Stöße niedrig zu nehmen und darf bei:

Bronze	200 kg/cm²
Phosphorbronze	250 „
Flußeisen, geschmiedet	400 „
Stahl	600 „

betragen.

Die Berechnung der **Ventilunterteile** werde an dem mehrspaltigen des Konstruktionsbeispiels, Abb. 797, gezeigt. Auf eine einzelne **radiale Rippe** entfällt der Druck, der auf dem im Grundriß, Abb. 795, durch Strichelung hervorgehobenen Kreisausschnitt von der Größe F_1 lastet und der:

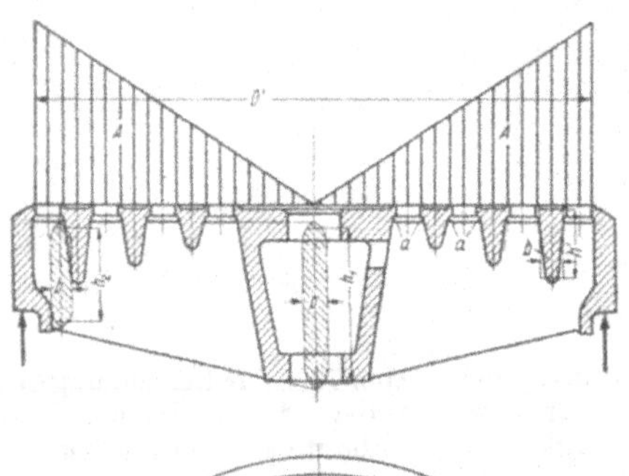

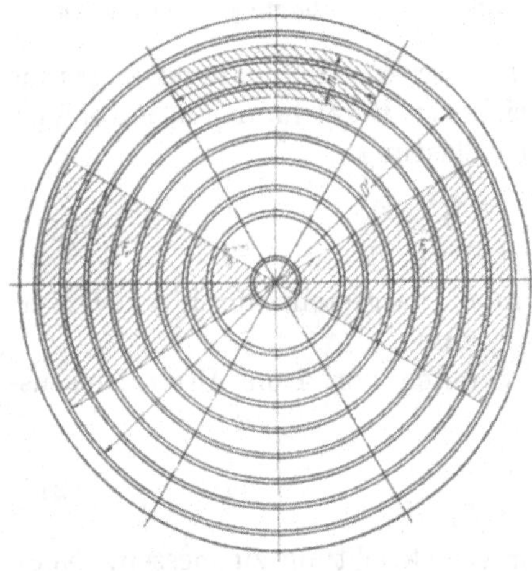

Abb. 795. Zur Berechnung des Unterteils mehrspaltiger Ringventile.

$$A = F_1 \cdot p_ü = \frac{\pi}{4} \cdot \frac{(D')^2}{i} \cdot p_u \text{ kg} \tag{217}$$

beträgt, wenn i die Anzahl der radialen Rippen und D' den lichten Durchmesser des äußersten Spaltes bedeutet. Eine durchgehende, also eine Doppelrippe, darf annähernd als ein auf Biegung beanspruchter Balken mit der in Abb. 795 oben angedeuteten Dreieckbelastung durch $2\,A$ betrachtet werden. Nimmt man ungünstigerweise an, daß derselbe an den Enden frei aufliegt, so wird das größte Biegemoment in der Mitte nach lfdr. Nr. 14 der Zusammenstellung 5, S. 28, $\frac{2\,A \cdot D'}{12}$, während an den Enden je A kg durch die Scherfestigkeit der Rippen aufzunehmen sind. Mit den in der Abb. 795 eingeschriebenen Bezeichnungen folgt das in der Mitte nötige Widerstandsmoment:

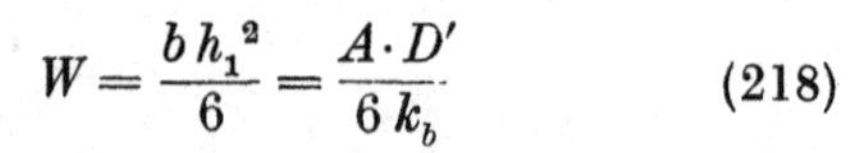

$$W = \frac{b\,h_1^2}{6} = \frac{A \cdot D'}{6\,k_b} \tag{218}$$

und der an den Enden erforderliche Querschnitt:

$$b \cdot h_2 = \frac{A}{k_s}. \tag{219}$$

Aus den beiden Gleichungen wird man unter Annahme von b die Höhen h_1 und h_2 errechnen und mit einem Zuschlag in Rücksicht auf die übliche Zuschärfung der Rippen zur Beschränkung der Wirbel beim Vorüberströmen der Flüssigkeit ausführen. Die gerade Verbindungslinie der so ermittelten Höhen kann als untere Begrenzung der Rippen im Aufriß dienen.

Was die **Ringrippen** anlangt, so wird die äußere durch den gleichmäßig verteilten Druck, der auf dem nach rechts fallend gestrichelten Kreisringstück ruht, $A' = l \cdot m \cdot p_ü$ kg auf Biegung, außerdem aber auch, da der Schwerpunkt der genannten Fläche nicht in der Mittellinie der Rippe liegt, auf Drehung beansprucht. l ist die zwischen den radialen Rippen gemessene Länge, m der Abstand der Mittellinien zweier Ventilringe. Vernachlässigt man einerseits die Krümmung der Rippe, sowie die Beanspruchung auf Drehung, andererseits aber die Einspannung an den Enden, so wird das größte Biegemoment:

$$\frac{A' \cdot l}{8} = \frac{l^2 \cdot m \cdot p_u}{8},$$

das bei rechteckigem oder annähernd rechteckigem Querschnitt ein Widerstandsmoment:

$$W = \frac{b \cdot (h')^2}{6} = \frac{l^2 \cdot m \cdot p_u}{8\, k_b} \tag{220}$$

verlangt.

Nimmt man die mittlere Stärke b der Ringrippen ebenso groß, wie die der radialen, so läßt sich die nötige Höhe h' ermitteln, die man zweckmäßigerweise auf dem ganzen Umfang verwirklicht, indem man die Rippen der einfacheren Herstellung des Modells wegen als Drehkörper ausbildet. Die äußeren sind stärker belastet; durch kurze radiale Verbindungen zum Ventilumfang hin können sie aber wirksam versteift oder auf kürzere Länge gebracht werden.

Die Werte der zulässigen Beanspruchungen wählt man niedrig, um die Formänderungen, die leicht zu Undichtheiten der Ventile führen, möglichst gering zu halten. Üblich sind für:

	k_b	k_s	
Gußeisen	100	70	kg/cm²
Bronze	200—250	100—150	„
Stahlguß	250—300	150—200—250	„

Die Ventilwandung, die aus Gußrücksichten etwa die gleiche Stärke wie die Rippen erhält, wird durch den von außen wirkenden Überdruck, selbst wenn man die Versteifung durch die radialen Rippen vernachlässigt, die Wand also als einen von außen gedrückten Zylinder betrachtet, gewöhnlich nur niedrig beansprucht. Schließlich ist noch die Auflagepressung im Gehäuse oder im Pumpenkörper nachzurechnen. Die Fläche muß den gesamten, auf dem Ventil lastenden Druck aushalten können.

h) Berechnungs- und Konstruktionsbeispiele.

3. Für die doppeltwirkende Wasserwerkpumpe, Tafel I, mit $D_p = 285$ mm Kolbendurchmesser, $s_1 = 800$ mm Hub und $n = 50$ Umdrehungen in der Minute sind das Druck- und das Saugventil bei einer Saughöhe von 4 und einer Druckhöhe von 52 m zu entwerfen. Sekundliche Wassermenge einer Pumpenseite:

$$Q_0 = \frac{\pi \cdot D_p^2}{4} \cdot \frac{s_1 \cdot n}{60} = \frac{\pi \cdot 0{,}285^2}{4} \cdot \frac{0{,}8 \cdot 50}{60} = 0{,}0425 \text{ m}^3/\text{sek} \quad \text{oder} \quad 42{,}5 \text{ l/sek}.$$

Bei den Festigkeitsrechnungen ist von der Summe der Saug- und Druckhöhe $(4 + 52)$ m auszugehen, d. h. ein Überdruck $p_u = 5{,}6$ kg/cm² einzusetzen.

In der Zusammenstellung 96, Seite 430, entspricht das zu entwerfende Ventil, der Fördermenge nach, dem unter Nr. 12 aufgeführten. Da dieses aber eine ungewöhnliche Form, nämlich eine nur für Kanalisationspumpen zweckmäßige, sehr große Sitzweite hat, möge Nr. 11 als Anhalt für die Durchbildung dienen.

Gewählt: Wassergeschwindigkeit im Spalt mäßig hoch, $\mu \cdot v = 1{,}7$ m/sek, in Rücksicht auf die nicht unbeträchtliche Saughöhe.

$$\text{Spaltquerschnitt (181): } f_{max} = \frac{\pi \cdot Q_0}{\mu \cdot v} = \frac{\pi \cdot 0{,}0425}{1{,}7} = 0{,}0785 \text{ m}^2 \quad \text{oder} \quad 785 \text{ cm}^2.$$

Größter Hub entsprechend dem Produkt $n \cdot h_{max}$ in Spalte v der Zusammenstellung 96, das aber der Sicherheit wegen ziemlich niedrig, zu 400 angenommen werde,

$$h_{max} = \frac{400}{n} = \frac{400}{50} = 8 \text{ mm}.$$

Mit der Sitzweite $a = 3 \cdot h_{max} = 24$ mm und der Breite $a_0 = 3$ mm der ebenen Sitzflächen folgt aus Abb. 796 die Mittenentfernung zweier Ringe $m = 54$ mm, die auf 55 mm abgerundet werden möge, unter Vergrößerung der lichten Entfernung der Ringe auf 25 mm.

Werkstoff: Bronze. Ringstärke s aus der Biegebeanspruchung eines 1 cm breiten Streifens bei $k_b = 200$ kg/cm² (216):

$$s = 0{,}87\,(a + a_0)\sqrt{\frac{p_ü}{k_b}} = 0{,}87\,(2{,}4 + 0{,}3)\sqrt{\frac{5{,}6}{200}} = 0{,}40 \text{ cm}.$$

Gewählt aus Herstellungsrücksichten $s = 5$ mm.
Auflagedruck im Sitz (213):

$$p_0 = \frac{B \cdot p_ü}{2\,a_0} = \frac{3{,}0 \cdot 5{,}6}{2 \cdot 0{,}3} = 28 \text{ kg/cm}^2. \quad \text{Niedrig.}$$

Ventilumfang (197): $l = \frac{f_{max}}{h_{max}} = \frac{785}{0{,}8} = 981$ cm (vorläufig).

Mittlerer Durchmesser (203): $D_m = \frac{l}{2\pi} \cdot \frac{1}{z} = \frac{981}{2\pi} \cdot \frac{1}{z}$ cm.

Wird z angenommen zu		3	4	5 Ringen,
so folgen:	D_m . . .	520 mm	390 mm	310 mm
	D_1 . . .	$D_m - 2\,m$ 410	$D_m - 3\,m$ 225	$D_m - 4\,m$ 90
	D_2 . . .	D_m 520	$D_m - m$ 335	$D_m - 2\,m$ 200
	D_3 . . .	$D_m + 2\,m$ 630	$D_m + m$ 445	D_m 310
	D_4 . . .	—	$D_m + 3\,m$ 555	$D_m + 2\,m$ 420
	D_5 . . .	—	—	$D_m + 4\,m$ 530

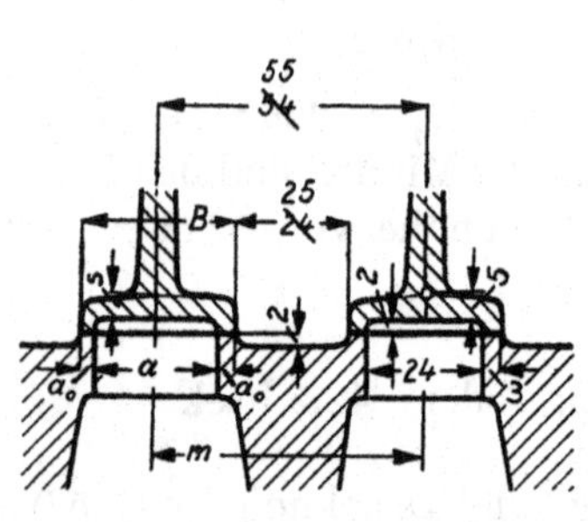

Abb. 796. Gestaltung der Ringe am Pumpenventil für 42,5 l/sek, Abb. 797. M. 1 : 2,5.

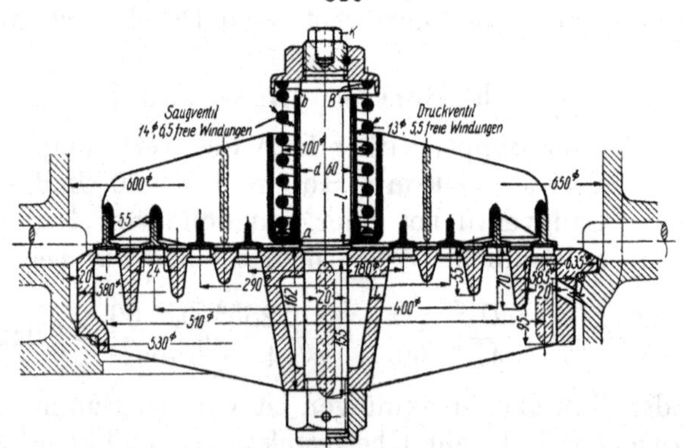

Abb. 797. Vierspaltiges Ringventil von 780 cm² Spaltquerschnitt für 42,5 l/sek, 5,6 at Überdruck und 50 Spiele in der Minute. M. 1 : 10. Die linke Hälfte zeigt das Saug-, die rechte das Druckventil.

Gewählt, da das fünfringige Ventil wegen zu kleinem D_1 nicht ausführbar, 4 **Ringe**, jedoch unter Vergrößerung des **Hubes** auf 9 mm, damit D_1 und der Raumbedarf des Ventils kleiner werden. Das Produkt $n \cdot h_{max} = 450$ ist noch zulässig.

Ventilumfang: $l' = \frac{785}{0{,}9} = 872$ cm,

$$D_m \approx 345, \quad D_1 = 180, \quad D_2 = 290, \quad D_3 = 400, \quad D_4 = 510 \text{ mm}.$$

Damit können die Ringe und der obere Teil des Sitzes, Abb. 797, aufgezeichnet werden. Tatsächlicher Spaltquerschnitt bei 9 mm Hub:

$$f_{max} = 2 \cdot z \cdot \pi \cdot D_m \cdot h_{max} = 2 \cdot 4 \cdot \pi \cdot 34{,}5 \cdot 0{,}9 = 780 \text{ cm}^2.$$

Mittlere Durchflußgeschwindigkeit im **Sitz**, wenn sich der Pumpenkolben auf Hubmitte befindet, ist gemäß $\pi \cdot D_m \cdot z \cdot a \cdot v_1 = 2\pi \cdot D_m \cdot h_{\max} \cdot (\mu \cdot v)$:

$$v_1 = \frac{(\mu \cdot v) \cdot 2 \cdot h_{\max}}{a} = \frac{1,7 \cdot 2 \cdot 0,9}{2,4} = 1,28 \text{ m/sek}.$$

(Nach Kutzbach wären unter der Voraussetzung ebener Dichtflächen oder $\sin \delta_1 = 1$ und einer Spaltgeschwindigkeit $\mu \cdot v = 1,7$ m/sek nach (199) Sitzweiten:

$$a = 30 \ldots 100 \frac{\mu \cdot v \cdot \sin \delta_1}{n} = 30 \ldots 100 \cdot \frac{1,7 \cdot 1}{50} = 1,02 \ldots 3,4 \text{ cm}$$

und nach (200) Hübe $h_{\max} = \dfrac{a}{2 \cdot \sin \delta_1}$ zwischen 0,51 und 1,7 cm zweckmäßig. Die oben gewählten Größen liegen etwa in der Mitte zwischen diesen Grenzwerten.)

Ventilunterteil. Bronze. Gewählt 6 radiale Rippen, Abb. 795. Eine durchgehende ist belastet mit (vgl. (217)):

$$2A = 2 \cdot \frac{\pi}{4} \frac{(D')^2}{i} \cdot p_u = \frac{1}{3} \cdot \frac{\pi}{4} \cdot 53,4^2 \cdot 5,6 \approx 4200 \text{ kg}.$$

Bei $k_b = 250$ kg/cm² wird:

$$W = \frac{2A \cdot D'}{12 \cdot k_b} = \frac{4200 \cdot 54,0}{12 \cdot 250} = 75,8 \text{ cm}^3.$$

Wenn $b = 2$ cm angenommen wird, folgt:

$$h_1^2 = \frac{6W}{b} = \frac{6 \cdot 75,8}{2} = 227,4 \text{ cm}^2;$$

$$h_1 = 15,1 \text{ cm}.$$

Wegen Zuschärfung ausgeführt 155 mm.

Eine zu $h_2 = 9$ cm angenommene Rippenhöhe am Rand gibt eine Scherbeanspruchung:

$$k_s = \frac{2A}{2 \cdot b \cdot h_2} = \frac{4200}{2 \cdot 2 \cdot 9} = 116 \text{ kg/cm}^2 \text{ (zulässig)}.$$

Die Ringrippen müssen zunächst dem Gefühl nach entworfen und dann nachgerechnet werden. Dabei sei ihr Querschnitt aus je einem Rechteck und einem Trapez zusammengesetzt gedacht, z. B. derjenige der äußersten nach Abb. 798 mit einem Trägheitsmoment $J = 45,1$ cm².

Abstand der äußersten gezogenen Faser vom Schwerpunkt $e = 3,84$ cm, Länge der gestreckt gedachten Rippe:

$$l = \frac{\pi}{6}(D_4 - m) = \frac{\pi}{6}(51 - 5,5) = 23,8 \text{ cm};$$

$$\sigma_b = \frac{M_b \cdot e}{J} = \frac{l^2 \cdot m \cdot p_{\ddot{u}} \cdot e}{8 \cdot J} = \frac{23,8^2 \cdot 5,5 \cdot 5,6 \cdot 3,84}{8 \cdot 45,1} = 186 \text{ kg/cm}^2 \text{ (zulässig)}.$$

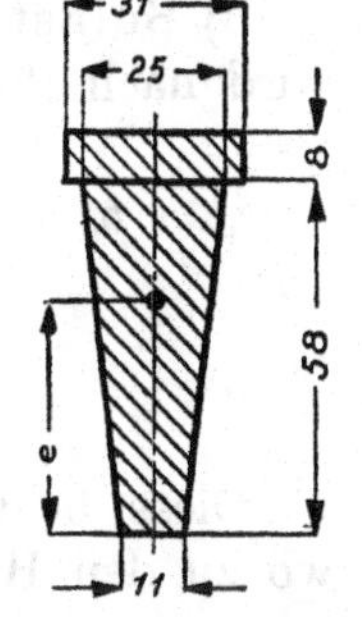

Abb. 798. Querschnitt der äußeren Ringrippe des Ventils Abb. 797.

Die mittleren und inneren Rippen sind mit 185 und 162 kg/cm² belastet.

Beanspruchung k der Außenwand des Saugventils infolge äußeren Überdrucks unter Vernachlässigung der Versteifung durch die radialen Rippen. Wandstärke s aus Gußrücksichten 20 mm. Vgl. Formel (61).

$$\sigma_d = \frac{D_a \cdot p_{\ddot{u}}}{2 \cdot s} = \frac{58 \cdot 5,6}{2 \cdot 2} = 81,2 \text{ kg/cm}^2.$$

Auflagedruck des Saugventils im Pumpenkörper:

$$p = \frac{P}{f_g} = \frac{\pi}{4} \cdot \frac{55,6^2 \cdot 5,6}{\frac{\pi}{4}(58^2 - 55,6)^2} = 63,5 \text{ kg/cm}^2,$$

des Druckventils, das, um das Einsetzen des darunter liegenden Saugventils zu ermöglichen, 635 mm Außendurchmesser hat:

$$p = \frac{\frac{\pi}{4} \cdot 61{,}1^2 \cdot 5{,}6}{\frac{\pi}{4}(63{,}5^2 - 61{,}1^2)} = 69{,}8 \text{ kg/cm}^2; \text{ zulässig.}$$

Berechnung der Belastung. a) Bei höchstem Hub. Mit

$$x = \frac{2\, h_{\max} \cdot \sin \delta_1}{a} = \frac{2 \cdot 0{,}9 \cdot 1}{2{,}4} = 0{,}75$$

liefert die Lindnersche Formel (207) eine Belastungszahl:

$$\mu_P = \frac{1}{\sqrt{1 + 5x}} = \frac{1}{\sqrt{1 + 5 \cdot 0{,}75}} = 0{,}459,$$

während Kurve f des dreifachen Ringventils in Abb. 788 $\mu_P = 0{,}492$ ergibt. Größerer Sicherheit wegen werde die obere Zahl, die zu einer höheren Belastung führt, benutzt, mit welcher die ideelle Wassergeschwindigkeit (185):

$$v' = \frac{\mu \cdot v}{\mu_P} = \frac{1{,}7}{0{,}459} = 3{,}7 \text{ m/sek}$$

wird.

Tellergewicht an Abb. 797 zu rund $G = 18{,}6$ kg ermittelt.

Druck der Feder bei höchstem Hub (209) mit $f_1 = z \cdot \pi \cdot D_m \cdot a = 4 \cdot \pi \cdot 34{,}5 \cdot 2{,}4 = 1040$ cm:

$$\mathfrak{F}_{\max} = \frac{f_1 \cdot (v')^2}{20\, g} - G \cdot \frac{\gamma - 1}{\gamma} = \frac{1040 \cdot 3{,}7^2}{20 \cdot 9{,}81} - 18{,}6 \cdot \frac{8{,}5 - 1}{8{,}5} = 72{,}6 - 16{,}4 = 56{,}2 \text{ kg}.$$

b) Belastung im Totpunkt. Unter Einsetzen des Boninschen Wertes $C \cdot \sin \delta_1 = 1{,}1$ wird nach (210) und (211):

$$b_0 = \frac{1}{(C \cdot \sin \delta_1)^2} \cdot \frac{G}{f_1} \cdot \frac{Q_0^2 \cdot n^2}{l^2} = \frac{1}{1{,}1^2} \cdot \frac{18{,}6}{1040} \cdot \frac{42{,}5^2 \cdot 50^2}{872^2} = 0{,}089 \text{ m Wassersäule.}$$

$$\mathfrak{F}_0 = \frac{f_1 \cdot b_0}{10} - G \cdot \frac{\gamma - 1}{\gamma} = \frac{1040 \cdot 0{,}089}{10} - 16{,}4 = -7{,}2 \text{ kg.}$$

Diese beiden Werte führen zu der gestrichelten Federdrucklinie ABC, Abb. 799, wo zu den Hüben von 0 und 9 mm als Abszissen die Federkräfte − 7,2 und 56,2 kg als Ordinaten aufgetragen sind. Die Kurve ließe sich durch eine Zug- und Druck- oder eine Flachfeder erzeugen, würde aber verwickelte Befestigungen derselben bedingen. Nur das Stück BC der Belastungslinie zu verwirklichen, als Schlußkraft am Ende des Hubes aber das Eigengewicht des Tellers zu benutzen, führt zu einer losen Druckfeder, die leicht Schwingungen erzeugt. Deshalb möge die Feder des Saugventils in der Schlußlage nach der Drucklinie S mit 0, die des Druckventils nach Linie D mit $\frac{\mathfrak{F}_{\max}}{10} \approx 6$ kg vorgespannt werden. Erstere muß bei der Höchstbelastung um $\delta_s = 9$, letztere um $\delta_D = 10{,}1$ mm, dem Abschnitt $\overline{E\,9}$ der Linie D auf der Abszissenachse entsprechend, zusammengedrückt sein.

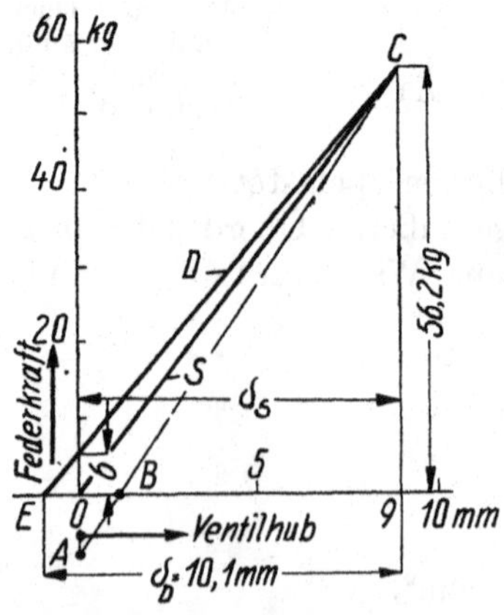

Abb. 799. Federkurven zum Ventil Abb. 797.

Federberechnung. Gewählt: Schraubenfedern aus gehärtetem Stahl von rundem Querschnitt mit $r = 5$ cm Windungshalbmesser und $n \approx 6$ wirksamen Windungen. Bei

$$\beta = \frac{1}{850000}\ \mathrm{cm^2/kg}$$

folgt die Drahtstärke nach lfdr. Nr. 10, Zusammenstellung 11, aus:

$$d^4 = \frac{64\,\beta\cdot n\cdot r^3}{\delta_D}\cdot\mathfrak{F}_{\max} = \frac{64\cdot 6\cdot 5^3}{850000\cdot 1{,}01}\cdot 56{,}2 = 3{,}14\ \mathrm{cm}^4;\quad d = 1{,}33\ \mathrm{cm}.$$

Rundet man dieselbe auf $d' = 13$ mm ab, so muß man die Windungszahl am Druckventil auf:

$$n_D = n\cdot\left(\frac{d'}{d}\right)^4 = 6\cdot\left(\frac{1{,}3}{1{,}33}\right)^4 = 5{,}5$$

erniedrigen, wenn die Formänderung eingehalten werden soll.

Beanspruchung $\tau_d = \dfrac{\mathfrak{F}_{\max}\cdot r}{0{,}196\cdot d^3} = \dfrac{56{,}2\cdot 5}{0{,}196\cdot 1{,}3^3} = 652\ \mathrm{kg/cm^2}$; niedrig.

Saugventilfeder $d^4 = \dfrac{64\cdot\beta\cdot n\cdot r^3}{\delta_s}\cdot\mathfrak{F}_{\max} = \dfrac{64\cdot 6\cdot 5^3\cdot 56{,}2}{850000\cdot 0{,}9} = 3{,}53\ \mathrm{cm}^4$; $d = 1{,}37$ cm.

Bei Abrundung auf 14 mm Durchmesser wird die Windungszahl:

$$n_s = n\left(\frac{d'}{d}\right)^4 = 6\cdot\left(\frac{1{,}4}{1{,}37}\right)^4 = 6{,}5.$$

Zur konstruktiven Durchbildung ist zu bemerken, daß die linke Hälfte der Abb. 797 das Saug-, die rechte das Druckventil, die sich nur durch die Gestalt der äußeren Wandung und die Federn unterscheiden, darstellt. Die Form ist so gewählt, daß das Saugventil durch den Sitz des Druckventils hindurchgezogen und leicht aus dem in Abb. 1724 durchgebildeten Pumpenkörper herausgehoben werden kann. Dabei wird eine Öse auf der Spindel an Stelle der Kopfschraube K, die die Verunreinigung des Gewindes verhüten soll, aufgeschraubt. Zur Abdichtung der Ventile im Pumpenkörper dient Rundgummi von 10 mm Durchmesser, der eine Schrägnut von 13 mm Breite bei 45° Neigung verlangt. Löcher L in der Nabe und der Wand des Druckventils bezwecken, Luftsäcke im Pumpenraume zu vermeiden.

Die Sitzfläche ist eben ausgeführt. An dem möglichst leicht gehaltenen Teller sind die äußeren Ringe des bequemeren Aufschleifens und der besseren Abdichtung wegen getrennt gehalten, vgl. S. 418. Zur Führung dient eine in den Sitz gut eingepaßte kräftige Spindel, die zur Verhütung des Festrostens aus Deltametall besteht. Die Hülse ist mit $l = 2{,}8\,d$ sehr lang gehalten und überschleift zwecks Vermeidung von Gratbildungen unten und oben die Absätze a und b. Die obere, gut gesicherte Mutter bildet bei 15 mm Hub, also bei rund dem 1,7fachen des normalen, die Hubbegrenzung für den Teller und hält die Feder fest. Zur Nachstellung der letzteren können Blechscheiben bei B eingelegt werden.

4. Ventile für 1 m³/min, Abb. 783 bis 787. In den Abb. 783 bis 787 ist ein und dieselbe Aufgabe, ein Ventil für 1 m³/min oder 16,7 l/sek und $p = 5$ at unter der Annahme durchzubilden, daß die Durchflußgeschwindigkeiten in den Spalten und im Sitz sowie zwischen den einzelnen Ringen oder Ventilen annähernd gleich groß sind, auf mehrere Arten gelöst. Die Abbildungen zeigen verschiedene konstruktive Ausführungen und kennzeichnen den Raumbedarf der einzelnen Bauarten. Vergleichshalber sind die Beanspruchungen annähernd gleich hoch gehalten.

Bei $\mu\cdot v = 2$ m/sek ist der nötige Spaltquerschnitt nach (196):

$$f_{\max} = \frac{\pi\cdot Q_0}{\mu\cdot v} = \frac{\pi\cdot 0{,}0167}{2} = 0{,}0261\ \mathrm{m^2}\quad\text{oder}\quad 261\ \mathrm{cm^2}.$$

Die Ausführung als Tellerventil, Abb. 783, führt zu 182 mm Sitzdurchmesser und 45,5 mm Hub und ist praktisch wegen des großen Hubes höchstens für ganz langsam laufende Pumpen mit Pausen zwischen den Kolbenspielen brauchbar.

Bei dem einspaltigen Ringventil, Abb. 784, fand sich unter der Bedingung, daß bei ganz gehobenem Teller zwischen Innenkante Ventilring und Führung der gleiche Querschnitt wie im inneren Spalt vorhanden sei, der günstigste mittlere Durchmesser zu $d_m \approx 168$, die Sitzweite zu 49 und der Hub zu 24,5 mm. Als selbsttätiges Ventil ist es bei größeren Spielzahlen ungeeignet; dagegen kann es sehr gut als ein nach Riedler gesteuertes verwendet werden. In diesem Falle öffnet es sich unabhängig von der Steuerung völlig frei, so daß nur das Eigengewicht des Tellers anzuheben ist. In der höchsten Stellung wird der Teller durch die an der Unterfläche vertiefte und dadurch als Wasserpuffer wirkende Mutter M aufgefangen. Den Schluß bewirkt der durch die Steuerung oder eine Kurvenscheibe bewegte Hebel H, während die eingeschaltete Gummifeder F den doppelten Zweck hat, die Bewegung des Hebels etwas weiter zu ermöglichen als die Schlußlage des Ventils verlangt und Brüche zu vermeiden, falls Fremdkörper zwischen Sitz und Teller geraten.

Die Vorteile sind leicht ersichtlich: große, freie Durchtrittquerschnitte, geringe Widerstände beim Öffnen, so daß sich gesteuerte Ventile für Pumpen mit großer Saughöhe eignen, sowie rechtzeitiger Schluß und infolgedessen Verwendbarkeit bei höheren Spielzahlen.

Abb. 785 zeigt das mehrspaltige Ringventil gleichen Querschnitts. Bei 8 mm Hub, 16 mm Sitzweite und 2,5 mm -breite ergeben sich für die einzelnen Ringe Mittenentfernungen von je 37,5 und Durchmesser von rund 100, 175 und 250 mm.

Schließlich ist in den Abb. 786 und 787 die Aufgabe durch das andere Mittel, größere Flüssigkeitsmengen zu beherrschen, nämlich durch Gruppenventile, gelöst. Es sind je 7 Teller- und Ringventile verwandt, eine insofern günstige Zahl, als sie durch Anordnung des siebenten Ventils in der Mitte der anderen sechs den Kreisquerschnitt gut auszunutzen gestattet und deshalb zu verhältnismäßig kleinem Gehäusedurchmesser führt. Die Entfernungen der einzelnen Ventile untereinander und ihre Abstände von der Wand sind so bemessen, daß der Flüssigkeitsstrom ohne wesentliche Ablenkung und Drosselung durchtreten kann, wobei sich die engste Stelle zwischen zwei Tellern zu $2 \cdot h_{\max}$ ergibt. Die Ventile werden entweder unmittelbar in die Wandung des Pumpenkörpers, Abb. 787, oder in besondere Ventilplatten, Abb. 786, eingesetzt, die in gleicher Weise wie größere Ventile befestigt zu werden pflegen.

Die Teller in Abb. 786 führen sich lose an den in die Körper eingeschraubten Stiften und haben einen zweiten Sitz, gestatten aber den Durchtritt des Wassers im wesentlichen nur am äußeren Umfange. Das führt zu verhältnismäßig großem Hub. Ihre Abmessungen ergeben sich wie folgt. Ausgehend von dem Durchmesser des Führungsstiftes, der im vorliegenden Falle 16 mm stark, entsprechend $^5/_8''$ Gewinde, gewählt wurde, mußten die Nabe und der innere Sitz wegen des Einschneidens des Gewindes rund den doppelten Durchmesser, also 32 mm, erhalten. Damit berechnet sich der innere Durchmesser des äußeren Sitzes d_a aus:

$$\frac{f_{\max}}{7} = \frac{\pi}{4} d_a^2 - \frac{\pi \cdot 3{,}2^2}{4}; \qquad \frac{\pi}{4} d_a^2 = \frac{261}{7} + \frac{\pi}{4} \cdot 3{,}2^2 = 45{,}3 \text{ cm}^2;$$

$$d_a = 7{,}6 \text{ cm}$$

und der größte Hub zu:

$$h_{\max} = \frac{f_{\max}}{7\pi \cdot d_a} = \frac{261}{7 \cdot \pi \cdot 7{,}6} = 1{,}56 \text{ cm}.$$

Dieses Maß läßt die Ventile nur für mäßige Spielzahlen geeignet erscheinen.

An den Ringventilen Abb. 787 ist ein größter Hub von 8 mm zugrunde gelegt. Mit einer Sitzweite von $a = 16$ mm mußte:

$$\frac{f_1}{7} = \pi \cdot d_m \cdot a; \quad d_m = \frac{37{,}3}{\pi \cdot 1{,}6} = 7{,}4 \text{ cm}$$

sein. Dabei fällt der innere Durchtrittquerschnitt im Ventilring reichlich groß aus, 14,8 statt der nötigen 12,6 cm², was aber wegen der durch die Führungsrippen hervorgerufenen Unregelmäßigkeiten in der Strömung nur erwünscht sein kann. Die Mittenentfernung der einzelnen Ventile muß, um genügende Wandstärke für den Ventilträger zu bekommen, größer als rechnerisch notwendig sein.

Der Vergleich der Abb. 783 bis 787 und die folgende Zusammenstellung, die die wichtigsten Kennzahlen enthält, zeigt, daß die drei ersten Ventile 783, 784 und 785 infolge ihrer zentrischen Ausbildung zur Hauptmittellinie trotz der verschiedenen Hübe annähernd den gleichen Raum in Anspruch nehmen, die Gruppenventile 786 und 787 dagegen infolge der toten Zwickel, die zwischen den Sitzen und Tellern entstehen, nicht unbeträchtlich mehr Platz verlangen, daß aber auch die Bauhöhe, die Gewichte der Ventilteller und die Verdrängung recht verschieden sind.

Zusammenstellung 99. **Vergleich der Ventile Abb. 783 bis 787 für 1 m³/min.**

Abb.	783	784	785	786	787
Ventilart	Tellerventil	Einf. Ringv.	Dreif. Ringv.	7 einzelne Tellerv.	7 einz. Ringv.
Durchmesser d_i . . . . . mm	—	119	84 159 234	—	58
Durchmesser d_a . . . . . mm	182	217	116 191 266	76	90
Größter Hub h_{max} . . . . mm	45,5	24,5	8	15,6	8
Spaltlänge l . . . . cm	57,2	105,5	330	$7 \cdot 23{,}9 = 167{,}3$[1])	$7 \cdot 46{,}5 = 325{,}5$
Spaltquerschnitt f_{max} . . . cm²	261	258	264	261	260
Mindestraumbedarf . . . . cm²	$\frac{\pi}{4} \cdot 26{,}2^2 = 539$	$\frac{\pi}{4} \cdot 26{,}6^2 = 556$	$\frac{\pi}{4} \cdot 28{,}7^2 = 647$	$\frac{\pi}{4} \cdot 34{,}0^2 = 908$	$\frac{\pi}{4} \cdot 37{,}0^2 = 1075$
Verhältnis zur theoret. nötigen Fläche $2 f_{max}$	1,015	1,063	1,24	1,74	2,06
Tellergewicht. . . . . . . kg	3,4	2,34	3,54	$7 \cdot 0{,}12$	$7 \cdot 0{,}13$
Belastung bei $n = 60$ Spielen .					
$\mathfrak{F}_{max}$ bei höchstem Hub . kg	—	—	29,4	3,8	4,4
$\mathfrak{F}_0$ im Totpunkt . . . . kg	—	—	0	0,22	0
Selbstdichtungsdruck, bezogen auf 1 at Überdruck . . kg/cm	4,56	2,44	0,8	1,17	0,8
Verdrängung Q_v in der Kolbentotlage . . . . . . cm³/sek	7460	3970	1330	2560	1310

[1]) Nur äußerer Umfang.

Ein wichtiger Vorzug der Gruppenventile ist ihre billige Ausführung.

Sie lassen sich durch Normalisieren leicht auf eine kleine Anzahl nach Querschnitt und Druck abgestufter Formen beschränken, die, in Massen hergestellt, je nach der Liefermenge der Pumpe in geringerer oder größerer Zahl eingebaut werden. Auch bezüglich der Zahl und Kosten der bereit zu haltenden Ersatzstücke sind sie vorteilhaft, weil nur wenige billige Ventile vorhanden sein müssen, die bei Bedarf leicht durch kleine Handöffnungen am Pumpenkörper ausgewechselt werden können. Daher ihre weite Verbreitung an marktfähigen, kleineren und mittleren Pumpen. Bei großen Maschinen — es sind oft Hunderte von Ventilen in einer einzelnen Pumpe eingebaut worden — führen sie dagegen zu schädlicher Vielteiligkeit, indem sie den Betrieb von Zufälligkeiten an einem der zahlreichen Stücke abhängig machen, wobei sich oft noch dasjenige, von dem die Störung ausgeht, schwer finden läßt.

Mehrspaltige Ringventile sind daher bei Einzelausführungen und großen Wassermengen trotz höherer Kosten zweckmäßig. Ihre Normalisierung ist schwieriger; wohl kann man durch einfaches Hinzufügen weiterer Ringe den Durchtrittquerschnitt vergrößern, durch geeignete Wahl der Durchflußgeschwindigkeit auch verschiedene Fördermengen beherrschen, muß aber bei unveränderter Rippenhöhe die größeren Ventile für niedrigeren Druck verwenden, wenn die Beanspruchung in unzulässigem Maße steigt.

i) Konstruktive Einzelheiten und weitere Ausführungsbeispiele.

Die Ventile müssen in den Pumpenkörpern sorgfältig gegen den beim Öffnen stoßweise auftretenden, oft recht beträchtlichen Druck festgehalten und gut abgedichtet werden. Kleinere werden zylindrisch oder schwach kegelig eingepreßt, Abb. 766, manchmal zur Sicherung noch am unteren Rande umgehämmert oder durch besondere Sicherungsschrauben gehalten, oder mit Gasgewinde versehen, fest eingeschraubt, Abb. 787, oder durch Bügel gehalten, Abb. 786. Unter starkem Druck eingezogene Sitze werden zweckmäßig erst nachträglich fertig bearbeitet.

Vielfach verwendet man Druckschrauben, die sich gegen Knaggen oder Bügel stützen, Abb. 768 und 771, wodurch die Ventile unter geringem Lösen des Gewindes und Wegnehmen der Bügel rasch zugänglich und leicht herausnehmbar sind. An Pumpen, an denen innen liegende Schrauben rosten oder sich schwer erreichen lassen, setzt man sie von außen ein oder benutzt Druckbolzen. Beispiele dafür bieten die Abb. 785 und 784. In der zweiten drücken am Ende schräg abgeschnittene, wagrecht angeordnete und durch je zwei Stiftschrauben *S* angezogene Bolzen das Ventil auf seinen Sitz. Nach außen sind dieselben durch Gummischnüre *A* abgedichtet; beim Lösen des Ventils können sie durch einen in das Gewinde *G* eingeschraubten Stift herausgezogen werden. Um Festrosten zu vermeiden, stellt man die Bolzen aus Bronze oder Deltametall her oder führt sie, falls sie aus Stahl bestehen sollen, in Bronzebüchsen.

Verschiedene Abdichtungsarten der Ventilkörper oder -platten gegenüber den Pumpenkörpern durch Rundgummi- oder Flachdichtungen sind den Abb. 785, 786 usw. zu entnehmen.

Führung des Ventiltellers. Grundsätzlich soll die Führung fest mit dem Ventilkörper verbunden werden, damit die Lage des Tellers gegenüber dem Sitz leicht nachgeprüft und das Ventil als Ganzes ausgeprobt und eingesetzt werden kann. Bauarten, Abb. 783, bei denen die erwähnte Prüfung schwierig ist und zudem das Einschleifen unabhängig von der Führung erfolgen muß, sind fehlerhaft und müssen unbedingt vermieden werden. Tiefe Lage des Tellerschwerpunktes und der Angriffstelle der Belastung sind zwecks Beschränkung der Neigung zum Klemmen günstig.

Zur Führung der Teller gegenüber dem Sitz dienen Rippen und Spindeln. Die Verwendung der ersteren an einfachen Tellerventilen war schon oben ausführlich besprochen. Eingeschraubte oder besser zylindrisch eingepaßte und durch eine Mutter, seltener einen Keil festgehaltene Spindeln, Abb. 784 bis 786, sollen kräftig sein und große Führungslängen bieten, bei schweren Ventilen sogar besonders geschmiert werden können. Als Werkstoffe werden in erster Linie feste Bronzen verwandt, Eisen und Stahl dagegen wegen des Rostens vermieden oder mit darüber gezogenen Bronze- und Messingbüchsen versehen.

Sehr ungünstig wirkt die seitliche Abführung des Wasserstromes in Höhe der Ventile selbst. Die großen dabei an den Tellern oder den Führungen entstehenden Seitendrucke vermehren die Reibung und rufen oft Schiefstellen und Klemmen der Teller, verspäteten Schluß und Schlagen der Ventile hervor. Die an den Pumpenkörpern angeschlossenen Rohre müssen deshalb genügend hoch über den Ventilen angeordnet sein, vgl. den Pumpenkörper Abb. 1724 zum Ventil Abb. 797, wo das Druckrohr erst in Höhe der oberen Ventilmutter ansetzt.

Genau passende Führungen sind gegen unreine Betriebsmittel empfindlich. In solchen Fällen sind lose, an Stiften oder Rippen geführte Platten vorzuziehen.

Nach dem Vorgange von Hörbiger benutzt man in neuerer Zeit die Belastungsfedern zur Führung der Teller. So bilden drei Blattfedern *F* am Ventil Nr. 8 der Zusammenstellung 96, S. 430, die am einen Ende mit der Ventilplatte, am andern mit dem darüber liegenden, am Unterteil befestigten Fänger verbunden sind, eine völlig reibungslose, sichere Führung. Reicht die Belastung durch die Blattfedern nicht aus, so können Zusatzspiralfedern angeordnet werden.

Wenn auch nach den früheren Ausführungen der höchste Hub freigehender Ventile durch die richtig gewählte Belastung gegeben ist, so sieht man doch zweckmäßig eine Hubbegrenzung für den Fall starken Überhebens des Tellers bei Störungen oder Unregelmäßigkeiten vor, wie das die Abbildungen mehrfach zeigen. Sie soll jedoch nicht zu breit sein, damit die Teller keinesfalls daran haften und dann verspätet schließen.

Bei der konstruktiven Durchbildung der **Belastung** ist darauf zu achten, daß sie gleichmäßig auf dem ganzen Umfang und genau zentrisch wirkt, um Ecken und einseitiges Anheben der Teller zu vermeiden. Man erreicht das durch zylindrische Gummifedern, Abb. 772, durch genau eben und parallel abgeschliffene Endflächen an Spiralfedern, Abb. 55a, oder durch Verteilung mehrerer gleich starker Federn auf dem Umfang, Abb. 800.

An Rohrfedern aus Gummi muß das im Innern eingeschlossene Wasser beim Spiel der Ventile leicht aus- und einströmen können, z. B. durch Bohrungen B in der Führung, Abb. 784, oder durch Löcher im Gummi selbst, um zu starke Inanspruchnahme und Ausbauchung zu vermeiden. Zum Schutz gegen das Zerreiben der Endflächen beim Anziehen der Spindelmutter wird zweckmäßigerweise ein Ring R_1, Abb. 772 und 784 oder ein Blech eingelegt, auf welchen die Mutter gleitet.

Zur Nachstellung, die wegen der vielfach unsicheren Rechnungsgrundlagen für die Belastung vorzusehen ist, dienen z. B. Doppelmuttern, Abb. 786, oder Blechscheiben, die nach Bedarf bei B untergelegt werden, Abb. 797.

Neben den ausführlich behandelten Konstruktionsbeispielen seien kurz noch folgende besprochen:

Abb. 772 gibt ein Fernisventil der Maschinenbauanstalt **Humboldt** in Köln-Kalk von rund 200 cm² Sitzquerschnitt für 25 bis 30 at Druck wieder. Das gesamte Ventil ist aus Bronze hergestellt, wobei die Führungsspindel aus einem Stück mit dem Ventilkörper bestehen konnte. Bemerkenswert ist die Isolierung gegenüber dem Pumpenkörper, die die Bildung elektrischer Ströme in dem salzhaltigen Wasser verhüten soll, in welchem die Ventile arbeiten müssen, — Ströme, die früher zu sehr starken Anfressungen und rascher Zerstörung der Ventile geführt hatten. Der untere Rand ist mit zwei Ringen R aus Vulkanfiber versehen und durch eine Flachgummiplatte, die ebenfalls isolierend wirkt, abgedichtet. Außerdem tragen die drei Druckbolzen zum Festhalten des rechts dargestellten Saugventils an ihren unteren Enden Vulkanfiber-

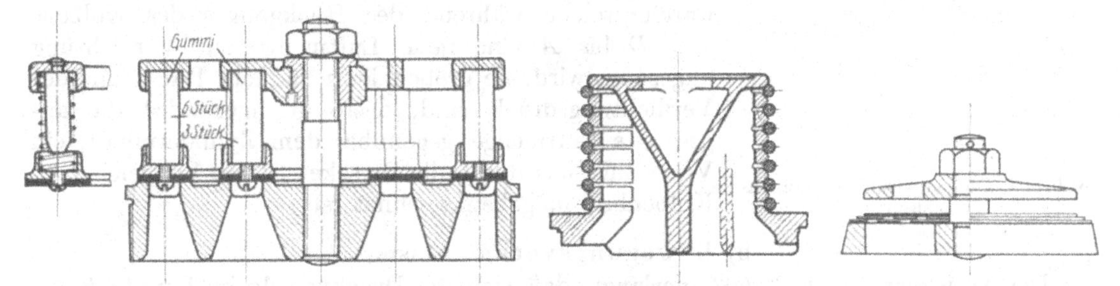

Abb. 800. Ventil der Garvenswerke, Hannover. Abb. 801. Ventil von Korting, Hannover. Abb. 802. Kinghornventil.

platten E, während der Druckring F an dem links wiedergegebenen Druckventil durch Zwischenlagen J isoliert ist.

Abb. 800 zeigt normale Ventile der Garvenswerke in Hannover-Wülfel für rasch laufende Pumpen. Nach den Angaben der Firma bestehen die Sitze aus Bronze oder aus Hartguß: auf ihnen dichten die möglichst leicht gehaltenen, meist mit Leder, Vulkanfiber oder Gummi belegten Bronzeringe ab. Die Belastung bilden bei kaltem Wasser und geringen Hubhöhen von 3 bis 4 mm bei Pumpen mit 400 bis 250 Umdrehungen in der Minute Gummipuffer, welche besondere Führungen der Teller entbehrlich machen. Für den Fall, daß Gummi angegriffen wird, z. B. bei der Förderung heißen öl- oder ammoniakhaltigen Wassers und für größere Hübe finden Schraubenfedern ohne und mit mittleren Führungsstiften Verwendung. Die Spannung der Puffer und Federn läßt sich durch den verstellbaren Oberteil regeln. Selbst gegenüber sandigem und unreinem Wasser sind die Ventile wenig empfindlich; ein Klemmen und Festsetzen der Ringe ist ausgeschlossen.

Abschlußmittel und Belastung zugleich bilden die Gummiringe an dem Ventil von Körting, Hannover, Abb. 801. Sie sind mit der nötigen Spannung um die Ventilspalte gelegt, eignen sich aber naturgemäß nur für mäßigen Druck bis zu etwa 3 at, weil der Gummi sehr weich und dehnbar sein muß.

Das Kinghornsche, an Pumpen für geringe Drucke, namentlich an den nassen Luftpumpen von Kondensationsanlagen benutzte Ventil, Abb. 802, besteht aus dünnen, übereinanderliegenden, leichten Metallplatten, von welchen die beiden unteren mit Löchern versehen sind, die, von den darüberliegenden Blechen verdeckt, beim Arbeiten des Ventils den Durchtritt des Wassers gestatten und die Stöße beim Anschlag an den Fänger und beim Schluß durch die Pufferwirkung des zwischengetretenen Wassers mildern.

2. Gebläse- und Kompressorventile.

a) Wirkungsweise.

An einem doppeltwirkenden Kolbengebläse, Abb. 803, herrscht auf der einen Seite des Kolbens — in der Abb. auf der hinteren —, der Druck-, zur gleichen Zeit auf der andern der Saugvorgang. Verfolgt man den Spannungsverlauf im Raum hinter dem Kolben, so wird bei der eingezeichneten Bewegungsrichtung die eingeschlossene Luft nach der Linie AB verdichtet, bis die Spannung die im Druckraum herrschende überschreitet und sich die Druckventile öffnen, so daß die zusammengepreßte Luft von B bis C in den Druckraum geschoben werden kann. Bei der Umkehr des Kolbens schließen sich die Ventile von selbst und nun dehnt sich die im schädlichen Raum, zwischen dem Kolben in der Totlage und dem Zylinderdeckel, zurückgebliebene Luft nach CD aus. Wird im Punkt D die Saugspannung erreicht, so öffnen sich die Saugventile, durch welche während des Rückganges des Kolbens von D bis A eine neue Luftmenge zur Verdichtung angesaugt wird. Je größer der schädliche Raum und der Verdichtungsdruck sind, desto geringer wird die angesaugte Luftmenge gegenüber dem Zylinderinhalt, ein Verhältnis, das durch die Strecke AD im Vergleich zum Kolbenhub s_1 gekennzeichnet ist.

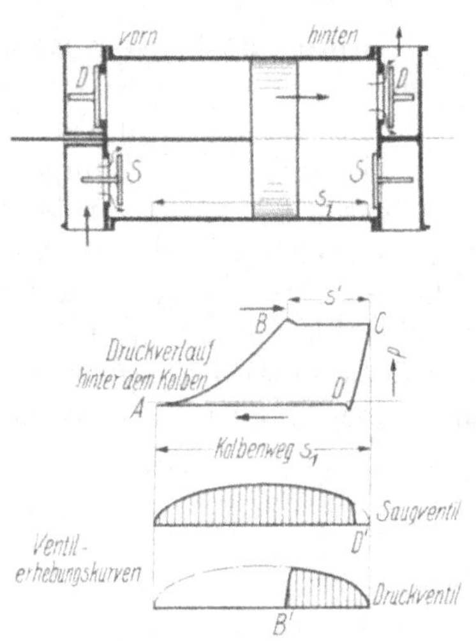

Abb. 803. Doppeltwirkendes Kolbengebläse.

b) Bewegungsverhältnisse.

Der Druckverlauf, Abb. 803, verlangt, daß sich die Druckventile im Punkte B bei recht beträchtlicher Kolbengeschwindigkeit, und zwar sofort sehr weit, öffnen, Abb. 803 unten, um die der Kolbengeschwindigkeit entsprechenden Luft- oder Gasmengen durchzulassen. Im Vergleich mit Pumpenventilen geht das Öffnen viel plötzlicher und unter größerer Stoßgeschwindigkeit, also unter wesentlich ungünstigeren Umständen vor sich, so daß auf die Beschränkung der Ventiltellermasse und des Hubes der allergrößte Wert zu legen ist. Allerdings wirkt die Elastizität des Betriebsmittels mildernd, erzeugt aber andererseits oft sehr starke und störende Schwingungen. Da die Ventile den notwendigen Querschnitt erst allmählich freigeben können, macht sich im Punkt B des Druckverlaufes eine vorübergehende Pressungssteigerung bemerkbar, die einen um so größeren Verlust ergibt, je schlechter die Ventile arbeiten. Unter ähnlichen, wenn auch wegen der geringeren Kolbengeschwindigkeit etwas günstigeren Umständen erfolgt das Öffnen der Saugventile im Punkte D des Druckverlaufes oder Punkt D' der darunter gekennzeichneten Ventilerhebungskurve.

Im übrigen sollte die Ventilbewegung wiederum, wie bei den Pumpenventilen, der Kolbengeschwindigkeit verhältnisgleich, die Erhebungskurve in Abhängigkeit vom Kolbenhube also eine Ellipse sein, der Schluß aber in den Totpunkten stattfinden.

Bei den Störungen, denen diese Bewegung unterliegt, tritt die bei den Pumpenventilen so wichtige Verdrängung wegen der üblichen großen Durchflußgeschwindigkeiten und wegen der Zusammendrückbarkeit des Betriebsmittels zurück. Neben den schon erwähnten Schwingungen, in die die Teller geraten, können auch Schwingungen der Luftsäulen in den Saug- oder Druckrohren den Gang der Ventile erheblich und ungünstig beeinflussen. Endlich treffen die Sitzflächen beim Schluß metallisch, also härter aufeinander, weil die dämpfende Wirkung der zwischen den Sitzen von Pumpenventilen eingeschlossenen Flüssigkeit wegfällt. Aus all den Gründen lassen sich die Formeln zur Berechnung der Belastung von Pumpenventilen nicht ohne weiteres auf Gebläse- und Kompressorventile übertragen.

c) Grundformen und Werkstoffe.

Die Grundformen sind die gleichen wie bei den Pumpen: Teller- und Kegel-, seltener Kugelventile bei kleinen Luft- und Gasmengen, Ringventile bei größeren, vgl. S. 417.

Bezüglich der Werkstoffe ist zu bemerken, daß für die Ventilkörper, einschließlich der Sitzflächen auch dichtes Gußeisen, bei größeren Drucken Stahlguß geeignet sind, sofern nicht etwa Rosten durch Säuren und andere Stoffe im Betriebsmittel zu erwarten ist. Häufig wird aber auch Messing und Bronze verwendet. An den Tellern findet man bei mäßigen Temperaturen und niedrigen Drucken bis zu 1,5 at Leder, gelegentlich auch Filz verwendet, beide oft durch Blechplatten verstärkt; schon bei mittleren Drucken müssen aber metallene Teller, meist in Form leichter Blechplatten aus Messing, Bronze oder Stahl benutzt werden. Bei hohen Pressungen werden die Teller aus den gleichen Werkstoffen und aus gut durchgeschmiedetem oder gepreßtem Sonderstahl hergestellt. Vorwiegend benutzt man ebene Sitzflächen; kegelige finden sich nur an kleinen Ventilen.

d) Berechnung der Gebläse- und Kompressorventile.

Bezüglich der Berechnung der Durchgangquerschnitte, die die Ventile bieten müssen und der Beanspruchung der einzelnen Teile kann im allgemeinen auf die Ausführungen unter Pumpenventilen, Seite 436 und 443, Absatz α und γ verwiesen werden. Nur die Berechnung der Belastung geht von anderen Grundlagen aus.

Im besonderen ist aber noch folgendes zu bemerken: Während bei den Pumpenventilen in der Formel (180) zur Ermittlung des Spaltquerschnittes stets die größte Kolbengeschwindigkeit c_{max} einzusetzen ist, kann für Druckventile an Kompressoren bei hohem Druck eine geringere c in Betracht kommen, wenn sich nämlich die Ventile normalerweise erst nach Mitte Kolbenhub öffnen; vgl. die Erhebungskurve in Abb. 803. In solchen Fällen können kleinere Druckventile oder bei Verwendung von Gruppenventilen weniger genommen werden. Die Formel muß deshalb lauten:

$$f_{max} = \frac{F \cdot c}{\mu \cdot v} \tag{221}$$

Als Werte für die mittlere Spaltgeschwindigkeit $\mu \cdot v = v_m$ gelten für:

Gebläse:	Saugventile	15...25	m/sek
	Druckventile	25...35	„
Kompressoren:	Saugventile	25...35	„
	Druckventile	35...50	„

Über die Ausflußzahl μ liegen noch keine genaueren, an Ventilen selbst angestellten Versuche vor. Nach Erfahrungen auf anderen Gebieten darf sie ziemlich hoch, zu 0,95 bis 0,90 und annähernd unveränderlich angenommen werden.

Den größten Hub h_{max} wählt man in Rücksicht auf die oben besprochenen Betriebsverhältnisse tunlichst klein. An freigehenden Plattenventilen mit ebenen Sitzen findet man Hübe, die selten 13 mm erreichen, gewöhnlich aber zwischen 10 und 4, selbst 3 mm liegen und mit steigender Spielzahl abnehmen.

Ermittlung der Belastung. Auf den Teller des Ventils in geöffnetem Zustande wirken

α) der Überdruck P_1 zur Erzeugung der Luftgeschwindigkeit im Spalt,

β) der Druck P_2, den die gegen den Teller strömende Luft ausübt,

γ) die Kraft zur Beschleunigung der Masse sowie etwaige Reibungswiderstände an den Führungen. Ihnen hat die Belastung das Gleichgewicht zu halten.

Bedeuten: p_{abs} den Druck, unter dem das Ventil arbeitet, in at,
f_1 die Tellerunterfläche in cm²,
v die wirkliche Geschwindigkeit im Spalt in m/sek,
v_1 die mittlere Geschwindigkeit im Sitz in m/sek,
$\gamma_1 = \frac{342 \cdot p_{abs}}{273 + t}$ das Einheitsgewicht trockner Luft bei t^0 in kg/m³,
g die Erdbeschleunigung in m/sek²,

so ist:

$$P_1 = \frac{\gamma_1 \cdot p_{abs}}{10000} \cdot f_1 \cdot \frac{v^2}{2g} \text{kg}, \tag{222}$$

$$P_2 = \frac{\gamma_1 \cdot p_{abs}}{10000} f_1 \, \psi \, \frac{v_1^2}{g} \text{kg}. \tag{223}$$

Über ψ liegen an Ventilen unmittelbar ausgeführte Beobachtungen nicht vor; ob sich die an dünnen, ebenen Platten verschiedener Form von Eiffel und in der Göttinger Anstalt gefundenen Werte, die zwischen 0,8 und 1,3 liegen, auf Ventile, namentlich auf solche mit breiten Fängern übertragen lassen, erscheint zweifelhaft.

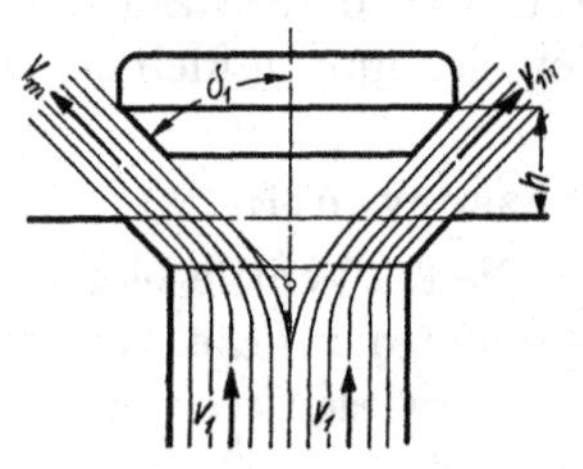

Abb. 804. Strömung in kegeligem Luftventil.

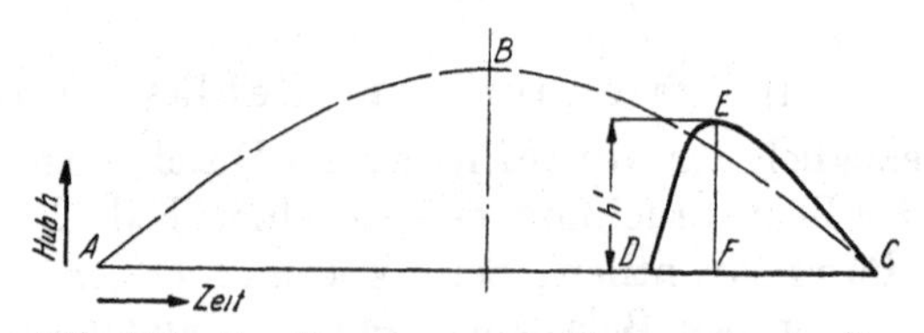

Abb. 805. Zur Bewegung von Kompressorventilen.

Für Luft von atmosphärischer Pressung und einer Temperatur von 15⁰, wie sie für die Saugventile von Gebläsen und der ersten Stufe von Kompressoren in Betracht kommt, wird $\gamma_1 = 1{,}23$ kg/m³ und damit:

$$P_1 = \frac{6{,}22}{1000000} f_1 \cdot v^2 \quad \text{und} \quad P_2 = \frac{12{,}44}{1000000} \cdot f_1 \cdot \psi \, v_1^2. \tag{224}$$

P_1 bleibt unverändert, wenn der Teller in Abhängigkeit von der Zeit der theoretisch zu verlangenden Sinusbewegung, Abb. 805, folgt; P_2 dagegen hängt von der Geschwindigkeit v_1 ab, mit der das Betriebsmittel durch den Sitz strömt, ist in der Mitte des Kolbenhubes am größten, in den Totpunkten dagegen Null.

Zur Berechnung der Massenkräfte ergibt sich die größte Beschleunigung b' in dem Falle, daß sich das Ventil vor Mitte Kolbenweg öffnet, wie z. B. für alle Saugventile zutrifft und dann genügend genau dem theoretisch notwendigen Sinusgesetz folgt, durch Differentiation der Gleichung (187) bei $\varphi = 90^0$, also im Scheitel der Ventilerhebungskurve, zu:

$$b' = -h_{max} \cdot \omega^2 = -h_{max} \left(\frac{\pi n}{30}\right)^2. \tag{225}$$

Das negative Vorzeichen deutet nur an, daß die Massenwirkung der positiv angenommenen Ventilerhebung entgegengesetzt gerichtet ist. Bei den üblichen Hüben und Gewichten sind diese Massenkräfte klein und dürfen in den meisten Fällen vernachlässigt werden.

Anders liegen die Verhältnisse bei vielen Druckventilen, die erst nach Mitte Hub öffnen, deren Teller plötzlich hochgeschleudert werden, im höchsten Punkte allmählich umkehren und sich dann unabhängig von der Sinuslinie dem Sitz nähern, vgl. Abb. 805, wo die Vorgänge in Abhängigkeit von der Zeit t, die theoretische Bewegung durch die gestrichelte Sinuslinie ABC, die wirkliche Erhebungskurve DEC ausgezogen dargestellt ist. Trinks [IX, 18] nimmt für die Schlußbewegung eine Parabel, also gleichförmige Beschleunigung, an und erhält damit die folgenden Beziehungen: Beträgt der Hub des Ventils h' Meter, die zum Schließen vorhandene Zeit, dargestellt durch die Strecke FC, t Sekunden, so folgt die Beschleunigung b' aus:

$$h' = \frac{b' \cdot t^2}{2}; \quad b' = \frac{2h'}{t^2}. \tag{226}$$

Gewöhnlich ist der Druckverlauf in Beziehung zum Kolbenweg s_1, Abb. 803, gegeben; durch Schätzung des Weges s', währenddessen das Druckventil schließen muß, findet man den zugehörigen Kurbelwinkel φ rechnerisch aus:

$$\cos\varphi = \frac{\frac{s_1}{2} - s'}{\frac{s_1}{2}} = 1 - 2 \cdot \frac{s_1'}{s_1}.$$

und die Zeit t für den Tellerfall, da sich die durchlaufenen Winkel wie die entsprechenden Zeiten verhalten, aus $\frac{\varphi}{2\pi} = \frac{t}{\frac{60}{n}}$:

$$t = \frac{30 \cdot \varphi}{\pi \cdot n} \text{ sek.}$$

Die in der Feder wirksame Kraft muß unter Vernachlässigung etwaiger Reibungskräfte, bei höchstem Hub:

$$\mathfrak{F}_{max} = P_1 + P_2 + b' \frac{G}{g} \mp G, \tag{227}$$

bei geschlossenem Ventil:

$$\mathfrak{F}_0 = P_1 + b' \frac{G}{g} \mp G \text{ kg} \tag{228}$$

betragen, wobei das Minuszeichen vor G für stehende, das Pluszeichen für hängende Ventile gilt, G aber wegzulassen ist, wenn sich die Teller in wagrechter Richtung bewegen, wie das für Ventile, die in den Deckeln liegender Maschinen sitzen, zutrifft.

e) Die bauliche Gestaltung von Gebläse- und Kompressorventilen.

Die Durchbildung erfolgt in ähnlicher Weise wie die der Pumpenventile, aber unter voller Beachtung der auf Seite 454 hervorgehobenen Eigenheiten, namentlich der Beschränkung der Tellermasse und des Hubes. Im Gegensatz zu den Pumpenventilen finden sich häufig Puffer und Fänger angewandt. Sie dienen zur Begrenzung des Hubes, in erster Linie aber zur Dämpfung der Tellerschwingungen und erhalten deshalb ziemlich breite Flächen.

An mehrspaltigen Ventilen pflegt man selten über zwei bis drei Ringe hinauszugehen, um die einzelnen Ventile genügend leicht und handlich zu machen. Reicht deren Querschnitt nicht aus, so baut man mehrere ein. Die Schwierigkeit, dieselben zu gleichzeitigem Schluß zu bringen, aber auch die Absicht, die Schwingungen beim Öffnen, „das Flattern“, zu vermindern, hat die Siegener Maschinenbau-A.-G., Siegen, veranlaßt, die Belastung der einzelnen Ventile in bestimmter Weise abzustufen und „Leicht-, Weich- und Hartöffner“ vorzusehen, die nacheinander aufgehen, am Hubende aber bei der allmählich abnehmenden Kolbengeschwindigkeit in umgekehrter Reihenfolge schließen.

Selbstverständlich sucht man auch hier die Saug- und Druckventile möglichst gleichartig, unter Verwendung derselben Modelle und Bearbeitungswerkzeuge, zugunsten billiger Herstellung durchzubilden.

Im übrigen sei die konstruktive Gestaltung an Hand einiger Beispiele durchgesprochen.

Abb. 806 zeigt links ein Saug-, rechts ein Druckventil eines älteren Kompressors mittlerer Abmessungen. Die Teller sind aus einem Stück mit den hohl ausgebildeten Führungszylindern hergestellt, die, sehr sorgfältig in langen Bohrungen geführt, von außen, auch während des Betriebes nachstellbare Federn aufnehmen. Sehr ungünstig ist aber ihr großes Gewicht, das beträchtliche Massenwirkungen zur Folge hat.

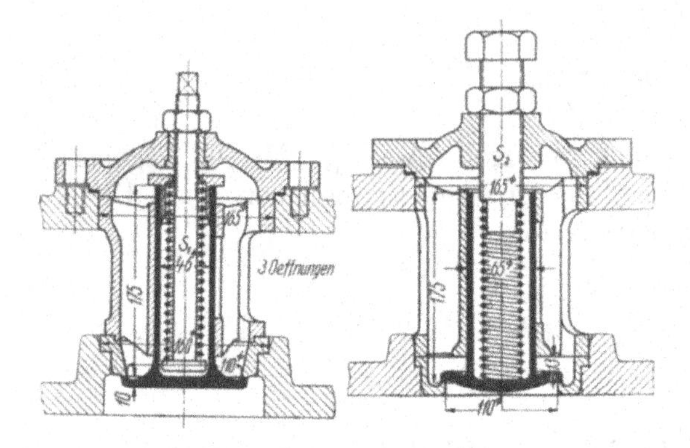

Abb. 806. Saug- und Druckventil eines Kompressors (ältere Ausführung).

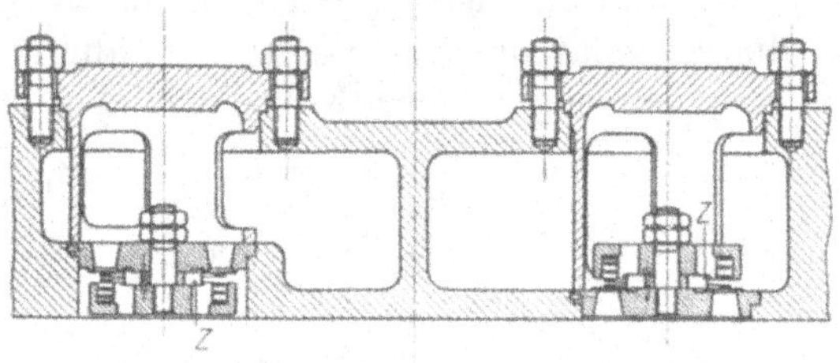

Abb. 807. Kompressorsaug- und -druckventil (Deutsche Maschinenfabrik A.-G., Duisburg).

Um diese bei größeren Spielzahlen einzuschränken, führt man die Teller in neuerer Zeit mehr und mehr als einfache, ebene, möglichst leichte Platten aus, die an Rippen, Stiften, Lenkern oder an Belastungsfedern geführt werden.

So zeigt Abb. 807 nach einer Ausführung der Deutschen Maschinenfabrik A.-G., Duisburg, leichte Stahlplatten, deren Lage gegenüber dem Sitz durch die Rippen der Zwischen-

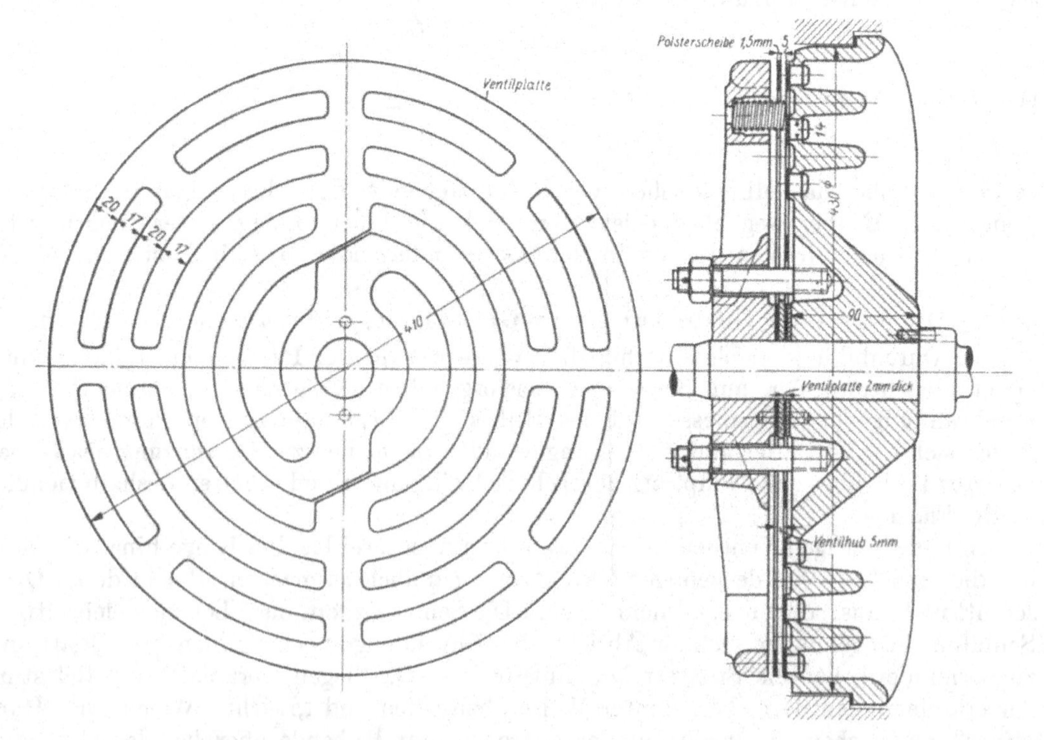

Abb. 808. Hörbigergebläseventil, Bauart Maschinenfabrik Augsburg-Nürnberg. Links Aufsicht auf die infolge der beiden schrägen Schlitze in sich federnde Ventilplatte. M. 1 : 5.

stücke Z gesichert und deren Hub durch die Stärke von Z geregelt wird. Der Halter, der die Spiralfeder flach rechteckigen Querschnittes aufnimmt, ist durchbrochen ausgebildet, um der Luft den Durchtritt längs des inneren Umfangs des Ventilringes zu gestatten; er dient zugleich als Fänger.

Hörbiger benutzt zur völlig reibungslosen sicheren Führung des Tellers gegenüber dem Sitz drei Plattenfedern, die in ähnlicher Weise, wie bei den Pumpenventilen beschrieben, am einen Ende an der ebenen Ventilscheibe, am andern an dem darüber angeordneten Fänger befestigt sind.

In neuerer Zeit bildet Hörbiger den mittleren Teil des Tellers selbst als Feder und Führung aus, Abb. 808, Bauart der Maschinenfabrik Augsburg-Nürnberg, beschränkt dadurch die Zahl der Teile und vermeidet in der Ventilplatte die Löcher für die Niete zum Festhalten der Federn. Durch einige im Fänger verteilte Spiralfedern ist der Teller noch zusätzlich belastet.

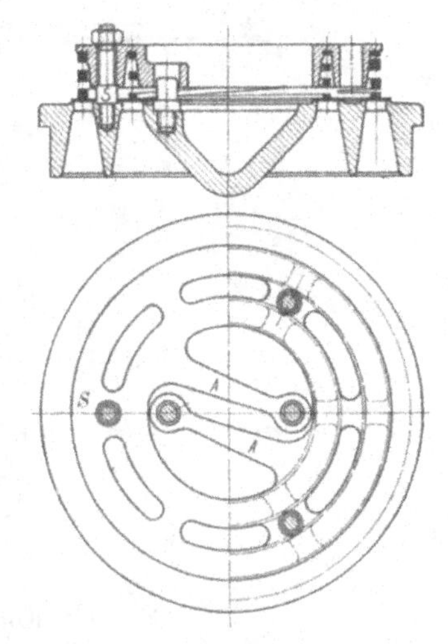

Abb. 809. Gebläseventil, Borsig. Berlin.

Borsig, Berlin, sieht an den Ventilplatten zwei Arme A, Abb. 809, vor, die neben einigen Stiften S die Führung übernehmen, während flache Spiralfedern rechteckigen Querschnittes die Belastung der beiden durch Stege verbundenen Ringe erzeugen.

Abb. 810 stellt Saug- und Druckventile eines Stahlwerkgebläses der Gutehoffnungshütte, Oberhausen, von 2000 mm Zylinderdurchmesser und 1500 mm Hub bei 75 Umdrehungen in der Minute dar. Die Ventile sind in zwei, die Zylinderenden umgebenden Kreisen, ähnlich wie in Abb. 811, angeordnet, und zwar strömt beim Saughube die Luft durch die Saugventile und den Ringspalt R, Abb. 810, nach dem Zylinder, beim Druckhube vom Zylinder durch R und die Druckventile in den Druckraum D. Je ein Saug- und ein Druckventil sitzen auf einer gemeinsamen Stange S und können nach Lösen der Mutter M

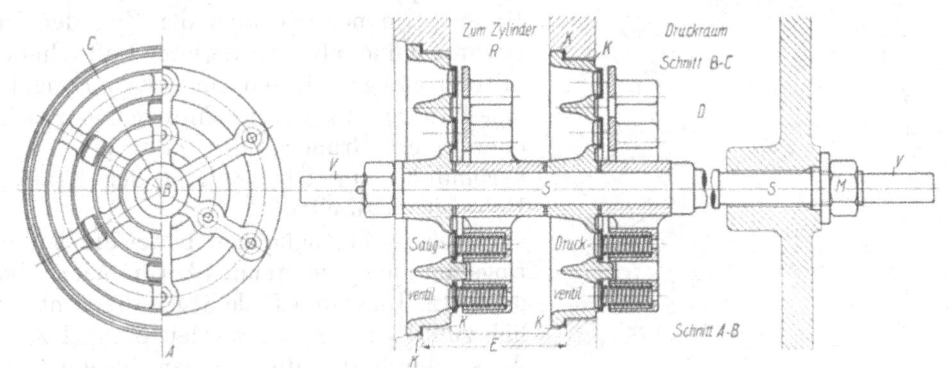

Abb. 810. Stahlwerkgebläseventile. Gutehoffnungshütte, Oberhausen.

leicht nach der Mitte des Zylinders zu herausgezogen werden. Verlängerungen V der Spindel dienen dabei zum bequemen Erfassen des Satzes. Das Einführen eines neuen Paares wird durch die kurzen Zentrierungen und die kegeligen Ansätze K an den Sitzen erleichtert. Bei der Bearbeitung ist auf genaue Einhaltung der Sitzentfernung E zu achten. Die Ventile selbst bestehen aus Stahlgußkörpern mit je zwei konzentrischen Ventilringen aus durchgeschmiedetem, ganz bearbeitetem Stahl, die durch drei und sechs in den Fängern gehaltene Spiralfedern belastet sind. Zur Führung dienen kurze Rippen, deren Krümmung so gewählt ist, daß selbst bei einseitigem Abheben eines Ringes kein Klemmen und Festsetzen eintreten kann. Der Hub kann bis zu 6 mm betragen, ehe die Ventilplatte am Fänger zum Anliegen kommt.

Was die Anordnung der Ventile gegenüber dem Zylinder anbetrifft, so kann man durch diejenige in den Deckeln den schädlichen Raum am kleinsten halten. Sie findet sich vor allem an Kompressoren für höhere Drucke. Prof. Stumpf ging an kleinen Kom-

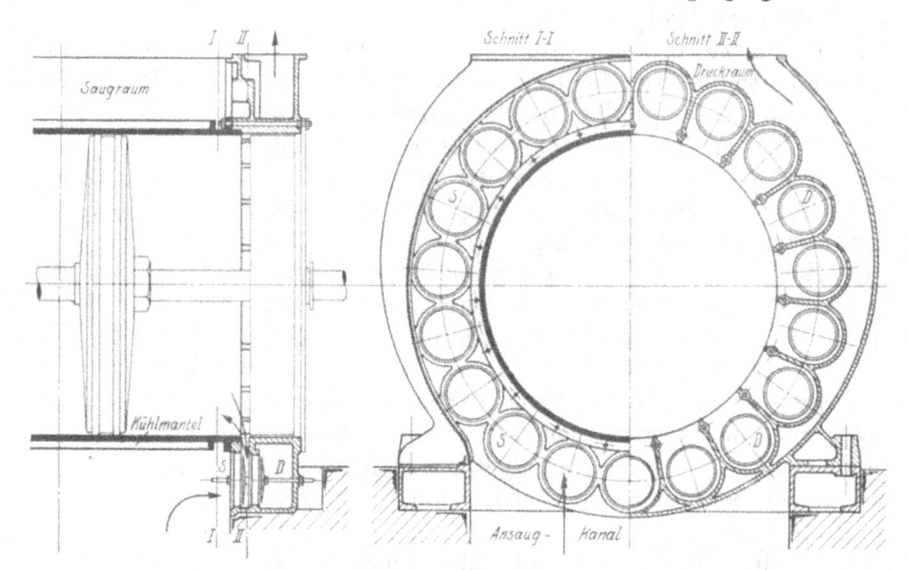

Abb. 811. Konzentrische Anordnung der Ventile am Zylinderende.

pressoren mit Saugschlitzen so weit, das Druckventil als Abschlußplatte des Zylinders auszubilden und den schädlichen Raum praktisch zu Null zu machen, dadurch, daß er den Kolben in der äußersten Stellung auf die Ventilplatte treffen ließ.

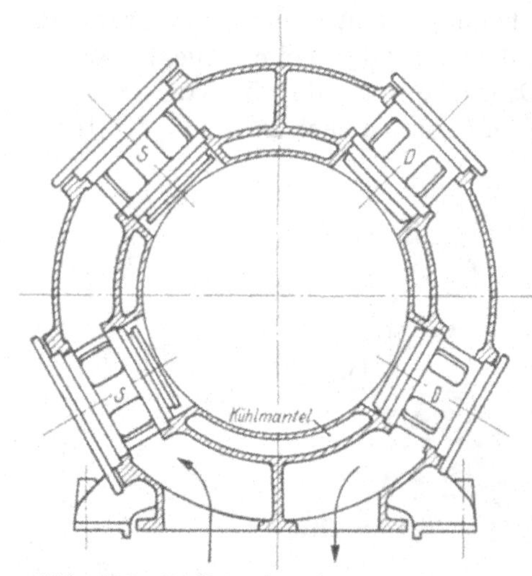

Abb. 812. Radiale Anordnung der Ventile am Zylinder.

Nachteilig ist bei großen Maschinen die geringe Zugänglichkeit der Ventile am vorderen Ende doppeltwirkender Zylinder, falls dort der Rahmen, manchmal auch der Zylinder der Antriebmaschine oder ein weiterer Luftzylinder unmittelbar angeschlossen sind. Es empfiehlt sich eine Laterne mit weiten Öffnungen einzuschalten oder einen Grundrahmen oder eine Stangenverbindung zur Übertragung der Kräfte zum Rahmen vorzusehen.

Größere Zugänglichkeit bietet die Anordnung rings um die Zylinderenden herum nach Abb. 811 oder 812. Im ersten Falle liegen die Ventile mittlich zum Zylinder und werden parallel zu seiner Achse durch den durch einen Blechmantel abgeschlossenen Saugraum hindurch eingebaut und herausgezogen, im zweiten sind sie radial gestellt. Ein weiterer Vorteil dieser Anordnungen ist die Möglichkeit, die Deckel leichter ausführen und zu wirksamer Kühlung heranziehen zu können. Andererseits muß ein größerer schädlicher Raum in Kauf genommen werden[1]).

C. Gesteuerte Ventile.

In ihrer Bewegung ganz oder teilweise von einer Steuerung beeinflußte Ventile finden sich an Kraftmaschinen, manchen Pumpen, Gebläsen und Kompressoren, können hier aber nur kurz besprochen werden, weil vielfach die Steuerung Form und Ausbildung entscheidend beeinflußt.

[1]) Vgl. hierzu Z. V. d. I. 1912, S. 463.

1. Doppelsitzventile.

An Ventildampfzylindern regeln sie als Ein- und Ausströmorgane die Zu- und Abführung des Dampfes, meist in Gestalt von Doppelsitzventilen, Abb. 813 und 822, an sehr großen Maschinen in Form von Viersitzventilen. In der gezeichneten Gestalt sind sie nahezu entlastet, weil höchstens ein auf der Ringfläche $d_a - d_i$, Abb. 813, von oben wirkender Überdruck übrigbleibt, den die Steuerung neben etwaigen Federbelastungen, Massen- und Reibungswiderständen zu überwinden hat. Der äußere Durchmesser des unteren Sitzes wird dabei gleich dem inneren des oberen gewählt, damit sich die Ventile aus den Körben herausziehen lassen. Man kann aber die Sitzdurchmesser auch gleich groß ausführen, wie Abb. 814 zeigt; doch muß dann das Ventil mit dem Sitz zusammen gegossen und die Trennung beider durch die Bearbeitung vorgenommen werden. Der weitere Nachteil, daß sich das Ventil nicht aus dem Sitz herausziehen und deshalb nur schwierig einbauen und nachsehen läßt, hat die Anwendung auf vereinzelte Fälle beschränkt.

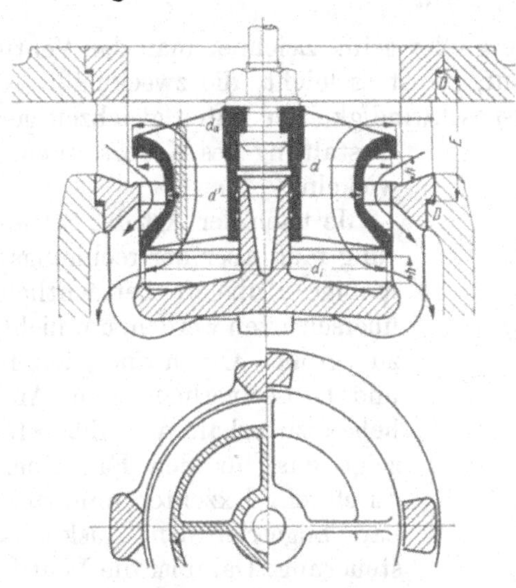

Abb. 813. Doppelsitzventil mit Korb.

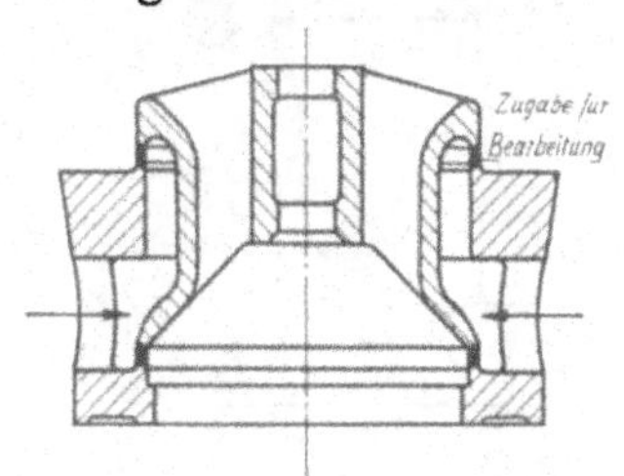

Abb. 814. Doppelsitzventil mit gleich großen Sitzdurchmessern, mit dem Korb zusammengegossen.

Die allgemein gebräuchliche Form ergibt sich aus der Bedingung gleicher Dampfgeschwindigkeit auf dem Wege durch das Ventil. Ist F der Kolben-, f der Ventilquerschnitt in cm², c_{max} die größte Kolben-, v_{max} die größte Durchtrittgeschwindigkeit im Ventil, so muß unter Weglassen der Durchflußzahl:

$$F \cdot c_{max} = f \cdot v_{max}$$

oder

$$f = \frac{F \cdot c_{max}}{v_{max}} \tag{229}$$

sein.

v_{max} kann wie folgt gewählt werden, wobei die niedrigen Werte für kleinere Maschinen und Sattdampf, die höheren für größere und überhitzten Dampf gelten:

Einlaßventile an Hochdruckzylindern	35—55	m/sek
Auslaßventile an Hochdruckzylindern	30—48	„
Einlaßventile an Niederdruckzylindern	40—65	„
Auslaßventile an Niederdruckzylindern	35—55	„

Unter Berücksichtigung der Nabe, der Wandung und der Rippen, die den Querschnitt bei größeren Ventilen um etwa 12, bei kleinen bis zu 20% verengen, erhält man den lichten Durchmesser des oberen Sitzes, Abb. 813, aus:

$$\frac{\pi}{4} d^2 = 1{,}12\, f \ldots 1{,}20\, f. \tag{230}$$

An einem zweisitzigen Ventil muß nun die halbe Dampfmenge innerhalb, die andere Hälfte außerhalb der Ventilwand durchströmen, an diesen beiden Stellen also ein Querschnitt von je $0{,}5\, f$ cm² vorhanden sein. Damit folgt die Größe von d', Abb. 813, sofern keine äußeren Führungsrippen vorhanden sind, aus:

$$\frac{\pi}{4} (d')^2 = \frac{\pi}{4} d^2 - \frac{f}{2}. \tag{231}$$

An Hand einer Skizze ist nachzuprüfen, ob der innere Durchtrittquerschnitt unter Berücksichtigung der nötigen Rippen genügt. Der Mindesthub h ergibt sich bei ebenem Sitz aus:

$$f \approx 2 \cdot \pi \cdot d \cdot h; \qquad h \approx \frac{f}{2\,\pi \cdot d}; \tag{232}$$

bei kegeligem muß er annähernd um die Sitzhöhe größer sein. Zeichnet man das Ventil seinem Sitz gegenüber in gehobenem Zustand auf, so ist es leicht, die zweckmäßigste Form bei annähernd überall gleichen Strömungsgeschwindigkeiten unter gleichzeitiger Gestaltung des Korbes zu entwickeln.

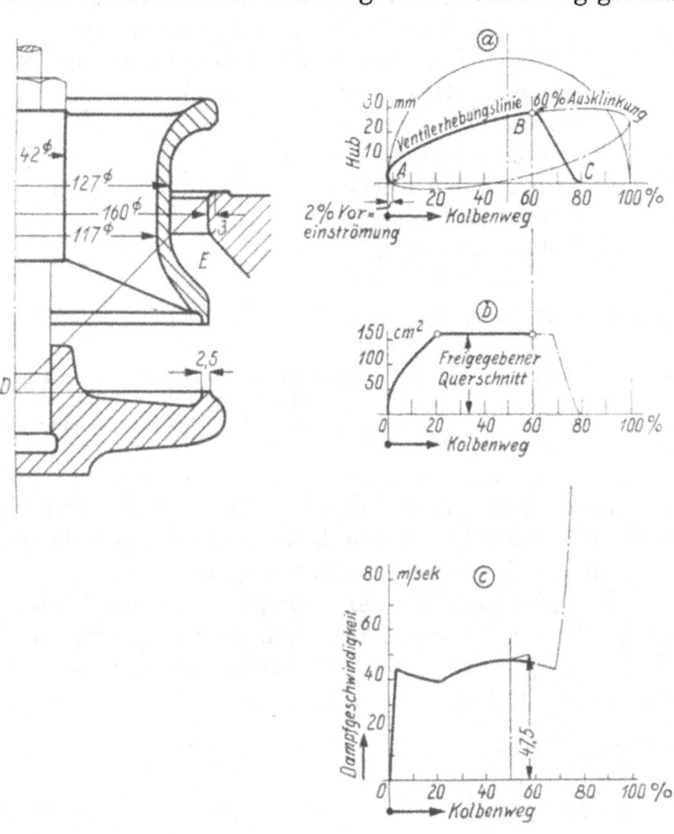

Abb. 815. Ventilerhebungslinie und Dampfgeschwindigkeiten an einem Doppelsitzventil.

Je nach der Art der Steuerung muß aber der rechnungsmäßige Hub oft beträchtlich überschritten werden, um nicht zu große Geschwindigkeiten und Drosselverluste beim Anheben zu erhalten. Abb. 815 zeigt das für den Fall einer durch ein Exzenter unmittelbar angetriebenen Ausklinksteuerung. Dann ist die Ventilerhebungslinie a, bezogen auf den Kolbenweg, eine Ellipse. Im Punkte A wird das Ventil bei 2% Voreinströmung angehoben und je nach dem Ausschlag des Reglers an verschiedenen Stellen der Erhebungslinie ausgelöst; — in der Abbildung bei 60% Kolbenweg im Punkte B. Das Ventil fällt auf seinen Sitz und sei in C geschlossen. Aus der Erhebungslinie folgen die freien Durchtrittquerschnitte, $f_w = 2\,\pi\,dh$, solange h 17 mm nicht überschreitet, weil dann der größte Querschnitt $f_{max} = 158$ cm² erreicht ist und maßgebend bleibt, Kurve b. Endlich gestatten die Beziehungen $v = \frac{F \cdot c}{f_w}$, $v_{max} = \frac{F \cdot c_{max}}{f_{max}}$, $\frac{c}{c_{max}} \approx \sin\varphi$, wenn φ den Kurbelwinkel bedeutet, die auftretenden wirklichen Dampfgeschwindigkeiten:

$$v = v_{max} \frac{f_{max}}{f_w} \cdot \frac{c}{c_{max}} = 47{,}5 \cdot 158 \cdot \frac{\sin\varphi}{f_w}$$

zu ermitteln, Abb. 815c. Das Ventil war im Punkte B um 28 mm, also beträchtlich höher als der größte Durchflußquerschnitt verlangt, angehoben. Trotzdem treten schon auf dem ersten Teil des Kolbenwegs zufolge der rasch wachsenden Kolbengeschwindigkeit sehr erhebliche Dampfgeschwindigkeiten auf.

Dem im vorliegenden Falle notwendigen größeren Hub entsprechend muß das Ventil länger ausgeführt werden; an dem dargestellten würde erst ein solcher von mehr als 30 mm bei E Querschnittverengungen auftreten lassen. An rasch laufenden Maschinen kommt der umgekehrte Fall vor: zugunsten geringer Beschleunigungskräfte wählt man sehr kleine Hübe und baut die Ventile niedrig, muß aber dann große Umfänge und Durchmesser d ausführen, unter Verzicht auf die volle Ausnutzung des inneren Ventilquerschnittes.

Die Sitze werden so schmal wie möglich gehalten, je nach Größe des Ventils, in radialer Richtung gemessen, 1,5 ... 4 mm breit und eben oder größerer Dichtheit wegen kegelig mit einem halben Spitzenwinkel von 45 oder 30° gestaltet. Nach Collmanns Vorschlag dreht man die Sitze auch so ab, Abb. 815, daß sich ihre Erzeugenden in einem Punkte D der Ventilmittellinie schneiden, und trägt dadurch verschiedener Ausdehnung des Sitzes und des Ventils durch die Wärme Rechnung, die nur eine Verschiebung der Dichtflächen längs ihrer Erzeugenden, aber kein Abheben und Undichtwerden hervorrufen kann, weil die Ausdehnung vom Punkte D aus nach allen Richtungen gleichmäßig erfolgen wird.

Die Wandstärke führt man geringer Masse wegen tunlichst klein aus und hält sie nur dort, wo die Stöße beim Aufsetzen auszuhalten sind, kräftiger. Gußspannungen, die bei der Erwärmung im Betriebe oft die Ursache von Verzerrungen und Undichtheit sind, können durch tangentiale Anordnung der Rippen zur Nabe, Abb. 820 und 822, verringert werden. Die Träger der Sitze, die Ventilkörbe, sollen kräftig, ihre Rippen aber so ausgebildet sein, daß Querschnittverengungen und Drosselungen vermieden werden. Gegenüber dem Zylinder dichtet man sie durch Einschleifen der kegelig gedrehten Flächen, Abb. 820 oder billiger durch Einlegen besonderer Dichtungsringe D an den Absätzen, Abb. 813, deren gegenseitiger Abstand E am Korb und im Zylinder genau gleich sein muß.

Auf sorgfältige Führung des Ventils gegenüber seinem Sitz ist, besonders wenn der Dampf gezwungen ist seitlich abzuströmen, zu achten: durch äußere Rippen an größeren Ausströmventilen, Abb. 822, durch die Ventilnabe, Abb. 813, oder die verlängerte Ventilspindel, Abb. 820.

Ventile und Sitze werden gleichmäßiger Ausdehnung beider Teile halber aus gleichem Werkstoff, dichtem Gußeisen, hergestellt und möglichst unter den Bedingungen, unter denen sie später arbeiten, also im warmen Zustand, aufeinandergeschliffen.

Für die Formgebung der Aussparung im Dampfzylinder, in der der Korb sitzt, ist überall genügender Querschnitt, bei etwa den gleichen Geschwindigkeiten wie am Ventil, maßgebend.

Die Belastung der Ventile, jetzt meist durch Federn erzeugt, muß genügen, die bewegten Teile zu beschleunigen; sie dient ferner zur Erhöhung des Dichtungsdruckes. Bei Ausklinksteuerungen verlangt man, daß das Ventil während eines bestimmten Teiles des Kolbenwegs wieder auf seinen Sitz gelangt; bei Steuerungen durch unrunde Scheiben oder Schubkurven darf sich das Gestänge nicht von den steuernden Flächen abheben. Näheres siehe [IX, 18] und Leist, Steuerungen der Dampfmaschinen.

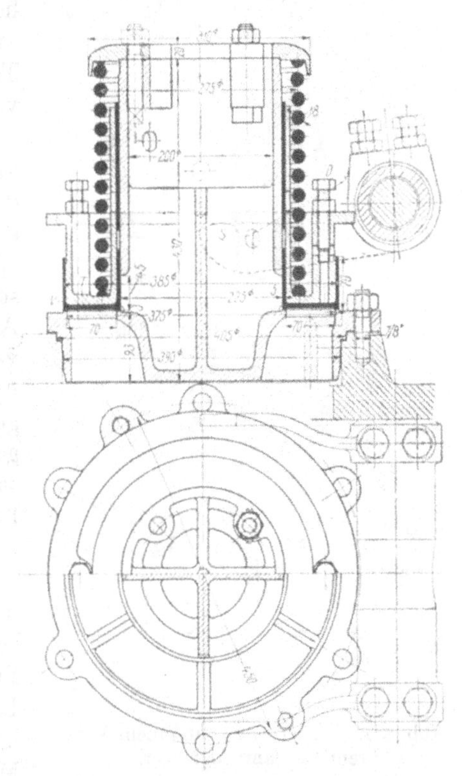

Abb. 816. Indirekt gesteuertes Gebläseventil nach Riedler. M. 1 : 10.

2. Gesteuerte Ventile an Pumpen und Gebläsen.

Ein gesteuertes Ventil für eine Pumpe war in Abb. 784 dargestellt und auf Seite 450 besprochen worden; ein Gebläsedruckventil von großen Abmessungen nach einer Ausführung von Riedler zeigt Abb. 816. Zwei dieser Ventile genügen für ein Gebläse von 1300 mm Zylinderdurchmesser, 1500 mm Hub, bei $n = 55$ Umdrehungen in der Minute.

Sie sind als Ringventile mit je 670 cm² Querschnitt, 35 mm nötigem Hub ausgebildet und bestehen aus gußeisernen Sitzen und gepreßten, auf den zylindrischen Mittelteilen der Sitze geführten Stahltellern *V*. Öffnungen in der Wandung dienen zur Zuleitung und Verteilung des Öles, das durch die Luft aus dem Zylinder mitgerissen wird. Die Steuerung ist im Gegensatz zu der bei dem Pumpenventil besprochenen eine indirekte, indem der Steuerdaumen *S* das Öffnen durch Abheben der Federbelastung und durch die saugende Wirkung unterstützt, die in dem Raume zwischen dem Federteller *T* und der Ventilplatte entsteht. Die Saugspannung kann durch die Drosselschrauben *D* eingestellt werden. Beim Schluß des Ventils weicht der Daumen zurück, so daß der Federdruck unter Vermittelung der jetzt als Puffer tätigen, in dem Raum zwischen dem Venti. *V* und dem Federteller *T* eingeschlossenen Luft auf die Ventilplatte wirkt. Geringe Öffnungswiderstände und sicherer Schluß trotz großen Hubes und großer Durchtrittquerschnitte sind die Vorteile. Bezüglich weiterer Einzelheiten und zahlreicher Ausführungen gesteuerter Ventile an Pumpen, Kompressoren usw. muß auf Riedlers Buch „Schnellbetrieb" verwiesen werden.

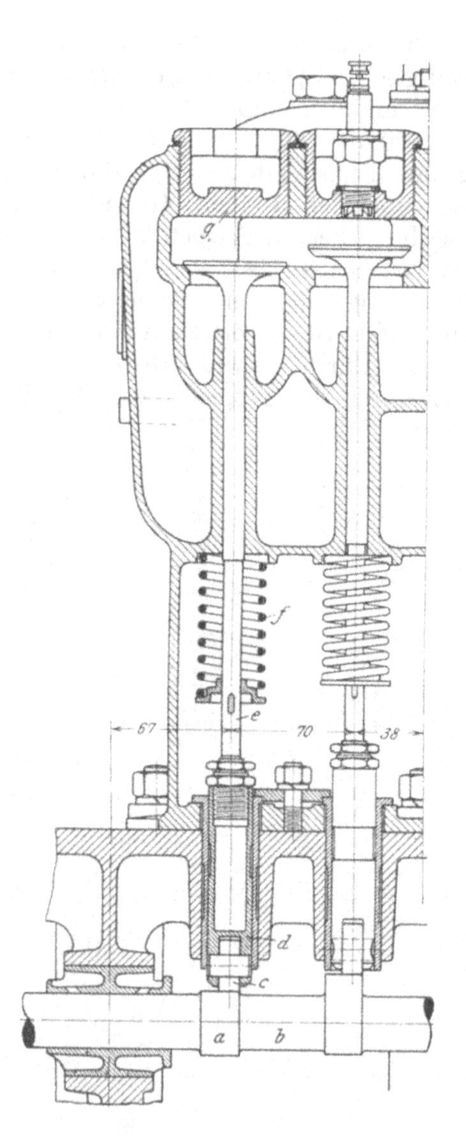

Abb. 817. Steuerventile an einem Verbrennungsfahrzeugmotor.

3. Gesteuerte Ventile an Verbrennungsmaschinen.

An Verbrennungsmaschinen werden in Rücksicht auf die schwierigen Betriebsverhältnisse unter hohen Wärmegraden und großen Drucken und unter oft stoßweisem Arbeiten fast ausschließlich Tellerventile einfachster Gestalt mit kegeligen Sitzen von $\delta_1 = 45^0$ halbem Spitzenwinkel verwandt. Meist in Form je eines Einlaß- und eines Auslaßventils ausgeführt, pflegt man sie so anzuordnen, daß sie durch den Betriebsdruck geschlossen werden. Besonders ungünstig sind die Auslaßventile beansprucht, indem sie ständig hohen Wärmegraden, sowohl bei der Verbrennung wie auch während der Ausströmzeit, ausgesetzt sind, während die Einlaßventile durch die während der Einströmzeit vorüberstreichende frische Luft oder das Gas-Luftgemisch stärker und in meist hinreichendem Maße gekühlt werden, wenn im übrigen für eine wirksame Ableitung der Wärme durch die benachbarten Wände und die Spindelführung Sorge getragen ist. Besonders die Sitze müssen auf ihrem ganzen Umfang gleichmäßig und möglichst unmittelbar gekühlt werden. Sonst eintretende Verzerrungen haben leicht Undichtheit und örtliches Schadhaftwerden der Sitze und Teller zur Folge. Die Ausströmventile der Großgasmaschinen verlangen vielfach besondere Kühlung von innen her. Möglichst ist senkrechte Anordnung der Ventile anzustreben in Rücksicht auf das zuverlässigere Arbeiten und sicherere Dichthalten, das bei anderer Lage durch die einseitige Abnutzung der Führung beeinträchtigt wird.

Bei kleineren Abmessungen, z. B. an Fahrzeugmotoren, pflegen die Teller mit der Spindel zusammen aus einem Stück, Abb. 817, unter Wahl großer Übergangsabrundungen und zwar aus Sonderstahl oder bestem Flußstahl hergestellt zu werden. Unter dem stoßweisen Betrieb hat sich die vielfach versuchte Trennung des Tellers von der Spindel nicht bewährt und stets zu Schwierigkeiten an der Verbindungsstelle geführt. Selbst die Gewinde zum Halten der Federteller leiden sehr rasch und werden deshalb allgemein durch Riegel ersetzt. Die Sitzflächen und die zweckmäßigerweise langen Spindelführungen sieht man meist unmittelbar im Zylinder selbst vor, wenn die Zugänglichkeit der Ventile zwecks Nachsehens und Einschleifens durch Deckel- oder Gewindepfropfen, vgl. Abb. 817, sichergestellt werden kann. Nur bei hängenden Ventilen werden besondere Körbe, die beim Nachsehen und Reinigen mit den Ventilen zusammen herausgezogen werden, verwandt; sie beeinträchtigen aber die Kühlwirkung in nicht unerheblichem Maße und erschweren deshalb die Instandhaltung. Die Körbe wegzulassen und die Ventile nach dem Zylinderinnern zu herausziehbar zu machen — eine Ausführung, die das Abheben der Zylinder oder den Ausbau der Kolben beim Nachsehen verlangt —, findet sich nur bei äußerster Beschränkung der Konstruktionsgewichte an Flugzeugmotoren und dergleichen. Vgl. hierzu die Zylinder, Abb. 1772, 1773 und 1774. Die Betätigung solcher Ventile erfolgt durch Steuerhebel oder Steuernocken, wie in Abb. 817, wo unrunde Scheiben a auf der Steuerwelle b vermittels der Rollen c die Ventile anheben, der Schluß aber durch Federn f bewirkt wird, die ständig für die Anlage der Rollen c an den Nocken a sorgen.

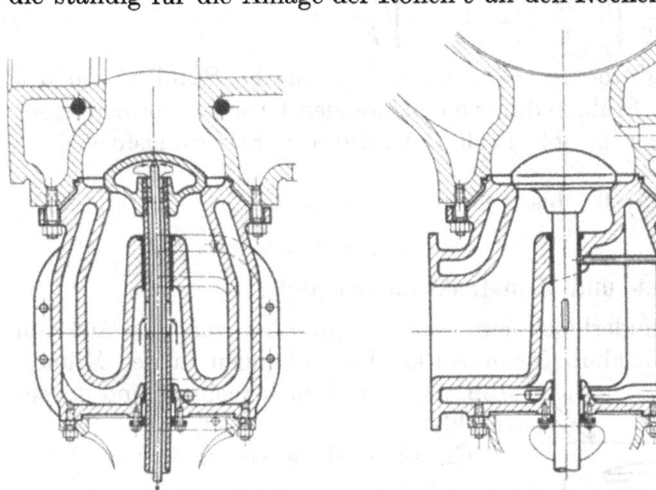

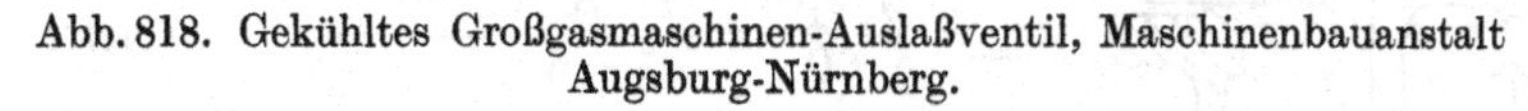

Abb. 818. Gekühltes Großgasmaschinen-Auslaßventil, Maschinenbauanstalt Augsburg-Nürnberg.

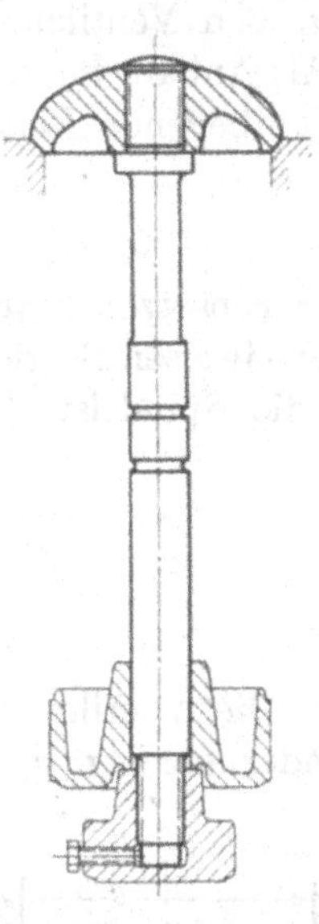

Abb. 819. Ungekühltes Großgasmaschinen-Auslaßventil, Ehrhardt & Sehmer, Schleifmühle, Saarbrücken.

Beispiele für Ventile an Großgasmaschinen zeigen die Abb. 818 und 819. Sie bestehen aus gußeisernen Tellern, die auf den gußeisernen, besonders eingesetzten und gut gekühlten Sitzen abdichten und haben kräftige, aufs sorgfältigste mit den Tellern verbundene Spindeln aus Stahl. Die erste Abbildung gibt ein von innen her gekühltes Ventil wieder, dem Wasser in dem Ringraum zwischen dem vom Scheitel herabkommenden Abflußrohr und der Spindelwandung zugeführt wird. Neuerdings hat man die umständliche, in dem bewegten Ventil leicht Störungen ausgesetzte Kühlung zu vermeiden gesucht; Abb. 819 stellt ein ungekühltes Ventil von Ehrhardt und Sehmer dar, bei dem die gewölbte Gestalt des Tellers zwecks Verminderung der Spannungen bei verschiedener Wärme wichtig sein dürfte. Naturgemäß ist bei solchen Ventilen auf wirksamste Kühlung der Sitzflächen größter Wert zu legen.

Was die Berechnung der Ventile anlangt, so kann man bei der Ermittlung des Durchflußquerschnittes f nach der Formel (229) $f = \frac{F \cdot c_{max}}{v_{max}}$ für v_{max} zulassen:

an Großgasmaschinen 75 m/sek,
an Fahrzeugmotoren 80—100 m/sek (in Amerika sind bis 120 m/sek üblich).

In Rücksicht auf die Beschränkung der Massenwirkung der Ventilteller und der Abmessungen der Belastungsfedern pflegt man mäßige Hübe von $h = d/6$, selten $d/5$ auszuführen, wenn d den lichten Durchmesser des Ventilsitzes bedeutet. Zur Ermittlung von d kann man bei breiten, unter $\delta_1 = 45^0$ geneigten Sitzen genügend genau nach Formel (170):

$$f' = 2{,}22\left(d + \frac{h}{2}\right)\cdot h$$

rechnen, die bei $h = d/6$ zu:

$$f' = 0{,}4\,d^2 \quad \text{oder} \quad d = 1{,}58\sqrt{f'} \tag{233}$$

führt. Der Berechnung der Sitzbreite a_0 legt man zweckmäßigerweise den Flächendruck:

$$p_0 = p\cdot\frac{d_a^2}{d_a^2 - d^2} \quad \text{oder die Formel} \quad d_a = d\sqrt{\frac{p_0}{p_0 - p}} \tag{234}$$

zugrunde, wobei p den Betriebsdruck in at, d_a und d den Außen- und Innendurchmesser des Sitzes bedeuten. p_0 findet man zu etwa 100 kg/cm² an kleineren, zu 150 bis 200 kg/cm² an großen Ventilen.

Als Anhalt für die Stärke s_0 ebener Teller kann die Formel (62) für runde, am Rande frei aufliegende Platten dienen:

$$s_0 = \frac{d}{2}\sqrt{\frac{1{,}24\cdot p}{k_b}} = 0{,}56\,d\sqrt{\frac{p}{k_b}} \tag{235}$$

unter Einsetzen mäßig hoher Werte von $k_b = 300$ bis 400 kg/cm² bei Stahl wegen des oft stoßweisen Betriebs und der bei Frühzündungen eintretenden Überbeanspruchungen. Für die Spindelstärke d_0 kleiner Ventile gilt nach Güldner die Erfahrungsformel:

$$d_0 = \frac{d}{8} + 0{,}2 \text{ bis } 0{,}4 \text{ cm}. \tag{236}$$

4. Berechnungs- und Konstruktionsbeispiele.

1. Die Ventile zu dem Zweizylinderblock eines Fahrzeugmotors von $D = 105$ mm Zylinderbohrung, $s_1 = 130$ mm Kolbenhub für $n = 1000$ Umdrehungen in der Minute, Abb. 1771, sind zu berechnen und durchzubilden.

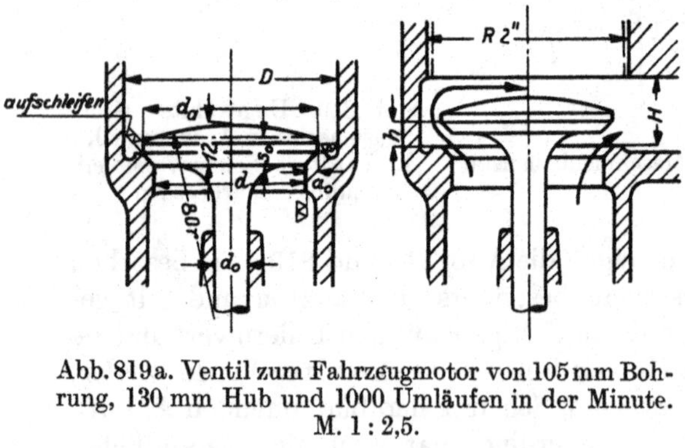

Abb. 819a. Ventil zum Fahrzeugmotor von 105 mm Bohrung, 130 mm Hub und 1000 Umläufen in der Minute. M. 1 : 2,5.

Größte Kolbengeschwindigkeit:

$$c_{max} = \frac{\pi\cdot s_1\cdot n}{60} = \frac{\pi\cdot 0{,}13\cdot 1000}{60} = 6{,}80 \text{ m/sek}.$$

Freier Ventilquerschnitt bei $v_{max} = 80$ m/sek:

$$f' = \frac{F\cdot c_{max}}{v_{max}} = \frac{\frac{\pi}{4}\cdot 10{,}5^2\cdot 6{,}80}{80} = 7{,}37 \text{ cm}^2.$$

Lichter Ventildurchmesser nach (233):

$$d = 1{,}58\sqrt{f'} = 1{,}58\sqrt{7{,}37} = 4{,}29 \text{ cm}.$$

Ausgeführt $d = 45$ mm, Abb. 819a.

Telleraußendurchmesser bei $p_0 = 100$ kg/cm² Auflage- und $p = 25$ at Zünddruck:

$$d_a = d\sqrt{\frac{p_0}{p_0 - p}} = 4{,}5\cdot\sqrt{\frac{100}{100 - 25}} = 5{,}2 \text{ cm}.$$

Danach Mindestsitzbreite $a_0 = 3{,}5$ mm.

Tellerstärke: $$s_0 = 0{,}56\cdot d\sqrt{\frac{p}{k_b}} = 0{,}56\cdot 4{,}5\cdot\sqrt{\frac{25}{300}} = 0{,}72 \text{ cm}.$$

In Abb. 819a ist sie strichpunktiert eingetragen und ihr unter Wölben der Endfläche nach einem Halbmesser von 80 mm bei 12 mm Scheitelstärke Genüge geleistet.

Spindelstärke: $$d_0 = \frac{d}{8} + 0{,}4 = \frac{4{,}5}{8} + 0{,}4 = 0{,}96 \text{ cm}.$$

Abb. 819a, rechts, zeigt das Ventil in angehobenem Zustande. Bei dem höchsten Hube:

$$h = \frac{d}{6} = \frac{45}{6} = 7{,}5 \text{ mm}$$

muß der Raum rings um den Teller herum so weit sein, daß das Betriebsmittel mit der Geschwindigkeit v_{max} durchfließen kann. Das führt zunächst zu der Ermittlung des Gehäusedurchmessers D aus:

$$\frac{\pi D^2}{4} \gtreqless \frac{\pi d_a^2}{4} + f' \gtreqless \frac{\pi}{4} \cdot 5{,}2^2 + 7{,}37 \gtreqless 28{,}71 \text{ cm}^2;$$

$D \gtreqless 60$ mm. Schließlich muß über dem Scheitel des Ventiltellers ein Querschnitt von mindestens $\frac{f'}{2}$ oder eine lichte Höhe von:

$$\frac{f'}{2 \cdot d_a} = \frac{7{,}37}{2 \cdot 5{,}2} = 0{,}71 \text{ cm}$$

vorhanden sein, die zu $H \gtreqless 20$ mm führt. Die Maße des eben erwähnten Raumes hängen im übrigen noch von dem Grade der Verdichtung ab, die der Betriebsstoff erfahren soll. Zum Verschluß der Öffnung über dem Ventil reicht ein Stopfen mit R 2″ Gewinde aus.

Die Feder ist auf den Beschleunigungsdruck $\frac{G}{g} \cdot b$ zu berechnen, wobei G das Gewicht der durch den Nocken angehobenen Teile, g die Erdbeschleunigung und b die größte, aus der Form der Nocken zu ermittelnde Beschleunigung ist. Die Reibung der Spindel in der Führung sowie die Wirkung des Eigengewichtes G im Falle hängender Anordnung der Ventile ist durch einen Zuschlag zu berücksichtigen.

2. Die gesteuerten Ein- und Auslaßventile zum Niederdruckzylinder der Wasserwerkmaschine, Tafel I, sind zu berechnen und samt den Körben durchzubilden. Zylinderdurchmesser $D_n = 800$ mm, Kolbenfläche unter Abzug des Querschnittes der $d = 75$ mm starken Kolbenstange:

$$F = \frac{\pi}{4}(D_n^2 - d^2) = \frac{\pi}{4}(80^2 - 7{,}5^2) = 4982 \text{ cm}^2.$$

Hub $s_1 = 800$ mm, Umdrehzahl der Welle $n = 50$ in der Minute. Größte Kolbengeschwindigkeit:

$$c_{max} = \frac{\pi \cdot s_1 \cdot n}{60} = \frac{\pi \cdot 0{,}8 \cdot 50}{60} = 2{,}095 \text{ m/sek}.$$

a) Einlaßventil, Abb. 820. Dampfgeschwindigkeit gewählt zu $v_{max} = 55$ m/sek. (Will man die Dampfmaschine als Betriebsmaschine mit einer wesentlich höheren Drehzahl als 50 in der Minute laufen lassen, so wird man die Dampfgeschwindigkeit bei $n = 50$ unter Anpassung an die höchste Kolbengeschwindigkeit ermäßigen.) Ventilquerschnitt:

$$f_e = \frac{F \cdot c_{max}}{v_{max}} = \frac{4982 \cdot 2{,}095}{55} = 190 \text{ cm}^2.$$

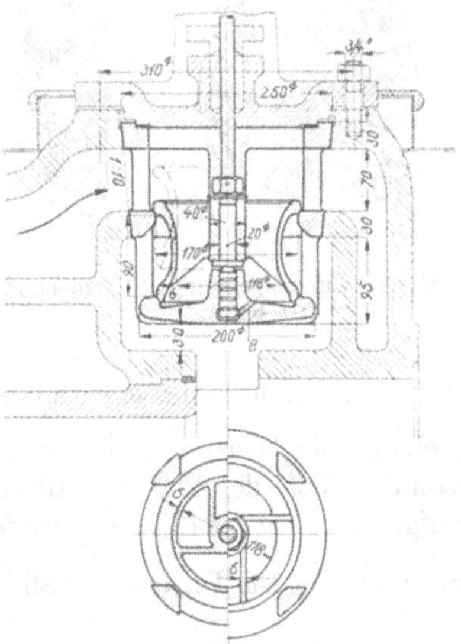

Abb. 820. Doppelsitzeinströmventil am Niederdruckzylinder der Maschine Tafel I. M. 1 : 10.

Ventilsitzdurchmesser im Lichten d_e gemäß Formel (230):

$$\frac{\pi d_e^2}{4} = 1{,}20 \cdot f_e = 1{,}20 \cdot 190 = 228 \text{ cm}^2;$$

$d_e = 17$ cm. Wandungsdurchmesser aus (231):

$$\frac{\pi (d')^2}{4} = \frac{\pi d_e^2}{4} - \frac{f_e}{2} = 228 - 95 = 132 \text{ cm}^2; \qquad d' = 13 \text{ cm}.$$

Mindesthub bei ebenem Sitz:

$$h = \frac{f_e}{2\pi d_e} = \frac{190}{2\pi \cdot 17} = 1{,}78 \text{ cm}.$$

Gewählt in Rücksicht auf die Steurung und auf den kegeligen Sitz von 30° halbem Spitzenwinkel mit 3 mm radial gemessener Breite: $h = 38$ mm. Mit diesen Maßen läßt sich die Ventilwandung und der Korb, der dauernder Abdichtung halber kräftig gehalten werden muß, entwerfen, zweckmäßigerweise, indem man das Ventil sowohl geschlossen, als auch ganz geöffnet aufzeichnet. Wandstärke 6 mm, unter Verstärkung der beim Auftreffen auf dem Sitz hart aufschlagenden Ränder. Ventil und Korb wird man so durchbilden und berechnen, daß man sie auch für höhere Betriebsdrucke, z. B. bis zu 12 at, benutzen kann. Beanspruchung der Wandung durch den Dampfdruck von $p = 12$ at:

$$\sigma_z = \frac{d_i p}{2s} = \frac{11{,}8 \cdot 12}{2 \cdot 0{,}6} = 118 \text{ kg/cm}^2.$$

Das Ventil hat eine Höhe von 90 mm zwischen den Sitzkanten erhalten, bei der selbst in der höchsten Stellung noch sehr günstige Strömungsverhältnisse ohne Drosselung entstehen. Nabe und Wandung sind durch vier tangential an jener angesetzte Rippen verbunden. Die Spindel ist zur Führung des Ventils im Korbboden benutzt, der zu dem Zwecke in der Mitte hochgezogen ist, während eine Bohrung B dem Dampf den Zutritt zur Endfläche der Spindel gestattet. Der Korb ist im Zylinder kegelig eingeschliffen und wird durch die Steuerhaube, die die obere Öffnung abschließt, angepreßt. Zur Abdichtung dient ein innerhalb der Zentrierung liegender Dichtungsring.

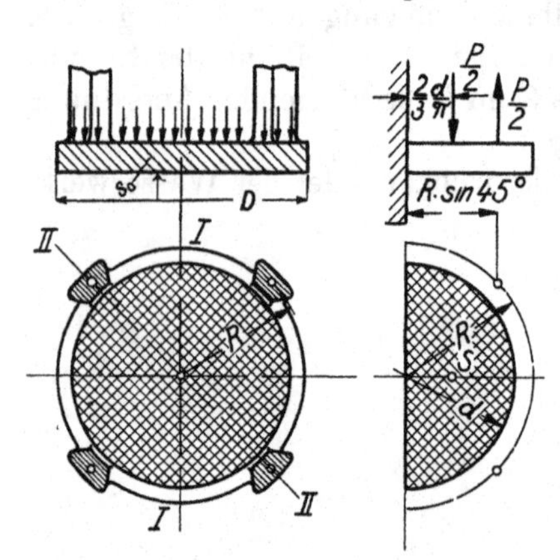

Abb. 821. Zur Berechnung des Ventilkorbbodens.

Beanspruchung des Korbbodens. Berechnet als eine Platte von $D = 200$ mm Durchmesser und durchschnittlich $s_0 = 20$ mm Stärke, also unter Vernachlässigung der Spindelführung, die wenig zur Widerstandsfähigkeit gegenüber Biegung beiträgt. Der Boden ist ungünstigstenfalls auf einer Fläche von $d = 170$ mm Durchmesser durch den Dampfdruck im Betrage von $P = \frac{\pi}{4} \cdot 17^2 \cdot 12 = 2724$ kg gleichmäßig belastet und durch die Rippen in vier Punkten im Abstand $R = 100$ mm von der Mitte der Platte gestützt. Als ein längs eines Mittelschnitts eingespannter Träger aufgefaßt, Abb. 821, ist es zweifelhaft, ob der Bruch längs der Linie $I\ I$ oder längs $II\ II$ zu erwarten ist. Im ersten Falle wird, da das Widerstandsmoment $\frac{D \cdot s_0^2}{6}$ ist:

$$\sigma_b = 6\,\frac{P}{2}\,\frac{R \cdot \sin 45^0 - \frac{2}{3} \cdot \frac{d}{\pi}}{D \cdot s_0^2} = 3 \cdot 2724 \cdot \frac{10 \cdot 0{,}707 - \frac{2}{3} \cdot \frac{17}{\pi}}{20 \cdot 2^2} = 354 \text{ kg/cm}^2,$$

im zweiten:

$$\sigma_b' = 6\,\frac{\frac{P}{4}\cdot R - \frac{P}{2}\cdot\frac{2}{3}\cdot\frac{d}{\pi}}{D\cdot s_0^2} = 6\,\frac{\frac{2724}{4}\cdot 10 - \frac{2724}{3}\cdot\frac{17}{\pi}}{20\cdot 2^2} = 142\ \text{kg/cm}^2;$$

mithin ist Querschnitt *I I* der gefährliche. Die vier Tragrippen sind bei je rund $f_1 = 6{,}6\ \text{cm}^2$ Querschnitt mit:

$$\sigma_z = \frac{P}{4 f_1} = \frac{2724}{4\cdot 6{,}6} = 103\ \text{kg/cm}^2$$

auf Zug beansprucht.

b) Auslaßventil. Bei $v_{max} = 45$ m/sek Dampfgeschwindigkeit wird:

$$f_a = \frac{F\cdot c_{max}}{v_{max}} = \frac{4982\cdot 2{,}095}{45} = 232\ \text{cm}^2;$$

$$\frac{\pi}{4}\,d_a^2 = 1{,}20\,f_a = 1{,}20\cdot 232 = 279\ \text{cm}^2; \qquad d_a = 18{,}9\ \text{cm};$$

gewählt 185 mm.

$$\frac{\pi}{4}(d')^2 = \frac{\pi}{4}\,d_a^2 - \frac{f_a}{2} = 279 - 116 = 163\ \text{cm}^2; \qquad d' = 14{,}5\ \text{cm};$$

ausgeführt in Rücksicht auf die äußeren Führungsrippen 142 mm Durchmesser.

Mindesthub $h = \frac{f_a}{2\pi\,d_a} = \frac{232}{2\pi\cdot 18{,}5} = 2{,}0$ cm, erhöht auf 40 mm.

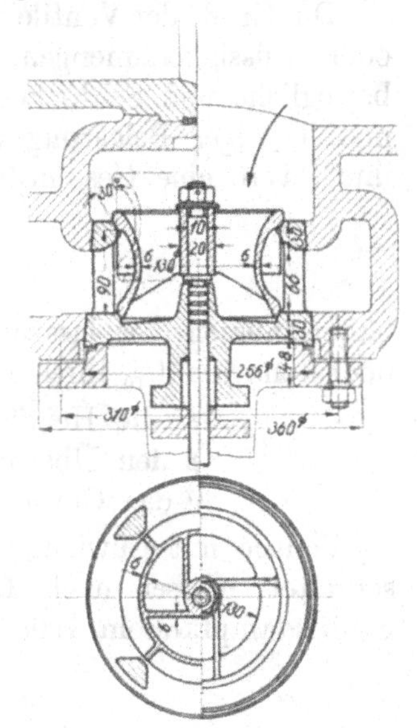

Abb. 822. Doppelsitzauslaßventil am Niederdruckzylinder der Maschine Tafel I. M. 1 : 10.

Eine Gestaltung des Korbes ähnlich dem des Einlaßventiles würde zu hängenden Ventilen führen, die wegen des schwierigeren Dichthaltens gern vermieden werden. Der Korb nach Abb. 822 wird zudem niedriger, kann mit dem Boden und der Stopfbüchse aus einem Stück hergestellt werden und gestattet eine einfachere Formgebung des anschließenden Auslaßkanals im Zylinder. Zur besseren Führung des Ventils sind vier radiale Außenrippen vorgesehen. Eine Berechnung erübrigt sich bei einer dem Einlaßventilkorb entsprechenden Bemessung, da die normale Belastung geringer und u. a. die Stützung des Bodens, der auf dem ganzen Umfang von der Steuerhaube gehalten wird, günstiger ist.

Wegen der Formgebung der die Ventile umschließenden Zylinderwände unter Einhaltung etwa derselben Dampfgeschwindigkeit wie oben vgl. die Durchbildung des Niederdruckzylinders Abb. 1745 in Abschnitt 23, Beispiel 9.

D. Ventile für Sonderzwecke.

1. Sicherheitsventile.

Zweck derselben ist, bei Überschreitung eines bestimmten Höchstdruckes die überschüssigen Gas-, Dampf- oder Flüssigkeitsmengen ausfließen zu lassen. Dazu dienen meist einfache Tellerventile, die durch Gewichte oder Federn unmittelbar oder unter Einschaltung einer Hebelübersetzung belastet sind. Gewichte bieten den Vorteil, daß die Belastung unabhängig vom Hub des Ventils ist, können jedoch nur an ruhenden, nicht aber an stark bewegten Teilen oder Maschinen, wie Schiffskesseln, Lokomotiven usw. verwendet werden.

Der Berechnung legt man gewöhnlich eine Kreisfläche vom mittleren Sitzdurchmesser $d + a_0$ und den vollen Überdruck zugrunde und nimmt die genaue Einstellung bei der Druckprobe vor.

Die Sitze werden schmal, 1 bis 2,5 mm breit und meist eben ausgeführt, wenn nicht Stöße, z. B. an beweglichen Kesseln, kegelige angebracht erscheinen lassen. Die Dichtflächen sollen leicht zugänglich sein und, wenn möglich, frei liegen, die Teller unter der Belastung gedreht und während des Betriebes auf richtiges Arbeiten geprüft werden können.

Besonders wichtig ist, dem Klemmen des Ventils durch sichere Stift- oder Rippenführung und tiefe Lage des Angriffpunktes der Belastung vorzubeugen. Das Überschreiten der äußersten Stellung des Gewichts oder der größten Federspannung pflegt durch Plomben, Splinte, Sperrhülsen usw. verhindert zu werden. Belastungsgewichte sollen aus einem Stück bestehen.

Die Größe der Ventile richtet sich nach dem Druck und den durchzulassenden Dampf- oder Flüssigkeitsmengen. Für feststehende Landdampfkessel ist mindestens ein, für bewegliche und Schiffskessel sind zwei zuverlässige Sicherheitsventile mit voneinander unabhängiger Belastung vorgeschrieben, die auf Grund von Versuchen von Reischle und Cario eine Gesamtdruckfläche (ohne Rücksicht auf Rippen) von mindestens:

$$f = \frac{4{,}74 \cdot H}{\sqrt{p \cdot \gamma}} \text{ cm}^2 \tag{237}$$

haben müssen. Sie lassen soviel Dampf entweichen, daß die festgesetzte Dampfspannung höchstens um $^1/_{10}$ ihres Betrages überschritten wird. Dabei bedeuten:

H die Heizfläche in m²,
p den Überdruck in at,
γ das Gewicht von 1 m³ Dampf von p at in kg.

Ventile mit Gewichtsbelastung, bei denen der Druck auf den Teller 600 kg überschreitet, müssen nach den polizeilichen Vorschriften für Anlegung von Land- bzw. Schiffsdampfkesseln 1908 [VI, 3 und 4] durch zwei kleinere ersetzt werden.

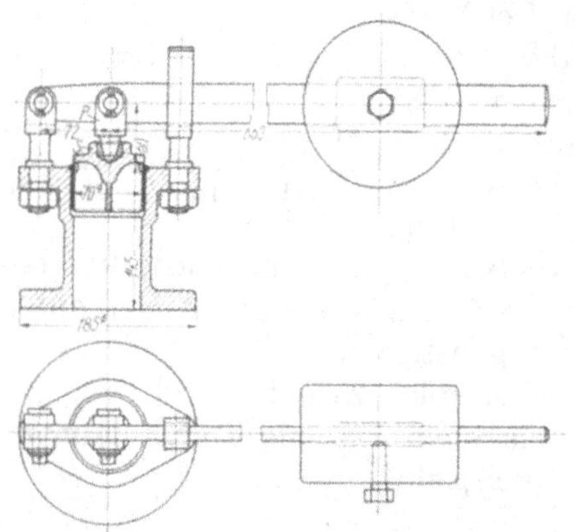
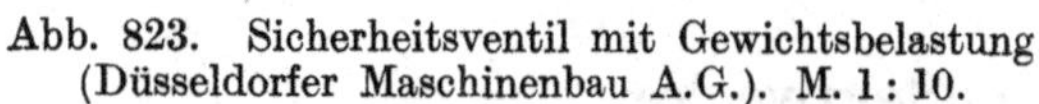

Abb. 823. Sicherheitsventil mit Gewichtsbelastung (Düsseldorfer Maschinenbau A.G.). M. 1 : 10.

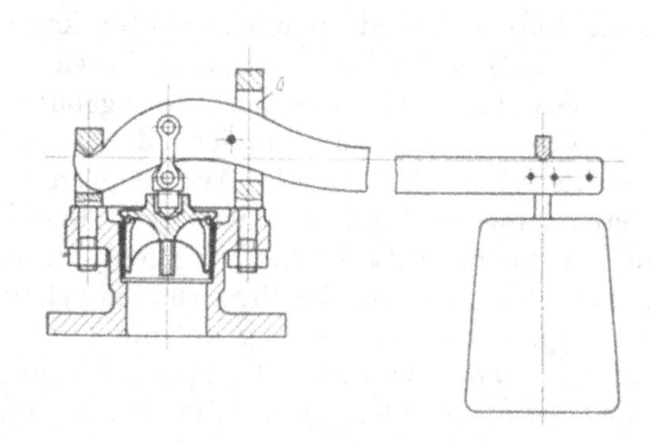

Abb. 824. Sicherheitsventil mit Gewichtsbelastung. M. 1 : 10.

Ein einfaches Sicherheitsventil mit Gewichtsbelastung für Dampfkessel zeigt Abb. 823 nach Ausführung der Düsseldorfer Maschinenbau A.-G. vorm. J. Losenhausen. Der Teller, der ebenso wie der Sitz aus harter Bronze besteht, wird vermittels des Sechskantes S aufgeschliffen und kann unter der Belastung gedreht werden. Die letztere ist durch Verschieben des Gewichts regelbar und greift durch die Pendelstütze P in der Sitzebene an. In Abb. 824 sind die Gelenke zwecks Verringerung der Reibung durch breite Schneiden ersetzt. Dadurch, daß diese auf einer geraden Linie liegen, bleibt das Hebelverhältnis bei geschlossenem und geöffnetem Ventil unverändert. Gabel G begrenzt den Hub und verhütet das Herausschleudern des Ventils bei plötzlichem Öffnen.

Abb. 825 zeigt ein Sicherheitsventil mit Federbelastung, wie es an Pumpendruckleitungen usw. Verwendung findet (Ausführung von Klein, Schanzlin und Becker).

Der durch eine Schraube einstellbare Federdruck wird durch den Stift genau auf die Mitte des Tellers geleitet. Ähnliche, aber gedrängter gebaute Ventile werden an Dampfzylindern zur Milderung von Wasserschlägen angebracht, wenn die Steuerung in den Zylinder eingetretenes oder dort niedergeschlagenes Wasser nicht entweichen läßt. Wegen der Wahl ihrer Größe vgl. Abschnitt 22, IV, A, 2 über Ausnutzung der Dampfzylinder.

Ein Übelstand an solchen einfachen Sicherheitsventilen ist, daß die Spannung unter dem Teller durch das Entweichen des Dampfes oder der Luft vermindert und das Ventil nur wenig geöffnet wird. Erst bei weiterer Steigerung des Druckes wächst auch der Hub, so daß diese Ventile mehr Warnvorrichtungen sind, nicht immer aber vor unter Umständen gefährlichen Überspannungen schützen. Dem begegnen die Hochhubsicherheits-

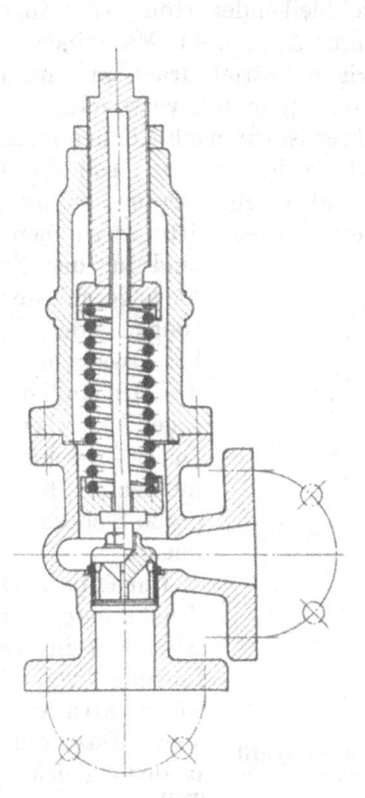

Abb. 825. Sicherheitsventil mit Federbelastung (Klein, Schanzlin und Becker, Frankenthal). M. 1 : 5.

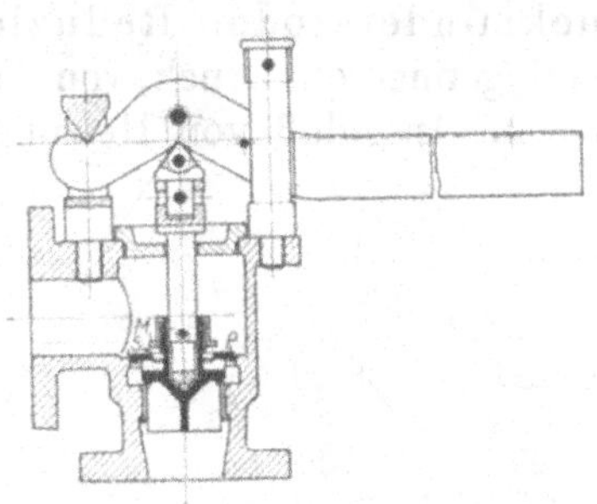

Abb. 826. Hochhubsicherheitsventil „Absolut" (Schäffer und Budenberg, Magdeburg).

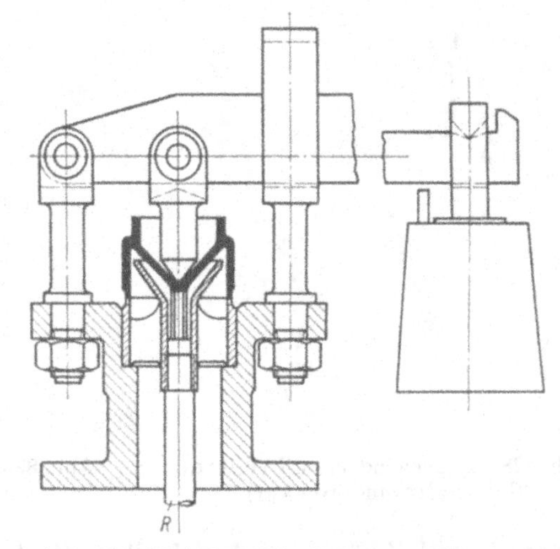

Abb. 827. Hochhubsicherheitsventil (Hübner und Mayer, Wien).

ventile, z. B. nach Abb. 826 und 827. Am Sicherheitsventil „Absolut" von Schäffer und Budenberg, Abb. 826, ist über dem Teller eine Platte P angebracht, die geringe Dampfmengen bei Beginn des Überschreitens des zulässigen Drucks durch die Spalten S entweichen läßt, so daß dasselbe zunächst wie ein gewöhnliches Sicherheitsventil wirkt. Steigt aber die Spannung im Kessel um etwa $^1/_4$ oder $^1/_2$ at weiter, so entsteht in dem Ringraume ein Druck, der das Ventil mit Hilfe der Platte P weiter anhebt und so rasch große Querschnitte schafft. Die Spannung, bei welcher das eintritt, läßt sich durch Einlegen einer Scheibe unter der Mutter M verändern. Das Ventil kann während des Betriebes nachgeschliffen werden und ist zur Abführung großer Dampfmengen mit einem seitlichen Rohranschluß versehen. Die Hochhubventile von Dreyer, Rosenkranz und Droop benutzen den Stoß des ausströmenden Dampfes, der gegen eine darüber angebrachte Platte wirkt, vgl. Z. V. d. I. 1905, S. 359.

Hübner und Mayer in Wien erreichen den gleichen Zweck nach Abb. 827 durch ein unter dem Ventilteller angebrachtes Rohr R, das nach einer Stelle des Kessels führt, wo der Druck nicht mehr durch das Abblasen beeinflußt wird, so daß stets der volle Dampfdruck unter dem Teller wirkt.

Vollhubventile können nach den polizeilichen Vorschriften $^1/_3$ des Querschnittes der gewöhnlichen, also:

$$f = \frac{1{,}58 \cdot H}{\sqrt{p \cdot \gamma}} \text{ cm}^2 \tag{238}$$

erhalten, wenn ihr Hub mindestens $^1/_4$ des Durchmessers beträgt.

2. Druckminder- oder Reduzierventile.

Druckminder- oder Reduzierventile dienen dazu, hochgespannte Betriebsmittel auf geringeren Druck von bestimmter, gleichbleibender Höhe zu bringen. Sie werden beim Anschluß von Heizungen, Dampffässern, Apparaten, Maschinen usw. mit niedrigem Betriebsdruck an Leitungen mit höherer Spannung verwandt.

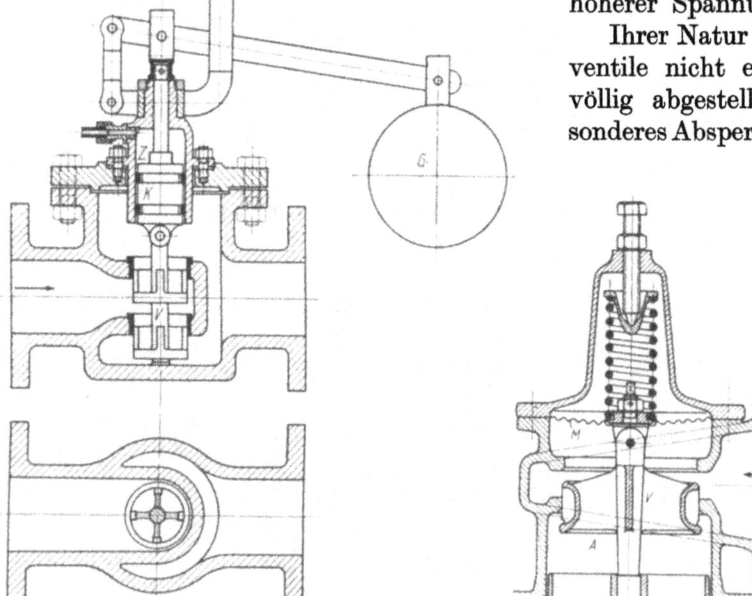

Abb. 828. Druckminderventil (Klein, Schanzlin und Becker).

Abb. 829. Druckminderventil mit Membran.

Ihrer Natur nach können sie Absperrventile nicht ersetzen; soll die Leitung völlig abgestellt werden, so ist ein besonderes Absperrmittel vorzusehen. Ferner sind für den Fall, daß die angeschlossenen Leitungen oder Apparate bei etwaigem Versagen des Druckminderventils gegen übermäßigen Druck geschützt sein müssen, hinreichend große Sicherheitsventile nötig.

Ein einfaches Dampfdruckminderventil zeigt Abb. 828 in der Ausführung von Klein, Schanzlin und Bekker. Das durch die beiden gleich großen Teller vollkommen entlastete Ventil V hängt an dem Kolben K, der in dem vom Dampf umspülten Zylinder Z abgedichtet und durch das Gewicht G belastet ist. Das Ventil bleibt so lange offen und läßt Dampf durchströmen, bis der Druck unter dem Kolben zum Anheben des Gewichts genügt. Dann kommt es je nach der durchströmenden Dampfmenge in eine Gleichgewichtslage und drosselt den Druck hinter dem Ventil auf die der Kolbenbelastung entsprechende Spannung ab. An Stelle des Hebels und des Gewichts kann auch eine Spiralfeder treten. Zur Einstellung des Ventils auf einen bestimmten Druck braucht nur das Gewicht verschoben oder die Feder entsprechend gespannt zu werden. Wegen der durch das Drosseln bedingten hohen Geschwindigkeiten dürfen die Ventile nicht zu groß genommen werden. Näheres enthalten die Listen der Firmen.

Die Undichtheit, die Reibung und das bei unreinem Dampf vorkommende Festsetzen des Kolbens vermeiden Druckminderventile mit Metall-, Gummi- oder Ledermembranen, die in konstruktiv sehr mannigfaltiger Weise durchgebildet werden. Die Belastung, manchmal auch die Eigenspannung der Membran M in Abb. 829 hält das Ventil V so lange offen, bis der Druck im Raum A die Membran um den Ventilhub durchgebogen oder angehoben hat.

3. Rückschlagventile.

Rückschlagventile oder Speiseventile gestatten den freien Durchfluß in einer Richtung, verhindern aber das Zurückströmen. Abb. 830 stellt die Sicherung eines Manometers gegen plötzliche Entlastung durch Einschalten einer kleinen Kugel dar. Bei steigendem Druck hebt sich die Kugel von ihrem Sitz; das Manometer folgt jedoch auch langsamen Änderungen bei sinkendem Druck infolge eines kleinen Schlitzes im Ventilsitz, der aber die Stöße, die dem Manometer schaden können, genügend abschwächt.

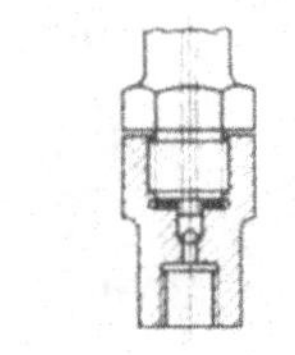

Abb. 830. Manometerrückschlagventil.

Abb. 831 zeigt ein Kesselspeiseventil. Es öffnet sich von selbst, wenn die Speisevorrichtung in Tätigkeit tritt und schließt sich wieder, wenn jene stillgesetzt wird.

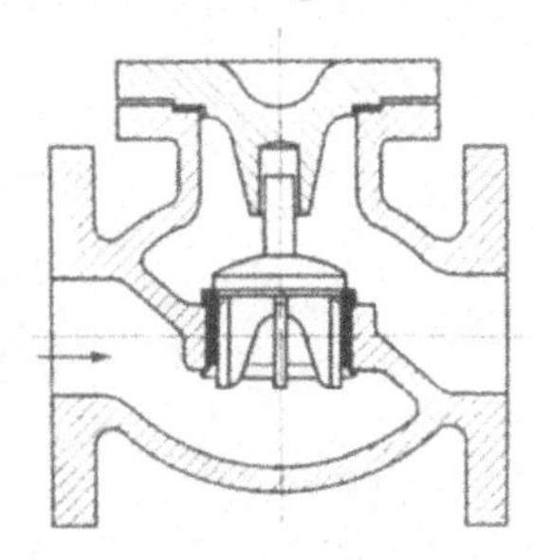

Abb. 831. Kesselspeiseventil.

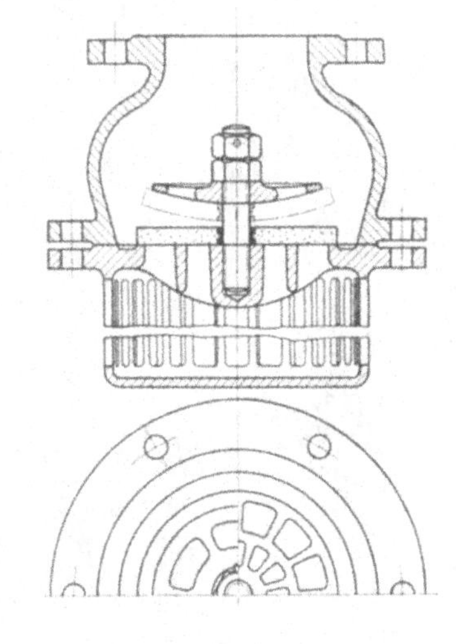

Abb. 832. Fußventil einer Pumpensaugleitung.

Abb. 832 gibt das Fußventil der Saugleitung einer Pumpe wieder. Solange die Pumpe arbeitet, schwebt die Gummiplatte in dem Wasser. Zugunsten geringen Widerstands wird sie möglichst leicht gehalten und die Durchtrittgeschwindigkeit klein, 0,5 bis 0,8 m/sek, gewählt. Kommt die Pumpe außer Betrieb, so setzt sich die Platte auf den Sitz, dichtet ab, verhindert also das Abfallen der Saugwassersäule und erleichtert auf diese Weise das Ansaugen beim Wiederinbetriebsetzen ganz erheblich.

4. Schnellschlußventile.

Schnellschlußventile haben den Zweck, den Zufluß des Betriebsmittels zu den angeschlossenen Rohrleitungen oder Maschinen im Falle drohender Gefahr rasch zu unterbrechen. Die Spindel S des Ventils Abb. 833 wird beim Öffnen durch die Muffe M mit der Schraube T gekuppelt. In ganz geöffneter Stellung bleibt der Teller auch nach dem Seitwärtswegdrehen der Muffe infolge der Stopfbüchsenreibung stehen, kann aber dann durch den Hebel H unmittelbar oder durch einen Drahtzug, selbst von entfernten Stellen aus, rasch geschlossen werden. Das Ventil muß dabei naturgemäß so eingebaut sein, daß der Dampfdruck auf die Ventilplatte von oben her wirkt. Nachteilig ist, daß der Teller immer ganz abgehoben sein muß, weil er bei geringer Öffnung durch den Dampfstrom mitgerissen und das Ventil von selbst geschlossen würde

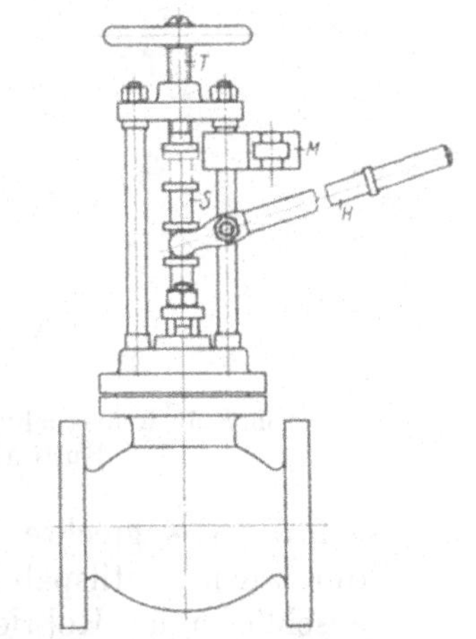

Abb. 833. Schnellschlußventil.

Schnellschlußventile finden in neuerer Zeit im Zusammenhang mit Dampfturbinen vielfache Anwendung. Ein Sicherheitsregler, der bei Überschreitung der höchsten zulässigen Umdrehzahl ausschlägt, löst die Schnellschlußvorrichtung aus, sperrt den Dampfstrom ab und verhütet das Durchgehen der Turbine. Abb. 834 zeigt die Ausführung der Allgemeinen Elektrizitäts-Gesellschaft Berlin. Der Ventilteller wird durch die mit Linksgewinde versehene Spindel S, das Kegelradvorgelege und den Handgriff H gegen den auf ihm lastenden Dampfdruck angehoben und offen gehalten, solange die Klinke K in die Mutter M eingreift. Wird aber der Klinkenhebel von Hand oder bei Überschreitung der höchsten zulässigen Umlaufzahl der Turbine durch den

Sicherheitsregler nach unten gedrückt, so wird die Mutter frei und das Ventil durch die Feder F geschlossen. L ist ein Luftpuffer, der den Schlag dämpfen soll. Zum Wiederöffnen wird zunächst die Mutter M durch Drehen des Handgriffs nach rechts auf der Spindel zurückgeschraubt, bis sich die Klinke einlegen läßt und dann der Ventilteller durch Linksdrehen der Spindel angehoben.

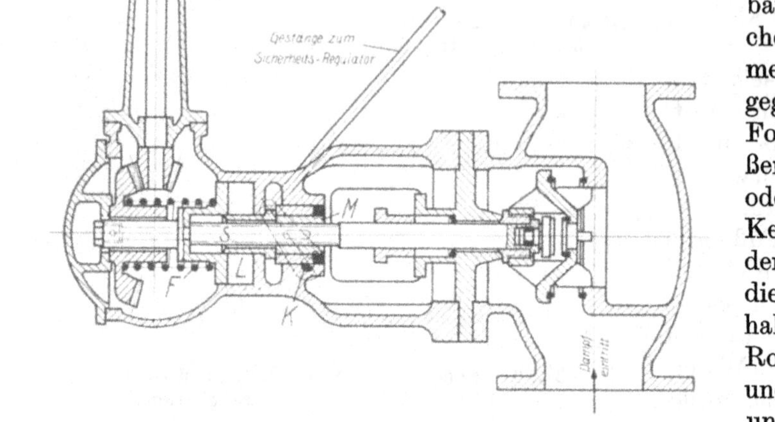

Abb. 834. Schnellschlußventil an den Dampfturbinen der A.E.G., Berlin.

5. Selbstschluß- oder Rohrbruchventile.

Selbstschluß- oder Rohrbruchventile dienen zur Verhütung von Unfällen bei Rohrbrüchen. Der unmittelbare Schaden, den ein solcher Bruch verursacht, ist meist nicht sehr groß; dagegen sind oft die weiteren Folgen, das Ausströmen großer Mengen heißen Dampfes oder Wassers, Leerlaufen der Kessel usw. von verheerender Wirkung. Hier sollen die Selbstschlußventile Einhalt tun. Sie werden in die Rohrleitungen eingeschaltet und müssen unter raschem und sicherem Abschluß in Tätigkeit treten, sobald ungewöhnlich große Dampfmassen durchfließen. Zweckmäßig sind Vorrichtungen, die das Einstellen auf bestimmte Mengen gestatten. Die Betätigung soll einfach und nicht von besonderer Geschicklichkeit abhängig, die Reibung der bewegten Glieder gering, ein Festsetzen irgendwelcher Teile aber ausgeschlossen sein.

Die Rohrbruchventile sind in sehr verschiedener Weise durchgebildet worden; im folgenden können nur wenige Beispiele angeführt werden; wegen weiterer Einzelheiten sei insbesondere auf die Untersuchungen Köhlers [IX, 19] verwiesen.

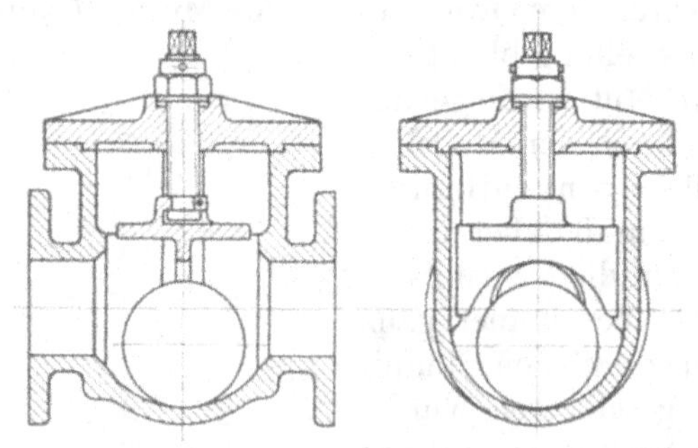

Abb. 835. Rohrbruchventil (Schäffer und Budenberg).

Konstruktiv sehr einfach ist das Rohrbruchventil, Abb. 835, von Schäffer und Budenberg, aus einer Kugel bestehend, die bei zu großer Durchflußgeschwindigkeit mitgerissen wird und sich je nach der Strömungsrichtung gegen den einen oder andern Sitz legt. Die Empfindlichkeit kann durch Verstellen des Durchlaßbogens geregelt werden.

Abb. 836 zeigt ein von Dreyer, Rosenkranz und Droop gebautes Rohrbruchventil für wagrechte Leitungen. Der Dampf strömt unter gewöhnlichen Verhältnissen durch den Ventilspalt hindurch, ohne den Teller zu beeinflussen. Tritt aber in der bei A anschließenden Rohrleitung ein Bruch ein, sinkt also der Dampfdruck über dem Teller plötzlich, so wirft der in dem Raume U befindliche, sich ausdehnende Dampf den Ventilteller zu, sperrt damit die anschließende Leitung ab und hält diese geschlossen, bis der Druck unter ihm abgelassen wird, wobei der Teller von selbst zurückfällt. Das Ventil kann durch Anheben des Hebels H auf leichten Gang untersucht und durch Verstellen des Gewichtes G zu früherem oder späterem Schließen veranlaßt werden. Es kann auch als Schnellschlußventil dienen, dagegen nicht als Absperrmittel, so daß es zweckmäßig ist, gegebenenfalls ein solches vorzuschalten, das aber bei vollem Betrieb stets weit geöffnet sein soll, weil sonst dort schon Drosselungen eintreten, die die Wirkung des Selbstschlusses beeinflussen.

Dagegen ist das Selbstschlußventil, Abb. 837, Ausführung von Klein, Schanzlin und Becker, gleichzeitig Absperrventil. Der Dampfdruck ruht im geschlossenen Zu-

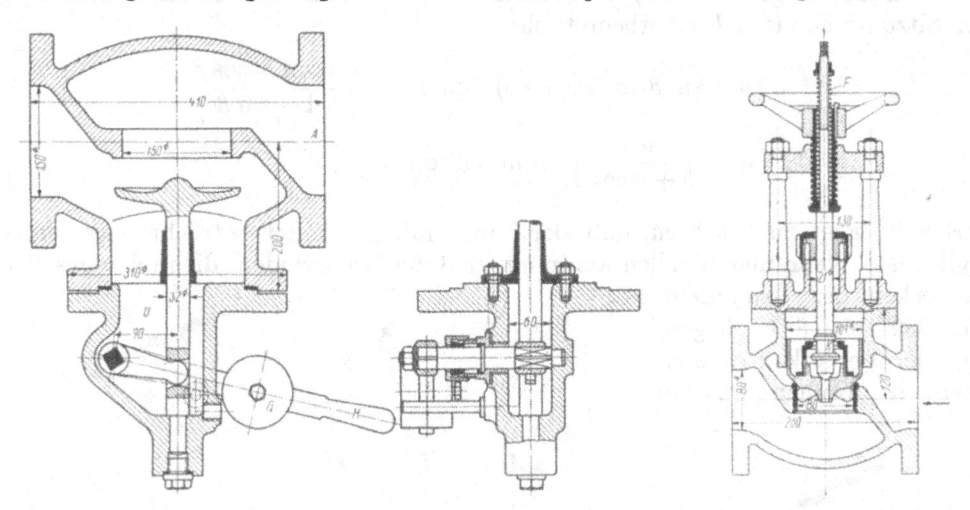

Abb. 836. Rohrbruchventil (Dreyer, Rosenkranz und Droop). M. 1:10.

Abb. 837. Rohrbruchventil (Klein, Schanzlin und Becker). M. 1 : 10.

stande auf dem nach Daelenscher Bauart ausgebildeten Absperrkegel. Beim Drehen des Handrades wird durch Vermittelung der Feder F das Voröffnungsventil und dann durch den Dampfdruck der Hauptkegel angehoben. Bei offenem Ventil und langsamen Änderungen gleicht sich der Dampfdruck durch den Spalt am Kolbenumfang aus; tritt aber durch Bruch oder Herausfliegen einer Packung eine plötzliche Verminderung der Spannung unter dem Kegel ein, so wird dieser durch den darüber befindlichen Druck und die saugende Wirkung des durchströmenden Dampfes auf seinen Sitz gepreßt und dort festgehalten. Da auch der Kegel K, und zwar durch die Feder F, am oberen Sitz angepreßt wird, ist vollständige Absperrung erreicht.

II. Klappen.

1. Grundlagen.

Die Mehrzahl der Klappen öffnet sich durch Drehung um eine in der Abdichtungsebene liegende oder ihr gleichlaufende Achse. Klappen werden sowohl als Abschlußvorrichtungen wie auch als selbsttätige und gesteuerte Organe an Stelle von Ventilen angewendet. Ihr Vorzug diesen gegenüber besteht darin, daß sie dem Betriebsmittel bei richtiger Anordnung freieren Durchgang unter geringerer Ablenkung des Stromes gewähren; nachteilig ist der wegen des einseitigen Durchtritts verhältnismäßig größere Hub.

Als Klappen bezeichnet man auch runde Platten aus Gummi oder ähnlichen Stoffen nach Abb. 845, die in der Mitte gehalten, beim Öffnen durch Aufwölben einen Spalt am ganzen Umfang frei geben und sich durch eigene Elastizität wieder schließen.

2. Berechnung des Durchflußquerschnittes.

Bei rechteckiger Grundform des Sitzes, Abb. 838, mit a und b als Seitenlängen und unter der Annahme, daß die Drehachse unmittelbar an der einen Sitzkante liegt, hat der Durchflußquerschnitt trapezförmige Gestalt und setzt sich aus einem Rechteck und zwei seitlichen Dreiecken zusammen.

Er läßt sich mit den Bezeichnungen der Abbildung ausdrücken durch:

$$f = h \cdot b + 2\,a \cdot \cos\beta \cdot \frac{h}{2} = h\,(b + a\cos\beta).$$

Das Lot von der Sitzkante auf die Klappenfläche kann dabei als Hub h bezeichnet werden. Mit $h = a \sin\beta$ folgt $f = a \sin\beta \cdot (b + a \cos\beta)$, so daß unter der Bedingung, daß f gleich dem Sitzquerschnitt $a \cdot b$ ist, theoretisch:

$$b = \sin\beta \cdot (b + a\cos\beta) \quad \text{oder} \quad b = \frac{a \cdot \sin\beta \cdot \cos\beta}{1 - \sin\beta}$$

und:

$$h = \frac{a \cdot b}{b + a\cos\beta} \quad \text{sein sollte.}$$

Hierbei ist aber zu beachten, daß der Durchfluß nur unter beträchtlichen Störungen möglich ist. Wenn man nämlich annimmt, daß die Wasserfäden, die in den gestrichelten Rechtecken der Grundrisse, Abb. 839 bis 841, liegen, längs der Vorderkanten austreten, so bleiben für die

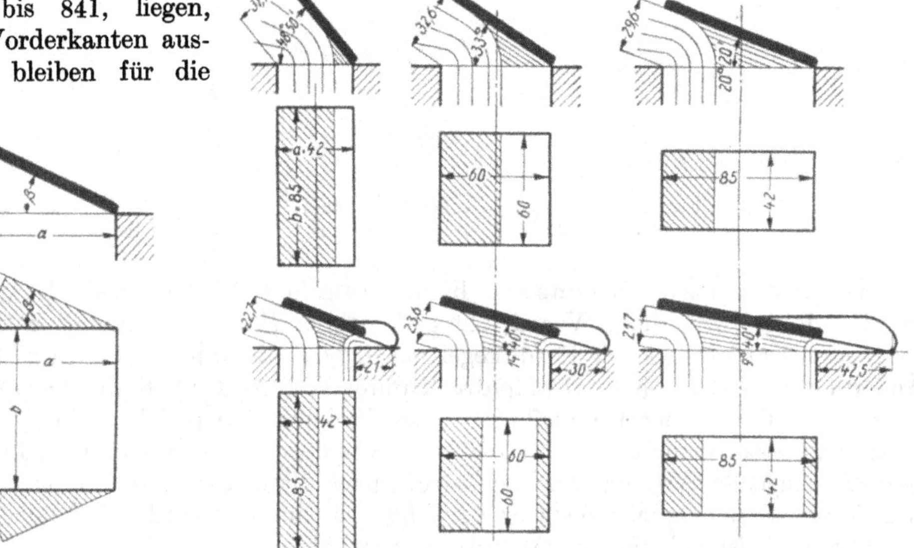

Abb. 838. Durchtrittquerschnitt an einer rechteckigen Klappe.

Abb. 839 bis 844. Durchtrittquerschnitt an Klappen.

übrigen nur die in den Aufrissen schräg gestrichelten Zwickel an den Seitenflächen der Klappe übrig. Der durch die Summe dieser drei Flächen dargestellte Spaltquerschnitt f im Verhältnis zum Sitzquerschnitt $f_1 = a \cdot b$ ist zusammen mit dem nach den Formeln notwendigen Öffnungswinkel β für Klappen verschiedener Form den Zusammenstellung 100 zu entnehmen. Das Verhältnis $\frac{f}{f_1}$ wird um so ungünstiger, je größer die Länge a gegenüber der Breite b ist. An sehr breiten Klappen kann man die Zwickel an den Seitenflächen ganz vernachlässigen und den Spaltquerschnitt genügend genau durch $f = b \cdot h = a \cdot b \sin\beta$ ausdrücken.

Liegt die Drehachse in größerem Abstand von der Sitzkante und kann das Betriebsmittel längs des ganzen Klappenumfanges ausströmen, so liegen die Verhältnisse, wie Abb. 842 bis 844 und die zugehörigen Zahlen der Zusammenstellung zeigen, viel günstiger; sowohl der Hub h wie auch der Öffnungswinkel β werden kleiner und das Verhältnis $\frac{f}{f_1}$ günstiger, der Raumbedarf freilich größer. Die Klappe nähert sich in ihrer Wirkung derjenigen eines Ventils.

An selbsttätigen Klappen bieten große Öffnungswinkel praktisch Schwierigkeiten; $\beta = 30^0$ gilt schon bei geringen Hubzahlen als obere Grenze. Rasch arbeitende Klappen müssen wesentlich kleinere Öffnungswinkel bekommen.

Zusammenstellung 100. **Durchtrittverhältnisse an rechteckigen Klappen verschiedener Form.**

			Drehachse an der Sitzkante, Abb. 839 bis 841			Drehachse im Abstand $c = \frac{a}{2}$ von der Sitzkante, Abb. 842 bis 844.		
	a	b	β	h cm	$\frac{f}{f_1}$	β	h cm	$\frac{f}{f_1}$
Kurze Form $a = \frac{b}{2}$	4,2	8,5	48⁰50′	3,19	0,80	19⁰50′	2,27	0,82
Quadratische Form $a = b$	6	6	33⁰	3,26	0,74	14⁰40′	2,36	0,79
Lange Form $a = 2b$	8,5	4,2	20⁰20′	2,96	0,71	9⁰40′	2,17	0,76

An runden Gummiklappen, Abb. 845, bildet der Durchtrittquerschnitt die Oberfläche eines Kegelstumpfes, deren Größe bei mäßigem Hub annähernd durch:

$$f = \pi\, d \cdot h,$$

genauer durch:

$$f = \pi\,(d - h \cdot \sin\beta) \cdot h \qquad (239)$$

gegeben ist.

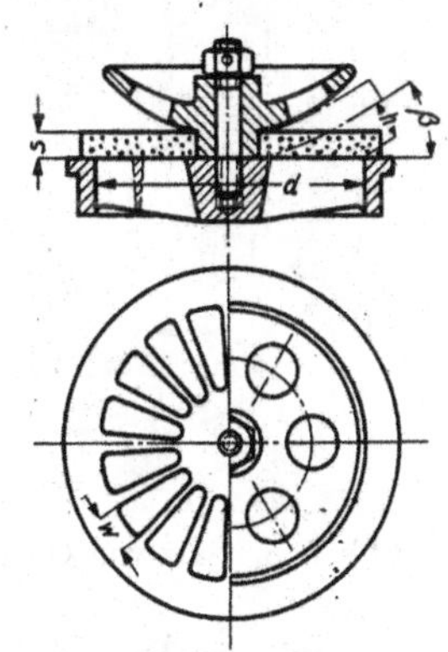

Abb. 845. Gummiklappe für Kondensatorpumpen.

Grenzwerte für β sind 30⁰, für den Hub etwa 25 mm.

Untersuchungen über die Ausflußzahl μ zur Ermittlung der Durchströmmenge $Q = f \cdot \mu \cdot v$ an Klappen fehlen noch. μ wird nicht allein von der Art des Betriebsmittels, sondern auch von der Gestalt des Sitzquerschnittes abhängen.

3. Ausführungsbeispiele.

Abb. 855 zeigt eine Rückschlagklappe, wie sie an Pumpen häufig Verwendung finden, um die Druckleitung rasch absperren und die Pumpe nachsehen zu können. Gegenüber Schiebern oder Absperrventilen haben sie den Vorzug, sich beim Ingangsetzen der Pumpe von selbst zu öffnen, also unabhängig von der Aufmerksamkeit des Maschinenführers zu sein.

Selbsttätige Klappen werden oft als billiger und einfacher Ersatz von Hubventilen an Pumpen, Gebläsen und Kondensatoren verwendet. Ihre Berechnung erstreckt sich auf die Größe der Durchflußquerschnitte und die Festigkeit der einzelnen Teile. Zur Bestimmung der Belastung fehlen noch Versuchsgrundlagen.

Einen einfachen Kolben für Brunnenpumpen mit Lederklappen, die sich durch ihr Eigengewicht schließen, gibt Abb. 846 wieder.

Gutermuth verwendet Klappen nach Abb. 847. Sie bestehen aus gewalzten, zähen Stahl- oder Tombakblechstreifen, deren Anfang zu einer Feder zusammengerollt, in einer

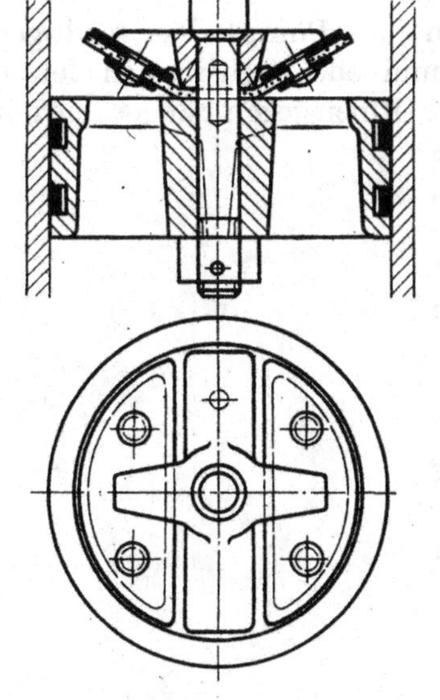

Abb. 846. Brunnenpumpenkolben mit Lederklappen.

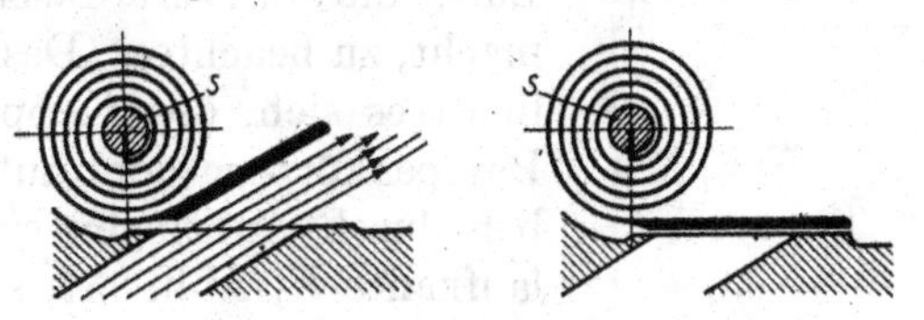

Abb. 847. Gutermuthklappen.

geschlitzten Spindel S gehalten wird, während das Ende als Abschlußplatte dient und für den Fall, daß die Klappe unter höherem Druck arbeiten soll, stärker gehalten werden kann. Durch Drehen und Festklemmen der Spindel S läßt sich die Federspannung leicht regeln und dauernd sichern. Die Durchtrittschlitze sind schief zur Klappenebene angeordnet, um die Ablenkung des Stromes, Wirbelungen und Widerstände möglichst gering zu halten. Indem sich die Klappe gleichsam auf den Flüssigkeitsstrom legt, bedarf sie

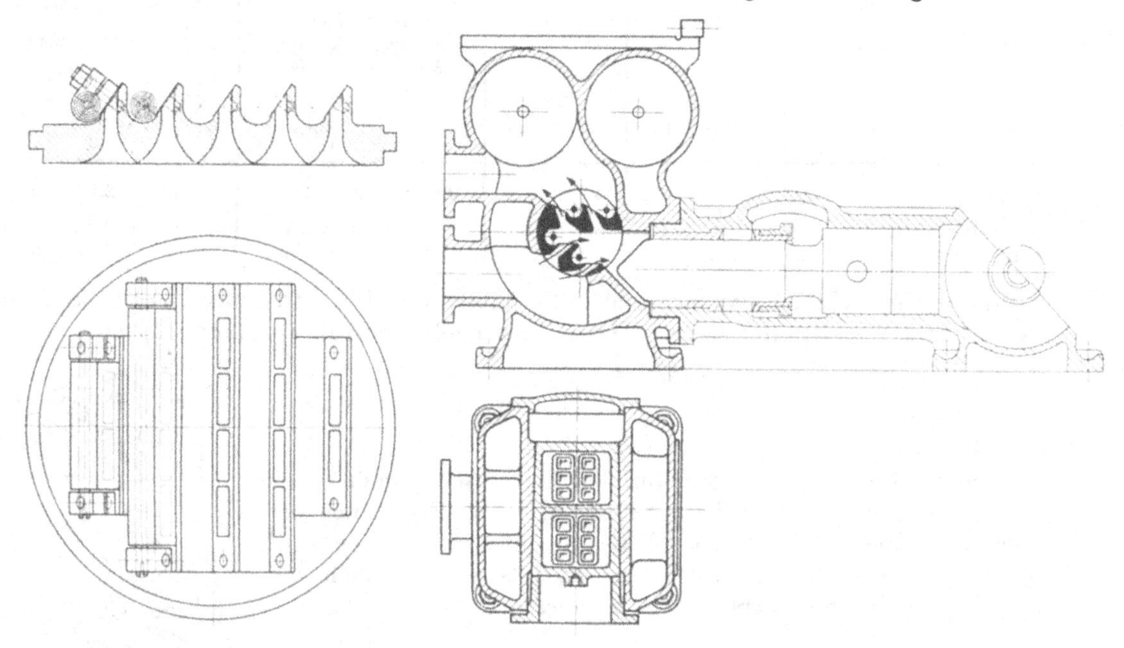

Abb. 848. Satz von Gutermuthklappen. Abb. 849. Saug- und Druckklappen in einem hahnartigen Gehäuse.

nur geringer Belastung, weil diese dem Strom nicht entgegenzuwirken braucht; außerdem ist eine Hubbegrenzung entbehrlich.

Abb. 848 stellt einen Satz von Klappen für eine Pumpe dar, Abb. 849 zeigt ihren Einbau in ein hahnartiges, leicht herausziehbares Gehäuse, das die Klappen rasch zugänglich macht.

Abb. 845 und 850 geben Klappen für Kondensatoren und Pumpen bei niedrigen Drucken bis zu zwei Atmosphären wieder. Die weichen Gummi- oder auch dünnen Metallplatten liegen auf durchbrochenen Sitzen und legen sich beim Offnen gegen Fänger, die mit Löchern versehen sind, um das Anhaften zu verhüten. Die Spaltweite w, Abb. 845, soll um so geringer gehalten werden, je höher der Druck ist, damit sich die Platten nicht durchdrücken; als Grenze gilt für weichen Gummi $w = 2\,s$. Scharfe Kanten am Sitz verletzen den Gummi; auch ist seine Empfindlichkeit gegenüber heißem, ölhaltigem Wasser sowie trockner Luft, die ihn oft rasch brüchig macht, zu beachten. Deshalb empfiehlt es sich, die Klappen in den Pumpenkörpern oder auf den Kolben durch Anbringen einer Überlaufkante K, Abb. 851, stets unter Wasser zu halten. Bei der in dieser Darstellung wiedergegebenen

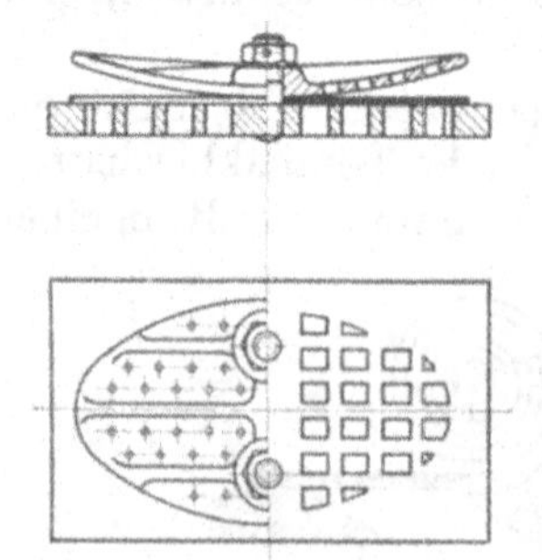

Abb. 850. Klappe für Kondensatorpumpen.

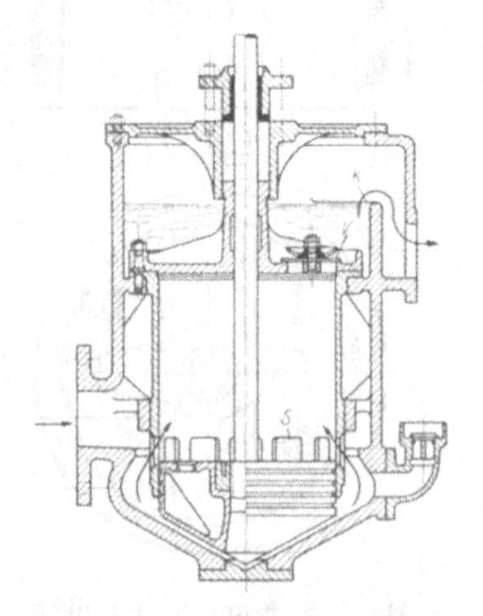

Abb. 851. Kondensatorpumpe.

stehenden Kondensatorpumpe tritt das Wasser-, Dampf- und Luftgemisch durch die vom Kolben in seiner untersten Lage freigegebenen Schlitze S infolge der über denselben beim Niedergang erzeugten hohen Luftleere in den Zylinder, wird beim Aufwärtsgang des Kolbens nach dem Überschleifen der Schlitze verdichtet und durch die im Zylinderdeckel sitzenden Klappen weggedrückt. Die kegelige Endfläche des Kolbens soll im Zusammenhang mit dem ähnlich geformten Boden der Pumpe das in erster Linie dort sich ansammelnde Niederschlagwasser in den Zylinder befördern.

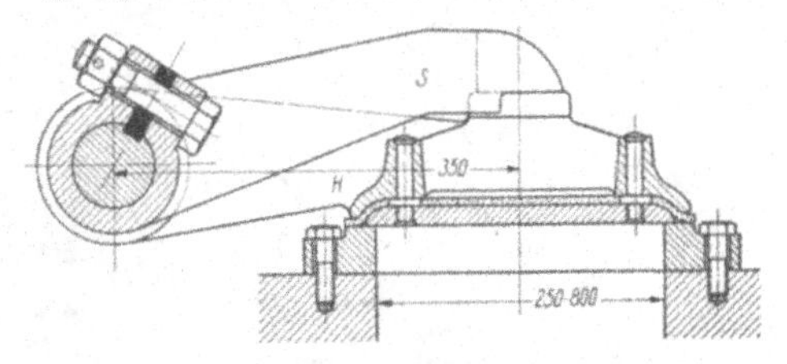

Abb. 852. Gesteuerte Klappe nach Riedler. M. 1 : 10.

4. Gesteuerte Klappen.

Nach Riedler gesteuerte Klappen werden häufig an Kanalisationspumpen verwendet, weil sie bei großen freien Querschnitten selbst groben Verunreinigungen den Durchgang gestatten. Abb. 852 zeigt ihre Durchbildung, insbesondere ihre Führung durch den Hebel H, Abb. 853 ihre Anordnung in

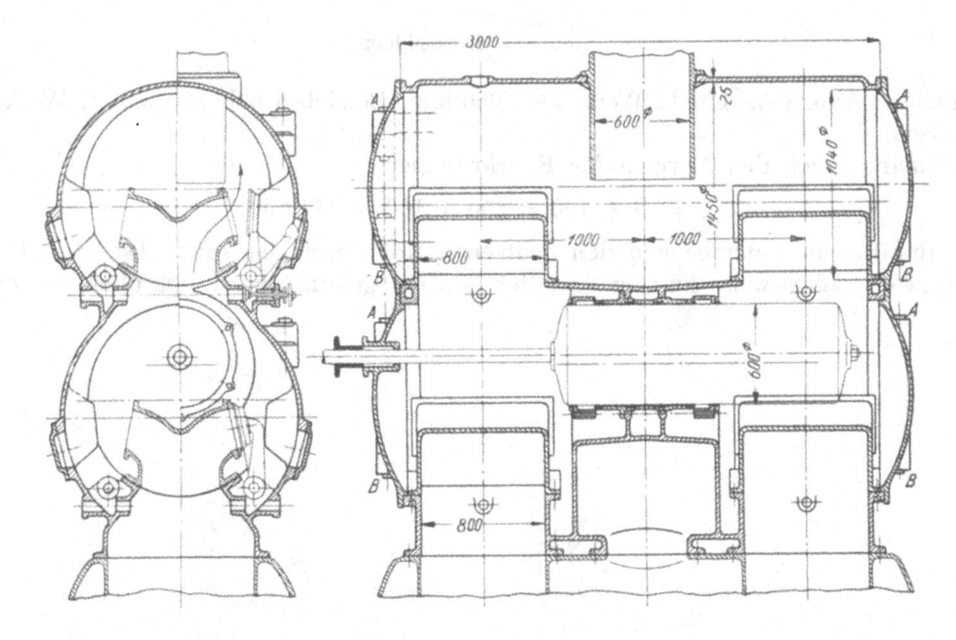

Abb. 853. Kanalisationspumpe mit gesteuerten Klappen nach Riedler. M. 1:45.

einem Pumpenkörper. Ähnlich wie die auf Seite 463 besprochenen gesteuerten Ventile öffnen sich die Klappen selbsttätig, werden dagegen durch den Hebel S zwangsweise geschlossen. Um etwaige Brüche zu verhüten, wenn größere Stücke in den Spalt gelangen, werden Federn in das Steuergestänge eingeschaltet.

5. Drosselklappen.

Eine besondere Art von Absperrmitteln sind die um die Drehachse symmetrisch ausgebildeten Drosselklappen, Abb. 854. Sie dienen zur Regelung des Zu- oder Abflusses von Gasen oder Flüssigkeiten. Wenn die Drehachse in der Mitte liegt, ist eine solche Klappe nahezu völlig entlastet — nicht vollständig, weil sich die Strömung hinter derselben nicht symmetrisch zur Rohrachse ausbildet. Sie verlangt aber immerhin geringe Stellkräfte, die in erster Linie die Stopfbüchsreibung überwinden müssen, kann aber andererseits nicht vollständig dicht abschließen.

6. Konstruktions- und Berechnungsbeispiel.

Rückschlagklappe zur Wasserwerkpumpe, Tafel I. Unmittelbar an den Druckstutzen der Pumpenkörper sitzend, soll sie die Abführung des Wassers nach unten er-

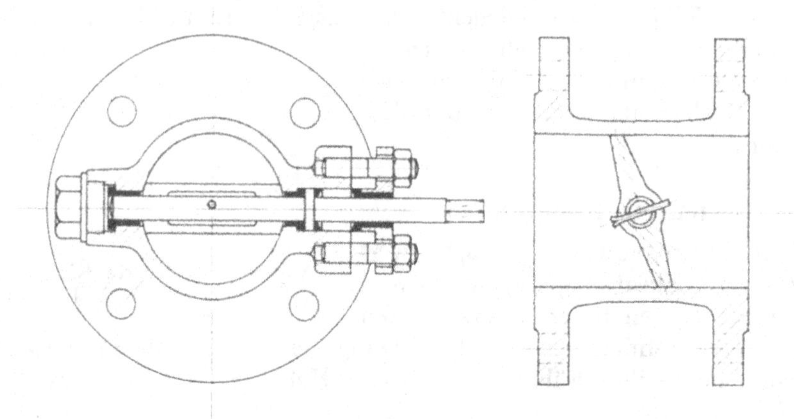

Abb. 854. Drosselklappe.

möglichen, Abb. 855. Lichte Weite $D = 250$ mm, Betriebsdruck $p = 5{,}2$ at, Werkstoff: Gußeisen.

Baulänge nach den Normen für Rohrkrümmer:

$$L = D + 100 = 250 + 100 = 350 \text{ mm}.$$

Anschlußflansche entsprechend den deutschen Rohrnormalien 1882. Der Hauptkörper wird zweckmäßigerweise kugelig gestaltet, um der geöffneten Klappe ohne wesentliche

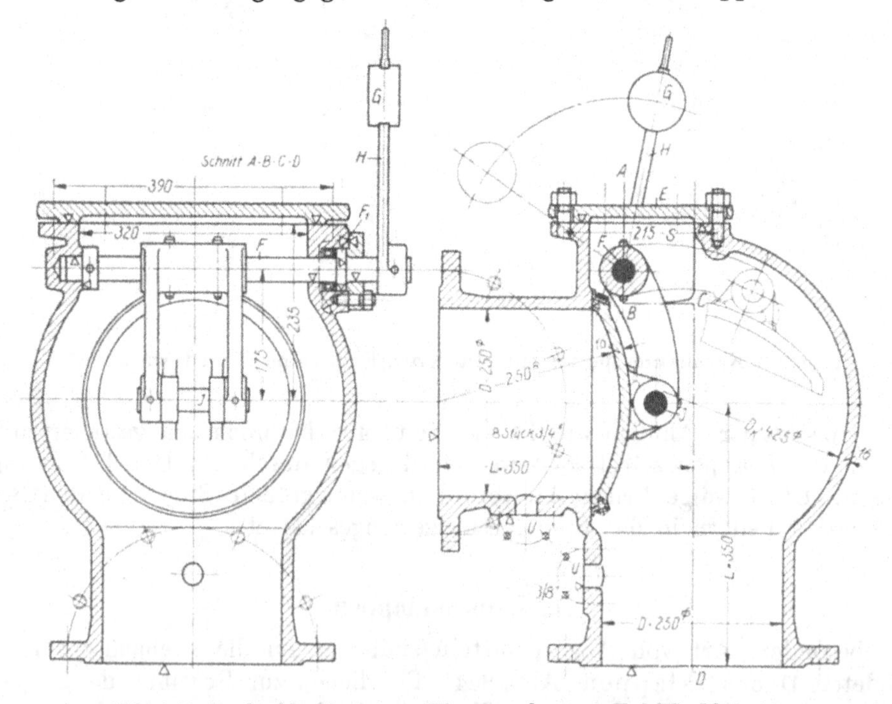

Abb. 855. Rückschlagklappe zur Wasserwerkpumpe Tafel I. M. 1 : 10.

Störung des Wasserstromes Platz zu bieten und um günstige Festigkeitsverhältnisse zu bekommen. Die Klappe selbst, aus einer gewölbten Platte bestehend, und am Rande durch einen Lederstreifen abgedichtet, ist durch den Stutzen S und den Deckel E zugänglich. Sie kann durch die Spindel F und den Handhebel H von außen betätigt werden, wobei sie in den äußersten Lagen durch das Gegengewicht G gehalten wird. Zwecks Anpassung an den Sitz, ist sie am Bolzen J mit geringem Spiel gelenkig aufgehängt. Spindel F ist durch eine Ledermanschette abgedichtet und durch einen Bund F_1 dem Wasserdruck gegenüber, der sie in Richtung ihrer Längsachse zu verschieben sucht, gehalten. Zur Herstellung des Druckausgleiches vor dem Öffnen der Klappe, gegebenenfalls zum Auffüllen der Pumpe aus der Druckleitung vor dem Anlassen, dient ein zwischen den Flanschen U einzuschaltendes Umlaufventil.

Als Anhalt für die Wahl der Wandstärke des Klappenkörpers kann die der normalen gußeisernen Rohre — 12 mm — dienen. In Rücksicht auf die ebenen Wände des Stutzens S werde sie auf $s = 16$ mm erhöht.

Beanspruchung der Rohrwandung nach Formel (56):

$$\sigma_z = \frac{D \cdot p}{2s} = \frac{25 \cdot 5{,}2}{2 \cdot 1{,}6} = 40{,}6 \text{ kg/cm}^2,$$

der kugeligen Wandung von $D_k = 425$ mm Durchmesser (51):

$$\sigma_z = \frac{D_k \cdot p}{4s} = \frac{42{,}5 \cdot 5{,}2}{4 \cdot 1{,}6} = 34{,}6 \text{ kg/cm}^2; \text{ beide niedrig.}$$

Auch die Beanspruchung der normalen Anschlußflansche und der Schrauben ist, da sie für Betriebsdrucke bis zu 10 at bestimmt sind, gering:

Flüssigkeitsdruck, berechnet aus dem mittleren Durchmesser der Dichtfläche, $D_m = 280$ mm:

$$P' = \frac{\pi}{4} \cdot D_m^2 \cdot p = \frac{\pi}{4} \cdot 28^2 \cdot 5{,}2 = 3200 \text{ kg}.$$

Biegebeanspruchung der Flansche, vgl. Seite 373, Formel (161), bei einem Durchmesser $D_f = 290$ mm an der Ansatzstelle und bei $h = 27$ mm Stärke:

$$\sigma_b = \frac{6 \cdot P' \cdot a}{\pi \cdot D_f \cdot h^2} = \frac{6 \cdot 3200 \cdot 3{,}0}{\pi \cdot 29 \cdot 2{,}7^2} = 87 \text{ kg/cm}^2.$$

Zugspannung in den 8 Stück $^3/_4''$ Schrauben:

$$\sigma_z = \frac{P'}{8 \cdot \frac{\pi}{4} d_1^2} = \frac{3200}{8 \cdot 1{,}961} = 204 \text{ kg/cm}^2.$$

Die Beanspruchung der ebenen Stutzenwände läßt sich bei ihrer verwickelten Form rechnerisch kaum verfolgen. Konstruktiv ist sie dadurch so klein wie möglich gehalten worden, daß der Stutzenflansch dicht an die Körperwandung herangerückt wurde, wobei allerdings der Deckel durch Stiftschrauben befestigt werden mußte. Durchsteckschrauben hätten einen um etwa 50 mm größeren Abstand der Flanschfläche verlangt und beträchtlich ausgedehntere ebene Wände zur Folge gehabt. Bei Beurteilung ihrer Widerstandsfähigkeit kann der Deckel E zum Vergleich herangezogen werden. Fällt die Beanspruchung desselben bei gleicher Stärke $s = 16$ mm genügend niedrig aus, so dürften die durch die Flansche und die anschließenden zylindrischen und kugeligen Teile gut versteiften Stutzenwände hinreichend kräftig sein.

Berechnung des Deckels E, Abb. 856. Gewählt Flanschstärke 20 mm, Dichtleistenhöhe 3 mm. Einen unteren Grenzwert für die Beanspruchung erhält man wenn man den mittleren $s = 16$ mm starken Teil als eine in dem ziemlich kräftigen Flansch eingespannte Platte betrachtet. Sie würde unter Beachtung der Bemerkung auf Seite 62, unten, bei einem Halbachsenverhältnis:

$$\frac{b}{a} = \frac{7{,}25}{16} = 0{,}453$$

und dem Beiwert $\varphi_8 = 1{,}71$ einer Spannung von:

$$\sigma = \pm \varphi_8 \cdot p \cdot \frac{b^2}{s^2} = \pm 1{,}71 \cdot 5{,}2 \cdot \frac{7{,}25^2}{1{,}6^2} = \pm 183 \text{ kg/cm}^2$$

ausgesetzt sein. Die Näherungsrechnung nach dem im Abschnitt 23 näher besprochenen Verfahren von **Bach**, bei dem man annimmt, daß der Deckel als ein längs einer Diagonalen eingespannter Körper betrachtet werden darf, führt zu folgenden Zahlen. Die Biegespannung in einer der Diagonalebenen des Deckels ist nach Formel (514):

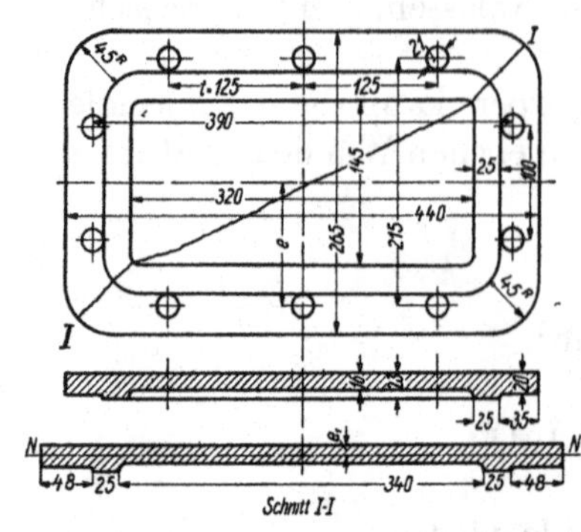

Abb. 856. Zur Berechnung des Deckels E, Abb. 855. M. 1:10.

$$\sigma_b' = \varphi_0 \cdot \frac{M_b \cdot e_1}{J} = \frac{\varphi_0 \cdot f^2 \cdot g^2}{12\sqrt{f^2 + g^2}} \cdot p \frac{e_1}{J}.$$

Für die Ermittlung des Trägheitsmomentes sei angenommen, daß der Bruch nicht genau der Diagonale folge, sondern der in der Abb. 856 angedeuteten wahrscheinlicheren Linie $I\,I$, welcher ein wesentlich kleineres Trägheitsmoment entspricht. Bei den Maßen der Skizze wird der Abstand der äußersten auf Zug beanspruchten Faser von der Nullinie:

$$e_1 = \frac{34 \cdot 1{,}6 \cdot 0{,}8 + 5 \cdot 2{,}3 \cdot 1{,}15 + 9{,}6 \cdot 2 \cdot 1}{34 \cdot 1{,}6 + 5 \cdot 2{,}3 + 9{,}6 \cdot 2} = 0{,}89 \text{ cm},$$

das Trägheitsmoment:

$$J = \frac{34 \cdot 1{,}6^3}{12} + 34 \cdot 1{,}6 \cdot 0{,}11^2 + \frac{5 \cdot 2{,}3^3}{12} + 5 \cdot 2{,}3 \cdot 0{,}26^2 + \frac{9{,}6 \cdot 2^3}{12} + 9{,}6 \cdot 2 \cdot 0{,}11^2 = 24{,}7 \text{ cm}^4$$

und schließlich die Beanspruchung bei einer Berichtigungszahl $\varphi_0 = \frac{9}{8}$

$$\sigma_b' = \frac{9 \cdot 21{,}5^2 \cdot 39^2}{8 \cdot 12\sqrt{21{,}5^2 + 39^2}} \cdot 5{,}2 \cdot \frac{0{,}89}{24{,}7} = 277 \text{ kg/cm}^2,$$

die namentlich unter dem Gesichtspunkt, daß sie etwas zu hoch sein dürfte, zulässig erscheint.

Die Deckelschrauben sind der besseren Abdichtung wegen so angeordnet, daß die Verbindungslinie der an den Ecken sitzenden über die Dichtung hinwegläuft. Dadurch ergeben sich je zwei an den kurzen, je drei an den langen Seiten des Deckels. Nach den Ausführungen zur Formel (516) im Abschnitt 23 sind diese Schrauben nicht gleichmäßig belastet; auf die der Deckelmitte nächstliegenden entfallen nach der dort näher besprochenen Formel, wenn man annimmt, daß der Betriebsdruck bis zur Mitte der Packung vordringt:

$$Q = \frac{P \cdot t}{2\pi \cdot e} = \frac{17{,}0 \cdot 34{,}5 \cdot 5{,}2 \cdot 12{,}5}{2\pi \cdot 10{,}75} = 564 \text{ kg}.$$

Nach Zusammenstellung 71, Seite 234, reichen dabei $^3/_4''$ Schrauben aus.

Berechnung der Klappe auf den äußeren Überdruck von p at, dem sie ausgesetzt ist, wenn sie geschlossen und die Pumpe außer Betrieb ist. Näherungsweise als Kugel von $d_a = 532$ mm Außendurchmesser, bei nur $k = 100$ kg/cm² zulässiger Druckbeanspruchung für Gußeisen berechnet, würde eine Wandstärke von:

$$s = \frac{d_a \cdot p_a}{4 \cdot k} = \frac{53{,}2 \cdot 5{,}2}{4 \cdot 100} = 0{,}69 \text{ cm}$$

ausreichen. Aus Herstellungsrücksichten gewählt: $s = 16$ mm. Selbst eine ebene, am Rande frei aufliegende Platte von 250 mm Durchmesser und $s = 16$ mm Stärke würde nach Formel (62) mäßig beansprucht sein mit:

$$\sigma = \pm 1{,}24 \cdot p \frac{r_a^2}{s^2} = \pm 1{,}24 \cdot 5{,}2 \cdot \frac{12{,}5^2}{1{,}6^2} = \pm 393 \text{ kg/cm}^2,$$

so daß die Ausführung in der in Abb. 855 dargestellten Form unbedenklich erscheint.

Flächendruck am Sitz:

$$p_0 = \frac{P}{f} = \frac{\frac{\pi}{4} \cdot 28^2 \cdot 5{,}2}{\frac{\pi}{4}(28^2 - 25^2)} = 25{,}6 \text{ kg/cm}^2; \text{ zulässig.}$$

III. Schieber.

1. Allgemeines.

Kennzeichnend ist die gewöhnlich geradlinige, seltener drehende Bewegung des Abschlußmittels längs der abdichtenden Flächen, die dabei meist unmittelbar aufeinander gleiten. Schieber werden als Absperrvorrichtungen für Wasser, Dampf, Luft und Gase, gesteuerte an Kraft- und Arbeitsmaschinen in konstruktiv sehr mannigfaltigen Formen und in oft sehr großen Abmessungen verwendet. Absperrschieber bieten Ventilen gegenüber die Vorteile kleinerer Baulänge und freierer Durchgangquerschnitte, ohne Richtungs- und Querschnittänderungen beim Durchströmen. Die damit verbundene Verringerung des Spannungsabfalls läßt Schieber in den Rohrleitungen, namentlich bei höheren Betriebsdrucken und größeren Geschwindigkeiten neuerdings mehr und mehr an die Stelle von Ventilen treten. Je nach den Umständen und nach ihrer besonderen Durchbildung ermöglichen sie rasches oder langsames Öffnen und Schließen. Letzteres kann z. B. bei größeren Wasserleitungen erwünscht sein, um die Massenstöße zu mildern, die durch das plötzliche Abschneiden der in Bewegung befindlichen Wassersäule entstehen. Nachteile der Schieber sind der große Hub, die in engen Räumen oft unbequeme, beträchtliche Bauhöhe und die gleitende Reibung, die namentlich bei unreinen Betriebsmitteln Fressen und große Abnutzung an den Dichtflächen, sowie beträchtliche Bewegungswiderstände hervorrufen kann. Ferner ist die Herstellung guter und zuverlässiger Dichtflächen nicht leicht. Man ist gewöhnlich auf die Genauigkeit bei der Bearbeitung angewiesen, erst einige neuere Bauarten gestatten, die Sitze unmittelbar aufeinander aufzuschleifen. Teilweiser Abschluß der Durchgangöffnung, die Benutzung der Schieber zum Drosseln also, bietet Schwierigkeiten, weil die Schieberplatten durch die starken Wirbel, die sich hinter ihnen bilden, oft heftig hin- und hergeschlagen werden.

2. Die Teile der Schieber und ihre Durchbildung.

Hauptteile sind: die Schieberplatte, kurz Schieber genannt, der Schieberspiegel, auf welchem jene gleiten, das Gehäuse mit Deckel und die Spindel mit Stopfbüchse.

Bei den zuerst genannten Teilen ist die Wahl geeigneten Werkstoffs von großer Wichtigkeit, weil die Ausbesserung der gleitenden Flächen, wenn sie angegriffen oder undicht sind, meist umständlich und schwierig ist. Für Wasser und Sattdampf kommen Messing, Bronze und hartes Weißmetall, meist in Form eingewalzter, eingepreßter, eingeschraubter oder eingegossener, auswechselbarer Ringe und Büchsen in Betracht. Dichtes Gußeisen hat sich für Dampf, Luft und Gase bei mäßigen Wärmegraden bewährt. Es braucht in der Beziehung nur auf die Schieber und Schieberspiegel der Dampfmaschinen verwiesen zu werden. Auswechselbare Büchsen und Ringe für Heißdampf pflegt man aus Stahl, Nickel oder Nickellegierungen herzustellen.

Auf die Zugänglichkeit der abdichtenden Flächen ist großer Wert zu legen.

Der Dichtungsdruck wird häufig durch die Spannung des Betriebstoffs erzeugt, Abb. 859, meist aber noch durch weitere, besondere Mittel verstärkt, z. B. durch aufgesetzte Federn oder durch Hebelwirkung, sehr häufig aber durch keilförmige Ausbildung der Sitzflächen, zwischen welchen der Schieber durch den Spindeldruck verspannt wird, Abb. 857 und 861, Ausführungen, die den Vorteil besserer Abdichtung infolge des doppelten Abschlusses bieten und gleichzeitig den Abschluß gegenüber beiden Durchströmrichtungen ermöglichen, eine Forderung, die insbesondere an Absperrvorrichtungen in Ringleitungen gestellt wird. Die Neigung der Keilflächen wählt man zwischen 1:8 bis 1:15 und stellt sie gewöhnlich durch Drehen auf Planscheiben her, auf welchen die Schieber oder Gehäuse durch Zwischenlegen einer keilförmigen Platte entsprechend geneigt aufgespannt sind.

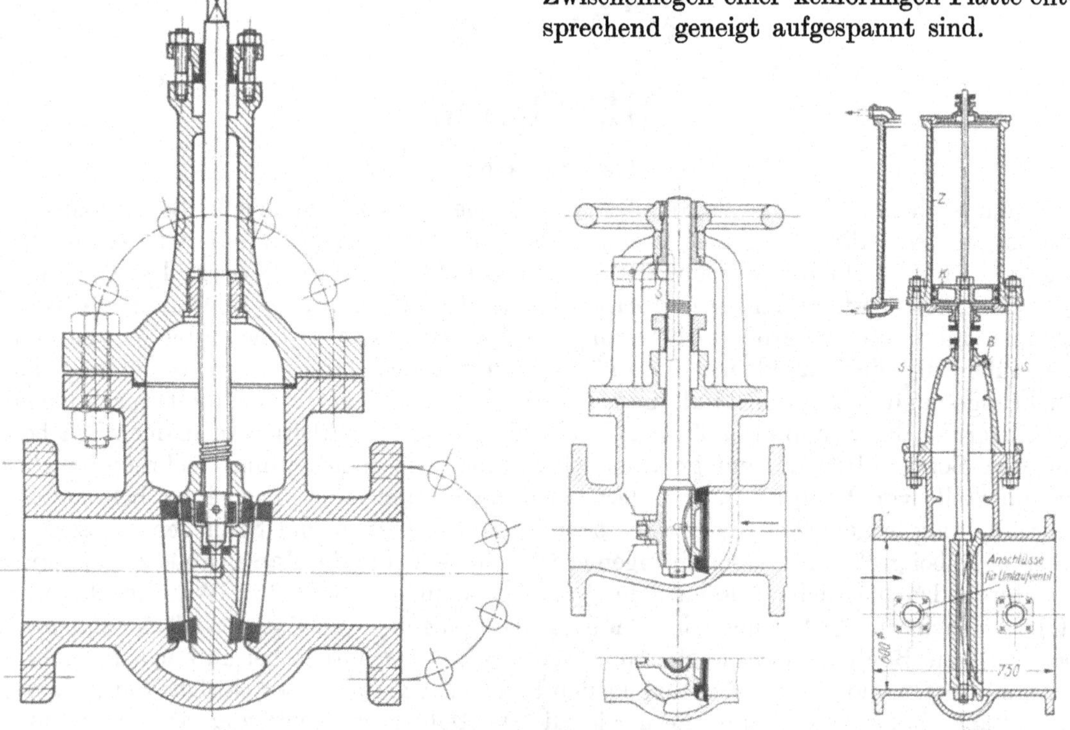

Abb. 857. Hochdruckschieber mit Voröffnungsventil.

Abb. 858. Missongschieber, Schäffer u. Budenberg.

Abb. 859. Schieber, durch Druckwasserkolben betätigt. M. 1 : 30.

Leichter und einfacher ist die Bearbeitung beim Missongschieber, Abb. 858, nach einer Ausführung von Schäffer und Budenberg, Magdeburg-Buckau. Die Schiebersitzfläche ist senkrecht zum Rohrstutzen angeordnet, zum Anpressen des Schiebers aber eine kegelig ausgedrehte Führung vorgesehen, deren Achse mit derjenigen der Spindel zusammenfällt und deren Durchmesser so gewählt wird, daß der Drehstahl nicht in die Sitzfläche einschneidet. Um das Abdrehen des Schiebers zu ermöglichen, muß die Dichtungsplatte freilich besonders aufgesetzt, z. B. aufgeschraubt werden.

Wird bei hohen Drucken die Anpressung zu stark und ist dadurch bei der Bewegung eine rasche Zerstörung der gleitenden Flächen zu befürchten, so entlastet man die Schieber. Beispiele dafür bieten das Voröffnungsventil, Abb. 857, das Umlaufventil zur Verminderung der Widerstände beim Öffnen und Schließen in Abb. 859 und der Entlastungsring am Muschelschieber, Abb. 860. Der Ring ermäßigt den Anpreßdruck, indem sein Innenraum dauernd mit dem Abströmkanal verbunden ist. Der Auflagedruck in den Gleitflächen soll an Schiebern für Dampfmaschinen 20 kg/cm² nicht überschreiten; an Absperrschiebern kann er etwa $^1/_3$ des an Ventilsitzen zulässigen (Seite 399) betragen.

Ein Nachteil keilförmiger Schieberflächen ist, daß sie bei hohen Betriebstemperaturen zum Klemmen führen, weil die inneren Teile der Schieber heißer werden und sich stärker ausdehnen, als das durch vorüberstreichende Luft gekühlte Gehäuse. Es kommt vor, daß sich Schieber, wenn sie kalt fest geschlossen werden, nach dem Erwärmen überhaupt nicht mehr öffnen lassen. Keilige Schieberplatten werden daher fast ausschließlich, aber mit gutem Erfolg, bei Wasserschiebern verwendet, an Heißdampfschiebern dagegen grundsätzlich vermieden. Die Dichtflächen werden an diesen vielmehr parallel zueinander, senkrecht zur Rohrachse angeordnet und die Anpressung des Schiebers an denselben entweder durch den Dampfdruck selbst oder durch besondere mechanische Mittel bewirkt.

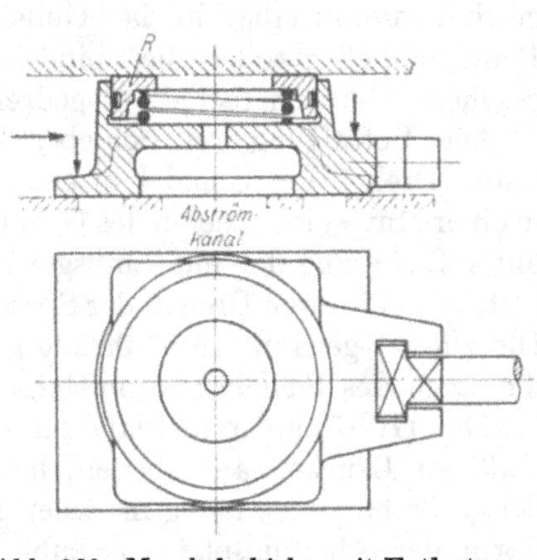

Abb. 860. Muschelschieber mit Entlastungsring.

Wichtig ist die richtige Führung der Dichtflächen zueinander. Schieber runder Form z. B. kippen durch den Strömungsdruck leicht in die Öffnung hinein, wenn sie nicht durch seitliche Rippen daran gehindert sind.

Die Stangen und Spindeln zur Betätigung von Schiebern werden oft ungünstig beansprucht — an

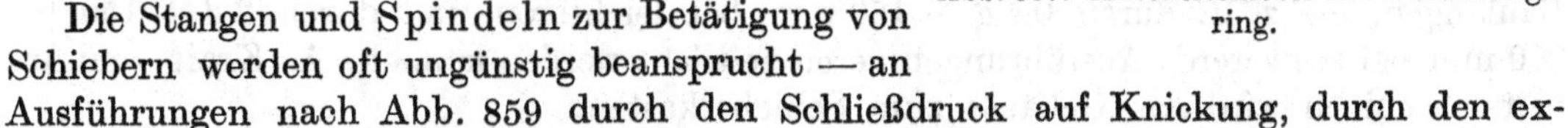

Ausführungen nach Abb. 859 durch den Schließdruck auf Knickung, durch den exzentrisch wirkenden Reibungswiderstand aber auch auf Biegung —; sie müssen deshalb kräftig gehalten werden. Das Spindelgewinde wird je nach den Umständen außer- oder innerhalb des Gehäuses angeordnet; die erste Art bedingt größere

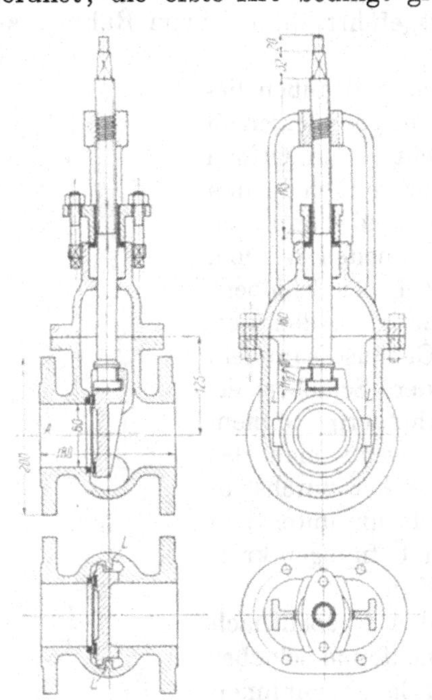

Abb. 861. Schieber mit einseitiger Dichtfläche. M. 1 : 10.

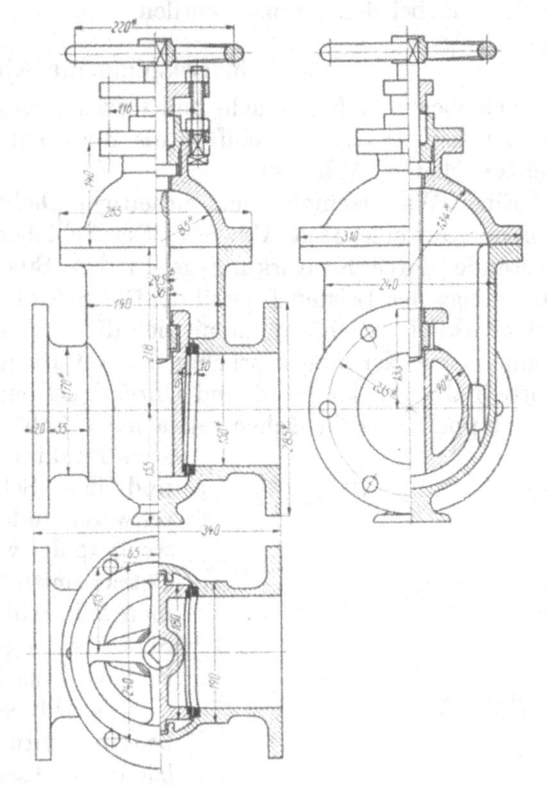

Abb. 862. Schieber mit innenliegendem Gewinde. M. 1 : 10.

Baulänge, schützt aber die Gewindegänge gegen die chemische oder mechanische Ein wirkung der Betriebsmittel. An Heißdampfschiebern soll das Gewinde stets außen liegen, weil dessen Schmierung infolge Verdampfung aller Schmiermittel ausgeschlossen ist und die dadurch gegebene trockene Reibung bei höheren Wärmegraden die aufeinander gleitenden Flächen rasch zerstört. Die Spindeln pflegen aus Stahl, nur dort, wo Rosten zu befürchten ist, aus Bronze, die Muttern aus Messing oder Bronze hergestellt zu werden. Bei billigen kleinen Schiebern oder bei mäßigen Beanspruchungen wird das Muttergewinde unmittelbar in das Gußeisen oder den Stahlguß der Gehäuse eingeschnitten. Beim Schließen sollen die Spindeln grundsätzlich im Sinne des Uhrzeigers, von außen gesehen, (— nach rechts —) gedreht werden.

Die Betätigung der Schieber kann in verschiedener Weise erfolgen, beispielweise durch Drehen der Spindel in einer im Gehäusedeckel sitzenden Mutter, Abb. 861 oder in einer Mutter im Inneren des Gehäuses, Abb. 857 oder durch Antrieb der Mutter, Abb. 858, unter Sicherung der mit Linksgewinde versehenen Spindel gegen das Drehen durch den Stift S, oder durch Drehen der Spindel in der im Schieber festgehaltenen Mutter, Abb. 862. Die zuletzt genannte Ausführung gibt die geringste Gesamtbauhöhe, gestattet aber nicht, die Lage des Schiebers unmittelbar an derjenigen der Spindel zu erkennen.

Das Gehäuse muß Platz für den herausgezogenen Schieber bieten und wird bei mäßigen Drucken aus ebenen, häufig durch Rippen versteiften Wandungen gebildet, bei größeren zweckmäßig im Querschnitt elliptisch oder zylindrisch gestaltet. Die flache Form der Abschlußplatte erlaubt bei Absperrschiebern die Ausführung sehr geringer Baulängen, die z. B. durch $0{,}4\,d + 150$ mm bei leichteren und durch $2\,d + 150$ bis 200 mm bei schwereren Ausführungen vereinheitlicht werden können. An Kraft- und Arbeitsmaschinen wird das Gehäuse zum Schieberkasten.

Die Ausbildung der Stopfbüchsen zur Abdichtung der Spindeln erfolgt in gleicher Weise wie bei den Absperrventilen.

3. Beispiele für Absperrschieber.

Schieber in Luft-, Rauch- und Gasleitungen, die nicht völlig dicht zu sein brauchen, werden konstruktiv sehr einfach als Blechplatten ausgeführt, die in einem Rahmen aus Leisten gleiten, Abb. 863.

Einen Wasserschieber mit einseitigen Dichtflächen und außen liegendem Gewinde zeigt Abb. 861. Der Schieber wird in geschlossenem Zustande durch Keilwirkung gegen den Sitz gepreßt, beim Öffnen aber längs der Leisten L geführt. Die Spindel ist nur seitlich in den Schieberkopf eingehängt, damit sich die Sitzflächen einander anpassen können und Nebenbeanspruchungen auf Biegung vermieden werden. Vorteilhaft ist, daß Sand und Unreinigkeiten, die sich bei Schiebern mit doppelten Dichtflächen, etwa nach Abb. 862 häufig an den tiefsten Punkten der Gehäuse sammeln und den Schluß der Schieber erschweren oder verhindern können, weggespült werden, wenn man das Betriebsmittel von A her durchströmen läßt, wobei der Raum unter dem Schieber bei geringen Öffnungen kräftig ausgewaschen wird.

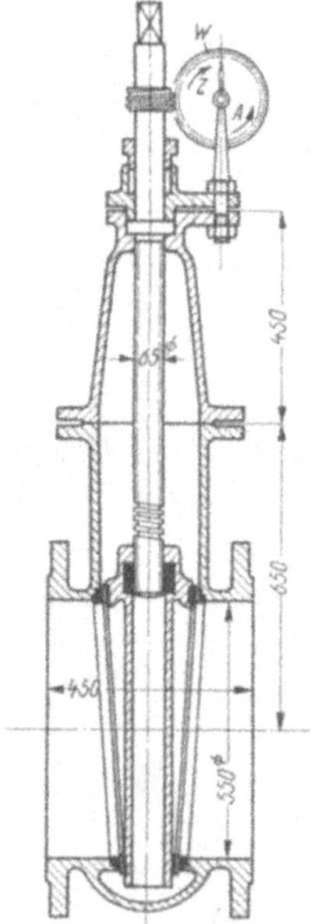

Abb. 864. Schieber leichter Bauart. M. 1 : 25.

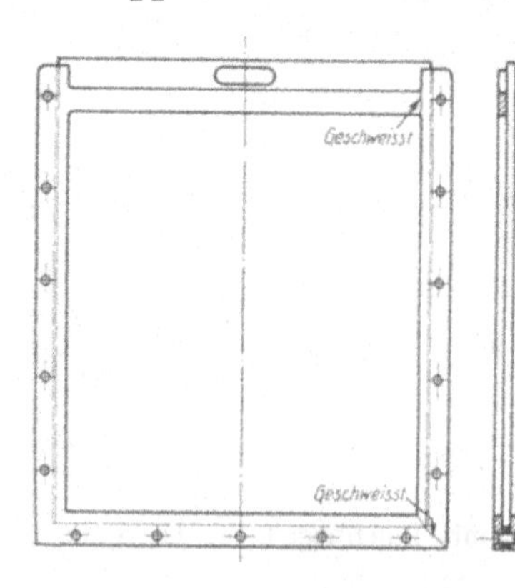

Abb. 863. Rauchschieber.

Die Abb. 864 und 857 geben nach beiden Richtungen dichtende Schieber leichter und schwerer Bauart mit innen liegendem Gewinde wieder. Ersterer hat ebene, durch die umlaufenden Flanschen versteifte Wände, letzterer ein Gehäuse ovalen Querschnitts. Die Stellung des Schiebers kenntlich zu machen, dient in Abb. 864 das von der Spindel angetriebene Zählwerk W.

Einen durch Wasserdruck bewegten Schieber gibt Abb. 859 wieder. Der Schieber hängt an einem Kolben K, der sich in dem mit einer Messingbüchse ausgekleideten Zylinder Z

bewegt und kann durch Zuleiten von Druckwasser unter oder über den Kolben geöffnet oder geschlossen werden. Die nach oben verlängerte Kolbenstange zeigt die Stellung des Schiebers an, bedingt aber große Bauhöhe. Das Gehäuse hat ebene, durch innere Rippen und den Flansch versteifte Wände und ist mit dem Zylinder durch zwei Stangen *S* zur Übertragung der Kräfte verbunden. Ein Umlaufventil gestattet den Druckausgleich vor dem Öffnen des Schiebers, die Bohrung *B* im oberen Teil des Gehäuses die Entlüftung durch einen aufgesetzten Hahn.

Neuere Bauarten der Schieber suchen die gleitende Bewegung der Dichtflächen unter großem Druck und die Klemmungen keilförmiger Schieber bei hohen Betriebstemperaturen zu vermeiden. So werden bei dem Peet- oder Parallelschieber, Abb. 865, die beiden Schieberhälften erst im letzten Augenblick durch die schrägen Flächen an der Mutter auseinandergedrückt und senkrecht gegen den Sitz gepresst. Schumann & Co., Leipzig-Plagwitz, benutzen zum gleichen Zweck einen Bolzen mit Rechts- und Linksgewinde. Beim Öffnen hebt er infolge der Drehung zunächst die Dichtflächen von ihren Sitzen ab; dann erst wird der Schieber in Richtung der Spindel mitgenommen. Der umgekehrte Vorgang vollzieht sich beim Schluß.

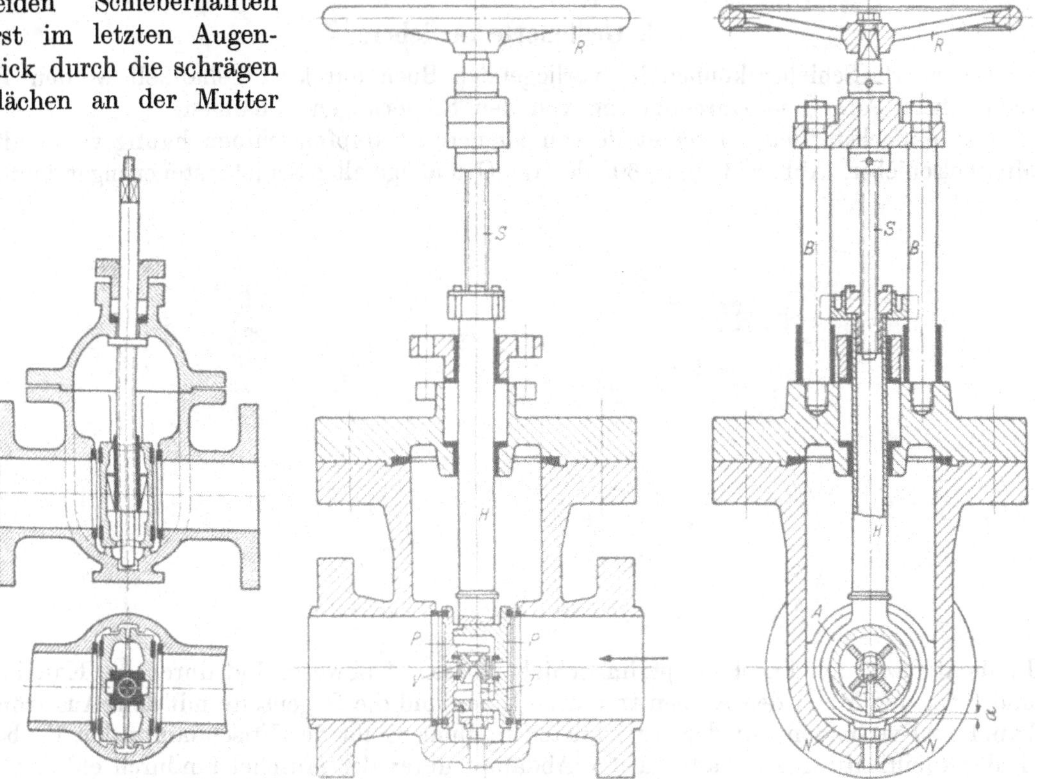

Abb. 865. Peet- oder Parallelschieber.

Abb. 865a. Heißdampfschieber, A.G. Seiffert und Co., Berlin.

Als Beispiel eines Heißdampfschiebers für hohen Druck sei die Ausführung der A. G. Seiffert & Co., Berlin, Abb. 865a, angeführt. Im Gehäuse sind zwei senkrecht zur Rohrachse angeordnete, also parallel zueinander laufende Dichtflächen vorgesehen. Je nach der Richtung, von welcher der Dampf kommt, legt sich der Schieber an einer von denselben an und dichtet dort infolge des Überdruckes ab. Der Schieber besteht aus zwei, zu einem Stück vereinigten Platten *P*, hat im Gehäuse geringen Spielraum und wird von dem augenförmigen Ende *A* der Hohlspindel *H* umfaßt, deren Innengewinde zum Öffnen und Schließen mittels der Schraube *S* und des Handrades *R* dient. Die Hohlspindel ist längs der Bügelschrauben *B* geführt, die Stopfbüchspackung also nur der Längsbewegung der Spindel ausgesetzt, das Gewinde aber der Einwirkung des

Heißdampfes entzogen. Im geschlossenen Zustande ruhen die Platten P auf den Nocken N am Grunde des Gehäuses. Beim Öffnen wird zunächst das zwischen den Abschlußplatten P liegende Voröffnungsventil V betätigt, indem es durch die schrägen Flächen des Stößels T angehoben wird, wenn die Spindel S gedreht wird. V ermöglicht den Druckausgleich beiderseits der Schieberplatten, die, nachdem die Entlastung eingetreten ist, beim weiteren Drehen der Spindel S von dem Auge A mitgenommen werden und die Hauptöffnung frei geben. Beim Schließen bewegen sich die Platten P so lange abwärts, bis sie auf die Nocken N stoßen. Die Spindel läßt sich aber noch um das Maß a weitersenken und gibt dabei durch den Stößel T das Ventil V frei, das nun samt einer der Platten P durch den Dampfdruck an einen der Sitze angepreßt wird und den Abschluß bewirkt.

4. Gesteuerte Schieber.

Gesteuerte Schieber können im vorliegenden Buch nur kurz behandelt werden, da sie in ihrer Form und Durchbildung von den Steuerungen abhängen.

Das einfachste Beispiel bietet der an kleineren Dampfmaschinen häufig verwandte Muschelschieber, Abb. 866 und 860, der die Grundlage aller Schiebersteuerungen bildet.

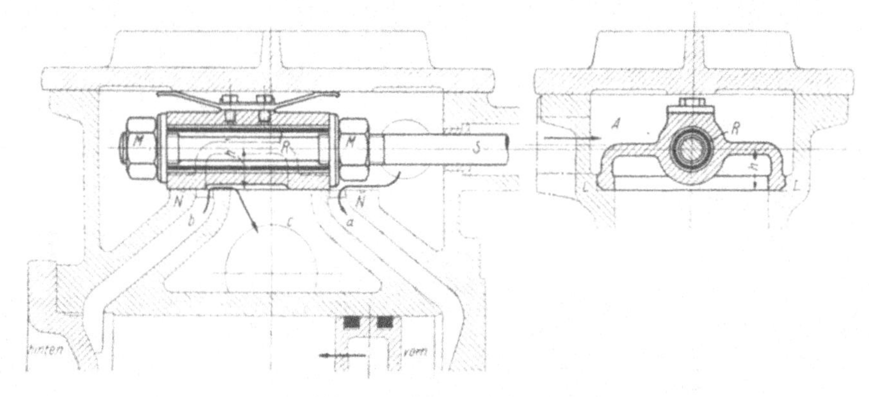

Abb. 866. Muschelschieber.

Er dient dazu, den Frischdampf im Schieberkasten A abwechselnd durch die Kanäle a und b vor und hinter den Kolben treten zu lassen und die Gegenseite mit dem Ausströmkanal c zu verbinden. In der gezeichneten Stellung treibt der Frischdampf den Kolben in der Pfeilrichtung an, während der Abdampf unter der Muschel hindurch entweicht. Die abdichtenden Flächen, der Schieberspiegel und die -grundfläche, die während der Ruhe durch eine Feder oder bei geeigneter Anordnung durch das Eigengewicht des Schiebers, während des Betriebes aber durch den Dampfdruck aneinandergepreßt werden, sind sorgfältig bearbeitet oder aufeinander aufgeschliffen und so bemessen, daß der Schieber in seinen Endstellungen die Kanten des Spiegels überschleift, um Gratbildungen zu vermeiden. Der Antrieb erfolgt durch die Stange S, die den Schieber ohne Spiel mitnehmen, jedoch seine Bewegung senkrecht zum Spiegel und die gegenseitige Anpassung beider gestatten muß, in Rücksicht auf eintretende Abnutzung und auf Wasserschläge im Zylinder, die durch Abheben des Schiebers unschädlich gemacht werden sollen. Im vorliegenden Falle ist das durch Einschalten eines Rohrstückes R geschehen, gegen welches die Muttern M fest angezogen werden, das aber um einen geringen Betrag länger ist als der Schieber, zwischen den Unterlegscheiben gemessen. Um das Reibungsmoment, das die Antriebstange auf Biegung beansprucht, gering zu halten und um ein Balligwerden der Dichtflächen zu vermeiden, soll der Hebelarm h, an dem die Stange gegenüber dem Spiegel angreift, so klein wie möglich genommen werden. Seitliche Leisten L sorgen für gute Führung, Nuten N für die Schmierung.

Durch Aufwickeln der Schieber- und Spiegelflächen auf Zylindern entstehen Rundschieber, Abb. 867 und 868, die den Vorteil leichter und genauer Herstellung durch Abdrehen bzw. Ausbohren der Laufflächen bieten. Sollen sie durch den auf ihnen lastenden Dampfdruck noch sicher abschließen, so darf der Zentriwinkel zwischen den dichtenden

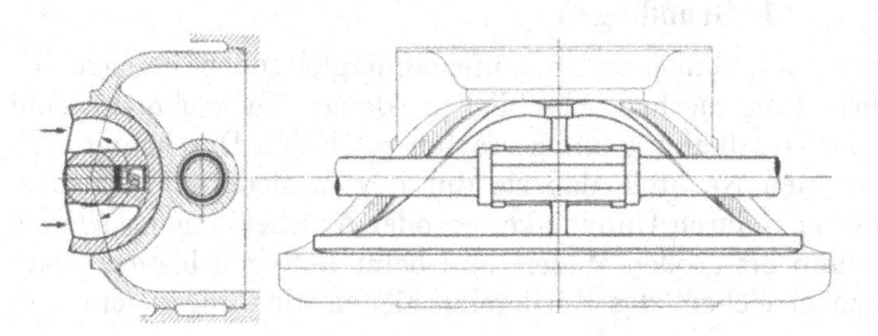

Abb. 867. Offener Riderschieber.

Kanten 150° nicht überschreiten, vgl. den offenen Riderschieber, Abb. 867.

Wenn bei hohem Druck die Reibung, der damit verbundene Arbeitsverbrauch und die Abnutzung zu groß werden, entlastet man die Schieber. Dazu kann an einem einfachen, ebenen, Abb. 860, ein dicht eingepaßter oder mit Kolbenringen versehener und gegen den Schieberkastendeckel durch Federn angepreßter Ring R dienen, dessen Innenraum mit dem Auspuff in Verbindung steht.

Völlige Entlastung wird durch Ausbildung der vollzylindrischen, geschlossenen Rund- oder Kolbenschieber, Abb. 868, erreicht. Der fehlende Anpreßdruck erschwert aber die Dichthaltung, die nur durch genaues Einpassen oder Einschleifen oder durch besondere Mittel, z. B. Kolbenringe, in praktisch genügendem Maße erzielt werden kann. Vgl. auch den Zylinder mit Kolbenschiebersteuerung Abb. 1743 im Abschnitt Dampfzylinder.

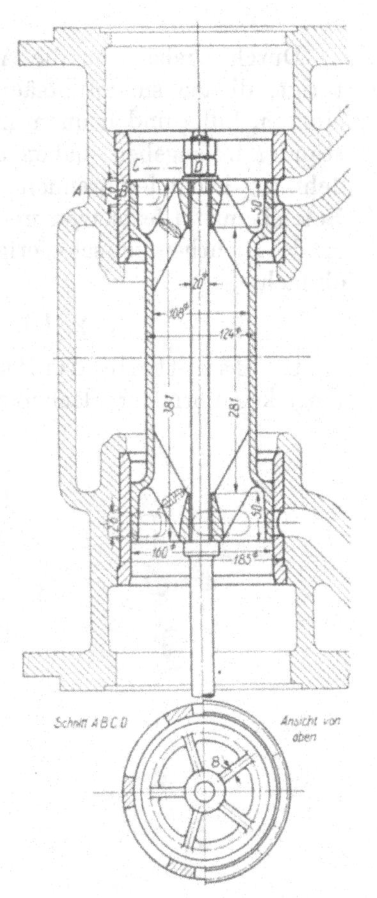

Abb. 868. Kolbenschieber.

5. Drehschieber.

Ebene Dichtflächen besitzen schließlich auch die Drehschieber. Durch Drehen um eine senkrecht zur Dichtfläche stehende Achse betätigt, werden sie jedoch wegen der unregelmäßigen Abnutzung der Gleitflächen, die zum Balligwerden neigen, seltener benutzt. Abb. 869 zeigt einen solchen Schieber aus dem Führerbremsventil der Westinghousebremse. Er besteht aus einer runden, mit Schlitzen versehenen Platte D, die sich auf dem ebenen Spiegel S im Gehäuse bewegt. Sein Zweck ist, je nach seiner Lage, die Verbindung zwischen den Öffnungen im Spiegel oder dem darüberliegenden Raum herzustellen. Die Betätigung erfolgt durch den Handgriff H, der mit dem Schieber D durch das in den Schlitz Z greifende Querstück G so verbunden ist, daß sich D am Spiegel S unabhängig von G anlegen kann. Die Abdichtung nach außen ist durch Aufschleifen des Bundes B auf dem auswechselbaren Ring R bewirkt.

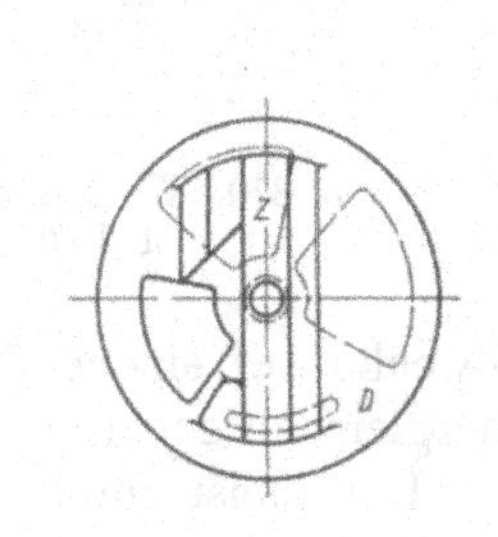

Abb. 869. Drehschieber.

IV. Hähne.

1. Grundlagen.

Durch Drehen um die Achse der abdichtenden, aufeinandergleitenden Flächen betätigt, dienen sie hauptsächlich zum raschen Abschließen kleiner Querschnitte, sind einfach, billig und bequem in der Handhabung und gestatten rasch den Durchgang vollständig freizugeben, haben aber den Nachteil, daß sie durch verschiedene Wärmeausdehnung leicht festbrennen oder sich durch Unreinigkeiten oder Abscheidungen aus dem Betriebsmittel festsetzen und dann oft großen Widerstand beim Bewegen bieten. Dauernde Dichtheit ist schwierig zu erreichen, das Wiedereinschleifen allerdings leicht und einfach.

2. Die Hauptteile und ihre Durchbildung.

Die Hauptteile, das Hahnküken oder der Hahnkegel und das Gehäuse dichten längs kegelförmiger Flächen ab, die nach DIN 254 Kegel 1:6 oder Neigungen 1:12 gegenüber der Drehachse erhalten; sie bestehen zweckmäßig des Einschleifens wegen aus verschieden harten Werkstoffen. Es kommen Gußeisen, Messing und zahlreiche Bronzesorten in Betracht; in Säureleitungen sind sie häufig mit dichten Bleischichten überzogen oder durch Ton und Glas ersetzt.

Zur Sicherstellung der Dichtheit wird das eingeschliffene Küken entweder durch die Mutter *M*, Abb. 870, in das Gehäuse hineingezogen oder wie in Abb. 871 durch die Stopfbüchsschrauben oder bei selbstdichtenden Hähnen durch den auf die größere Endfläche wirkenden Betriebsdruck angepreßt, Abb. 872. Durch das Drehen des Hahnes darf der Anpreßdruck nicht geändert, z. B. in Abb. 870 die Mutter nicht gelöst oder festgezogen werden; die Unterlegscheibe *U* sitzt zu dem

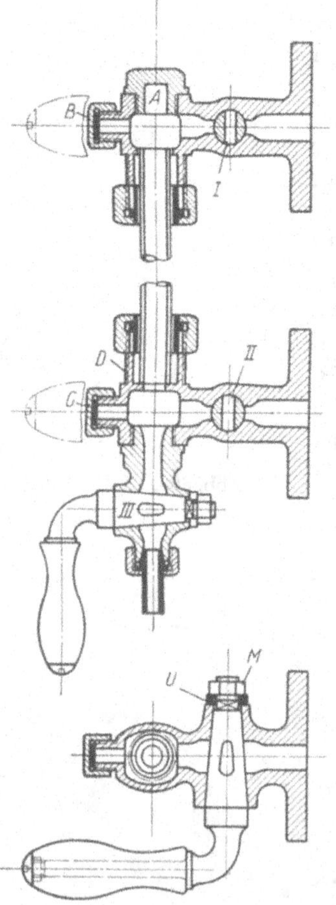

Abb. 870. Wasserstandshähne. M. 1 : 5.

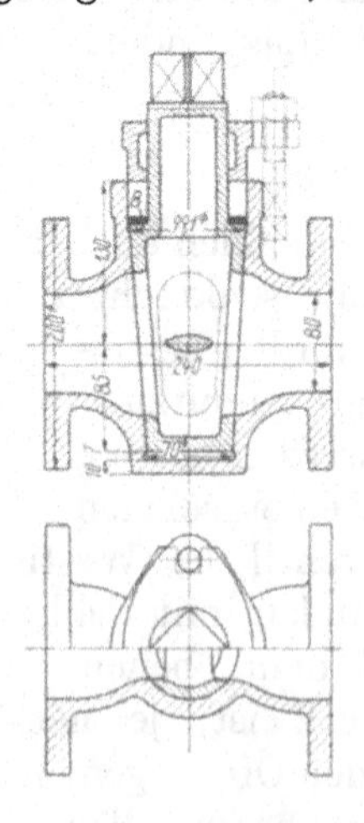

Abb. 871. Zweiweghahn. M. 1 : 10.

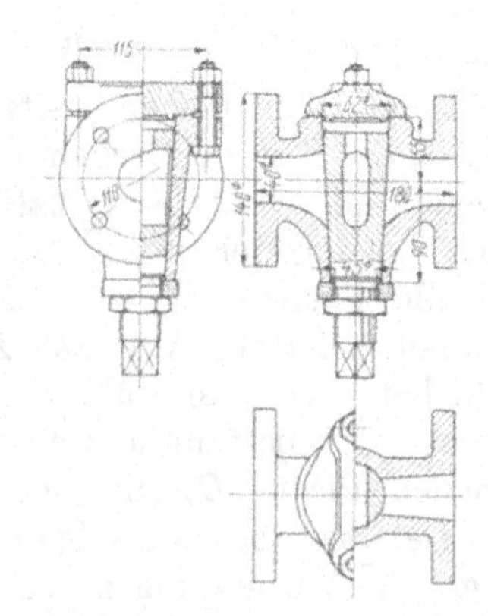

Abb. 872. Selbstdichtender Hahn. M. 1 : 10.

Zwecke auf einem Vierkant am Küken oder wird durch einen Ansatz oder Stift oder dergleichen gehalten und bei der Drehung mitgenommen.

Der meist runde Querschnitt des an den Hahn anschließenden Rohres pflegt bei größeren Abmessungen in einen länglichen Schlitz übergeführt zu werden, um dem Hahnkegel nicht zu große Abmessungen geben zu müssen.

Zweckmäßig ist, den Verlauf der Bohrungen außen am Küken zu kennzeichnen, etwa durch einen Strich oder Meißelhieb, um daran die Stellung des Hahnes jederzeit rasch beurteilen zu können. Die Griffe ordnet man gewöhnlich gleichlaufend zur Bohrung an, macht aber davon gelegentlich bewußt Ausnahmen, z. B. an den Haupthähnen *I* und *II* für Wasserstände, Abb. 870, an denen die Hebel nach unten hängen sollen, wenn die Bohrungen auf Durchgang stehen. Andernfalls ist bei leichtgehenden Küken zu befürchten, daß die Hähne durch das Eigengewicht der Griffe unbeabsichtigterweise geschlossen werden, der Wasserstand dann aber unrichtig angezeigt wird.

Die Gehäuse sind etwaiger Formänderungen wegen kräftig auszuführen. Zur Verhütung von Gratbildungen beim Einschleifen oder bei der Benutzung hält man die Kegelfläche gleich lang und ordnet zu dem Zwecke z. B. in Abb. 873 Absätze *a* und *b* an. Die Dichtbreite soll an kleinen Hähnen mindestens 10 mm betragen, an größeren zunehmen und bei 100 mm Durchmesser etwa 40 mm erreichen.

3. Beispiele.

Die Durchbildung und Verwendung einfacher Hähne zeigt der Wasserstand, Abb. 870. In den wagrechten Schenkeln dienen sie zum Absperren gegenüber dem Kessel beim Ersetzen oder Reinigen des Glases. Das erstere geschieht durch Einschieben des neuen Rohres von oben her; dieses setzt sich auf den Bund *D* im unteren Hahngehäuse und wird durch Stopfbüchsen mit Schraubenmuffen abgedichtet. Zwecks Reinigung kann das Rohr unter Öffnen des unteren Hahnes *III* ausgeblasen und gegebenenfalls durch die Bohrung von oben her durchstoßen werden. Die Kappen *B* und *C* lassen sich zum Reinigen der wagrechten Schenkel abschrauben. Küken und Hahngehäuse bestehen aus Bronze verschiedener Härte, die Griffe sind mit Holz umkleidet.

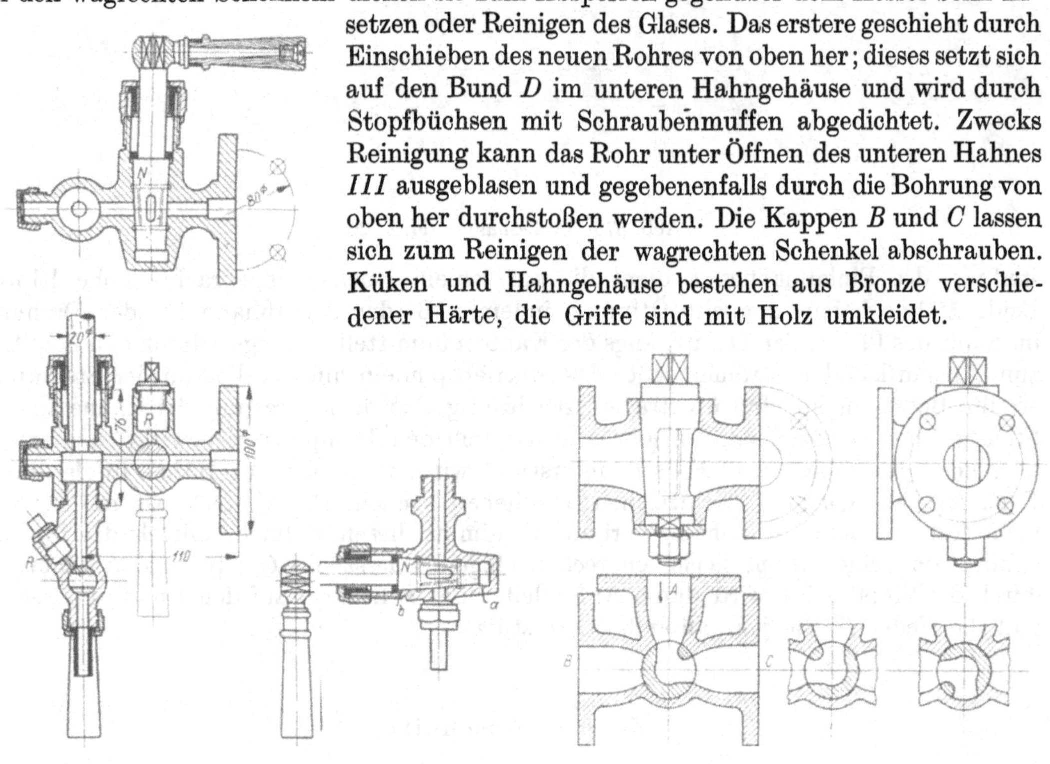

Abb. 873. Wasserstandshahn (Klein, Schanzlin und Becker). M. 1 : 5.

Abb. 874. Dreiweghahn.

Abb. 873 zeigt die Ausführung eines unteren Wasserstandhahnes von Klein, Schanzlin und Becker mit besonderen Räumen *R* und Nuten *N* für Schmiermittel zur Erhaltung der Gangbarkeit der Küken.

Abb. 871 gibt einen größeren Stopfbüchshahn aus Gußeisen wieder, an dem die Wände des Kükens durch eine Mittelrippe versteift sind. Der Bronzering *B* soll das Verwürgen der Packung verhüten.

Abb. 872 stellt einen selbstdichtenden Hahn von 40 mm Durchmesser dar.

Dreiweghähne, z. B. nach Abb. 874, gestatten sowohl den Zufluß von *A* her abzusperren, wie auch den Durchfluß nach zwei Anschlüssen *B* und *C* herzustellen.

In ähnlicher Weise dienen Vierweghähne zum Umschalten zwischen vier Leitungen.

Den auf Seite 488 erläuterten Muschelschiebern entsprechen die Drehschieber oder Corlißhähne der Hahnsteuerungen an Kraft- und Arbeitsmaschinen. Häufig als vier getrennte Steuerteile ausgebildet, wie des näheren in dem Abschnitt über Zylinder besprochen ist, liegen sie in Bohrungen quer zum Zylinder und geben je nach ihrer Stellung die Dampfwege frei oder versperren sie. Abb. 875 zeigt links einen Ein- und einen Auslaßhahn E und A am unteren Ende eines liegenden Zylinders Z, rechts Einzelheiten des Auslaßhahnes A mit der zugehörigen Spindel. Der Hahn ist hohl und dadurch in der Längsrichtung genügend steif ausgebildet, an den Enden in den Hahngehäusebohrungen und außerdem im mittleren Teil noch durch drei Rippen gut geführt. Zur Versteifung des Einlaßhahnes E dient die auf seinem Rücken angebrachte hohe Rippe.

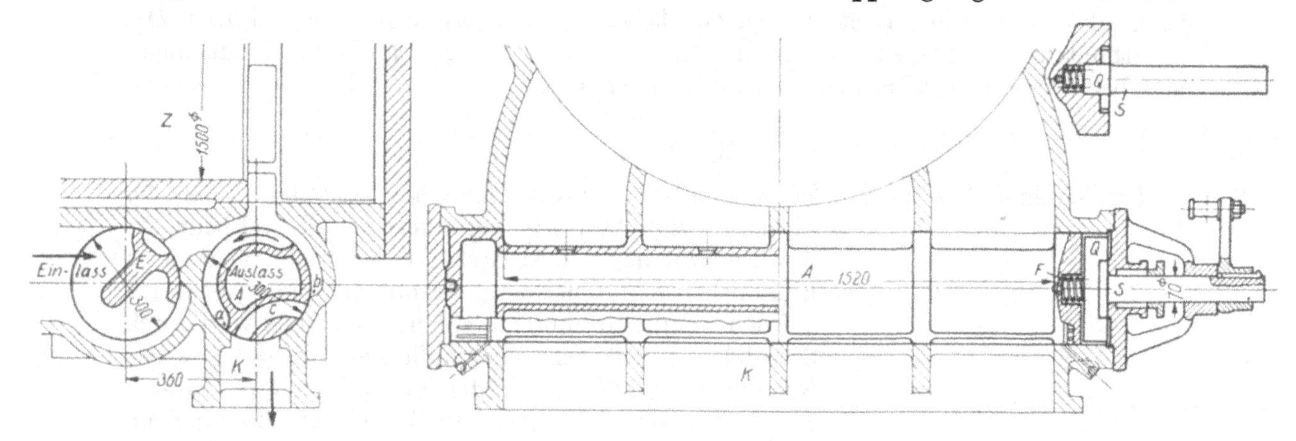

Abb. 875. Corlisshähne. M. 1 : 20.

Beide Hähne haben doppelte Öffnung, indem z. B. der Auslaßhahn bei der Drehung im Sinne des Pfeiles den Dampf längs der Kante a unmittelbar, längs b durch den Schlitz c zum Auspuffkanal K strömen läßt. Die Antriebspindeln müssen die von der Steuerung erteilte Bewegung spielfrei übertragen, gleichzeitig aber die Anpressung der Hähne an den Steuerflächen ermöglichen, die gewöhnlich durch den Dampfdruck bewirkt, manchmal aber noch durch besondere Federn unterstützt wird, wenn sich die Hähne infolge ihres Eigengewichts von den Dichtflächen abzuheben suchen. In Abb. 875 ist die Spindel nicht fest mit dem Auslaßhahn verbunden, nimmt diesen vielmehr mittels des in dem Schlitz am Schieberkopf liegenden rechtflachigen Querstücks Q mit. Die Abdichtung durch die Stopfbüchse wird durch Aufschleifen der Scheibe S auf den Bund am Deckel und die Feder F, die jene anpreßt, unterstützt.

Zehnter Abschnitt.

Seile, Ketten und Zubehör.

Die Hauptanwendungsgebiete der Seile sind einerseits Hebemaschinen und Transportanlagen, andererseits Seiltriebe. Die zu den letzteren benutzten Seile sind im Abschnitt 27 besprochen.

Man unterscheidet Faser- und Drahtseile.

I. Faserseile.

Faserseile finden sich als Rundseile aus badischem Schleißhanf, russischem Reinhanf und Manilahanf bei den eigentlichen Hebemaschinen nur noch an Flaschenzügen, an kleineren, von Hand betriebenen Bauwinden und an einfachen Aufzügen; im übrigen sind sie durch die Drahtseile verdrängt worden. Ihrer Weichheit wegen benutzt man sie aber gern als Anschlagseile zum Anhängen der Lasten an die Haken, da Ketten leichter die zu hebenden Stücke beschädigen. Flachseile, aus mehreren, nebeneinander gelegten und vernähten Litzen oder Rundseilen bestehend, werden bei Fördermaschinen verwandt, weil sie auf Bobinen spiralig aufgewickelt, sehr wenig Konstruktionsraum beanspruchen. Als Rohstoff wird dabei neben den oben genannten vielfach die Aloefaser gebraucht.

Verwandt mit den Flachseilen sind die breiteren, gewebten Gurte für Aufzüge, Becherwerke und Bandtransporte. Sie werden aus den verschiedensten Faserstoffen, ferner aus Leder, Papierstoff, Drahtgeflecht, Gummi mit Einlagen usw. hergestellt.

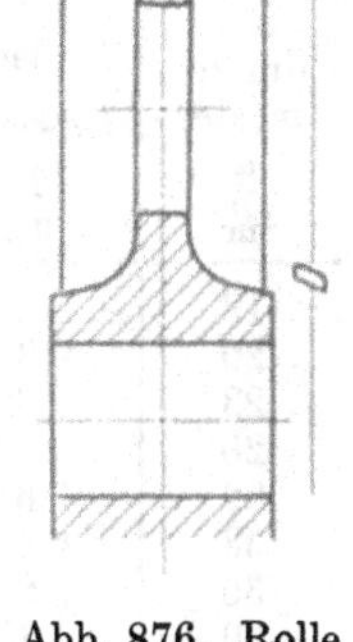

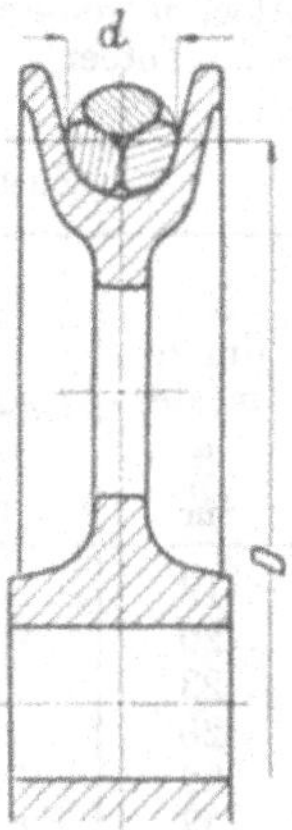

Abb. 876. Rolle mit dreilitzigem Seil.

Rundseile von $d = 13$ bis 52 mm Durchmesser bestehen meist aus 3 bis 4 Litzen, Abb. 876, Flachseile für Förderzwecke bei 30 bis 60 mm Dicke und 100 bis 400 mm Breite aus 4 bis 8 nebeneinander liegenden Litzen. Sehr verschiedene Abmessungen weisen die Gurte je nach Verwendungszweck auf.

Zum Schutz gegen Witterungseinflüsse tränkt man die Seile mit Karbolineum oder mit Teer, muß freilich beim Teeren ein um $10^0/_0$ größeres Gewicht und eine um $10^0/_0$ geringere Festigkeit in Kauf nehmen. Hanfseile in Bergwerken, an großen Seiltrieben usw., fettet man zweckmäßigerweise mit dem in den „Richtlinien" [X, 6] empfohlenen und näher gekennzeichneten Hanfseilfett Nr. 34 ein.

Bei der Berechnung ist vor allem die Krümmung, unter der das Seil auf die Trommeln aufgewickelt oder auf den Rollen abgelenkt wird, zu beachten. Je schärfer diese Krümmung ist, um so ungleichmäßiger sind die Fasern ein und desselben Querschnitts in Anspruch genommen, um so stärker und rascher leidet das Seil, und um so geringer soll es belastet werden. Bei Hebezeugen nimmt man gewöhnlich den Rollen- und Trommeldurchmesser D, Abb. 876, gleich der zehnfachen Seilstärke d, muß jedenfalls, wenn man darunter bleibt und bis zu $D = 7\ d$ geht, die Belastung erheblich ermäßigen. Als Seilquerschnitt pflegt man den Inhalt des umschriebenen Kreises oder bei Flachseilen den des umschriebenen Rechteckes in die Rechnung einzusetzen. Bei etwa achtfacher Sicherheit gegen Bruch gelten umstehende Zahlen (Zusammenstellung 101 und 102).

Bei langen Seilen darf die Wirkung des Eigengewichts, bei großen Anfahrgeschwindigkeiten die der Beschleunigung des Seils und der angehängten Last nicht vernachlässigt werden.

Bei k_z kg/cm² zulässiger Spannung und q_1 kg/m Gewicht eines Seiles von 1 cm² Querschnitt, das für ungeteerten Hanf zu 0,1 kg/m angenommen werden kann, ist die Grenze der Verwendung eines durchweg gleich starken Hanfseils durch die Länge:

$$L = \frac{k_z}{q_1} = \frac{100}{0,1} = 1000\ \text{m} \qquad (240)$$

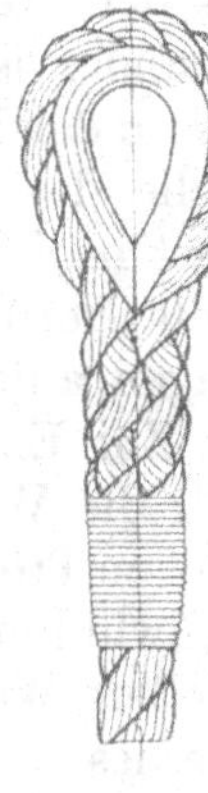

gegeben, weil dann seine Tragfähigkeit schon durch das Eigengewicht ausgenutzt wird. Diese Teufe und noch größere lassen sich nur durch Seile mit verschiedenem Querschnitt erreichen, dergestalt, daß das untere Ende nach der zu tragenden und zu beschleunigenden Last bemessen, die darüber liegenden Querschnitte aber dem Gewicht und den Massenkräften des Seils entsprechend verstärkt werden.

Abb. 877. Seilkausche.

Zum Aufhängen oder Befestigen der Rundseile benutzt man Schlaufen oder Ösen, die durch Umbiegen und Verspleißen der Enden entstehen. Zwecks Schonung empfiehlt sich das Einlegen von Blechkauschen, Abb. 877.

Zusammenstellung 101. **Zulässige Beanspruchungen an Faserseilen.**

Baustoff	Zulässige Beanspruchung auf Zug bei einem Rollendurchmesser von		
	$D \geqq 10\,d$	$D = 7\,d$	$D \geqq 80\,d \ldots 50\,d$
	an Hebezeugen		bei Förderseilen
	kg/cm²	kg/cm²	kg/cm²
Badischer Schleißhanf, ungeteert	110	90	95...80
„ „ geteert	100	80	75
Russischer Reinhanf, ungeteert	100	80	—
„ „ geteert	90	70	—
Aloe, ungeteert	—	—	100
„ geteert	—	—	90

Zusammenstellung 102. **Runde Hanfseile von Felten & Guilleaume, Köln a./Rh.**

Seil-durch-messer	Ungeteert				Geteert			
	Bad. Schleißhanf		Russ. Reinhanf		Bad. Schleißhanf		Russ. Reinhanf	
d	Gewicht q	Arbeitslast Q	Gewicht q	Arbeitslast Q	Gewicht q	Arbeitslast Q	Gewicht q	Arbeitslast Q
mm	kg/lfdm.	kg	kg/lfdm.	kg	kg/lfdm.	kg	kg/lfdm.	kg
16	0,21	230	0,20	200	0,23	200	0,22	176
20	0,31	350	0,30	314	0,34	314	0,33	275
23	0,39	470	0,38	416	0,43	416	0,42	363
26	0,51	600	0,50	531	0,58	531	0,56	464
29	0,67	740	0,65	660	0,75	660	0,72	578
33	0,80	960	0,78	855	0,90	855	0,87	748
36	0,96	1145	0,93	1017	1,07	1017	1,04	890
39	1,15	1340	1,10	1194	1,28	1194	1,25	1044
46	1,50	1870	1,45	1661	1,70	1661	1,65	1453
52	1,95	2390	1,90	2122	2,20	2122	2,15	1857

Für Hanfseile erhalten die gußeisernen Rollen glatte, nach dem Seilhalbmesser ausgedrehte Rillen, in die sich das Seil ohne Klemmen einlegt, Abb. 876, Windentrommeln, Abb. 878, dagegen meist zylindrische Oberflächen. Auf diesen wickelt sich das Seil in dicht nebeneinander liegenden Lagen auf, wenn der Ablenkwinkel nicht größer ist als der Steigungswinkel der Schraubenlinie. Das Aufwickeln in mehreren Lagen übereinander ist zulässig. Die Trommellänge wird so gewählt, daß auch bei völligem Ablassen der Last zwei bis drei Sicherheitswindungen zurückbleiben, damit die Befestigungsstelle des Seils geschont und das Seil beim Ablaufen nicht etwa plötzlich unter der Last nach der entgegengesetzten Seite scharf abgebogen wird. Die Trommeln erhalten stets Bordränder von 2 bis 4 d mm Höhe, je nachdem das Seil in einer oder bis zu drei Lagen aufgewickelt werden soll.

Zur Endbefestigung dient ein eingeschraubter oder eingegossener Bügel, Abb. 878. Für die Wahl der Trommelwandstärke sind meist Gußrücksichten maßgebend; nur bei großen Trommeln erreicht die Druckbeanspruchung durch die unter Spannung umgelegten Seilwindungen, ebenso wie die Beanspruchung auf Biegung und Drehung durch die Last, größere Werte. Für gute Entlüftung beim Guß und leichte Entfernungsmöglichkeit des Kernes nach demselben ist durch Kernlöcher in den Endscheiben Sorge zu tragen.

Als Wirkungsgrad von Hanfseilrollen und -trommeln darf im Mittel $\eta = 0{,}95$ genommen werden.

Berechnungsbeispiel. In Abb. 878 bis 882 sind die an Hebemaschinen gebräuchlichen Zugmittel mit den zugehörigen Trommeln oder sonstigen Antriebmitteln vergleichshalber für ein und dieselbe Last von $Q = 1000$ kg und die gleiche Hubhöhe $H = 10$ m dargestellt. Ein ungeteertes Hanfseil muß bei $k_z = 100$ kg/cm² unter Vernachlässigung des Eigengewichts:

$$F = \frac{\pi \cdot d^2}{4} = \frac{Q}{k_z} = \frac{1000}{100} = 10 \text{ cm}^2$$

Querschnitt oder $d = 36$ mm Durchmesser haben und verlangt $D = 10\,d = 360$ mm Trommeldurchmesser. Die Mindestzahl der Windungen i und die Trommellänge l folgen aus:

$$i = \frac{H}{\pi \cdot D} = \frac{1000}{\pi \cdot 36} = 8{,}86\,.$$

Erhöht man i auf 12, so wird bei einer Lage des Seils auf der Trommel:

$$l = 12 \cdot 36 = 432 \approx 450 \text{ mm}.$$

Bei $D' = 324$ mm Außendurchmesser der eigentlichen Trommel und $s = 12$ mm Wandstärke beläuft sich die Beanspruchung auf Druck, wenn man einen aus der Trommel

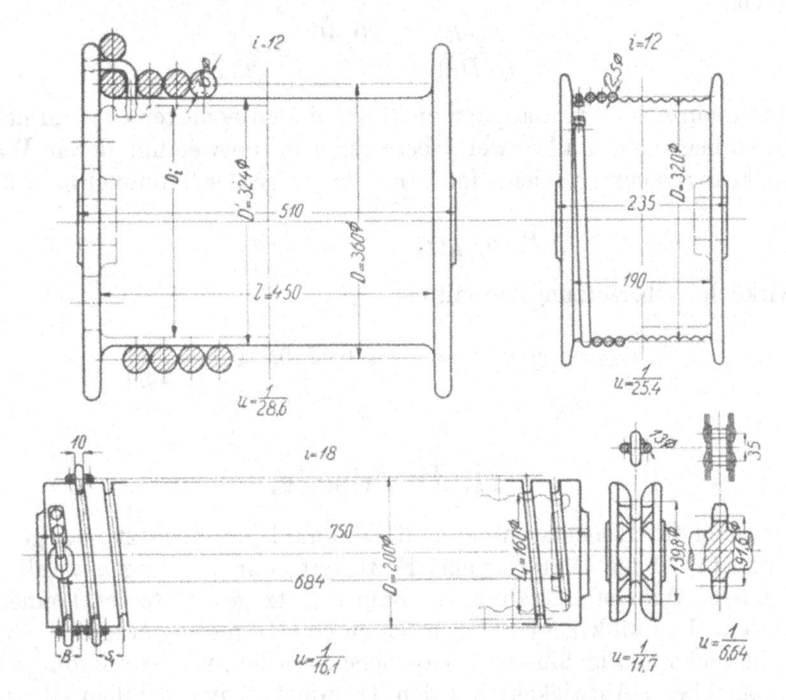

Abb. 878—882. Vergleich der an Hebemaschinen gebräuchlichen Fördermittel. M. 1 : 10.
Abb. 878. Hanfseil, ungeteert; Abb. 879. Drahtseil; Abb. 880. Gliederkette mit Trommel; Abb. 881. Kalibrierte Kette mit Kettennuß; Abb. 882. Gallsche Kette. M. 1 : 10.

herausgeschnittenen Streifen von d mm Breite mit dem darum gelegten Seil betrachtet und ungünstigerweise annimmt, daß die im Seil wirkende Kraft in voller Größe von der Trommelwand aufgenommen wird:

$$\sigma_d = \frac{Q}{s \cdot d} = \frac{1000}{1{,}2 \cdot 3{,}6} = 232 \text{ kg/cm}^2.$$

Auch kann man die Trommelwandung als ein Rohr betrachten, das unter einem äußeren Überdruck:

$$p = \frac{2\,Q}{D' \cdot d} = \frac{2 \cdot 1000}{32{,}4 \cdot 3{,}6} = 17{,}2 \text{ kg/cm}^2$$

steht. Tatsächlich wird die Spannung dadurch niedriger, daß an den Enden der Wicklung auch die Endscheiben zum Tragen herangezogen werden und dadurch, daß beim Aufwickeln einer neuen Windung Zusammendrückungen der Trommelwand entstehen, die die vorherigen Seilgänge entlasten und lockern und so die Gesamtbelastung der Wandung vermindern. Die Druckbeanspruchung bleibt aber jedenfalls im vorliegenden Falle gegenüber den geringen Biege- und Drehspannungen für die Beurteilung der Inanspruchnahme maßgebend. Denn, wenn die Last mitten auf der Trommel hängt, wird:

$$\sigma_b = \frac{M_b}{W} = \frac{32 \cdot Q \cdot l \cdot D'}{4\,\pi \cdot [(D')^4 - D_i^4]} = \frac{32 \cdot 1000 \cdot 45 \cdot 32{,}4}{4 \cdot \pi (32{,}4^4 - 30^4)} = 12{,}7 \text{ kg/cm}^2,$$

$$\tau_d = \frac{16\, M_d \cdot D'}{\pi [(D')^4 - D_i^4]} = \frac{16 \cdot 1000 \cdot 18 \cdot 32{,}4}{\pi \cdot (32{,}4^4 - 30^4)} = 10{,}2 \text{ kg/cm}^2.$$

Mit dem Trommeldurchmesser D ist auch das nötige Übersetzungsverhältnis des Windwerks bestimmt, wenn das Antriebmoment gegeben ist. Soll ein Mann die Last an einer Kurbel von $R = 400$ mm Halbmesser mit $P_0 = 20$ kg Umfangskraft heben, so wird das theoretische Übersetzungsverhältnis nach den Ausführungen im Abschnitt 25 über Zahnräder:

$$u_0 = \frac{P_0 \cdot R}{Q \cdot D/2} = \frac{20 \cdot 40}{1000 \cdot 18} = \frac{1}{22{,}5}.$$

Da man für ein einzelnes Stirnradpaar an Handwinden höchstens 1:8 zu nehmen pflegt, so sind im vorliegenden Falle zwei Übersetzungen notwendig, deren Wirkungsgrade $\eta_1 = \eta_2 = 0{,}90$ angenommen seien. Ist ferner derjenige der Trommel $\eta_t = 0{,}97$, so muß:

$$P_0 \cdot R \cdot \eta_t \cdot \eta_1 \cdot \eta_2 = Q \cdot \frac{D}{2} \cdot u,$$

oder das wirkliche Übersetzungsverhältnis:

$$u = u_0 \cdot \eta_t \cdot \eta_1 \cdot \eta_2 = \frac{1}{22{,}5} \cdot 0{,}97 \cdot 0{,}9 \cdot 0{,}9 = \frac{1}{28{,}6}$$

sein.

II. Drahtseile.

Zu Drahtseilen für Hebemaschinen und Förderanlagen benutzt man gezogenen Gußstahldraht von 13000 bis 18000 kg/cm² Festigkeit; nur gezwungen wählt man solchen von noch größerer Widerstandsfähigkeit. Zum Schutz gegen Rosten können die Drähte verzinkt werden. Das Zink geht mit dem Eisen eine Legierung ein, die recht fest haftet, wenn die Seile nicht häufig hin- und hergebogen werden, wie es allerdings beim Laufen über Rollen oder beim Aufwickeln auf den Trommeln unvermeidlich ist. Dann springt die Schicht ab, so daß der Schutz kein dauernder ist. Die Verzinkung bietet also nur solchen Seilen, die keinem mechanischen Verschleiß unterworfen sind, wie Hänge- und Spannseilen, guten Schutz. Ferner wird der Härtegrad des Drahtes beim Hindurchziehen durch das flüssige Zink vermindert, so daß mit etwa 10% niedrigerer Festigkeit und mit geringerer Gleichmäßigkeit der Seile als im unverzinkten Zustand gerechnet werden muß. Zudem ist der Preis verzinkter Seile höher. Aus allen den Gründen ist die Anwendung derselben im Hebezeugbau, wo sie früher mit Vorliebe verwendet wurden, bedeutend zurückgegangen. Nach der DIN 655 werden nur Seile aus Drähten von 13000 und 16000 kg/cm² Festigkeit blank und verzinkt, solche von 18000 kg/cm² Festigkeit nur blank geliefert.

Vorteilhaft ist eine mit Holzteer getränkte Hanfseele im Innern der Seile. Die Teerschicht haftet stark an den Drähten und schmiert die Seile von innen heraus. Diese Wirkung soll durch eine Schmierung von außen her mit dickem Öl zweckmäßig unter Graphitzusatz ergänzt werden; das Öl schützt die äußeren Drähte, vermindert die Reibung, dringt aber nicht in das Innere des Seiles ein und muß öfters ersetzt werden.

In den Richtlinien für den Einkauf und die Prüfung von Schmiermitteln des Vereins deutscher Eisenhüttenleute werden dazu für Seile im Bergwerks- und Schiffahrtsbetriebe, an Hochofen- und Gichtaufzügen das Drahtseilöl Nr. 21 (Mischöl oder Steinkohlenteerfettöl oder Braunkohlenteeröl) und die Drahtseilfette Nr. 26, Koepeseilfette Nr. 27 und Trommelseilfette Nr. 28 empfohlen. [X, 6].

Gewöhnlich haben die Seile runden Querschnitt — Rundseile —; Flachseile aus mehreren nebeneinander gelegten runden Seilen zusammengesetzt und vernäht, werden an Fördermaschinen mit Bobinen verwandt. Sie haben den Vorteil größerer Biegsamkeit, zeigen aber leicht verschieden starke Streckungen in der Mitte und an den Kanten und unterliegen dadurch ungleichmäßiger Abnutzung, die ihre Lebensdauer verkürzt.

Die einzelnen Drähte eines Rundseiles werden zunächst zu Litzen zusammengedreht; beispielweise bilden im Falle der Abb. 883 sieben Drähte eine solche. Sie umschließen eine Seele aus Hanf oder weichem Eisendraht, die den Zweck hat, allen tragenden Drähten gleiche Länge zu geben. Mehrere Litzen, in Abb. 883 sechs, bilden dann das Seil. Besitzen sie den gleichen Steigungssinn wie die Drähte in den Litzen, zeigen beide z. B. Linksdrall, so erhält man den Längs- oder Albertschlag, Abb. 884; ist der Drall dagegen verschieden, so entsteht der Kreuzschlag, Abb. 885, mit dem Vorteile, daß solche Seile geringere Neigung zum Aufdrehen zeigen.

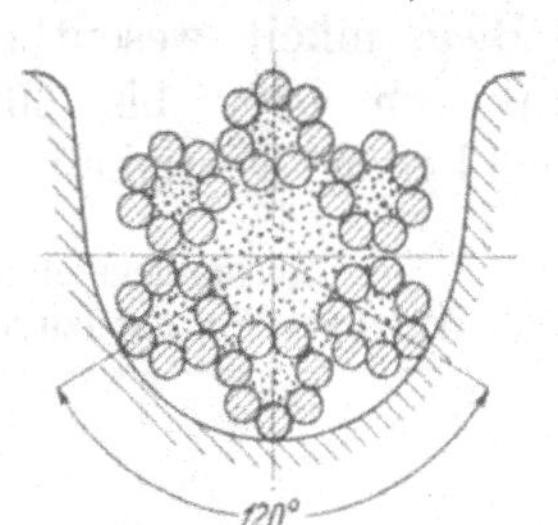

Abb. 883. Draht-Rundseil, sechslitzig.

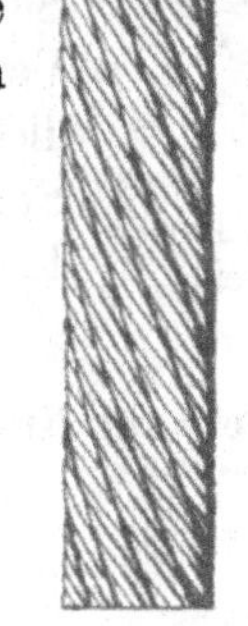

Abb. 884. Längsschlag.

Abb. 885. Kreuzschlag.

Rundseile für Krane, Aufzüge, Flaschenzüge und ähnliche Zwecke sind durch DIN 655 genormt. Sie werden mit je 6 Litzen, die um eine Fasereinlage, wie die Abbildungen der Zusammenstellung 103 zeigen, angeordnet sind, *A* mit insgesamt 114, *B* 222 und *C* 366 Drähten im Kreuzschlag geliefert, und zwar mit rechtsgängigen Litzen, wenn nicht Längsschlag oder Linksgang besonders vorgeschrieben wird. Zur Bezeichnung dient der Nenndurchmesser in Millimetern in der Form: „Drahtseil *B* 20 DIN 655". Soll das Seil Längsschlag haben, so wird ein *L*, soll es linksgängig sein, ein *l* hinzugesetzt. Ein derartiges Seil ist also durch „Drahtseil *BLl* 20 DIN 655" gekennzeichnet.

Dem Übelstand, daß sich ein auf die besprochene Weise hergestelltes Seil auf den Rollen und Trommeln nur mit wenigen Drähten anlegt, die stärker als die übrigen ab-

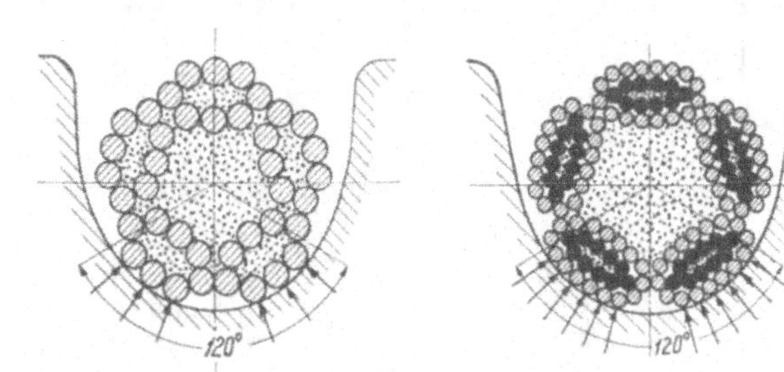

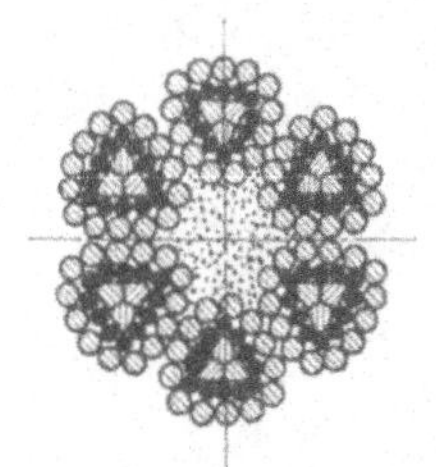

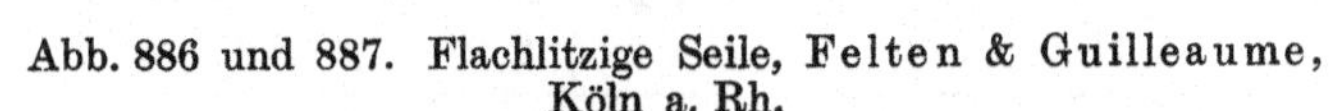

Abb. 886 und 887. Flachlitzige Seile, Felten & Guilleaume, Köln a. Rh.

Abb. 888. Dreikantlitzenseil, Felten & Guilleaume, Koln a. Rh.

genutzt werden, suchen Felten und Guilleaume durch die flachlitzigen und Dreikantlitzenseile, Abb. 886 bis 888, abzuhelfen. Bei den ersteren legen sich Litzen von länglichem Querschnitt mit ihren breiten Flächen um die Hauptseele des Seiles. An Doppelflachlitzenseilen, Abb. 887, sind die inneren Litzen entgegengesetzt zu den äußeren gewunden, wodurch die Neigung zum Aufdrehen aufgehoben wird und die Seile besonders zu Abteufförderseilen und zum Heben ungeführter Lasten an Kranen geeignet werden. Dreikantlitzenseile, Abb. 888, für Förderzwecke haben aus Formdrähten gebildete dreikantige Kerne, um welche sich die Runddrähte legen; sie bieten eine noch geschlossenere und glattere Oberfläche, sowie eine bessere Ausnutzung des Querschnittes, als die vorstehend beschriebenen.

Zu Tragseilen an Seilbahnen werden verschlossene Seile, Abb. 889, benutzt, deren äußere Lagen aus Formdrähten von solcher Gestalt bestehen, daß die Drahtenden bei eintretenden Brüchen von den benachbarten Drähten zurückgehalten werden, so daß die Oberfläche dauernd glatt bleibt. Damit aber Brüche an den inneren Drähten, die sich äußerlich nicht bemerkbar machen, vermieden werden, gibt man der Decklage bei der Herstellung etwas größere Spannung. Weitere bemerkenswerte Vorteile sind: die geringere und gleichmäßigere Abnutzung, der bessere Schutz der inneren Drähte und der kleinere Seildurchmesser im Verhältnis zu anderen Arten gleicher Tragfähigkeit; dagegen ist die Biegsamkeit wesentlich geringer. Als Baustoff wird weicher Stahl von 5500 bis 6000 kg/cm² oder Gußstahldraht bis zu 12000 kg/cm² Festigkeit verwandt.

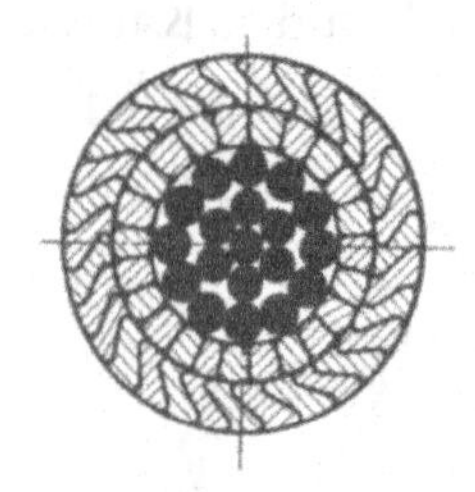

Abb. 889. Verschlossenes Drahtseil.

Zusammenstellung 103.

Drahtseile für Krane, Aufzüge, Flaschenzüge und ähnliche Zwecke nach DIN 655.

Ausführung		Litzen	Drähte für 1 Litze	Gesamtdrahtzahl	Seil-Nenndurchmesser mm	Einzeldrahtdurchmesser mm	Querschnitt sämtl. Drähte i. Seil mm²	Rechner. Gew. für 1 m kg	Festigkeit kg/mm² 130	160	180
									Rechnerische Bruchlast kg		
					6,5	0,4	14,3	0,135	1860	2290	2570
					8	0,5	22,4	0,21	2910	3580	4030
					9,5	0,6	32,2	0,30	4190	5150	5800
					11	0,7	43,9	0,41	5700	7020	7900
					13	0,8	57,3	0,54	7450	9170	10310
	A	6	19	114	14	0,9	72,5	0,68	9430	11600	13050
					16	1,0	89,4	0,84	11620	14300	16090
					17	1,1	108,3	1,02	14080	17330	19490
6·19 = 114 Drähte und 1 Fasereinlage					19	1,2	128,9	1,22	16760	20620	23300
					20	1,3	151,3	1,43	19670	24190	27230
					22	1,4	175,5	1,66	22820	28060	31590
					9	0,4	27,9	0,26	3630	4460	5020
					11	0,5	43,6	0,41	5670	6980	7850
					13	0,6	62,8	0,59	8160	10050	11300
					15	0,7	85,4	0,81	11100	13660	15370
					18	0,8	111,6	1,06	14510	17860	20090
					20	0,9	141,2	1,34	18360	22590	25420
					22	1,0	174,4	1,65	22670	27900	31390
					24	1,1	211,0	2,00	27430	33750	37980
	B	6	37	222	26	1,2	251,1	2,38	32640	40180	45200
					28	1,3	294,7	2,80	38310	47150	53050
					31	1,4	341,7	3,24	44420	54670	61510
					33	1,5	392,3	3,72	51000	62770	70610
6·37 = 222 Drähte und 1 Fasereinlage					35	1,6	446,4	4,24	58030	71420	80350
					37	1,7	503,9	4,78	65510	80620	90700
					39	1,8	564,9	5,36	73440	90380	101680
					42	1,9	629,4	5,97	81820	100700	113290
					44	2,0	697,4	6,62	90660	111600	125530
					20	0,7	140,9	1,33	18320	22540	25360
					22	0,8	183,9	1,74	23900	29420	33100
					25	0,9	232,8	2,21	30260	37250	41900
					28	1,0	287,5	2,73	37380	46000	51750
					31	1,1	347,8	3,30	45210	55650	61600
					34	1,2	413,9	3,93	53800	66200	74500
					36	1,3	485,8	4,61	63150	77730	87440
	C	6	61	366	39	1,4	563,4	5,35	73240	90140	101410
					42	1,5	646,8	6,14	84080	103490	116420
					45	1,6	735,9	6,99	95670	117740	132460
					48	1,7	830,7	7,89	107990	132910	149530
					51	1,8	931,4	8,84	121080	149020	167650
6·61 = 366 Drähte und 1 Fasereinlage					53	1,9	1037,7	9,85	134900	166030	186790
					56	2,0	1149,8	10,92	149470	183970	206960

Geflochtene Seile, wie sie die Aktiengesellschaft für Seilindustrie, vorm. F. Wolff in Mannheim-Neckarau herstellt, haben den Vorzug vollständiger Drallfreiheit.

Die Berechnung der Drahtseile erfolgt gewöhnlich auf die statische Belastung des Seiles, in den meisten Fällen also auf die daran hängende Last Q. Bei z Drähten vom Durchmesser δ wird die Zugspannung, gleichmäßige Verteilung der Last auf sämtliche Drähte vorausgesetzt:

$$\sigma_z = \frac{Q}{z \cdot \frac{\pi}{4} \cdot \delta^2}. \tag{241}$$

Dazu tritt die Wirkung der bei hohen Anfahrgeschwindigkeiten oft nicht unbeträchtlichen Beschleunigungskräfte und die Biegespannung in den Drähten beim Laufen der Seile über Rollen oder beim Aufwickeln auf Trommeln. Die Beschleunigungskräfte müssen von Fall zu Fall berechnet werden. Die größte Biegespannung in einem einfachen Draht, der einer Rolle vom Durchmesser D entsprechend gebogen wird, ist:

$$\sigma_b = \frac{\delta}{\alpha \cdot D}. \tag{242}$$

Nach Abb. 890 wird nämlich die äußere Faser eines Drahtes von der Länge l_0 beim Biegen nach einem Krümmungshalbmesser $\frac{D}{2}$ auf l_1, also um $l_1 - l_0$ verlängert, die innere um den gleichen Betrag verkürzt. Nun ist:

$$l_1 = l_0 \frac{\frac{D+\delta}{2}}{\frac{D}{2}} = l_0 \cdot \frac{D+\delta}{D},$$

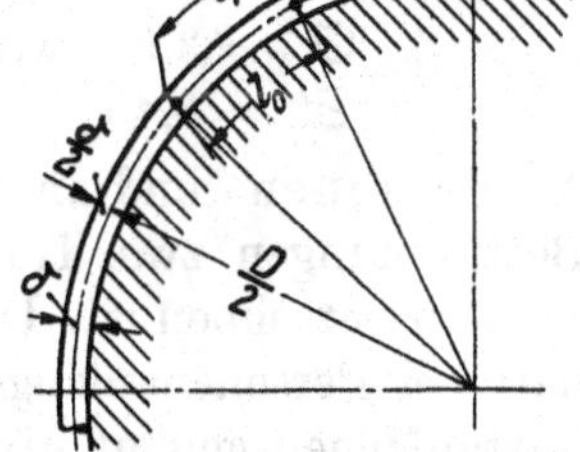

Abb. 890. Draht, über eine Rolle gebogen.

also die Verlängerung:

$$l_1 - l_0 = \frac{l_0 \cdot \delta}{D}$$

und mithin die Dehnung ε, d. i. die auf die Längeneinheit bezogene Verlängerung:

$$\varepsilon = \frac{l_1 - l_0}{l_0} = \frac{\delta}{D}.$$

Dieser Dehnung entspricht aber eine Biegespannung:

$$\sigma_b = \frac{\varepsilon}{\alpha} = \frac{\delta}{\alpha \cdot D}$$

in den äußern Fasern.

Bei dem spiraligen Verlauf der einzelnen Drähte in einem Seil wird die Beanspruchung nicht voll erreicht, was Bach durch eine Berichtigungszahl β berücksichtigt, so daß die Gesamtbeanspruchung:

$$\sigma = \sigma_z + \beta \cdot \sigma_b = \frac{Q}{z \cdot \frac{\pi}{4} \delta^2} + \beta \cdot \frac{\delta}{\alpha \cdot D} \tag{243}$$

wird. Für β empfiehlt Bach bei $\alpha = \frac{1}{2150000}$ cm²/kg zu setzen:

an Seilen gewöhnlicher Bauart $^3/_8$, entsprechend $\sigma = \frac{Q}{z \cdot \frac{\pi}{4} \delta^2} + 800000 \cdot \frac{\delta}{D}$, (244)

an besonders biegsamen Seilen $^1/_4$, entsprechend $\sigma = \frac{Q}{z \cdot \frac{\pi}{4} \delta^2} + 538000 \cdot \frac{\delta}{D}$, (245)

an weniger biegsamen Förderseilen $^1/_2$, entsprechend $\sigma = \frac{Q}{z \cdot \frac{\pi}{4} \delta^2} + 1075000 \cdot \frac{\delta}{D}$. (246)

Die zusätzlichen Spannungen vermindern die Sicherheit, wie die Berechnungsbeispiele zeigen, oft ganz wesentlich. Anders liegen naturgemäß die Verhältnisse bei den Tragseilen der Drahtseilbahnen, bei denen die Biegebeanspruchung nicht etwa nach dem Krümmungshalbmesser der Rollen, die auf ihnen laufen, beurteilt werden darf, weil sich die Seile nicht der Rollenoberfläche anschmiegen, sondern infolge der hohen Anspannung bedeutend flacher bleiben. Vgl. [X, 2].

Die zulässigen Beanspruchungen auf Zug setzt man bei der Benutzung der Formel (241) an Hebemaschinen, die von Hand angetrieben werden gleich $^1/_5$ bis $^1/_6$, bei motorischem Antrieb gleich $^1/_6$ bis $^1/_8$ der Bruchfestigkeit. Zweckmäßigerweise rechnet man aber auch in diesen Fällen nach Formel (243) nach, wobei man sich im Falle von Handbetrieb bei weicheren Drahtsorten mit etwa 3facher, bei härteren mit mindestens 3,5facher, bei motorischem Antrieb mit 4- bis 5facher Sicherheit begnügt. Hierzu mag erwähnt werden, daß die Sicherheit bei Benutzung der Formel (243), falls das Verhältnis $\frac{\delta}{D}$ und damit auch die Biegebeanspruchung bestimmt sind, um so niedriger ausfällt, je geringer die Zugfestigkeit des Drahtes ist. So unterliegt ein Seil aus Drähten von $\delta = 1$ mm Stärke auf einer Rolle von 500 mm Durchmesser bei $\beta = {}^3/_8$ einer Biegebeanspruchung von 1600 kg/cm² und hat bei $\mathfrak{S} = 6$facher Sicherheit nach Formel (241) nur noch eine wirkliche nach Formel (244) von

$\mathfrak{S}' = 3{,}91$, wenn der Draht 18000 kg/cm² Festigkeit,
$\mathfrak{S}'' = 3{,}45$, ,, ,, ,, 13000 ,, ,, besitzt.

An Personen- und an Lastaufzügen mit Führerbegleitung sind nach den polizeilichen Bestimmungen zwei Tragseile vorgeschrieben, wobei jedes der Seile auf die Hälfte der Last zu berechnen ist. Die Beanspruchung auf Zug und Biegung nach der Formel (244) darf bei Personenaufzügen nicht mehr als $^1/_6$ der Bruchfestigkeit betragen. An reinen Lastaufzügen genügt ein Seil mit fünffacher Bruchsicherheit.

Der Mindestdurchmesser D der Scheiben, Rollen und Trommeln hängt von der Drahtstärke und der Bauart des Seiles ab; er pflegt von den Firmen bei den einzelnen Seilarten angegeben zu werden, doch gehe man an diese unteren Grenzwerte nur gezwungen heran. Als Anhalt für die Wahl von D kann dienen, daß:

bei Hebezeugen mit Handantrieb $D \geqq 400\,\delta$,
an solchen mit motorischem Antrieb $D \geqq 500\,\delta$ bis $800\,\delta$,
an Fördermaschinen $D \geqq 1000\,\delta$

sein soll. Die DIN 655 empfiehlt, die Trommel-, Scheiben- und Rollendurchmesser etwa gleich dem 500fachen des Drahtdurchmessers zu wählen, da bei wesentlichen Unterschreitungen die Haltbarkeit der Seile stark vermindert wird.

Bei der Wahl der Seile ist zu beachten, daß solche aus dünnen Drähten zwar größere Biegsamkeit besitzen, so daß kleinere Rollendurchmesser zulässig sind, die zu geringeren Abmessungen und Gewichten der Triebwerke führen, daß dünne Drähte aber leichter durch mechanische oder chemische Einflüsse angegriffen und zerstört werden. Die beiden folgenden, den vorstehenden Zusammenstellungen entnommenen Seile sind rechnerisch gleichwertig, da sie bei derselben Nutzlast $Q = 1000$ kg annähernd gleiche Sicherheit gegen Bruch nach der Formel (244) haben. Tatsächlich wird das zweite die größere Lebensdauer aufweisen.

	Seil-durchm. d mm	Draht-zahl z	Hanf-seele	Draht-durchm. δ mm	Bruchfestigk. des Drahtes K_z kg/cm²	Rollen-durchmesser D mm	Be-anspruchung σ kg/cm²	Sicherheit $\mathfrak{S}$
1	11	222	1	0,5	18000	250	4006	4,50
2	11	114	1	0,7	18000	350	3890	4,63

Neben der Höhe der Beanspruchung hat nach den Beobachtungen von Wahrenberger [X, 1] namentlich die zwischen dem Seil und den Rollen auftretende Pressung Einfluß auf die Haltbarkeit der Seile. Wenn die Drähte nur in einzelnen Punkten aufliegen, so brechen sie nach verhältnismäßig kurzer Betriebsdauer an den Berührungsstellen zwischen Draht und Rolle stumpf ab. Liegen sie dagegen in gut angepaßten Nuten und bei geeigneter Bauart des Seiles auf längeren Strecken an, so tritt allmähliches Abschleifen und erst nach starker Abnutzung der Bruch ein. Ungünstig ist das Abbiegen der Seile bald nach der einen, bald nach der anderen Richtung, Abb. 891; Rollen und Trommeln sollen nach Möglichkeit so angeordnet werden, daß die Abbiegungen stets im gleichen Sinne erfolgen, Abb. 892.

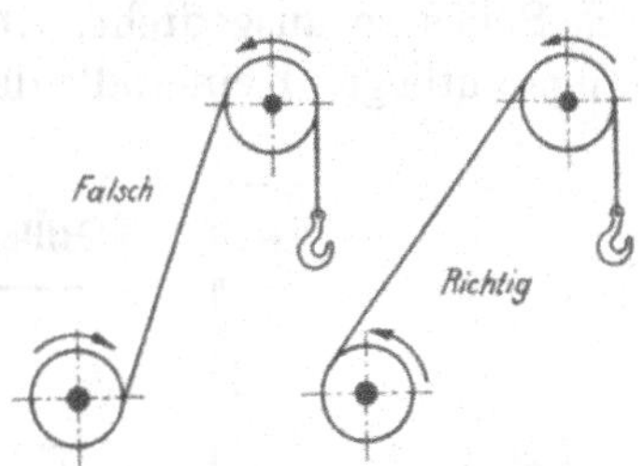

Abb. 891 und 892. Falsche und richtige Seilführung.

An Hebemaschinen benutzt man bei größeren Lasten meist mehrere Seile nebeneinander unter Einschaltung von Rollen- oder Flaschenzügen, um die Übersetzungen, Abmessungen und Gewichte der Triebwerke zu beschränken. Bei Entwürfen können nach Feststellungen von Prof. Nieten, Aachen, an zahlreichen Ausführungen die folgenden Angaben über die Zahl der Seile im Verhältnis zu der Höchstlasten, für welche die Krane oder Windwerke bestimmt sind, als erster Anhalt dienen:

Seilzahl	1	2	4	6	8	10...12
Last	bis 3, an Hafendrehkranen bis 5 t	bis 6 t	2...25 t	15...50 t	25...100t	> 100 t

Zwei Seile finden an den Doppelrollenzügen selbst auf kleine Lasten häufig, drei und weitere ungerade Anzahlen von Seilen dagegen nur selten Verwendung.

Vergleicht man Draht- mit Hanfseilen, so spricht die größere Festigkeit für, das höhere Eigengewicht gegen erstere. Ihr Gewicht darf man unter Berücksichtigung der Seelen, z. B. für die Seile der Zusammenstellung 103 Seite 498, im Mittel zu $q_1 = 0{,}96$ kg auf 1 m Länge und 1 cm² nutzbaren Querschnitt annehmen. Bei 8facher Sicherheit erreichen Seile aus weichem Stahldraht von 6000 kg/cm² Festigkeit, also bei $k_z = \frac{6000}{8} = 750$ kg/cm² Zugbeanspruchung schon bei

$$L = \frac{k_z}{q_1} = \frac{750}{0{,}96} = 780 \text{ m},$$

solche aus Stahl von 18000 kg/cm² Festigkeit bei $L = \frac{2250}{0{,}96} = 2340$ m die Grenze, bei der die Tragfähigkeit eines durchweg gleich starken Seiles durch das Eigengewicht erschöpft ist.

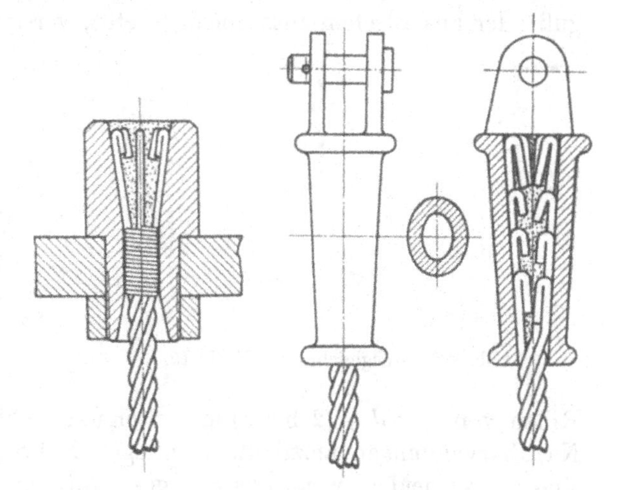
Abb. 893 und 894. Seilmuffen.

Ösen zum Befestigen der Seilenden werden nach Art der Abb. 877 durch Einspleißen des um eine Kausche gelegten Endes auf einer längeren Strecke und durch Umwickeln mit Draht hergestellt. Nach Abb. 893 und 894 wird das Seil durch Muffen gesteckt, am Ende aufgelöst und nach dem Umbiegen, Beizen und Verzinnen der einzelnen Drähte vergossen. Dazu werden leicht schmelzende Legierungen empfohlen, wie 80 Gewichtsteile Zinn, 10 Teile Kupfer und 10 Teile Antimon oder 9 Teile Blei, 2 Teile Antimon und 1 Teil Wismut.

Im Betriebe sind die Seile von Zeit zu Zeit sorgfältig zu reinigen, zu prüfen und neu zu schmieren. Besonders empfindlich sind Drahtseile gegen scharfe Abbiegungen oder Knicke, wie sie bei unvorsichtigem Abwickeln oder bei Aufstoßen des Hakens vorkommen. Einzelne Drähte werden dadurch dauernd verbogen, verlieren ihre Tragfähigkeit und beeinträchtigen so auch die des ganzen Seiles.

In den Seilrollen wird der Grund der Rillen für Seile nach DIN 655, Zusammenstellung 103, nach DIN 690 sauber nach einem etwas größerem Halbmesser als dem des Seiles so ausgedreht, Abb. 894a, daß das Seil auf etwa einem Drittel seines Umfangs aufliegt. Keinesfalls darf es in der Rille klemmen.

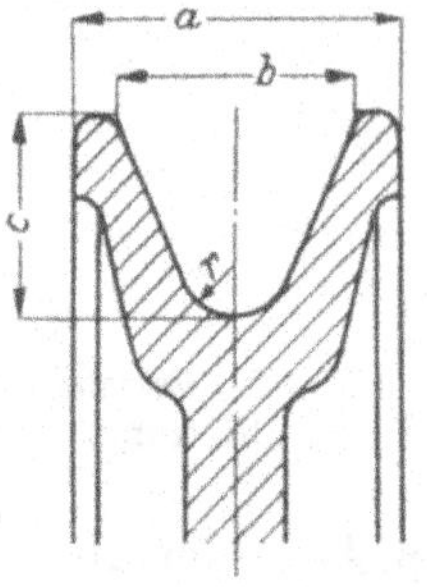

Abb. 894a. Rillenprofil für Seilrollen nach DIN 690.

Zusammenstellung 104.

Rillenprofile für Seilrollen an Hebemaschinen Abb. 894a, nach DIN 690.

Für Seildurchmesser mm	a[1]) mm	b mm	c mm	r mm
6,5... 9	30	20	18	5
9,5...14	40	30	25	8
15 ...20	56	40	32	12
22 ...26	72	50	40	15
28 ...31	80	60	48	18
33 ...39	95	72	56	22
42 ...48	115	85	64	25
51 ...56	135	100	75	30

[1]) Richtmaß für Ausführung in Gußeisen.

Alle Kanten, mit denen es in Berührung kommen könnte, sind gut abzurunden. Ausgleichrollen, wie sie Abb. 895 für die Laufkatze der Abb. 147 zeigt, die nur die Schwankungen und Bewegungen des Hakens unschädlich machen sollen, können kleinere Durchmesser bekommen, weil das Seil in ihnen im wesentlichen ruhend aufgehängt ist. Die Rollenachse, um die zueinander senkrecht angeordneten Zapfen Z_1 und Z_2 beweglich, kann dem Seilzug nach allen Richtungen folgen.

Drahtseiltrommeln, meist aus Gußeisen, nur bei großen Abmessungen aus Stahlguß oder aus Blechen zusammengenietet, versieht man mit schraubenförmigen, flachen

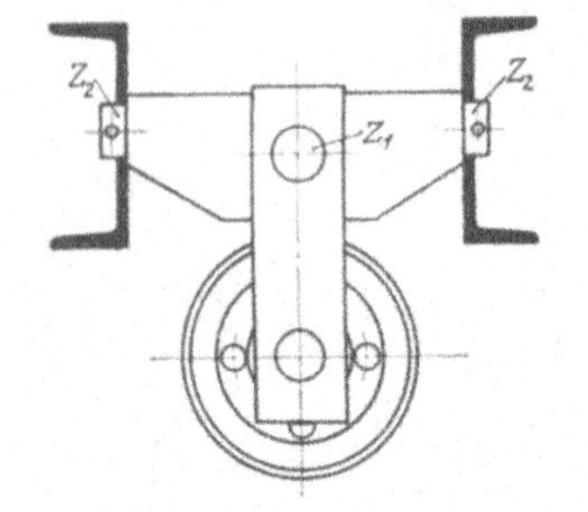

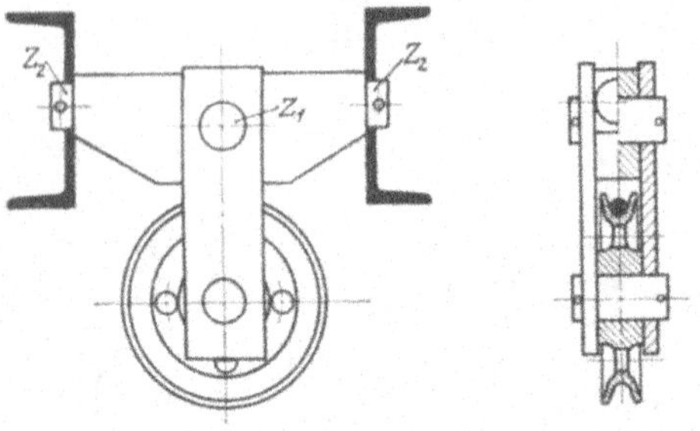

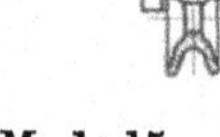

Abb. 895. Ausgleichrolle. M. 1:15.

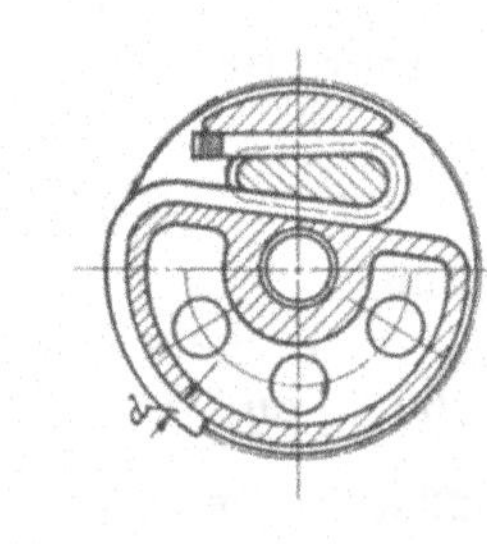

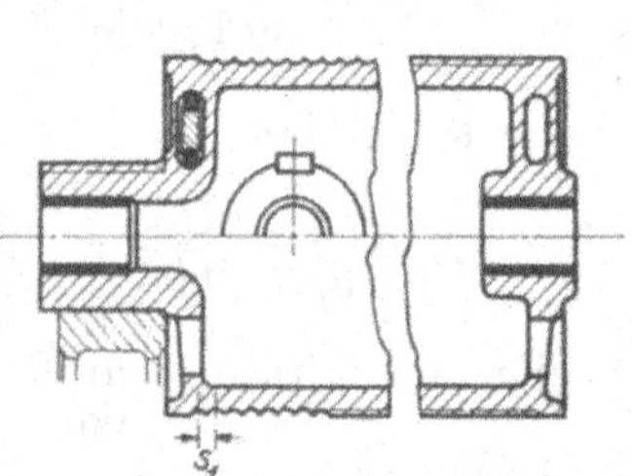

Abb. 896. Drahtseiltrommel. M. 1:20.

Rillen von $s_1 = d + (2$ bis $3)$ mm Steigung, Abb. 896, in die sich das Seil ohne an den Nachbarwindungen anzulaufen, einlegt. Mehrere Lagen von Drahtseilen übereinander sind zu vermeiden, wenn das Seil geschont werden soll. Zweckmäßig ist es, wenn möglich, die Trommel unmittelbar mit dem antreibenden Rade zu verbinden und auf einer festen Achse lose laufen zu lassen, weil dabei die Beanspruchung der Trommelachse günstiger wird, wie des näheren in den Berechnungsbeispielen der Achsen und Wellen nachgewiesen ist.

Eine Fördermaschinentrommel von 2500 mm Durchmesser gibt Abb. 897 wieder. Zu dem Zwecke, Längungen des Seiles ausgleichen zu können, ist sie versteckbar gemacht, indem die eigentlichen Trommelnaben C und D drehbar auf den beiden auf der Welle fest verkeilten Naben A und B angeordnet und durch je 4 Bolzen E in verschiedenen Lagen zueinander gekuppelt werden können Dadurch, daß die Naben A und B je 32, C und D je 12 Löcher auf dem Umfange besitzen, läßt sich die Trommel um $^1/_{96}$ des

Umfanges verstecken. Die Trommelwand ist aus Blechen zusammengesetzt, durch kräftige Winkeleisen und Segmentbleche an den Rändern und in der Mitte versteift und mit einem Buchenholzbelag zur Schonung des Seiles versehen, in den eine schraubenlinienförmige Rille eingedreht ist. 12 sorgfältig in den Naben C und D eingepaßte

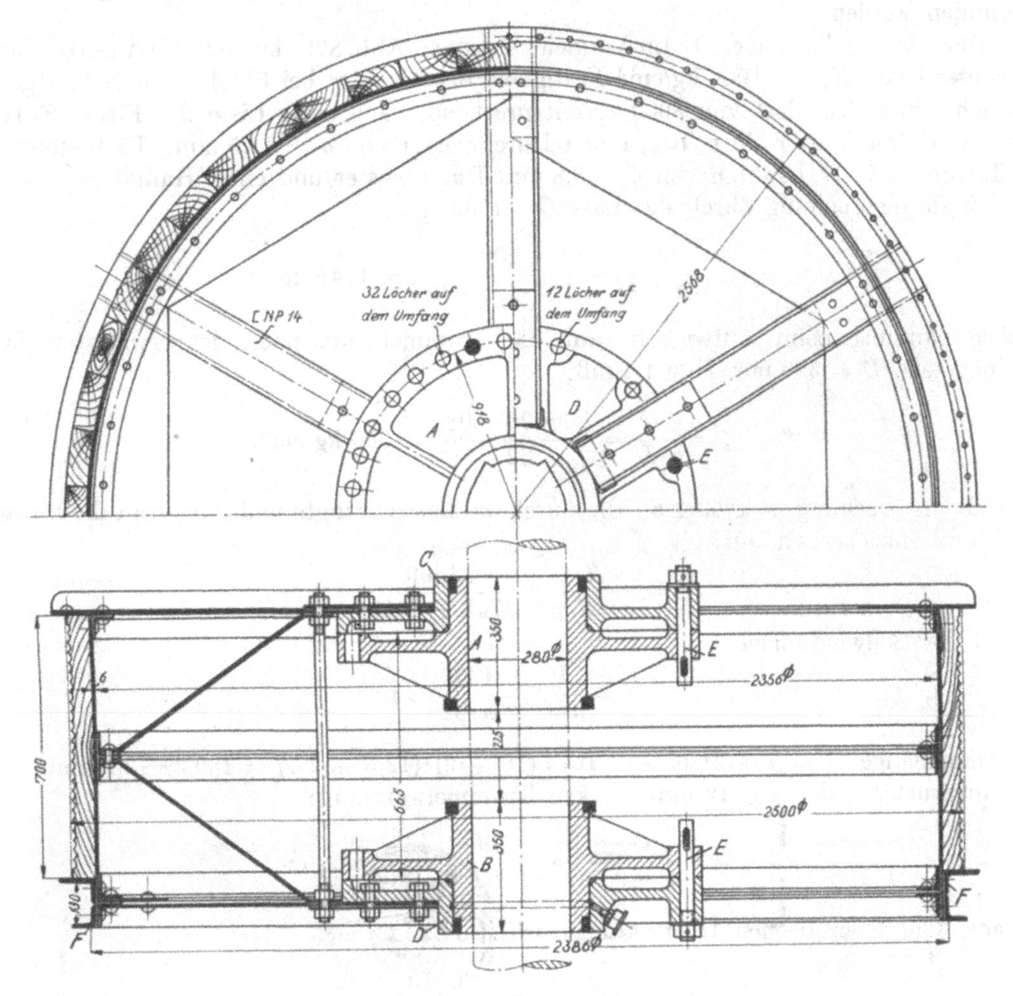

Abb. 897. Versteckbare Fördermaschinentrommel, Friedrich Wilhelmshütte, Mülheim/Ruhr. M. 1 : 20.

U-Eisen NP 14 und schräge Flacheisen stellen die Verbindung mit der Nabe her, wobei Wert darauf gelegt ist, daß die großen Bremsdrücke, die auf den Bremsring F wirken, unmittelbar durch einen Armstern aufgefangen werden.

An großen Trommeln pflegt man das Seil durch die Trommelwand hindurchzuführen, mehrfach durch die Arme hindurch zu schlingen und am Ende festzuklemmen oder durch eine Öse zu halten.

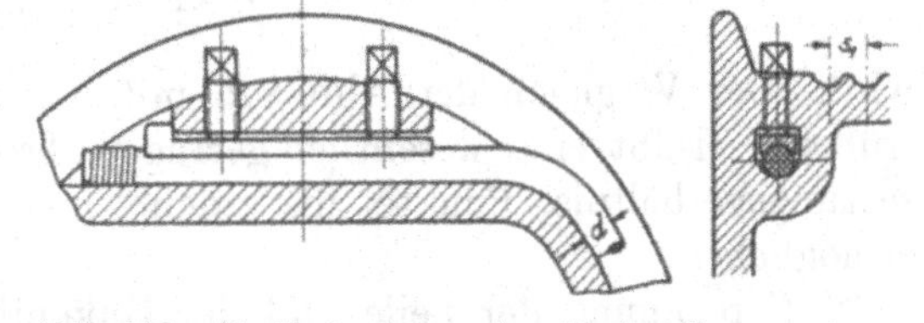

Abb. 898. Endbefestigung des Drahtseiles an einer Trommel.

Befestigung der Seilenden auf kleineren Trommeln zeigen die Abb. 896 und 898. In der ersten Ausführung, an der Trommel zur 20 t Laufkatze, Abb. 147, sind die Seilenden um je einen mit einer Rinne versehenen Keil geschlungen, der durch die Kraft im Seil in die Trommel hineingezogen und dort verspannt wird, eine sehr wirksame und sichere Verbindung, die sich auch anderweitig z. B. zum Einspannen von Drähten bei Festigkeitsprüfungen vorteilhaft verwenden läßt. In Abb. 898 ist das Seilende durch ein Druckstück gehalten, das am Rutschen durch eine Nase verhindert und durch zwei Schrauben angepreßt wird. Zwei b s drei Sicherheitswindungen müssen auch bei Drahtseilen zum Schutze der Endbefestigung vorgesehen sein.

Der Wirkungsgrad von Drahtseilrollen und -trommeln darf zu 0,95 bis 0,96 angenommen werden.

Berechnungsbeispiele. 1. Im Vergleichsbeispiel, Abb. 879, bekommt ein unverzinktes Drahtseil von $K_z = 14000$ kg/cm² Festigkeit des Drahtes bei 8facher Sicherheit gegen Bruch, einer Bruchlast von 8000 kg entsprechend, nach einer Liste der Firma Felten und Guilleaume, Köln a. Rh., einen Durchmesser von $d = 12{,}5$ mm. Es besteht aus 6 Litzen zu je 19 Drähten von $\delta = 0{,}8$ mm Durchmesser und einer Hanfseele.

Zugbeanspruchung durch die Last $Q = 1000$ kg:

$$\sigma_z = \frac{Q}{z \cdot \pi/4 \cdot \delta^2} = \frac{1000}{114 \cdot \pi/4 \cdot 0{,}08^2} = 1745 \text{ kg/cm}^2.$$

Biegespannung beim Aufwickeln auf die Trommel, die nach der erwähnten Liste mindestens $D = 320$ mm haben muß:

$$\sigma_b = \frac{\beta \cdot \delta}{\alpha \cdot D} = \frac{800000 \cdot 0{,}08}{32} = 2000 \text{ kg/cm}^2.$$

Die Beanspruchung ist größer als die durch die Last bedingte und erniedrigt die tatsächliche Bruchsicherheit auf:

$$\mathfrak{S} = \frac{K_z}{\sigma_z + \sigma_b} = \frac{14000}{1745 + 2000} = 3{,}74.$$

Zahl der Seilwindungen:

$$i = \frac{H}{\pi \cdot D} = \frac{1000}{\pi \cdot 32} \approx 10.$$

Trommellänge $l = (i + 2) \cdot (d + 2{,}5) = (10 + 2) \cdot (12{,}5 + 2{,}5) = 180 \approx 190$ mm.
Beanspruchung der $s = 12$ mm starken Trommelwandung:

$$\sigma_d = \frac{Q}{s(d + 0{,}25)} = \frac{1000}{1{,}2 \cdot 1{,}50} = 556 \text{ kg/cm}^2.$$

Nach dem theoretischen Übersetzungsverhältnis:

$$u_0 = \frac{P_0 \cdot R}{Q \cdot D/2} = \frac{20 \cdot 40}{1000 \cdot 16} = \frac{1}{20}$$

sind wieder zwei Räderpaare nötig, deren wirkliches Übersetzungsverhältnis:

$$u = u_0 \cdot \eta_t \cdot \eta_1 \cdot \eta_2 = \frac{1}{20} \cdot 0{,}97 \cdot 0{,}9 \cdot 0{,}9 = \frac{1}{25{,}4}$$

wird. Der Vergleich der Abb. 879 mit 878 und der eben errechneten Zahlen mit den früheren ergibt eine wesentlich geringere Trommellänge und ein etwas günstigeres Übersetzungsverhältnis, Punkte, die einen leichteren und gedrängteren Bau der Handwinde ermöglichen.

2. Berechnung der Seile und der Hakenflasche, Abb. 899, zur 20 t Laufkatze, Abb. 146 bis 148. Nach den Zahlen auf S. 501 wären 4 oder 6 Seile empfehlenswert, die mit $\mathfrak{S} = 7$facher Sicherheit zusammen einer Bruchlast von $7 \cdot Q = 7 \cdot 20 = 140$ t genügen müßten. Für den ersten Fall, und zwar unter Benutzung eines Zwillingsrollenzuges, Abb. 900, ist die Bedingung entscheidend, daß die Last nach Seite 138 genau senkrecht gehoben werden soll. Auf der Ausgleichrolle A, vgl. auch Abb. 895, liegt die Mitte des über die zwei Rollen der Hakenflasche geführten Seils, das sich auf der Trommel von den beiden Enden her aufwickelt. Gewählt nach Zusammenstellung 103, Seite 498, 4 unverzinkte

Seile von 24 mm Durchmesser von $K_z = 18000\,\text{kg/cm}^2$ Bruchfestigkeit, aus 6 Litzen zu je 37 Drähten und 1 Hanfseele bestehend. Drahtstärke $\delta = 1{,}1$ mm. Bruchlast 37,98 t. Kleinster Rollendurchmesser gewählt $D = 500$ mm.

Größter Seilzug bei einem Flaschengewicht $G_f = 350$ kg und einem Wirkungsgrad der Seilrollen von $\eta_r = 0{,}96$:

$$P = \frac{Q + G_f}{4 \cdot \eta_r} = \frac{20350}{4 \cdot 0{,}96} = 5300\ \text{kg}.$$

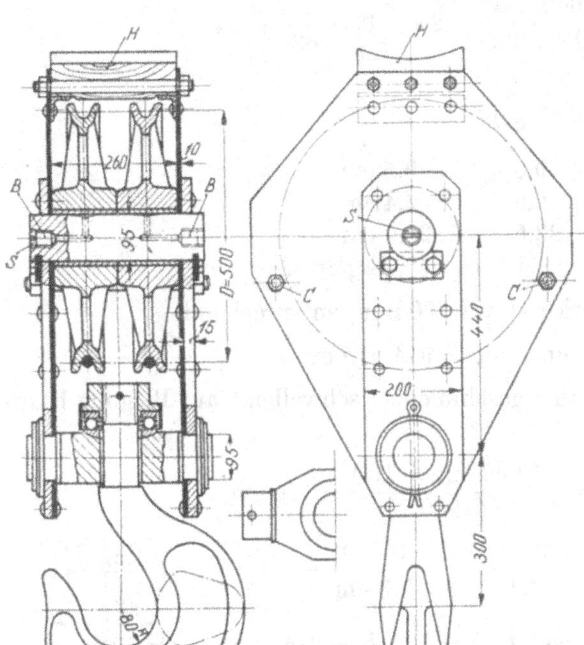

Abb. 899. Hakenflasche zur 20 t-Laufkatze, Abb. 146 bis 148. M. 1 : 15.

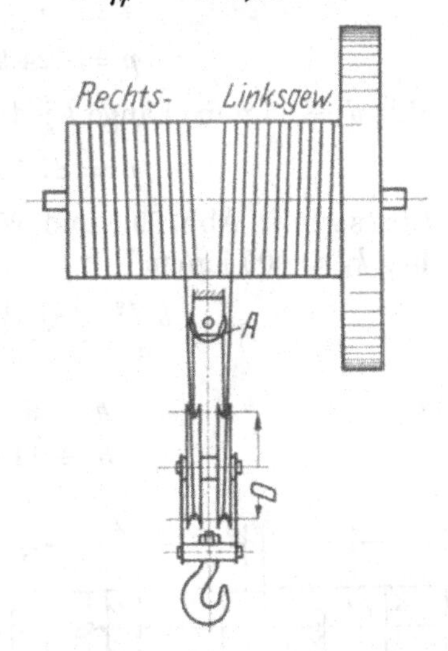

Abb. 900. Trommel und Zwillingsrollenzug der Laufkatze, Abb. 146 bis 148.

Sicherheit $\mathfrak{S}_0$ im geraden Seil bei Beanspruchung auf Zug:

$$\mathfrak{S}_0 = \frac{37980}{5300} = 7{,}16\text{fach}.$$

Sicherheit $\mathfrak{S}$ des Seiles beim Laufen über die Rollen unter Berücksichtigung der Biegespannung nach Formel (244):

$$\sigma = \frac{P}{z \cdot \frac{\pi}{4}\,\delta^2} + \frac{3}{8}\,\frac{\delta}{\alpha \cdot D} = \frac{4 \cdot 5300}{222 \cdot \pi \cdot 0{,}11^2} + \frac{3}{8} \cdot \frac{0{,}11 \cdot 2150000}{50} = 2510 + 1770 = 4280\ \text{kg/cm}^2.$$

$$\mathfrak{S} = \frac{K_z}{\sigma} = \frac{18000}{4280} = 4{,}2\ \text{fach. Zulässig.}$$

Hakenflasche, Abb. 899. Die obere, durch zwei Riegel in den Seitenschilden festgehaltene Achse trägt die beiden Seilrollen. Sie ist auf Auflagedruck und auf Biegung (schwellend) zu berechnen. Gewählt: Flußstahl, $p = 80\,\text{kg/cm}^2$ an den Rollenlaufflächen, $p' = 450\,\text{kg/cm}^2$ in den Seitenschilden samt den damit vernieteten Hängelaschen; $k_b = 1000\,\text{kg/cm}^2$. Unter Schätzung des Durchmessers d, Abb. 901, berechnet man zunächst die Summe der Schild- und Laschenstärke s, dann die bei $1000\,\text{kg/cm}^2$ Biegebeanspruchung mögliche Stützlänge l und schließlich den Flächendruck an der Laufstelle der Rollen.

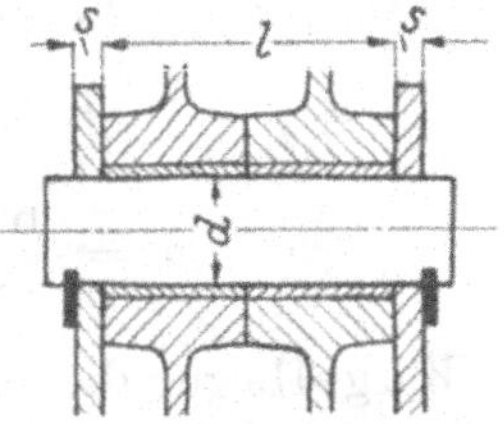

Abb. 901. Rollenachse.

$$s = \frac{Q}{2\,d \cdot p'} = \frac{20000}{2 \cdot d \cdot 450} = \frac{22{,}2}{d}.$$

Aus $M_b = \frac{Q(l+2s)}{8} = k_b \cdot W$ folgt:

$$l = \frac{8 \cdot k_b \cdot W}{Q} - 2s = \frac{8 \cdot 1000}{20000} \cdot \frac{\pi d^3}{32} - 2s = 0{,}4 \cdot \frac{\pi d^3}{32} - 2s .$$

Endlich ist:
$$p = \frac{Q}{d \cdot l} .$$

$d =$	8,5	9,0	9,5 cm
$s =$	2,6	2,5	2,4 cm
$l =$	18,9	23,6	28,9 cm
$p =$	124,5	94,1	72,8 kg/cm².

Gewählt $d = 95$ mm, Länge l jedoch verkürzt auf 260 mm, entsprechend

$$p = 81 \text{ kg/cm}^2 \quad \text{und} \quad \sigma_b = 914 \text{ kg/cm}^2.$$

Querstück, Abb. 899 und 902, Stahl, geschmiedet, schwellend auf Biegung beansprucht; $k_b = 900$ kg/cm².

$$W = \frac{b \cdot h^2}{6} = \frac{Q \cdot (l+s)}{4\,k_b} = \frac{20000 \cdot (26+2{,}4)}{4 \cdot 900} = 156 \text{ cm}^3.$$

Bei	$h = 9$	10	11 cm
wird	$b = 11{,}6$	9,4	7,3 cm.

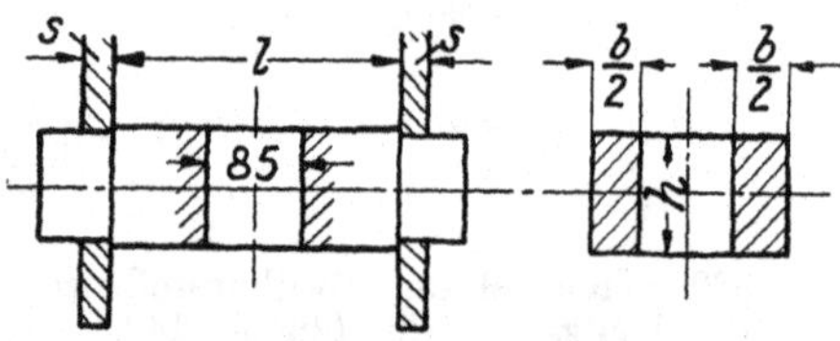

Abb. 902. Querstück zur Hakenflasche, Abb. 899.

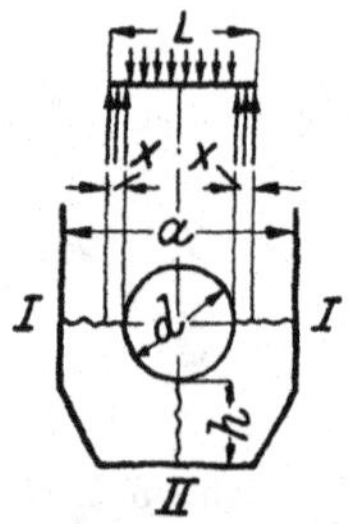

Abb. 903. Hängelasche der Hakenflasche Abb. 899.

Gewählt: $h = 100$, $b = 2 \cdot 50$ mm; Zapfendurchmesser, wie an der Rollenachse, 95 mm.

Hängelaschen. Die mit den Laschen festvernieteten Seitenschilde seien auf Laschenbreite als mittragend gerechnet. Baustoff: Weicher Flußstahl.

Querschnitt I, Abb. 903, schwellend auf Zug beansprucht. $k_z = 400$ kg/cm². Niedrig, wegen der Nebenbeanspruchung auf Biegung.

$$a = \frac{Q}{2\,s \cdot k_z} + d = \frac{20000}{2 \cdot 2{,}4 \cdot 400} + 9{,}5 \approx 20 \text{ cm}.$$

Querschnitt II, $h = 70$ mm geschätzt, schwellend auf Biegung in Anspruch genommen. Berechnung nach Seite 143. Fließspannung $k_{fl} = 1800$ kg/cm².

$$2\,x \cdot s \cdot k_{fl} = \frac{Q}{2}; \quad x = \frac{Q}{4 \cdot s \cdot k_{fl}} = \frac{20000}{4 \cdot 2{,}4 \cdot 1800} = 1{,}16 \text{ cm}.$$

$$L = d + 2\,x = 9{,}5 + 2 \cdot 1{,}16 = 11{,}82 \text{ cm}.$$

$$\sigma_b = \frac{6\,Q \cdot L}{2 \cdot 8 \cdot s \cdot h^2} = \frac{6 \cdot 20000 \cdot 11{,}82}{2 \cdot 8 \cdot 2{,}4 \cdot 7^2} = 755 \text{ kg/cm}^2. \text{ Zulässig.}$$

Kugellager der Maschinenfabrik Rheinland A.-G., Düsseldorf, mit $i_1 = 12$ Kugeln von $^{15}/_{16}{}''= 23{,}8$ Durchmesser.

$$\text{Beanspruchung:} \quad k = \frac{Q}{i_1 \cdot d^2} = \frac{20000}{12 \cdot 2{,}38^2} = 294 .$$

Die in die Seilrollen, Abb. 899, eingepreßten Bronzebüchsen werden durch Stauffertt geschmiert, das in die Bohrungen B gefüllt und durch die Schrauben S zur Lauffläche gepreßt wird. Der Vorteil der Bauart ist, daß vorstehende Teile, die leicht beschädigt werden und Unglücksfälle hervorrufen können, ganz vermieden sind.

Schrauben C zur Sicherung der Entfernung der beiden Seitenschilde verhindern gleichzeitig durch ihren geringen Abstand von den Rollenkanten das Herausspringen der Seile. Der Kopf der Flasche wird durch ein Holzstück H auf zwei Winkeleisen gebildet, das den Zweck hat, den Stoß gegen die Trommel bei zu hohem Heben des Hakens abzuschwächen.

III. Ketten.

Von den zwei Hauptformen der Lastkette, der Glieder- und der Gallschen Kette, besteht die erste, Abb. 904, aus lauter gleichen geschlossenen Gliedern, die sich beim Aufwickeln der Kette umeinander drehen. Nach den Formen der Glieder unterscheidet man:

1. Förderketten, DIN 670, früher als langgliedrige (deutsche) Kette, bezeichnet,
2. unkalibrierte Ketten für Hebemaschinen, DIN 672 } Ersatz für die früheren kurzgliedrigen (englischen) Ketten,
3. kalibrierte Ketten für Hebezeuge, DIN 671 }
4. Stegketten, noch nicht genormt.

Die leichteren und billigeren Förderketten, Abb. 906, Zusammenstellung 105 oben, finden zu Befestigungszwecken und an Kettenbahnen Anwendung. Die innere Baulänge oder die Teilung der Glieder beträgt $t = 3{,}5\,d$, die lichte Breite $b = 1{,}5\,d$, das Gewicht bei d cm Kettenstärke $q \approx 2{,}1\,d^2$ kg/m.

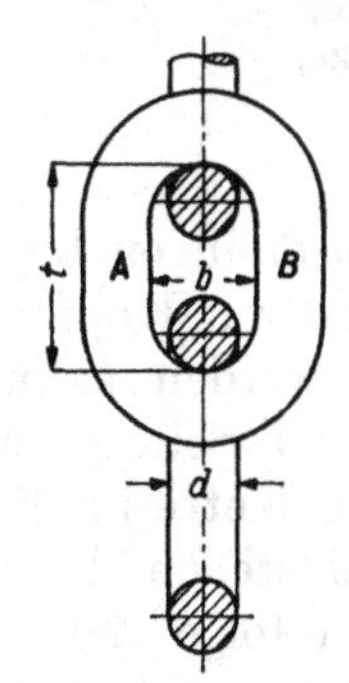

Abb. 904. Kette für Hebezeuge, DIN 672 und 671.

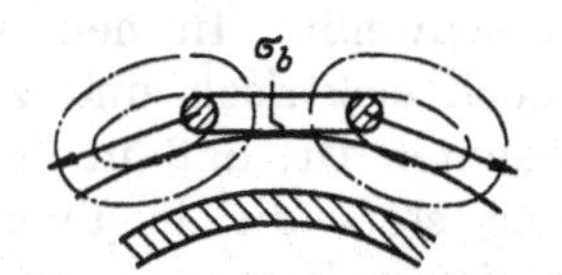

Abb. 905. Beanspruchung der Ketten auf Biegung beim Aufwickeln.

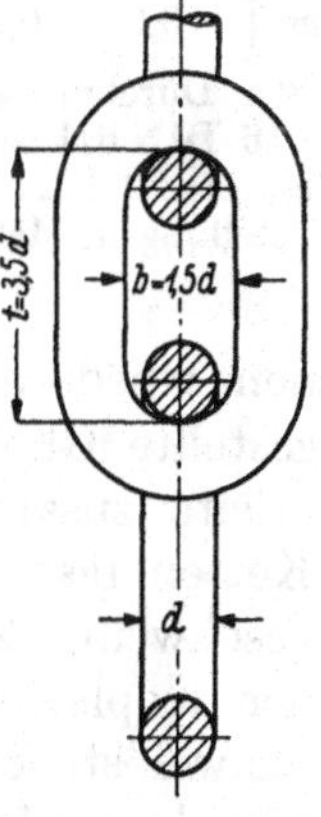

Abb. 906. Förderkette, DIN 670.

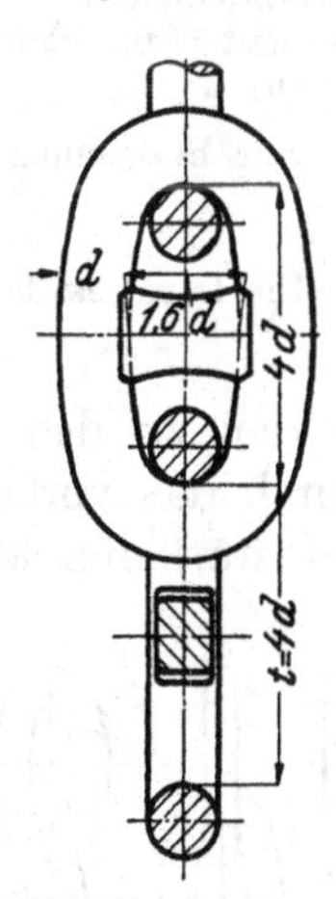

Abb. 907. Stegkette.

Die für Hebezeuge bestimmten Kettensorten Nr. 2 und 3 haben kleinere Teilung von $t \approx 2{,}8\,d$, Zusammenstellung 105 unten, um die Biegebeanspruchung, die beim Aufwickeln auf Trommeln oder Rollen nach Abb. 905 entsteht, zu vermindern. (Die Biegebeanspruchung läßt die Spannung in der äußeren Faser von Förderketten bei $D = 20\,d$ Rollendurchmesser auf rund $4{,}1\,k_z$ steigen; an unkalibrierten Ketten beträgt sie rund $3{,}1\,k_z$.) Die Glieder kalibrierter Ketten erhalten durch Schlagen in Gesenken gut übereinstimmende Abmessungen und werden im Zusammenhang mit verzahnten Rädern benutzt: schwächere als Handketten zum Antriebe von hochliegenden Hebezeugen mittels Ketten- oder Haspelrädern, Abb. 915, stärkere als Lastketten, angetrieben durch Kettennüsse. Das Eigengewicht der Handketten ist durch $q \approx 2\,d^2$, das der kalibrierten Lastketten durch $q \approx 2{,}25\,d^2$ kg/m gekennzeichnet.

Stegketten, Abb. 907, sind durch Einschweißen eines Steges versteift und dadurch um 12 bis 20% tragfähiger gemacht. Sie bieten den Vorteil, daß sie sich weniger leicht verwickeln, dienen in erster Linie als Ankerketten und haben Gewichte von $q \approx 2{,}15\,d^2$ kg/m.

Als Baustoff aller dieser Ketten kommt wegen ihrer Herstellung durch Schweißen weicher, zäher Flußstahl von 3500 bis 3600 kg/cm² Zugfestigkeit und $\delta_{10} = 12$ bis 20% Bruchdehnung in Frage. Nur auf besondere Bestellung werden Förderketten, unkalibrierte und Stegketten aus Puddelstahl hergestellt. Der Rundstahl wird nach Abb. 908

Zusammenstellung 105. **Normale Gliederketten.**

1. Förderketten nach DIN 670 (Auszug).

Durchmesser d	mm	16	18	20	22	24	26	28	30
Innere Breite b	„	24	27	30	33	36	39	42	45
Innere Länge t	„	56	63	70	77	84	91	98	105
Gewicht (unverbindlich)	kg/m	5,2	6,5	8,2	10	12	14,5	16,5	19

2. Unkalibrierte Ketten für Hebezeuge nach DIN 672 (Auszug).

Durchmesser d	mm	7	8	9,5	11	13	16	19	22	24	27	30	33	36	40	44
Innere Breite b	„	10	12	14	17	20	24	29	34	36	40	45	49	54	60	66
Innere Länge t	„	22	24	27	31	36	45	53	62	67	75	84	92	100	110	120
Nutzkraft	kg	350	500	750	1000	1500	2500	3500	4500	5500	6750	8500	10500	12250	15100	18500
Gewicht (unverbindlich)	kg/m	1,1	1,35	2	2,7	3,8	6	8,1	11	13	17	21	25	30	36	45

3. Kalibrierte Ketten für Hebezeuge nach DIN 671 (Auszug).

		Handketten		Lastketten							
Durchmesser d	mm	5	6	7	8	9,5	11	13	16	19	23
Innere Breite b	„	8	8	8	9,5	11	13	16	19	23	28
Innere Länge t	„	18,5	18,5	22	24	27	31	36	45	53	64
Nutzzugkraft (nur für Handbetrieb)	kg	175	250	350	500	750	1000	1500	2500	3500	5000
Gewicht (unverbindlich)	kg/m	0,5	0,72	1	1,3	1,9	2,7	3,75	5,8	8	12

Zur Bezeichnung dient der Durchmesser d in Millimetern und die Dinblattnummer. Zum Beispiel ist
Kette 16 DIN 671 eine kalibrierte Kette von $d = 16$ mm Stärke,
Förderkette 20 DIN 670 eine Förderkette von $d = 20$ mm Stärke.
Die Länge ist bei der Bestellung in Metern anzugeben.

in den zu den einzelnen Gliedern nötigen Längen abgeschnitten, zusammengebogen, durch das vorher hergestellte Glied gesteckt und bei dünneren Ketten am Kopfende, bei stärkeren an der Seite zusammengeschweißt. In neuester Zeit werden kleinere Ketten fast nur noch elektrisch und zwar an der Seite stumpf geschweißt. Zu beachten ist, daß in der fertigen Kette im Falle der Kopfschweißung stets die härteren Schweißstellen nur auf Schweißstellen zu liegen kommen, weil sonst infolge der verschiedenen Härte ungleichmäßige Abnutzungen an den Scheiteln der Kettenglieder auftreten. Schwere Ketten stellt das Borsigwerk in Oberschlesien durch Zusammenwickeln und Schweißen eines bandförmigen Eisens unter Vermeidung der kurzen Schweißfuge der gewöhnlichen Art her. Kalibrierte Ketten erhalten durch Schlagen der Glieder in Gesenken die erforderlichen genauen Maße.

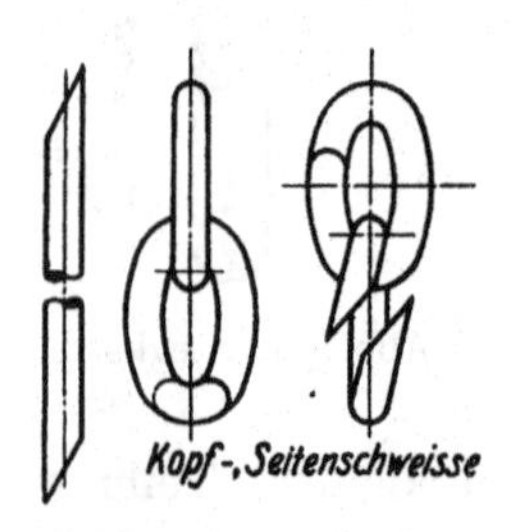

Abb. 908. Herstellung der Gliederketten.

In Amerika werden schwere Schiffsketten neuerdings aus Stahlguß gegossen. Dabei wird die Hälfte der zu einer Kette nötigen Glieder in einzelnen losen Stücken, deren Formung keine Schwierigkeiten bietet, hergestellt und dann in Verbindungsformen eingelegt, in denen die Hohlräume für die Zwischenglieder ausgespart und durch Gießen gefüllt werden [X, 3].

Alle Lastketten werden wegen der Unsicherheit der Schweißstellen geprüft. Die Dinormen schreiben für die Ketten der DIN 671 und 672 vor, daß bei der Abnahme alle 50 m ein Probestück zur Feststellung der Bruchlast, die mindestens das vierfache der Nutzzuglast sein soll, zu entnehmen ist und daß sie in ihrer ganzen Länge einer Probebelastung gleich der zweifachen Nutzzugkraft zu unterwerfen sind. Nach den Materialvorschriften des Germanischen Lloyds 1925 löst man aus jedem Kettenende von 25 bis 27,5 m Länge drei zusammenhängende Kettenglieder aus und unterwirft sie dem Zugversuch. Bei Ketten ohne Steg unter 18 mm Glieddurchmesser genügt es, wenn aus je 50 m Kettenlänge eine Bruchprobe entnommen wird. Bricht die Probe, bevor oder sobald die vorgeschriebene Belastung erreicht wird, so ist ein neues, aus drei zusammenhängenden Gliedern bestehendes Stück demselben Kettenende zu entnehmen und der gleichen Untersuchung zu unterziehen. Fällt auch hierbei das Ergebnis ungünstig aus, so muß das Kettenende verworfen werden.

Hält das erste oder zweite der herausgelösten Kettenstücke die vorgeschriebene Bruchbelastung aus, so wird die Kette wieder zusammengeschweißt und in ganzer Länge der Reckprobebelastung unterworfen, welcher die Kette widerstehen muß, ohne zu brechen oder Risse, schlechte Schweißungen und andere Fehler zu zeigen.

Bricht das Kettenende, bevor oder sobald die vorgeschriebene Belastung erreicht wird, so ist es zu verwerfen. Bei allen Versuchen ist die bei der Probebelastung eingetretene Verlängerung festzustellen.

Die Mindestlasten, die beim Zugversuch erreicht werden müssen sowie die Belastungen bei der Reckprobe sind in einer Liste der Vorschriften zusammengestellt. Sie entsprechen:

an Ketten ohne Steg bis zu 55 mm ∅ $K_z \geqq$ 2400 kg/cm², und 1200 kg/cm² bei der Reckprobebelastung,

an Ankerketten mit Steg bis zu 35 mm ∅ $K_z \geqq$ 2700 kg/cm², und 1800 kg/cm² bei der Reckprobebelastung an Ketten bis zu 60 mm ∅.

Bei stärkeren Ketten mit Steg nehmen die Zahlen allmählich ab bis auf $K_z = 1800$ und 1280 kg/cm² bei der Reckprobe an Ketten von 100 mm ∅.

Je nach der Stärke des Betriebs müssen die Ketten nach halb- bis einjährigem Laufen sorgfältig auf Abnutzung und etwaige Schäden nachgesehen und zu dem Zwecke sauber gereinigt oder noch besser ausgeglüht werden. Vor der Wiederbenutzung empfiehlt es sich, eine Probebelastung mit mindestens der Höchstlast, für die die Kette bestimmt ist, vorzunehmen.

Beim Bruch eines Kettengliedes während des Betriebes kann bis zum Einschweißen eines neuen ein Kettenschloß, Abb. 909, eingesetzt werden.

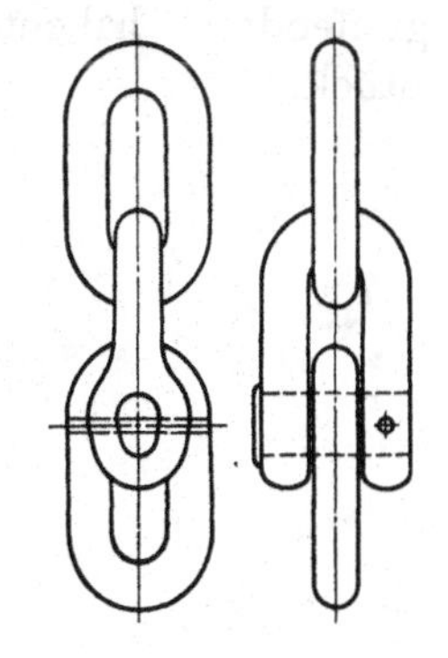

Abb. 909. Kettenschloß.

Berechnung der Ketten. Das ovale, durch eine Kraft Q belastete Kettenglied, Abb. 904, wird im gefährlichen Querschnitt AB auf Zug und Biegung beansprucht. Dazu tritt nach Abb. 905 beim Laufen über eine Rolle oder Trommel noch eine weitere Beanspruchung auf Biegung, die mit der Krümmung der Fläche und der Baulänge der Glieder wächst. Man pflegt jedoch die Ketten nur auf Zug zu berechnen und die Nebenbeanspruchungen, ebenso wie an kalibrierten Ketten die Abnutzung, die wegen der Erhaltung der richtigen Form klein gehalten werden muß, durch Einsetzen mäßiger Spannungen zu berücksichtigen. In:

$$Q = 2 \cdot \frac{\pi d^2}{4} \cdot k_z \tag{247}$$

darf k_z die folgenden Werte haben:

Zusammenstellung 105a. **Zulässige Beanspruchungen an Gliederketten.**

	gewöhnl. Ketten kg/cm²	kalibrierte Ketten kg/cm²
bei wenig angestrengtem Betriebe	600	450
bei starker Benutzung	500	375
an Dampfwinden	350	—

Die in der Zusammenstellung 105 nach den Dinormen angegebenen Nutzzugkräfte entsprechen bei schwächeren Ketten 450 bis 500, bei stärkeren ≈ 600 kg/cm² Zugbeanspruchung und gelten für stoßfreien Betrieb bei ganz geringen Geschwindigkeiten (Handbetrieb). Bei kalibrierten Ketten darf die Summe der Last und der beim Bremsen durch Verzögerung entstehenden Massenkraft die Nutzzugkraft nicht überschreiten. Unter ungünstigen Verhältnissen, z. B. bei stoßweisem Betrieb, soll die Belastung auf die Hälfte ermäßigt werden.

Über die wirkliche Beanspruchung vgl. [X, 4].

Das Anwendungsgebiet der Ketten ist durch die mit ihrer Stärke zunehmende Schwierigkeit, eine sichere und gute Schweißung herzustellen, beschränkt. Im Hebezeugbau pflegt man Gliederketten nur bis 26 mm Durchmesser zu verwenden, Ankerketten werden bis zu 105 mm Stärke hergestellt.

Kettenrollen und -trommeln sollen mit Rücksicht auf die erwähnte Nebenbeanspruchung der Glieder auf Biegung mindestens die folgenden Teilkreisdurchmesser D erhalten:

beim Antriebe der Hebezeuge von Hand . . . $D \geqq 20\,d$,
bei motorischem Antriebe . . . . $D \geqq 25 \ldots 30\,d$.

Rillenformen für Kettenrollen zeigen die Abb. 910 bis 912. Die kegeligen Flächen der Abb. 912 bezwecken die Auflagepunkte der Glieder von der Mitte nach außen zu verlegen und dadurch die Biegebeanspruchung nach Abb. 905 zu ermäßigen. Trommeln werden mit schraubenförmigen Rillen ähnlicher Form und einer Steigung $s_1 = B + 2$ bis 3 mm, Abb. 880, versehen, aber auch glatt ausgeführt. Auch bei Ketten sollte das Übereinanderwickeln in mehreren Lagen vermieden werden, weil sich dabei hohe örtliche Beanspruchungen und beim Abgleiten einzelner Glieder aneinander Rucke nicht vermeiden lassen, welche die Ketten dynamisch belasten. Abb. 880 zeigt die Endbefestigung einer Kette durch ein in die Trommelwandung eingreifendes hakenförmiges Stück.

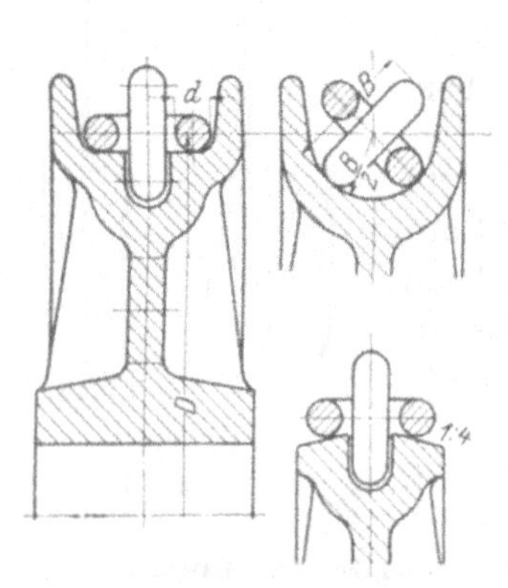

Abb. 910 bis 912. Rillenformen an Kettenrollen.

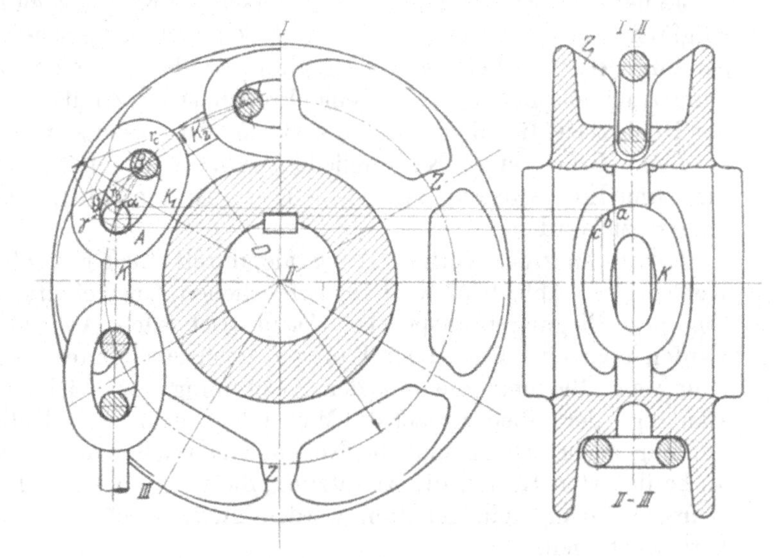

Abb. 913. Kettennuß.

Der Wirkungsgrad von Kettenrollen oder -trommeln beträgt unter Einschluß der Lagerreibung etwa 96%.

Verzahnte Kettenrollen, Kettennüsse, Abb. 881 und 913, aus Gußeisen, Hart- oder Stahlguß, erhalten bei der Teilung t der kalibrierten Kette, der Kettenstärke d und z_1 Zähnen einen Teilkreisdurchmesser:

$$D = \sqrt{\left(\frac{t}{\sin\frac{90^0}{z_1}}\right)^2 + \left(\frac{d}{\cos\frac{90^0}{z_1}}\right)^2}. \tag{248}$$

In Abb. 914, in der zwei benachbarte Glieder dargestellt sind, bilden die Mittelpunkte $A\,B\,C$ der Kettenquerschnitte ein Dreieck, dessen Winkel bei B $180^0 - \frac{180^0}{z_1}$ beträgt, da die Mittellote ME und MF auf den Seiten AB und BC den Winkel $\frac{180^0}{z_1}$ einschließen.

Nun ist

$$\overline{AC}^2 = \overline{AB}^2 + \overline{BC}^2 - 2\,\overline{AB}\cdot\overline{BC}\cdot\cos\left(180 - \frac{180^0}{z_1}\right)$$

$$= (t-d)^2 + (t+d)^2 + 2(t-d)(t+d)\cos\frac{180^0}{z_1}$$

$$= 2\left[t^2\left(1+\cos\frac{180^0}{z_1}\right) + d^2\left(1-\cos\frac{180^0}{z_1}\right)\right] = 4\left(t^2\cos^2\frac{90}{z_1} + d^2\sin^2\frac{90}{z_1}\right).$$

Fällt man noch das Lot MG auf AC, so ist auch der Winkel $CMG\ \frac{180^0}{z_1}$ und der Teilkreisdurchmesser

$$D = 2\,\overline{MC} = \frac{2\,\overline{CG}}{\sin\frac{180^0}{z_1}} = \frac{\overline{AC}}{2\sin\frac{90^0}{z_1}\cdot\cos\frac{90^0}{z_1}} = \sqrt{\left(\frac{t}{\sin\frac{90^0}{z_1}}\right)^2 + \left(\frac{d}{\cos\frac{90^0}{z_1}}\right)^2}$$

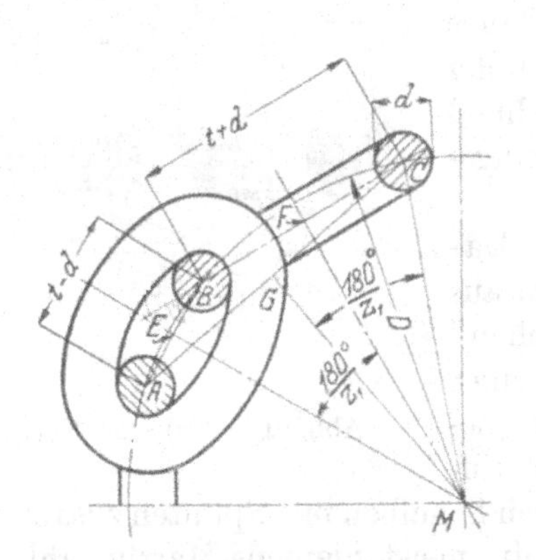

Abb. 914. Zur Berechnung des Kettennußdurchmessers.

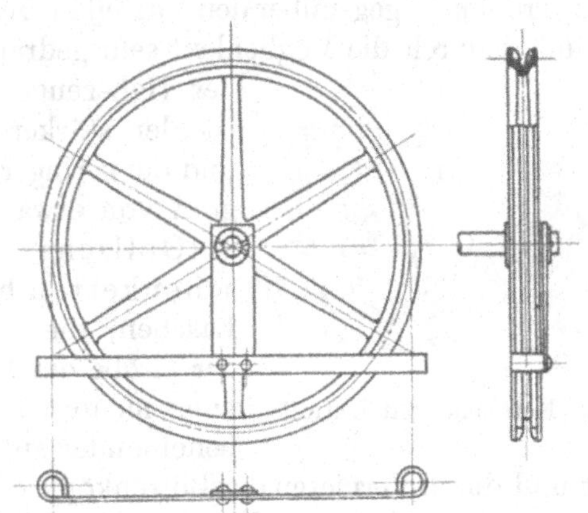

Abb. 915. Haspelrad.

An Haspelrädern, Abb. 915, mit größeren Zähnezahlen, die zum Antriebe hochgelegener Triebwerke, Winden usw. mittels einer endlosen Kette von 5 bis 10 mm Stärke vom Fußboden aus dienen, kann unter Vernachlässigung des zweiten Gliedes der Formel genügend genau gesetzt werden:

$$D = \frac{t}{\sin\frac{90^0}{z_1}} \tag{249}$$

Der Zug, den ein Arbeiter an der Kette solcher Haspelräder ausüben kann, darf je nach der Dauer der Arbeitsleistung zu 10 bis 30 kg angenommen werden.

Bei der konstruktiven Durchbildung der Kettennüsse, Abb. 913, sieht man gewöhnlich für die in der Rollenebene liegenden Glieder einen ringsum laufenden Schlitz vor, während man die senkrecht dazu stehenden durch Vorsprünge Z mitnehmen läßt. Die Form dieser Zähne folgt daraus, daß sich das Kettenglied K beim Abwickeln zunächst bis zur Strecklage mit dem Kettengliede K_1 um den Mittelpunkt A, weiterhin um den Mittelpunkt B bewegt, bis die Strecklage mit K_2 erreicht ist. Anschließend dreht sich die Kette um C. Die Zahnflanken werden nun durch Umrißpunkte des Gliedes K beschrieben. Für die Punkte a, b, c im Seitenriß gelten die Kurven α, β, γ. Sie stellen Schnitte durch die Zähne in Ebenen, parallel zur Mittelebene dar, in den Abständen, die die Punkte a, b und c von dieser haben. Beispielweise setzt sich γ aus drei Kreisbögen zusammen, einem kurzen um A, und zwei weiteren mit den Halbmessern r_B und r_C um B und C. Bei den Kurven α und β sind die Kreisbögen um A rückläufig und kommen deshalb praktisch für die Gestaltung der Zahnflanken nicht in Betracht. Um das allmähliche Fassen der Ketten durch die Zähne zu erleichtern, läßt man die äußeren Teile der Flanken wegen der unvermeidlichen geringen Fehler der Ketten etwas zurücktreten, gibt ihnen auch auf der Rückseite Spiel. Im Längsschnitt der Nuß begrenzt man die Zähne, wie der Seitenriß der oberen Hälfte zeigt, so, daß sie die in der Rollenebene liegenden Glieder in den Schlitz hineinführen.

Für das sichere Arbeiten der Nüsse ist erwünscht, sie durch die Ketten auf einem Bogen von 180 oder mehr Grad umspannen zu lassen, was vielfach besondere Leitrollen, Abb. 916, nötig macht.

Um das Herausspringen der Ketten zu verhüten, werden **Kettenführungen** vorgesehen, an Haspelrädern etwa nach Abb. 915, an Kettennüssen meist einfach dadurch, daß dieselben in Gehäuse, Abb. 916, eingeschlossen werden. An der Ablaufstelle löst ein Abstreifdaumen C die Kette, die in einem Kasten aufgefangen werden kann, aus der Nuß.

Kettennüsse gestatten, sehr kleine Zähnezahlen anzuwenden. Wenn auch gewöhnlich nicht weniger als 5 Zähne genommen werden, so bieten sie doch Trommeln gegenüber den Vorteil kurzer Lasthebelarme und dadurch die Möglichkeit sehr gedrängten Baues der Hebezeuge. Nachteilig ist der stärkere Verschleiß und der geringere Wirkungsgrad von etwa 92%.

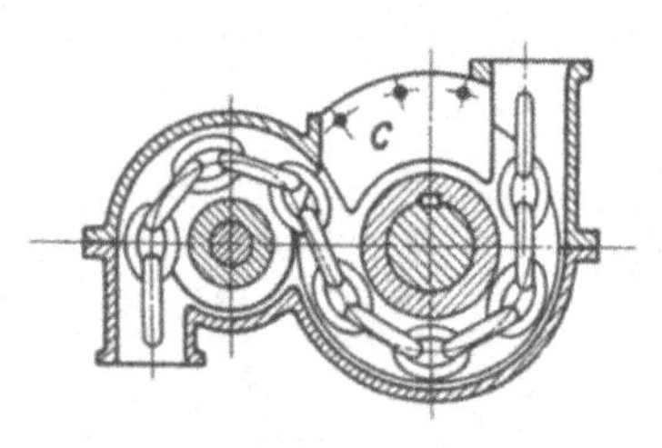

Abb. 916. Kettennuß mit Leitrolle.

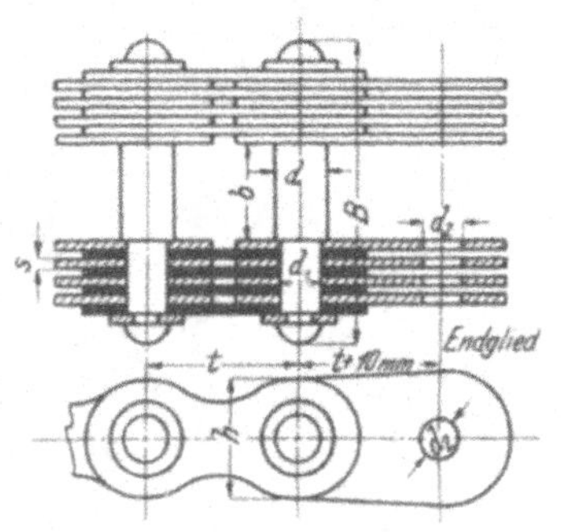

Abb. 917. Gallsche Kette.

Gallsche oder **Laschenketten** bestehen aus Laschen, die entsprechend der Größe der Last in einer oder mehreren Reihen nebeneinander auf Bolzen aufgereiht und durch Vernieten der Bolzenköpfe oder durch Scheiben mit Splinten zusammengehalten werden, Abb. 917. Der hochwertige Baustoff, meist Siemens-Martinstahl, und die Genauigkeit, mit der die Ketten hergestellt werden, machen sie bei größeren Lasten den Gliederketten überlegen. Nachteilig ist der Umstand, daß sie senkrecht zu ihrer Führungsebene nicht beweglich, gegen seitliche Belastung sogar empfindlich sind, weil dabei die Laschen verschieden stark belastet und ungleichmäßig gestreckt werden.

Zusammenstellung 106. **Gallsche Gelenkketten von Zobel, Neubert & Co., Schmalkalden (Thür.),** (Abb. 917).

Zulässige Belastung Q	Teilung oder Baulänge t	Bolzen			Plattenzahl	Plattenstärke	Plattenbreite	Größte Breite der Kette	Durchm. d. Schlußbolzens	Ungefähres Gewicht	Bemerkungen
		d	b	d_1	z	s	h	B	d_2	g	
kg	mm	mm	mm	mm		mm	mm	mm	mm	kg/lfdm	
100	15	5	12	4	2	1,5	12	23	6	0,7	ohne Unterlegscheiben vernietet
250	20	7,5	15	6	2	2	15	28	9	1	
500	25	10	18	8	2	3	18	38	12	2	
750	30	11	20	9	4	2	20	45	13	2,7	
1000	35	12	22	10	4	2	27	50	15	3,8	
1500	40	14	25	12	4	2,5	30	60	18	5	mit Unterlegscheiben vernietet
2000	45	17	30	14	4	3	35	67	21	7,1	
3000	50	22	35	17,5	6	3	38	90	26	11,1	
4000	55	24	40	21	6	4	40	110	32	16,5	
5000	60	26	45	23	6	4	46	118	34	19	
6000	65	28	45	24	6	4	53	125	36	24	
7500	70	32	50	28	8	4,5	53	150	40	31,5	
10000	80	34	60	30	8	4,5	65	165	45	34	
12500	85	35	65	31	8	5	70	180	47	44,8	
15000	90	38	70	34	8	5,5	75	195	50	51,1	
17500	100	40	75	36	8	6	80	208	54	58,1	versplintet
20000	110	43	80	38	8	6	85	215	56	74,4	
25000	120	45	90	40	8	6,5	100	235	60	83,3	
30000	130	50	100	45	8	7	106	255	65	100	

Über die Gestaltung der Zahnräder für Gallsche Ketten vgl. Abschnitt 26. Das ablaufende Ende pflegt man in gleichmäßigen Schlägen dadurch aufzuhängen, daß man einzelne Laschenbolzen vorstehen läßt, die von einem Paar Schienen aufgefangen werden.

Den Wirkungsgrad eines Gallschen Kettenrades darf man einschließlich Lagerreibung 0,96 setzen.

Beispiele. 1. Vergleichsbeispiel mit Gliederkette und Trommel, Abb. 880. Für $Q = 1000$ kg folgt bei $k_z = 600$ kg/cm² die Kettenstärke d aus:

$$\frac{\pi}{4} \cdot d^2 = \frac{Q}{2\,k_z} = \frac{1000}{2 \cdot 600} = 0{,}833 \text{ cm}^2.$$

$$d \approx 10 \text{ mm}.$$

Trommeldurchmesser $D = 20\,d = 200$ mm.

Bei $H = 10$ m und zwei Sicherheitswindungen wird die Windungszahl:

$$i + 2 = \frac{H}{\pi \cdot D} + 2 = \frac{10}{\pi \cdot 0{,}2} + 2 = 18.$$

Rechnungsmäßige Trommellänge:

$$l = (i + 2)\,(B + 3) = 18\,(35 + 3) = 684 \text{ mm},$$

die wegen der Zugabe an den Enden auf 750 mm erhöht werden muß.

Beanspruchung der Trommelwandung auf Biegung, wenn der gefährliche Querschnitt ungünstigerweise als ein Ring von $D_1 = 160$ mm Außendurchmesser und 10 mm Wandstärke betrachtet wird:

$$\sigma_b = \frac{Q \cdot l'}{4\,W} = \frac{32 \cdot Q \cdot l' \cdot D_1}{4\pi \cdot (D_1^4 - D_2^4)} = \frac{32 \cdot 1000 \cdot 70 \cdot 16}{4\,\pi (16^4 - 14^4)} = 105 \text{ kg/cm}^2.$$

Drehbeanspruchung:

$$\tau_d = \frac{16 \cdot Q \cdot D \cdot D_1}{2\,\pi (D_1^4 - D_2^4)} = \frac{16 \cdot 1000 \cdot 20 \cdot 16}{2 \cdot \pi (16^4 - 14^4)} = 30{,}1 \text{ kg/cm}^2.$$

Druckbeanspruchung beim Umwickeln der Kette nach Abb. 918:

$$\sigma_d = \frac{Q}{f} = \frac{1000}{3{,}8 \cdot 2{,}2 - 1{,}2 \cdot 1{,}4} = 150 \text{ kg/cm}^2.$$

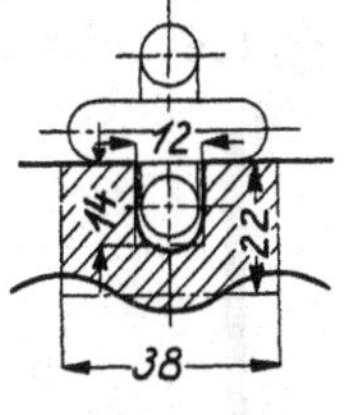

Abb. 918. Zur Berechnung der Beanspruchung der Trommelwandung.

Das theoretische Übersetzungsverhältnis:

$$u_0 = \frac{P_0 \cdot R}{Q \cdot D/2} = \frac{20 \cdot 40}{1000 \cdot 10} = \frac{1}{12{,}5}$$

zeigt, daß zwei Stirnräderpaare mit einem wirklichen Übersetzungsverhältnis:

$$u = u_0 \cdot \eta_t \cdot \eta_1 \cdot \eta_2 = \frac{1}{12{,}5} \cdot 0{,}96 \cdot 0{,}9 \cdot 0{,}9 = \frac{1}{16{,}1}$$

nötig sind.

Bei der Wahl der Kette nach den Dinormen, Zusammenstellung 105, mit 11 mm ⌀ würden die wichtigeren Größen werden: Beanspruchung auf Zug $\sigma_z = 525$ kg/cm², $D = 220$ mm, Windungszahl $i + 2 = 16{,}5$, Trommellänge $l \approx 670$ mm, Übersetzungsverhältnis $u = \frac{1}{17{,}7}$.

2. Ausführung mit kalibrierter Kette und Nuß. Gewählt: $k_z = 450$ kg/cm².

$$\frac{\pi}{4} \cdot d^2 = \frac{Q}{2 \cdot k_z} = \frac{1000}{2 \cdot 450} = 1{,}11 \text{ cm}^2.$$

$d = 13$ mm. Die Kettennuß bekommt bei $z_1 = 6$ Zähnen und Kettenmaßen nach Zusammenstellung 105, 3, insbesondere $t = 36$ mm Teilung, nach Formel (248) einen Durchmesser:

$$D = \sqrt{\left(\frac{t}{\sin\frac{90^0}{z_1}}\right)^2 + \left(\frac{d}{\cos\frac{90^0}{z_1}}\right)^2} = \sqrt{\left(\frac{3,6}{\sin 15^0}\right)^2 + \left(\frac{1,3}{\cos 15^0}\right)^2} = 13,98 \text{ cm}.$$

Das theoretische Übersetzungsverhältnis:

$$u_0 = \frac{P_0 \cdot R}{Q \cdot D/2} = \frac{20 \cdot 40}{1000 \cdot 6,99} = \frac{1}{8,7}$$

liegt nahe der Grenze, an der man mit einer Übersetzung auskommen kann; wegen des ungünstigen Wirkungsgrades der Kettennuß $\eta_t = 0,92$ werde aber auch hier mit zwei Übersetzungen gerechnet, so daß:

$$u = u_0 \cdot \eta_t \cdot \eta_1 \cdot \eta_2 = \frac{1}{8,7} \cdot 0,92 \cdot 0,9 \cdot 0,9 = \frac{1}{11,7}$$

wird. Eine Übersetzung müßte das Verhältnis $\frac{1}{10,6}$ haben.

3. Ausführung mit Gallscher Kette, Abb. 882. Nach Zusammenstellung 106 kommt für $Q = 1000$ kg Nutzlast die Kette von $t = 35$ mm Teilung in Betracht. Zugbeanspruchung der Laschen mit den Bezeichnungen der Abb. 917:

$$\sigma_z = \frac{Q}{z(h - d_1) \cdot s} = \frac{1000}{4(2,7 - 1) \cdot 0,2} = 736 \text{ kg/cm}^2.$$

Flächenpressung zwischen Bolzen und Laschen:

$$p = \frac{Q}{z \cdot d_1 \cdot s} = \frac{1000}{4 \cdot 1,0 \cdot 0,2} = 1250 \text{ kg/cm}^2.$$

Kettenrad: Gewählt $z_1 = 8$ Zähne. Teilkreisdurchmesser:

$$D = \frac{t}{\sin\frac{180^0}{z_1}} = \frac{3,5}{\sin 22^0 30'} = 9,16 \text{ cm}.$$

Bei dem geringen Maße muß das Kettenrad mit der Welle aus einem Stück hergestellt werden.

Theoretisches Übersetzungsverhältnis:

$$u_0 = \frac{P_0 \cdot R}{Q \cdot D/2} = \frac{20 \cdot 40}{1000 \cdot 4,58} = \frac{1}{5,73}.$$

Tatsächliches Übersetzungsverhältnis bei einem Stirnradvorgelege:

$$u = u_0 \cdot \eta_t \cdot \eta_1 = \frac{1}{5,73} \cdot 0,96 \cdot 0,9 = \frac{1}{6,64}.$$

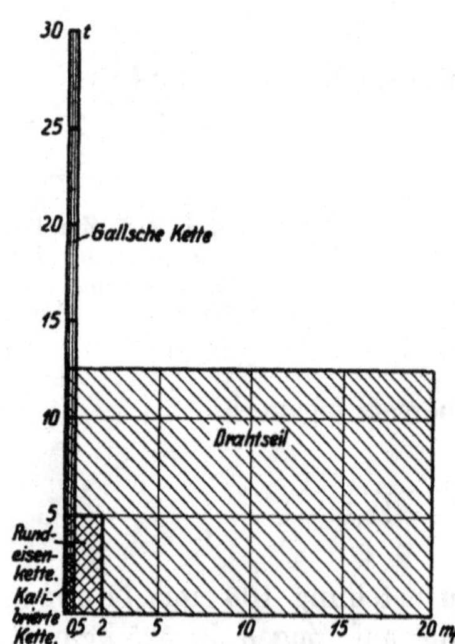

Abb. 919. Anwendungsgebiete der an Hebezeugen gebräuchlichen Zugmittel nach Kammerer.

Der Vergleich der Abb. 878 bis 882 und die ermittelten Übersetzungsverhältnisse zeigen, daß die kalibrierte Kette mit einer Kettennuß und vor allem die Gallsche Kette die weitgehendste Einschränkung der Abmessungen und Gewichte der Hebezeuge gestatten, da bei der Gallschen Kette ein einziges Zahnradpaar genügt. Ungünstig ist bei der gewöhnlichen, aber billigeren Gliederkette die große Trommellänge.

Einen guten Überblick über die Benutzung der wichtigeren Zugmittel bei Hebezeugen gibt Abb. 919. Als Abszissen sind die Betriebsgeschwindigkeiten, als Ordinaten die Lasten, bis zu denen ein einzelnes Zugmittel benutzt wird, aufgetragen. Die Darstellung zeigt deutlich die weitgehende Anwendungsfähigkeit der Drahtseile, insbesondere ihre Überlegenheit bei hohen Geschwindigkeiten. Durch Einschalten von Rollen und Flaschenzügen lassen sie sich aber auch bei beliebig großen Lasten benutzen und bieten zudem den Vorteil eines stoßfreien und sicheren Betriebs. Die früher viel gebrauchten Rundeisenketten finden sich wegen ihrer Empfindlichkeit gegenüber Stößen nur noch bei mäßigen Geschwindigkeiten und Lasten. Kalibrierte sind heute fast ausschließlich auf von Hand betriebene Hebezeuge beschränkt, weil sie durch Stöße und Abnutzung die genaue Teilung verlieren. Gallsche Ketten eignen sich für große Lasten bei kleinen Geschwindigkeiten, sind aber schiefem Zug gegenüber empfindlich.

IV. Haken, Bügel und Ösen.

Haken werden entweder als einfache, Abb. 925, für leichte und mittlere Lasten oder als Doppelhaken, Abb. 920, für schwere Lasten ausgebildet. An den geschlossenen Lastbügeln oder Ösen, Abb. 924, ist die Biegebeanspruchung niedriger; wegen des Nachteils, die Anschlagseile oder Ketten durch die Öffnung hindurchziehen zu müssen, verwendet man sie nur bei sehr großen Lasten. Kleine Ösen als Ringschrauben, Abb. 930 und Ringmuttern, Abb. 921, durch die DIN 580 bis 582 für Metrisches und Whitworthgewinde genormt, finden sich häufig an Maschinenteilen verschiedenster Art, um das Anheben oder Fortbewegen zu erleichtern. Beim Einschrauben ist darauf zu achten, daß sie an den Rändern *a* gut anliegen, weil sonst bei schrägem Zug, Abb. 433, bedeutende Biegespannungen in den Schrauben entstehen. Vgl. die Ausführungen auf S. 255.

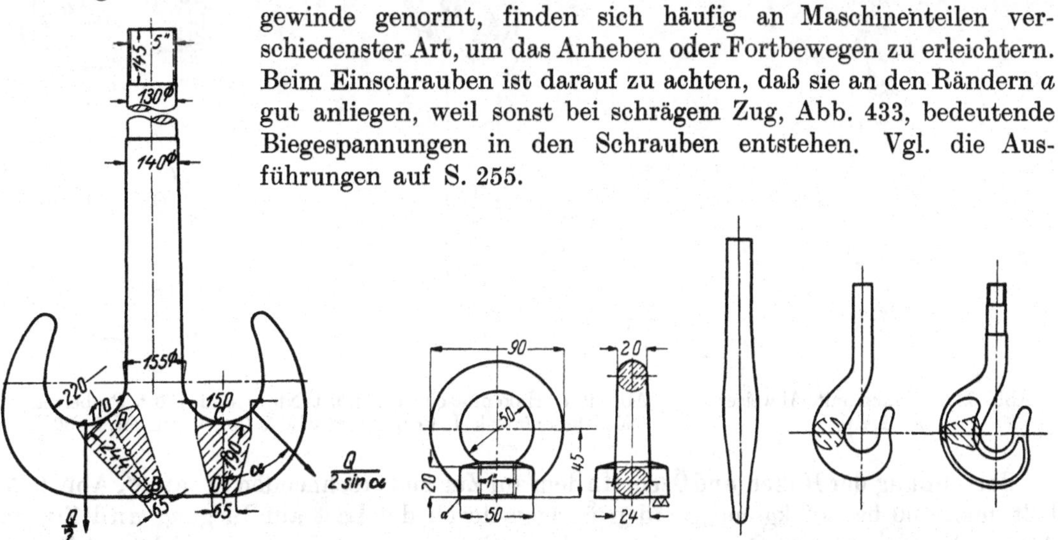

Abb. 920. Doppelhaken für 50 t Last der Deutschen Maschinenfabrik, A.G., Duisburg. M. 1 : 20.

Abb. 921. Ringmutter 1″ DIN 582. M. 1 : 5.

Abb. 922. Herstellung eines einfachen Hakens durch Schmieden oder Pressen.

Die Herstellung der Haken und Ösen erfolgt meist durch Schmieden oder Pressen aus zähem Stahl, Abb. 922, aber auch durch Gießen aus weichem Stahlguß.

Beim Entwurf eines einfachen Hakens, Abb. 925, geht man von dem Schaft S' mit dem Gewinde und der Mutter zur Befestigung des Hakens aus und bildet das Hakenmaul, dessen Weite sich nach dem Lastorgan richtet, am Grunde symmetrisch zur Schaftmittellinie aus, damit der Schaft nur auf Zug beansprucht wird. Eine gedrängte Form ist wegen der Ausnutzung der Hubhöhe und wegen der Verminderung der Biegespannungen im Schaft bei schiefem Anziehen erwünscht; andererseits wird aber der gefährliche Querschnitt AB um so ungünstiger beansprucht, je schärfer die Hakenmittellinie gekrümmt ist. Dem genannten Querschnitt gibt man bei leichten Haken runde oder ovale, bei größeren aber Trapezform, damit die Zugspannung der innern Faser niedrig gehalten werden kann. Für gute Abrundung der Kanten des Hakenmauls ist Sorge zu tragen.

Beim Einhängen der Last soll der Haken leicht und nach allen Seiten hin beweglich sein. Man schaltet zu dem Zwecke entweder ein Stück Gliederkette ein, Abb. 923 oder stützt den Haken durch eine kugelige Scheibe und gibt dem Querstück, in dem er hängt, Zapfen senkrecht zur Hakenachse, Abb. 899. Eine andere Lösung zeigt Abb. 924, wo die Beweglichkeit des Ösenkopfes durch eine Schneide erreicht ist. Leichte Drehbarkeit selbst unter voller Last ermöglichen Kugellager, Abb. 899. Damit sich die einfachen Haken nicht etwa an Balken oder in den Luken der Schiffe oder Gebäude verfangen, versieht man sie mit Abweisern, Abb. 923. Die konstruktive Durchbildung der Doppelhaken und Lastbügel bietet keine Schwierigkeit.

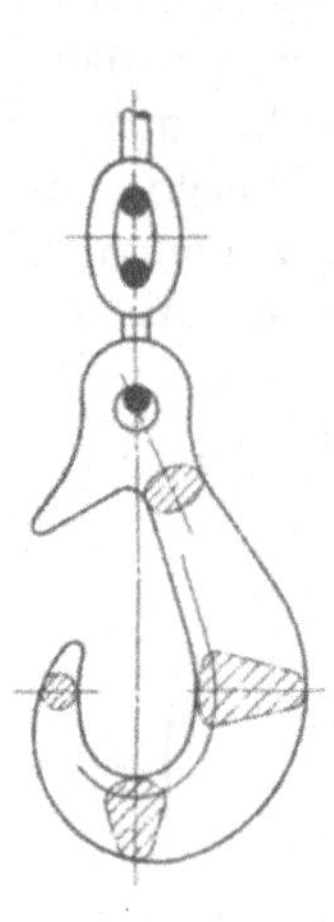

Abb. 923. Haken mit Abweiser an Kette.

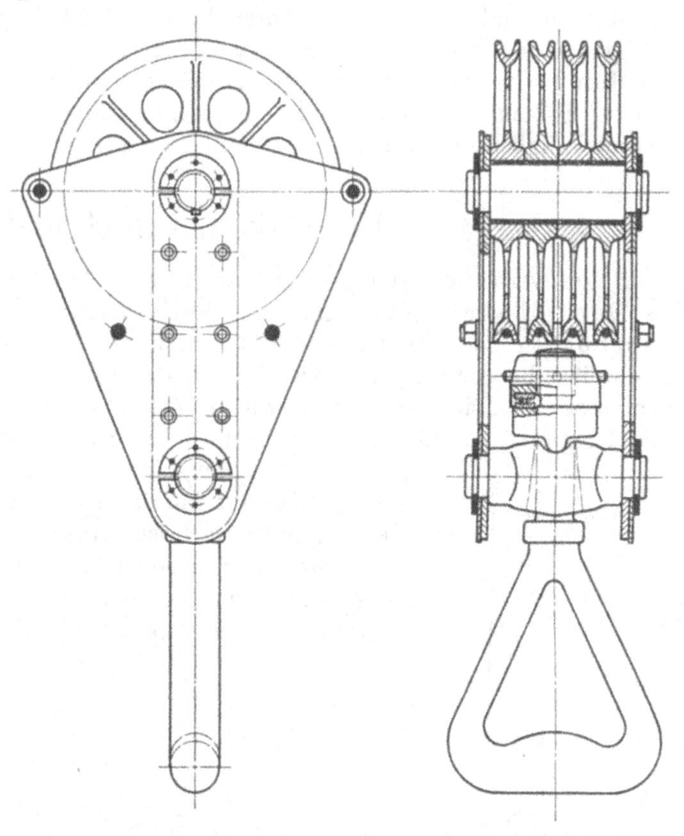

Abb. 924. Hakenflasche für 120 t Nutz- und 170 t Probelast. Maschinenfabrik I. von Petravic & Co., Wien. M. 1 : 30.

Berechnung der Haken und Ösen. In dem auf Zug zu berechnenden Schaft S', Abb. 925, läßt man 500 bis 600 kg/cm², in den übrigen durch die Last auf Biegung und Zug in Anspruch genommenen Querschnitten, also insbesondere in dem gefährlichen AB, 700 bis 900 kg/cm² Zugspannung zu, wenn man die Theorie der geraden Balken, also die Formel (39)

$$\sigma = \sigma_z + \sigma_b = \frac{Q}{F} + \frac{Q \cdot a}{J} \cdot e_2$$

benutzt. Dabei tritt aber durch die Vernachlässigung der Krümmung des Hakens eine Unterschätzung der höchsten Spannung an der Innenkante des Hakenmauls ein, die um so beträchtlicher ist, je gedrängter gebaut und je schärfer gekrümmt der Haken ist. Die Spannungsverteilung längs des Querschnittes AB folgt keiner geraden Linie, wie die angeführte Formel voraussetzt, sondern einer hyperbelähnlichen, wie Preuß [X, 5] nachwies. An dem Haken, Abb. 927, fand er bei 9000 kg Belastung auf Grund von Messungen der Formänderungen auf beiden Seiten des Hakens die durch Kreise in Abb. 928 hervorgehobenen

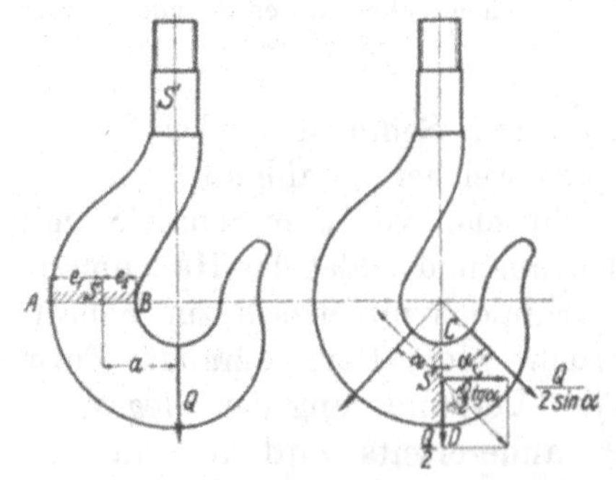

Abb. 925 und 926. Zur Berechnung einfacher Haken.

Mittelwerte, insbesondere eine größte Zugspannung in der inneren Faser von 1520 kg/cm². Der Verlauf der wirklichen Spannung ist durch die stark ausgezogene Linie wiedergegeben, während nach der Theorie der gekrümmten Balken die strichpunktierte Hyperbel mit 1195 kg/cm² größter Spannung und nach der Theorie der geraden Balken sogar nur 885 kg/cm², entsprechend der gestrichelten geraden Linie zu erwarten wären. Die größte Spannung war also in diesem Falle um 27% größer, ergab sich aber an einem zweiten Haken um 5% niedriger als nach der Theorie der gekrümmten Balken, nach der man an ausgeführten Haken 900 bis 1300 kg/cm² findet. Wenn man somit nahe an die Fließgrenze des Baustoffes herangeht und sich mit etwa 4 bis 3facher Bruchsicherheit begnügt, so ist zu bedenken, daß bei einer Überlastung des zähen Baustoffes noch kein Bruch, sondern nur ein Fließen der Faser an der inneren Wölbung eintritt, wodurch die Krümmung des Hakens vermindert, die Tragfähigkeit aber erhöht wird. An den Stellen, wo der Baustoff geflossen war, entstehen nämlich bei der Entlastung Druckspannungen, die bei einer neuen Belastung erst überwunden werden müssen, ehe Zugspannungen auftreten, und schließlich findet eine bessere Ausnutzung des Querschnittes statt, indem auch weiter innen liegende Fasern zu höheren Spannungen, etwa nach Abb. 927 oben herangezogen werden. Dadurch erklärt sich, daß Haken bei Probebelastungen oft sehr weitgehende Formänderungen vertragen, ohne zu brechen. Immerhin ist im Betrieb jede größere Formänderung aufs sorgfältigste zu beachten und zu untersuchen.

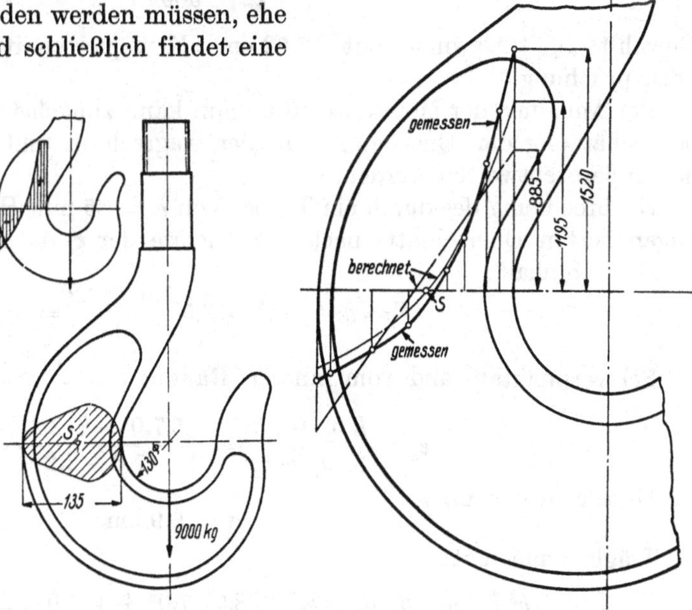

Abb. 927 und 928. Spannungsverteilung an einem einfachen Haken nach den Ermittlungen von Preuß. M. 1 : 10 und 1 : 5.

Die vorstehende Betrachtung auf Fälle übertragen zu wollen, in denen wechselnde Beanspruchungen vorliegen, ist naturgemäß ganz unzulässig, weil die Widerstandsfähigkeit der Stellen, wo die Zugspannungen die Fließgrenze überschritten haben, gegenüber Druckkräften außerordentlich vermindert ist, so daß wechselnde Belastung bald zur Ermüdung des Baustoffes und zum Bruche führt.

Außer dem Querschnitt AB, Abb. 925, wird CD, Abb. 926, auf Biegung und Zug in Anspruch genommen, wenn die Last Q mit zwei Seilen aufgehängt ist, die man unter $\alpha = 45^0$ gegen die Senkrechte geneigt anzunehmen pflegt. Dann ist der genannte Querschnitt durch $\frac{Q \cdot c}{2 \sin \alpha}$ auf Biegung und durch $\frac{Q \cdot \operatorname{tg} \alpha}{2}$ auf Zug beansprucht, sofern die Wirkung der Querkraft $\frac{Q}{2}$ vernachlässigt wird. Bei $\alpha = 45^0$ wird das Biegemoment $\frac{Q \cdot c}{1{,}41}$, die Zugkraft $\frac{Q}{2}$. Das Querstück, das den Haken in den Laschen zu stützen pflegt, Abb. 899, ist im Mittelquerschnitt auf Biegung, an den Auflagestellen im Gehänge auf Flächendruck zu berechnen, vgl. das Zahlenbeispiel Seite 506.

Für Doppelhaken, Abb. 920, gilt eine ähnliche Rechnung. Der Schaft ist im wesentlichen auf Zug, Querschnitt AB aber sowohl durch eine senkrecht nach unten wirkende

Kraft $\frac{Q}{2}$, wie auch beim Anschlagen der Last durch zwei schräge Seile auf Zug und Biegung in Anspruch genommen. Gleiches gilt im zweiten Falle auch vom Querschnitt CD.

An Bügeln, die aus einem Stück geschmiedet oder zusammengeschweißt sind, Abb. 924, darf das untere Querstück als ein beiderseits eingespannter Balken betrachtet werden, der im ungünstigsten Falle durch die in der Mitte wirkende Last auf Biegung beansprucht wird. Die seitlichen Wangen sind unter Zerlegung der Last in ihre Seitenkräfte auf Zug zu berechnen.

Die Beanspruchung von Ringschrauben wird durch das Rechnungsbeispiel 2 erläutert.

Beispiele. 1. Ein Haken für $Q = 6000$ kg Last ist zu entwerfen und zu berechnen, Abb. 53 b, S. 48.

Kernquerschnitt des Schaftgewindes bei $k_z = 500$ kg/cm²:

$$F_1 = \frac{Q}{k_z} = \frac{6000}{500} = 12 \text{ cm}^2.$$

Gewählt $1^7/_8''$ Gewinde mit 12,82 cm² Kernquerschnitt und $\sigma_z = 468$ kg/cm² Zugbeanspruchung.

Bei Annahme der Maulweite zu 60 mm kann zunächst der innere Umriß des Hakens, bei Schätzung der Querschnitte in der wagrechten und der senkrechten Ebene auch der äußere entworfen werden.

Nachrechnung des durch ein Trapez von $h = 85$ mm Höhe und $b_1 = 70$, $b_2 = 22$ mm angenäherten Querschnitts nach der Theorie der geraden Balken:

Flächeninhalt:

$$F = h\frac{b_1 + b_2}{2} = 8{,}5\,\frac{7{,}0 + 2{,}2}{2} = 39{,}1 \text{ cm}^2;$$

Schwerpunktabstand vom inneren Rande:

$$e_2 = \frac{h}{3}\,\frac{b_1 + 2\,b_2}{b_1 + b_2} = \frac{8{,}5}{3}\,\frac{7{,}0 + 2\cdot 2{,}2}{7{,}0 + 2{,}2} = 3{,}6 \text{ cm};$$

Hebelarm der Last:

$$a = 6{,}9 \text{ cm};$$

Trägheitsmoment:

$$J = \frac{h^3}{36}\,\frac{b_1^2 + 4\,b_1\cdot b_2 + b_2^2}{b_1 + b_2} = \frac{8{,}5^3}{36}\,\frac{7{,}0^2 + 4\cdot 7{,}0\cdot 2{,}2 + 2{,}2^2}{7{,}0 + 2{,}2} = 214 \text{ cm}^4;$$

Zugspannung in der inneren Faser:

$$\sigma = \sigma_z + \sigma_b = \frac{Q}{F} + \frac{Q\cdot a\cdot e_2}{J} = \frac{6000}{39{,}1} + \frac{6000\cdot 6{,}9\cdot 3{,}6}{214} = 153 + 697 = 850 \text{ kg/cm}^2.$$

Die auf Seite 48 durchgeführte genauere Untersuchung nach dem Tolleschen Verfahren gibt eine größte Spannung von 1147 kg/cm², mithin gegenüber der Rechnung nach der Theorie der geraden Balken einen Mehrbetrag von 35%. Bei der Nachrechnung des unteren in der Hakenachse liegenden Querschnitts in ganz entsprechender Weise wird

$$F = 22{,}9 \text{ cm}^2,\quad e_2 = 2{,}66 \text{ cm},\quad c = 4 \text{ cm},\quad J = 67{,}4 \text{ cm}^4,$$

$$\sigma = \sigma_z + \sigma_b = 131 + 670 = 801 \text{ kg/cm}^2.$$

Die Berechnung nach der Theorie der gekrümmten Balken, Abb. 929, führt zu einer größten Spannung von 1020 kg/cm².

2. Beanspruchung der Ringschraube M 56 DIN 580, Abb. 930. Bei senkrechtem Zug wird als größte Last $P = 6500$ kg angegeben. Zuspannung im Schraubenkern:

$$\sigma_z = \frac{P}{F_1} = \frac{6500}{18{,}37} = 354 \text{ kg/cm}^2.$$

Wegen der Inanspruchnahme der Schraube in dem Falle, daß die gleiche Last an zwei Seilen, die unter 45° wirken, entsprechend DIN 580 an zwei gleichen Schrauben aufgehängt ist, vgl. das Berechnungsbeispiel 6, Seite 255. In der dort abgeleiteten

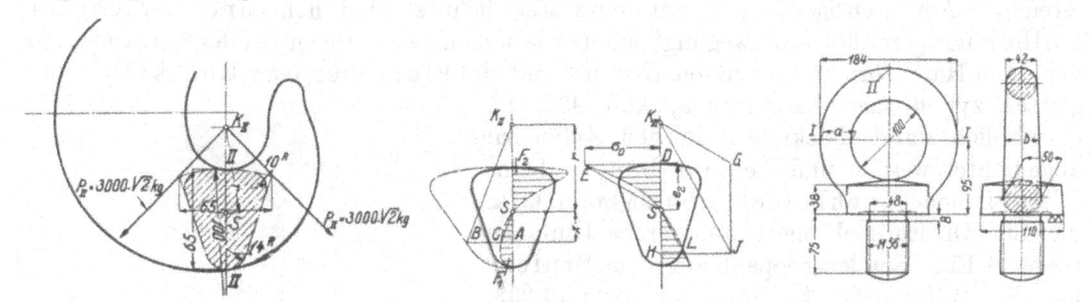

Abb. 929. Berechnung des Querschnittes *II—II* des Hakens Abb. 53b nach Tolle. M. 1:5.

Abb. 930. Ringschraube M 56 DIN 580. M. 1:10.

Formel für die Längskraft Q' in der Schraube bei der Annahme des Kippens um den Schraubenrand ist $P = 3250$ kg einzusetzen, so daß:

$$Q' = \frac{P}{\cos 45^0} \cdot \frac{b}{\frac{D}{2}} = \frac{3250}{0{,}707} \cdot \frac{10{,}7}{5} = 9860 \text{ kg}$$

und die Beanspruchung

$$\sigma_z = \frac{Q'}{F_1} = \frac{9860}{18{,}37} = 537 \text{ kg/cm}^2$$

würde.

Zugspannung in den Ringquerschnitten I von annähernd elliptischem Querschnitte (unter Vernachlässigung der Zusatzbiegespannung):

$$\sigma_z = \frac{P}{\frac{2 \cdot \pi \cdot a \cdot b}{4}} = \frac{6500}{\frac{2 \cdot \pi \cdot 4{,}2 \cdot 4{,}6}{4}} = 214 \text{ kg/cm}^2.$$

Vergleichswert für die Biegespannung im Querschnitt II, wenn der obere Teil der Ringmutter als ein beiderseits eingespannter, gerader Balken von $l = 14{,}2$ cm Länge betrachtet wird, nach Formel laufende Nr. 7, Zusammenstellung 5, S. 26:

$$\sigma_b = \frac{32 \cdot P \cdot l}{8 \pi \cdot d^3} = \frac{32 \cdot 6500 \cdot 14{,}2}{8 \pi \cdot 4{,}2^3} = 1590 \text{ kg/cm}^2.$$

Elfter Abschnitt.

Kolben.

Zweck und Arten der Kolben.

Kolben laufen in Zylindern, nehmen an Kraftmaschinen die vom Betriebsmittel ausgeübten Drucke auf, um sie an das Triebwerk weiter zu geben oder, wie an Pressen, auf das zu bearbeitende Stück wirken zu lassen und vermitteln an Arbeitsmaschinen umgekehrt die Einwirkung von Kräften auf die in den Zylindern eingeschlossenen Stoffe. Längs der Zylinderwandung sollen sie möglichst vollkommen abdichten, nicht allein um Verluste an Druckmitteln und an den zu fördernden Stoffen oder das Ansaugen von Luft, wenn im Arbeitsraume Unterdruck herrscht, zu verhüten, sondern auch, um das Wegblasen des Schmieröls an den undichten Stellen zu vermeiden. Denn das häufig damit verbundene Trockenlaufen und die Erhöhung der Wandtemperatur kann schließlich zum Fressen führen. Die Dichtheit wird entweder unmittelbar, durch sorgfältiges Einpassen der Kolben oder durch besondere Packungen, Dichtungen oder Liderungen erreicht. Am wichtigsten und am häufigsten benutzt sind hin- und hergehende Kolben mit geradliniger Bewegung; seltener kommen schwingende oder umlaufende vor. Die Hauptformen der ersten Gruppe sind die Plunscher oder Rohrkolben mit glatten zylindrischen Laufflächen, Abb. 931, die gewöhnlich durch Packungen in den Zylindern abgedichtet werden und die Scheiben- und einseitig offenen Tauchkolben, Abb. 953 und 931a, die die Dichtmittel meist auf ihrem Umfange tragen. Eine Sondergruppe bilden die Stufen- und die Differentialkolben, Abb. 932 und 933. Stufenkolben, an Kompressoren, Kondensatoren, vereinzelt auch an Dampfmaschinen benutzt, dienen dazu, die Arbeit in zwei oder mehr Druckstufen leisten zu lassen. So strömt z. B. in der tiefsten Stellung des Kolbens, Abb. 932, Luft von atmosphärischer Spannung durch die Bohrungen B in den Niederdruckzylinder N. Beim Aufgang des Kolbens wird sie durch das Ventil V_1 in den Aufnehmer A gefördert und dabei zunächst mäßig verdichtet. Von dort strömt sie — wiederum in der untersten Kolbenlage —, durch die Löcher C in den Hochdruckzylinder H, in dem sie bei dem zweiten Hub auf den hohen Druck gebracht wird, der im Raum über dem Ventil V_2 herrscht.

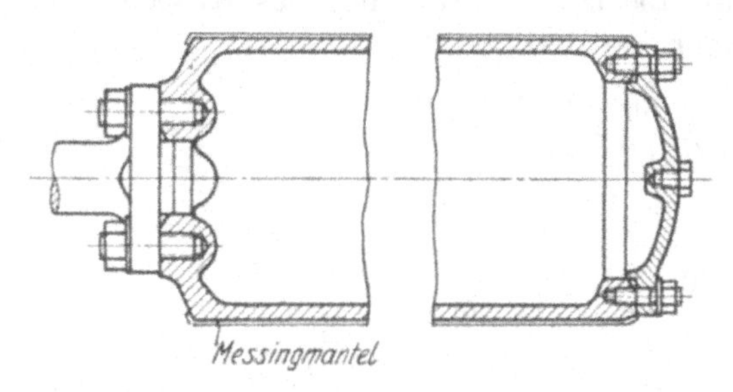

Abb. 931. Plunscher mit Messingmantel.

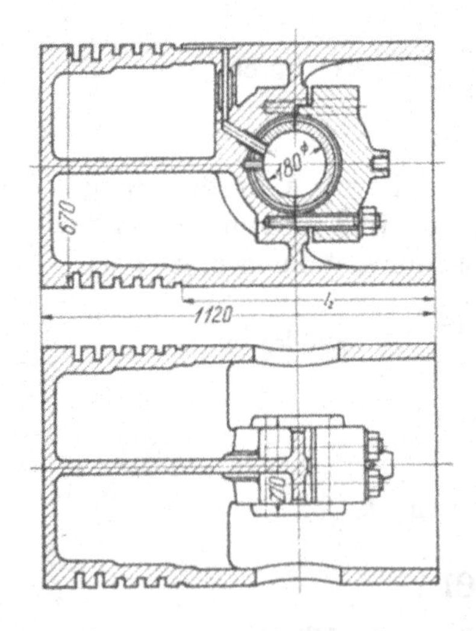

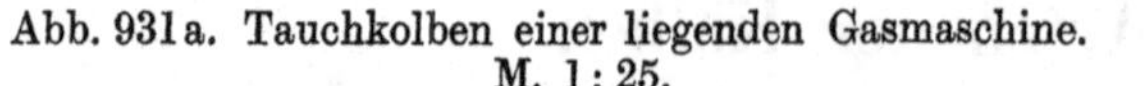

Abb. 931a. Tauchkolben einer liegenden Gasmaschine. M. 1:25.

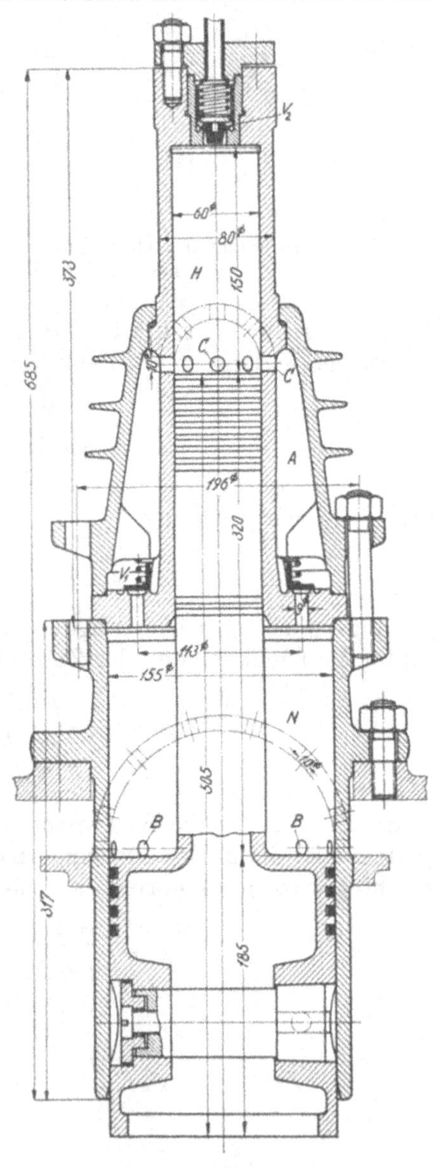

Abb. 932. Stufenkolben für einen Kompressor. M. 1:5.

Zweck und Wirkung eines Differentialkolbens zeigt Abb. 933. Er gehört zu einer Pumpe gleicher Leistung wie sie auf Tafel I dargestellt ist, hat denselben Hub $s_0 = 800$ mm und in seinem vorderen Teil den gleichen Durchmesser $d = 285$ mm wie der doppeltwirkende Plunscher auf der genannten Tafel, in seinem hinteren Teil aber den zweifachen Querschnitt oder $d' = \sqrt{2} \cdot d \approx 405$ mm Durchmesser. Beim Vorwärtsgang im Sinne des Pfeiles I saugt er eine Wassermenge $2 f \cdot s_0$ durch das Saugventil S an und drückt sie beim Rücklauf durch das Druckventil D. Aber nur die Hälfte dieser Wassermenge wird in das Druckrohr gefördert, weil der Rest $f \cdot s_0$ in den Ringraum C um den vorderen Kolbenteil Platz findet und erst beim nächsten Vorwärtsgang des Kolbens

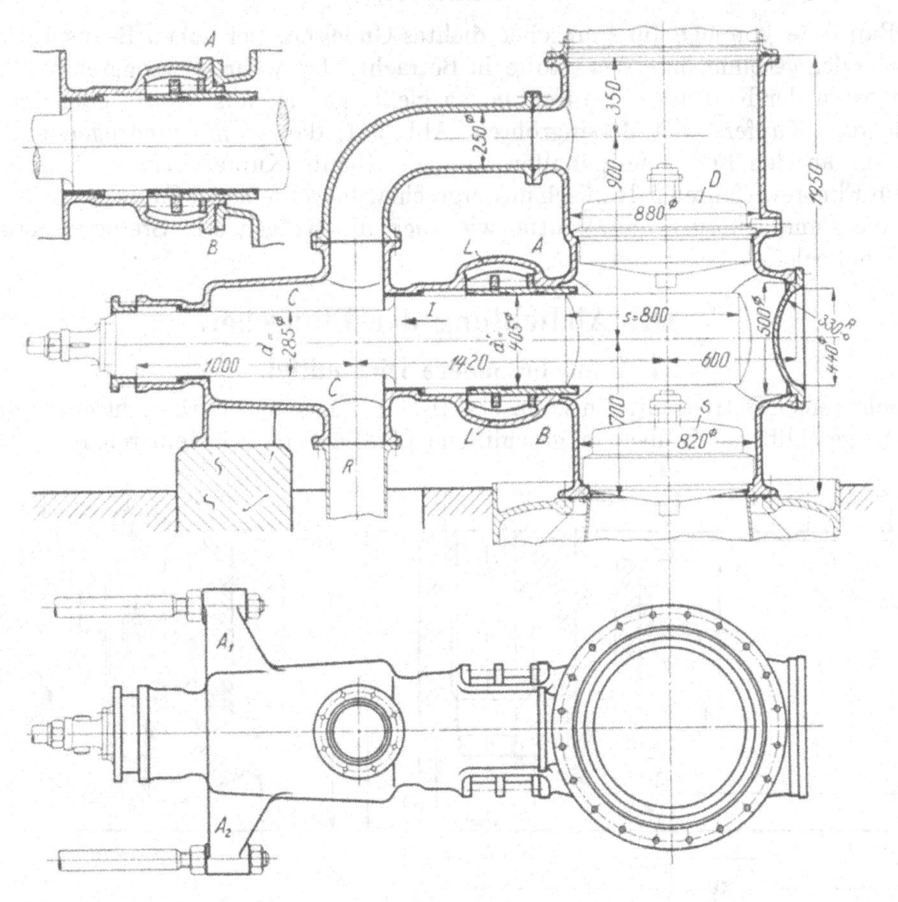

Abb. 933. Differentialkolbenpumpe gleicher Leistung wie die doppeltwirkende auf Tafel I. M. 1 : 33.

von dort in das Druckrohr R geschoben wird. Dadurch ist Druckausgleich bei den beiden Hüben erreicht. Die Förder- ebenso wie die Kraftverhältnisse entsprechen praktisch denen der doppelt wirkenden Pumpe. Beträgt nämlich die Saugspannung p_s, die Druckspannung p_d at, so ist die Kolbenkraft beim Vorwärtsgang $P = f \cdot p_d + 2 f \cdot p_s$, beim Rücklauf $P' = 2 f \cdot p_d - f \cdot p_d = f \cdot p_d$, also annähernd die gleiche wie an einem doppeltwirkenden Kolben von f cm² Querschnitt: $P'' = f (p_d + p_s)$, wobei bemerkt sei, daß sich der Unterschied zwischen P und P' durch geeignete Wahl der Kolbendurchmesser d und d' beseitigen läßt, allerdings unter geringer Veränderung der Fördermengen beim Vor- und Rücklauf. Der Hauptvorteil, den Differentialkolben bieten, ist, daß sich die Zahl der in der Abbildung angenommenen Ringventile auf zwei, freilich von doppelt so großem Durchgangquerschnitt, verringern läßt.

I. Plunscher.

Plunscher oder Rohrkolben finden sich häufig an hydraulischen Hebezeugen, Pressen und Pumpen. Sie bieten den Vorteil, daß die im ruhenden Zylinder liegende Packung bei geeigneter Anordnung auch während des Betriebs leicht überwacht werden kann, indem sich Undichtheiten äußerlich bemerkbar machen und durch Nachspannen der Stopfbüchse beseitigen lassen.

A. Baustoffe.

Als Baustoffe kommen für Plunscher dichtes Gußeisen, bei hohen Beanspruchungen Stahlguß oder geschmiedete Werkstoffe in Betracht. Ist während längeren Stillstehens ein Festrosten der Kolben zu befürchten, so gießt man sie aus Bronze oder umgibt sie mit nahtlosen Kupfer- oder Messingrohren, Abb. 931, die warm aufgezogen und durch Umbördeln an den Enden festgehalten werden. Dichte Kupferüberzüge können auch nach dem Elmoreverfahren galvanisch niedergeschlagen werden. An Säurepumpen werden sowohl die Pumpenkörper und Ventile wie auch die Kolben aus Steingut hergestellt und durch Schleifen bearbeitet.

B. Die Abdichtung der Plunscher.

1. Ohne besondere Dichtmittel.

Bei sehr reinen Betriebsmitteln kann praktisch genügende Dichtheit durch sorgfältiges Einpassen geschliffener Kolben in geschliffene Laufflächen, bei kleineren Abmessungen

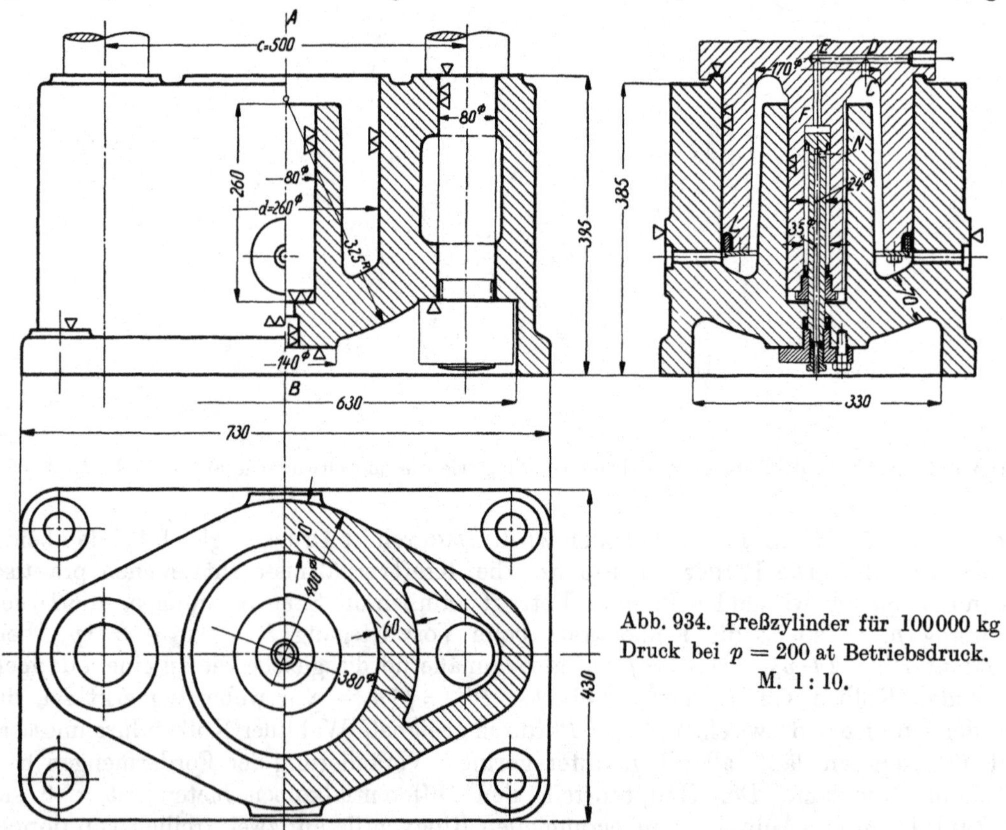

Abb. 934. Preßzylinder für 100000 kg Druck bei $p = 200$ at Betriebsdruck. M. 1 : 10.

auch durch Ineinanderschleifen der sauber vorgedrehten Flächen mittels feinsten Schmirgels oder Glasmehls erreicht werden, Ausführungen, die u. a. an den Baustoffprüfmaschinen von Amsler-Laffon, an Feuerspritzen und zahlreichen Apparaten angewendet werden. Voraussetzung für einen einwandfreien Betrieb sind gleiche Ausdehnung des Kolbens und Zylinders bei Temperaturänderungen. Der Vorteil besteht in der geringen Reibung; nachteilig sind die hohen Kosten und die Empfindlichkeit nicht allein gegen Unreinigkeiten, sondern auch gegen Formänderungen des Zylinders. So würde z. B. die Ausführung eines Preßzylinders nach Abb. 934 mit unmittelbar angegossenen Augen, welche die in den Stangen und am Querhaupt der Presse wirkenden Kräfte aufzunehmen haben, bei hohen Drucken zu Abweichungen des Zylinderquerschnitts von der Kreisform und zum Einklemmen eingeschliffener Kolben führen. Abb. 935 zeigt die richtige Durchbildung. Der Zylinder, als besonderes Stück ausgeführt, steht auf einer kräftigen Grundplatte und ist dadurch von den Biegemomenten, welche die Kräfte in den Stangen hervorrufen, entlastet. Zur Erleichterung des Ausschleifens mittels einer durchgehenden Spindel ist er am unteren Ende offen gehalten.

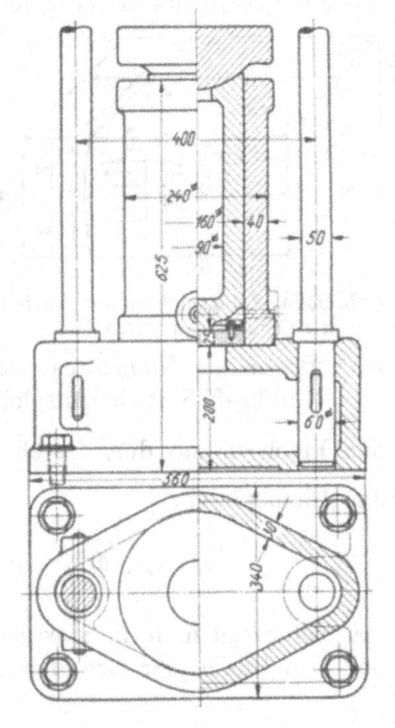

Abb. 935. Preßzylinder mit eingeschliffenem Kolben. M. 1 : 12,5.

Bei niedrigen Drucken, bis zu etwa 6 at, genügt an doppeltwirkenden Pumpen, bei denen der Druck abwechselnd vor und hinter der Führung auftritt, sorgfältiges Einpassen in eine lange, meist mit Weißmetall ausgegossene Führungsbüchse, Tafel I. Die Bauart läßt sich ebenfalls nur im Fall reiner Betriebsmittel anwenden. Bei weicher Ausfütterung ist noch zu empfehlen, die Kolbenkanten nicht überschleifen zu lassen, um Unreinigkeiten, die sich im Futter festsetzen könnten, fern zu halten. Eine Gratbildung an dem härteren Kolbenkörper ist kaum zu befürchten. Bei harter Lauffläche führt man die überschleifenden Kolbenkanten scharf aus, damit sie etwa eindringende Unreinigkeiten wieder zurückschieben.

2. Labyrinthdichtung.

Ob durch Eindrehen von Nuten in die Lauffläche, Abb. 936, durch die sogenannte Labyrinthdichtung, die Dichtheit erhöht wird, ist noch fraglich. Bach [XI, 12], fand bei Versuchen an einem Ventil, das mit einem Kolben zur Dämpfung des Schlages beim Schluß verbunden war, daß das Ventil früher schloß, nachdem der Kolben mit Nuten versehen worden war, weil das Wasser rascher hinter den Kolben treten konnte als vorher. Die Dichtheit war also durch das Anbringen der Nuten verschlechtert worden. Dem stehen die unten näher besprochenen Beobachtungen Justs [XI, 1] entgegen. Praktisch haben Rillen in der Lauffläche sicher insofern besonderen Wert, als sie die Zuführung und Verteilung des Schmiermittels erleichtern und Unreinigkeiten, die die Lauffläche angreifen könnten, aufnehmen.

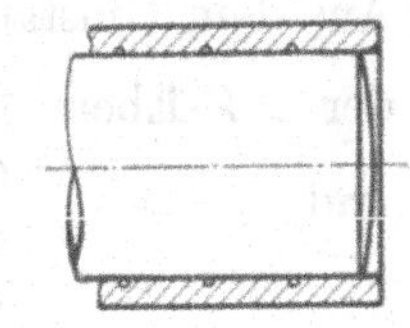
Abb. 936. Labyrinthdichtung.

Vermutlich wird die Dichtheit durch Nuten verschlechtert, wenn das Spiel so gering ist, daß im Spalt laminare (Zähigkeits-)Strömung herrscht, dagegen vergrößert, sobald sich in genügend weiten Spalten turbulente (Wirbel-)Strömung ausbildet. Versuche darüber hat Verfasser aufnehmen lassen.

Zur Klarlegung der Verhältnisse seien zunächst die beiden Strömungszustände betrachtet. Läuft ein Kolben genau zentrisch in einer ihn umschließenden Büchse, so daß ringsum die gleiche Spaltweite h vorhanden ist, so werden die Strömungen, die infolge Überdrucks an dem einen Ende des Kolbens auftreten, annähernd dieselben sein wie zwischen zwei parallelen Ebenen A und B im gegenseitigen Abstande h, die in Abb. 936a perspektivisch dargestellt sind. Zwischen sie sei das eingezeichnete Achsenkreuz XYZ

mit der X-Achse in der Strömungsrichtung eingeschaltet. Ist die Breite b der Fläche im Verhältnis zum Abstand h groß, so dürfen die Störungen, die die **schmalen** Seitenflächen des Spalts hervorrufen, die übrigens an einem zylindrischen Spalt wegfallen, vernachlässigt werden. An der Vorderseite eines Elementes von den Maßen $dx \cdot dy \cdot b$ im Abstande y von der X-Achse herrsche der Druck p. Dann ist der Druck auf der Rückseite um das Differential dp größer, so daß die das Element in Richtung der X-Achse treibende Kraft:

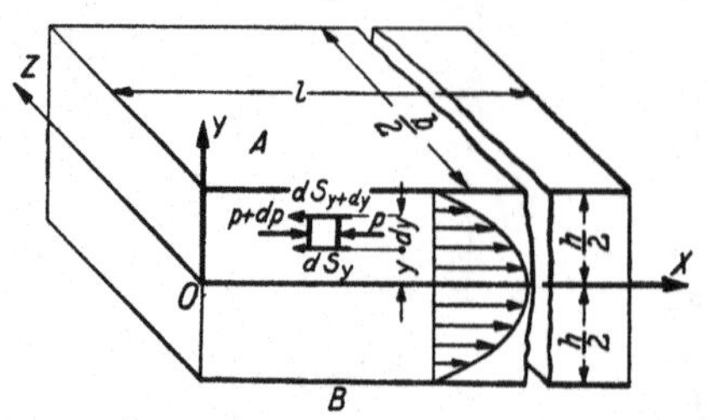

Abb. 936a. Zähigkeitsströmung zwischen zwei ruhenden, parallelen Ebenen.

$$(p + dp)\, dy \cdot b - p \cdot dy \cdot b = b \cdot dy \cdot dp$$

ist. Ihr entgegengesetzt wirkt die Differenz der Schubkräfte in der oberen und unteren Begrenzungsfläche des Elementes: $dS_{y+dy} - dS_y$. Nach dem **Newton**schen Gesetz ist nun die Schubkraft S verhältnisgleich der Zähigkeit η, der Größe der in Betracht kommenden Fläche f und dem Geschwindigkeitsgefälle $\frac{dv}{dy}$, also $S = \eta \cdot f \cdot \frac{dv}{dy}$. Angewendet auf das Element wird:

$$dS_{y+dy} - dS_y = \eta \cdot b \cdot dx \left(\frac{dv}{dy} + \frac{d^2 v}{dy}\right) - \eta \cdot b\, dx \frac{dv}{dy} = \eta \cdot b \cdot dx \frac{d^2 v}{dy}.$$

Vernachlässigt man die Massenkräfte, so führt die Gleichgewichtsbedingung in Richtung der X-Achse zu der Grundgleichung für Zähigkeitsströmung:

$$b \cdot dy \cdot dp = \eta \cdot b \cdot dx \cdot \frac{d^2 v}{dy}$$

oder:

$$\frac{dp}{dx} = \eta \cdot \frac{d^2 v}{dy^2} \tag{249a}$$

Durch zweimaliges Integrieren findet man:

$$\frac{dv}{dy} = \frac{y}{\eta} \frac{dp}{dx} + C_1$$

und

$$v = \frac{y^2}{2\eta} \frac{dp}{dx} + C_1 \cdot y + C_2. \tag{249b}$$

Aus dem Umstande, daß an den Ebenen A und B, also in den Abständen $y = \pm \frac{h}{2}$ von der XZ-Ebene die Geschwindigkeit $v = 0$ ist, bestimmen sich die Beiwerte $C_1 = 0$ und $C_2 = -\frac{h^2}{8\eta} \frac{dp}{dx}$, womit:

$$v = \frac{1}{2\eta} \left(y^2 - \frac{h^2}{4}\right) \frac{dp}{dx}$$

wird. Da die Flüssigkeitsmenge längs des Spaltes überall den gleichen Querschnitt findet, müssen die Geschwindigkeitsverhältnisse längs der X-Achse durchweg die gleichen sein. Daraus folgt aber, daß auch das Druckgefälle $\frac{dp}{dx}$ unveränderlich und bei einer Länge l des Spaltes durch $H_1 - H_2$ gegeben ist, wenn H_1 und H_2 die Druckhöhen in Metern Wassersäule am Anfang und am Ende des Spaltes bedeuten. Nur bei negativem Druckgefälle, also bei **Abnahme des Druckes** kann positive Geschwindigkeit entstehen. Somit darf:

$$v = \frac{1}{2\eta} \left(\frac{h^2}{4} - y^2\right) \frac{H_1 - H_2}{l} \cdot \gamma$$

gesetzt werden. Die Geschwindigkeitsverteilung ist danach durch eine Parabel mit einer größten Geschwindigkeit:

$$v_{\max} = \frac{h^2}{8\,\eta}\,\frac{H_1 - H_2}{l}\cdot\gamma$$

längs der X-Achse ($y = 0$) gekennzeichnet, während die mittlere Geschwindigkeit, der mittleren Abszisse der Parabel entsprechend,

$$v_m = \frac{2}{3}\,v_{\max} = \frac{h^2}{12\,\eta}\cdot\frac{H_1 - H_2}{l}\cdot\gamma$$

ist. Will man, statt in einem einheitlichen Maßsystem, z. B. dem m-kg-sek-System zu rechnen, die anschaulicheren, in der Technik meist benutzten Einheiten verwenden und die Spaltweite h, die Spaltlänge l in cm einführen, die Druckhöhe, unter der die Flüssigkeit steht, aber durch den Überdruck p in at ersetzen, so wird:

$$v_{\max} = \frac{100\,h^2}{8\,\eta}\cdot\frac{p}{l} = 12{,}5\,\frac{h^2}{\eta}\cdot\frac{p}{l} \quad \text{und} \quad v_m = 8{,}33\;\frac{h^2}{\eta}\cdot\frac{p}{l}\ \text{m/sek.} \tag{249c}$$

Die durch den Spalt getriebene Flüssigkeitsmenge q in l/sek ergibt sich, wenn auch die Breite b in cm eingesetzt wird, aus:

$$q = \frac{v_m\cdot f}{10} = \frac{8{,}33\cdot h^2\cdot p}{10\,\eta\cdot l}\cdot b\cdot h = \frac{0{,}833\,h^3\,b\cdot p}{\eta\cdot l}\ \text{l/sek} \tag{249d}$$

Der Zähigkeitsströmung, bei der sich die Flüssigkeit in lauter parallelen Schichten bewegt (daher auch die Bezeichnung Parallelströmung), steht die turbulente unter Bildung von Wirbeln (Wirbelströmung) gegenüber. Sie stellt sich bei größeren Spaltweiten ein und bedingt Widerstände, die mit einer Potenz der Stromgeschwindigkeit v_m wachsen. Gewöhnlich rechnet man mit der zweiten und setzt den Druckhöhenverlust $H_1 - H_2 = \zeta\cdot\frac{2\,l}{h}\cdot\frac{v_m^2}{2\,g}$ im m-kg-sek-System oder unter Benutzung der oben angeführten Einheiten, zu denen noch das Einheitsgewicht γ in kg/dm³ kommt, die mittlere Stromgeschwindigkeit:

$$v_m = \sqrt{10\cdot\frac{h\cdot g\cdot p}{\zeta\cdot\gamma\cdot l}} = 9{,}9\sqrt{\frac{h\cdot p}{\zeta\cdot\gamma\cdot l}}\ \text{m/sek} \tag{249e}$$

und die Flüssigkeitsmenge:

$$q = \frac{b\cdot h\cdot v_m}{10}\ \text{l/sek.} \tag{249f}$$

Bei Versuchen ergab sich der Exponent etwas niedriger als 2. Just [XI, 1] fand im Mittel 1,92.

Zahlen für ζ in verhältnismäßig engen Spalten, wie sie für Dichtungszwecke in Frage kommen, sind:

Spaltweite mm	ζ nach		ζ bei umlaufenden Kolben
	K. Just [XI,1]	E. Becker [XI,13]	
0,15 ... 0,2	0,019	0,01	0,0194 bei $n = 0 \ldots 1500$ (E.Becker)
0,36	0,012	—	0,015...0,02 bei $n = 750$ bzw. 1100
0,4	—	0,0095	— (K. Just)
0,5	0,013	—	—
0,6	—	0,009	—
1,0	0,01	—	—

Der Übergang der Zähigkeitsströmung in die Wirbelströmung tritt auf, wenn die Schubkraft längs der Spaltwandung zu groß wird und die Flüssigkeit schon in unmittelbarer Nähe der Wandung mit großer Geschwindigkeit strömt. Die Grenzgeschwindigkeit v_{kr}, bei der sich das einstellt, folgt durch Gleichsetzen der Überdrucke p aus den

Formeln für die mittlere Strömungsgeschwindigkeit bei Zähigkeits- und Wirbelströmung (249c) und (249e):

$$p = \frac{\eta \cdot l \cdot v_m}{8{,}33\, h^2} = \frac{v_m^2 \cdot \zeta \cdot l \cdot \gamma}{9{,}9^2 \cdot h}$$

oder

$$v_m = v_{kr} = 11{,}8 \frac{\eta}{\zeta \cdot \gamma \cdot h} \tag{249g}$$

$\left(\text{Im m-kg-sek-System wird } v_{kr} = 118 \frac{\eta}{\zeta \cdot \gamma \cdot h}.\right)$

Tritt zu der im vorstehenden behandelten, durch den Überdruck an dem einen Ende des Spaltes erzeugten Zähigkeitsströmung noch die Bewegung einer der beiden Spaltwände, bewegt sich z. B. der Kolben in seiner Laufbüchse, so entsteht eine zweite Strömung, die sich je nach den besonderen Umständen mit der ersten zusammensetzt. Z. B. addieren sich beide, wenn die Kolbenbewegung die gleiche Richtung hat wie die Druckströmung; dementsprechend steigen die Undichtigkeitsverluste. Besteht aber die Kolbenbewegung lediglich in einer Drehung, so bleibt die Durchflußmenge unbeeinflußt, wenn durch die Drehung keine Erwärmung und damit Änderungen der Zähigkeit eintreten. Zu beachten ist, ob etwa die Grenzgeschwindigkeit überschritten und damit Störungen durch Wirbelströmung einsetzen.

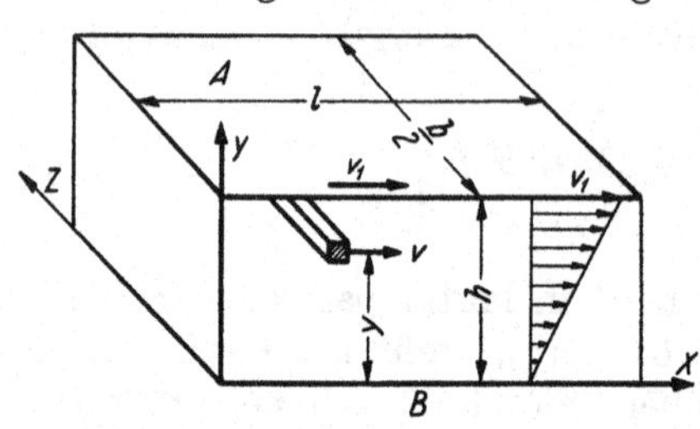

Abb. 936 b. Geschwindigkeitsverteilung in einer zähen Schicht zwischen einer ruhenden und einer bewegten Ebene.

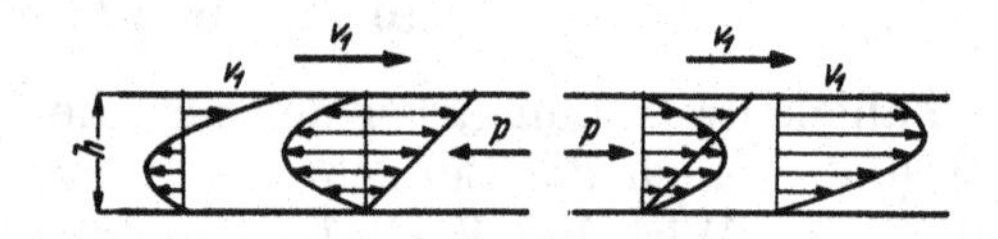

Abb. 936 c. Zähigkeitsströmung zwischen ruhenden und bewegten Ebenen.

Die bei einer gegenseitigen Verschiebung der Flächen auftretende Geschwindigkeitsverteilung läßt sich an Hand der Grundgleichung und der Abb. 936b ableiten. In der letzteren ist die XZ-Ebene des Koordinatensystems in die ruhende Ebene B verlegt, während sich Ebene A mit der Geschwindigkeit v_1 parallel zur X-Achse verschiebt, das Druckgefälle $\frac{dp}{dx}$ aber 0 ist. Dann führt die Integration der Gleichung (249a):

$$\eta \cdot \frac{d^2 v}{d y^2} = 0$$

$$\text{zu} \quad \eta \cdot \frac{dv}{dy} + C_1 = 0 \quad \text{und} \quad \eta \cdot v + C_1 \cdot y + C_2 = 0,$$

Gleichungen, in denen C_1 und C_2 aus den Grenzbedingungen folgen, daß für $y = 0$ $v = 0$, für $y = h$ $v = v_1$ sein muß.

$$\eta \cdot 0 + C_1 \cdot 0 + C_2 = 0; \; C_2 = 0; \; \eta \cdot v_1 + C_1 \cdot h = 0; \; C_1 = -\frac{\eta \cdot v_1}{h}.$$

Damit wird die Geschwindigkeitsverteilung durch:

$$v = v_1 \cdot \frac{y}{h},$$

das Geschwindigkeitsgefälle also durch eine gerade Linie gekennzeichnet, Abb. 936b.

Für die durchtretende Flüssigkeitsmenge gilt $v_{1m} = \frac{v_1}{2}$ und unter Beachtung der Maßeinheiten (b und h in cm, v_1 in m/sek):

$$q_1 = \frac{f \cdot v_1}{10 \cdot 2} = \frac{b \cdot h \cdot v_1}{20} \text{ l/sek.} \tag{249h}$$

Die Geschwindigkeitsverteilung beim gleichzeitigen Auftreten der Längsbewegung und des Flüssigkeitsausflusses an dem einen Spaltende zeigt Abb. 936c; die linke Hälfte stellt die Verhältnisse bei gegenläufiger, die andere bei gleichsinniger Bewegung dar.

Beispiel: Undichtigkeitsverlust eines Differentialpumpenkolbens, Abb. 933, von $d = 405$ mm Durchmesser, der statt durch eine Stopfbüchse abgedichtet zu werden, in einer 600 mm langen Büchse mit Laufsitzpassung unter $p = 5{,}6$ at Überdruck bei einer mittleren Kolbengeschwindigkeit $v_1 = 1{,}33$ m/sek läuft.

Das größte Spiel ist nach DIN 777 $\frac{180}{1000}$ mm, das kleinste $\frac{60}{1000}$ mm, das mittlere somit $\frac{120}{1000}$ mm oder 0,012 cm. Das letztere sei der Zahlenrechnung zugrunde gelegt. ($h = 0{,}006$ cm.) Bei einer Zähigkeit $\eta = 0{,}000102\ \text{kg} \cdot \frac{\text{sek}}{\text{m}^2}$ des Wassers bei 20° C und unter Ersatz von b in Formel (249d) durch $\pi \cdot d$ beträgt die infolge des Überdrucks p durchfließende Wassermenge:

$$q = \frac{0{,}833 \cdot h^3 \cdot b \cdot p}{\eta \cdot l} = \frac{0{,}833 \cdot 0{,}006^3 \cdot \pi \cdot 40{,}5 \cdot 5{,}6}{0{,}000102 \cdot 60} = 0{,}021\ \text{l/sek}.$$

Da der Überdruck jedoch nur während des Saughubes des Kolbens herrscht, während des Druckhubes aber fehlt, vermindert sich der Verlust auf die Hälfte, d. i. 0,0105 l/sek oder 0,63 l/min. Die Rechnung setzt rings um den Kolben herum gleiches Spiel voraus. Tatsächlich wird der Kolben aber längs der unteren Scheitellinie aufliegen, dort also das Spiel Null, oben dagegen das Spiel $2\,h$ haben. Die dabei durchtretende Menge ist, wie sich durch Integration [XI, 13] ergibt, 2,5 mal größer, so daß in vorliegendem Fall mit einem Verlust von rund 1,58 l/min zu rechnen ist.

Im Falle des Größtspieles steigt derselbe im Verhältnis $\left(\frac{h_{\max}}{h}\right)^3 = \left(\frac{0{,}009}{0{,}006}\right)^3$ auf das 3,4 fache, d. i. auf 5,36 l/min.

Die Grenzgeschwindigkeit wird dabei selbst an der weitesten Stelle nicht erreicht, da

$$v_{kr} = 11{,}8 \frac{\eta}{\zeta \cdot \gamma \cdot h} = \frac{11{,}8 \cdot 0{,}000102}{0{,}01 \cdot 1 \cdot 0{,}018} = 6{,}68\ \text{m/sek}$$

groß ist gegenüber dem Wert nach Formel (249c) für Parallelströmung:

$$v_m = 8{,}33 \frac{h^2\, p}{\eta \cdot l} = \frac{8{,}33 \cdot 0{,}018^2 \cdot 5{,}6}{0{,}000102 \cdot 60} = 2{,}47\ \text{m/sek}.$$

Die durch die Bewegung des Kolbens mitgenommene Wassermenge ist nach Formel (249h):

$$q_1 = \frac{b \cdot h \cdot v_1}{20} = \frac{\pi \cdot 40{,}5 \cdot 0{,}006 \cdot 1{,}33}{20} = 0{,}051\ \text{l/sek}.$$

Jedoch wird die gleiche Menge, die beim Rückgang in den Saugraum mitgenommen wurde, beim Hingang wieder zurückgefördert, so daß der tatsächliche Verlust $\frac{q}{2} = 0{,}63$ l/min bleibt.

Genauere Versuche über die Wirkung von Nuten liegen bisher nur von Just [XI, 1] an Spalten, in denen Wirbelströmung herrschte, vor. In einem glatten Spalt, der nach Abb. 937 oben durch zwei gehobelte gußeiserne Platten in 1,08 mm Abstand gebildet war und 100 mm Breite und 220 mm Länge hatte, nahm der Druck des Wassers nach Messungen an den Stellen 1 bis 8 genau gradlinig nach Linie *aa*, Abb. 937 unten, ab. Das Wasser floß unter der Wirkung von 10,5 m Überdruckhöhe an der Mündung der Bohrung *1* mit einer Geschwindigkeit von 8,05 m/sek durch den Spalt. Das Anbringen von drei rechteckigen Nuten nach Skizze *b* ließ in dem Druckverlauf die an der Linie *bb* dargestellten Absätze entstehen und verringerte die Durchflußgeschwindigkeit auf

7,37 m/sek. Der Druckverlauf *cc* und eine Geschwindigkeit von 6,42 m/sek stellte sich ein nach Vergrößerung der ersten Nut, sowie Einschalten einer weiteren, schwalbenschwanzförmigen und einer Versatzung an Stelle zweier früherer Nuten, Skizze *c* — ein Mittel, das sich allerdings auf hin- und hergehende Kolben nicht anwenden läßt.

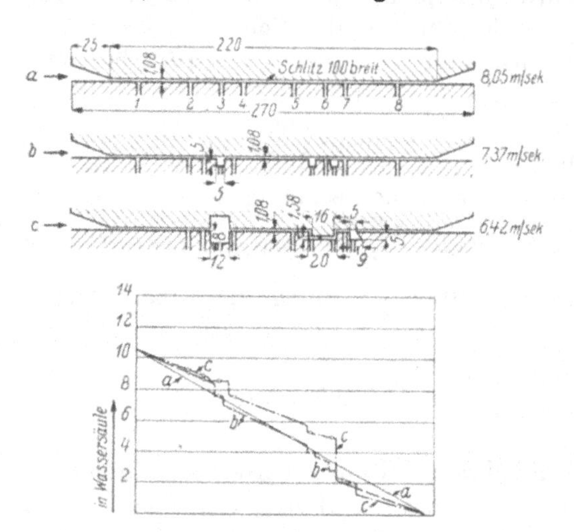

Abb. 937. Druckverlauf in ebenen, glatten und mit Nuten versehenen Spalten nach Just.

Den Geschwindigkeiten verhältnisgleich ist die Menge des durchtretenden Wassers; die Dichtheit war also durch das Anbringen der Nuten nicht unwesentlich erhöht worden. Die Nuten müssen so breit sein, daß sie nicht durch den Flüssigkeitsstrom übersprungen werden, sondern die Vernichtung der Geschwindigkeitshöhe durch Wirbelungen sicher gestellt ist. Übermäßige Breite schadet aber, weil die Flüssigkeit in der weiteren Nut geringeren Reibungswiderstand findet als an den Wänden des engeren Spaltes. Zu beachten ist noch, daß die Stege zwischen den Nuten nicht zu schmal gemacht werden dürfen. Um in dieser Beziehung einen Anhalt zu geben, seien die Versuche von Just an einem Spalt von 0,7 mm Weite und 220 mm Länge erwähnt: eine Nut von 5 · 5 mm Querschnitt ersetzt 30 mm Spaltlänge, so daß der Spalt bei gleichem Durchtrittverlust um 30 — 5 = 25 mm gekürzt werden kann, zwei Nuten gleichen Querschnitts bei 10 mm Stegbreite entsprachen 60 mm Spaltlänge, so daß die Ersparnis 60 — 20 = 40 mm betrug. Dagegen boten drei Nuten mit zwei Stegen von gleichen Abmessungen nur soviel Widerstand wie 65 mm des glatten Spaltes, — Ersparnis 65 — 35 = 30 mm.

Die Dichtheit nimmt also mit der Zahl der Nuten zu, allerdings nicht verhältnisgleich. Auf Grund der Abnahme der Ersparnis im dritten Falle dürfte es sich empfehlen, die Stegbreite bei mehr als zwei Nuten auf etwa 15 mm, d. i. das Dreifache der Nutbreite, zu vergrößern.

Die Kanten der Nuten müssen scharf sein, dürfen nicht etwa abgerundet werden. Alle bisher besprochenen Bauarten ohne besondere Packungsmittel können nur unvollkommen abdichten, verlangen große Sorgfalt bei der Herstellung, bedingen aber geringe Reibung und sind selbst für große Kolbengeschwindigkeiten geeignet.

3. Stulpdichtungen.

Die Möglichkeit vollkommener Abdichtung bietet die Stulp- oder Manschettendichtung, Abb. 938 bis 948.

Abb. 938. Stulpdichtung.

Der geschlossene Lederring U-förmigen Querschnittes, Abb. 938, soll sich schon beim Einbau durch seine eigene Federung oder durch einen weichen Gummiring *G*, Abb. 939, unterstützt, an der Wandung und der Kolbenfläche gleichmäßig anlegen. Dringt dann beim Betrieb der Flüssigkeitsdruck von der offenen Seite her ein, so wird der Stulp der Höhe des Druckes entsprechend schärfer angepreßt; er dichtet auf die Weise dauernd selbsttätig ab.

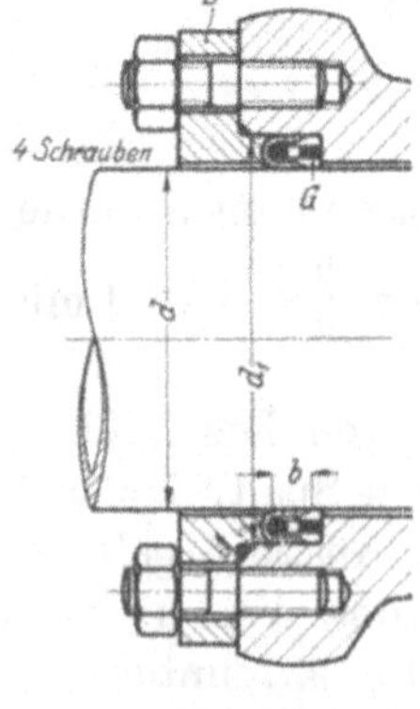

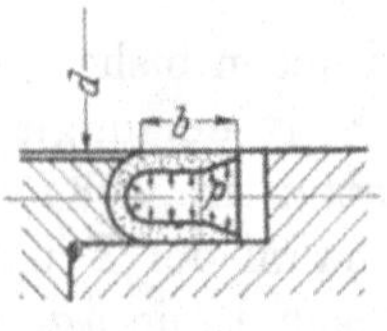

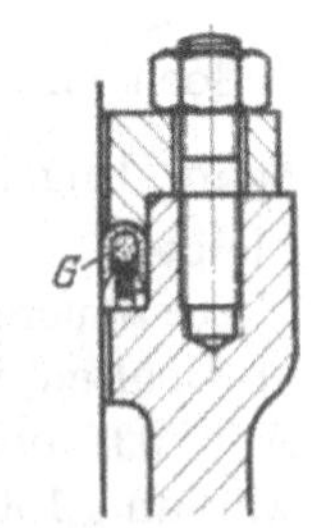

Abb. 939. Stulpdichtung.

Als Rohstoff kommt vor allem Leder — nach Gehrkens am besten eine zwischen Sohl- und Riemenleder liegende, in Eichenlohe gegerbte Sorte in Frage. Freilich nur für Wärmegrade unter 40° C, weil Leder bei höheren Temperaturen zu weich und nachgiebig wird. Chromleder kann größere Wärme vertragen, liefert aber wenig steife Ringe und ist gegen Öl empfindlich. Als Ersatz für Leder werden in neuerer Zeit Gummi und Guttapercha, vielfach mit Einlagen aus Hanf und anderen Faserstoffen verwendet. Die Eigenart der erwähnten Rohstoffe läßt die Stulpdichtung hauptsächlich bei Flüssigkeiten Anwendung finden, aber nur bei geringen Geschwindigkeiten bis zu etwa 1 m/sek, jedoch bis zu sehr hohen Drucken. Zur unmittelbaren Abdichtung von Gasen und Dämpfen, die Leder und Gummi rasch austrocknen und zusammenschrumpfen lassen, sind die Stulpdichtungen ungeeignet. Wohl aber läßt sich die Aufgabe, die Druckluft im Akkumulator, Abb. 940, abzuschließen, mittelbar durch Einschalten einer Sperrflüssigkeit lösen. Solange die Stulpe, Abb. 941, vollkommen dicht halten, tritt kein Verbrauch

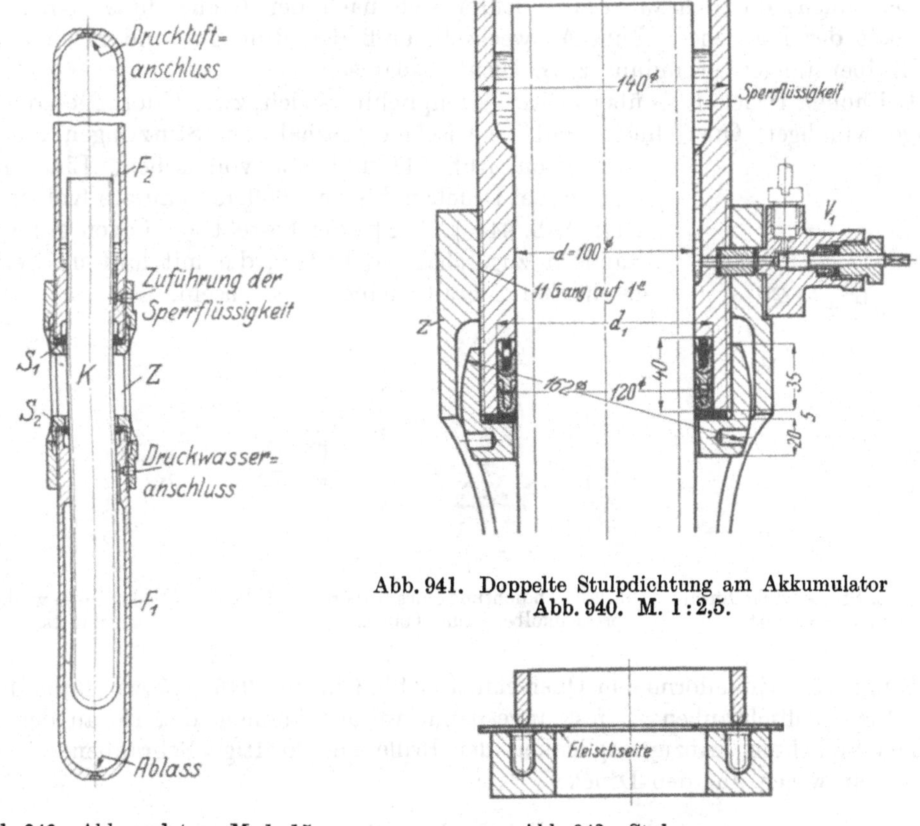

Abb. 941. Doppelte Stulpdichtung am Akkumulator Abb. 940. M. 1 : 2,5.

Abb. 940 Akkumulator. M. 1 : 15.

Abb. 942. Stulppresse.

an Flüssigkeit ein; immerhin ist die Möglichkeit vorzusehen, die Flüssigkeit durch ein Ventil V_1 zu ersetzen. Der Akkumulator, Abb. 940, besteht aus einem rohrförmigen Kolben K in zwei Flaschen F_1 und F_2, die durch ein mit seitlichen Öffnungen versehenes Zwischenstück Z verbunden, durch zwei Stopfbüchsen S_1 und S_2 abgedichtet sind. In der unteren Flasche F_1 wird die Druckflüssigkeit aufgespeichert; im Inneren des Kolbens und in der oberen Flasche F_2 befindet sich Druckluft, die um so stärker zusammengepreßt wird, je höher der Kolben steht.

Die Herstellung der Stulpe geschieht durch Pressen ringförmiger, in warmem Wasser aufgeweichter und gut durchgekneteter Lederscheiben in einer Form, Abb. 942. In derselben läßt man die einzelnen Ringe erkalten und hart werden, schärft dann die Ringkanten durch Abdrehen zu und macht das Leder durch Einfetten geschmeidig und gebrauchsfertig. Die weichere Fleischseite des Leders, die am Kolben und an der Stopfbüchsenwandung anliegen soll, muß in der Presse unten angeordnet sein.

Der Stulp wird über den Kolben, der keinerlei Ansätze oder Verstärkungen haben darf, gestreift und in der sauber ausgedrehten Rinne, Abb. 938, durch einen zweckmäßigerweise durchbrochnen Ring *G* gestützt und so gehalten, daß die zugeschärften Ränder nicht am Grunde aufstoßen und verbogen werden. Die Endfläche der Brille *B* ist der Form des Stulpes angepaßt; ihren Spielraum gegenüber dem Kolben wählt man so klein, daß ein Durchpressen des Ringes ausgeschlossen erscheint. Daß der Stulp durch die Brille nicht festgeklemmt, verspannt oder verdrückt und die selbsttätige Wirkung der Dichtung in Frage gestellt wird, erreicht man am einfachsten dadurch, daß man die Brille aufliegen läßt. Der Flansch und die Schrauben sind auf die Kraft:

$$P = \frac{\pi}{4}(d_1^2 - d^2) \cdot p \tag{250}$$

zu berechnen; die Schraubenzahl richtet sich nach der Größe dieser Kraft und der Steifheit des Flansches. Zum Auswechseln muß der Ring gut und rasch zugänglich, die Kolbenstangenverbindung z. B. leicht lösbar sein.

Bei hohen Drucken — über 50 at —, empfiehlt es sich, zwei U-förmige oder mehrere Ringe winkligen Querschnitts mit dazwischen geschalteten Stützringen aus Messing oder Eisen, Abb. 941 und 943, vorzusehen. Eine an Huberpressen bei Drucken bis zu 5600 at benutzte Kolbendichtung zeigt Abb. 944 [XI, 2]. Sie besteht aus Lagen guten, an den Rändern zugeschärften Leders, die mit harten, ebenfalls zugeschärften Metallscheiben abwechseln.

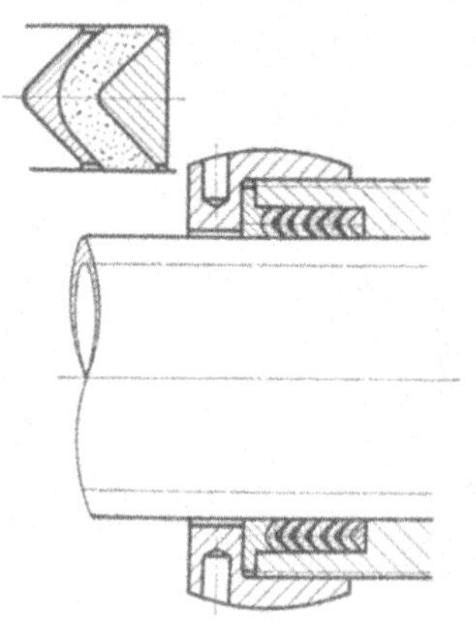

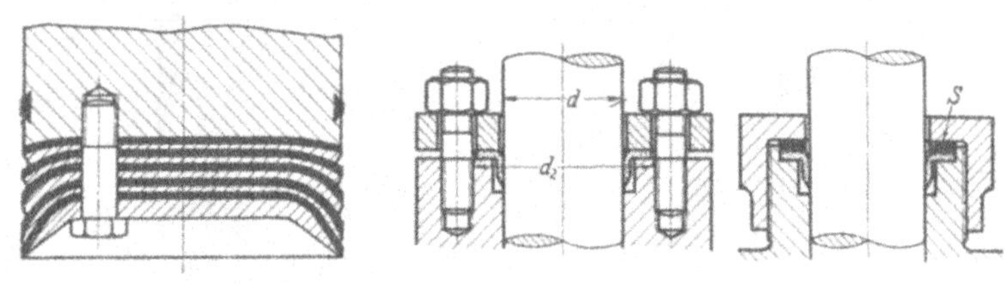

Abb. 943. Stulpe winkelförmigen Querschnitts. Abb. 944. Abdichtung eines Huberpressenkolbens für 5600 at. Abb. 945 und 946. Stulpe winkelförmigen Querschnitts.

Ringe von winkelförmigem Querschnitt, Abb. 945 und 946, müssen durch die Brillen oder Verschlußschrauben so fest angespannt werden können, daß sie an den Auflageflächen abdichten. Anzugmöglichkeit der Brille und kräftige Schrauben, die man der Sicherheit wegen auf den Druck:

$$P_1 = \frac{\pi}{4}(d_2^2 - d^2) \cdot p \tag{251}$$

berechnen wird, unter der Annahme, daß die Pressung *p* äußerstenfalls bis zur Außenkante des Lederringes vordringen kann, sind also in dem Falle geboten. Der Vorteil der Ringform liegt in dem kleinen Durchmesser der Rinne für den Stulp. Gewindemuffen, Abb. 946, setzen genügend widerstandsfähigen Baustoff sowohl des Gehäuses, wie der Muffe voraus, der wiederholtes Auf- und Abschrauben vertragen können muß. Gußeisen ist demnach ausgeschlossen. Zweck der Zwischenscheibe *S* ist, das Verwürgen des Lederrings beim Anziehen der Überwurfmutter zu verhindern.

Einen Ersatz für Lederstulpe bieten Gummiringe nach Frantz-Landgräber, Abb. 947, die von den Pahlschen Gummi- und Asbestwerken in Düsseldorf geliefert werden. Der oft mit Hanfeinlagen versehene Hohlring besitzt an seiner Unterfläche mehrere Öffnungen *L*, die die Flüssigkeit in das Innere treten lassen, so daß der gegen die Wandung gepreßte Ring abdichtet. Zweckmäßig ist die Anordnung einer ringsum laufenden Nut *N*, die den Zutritt der Flüssigkeit zu den Löchern erleichtert. Die Ringe werden sowohl ungeteilt mit durchlaufendem Kanal ausgeführt und dann wie gewöhnliche Stulpe eingebaut, als auch nach Abb. 947 an einer Stelle aufgeschnitten hergestellt, so daß sie leicht und ohne Auseinandernehmen der Maschine um den Kolben herumgelegt werden können. Die Schnittfuge wird, wenn Ringe und Fuge gut passen, durch das Anziehen der Brillenschrauben und den im Innern auftretenden Druck zusammengepreßt und abgedichtet.

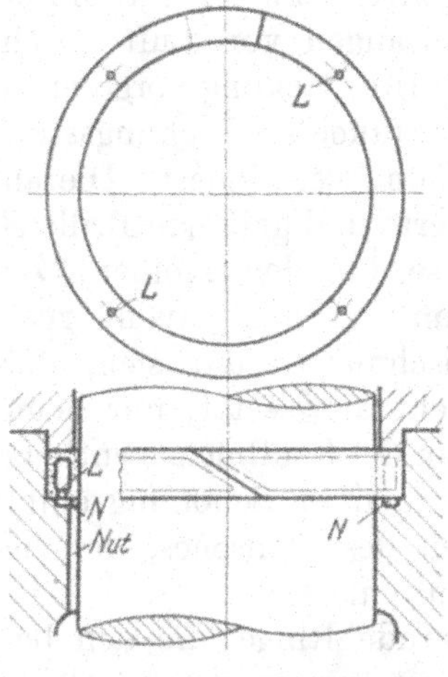

Abb. 947. Dichtungsring nach Frantz-Landgräber.

Die Reibung ist bei den Stulpdichtungen im wesentlichen verhältnisgleich dem inneren Druck p und unabhängig von dem Anziehen der Brillenschrauben. Mit den Bezeichnungen der Abb. 938 kann sie durch:

$$R = R_0 + \pi \cdot d \cdot b \cdot p \cdot \mu \tag{252}$$

ausgedrückt werden, wenn μ die Reibungszahl und R_0 die beim Druck $p = 0$ durch die eigene Federung des Stulpes oder durch das Gewicht des Kolbens hervorgerufene Reibung bedeutet, die bei senkrecht angeordnetem Kolben annähernd gleich Null gesetzt werden kann. μ schwankt bei glattem Kolben und weichem fettigen Leder zwischen 0,03 und 0,07, kann aber bei rauher Oberfläche und schmutzigem Wasser wegen der dann auftretenden Reibung fester Körper auf 0,2 steigen.

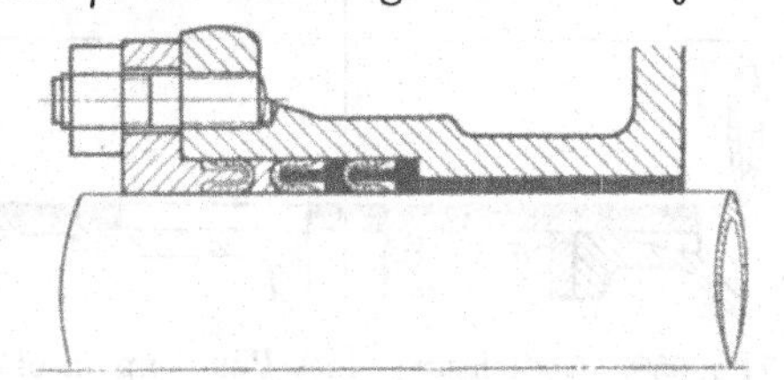

Abb. 948. Abdichtung eines Pumpenkolbens mittels Lederstulpe.

Kurze Baulänge und vollkommene Abdichtung bei mäßiger Reibung sind die Vorteile der Stulpdichtung. Zur Beschränkung des Verschleißes müssen aber die Kolben sehr glatt gehalten werden. Die Stulpdichtung wird von etwa 8 bis zu 1000 mm Durchmesser bei 6 bis 30 mm Stulpbreite und 1 bis 6 mm Lederstärke benutzt.

Abb. 948 zeigt die Abdichtung eines Pumpenkolbens durch drei Ringe, von denen die inneren das Austreten der Flüssigkeit beim Druckhub, der äußere das Eindringen von Luft während des Saugens verhüten.

4. Weich- und Metallpackungen.

Bei größeren Kolbengeschwindigkeiten kann Abdichtung durch Stopfbüchsen mit Baumwoll-, Hanf- oder Metallpackungen, Abb. 949, erreicht werden, über welche Näheres unter Stopfbüchsen zu finden ist. Zum Anpressen des Dichtmittels, das in radialer Richtung erfolgen muß, dienen die Stopfbüchsschrauben. Da diese aber nur Kräfte in axialer Richtung ausüben können, müssen sie, um von vornherein genügende Pressung zu erzeugen, sehr kräftig gewählt werden. Bei niedrigem Druck legt man deshalb die dreifache Kraft, die auf die Packung wirkt,

$$3 \cdot \frac{\pi}{4} (D_1^2 - D^2) \cdot p \tag{253}$$

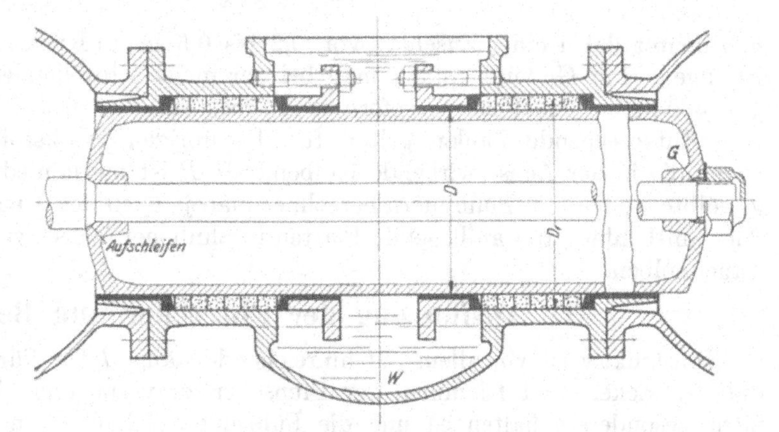

Abb. 949. Abdichtung eines Pumpenplunschers mittels zweier getrennter Stopfbüchsen.

der Berechnung zugrunde und geht bei höheren Drucken, etwa an Preßwasserhebezeugen, Akkumulatoren usw. auf:

$$\frac{5}{4}\,\frac{\pi}{4}\,(D_1^2 - D^2)\,p \tag{254}$$

herunter.

Abb. 949 zeigt die Abdichtung eines Pumpenplunschers mittels zweier getrennter Stopfbüchsen, die in einem Wassertrog W liegen, um das Ansaugen von Luft durch die Stopfbüchsen hindurch zu verhüten. In Abb. 950 ist nur eine Packung vorgesehen und dadurch der Verbrauch an Packungsstoff sowie die Kolbenreibung vermindert. Die an beiden Enden zentrierte und geführte Brille B dient als Laufbüchse für den Kolben. Zu ihrer Abdichtung im linken Pumpenkörper genügt die Gummischnur G, die sich, der Kolbenbewegung nicht ausgesetzt, nur beim Anziehen der Brille an der Laufbüchse entlang schiebt, wobei sich zu ihrer Schonung empfiehlt, die Schrauben des Flansches, der sie festhält, etwas zu lüften.

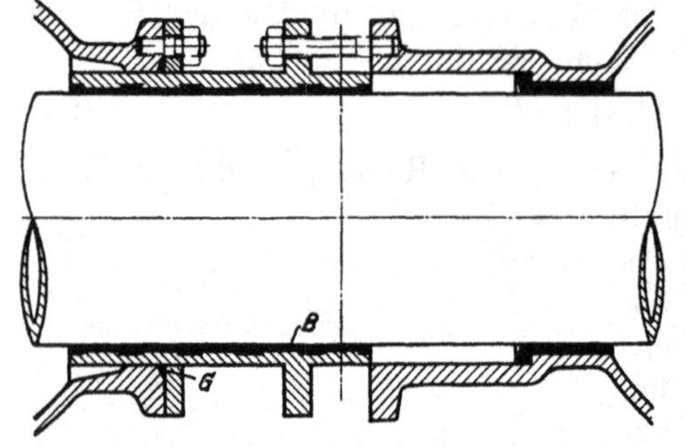

Abb. 950. Abdichtung eines Pumpenplunschers durch eine Stopfbüchse.

Nach innen federnde Ringe, die den bei Scheibenkolben so oft angewandten selbstspannenden Ringen entsprechen, finden sich bei Plunschern wegen der großen Kosten und wegen des umständlicheren Einbaues selten. Näheres über ihre Herstellung und Verwendung bei Stopfbüchsen siehe S. 588.

C. Berechnung der Plunscher.

Die Plunscher werden bei kleinen Abmessungen und hohen Drucken aus dem Vollen hergestellt, bei größeren Durchmessern gewöhnlich hohl gegossen oder unter Zuhilfenahme von Rohren zusammengesetzt. Für die Wandstärke des zylindrischen Teils gibt die für Rohre bei stehendem Guß giltige Formel (154a) bei mäßigen Drucken einen ersten Anhalt. Ist der Kolben einer größeren, von außen wirkenden Pressung p_a ausgesetzt, also auf Druck beansprucht, so folgt die Stärke s aus der Formel (60):

$$s = \frac{D}{2}\left(1 - \sqrt{\frac{k - 1{,}7\,p_a}{k}}\right) + a \tag{255}$$

oder näherungsweise, wenn s gegenüber D klein ist, aus (61):

$$s = \frac{D}{2}\cdot\frac{p_a}{k} + a\,. \tag{256}$$

a bedeutet dabei einen Zuschlag von 0,2 bis 0,5 cm in Rücksicht auf etwaige Kernverlegungen. Für Gußeisen pflegt man bei der meist schwellenden Beanspruchung bis zu $k = 300$ kg/cm² zuzulassen, sofern nicht das Einknicken der Wandung zu befürchten ist. Entsprechende Zahlen gelten für die übrigen Werkstoffe. Die Beanspruchung durch die in der Achse wirkende Kolbenkraft P ist meist niedrig. Größere ebene oder gewölbte Böden von Plunschern berechnet man je nach den Umständen als eingespannte oder am Umfang frei aufliegende Platten in ähnlicher Weise wie die von Scheiben- und Tauchkolben.

D. Ausführung der Plunscher und Beispiele.

Konstruktiv ist vor allem auf hinreichende Länge l der Führung, Tafel I, zu sehen, um das Ecken und Klemmen der Plunscher zu vermeiden. Wenn die Kolbenstange nicht besonders gehalten ist und die Führung des Kolbens nicht unterstützt, gilt als Mindestmaß $l = d$. Besser ist, auf 1,2 bis 1,8 d oder mehr zu gehen.

Pumpenplunschern gibt man geringe Wandstärken, um ihr Gewicht und damit den Auflagedruck, die Reibung und Abnutzung an den Laufflächen klein zu halten. Gelegentlich geht man so weit, daß sie im Wasser schwimmen, damit der auf die Führung ausgeübte Druck wegfällt.

Kernlöcher und -stützen zur Entlüftung und Stützung des Kerns beim Gießen hohler Plunscher werden tunlichst an den Endflächen angeordnet, in den Laufflächen dagegen vermieden. Vgl. Abb. 202a, S. 160, und 1003, wo das größere Kernloch durch ein mit Kupfer oder Bleiringen verstemmtes Einsatzstück *B*, die kleinen durch vernietete Gewindepropfen verschlossen sind. *B* ist in der Bohrung zentriert, um seine Lage beim Verstemmen zu sichern. An Stelle der Kopfschraube *K* kann eine Öse zum Einsetzen oder Herausziehen des Kolbens eingeschraubt werden. Die Kolbenstange ist durch einen Riegel *R* gehalten, der, durch die Schraubenmutter *M* festgespannt, die Verbindung zur Übertragung wechselnder Kräfte geeignet macht.

In Abb. 949 sind die Kernlöcher zur Durchführung und Befestigung der Stange benutzt. Dabei ist Wert auf die Abdichtung des Kolbeninneren gelegt, weil dieses sonst als schädlicher Raum wirkt und weil eindringendes Wasser das Gewicht und die Massenwirkung des Kolbens beträchtlich erhöhen würde. Am linken Ende ist der kegelige Absatz der Kolbenstange eingeschliffen, am rechten die Abdichtung durch eine Gummischnur *G* bewirkt, die so tief angeordnet wurde, daß sie nicht in die Gewindegänge kommen kann. Die Böden, die die Kolbenkraft von der Stange auf die Kolbenwandung zu übertragen haben, sind kugelig und sehr kräftig gestaltet und mit allmählichen Übergängen in die zylindrische Wandung versehen.

II. Scheiben- und Tauchkolben.

Scheibenkolben benutzt man vorwiegend an doppeltwirkenden Kraft- und Arbeitsmaschinen aller Art: Dampf- und Verbrennungsmaschinen, Kompressoren, Pumpen, Kondensatorpumpen usw. Wegen der Verbindung mit der fast stets getrennt hergestellten Kolbenstange ist meist die Ausbildung einer Nabe, wegen der Unterbringung der Dichtmittel, die eines Kranzes nötig. Sind beide Teile durch eine Scheibe verbunden, so entstehen einwandige, sind dagegen zwei Stirnwände vorgesehen, doppelwandige oder Hohlkolben. Dadurch, daß die Scheiben und Stirnwände eben, Abb. 981 und 1000, oder kegelig, Abb. 984 und 951, gestaltet werden, entstehen die wichtigsten Formen der Scheibenkolben. Zugleich mit ihnen mögen auch die an einfach wirkenden Maschinen verwandten Tauchkolben, Abb. 931a, einer Gasmaschine entnommen, und Abb. 991 behandelt werden. Sie bestehen aus dem ebenen oder gewölbten Boden und dem zylindrischen Mantel, der die Ringe, oft auch den Schubstangenbolzen aufnimmt, so daß der Kolben den Kreuzkopf ersetzt und eine nicht unbeträchtliche Verminderung der Baulänge oder -höhe der Maschine ermöglicht. Zur dauernd sicheren Aufnahme des durch die Schubstange ausgeübten Seitendrucks muß er aber richtig bemessen und durchgebildet werden. Durchbrochene Scheiben- oder Tauchkolben, Abb. 998, die Ventile oder Klappen tragen und den Durchtritt der Betriebsflüssigkeit in der einen Richtung gestatten, werden bei Wasser- und Kondensatorpumpen benutzt.

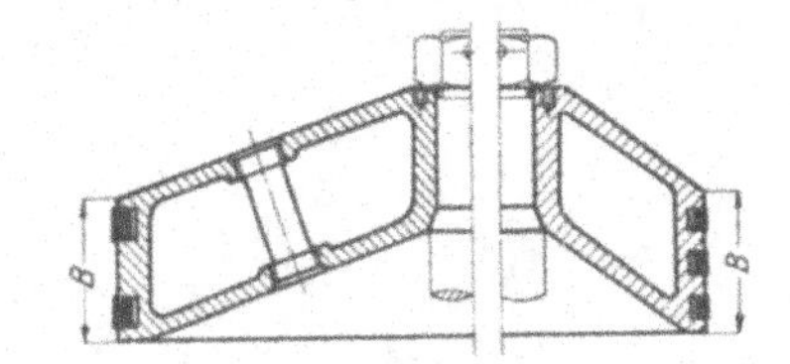

Abb. 951. Doppelwandige Kolben mit kegeligen Stirnwänden.

A. Die verwandten Baustoffe.

Der wichtigste Werkstoff für Scheibenkolben ist wiederum Gußeisen. Stahlguß läuft namentlich bei höheren Wärmegraden in unmittelbarer Berührung mit der Zylinderwand nicht gut, kann also nur für schwebende, von den Kolbenstangen getragene Kolben oder unter Einschaltung einer besonderen Tragfläche verwendet werden. Das gleiche gilt für geschmiedete oder gepreßte Kolben aus Flußstahl, die in Fällen vorkommen, wo die äußerste Gewichts- und Massenverringerung, wie bei Lokomotiven und Torpedobootsmaschinen geboten ist, die sich übrigens auch an manchen Dampfhämmern aus einem Stück mit der Kolbenstange hergestellt finden, um die bei dem stoßweisen Betrieb schwierige Verbindung zwischen den beiden Teilen zu umgehen. An Wasser- und Kondensatorpumpen wendet man zur Vermeidung des Festrostens gelegentlich Bronzen und andere Legierungen an. Die Absicht, die Massen bei den sehr rasch laufenden Fahrzeug- und Flugmotoren einzuschränken, hat zur Anwendung der Leichtmetalle, Aluminium- und Magnesiumlegierungen geführt, gleichzeitig mit dem Erfolg, daß die günstigen Wärmeleitverhältnisse der Kolben eine Erhöhung der Leistung der Maschinen ermöglichten.

B. Die Abdichtung der Scheiben- und Tauchkolben.

Die Abdichtung kann durch Einschleifen oder durch Leder- und Gummistulpe, Weichpackungen, Holz und metallische Ringe erfolgen. Die zuerst genannte Art war schon bei den Plunschern ausführlich besprochen worden. Sie ist häufig an kleinen Kolben anzutreffen, u. a. an den Indikatoren durchweg zu finden.

1. Stulpdichtungen.

Scheibenkolben mit den auf Seite 528 näher behandelten Leder- oder Gummistulpdichtungen zeigen die Abb. 952 und 953. In der ersten werden zwei U-förmige Ringe, die wegen der Abdichtung nach beiden Richtungen nötig sind, durch die Kolbenmutter gehalten; die Bauart, Abb. 953, verlangt eine Teilung des Kolbens selbst.

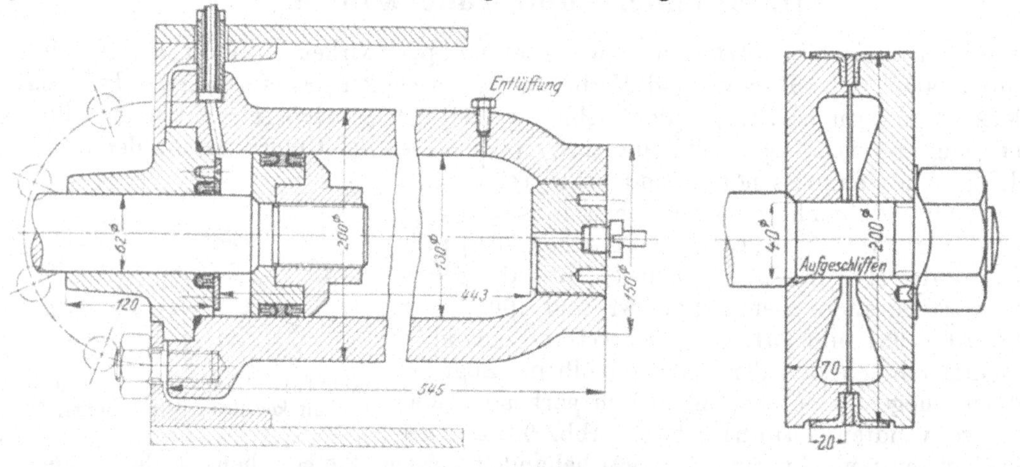

Abb. 952. Zylinder und Kolben einer Festigkeitsprüfmaschine, $p = 200$ at, M. 1:6.

Abb. 953. Geteilter Kolben mit Lederstulpdichtung. M. 1:4.

2. Weichpackungen.

An Warmwasser- und Kondensatorpumpen, in denen Leder bald weich werden und seine Form verlieren würde, finden Weichpackungen aus Hanf, Baumwolle, weichen Metalldrahtgeflechten mit Graphit usw., wie sie bei den Stopfbüchsen näher behandelt sind, sowie solche aus Holz (Ahorn-, Pappelholz) Verwendung, werden allerdings mehr und mehr durch die metallischen Liderungen verdrängt. Jene haben den Nachteil, durch die wechselnde Bewegung hin- und hergeschlagen und stark abgenutzt zu werden und immerhin umständlich ersetzbar zu sein. Vgl. Abb. 954, wo die Packung, in der Eindrehung des Kolbens untergebracht, durch Schrauben angezogen wird, bis der Ring aufliegt. Die zahlreichen Schrauben machen den Kolben vielteilig und vermindern die Betriebssicherheit.

3. Metallische Kolbenringe.

Am wichtigsten sind die metallischen Kolbenringe, die entweder durch die eigene Elastizität (selbstspannende Ringe) oder durch hinter ihnen liegende Federn radial gegen die Zylinderwandung gedrückt werden, sich dadurch der Wandung bestens anschmiegen und sehr gut abdichten. Sie sind für Gase und Dämpfe, selbst bei hohen Wärmegraden, aber auch für Flüssigkeiten geeignet. An dem einfachen Scheibenkolben, Abb. 955, werden sie unter elastischem Auseinanderbiegen und unter Zuhilfenahme von dünnen Blechen B über den Kolbenkörper geschoben und legen sich dann in die Nuten, in die sie seitlich sorgfältig eingepaßt sind. Beim Einschieben in den Zylinder, Abb. 956, werden sie an der kegeligen Übergangstelle K zur Lauffläche noch weiter zusammengedrückt oder mit Hilfe eines dünnen Blechmantels, der sich an einem Absatz in der Zylinderfläche zurückschiebt, in die Lauffläche eingeführt. Dadurch kommen sie unter der zum Abdichten nötigen Spannung zur Anlage an der Zylinderwandung.

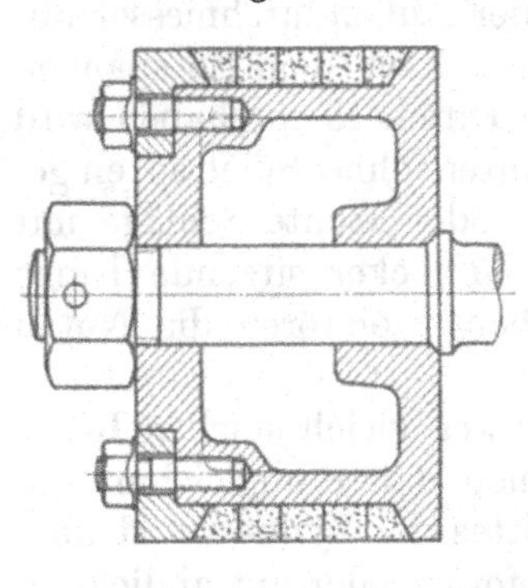

Abb. 954. Scheibenkolben mit Weichpackung.

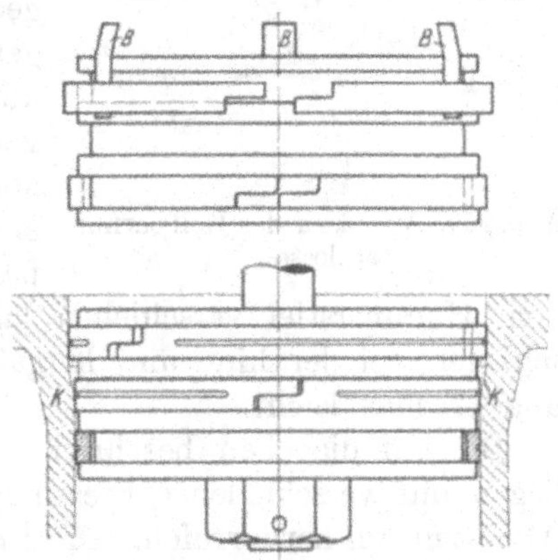

Abb. 955 und 956. Aufziehen der Kolbenringe und Einführen derselben in die Zylinderfläche.

a) Werkstoffe.

Selbstspannende Ringe werden bei sehr kleinen Durchmessern aus Stahl, sonst aus dichtem zähen Gußeisen, selten, nur wenn starkes Rosten zu befürchten ist, aus gehämmerter Bronze hergestellt. Der Werkstoff soll etwas weicher sein als derjenige der Zylinder, damit die Abnutzung an den leicht ersetzbaren Ringen stattfindet, die Zylinderflächen dagegen geschont werden.

b) Herstellung und Hauptabmessungen.

Selbstspannende Kolbenringe aus Gußeisen pflegen zu mehreren aus dem Unterteil eines gegossenen Ringes mit hohem verlorenen Kopfe, Abb. 957, herausgearbeitet zu werden. Zunächst dreht man sie gemeinsam vor, und zwar auf einen Außendurchmesser D_1 und auf eine um $z = 2$ bis 5 mm größere Wandstärke. Dann sticht man die einzelnen Ringe auf die fertige Breite ab und stellt die Schlösser, das sind die Stoßstellen der Ringenden, her, z. B. nach Abb. 958, durch Ausbohren und Ausfeilen eines bestimmten Stückes a, um welches der Ring federn soll. Genauer und rascher lassen sich die Ausschnitte durch Ausfräsen nach Abb. 959 und Aufschneiden unter Abrunden mit der Feile an der Stelle b bearbeiten. a darf an kleineren Ringen zu etwa $\frac{D}{12}$, an größeren zu $\frac{D}{8}$ angenommen werden, wenn D den Zylinderdurchmesser bedeutet. Aus a ergibt sich D_1:

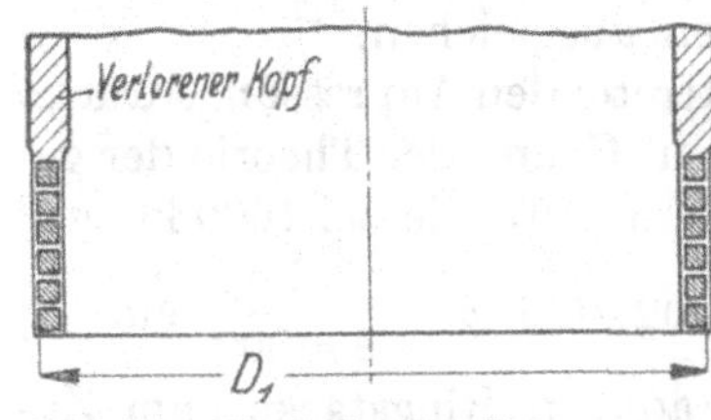

Abb. 957. Herstellung selbstspannender Kolbenringe.

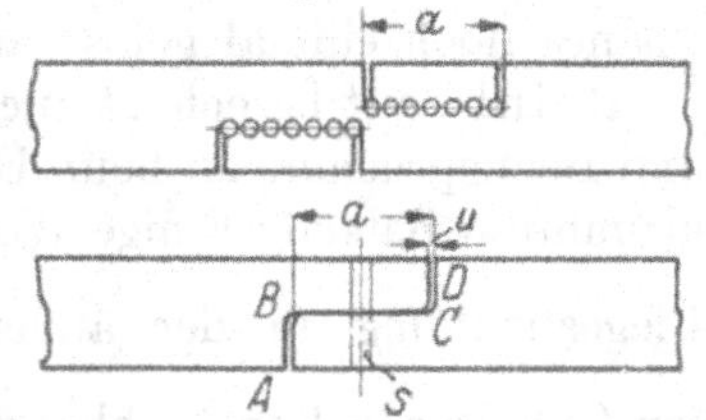

Abb. 958. Ausbohren des Kolbenringschlosses.

$$D_1 = D + \frac{a}{\pi} + z, \tag{257}$$

wobei z die schon oben erwähnte Zugabe wegen des Fertigdrehens des Ringes bedeutet. Mittels besonderer Spannvorrichtungen oder eines durch die Ringenden gesteckten Stiftes S, Abb. 958, kann der Ring nunmehr zusammengedrückt, wenn nötig, durch Hämmern der Innenfläche gerichtet und unter Abnahme mehrerer dünner Späne auf den endgültigen Innen- oder Außendurchmesser abgedreht oder geschliffen werden. Nach dem Entspannen springt er wieder nach außen. Durch Nachschaben wird er schließlich in den Kolbennuten ohne Spiel so eingepaßt, daß er sich durch Druck oder leichte Schläge mit dem Hammerstiel verschieben läßt und noch frei federt. Zu locker sitzende Ringe schlagen bei der hin- und hergehenden Bewegung des Kolbens, zerstören die Nuten und brechen leicht.

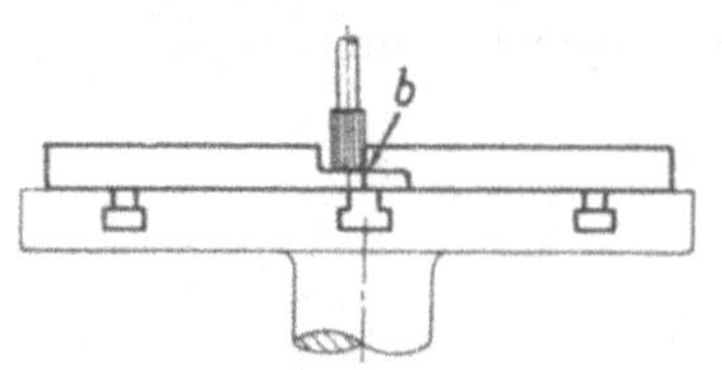

Abb. 959. Ausfräsen des Kolbenringschlosses.

Die auf die eben beschriebene Weise hergestellten, durchweg gleich starken Ringe liegen mit verschiedener Pressung im Zylinder an und können daher ungleichmäßige Abnutzungen hervorrufen. Die Erhaltung des Kreisquerschnittes des Zylinders ist aber sehr wichtig, damit beim Ersatz der Kolbenringe die neuen sofort wieder gut abdichten. Dem Mangel sucht Reinhardt [XI, 3] auf folgende Weise abzuhelfen. Ausgehend von dem fertigen Ring im gespannten Zustande berechnet er die ovale Form, die derselbe beim Entspannen annimmt und zeichnet danach das Ringmodell auf. Praktisch genügend genau erhält man die erwähnte Form, wenn man einen geschlossenen, kreisrunden, auf den Zylinderdurchmesser abgedrehten Ring vom Querschnitt des fertigen Kolbenringes an einer Stelle aufschneidet und durch ein zwischen die Enden geklemmtes Stück, dessen Länge dem späteren Ausschnitt $a = \frac{D}{12}$ bis $\frac{D}{8}$ entspricht, auseinanderspreizt. Dieser Ring kann zum Aufzeichnen des Modells benutzt werden; jedoch ist dabei das Schwindmaß zu berücksichtigen und ein Zuschlag für die Bearbeitung je nach der Ringgröße von 1 bis 3 mm in radialer Richtung nach innen und außen zu geben. Die danach gegossenen Ringe werden in der richtigen Breite mit einem geringen Übermaß abgestochen, zunächst an der Stoßstelle fertig bearbeitet, gespannt und an den Enden durch einen Stift im Schloß, vgl. Abb. 958, verbunden. Bei dem Fertigdrehen am äußeren und inneren Umfange, das unter Abnahme sehr dünner Späne erfolgen soll, ist darauf zu achten, daß die Ringe keinerlei Radialkräften ausgesetzt werden, etwa durch Spannknaggen oder dgl., die sie unregelmäßig belasten könnten. Am besten werden sie auf einer Karusselldrehbank, lediglich an den Stirnflächen gefaßt, bearbeitet und vor dem Abnehmen des letzten äußeren Spanes noch einmal gelöst, damit sich falsche Spannungen ausgleichen.

Reinhardt berechnet auch a. a. O. die in den Ringen auftretenden Anpressungsdrucke und Beanspruchungen beim Überstreifen über den Kolben auf Grund der Theorie der gekrümmten Balken. Einige Werte enthält die Zusammenstellung 107, die bei 1000 kg/cm² Biegespannung in der äußeren Faser und einer Dehnungszahl $\alpha = \frac{1}{800000}$ cm²/kg für Gußeisen gelten. Abhängig von dem Verhältnis der radialen Ringstärke zum Zylinderdurchmesser D ist die Länge des Ausschnittes a, dann der spezifische Druck p, mit dem sich der Ring an der Zylinderwand anlegt und die Biegespannung σ_b angegeben, welcher der Ring längs der Innenfläche gegenüber der Stoßstelle beim Überstreifen über den

Zusammenstellung 107.

Abmessungen und Beanspruchungen selbstspannender Kolbenringe nach Reinhardt.

Ringstärke	$\frac{D}{40}$	$\frac{D}{38}$	$\frac{D}{36}$	$\frac{D}{34}$	$\frac{D}{32}$	$\frac{D}{30}$	$\frac{D}{28}$	$\frac{D}{26}$	$\frac{D}{24}$	
Ausschnittlänge a	0,115D	0,112D	0,103D	0,097D	0,091D	0,086D	0,08D	0,074D	0,068D	
Spez. Pressung an der Zylinderwand	0,22	0,24	0,27	0,31	0,35	0,40	0,46	0,53	0,63	kg/cm²
Beanspr. beim Überstreifen σ_b	675	820	1000	1200	1460	1770	—	—	—	kg/cm²

Kolben ausgesetzt ist. Sind die Ringstärken größer als $\frac{D}{28}$, so überschreitet σ_b 1800 kg/cm²; der dauernden Verbiegungen wegen, die dabei zu befürchten sind, sollte das Überstreifen derartiger Ringe vermieden werden. Es empfiehlt sich vielmehr, dieselben von der Seite her aufzuschieben und durch besondere Deckel zu halten.

Etwas günstiger wird die Biegebeanspruchung σ_b, wenn die Ringenden beim Überstreifen mittels der Vorrichtung, Abb. 960, unter 30° auseinandergezogen werden.

Bewährte Ringabmessungen nach Prof. Stumpf enthält die folgende Zusammenstellung.

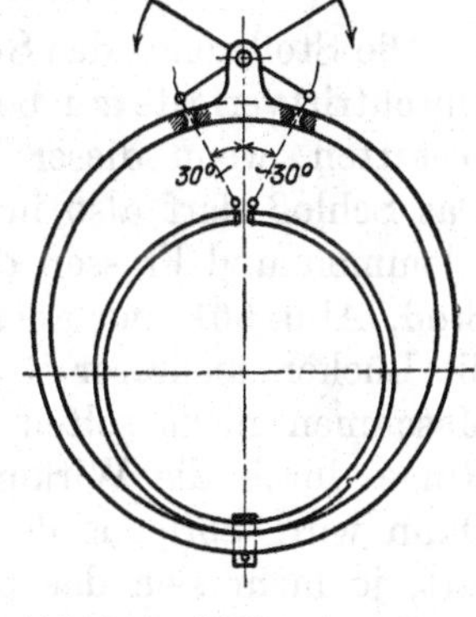

Abb. 960. Kolbenringzange nach Reinhardt.

Zusammenstellung 108.

Selbstspannende Kolbenringe nach Prof. Stumpf.

Zylinder-durchm. D mm	Ringdicke mm	Ringbreite mm	Ausschnitt a, Abb. 958 mm
300	11,5	15	24
400	14,5	19	35
600	19	24	60
800	22	27	84
1000	26	30	108
1400	30	31	155
1600	32	32	180
1800	34	32	206

Kolbenringe für Gußeisenkolben des Kraftfahrbaues sind in DIN KrM 101, für Leichtmetallkolben in DIN KrM 102 genormt.

Aus der Beanspruchung der Ringe auf Biegung, für die das Widerstandsmoment des dem Schlosse gegenüber liegenden Querschnitts maßgebend ist, folgt, daß es zulässig ist, die Breite der Ringe zu ändern. Immerhin ist zu beachten, daß mehrere schmale Ringe besser dichten als wenige breite. Breite Ringe werden zweckmäßigerweise mit einer Schmierrinne, Abb. 956, versehen.

Vielfach haben Sonderfirmen die Herstellung der Ringe aufgenommen.

Die Davy Robertson Kolbenring Gesellschaft in Berlin gibt ihren auf dem ganzen Umfang gleich starken Ringen die nötige Spannung durch Hämmern der Innenfläche, nachdem die Ringe unmittelbar auf den richtigen Durchmesser abgedreht und aufgeschnitten worden sind. Beim Hämmern läßt man die Schläge nach den Ringenden zu an Stärke abnehmen, um eine gleichmäßige Federung und Anlage am ganzen Umfange zu erreichen. Als zweckmäßige Abmessungen gibt die Firma die folgenden an:

Zusammenstellung 109.

Kolbenringabmessungen der Davy-Robertson Kolbenring Gesellschaft, Berlin.

Durchmesser zwischen mm	Breite mm	Stärke mm	Durchmesser zwischen mm	Breite mm	Stärke mm
30—40	3	2	350—600	20	14
30—50	3	2		22	10
50—60	2,5	2,5		22	12
60—70	3	2,5		22	14
70—80	3,5	2,5		24	12
80—90	4—4,5	2,5—3	400—600	25	13
90—110	4,5	3		27	14
100—130	6	4		28	15
110—170	8	4,5		30	14
120—200	10	4,5		30	16
150—300	12	6	600—650	27	18
200—300	15	7	650—700	30	19
200—400	15	9	700—750	32	21
250—400	17	9	750—800	34	22,5
250—480	20	10	800—850	36	24
300—500	20	12	850—915	38	26,5

Exzentrisch gedrehte Ringe, die dem Schloß gegenüber die übliche Stärke, an den Enden etwa 0,7 davon als Dicke erhalten, legen sich im neuen Zustande mit etwas gleichmäßigerer Pressung gegen die Wandung, bedingen aber eine umständlichere Herstellung durch das Umspannen beim Drehen, führen zu größeren schädlichen Räumen in den Nuten, sofern diese nicht ebenfalls exzentrisch ausgedreht werden und zeigen oft verschieden starke Abnutzung an den Seitenflächen. Sie werden deshalb selten ausgeführt.

c) Schlösser und Mittel zum Festhalten der Ringe.

Die Stoßstelle, das Schloß des Ringes, soll einerseits möglichst dicht sein, um die Durchtrittverluste zu beschränken, muß andererseits aber die Ausdehnung des Ringes gestatten, wenn dieser beim Laufen wärmer als der Kolben oder der Zylinder wird. Das Schloß darf also in tangentialer Richtung nicht zu kleinen Spielraum haben, um Klemmen und Fressen der Ringe zu vermeiden. Die einfachste Form ist der stumpfe Stoß, Abb. 961, der aber leicht zu Riefenbildungen im Zylinder führt, namentlich, wenn die Lücken mehrerer Ringe auf einer Linie hintereinander stehen, wie es bei liegenden Maschinen nicht selten vorkommt, weil sich die Schlösser als der leichteste Teil der Ringe durch die Wirkung der Schwere im Scheitel des Kolbens einzustellen suchen. Dann wird übrigens der Durchtritt der Gase oder des Dampfes um so mehr erleichtert, je mehr sich das beim Einbau vorhandene Spiel im Schloß durch die Abnutzung der Ringe vergrößert. Deshalb pflegt man selbst bei kleinen Ringen schräge oder bei mittleren und größeren Ringen überlappte Stöße, Abb. 962 bis 965, vorzuziehen. Die

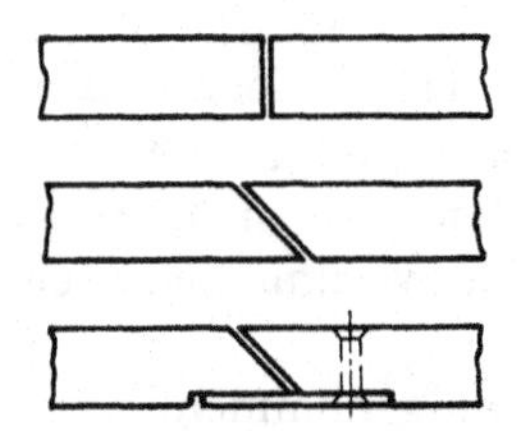

Abb. 961 bis 963. Kolbenringschlösser.
Abb. 961 stumpfer,
Abb. 962 schräger Stoß,
Abb. 963 schräger Stoß mit Überblattung.

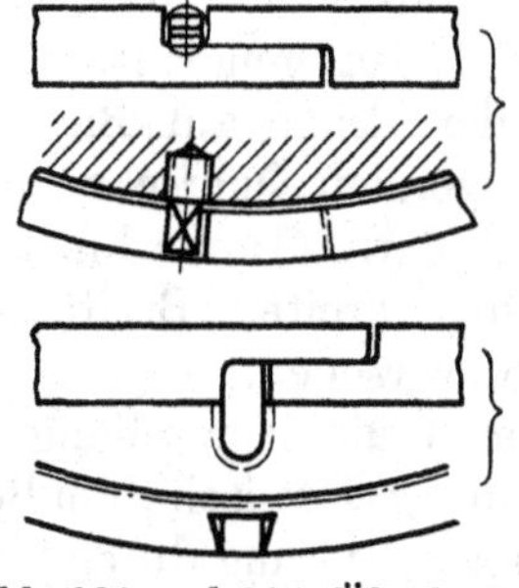

Abb. 964 und 965. Überlappte Kolbenringstöße.

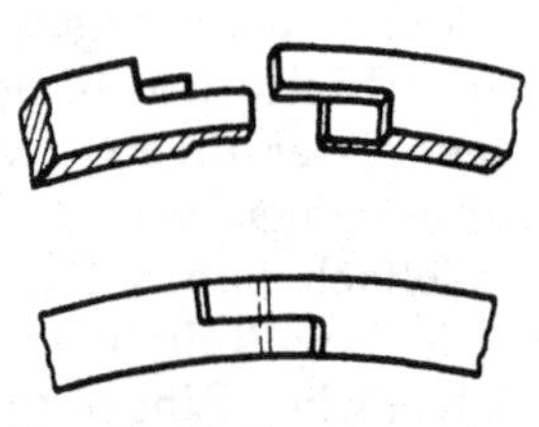

Abb. 966. Kolbenringstoß von G. Maack, Köln.

Zungen der letzteren sollen längs der Flächen BC, Abb. 958, aufeinander gepaßt sein und dicht schließen, in Rücksicht auf die Ausdehnungsmöglichkeit aber etwas Spiel an den Flächen AB und CD haben. Die Hohlkehlen bei B und C sind gut auszurunden; sonst brechen die Zungen dort infolge der Kerbwirkung leicht ab. In Abb. 963 ist die Fuge durch ein an einem Ende angenietetes Metallplättchen gedeckt, das bei richtiger Anordnung den Zutritt des Dampfes hinter den Ring erschwert und das sonst starke Anpressen an den Wandungen vermindert. Den gleichen Zweck verfolgt der in Abb. 966 dargestellte Stoß von G. Maack in Köln.

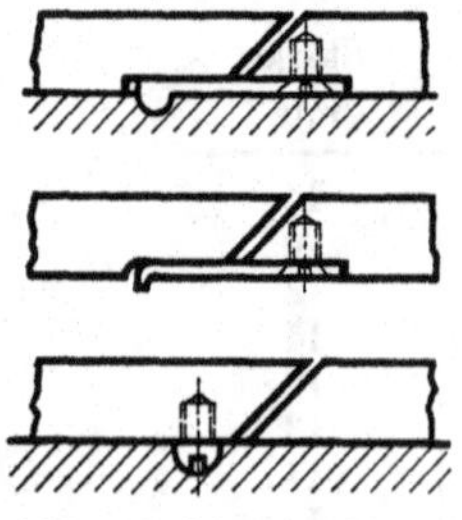

Abb. 967 bis 969. Mittel zur Festlegung der Kolbenringe.

Vielfach werden die Ringschlösser durch Stifte, seitlich vorstehende Nasen u. dgl., Abb. 964 und 965, 967 bis 969, an bestimmten Stellen des Kolbens gehalten. Durch die Feststellvorrichtungen darf aber das Federn der Ringe in keiner Weise gehindert werden. Bei liegenden Maschinen ordnet man die Schlösser zweckmäßigerweise im unteren Drittel des Kolbenumfanges an, weil dort die Abdichtung durch das sich sammelnde Öl erleichtert wird. An stehenden verteilt man sie beim Zusammenbau auf dem ganzen Umfang gleichmäßig und läßt besondere Haltemittel meist weg, da der Anlaß zur Verschiebung der leichten Schloßstelle fehlt. Bei Kolbenschiebern sollen die Schlösser auf den Führungsrippen im Gehäuse laufen, weil sonst die Ringenden leicht in die Spalten der Schieberlauffläche springen und abbrechen. Alle Mittel zum Festhalten der Kolbenringe sind sorgfältig zu sichern oder so anzuordnen und auszubilden, daß sie nicht an die Zylinderlauffläche gelangen können, in welche sie sonst oft tiefe, schwer zu beseitigende Riefen eingraben. Der Schraubenstift, Abb. 964, ist deshalb mit einem Vierkant versehen, dessen eine Fläche sich zur Sicherung gegen Lösen an dem einen Lappen des Schlosses anlegt. In Abb. 967 wird ein Vorsprung an dem Deckblech des Spaltes, in Abb. 968 das Umbiegen des Blechendes benutzt, um die Stellung des Ringes zu sichern. Abb. 1000 zeigt die Sicherung durch ein besonderes, in einer Ausfräsung im Kolbenkörper gehaltenes Stück aus weicher Bronze, das die Ringenden umschließt. Naturgemäß müssen auch die Kolben und Schieber in ihren Lagen durch Federn, Anschläge oder dgl. an den Antriebstangen festgelegt werden.

d) Ringe mit besonderen Anpreßmitteln

haben gegenüber den Selbstspannern den Nachteil, mehrteiliger und empfindlicher zu sein und bewähren sich deshalb vielfach nicht. So werden bei der Buckleydichtung, Abb. 970, bei der eine um den Kolben gelegte Spiral- oder Schlauchfeder die beiden Ringe nicht allein in radialer Richtung, sondern auch an den Nutenwänden anpressen soll, die einzelnen Teile durch die Dampf- und Massendrucke und die Reibung oft heftig hin- und hergeschlagen, bei starkem Überschleifen auch radial zusammengepreßt und rasch abgenutzt.

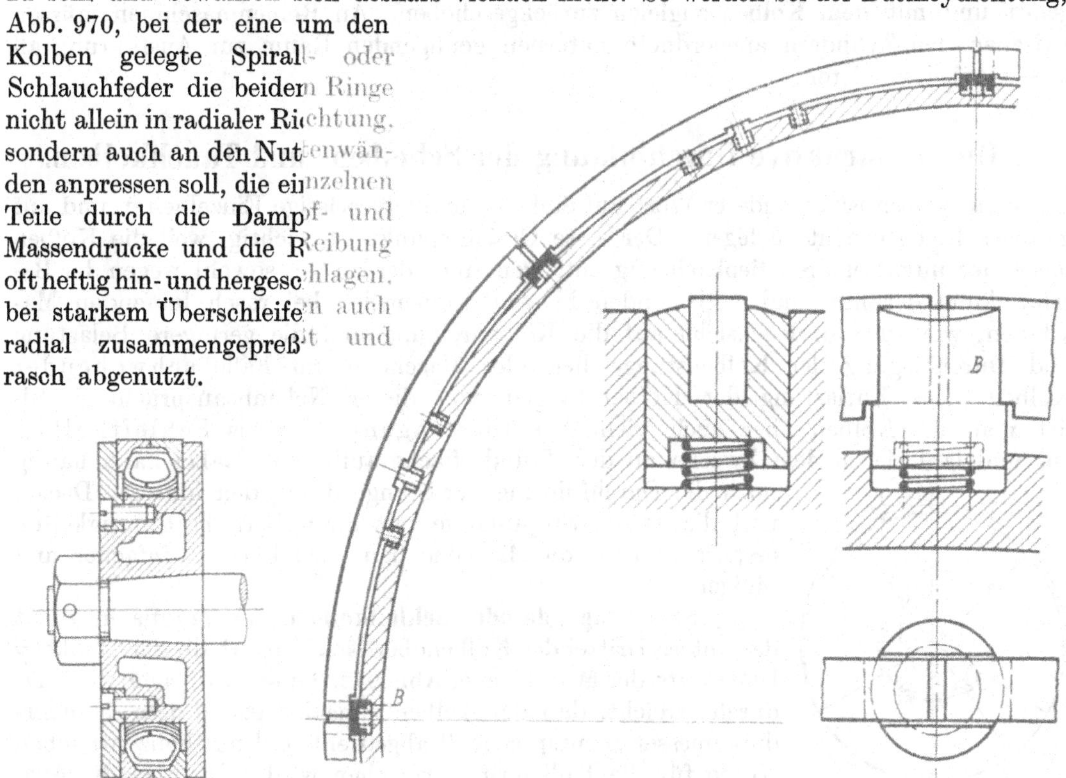

Abb. 970. Buckleydichtung. Abb. 971. Schmeckscher Kolbenring.

Gehärtete Federn lassen bei höheren Wärmegraden leicht nach, so daß sich der Anpreßdruck ändert.

Nur bei sehr großen Durchmessern bietet es Schwierigkeiten, dem einfachen Ring die für das Abdichten auf dem ganzen Umfange nötige Spannung zu geben. In solchen Fällen wird häufig der Schmecksche Ring, Abb. 971, verwendet, der je nach der Größe des Kolbens in mehrere sauber zusammengepaßte Stücke geteilt, durch Schraubenfedern in den Büchsen B, die gleichzeitig als Schlösser dienen, gegen die Lauffläche gedrückt wird. Bei der Herstellung der Nuten ist auf die genaue Lage der Bohrungen für die Büchsen B gegenüber der Ringmittelebene zu achten, weil sonst Klemmungen unvermeidlich sind. Zuerst werden die Bohrungen hergestellt, dann die Nuten eingedreht.

e) Betriebsanforderungen und Zahl der Ringe.

Beim Betrieb der Maschine nutzen sich auch die Zylinderflächen ab. Um nun Gratbildungen, die das Herausziehen der Kolben sehr erschweren können, zu vermeiden, läßt man die äußersten Ringe an den Enden der Lauffläche um einen oder einige Millimeter überschleifen, wie Abb. 1000 links zeigt. Zu weites Überschleifen ist aber schädlich; es führt zum Klatschen der Ringe, die durch den Druck des Betriebmittels unter Überwindung ihrer Eigenspannung radial nach innen zusammengepreßt werden. Dabei wird nicht allein die Dichtheit aufgehoben; auch die Festigkeit der Ringe leidet meist rasch.

Die Zahl der Ringe wird man um so größer nehmen, je beträchtlicher die Spannungsunterschiede zu beiden Seiten des Kolbens sind. Man findet z. B. bei Dampfmaschinen 2 bis 4, bei Verbrennungsmaschinen und Hochdruckkompressoren 6 bis 8 verwendet.

Wegen der von Zeit zu Zeit nötigen Auswechselung ist es notwendig, die Ringe leicht zugänglich zu halten. Entweder wird dazu der Kolben nach Lösen der Kolbenmutter abnehmbar oder auf der Stange verschiebbar gemacht, oder die letztere im Kreuzkopf gelöst und mit dem Kolben zugleich zurückgeschoben. An Reihenmaschinen müssen zwischen den Zylindern angeordnete Laternen genügenden Raum zur Ausführung all dieser Arbeiten bieten.

C. Die konstruktive Durchbildung der Scheiben- und Tauchkolben.

Bei derselben ist besonderer Wert auf einfache und zuverlässige Einzelheiten und auf geringes Eigengewicht zu legen. Der erste Gesichtspunkt ist wichtig, weil die Kolben meist der unmittelbaren Beobachtung entzogen sind, der zweite sowohl wegen der Beschränkung der hin- und hergehenden Massen, namentlich bei rasch laufenden Maschinen, wie auch in Rücksicht auf die Kolbenreibung und die geringere Belastung und Durchbiegung der Kolbenstange liegender Maschinen im Falle schwebender Kolben. Zur Entlastung der Kolbenstangen von dieser Nebenbeanspruchung bildet man die Kolben aber auch vielfach selbsttragend oder als Schleifkolben aus und läßt sie zu dem Zwecke an der Zylinderfläche aufliegen. Dabei kann häufig noch die Durchführung der Stange durch den hinteren Deckel und die zweite Stopfbüchse mit ihren Betriebschwierigkeiten erspart werden; die Maschine baut sich kürzer, einfacher und billiger.

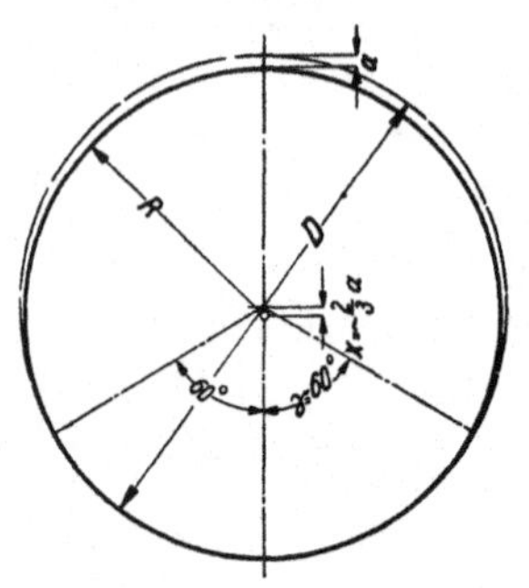

Abb. 972. Abdrehen selbsttragender Kolben.

α) Selbsttragende oder Schleifkolben. Als Tragfläche dient das untere Drittel der Kolbenoberfläche, innerhalb der Winkel γ beiderseits der Mittelebene, Abb. 972. Gutes Aufliegen wird dadurch erreicht, daß der Kolben zunächst genau dem Zylinderdurchmesser D entsprechend abgedreht und mit konzentrischen Nuten für die Kolbenringe versehen wird. Um aber die Ausdehnungsmöglichkeit bei Temperaturänderungen zu sichern und Klemmungen zu vermeiden, spannt man ihn hierauf exzentrisch ein und dreht ihn außen und in den Nuten so nach, daß im Scheitel je nach der Kolbengröße $a = 1$ bis 3 mm weggenommen werden und daß die Späne unter $\gamma = 60^0$ rechts und links der Mittellinie auslaufen. Das Maß, um welches der Kolben zu dem Zweck verschoben werden muß, ist rund:

$$x = \frac{2}{3} a.$$

Die Ringe erhalten unten nur etwa $^1/_4$ mm Spiel, damit sie nach geringer Abnutzung der Lauffläche zum Tragen kommen und bei der Berechnung der Auflagefläche eingeschlossen werden können, welch letztere mit $p = 0{,}3$ bis $0{,}5$, ausnahmsweise bis zu 1 kg/cm² beansprucht werden darf. Liegt der Kolben längs der Lauffläche dicht auf, so kann es vorkommen, daß das in den Spalt S, Abb. 973, links oben, eindringende Betriebsmittel den Kolben kräftig nach unten preßt und den Auflagedruck erhöht. Bei hohen Betriebsdrucken empfiehlt es sich daher, die Tragfläche erst bei A, Abb. 973 rechts unten, wenige Millimeter vor den äußersten Ringen beginnen zu lassen und das Ende des Kolbens zur Entlastung schon beim ersten Abdrehen auf den kleineren Durchmesser D' zu bringen.

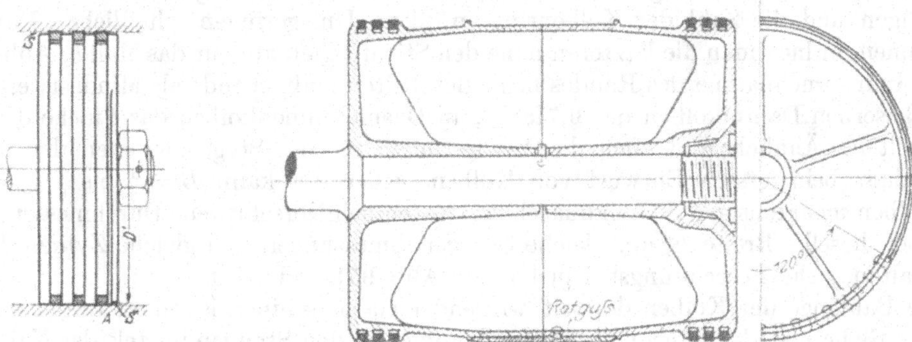

Abb. 973. Abdrehen selbsttragender Kolben.

Abb. 974. Gleichstromdampfmaschinenkolben nach Prof. Stumpf.

Wegen des Laufens längs der Zylinderwandung ist Gußeisen als Werkstoff notwendig, sofern nicht besondere Tragflächen vorgesehen werden. Ein Beispiel für diesen Fall bietet der Kolben einer Gleichstromdampfmaschine nach Professor Stumpf, Abb. 974. Er besteht aus Stahlguß und ist der leichteren Ausführung wegen in zwei Teilen gegossen, die auf der Kolbenstange durch die Mutter zusammengespannt werden und gegenüber der Zylinderwandung ringsum 2,5 mm Spiel haben. Nahe den Stirnflächen sind je drei gußeiserne, selbstspannende Dichtungsringe vorgesehen, während das Gewicht des Kolbens durch zwei mit Kupfernieten befestigte Tragplatten aus Rotguß aufgenommen wird, die den Kolben unter einem Winkel von 120° umspannen. Der Belag kommt der Eigenart der Gleichstrommaschine entsprechend nur mit den kühleren, mittleren Wandungsteilen in Berührung, muß aber wegen der stärkeren Ausdehnung des Rotgusses bei der Erwärmung auf einen etwas kleineren Durchmesser als der Zylinder abgedreht werden. Durch den selbsttragenden Kolben konnte die Durchführung der Kolbenstange erspart werden.

β) **Schwebende oder von den Stangen getragene Kolben,** die bei stehenden Maschinen ausschließlich, aber auch bei liegenden Maschinen oft, an Großgasmaschinen in Rücksicht auf die nicht immer reinen Betriebsmittel sogar stets angewendet werden, erhalten ringsum gleichmäßiges Spiel, so daß der Kolben mit der Zylinderwandung nicht in Berührung kommt und daß man in der Wahl des Werkstoffes für den Kolbenkörper frei ist. Nur die Ringe gleiten längs der Zylinderwandung. Da aber das Kolbengewicht bei liegenden Maschinen die Kolbenstange auf Biegung beansprucht, wird bei größeren Abmessungen deren Führung in der Stopfbüchse oder durch eine Gleitbahn am hinteren Deckel nötig.

1. Breite der Scheiben- und Tauchkolben.

Was die Breite B von Scheibenkolben anlangt, so folgt sie an selbsttragenden Kolben aus dem oben erwähnten Flächendruck p. Ist G das von der Tragfläche aufzunehmende Gewicht, so wird $B = \frac{G}{D \cdot \sin\gamma \cdot p}$ und bei einem Auflagewinkel $\gamma = 60^0$ beiderseits der Mittelebene:

$$B = \frac{1{,}15 \cdot G}{D \cdot p}. \tag{258}$$

G setzt sich aus dem Eigengewicht des Kolbens und dem halben Gewicht der Kolbenstange, wenn diese nicht durchgeführt ist und am anderen Ende vom Kreuzkopf getragen wird, oder einem Anteil des Stangengewichtes zusammen, wenn die Stange durchgeführt ist. Ist die Stange an beiden Enden gestützt, so errechnet man den Gewichtsanteil an einem Stück Stange, das etwa der lichten Länge des Zylinders entspricht.

Schwebende Kolben wird man geringen Gewichts wegen so schmal wie möglich halten und ihre Breite lediglich in Rücksicht auf die Abdichtung, insbesondere die Abmessungen und die Zahl der Kolbenringe wählen. Um geringen schädlichen Raum zu bekommen, ordnet man die letzteren nahe den Stirnflächen an; für das Maß b, Abb. 1000, ist die Inanspruchnahme des Randes beim Bearbeiten maßgebend; als Mindestwert kann an gußeisernen Dampfkolben das 0,7fache, an Gasmaschinenkolben das 1fache der Nuttiefe gelten. Ähnlich sind auch die Mindestmaße für die Stege zwischen den Nuten. Als Anhalt beim ersten Entwurf von Kolben beider Art kann $B = \frac{1}{4}$ bis $\frac{1}{6}\,D$ dienen. Die Kolben mehrachsiger Verbundmaschinen bekommen verschiedene Durchmesser, sämtlich aber dieselbe Breite B, um gleiche Stangenabmessungen und gleiche Zylinderlängen zu erhalten, siehe Berechnungsbeispiel 1 und Abb. 951 und 1000.

Die Baulänge der Kolben doppelt wirkender Gasmaschinen ist meist durch die notwendige Sicherheit der Führung und Befestigung auf den Stangen mittels der Naben bedingt, die auch die Zu- und Ableitungskanäle des Kühlwassers aufnehmen müssen, Abb. 985. Im übrigen beschränkt man aber die Länge so weit es irgend möglich ist, um die Massen, die durch das Eigengewicht und die Wasserfüllung ziemlich beträchtlich werden können, gering zu halten.

An Gleichstromdampf- und Zweitaktgasmaschinen hat der Kolben die Steuerung der Auspuffschlitze zu übernehmen und ist daher seiner Länge l nach durch die Differenz des Hubes s und der Auspuffschlitzbreite a bestimmt. l wird $= s - a$, wenn von dem Einfluß der endlichen Länge der Schubstange abgesehen wird. Es entstehen so oft ziemlich lange und schwere Rohrkolben, Abb. 987.

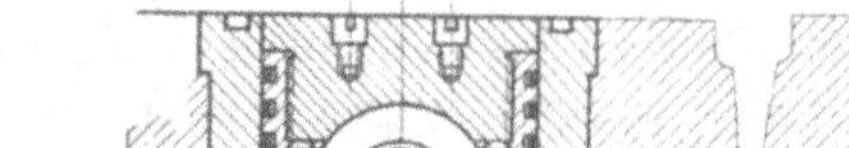

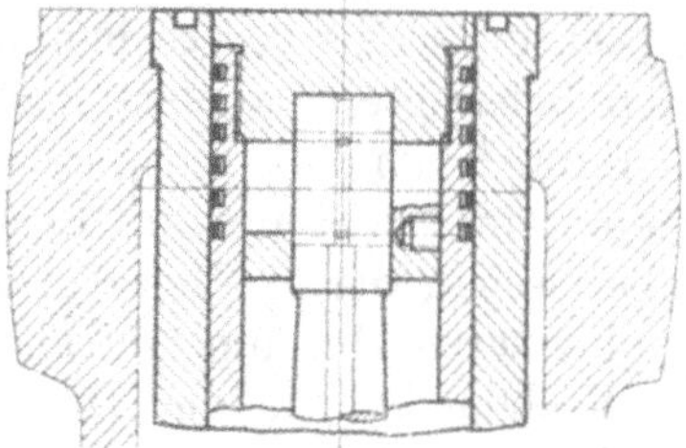

Abb. 975. Tauchkolben für einen Hochdruckkompressor.

Ist die Breite B nach den erörterten Gesichtspunkten, bei mehrachsigen Dampfmaschinen zweckmäßigerweise unter gleichzeitiger Aufzeichnung der Kränze der verschiedenen Kolben mit den zugehörigen Ringen, Abb. 1000, festgelegt, so ist bei der meist gebräuchlichen doppelwandigen Form mit ebenen Stirnflächen auch der äußere Umriß der Kolben gegeben.

An den Tauchkolben der einfach wirkenden Maschinen machen sich Undichtheiten bei Überdruck im Zylinder äußerlich in oft recht störender Weise, z. B. durch den Geruch nach Verbrennungsgasen bemerkbar. Auf gute Abdichtung, z. B. durch eine größere Zahl von Ringen ist deshalb besonderer Wert zu legen. Dient der Kolben gleichzeitig als Kreuzkopf, so ordnet man den Bolzen für den Schubstangenkopf bei kleinen Kräften und bei großer Stangenlänge im Verhältnis zum Kurbelhalbmesser nahe am Kolbenboden, Abb. 975, an. Bei großen Kräften muß man für eine sichere Aufnahme des Seitendruckes Sorge tragen. So legt man bei Verbrennungsmaschinen den Bolzen, solange es die Baulänge gestattet, in den vorderen, kälteren Teil des Kolbens, mitten über die eigentliche Gleit- und Tragfläche, unter Ausschluß des verjüngten hinteren Kolbenendes, Abb. 931 a und Zusammenstellung 110, lfde. Nr. 16. Der Seitendruck darf an Verbrennungsmaschinen bei einem Stangenverhältnis $\frac{R}{L} = 1:5$ zu rund $\frac{P_{max}}{10}$ angenommen werden, da der hohe Zünddruck mit zunehmendem Kurbelwinkel sehr rasch sinkt, bei Viertaktmaschinen zudem nur bei jedem vierten Hube auftritt. Unter der Voraussetzung, daß der Kolben bis zu einem Winkel $\gamma = 60^0$ beiderseits der Hauptebene tragen wird, daß also die Projektion der wirksamen Auflagefläche bei l_2 cm Länge:

$$2 \cdot \frac{D}{2} \cdot \sin \gamma \cdot l_2 = 0{,}87\ D \cdot l_2$$

ist, darf der Flächendruck $p = 1{,}25 - 1{,}5$ kg/cm² betragen. Wenn er demnach niedriger als an den Gleitflächen selbständiger Kreuzköpfe genommen wird, so ist das 1. auf die höhere Bahntemperatur und 2. auf die Absicht zurückzuführen, die Abnutzung weitgehendst einzuschränken, zugunsten der Erhaltung der Zylinderform, die wegen der sicheren Abdichtung äußerst wichtig ist. Aus $\frac{P}{10} = 0{,}87\ D \cdot l_2 \cdot p$ ergibt sich die Länge der eigentlichen Tragfläche:

$$l_2 = \frac{P}{8{,}7\ D \cdot p}. \tag{259}$$

Das Eigengewicht des Kolbens erhöht bei liegender Anordnung den Flächendruck an der Gleitfläche, braucht aber im allgemeinen nur bei größeren Maschinen mit schweren, gekühlten Kolben, etwa durch Einsetzen des niedrigeren Wertes für p berücksichtigt zu werden. An kleineren und leichteren Motoren, vgl. Abb. 978, legt man der Berechnung des Flächendruckes die ganze Kolbenlänge l, einschließlich der Kolbenringe zugrunde.

Als Mittelwerte für das Verhältnis $\frac{l}{D}$ können gelten:

an leichten Motoren: $\frac{l}{D} = 1 \ldots 1{,}4$,

an liegenden Verbrennungsmaschinen bis zu 40 PS $\frac{l}{D} = 2 \ldots 1{,}8$,

an größeren bis zu 180 PS $\frac{l}{D} = 1{,}5 \ldots 1{,}6$.

2. Berechnung und Ausführung der Kolbenbolzen in Tauchkolben.

Für die Ermittlung der Bolzenmaße gelten die im Abschnitte über Zapfen gemachten Angaben. Der häufig beschränkte Raum im Innern des Kolbens zwingt häufig zu ziemlich hohen Werten für die Beanspruchungen. An Verbrennungsmaschinen, an denen freilich der höchste Druck nur sehr kurze Zeit wirkt, findet man bei sorgsamster Ausführung der gehärteten und geschliffenen Zapfen für den Flächendruck $p = 125 - 130$, bei großen Maschinen selbst bis 150 kg/cm². Als Beanspruchung auf Biegung werden an einsatzgehärtetem Stahl 1000 und mehr kg/cm² zugelassen.

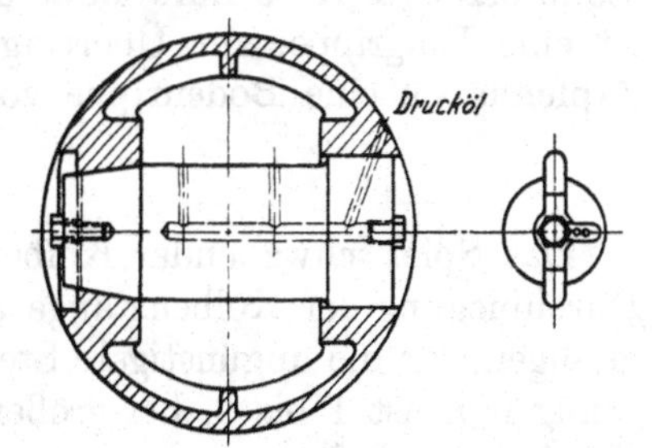

Abb. 976. Kolbenbolzen durch Riegel gesichert.

Bei der Befestigung des Zapfens ist die Ausdehnungsmöglichkeit des Kolbens zu wahren. Verspannung der Bolzen an beiden Enden durch kegelige Sitzflächen, wie sie sich an Kreuzköpfen bei wechselnden Drucken sehr häufig finden, können zum Unrundwerden und Klemmen des Kolbens bei der Erwärmung während des Betriebes führen. Da zudem die Belastung in den einfach wirkenden Maschinen im wesentlichen schwellend ist, wird meist nur das eine Ende des Bolzens durch eine Mutter oder einen Riegel, Abb. 976, verspannt, das andere aber zylindrisch gehalten, so daß es bei verschiedener Ausdehnung des Kolbens gegenüber dem Bolzen im Auge gleiten kann. Bei kleineren und mittleren Bolzen finden sich sogar beiderseits zylindrische Passungen (Haft-, bei größeren Maßen Treibsitz), Abb. 978, in Rücksicht auf Verzerrungen durch das Eintreiben der Bolzen oder durch Wärmewirkungen. Manche Konstrukteure sparen die Kolbenlauffläche an der Sitzstelle der Bolzen aus, Abb. 978. Zur Sicherung der Lage und zur Verhinderung der Drehung der Bolzen in den Augen dienen Stifte, Druckschrauben, Abb. 991, Riegel, Abb. 976, Federn, Abb. 932 usw.

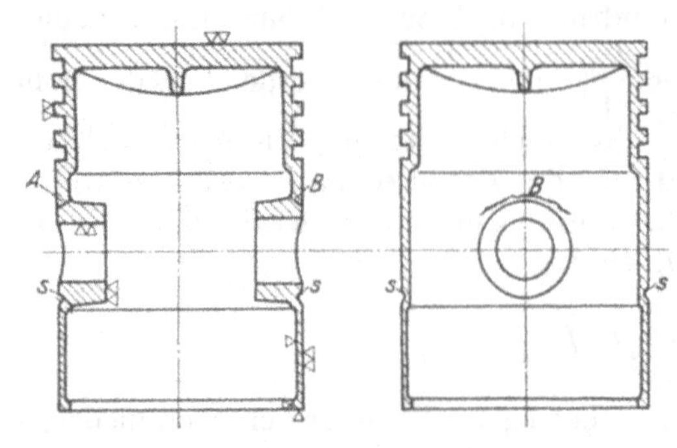

Abb. 977. Bruch am Bolzenauge.

Die Augen müssen kräftig gehalten werden, brechen aber bei kleineren Kolben nicht selten nach Abb. 977 an den Übergangsstellen zur Kolbenwand, wohl infolge von Nebenbeanspruchungen auf Biegung. Zur Verminderung der letzteren empfiehlt es sich, die Bolzen tief in die Augen hineingreifen zu lassen, um so die Kräfte möglichst unmittelbar auf die Kolbenwandung zu übertragen.

In Abb. 932 ist ein Kompressorstufenkolben mit eingebautem Zapfen wiedergegeben.

Den Kolben eines Kraftwagenmotors von 105 mm Bohrung zeigt Abb. 978. Er ist, um die Massendrücke bei den hohen Umlaufzahlen klein zu machen, leicht gehalten, mit einem gewölbten Boden versehen und hat einen um ein Zehntel Millimeter geringeren Durchmesser als der Zylinder, damit er sich bei stärkerer Erwärmung ausdehnen kann und nicht klemmt. Die Dichtung übernehmen die vier Kolbenringe. Der Kreuzkopfbolzen aus gehärtetem und geschliffenem Stahl ist durchbohrt und durch eine mit einem federnden Draht gesicherte Schraube so gehalten, daß die Löcher L unten liegen. Diese führen das von der Zylinderwandung durch die Kante K abgestreifte Öl den Schmiernuten in der unteren Hälfte der Schubstangenlagerschale zu, welche die durch die Entzündung des Brennstoffs erzeugte Kolbenkraft aufnehmen muß. Zur Versteifung der Sitzstelle des Bolzens ist eine Ringrippe, zur Übertragung der Kräfte zwischen dem Kolbenboden und den Zapfennaben eine Bodenrippe vorgesehen.

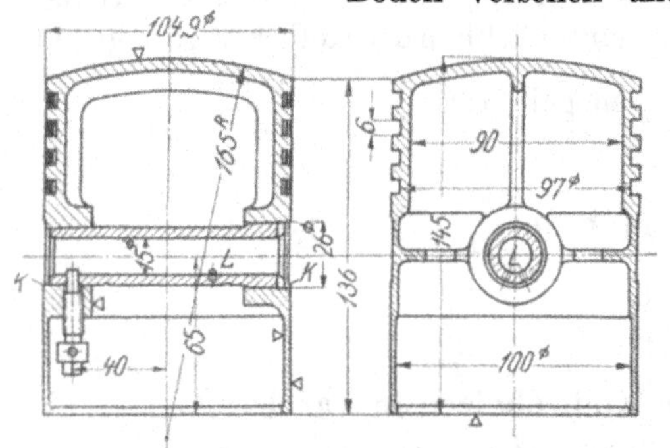

Abb. 978. Kraftwagenmotorkolben, Gußeisen. M. 1:4.

3. Kolbenspiel.

Das Spiel schwebender Kolben im Zylinder hängt bei liegenden Maschinen von der Durchbiegung der Kolbenstange ab und soll etwa gleich dem Dreifachen des rechnungsmäßigen, für die ungünstigste Stellung ermittelten Betrages sein. Bei kleinen Maschinen genügen meist 1 bis 2, bei größeren 2 bis 3 mm radiales Spiel. Die Kolben stehender Maschinen erhalten ringsum 1 bis 3 mm Luft. Besondere Sorgfalt ist auf das Spiel der Tauchkolben einfachwirkender Verbrennungsmaschinen zu verwenden, vgl. S. 547.

4. Die Befestigung der Kolben auf den Kolbenstangen.

Als Spannungsverbindung ausgebildet, muß sie die sichere Übertragung der Kräfte zwischen den Teilen bei gegenseitiger Zentrierung gewährleisten. Zur Verspannung dient meist eine Mutter, die auf der leichter zugänglichen Seite angeordnet wird. Um die Kerbwirkung in der Stange zu beschränken, wählt man Fein- oder Rundgewinde. Das Gewinde soll mit der Endfläche der Mutter abschneiden, damit diese beim Lösen nicht beschädigt wird, wenn vorstehende Gewindegänge verrosten, Abb. 1002. Der Neigung zum Festrosten der Mutter kann man bei mäßigen Temperaturen durch Ausführen derselben aus Bronze begegnen.

Keilverbindungen, Abb. 979, sind veraltet; sie führen zu beträchtlichen Schwächungen der Kolbenstangen und verlangen besondere Aussparungen in den Deckeln. Zur Sicherung der Mutter gegen Lösen dienen Splinte, Abb. 1000, aufgebogene Blechscheiben, Abb. 953, usw. Gelegentlich werden die Befestigungsmuttern oder die unmittelbar aufgeschraubten Kolben, Abb. 981, vernietet. Abb. 980 zeigt eine Sicherung durch einen Schrumpfring, wie sie an Dampfhämmern und Walzenzugmaschinen verwendet wird, bei denen die Gefahr des Lösens wegen der starken Stöße besonders groß ist. Die Mutter ist an ihrem Ende aufgespalten und wird durch einen warm umgelegten Ring in radialer Richtung ringsum sehr kräftig angepreßt. Das Lösen ist allerdings nur durch Aufschneiden des Ringes möglich.

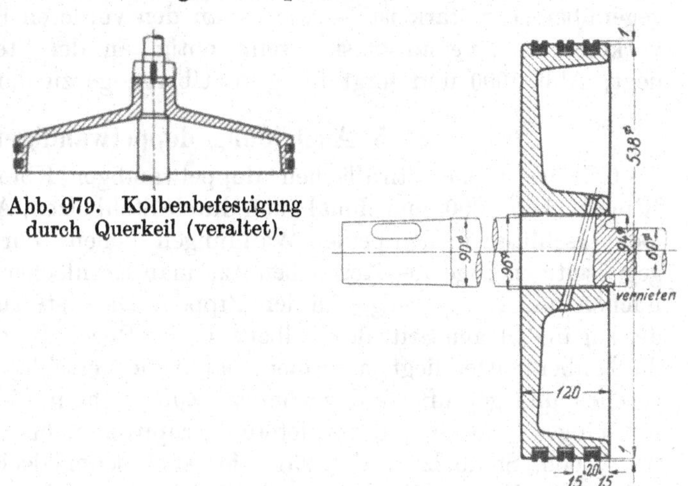

Abb. 979. Kolbenbefestigung durch Querkeil (veraltet).

Abb. 980. Kolbenmuttersicherung durch Schrumpfring.

Abb. 981. Lokomotivkolben aus Stahl gepreßt, für 12 at Betriebsdruck. M. 1:10.

Die Kolbenkräfte werden einerseits durch die Mutter, andererseits durch einen Absatz oder eine kegelige Anlagefläche an der Kolbenstange aufgenommen. Der unter 45° geneigte Kegel (DIN 254) der Abb. 1000 bedingt eine ziemlich beträchtliche Kerbwirkung in der Stange, die namentlich in dem Falle, daß der Absatz groß sein muß, bedenklich ist. Vielfach sind deshalb Kegel mit einer Neigung 2:5, Abb. 1002, im Schiffsmaschinenbau 1:3, üblich. Die schlanke Form in Abb. 980 gibt eine sichere Zentrierung, erzeugt aber eine stärkere Sprengwirkung in der Nabe, die man nach Formel (91) annähernd beurteilen kann. Jedenfalls soll die Neigung gegenüber der Achse, bei deren Wahl die normalen Kegel der DIN 254, Seite 181, zu beachten sind, nicht weniger als 1:7,5 betragen, weil sich die Kegel sonst nach längerem Betriebe oft kaum wieder lösen lassen. Der Auflagedruck in den Gewindegängen fällt durch die Forderung, daß die Mutter mindestens eine Höhe von 0,7 d zum Ansetzen des Schlüssels beim Anziehen haben soll, meist genügend gering (250 bis 400 kg/cm²) aus; am Kegel oder Ansatz läßt man, bezogen auf die Projektion der Stützfläche senkrecht zur Achse, bei Gußeisen 400, bei Stahl auf Stahl bis zu 800 kg/cm² zu. Ist es nicht möglich, eine genügend große Auflagefläche an der Stange selbst zu schaffen, so kann das Zwischenlegen eines Stahlringes, Abb. 1000, vorteilhaft sein, oder die Ausbildung eines freilich teuren Bundes, Abb. 954, nötig werden. Wegen der Abdichtung der beiden Kolbenseiten gegeneinander schleift man die Kegelflächen im Kolbenkörper ein. In allen Fällen, wo die Kolben eine bestimmte Lage gegenüber der Zylinderfläche haben müssen, wie es u. a. für alle selbsttragenden zutrifft, müssen die Kolben gegen Drehen auf der Stange, in Abb. 1000 z. B. durch die Feder F, gesichert werden.

In Abb. 981 ist ein aus Stahl gepreßter Kolben einer Heißdampflokomotive für 12 at Betriebsdruck mit drei gußeisernen, mit Ölrinnen versehenen Kolbenringen dargestellt. Auf der Kolbenstange ist er durch ein schwach kegeliges, am Ende vernietetes Gewinde gehalten und durch einen schräg durchgetriebenen und vernieteten Stift gesichert. Hervorgehoben sei die sorgfältig ausgerundete Hinterdrehung der Ansatzstelle des nur 60 mm starken hinteren Kolbenstangenendes, um das Gewinde vernieten zu können und die Kerbwirkung zu mildern.

Der Nabe gibt man einen Außendurchmesser von mindestens dem 1,6fachen der Bohrung für die Kolbenstange, sofern diese nicht den an dem Kolben wirksamen Kräften gegenüber sehr stark ist — wie es an den vorderen Kolben von Reihenmaschinen oft vorkommt —, verstärkt sie, wenn nötig, an der Stelle, wo der Kolbenstangenkegel liegt, Abb. 1000 und sorgt für gute Übergänge zu den Stirnflächen.

5. Ausbildung doppelwandiger Kolben.

Größere ebene Stirnflächen doppelwandiger Kolben versteift man durch radiale Rippen, Abb. 1000, manchmal auch durch Stehbolzen, Abb. 951, die gleichzeitig als Kernlochverschlüsse in den beiden Wandungen dienen. Zur Stützung und zur Sicherung der gegenseitigen Lage der Kerne benutzt man Kernlöcher in den Stirnflächen und Aussparungen in den Rippen. Die ersteren soll man auf der zugänglicheren Seite des Kolbens, in der Regel also derjenigen, wo die Kolbenmutter liegt, anordnen, damit die Verschlüsse leicht nachgesehen und geprüft werden können. Zum dichten Abschluß dienen fest eingeschraubte und vernietete Kernpfropfen mit Rohrgewinde, Abb. 1000, Stehbolzen, Abb. 951 oder auch schmiedeeiserne Platten, Abb. 982, die gewölbt hergestellt in den schwalbenschwanzförmig ausgedrehten Kernlöchern flach gehämmert oder flach gepreßt werden, wodurch sie sich am Umfang fest und dicht anlegen. Manche Konstrukteure suchen die Kernlöcher namentlich in den Stirnflächen der Kolben zu vermeiden, weil sie deren Widerstandsfähigkeit verringern und oft auch die völlige Abdichtung erschweren, die wichtig ist, damit das Kolbeninnere nicht etwa als schädlicher Raum wirken kann. Das ist auf verschiedene Weise möglich, u. a. durch Anordnen der Kernöffnungen in der Mantelfläche oder durch Teilung des Kolbens, Abb. 953 und 987, oder dadurch, daß man den Kolbenkern beim Gießen durch den Nabenkern tragen und entlüften läßt. So werden die Kerne der Gasmaschinenkolben der Allis Chalmers Co., aus Stahlguß, Abb. 983, durch drei in der Nabe vorgesehene Öffnungen a entfernt, die auch zur Kühlwasserzu- und -abführung dienen. Freilich lassen sich bei derartigen Ausführungen Kernstützen kaum vermeiden, die leicht zur Bildung poröser Stellen führen, so daß eine sichere Gewähr für dichte Wandungen doch nicht gegeben ist. Die Kolben Abb. 983 werden von den mit gekrümmter Mittellinie gedrehten Stangen, vgl. S. 576, getragen; doch ist für den Fall, daß der Kolben im Zylinder schleifen sollte, ein gußeiserner Tragring in der Rinne b vorgesehen.

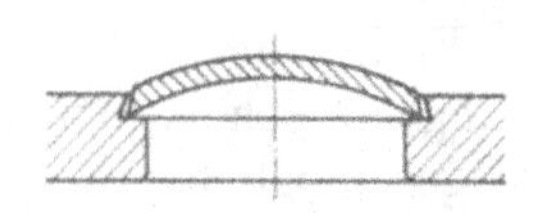

Abb. 982. Kernlochverschluß.

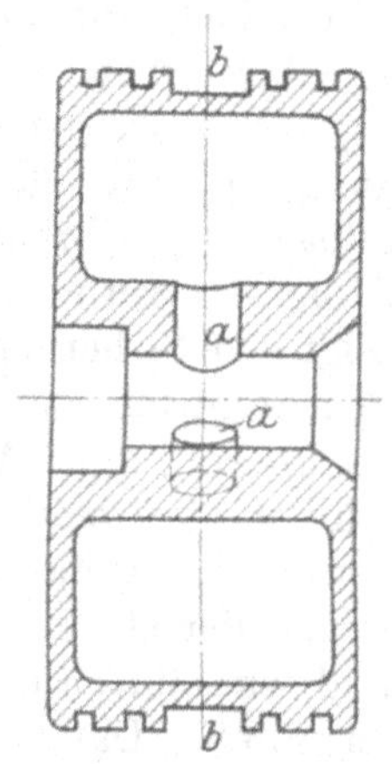

Abb. 983. Großgasmaschinenkolben der Allis-Chalmers Co.

Die Aussparungen in den Rippen zur gegenseitigen Stützung der Kerne werden zweckmäßigerweise nicht in der Mitte der Rippen, Abb. 997, sondern an deren Ende, also am Kolbenkranz, Abb. 1000, angeordnet, nicht allein wegen der weiter unten nachgewiesenen vorteilhafteren Festigkeitsverhältnisse, sondern auch wegen der Vermeidung der Lunkerbildungen an der Stelle, wo die Rippen auf den Kranz treffen. Diese Stelle ist besonders ungünstig, weil dort entstehende Lunker, die oft erst beim Eindrehen der Nuten angeschnitten und erkannt werden, den Kolben undicht und unbrauchbar machen können.

Kolben mit kegeligen Stirnwänden, Abb. 979 und 951, bieten günstigere Festigkeitsverhältnisse und den Vorteil, daß sich die Gußspannungen leichter ausgleichen können, gestatten außerdem, die Baulänge der Maschine zu vermindern, ein Umstand, der neben der besseren Ableitung des Niederschlagwassers ihre häufige Anwendung bei stehenden Maschinen begründet. Andrerseits fallen freilich die abkühlenden Flächen größer aus.

6. Einwandige Scheibenkolben.

Einwandige Kolben, Abb. 981 und Zusammenstellung 110, Seite 562, lfde. Nr. 15, pflegen vorzugweise aus Flußstahl gepreßt oder aus Stahlguß gegossen zu werden. Sie können wegen der großen Festigkeit der genannten Werkstoffe leicht gehalten werden, eignen sich also für Maschinen mit hoher Kolbengeschwindigkeit, sind aber umständlicher zu bearbeiten und bedingen verwickeltere Formen der Zylinderböden und -deckel. Manchmal sind sie mit besonderen Tragschuhen, gelegentlich auch mit Mänteln aus Gußeisen zur Aufnahme der Kolbenringe versehen.

Einen Anhalt für die Wandstärken von kegeligen Stahlgußkolben geben die im Schiffsmaschinenbau gebräuchlichen Erfahrungsformeln:

an der Nabe:

$$s = 0{,}016\, D \sqrt{p} + C, \qquad (260)$$

am Rande: $s_1 = 0{,}5\, s$ bei größeren, bis $0{,}7\, s$ bei kleineren Kolben. p ist der Druck auf den Kolben in Atmosphären, C ein Festwert, der gleich 0,6 cm für stark kegelige Hochdruckkolben, 0,9 cm für mäßig kegelige Mitteldruck-, 1,2 cm für schwach kegelige Niederdruckkolben angegeben wird.

Geschmiedete Kolben können:

$$s = 0{,}014\, D \cdot \sqrt{p} + 0{,}5 \text{ cm} \qquad (260\text{a})$$

erhalten.

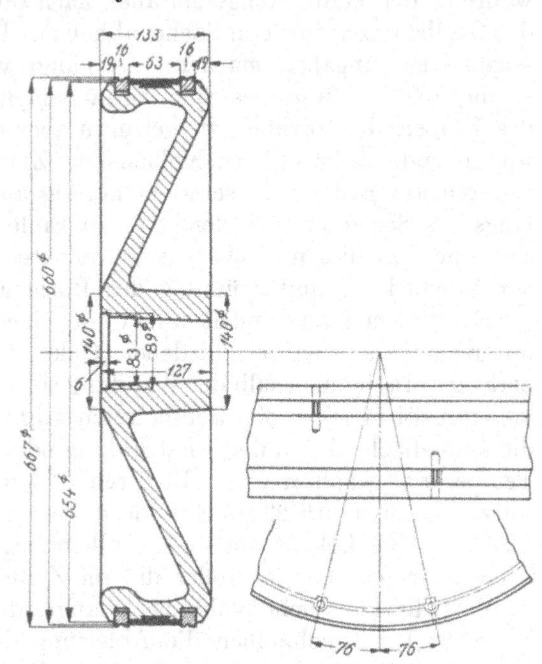

Abb. 984. Lokomotivniederdruckkolben der Schenectady-Werke. M. 1:9.

Den Niederdruckkolben einer Schnellzuglokomotive der Schenectady-Werke gibt Abb. 984 wieder. Der Kolben trägt zwei Ringe, die gegen das Wandern durch parallel zur Kolbenachse eingeschraubte Stifte gesichert und mit je einer ringsum laufenden Schmiernut in der Mitte ihrer Laufflächen versehen sind. Zwischen den beiden Ringen ist ein Metallring, in schwalbenschwanzförmiger Nut gehalten, um den Kolben herumgegossen.

7. Wärmewirkungen und -spannungen an Kolben.

Besondere Beachtung fordert die Wirkung der hohen Wärmegrade in den neueren Kraftmaschinen. Kolben, die bei Lufttemperatur oder bei den mäßigen des Sattdampfes arbeiten, bieten bei genügender Schmierung kaum Betriebschwierigkeiten. Die Einführung des Heißdampfes und die Steigerung der Leistung der Verbrennungskraftmaschinen verlangten aber die sorgfältigste Durchbildung der Kolben in bezug auf die Ausdehnung, die Spannungsbildung und die Schmierung, sowie bei den Verbrennungsmaschinen in bezug auf künstliche Kühlung. Die starke und oft unregelmäßige Ausdehnung bei hohen Wärmegraden macht sich besonders an selbsttragenden und an Tauchkolben, die im Zylinder aufliegen müssen, bemerkbar. Ungünstig wirken schon Ungleichmäßigkeiten der Wandstärke längs des Kolbenumfanges, besonders schädlich aber Rippen, welche die Kolben oft unregelmäßig verziehen, dadurch deutlich unrund werden und dann längs nur schmaler Flächen aufliegen lassen. Sicher ist darauf ein Teil der Mißerfolge selbsttragender Kolben bei den Heißdampfmaschinen zurückzuführen.

Sehr verwickelt sind die Verhältnisse bei den Tauchkolben einfach wirkender Verbrennungsmaschinen. Ihre Böden werden hoch erhitzt, während die Mäntel, durch die Zylinderwandung gekühlt, mit steigender Entfernung vom Boden abnehmende Temperaturen aufweisen. Diesen verschiedenen Wärmegraden entsprechend muß sich der Kolben ausdehnen können; er darf aber andrerseits den möglichst engen Schluß im Zylinder nicht verlieren, der sowohl zur Verbesserung der Dichtung, wie auch wegen der Aufnahme des Schubstangenseitendruckes notwendig ist. Dieser wechselt seine Richtung an stehenden Maschinen, bedingt also, daß der Kolben bald an der einen, bald an der andern Seite zum Anliegen kommt, weil er beim Verdichtungshub entgegengesetzt gerichtet ist wie beim Arbeitshub. An liegenden Maschinen wirkt er normalerweise nach unten, während der Verdichtungszeit aber nach oben; er kann bei hohen Verdichtungsgraden den Kolben von der Tragfläche abheben. Über die Größe des Spiels lassen sich keine allgemeinen Angaben machen. Es hängt von den Betriebsverhältnissen und der Maschinenart ab. Zu großes Spiel kann namentlich bei stehenden Maschinen ein Schlagen des Kolbens hervorrufen, zu geringes aber die Schmierung erschweren. Das möglichst weitgehende Anliegen des Kolbens im Zylinder wird dadurch erreicht, daß man den ersteren am Bodenende schwach kegelig andreht und ihm auf der oberen Hälfte und längs des Scheitels nach dem offenen Ende zu abnehmendes Spiel gibt. Rippen haben sich auch an diesen Kolben meist nachteilig erwiesen und pflegen deshalb höchstens zur Verstärkung und Stützung der Bolzenaugen angewendet zu werden.

Es bestehen aber nicht allein die eben geschilderten beträchtlichen Temperaturunterschiede an den verschiedenen Teilen des Kolbens, sondern auch bedeutende Temperaturgefälle innerhalb der Wandung selbst durch die Verbrennung der Ladung, die die äußeren Stirnflächen oft stichflammenartig trifft und örtlich sehr stark erhitzt, während die Innenfläche durch die Ausstrahlung oder die künstliche Kühlung auf viel niedrigerer Temperatur gehalten wird. Dadurch bilden sich auch in den Böden die auf Seite 145 kurz, im Abschnitt 23 an Zylindern aber näher besprochenen Wärmespannungen und -risse, die die Lebensdauer der Kolben begrenzen und sich um so früher und stärker bemerkbar machen, je größer die im Zylinder entwickelte Leistung ist.

Was die künstliche Kühlung anlangt, die meist durch Wasser oder Öl bewirkt wird, so reicht bei Tauchkolben die Ableitung der Wärme durch die Ausstrahlung an der Innenfläche des Kolbens und durch die Zylinderkühlung bei mehr als 150 PS im Falle von reichen, bei mehr als 175 PS im Falle von armen Gemischen nicht mehr aus. Doppeltwirkende Verbrennungsmaschinen verlangen der fehlenden Ausstrahlungsmöglichkeit wegen stets besondere Kühlung, meist durch Wasser, das durch die hohle Kolbenstange zu- und abgeleitet wird.

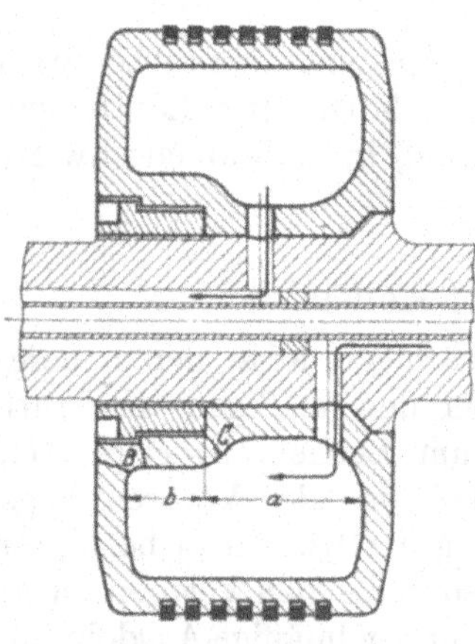

Abb. 985. Großgasmaschinenkolben.

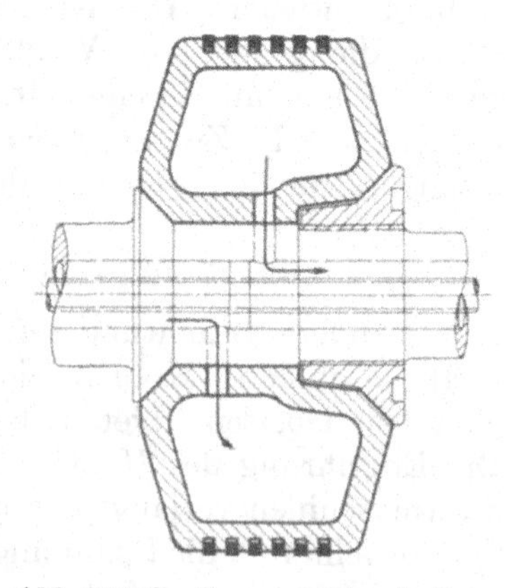

Abb. 986. Großgasmaschinenkolben, Bauart Drawe.

An Großgasmaschinenkolben treten nach Abb. 985 Brüche häufig an den Stellen B und C auf, die Drawe [XI, 9], wie folgt, erklärt. Durch das Anziehen der Mutter wird die Kolbennabe auf der Strecke a kräftig zusammengepreßt und verkürzt, auf der Strecke b aber verlängert. Die letztere unterliegt daher Zugbeanspruchungen, zu denen die wechselnden Spannungen durch den Betriebsdruck, außerdem aber Guß- und schließlich Wärmespannungen treten, weil die Kolbenwände heißer als die stark gekühlte Nabe werden. Die wechselnden oder günstigenfalls stark schwellenden Beanspruchungen führen, verstärkt durch die Kerbwirkung in den Kehlen, zu den von diesen ausgehenden Rissen. Drawe führt die Kolben nach Abb. 986 aus, indem er die Nabe in ihrer ganzen Länge, zugleich aber auch die Stirnflächen in günstiger Weise zwischen den kegeligen Stützflächen der Kolbenstange und der Mutter faßt und die Guß- und Wärmespannungen durch die nachgiebigere kegelige Form der Stirnflächen vermindert. Außerdem konnten die Übergänge der Teile ineinander viel allmählicher und vorteilhafter gestaltet werden.

Ein anderes Mittel, die Wärmespannungen zu verringern, ist, den Kolben zu teilen, Abb. 987, und ihn nur an einem Ende durch die Kolbenstange fassen zu lassen. Dadurch wird nicht allein die freie Ausdehnung des im Falle der Abbildung besonders langen Kolbenkörpers gesichert, sondern auch die Herstellung der beiden Hälften durch Gießen unter Vermeidung von Kernöffnungen und -stützen ermöglicht. Zur Erzielung größerer Dichtheit des Gusses werden die Stirnwände in der Form zweckmäßigerweise unten angeordnet. Weiterhin sind in Abb. 987 die Gußspannungen noch durch tangentiale Anordnung der Rippen zur Nabe vermindert.

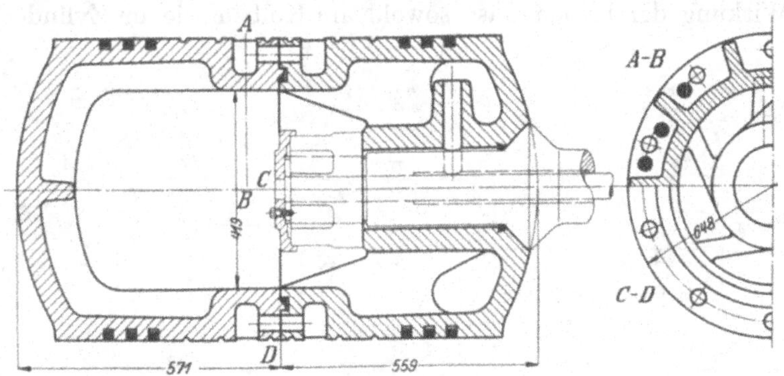

Abb. 987. Geteilter Großgasmaschinenkolben der De la Vergne Machine Co., New York.

Die Gestaltung von Kolben, die hohen Wärmegraden ausgesetzt sind, lediglich auf Grund von Festigkeitsrechnungen ist also unrichtig. Stets müssen die Herstellung und die Betriebsverhältnisse sorgfältig berücksichtigt werden. Wichtig ist schon die Wahl des Werkstoffes. Dichtes Gußeisen hat sich in den meisten Fällen dem festeren Stahlguß überlegen gezeigt, weil es eine größere Dehnungszahl hat und demzufolge geringeren Wärmespannungen unterworfen ist.

An Tauchkolben sucht man die Beanspruchungen konstruktiv durch gewölbte Böden oder durch Teilung der Kolben zu beschränken. Durch die erste Maßnahme können die Gußspannungen herabgesetzt werden; dagegen

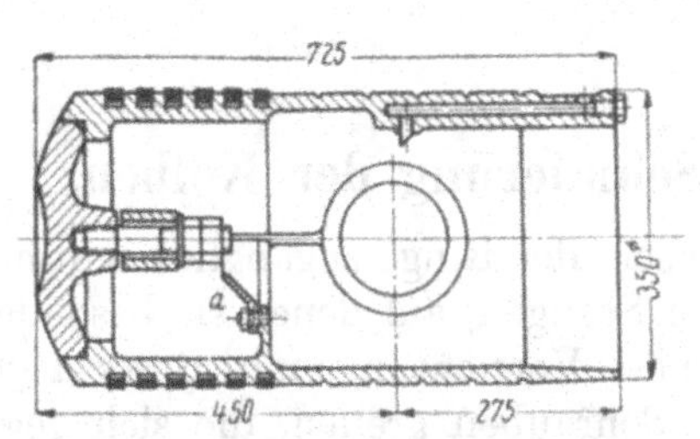

Abb. 988. Gasmaschinenkolben mit besonders eingesetztem Boden.

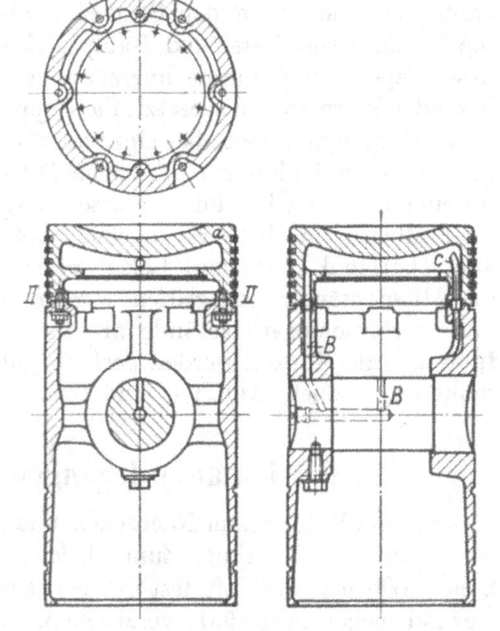

Abb. 989. Gasmaschinenkolben mit auswechselbarem, gekühltem Kopf.

scheint die Beeinflussung der Wärmespannungen nur gering zu sein. Die Trennung des Bodens vom Mantel, Abb. 988, gestattet dem ersteren eine freiere Ausdehnung und bietet die Möglichkeit, den Boden bei Beschädigungen unter Wiederverwendung des Mantels auszuwechseln. Andererseits wird durch die Fuge die Ableitung der Wärme durch das Zylinderkühlwasser erheblich beeinträchtigt und die Inanspruchnahme durch den Betriebsdruck erhöht, weil die Einspannung der Platte am Umfang wegfällt. Vorteilhafter erscheint in der Beziehung die Trennung des Kolbens nach der Linie *II*, Abb. 989, durch die ein auswechselbarer Kolbenkopf und ein als Tragkörper dienender unterer Teil entsteht. Dabei soll die eben erwähnte Ableitung der Wärme durch den Zylinder durch gute Übergänge zwischen dem Kolbenboden und dem Mantel bei *a* unterstützt werden. Selbst die Lage der Kolbenringe kann von Einfluß sein; je näher dem Bodenende der letzte Ring angeordnet wird, um so wirksamer ist die Kühlung, weil die unmittelbare Wirkung der heißen Gase sowohl am Kolben wie im Zylinder auf eine kleinere Fläche beschränkt wird. Freilich liegt die Gefahr vor, daß der Ring leichter festbrennt.

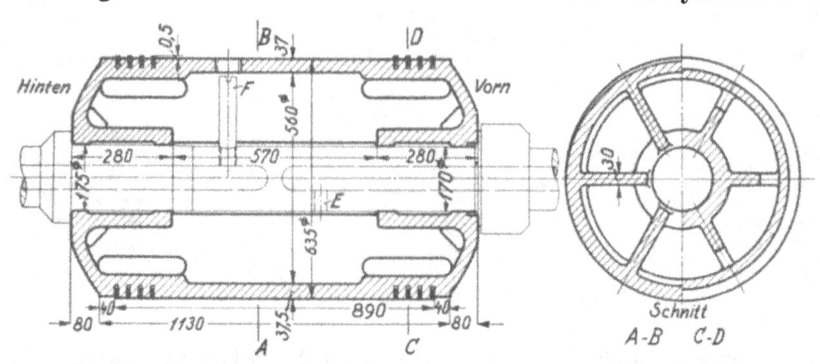

Abb. 990. Kolben einer Zweitaktgasmaschine. Siegener Maschinenbau A.-G. M. 1 : 20.

Das Kühlmittel wird dem Kolben auf verschiedene Weise zugeführt: im Falle der Abb. 989 wird z. B. Öl durch die Welle zum Kurbelzapfen, von da durch die Schubstange zum Kolbenzapfen und durch Bohrungen *B* in den Kolben gepreßt. Nahe dem höchsten Punkt fließt es durch das Rohr *C* in das Gehäuse und zum Kühler zurück und wird von der Ölpumpe von neuem in Kreislauf gesetzt. Abb. 990 zeigt einen durch Wasser gekühlten Großgasmaschinenkolben. Das Wasser fließt durch die Bohrung *E* der Kolbenstange zu und durch den Stutzen *F* ab, der nahe dem höchsten Punkte mündet, um die Bildung von Luft- und Dampfsäcken zu vermeiden. Wasser wirkt stärker als Öl, dessen spezifische Wärme nur etwa halb so groß ist, so daß, die gleiche Menge abzuleitender Wärme vorausgesetzt, die doppelte Ölmenge durch den Kolben getrieben werden muß; Ölkühlung bietet aber eine wesentliche Vereinfachung dadurch, daß für die Schmierung und die Kühlung das gleiche Mittel verwandt und die äußerst bedenkliche Verunreinigung des Öles durch Wasser ausgeschlossen ist.

Endlich ist noch hervorzuheben, daß an den Kolben großer Verbrennungsmaschinen alle scharfen Kanten und Ecken vermieden werden sollen, nicht allein weil sie durch die Hitze stärker angegriffen werden, sondern weil sich an ihnen vorzugweise Ruß und Verbrennungsrückstände absetzen, die glühend werden und zu Frühzündungen führen. Alle Kanten werden deshalb gut abgerundet, die Kolbenmuttern vielfach versenkt angeordnet, Abb. 985 und 986.

D. Betriebsanforderungen und Schmierung der Kolben.

Daß alle Kolben zum Nachsehen und Auswechseln der Ringe zugänglich sein müssen, war schon oben erwähnt. Zum Abziehen von den Stangen, auf denen sie besonders bei hohen Wärmegraden oft festbrennen, sind geeignete Vorrichtungen, z. B. zwei größere Gewindelöcher, Abb. 951, vorzusehen, in welche Schrauben greifen, die sich gegen ein Spanneisen stützen, das quer über den Spiegel der Kolbenstange oder bei genügendem Abstand der Schraubenlöcher über die etwas gelöste Kolbenmutter gelegt wird. An stehenden Maschinen dienen zum Abziehen und Herausheben der Kolben Ösen, welche in die erwähnten Gewinde geschraubt werden.

Alle Schrauben und Muttern an Kolben sind sorgfältig zu sichern.

Die Schmierung kann bei niedrigen Drucken durch Einführen des Öles in den Dampf- oder angesaugten Luft- oder Gasstrom erfolgen, wodurch die Zylinder- und Kolbenwandungen unter allerdings ziemlich großem Ölverbrauch gleichmäßig benetzt werden. Besser und sparsamer ist das Einpressen der Schmiermittel unter Druck durch eine oder mehrere Bohrungen in der Zylinderwand, die an stehenden Maschinen am oberen Ende der Lauffläche, an liegenden in deren Scheitel anzuordnen sind. Notwendig wird das Einpressen, wenn die Maschinen öfter leer laufen müssen, weil dann infolge der verminderten Dampf- oder Luftzufuhr die Schmierung zu sehr beeinträchtigt oder wie bei Lokomotiven, die oft längere Zeit ohne Dampf fahren, ganz unterbrochen wird. Auch bei hohen Betriebstemperaturen empfiehlt es sich, die Schmiermittel einzupressen, weil sie, zu stark erhitzt, an Schmierfähigkeit einbüßen. Die Zuführung erfolgt zweckmäßigerweise an Stellen, wo der Kolben geringe Geschwindigkeit hat, in dem Augenblicke, wo derselbe vorüberläuft, und zwar durch Schmierpressen oder kleine Kolbenpumpen, die am besten mit der Maschine selbst gekuppelt werden, damit sie eine der Drehzahl, also dem Bedarf entsprechende Ölmenge liefern. Zur Verteilung sieht man im Zylinder oder auf der Kolbenfläche kurze Nuten vor. An kleineren Maschinen, namentlich an Verbrennungsmotoren, benutzt man das Öl, das durch das Triebwerk aus dem Ölbad, Abb. 991, entnommen und im ganzen Gehäuse umhergespritzt wird, auch zur Schmierung der Kolbenlauffläche. Damit eine nicht zu reichliche Zufuhr eintritt, die durch Verbrennen des Öls zu störenden Krustenbildungen am Kolben und Zylinderboden Anlaß gibt, ist die Tiefe des Bades sorgfältig auszuproben. Konstruktiv kann man das Öl durch Nuten, Abb. 977, zurückhalten, die durch scharfe Kanten *s* den Zutritt des Öles zum Verbrennungsraume erschweren und deren Wirkung noch verstärkt wird, wenn sie mit kleinen Löchern zur Rückführung des Öls nach dem Kolbeninnern versehen werden. Bei selbsttragenden Kolben wird die Schmierung der Tragfläche durch sorgfältiges Abrunden der Kanten und kurze, schwachkegelige Flächen zur Bildung keiliger, tragfähiger Schmierschichten, wie des näheren im Abschnitt 15, V, B, 2 dargelegt ist, begünstigt. Vielleicht läßt sich auf diese Weise sogar das Laufen unter flüssiger Reibung ermöglichen und die Abnutzung der Lauffläche zugunsten der Erhaltung der Form des Zylinders ganz vermeiden.

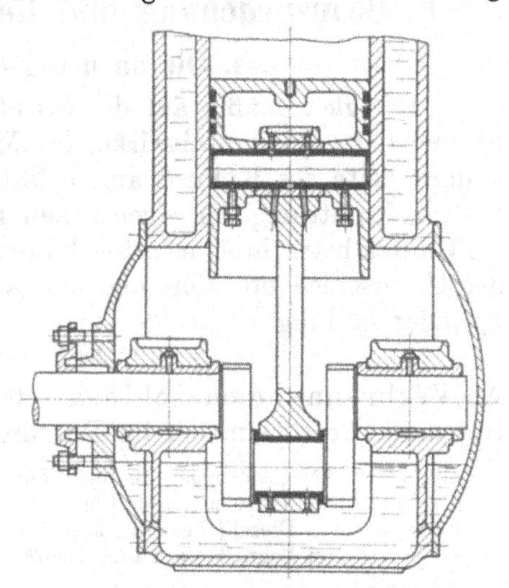
Abb. 991. Schmierung durch Ölbad an einem Kompressor der Deutschen Maschinenfabrik A.-G., Duisburg.

Was die zu verwendenden Schmiermittel anlangt, so müssen bei hohen Wärmegraden zähe Öle mit hohem Flammpunkt, niedrigem Gehalt an Asche und keinem oder geringem an Asphalt, weil diese Stoffe leicht zur Bildung harter Krusten an den heißen Wandungen führen, genommen werden. Oft muß die Schmierung der Kolben, sowie der sonstigen heißen Teile: der Kolbenstangen, Stopfbüchsen, Ventilspindeln und Schieber, getrennt von der der übrigen durchgeführt werden. Die vom Verein deutscher Eisenhüttenleute herausgegebenen „Richtlinien für den Einkauf und die Prüfung von Schmiermitteln" empfehlen für:

Kältezylinder, Stopfbüchsen und alle der Kälte ausgesetzten Maschinenteile bei Ammoniakbetrieb: Eismaschinenöl 3 *a* (Raffinat), bei Kohlensäurebetrieb: Glyzerin oder Eismaschinenöl Nr. 3 b (Raffinat),

Luftkompressoren bei Arbeitsdrucken unter 20 at: Luftkompressoröl Nr. 5 (Raffinat),

solche mit Arbeitsdrucken über 20 at: Hochdruckluftkompressoröl Nr. 6 (Raffinat oder Zylinderöl),

Dampf bei Betriebstemperaturen unter 250°, gemessen am Eintrittstutzen der Maschine: Naßdampfzylinderöl Nr. 7 (reines Erdöl-Zylinderöl oder compoundiertes Zylinderöl),

Dampf mit hohen Betriebstemperaturen über 250° C: Heißdampfzylinderöl Nr. 8 (reines Erdöl-Zylinderöl oder compoundiertes Zylinderöl),

alle heißen Stellen an Dieselmotoren: Dieselmotorenzylinderöl Nr. 9 (Raffinat oder Destillat),

kleinere Verbrennungsmaschinen, Ölmaschinen und Glühkopfmotoren: Automobilmotorenöl, Kleingasmaschinenöl Nr. 10a (Raffinat),

Flug- und Luftschiffmotoren: Flugmotorenöl Nr. 11 (Raffinat oder compoundiertes Öl),

Großgasmaschine: Großgasmaschinenöl Nr. 12 (Raffinat oder Destillat).

E. Beanspruchung und Berechnung der Scheibenkolbenkörper.

1. Die an den Kolben wirkenden Kräfte sind:

α) Der gleichmäßig auf der Stirnfläche von der Größe F verteilte Druck p des Betriebmittels. Bei doppeltwirkenden Maschinen tritt er bald auf der einen, bald auf der andern Seite des Kolbens auf, belastet diesen also wechselnd.

Zur Ermittlung der eigentlichen Kolbenkraft P, die den Kolben antreibt und ihn, als Ganzes betrachtet, belastet, kommt bei Dampfmaschinen der Überdruck $p_ü$, d. i. der Unterschied der Ein- und der Ausströmspannung p_e und p_a, in dem betreffenden Zylinder in Frage:

$$p_u = p_e - p_a, \qquad P = p_ü \cdot F. \tag{261}$$

An Verbrennungsmaschinen setzt man den vollen, während der Verbrennung auftretenden Druck ein, der im Durchschnitt beträgt:

bei gasförmigen Brennstoffen, Benzol und Spiritus . . . $p = 25$—30 kg/cm²,
bei Petroleum und Benzin . . . . $p = 20$ kg/cm²,
an Diesel-(Gleichdruck)maschinen . . . . $p = 35$ kg/cm²,
an Schnelläufern und Teerölmotoren . . . . $p = 45$ kg/cm².

Durch Frühzündungen können stoßartige Drucksteigerungen um 50 bis 80% auftreten, so daß es sich empfiehlt, mäßige Beanspruchungen zugrunde zu legen.

β) Die zur Beschleunigung nötigen Massenkräfte. Bei Kraftmaschinen werden sie, soweit es sich nicht um außergewöhnlich raschlaufende Maschinen handelt, aus dem Druck des Betriebmittels bestritten; dagegen können sie bei Arbeitsmaschinen, z. B. Kolbenpumpen, die Beanspruchung durch den unter α) genannten Druck erhöhen.

γ) Die Schwere, die das Eigengewicht des Kolbens bedingt.

δ) Die Kolbenreibung, die bei liegenden Maschinen und bei Störungen oft einseitig und dadurch namentlich auf die Kolbenstange biegend wirken kann.

ε) An Hohlkolben der Druck der im Innern des Kolbens eingeschlossenen Luft, wenn diese durch das Betriebmittel erwärmt wird; an gekühlten Kolben der Druck des Kühlmittels, der oft auf mehreren Atmosphären gehalten werden muß, wenn Störungen durch die hin- und hergehende Bewegung vermieden werden sollen.

Neben den durch diese Kräfte erzeugten Beanspruchungen ruft das Wärmegefälle in den Kolbenstirnwänden von Verbrennungsmaschinen, das durch die große Wärmeentwicklung auf der einen Seite, durch die Ausstrahlung oder Kühlung auf der anderen erzeugt wird, Wärmespannungen hervor, die, wenn sie beträchtlich sind, zu Rißbildungen führen und oft für die Lebensdauer der Kolben entscheidend sind.

Außergewöhnlichen, aber sehr hohen Beanspruchungen können die Kolben durch Wasserschläge oder in dem Falle ausgesetzt sein, daß fremde Teile, wie sich lösende Schrauben, Verschlußpfropfen, oder vom Betriebmittel mitgerissene Stücke zwischen sie und die Zylinderdeckel geraten. Ein Wasserschlag entsteht, wenn eine größere Menge Wasser zwischen dem Kolben und dem Zylinderdeckel eingeschlossen wird und nicht entweichen kann, so daß die in Bewegung befindlichen Massen infolge der Unzusammendrückbarkeit der Flüssigkeit ganz plötzlich gehemmt werden. Die dabei auftretenden heftigen Stöße und hohen Pressungen treffen zunächst den Kolben sowie den Zylinderdeckel und beschädigen oder zerstören schließlich den schwächsten Teil der Maschine, des Triebwerkes oder des Rahmens, auf den sie zur Wirkung kommen.

Gegenüber den Kräften, von denen der unter α) genannte Druck als der wichtigste gewöhnlich allein der Berechnung zugrunde gelegt wird, müssen sowohl die Einzelteile, insbesondere die Stirnflächen, wie auch der betreffende Kolben als Ganzes genügend widerstandsfähig sein.

2. Berechnung gegenüber dem Druck des Betriebmittels.

Dem Druck wird durch die als Einzelkraft an der Kolbennabe angreifende Stangenkraft das Gleichgewicht gehalten. Ein Kolben als einfache Platte aufgefaßt, biegt sich dabei, wie Abb. 992 andeutet, räumlich durch. Die größte Beanspruchung entsteht gewöhnlich an der Nabe, so daß der Bruch dort beginnend, oft um die halbe Nabe herum und längs eines Durchmessers, oder bei doppelwandigen Kolben längs der Rippen weiter zu laufen pflegt. Eine Ausnahme bilden doppelwandige Kolben mit Rippen, die, durch Aussparungen zu stark geschwächt, durch die Wirkung der Querkräfte einreißen und so den Bruch einleiten, wie weiter unten an Abb. 997 gezeigt ist.

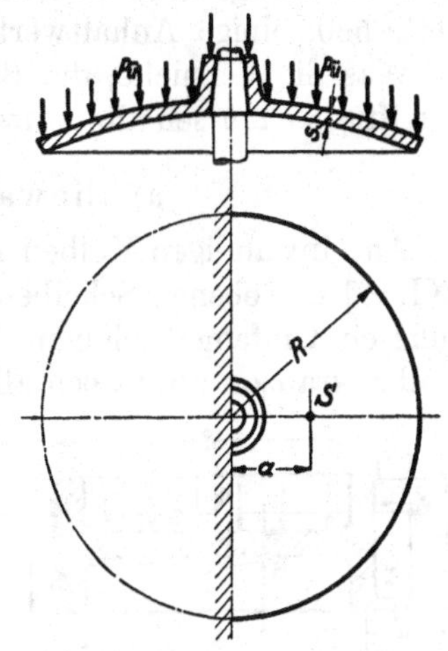

Abb. 992. Belastung und Formänderung eines Scheibenkolbens.

Weicht die Form des Kolbens nicht allzusehr von einer ebenen Scheibe ab, so kann man denselben als eine gleichmäßig belastete Platte ansehen und in erster Annäherung nach dem Vorschlage von Bach als einen längs der Mittelebene eingespannten, durch die halbe Kolbenkraft $\frac{P}{2}$ belasteten Träger, Abb. 992, auffassen. Denkt man sich

$$\frac{P}{2} = \frac{\pi R^2}{2} \cdot p_{\ddot{u}}$$

im Schwerpunkt S der Halbkreisfläche, also im Abstande:

$$a = \frac{4}{3} \frac{R}{\pi}$$

von der Mittelebene vereinigt, so ist der gefährliche Querschnitt dem Biegemoment:

$$M_b = \frac{P \cdot a}{2} = \frac{2}{3} R^3 \cdot p_{\ddot{u}}$$

und der Spannung:

$$\sigma_b = \frac{2}{3} \frac{R^3 \cdot p_{\ddot{u}}}{J} \cdot e \quad \text{oder} \quad \frac{D^3 \cdot p_{\ddot{u}}}{12 \cdot J} \cdot e \tag{262}$$

ausgesetzt, wenn J das Trägheitsmoment des Querschnittes und e den Abstand der äußersten Faser von der Nullinie NN bedeuten. Für eine einfache Scheibe von der Stärke s, Abb. 992, wird:

$$\frac{J}{e} = \frac{2 \cdot R \cdot s^3}{12 \cdot \frac{s}{2}} = \frac{R s^2}{3} \quad \text{und} \quad \sigma_b = \frac{2 R^2 \cdot p_{\ddot{u}}}{s^2} \quad \text{oder} \quad \frac{D^2 \cdot p_{\ddot{u}}}{2 \cdot s^2}. \tag{263}$$

Vielfach pflegt man Formel (262) auch auf Kolben von verwickelteren Formen und auf Hohlkolben anzuwenden, wobei man das Trägheitsmoment des Mittelschnittes unter Vernachlässigung der Nabe, um die der Bruch gewöhnlich herumläuft, ermittelt. Grundsätzlich ist aber zu beachten, daß diese Berechnung keinerlei sichere Aufschlüsse über die Höhe und Art der wirklich auftretenden Spannungen gibt und höchstens zu Vergleichen dienen kann unter Benutzung der an bewährten Kolben ähnlicher Form ermittelten Werte. Denn die Annahme, daß der Kolben längs der Mittelebene eingespannt ist, setzt voraus, daß dieser Querschnitt erhalten bleibt und verlegt die größte Spannung in die von der Nullinie am weitesten abgelegenen Fasern, was in vielen Fällen nicht zutreffend ist. So dürfte der aus der Formel gewonnene Wert schon im Falle ebener Stirnwände zu niedrig werden, weil sich die größte Spannung auf der ganzen Breite des Kolbens gleich groß ergibt, während sie in Wirklichkeit bei der räumlichen Wölbung der Stirnflächen an der Nabe größer als am Kranze ist.

Zu groben Fehlschlüssen kann die Anwendung der Formel auf kegelige oder einwandige Kolben, lfde Nr. 15 und 13 der Zusammenstellung 110 führen, wie des Näheren im Berechnungsbeispiel 3 gezeigt ist. Auch an doppelwandigen Kolben ohne Rippen, Abb. 995, ergeben sich nach der Zusammenstellung 110, Seite 562, lfde Nr. 14 völlig unrichtige Werte, weil die Stirnwände als zwei getrennte Platten aufgefaßt werden müssen. Der Kolben darf nicht als ein einheitlicher Körper betrachtet werden, wie es bei der Ermittlung des Trägheitsmomentes für den Mittelschnitt geschieht, weil die versteifenden Rippen fehlen. Die Einführung von Berichtigungszahlen verspricht keinen Erfolg, da sie doch keine allgemeine Gültigkeit haben können. Zu Vergleichsrechnungen gibt die Zusammenstellung 110, Seite 560, einige Anhaltwerte.

Was die Versuche, die Berechnung der Scheibenkolben genauer durchzuführen, anbetrifft, so müssen die einzelnen Formen getrennt behandelt werden.

a) Einwandige Kolben mit ebenen Flächen.

An einwandigen Kolben nach Abb. 993 betrachten Ensslin [XI, 4] und Pfleiderer [XI, 5] die ebenen Scheiben als an der Nabe gestützte und eingespannte Platten. Die äußeren Umfänge nehmen sie in axialer Richtung beweglich, wegen der Steifheit des Kolbenkranzes aber ebenfalls eingespannt an, entsprechend Formänderungen, wie sie in Abb. 993 strichpunktiert angedeutet sind. Zur Berechnung der größten an der Nabe auftretenden radialen Spannung wird die Belastung in zwei Teile zerlegt:

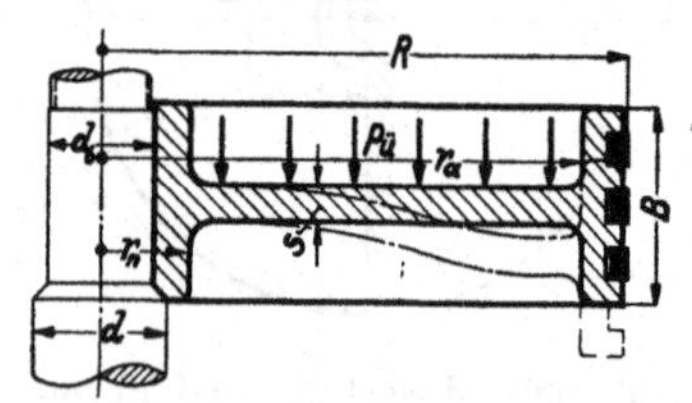

Abb. 993. Belastung und Formänderung eines einwandigen Kolbens.

1. den gleichmäßig über die eigentliche Scheibe vom äußeren Halbmesser r_a und vom inneren r_n verteilten Überdruck p_u des Betriebmittels,

2. den am Rand angreifenden Druck auf den Kolbenkranz:

$$P = \pi(R^2 - r_a^2)\cdot p_ü\,.$$

Sie erzeugen, unter Benutzung der in Abb. 993 eingetragenen Bezeichnungen, an der Nabe die radial gerichteten Spannungen:

$$\sigma_1 = \pm\frac{3}{4}\left[3 - \left(\frac{r_n}{r_a}\right)^2 - \frac{4\ln\frac{r_a}{r_n}}{1-\left(\frac{r_n}{r_a}\right)^2}\right]\cdot\frac{p_ü\cdot r_a^2}{s^2} = \pm\,\varphi_6\cdot p_ü\cdot\frac{r_a^2}{s^2} \tag{264}$$

und:

$$\sigma_2 = \pm\frac{3}{2\pi}\left[\frac{2\ln\frac{r_a}{r_n}}{1-\left(\frac{r_n}{r_a}\right)^2} - 1\right]\frac{P}{s^2} = \pm\,\varphi_2\cdot\frac{P}{s^2}\,. \tag{265}$$

φ_6 und φ_2 sind nur vom Verhältnis der Halbmesser $\frac{r_n}{r_a}$ abhängig und können der Abb. 65, S. 60, entnommen werden. Die Gesamtspannung ist $\sigma = \sigma_1 + \sigma_2$, während die aus der größten Dehnung unter Berücksichtigung der Tangentialspannungen in den Scheiben ermittelte Anstrengung des Werkstoffes an der Nabe 0,91 mal so groß ist. Die Formeln gelten für durchweg gleich starke Platten und liefern etwas zu geringe Werte in dem Falle, daß die Scheibenstärke, wie häufig ausgeführt, nach außen hin auf das etwa 0,8- bis 0,7fache der an der Nabe vorhandenen Dicke abnimmt.

Durch Addition der Formeln folgt

$$s = \sqrt{\frac{\varphi_6 \cdot p_u \cdot r_a^2 + \varphi_2 P}{k}}, \tag{266}$$

zur Ermittlung der Scheibenstärke s, wenn die zulässige Beanspruchung k angenommen wird.

Damit die bei der Ableitung vorausgesetzte Einspannung der Stirnwände vorhanden ist, müssen Nabe und Kranz genügend kräftig gehalten werden. Pfleiderer gibt in der Beziehung an, daß der mittlere Außendurchmesser der Nabe d_n mindestens das 1,6fache der Bohrung und daß der durch die Kolbenringnuten nicht geschwächte Teil des Kranzes mindestens das 0,8fache der Scheibenstärke s sein soll. Als zulässige Werte für k gelten bei Gußeisen 250 bis 300 kg/cm², bei Stahlguß 400 bis 600 kg/cm². An Lokomotivkolben aus geschmiedetem Stahl finden sich nach der Zusammenstellung 110, Seite 560 lfde. Nr. 12 und 13 Werte von 1600 und 2140 kg/cm².

b) Einwandige Kolben mit kegeligen Flächen.

An ihnen treten die Biegemomente zurück; die Spannungen gehen um so mehr in solche längs der Mantellinien und in tangentiale Ringspannungen über, je steiler die Kegelflächen sind. Je nach der Richtung der äußeren Kräfte, insbesondere des Betriebsdruckes, nehmen sie den Kegel auf Zug oder Druck in Anspruch. An sehr flachen Kolben pflegt man die Beanspruchung nach den vorstehend angeführten Formeln zu ermitteln, indem man sich die einzelnen Ringe, in die sich der Kolbenkörper zerlegen läßt, parallel zur Achse verschoben denkt, bis ihre Mitten eine Ebene bilden. Bei steilen Kolben würde diese Art der Berechnung mit erheblichen Überschätzungen der Beanspruchung verbunden sein; sie kann höchstens zur Ermittlung eines oberen Grenzwertes dienen. Einen unteren, bei steilen Flächen der Wirklichkeit näherliegenden Grenzwert findet man unter Vernachlässigung der Biegemomente und der Versteifung des Kolbens durch den Kranz, wenn man die Spannungen in Richtung der Mantellinien und die tangentialen Ringspannungen nach Reymann [XI, 6] wie folgt ermittelt. Aus dem Kolbenkörper, Abb. 994, der den Neigungswinkel φ und eine Wandstärke s habe, sei ein Element in der Entfernung x von der Kolbenmittellinie durch zwei Meridianschnitte unter dem Winkel $d\omega$ und durch zwei konzentrische Ringflächen im Abstande de, längs der Kegelseite gemessen, herausgeschnitten. Auf dasselbe übt das Betriebmittel einen Druck $p_u \cdot de \cdot x \cdot d\omega$ senkrecht zur Kegeloberfläche aus, der in der Abb. 994 von innen her wirkend angenommen und dabei positiv gesetzt ist. Im Falle einer doppeltwirkenden Maschine wechselt die Richtung des Betriebsdruckes; dementsprechend wurde in den folgenden Formeln $\pm\, p_ü$ eingeführt.

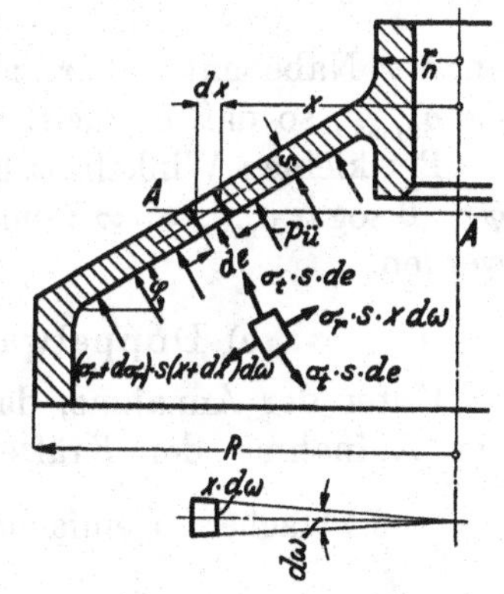

Abb. 994. Zur Berechnung kegeliger Kolben.

Der genannten Kraft wird das Gleichgewicht gehalten durch Spannungen an den vier Schnittflächen, die an den Meridianflächen mit σ_t, an der nach der Nabe zu gelegenen mit σ_r bezeichnet seien. An der Gegenfläche ist sie um $d\sigma_r$ größer, beträgt also $\sigma_r + d\sigma_r$. Die dadurch an dem Körperelement bedingten Kräfte sind in der Abbildung eingetragen. Bei der Aufstellung der Gleichgewichtsbedingungen ist zu beachten, daß die Tangentialkräfte $\sigma_t \cdot s \cdot de$ in der Ringebene AA liegen, gegen die Mantellinie also um den Winkel φ geneigt sind. Längs der Meridianlinie und senkrecht dazu lauten nun die Bedingungen:

$$(\sigma_r + d\,\sigma_r) \cdot s \cdot (x + dx)\, d\omega - \sigma_r \cdot s \cdot x \cdot d\omega - 2\,\sigma_t \cdot s \cdot de \cdot \sin\frac{d\omega}{2} \cos\varphi = 0$$

oder

$$\text{I.} \quad d(\sigma_r \cdot x) = \sigma_t \cdot de \cdot \cos\varphi = \sigma_t \cdot dx$$

und:
$$\pm p_ü \cdot de \cdot x \cdot d\omega - 2\,\sigma_t \cdot s \cdot de \cdot \sin\frac{d\omega}{2} \cdot \sin\varphi = 0$$
oder
$$\text{II.} \quad \pm p_ü \cdot x = \sigma_t \cdot s \cdot \sin\varphi .$$

Aus II. folgt die Tangentialspannung: $\sigma_t = \frac{\pm p_u}{s \cdot \sin\varphi} \cdot x$. Sie nimmt verhältnisgleich dem Abstand x von der Kolbenmittellinie zu und erreicht demgemäß ihren größten Wert am Kolbenrande:
$$\sigma_{t\,\max} = \frac{\pm p_ü \cdot R}{s \cdot \sin\varphi}. \tag{267}$$

In Gleichung I eingesetzt, wird:
$$d(\sigma_r \cdot x) = \pm \frac{p_u}{s \cdot \sin\varphi} \cdot x \cdot dx .$$
$$\sigma_r \cdot x = \pm \frac{p_ü}{s \cdot \sin\varphi} \left. \frac{x^2}{2} \right|_x^R + C = \frac{\pm p_u}{2s \cdot \sin\varphi} \cdot (R^2 - x^2) + C .$$

Aus der Grenzbedingung, daß für $x = R$, $\sigma_r = 0$ sein muß, ergibt sich der Festwert $C = 0$ und schließlich:
$$\sigma_r = \frac{\pm p_u}{2s \cdot \sin\varphi} \frac{R^2 - x^2}{x},$$
das seinem Größtwert:
$$\sigma_{r\,\max} = \frac{\pm p_ü}{2s \cdot \sin\varphi} \frac{R^2 - r_n^2}{r_n}. \tag{268}$$
an der Nabe mit $x = r_n$ annimmt. Dem absoluten Wert nach ist $\sigma_{t\,\max}$ stets kleiner als $\sigma_{r\,\max}$, so daß es meist genügt, das letztere zu ermitteln.

Bei kleinen Winkeln φ liefert die Formel sicher zu große Spannungen, im Grenzfall $\varphi = 0$ sogar $\sigma_{r\,\max} = \infty$; sie darf mithin nur auf ausgeprägt kegelige Kolben angewendet werden.

c) Doppelwandige Kolben ohne Versteifungsrippen.

Unter der Annahme, daß die beiden Stirnflächen, Abb. 995, in gleichem Maße an der Aufnahme der Kräfte beteiligt sind, müssen sie als Stirnwandstärke s' das $\frac{1}{\sqrt{2}} = 0{,}71$fache der einfachen Scheibe, also:
$$s' = \frac{s}{\sqrt{2}} \tag{269}$$
erhalten, da die Wandstärke s in den Formeln (264) und (265) im Quadrat steht. Hierbei ist allerdings zu beachten, daß der gleichmäßig verteilte Betriebsdruck p jeweils die ihm ausgesetzte Platte stärker in Anspruch nehmen wird. Derartige doppelwandige Kolben ohne Rippen werden, da $2\,s' = 1{,}41\,s$ ist, immer schwerer als einwandige ausfallen, bieten aber bei ebenen Stirnflächen die Möglichkeit einfacherer Bearbeitung und Gestaltung der Zylinderdeckel.

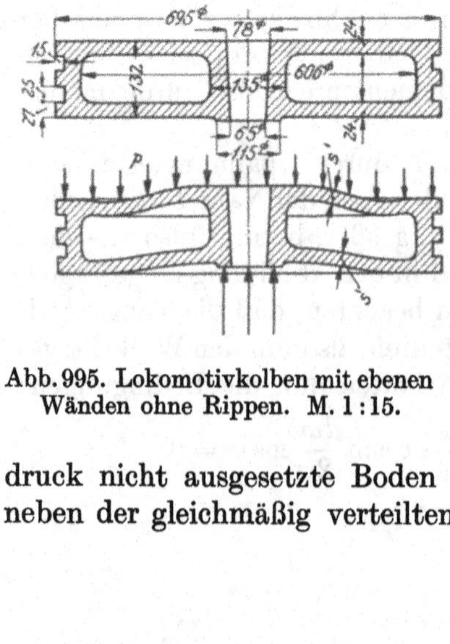

Abb. 995. Lokomotivkolben mit ebenen Wänden ohne Rippen. M. 1:15.

Eine genauere Untersuchung hat Ensslin an einem aus Stahl geschweißten Lokomotivniederdruckkolben, Abb. 995 oben, der beim Anfahren durch $p = 6{,}5$ at belastet ist, durchgeführt [XI, 10]. Davon ausgehend, daß die Durchbiegung der beiden Böden am äußeren Rande gleich groß sein muß, wenn der Kranz vollkommen starr angenommen wird, findet er, daß der dem Dampfdruck nicht ausgesetzte Boden einer Randbelastung von 9070 kg, der andere dagegen neben der gleichmäßig verteilten Pressung von $p = 6{,}5$ at einer entgegengesetzt gerichteten Randlast von 3100 kg ausgesetzt ist. Daraus ermittelt er die größte an der Nabe auftretende Radialspannung in dem zuletzt genannten Boden zu 1960 kg/cm², während die Näherungsrechnung unter Benutzung der Kurven der Abb. 65 und unter der Annahme, daß sich die Kräfte je zur Hälfte auf die beiden Böden verteilen, zu folgenden Zahlen führt:

$$\frac{r_i}{r_a} = \frac{6{,}75}{30{,}3} = 0{,}223;$$

1. Wirkung des gleichmäßig verteilten Druckes:

$$\sigma_1 = \varphi_6 \cdot p \cdot \frac{r_a^2}{2 \cdot (s')^2} = 2{,}56 \cdot 6{,}5 \frac{30{,}3^2}{2 \cdot 2{,}4^2} = 1326 \text{ kg/cm}^2;$$

2. Wirkung der Randbelastung:

$$P = \frac{\pi}{4} \cdot (69{,}5^2 - 60{,}6^2) \cdot 6{,}5 = 5970 \text{ kg};$$

$$\sigma_2 = \varphi_2 \cdot \frac{P}{2 \cdot (s')^2} = 1{,}034 \cdot \frac{5970}{2 \cdot 2{,}4^2} = 536 \text{ kg/cm}^2.$$

Die Summe der Beanspruchungen $\sigma_1 + \sigma_2 = 1326 + 536 = 1862$ kg/cm² ist gegenüber der nach der genaueren Berechnung ermittelten um 5,5% zu niedrig.

d) Doppelwandige Kolben mit Versteifungsrippen.

Durch Einziehen von Rippen können die Stirnscheiben wirksam versteift und die Kolben wesentlich widerstandsfähiger gemacht werden, indem die bei der gemeinsamen Durchbiegung der Scheiben auftretenden Querkräfte durch Schubspannungen in den Rippen aufgenommen werden.

Zunächst müssen die zwischen den Rippen und dem Kranz liegenden Teile der Stirnwände, meist kreisringausschnittförmiger Gestalt, gegenüber dem Druck des Betriebmittels genügend widerstandsfähig sein. In erster Annäherung kann man sie als kreisförmige, am Rande eingespannte Platten betrachten, deren Durchmesser d man nach Abb. 1000 so wählt, daß sie ungefähr den gleichen Flächeninhalt wie die wirkliche Platte haben und sich einigermaßen mit ihr decken. Dann folgt ihre Stärke, ausgehend von Formel (64), aus:

$$s = \sqrt{\frac{0{,}75 \cdot d^2 \cdot p}{4\, k_b}} + a, \tag{270}$$

wenn für p der größte auftretende Druck des Betriebmittels eingesetzt wird, indem man den Gegendruck vernachlässigt, der durch die Erwärmung der im Innern der Kolben eingeschlossenen Luft entsteht. k_b darf bei Gußeisen bis zu 300 kg/cm² betragen. a ist ein Zuschlag von 0,2 bis 0,5 cm, der Kernverlegungen berücksichtigt. Ist in der Wand ein Kernloch vorgesehen, so erhöht sich die Beanspruchung am Lochumfang, so daß es sich empfiehlt, den Rand durch einen Wulst zu verstärken, gleichzeitig mit dem Zweck, dem Kernstopfen eine größere Gewindelänge zu bieten.

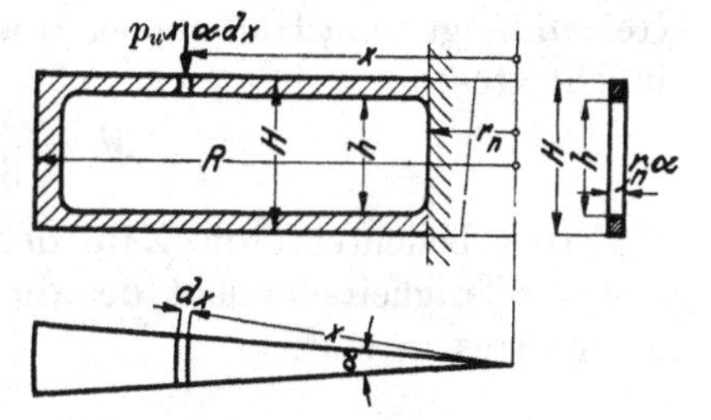

Abb. 996. Zur Berechnung von Scheibenkolben nach Reymann.

Zur Berechnung des Kolbenkörpers im ganzen schneidet Reymann [XI, 6] ein Kreisringstück mit einem sehr kleinen Zentriwinkel α, Abb. 996, heraus, denkt es sich an der Nabe vom Halbmesser r_n eingespannt und durch p_u kg/cm² belastet. Auf ein Flächenelement im Abstande x vom Mittelpunkt wirkt dann die Kraft $p_u \cdot x \cdot \alpha \cdot dx$; die im Einspannquerschnitt das Biegemoment $dM_b = p_u \cdot x \cdot \alpha \cdot dx (x - r_n)$ erzeugt. Durch Integration zwischen r_n und R wird unter Vernachlässigung der unendlich kleinen Größen zweiter Ordnung:

$$M_b = p_u \cdot \alpha \int_{r_n}^{R} (x^2 - x \cdot r_n)\, dx = p_u \alpha \left[\frac{R^3 - r_n^3}{3} - r_n \frac{(R^2 - r_n^2)}{2} \right] = p_u \cdot \alpha \frac{(R - r_n)^2 (2\, R + r_n)}{6}.$$

Zur Ermittlung des Widerstandsmomentes W betrachtet Reymann die Stirnflächen als Gurte radialer Träger, läßt aber die Rippen unberücksichtigt und setzt daher nach Abb. 996 rechts:

$$W = \frac{1}{6}\alpha \cdot r_n \cdot \frac{H^3 - h^3}{H},$$

so daß:

$$\sigma_b = \frac{M_b}{W} = \frac{p_ü \cdot H(R - r_n)^2\,(2\,R + r_n)}{r_n(H^3 - h^3)} \tag{271}$$

wird.

Die Formel liefert keinen zuverlässigen Aufschluß über die Beanspruchung, da die Tangentialspannungen in den Stirnwänden und die Versteifung, die der Kolbenkranz bietet, völlig vernachlässigt sind und da die Formel den Einfluß des Nabenhalbmessers falsch bewerten läßt, indem die Spannungen mit abnehmendem Nabenhalbmesser hyperbolisch wachsen, im Grenzfalle, für $r_n = 0$, sogar unendlich groß werden.

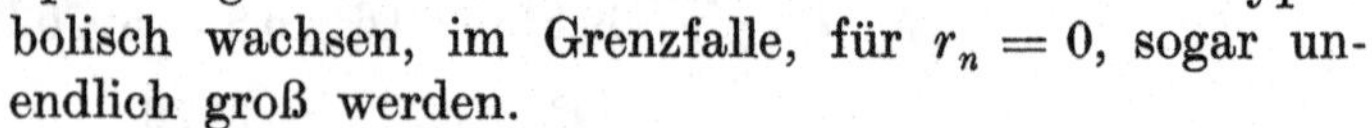

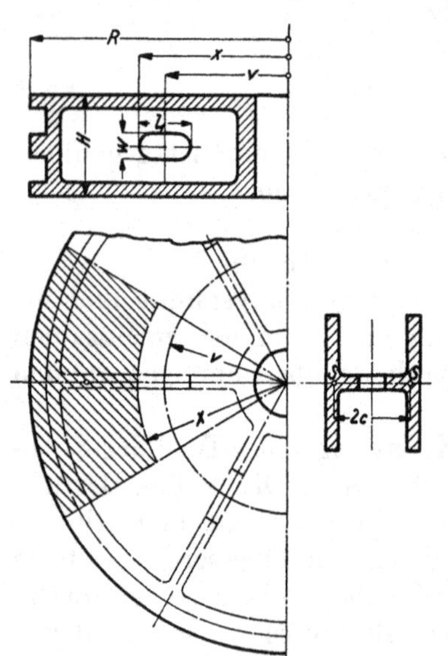

Abb. 997. Zur Berechnung von Scheibenkolben nach Pfleiderer.

Ebensowenig dürfte aus der Vernachlässigung der Rippen in der Formel geschlossen werden, daß die Rippen entbehrlich seien oder geschwächt werden dürfen. Im Gegenteil geht der Bruch an doppelwandigen Kolben, deren Rippen wegen der Stützung der Kerne häufig nach Abb. 997 ausgespart werden, nach den Versuchen von Godron [XI, 7] und Bach [XI, 8] gerade von diesen Aussparungen aus.

Versuche von Pfleiderer wiesen nun nach, daß derartige Löcher oder Schlitze die Tragfähigkeit auf Biegung beanspruchter Balken ganz erheblich herabsetzen, vgl. Seite 37. In Anwendung auf Kolben betrachte man nach seinem Vorschlag den auf eine Rippe entfallenden Ausschnitt Abb. 997 und ermittle die am inneren Rand der Aussparung auftretende Spannung unter Benutzung der Formel (30a) aus:

$$\sigma = \frac{M_b}{J}\frac{H}{2} + \frac{A\,l_1}{4}\left(\frac{1}{F \cdot c} + \frac{c - \frac{w}{2}}{J'}\right). \tag{272}$$

Dabei ergibt sich das Biegemoment M_b dort, wo die Aussparung beginnt, also längs des Kreisumfangs vom Halbmesser x aus der Belastung des in Abb. 997 gestrichelten Ringausschnittes:

$$M_b = \frac{\pi}{3\,i}(R - x)^2 \cdot (2\,R + x) \cdot p_ü .$$

Ferner bedeutet i die Zahl der Rippen,

J das Trägheitsmoment des durch die Lochmitte geführten Querschnitts des Kolbenausschnittes in cm⁴,

$$A = \frac{\pi}{i}(R^2 - v^2) \cdot p_ü$$

die dort wirkende Querkraft in kg,

J' das Trägheitsmoment eines der T-förmigen Querschnitte ober- und unterhalb des Schlitzes längs des Zylinders vom Halbmesser v in cm⁴,

F den Querschnitt desselben in cm², $2\,c$ die Entfernung ihrer Schwerpunkte voneinander, während die übrigen Bezeichnungen aus Abb. 997 ersichtlich sind. Die Berichtigungszahl μ der Formel (30a) ist gleich 1 gesetzt.

Vernachlässigt sind bei der Ableitung der Formel die Tangentialspannungen an den Trennflächen der einzelnen Ausschnitte, wodurch die Anstrengung etwas zu groß, also zugunsten der Sicherheit des Kolbens ausfällt.

e) Berechnung der Tauchkolben.

Die Festigkeitsrechnung der Tauchkolbenkörper an einfach wirkenden Maschinen erstreckt sich gewöhnlich nur auf die Ermittlung der Bodenstärke und einer genügenden Tragfläche zur Aufnahme des Seitendruckes, den die Schubstange ausübt. Von den auf Seite 552 aufgeführten Kräften fällt die unter ε genannte weg; an gekühlten Kolben kann aber der Druck des Kühlmittels in ähnlicher Weise wie die Luft wirken. Daß bei der konstruktiven Gestaltung die besonderen Betriebsverhältnisse voll berücksichtigt werden müssen, war schon auf Seite 547 betont. Den Boden wird man im Falle der Abb. 991 als eine ebene, am Umfange eingespannte Platte betrachten, im Falle der Abb. 988 unter Vernachlässigung der Verspannung durch die Schraube als eine frei aufliegende Platte und nach den Formeln (64 und 62 oder 73) berechnen. An stark gewölbten Böden können die Formeln für kugelige Körper zur Ermittlung des unteren Grenzwertes der Spannung herangezogen werden. Als zulässige Werte gelten $k_b = 300$ bis $500\,\mathrm{kg/cm^2}$ für Gußeisen, 500 bis $800\,\mathrm{kg/cm^2}$ für Stahlguß. Rippen werden ihres zweifelhaften Wertes wegen bei der Berechnung am besten unberücksichtigt gelassen. Der Mantel muß in Anbetracht der Kolbenringnuten und der Wärmeableitung durch den Zylinder in der Nähe des Bodens kräftig sein. Als erster Anhalt kann dienen, dem Mantel einschließlich der Ringnuttiefe rund die gleiche Stärke wie dem Boden zu geben. Nach dem vorderen Ende zu darf er beträchtlich schwächer werden. Manche Konstrukteure verstärken ihn an der Sitzstelle des Bolzens, um die Wirkung der sonst sehr großen Wandstärkenunterschiede an den Bolzenaugen zu mildern.

f) Berechnung durchbrochener Kolben.

Die gefährlichen Querschnitte werden meist durch die Öffnungen in der Kolbenscheibe nahe der Nabe gegeben sein. So liegt die schwächste Stelle des Kolbens Abb. 998 auf der Verbindungslinie AB der Mitte zweier Ventile der inneren Reihe. Vernachlässigt man den geringen Beitrag, den die Naben oder die Rippen der eigentlichen Ventilsitze zur Widerstandsfähigkeit des Kolbens liefern, so muß jede der Hauptrippen die Belastung, die auf den zugehörigen, durch Strichelung hervorgehobenen Ausschnitt entfällt, durch ihre Biegefestigkeit aufnehmen können. Beträgt der Betriebsüberdruck p_u at, hat die gestrichelte Fläche F' cm² Inhalt und liegt der Schwerpunkt S in der Entfernung a vom gefährlichen Querschnitt, so muß dieser bei einer zulässigen Beanspruchung k_b ein Widerstandsmoment:

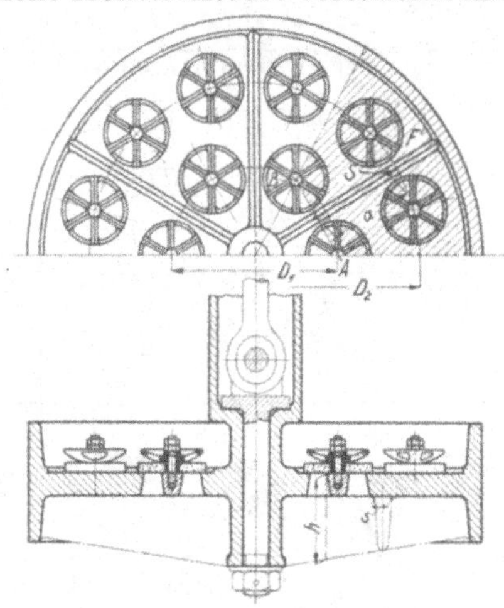

Abb. 998. Durchbrochener Kolben einer Kondensatorpumpe.

$$W = \frac{F' \cdot p_u \cdot a}{k_b}$$

aufweisen. Betrachtet man ihn in erster Annäherung als ein Rechteck von der Breite s, so folgt die Rippenhöhe h aus:

$$h^2 = \frac{6\,F' \cdot p_{\ddot{u}} \cdot a}{s \cdot k_b}\,. \qquad (273)$$

III. Versuchs- und Erfahrungswerte.

In der Zusammenstellung 110 ist an Hand der von Bach [XI, 8] und Godron [XI, 7] an Kolben und Platten angestellten Versuche Nr. 1 bis 11 und an ausgeführten Kolben Nr. 12 bis 16, die Berechnung nach den im Vorstehenden behandelten verschiedenen Verfahren durchgeführt, um ein Urteil über deren Anwendbarkeit und Richtigkeit, sowie

Zusammenstellung 110. **Versuchs-**

a	b	c	d	e	f
Lfde. Nr.		Quelle	Werkstoff	Festigkeit nach Versuchen kg/cm²	Probe- bzw. Betriebsdruck, at; Kolbendruck kg
1	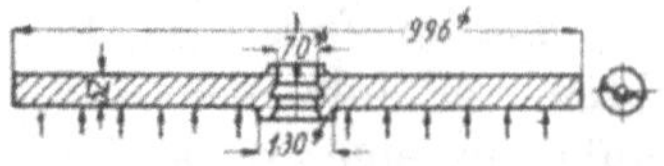	Bach: Forsch.-H. 31, S. 11	Gußeisen	$K_b = 2652$ i. M. aus 4 Vers.	Bruch bei 6,2 at, 48070 kg
2	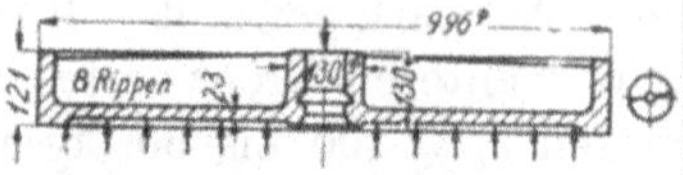	Bach: Forsch.-H. 31, S. 14	Gußeisen	—	Bruch bei 16 at, 124050 kg
3	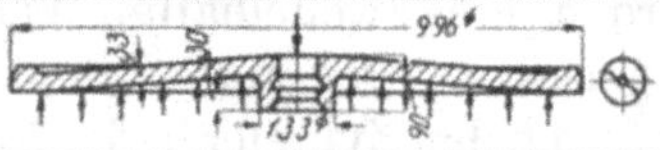	Bach: Forsch.H. 31, S. 20	Gußeisen	—	Bruch bei 5 at, 38760 kg
4	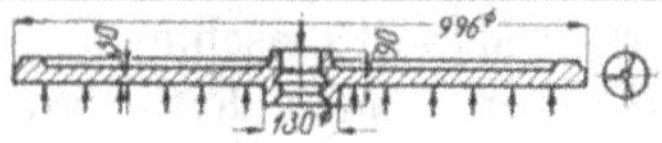	Bach: Forsch.-H. 31, S. 23	Gußeisen	—	Bruch bei 3 at, 23260 kg
5	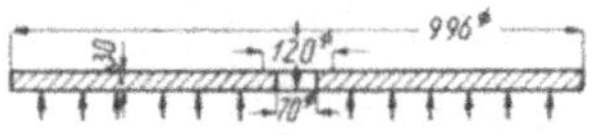	Bach: Forsch.-H. 31, S. 27	Flußeisen	—	Bei 4,6 at Abspringen der Walzhaut, 35640 kg
6	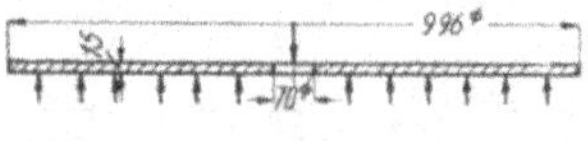	Bach: Forsch.-H. 31, S. 29	Flußeisen	—	Bei 0,6 at Abspringen der Walzhaut, 4652 kg
7	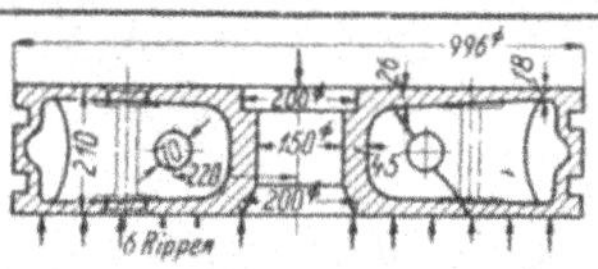	Pfleiderer: Forsch.-H. 97, S. 32	Gußeisen	$K_z = 2180$ i. M. aus 4 Vers.	Bruch b. 36,5 at, 277900 kg
8	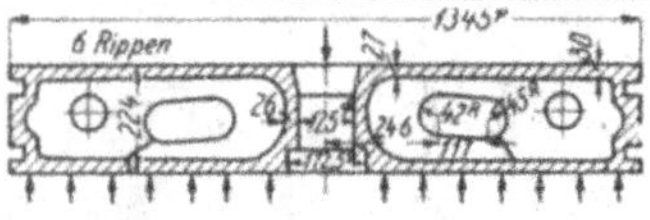	Pfleiderer: Forsch.-H. 97, S. 33	Gußeisen	$K_z = 1240$ i. M. aus 2 Vers.	Bruch bei 6,9 at, 97100 kg
9	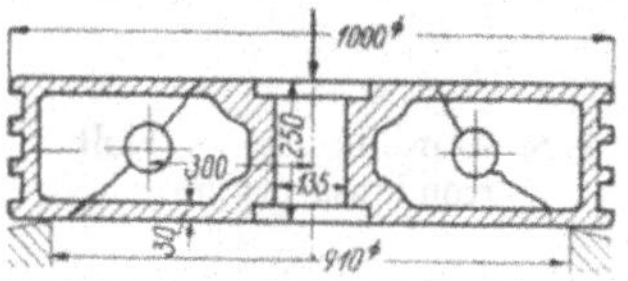	Pfleiderer: Forsch.-H. 97, S. 34, Vers. v. Godron	Gußeisen	$K_z = 910$ i. M. a. 2 Vers.	Bruch bei 188000 kg
10	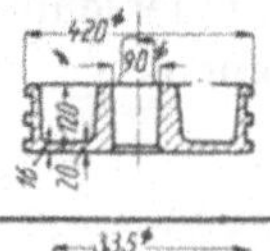	Pfleiderer: Forsch.-H. 97, S. 25. Vers. von Godron	Zementstahl	—	Fließgrenze erreicht bei etwa 40000 kg (∼ 28,9 at)
11	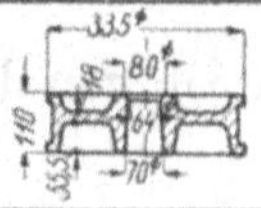	Pfleiderer: Forsch.-H. 97, S. 28. Vers. von Godron	Gußstahl	—	Fließgrenze bei etwa 45000 kg (∼ 50 at)
12	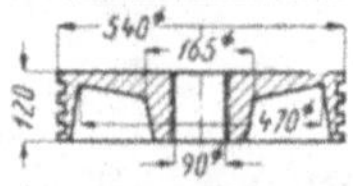	Z. V. d. I. 1908, S. 1305 Lokomotivkolben	Stahl geschmiedet	—	Betriebsdruck 12 at, 26700 kg
13	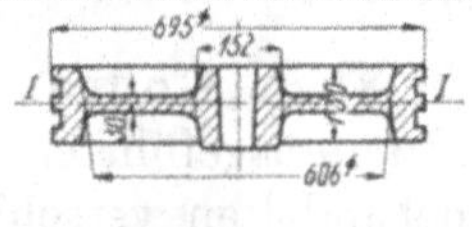	Ensslin: Dinglers Polyt. Journal 1904, S. 678. Lokomotivkolben	Stahl, geschmiedet	—	Betriebsdruck 6,5 at ∼ 25000 kg

und Erfahrungswerte an Kolben.

g	*h*	*i*	*k*	*l*	*m*	*n*	*o*
Schwerpunkt-abstand	Trägheits-moment	Nähe-rungs-rechnung, (Form. 262)	Beanspruchung nach			Stirnwandausschnitte als eingespannte Platten berechnet	Bemerkungen
			Ensslin	Rey-mann	Pflei-derer		
cm	cm^4	kg/cm^2	kg/cm^2	kg/cm^2	kg/cm^2	kg/cm^2	
2,6	1167	1140	—	—	—	—	—
Von Unterkante 3,27	3420	+ 1520 — 3470	—	—	—	Plattendurchm. 280 mm ± 445	—
Von Oberkante 3,38	879	+ 2630 — 1580	—	± 4060	—	—	—
Von Unterfläche 1,48	225	± 1652	—	—	—	—	—
1,5	208	± 2725	—	—	—	—	—
0,75	26	± 1425	—	—	—	—	—
10,5	35800	± 750	—	± 1360	2410	Plattendurchm. 350 mm ± 1810	Vgl. Berechnungsbeispiel 4
11,2	70760	± 223	—	± 756	1785	Plattendurchm. 450 mm ± 335	—
12,5	78450	± 435	—	± 782	961	—	—
Von Unterfläche 4,45	2050	+ 387 — 656	2450 + 1162 3612	—	—	—	—
Von Unterfläche 5,94	1014	+ 792 — 928	2485 + 1523 4008	—	—	—	—
Von Stirnfläche 3,88	2390	531 bzw. 251	485 + 1180 1665	—	—	—	—
6,5	2620	± 450	1485 + 662 2147	—	—	—	Vgl. Berechnungsbeispiel 3

Zusammenstellung 110

a	b	c	d	e	f
Lfde. Nr.		Quelle	Werkstoff	Festigkeit nach Versuchen kg/cm²	Probe- bzw. Betriebsdruck at; Kolbendruck kg
14	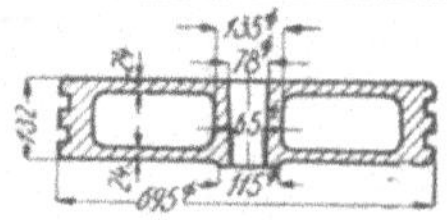	Ensslin: Dinglers Polyt. Journal 1907, S. 577. Lokomotivkolben	Stahl, geschmiedet	—	Betriebsdruck 6,5 at, 24660 kg
15	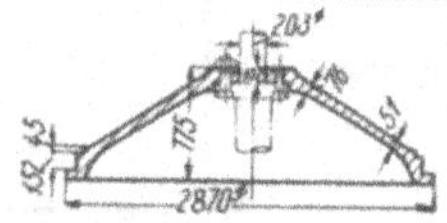	Z. V. d. I. 1890, S. 1223. Schiffsmaschinenkolben	Stahlguß	—	Betriebsdruck 2,4 at, 155000 kg
16	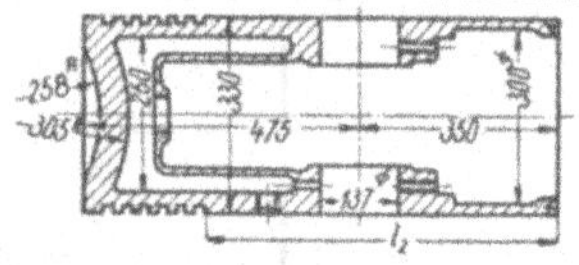	Vom Verfasser geleitete Versuche. Dieselmaschinenkolben	Gußeisen	K_b = 2210 (4 V.) K_z = 1140 (3 V.) K = 4995 (4 V).	Betriebsdruck 35 at

um Zahlen für Vergleichsrechnungen beim Entwurf ähnlicher Ausführungen zu gewinnen. In den Skizzen sind die Hauptabmessungen und soweit möglich der Verlauf des Bruches angegeben. Durch Fettdruck der Spannungswerte sind die nach dem derzeitigen Stande einschlägigen Formeln hervorgehoben. Die Versuche Nr. 1 bis 8 wurden von Bach in möglichster Annäherung an die tatsächliche Inanspruchnahme unter der Wirkung eines gleichmäßig verteilten Flüssigkeitsdruckes durchgeführt, dem der Kolben von unten her ausgesetzt war, während er durch die Kolbenstange festgehalten wurde. Godron belastete die Kolben Nr. 9 bis 11 an der Nabe und hatte den Kolben Nr. 9 längs eines Kreises von 910 mm Durchmesser, die Kolben 10 und 11 in einem mit Schmierseife und Sand gefüllten Zylinder gestützt, so daß selbst bei der zweiten Stützart die bei der Berechnung vorausgesetzte gleichmäßige Verteilung der Belastung auf der Stirnfläche nicht erfüllt gewesen sein dürfte. Die Kolben 9 bis 11 wurden stetig unter Messung der Durchbiegungen belastet, von Zeit zu Zeit aber wieder entlastet, um die bleibenden Formänderungen festzustellen, die nach den aufgenommenen Schaulinien am Kolben 10 von 40000, am Kolben 11 von 45000 kg Belastung ab deutlich rascher wachsen. Es ist deshalb angenommen, daß bei diesen Drucken die Fließgrenzen der Werkstoffe erreicht wurden. Freilich erscheinen die daraus nach der Ensslinschen Formel ermittelten Spannungen für die verwandten Stahlsorten reichlich hoch; es ist nicht ausgeschlossen, daß sich die ersten Fließerscheinungen früher zeigten, sich aber in der Durchbiegung doch nicht deutlich ausprägten.

Was nun die nach den verschiedenen Verfahren ermittelten Ergebnisse anlangt, so gestatten leider nur die Versuche 1, 7, 8, 9 und 16 sichere Rückschlüsse, da Angaben über die Festigkeit der Werkstoffe bei den übrigen fehlen. Bei der Berechnung der Spannung nach der Näherungsformel (262) wurden die Trägheitsmomente der Kolbenquerschnitte Nr. 1 und 4 unter Ausschluß der Nabe ermittelt, da der Bruch wie strichpunktiert in den Abbildungen angedeutet ist, um die Nabe herum lief. Am Kolben Nr. 1 liegt der errechnete Wert beträchtlich unter der aus vier Versuchen bestimmten mittleren Biegefestigkeit. Die Versuche Nr. 5 und 6 führen zu wenig befriedigender Übereinstimmung in bezug auf die Fließgrenze, wenn in den beiden Fällen einigermaßen ähnliche Flußeisensorten verwendet wurden.

Kolben Nr. 7, 8 und 9 brachen infolge von Rissen, die von den Aussparungen in den Rippen ausgingen. Die Belastungen hatten also noch nicht die Höhe erreicht, bei der der Bruch längs einer Meridianebene, wie Abb. 992 unten voraussetzt, zu erwarten

(Fortsetzung).

g	h	i	k	l	m	n	o
Schwerpunkt-abstand cm	Trägheits-moment cm⁴	Näherungs-rechnung, (Form. 262) kg/cm²	Beanspruchung nach Ensslin kg/cm²	Reymann kg/cm²	Pfleiderer kg/cm²	Stirnwandausschnitte als eingespannte Platten berechnet kg/cm²	Bemerkungen
6,6	9550	± 126	1966	± 1075	—	—	—
Von Unterkante 46,1	1906500	114	—	167	—	—	—
—	—	—	—	—	—	Kolbenboden als eingespannte, ebene Platte von 260 mm Durchmesser ± 201 als Kugelschale + 75	—

gewesen wäre. Das bestätigen auch die niedrigen Werte für die Spannungen, nach der Näherungsformel (262), soweit diese überhaupt auf doppelwandige Kolben angewandt werden darf. Die genannten drei Kolben müssen nach der Pfleidererschen Formel beurteilt werden, die nach Spalte *m* Spannungen liefert, die sich gleichlaufend mit den an Zugproben gefundenen Festigkeiten der benutzten Werkstoffe ändern, was immerhin für die Berechnungsart spricht.

Bei der Anwendung der Reymannschen Formel auf diese Kolben wurden die an den Naben zu erwartenden Bruchstellen wegen der dort vorhandenen großen Abrundungen gefühlsmäßig angenommen und die Nabenhalbmesser und Wandstärken schätzungsweise, wie folgt, eingesetzt:

Kolben, lfde. Nr.	7	8	9
Nabenhalbmesser r_n	140	130	180 mm
Wandstärke	30	30	30 mm

Über den Wert der mit der Reymannschen Formel gewonnenen Zahlen vgl. Seite 558.

Zur Berechnung des Kolbens 9 nach der Näherungsformel (262) sei noch bemerkt, daß als Hebelarm des Biegemomentes der Abstand des Schwerpunktes der Halbkreislinie von 455 mm Halbmesser eingesetzt wurde, längs welcher der Kolben beim Versuch gestützt war.

An den einwandigen Kolben 10 bis 13 mit ebenen Stirnflächen liefert die Näherungsformel (262) sicher unzutreffende und viel zu niedrige Werte, weil sie von der falschen Anschauung ausgeht, daß die Spannungen verhältnisgleich den Abständen von der Nulllinie im Meridianquerschnitt zunähmen, die größten also an den Rändern des Kranzes entständen. Diese treten vielmehr in der ebenen Stirnfläche um die Nabe herum in radialer Richtung auf und sind nach den Formeln (264 und 265) zu beurteilen.

Beispiel 15 ist der Niederdruckkolben der Steuerbordmaschine des Schnelldampfers City of Paris, die am 25. 3. 1890 infolge eines Schraubenwellenbruches durchging und wahrscheinlich durch den Bruch des genannten Kolbens gänzlich zerstört wurde. Die Wandstärken des aus Stahlguß hergestellten Kolbens entsprechen annähernd der Formel (260). Bei $p_0 = 10{,}5$ at Kesseldruck, $p = 0{,}2 \cdot p_0 = 2{,}1$ at Druck im Niederdruckzylinder einer Dreifach-Verbundmaschine, wie sie hier vorliegt und $C = 1{,}2$ cm ergibt die Formel eine Wandstärke nahe der Nabe:

$$s = 0{,}016\, D \sqrt{p} + C = 0{,}016 \cdot 287 \sqrt{2{,}1} + 1{,}2 = 7{,}85 \text{ cm},$$

während die Ausführung 76 mm zeigt. Die Reymannsche Formel liefert beim Einsetzen des durch Indikatordiagramme nachgewiesenen Betriebsdruckes von 2,4 at nur

167 kg/cm² Spannung, die den Bruch nicht erklären kann. Die Näherungsformel (262) führt zu einem Werte ähnlicher Größenordnung wie die Reymannsche, ist aber wegen der unrichtigen Anschauung, von der sie ausgeht, sicher nicht zutreffend. Wahrscheinlich sind im vorliegenden Falle die Beschleunigungskräfte, die schon bei den gewöhnlichen Umlaufzahlen recht bedeutend sind und die beim Durchgehen im quadratischen Verhältnisse zu den Umlaufzahlen wachsen, dem Kolben gefährlich geworden. Sehr bedenklich erscheint ferner die Art der Verbindung mit der Kolbenstange, die den Kolben durch die Bohrung für die Stange, durch acht Schraubenlöcher und durch die Eindrehung, in welcher der Stangenflansch ruht, in sehr starkem Maße schwächt und beträchtliche Spannungserhöhungen hervorrufen muß. Richtiger ist die Ausbildung einer kräftigen Nabe, Abb. 979, die mindestens so viel Werkstoff bietet, wie durch die Bohrung wegfällt, wobei der Stützkegel des Kolbens an der Stange zweckmäßigerweise nicht zu schlank gehalten wird, um die Sprengwirkungen in der Nabe zu vermindern.

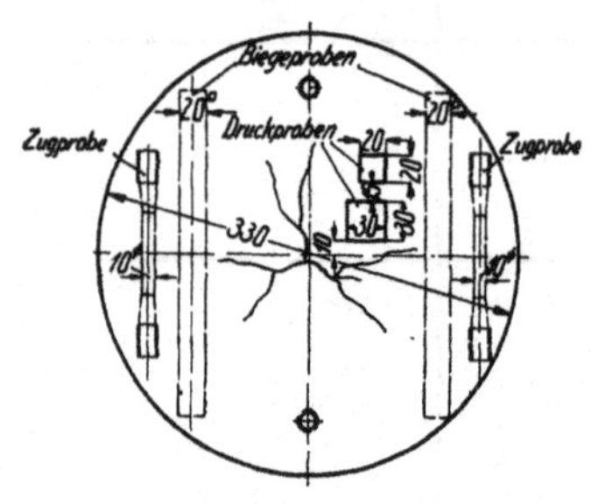

Abb. 999. Dieselmaschinenkolbenboden. Risse und Anordnung der Festigkeitsproben. M. 1 : 10.

Die Risse am Kolben 16 einer stehenden Dieselmaschine, Abb. 999, sind lediglich auf die Wirkung der den Kolbenboden treffenden Stichflamme des verbrennenden Öls zurückzuführen. Festigkeitsuntersuchungen an Proben, die dem Boden, andererseits dem Mantel entnommen wurden, zeigten keine wesentlichen Unterschiede. Die Beanspruchung des Bodens durch den Betriebsdruck ist nach Spalte n im Vergleich mit der Biegefestigkeit des verwandten Gußeisens niedrig. Wohl aber zeigten metallographische Untersuchungen, daß das Gußeisen auf einer Fläche von 50 bis 60 mm Halbmesser von der Kolbenmitte gerechnet, 10 bis 15 mm tief verändert worden war, indem sich der Graphit in Form von Lamellen, umhüllt von kohlenstoffarmen Eisen ausgeschieden hatte, ein Vorgang, der erst bei längerer Einwirkung einer Temperatur von 600 bis 700° auf das Gußeisen eintreten soll. Durch die Ölkühlung des Kolbenbodens von unten her ist demnach ein Wärmegefälle von mehreren Hundert Grad vorhanden und müssen sehr beträchtliche Wärmespannungen auftreten, die unvermeidlich zu Rißbildungen führen und die Auswechslung des Kolbens von Zeit zu Zeit nötig machen. Ein weiches Gußeisen, das im vorliegenden Fall eine Dehnungszahl bei mäßigen Spannungen $\alpha = \frac{1}{650000}$ cm²/kg aufwies, ist zur Verminderung der Wärmespannungen zweckmäßig.

Unsicher und unbefriedigend ist namentlich die Berechnung der durch die Skizzen lfde Nr. 2, 3 und 15 in Zusammenstellung 110 angedeuteten Kolbenformen.

IV. Zahlen- und Konstruktionsbeispiele.

1. Dampfkolben der Wasserwerkmaschine, Tafel I. Hochdruckzylinderdurchmesser $D_h = 450$ mm, Kolbenstangendurchmesser vorn 100 mm, hinten (Pumpenstangendurchmesser) $d = 75$ mm.

Die Kolben sollen selbsttragend und doppelwandig mit ebenen Stirnflächen ausgebildet werden. Werkstoff: Gußeisen.

Die größte Kolbenkraft P_h tritt im Falle der Wasserwerkmaschine, nach der in Abb. 143 stark ausgezogenen Druckverteilung auf der Hinterseite des Kolbens auf. Einströmdruck $p = 13$, Gegendruck $p_1 = 2{,}1$ at abs.

$$P_h = \frac{\pi}{4}(D_h^2 - d^2)(p - p_1) = \frac{\pi}{4}(45^2 - 7{,}5^2)(13 - 2{,}1) \approx 16900 \text{ kg}.$$

In der Kolbenstange summiert sich diese in den Kurbeltotlagen noch mit dem Pumpendruck von 3700 kg zum Gesamtdruck $P_0 = 20600$ kg. Niederdruckzylinderdurchmesser $D_n = 800$ mm; Kolbenstange wie oben. Die größte Kolbenkraft im Falle der strich punktiert dargestellten Druckverteilung für eine Betriebsmaschine ist bei einem Einströmdruck $p_1' = 3{,}7$ at abs und einer Ausströmspannung $p_0 = 0{,}2$ at abs:

$$P_n' = \frac{\pi}{4}(D_n^2 - d^2)(p_1' - p_0) = \frac{\pi}{4}(80^2 - 7{,}5^2)(3{,}7 - 0{,}2) = 17400 \text{ kg}.$$

Kranzbreite beider Kolben, die in Abb. 1000 übereinander dargestellt sind:

$$B \approx \frac{1}{5} D_n = \frac{800}{5} = 160 \text{ mm}.$$

Dabei lassen sich an beiden Kolben je drei Dichtungsringe nach der Zusammenstellung 108, Seite 537 von 20·17 mm Querschnitt am Hochdruck-, von 27·22 mm am Niederdruckkolben bequem unterbringen.

Durchbildung der Kolbenstangenbefestigung beider Kolben. Ausgehend von dem Pumpenstangendurchmesser von 75 mm, kann man als Gewinde, da das nächstgrößere, nämlich das $2^3/_4''$ Rohrgewinde, nach der Zusammenstellung 60, Seite 209, eine zu bedeutende Verstärkung der Stange auf 82,5 mm verlangen würde, Metrisches Feingewinde 3 nach DIN 243, Bl. 2, Zusammenstellung S. 213, mit 76,22 mm Kern-, 79 mm Außendurchmesser und 2 mm Ganghöhe, kurz durch M 79·2 bezeichnet, nehmen. Nabenbohrung 80 mm im Lichten gewählt.

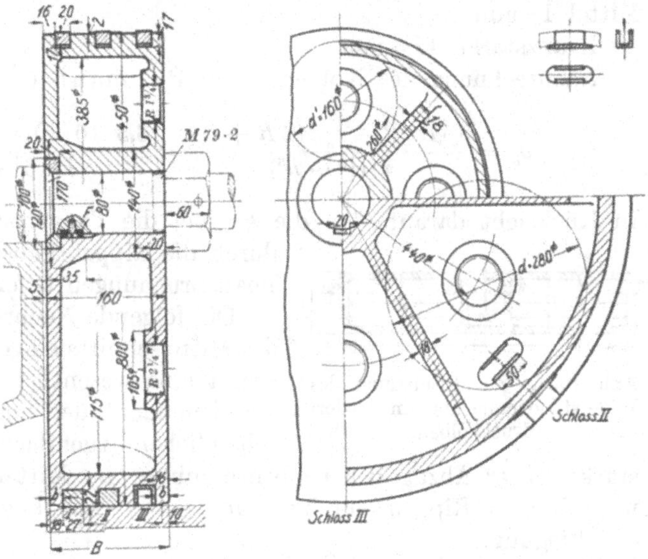

Abb. 1000. Hoch- und Niederdruckkolben der Pumpmaschine Tafel I. M. 1:10.

Zugbeanspruchung im Kern:

$$\sigma_z = \frac{P_0}{\frac{\pi}{4} d_1^2} = \frac{20600}{\frac{\pi}{4} \cdot 7{,}6^2} = 455 \text{ kg/cm}^2. \text{ Mäßig.}$$

Mutterhöhe: $h \approx 0{,}7\, d = 60$ mm.

Flächenpressung im Gewinde bei:

$$z = \frac{60}{2} = 30 \text{ Gängen:}$$

$$p = \frac{P_n'}{z \cdot \pi \cdot d_f \cdot t_t} = \frac{17400}{30 \cdot \pi \cdot 7{,}77 \cdot 0{,}13} = 183 \text{ kg/cm}^2. \text{ Niedrig.}$$

Durch die Nabenbohrung von 80 mm Durchmesser entsteht an der Kolbenstange ein Absatz von 10 mm Breite, senkrecht zur Stangenachse gemessen, der jedoch zur unmittelbaren Übertragung der Kolbenkräfte auf die Stange nicht genügt, da der Flächendruck:

$$p = \frac{P_n'}{f} = \frac{17400}{\frac{\pi}{4}(10^2 - 8^2)} = 616 \text{ kg/cm}^2$$

für das Gußeisen des Kolbens zu hoch wird. Es wurden deshalb Stahlringe eingeschaltet, die bei 400 kg/cm² Flächendruck am Kolben:

$$f = \frac{P_n'}{p} = \frac{17400}{400} = 43{,}5 \text{ cm}^2$$

Auflagefläche, entsprechend 109,3 mm Außendurchmesser haben müßten. Gewählt 120 mm. Nabendurchmesser mindestens $1{,}6 \cdot 80 = 128$, abgerundet auf 140 mm.

Wegen der größeren Abmessungen werde zunächst der Niederdruckkolben durchgebildet. Stirnwände, durch sechs Rippen versteift, näherungsweise nach Formel (270) als kreisförmige, am Rande eingespannte Platten von je $d = 280$ mm Durchmesser berechnet, vgl. Abb. 1000. Die Wandstärke wird mit $p = 2{,}7$ at Überdruck, sowie $k_b = 250$ kg/cm²:

$$s = \sqrt{\frac{0{,}75\,d^2 \cdot p}{4\,k_b}} + a = \sqrt{\frac{0{,}75 \cdot 28^2 \cdot 2{,}7}{4 \cdot 250}} + a = 1{,}3 + a \text{ cm}.$$

Gewählt in Rücksicht auf die Herstellung: am Kolbenkranz 16, an der Nabe 20, im Mittel 18 mm.

Kranzstärke 42,5 mm.

Nachrechnung des Kolbens nach Reymann (Formel (271), Abb. 996):

$$\sigma_b = \frac{p_u \cdot H\,(R - r_n)^2\,(2\,R + r_n)}{r\,(H^3 - h^3)} = \frac{3{,}5 \cdot 16\,(40 - 7)^2\,(80 + 7)}{7\,(16^3 - 12^3)} = 320 \text{ kg/cm}^2.$$

In Rücksicht darauf, daß die Formel die Tangentialspannungen und die Versteifung durch die Rippen ganz vernachlässigt und daher zu hohe Beanspruchungen liefert, ist der Wert zulässig.

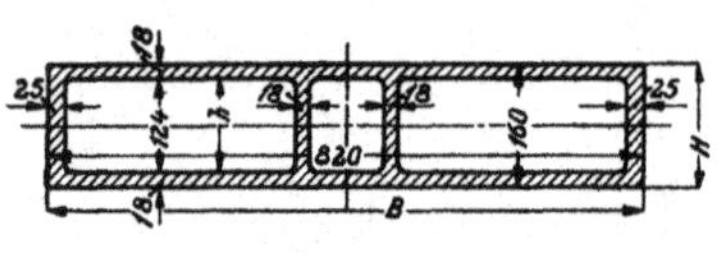

Abb. 1001. Zur Ermittlung des Widerstandsmoments am Niederdruckkolben.

Die folgende Nachrechnung des Kolbens als eine längs des Mittelschnitts eingespannte Platte gemäß Formel (262) ergibt eine wesentlich geringere Beanspruchung. Widerstandsmoment der um die Nabe herumgeführten, wahrscheinlichen Bruchfläche nach Abb. 1001, in der die Kranzstärke unter Abzug der Kolbenringnuten im Mittel mit 25 mm, die Stirnwandstärke und die der Rippen durchweg mit $s = 18$ mm angenommen wurde. Beanspruchung auf Biegung:

$$\sigma_b = \frac{2}{3} \cdot \frac{R^3 \cdot p_u}{J} \cdot e = \frac{2}{3} \cdot \frac{R^3 \cdot p_u \cdot 6 \cdot H}{(B H^3 - b \cdot h^3)} = \frac{2}{3} \cdot \frac{40^3 \cdot 3{,}5 \cdot 6}{(82 \cdot 16^3 - 73{,}4 \cdot 12{,}4^3)} \cdot 16 = 73{,}7 \text{ kg/cm}^2.$$

Auflagedruck im Zylinder. Das Gewicht des Kolbens errechnet sich zu rund $G = 300$ kg. Unter Einschluß der Kolbenringe ist die eigentliche Tragfläche nach Abb. 1000 $b' = B - 2 \cdot 10 = 140$ mm breit; sie führt unter der Annahme, daß der Kolben entsprechend einem Winkel $\gamma = 60^0$ beiderseits der Mittelebene zum Aufliegen kommt, zu:

$$p = \frac{G}{b' \cdot D \sin\gamma} = \frac{300}{14 \cdot 2 \cdot 40 \cdot 0{,}866} = 0{,}31 \text{ kg/cm}^2. \text{ Zulässig.}$$

Hochdruckkolben. Der Versuch, den Kolben aus Gußeisen ohne Rippen auszuführen, ergibt unter Heranziehung der Formeln (269) und (266) zu große Stirnwandstärken. Bei einer Kranzstärke von 32,5 mm wird $r_a = 192{,}5$ mm, mithin:

$$\frac{r_n}{r_a} = \frac{70}{192{,}5} = 0{,}364$$

und nach Abb. 65 $\varphi_6 = 1{,}35$, $\varphi_2 = 0{,}635$, ferner:

$$P = \pi (R^2 - r_a^2)\, p_u = \pi (22{,}5^2 - 19{,}25^2) \cdot 10{,}9 = 4630 \text{ kg}.$$

Schließlich würde unter der günstigen Annahme, daß die beiden Stirnplatten gleichmäßig an der Aufnahme der Kräfte teilnehmen, mit $k = 300$ kg/cm²:

$$s' = \frac{s}{\sqrt{2}} = 0{,}71 \sqrt{\frac{\varphi_6\, p \cdot r_a^2 + \varphi_2 \cdot P}{k}} = 0{,}71 \sqrt{\frac{1{,}35 \cdot 10{,}9 \cdot 19{,}25^2 + 0{,}635 \cdot 4630}{300}} = 3{,}75 \text{ cm}.$$

Es wurden deshalb vier Rippen angenommen und die Stirnwände zwischen den Rippen und dem Kranz näherungsweise als kreisförmige, eingespannte Platten von $d' = 160$ mm Durchmesser nach (270) berechnet. Überdruck $p = 12$ at, $k_b = 250$ kg/cm².

$$s = \sqrt{\frac{0{,}75\,(d')^2 \cdot p}{4\,k_b}} + a = \sqrt{\frac{0{,}75 \cdot 16^2 \cdot 12}{4 \cdot 250}} + a = 1{,}57 + a \text{ cm.}$$

Gewählt $s = 18$ mm, sowohl für die Stirnwände, wie für die Rippen.

Die weitere Berechnung erübrigt sich, da wegen der kleineren Abmessungen des Kolbens bei annähernd derselben Belastung und denselben Wandstärken, wie am Niederdruckkolben, durchweg geringere Beanspruchungen auftreten müssen. Des Vergleichs wegen seien sie im folgenden kurz zusammengestellt: Nachrechnung des Kolbenkörpers nach Reymann (271), $\sigma_b = 142{,}4$ kg/cm², Nachrechnung des Kolbenkörpers als eine längs des Mittelschnitts eingespannte Platte (262) $\sigma_b' = 54{,}3$ kg/cm². Gewicht des Kolbens 111 kg. Flächendruck im Zylinder 0,204 kg/cm².

Die konstruktive Durchbildung der beiden Kolben zeigt Abb. 1000. Zur Stützung und Entlüftung der Kerne dienen am Rande verstärkte Kernlöcher auf der Mutterseite der Kolben, zur Sicherung der richtigen, gegenseitigen Lage der Kerne Aussparungen an den äußeren Enden der Rippen. Die Kolben sind an der Lauffläche in der auf Seite 540 beschriebenen Weise abgedreht und zur Wahrung der richtigen Lage gegenüber der Zylinderlauffläche durch Federn F auf den Kolbenstangen gehalten. Bei einem radialen Spiel im Scheitel des Niederdruckkolbens von $a = 2{,}5$ mm wird das Maß, um das derselbe beim Nachdrehen verschoben werden muß, rund $\frac{2}{3} \cdot 2{,}5 = 1{,}7$ mm. Die Ringe sind durch besondere, in Ausfräsungen in den Nuten liegende Halter aus weicher Bronze, die auf den unteren Dritteln der Kolbenumfänge verteilt sind, gegen Wandern geschützt.

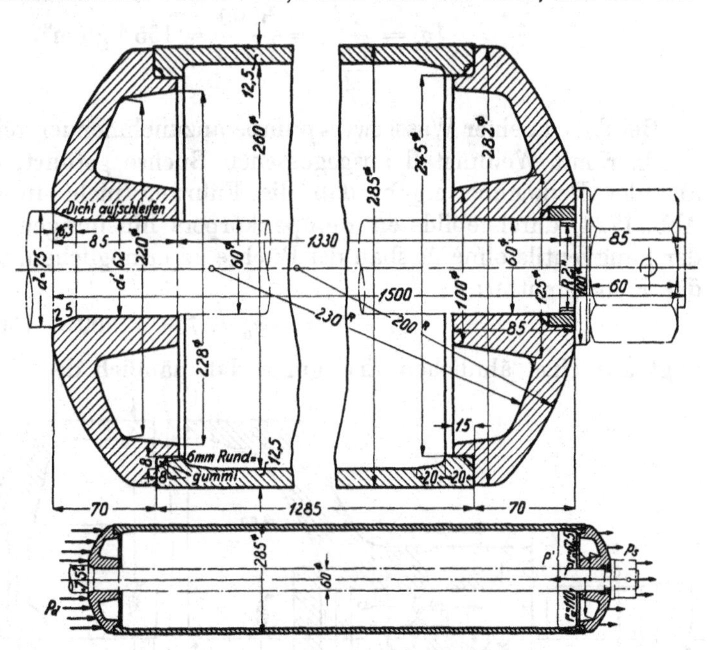

Abb. 1002. Pumpenkolben zur Wasserwerkmaschine Tafel I. M. 1:5 und 1:20.

2. Pumpenkolben zur Wasserwerkmaschine, Tafel I, Abb. 1002 und 1003. Kolbendurchmesser $D_p = 285$ mm, Hub $s_0 = 800$ mm, Saughöhe 4, Druckhöhe 52 m Wassersäule. Kolbenstangendurchmesser 75 mm. Werkstoff: Gußeisen.

Bei der Ermittlung des Kolbendrucks ist zu beachten, daß der Kolben auf der einen Seite der Saugspannung von 0,4 at und gleichzeitig auf der anderen der Druckspannung von 5,2 at ausgesetzt ist, so daß die Summe beider Drucke zur Wirkung kommt. In Rücksicht auf den Widerstand und die Verluste sei p_p auf 5,85 at erhöht, womit:

$$P_p = \frac{\pi}{4} D_p^2 \cdot p_p = \frac{\pi}{4} \cdot 28{,}5^2 \cdot 5{,}85 \approx 3700 \text{ kg} \quad \text{wird.}$$

Dazu tritt noch die Massenkraft zur Beschleunigung des eigentlichen Kolbens. Sein Gewicht beträgt etwa $G = 145$ kg, so daß die größte Beschleunigungskraft (vgl. Abschnitt 14) in der hinteren Totlage bei der Kolbengeschwindigkeit $v_{max} = 2{,}09$ m/sek und dem Kurbelkreishalbmesser $R_0 = 0{,}4$ m:

$$\frac{G}{g} \cdot 1{,}2 \cdot \frac{v^2}{R_0} = \frac{145}{9{,}81} \cdot 1{,}2 \cdot \frac{2{,}09^2}{0{,}4} = 194 \text{ kg}$$

wird. Insgesamt wirken also ungünstigstenfalls 3700 + 194 rund $P'_p = 3900$ kg auf den Kolben.

Die Stange ist in Abb. 1002 durch den Kolben hindurchgeführt und zur Anpressung der beiden Deckel, die den Kolben abschließen, benutzt. Ausgehend von dem in Beispiel 1 des Abschnitts 12 über Kolbenstangen berechneten Durchmesser $d = 75$ mm müßte der Kegel am vorderen Ende bei $p = 400$ kg/cm² Auflagepressung auf Gußeisen eine Druckfläche von:

$$f = \frac{P_p'}{p} = \frac{3900}{400} = 9{,}75 \text{ cm}^2,$$

senkrecht zur Stangenachse gemessen, bekommen. Daraus folgt der Stangenquerschnitt f' im Innern des Kolbens:

$$f' = \frac{\pi}{4} d^2 - f = \frac{\pi}{4} 7{,}5^2 - 9{,}75 = 34{,}5 \text{ cm}^2,$$

entsprechend $d' = 6{,}6$ cm Durchmesser. Gewählt $d' = 62$ mm in der Nabe unter Verminderung auf 60 mm im Kolben. Gewinde am hinteren Ende 2″ Rohrgewinde, mit 59,6 äußeren und $d_1 = 56{,}6$ mm Kerndurchmesser. Zugbeanspruchung des Kernes:

$$\sigma_z = \frac{P_p'}{\frac{\pi d_1^2}{4}} = \frac{3900}{25{,}16} = 155 \text{ kg/cm}^2. \text{ Niedrig.}$$

Bei dem in einer Wasserwerkpumpe anzunehmenden reinen Wasser wurde der Kolben in einer mit Weißmetall ausgegossenen Büchse geführt, deren Länge sich zu 700 mm aus der Bedingung ergab, daß die Führung nicht in die senkrechten Teile des in Abb. 1724, durchgebildeten Pumpenkörpers hineinragen sollte, um das Herausnehmen der Saugventile ohne Ausbau der Büchse zu ermöglichen. Die Kolbenlänge einschließlich der Kolbenmutter:

$$L = 700 + s_0 = 700 + 800 = 1500 \text{ mm}$$

folgt aus einer ähnlichen Erwägung, daß nämlich der Kolben in den beiden Totlagen gerade mit den Endflächen der Laufbüchse abschneiden soll. Dadurch läßt sich das hintere Saugventil in der vorderen Lage des Kolbens ohne weiteres herausnehmen, das vordere freilich nur nach dem Lösen der Kolbenstange in der Kupplung und nach dem Herausziehen des Kolbens. Das setzt einen genügend großen freien Raum hinter der Pumpe voraus!

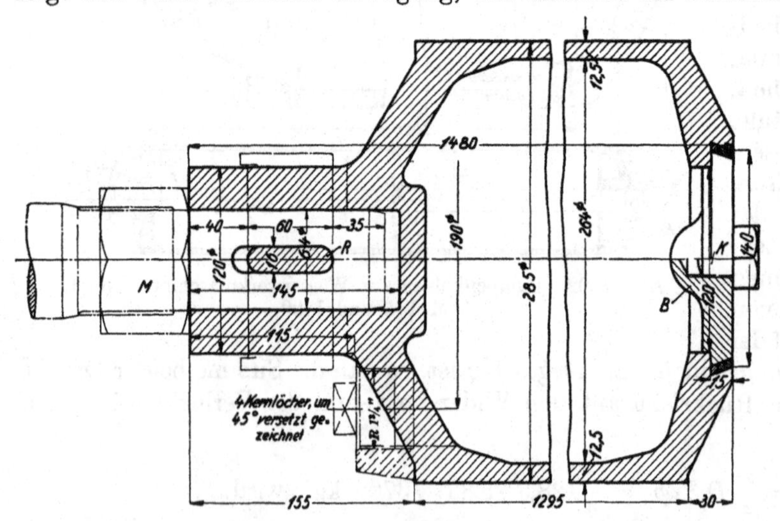

Abb. 1003. Pumpenkolben zur Wasserwerkmaschine Tafel I. M. 1:5.

Vorteilhafter ist in der Beziehung die Ausführung nach Abb. 1003, bei der die Stange durch einen Riegel R mit dem vorderen Ende des Kolbens verbunden ist. R kann nach Abnehmen des Deckels am Pumpenkörper leicht gelöst werden. Schiebt man dann den Kolben in die hintere Totlage, so ist das vordere Saugventil frei.

Der Kolben Abb. 1002 ist des leichteren Gießens wegen in einen rohrförmigen mittleren Teil und zwei Deckel gleichen Modells zerlegt. Wandstärke des Mittelteils nach der für Rohrwandungen bei stehendem Guß gültigen Formel (154a):

$$s_1 = {}^1/_{60}\, D_p + 0{,}7 \text{ cm} = \frac{28{,}5}{60} + 0{,}7 = 1{,}2 \text{ cm}.$$

Tangentiale Beanspruchung durch den Flüssigkeitsdruck beim Druckhube $p'_p \approx 5{,}4$ at nach Formel (61):

$$\sigma_{d1} = \frac{D_p}{2} \cdot \frac{p_p}{s} = \frac{28{,}5}{2} \cdot \frac{5.4}{1{,}2} = 64{,}1 \text{ kg/cm}^2.$$

Druckbeanspruchung durch die Kolbenkraft in der Längsrichtung:

$$\sigma_{d2} = \frac{P_p}{\frac{\pi}{4}(D_p^2 - D_1^2)} = \frac{3700}{\frac{\pi}{4}(28{,}5^2 - 26{,}1^2)} = 36 \text{ kg/cm}^2.$$

Treten die beiden Beanspruchungen gleichzeitig auf, wie es beim Rückgang des Kolbens der Fall ist, so vermindert sich die aus der größten auftretenden Dehnung berechnete Anstrengung der Wandung nach der Formel auf Seite 45 unten bei einer Querdehnungszahl $m = 3{,}3$ auf:

$$\sigma = \sigma_{d1} - \frac{\sigma_{d2}}{m} = 64{,}1 - \frac{36}{3{,}3} = 53{,}2 \text{ kg/cm}^2.$$

Die Kolbendeckel sind der größeren Widerstandsfähigkeit wegen außen kugelig gewölbt und am ungünstigsten beansprucht, wenn das betreffende Kolbenende im Saughube steht. Nach Abb. 1002 unten ist dann der hintere Deckel

a) der gleichmäßig verteilten Saugspannung p_s ausgesetzt und muß

b) den Rest der Kolbenkraft P', die am Umfange angreift, auf die Stange übertragen.

Berechnet man ihn als eine ebene Platte nach den Formeln (71) und (67) oder (266), die dem vorliegenden Belastungsfall gut entsprechen, so erhält man infolge Vernachlässigung der Wölbung sicher einen zu großen Wert für die Spannung, darf also in bezug auf die zulässige Beanspruchung hoch gehen. Sie sei zu $k = 400$ kg/cm² (schwellend) angenommen.

$$\frac{r_n}{r_a} = \frac{62{,}5}{110} = 0{,}569; \quad \varphi_6 = 0{,}48; \quad \varphi_2 = 0{,}31.$$

Wird p_s wegen der Widerstände in der Saugleitung und im Ventil mit 0,45 angesetzt, so ist die auf der Fläche vom Halbmesser r_a wirksame Kraft von $\pi \cdot r_a^2 \cdot p_s = \pi \cdot 11^2 \cdot 0{,}45 \approx 170$ kg von der Kolbenkraft 3900 kg abzuziehen, um die Randkraft $P' = 3730$ kg zu bekommen. Damit wird die Wandstärke des Deckels:

$$s = \sqrt{\frac{\varphi_6 \cdot p_s \cdot r_a^2 + \varphi_2 P'}{k}} = \sqrt{\frac{0{,}48 \cdot 0{,}45 \cdot 11^2 + 0{,}31 \cdot 3730}{400}} = 1{,}72 \text{ cm}.$$

Ausgeführt: an der Nabe 25, außen rund 20 mm.

Die konstruktive Gestaltung des Kolbens ist aus Abb. 1002 ersichtlich. Die drei Teile lassen sich ohne Schwierigkeit gießen, sind zentrisch zusammengepaßt und durch Rundgummischnüre an den Deckelumfängen und am hinteren Stangenende, am Kolbenstangenkegel aber durch Einschleifen sorgfältig abgedichtet. Das ist wichtig, weil sonst das Kolbeninnere als Luftsack wirkt und Stöße beim Betrieb der Pumpe bedingt und weil im Falle der Füllung des Kolbens mit Wasser die zu beschleunigenden Massen und das Gewicht des Kolbens beträchtlich wachsen, das für die Reibung in der Führungsbüchse und deren Abnutzung maßgebend ist.

Dadurch, daß der Kolben mit Luft gefüllt ist, entsteht ein Auftrieb, der den Druck auf die Führung unter Einrechnung des im Innern liegenden Teiles der Stange (30 kg), entsprechend der vom Kolben verdrängten 88 l Wasser auf 175 — 88 = 87 kg ermäßigt.

3. Niederdruckkolben einer Lokomotive, Zusammenstellung 110 lfde. Nr. 13. aus Flußstahl geschmiedet, beim Anfahren einen Dampfdruck von $p = 6{,}5$ at ausgesetzt.

Maßgebend ist die Spannung an der Ansatzstelle der Kolbenscheibe an der Nabe nach Formel (266).

$$\frac{r_n}{r_a} = \frac{7{,}6}{30{,}3} = 0{,}251\,.$$

a) Wirkung des gleichmäßig verteilten Dampfdruckes von $p = 6{,}5$ at:

Nach Abb. 65 ist $\varphi_6 = 2{,}24$ und somit:

$$\sigma_1 = \varphi_6 \cdot \frac{p \cdot r_a^2}{s^2} = 2{,}24 \cdot \frac{6{,}5 \cdot 30{,}3^2}{3^2} = 1485 \text{ kg/cm}^2.$$

b) Wirkung der Randbelastung, berechnet aus dem Zylinderdurchmesser von $D = 700$ mm:

$$P = \frac{\pi}{4}(D^2 - (2\,r_a)^2) \cdot p = \frac{\pi}{4}(70^2 - 60{,}6^2) \cdot 6{,}5 = 6270 \text{ kg}.$$

$$\varphi_2 = 0{,}95\,; \qquad \sigma_2 = \varphi_2 \frac{P}{s^2} = 0{,}95 \cdot \frac{6270}{3^2} = 662 \text{ kg/cm}^2.$$

An der Nabe summieren sich die beiden Spannungen zu:

$$\sigma = \sigma_1 + \sigma_2 = 2147 \text{ kg/cm}^2.$$

Die Berechnung des Kolbens nach der Näherungsformel (262) würde zu einer ganz falschen Beurteilung der Spannungen und ihrer Verteilung führen. Die Vorstellung, daß eine Kolbenhälfte längs eines Meridianschnittes eingespannt sei, würde die Linie *I I*, Abb. lfde Nr. 13 der Zusammenstellung 110, als Nullinie und die größten Spannungen $\sigma_{b\,\max}$ an den Stirnflächen des Kranzes erwarten lassen. Mit dem unter Ausschluß der Nabe ermittelten Trägheitsmoment von rund $J = 1740$ cm⁴ wird:

$$\sigma_{b\,\max} = \frac{2}{3}\frac{R^3 \cdot p}{J} \cdot e = \frac{2}{3}\frac{35^3 \cdot 6{,}5}{1740} \cdot 6{,}5 = 694 \text{ kg/cm}^2.$$

Ganz unrichtig wäre, wenn man auf Grund der eben besprochenen Vorstellung versuchen wollte, das Kolbengewicht herabzusetzen. Das gleiche Trägheitsmoment ließe sich nämlich unter Verkleinerung der Scheibenstärke auf $s' = 20$ mm durch eine geringe Verstärkung des Kranzes erreichen. Durch Herabsetzen der Scheibenstärke von 30 auf 20 mm sinkt das Trägheitsmoment des Kolbens um:

$$\frac{60{,}6 \cdot 3^3}{12} - \frac{60{,}6 \cdot 2^3}{12} = 96 \text{ cm}^4,$$

was sich durch Verstärken des Kranzes um $x = 0{,}27$ cm ausgleichen läßt, wie aus:

$$2 \cdot x \cdot \frac{13^3 - 3^3}{12} = 96$$

folgt. Das würde aber eine Erhöhung der Spannung in der Kolbenscheibe an der Nabe auf rund:

$$\sigma\left(\frac{s}{s'}\right)^2 = 2147 \cdot \left(\frac{3}{2}\right)^2 = 4840 \text{ kg/cm}^2$$

bedingen, also ganz unzulässig sein. Verfasser führt das Beispiel nur an, um zu zeigen, zu welchen Folgen falsche Vorstellungen und Berechnungsgrundlagen führen können.

4. Bei der Nachrechnung des von Bach [XI, 8] untersuchten Kolbens, Abb. lfde Nr. 7 der Zusammenstellung 110, mit $i = 6$ Rippen, bei dem der erste Riß an einem

der Rippenlöcher bei $p = 36{,}5$ at entstand, ergeben sich nach Pfleiderer (vgl. S. 558 und Abb. 997) die folgenden Einzelwerte: $R = 49{,}8$, $r = 22$, $x = 25{,}5$, $H = 21$ cm und an dem Sektorquerschnitt:

$$J = 10790, \quad J' = 177 \text{ cm}^4, \quad F = 70{,}1 \text{ cm}^2, \quad c = 8{,}63 \text{ cm},$$

$$M_b = \frac{\pi}{3i}(R - x)^2 (2R + x)\, p = \frac{\pi}{3 \cdot 6}(49{,}8 - 25{,}5)^2 (2 \cdot 49{,}8 + 25{,}5)\, 36{,}5 = 4708500 \text{ kg cm},$$

$$A = \frac{\pi}{i}(R^2 - v^2)\, p = \frac{\pi}{6}(49{,}8^2 - 22^2) \cdot 36{,}5 = 36500 \text{ kg}$$

und die Spannung:

$$\sigma = \frac{M_b}{J}\frac{H}{2} + \frac{A \cdot l_1}{4}\left(\frac{1}{c \cdot F} + \frac{c - \frac{w}{2}}{J'}\right) = \frac{4708500}{10790} \cdot \frac{21}{2}$$

$$+ \frac{36500 \cdot 7}{4}\left(\frac{1}{8{,}63 \cdot 70{,}1} + \frac{8{,}63 - \frac{7}{2}}{177}\right) = 460 + 1950 = 2410 \text{ kg/cm}^2.$$

An vier aus dem Kolben herausgearbeiteten Zugstäben hatte sich im Mittel $K_z = 2180$ kg/cm² Festigkeit ergeben.

5. Nachrechnung des Kraftwagenmotorkolbens, Abb. 978. Größter auftretender Kolbendruck P bei $p = 25$ at Zündspannung:

$$P = \frac{\pi}{4} D^2 \cdot p = \frac{\pi}{4} \cdot 10{,}5^2 \cdot 25 = 2160 \text{ kg}.$$

Beanspruchung des Kolbenbodens, als Kugelschale von $\frac{D_a}{2} = 165$ mm Halbmesser und $s = 5$ mm Wandstärke betrachtet, nach Formel (54) ohne Berücksichtigung der Verstärkungsrippe:

$$\sigma_d = \frac{D_a \cdot p}{4s} = \frac{33 \cdot 25}{4 \cdot 0{,}5} = 412 \text{ kg/cm}^2.$$

Als ebene, am Rande eingespannte Platte von $r_a = 45$ mm Halbmesser nach Formel (64) berechnet, ergibt sich ein oberer Wert von:

$$\sigma = \pm 0{,}75 \cdot p \cdot \frac{r_a^2}{s^2} = \pm 0{,}75 \cdot 25 \cdot \frac{4{,}5^2}{0{,}5^2} = \pm 1520 \text{ kg/cm}^2.$$

Auflagedruck längs der Gleitfläche unter Benutzung der Formel (259) bei Abzug der Aussparung am Bolzensitz:

$$p = \frac{P}{8{,}7 \cdot D \cdot l_2} = \frac{2160}{8{,}7 \cdot 10{,}5\,(13{,}6 - 2{,}6)} = 2{,}15 \text{ kg/cm}^2.$$

Unter Abzug der vier Kolbenringnuten steigt er auf 2,75 kg/cm².

Auflagedruck am Kreuzkopfbolzen. Werkstoff: gehärteter, geschliffener Stahl.

$$p_{\max} = \frac{P}{b \cdot d} = \frac{2160}{6{,}5 \cdot 2{,}4} = 138 \text{ kg/cm}^2.$$

Biegebeanspruchung nach Belastung lfder Nr. 16, Zusammenstellung 5, S. 28, bei $L = 100$ mm Gesamtzapfenlänge:

$$\sigma_b = \frac{32 \cdot P \cdot L}{8\pi \frac{d^4 - d_i^4}{d}} = \frac{32 \cdot 2160 \cdot 10 \cdot 2{,}4}{8\pi(2{,}4^4 - 1{,}5^4)} = 2350 \text{ kg/cm}^2.$$

Zwölfter Abschnitt.

Kolbenstangen.

1. Zweck der Kolbenstangen.

An Kraftmaschinen mit Kurbeltrieb besteht die Aufgabe der Kolbenstangen darin, die an den Kolben wirkenden Kräfte auf den Kreuzkopf und dadurch auf das Triebwerk zu übertragen; an Arbeitsmaschinen haben sie den Zweck, die Triebwerkkräfte an die Kolben abzugeben. Manchmal übertragen die Stangen die Kraft von einem Kolben auf einen anderen, wie an Hubpumpen, manchmal, wie an Pressen und Dampfhämmern, durch einen Kopf oder den Bären auf das zu bearbeitende Stück.

2. Baustoffe und Querschnitt der Kolbenstangen.

Als Baustoff kommt vor allem härterer Flußstahl in Frage, der infolge seiner glatteren und reinen Oberfläche geringere Reibung und Abnutzung in den Stopfbüchsen bedingt als weicher Flußstahl, Gußeisen und Stahlguß, die seltener gebraucht werden. Neben Flußstahl werden gelegentlich auch noch Bronze und Messing verwandt.

Der Querschnitt ist in den meisten Fällen der vollrunde; hohle Stangen kreisringförmigen Querschnitts finden sich bei großen Maschinen, um an Gewicht zu sparen und insbesondere an Gasmaschinen, um das Wasser oder Öl zur Kühlung des Kolbens zu- und abzuführen.

3. Berechnung der Kolbenstangen.

Die Berechnung der Stangen hat je nach der Wirkung der Kräfte auf Zug, Druck oder Knickung, bei liegenden Maschinen mit schweren schwebenden Kolben auch auf eine genügend kleine Durchbiegung hin zu erfolgen.

a) Berechnung auf Festigkeit.

Der Berechnung auf Knickung pflegte man bisher die Eulersche Formel für den Belastungsfall II, Seite 16, unter Annahme von hohen, sonst im Maschinenbau nicht üblichen Sicherheitsgraden $\mathfrak{S}$ zugrunde zu legen. Ist P die im Betriebe auftretende größte Belastung, so wurde das Trägheitsmoment so groß genommen, daß erst bei der $\mathfrak{S}$-fachen Kraft Knickgefahr eintrat und dementsprechend:

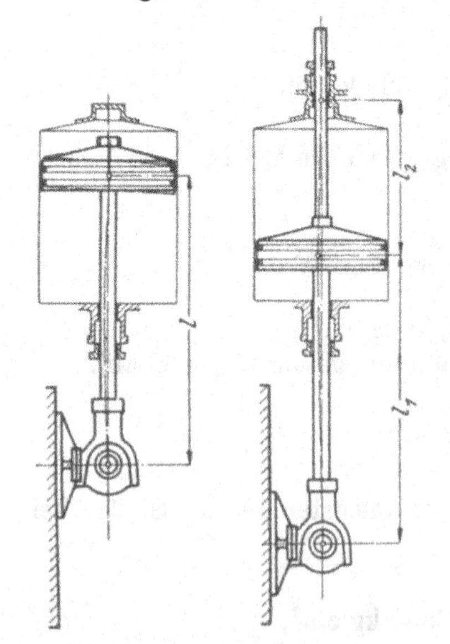

Abb. 1004 und 1005. Vergleich einer nicht durchgeführten mit einer durchgeführten Kolbenstange an stehenden Maschinen.

$$\frac{\pi^2 \cdot J}{\alpha \cdot l^2} = \mathfrak{S} \cdot P = P_k \text{ oder } J = \frac{\alpha \cdot l^2 \cdot \mathfrak{S} \cdot P}{\pi^2} \qquad (274)$$

gewählt, wobei für l z. B. im Falle der Abb. 1004 und 1005 die Entfernung von Kolben- bis Kreuzkopfmitte gesetzt wurde. Für die Sicherheit nahm man:

$\mathfrak{S} = 8$ bis 11, wenn die Belastung zwischen O und P schwankt,

$\mathfrak{S} = 15$ bis 22, wenn die Kraft zwischen $+P$ und $-P$ wechselt.

Das Trägheitsmoment voller Kolbenstangen ist:

$$J = \frac{\pi d^4}{64},$$

dasjenige hohler:

$$J = \frac{\pi (d_a^4 - d_i^4)}{64}.$$

Diese Berechnung ist in zweifacher Hinsicht nicht immer einwandfrei. Erstens fallen viele Stangen in das Gebiet der unelastischen Knickung, Abb. 20, sind also nicht nach der Eulerschen, sondern nach der Tetmajerschen Formel zu beurteilen, nach der sie oft wesentlich geringere Sicherheitsgrade besitzen. Zweitens trifft die der Eulerschen und der Tetmajerschen Formel zugrunde liegende Annahme eines an den Enden gelenkig gelagerten Stabes nur auf Stangen nach Fall *A* der Zusammenstellung 111 zu, nicht aber auf solche, die an den Enden geführt oder durch mehrere Kräfte belastet sind, wie in den Fällen *B* bis *F*, in denen weder die Eulersche noch die Tetmajersche Formel gilt.

Ist es bei Neuberechnungen im Falle *A* nicht von vornherein sicher, daß die Stange in das Gebiet der elastischen Knickung und unter die Eulersche Formel fällt, so empfiehlt es sich, den Stangendurchmesser zu schätzen und an dem Verhältnis $\frac{l}{i}$ festzustellen, welche Formel für die Bestimmung des Sicherheitsgrades in Betracht kommt, vgl. Berechnungsbeispiel 1.

Die Belastungsfälle *B* bis *F* hat Mies [XII, 1, 2] genauer untersucht. Einzylindermaschinen mit fester Führung, Fall *B*, und mit Schlittenführung, Fall *C*, sind gleichwertig, weil auf eine Einspannwirkung der Führung keineswegs gerechnet werden darf, die Durchbiegung der Stange also in

Zusammenstellung 111. Zur Berechnung von Kolbenstangen nach Mies.

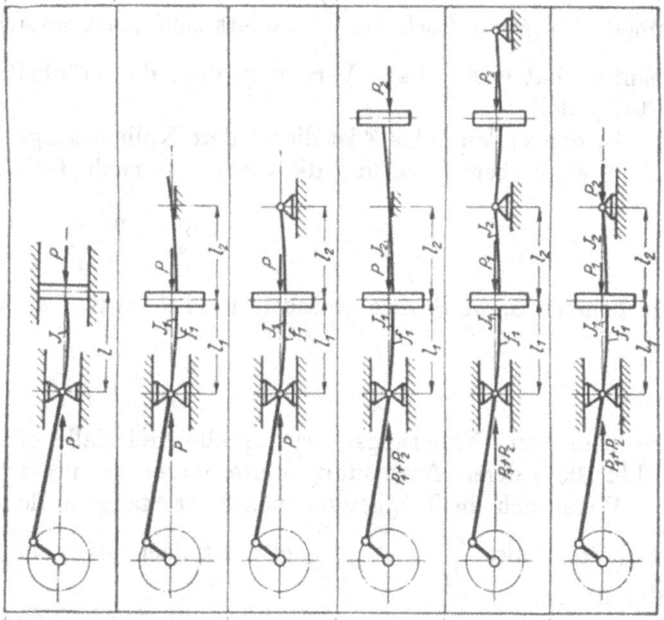

Fall	Maschine	Berechnung	Sicherheit
A	Einzylindermaschine	$J = \frac{\alpha \cdot l^2 \cdot \mathfrak{S} \cdot P}{\pi^2}$ (Euler) bzw. $\mathfrak{S}_T \cdot P = f \cdot K \left(1 - c_1 \frac{l}{i}\right)$ (Tetmajer)	$\mathfrak{S} = 8 - 12$
B	Einzylindermaschine mit fester Führung	$J_1 = \frac{\alpha \cdot l_1^2 \cdot \mathfrak{S} \cdot P}{\varphi^2}$; φ aus Abb. 1006	$\mathfrak{S} = 4—8$. Außerdem Nachrechnung auf Sicherheit gegen Überschreiten der Fließspannung σ_s. $\mathfrak{S}' = \frac{\sigma_s \cdot f_1}{P}$ (Fall *B* und *C*), $\mathfrak{S}' = \frac{\sigma_s \cdot f_1}{P_1 + P_2}$ (Fall *D*, *E*, *F*).
C	Einzylindermaschine mit Schlittenführung		
D	Reihenmaschine mit fester Führung	$J_1 = \frac{\alpha \cdot l_1^2 \cdot \mathfrak{S} \cdot (P_1 + P_2)}{\varphi^2}$; $J_2 = \frac{\alpha \cdot l_2^2 \cdot \mathfrak{S} \cdot P_2}{\psi^2}$. Näherungsformel: $J_1 = \frac{\alpha (l_1 + l_2)^2 \cdot \mathfrak{S} (P_1 + P_2)}{\pi^2}$; φ und ψ aus Abb. 1007	
E	Reihenmaschine mit Schlittenführung		
F	Vordere Kolbenstange der Reihenmaschine mit Schlittenführung		

derselben Art und Weise erfolgen wird. Im Fall *E* einer Reihenmaschine mit Schlittenführung und geteilter Kolbenstange läßt sich die hintere Stange auf Form *C*, die vordere auf *F* zurückführen, so daß sich Mies auf die Untersuchung der Fälle *C*, *D* und *F* beschränken konnte. Er zeigte, daß für sie der Eulerschen ähnliche Formeln mit Berichtigungszahlen φ und ψ an Stelle von π gelten.

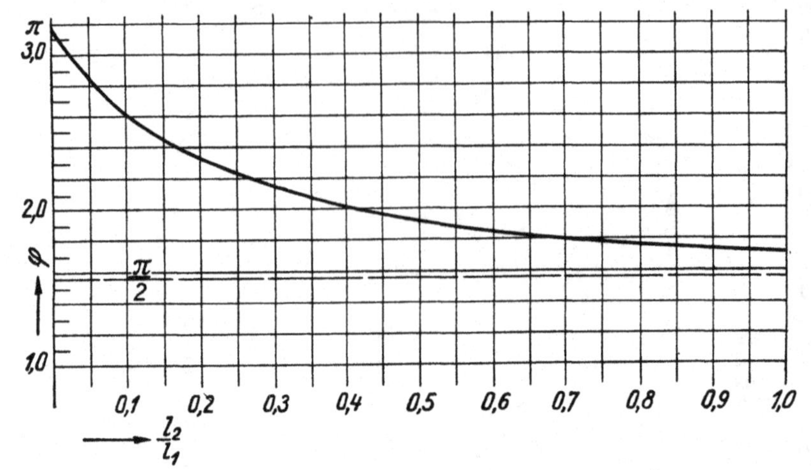

Abb. 1006. Werte für φ in Abhängigkeit von $\frac{l_2}{l_1}$.

φ ist in den Fällen *B* und *C* im wesentlichen von dem Verhältnis der Stangenlängen hinter und vor dem Kolben $\frac{l_2}{l_1}$ abhängig und kann aus Abb. 1006 bestimmt werden. Für $\frac{l_2}{l_1} = 0$ nimmt φ den Wert π an; die Formel geht also in die zweite Eulersche [vgl. (16) und (274)] über. Für große Werte von $\frac{l_2}{l_1}$ nähert sich φ asymptotisch dem Werte $\frac{\pi}{2}$. Nur geringen Einfluß hat eine etwaige Verschiedenheit der Trägheitsmomente J_1 und J_2 der beiden Stangenteile.

In den Fällen *D* bis *F* ist die vordere Kolbenstange auf die Summe der Kolbenkräfte $P_1 + P_2$ zu berechnen und die Sicherheit nach der Knickkraft:

$$P_{k1} = \frac{\varphi^2 \cdot J_1}{\alpha \cdot l_1^2} \tag{275}$$

zu beurteilen, die Stange zwischen den beiden Kolben aber nach P_2 und der Knickkraft:

$$P_{k2} = \frac{\psi^2 \cdot J_2}{\alpha \cdot l_2^2} \tag{276}$$

zu bemessen. Näherungsweise für alle drei Fälle gültige Werte für φ und ψ enthält Abb. 1007, deren Anwendung weiter unten erläutert wird.

Wenn sich die Trägheitsmomente der Stangenteile wie die in ihnen wirkenden Kräfte verhalten, also $\frac{J_1}{J_2} = \frac{P_1 + P_2}{P_2}$ gilt, ist nach Mies die Knickkraft der gesamten Stange durch:

$$\mathfrak{S} \cdot (P_1 + P_2) = P_k = \frac{\pi^2 \cdot J_1}{\alpha \cdot (l_1 + l_2)^2}, \tag{277}$$

also diejenige einer nach der Eulerschen Formel zu berechnenden Stange gegeben, die durchweg die gleiche Stärke wie im vorderen Teile hat, deren Länge der Entfernung der Führungen entspricht und die durch die Summe der Kolbenkräfte $P_1 + P_2$ beansprucht wird. Die Gleichung kann selbst dann als Näherungsformel benutzt werden, wenn die Bedingung:

$$\frac{J_1}{J_2} = \frac{P_1 + P_2}{P_2} \tag{278}$$

nur annähernd erfüllt ist, weil auch hier der Einfluß verschiedener Trägheitsmomente nicht groß ist. Sie erleichtert die Neuberechnung der Stangen in den Fällen *D* bis *F*.

Sind nämlich P_1 und P_2, l_1 und l_2 gegeben, so berechnet man zunächst das Trägheitsmoment des vorderen Teils aus:

$$J_1 = \frac{\mathfrak{S}\cdot(P_1 + P_2)\cdot\alpha\cdot(l_1 + l_2)^2}{\pi^2}, \tag{279}$$

nimmt $J_2 = J_1 \frac{P_2}{P_1 + P_2}$ und entwirft damit die ganze Stange. Für die Nachrechnung, bei der etwaige, bei der konstruktiven Durchbildung nötige Abänderungen berücksichtigt werden, benutzt man Abb. 1007, ermittelt zunächst das Verhältnis:

$$\frac{\varphi}{\psi} = \frac{l_1}{l_2}\sqrt{\frac{P_1 + P_2}{P_2}\cdot\frac{J_2}{J_1}}, \tag{280}$$

sucht den zugehörigen Strahl in dem von O ausgehenden Büschel der Abb. 1007 und auf ihm den Schnittpunkt mit der Kurve, die dem Längenverhältnis der Stangenteile $\frac{l_2}{l_1}$ entspricht. Werte, die zwischen den in der Abbildung eingetragenen Linien liegen, lassen sich genügend genau schätzen. Die Ordinate des Schnittpunktes liefert φ, seine Abszisse ψ zur genaueren Berechnung, sowohl der Knickkräfte P_{k1} und P_{k2}, als auch der Sicherheiten der beiden Stangenteile.

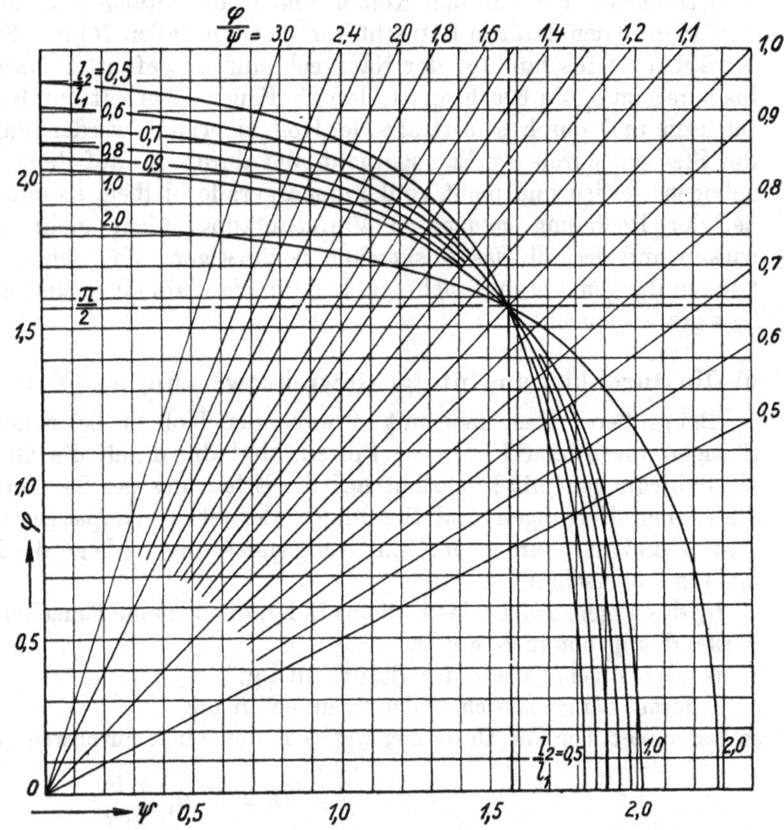

Abb. 1007. Werte von φ und ψ zur Berechnung von Kolbenstangen.

Im Falle D genügt es, als Länge l_2 die Entfernung von Mitte Kolben bis Mitte Führung in der Mittelstellung des Kolbens, einzusetzen.

Hervorgehoben sei, daß die Formeln von Mies, ähnlich wie die von Euler, nur für den Fall der elastischen Knickung gelten. Es kommt aber nicht selten vor, daß die Stangen in das Gebiet der unelastischen fallen. Die Sicherheit kann man dann annähernd, solange noch die der Tetmajerschen entsprechenden Formeln für die Belastungsfälle B bis F fehlen, durch Vergleich der in der Stange auftretenden Druckspannung $\sigma = \frac{P}{f}$ mit der Spannung an der Fließgrenze σ_s nach:

$$\mathfrak{S}' = \frac{\sigma_s}{\sigma} = \frac{\sigma_s \cdot f}{P} \tag{281}$$

beurteilen. Naturgemäß ist der kleinere der in den beiden Rechnungsgängen (auf Knickung und auf Druck) ermittelten Sicherheitsgrade entscheidend.

Beim Vergleich der Bauarten A, Abb. 1004 und B und C, Abb. 1005 fällt auf, daß die durchlaufende und an beiden Enden geführte Stange geringere Sicherheit bieten soll als die einfachere. Es ist aber zu bedenken, daß das Ausknicken nach den strichpunktierten Mittellinien erfolgen wird, aus denen die größere Knicklänge im zweiten Falle anschaulich hervorgeht. An liegenden Maschinen wird man unter Benutzung selbsttragender Kolben die kürzere, leichtere und billigere Bauweise, Abb. 1004, vorziehen. An stehenden verlangen dagegen die schwebenden Kolben wegen des allseitigen Spiels eine sichere Führung der Stange; soweit sie bei kurzen Hüben nicht durch den Kreuzkopf und eine Büchse im Zylinderboden gewährleistet erscheint, muß die Kolbenstange durchgeführt und genügend kräftig gehalten, sowie die zweite Stopfbüchse und die größere Bauhöhe in Kauf genommen werden.

Was die Wahl des Sicherheitsgrades anlangt, so wird man im Falle A, der hauptsächlich für kleinere Kräfte in Frage kommt, etwas höhere Werte, $\mathfrak{S} = 8$ bis 12, nehmen, damit die Stangen auch etwaigen Nebenbeanspruchungen gewachsen sind, z. B. den Biegespannungen durch einseitig auftretende Kolbenreibung oder Klemmungen. Bei größeren Maschinen pflegen die Nebenbeanspruchungen um so mehr zurückzutreten, je beträchtlicher die an den Kolben und in den Stangen wirkenden Kräfte sind. Daher darf man in den dafür in Betracht kommenden Fällen B bis F Sicherheitsgrade $\mathfrak{S} = 8$ bis 4 wählen. Mies fand bei der Nachrechnung ausgeführter Maschinen auch einige Werte bis herab zu 3. Zu beachten ist, daß die Knicksicherheit durch die Führung in den Stopfbüchsen und durch selbsttragende Kolben erhöht werden kann, daß aber andrerseits die Stangen durch ihr Eigengewicht und durch die auf ihnen sitzenden Kolben durchgebogen werden und nicht vollkommen gerade bleiben, so daß die Kräfte, entgegen der bei der Rechnung gemachten Voraussetzung, nicht mehr in der Stangenmittellinie wirken und deshalb das Ausknicken begünstigen. Je nach den besonderen Umständen können die genannten Gesichtspunkte für die Wahl eines niedrigeren oder höheren Sicherheitsgrades sprechen.

b) Die Durchbiegung infolge Gewichtswirkung und Mittel zu ihrer Vermeidung.

Bei größeren Maschinen mit schwebenden Kolben, bei denen man gezwungen ist, die Stangen an beiden Enden zu führen, sind die durch die Gewichtswirkung bedingten Durchbiegungen mit Rücksicht auf die Erhaltung der Stopfbüchsen, die sich den verschiedenen Neigungen und Stellungen der Stange anpassen müssen, sorgfältig zu beachten und nachzurechnen. An Großgasmaschinen pflegt die Durchbiegung 1 bis 2 mm nicht zu überschreiten. Ist

G_k das Eigengewicht des Kolbens in kg, das als eine Einzellast in der Mitte der Stange wirkend angenommen werde,

G_s das Eigengewicht der Stange in kg,

l deren Länge zwischen den Stützen in cm,

so berechnet sich die Durchbiegung y in cm einer durchweg gleich starken Stange aus:

$$y = \left(G_k + \frac{5}{8}\,G_s\right)\frac{\alpha \cdot l^3}{48\,J}. \tag{282}$$

Im Falle verschiedener Durchmesser vor und hinter dem Kolben kann das Mohrsche Verfahren, siehe den Abschnitt über die Berechnung statisch unbestimmter Wellen, zur genaueren Ermittlung angewendet werden.

Collmann vermeidet die Schwierigkeiten infolge der Durchbiegung, indem er die Stange unter Belastung durch das Kolbengewicht in der Lage, die sie in der Maschine haben soll, auf einem genauen Drehbankbett festspannt und mittels eines umlaufenden Stichelgehäuses abdreht. Er erhält so eine im Betriebe genau gerade Stange.

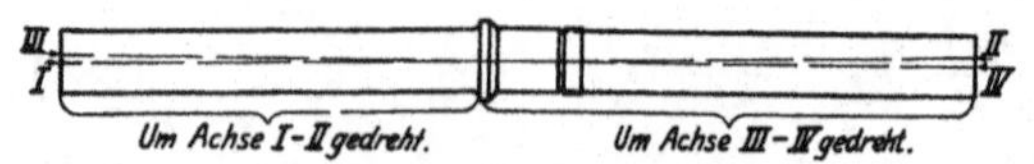

Abb. 1008. Abdrehen der Kolbenstange nach dem Verfahren der Maschinenfabrik Augsburg-Nürnberg.

Annähernd erreicht die Maschinenfabrik Augsburg-Nürnberg das gleiche Ziel dadurch, daß sie nach Abb. 1008 den linken Teil der Stange um die Achse $I-II$, den rechten um $III-IV$ abdrehen läßt. Die beiden Achsen sind so gewählt, daß die Stangenmittellinie bei der Belastung durch das Kolbengewicht nahezu geradlinig wird. Naturgemäß sind in beiden Fällen die Stangen in der richtigen Lage einzubauen und durch geeignete Sicherungen zu halten.

Das einfachste Mittel, größere Durchbiegungen und ihre Folgen zu vermeiden, ist, die Kolben selbsttragend auszuführen, sofern dem mangelhafte Reinheit der Betriebsmittel und sehr hohe Betriebstemperaturen nicht entgegenstehen.

4. Konstruktive Gestaltung der Kolbenstangen.

Zur Befestigung der Kolben auf den Stangen dienen Schrauben-, seltener Keilverbindungen; letztere finden sich dagegen häufig an den Kreuzkopfnaben. Näheres darüber siehe bei den betreffenden Maschinenteilen.

Abb. 1009. Kolbenstange mit Verstarkungen an beiden Enden.

Konstruktiv sind Bunde und Verstärkungen, die angestaucht, aufgeschweißt oder durch Abdrehen aus einer stärkeren Stange hergestellt werden müssen und dadurch teuer werden, nach Möglichkeit zu umgehen. Ferner ist Rücksicht auf das Ein- und Ausbauen der Kolben und Stangen zu nehmen. Verstärkungen an beiden Enden, Abb. 1009, verlangen z. B. geteilte Stopfbüchsen oder mindestens geteilte Grundringe!

An Reihendampfmaschinen hat man früher den engeren Hochdruckzylinder vorn, den weiteren Niederdruckzylinder hinten angeordnet, um die Kolbenstange und den Hochdruckkolben durch den Niederdruckzylinder hindurch ausbauen zu können. In neuerer Zeit ist man von dieser Bauart abgegangen in Rücksicht auf die größere Ausdehnung des Hochdruckzylinders durch die Betriebswärme und die daraus folgende starke Verschiebung, die der Niederdruckzylinder während des Betriebes erfährt; man muß dann aber den Ausbau der Kolbenstange nach vorn, wie z. B. in Abb. 1166, oder durch den Hochdruckzylinder hindurch ermöglichen. Das kann nach Abb. 1010 dadurch geschehen, daß man dessen vorderern Deckel nach hinten herausnehmbar macht. Durch die so entstehende Öffnung wird die Stange zusammen mit den beiden Stopfbüchsen in der gleichen Richtung gezogen, während sich der Niederdruckkolben durch die weite Öffnung des Zwischenstückes nach Wegnahme des Versteifungsbolzens B herausheben läßt. Der erwähnte Hochdruckzylinderdeckel wird durch Schrauben von innen her oder besser durch einen, wenn nötig, geteilten Flansch F von außen her gehalten und zur Abdichtung gegen den Rand R gepreßt. Weniger zu empfehlen ist, den ganzen Hochdruckzylinder wegzuschieben, wenn die Stange oder der Niederdruckkolben ausgebaut werden soll.

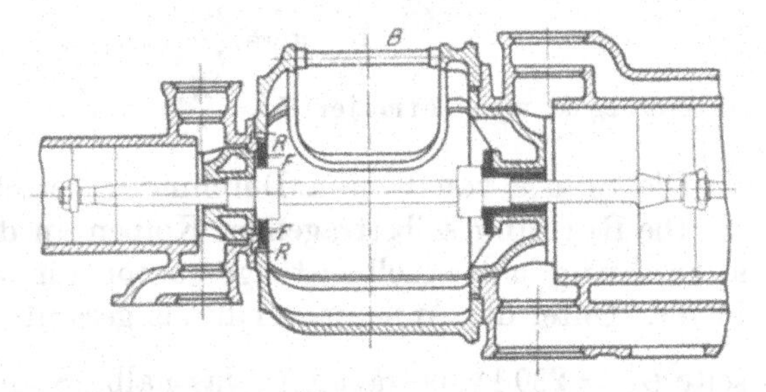

Abb. 1010. Reihenmaschine. Ausbau der Kolbenstange durch den Hochdruckzylinder hindurch.

5. Berechnungsbeispiele.

1. Kolbenstange für die Dampfmaschine, Tafel I, als Betriebsmaschine. Größter Dampfdruck bei einer Hochdruckzylinderfüllung von $40^0/_0$, $P = 17800$ kg am Niederdruckkolben (Siehe S. 138).

Ausführung I. Kolben selbsttragend, Stange nicht durchgeführt. Entfernung von Mitte Kolben bis Mitte Kreuzkopfzapfen 1775 mm. Stangenbaustoff: Flußstahl.

Berechnet man die Stange in der früher üblichen Weise nach der Eulerschen Formel mit einem Sicherheitsgrade $\mathfrak{S} = 20$, so wird:

$$J = \frac{\alpha \cdot l^2 \cdot \mathfrak{S} \cdot P}{\pi^2} = \frac{1 \cdot 177{,}5^2 \cdot 20 \cdot 17800}{2150000 \cdot \pi^2} = 529 \text{ cm}^4,$$

und damit $d = 10{,}19$ cm, rund 100 mm.

Die Tetmajersche Formel führt mit $i = \frac{d}{4}$ zu:

$$K_k = K\left[1 - c_1 \frac{l}{i}\right] = 3350\left[1 - 0{,}00185 \cdot 4 \cdot \frac{177{,}5}{10}\right] = 2910 \text{ kg/cm}^2,$$

$$\sigma_k = \frac{P}{f} = \frac{17800}{78{,}5} = 227 \text{ kg/cm}^2,$$

und damit zu einem Sicherheitsgrad von nur:

$$\mathfrak{S}_T = \frac{K_k}{\sigma_k} = \frac{2190}{227} = 12{,}8.$$

Führt man die Rechnung in der oben empfohlenen Weise, von dem geschätzten Durchmesser der Stange ausgehend, durch, so ergeben sich folgende Zahlenreihen:

Durchmesser d	75	80	85	90	mm
Schlankheit $\frac{l}{i} = \frac{4l}{d}$	94,7	88,8	83,5	78,9	mm
Maßgebende Formel:	Euler	Tetmajer			
Sicherheitsgrad $\mathfrak{S}_E = \frac{P_k}{P} = \frac{\pi^2 \cdot J}{\alpha \cdot l^2 \cdot P}$	5,88	—	—	—	
Knickspannung nach Tetmajer $K_k = K\left[1 - c_1 \frac{l}{i}\right]$	—	2800	2830	2860	kg/cm²
$\sigma_k = \frac{P}{f}$	—	354	314	280	„
Sicherheitsgrad nach Tetmajer $\mathfrak{S}_T = \frac{K_k}{\sigma_k}$	—	7,9	9,0	10,2	„

Die Stange von 90 mm Durchmesser erscheint danach ausreichend.

Die Reibung selbsttragender Kolben an den Zylinderflächen ruft eine Biegebeanspruchung in der Kolbenstange hervor, für welche die folgende Rechnung einen Anhalt bietet. Unter der Annahme, daß das gesamte Kolbengewicht, das auf der Niederdruckseite $G_k = 280$ kg beträgt und das halbe Stangengewicht $\frac{G_s}{2} = 35$ kg auf die Lauffläche wirken, entsteht bei einer Reibungsziffer $\mu = 0{,}1$, die bei guter Schmierung reichlich genommen erscheint, eine Reibungskraft:

$$R = \left(G_k + \frac{G_s}{2}\right) \cdot \mu = (280 + 35) \cdot 0{,}1 = 31{,}5 \text{ kg}.$$

Als Hebelarm darf der Schwerpunktabstand ξ einer dem Zentriwinkel $2\gamma = 120^0$ entsprechenden Kreislinie, welche die Breite der Auflagefläche im Zylinder nach Abb. 972 kennzeichnet, von der Kolbenstangenmitte angenommen werden.

$$\xi = \frac{D}{2} \cdot \frac{\sin \gamma}{\gamma} \cdot \frac{180^0}{\pi} = 40 \cdot \frac{0{,}866}{60} \cdot \frac{180^0}{\pi} = 33{,}1 \text{ cm},$$

womit:

$$\sigma_b = \frac{M_b}{W} = \frac{32 \cdot R \cdot \xi}{\pi d^3} = \frac{32 \cdot 31{,}5 \cdot 33{,}1}{\pi \cdot 8{,}5^3} = 17{,}4 \text{ kg/cm}^2$$

folgt. Zählt man diese Spannung zur Druckspannung σ_k hinzu, so sinkt die Sicherheit auf:

$$\mathfrak{S}' = \frac{2860}{280 + 17{,}4} = 9{,}62.$$

Ausführung II. Schwebender Kolben, von einer durchgehenden und in einem Schlitten nach Fall C der Zusammenstellung 111 geführten Stange getragen.

$$l_1 = 1775, \; l_2 = 1550 \text{ mm}.$$

Mit $\frac{l_2}{l_1} = \frac{1550}{1775} = 0{,}874$ findet man an Hand der Kurve, Abb. 1006, $\varphi = 1{,}74$ und das Trägheitsmoment bei $\mathfrak{S} = 5$facher Sicherheit:

$$J_1 = \frac{\alpha \cdot \mathfrak{S} \cdot P \cdot l_1^2}{\varphi^2} = \frac{1 \cdot 5 \cdot 17800 \cdot 177{,}5^2}{2150000 \cdot 1{,}74^2} = 431 \text{ cm}^4,$$
$$d = 9{,}7 \text{ cm}.$$

Ergänzungsrechnung: Sicherheit gegen Überschreiten der Fließgrenze, die bei $\sigma_s = 2600$ kg/cm² angenommen sei.

$$\mathfrak{S}' = \frac{\sigma_s \cdot f}{P} = \frac{2600 \cdot \frac{\pi}{4} \cdot 9{,}7^2}{17800} = 10{,}8\,.$$

Mithin ist der Sicherheitsgrad der ersten Rechnung $\mathfrak{S} = 5$ maßgebend; die Stange liegt im Gebiete der elastischen Knickung. Gewählt $d = 100$ mm. Bei der Befestigung des Kolbens nach Art der Abb. 1000 erhält der hintere Teil der Stange 70 mm Durchmesser.

2. Kolbenstangen der Pumpmaschine, Tafel I. Die Stangen sind zur Erleichterung des Ausbaues der Dampf- und Pumpenkolben vor den Pumpen geteilt und die dort zusammenstoßenden Enden durch kegeliges Einpassen in einer Muffenkupplung sorgfältig miteinander verbunden. Was die Berechnung anlangt, so entsprechen die Stangen keinem der in der Zusammenstellung 111 aufgeführten Fälle. Einerseits wirken die Stopfbüchsen und der Umstand, daß die Dampfkolben selbsttragend ausgebildet, also auf den Zylinderflächen gut geführt sind, auf eine Verminderung der Knickgefahr hin. Andererseits bildet die der Billigkeit wegen schwebend ausgeführte Kupplung einen schwer einzuschätzenden, von der Sorgfalt der Einpassung der Stangenenden abhängigen Unsicherheitsfaktor. Im Falle F der Zusammenstellung 111 die Länge l_2 gleich der Entfernung zwischen Mitte Dampf- und Pumpenkolben gleich 3600 mm zu setzen, ist sicher viel zu ungünstig; es wurde nur mit $l_2 = 1550$, Abb. 1011, entsprechend der Länge der Stange zwischen Mitte Dampfkolben und Mitte Kupplung gerechnet, der hintere Teil der Stange aber etwas stärker als die Rechnung ergab, ausgeführt.

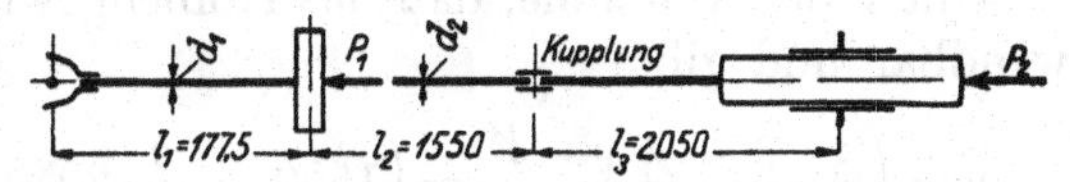

Abb. 1011. Skizze der Kolbenstange der Wasserwerkmaschine Tafel I.

$$P_1 = 16900 \text{ kg}, \; P_2 = 3700 \text{ kg}, \; l_1 = 1775 \text{ mm}.$$

Nach der Näherungsformel (279) wird mit $\mathfrak{S} = 5$facher Sicherheit:

$$J_1 = \frac{\mathfrak{S} \cdot (P_1 + P_2)\, \alpha (l_1 + l_2)^2}{\pi^2} = \frac{5 \cdot (16900 + 3700) \cdot (177{,}5 + 155)^2}{2150000 \cdot \pi^2} = 537 \text{ cm}^4;$$
$$d_1 = 10{,}22 \text{ cm}.$$

Gewählt: $d_1 = 100$ mm.

$$J_2 = J_1 \cdot \frac{P_2}{P_1 + P_2} = 491 \cdot \frac{3700}{20600} = 88{,}2 \text{ cm}^4;$$
$$d_2 = 65 \text{ mm}.$$

Mit
$$\frac{\varphi}{\psi} = \frac{l_1}{l_2} \sqrt{\frac{P_1 + P_2}{P_2} \cdot \frac{J_1}{J_2}} = \frac{177{,}5}{155} \sqrt{\frac{20600}{3700} \cdot \frac{87{,}6}{491}} = 1{,}14$$

und
$$\frac{l_2}{l_1} = \frac{155}{177{,}5} = 0{,}874$$

folgt aus Abb. 1007:
$$\varphi = 1{,}67, \quad \psi = 1{,}46;$$

$$\mathfrak{S}_1 = \varphi^2 \cdot \frac{J_1}{\alpha \cdot l_1^2 (P_1 + P_2)} = \frac{1{,}67^2 \cdot 491 \cdot 2150000}{177{,}5^2 \cdot 20600} = 4{,}54,$$

$$\mathfrak{S}_2 = \psi^2 \cdot \frac{J_2}{\alpha \cdot l_2^2 \cdot P_2} = \frac{1{,}46^2 \cdot 87{,}6 \cdot 2150000}{155^2 \cdot 3700} = 4{,}52.$$

Würde man das vordere Kolbenstangenstück für sich allein nach der Eulerschen Formel berechnen, so würde der Sicherheitsgrad mit:

$$\mathfrak{S}_E = \frac{\pi^2}{\varphi^2} \cdot \mathfrak{S}_1 = \frac{\pi^2}{1{,}67^2} \cdot 4{,}54 = 16{,}1$$

um das 3,5fache überschätzt werden.

Wegen der Kupplung wurde sowohl die Dampfkolbenstange auf der Strecke l_2, wie die Pumpenkolbenstange auf der Strecke l_3 auf 75 mm verstärkt. Einen Anhalt über ihre Sicherheit auf der Strecke l_2 bietet die Rechnung unter der wiederum ungünstigen Annahme, daß die Stange am Kupplungsende vollkommen frei, im Dampfkolben aber eingespannt, also nach dem ersten Eulerschen Fall zu berechnen sei. Dann würde die Sicherheit immerhin noch:

$$\mathfrak{S}_2' = \frac{\pi^2 \cdot J}{4\,\alpha \cdot l^2 \cdot P_2} = \frac{\pi^2 \cdot 155{,}3 \cdot 2150000}{4 \cdot 155^2 \cdot 3700} = 9{,}25\,\text{fach}$$

sein und ausreichend erscheinen.

Ähnliches gilt von der Pumpenkolbenstange, die im Pumpenkolben eingespannt betrachtet werden kann, über den letzteren aber noch weniger weit hervorragt. Die Stützung, welche die Stopfbüchsen bieten, und die Versteifung der Stangen durch die Kupplung sind in der vorstehenden Rechnung ganz außer acht gelassen.

3. Durchbiegung der Kolbenstange einer 2000 PS-Reihengasmaschine der Maschinenfabrik Augsburg-Nürnberg. Außendurchmesser 275, Bohrung 120 mm. Entfernung Mitte Kreuzkopf bis Mitte Kolben rund 3000 mm, Mitte Kolben bis Mitte Schlitten rund 2600 mm. Kolbenstangengewicht G_s rund 2050 kg, Kolbengewicht, einschließlich Wasserfüllung $G_k = 1500$ kg.

Unter der Annahme, daß das Kolbengewicht in der Mitte wirkt, ist Formel (282) anwendbar und gibt:

$$y = \left(G_k + \frac{5}{8}\,G_s\right)\frac{\alpha \cdot l^3}{48 \cdot J} = \left(1500 + \frac{5}{8} \cdot 2050\right)\frac{1 \cdot 560^3 \cdot 64}{2150000 \cdot 48\,\pi\,(27{,}5^4 - 12^4)} = 0{,}174\ \text{cm}.$$

Die Stange ist also um 1,7 mm nach oben geknickt herzustellen, wenn sie im Betriebe annähernd gerade sein soll. Die Verschiebungen der Endflächen beim Abdrehen der Stange nach Abb. 1008 ergeben sich zu:

$$\overline{I\,III} = \frac{1{,}74 \cdot 5600}{2600} = 2{,}60\ \text{mm}$$

und

$$\overline{II\,IV} = \frac{1{,}74 \cdot 5600}{3000} = 3{,}25\ \text{mm}.$$

Dreizehnter Abschnitt.

Stopfbüchsen.

Zweck und Einteilung.

Stopfbüchsen dienen zum Abdichten der Stangen, Spindeln, Wellen oder Kolben an Stellen, wo sie durch Wandungen hindurchtreten, gegenüber innerem oder äußerem Überdruck.

Das Dichtmittel, die Packung oder Liderung P, Abb. 1013, ist in einer zylindrischen Ausdrehung A der Wandung eingeschlossen und wird darin durch die Brille B zusammengepreßt und gehalten. Als Liderungen dienen: Lederstulpe, Weichpackungen und Metalldichtungen; ohne Dichtmittel arbeiten die Labyrinthdichtungen. Leichtes und rasches Zusammensetzen und Auseinandernehmen der Teile, im übrigen aber möglichste Einfachheit, ist anzustreben.

Von den Arten der Bewegung der in den Stopfbüchsen laufenden Teile, die gewöhnlich der Einteilung zugrunde gelegt werden, bietet die hin- und hergehende, die die Kolben und Stangen in der Mehrzahl der Fälle haben, beim Betriebe meist geringere Schwierigkeiten als die drehende von Wellen und ähnlichen Teilen, durch welche die Packung leichter mitgerissen wird. Zudem ist die gleichmäßige und hinreichende Schmierung in diesem Falle schwieriger, so daß oft starke örtliche Abnutzungen und Riefenbildungen entstehen.

A. Stopfbüchsen an hin- und hergehenden Teilen.

1. Stulp- oder Manschettendichtungen.

Des Näheren schon bei den Kolben besprochen, kommen sie vor allem für Flüssigkeiten bei geringen Stangengeschwindigkeiten von höchstens 1 m/sek, jedoch bis zu sehr hohen Drucken in Anwendung. Die Abdichtung von Kolbenstangen mittels winkelförmiger Lederringe zeigen die Abb. 945 und 946, die der Spindel eines kleinen Ventils durch Uförmige Manschetten, Abb. 941. Bei derartigen kleinen Durchmessern gibt übrigens ein aufgespaltener Gummiring, Abb. 1012, gute Dichtungsmöglichkeit; jedoch ist darauf zu achten, daß die verwandten Gummiringe nicht an den Spindeln oder Stangen haften, weil sie sonst sehr rasch verschleißen.

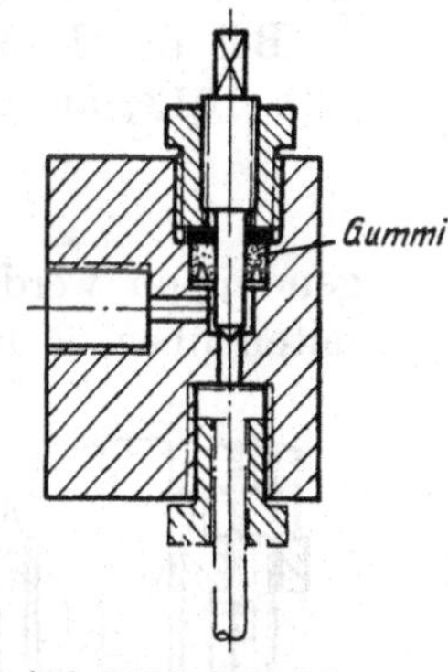

Abb. 1012. Spindelabdichtung mittels gespaltenen Gummirings.

2. Stopfbüchsen mit Weichpackungen.

Das Anwendungsgebiet der Weichpackungen ist ein viel weiteres. Sowohl für Flüssigkeiten, wie auch für Gase und Dämpfe geeignet, bewähren sie sich bei richtiger Wahl der Bau- und Packungsstoffe auch bei hohen Wärmegraden und großen Betriebsgeschwindigkeiten.

a) Dichtmittel.

Der früher vorwiegend benutzte Hanf wird mehr und mehr durch die weichere Baumwolle, oft in Verbindung mit Leder, Gummi und anderen Faser- und Füllstoffen und durch den bei hohen Wärmegraden zweckmäßigen Asbest, häufig durch Metalleinlagen verstärkt, verdrängt. Endlich bilden die aus weichen Metalldrähten geflochtenen, sehr verschiedenartig zusammengesetzten Packungen den Übergang zu den eigentlichen metallischen Liderungen.

Alle Weichpackungen werden in dem Packungsraum der Stopfbüchse dadurch, daß sich der Druck der Brille beim Anziehen in der weichen Masse nach allen Seiten fortzupflanzen sucht, auch in radialer Richtung angepreßt und zum Abdichten gebracht. Je größer die Elastizität der verwandten Stoffe ist, desto leichter und vollkommener wird diese Wirkung erreicht. Am geeignetsten sind geflochtene Packungen quadratischen Querschnitts, die in Form einzelner Ringe mit versetzten Stößen eingelegt, den Stopfbüchsraum schon beim Verpacken nahezu ausfüllen. Die Ringe werden in Längen, die dem mittleren Umfang des Raumes entsprechen, scharf abgeschnitten und zusammengebogen, so daß die Stoßfugen gut schließen. Runde Querschnitte, beispielweise die mit Graphit gefüllten Bleiringe von M. Bach, Charlottenburg, Abb. 1030 a, müssen erst durch das Anziehen der Brille breit gedrückt werden.

Beim Abdichten von Wasser, Sattdampf, Luft und Gasen werden Hanf- und Baumwollpackungen mit geschmolzenem Talg, Fett, Paraffin, Vaseline, oft unter Zusätzen von Graphit, getränkt. Dadurch wird nicht allein die Abdichtung, sondern auch die Schmierung der Laufflächen erleichtert. Die Anwendung ist an mäßige Betriebsdrucke gebunden. An Dampfmaschinen gibt Lynen [XIII, 1] für Hanf als obere Grenze 7 at, für Baumwollpackungen 10 at an. Die Kriegsmarine verwendet die letzteren bei größeren Maschinen nur bis zu 4 at.

Für kaltes Wasser empfiehlt Paul Lechler in Stuttgart quadratisch geflochtene Dichtungen aus Rohhautstreifen, die im Wasser aufquellen und dadurch den Packungsraum gut ausfüllen, die aber der starken Quellfähigkeit wegen beim Zusammenbau nicht zu stark angezogen werden dürfen. Asbestpackungen, mit hitzebeständigen Schmierstoffen getränkt, werden bei hohen Drucken und Heißdampf bis zu 350° C benutzt. Dünne Weißmetallspäne, in den Stopfbüchsraum eingefüllt und kräftig zusammengepreßt (Planitpackung), geben beim Laufen allmählich feste und widerstandsfähige Ringe.

Grundsätzlich sollten die Packungen nur so stark angespannt werden, daß gerade Dichtheit erzielt wird, weil sonst nicht allein unnötig hohe Reibung und Erwärmung, sondern auch größerer Verschleiß eintritt. Frische Packungen brauchen nicht so fest angezogen zu werden als alte, hart gewordene.

b) Konstruktive Gestaltung der Stopfbüchsen.

Bei der konstruktiven Durchbildung geht man von der Packungsstärke s, Abb. 1013, aus, die, soweit sie nicht von vornherein gegeben ist, zu etwa:

$$s = 2\sqrt{d} \quad \text{bis} \quad 2{,}5\sqrt{d}\ \text{mm} \tag{283}$$

genommen werden kann, mit der Beschränkung, daß man bei großen Durchmessern selten über 25 bis 30 mm hinausgeht. Die Tiefe des Stopfbüchsraumes pflegt je nach dem Drucke $t = 5$ bis $8\,s$, entsprechend 5 bis 8 Zöpfen quadratischen Querschnitts genommen zu werden. Gegenüber Gasen und Dämpfen wird man im allgemeinen größere Packungshöhen als gegenüber den leichter abzudichtenden Flüssigkeiten vorsehen. Wichtig ist, daß die Wandung des Stopfbüchsraumes glatt ausgedreht und stets sauber gehalten wird, damit die Packung dem Anziehen der Brille gut folgen kann.

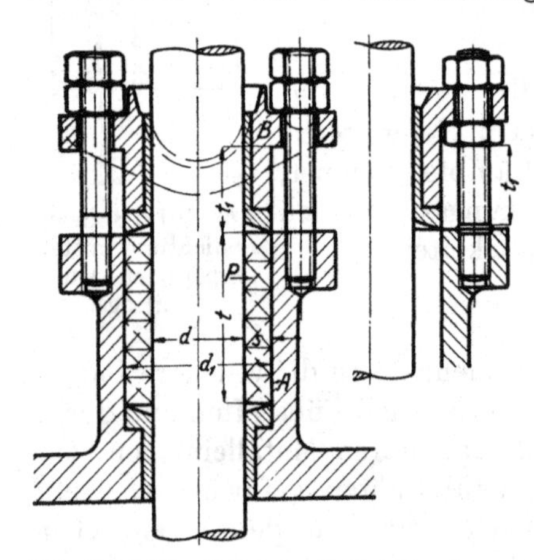

Abb. 1013. Stopfbüchse mit Weichpackung.

Die nutzbare Länge der Brille t_1, Abb. 1013, ist — gegebenenfalls unter Berücksichtigung der Gegenmuttern unter der Brille in der Nebenabbildung —, so zu bemessen, daß die Packungshöhe noch zur Abdichtung ausreicht, wenn die Brille ganz nachgezogen ist. Bei Weichpackungen, die sich abnutzen, darf man durchschnittlich drei bis fünf Ringe noch als hinreichend ansehen, so daß $t_1 = 3\,s$ als Mittelmaß gelten kann. Bei härteren Packungen kann t_1 noch kleiner sein. Unnötige Brillenhöhe vergrößert nicht allein die Baulänge der Stopfbüchse und der Stange, sondern auch die des Rahmens und der ganzen Maschine!

Zum Einbringen der Packung muß die Brille genügend weit zurückgeschoben werden können. Damit der nötige Raum vorgesehen wird, sollte die Brille beim Entwerfen stets in der herausgezogenen Lage dargestellt werden.

Die früher allgemein übliche Bauart der Stopfbüchsen zeigt Abb. 1013. Bei ihr wird die Stange am Boden durch eine Bronzebüchse, die Grundbüchse, geführt, auf der die Packung sitzt, die ihrerseits mittels einer ebenfalls ausgefütterten Brille durch die Stopfbüchsenschrauben angezogen wird. Die Ausführung ist nicht allein teuer, sondern hat auch den Nachteil, daß die Stange bei schiefem Anziehen der Brille leicht eingeklemmt und beim Lauf beschädigt oder heiß werden kann. Tritt das Warmlaufen einseitig auf, so ziehen sich die Stangen oft dauernd krumm, wenn die Wärmespannungen zusammen mit denen durch die Belastung die Fließgrenze des Werkstoffes erreichen. Die Grundbüchse zum Tragen der Stangen zu benutzen, ist wenig zu empfehlen; besser ist es, wenn nötig, eine Tragschale vor der Stopfbüchse anzuordnen, die sicherer geschmiert und überwacht werden kann, vgl. Abb. 1023.

Die neuere Form der Stopfbüchsen mit Weichpackung zeigt Abb. 1014. Die Stange hat im Deckel und in der gußeisernen Brille geringes Spiel. Kurze, die Stange umschließende Bronzeringe verhindern jedoch, daß Packungsteile beim Laufen in die Spalten hineingerissen werden. Wohl aber haben die Ringe außen Spiel, damit sie sich der Stange anpassen und sogar geringen Durchbiegungen derselben folgen können, soweit das die Elastizität der Packung zuläßt. Die Ausführung ist durch den geringen Verbrauch an Bronze billig und gegen das Schiefziehen der Brille, das übrigens am ungleichmäßigen Spiel längs des Stangenumfangs leicht festgestellt werden kann, viel weniger empfindlich. Im Brillenspalt sammelt sich Öl, das die Schmierung der Stangen erleichtert.

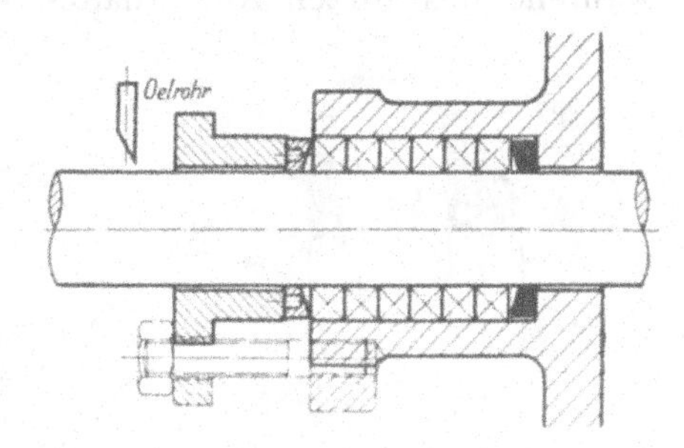

Abb. 1014. Neuere Form der Stopfbüchse.

Um das Anpressen der Packung an der Stange zu unterstützen, werden die Grundringe vielfach kegelig ausgedreht.

Die Stopfbüchsschrauben haben die Aufgabe, die Packung so stark zusammen zu pressen, daß auch in radialer Richtung genügender Dichtungsdruck entsteht. Man pflegt sie deshalb auf ein Mehrfaches der aus dem Überdruck p nach Abb. 1013 sich ergebenden Kraft:

$$P = c \cdot \frac{\pi}{4}(d_1^2 - d^2) \cdot p \tag{284}$$

zu berechnen, wobei c bei den gewöhnlichen Drucken gleich 3, bei hohen Wasserdrucken an Pumpen und Akkumulatoren bis herab zu $^5/_4$ gesetzt werden kann. Konstruktiv verwendet man Stiftschrauben oder auch Hammerschrauben, Abb. 739, die sich beim Verpacken der Stopfbüchsen leicht wegnehmen lassen. Zur Sicherung der Muttern, die beim Nachlassen der Pressung infolge der Abnützung der Packung oder bei Erschütterungen durch den Betrieb, z. B. an fahrbaren Maschinen, zum Lösen neigen, können Gegenmuttern, Abb. 1031, verwendet werden, die unter dem Brillenflansch angeordnet, Abb. 1013 rechts, auch das Abziehen der Brille erleichtern.

Als Anhalt für die Wandstärke der Büchse bei kleineren und mittleren Abmessungen diene die Regel, sie etwa gleich der Packungsdicke zu nehmen. Oft ist sie durch die Stärke der anschließenden Teile, des Deckels oder Zylinders oder durch die Stopfbüchsenschrauben gegeben; nur bei größeren Betriebsdrucken ist sie nach der Rohrformel zu berechnen.

Flansche mit zwei Schrauben erhalten längliche Form, die man entweder nach Abb. 1015 durch Kreisbogen und gerade Linien bildet, wobei die Mittelpunkte M_1 und M_2 zweckmäßigerweise von den Schraubenmitten nach innen verlegt werden, um den auf Biegung beanspruchten Querschnitt AB widerstandsfähiger zu machen, oder die man elliptisch oder nach der auf Seite 358 an Abb. 669 beschriebenen Konstruktion annähernd elliptisch gestaltet.

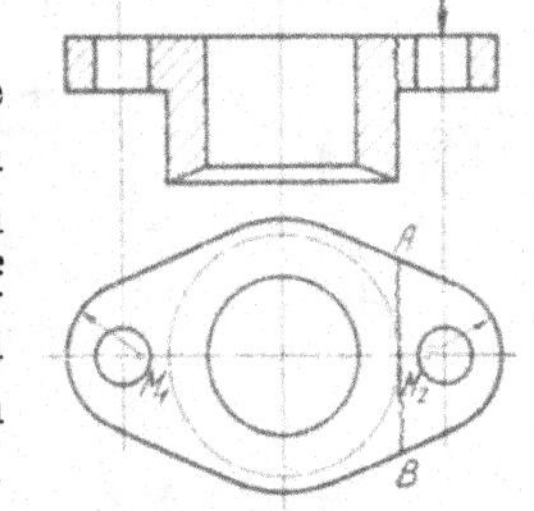

Abb. 1015. Stopfbüchsbrille mit länglichem Flansch.

Bei zwei Schrauben ist das Schiefziehen der Brille nicht ausgeschlossen, namentlich wenn die Packung senkrecht zur Schraubenebene ungleichmäßig verteilt ist. Durch drei gleichmäßig auf dem Umfange verteilte Schrauben ist der Brillenflansch stets genau senkrecht zur Stangenachse einstellbar. Das gleiche erreicht man bei kleinen Abmessungen z. B. an einer Stopfbüchse für ein Wasserstandrohr, Abb. 1016, durch eine Überwurfmutter mit gesondertem Druckstück D, das das Verwürgen der Packung beim Drehen der Mutter verhüten soll.

Bei mehr als zwei Schrauben werden meist runde Flansche genommen. Das gleichmäßige Anziehen aller Muttern durch Schneckentriebe oder Zahnräder, Abb. 1017 und 1018, gibt teure Ausführungen, die aber dann zu empfehlen sind, wenn die Zugänglichkeit der Muttern erschwert oder das Anziehen rasch erfolgen muß, wie es etwa an Lokomotiven während des kurzen Aufenthaltes auf den Haltestellen verlangt wird. Eine Führung

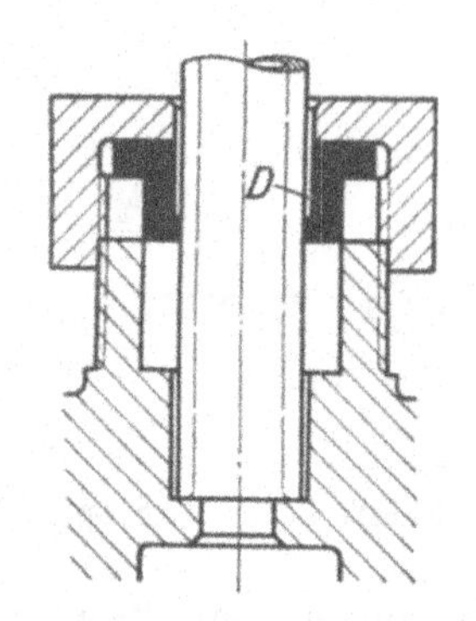

Abb. 1016. Stopfbüchse an einem Wasserstandrohre.

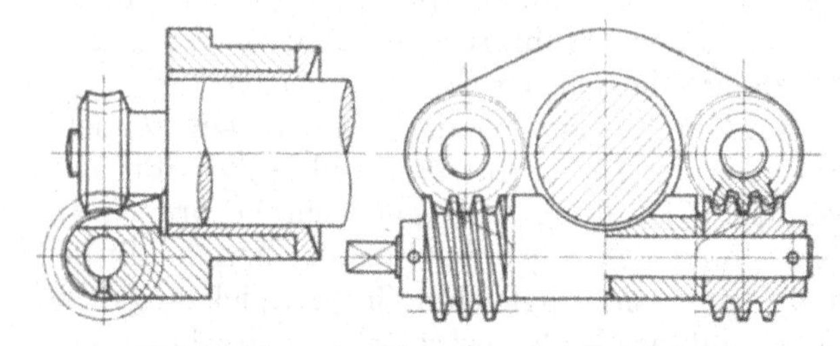

Abb. 1017. Gleichzeitiges Anziehen der Stopfbüchsmuttern mittels Schneckentriebes.

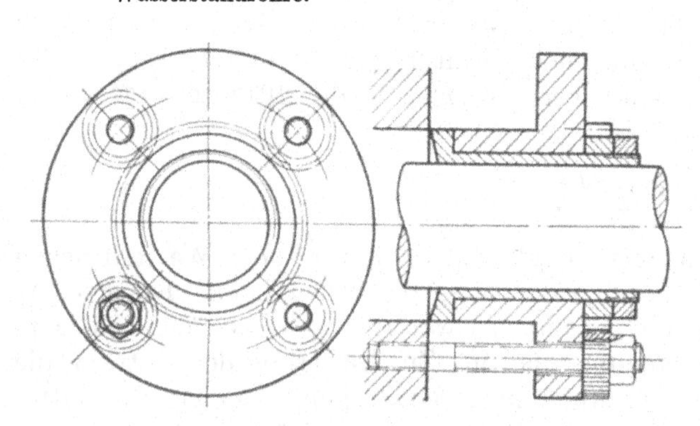

Abb. 1018. Gleichzeitiges Anziehen der Stopfbüchsschrauben mittels Zahnrädern.

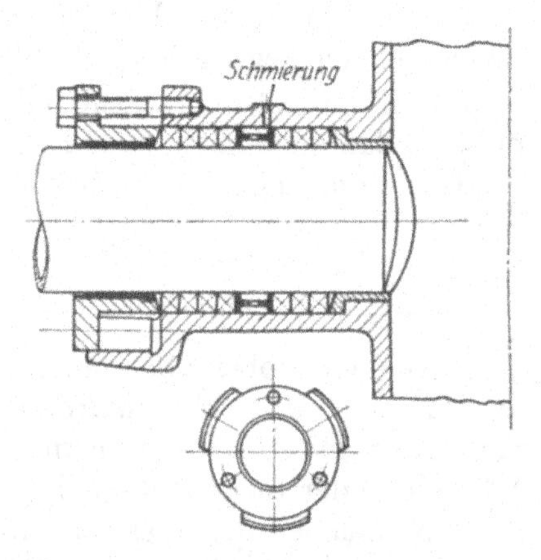

Abb. 1019. Brillenführung an einer größeren Pumpenstopfbüchse.

des Brillenumfanges nach Abb. 1019 sichert bei der kurzen Führungslänge nur unvollkommen gegen das Schiefziehen.

Die Reibung ist in hohem Maße von der Wartung und dem Zustande der Packung abhängig. Während eine frische, elastische, schwach angezogene nur mäßige Reibung erzeugt, kann eine ältere, harte und fest angezogene Packung recht erhebliche Widerstände bedingen.

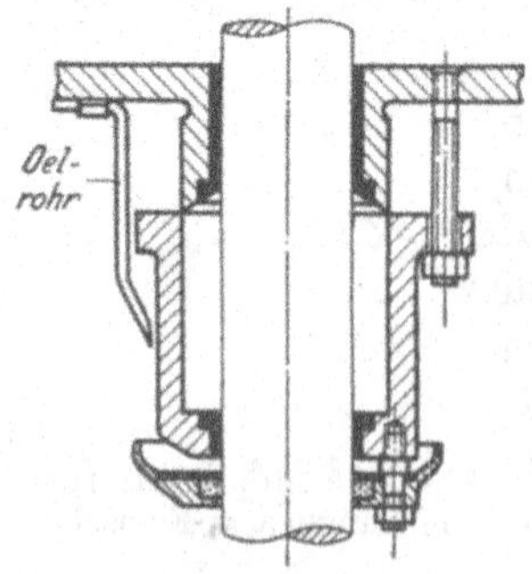

Oel-rohr

Abb. 1020. Hängende Stopfbüchse.

Wichtig ist die gute Schmierung der in den Stopfbüchsen laufenden Stangen und Kolben, da der Fettgehalt der Packung bald abgegeben wird und daher nur für kurze Zeit ausreicht. An liegenden Maschinen läßt man bei mäßigen Drucken Öl auf die Stange, unmittelbar vor die Brille tropfen, Abb. 1014, das durch die Bewegung mitgenommen und verteilt wird. Sicherer ist der Einbau eines besonderen Ringes, Abb. 1019, in den das Schmiermittel gepreßt wird, der aber die Baulänge der Stopfbüchse vergrößert. Er ist so zu bemessen und gegenüber dem Zuführrohr so anzuordnen, daß die Schmierung auch bei allmählichem Verbrauch der hinter ihm liegenden Packung noch gesichert bleibt. An Pumpen benützt man ähnliche Ringe vielfach zur Zuleitung von Flüssigkeit vom Druckraum her, um die Packung zu schmieren und um gleichzeitig zu verhüten, daß während des Saughubes Luft angesaugt wird. Für stehende Stopfbüchsen genügt bei niedrigen Drucken eine Rinne oder Abschrägung, Abb. 1013, an hängenden wird oft ein besonderer Vorraum für das Öl durch eine zweite kurze Brille geschaffen, Abb. 1020.

Der Hauptvorzug der Weichpackung ist ihre Nachgiebigkeit, so daß selbst Stangen, deren Oberfläche nicht tadellos ist oder die sich durch den Betrieb ungleichmäßig abgenutzt haben, noch abgedichtet werden können, meist freilich unter starkem Verschleiß des Dichtmittels. Der Preis ist niedriger als der entsprechender Metallpackungen. Nachteilig ist, daß Weichpackungen häufig nachgezogen und öfters ersetzt werden müssen, ferner daß sie bei unrichtiger Wartung große Reibungsverluste geben und die Stangen usw. angreifen können.

3. Labyrinthdichtung.

Ohne besondere Packung kommt man bei genauem Einpassen oder sorgfältigem Einschleifen der Stangen in Büchsen aus Gußeisen oder Bronze, Abb. 1021, aus. Durch Öl oder Niederschlagwasser, das in den Rillen der Stange festgehalten, den geringen Spielraum ausfüllt, wird bei hin- und hergehender Bewegung genügende Dichtheit erzielt. Sehr häufig findet sich diese „Labyrinthdichtung" an den Ventilspindeln der Gasmaschinen bei Führungslängen von etwa 8 bis 10 d. Lentz und andere verwenden sie auch an Dampfmaschinen. Da Formänderungen der Büchsen leicht zum Klemmen der Spindeln führen, ist konstruktiv darauf zu achten, daß die Büchsen möglichst unabhängig von den Teilen bleiben, in denen sie sitzen und namentlich, daß sie sich frei ausdehnen können. In Abb. 1021 ist die Führung deshalb nur durch einen breiten Flansch am Gehäuse festgehalten, ragt aber im übrigen frei nach innen und außen vor.

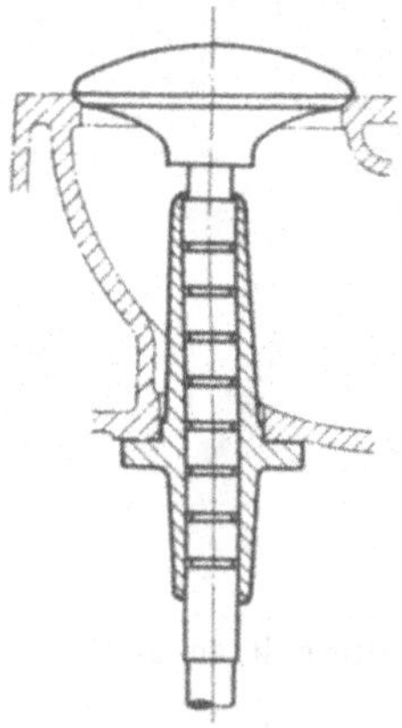

Abb. 1021. Labyrinthdichtung an Steuerventilspindeln.

Die Labyrinthwirkung benutzen auch die aus einzelnen ungeteilten Ringen zusammengesetzten Dichtungen, wie z. B. die von Lentz angegebene, Abb. 1022, bei welcher mehrere die Stange dicht umschließende Ringe b in Kammerringen a leicht verschiebbar angeordnet sind. Durchtretender Dampf soll in den leeren Kammern I, II, III sich ausdehnen und zum Teil wieder zurückströmen können, sobald der Druck in der vorangehenden Kammer oder im Zylinder abnimmt. Die Abdichtung wird auf die Weise in mehrere Stufen zerlegt, in denen nachweisbar die Druckschwankungen immer geringer und die Drucke selbst niedriger werden. Gegenüber der Stopfbüchswandung wird die Abdichtung durch eine Dichtungsplatte c auf der ebenen Grundfläche der Büchse und durch Aufschleifen der Kammerringe aufeinander erreicht. Niederschlagwasser sammelt sich in dem weiten Raume d, aus dem es durch ein Rohr abgeführt wird. Der Vorteil der Labyrinthdichtung ist der Wegfall jedes Anpreßdrucks an den Stangen und die dadurch bedingte gleichmäßige und geringe Reibung. Vollkommene Abdichtung ist aber bei höheren Drucken nicht möglich.

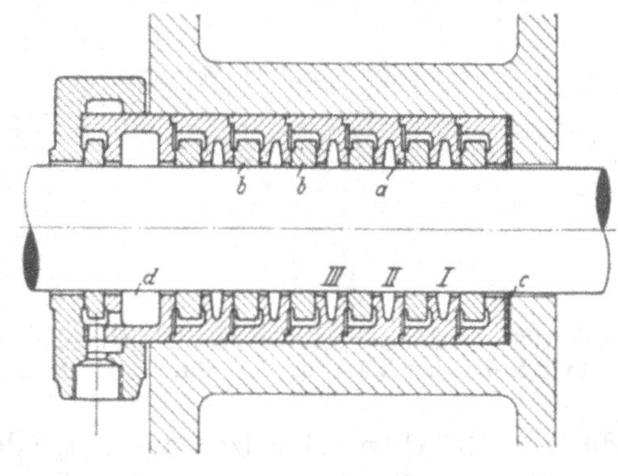

Abb. 1022. Lentzdichtung.

4. Stopfbüchsen mit metallischer Liderung.

Sie finden immer weitere Anwendung und sind besonders für hohe Drucke und Wärmegrade sowie große Geschwindigkeiten geeignet, verlangen aber nicht allein eine viel peinlichere Herstellung der Stangen und Kolben, die durchweg gleichen Querschnitt und eine sehr glatte und gleichmäßige, am besten polierte Oberfläche haben müssen, sondern erfordern auch einen viel sorgfältigeren Zusammenbau, wenn sie sich bewähren sollen. Ein großer Vorteil ist, daß sie bei genügender Schmierung sehr geringe oder gar keine Abnutzung zeigen und dementsprechend keines Nachziehens, also nur geringer Wartung bedürfen. Sie können deshalb bei geeigneter Durchbildung selbst im Innern der Maschinen angeordnet werden und haben erst den gedrängten Bau der neueren Einkurbelverbundmaschinen möglich gemacht, bei denen die Zylinder unmittelbar unter Weglassen besonderer Zwischenstücke zusammengebaut werden. Auch das Anziehen der Schrauben ist nicht in dem starken Maße wie bei Weichpackungen notwendig, wirkt bei manchen sogar schädlich. In Formel (284) darf c im allgemeinen gleich 1 gesetzt werden.

Die eigentlichen metallischen Liderungen bestehen entweder aus weichen, dem Weißmetall ähnlichen Legierungen oder aus Gußeisen. Die Legierungen müssen einerseits so nachgiebig sein, daß sie sich beim Anspannen und Laufen den Stangen rasch anschmiegen und anpassen, dürfen aber weder bei gewöhnlichen Temperaturen, noch bei der Erwärmung durch den Betrieb so weich werden, daß sie „schmieren", d. h. an der Stange haften. Als geeignete Mischungen werden u. a. empfohlen: 45% Zinn, 45% Blei und 10% Antimon, die bei 192° C oder die billigere: 20% Zinn, 65% Blei, 15% Antimon,

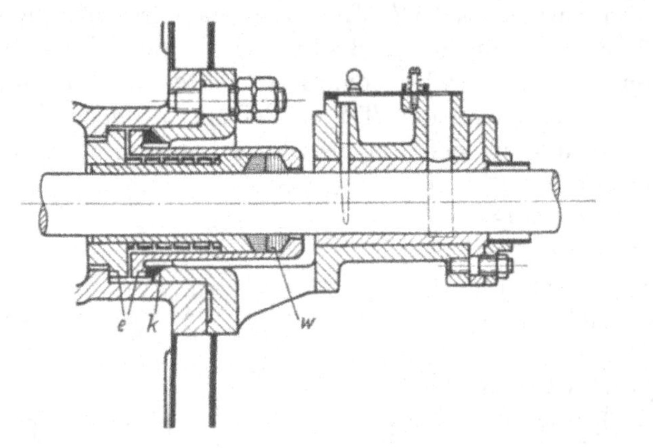

Abb. 1023. Lokomotivstopfbüchse mit beweglicher Metallpackung und besonderer Führung der Stange. W. Schmidt, Kassel.

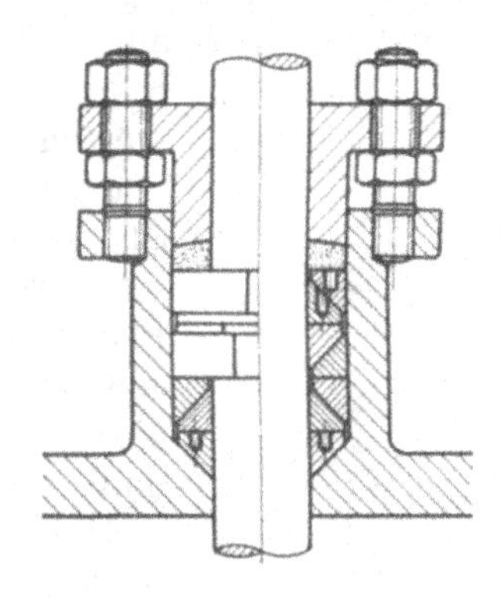

Abb. 1024. Howaldtpackung.

die bei 240° C zu schmelzen anfängt, oder die etwas festere Legierung aus 89% Zinn, 4% Kupfer, 7% Antimon, die bei dem großen Zinngehalt bei etwa 230° flüssig wird. Für die Howaldtpackung wird 80% Blei, 12 bis 18% Zinn, 8 bis 2% Antimon angegeben. Beginn des Schmelzens bei etwa 190°.

Wird die Stopfbüchse weit hinausgezogen und so ausgebildet, daß sie von der Außenluft umspült und gut gekühlt wird, Abb. 1023, so kann man die Legierungen selbst dann anwenden, wenn die Höchsttemperatur des Betriebmittels den Schmelzpunkt um 50 bis 100° überschreitet. Da nämlich die höchsten Wärmegrade bei den Kraftmaschinen und Kompressoren in der Totlage auftreten und die mit den Packungen in Berührung kommenden Teile der Kolbenstange erst später in den Zylinderraum eintreten, nehmen diese auch geringere Temperaturen an und werden den Dichtungsringen nicht gefährlich.

Gußeisen, das auch bei den höchsten, zur Zeit benutzten Wärmegraden zu Dichtungsringen geeignet ist, bekommt während des Betriebs durch die schleifende Wirkung der Stangen eine äußerst glatte und harte Oberfläche und zeigt dann sehr geringe Abnutzung.

Bei den Packungen Abb. 1024 bis 1027 sind geteilte Weißmetallringe dreieckigen Querschnitts abwechselnd so angeordnet, daß sie beim Anziehen der Stopfbüchsschrauben teils gegen die Stange, teils gegen die Stopfbüchswand gepreßt werden und dort abdichten. Die an der Wandung anliegenden Ringe können auch aus Messing oder ähnlichen billigen Legierungen oder auch aus Gußeisen bestehen. Zum Herausnehmen dienen Gewindelöcher, die bei der Anordnung nach Abb. 1025 zu zwei Sorten von Ringen führen, im Gegensatz zu der nach Abb. 1024, welche wegen der Schraubenlöcher vier Arten verlangt, aber etwas günstigere Abdichtverhältnisse längs der Fuge bietet. Um das Anpassen zu erleichtern und um eine gewisse Labyrinthwirkung zu erreichen, dreht Gminder, Stuttgart, in die Ringe zahlreiche Rillen, Abb. 1026, ein. Dauernde und gleichmäßige Anpressung kann durch Federn, Abb. 1027 oder durch eine kurze Weichpackung, die auch

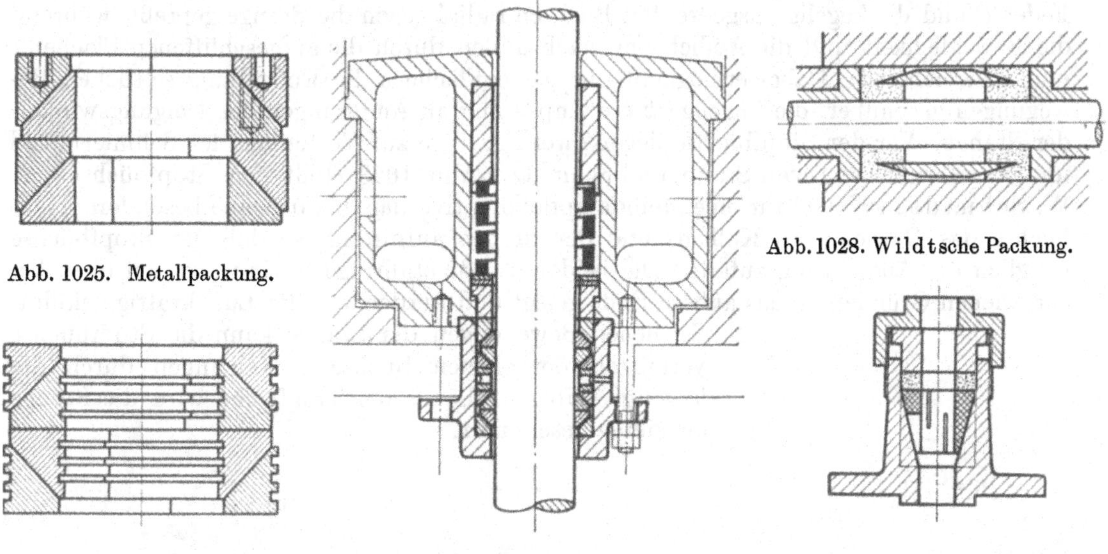

Abb. 1025. Metallpackung.

Abb. 1028. Wildtsche Packung.

Abb. 1026. Packung von Gminder, Stuttgart.

Abb. 1027. Als Ganzes abziehbare Packung mit Anpressung durch eine Feder.

Abb. 1029. Packung von Cordts, Hamburg.

Staub und Unreinigkeiten zurückhält, Abb. 1024, erzielt werden. Bei Abb. 1027 ist hervorzuheben, daß die Stopfbüchspackung als Ganzes abgezogen werden kann.

Wildt benutzt zwei geteilte Ringe U-förmigen Querschnitts, Abb. 1028, die er beim Anziehen der Stopfbüchsschrauben durch ein doppelt kegeliges Zwischenstück gegen die Stange und die Wandung preßt. Nur einen Dichtungsring hat die für dünne Stangen geeignete Packung von Cordts in Hamburg, Abb. 1029. Der Ring ist geschlitzt und wird entweder unmittelbar in den kegelig ausgedrehten Stopfbüchsraum oder in einem besonderen, außen zylindrisch abgedrehten Hohlkegel eingesetzt. Abb. 1030 zeigt hinter dem zwei- oder dreiteiligen, an den Fugen durch Verzahnungen abgedichteten Ring eine Weichpackung, die durch die Stopfbüchsschrauben zusammengedrückt, die radiale Anpressung der Metallpackung und die Abdichtung längs der Stopfbüchswandung übernimmt. Ihre Elastizität ermöglicht sogar geringe seitliche Bewegungen der Kolbenstange, die bei den vorher besprochenen Beispielen ausgeschlossen waren.

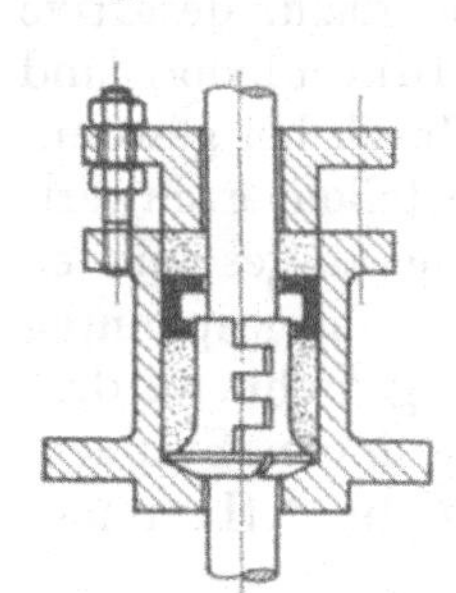

Abb. 1030. Metallische Liderung mit Weichpackung als Druckmittel.

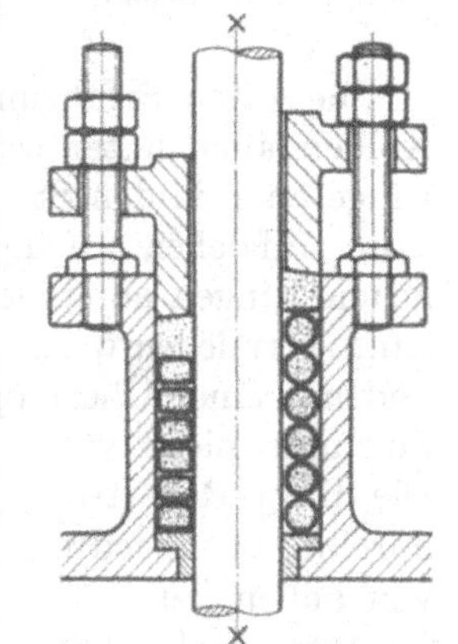

Abb. 1030a. Stopfbüchspackung von M. Bach, Charlottenburg.

U-förmige Stulpen aus Weißmetall wendet die Berliner Maschinenbau A.-G., vorm. L. Schwartzkopff in den höheren Stufen von Luftkompressoren an [XIII, 5].

Mit weichen Massen gefüllte Bleiringe, Abb. 1030a rechts, liefert M. Bach, Charlottenburg. Beim Anziehen der Brille werden sie, wie die linke Hälfte der Abbildung zeigt, breit gedrückt und auf diese Weise wirksam gegen die Stopfbüchswand und die Stange gepreßt.

Größere Nachgiebigkeit der Packungen ist besonders an umsteuerbaren Maschinen, wie Lokomotiven und Schiffsmaschinen, erwünscht, weil mit der Umlaufrichtung auch der Gleitbahndruck wechselt und die Kolbenstange infolge des unvermeidlichen Spiels an den Kreuzkopfschuhen eine andere Lage einnimmt. Beispiele für derartige bewegliche Metallpackungen bringen die Abb. 1031 und 1023. Bei der Lokomotivstopfbüchse der Preußischen Staatsbahnen, Abb. 1031, werden die beiden geteilten Metallringe durch die Feder F und die kegelig ausgedrehten Büchsen radial gegen die Stange gepreßt, während die Beweglichkeit und die Abdichtung nach außen durch die aufgeschliffenen Flächen e und k erreicht ist. Dabei ermöglicht die ebene Fläche e die Einstellung seitlichen Bewegungen gegenüber, die kugelige k die Anpassung an Änderungen des Neigungswinkels der Stange. Vor der Stopfbüchse liegen zwei Filzringe zur Verteilung der Schmiermittel und zur Fernhaltung von Staub und Schmutz. Abb. 1023 stellt eine Stopfbüchse von W. Schmidt in Kassel für eine Heißdampflokomotive dar, bei der eine besondere Tragbüchse das Gewicht des Kolbens und der Stange aufnimmt, so daß der Stopfbüchse lediglich die Abdichtung zufällt. Die beiden Weißmetallringe w sind aus den oben besprochenen Gründen an das äußere Ende gelegt und werden von der Luft kräftig gekühlt. Seitlichen Bewegungen der Stange kann die Stopfbüchse vermittels der ebenen Büchse e, Neigungen durch die kugelige k folgen. Längs der Tragfläche wird die Stange ausgiebig geschmiert.

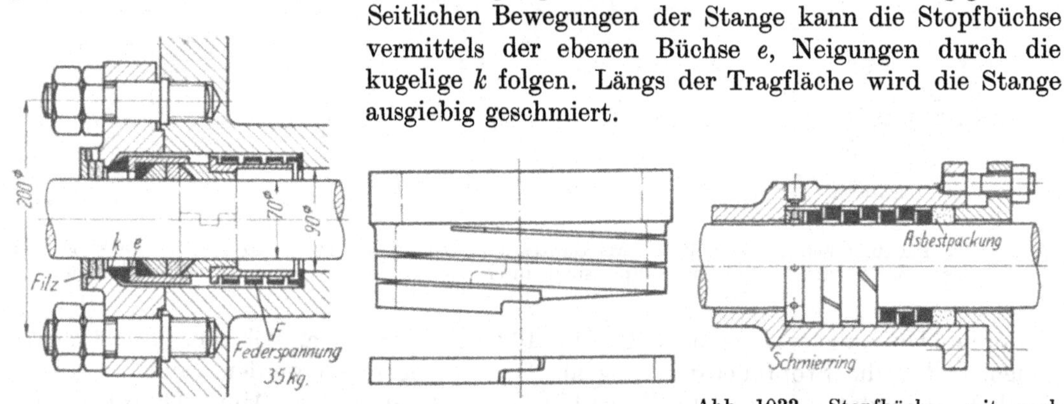

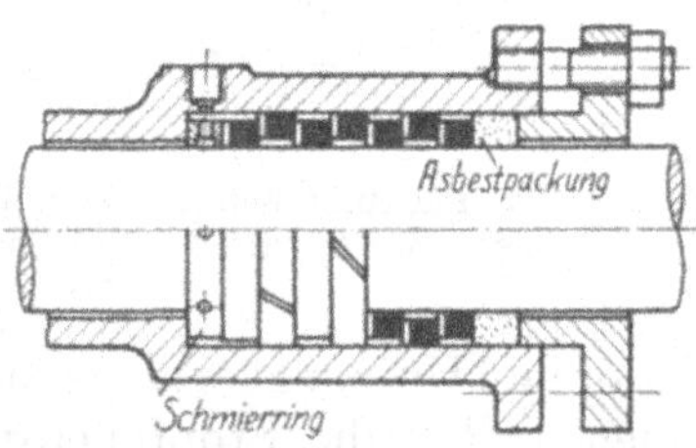

Abb. 1031. Bewegliche metallische Packung.

Abb. 1032. Herstellung eines nach innen spannenden Ringes.

Abb. 1033. Stopfbüchse mit nach innen und außen abdichtenden, selbstspannenden Ringen.

Die guten Erfahrungen, die man mit gußeisernen, selbstspannenden Ringen an den Kolben auch unter schwierigen Verhältnissen gemacht hatte, führten dazu, derartige Ringe auch in den Stopfbüchsen anzuwenden. Sie müssen dabei nach innen federn und beim Aufziehen auf die Stange auseinander gebogen werden. Das dadurch bei gewöhnlichen Ringen entstehende Klaffen, das die Abdichtung an den Stoßstellen erschwert, kann vermieden werden, wenn die Ringe aus einer Spirale, Abb. 1032, herausgeschnitten und mit einer Überlappung versehen werden. Ihre Stirnflächen würden im gespannten Zustande nicht völlig eben sein; sie müssen deshalb nochmals nachgedreht werden. Die Davy-Robertson Gesellschaft, Berlin, erzielt die Federung der auf den Stangendurchmesser abgedrehten Ringe in der bei den Kolben beschriebenen Weise durch Hämmern von außen her.

Abwechselnd nach innen und außen federnde Ringe mit versetzten Stößen geben die einfache und kurze Bauart der Stopfbüchse Abb. 1033. An einer beliebigen Stelle kann ein mit Bohrungen versehener Ring zur Zuführung des Öls unter Druck eingeschaltet werden. Die zwischen dem Druckring und der Brille vorgesehene Asbestpackung verhütet durch ihre Elastizität das Festklemmen der Ringe und ermöglicht deren Ausdehnung, wenn sie heißer als die Wandung werden.

Das umständliche Aufschieben der einteiligen Ringe von einem Stangenende her, das beim Auswechseln das Lösen der Kolbenstangenverbindung verlangt, hat zur Verwendung zwei- und mehrteiliger Ringe geführt, die genau dem Stangendurchmesser entsprechend ausgedreht, durch künstliche Mittel, meist Blatt- oder Spiralfedern, in dem gewünschten Maße angepreßt werden. Da aber bei etwa 300° die Anlaßtemperatur der Federn erreicht und ein Nachlassen der Spannung zu erwarten ist, empfiehlt es sich, auch derartige Packungen vor zu hohen Wärmegraden zu schützen, z. B. an Dampfmaschinen durch Fernhalten von der Deckelheizung und durch weites Herausziehen und Luftkühlung, an Gasmaschinen durch Einbau in den gekühlten Deckel.

Anwendungsbeispiele zeigen die Abb. 1034 bis 1037. Die Schwabepackung, Abb. 1034, setzt sich aus dreiteiligen Ringen zusammen, die durch Schlauchfedern in halbrunden

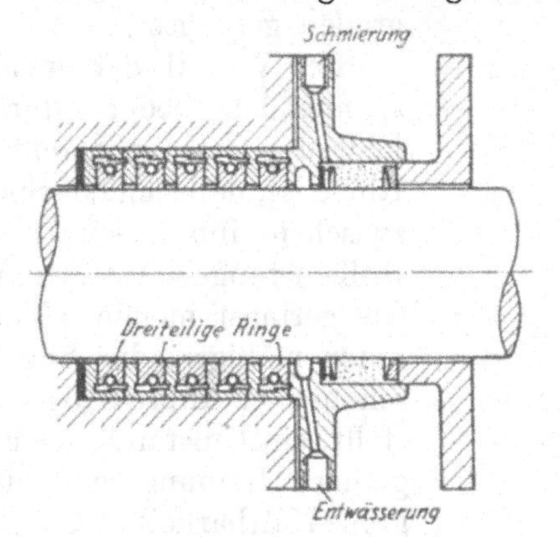

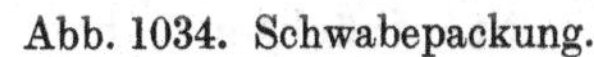
Abb. 1034. Schwabepackung.

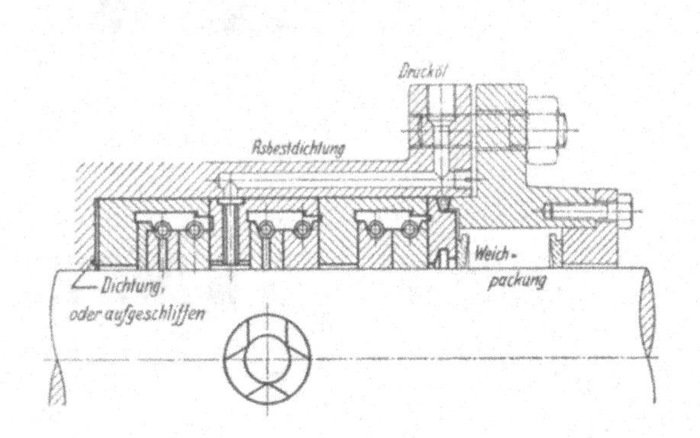

Abb. 1035. Proellpackung.

Nuten gegen die Stange gedrückt werden und in einzelnen Kammern mit so viel Spiel liegen, daß sie den Durchbiegungen der Kolbenstange zu folgen vermögen. Die innerste Kammer wird durch die Stopfbüchsschrauben gegen eine Flachdichtung gepreßt. Vor die gußeisernen Ringe kann eine kurze, getrennt von der Hauptstopfbüchse nachzuziehende Weichpackung gelegt werden. Die Zahl der Ringe richtet sich nach der Höhe der Spannung, gegen welche abzudichten ist. Zur Schmierung dient in der Abbildung der Grundring unter der Weichpackung; bei hohen Drucken kann dazu aber auch einer der Kammerringe herangezogen werden.

Die Packung des Ingenieurbureaus Dr. R. Proell in Dresden, Abb. 1035, in einer Ausführung für Drucke von 9 bis 10 at und 300 bis 350° bei Kolbenstangen mittlerer Größe dargestellt, benutzt sechsteilige gußeiserne Ringe, die ebenfalls durch Schlauchfedern zusammengehalten, zu zweien mit versetzten Stößen in je einer Kammer liegen. Der Höhe des Dampfdruckes entsprechend werden 1 bis 4 Ringpaare hintereinander angeordnet. Zur Abdichtung von 2 at oder gegen Vakuum genügt bei Stangen von 95 mm Durchmesser noch ein Ringpaar.

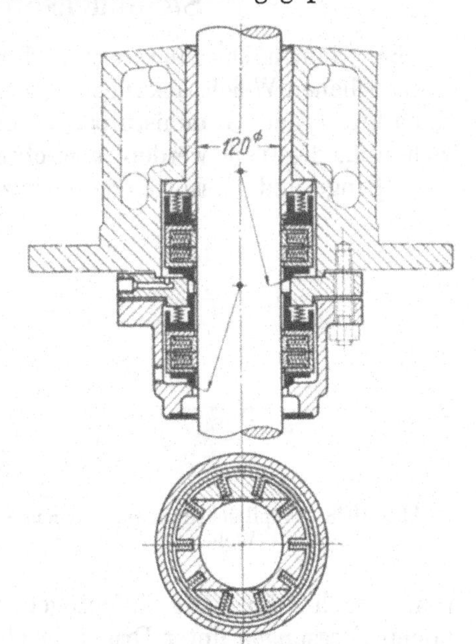

Abb. 1036. Metallpackung der Aschersiebener Maschinenbau A.G.

Radial angeordnete Spiralfedern in Dichtungsringen aus Sonderbronze benutzt die Aschersiebener Maschinenbau A.-G. in der Form Abb. 1036 für Heißdampf von 10 at Druck und 320 bis 360°. Die freie Beweglichkeit der Kolbenstange ist durch kugelige und ebene Flächen gewährleistet, zwischen welch letzteren die Ringkammern liegen.

Abb. 1037 zeigt eine Dichtung für Großgasmaschinen der Maschinenfabrik Augsburg-Nürnberg. Sie besteht aus zwei Teilen, einem inneren Satz von nach innen federnden, gußeisernen Ringen in einzelnen Kammern und einem äußeren nach Art der Howaldtpackung. Die Unabhängigkeit und die Ausdehnungsmöglichkeit der letzteren ist durch kurze Spiralfedern gesichert. Im höchsten Punkte eines zwischen beiden Teilen liegenden Ringes mündet die Druckschmierung. Das Ganze ist in den wassergekühlten Zylinderdeckel eingesetzt und so vor zu hohen Wärmegraden geschützt.

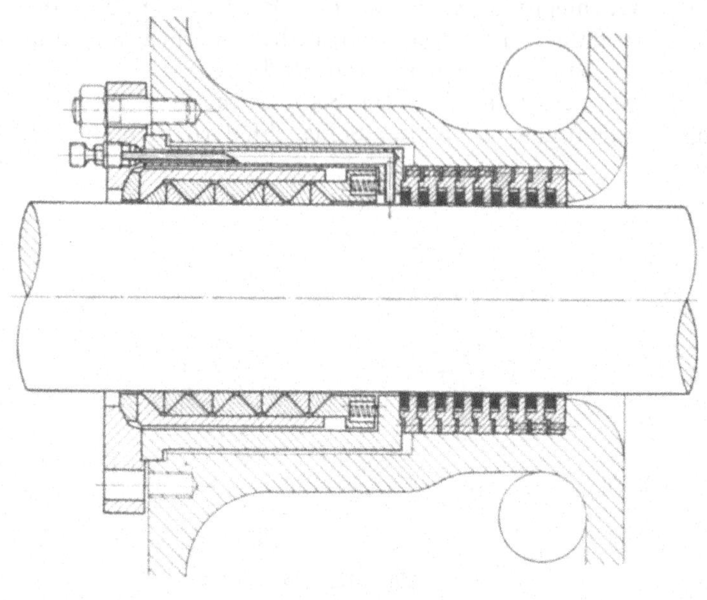

Abb. 1037. Großgasmaschinendichtung der Maschinenfabrik Augsburg-Nürnberg.

Der Vorteil der selbstspannenden oder durch Federn radial angepreßten Ringe ist, daß sich das Spiel zwischen ihnen und der Kolbenstange selbsttätig auf das geringst mögliche Maß, unter mäßiger, die Stange schonender Anpressung einstellt, ein Umstand, der die geringe Reibung und die große Haltbarkeit derartiger Stopfbüchsen bei guter Durchbildung und richtigem Zusammenbau begründet.

B. Stopfbüchsen an sich drehenden Wellen.

Bei kleinen Durchmessern und mäßigen Geschwindigkeiten benutzt man die oben besprochenen Weichpackungen, gelegentlich, nämlich zur Abdichtung von Flüssigkeiten, auch Leder- oder Gummistulpe. Zwecks Schonung der Welle werden auswechselbare Ringe und Messing- oder Bronzerohre nach Abb. 1038 aufgezogen. Die Zuführung des Schmiermittels geschieht bei hohen Pressungen unter Druck durch einen in der Packung angeordneten Ölring.

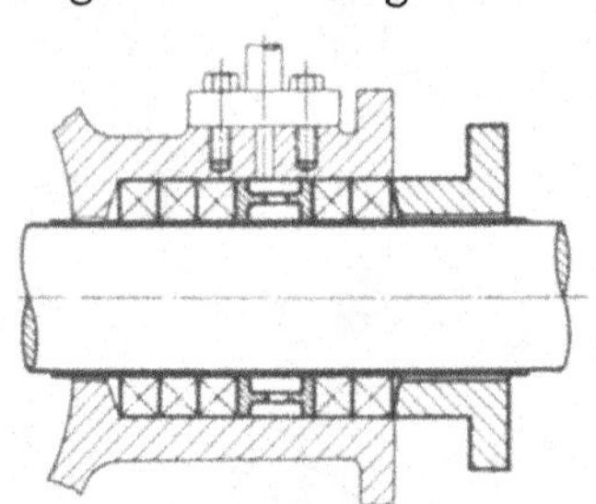

Abb. 1038. Stopfbüchse für sich drehende Wellen.

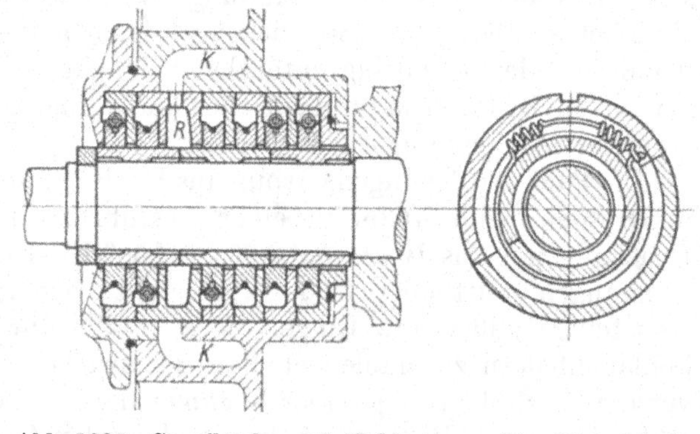

Abb. 1039. Stopfbüchse mit Kohleringen, Maschinenfabrik Oerlikon.

Der Dampfturbinenbau verlangte die Ausbildung von Stopfbüchsen an sich drehenden Wellen bei sehr hohen Geschwindigkeiten. Sie werden heute im wesentlichen in zwei Arten gebaut. Nach Abb. 1039, einer Ausführung der Maschinenfabrik Oerlikon, werden dreiteilige Kohleringe in einzelnen, sorgfältig aufeinander gepaßten Kammern durch Schlauchfedern unmittelbar auf die Welle oder auf auswechselbare Ringe gedrückt. Bei Überdruck kann der durchtretende Dampf aus dem Ring *R* und dem Kanal *K* abgeführt, bei Unterdruck Sperrdampf durch *K* zugeleitet werden, um das Ansaugen von Luft sicher zu verhüten.

Die zweite Art beruht auf der Labyrinthwirkung. Abb. 1040 zeigt beispielweise die Konstruktion der Turbinenfabrik der Allgemeinen Elektrizitäts-Gesellschaft, Berlin. In der Welle sind zahlreiche Rillen vorgesehen, in welche schmale, in eine zweiteilige Büchse eingesetzte Metallringe eingreifen. Diese haben nur geringes Spiel in radialer Richtung. Dasjenige längs der Welle aber wird nach deren Ausdehnung im Betrieb bemessen und so eingestellt, daß während des Laufens ein sehr kleiner Spalt übrig bleibt. Die Lücke L mit zahlreichen radialen Bohrungen kann wieder zur Ableitung des durchtretenden Dampfes oder zur Zuführung von Sperrdampf benutzt werden.

Nach ähnlichen Grundsätzen sind packungslose Stopfbüchsen auch an Wasserturbinen unter Zuleitung von Sperrwasser ausgebildet worden. Sie bieten den Vorteil dauernder Dichtheit unter Wegfall des Packungsstoffes, der Schmierung, sowie der Wartung, ferner den der Sicherheit gegen Warmlaufen und gegen Beschädigungen der Wellen [XIII, 6].

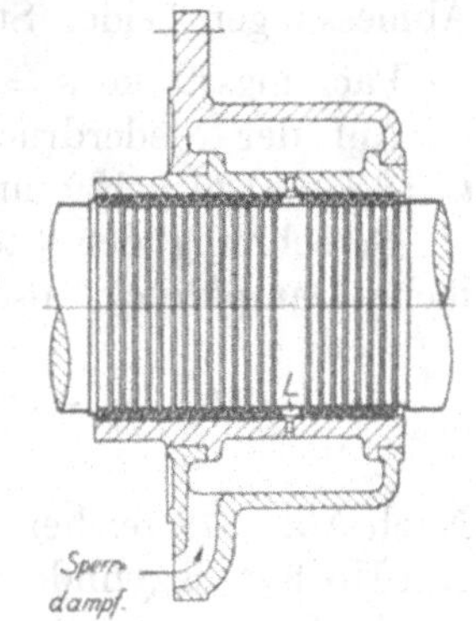

Abb. 1040. Stopfbüchse mit Labyrinthdichtung. Allgemeine Elektrizitäts-Gesellschaft, Berlin.

C. Berechnungs- und Konstruktionsbeispiele.

1. Stopfbüchse zum Akkumulator, Abb. 940. Betriebsdruck $p = 150$ at. Baustoff der Flaschen: zäher Flußstahl.

Zur konstruktiven Durchbildung sei folgendes bemerkt: Um bei den großen Längskräften mit einem kleinen Innendurchmesser der Laterne Z, die die beiden Flaschen verbindet, vgl. Abb. 941, auszukommen, wurde die Stopfbüchsbrille als Überwurfmutter aus Flußstahl ausgebildet. Beim Zusammenbau des Akkumulators wird sie mit einem Sonderschlüssel oder einem Stift angezogen, die in den am unteren Rande eingebohrten Löchern angesetzt werden. Das ist zulässig, weil die verwandte Stulpdichtung ein Nachziehen der Brille unter Druck, durch das die Löcher sehr rasch leiden würden, nicht verlangt. Um die Brille durch den Schlitz in der Laterne einführen und darin in die richtige Lage bringen zu können, ist sie außen kugelig abgedreht.

Beanspruchung der Stopfbüchswandung, als Rohr von $d_1 = 120$ mm Innendurchmesser berechnet. Wandstärke unter Berücksichtigung der eingeschnittenen Gewindegänge von rund 1,5 mm Tiefe: $s_1 = 9{,}25$ mm.

$$\sigma_z = \frac{p \cdot d_1}{2\, s_1} = \frac{150 \cdot 12}{2 \cdot 0{,}925} = 973 \text{ kg/cm}^2.$$

Noch zulässig, da die Beanspruchung im wesentlichen eine ruhende ist.

Druck auf die Überwurfmutter:

$$P = \frac{\pi}{4}(d_1^2 - d^2) \cdot p = \frac{\pi}{4}(12^2 - 10^2) \cdot 150 = 5180 \text{ kg}.$$

Pressung im Gewinde p_0; Außendurchmesser 140 mm, $z_0 = 11$ Gang auf 1″; Länge $l = 35$ mm, Tragtiefe $t_t = 1{,}47$ mm.

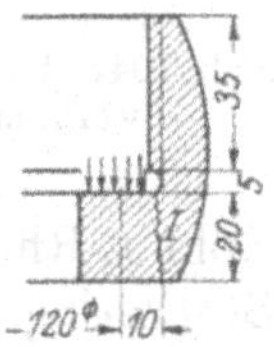

Gangzahl:

$$z = \frac{l \cdot z_0}{2{,}54} = \frac{3{,}5 \cdot 11}{2{,}54} = 15{,}1;$$

$$p_0 = \frac{P}{z \cdot \pi \cdot d_m \cdot t_t} = \frac{5180}{15{,}1 \cdot \pi \cdot 13{,}85 \cdot 0{,}147} = 53{,}6 \text{ kg/cm}^2.$$

Abb. 1041.

Biegebeanspruchung im Querschnitt I, Abb. 1041. An einem Streifen von 1 cm Breite, auf den rund $\frac{5180}{\pi \cdot 12} = 137$ kg Belastung entfallen, wird:

$$\sigma_b = \frac{M_b}{W} = \frac{6 \cdot 137 \cdot 1}{1{,}17 \cdot 2^2} = 176 \text{ kg/cm}^2,$$

ist also sehr niedrig.

2. Vordere Stopfbüchsen der Wasserwerkmaschine, Tafel I. Stangendurchmesser $d = 100$ mm.

Die Stopfbüchse am Niederdruckzylinder werde so gestaltet, daß sowohl Weich- wie Metallpackung verwendet werden kann. Dampfdruck bei 40% Füllung $p_n = 2{,}7$ at Überdruck. Auf der Hochdruckseite sei des Heißdampfes wegen Metallpackung vorgesehen. Dampfdruck $p_h = 12$ at Überdruck, Temperatur 300^0 C. Die Formen und Abmessungen beider Stopfbüchsen wird man möglichst gleichartig durchbilden.

Packungsstärke $s = 2\sqrt{d} = 2 \cdot \sqrt{100} = 20$ mm.

Auf der Niederdruckseite erscheint bei dem mäßigen Drucke eine Packungshöhe $t = 6s = 6 \cdot 20 = 120$ mm ausreichend. Nutzbare Brillenhöhe $t_1 = 3s = 3 \cdot 20 = 60$ mm.

Berechnung der Stopfbüchsschrauben. Am Niederdruckzylinder werde der dreifache Dampfdruck, also $c = 3$ in Formel (284) zugrunde gelegt.

$$P_n = c \cdot \frac{\pi}{4}(d_1^2 - d^2) \cdot p_n = 3 \cdot \frac{\pi}{4}(14^2 - 10^2) \cdot 2{,}7 = 610 \text{ kg}.$$

Nach Abb. 378 reichen bei sorgfältiger Ausführung ($c = 0{,}045$) zwei $^5/_8{}''$ Schrauben aus. Am Hochdruckzylinder, dessen Metallpackung nur leicht angezogen werden darf, genügt es, die Rechnung mit dem Einströmdruck von $p_h = 12$ at, also mit $c = 1$, durchzuführen.

$$P_h = \frac{\pi}{4}(d_1^2 - d^2) \cdot p_h = \frac{\pi}{4} \cdot (14^2 - 10^2) \cdot 12 = 905 \text{ kg},$$

entsprechend zwei Stück $^3/_4{}''$ Schrauben. Der Gleichmäßigkeit wegen gewählt auf beiden Seiten je zwei $^3/_4{}''$ Schrauben.

Stopfbüchsbrille. Bei $h = 20$ mm Flanschstärke wird die Biegebeanspruchung im Querschnitt I auf der Hochdruckseite:

$$\sigma_b = \frac{6 \cdot P_h \cdot a}{2 \cdot b \cdot h^2} = \frac{6 \cdot 905 \cdot 2}{2 \cdot 9{,}4 \cdot 2^2} = 142 \text{ kg/cm}^2. \quad \text{Niedrig.}$$

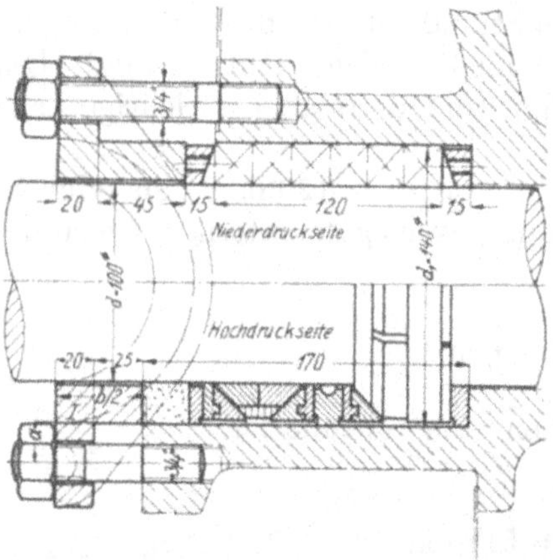

Abb. 1042. Vordere Stopfbüchsen der Wasserwerkmaschine Tafel I. M. 1:5.

In der Entwurfsskizze 1042 sind beide Stopfbüchsen übereinander durchgebildet. Die Gesamtlängen wurden gleich groß, die Brillenhöhe für die Metalliderung aber niedriger und dafür der Packungsraum tiefer gehalten. Auf der Niederdruckseite ist die Stopfbüchse außerhalb des Heizraumes des Deckels angeordnet; am Hochdruckdeckel, an dem keine Heizung vorgesehen ist, wird sie durch die Wärmeschutzmasse in den Aussparungen des Deckels vor zu hohen Wärmegraden geschützt.

Die auf der Hochdruckseite benutzte Metallpackung von Fr. Goetze in Burscheid bei Köln a. Rh. gestattet geringe seitliche Bewegungen der Stange und besteht aus äußeren Bronzeringen, die durch Vor- und Rücksprung mit versetzten Stößen zusammengebaut sind. Die Stöße der inneren Ringe, die aus Weißmetall oder anderem zweckentsprechenden Baustoff bestehen, werden durch einen dritten darumgelegten Ring abgedeckt. Vor der Metallpackung liegt eine kurze Weichpackung.

Verzeichnis des Schrifttums.

A. Werke über das gesamte Gebiet der Maschinenelemente.

Bach, C.: Die Maschinenelemente. Bd 1, 2. Leipzig: Kröner. Bd 1. 13. Aufl. 1922; Bd 2. 12. Aufl. 1924.
Barth, Fr.: Die Maschinenelemente. 4. Aufl. (Sammlung Göschen, Bd 3). Berlin: Gruyter 1921.
Botsch, R.: Maschinenelemente. Leipzig: Leiner 1920.
Breslauer, E.: Der Maschinenbau. T. 1: Die Maschinenelemente. Leipzig: „Maschinenbau". 2. Aufl. 1906.
Einzelkonstruktionen aus dem Maschinenbau. Hrsg. v. C. Volk. H. 1—6. Berlin: Julius Springer 1912 bis 1925.
Esselborn, K.: Lehrbuch des Maschinenbaues. Bd 1. Leipzig: Engelmann 1926.
Fink, P.: Construktion der Maschinenteile. Wien: Gerold 1859.
Grove, O.: Formeln, Tabellen und Skizzen für das Entwerfen einfacher Maschinenteile. 7. Abdruck. Hannover: Schmorl u. Seefeld 1890.
Grove, O. v.: Konstruktionslehre der einfachen Maschinenteile. Leipzig: Hirzel 1906.
Haeder, H.: Konstruieren und Rechnen. 10. Aufl., Bd 1, 2. Wiesbaden: Haeder 1921—22. (Haeders Hilfsbücher f. d. Maschinenbau).
Keller, K.: Skizzen von einfachen Maschinenteilen. Karlsruhe 1876.
Korn, H.: Die Maschinenelemente. T. 1, 2. Hildburghausen: Pezoldt 1900—1901. (Techn. Lehrhefte. Abt. B. Maschinenbau. H. 1, 2.)
Krause, H.: Maschinenelemente. Berlin: Julius Springer 1922.
Laudien, K.: Die Maschinenelemente. Bd 1, 2. Leipzig: Jänecke. Bd 1. 4. Aufl. 1925; Bd 2. 3. Aufl. 1923.
Lindner, G.: Maschinenelemente. Stuttgart: Dtsch. Verlagsanstalt 1910.
Lolling, H.: Berechnung und Construktion der wichtigsten Maschinenelemente. T. 1, 2. Wien: Spielhagen u. Schurich 1886—1887.
Lossow, P. v.: Maschinenteile. Bd 1, 2. Leipzig: Hirzel 1919—1921. (15. (Atlas 16.) umgearb. Aufl. der Groveschen Formeln.)
Moll, C. L. und F. Reuleaux: Konstruktionslehre für den Maschinenbau. Bd 1. Text u. Atlas. Braunschweig: Vieweg 1854—62.
Ofterdinger, L.: Katechismus der Maschinenelemente. Leipzig: 1902. (Webers illustrierte Katechismen Nr 241.)
Pinzger, L.: Die Berechnung und Construktion der Maschinenelemente. H. 1—3. Aachen: Mayer; Leipzig: Baumgärtner 1877—1886 (Unvollendet). H. 1 in 2. Aufl. Aachen: 1882.
Pohlig, J.: Maschinenteile. 2. Aufl. Leipzig: Gebhardt 1877.
Rebber, W. und A. Pohlhausen: Berechnung und Konstruktion der Maschinenelemente, 10. Aufl., bearb. v. A. Pohlhausen. Mittweida: Polytechn. Buchhandlg. 1924.
Redtenbacher, F.: Resultate für den Maschinenbau. 6. Aufl. mit Zusätzen u. Anh. vers. v. F. Grashof. Text u. Atlas. Heidelberg: Bassermann 1875.
Reiche, H. v.: Die Maschinenfabrikation. 2. Aufl. Mit Atlas. Leipzig: Felix 1876.
Reuleaux, F.: Der Konstrukteur. 4. Aufl., 4. Abdruck. Braunschweig: Vieweg 1899.
Schneider, M.: Die Maschinenelemente. Bd 1, 2. Braunschweig: Vieweg 1903 u. 1905.
Schunke, A.: Die Maschinenelemente. 2. Aufl. Leipzig: Voigt 1921. (Die Werkstatt. Bd 42).
Uhland, W. H.: Handbuch für den praktischen Maschinenkonstrukteur. Bd 1, T. 1. Maschinenelemente. Bearb. von G. D. Jerie. 2. Aufl. Berlin: Loewenthal 1906.
Uhland, W. H.: Branchenausgabe des Skizzenbuchs für den praktischen Maschinen-Constructeur. Dresden: Kühtmann 1890—1899. Bd 1. Maschinenelemente. 1890. Erg.-H. 1 zu den Bänden 1—16. 1894—1897; Erg.-H. 2 zu den Bänden 1—3 u. 5—15. 1896.
Uhland, W. H.: Normalconstruktionen von Maschinenelementen, Triebwerken und Armaturen. T. 1: Triebwerke. Leipzig: Uhland 1900.
Wiebe, H.: Die Lehre von den einfachen Maschinenteilen. Bd 1, 2 u. Atlas. Berlin: Ernst u. Korn 1854—1860.

B. Taschenbücher des Maschinenbaus.

Taschenbuch für den Maschinenbau. Hrsg. v. H. Dubbel. Bd 1, 2. 4. Aufl. Berlin: Julius Springer 1924.
Freytags Hilfsbuch für den Maschinenbau f. Maschineningenieure sowie für den Unterricht an techn. Lehranstalten. 7. Aufl. Hrsg. von T. Gerlach. Berlin: Julius Springer 1924.

„Hütte“: Des Ingenieurs Taschenbuch. Bd 2. 25. Aufl. Berlin: Ernst u. Sohn 1926.

Handbuch des Maschinentechnikers. Bernoullis Vademekum des Mechanikers. 25. Aufl. Von R. Baumann. Leipzig: Kröner 1914.

C. Zeitschriften und Serienwerke.

Z. V. d. I. = Zeitschrift des Vereins deutscher Ingenieure. Bd 1. 1857ff. Berlin: VDI-Verlag.

Masch. B. = Maschinenbau. Gestaltung, Betrieb, Wirtschaft mit AWF-Mitteilungen und DIN-Mitteilungen des deutschen Normenausschusses. Jg. 1, 1922ff. Berlin: VDI-Verlag. Vorläufer: Der Betrieb. Jg. 1—3 1918/19; 1919/20.

Werkst. Techn. = Werkstattstechnik. Zeitschrift für Fabrikbetrieb und Herstellungsverfahren. Jg. 1, 1907ff. Berlin: Julius Springer.

Dingler = Polytechnisches (Bd 212, 1874ff.: Dinglers polytechnisches) Journal. Bd 1, 1820ff. Stuttgart (u. a.).

Masch. Konstr. = Der praktische Maschinen-Konstrukteur (seit Jg. 60, (1927): Maschinenkonstrukteur). Jg. 1, 1868ff. Leipzig (u. a.).

Gewerbefleiß = Verhandlungen des Vereins z. Beförderung des Gewerbefleißes (Jg. 1—53 in Preußen); seit Jg. 100, 1921 ff.: Gewerbefleiß, Zeitschrift des Vereins... Jg. 1, 1822ff. Berlin.

St. u. E. = Stahl und Eisen. Zeitschrift für das deutsche Eisenhüttenwesen. Jg. 1, 1881 ff. Düsseldorf: Stahleisen.

Glaser = Glasers Annalen. Bd 1, 1877 ff. Berlin: F. C. Glaser.

Z. Öst. Ing. u. Arch. V. = Zeitschrift des Österreichischen Ingenieur- (Jg. 17, 1865 ff.: und Architekten-) Vereins Jg. 1, 1849 ff. Wien.

Engg. = Engineering. Vol. 1. 1866ff. London.

Eng. = The Engineer. Vol. 1, 1856ff. London. W. C. 2.

Mach. = Machinery. Vol. 1, 1912/13ff. London.

Mach. = Machinery. Vol. 1, 1895ff. New York.

Mech. Eng. = Journal of the American Society of Mechanical Engineering. Von Vol. 41, 1919, H. 4 ab: Mechanical Engineering. Journal of the Am. Soc. of Mech. Eng. Baltimore, New York.

Am. Mach. = American Machinist (Europeen and Colonial edition). Vol. 1, 1877ff. London.

Power = Power. Vol. 1, 1881ff. New York.

Genie Civil = Le Genie Civil. Année 1, 1880/81ff. Paris.

Mitt. Forsch.-Arb. = Mitteilungen über Forschungsarbeiten auf dem Gebiete des Ingenieurwesens. Hrsg. vom Verein Deutscher Ingenieure. H. 1—146. 1901—1913. Von H. 147 ab: Forschungsarbeiten auf dem Gebiete des Ingenieurwesens. 1914ff. Berlin.

Mitt. Mat. Prüf. Amt = Mitteilungen aus den Königlichen Technischen Versuchsanstalten zu Berlin. Jg. 1, 1883ff. Seit Jg. 22: Mitteilungen aus dem (bis Jg. 35: Königlichen) Materialprüfungsamt (seit Jg. 41: 1923 und dem Kaiser Wilhelm-Institut für Metallforschung) zu Groß-Lichterfelde-West bzw. Berlin-Lichterfelde-West bzw. Berlin-Dahlem. Berlin.

Mitt. mech. t. Lab. München = Mittheilungen aus dem mechanisch-technischen Laboratorium der K. Technischen Hochschule in München. Hrsg. von J. Bauschinger. H. 1—23. 1873 bis 1895. Neue Folge, hrsg. von A. Föppl. H. 24—35. 1896—1915. München.

Versuchsfeld Berlin = Versuchsergebnisse des Versuchsfeldes für Maschinenelemente der Technischen Hochschule Berlin. H. 1. 1917ff. München und Berlin: Oldenbourg.

D. Schrifttum zu den einzelnen Abschnitten.

Erster Abschnitt.

Abriß der Festigkeitslehre und Bemerkungen zur Berechnung von Maschinenteilen.

1. Bach, C. und R. Baumann: Elastizität und Festigkeit. Berlin: Julius Springer 1924.
2. Föppl, A.: Vorlesungen über technische Mechanik. Bd 3. Festigkeitslehre. Leipzig: Teubner 1922.
3. Föppl, A. und L.: Drang und Zwang. München u. Berlin: Oldenbourg. Bd 1. 1924; Bd 2. 1920.
4. Enßlin, M.: Elastizitätslehre für Ingenieure, Sammlung Göschen Nr. 519, 1921.
5. Wöhler, A.: Über die Festigkeitsversuche mit Eisen und Stahl, Zeitschr. für Bauwesen Jg. 20, S. 74/106. 1870.
6. Bauschinger, J.: Über die Veränderung der Elastizitätsgrenze und der Festigkeit des Eisens und Stahls durch Strecken und Quetschen, durch Erwärmen und Abkühlen und durch oftmals wiederholte Beanspruchung. Mitt. mech. t. Lab. München. H. 13, S. 1/115, 1886.

7. Kármán, Th. v.: Untersuchungen über Knickfestigkeit. Mitt. Forsch.-Arb. H. 81, S. 1/44. 1910.
8. Tolle, M.: Zur Ermittlung der Spannungen krummer Stäbe. Z. V. d. I. Bd 47, S. 884/90. 1903.
9. Krüger, W.: Untersuchungen über die Anstrengung dickwandiger Hohlzylinder unter Innendruck. Mitt. Forsch.-Arb. H. 87, S. 1/59. 1910.
10. Guest, J.: On the Strength of Ductile Materials under Combined Stress. Philosophical Magazine. Bd 50, S. 69/132. 1900.
11. Kármán, Th. v.: Festigkeitsversuche unter allseitigem Druck. Mitt. Forsch.-Arb. H. 118, S. 37/68. 1912.
12. Pfleiderer, C.: Der Einfluß von Löchern oder Schlitzen in der neutralen Schicht gebogener Balken auf ihre Tragfähigkeit. Mitt. Forsch.-Arb. H. 97, S. 37/49. 1911.
13. Enßlin, M.: Studien über die Beanspruchung und Formänderung kreisförmiger Platten. Dingler Bd 319, S. 609/12, 629/31, 649/53, 666/69, 677/79. 1904.
14. Enßlin, M.: Studien und Versuche über die Elastizität kreisrunder Platten aus Flußeisen. Dingler Bd 318, S. 705/07, 721/26, 785/89, 801/805. 1903.
15. Bach, C.: Zur Beanspruchung von Maschinenteilen mit scharfen oder ausgerundeten Ecken. Z. V. d. I. Bd 57, S. 1594/95, 1913.
16. Authenrieth, E. und M. Enßlin: Technische Mechanik. Berlin: Julius Springer 1922.

Zweiter Abschnitt.
Die Werkstoffe des Maschinenbaues.

1. Martens: A.: Handbuch der Materialienkunde für den Maschinenbau, insbes. Teil II. A: Heyn, E.: Die technisch wichtigen Eigenschaften der Metalle und Legierungen. Berlin: Julius Springer 1926. (Mit ausführlichem Verzeichnis des Schrifttums.)
2. Bach, C. und R. Baumann: Festigkeitseigenschaften und Gefügebilder der Konstruktionsmaterialien. Berlin: Julius Springer 1926.
3. Lasche, O.: Konstruktion und Material im Bau von Dampfturbinen und Turbodynamos. Berlin: Julius Springer 1925.
4. Müller, W.: Materialprüfung und Baustoffkunde für den Maschinenbau. München, Berlin: Oldenbourg 1924.
5. Sachs, A.: Grundbegriffe der mechanischen Technologie der Metalle. Leipzig: Akademische Verlagsgesellschaft 1925.
6. Bach, C. und R. Baumann: Elastizität und Festigkeit. Berlin: Julius Springer 1924.
7. Meyer, E.: Untersuchungen über Härteprüfung und Härte. Z. V. d. I. Bd 52, S. 645/54, 740/48, 835/44 1908, auch Mitt. Forsch.-Arb. H. 65/66, S. 1/61. 1909.
8. Ehrensberger: Die Kerbschlagprobe im Materialprüfungswesen. Z. V. d. I. Bd 51, S. 1974/82, 2065/70. 1907.
9. Heyn, E.: Untersuchungen über den Angriff des Eisens durch Wasser. Mitt. Mat. Prüf. Amt. Berlin, Jg. 18, S. 39/55. 1900.
Heyn, E. und O. Bauer: Über den Angriff des Eisens durch Wasser und wässerige Lösungen. Mitt. Mat. Prüf. Amt Berlin-Lichterfelde-W. Jg. 26, S. 1/104. 1908; Jg. 28, S. 62/137. 1910.
10. Beuthheft 6: Korrosion und Rostschutz. Berlin: Beuth-Verlag 1925.
11. Martens, A.: Untersuchungen über den Einfluß der Wärme auf die Festigkeitseigenschaften des Eisens. Mitt. Mat. Prüf. Amt Berlin. Jg. 8, S. 159/214. 1890.
12. Riedel: Über die Grundlagen zur Ermittlung des Arbeitsbedarfes beim Schmieden unter der Presse. Dissertation Aachen 1913. Mitt. Forsch.-Arb. H. 141. 1913.
13. Martens, A.: Über Materialprüfung durch Schlagversuche. Mitt. Mat. Prüf. Amt Berlin. Jg. 9, S. 53/75. 1891.
14. Kaiser, E. W.: Versuche über das Verhalten von Schweißeisen und Flußeisen in der Kälte bei plötzlicher Beanspruchung. St. u. E. Bd 41, S. 333/37. 1921.
15. Rudeloff, M.: Einfluß der Wärme auf die Festigkeitseigenschaften der Metalle. Mitt. Mat. Prüf. Amt Berlin. Jg. 18, S. 293/314. 1900.
16. Bach, C.: Versuche über Elastizität, Zugfestigkeit, Dehnung und Arbeitsvermögen von Stahlguß. Z. V. d. I. Bd 43, S. 694/96. 1899.
Versuche über die Festigkeitseigenschaften von Stahlguß bei gewöhnlicher und höherer Temperatur. Z. V. d. I. Bd 47, S. 1762/70, 1812/20. 1903; Bd 48, S. 385/88. 1904; auch Mitt. Forsch.-Arb. H. 24, S. 39/86. 1905.
17. Bach, C.: Versuche über die Druckfestigkeit hochwertigen Gußeisens und über die Abhängigkeit der Zugfestigkeit desselben von der Temperatur. Z. V. d. I. Bd 45, S. 168/69. 1901; auch Mitt. Forsch.-Arb. H. 1, S. 61/64. 1901.
18. Bach, C.: Die Biegungslehre und das Gußeisen. Z. V. d. I. Bd 32, S. 193/99 u. 221/26. 1888.
19. Bach, C.: Versuche über Drehfestigkeit. Z. V. d. I. Bd 33, S. 137/145 u. 162/66. 1889.
20. Stribeck, R.: Der Warmzerreißversuch von langer Dauer. Das Verhalten von Kupfer. Mitt. Forsch.-Arb. H. 13, S. 81/98. 1904.
21. Rudeloff, M.: Über den Einfluß der Wärme, chemischen Zusammensetzung und mechanischen Bearbeitung auf die Festigkeitseigenschaften von Kupfer. Mitt. Mat. Prüf. Amt Berlin. Jg. 16, S. 171/219. 1898.

22. Heyn, E. und O. Bauer: Zersetzungserscheinungen an Aluminium und Aluminiumgeräten. Mitt. Mat. Prüf. Amt Berlin-Lichterfelde W. Jg. 29, S. 2/28. 1911.
23. Ledebur, A. und O. Bauer: Die Legierungen in ihrer Anwendung für gewerbliche Zwecke. Berlin: Krayn 1924.
24. Bach, C.: Versuche über die Abhängigkeit der Festigkeit und Dehnung der Bronze von der Temperatur. Z. d. V. d. I. Bd 44, S. 1745/52. 1900 u. Bd 45, S. 1477/87. 1901; auch Mitt. Forsch.-Arb. H. 1, S. 32/48. 1901; H. 4, S. 1/20. 1902.
25. Rudeloff, M.: Untersuchungen über den Einfluß der Wärme auf die Festigkeitseigenschaften von Manganbronze. Mitt. Mat. Prüf. Amt Berlin. Jg. 13, S. 29/42. 1895.
26. Charpy, G.: Etude sur l'influence de la température sur les propriétés des alliages metalliques. Bulletin de la Société d'Encouragement pour l'Industrie nationale. Juni 1898, S. 670 u. f.
27. Stribeck, R.: Warmzerreißversuche mit Durana-Gußmetall. Gesichtspunkte zur Beurteilung der Ergebnisse von Warmzerreißversuchen. Z. V. d. I. Bd 48, S. 897/901. 1904.
28. Charpy, G.: Untersuchungen über die zur Verminderung der Reibung dienenden Metallegierungen. Z. V. d. I. Bd 42, S. 1300/03, 1330/32, 1350/56. 1898.
29. Bauschinger, J.: Untersuchungen über die Elastizität und Festigkeit von Fichten- und Kiefern-Bauhölzern. Mitt. mech. techn. Lab. München. H. 9, S. 1/33. 1883.
30. Bauschinger, J.: Untersuchungen über die Elastizität und Festigkeit verschiedener Nadelhölzer. Mitt. mech. techn. Lab. München. H. 16, S. 1/22. 1887.
31. Baumann, R.: Die bisherigen Ergebnisse der Holzprüfungen in der Materialprüfungsanstalt an der Technischen Hochschule Stuttgart. Mitt. Forsch.-Arb. H. 231. 1922.
32. Thomas, F.: Fortschritte und Aussichten in der Verwendung der Leichtmetalle. Maschinenbau, Gestaltung. Jg. 2, S. 85/87. 1922/23.
33. Röhrig, H.: Aluminium und die Leichtmetallegierungen als Konstruktionsstoffe. Maschinenbau, Gestaltung. Jg. 2, S. 87/89. 1922/23.
34. Rudeloff, M.: Untersuchungen von Treibriemen auf Elastizität und Festigkeit. Mitt. Mat. Prüf. Amt Berlin. Jg. 10, S. 255/305. 1892.
35. Bach, C.: Festigkeit und Dehnung von Treibriemenleder. Z. V. d. I. Bd 28, S. 740/42. 1884.
36. Stephan, P.: Ledertreibriemen und Riementriebe. Dingler. Bd 328, S. 289/92, 307/10, 323/26, 343/45, 358/60, 387/90, 403/05, 470/72. 1913.
37. Bach, C.: Die Elastizität der an verschiedenen Stellen einer Haut entnommenen Treibriemen. Z. V. d. I. Bd 46, S. 985/89. 1902.
38. Bach, C.: Elastizität von Treibriemen und Seilen. Z. V. d. I. Bd 31, S. 221/25 und 241/45. 1887.
39. Stiel, W.: Theorie des Riementriebs. Dissertation Braunschweig 1917. Berlin: Julius Springer.
40. Beuth-Heft 1: Werkstoffnormen, Stahl und Eisen. Berlin: Beuthverlag 1925.
41. Wawrziniok, O.: Handbuch des Materialprüfungswesens für Maschinen- und Bauingenieure. Berlin: Julius Springer 1923.
42. Memmler, K.: Materialprüfungswesen. Berlin: Gruyter 1921. Sammlung Göschen.
43. Taschenbuch der Stoffkunde. Hrg. v. Akadem. Verein Hütte und A. Stauch. 1926.
44. Oberhoffer, P.: Das technische Eisen. Berlin: Julius Springer 1925.
45. Mehrtens, J.: Das Gußeisen. Werkstattbücher. H. 19. Berlin: Julius Springer 1925.
46. Kothny, E.: Der Stahl- und Temperguß. Werkstattbücher. H. 24. Berlin: Julius Springer 1926.
47. Simon, E.: Härten und Vergüten. Werkstattbücher. H. 7 und 8. Berlin: Julius Springer 1923.
48. Wendt, K.: Konstruktionsforderungen und Eigenschaften des Stahls. Z. V. d. I. Bd 66, S. 606/18, 642/48, 670/74. 1922.
49. Oertel, W.: Festigkeitseigenschaften von Eisen und Stahl in der Kälte und Wärme. (Zusammenfassender Bericht über das Schrifttum bis 1922.) St. u. E. Jg. 43, S. 1395/1404. 1923.
50. Oberhoffer, P.: Die Eigenschaften von Stahlformguß. Z. V. d. I. Bd 67, S. 1129/33. 1923.
51. Pomp, A.: Festigkeitseigenschaften von Stahlguß bei höheren Temperaturen. Mitt. Kaiser Wilhelm Institut f. Eisenforschung Bd VI, Lf. 4, S. 21.
52. Ludwik, P.: Die Härte der technisch wichtigsten Legierungen. Z. V. d. I. Bd 60, S. 1066. 1916.

Dritter Abschnitt.

Allgemeine Gesichtspunkte bei der Gestaltung von Maschinenteilen.

1. Sulzer, C.: Wärmespannungen und Rißbildungen. Z. V. d. I. Bd 51, S. 1165/68. 1907.
2. Preuß, E.: Versuche über die Spannungsverteilung in gelochten Zugstäben. Mitt. Forsch.-Arb. H. 126, S. 47/57. 1912; Z. V. d. I. Bd 56, S. 1780/83. 1912.
3. Preuß, E.: Versuche über die Spannungsverteilung in gekerbten Zugstäben. Mitt. Forsch.-Arb. H. 134, S. 47/62. 1913; Z. V. d. I. Bd 57, S. 664/67. 1913.
4. Kirsch: Die Theorie der Elastizität und die Bedürfnisse der Festigkeitslehre. Z. V. d. I. Bd 42, S. 797/807. 1898.
5. Föppl, A.: Vorlesungen über technische Mechanik. Bd V: Die wichtigsten Lehren der höheren Elastizitätstheorie. Leipzig: Teubner 1922.
6. Föppl, A.: Dauerversuche an eingekerbten Stäben. Mitt. mech. techn. Lab. München. H. 31, S. 1/51. 1909.

7. Föppl, A.: Die Beanspruchung auf Verdrehen an einer Übergangstelle mit scharfer Abrundung. Z. V. d. I. Bd 50, S. 1032/1035. 1906.
8. Kutzbach, K.: Gemeinsame Probleme des Maschinenbaues. Z. V. d. I. Bd 59, S. 849/54 und 890/94. 1915.
9. Heyn, E.: Die Kerbwirkung und ihre Bedeutung für den Konstrukteur. Z. V. d. I. Bd 58, S. 383/91. 1914.
10. Hoenigsberg, O.: Über unmittelbare Beobachtung der Spannungsverteilung und Sichtbarmachung der neutralen Schichte an beanspruchten Körpern. Z. Öst. Ing.- u. Arch.-V. Bd 56 Nr 11, S. 165/73. 1904.
11. Ehrensberger: Die Kerbschlagprobe im Materialprüfungswesen. Z. V. d. I. Bd, 51, S. 1974/82, 2065/70. 1907.
12. Rittershausen, Fr. und P. Fischer: Dauerbrüche an Konstruktionsstählen und die Kruppsche Dauerschlagprobe. St. u. E. Bd 41, S. 1681/90. 1921.
13. Neuhaus, F.: Wirtschaftliches Denken und konstruktive Tätigkeit. Werkst.-Techn. Bd 3, S. 293/302. 1909.
14. Graßmann, R.: Formübergänge im Maschinenbau mit Rücksicht auf Bearbeitung und Flächenanlage. Als Manuskript gedruckt. Karlsruhe: C. F. Müller 1918.
15. Schlesinger, G.: Die Passungen im Maschinenbau. Mitt. Forsch.-Arb. H. 18, S. 1/41. 1904.
16. Neuhaus, F.: Technische Erfordernisse der Massenfabrikation. Technik und Wirtschaft Bd 3, S. 577/97, 649/660. 1910.
17. Riedler, A.: Das Maschinenzeichnen. Berlin: Julius Springer 1923.
18. Volk, C.: Das Maschinenzeichnen des Konstrukteurs. Berlin: Julius Springer 1926.
19. Gramenz, K.: Die Dinpassungen und ihre Anwendung. Dinbuch 4. Berlin: Beuth-Verlag 1925.
20. Dintaschenbuch 1. Grundnormen. Berlin: Beuth-Verlag 1927.
21. Kothny, E.: Gesunder Guß. Werkstattbücher. H. 30. Berlin: Julius Springer 1927.
22. Heilandt, A. und A. Maier: Zeichnungen. Dinbuch 8. Berlin: Beuth-Verlag 1927.
23. Porstmann, W.: Normenlehre. Leipzig: Haase 1917.
24. Schmerse, P.: Anforderungen der Werkstatt an das Konstruktionsbureau. Z. V. d. I. Bd 63, S. 397/403, 431/34, 460/64. 1916.
25. Preuß, E.: Versuche über die Spannungsverminderung durch die Ausrundung scharfer Ecken. Mitt. Forsch.-Arb. H. 126, S. 1/24. 1912.

Vierter Abschnitt.
Keile, Federn und Stifte.

1. Bonte, H.: Beitrag zur Berechnung von kegeligen Hülsen. Z. V. d. I. Bd 63, S. 923/25. 1919.
2. Bielefeld: Keile und Nuten. Z. V. d. I. Bd 50, S. 1634. 1906.
3. Hentschel, K.: Keile. Dinbuch 11. Berlin: Beuth-Verlag 1924.

Fünfter Abschnitt.
Schrauben.

1. Metrisches Gewinde. Z. V. d. I. Bd 42, S. 1367/70. 1898.
2. Berndt, G.: Die Gewinde. Ihre Entwicklung, ihre Messung und ihre Toleranzen. Berlin: Julius Springer 1925 u. 1926. Mit ausführlichem Schriftennachweis.
3. Müller, O.: Gewindeschneiden. Werkstattbücher, Heft 1. Berlin: Julius Springer 1922.
4. Camerer: Beiträge zur Schraubenberechnung. Z. V. d. I. Bd 44, S. 1063/65. 1900.
5. Müller, E.: Gewindeschneidemaschinen mit hoher Arbeitsleistung. Z. V. d. I. Bd 59, S. 621/28. 1915.
6. Schlesinger, G.: Gewinde. Dinbuch 2. Berlin: Beuth-Verlag 1926.

Sechster Abschnitt.
Niete.

1. Schroeder van der Kolk, J.: Untersuchungen über den Reibungswiderstand von Nietverbindungen. Z. V. d. I. Bd 41, S. 739/47 u. 768/74. 1897.
2. Frémont, Ch.: Etude expérimentale du rivetage. Mémoires publiés par la Société d'encouragement pour l'industrie nationale. Paris 1906. Auszug in Z. V. d. I. Bd 51, S. 1152/56. 1907.
3. Allgemeine polizeiliche Bestimmungen über die Anlegung von Landdampfkesseln vom 17. 12. 1908. Berlin: Heymann.
4. Desgl. von Schiffsdampfkesseln vom 17. 12. 1908. Berlin: Heymann.
5. Germanischer Lloyd: Vorschriften für die Klassifikation und für den Bau und die Ausführung von eisernen und stählernen Schiffen. 1904/18.
6. Bestimmungen über die bei Hochbauten anzunehmenden Belastungen und über die zulässigen Beanspruchungen der Baustoffe vom 24. 12. 1919. Ausgabe 1925. Berlin: Ernst u. Sohn.
7. DIN 1000, Normalbedingungen für die Lieferung von Eisenbauwerken. 1923.
8. Zweiter Bericht über Festigkeitsversuche mit Eisenkonstruktionen. Z. V. d. I. Bd 53, S. 1019/25. 1909.

9. Bach, C.: Versuche über den Widerstand von Nietverbindungen gegen Gleiten. Z. V. d. I. Bd 36, S. 1141/48 u. 1305/14. 1892.
10. Bach, C.: Der Gleitungswiderstand bei Maschinen- und bei Handnietung. Z. V. d. I. Bd 38, S. 1231/33. 1894.
11. Bach, C.: Versuche über den Einfluß des Verstemmens der Bleche und der Nietköpfe auf die Größe des Gleitungswiderstandes von Nietverbindungen. Z. V. d. I. Bd 39, S. 301/03. 1895.
12. Runderlaß des Min. für Handel und Gewerbe vom 22. 12. 1916, III, 7639, Min.-Blatt 1917, S. 10.
13. Bach, C.: Zur Widerstandsfähigkeit ebener Wandungen von Dampfkesseln und Dampfgefäßen. Z. V. d. I. Bd 50, S. 1940/44. 1906.
14. Bach, C.: Eine schwache Stelle an manchen unserer Dampfkessel. Z. V. d. I. Bd 38, S. 868/71. 1894.
15. Meyerhof, A.: Die Schwedlerbrücken zu Breslau. Z. V. d. I. Bd 40, S. 202/05. 1896.
16. Deutsche Reichsbahn-Gesellschaft. Vorschriften für Eisenbauwerke. Berechnungsgrundlagen für eiserne Eisenbahnbrücken. Berlin: Ernst u. Sohn 1925.
17. Jaeger, H.: Bestimmungen über Anlegung und Betrieb der Dampfkessel. Berlin: Heymann 1926.
18. Spalckhaver, R. und Fr. Schneiders: Die Dampfkessel nebst ihren Zubehörteilen und Hilfseinrichtungen. Berlin: Julius Springer 1924.
19. Bach, C. und R. Baumann: Versuche zur Klarstellung des Einflusses der Spannungen, welche durch das Nieten im Material hervorgerufen werden und die der Entstehung von Nietlochrissen Vorschub leisten können. Z. V. d. I. Bd 56, S. 1890/95. 1912.
20. Dieckhoff, H.: Entwerfen von Dampfkesselnietungen. Z. V. d. I. Bd 42, S. 880/84, 1898.
21. Bach, C.: Zwei Versuche zur Klarstellung der Verschwächung zylindrischer Gefäße durch den Mannlochausschnitt. Z. V. d. I. Bd 47, S. 25/27. 1903.
22. Die Widerstandsfähigkeit von Dampfkesselwandungen. Herausgeg. v. d. Vereinigung der Großkesselbesitzer E. V. Bd I. Berlin: Julius Springer 1927. (Zusammenstellung der in der Materialprüfungsanstalt der technischen Hochschule Stuttgart insbes. von C. Bach und R. Baumann durchgeführten Versuche auf dem Gebiete.)
23. Richtlinien für die Anforderungen an den Werkstoff und Bau von Hochleistungsdampfkesseln. Juli 1926. Berlin: Julius Springer.
24. Werkstoff- und Bauvorschriften für Landdampfkessel. Ausgabe Okt. 1926.
25. Meerbach, K.: Die Werkstoffe für den Dampfkesselbau. Berlin: Julius Springer 1922.
26. Zur Sicherheit des Dampfkesselbetriebes. Herausgeg. v. d. Vereinigung der Großkesselbesitzer E. V. Berlin: Julius Springer 1927.
27. Tagung des Allgemeinen Verbandes der deutschen Dampfkessel-Überwachungs-Vereine. III. Tagung 1924. IV. Tagung 1925. Berlin: VDI-Verlag. Übersicht über die Arbeiten auf dem Gebiete.
28. Baumann, R.: Beanspruchung der Bleche beim Nieten. Mitt. Forsch.-Arb. H. 252, S. 1/59. 1922.
29. Wyss, Th.: Beitrag zur Spannungsuntersuchung an Knotenblechen eiserner Fachwerke. Mitt. Forsch.-Arb. H. 262, S. 1/101. 1923.
30. Bach, C.: Über die Widerstandsfähigkeit und die Formänderung gewölbter Kesselböden. Mitt. Forsch.-Arb. H. 270, S. 1/46. 1925.
31. Goerens, P.: Die Kesselbaustoffe. Z. V. d. I. Bd 68, S. 41/47. 1924.

Siebenter Abschnitt.

Schweißen und Löten.

1. Diegel, C.: Schweißen und Löten mit besonderer Berücksichtigung der Blechschweißung. Berlin: Simion Nf. 1909. Auszug: St. u. E. Bd 29, S. 776/84. 1909.
2. Schimpke, P.: Die neueren Schweißverfahren. Werkstattbücher, Heft 13. Berlin: Julius Springer 1926.
3. Jaeger, H.: Bestimmungen über Anlegung und Betrieb von Dampfkesseln. Berlin: Heymann 1926.
4. Rudeloff, M.: Lötnähte an kupfernen Rohren. Mitt. Mat. Prüf. Amt Berlin. Jg. 27, S. 317/38. 1909.
5. Gasschmelzschweißung. Beuth-Heft 5. Berlin: Beuth-Verlag 1925.
6. Höhn, E.: Nieten und Schweißen der Dampfkessel. Berlin: Julius Springer 1925.
7. Höhn, E.: Über die Festigkeit elektrisch geschweißter Hohlkörper. Berlin: Julius Springer 1924.
8. Burstyn, W.: Das Löten. Werkstattbücher, Heft 28. Berlin: Julius Springer 1927.
9. Diegel, C.: Beschaffenheit des Flußeisens für gute Schmelzflammenschweißung. Mitt. Forsch.-Arb. H. 246, S. 1/44. 1922.
10. Diegel, C.: Versuche über die Beanspruchung des Materials geschweißter, zylindrischer Kessel mit nach außen gewölbten Böden. Mitt. Forsch.-Arb. Sonderreihe M. H. 2, S. 36/69. 1920.

Achter Abschnitt.

Rohre und Rohrleitungen.

1. Bach, C.: Versuche mit Flanschenverbindungen. Z. V. d. I. Bd 43, S. 321/26, 346/54. 1899.
2. Bach, C.: Eine schwache Stelle an manchen unserer Dampfkessel. Z. V. d. I. Bd 38, S. 868/71. 1894.
3. Westphal, M.: Berechnung der Festigkeit loser und fester Flansche. Z. V. d. I. Bd 41, S. 1036/42. 1897.

4. Westphal, M.: Praktische Erfahrungen und Mitteilungen über Rohrleitungen, insbesondere über Dampfrohrleitungen. Z. V. d. I. Bd 48, S. 588/97. 1904.
5. Einheitsfarben zur Kennzeichnung von Rohrleitungen in industriellen Betrieben. Z. V. d. I. Bd 57, S. 462/3. 1913.
6. Normalien zu Rohrleitungen für Dampf von hoher Spannung. Z. V. d. I. Bd 56, S. 1480/83. 1912.
7. Rohrleitungen. Sonderheft der Zeitschrift „Maschinenbau" vom 27. 12. 1923.
8. Gesellschaft für Hochdruckrohrleitungen m. b. H., Berlin: Rohrleitungen.
9. Bach, C.: Versuche über die Formänderung und die Widerstandsfähigkeit von Hohlzylindern mit und ohne Rippen. Z. V. d. I. Bd 51, S. 1700/04. 1907.
10. Bach, C.: Zwei Versuche zur Klarstellung der Verschwächung zylindrischer Gefäße durch den Mannlochausschnitt. Z. V. d. I. Bd 47, S. 25/27. 1903; auch Mitt. Forsch.-Arb. H. 9.
11. Bantlin, A.: Formänderung und Beanspruchung federnder Ausgleichröhren. Z. V. d. I. Bd 54, S. 43/49, 1910; auch Mitt. Forsch.-Arb. H. 96, S. 1/84. 1910.
12. Bundschu, F.: Druckrohrleitungen. Berechnungs- und Konstruktionsgrundlagen der Rohrleitungen für Wasserkraft- und Wasserversorgungsanlagen. Dissert. Stuttgart 1926. Berlin: Julius Springer.
13. Mises, R. v.: Der kritische Außendruck zylindrischer Rohre. Z. V. d. I. Bd 58, S. 750/55. 1914.
14. Theobald, W.: Die Herstellung der Metallschläuche in der Metallschlauchfabrik Pforzheim, vorm. Hch. Witzenmann, G. m. b. H. Z. V. d. I. Bd 55, S. 82/88, 147/151, 185/86. 1911.
15. Röber, E.: Über die Herstellung von Eisen- und Stahlröhren. St. u. E. Jg. 42, S. 253/58. 1922.
16. Kratz, H.: Die Rohrleitungen im Bergbau. Z. V. d. I. Bd 65, S. 892. 1921.
17. Ochwat, H.: Einiges über Festpunkte und Ausgleichsvorrichtungen für Dampfrohrleitungen. Z. V. d. I. Bd 61, S. 837/40, 853/56. 1917.
18. Seiffert, S.: Rohrleitungen und Armaturen für Dampfdrücke bis 100 at und 450° C. Z. V. d. I. Bd 67, S. 1140. 1923.

Neunter Abschnitt.

Absperrmittel.

1. Bach, C.: Versuche über Ventilbelastung und Ventilwiderstand. Berlin 1884.
2. Bach, C.: Versuche zur Klarstellung der Bewegung selbsttätiger Pumpenventile. Z. V. d. I. Bd 30, S. 421/30, 475/77, 801/06, 1036/41, 1058/63, 1886; Bd 31, S. 44/47, 61/67. 1887.
3. Westphal, M.: Beitrag zur Größenbestimmung der Pumpenventile. Z. V. d. I. Bd 37, S. 381/86. 1893.
4. Müller, O. H.: Das Pumpenventil. Leipzig: Felix 1900.
5. Schröder: Versuche zur Ermittlung der Bewegungen und der Widerstandsunterschiede großer gesteuerter und selbsttätiger federbelasteter Pumpenringventile. Z. V. d. I. Bd 46, S. 661/69, 1902; auch Mitt. Forsch.-Arb. H. 6. 1902.
6. Berg, H.: Die Wirkungsweise federbelasteter Pumpenventile und ihre Berechnung. Mitt. Forsch.-Arb. H. 30. 1906.
7. Klein, L.: Über freigehende Pumpenventile. Z. V. d. I. Bd 49, S. 485/87 und S. 618/22, 1905; auch Mitt. Forsch.-Arb. H. 22. 1905.
8. Klein, L.: Über freigehende Pumpenventile. Dingler Bd 322, S. 353/57, 373/75, 385/88. 1907.
9. Klein, L.: Versuche an Pumpenringventilen. Dingler Bd 323, S. 289/92, 305/09. 1908.
10. Klein, L.: Versuche an Pumpen-Ringventilen. Dingler Bd 323, S. 785/88. 1908.
11. Lindner, G.: Berechnung der Pumpenventile. Z. V. d. I. Bd 52, S. 1392/98. 1908.
12. Sieglerschmidt: Die Wirkungsweise und Berechnung selbsttätiger Pumpenventile. Dissert. Borna-Leipzig 1907.
13. Schoene, K.: Über Versuche mit großen, durch Blattfedern geführten Ringventilen für Kanalisationspumpen und Beiträge zur Dynamik derVentilbewegung. Z. V. d. I. Bd 57, S. 1246/55, 1913; auch Mitt. Forsch.-Arb. H. 143. 1913.
14. Krauß, L.: Untersuchung selbsttätiger Pumpenventile und deren Einwirkung auf den Pumpengang. Mitt. Forsch.-Arb. H. 233, S. 1/109. 1920.
15. Dahme, A.: Die Kolbenpumpe. München u. Berlin: Oldenbourg 1908.
16. Berg, H.: Die Kolbenpumpen, einschließlich der Flügel- und Rotationspumpen. Berlin: Julius Springer 1926.
17. Stückle, R.: Die selbsttätigen Pumpenventile in den letzten 50 Jahren. Berlin: Julius Springer 1925. (Mit ausführlichem Verzeichnis des deutschen Schrifttums über Pumpenventile.)
18. Trinks, W.: Berechnung der Federn für die Ventile von Dampfmaschinen und Kompressoren. Z. V. d. I. Bd 42, S. 1162/68. 1898.
19. Köhler, C. W.: Die Rohrbruchventile. Untersuchungsergebnisse und Konstruktionsgrundlagen. Mitt. Forsch.-Arb. H. 34, S. 1/58. 1906.
20. Haeder, H.: Pumpen und Kompressoren. Wiesbaden: Haeder 1926.
21. Schrenk, E.: Versuche über Strömungsarten, Ventilwiderstände und Ventilbelastung. Mitt. Forsch.-Arb. H. 272, S. 1/62. 1925.
22. Koehler, G. W.: Neuere Heißdampf- und Hochdruckschieber. Z. V. d. I. Bd 68, S. 95/100, 468. 1924.
23. Stein, H.: Dampfschieber für hohen Druck und hohe Überhitzung. Z. V. d. I. Bd 63, S. 367. 1919.

Zehnter Abschnitt.

Seile, Ketten und Zubehör.

1. Wahrenberger, O.: Beanspruchung und Lebensdauer von Drahtseilen für Aufzüge. Z. V. d. I. Bd 59, S. 605/08. 1915.
2. Isaachsen, J.: Die Beanspruchungen von Drahtseilen. Z. V. d. I. Bd 51, S. 652/57. 1907.
3. Irresberger, C.: Die Erzeugungsstätte und das Herstellungsverfahren der amerikanischen Stahlgußketten. St. u. E. Bd 39, S. 1621/25. 1919.
4. Baumann, A.: Die Beanspruchung von Kettengliedern. Z. V. d. I. Bd 52, S. 1400/02. 1908.
5. Preuß, E.: Versuche über die Spannungsverteilung in Kranhaken. Z. V. d. I. Bd 55, S. 2173/76, 1911; auch Mitt. Forsch.-Arb. H. 126, S. 25/46. 1912.
6. Richtlinien für den Einkauf und die Prüfung von Schmiermitteln. Verein deutscher Eisenhüttenleute. Düsseldorf: Stahleisen 1925.
7. Dub, R.: Der Kranbau. Wittenberg: Ziemsen 1922.
8. Krell, R.: Entwerfen im Kranbau. München und Berlin: Oldenbourg 1925.
9. Bethmann, H.: Die Hebezeuge. Braunschweig: Vieweg u. Sohn 1923.
10. Stephan, P.: Die Drahtseilbahnen. Berlin: Julius Springer 1926.
11. Bach, C.: Erfahrungsmaterial über das Unbrauchbarwerden der Drahtseile. Mitt. Forsch.-Arb. H. 177, S. 1/30. 1915

Elfter Abschnitt.

Kolben.

1. Just, K.: Über Labyrinthdichtungen für Wasser. Dissert. Darmstadt 1909. Dingler Bd 326, S. 33/37, 55/58, 72/76, 83/87 104/09. 1911.
2. Riedler, A.: Hydraulisches Hochdruck-Preß- und Prägeverfahren. Z. V. d. I. Bd 45, S. 584/90. 1901.
3. Reinhardt, K.: Selbstspannende Kolbenringe. Z. V. d. I. Bd 45, S. 232/37. 1901.
4. Enßlin, M.: Studien über Beanspruchungen und Formänderungen kreisförmiger Platten. Dingler Bd 319, S. 609/12, 629/31, 649/53, 666/69, 677/79. 1904.
5. Pfleiderer, C.: Die Berechnung der Scheibenkolben. Mitt. Forsch.-Arb. H. 97. Auszug in der Z. V. d. I. Bd 54, S. 317/20 und 1325. 1910; beachte auch Bd 55, S. 830/31. 1911.
6. Reymann, O. C.: Festigkeit und Reibung der Dampfkolben. Z. V. d. I. Bd 40, S. 85/91. 1896.
7. Godron: Revue mécanique Bd XII, S. 438 u. 529. 1903; Bd XIII, S. 331 u. 441. 1903; Bd XIV, S. 317. 1904; Bd XV, S. 238 u. 439. 1904; Bd XVI, S. 517. 1905.
8. Bach, C.: Versuche zur Ermittlung der Durchbiegung und Widerstandsfähigkeit von Scheibenkolben. Mitt. Forsch.-Arb. H. 31, S. 1/44. 1906.
9. Drawe, R.: Konstruktive Einzelheiten an doppeltwirkenden Viertaktgasmaschinen. Z. V. d. I. Bd 54, S. 260/65. 1910.
10. Enßlin, M.: Beanspruchung eines ebenen Scheibenkolbens mit zwei Böden und ohne Rippen. Dingler Bd. 322, S. 577/79. 1907.
11. Volk, C. und A. Eckardt: Einzelkonstruktionen aus dem Maschinenbau. Heft 2: Kolben. Berlin: Julius Springer 1912.
12. Bach, C.: Ein üblicher Fehler bei gewissen hydraulischen Rechnungen. Z. V. d. I. Bd 35, S. 474/76. 1891.
13. Becker, E.: Strömungsvorgänge in ringförmigen Spalten und ihre Beziehungen zum Poiseuilleschen Gesetz. Mitt. Forsch.-Arb. H. 48, S. 1/42. 1907.
14. Hoeltje, E.: Über die Bearbeitung von Maschinenteilen. Werkst. Techn. Bd 7, S. 264/66. 1913.

Zwölfter Abschnitt.

Kolbenstangen.

1. Mies, O.: Über das Ausknicken stabförmiger Körper. Dingler Bd 327, S. 177/81, 197/201, 216/18. 1912.
2. Mies, O.: Die Knicksicherheit von Kolbenstangen. Dingler Bd 327, S. 273/75, 291/96, 308/14, 227/29. 1912.

Dreizehnter Abschnitt.

Stopfbüchsen.

1. Lynen: Die Stopfbüchsen der Dampfmaschinen. Z. Bayr. Rev.-V. 1904, S. 83.
2. Finkel, J.: Die Schwabestopfbüchse. Z. V. d. I. Bd 47, S. 1049/51. 1903.
3. Martens, A.: Die Stulpenreibung und der Genauigkeitsgrad der Kraftmessung mittels der hydraulischen Presse. Z. V. d. I. Bd 51, S. 1184/86. 1907; auch Mitt. Forsch.-Arb. H. 49. S. 1/13. 1908.
4. Becker, E.: Strömungsvorgänge in ringförmigen Spalten (Labyrinthdichtungen). Z. V. d. I. Bd 51, S. 1133/41. 1907.
5. Haaren, V. v.: Hochdruckkompressoren. Z. V. d. I. Bd 64, S. 904. 1920.
6. Graf, V.: Neuere Wasserturbinenanlagen in Deutschland. Z. V. d. I. Bd 61, S. 10. 1917.
Vgl. auch [XI, 1].

Druck von Oscar Brandstetter in Leipzig.

Wasserwerkmaschine für 10 m³ bei 50 Umdrehungen in der Minute. Saughöhe 4,
messer des Hochdruckzylinders 450, des Niederdruckzylinders 800, des Pumpenkolbe

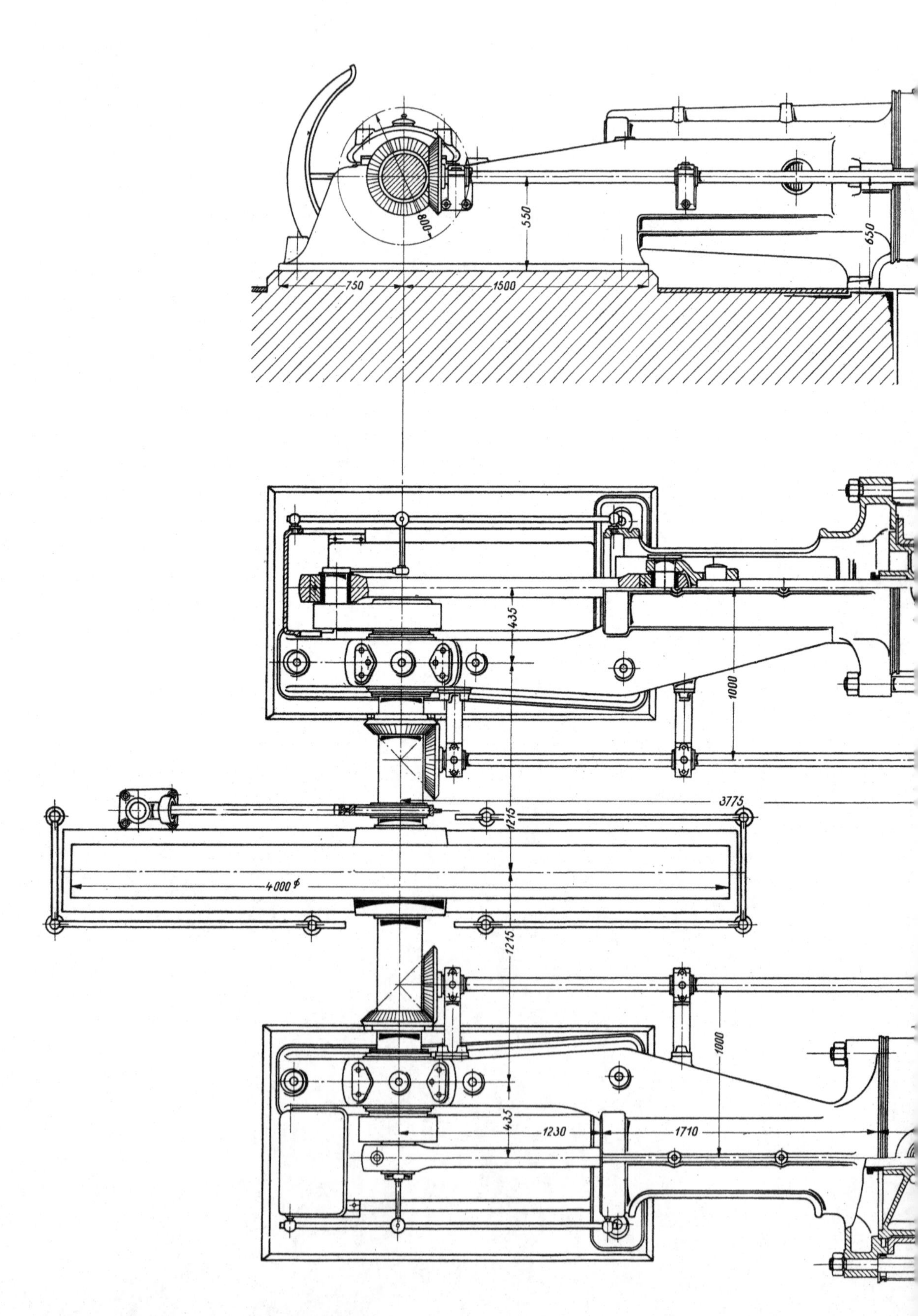

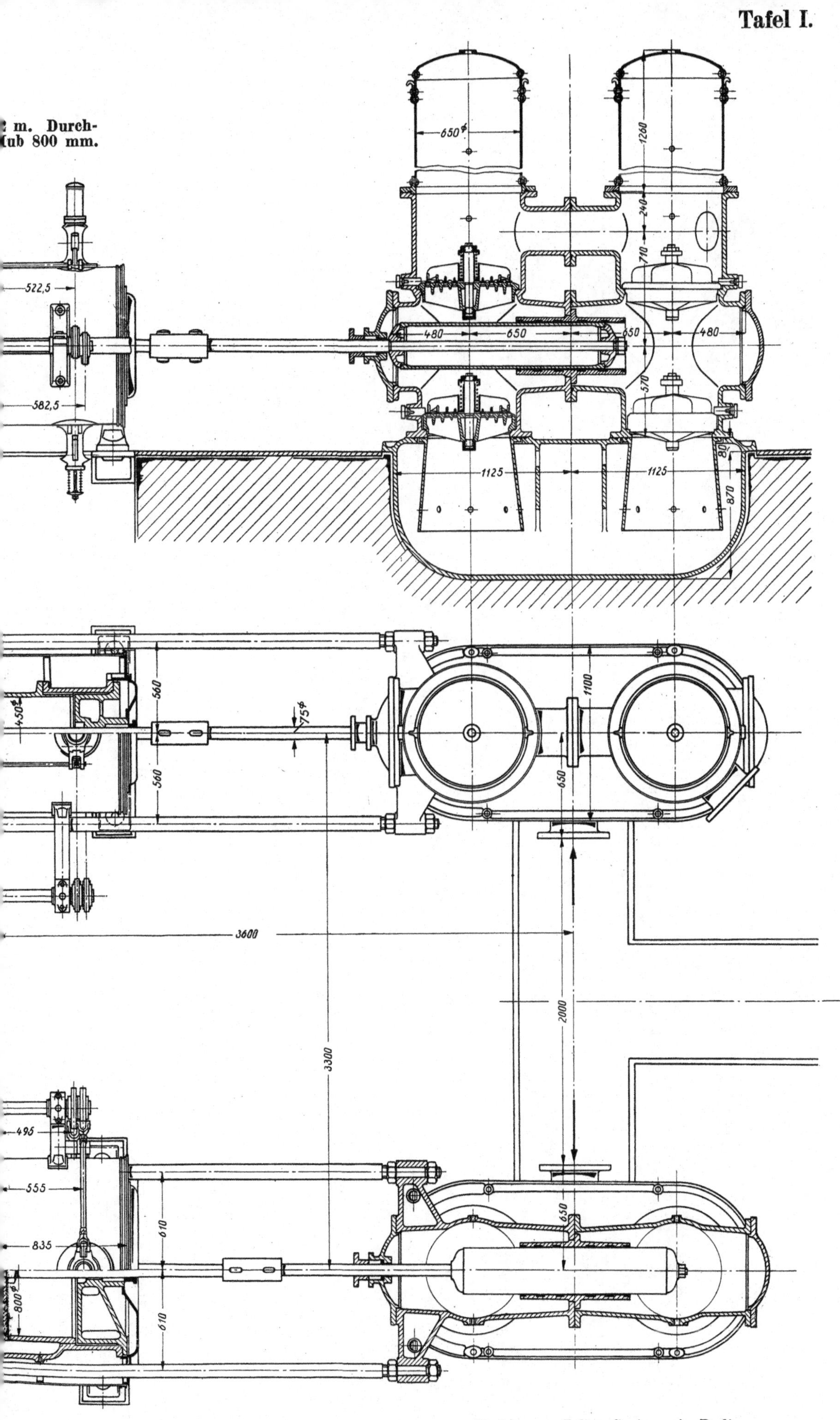

Verlag von Julius Springer in Berlin.